# DIE HOCHMOLEKULAREN ORGANISCHEN VERBINDUNGEN

## – KAUTSCHUK UND CELLULOSE –

VON

# HERMANN STAUDINGER

DR. PHIL. · O. PROFESSOR · DIREKTOR DES CHEMISCHEN LABORATORIUMS
DER UNIVERSITÄT FREIBURG I. BR.

MIT 113 ABBILDUNGEN

NEUDRUCK

SPRINGER-VERLAG

BERLIN · GÖTTINGEN · HEIDELBERG

1960

ISBN-13: 978-3-642-64945-5          e-ISBN-13: 978-3-642-64954-7
DOI:10.1007/978-3-642-64954-7

© by Springer-Verlag OHG / Berlin · Göttingen · Heidelberg 1960

Softcover reprint of the hardcover 1st edition 1960

# Vorwort.

In den Lehrbüchern der organischen Chemie werden bisher die hochmolekularen Naturstoffe, z. B. der Kautschuk und die Cellulose, wie auch die synthetischen Hochmolekularen, die Polyoxymethylene, Polystyrole, Polyvinylacetate usw., mit einer großen Zurückhaltung behandelt. Dabei handelt es sich um ein Gebiet, das für die Weiterentwicklung der organischen Chemie, ebenso für die Biologie und die Kolloidchemie von der größten Bedeutung ist. Die hochmolekularen Verbindungen haben weiter auch für die Technik ein hervorragendes Interesse, da wichtige Kunstprodukte, die künstlichen Faserstoffe, ebenso Lacke, Harze hierher gehören.

Diese Zurückhaltung mag daran liegen, daß die Verfasser der betreffenden Lehrbücher den Standpunkt vertreten, man dürfe die Studierenden und ebenso den im Beruf stehenden Chemiker nicht mit Fragen belasten und ihnen Anschauungen übermitteln, die noch nicht völlig geklärt und in starkem Wandel begriffen seien. Wenn man die Literatur des letzten Jahrzehnts auf dem Gebiet der hochmolekularen Naturstoffe durchblättert, so sieht man in der Tat eine Fülle verschiedenartiger Anschauungen über ihren Aufbau. Es sind vielleicht auf keinem Gebiet der Chemie so divergierende Auffassungen geäußert worden, wie gerade in diesem so bedeutungsvollen Abschnitt der organischen Chemie. Dies ist darauf zurückzuführen, daß die hochmolekularen Verbindungen der Bearbeitung nach den gewöhnlichen Methoden der organischen Chemie besondere Schwierigkeiten entgegensetzen, hauptsächlich deshalb, weil sie kolloide Lösungen bilden. Aus diesem Grund hat man bei ihnen ein besonderes, von dem der übrigen organischen Verbindungen abweichendes Bauprinzip vermutet. Unter dem Einfluß der Kolloidchemie fand im letzten Jahrzehnt die Auffassung eine weite Verbreitung, daß die kolloiden Lösungen dieser hochmolekularen Stoffe micellar gebaute Kolloidteilchen ähnlich denjenigen der Seifen enthielten, und daß darauf die Kolloidphänomene zurückzuführen seien. So schien es mehr eine Aufgabe der Kolloidchemie als der organischen Chemie zu sein, über diese Stoffe und die Natur ihrer kolloiden Lösungen Aufklärung zu verschaffen.

Die Zurückhaltung der organischen Chemie gegenüber diesem Gebiet ist allerdings nicht verständlich, wenn man bedenkt, daß bereits vor einer Reihe von Jahren an einfachen synthetischen Verbindungen der Aufbau der hochmolekularen Stoffe geklärt worden ist. Es ist auffallend, daß auch in neueren Lehrbüchern der organischen Chemie und der Kolloidchemie die Bedeutung dieser Untersuchungen für die Aufklärung der Konstitution der Naturstoffe übersehen und unrichtige Vorstellungen über den Bau derselben vertreten werden. Der am besten untersuchte synthetische hochpolymere Körper ist das Polyoxymethylen. Gerade an diesem Beispiel ist der Aufbau eines hochmolekularen Stoffes aus

Fadenmolekülen klar erkannt und festgestellt worden, daß letztere sich in gleicher Weise zu einem Krystall zusammenlagern, wie die Moleküle der Paraffine und Fettsäuren nach den grundlegenden Arbeiten der Braggschen Schule. Die neuen Erkenntnisse über die Konstitution der hochmolekularen Verbindungen bedürfen in Zukunft einer ihrer Bedeutung angemessenen Behandlung in den Lehrbüchern, hauptsächlich nachdem es sich ergeben hat, daß die Viscosität von Lösungen dieser Stoffe durch die Gestalt ihrer Moleküle bedingt ist und daß Viscositätsuntersuchungen eine einfache neue Methode zur Bestimmung der Molekülgröße sind.

Da bis jetzt von uns über die experimentellen Resultate auf diesem Gebiet nur in ca. 100 Einzelarbeiten berichtet wurde und eine zusammenfassende Darstellung der Methoden der Konstitutionsaufklärung fehlte, so war anfangs gemeinsam mit dem Verlag beabsichtigt, die sämtlichen früheren Arbeiten mit einer Reihe von neueren Untersuchungen zum Abdruck zu bringen, um so zu zeigen, welche experimentellen Untersuchungen notwendig waren, um die Konstitution der hochmolekularen Naturstoffe im Sinne der Kekuléschen Strukturlehre aufzuklären. Es sollten dabei in Anmerkungen frühere Vorstellungen über den Bau der Hochmolekularen, sofern es sich als notwendig erwies, berichtigt werden, so daß der Leser hätte beurteilen können, wieweit die experimentellen Ergebnisse früher eine richtige Deutung erfuhren. Die Zeitumstände verhinderten aber vorläufig die Herausgabe eines solchen umfangreichen Werkes, und so sind in vorliegendem Buch einstweilen nur eine größere Reihe neuer, bisher noch nicht publizierter Arbeiten zusammengestellt. Sie behandeln die Konstitutionsaufklärung von einigen synthetischen Produkten als Modelle von wichtigen Naturstoffen und weiter die Konstitutionsaufklärung von Kautschuk, Balata und Cellulose. Nur eine ältere Arbeit, die in der Kautschukzeitschrift im Jahre 1925 erschien, kommt dabei vollständig mit zum Abdruck, weil an dieser als Beispiel gezeigt werden kann, welche Änderungen in den früheren Anschauungen über die Hochpolymeren auf Grund neuerer Untersuchungen vorgenommen werden mußten. Diesen experimentellen Arbeiten ist eine Zusammenfassung vorangestellt, welche die Methoden der Konstitutionsaufklärung und ihre wichtigsten Ergebnisse behandelt. Durch diese zusammenfassende Publikation hoffe ich zeigen zu können, daß hier ein Gebiet vorliegt, in dem sichere Aussagen sehr wohl möglich und die grundlegenden Fragen aufgeklärt sind.

Eine abschließende Darstellung des gesamten Gebietes ist hingegen noch nicht gegeben. So wurde der wichtigste Abschnitt der Chemie der Hochpolymeren, die Eiweißstoffe, noch nicht behandelt. Denn gerade auf diesem Gebiet muß man sich vor Verallgemeinerungen hüten und die Konstitutionsaufklärung eines jeden hochmolekularen Stoffes mit allen seinen komplizierten Eigenschaften für sich durchführen. Aus dieser Notwendigkeit ergab sich auch die Disposition des vorliegenden Buches, die Beschreibung der Stoffe und ihres Verhaltens in Einzeldarstellungen zu geben.

Diese Untersuchungen kamen zu Ergebnissen über Gestalt und Größe der Moleküle, die durch ihre Neuartigkeit überraschen; denn die Moleküle der hochmolekularen Stoffe sind lange, faden- oder stabförmige Gebilde, die in der einen Dimension 1000 mal länger sind als in den beiden anderen. Diese Gestalt der Moleküle bestimmt ihr ganzes Verhalten, hauptsächlich die Natur ihrer kolloiden Lösungen. So sind die neuen Ergebnisse auch bedeutungsvoll für die Kolloidchemie und

fordern eine grundlegend neue Einteilung der kolloiden Systeme, da die bisherige Klassifikation derselben in Suspensoide und Emulsoide, lyophobe und lyophile nicht mehr ausreicht. Die Gruppe der hochmolekularen Stoffe, der Molekülkolloide, verlangt eine Abtrennung von den anderen Kolloiden und eine gesonderte Behandlung.

Durch den Nachweis, daß Moleküle von einer solchen Größe existieren, erfährt das Gebiet der organischen Chemie eine bedeutende Erweiterung. Die ungeheuere Bindefähigkeit des Kohlenstoffs macht die Existenz einer unendlichen Zahl von verschiedenartigen Molekülen möglich, die mit komplizierten, festgefügten Bauwerken zu vergleichen sind. Zum Verständnis der Lebensvorgänge fordert auch die biologische Chemie eine solche unendliche Zahl von organischen Stoffen und somit Reaktionsmöglichkeiten. Die organische Chemie, die man vor kurzem in ihren wesentlichen Teilen für abgeschlossen ansah, steht somit erst am Anfang ihrer eigentlichen Entwicklung.

Die bisherigen Ergebnisse über den Bau der Hochmolekularen sind das Resultat einer gemeinsamen Arbeit, zu der eine Reihe von Forschern Beiträge geliefert haben und an der eine große Zahl von Mitarbeitern sich in unermüdlicher Tätigkeit jahrelang beteiligt hat. Aus der am Schluß angefügten Zusammenstellung sämtlicher bisheriger Arbeiten geht der Anteil der einzelnen Mitarbeiter hervor. An der Bearbeitung des vorliegenden Buches haben sich die Herren Dr. H. FREUDENBERGER, Dr. W. HEUER, Dr. W. KERN, Dr. E. O. LEUPOLD, Dr. H. LOHMANN, Dr. H. SCHOLZ, Dr. E. TROMMSDORFF, ferner Herr cand. chem. H. HAAS beteiligt. Dieselben Herren haben mich auch in wertvoller Weise bei den Arbeiten zur Fertigstellung des Buches, bei der Durchsicht der Korrekturen und der Anlegung des Inhalts- und Sachverzeichnisses unterstützt. Für diese Mitarbeit bei der Herausgabe des Buches wie auch an den jahrelangen experimentellen Untersuchungen danke ich den genannten Herren auf das herzlichste. Ebenso möchte ich an dieser Stelle allen anderen Herren meinen wärmsten Dank aussprechen, die sich an diesen Untersuchungen beteiligt haben, vor allem Herrn Privatdozenten Dr. R. SIGNER, der seit Jahren an diesen Arbeiten mitgewirkt und wertvolle Beiträge geliefert hat.

Auch dem Verlag Julius Springer bin ich zu großem Dank verpflichtet, daß er in dieser ungünstigen Zeit die Drucklegung dieser Untersuchungen übernommen hat.

Die Untersuchungen wären nicht durchzuführen gewesen, wenn nicht mannigfaltige Unterstützungen denselben gewährt worden wären: der Notgemeinschaft der deutschen Wissenschaften, der Justus Liebig-Gesellschaft und den verschiedenen Werken der I. G. Farbenindustrie, vor allem der Direktion der I. G. Farbenindustrie, Werk Leverkusen, möchte ich für die mannigfaltige Förderung meinen verbindlichsten Dank aussprechen.

Freiburg i. Br., 14. Mai 1932.                           **H. STAUDINGER.**

Diesem Buch liegen zugrunde die 1.—69. Mitteilung über hochpolymere Verbindungen und 1.—39. Mitteilung über Isopren und Kautschuk.

Zu diesen Untersuchungen haben Beiträge geliefert die Herren Geheimrat Prof. Dr. G. MIE, Freiburg, und Prof. Dr. P. SCHLÄPFER, Zürich, die Privatdozenten Dr. H. W. KOHLSCHÜTTER und Dr. R. SIGNER, Dr. G. BOEHM, Dr. J. HENGSTENBERG, Dr. E. KONRAD und Dr. E. SAUTER.

Als Mitarbeiter beteiligten sich in den Jahren 1920—1926 an der Eidgenössischen Technischen Hochschule in Zürich die Herren Dr. A. A. ASHDOWN, Dr. M. BRUNNER, Dr. H. A. BRUSON, Dr. K. FREY, Dr. J. FRITSCHI, Dr. E. GEIGER, Dr. E. HUBER, Dr. H. JOHNER, Dr. M. LÜTHY, Dr. E. W. REUSS, Dr. A. RHEINER, Dr. G. SCHIEMANN, Dr. J. R. SENIOR, Dr. R. SIGNER, Dr. E. URECH, Dr. S. WEHRLI, Dr. G. WIDMER, Dr. W. WIDMER und Prof. S. YAMASHITA.

In den Jahren 1926—1932 beteiligten sich an den Arbeiten im chemischen Universitätslaboratorium in Freiburg i. Br. die Herren Prof. Dr. M. ASANO, Dr. O. BÄCHLE, Dr. H. F. BONDY, Dr. F. BREUSCH, Dr. W. FEISST, Dr. TH. FLEITMANN, Dr. H. FREUDENBERGER, Dr. K. FREY, Dr. W. FROST, Dr. P. GARBSCH, Dr. H. GROSS, cand. chem. H. HAAS, Dr. W. HEUER, Dr. H. JOSEPH, Dr. W. KERN, Privatdozent Dr. H. W. KOHLSCHÜTTER, Dr. E. O. LEUPOLD, Dr. H. LOHMANN, Dr. H. MACHEMER, Prof. Dr. R. NODZU, Prof. Dr. E. OCHIAI, Dr. D. RUSSIDIS, Dr. W. SCHAAL, Dr. H. SCHOLZ, Dr. A. SCHWALBACH, Dr. O. SCHWEITZER, Privatdozent Dr. R. SIGNER, Dr. W. STARK, Dr. H. THRON, Prof. Dr. N. J. TOIVONEN, Dr. E. TROMMSDORFF und Dr. V. WIEDERSHEIM.

# Inhaltsverzeichnis.

## Erster Teil.

### Die Konstitutionsaufklärung der hochmolekularen organischen Verbindungen (Kautschuk und Cellulose).

### Zweiter Teil.

## Über synthetische hochmolekulare Stoffe.

## Vierter Teil.

### Über hochmolekulare Naturprodukte II.
### Cellulose.

Erster Teil.

# Die Konstitutionsaufklärung der hochmolekularen organischen Verbindungen (Kautschuk und Cellulose).

## A. Grundlegende Begriffe.

### I. Bedeutung der hochmolekularen Verbindungen.

Eine der wesentlichsten Fragen der organischen Chemie ist die nach dem Bau der hochmolekularen Verbindungen, denn es gehören zu diesen eine Reihe der wichtigsten Naturprodukte, wie Cellulose, Stärke und andere Polysaccharide, Kautschuk und Balata, ferner die Eiweißstoffe. Auch eine Reihe synthetischer Produkte gehören hierher, so z. B. Polyoxymethylene, Polystyrole, Polyvinylacetate, Bakelite, die Harnstoff-Formaldehyd-Kondensationsprodukte und viele andere, die durch Polymerisation oder Kondensation von niedermolekularen Stoffen erhalten werden.

Die Bildung, den Bau und die Eigenschaften von hochmolekularen Verbindungen kennenzulernen, hat für den Biologen die größte Bedeutung; diese Fragen sind aber auch für die Technik von erheblichem Interesse; es sei nur auf die Industrie der Kunstseide, des Kautschuks, der synthetischen Harze und Lacke hingewiesen[1]. Deshalb ist die wissenschaftliche Bearbeitung dieses Gebietes in den letzten Jahrzehnten eine sehr intensive geworden, nachdem lange Zeit der organische Chemiker vor einer genaueren Untersuchung dieser kolloidlöslichen Verbindungen zurückgeschreckt ist, da die normalen Methoden der organischen Chemie zur Konstitutionsaufklärung hier scheinbar versagten. Dagegen liegen zahlreiche ältere und neuere Untersuchungen von seiten der Kolloidchemiker über die kolloiden Lösungen dieser Stoffe vor, da ein erhebliches biologisches und technisches Interesse für die Bearbeitung derselben vorhanden war. Über das Wesen dieser kolloiden Lösungen und somit über den Aufbau der hochmolekularen Verbindungen sind früher die verschiedenartigsten Anschauungen geäußert worden. Die Natur der kolloiden Lösungen ließ sich aber erst aufklären, nachdem die Konstitution dieser hochmolekularen Produkte im Sinne der organischen Chemie bekannt war.

### II. Hochmolekulare und hochpolymere Verbindungen.

In der älteren organischen Chemie bezeichnete man die im ersten Abschnitt genannten Stoffe als hochmolekular, ohne über das Molekulargewicht

---

[1] Vgl. z. B. C. Ellis: Synthetic Resins and their Plastics. New York 1923. — Scheiber-Sändig: Die künstlichen Harze. Stuttgart 1929.

derselben irgendeine Aussage machen zu können. Die Annahme, daß hochmolekulare Produkte vorliegen, stützte sich darauf, daß diese Stoffe ganz andere Eigenschaften haben wie ähnlich gebaute mit niederem Molekulargewicht. Sie sind zum Unterschied von diesen unlöslich oder kolloidlöslich und ferner nicht flüchtig. Aus diesen Eigenschaften schloß man auf ein hohes Molekulargewicht der Verbindungen, denn man wußte aus dem reichen Erfahrungsmaterial der organischen Chemie, daß die Löslichkeit organischer Verbindungen mit zunehmendem Molekulargewicht abnimmt und ihre Flüchtigkeit sich verringert.

Eine spezielle Gruppe hochmolekularer Verbindungen sind dabei die hochpolymeren Stoffe. Dies sind *solche Verbindungen, deren Moleküle aus einer großen Zahl von gleichen niedermolekularen Bausteinen, den Grundmolekülen, aufgebaut sind.* Solche hochpolymeren Verbindungen kommen in der Natur vor; Beispiele sind Cellulose, Stärke, Kautschuk. Synthetisch entstehen sie durch Polymerisation von niedermolekularen ungesättigten Verbindungen, z. B. die Polyoxymethylene aus dem Formaldehyd, Polystyrol aus dem Styrol.

In der ersten Periode der Arbeiten über hochmolekulare Produkte wurden die hochpolymeren Verbindungen folgendermaßen formuliert:

$(C_5H_8)_x$ Kautschuk, Balata,

$(C_6H_{10}O_5)_x$ Cellulose, Stärke,

$(H_2CO)_x$ Polyoxymethylene,

$(C_6H_5CH{-}CH_2)_x$ Polystyrol.

Aber über die Größe des $x$, also über den Polymerisationsgrad und somit über die Molekülgröße, konnte man keine Angaben machen; man wußte nicht, ob $x$ die Größe 10 oder 100 oder 1000 hat.

Bei einer derartigen Formulierung wird angenommen, daß Kautschuk gleichartig aus *Isoprengruppen* aufgebaut ist, Cellulose gleichartig aus *Glukoseresten*, Polyoxymethylene aus *Formaldehydgruppen*. Nach neuen Untersuchungen ist dies aber nicht der Fall[1]. Es ergab sich nämlich, daß alle diese hochpolymeren Stoffe aus langen faden- oder kettenförmigen Molekülen bestehen, in denen zahlreiche Grundmoleküle aneinandergereiht sind, bis schließlich am Ende der Ketten Absättigung durch andersartige Endgruppen erfolgt; denn sonst müßten sich ungesättigte Atome am Ende der Moleküle befinden, oder hochmolekulare Ringe vorliegen[2]. Bei den meisten hochpolymeren Produkten, vor allem bei den hochmolekularen Naturstoffen, ist die Art dieser Endgruppen noch nicht bestimmt. Es gelang jedoch, bei einer Reihe von Verbindungen, z. B. den Polyoxymethylenen den Bau des polymeren Moleküls bis in alle Einzelheiten aufzuklären und festzustellen, daß Hydroxylgruppen oder andere Gruppen als Endgruppen vorhanden sind, so daß z. B. das $\alpha$-Polyoxymethylen folgendermaßen formuliert werden muß[3]:

$$HO{-}CH_2{-}O{-}(CH_2{-}O)_x{-}CH_2{-}OH\,.$$

Da der Anteil der Endgruppen im Verhältnis zum Gesamtmolekül ein sehr geringer ist und da man in den meisten Fällen diese Endgruppen nicht kennt,

---

[1] Bei diesen hochpolymeren Verbindungen wird weiter angenommen, daß in den langen Fadenmolekülen sämtliche Grundmoleküle gleichartig gebunden sind; aber es fehlt hier der exakte Nachweis, vgl. Erster Teil, H. I. Vgl. H. Brintzinger: Ztschr. f. anorg. u. allg. Ch. **196**, 50 (1931).

[2] Vgl. Zweiter Teil, B. III.

[3] Staudinger, H., u. M. Lüthy: Helv. chim. Acta **8**, 41 (1925).

so wird dies bei Benennung der Verbindungen in der Regel nicht berücksichtigt, und es wird einfach von polymeren Verbindungen gesprochen, wenn dies auch streng genommen, im Hinblick auf die Endgruppen, nicht ganz richtig ist[1].

Hochpolymere Verbindungen entstehen nicht nur durch Polymerisation eines ungesättigten Grundmoleküls, sondern es können auch zwei oder mehrere verschiedenartige Grundmoleküle sich zu einem polymeren Molekül zusammenfügen. Für derartige Polymerisate wurde von TH. WAGNER-JAUREGG die Bezeichnung *Heteropolymerisate* vorgeschlagen[2]. Solche Produkte sind in der letzten Zeit vielfach in der Technik hergestellt worden[3]. Eine wichtige Gruppe derartiger Polymerisate[4] sind die hochpolymeren Moloxyde, die bei der Autoxydation ungesättigter Verbindungen entstehen können[5]. Hierher gehört z. B. das Peroxyd des asymmetrischen Diphenyläthylens:

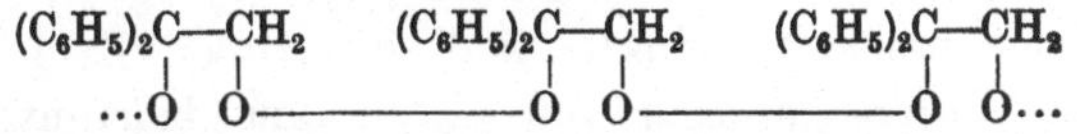

$$(C_6H_5)_2C\!-\!CH_2 \qquad (C_6H_5)_2C\!-\!CH_2 \qquad (C_6H_5)_2C\!-\!CH_2$$
$$\ldots O \quad O\text{———————}O \quad O\text{———————}O \quad O\ldots$$

Auch die hochpolymeren Ozonide haben wahrscheinlich den gleichen Bau[6]. Solche hochpolymeren Heteropolymerisate wurden früher auch aus Dimethylketen mit Iso-cyanaten resp. Schwefelkohlenstoff erhalten, während aus Dimethylketen und Kohlendioxyd niedermolekulare Verbindungen entsprechender Zusammensetzung entstehen[7].

Tabelle 1. Zusammensetzung der Dimethylketenderivate.

| | | |
|---|---|---|
| $O\!=\!C\!=\!O$ | 2 Mol. Keten + 1 Mol. $CO_2$; 3 Mol. Keten + 2 Mol. $CO_2$; 4 Mol. Keten + 3 Mol. $CO_2$ | niedermolekulare Verbindungen, 6- und 10-Ringe |
| $O\!=\!C\!=\!N \cdot C_6H_5$ | 2 Mol. Keten + 3 Mol. Isocyanat; 1 Mol. Keten + 4 Mol. Isocyanat | hochmolekulare Heteropolymerisate |
| $O\!=\!C\!=\!N \cdot C_{10}H_7 \, \alpha$ | 3 Mol. Keten + 2 Mol. Isocyanat | |
| $O\!=\!C\!=\!N \cdot C_6H_4 \cdot NO_2 \, p\text{-}$ | 3 Mol. Keten + 2 Mol. Isocyanat | |
| $O\!=\!C\!=\!S$ | 5 Mol. Keten + 2 Mol. COS | |
| $S\!=\!C\!=\!S$ | 5 Mol. Keten + 2 Mol. $CS_2$ | |

[1] Vgl. dazu W. H. CAROTHERS: Journ. Amer. Chem. Soc. **51**, 2548 (1929).

[2] WAGNER-JAUREGG, TH.: Ber. Dtsch. Chem. Ges. **63**, 3213 (1930).

[3] Vgl. I.G. Farbenindustrie DRP. 540101 — Chem. Zentralblatt **1932 I**, 1448. Vgl. ferner Chem. Zentralblatt **1932 I**, 594.

[4] Hochmolekulare Heteropolymerisate entstehen weiter bei der Einwirkung von Schwefeldioxyd auf ungesättigte Verbindungen, wie Äthylen, Isopren. Das Polyäthylensulfon hat z. B. folgende Formel:

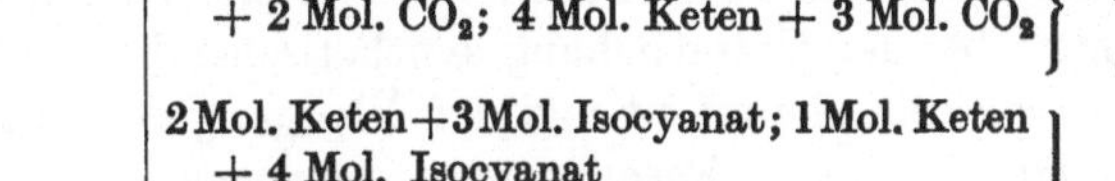

$$\ldots CH_2\!-\!CH_2 \quad CH_2\!-\!CH_2 \quad CH_2\!-\!CH_2 \quad CH_2\!-\!CH_2$$
$$SO_2 \qquad SO_2 \qquad SO_2 \qquad SO_2$$

Diese polymeren Sulfone sind außerordentlich hochmolekular. (Versuche von B. RITZENTHALER.)

[5] STAUDINGER, H.: Ber. Dtsch. Chem. Ges. **58**, 1075 (1925). — STAUDINGER, H., K. DYCKERHOFF, H. W. KLEVER u. L. RUZICKA: Ber. Dtsch. Chem. Ges. **58**, 1079 (1925).

[6] STAUDINGER, H.: Ber. Dtsch. Chem. Ges. **58**, 1088 (1925). Evtl. leiden sich auch polymere Ozonide von den Isozoniden ab; vgl. A. RIECHE, Alkylperoxyde und Ozonide, 1931, S. 149.

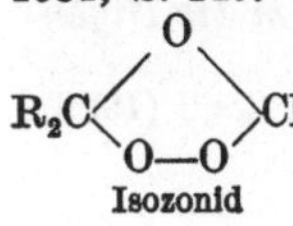

Isozonid 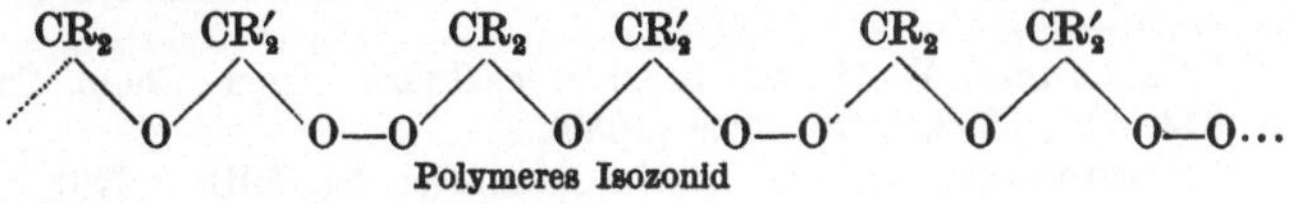          Polymeres Isozonid

[7] STAUDINGER, H.: Helv. chim. Acta **8**, 306 (1925).

Hochmolekulare Produkte können auch aus kleinen Grundmolekülen durch gleichartige Kondensationsprozesse, z. B. durch Austritt von Wasser, entstehen. Es liegen dann *Polykondensationsprodukte* vor; bei diesen kann man zwei Gruppen unterscheiden, *Iso- und Hetero-Polykondensationsprodukte*, je nachdem ein oder mehrere Bausteine an dem Aufbau des polymeren Moleküls sich beteiligen. Ein Iso-Polykondensationsprodukt ist z. B. das polymere Dimethylmalonsäure-anhydrid, das sich aus dem gemischten Dimethylmalonsäure-essigsäure-anhydrid unter Austritt von Essigsäureanhydrid bildet. Hierbei entsteht kein reines polymeres Anhydrid, sondern am Ende der langen Kette dürften Acetylgruppen vorhanden sein.

$$(x + 2)\, CH_3 \cdot CO \cdot O \cdot CO \cdot CR_2 \cdot CO \cdot O \cdot CO \cdot CH_3 \rightarrow$$
$$CH_3 \cdot CO \cdot O \cdot CO \cdot CR_2 \cdot CO \cdot [O \cdot CO \cdot CR_2 \cdot CO]_x \cdot O \cdot CO \cdot CR_2 \cdot CO \cdot O \cdot CO \cdot CH_3$$

Solche Polykondensationsprodukte sind in großer Zahl in den letzten Jahren durch die Untersuchungen von CAROTHERS bekanntgeworden[1]. Der Zusammensetzung nach sind die Iso-Kondensationsprodukte ebenfalls hochpolymere Körper, da sich ihre Fadenmoleküle aus gleichartigen kleinen Bausteinen zusammensetzen. Natürlich gilt auch hier die Einschränkung, daß die Endgruppen dabei außer acht gelassen werden. Hetero-Polykondensationsprodukte sind die Polypeptide und die Eiweißstoffe.

Wenn man den Aufbau hochmolekularer Stoffe kennenlernen will, so ist es am einfachsten, zuerst den Aufbau der hochpolymeren Körper zu untersuchen, da hier der Bau der Kette ein sehr einfacher ist. Ganz besonders übersichtlich sind die Verhältnisse bei der Untersuchung synthetischer hochpolymerer Stoffe, da hier das Grundmolekül bekannt ist und der Übergang desselben in den polymeren Stoff verfolgt und durch Formeln wiedergegeben werden kann.

Dabei ergab sich als erstes wesentliches Ergebnis, daß bei der Polymerisation eines Grundmoleküls unter wechselnden Bedingungen nicht ein einziger, sondern eine ganze Reihe von hochpolymeren Stoffen entstehen kann, die sich in der Viscosität ihrer Lösungen, in der Zähigkeit der festen Substanz usw. unterscheiden[2]. Solche Unterschiede zwischen polymeren Körpern hatte man allerdings schon früher beobachtet, aber meist kein besonderes Gewicht darauf gelegt, weil man diese Unterschiede auf verschiedenartige Aggregation von Kolloidteilchen, auf Unterschiede der Micellbildung usw. zurückführte. Diese Unterschiede zwischen polymeren Stoffen, die bei der Polymerisation eines Grundmoleküls entstehen, beruhen aber tatsächlich auf Unterschieden in der Molekülgröße, also auf einer Abstufung des Polymerisationsgrades $x$. Solche polymeren Stoffe, die sich aus dem gleichen Grundmolekül aufbauen, sich aber im Polymerisationsgrad unterscheiden, werden als *polymerhomolog*[3] bezeichnet. Wie bei homologen Verbindungen, so ist auch bei den polymerhomologen die Größe des Moleküls für die physikalischen Eigenschaften bestimmend. Wie sich z. B. die Kohlenwasserstoffe $(C_5H_8)_2$ und $(C_5H_8)_3$ in ihren Eigenschaften ganz wesentlich unterscheiden, so zeigt auch das Polyterpen $(C_5H_8)_{100}$ ganz andere physikalische Eigenschaften, als ein solches von der Zusammensetzung $(C_5H_8)_{1000}$. *Um die Eigen-*

---

[1] CAROTHERS, W. H., u. Mitarbeiter: Journ. Amer. Chem. Soc. **51**, 2548, 2560 (1929); **52**, 314, 711, 3292, 5279, 5289 (1930).

[2] STAUDINGER, H.: Ber. Dtsch. Chem. Ges. **59**, 3019 (1926).

[3] STAUDINGER, H.: Ztschr. f. angew. Ch. **42**, 69 (1929).

*schaften der hochpolymeren Verbindungen zu verstehen, ist es also die wichtigste Aufgabe, den Polymerisationsgrad x festzustellen und damit die Molekülgröße zu bestimmen*; denn die hochmolekularen Eigenschaften, z. B. die Festigkeit, die Quellung, die Eigenschaften der kolloiden Lösung ändern sich stark mit dem Polymerisationsgrad. Die Kenntnis der Molekülgröße ist deshalb von der größten Bedeutung sowohl für die Beurteilung der in der Natur vorkommenden hochmolekularen Produkte wie auch der vielen hochmolekularen Stoffe, die in der Technik verarbeitet werden.

Nachdem die Molekülgröße bestimmt ist, ist es eine weitere Aufgabe, die genaue Anordnung sämtlicher Atome, vor allem die Endgruppen der langen Fadenmoleküle, festzustellen, da gerade die Endgruppen für die Reaktionen des Moleküls bestimmend sein können[1]. Diese letztere, schwierige Aufgabe ist bisher nur in wenigen Fällen gelöst worden. Die vorliegenden Untersuchungen beschäftigen sich hauptsächlich mit der Frage der Bestimmung des Polymerisationsgrades, also der Größe des Wertes $x$.

## III. Definition des Molekülbegriffs bei homöopolaren, heteropolaren und koordinativen organischen Verbindungen.

Da die wichtigste Frage bei der Konstitutionsaufklärung der hochmolekularen Verbindungen darin besteht, deren Molekulargewicht zu ermitteln, so ist es vor allem notwendig, genau zu definieren, was unter dem Molekulargewicht einer hochmolekularen Verbindung verstanden werden soll. Viele Diskussionen und Meinungsverschiedenheiten über den Bau der hochmolekularen Verbindungen sind dadurch entstanden, daß dieser grundlegende Begriff nicht richtig formuliert wurde.

Die organischen Verbindungen kann man in 3 Gruppen einteilen: 1. die homöopolaren, 2. die heteropolaren und 3. die koordinativen Verbindungen. Bei den homöopolaren Stoffen *umfaßt das Molekül alle Atome, die durch normale Kovalenzen gebunden sind*[2]. Die Summe der Gewichte der so gebundenen Atome ist das normale Molekulargewicht der homöopolaren Verbindungen. So enthält z. B. Kautschuk Moleküle von der Zusammensetzung $(C_5H_8)_{1000}$, es sind also in einem solchen Molekül 13000 Atome durch normale Kovalenzen gebunden; das normale Molekulargewicht dieses Kautschuks ist 68000. Das größte Molekül, das bis jetzt erhalten worden ist, ist dasjenige eines Polystyrols von der Zusammensetzung $(C_8H_8)_{6000}$; das Molekulargewicht beträgt hier 600 000, und es sind in diesem Molekül rund 100000 Atome durch normale Kovalenzen gebunden. Auch ein Diamant stellt nach dieser Definition ein sehr großes Molekül dar, da in ihm alle Kohlenstoffatome durch normale Kovalenzen gebunden sind [3].

In den heteropolaren organischen Verbindungen sind im Anion und Kation die Atome durch normale Kovalenzen gebunden, während Anion und Kation unter sich durch Elektrovalenzen in Verbindung stehen. Das Molekül solcher Stoffe stellt also die Summe der durch normale Kovalenzen und Elektrovalenzen gebundenen Atome dar, also sämtlicher Atome, die durch Hauptvalenzen verbunden sind.

---

[1] Vgl. Erster Teil, H. II.

[2] Vgl. H. STAUDINGER: Liebigs Ann. **474**, 149 (1929).

[3] Vgl. über Fehler im Krystallbau A. SMEKAL: Ztschr. Physik **55**, 289 (1929); Ztschr. angew. Chem. **42**, 489 (1929); Ztschr. f. Elektrochem. **35**, 567 (1929).

Dieser Molekülbegriff läßt sich sowohl auf die niedermolekularen wie auf die höchstmolekularen Verbindungen anwenden: gerade so wie das essigsaure Natron das Molekulargewicht 82 hat, so hat ein polyacrylsaures Natron vom Polymerisationsgrad $x$ das Molekulargewicht

$$\begin{bmatrix} -CH_2-CH- \\ | \\ COONa \end{bmatrix}_x = 94 \cdot x$$

Ein polyacrylsaures Natron vom Polymerisationsgrad 200 hat also das Molekulargewicht 18800. Es enthält ein 200 wertiges Anion. Diese hochwertigen Anionen und Kationen hochmolekularer Verbindungen werden als *Polyanionen* und *Polykationen* bezeichnet.

Organische koordinative Verbindungen (organische Molekülverbindungen) sind vor allem in den letzten zwei Jahrzehnten genauer untersucht worden[1]. Sie entstehen durch Vereinigung von normalen Molekülen durch koordinative Kovalenzen (Nebenvalenzen). Bei diesen koordinativen Verbindungen kann man 2 Gruppen unterscheiden. Es gibt Nebenvalenzverbindungen, in denen gleiche, normale Moleküle koordinativ gebunden sind. Beispiele dafür sind das Wasser, die Alkohole, die Amine, die organischen Säuren und Säureamide. Diese Verbindungen sollen als *isokoordinative Verbindungen* bezeichnet werden. Es können aber Nebenvalenzverbindungen auch dadurch entstehen, daß sich zwei ungleiche, normale Moleküle vereinigen; so sind z. B. Pikrate, Oxonium- und Ammoniumsalze konstituiert. Diese Verbindungen sollen als *heterokoordinative Verbindungen*[2] bezeichnet werden. Diese heterokoordinativen Verbindungen hat man bisher immer als Nebenvalenzverbindungen angesprochen, während die isokoordinativen Verbindungen auch als Assoziate bezeichnet wurden. So sprach man z. B. von der Assoziation des Wassers. Nach der hier vorgeschlagenen Nomenklatur ist das flüssige Wasser eine isokoordinative Verbindung.

Der Grund dafür, daß die Bezeichnung nicht einheitlich ist, liegt darin, daß die Zusammensetzung der koordinativen Moleküle eine unterschiedliche ist. Bei einer ganzen Reihe von heterokoordinativen wie auch von isokoordinativen Verbindungen treten die normalen Moleküle in einem einfachen Zahlenverhältnis zusammen. Bei den Alkoholen und Säuren sind die koordinativen Moleküle aus zwei normalen Molekülen gebildet. Z. B. sind die koordinativen Moleküle der Säuren so beständig, daß sie auch unverändert in Lösung gehen. Durch kryoskopische Bestimmungen ermittelt man hier nicht das normale Molekulargewicht, sondern das koordinative[3]. Ebenso lassen Viscositätsmessungen das Vorliegen von koordinativen Molekülen erkennen[4]. Die isokoordinativen Moleküle des Wassers sind aber labiler und komplizierter gebaut, als die der Säuren, und werden deshalb als Assoziate bezeichnet.

Die andersartigen Verhältnisse beim Wasser lassen sich folgendermaßen verstehen. Die einfachen Äther liefern keine isokoordinativen Verbindungen,

[1] Vgl. P. PFEIFFER: Organische Molekülverbindungen. 2. Aufl. Verlag Ferdinand Enke 1927.

[2] Vgl. auch die heterokoordinativen Verbindungen aus Desoxycholsäure und Fettsäuren, H. WIELAND und H. SORGE: Ztschr. f. physiol. Ch. **97**, 1 (1916); REINBOLDT, H.: Liebigs Ann. **451**, 256 (1927); **473**, 249 (1929) — Ztschr. f. physiol. Ch. **180**, 180 (1929).

[3] TRAUTZ, M., u. W. MOSCHEL: Ztschr. f. anorg. u. allg. Ch. **155**, 13 (1926).

[4] STAUDINGER, H., u. E. OCHIAI: Ztschr. f. physik. Ch. (A) **158**, 45 (1931).

Alkohole und Säuren, also Verbindungen mit einem Wasserstoffatom am Sauerstoffatom, liefern koordinative Verbindungen aus zwei normalen Molekülen. Es ist darum wahrscheinlich, daß das Wasser, das zwei Wasserstoffatome an einem Sauerstoffatom gebunden hat, zu beiden Seiten ein weiteres Wassermolekül koordinativ binden kann. Da diese Wassermoleküle wieder weitere Wassermoleküle koordinativ binden können, so kommt es zur Ausbildung eines *polymeren, isokoordinativen Wassermoleküls*[1,2].

Bei organischen Verbindungen, die mehrere Hydroxylgruppen tragen, kann jede Hydroxylgruppe eine koordinative Bindung betätigen. So kann es bei den Polyhydroxylverbindungen, Polycarbonsäuren und Oxycarbonsäuren zu kompliziert gebauten Verbindungen kommen. Über die Zusammensetzung dieser koordinativen Moleküle und ihr Verhalten in Lösung ist bis jetzt nichts bekannt. Wahrscheinlich werden Viscositätsuntersuchungen auch hier einen Einblick geben.

Man hat also besonders bei hochmolekularen Stoffen zu beachten, daß verschiedene Arten von Molekülen zu unterscheiden sind: normale Moleküle, bei denen alle Atome durch Hauptvalenzen gebunden sind und koordinative Moleküle, an deren Aufbau sich Hauptvalenzen und Nebenvalenzen beteiligen.

## IV. Hochmolekulare Stoffe sind Gemische von Polymerhomologen.

Es existiert ein prinzipieller Unterschied zwischen hoch- und niedermolekularen Verbindungen in bezug auf Bearbeitung und Charakterisierung. Ein niedermolekularer Stoff läßt sich durch chemische Umsetzungen als reine und einheitliche Verbindung gewinnen, so daß alle Moleküle gleichen Bau und gleiche Größe haben. Gemische von niedermolekularen Stoffen lassen sich durch chemische Methoden trennen, wenn die einzelnen Bestandteile ganz verschiedene Eigenschaften haben. Liegt ein Gemisch homologer Verbindungen vor, also ein Gemisch von Verbindungen mit gleichen chemischen Eigenschaften, aber Unterschieden in der Molekülgröße, so läßt sich ein solches Gemisch durch Destillation oder Krystallisation oder fraktionierendes Behandeln mit Lösungsmitteln ebenfalls in einzelne chemische Individuen zerlegen. Diese physikalischen Methoden sind allerdings nur dann erfolgreich, wenn die Unterschiede im Gewicht der Moleküle eines Gemisches genügend groß sind. Deshalb sind Gemische von homologen Verbindungen bekanntlich um so schwerer zu trennen, je höhermolekular diese Verbindungen sind; denn die Gewichtsunterschiede zweier benachbarter Vertreter werden mit steigendem Molekulargewicht immer geringer. In der folgenden Tabelle 2 sind die Gewichtsunterschiede zwischen benachbarten Paraffinen bezogen auf das Gewicht des niedrigermolekularen Produktes, in Prozenten angegeben. Da sich das Gewicht des Paraffinmoleküls $C_{100}H_{202}$ von dem des folgenden nur um 1% unterscheidet, so ist die Trennung eines Gemisches dieser beiden kaum zu erreichen, während ein Gemisch von Äthan und Propan sich sehr leicht durch fraktionierte Destillation trennen läßt.

---

[1] Auch die hohe Viscosität des Wassers; ebenso ist die große Temperaturabhängigkeit der Viscosität durch den leichten Zerfall der polymeren Wassermoleküle bedingt.

[2] Über polymere Wassermoleküle vgl. z. B. M. P. Applebey, Journ. chem. Soc. London **97**, 2000 (1910); W. R. Bousfield, Journ. chem. Soc. London **107**, 1781 (1915); ferner W. Madelung, Liebigs Ann. **427**, 72 (1922).

Tabelle 2.

Die Trennungsmöglichkeit in der homologen Reihe der Paraffine.

| $\dfrac{CH_4}{C_2H_6}$ | $\dfrac{C_2H_6}{C_3H_8}$ | $\dfrac{C_3H_8}{C_4H_{10}}$ | $\dfrac{C_4H_{10}}{C_5H_{12}}$ | $\dfrac{C_5H_{12}}{C_6H_{14}}$ | $\dfrac{C_{10}H_{22}}{C_{11}H_{24}}$ | $\dfrac{C_{50}H_{102}}{C_{51}H_{104}}$ | $\dfrac{C_{100}H_{202}}{C_{101}H_{204}}$ |
|---|---|---|---|---|---|---|---|
| 87,5% | 47% | 32% | 24% | 19,5% | 9,8% | 2,0% | 1,0% |

Ganz ähnliche Verhältnisse wie bei hochmolekularen Paraffinen und überhaupt bei Gemischen homologer Substanzen liegen auch bei den Hochpolymeren vor[1]. Bei der Synthese von Hochpolymeren durch Polymerisation von niedermolekularen Verbindungen entstehen nicht einheitliche Substanzen, sondern Gemische Polymerhomologer. Wenn man also die Polymerisationsbedingungen so wählt, daß ein Produkt vom Polymerisationsgrad 100 entsteht, so bilden sich dabei auch die Produkte vom Polymerisationsgrad 101, 102 usw. resp. 99, 98 usw., da die Unterschiede in den Bildungsbedingungen sehr gering sind. Ebenso erhält man bei der Spaltung der hochmolekularen Stoffe stets Gemische von polymerhomologen Abbauprodukten. Wenn man z. B. Kautschuk vom Polymerisationsgrad 1000 durch Erhitzen spaltet und die Temperatur so hoch wählt, daß sich ein Polypren vom Polymerisationsgrad 100 bildet, dann entsteht dieses nicht allein, sondern auch die nächsthöheren und -niederen Polymerhomologen. Aus solchen Gemischen Polymerhomologer lassen sich keine einheitlichen Stoffe herstellen; denn infolge der Größe der Moleküle sind die Gewichtsunterschiede zwischen den einzelnen Molekülen zu gering, als daß sich darauf eine Trennung durch physikalische Methoden begründen ließe. Ein Polypren vom Molekulargewicht 6800 ist von einem solchen mit dem Molekulargewicht 6868 natürlich außerordentlich wenig unterschieden.

*Moleküle einer solchen Größe*, bei der benachbarte homologe oder polymerhomologe Glieder sich in ihrem Gewicht so wenig unterscheiden, daß die Trennung des Gemisches nicht durchführbar ist, werden als *Makromoleküle* bezeichnet. Bei Stoffen, die aus Makromolekülen aufgebaut sind, kann man infolgedessen nicht von einem Molekulargewicht sprechen, sondern nur von einem *Durchschnittsmolekulargewicht*. Trotzdem kann man Gemische solcher polymerhomologer Stoffe als einheitliche Stoffe bezeichnen, und zwar als *polymereinheitliche*[2], weil die einzelnen Moleküle das gleiche Bauprinzip und nur eine verschiedene Kettenlänge haben. Geradeso spricht man auch von einem reinen Paraffin, wenn das Produkt aus einem Gemisch von normalen Paraffinkohlenwasserstoffen, also Kohlenwasserstoffen gleichen Baues, aber verschiedener Kettenlänge, besteht. Der Übergang zwischen Makromolekülen und gewöhnlichen Molekülen ist natürlich kein scharfer, da sie ja gleich gebaut sind und es bei Gemischen relativ niedermolekularer, homologer wie polymerhomologer Stoffe nur auf die analytische Sorgfalt ankommt, ob man solche Gemische in Produkte mit völlig einheitlichen Molekülen zerlegen kann oder nicht.

Da die hochpolymeren Stoffe aus einem Gemisch von Polymerhomologen bestehen, so resultiert eine Schwierigkeit in der Bearbeitung und Charakterisierung dieser Produkte. Bei einheitlichen niedermolekularen Stoffen sind die physikalischen Eigenschaften und ihr chemisches Verhalten reproduzierbar; denn alle

---

[1] Vgl. H. Staudinger: Ber. Dtsch. Chem. Ges. **59**, 3022 (1926).
[2] Staudinger, H.: Liebigs Ann. **474**, 155 (1929).

Moleküle haben gleichen Bau und müssen daher auch gleiches Verhalten zeigen. Allerdings ist diese ideale Forderung praktisch schwer zu erfüllen. Häufig sind in einer scheinbar reinen Verbindung geringe Mengen von Fremdsubstanzen vorhanden, die gewisse physikalische und chemische Eigenschaften des Stoffes beeinflussen. Bei den gewöhnlichen chemischen Untersuchungen macht sich ein solcher Anteil von Fremdmolekülen in der Regel nicht bemerkbar, aber gewisse Umsetzungen wie z. B. Polymerisationsprozesse, ebenso Autoxydationsprozesse können durch solche Verunreinigungen katalytisch beschleunigt oder gehemmt werden. So ist z. B. die Polymerisationsgeschwindigkeit scheinbar reiner Styrolpräparate eine ganz verschiedene, je nach dem Sauerstoffgehalt, wenn derselbe sich analytisch auch nicht direkt nachweisen läßt[1]. Für die gewöhnlichen Umsetzungen eines reinen Stoffes sind, wie gesagt, solche geringen Beimengungen ohne Einfluß, ebenso werden die meisten physikalischen Eigenschaften dadurch nicht merklich verändert. So kann man einen niedermolekularen einheitlichen Stoff reproduzierbar charakterisieren, und es gilt für diese einheitlichen Stoffe der Satz von W. OSTWALD[2]: „Stimmen zwei Stoffe in einigen Eigenschaften überein, so tun sie dies in bezug auf alle anderen Eigenschaften gleichfalls." Diese Erfahrung ist grundlegend für die ganze analytische Chemie.

Ganz andere Verhältnisse liegen bei der Charakterisierung und Identifizierung von hochmolekularen Verbindungen vor. Es ist praktisch wohl kaum möglich, daß man ein solches Gemisch von Polymerhomologen, in dem 10, 100 oder noch mehr Molekülarten, die sich durch ihre Länge unterscheiden, enthalten sind, bei einer Wiederholung des Versuches völlig gleichartig herstellen kann. Die Eigenschaften eines solchen Gemisches ändern sich aber sehr stark, je nach dem Gehalt an hoch- und niedermolekularen Produkten. Wenn z. B. zwei Abbauprodukte des Kautschuks genau den gleichen Durchschnittspolymerisationsgrad 100, also das Molekulargewicht 6800 haben, so brauchen damit die sonstigen Eigenschaften der beiden Stoffe noch nicht übereinzustimmen. So kann z. B. die Viscosität von gleichkonzentrierten Lösungen dieser Stoffe sich sehr erheblich unterscheiden, da sie von der Moleküllänge der einzelnen Komponenten des Gemisches abhängt. Wenn also der Gehalt an hoch- und niedermolekularen Stoffen in zwei Produkten ein verschiedener ist, so ist es möglich, daß sie in anderen Eigenschaften erhebliche Differenzen aufweisen, trotzdem sie in ihrem Durchschnittsmolekulargewicht[3] übereinstimmen. Versuche an Hochpolymeren sind deshalb nicht genau reproduzierbar. Man beobachtet schon bei relativ einfach gebauten hochmolekularen Körpern, wie z. B. dem Polyoxymethylen, eine Fülle von verschiedenartigen Erscheinungen, die durch kleine Unterschiede im Stoffgemisch bedingt sind. Ein noch viel mannigfaltiger wechselndes Verhalten wird man demnach bei den kompliziert gebauten hochmolekularen Naturstoffen erwarten können. Diese Schwierigkeit der Identifizierung der hochmolekularen Stoffe hat vielfach von der Untersuchung derselben abgeschreckt, da der Chemiker gewohnt war, mit reinen und einheitlichen Stoffen zu arbeiten.

Die Aussage, daß die hochpolymeren Verbindungen Gemische von Polymerhomologen darstellen, gilt allerdings nur für die synthetischen Polymeren und

---

[1] Unveröffentlichte Versuche von W. FROST.

[2] OSTWALD, W.: Wissenschaftliche Grundlagen der analytischen Chemie. 2. Aufl. S. 3.

[3] Gemeint ist hier das kryoskopische resp. osmotische Durchschnittsmolekulargewicht.

die Abbauprodukte der hochmolekularen Naturprodukte. Es ist nicht ausgeschlossen, daß die Natur große Moleküle einer ganz bestimmten Länge herstellen kann. So baut möglicherweise jede Pflanze Cellulosemoleküle einer einheitlichen Größe, die sich von Cellulosemolekülen einer anderen Pflanzenart evtl. in der Länge unterscheiden können. Ebenso ist es möglich, daß der natürliche Kautschuk und die Balata völlig einheitliche Stoffe sind[1]. Synthetisch sind hochmolekulare Stoffe mit einheitlich langen Molekülen bisher nicht zugänglich. Alle reinen Cellulosepräparate des Laboratoriums, ebenso der gereinigte Kautschuk und die gereinigte Balata sind Gemische von Polymerhomologen, da beim Aufarbeiten und Reinigen der Naturstoffe ein Abbau dieser empfindlichen Moleküle nicht zu vermeiden ist; die teilweise abgebauten Moleküle lassen sich von den ursprünglichen natürlich nicht trennen. Also auch beim Arbeiten mit den Naturprodukten hat man es immer mit einem Gemisch von Polymerhomologen zu tun.

## V. Polymerisation, Assoziation, Micellbildung, Aggregation, Schwarmbildung.

In der Literatur der hochmolekularen Stoffe werden diese Begriffe häufig von den einzelnen Autoren in verschiedener Weise gebraucht, z. B. wurde von Aggregation und Desaggregation, Polymerisation und Depolymerisation des Kautschuks gesprochen, ohne daß damit genau bezeichnet wurde, was unter diesen Begriffen verstanden werden soll. Es ist darum wichtig, dieselben genau zu definieren.

### 1. Polymerisation.

Der Begriff Polymerisation wurde früher in der Chemie häufig nicht richtig verwandt; so bezeichnete z. B. HOLLEMANN[2] als Polymerisation solche Vorgänge, bei denen zwei oder mehrere Moleküle eines Stoffes in der Weise verkettet werden, daß diese wieder daraus regeneriert werden können. Gerade dieses Kriterium ist für den Polymerisationsprozeß nicht wesentlich. Die Polymerisationsprodukte können je nach ihrer Konstitution einen ganz verschiedenen Grad der Zersetzlichkeit aufweisen, ohne daß glatte Depolymerisation zu den monomolekularen Körpern eintritt. Letzteres wird nicht nur von der Beständigkeit des Polymerisationsproduktes abhängig sein, sondern auch von der Stabilität der monomeren Verbindung. *Als Polymerisation bezeichnet man die Vereinigung zweier oder mehrerer Moleküle einer Verbindung zu einem Produkt von gleichprozentiger Zusammensetzung*, also einem Vielfachen ihres Molekulargewichtes[3]. Dabei kann man zwei Arten von Polymerisation unterscheiden, je nachdem die Bindung der einzelnen Moleküle durch normale oder durch koordinative Kovalenzen erfolgt. Ein normales Polymerisationsprodukt entsteht aus einem monomeren Körper dadurch, daß die Moleküle desselben durch normale Kovalenzen gebunden werden; bei einem koordinativen Polymerisationsprodukt werden dagegen die Grundmoleküle durch koordinative Kovalenzen verkettet. *Depolymerisation ist die Zerlegung polymerer Moleküle in die monomeren.* Die Depolymerisation normaler Polymerisationsprodukte verläuft, wie gesagt, ganz verschieden, je nach der Beständigkeit des Polymerisationsproduktes und der

---

[1] Vgl. H. STAUDINGER u. H. F. BONDY: Ber. Dtsch. Chem. Ges. **63**, 727 (1930).
[2] HOLLEMANN: Lehrbuch der organischen Chemie. 13. Aufl. S. 115. 1918.
[3] Vgl. H. STAUDINGER: Ber. Dtsch. Chem. Ges. **53**, 1074 (1920) — Kautschuk **1**, 8 (1925).

monomeren Verbindung, und ist in manchen Fällen, wie z. B. beim Polyvinylbromid und Polyäthylenoxyd nicht durchführbar.

Koordinative Polymerisationsprodukte sind in allen Fällen leicht zu depolymerisieren, da ja die Bindung der einzelnen Grundmoleküle durch koordinative Kovalenzen lange nicht so fest ist wie die durch normale Kovalenzen.

Bei den normalen Polymerisationsprozessen lassen sich zwei verschiedene Gruppen unterscheiden.

a) Es gibt normale Polymerisationsprozesse, bei denen das entstehende Polymerisationsprodukt die gleiche Bindungsart der Atome wie das Grundmolekül hat. Beispiele hierfür sind die Bildung des Hexaphenylaethans aus Triphenylmethyl, des Trioxymethylens aus Formaldehyd, der Cyclobutandionderivate aus Ketenen. Hierher gehören ferner die Bildung des Eupolyoxymethylens aus Formaldehyd[1], die Bildung des Eupolystyrols aus Styrol[2]. Diese Polymerisationsprozesse sollen als *echte Polymerisationsprozesse* bezeichnet werden, die entstehenden Polymerisationsprodukte als echte Polymerisationsprodukte.

b) Bei einer zweiten Gruppe von Polymerisationsprozessen tritt bei der Bildung des polymeren Körpers aus dem Monomeren eine Atomverschiebung ein, in der Regel eine Wasserstoffwanderung. Das Polymerisationsprodukt weist nicht mehr die ursprüngliche Bindungsart der Atome des monomeren Körpers auf. Hierher gehört die Polymerisation des Formaldehyds zu Glykolaldehyd und den Zuckern, die Aldolpolymerisation, die Bildung von Distyrol[3] aus Styrol, von Diacrylester[4] aus Acrylester. Diese Polymerisationsarten sollen als *kondensierende Polymerisationsprozesse* bezeichnet werden[5]. Sie verlaufen analog den eigentlichen Kondensationsprozessen, bei denen Moleküle verschiedener Zusammensetzung in ähnlicher Weise vereinigt werden. Polymerisationsprodukte, bei denen im polymerisierten Körper nicht mehr die ursprüngliche Bindung der Atome des Monomeren erhalten ist, stellen kondensierte Polymerisationsprodukte dar. So kann die Polymerisation des Acetaldehyds zu Aldol mit der Kondensation von Acetaldehyd mit Aceton verglichen werden.

Dabei ist interessant, daß durch einen kondensierenden Polymerisationsprozeß, also durch Polymerisation unter Wasserstoffwanderung, auch echte Polymerisationsprodukte erhalten werden können; z. B. entsteht das $\alpha$-Polyoxymethylen dadurch, daß sich an ein Molekül Methylenglykol in fortlaufender Reihe monomere Formaldehydmoleküle anlagern (vgl. zweiter Teil, B. IV. 1 b).

Sowohl bei den echten wie bei den kondensierenden Polymerisationsprozessen entstehen je nach dem Charakter der Monomeren und je nach den Polymerisa-

---


[1] Vgl. Zweiter Teil, B. IV. 3 a.

[2] Auf diese letzteren Polymerisationsprozesse wird noch später eingegangen, vgl. Erster Teil, H. III. 3.; denn es ist die Einschränkung zu machen, daß bei der Endgruppenbildung der langen Fadenmoleküle eine Atomverschiebung eintritt.

[3] STOBBE, H., u. POSNJAK: Liebigs Ann. **371**, 287 (1909).

[4] H. v. PECHMANN u. O. RÖHM: Ber. Dtsch. Chem. Ges. **34**, 427 (1901).

[5] Vgl. dazu auch W. H. CAROTHERS: Journ. Amer. Chem. Soc. **51**, 2548 (1929), der zwischen Additionspolymeren = echten Polymerisationsprodukten und Kondensationspolymeren unterscheidet. Ferner TH. WAGNER-JAUREGG: Ber. Dtsch. Chem. Ges. **63**, 3213 (1930). Vgl. dazu H. STAUDINGER: Ber. Dtsch. Chem. Ges. **53**, 1074 (1920).

tionsbedingungen dimolekulare, trimolekulare oder höhermolekulare Stoffe. Die sehr hochmolekularen Stoffe, bei denen 1000 und mehr Grundmoleküle im Polymeren durch normale Kovalenzen gebunden sind, entstehen synthetisch nur durch echte Polymerisationsprozesse, nicht aber durch kondensierende; denn die Kondensationsfähigkeit nimmt mit wachsender Molekülgröße ab und hört schließlich ganz auf, so daß hierbei nur relativ niedermolekulare Polymere sich bilden können.

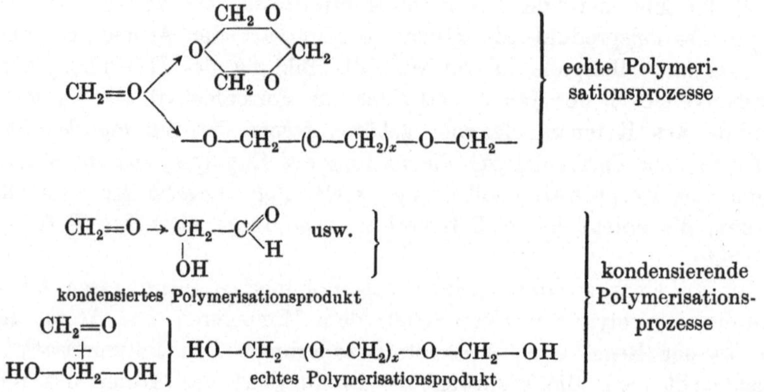

$$CH_2=O \Bigg\langle \begin{array}{c} \text{(Ring: } CH_2\text{—}O\text{—}CH_2\text{...}O\text{)} \\[4pt] -O-CH_2-(O-CH_2)_x-O-CH_2- \end{array} \Bigg\}\ \text{echte Polymerisationsprozesse}$$

$$CH_2=O \rightarrow \underset{\underset{OH}{|}}{CH_2}-C{\displaystyle \diagup^{O}_{\diagdown H}}\quad \text{usw.} \Bigg\}$$
kondensiertes Polymerisationsprodukt

$$\left.\begin{array}{c} CH_2=O \\ + \\ HO-CH_2-OH \end{array}\right\}\ HO-CH_2-(O-CH_2)_x-O-CH_2-OH$$
echtes Polymerisationsprodukt

$$\Bigg\}\ \text{kondensierende Polymerisationsprozesse}$$

Über koordinative Polymerisationsprodukte ist relativ wenig bekannt; sie können dimolekular und höhermolekular sein. Genau bekannt sind nur die dimolekularen Polymerisationsprodukte der Monocarbonsäuren, deren Moleküle in organischen Lösungsmitteln nicht als normale Moleküle, sondern als koordinative Moleküle gelöst sind[1]. Ob Polyhydroxylverbindungen (in gleicher Weise Polyamine) höhermolekulare koordinative Polymerisationsprodukte bilden, ist noch nicht untersucht. Dagegen stellt das flüssige Wasser ein höhermolekulares koordinatives Polymerisationsprodukt dar[2].

Es sei hier bemerkt, daß in den letzten Jahren die verschiedensten Auffassungen über die Konstitution der Hochpolymeren geäußert wurden. Einige Forscher wie KARRER, BERGMANN, HESS, PUMMERER glaubten, daß sie aus kleinen Bausteinen aufgebaut seien, während sie tatsächlich Makromoleküle enthalten. Wenn man auf Grund der gegebenen Nomenklatur die verschiedenen Ansichten unterscheiden soll, so glaubten die genannten Forscher, die Hochpolymeren seien koordinative Polymerisationsprodukte, während sie tatsächlich normale Polymerisationsprodukte sind. Für die Beurteilung des Baues und der Eigenschaften der hochpolymeren Stoffe ist natürlich diese Unterscheidung eine sehr wesentliche, da sich beide Gruppen weitgehend in der Beständigkeit unterscheiden. Denn die Energiebeträge, die bei einer koordinativen Bindung zweier Atome frei werden, sind viel geringer als diejenigen, die bei einer Bindung der Atome durch Hauptvalenzen frei werden.

---

[1] Vgl. A. J. LANGMUIR: Journ. Amer. Chem. Soc. **39**, 1848 (1917). — TRILLAT, J.: C. r. d. l'Acad. des sciences **180**, 1329, 1838 (1925). — TRAUTZ, M., u. W. MOSCHEL: Anorg. Chemie **155**, 13 (1926). — STAUDINGER, H., u. E. OCHIAI: Ztschr. f. physik. Ch. (A) **158**, 45 (1931).

[2] Vgl. Erster Teil, A. III.

## 2. Assoziation.

Bei der Bildung von koordinativen Polymerisationsprodukten treten die normalen Moleküle in einfachem stöchiometrischem Verhältnis zusammen, wenn in denselben nur ein Atom enthalten ist, das zur Bildung koordinativer Moleküle Anlaß gibt. Sind natürlich, wie es bei den Hochpolymeren der Fall sein kann, im Molekül viele Atome vorhanden, die zu koordinativen Bindungen fähig sind, liegt also eine Polyhydroxylverbindung vor, eine Polycarbonsäure oder ein Polyamin, so kann das koordinative Molekül auch viel komplizierter zusammengesetzt und durch Zusammenlagern zahlreicher Einzelmoleküle entstanden sein. Normale Moleküle ohne solche Gruppen, die zu koordinativen Bindungen befähigt sind, können sich auch durch VAN DER WAALSsche Kräfte in konzentrierter Lösung zu größeren „Molekülhaufen" vereinigen. Da die Kräfte, die die Moleküle in einem „Molekülhaufen" zusammenhalten, sehr gering sind, so wird eine solche Molekülvereinigung sehr unbeständig sein, und es werden sich keine einfachen stöchiometrischen Verhältnisse bei der Bildung erkennen lassen. In einfachen stöchiometrischen Verhältnissen vereinigen sich nur solche Moleküle, bei denen ein oder mehrere Atome vor den anderen durch starke Dipolmomente ausgezeichnet sind.

Die Molekülvereinigungen, die in den konzentrierten Lösungen eines jeden homöopolaren Körpers vorliegen, sollen als *Assoziationen* bezeichnet werden. Über die Größe dieser „Molekülhaufen" hat man heute noch keine Kenntnis. Man weiß z. B. nicht, ob bei einem bestimmten Stoff in konzentrierten Lösungen „Molekülhaufen" einer bestimmten Größe entstehen, und ob dieselben stets gleiche Größe besitzen[1], oder ob sie sich mit der Konzentration einer Lösung kontinuierlich ändern.

Da die Kräfte, die solche „Molekülhaufen" zusammenhalten, sehr gering sind, so werden diese Assoziationen durch Temperaturerhöhung leicht zerstört. Wie später gezeigt werden soll, lassen sich Assoziationen an Viscositätsänderungen der Lösungen bei Temperaturerhöhung leicht erkennen.

Die Tendenz zu Assoziationen nimmt mit steigender Größe des Moleküls zu, wie man aus zahlreichen Erfahrungen in der organischen Chemie weiß.

## 3. Micellbildung.

Eine besondere Art der Assoziation kleiner Moleküle stellt die Micellbildung dar. Sie tritt ein, wenn heteropolare organische Verbindungen mit einem höhermolekularen Kation resp. Anion in Wasser gelöst werden[2]. Die relativ hochmolekularen organischen Reste sind lyophob, die Ionen dagegen lyophil. Durch die Micellbildung werden die lyophoben organischen Reste vor dem Wasserzutritt geschützt. Es lagern sich z. B. bei der Bildung der Seifenmicellen die langen Ketten der Fettsäuren derart zusammen, daß im Innern der Micellen die organischen Reste vorhanden sind, während an den Oberflächen sich die lyophilen

---

[1] Dafür könnten eine Reihe von Erfahrungen sprechen, vgl. z. B. J. TRAUBE: Ztschr. f. physik. Ch. (A) **138**, 85 (1928) — Ztschr. f. Elektrochem. **35**, 626 (1929).

[2] Dabei darf das höhermolekulare Ion nur eine oder wenige Ionenladungen haben. Die Seifen unterscheiden sich so von dem polyacrylsauren Natrium, das ein Polyanion besitzt.

Ionen befinden[1]. Die Löslichkeit der Micelle in Wasser wird also durch die
Ionen an der Oberfläche bedingt. Die Größe der Micellen hängt ab von der Länge
der Ketten, z. B. der der Fettsäurereste, und der Größe der VAN DER WAALSschen
Kräfte, die zwischen diesen Ketten herrschen. Zur Micellbildung sind aber nicht
nur die langen Ketten, sondern vor allem auch die Ionenladungen notwendig.
Die Micellen sind also elektrisch geladene Kolloidteilchen, die polywertige
Anionen oder Kationen haben. Damit es zur Micellbildung kommt, ist ein gewisses Verhältnis der langen Kette zu der Ionenladung notwendig. Sind die
Ketten noch kurz, so sind die Salze normal löslich, wie es bei den niederen
Fettsäuren der Fall ist. Sind dagegen die Ketten sehr lang, wie es bei hochmolekularen Säuren der Fall ist, dann kann es zu einer Micellbildung nicht
mehr kommen, da die Säuren zu schwach sind und ihre Salze hydrolysiert
werden. Trägt eine lange Kette sehr viele Ionenladungen, wie es beim polyacrylsauren Natron der Fall ist, dann löst sich ein solches Salz normal, wie eine
niedermolekulare Verbindung, ohne daß Micellbildung eintritt.

### 4. Aggregation.

Micellen, ebenso Kolloidteilchen von Suspensoiden und Emulsoiden können
sich zu größeren Komplexen zusammenlagern. Dies hat man z. B. beim Vanadinpentoxyd beobachtet. Eine Zusammenlagerung derartiger Kolloidteilchen zu
größeren Komplexen soll als *Aggregation* bezeichnet werden, die Zerstörung von
solchen Komplexen als *Desaggregation*.

Lagern sich dagegen die Kolloidteilchen von Molekülkolloiden zusammen,
so ist dies eine Assoziation, da ja hier die Kolloidteilchen Makromoleküle sind.

Die Vereinigung der Kolloidteilchen zu Aggregaten kann durch koordinative
Kovalenzen oder durch Oberflächenkräfte bewirkt werden. Sie erfolgt *nicht*
durch Hauptvalenzen, denn eine solche Vereinigung würde ja eine Polymerisation
darstellen und führte von kleineren Molekülen zu größeren.

### 5. Schwarmbildung.

In der Lösung einer heteropolaren Verbindung bilden sich Ionenhaufen
derart, daß sich ein Anion mit Kationen umgibt und umgekehrt. Diese Ionenhaufen sollen als *Schwarmbildung* bezeichnet werden. Bei hochmolekularen
heteropolaren Verbindungen treten durch die interionischen Kräfte zwischen den
polywertigen Ionen besonders komplizierte Verhältnisse ein[2], die beim polyacrylsauren Natron genauer untersucht sind.

### VI. Definition der hochmolekularen Verbindungen.

Früher bezeichnete man eine Reihe von unlöslichen oder kolloidlöslichen
Naturprodukten oder synthetischen Stoffen als hochmolekular, da analog gebaute
niedermolekulare Stoffe sich normal lösen. Die Unlöslichkeit bzw. die Kolloidlöslichkeit sind aber keine einwandfreien Kriterien für die hochmolekulare Natur

---

[1] Vgl. die Arbeiten von P. A. THIESSEN u. Mitarbeiter: Ztschr. f. physik. Ch. (A) **156**,
309, 435, 457 (1931). Vgl. vor allem die zahlreichen Arbeiten von MCBAIN, ferner
A. S. C. LAWRENCE: Kolloid-Ztschr. **50**, 12 (1930).

[2] Vgl. Zweiter Teil, D. I. 3.

eines Stoffes. Ein kolloidlöslicher Stoff kann auch aus kleinen Molekülen aufgebaut sein, wie z. B. die Seifen zeigen. Zudem braucht eine unlösliche Verbindung nicht hochmolekular zu sein; so hat z. B. das unlösliche Polycyclopentadien[1] nur den Polymerisationsgrad 6, ist also ein niedermolekularer Stoff, der nur infolge der blättchenförmigen Gestalt seiner Moleküle unlöslich ist.

Die Moleküle der hochmolekularen Verbindungen, sowohl der Naturprodukte wie der synthetischen Hochpolymeren, haben, soweit ihre Konstitution aufgeklärt ist, ein gemeinsames Bauprinzip: es sind lange Fadenmoleküle[2]. Solche Moleküle besitzen auch die Paraffine und ihre Derivate; aber deren Fadenmoleküle sind relativ kurz, sie sind nur 20—50 oder höchstens 100 mal länger als breit. Beträgt aber die Länge der Fadenmoleküle das Mehrhundertfache ihres Durchmessers, dann besitzen sie in einer Dimension die Größe von Kolloidteilchen und können die Wellenlänge des sichtbaren Lichtes übertreffen, während ihre beiden anderen Dimensionen niedermolekulare Größenordnung haben. Stoffe mit so gestalteten Molekülen liefern kolloide Lösungen. Sie werden deshalb auch als „*Molekülkolloide*"[3] bezeichnet, da die Kolloidteilchen mit den Molekülen identisch sind. Makromoleküle kolloider Dimensionen können deshalb auch „*Kolloidmoleküle*" genannt werden. Die „hochmolekularen" Eigenschaften von Kautschuk und Cellulose und die Natur ihrer kolloiden Lösungen hängen einmal von der Größe ihrer Moleküle ab, weiter aber auch von deren Gestalt.

Die Makromoleküle von Kautschuk und Cellulose erreichen eine Länge von 4000—8000 Å bei einem Durchmesser von 3 bzw. 7,5 Å. Sie sind also dünnen Stäben zu vergleichen, die bei einem Durchmesser von 1 cm eine Länge von 5—20 m haben. Die längsten Fadenmoleküle, die bei synthetischen Stoffen beobachtet worden sind, sind die des Polystyrols. Diese haben eine Länge von ca. 1,5 $\mu$ bei einem Durchmesser von ungefähr 15 Å.

Wo. OSTWALD[4] teilt die dispersen Systeme nach ihrer Größe folgendermaßen ein:

| Grobe Dispersionen | Kolloide | Molekulardispersoide |
|---|---|---|
| Perioden größer als 0,1 $\mu$ können mikroskopisch aufgelöst werden | Perioden 0,1 $\mu$ bis 1 $\mu\mu$ können nicht mikroskopisch aufgelöst werden | Perioden kleiner als 1 $\mu\mu$ können nicht mikroskopisch aufgelöst werden |

Diese Größenordnungen gelten für Suspensoide und Emulsoide, also für annähernd kugelförmige Kolloidteilchen. Die Dimensionen der fadenförmigen Kolloidmoleküle liegen zwischen 50 $\mu\mu$ und 1 $\mu$. Fadenmoleküle, die kürzer als 50 $\mu\mu$ sind, rufen in Lösung noch keine charakteristischen, kolloiden Eigenschaften hervor. Stoffe mit Fadenmolekülen dieser Länge sind noch relativ niedermolekular. In einem Suspensoid sind Teilchen vom Durchmesser 1 $\mu$ mikroskopisch sichtbar, während ebenso lange Kolloidmoleküle infolge ihres

---

[1] Vgl. H. STAUDINGER, H. A. BRUSON: 7. Mitt. über hochpolymere Verbindungen. Liebigs Ann. **447**, 97 (1926). Die dort angegebene Formel des Polycyclopentadiens ist nach der neueren Arbeit von K. ALDER u. G. STEIN: Liebigs Ann. **485**, 223 (1931) abzuändern; die früheren Ausführungen über das Verhalten dieser Stoffe werden dadurch nicht berührt.

[2] Man kann auch von langen Ketten- oder Stabmolekülen sprechen.

[3] Vgl. A. LUMIÈRE: Chem. Zentralblatt **1926 I**, 1779. — STAUDINGER, H.: Ber. Dtsch. Chem. Ges. **62**, 2893 (1929). — Ferner Bull. Soc. Chim. de France (4) **49**, 1267 (1931).

[4] Welt der vernachlässigten Dimensionen. 9. u. 10. Auflage, S. 20. 1927.

geringen Durchmessers sich der Beobachtung entziehen. Dadurch unterscheiden sich auch die höchstmolekularen Molekülkolloide von den Suspensoiden und den Emulsoiden. In der älteren Literatur über Kautschuk und Cellulose finden sich eine Reihe von Angaben, nach denen die Kolloidteilchen von Lösungen dieser Stoffe ultramikroskopisch sichtbar sein sollen. Diese Angaben sind irrig. Die ultramikroskopisch sichtbaren Teilchen sind Verunreinigungen der hochmolekularen Naturprodukte, die sich natürlich besonders schwer entfernen lassen. Stellt man dagegen hochmolekulare Produkte durch Polymerisation von niedermolekularen Stoffen her, so lassen sich solche Verunreinigungen fernhalten. Ein aus monomerem Styrol gewonnenes hochmolekulares Polystyrol, ebenso ein synthetischer Kautschuk geben optisch völlig leere Lösungen[1]; es ist heute nicht mehr auffallend, daß die Molekülkolloide sich der ultramikroskopischen Beobachtung entziehen, nachdem ihr Bau bekannt ist.

## VII. Hochmolekulare Verbindungen mit ein-, zwei- und dreidimensionalen Makromolekülen.

Es ist möglich, daß außer den Hochmolekularen, deren Moleküle Fadenform haben, auch solche existieren, deren Moleküle blättchen- oder kugelförmig sind, die also nicht nur in der Länge, sondern auch in der Breite resp. allen drei Dimensionen gleiche Größe haben. Man kann so von ein-, zwei- und dreidimensionalen Makromolekülen sprechen. Dreidimensionale Makromoleküle können in manchen Eiweißstoffen vorliegen, doch sind sie bisher noch nicht erforscht.

Stoffe mit sehr großen dreidimensionalen Molekülen sind unlöslich, da die Oberfläche solcher dreidimensionaler Makromoleküle im Verhältnis zu ihrer Größe zu gering ist und nur eine ungenügende Solvatation durch das Lösungsmittel eintreten kann. Stoffe mit dreidimensionalen Makromolekülen entstehen vielfach aus solchen mit Fadenmolekülen, und zwar durch eine Verkettung derselben durch chemische Reaktionen; ist die Verkettung zwischen den Fadenmolekülen nur an wenigen Stellen erfolgt, dann können die Lösungsmittelmoleküle noch in den Stoff eindringen und ihn zum Quellen bringen. Ist dagegen eine starke Verkettung zwischen Fadenmolekülen zu dreidimensionalen Molekülen eingetreten, dann sind diese Stoffe vollständig unlöslich und quellen nicht.

Auf der Ausbildung solcher dreidimensionaler Makromoleküle beruhen die Eigenschaften vieler unlöslicher Kunstharze, z. B. der Bakelite, ferner der Vulkanisate des Kautschuks[2].

Die Tendenz zur Bildung solcher Verkettungen nimmt bei Kohlenwasserstoffen mit der Zahl der Doppelbindungen zu. Das Molekül eines hochmolekularen Paraffins ist der Typus eines beständigen Fadenmoleküls, aus dem sich keine dreidimensionalen Moleküle bilden können (I). Beim Kautschukmolekül ist dagegen infolge der Doppelbindungen eine Verknüpfung der Makromoleküle möglich (II). Ein fadenförmiges Polyacetylen, wie es bei der Polymerisation des Acetylens entstehen sollte, ist nicht bekannt (III); es entsteht dabei das beständige

---

[1] Versuche von M. BRUNNER u. R. SIGNER. Vgl. H. STAUDINGER: Ber. Dtsch. Chem. Ges. **62**, 2906 (1929).

[2] Über die Anlagerung von Schwefelchlorür an Kautschuk vgl. H. STAUDINGER u. J. FRITSCHI: Helv. chim. Acta **5**, 793 (1922); ferner K. H. MEYER u. H. MARK: Ber. Dtsch. Chem. Ges. **61**, 1947 (1928).

### e) Trimethylaminpolymerisat.

### Polymerisationsgrad ca. 50.

2,5% Trimethylamin (1 Mol auf 50) polymerisieren Äthylenoxyd in 8 Tagen. Das Produkt ist gelblich und enthält trotz mehrmaligem Umfällen noch ca. 0,5% Stickstoff, wie nach KJELDAHL festgestellt wurde. Löst man jedoch in Alkohol statt in Benzol und fällt mit Äther aus, so verschwindet nach dreimaligem Wiederholen dieser Operation der Stickstoffgehalt. Das Produkt wurde durch fraktionierendes Ausfällen in 6 Fraktionen zerlegt. Ihre Eigenschaften, Molekulargewichte und Analysen sind in den Tabellen 193 bis 195 zusammengestellt.

Tabelle 193.  Eigenschaften.

| Fraktion | Löslichkeit in Äther | Schmelzpunkt Grad | $\eta_r$ |
|---|---|---|---|
| Unfrakt. Substanz | — | 44—55 | 1,52 |
| 1 | löslich in kaltem Äther | 33—38 | 1,26 |
| 2 | löslich in warmem Äther | 43—47 | 1,28 |
| 3 |  | 47—53 | 1,47 |
| 4 | abnehmende Löslichkeit in | 49—55 | 1,48 |
| 5 | Benzol-Äther-Gemischen | 50—56 | 1,55 |
| 6 |  | 50—57 | 1,65 |

Tabelle 194.  Molekulargewichte.

| Fraktion | Einwage g | Dioxan g | $\varDelta$ | Molekulargewicht | Mittelwert | Polymerisationsgrad |
|---|---|---|---|---|---|---|
| Unfrakt. Substanz | 0,2894 | 21,88 | 0,030 | 2210 | 2150 | 49 |
|  | 0,2934 |  | 0,032 | 2100 |  |  |
| 1 | 0,1245 | 21,88 | 0,028 | 1020 | 1090 | 24 |
|  | 0,2062 |  | 0,041 | 1150 |  |  |
| 2 | 0,3433 | 21,88 | 0,052 | 1510 | 1540 | 35 |
|  | 0,3730 |  | 0,0545 | 1570 |  |  |
| 3 | 0,1975 | 21,88 | 0,020 | 2260 | 2260 | 51 |
|  | 0,2357 |  | 0,024 | 2250 |  |  |
| 4 | 0,2897 | 21,88 | 0,0275 | 2410 | 2500 | 56 |
|  | 0,2154 |  | 0,019 | 2600 |  |  |
| 5 | 0,3864 | 21,88 | 0,0315 | 2810 | 2830 | 64 |
|  | 0,3534 |  | 0,0285 | 2840 |  |  |
| 6 | 0,3653 | 21,88 | 0,024 | 3490 | 3590 | 81 |
|  | 0,1931 |  | 0,012 | 3690 |  |  |

Tabelle 195.  Mikroanalysen.

| Polymerisationsgrad | Gefunden in Proz. | | Berechnet in Proz. | |
|---|---|---|---|---|
|  | C | H | C | H |
| 49 | 53,7 | 9,3 | 54,09 | 9,11 |
| 24 | 53,43 | 9,07 | 53,62 | 9,13 |
| 35 | 54,07 | 9,12 | 53,92 | 9,12 |
| 51 | 54,39 | 9,20 | 54,11 | 9,11 |
| 56 | 54,36 | 9,13 | 54,16 | 9,11 |
| 64 | 53,53 | 9,13 | 54,21 | 9,11 |
| 81 | 54,11 | 9,08 | 54,26 | 9,11 |

Diese hochmolekularen Dihydrate zeigen merkwürdigerweise bei der Blindprobe der FREUDENBERGschen Acetylbestimmung einen Säuregehalt von 0,6%. Diacetate wurden daher nicht hergestellt.

## f) Kaliumpolymerisate.

Es wurden zwei Kaliumpolymerisate untersucht, die durch verschiedene Mengen Katalysator erhalten worden sind. Das höchstmolekulare von ihnen wurde folgendermaßen gereinigt: Es wurde mit einem Überschuß Essigsäureanhydrid gekocht, die Hauptmenge Anhydrid abdestilliert, der Rückstand in Benzol gelöst und mit viel Äther gefällt. Das Ausfällen mit Äther wurde dann noch zweimal wiederholt. Das so erhaltene Diacetat wurde mit alkoholischer Kalilauge verseift, zur Trockne verdampft, im Vakuum auf dem Wasserbad einen Tag lang getrocknet und dann mit Benzol aufgenommen. Die benzolische Lösung wurde filtriert und mit Äther gefällt. Das Umfällen wurde noch zweimal wiederholt. Das so erhaltene Produkt hatte einen Schmelzpunkt von 55—65° und dieselbe relative Viscosität wie vor dem Umfällen.

Die Molekulargewichte beider Polymerisate sind in Tabelle 196, die Mikroanalysen des höchstmolekularen in Tabelle 197 dargestellt.

Tabelle 196. Molekulargewichte.

| Polymerisat | Einwage g | Dioxan g | $\Delta$ | Mol.-Gew. | Mittelwert | Polymerisationsgrad |
|---|---|---|---|---|---|---|
| 1 | 0,2211 | 20,66 | 0,026 | 2100 | 2200 | 50 |
|   | 0,2144 | 20,66 | 0,024 | 2200 |      |    |
| 2 | 0,2916 | 20,66 | 0,012 | 5900 | 5900 | 134 |
|   | 0,2251 | 20,66 | 0,009 | 6100 |      |     |
|   | 0,3309 | 20,66 | 0,014 | 5700 |      |     |

Tabelle 197. Mikroanalysen: Polymerisat 2 von Tabelle 196.

| Substanz | Gefunden in Proz. C | H | Berechnet in Proz. C | H |
|---|---|---|---|---|
| Ungereinigt . . . . | 54,36 | 8,78 | 54,63 | 9,10 |
| Gereinigt . . . . . | 54,36 | 9,13 |  |  |

## g) Natriumamidpolymerisate.

Durch verschiedene Mengen Katalysator (1 und 0,5%) wurden drei Natriumamidpolymerisate dargestellt, von denen die beiden letzten sehr hochmolekular sind (Molekulargewicht 9000 bzw. 13000). Diese beiden Substanzen lösen sich in Dioxan, Wasser, Formamid und Tetrabromäthan in der Kälte, in Alkohol, Benzol, Toluol, Xylol, Tetralin, Hexahydrobenzol, Tetrachloräthan und Chloroform beim Erwärmen. Aus letzteren Lösungsmitteln fallen sie aber beim Abkühlen wieder aus. Unlöslich sind sie in Äther und Petroläther. In Wasser sind sie in jedem Verhältnis löslich. Ihre erstarrten Schmelzen sind viel härter als die aller vorigen Polymerisate, lassen sich aber noch gut pulverisieren. Sie enthalten keinen Stickstoff und hinterlassen keinen wägbaren Rückstand beim Veraschen. Die Molekulargewichtsbestimmungen der höchstmolekularen Substanz

sind bereits oben ausführlich mitgeteilt (Tabellen 184 bis 186, S. 318). In Tabelle 198 folgen die Analysen der beiden höchstmolekularen Polymerisate.

Tabelle 198. Mikroanalysen.

| Polymerisations-grad | Gefunden in Proz. | | Berechnet in Proz. | |
|---|---|---|---|---|
| | C | H | C | H |
| 210 | 54,15 | 9,34 | 54,43 | 9,10 |
| 295 | 54,16 | 8,73 | 54,55 | 9,10 |

### 3. Die Polyäthylenoxyd-diacetate.

#### a) Darstellung und Eigenschaften.

4,4 g des betreffenden Polyäthylenoxyd-dihydrates wurden mit 30,6 ccm Essigsäureanhydrid 4 Stunden am Rückflußkühler gekocht. Darauf wurde die Hauptmenge Anhydrid im Vakuum abdestilliert. Die niedermolekularen Diacetate (bis zum Molekulargewicht 1500) wurden in reinem Zustand durch Trocknen im Hochvakuum, die höheren durch wiederholtes Umfällen erhalten.

In ihrem Aussehen und ihrer Löslichkeit unterscheiden sich die Diacetate nicht merkbar von den Dihydraten. Ihre Schmelzpunkte liegen durchweg etwas niedriger als die der entsprechenden Hydroxylverbindungen. Auch die relativen Viscositäten in Benzol bei 20° in grundmolarer Lösung sind etwas geringer. In der folgenden Tabelle 199 sind diese Konstanten für beide Arten von Verbindungen zusammengestellt.

Tabelle 199.

| Katalysator | Frak-tion | Mol.-Gew. | Aussehen der | | Schmelzpunkte der | | Relative Viscosität in 1 gd-mol. Lösung | |
|---|---|---|---|---|---|---|---|---|
| | | | Dihydrate | Diacetate | Dihydrate Grad | Diacetate Grad | Dihydrate | Diacetate |
| Konz. Keli-lauge | 1 | 800 | halbfest, farblos | halbfest, gelblich | 25—29 | —26 | 1,20 | 1,17 |
| | 2 | 920 | | | 36—42 | —34 | 1,23 | 1,21 |
| | 3 | 1200 | | | 40—48 | 35—43 | 1,32 | 1,25 |
| | 4 | 1680 | farblos, fest | farblos, fest | 48—52 | 44—50 | 1,40 | 1,37 |
| SnCl$_4$ | 1 | 1530 | desgl. | desgl. | 35—40 | 35—45 | 1,29 | 1,30 |
| | 2 | 3100 | desgl. | desgl. | 42—54 | 42—52 | 1,54 | 1,50 |
| Kalium | 1 | 2700 | desgl. | desgl. | — | — | 1,24[1] | 1,28[1] |
| | 2 | 6400 | desgl. | desgl. | 55—65 | 56—62 | 1,49[1] | 1,48[1] |
| Natrium-amid | 1 | 6000 | desgl. | desgl. | 55—60 | — | 2,05 | 2,01 |
| | 2 | 9300 | desgl. | desgl. | 55—60 | 53—60 | 2,82 | — |
| | 3 | 13000 | desgl. | desgl. | 55—70 | 53—69 | 2,13[1] | 1,96[1] |

#### b) Molekulargewichte der Acetylverbindungen.

Von einigen Diacetaten wurden auch kryoskopisch nach BECKMANN Molekulargewichte bestimmt, um zu sehen, ob bei der Acetylierung kein Abbau eingetreten ist (Tabelle 200). Dies ist in der Regel nicht der Fall. Die verhältnismäßig großen Differenzen zwischen den Molekulargewichten der Dihydrate und Diacetate bei einigen Polymerisaten rühren von der Art der Reinigung her. Die betreffenden Produkte wurden durch Umfällen gereinigt, und da sie gerade an der Grenze zwischen ätherlöslich und ätherunlöslich stehen, bleiben niedere Glieder

---

[1] Diese Viscositäten sind in 0,5 gd-mol. Lösung gemessen.

der Reihe in Lösung. Es folgt also eine Anreicherung der höhermolekularen Anteile. Dies prägt sich auch in der Viscosität und im Schmelzpunkt aus, die bei diesen Diacetaten höher als bei den Dihydraten gefunden werden.

Tabelle 200.

| Substanz | Einwage g | Dioxan g | $\Delta$ | Mol.-Gew. des Diacetates | Mittelwert | Mol.-Gew. des Dihydrates |
|---|---|---|---|---|---|---|
| KOH-Polymerisat 2 | 0,1585<br>0,1490 | 20,66<br>20,66 | 0,045<br>0,042 | 850<br>860 | 860 | 900 |
| SnCl$_4$-Polymerisat 1 | 0,2271<br>0,2293 | 20,66<br>20,66 | 0,035<br>0,037 | 1580<br>1510 | 1550 | 1230 |
| Kalium-Polymerisat 1 | 0,2055<br>0,2140 | 20,66<br>20,66 | 0,016<br>0,018 | 3100<br>2900 | 3000 | 2200 |
| NaNH$_2$-Polymerisat 1 | 0,3191<br>0,2664 | 20,66<br>20,66 | 0,014<br>0,012 | 5530<br>5380 | 5500 | 5900 |
| NaNH$_2$-Polymerisat 2 | 0,2976<br>0,2908 | 20,66<br>20,66 | 0,0075<br>0,008 | 9600<br>8800 | 9200 | — |

## c) Bestimmung des Acetylgehaltes nach K. Freudenberg[1].

Die Acetylbestimmung nach Freudenberg besteht bekanntlich darin, daß die Substanz in absolut alkoholischer Lösung mit p-Toluolsulfosäure umgeestert wird, der entstehende Essigsäureäthylester abdestilliert, mit einer bestimmten Menge Lauge verseift und die überschüssige Lauge zurücktitriert wird. Umestern und Abdestillieren wird dabei 2—3 mal wiederholt. Bei der Anwendung der Methode auf Acetylcellulosen stellte sich heraus, daß je nach der Dauer des Umesterns ein schwankender Gehalt an Acetyl gefunden wurde[2]. Es ist daher vorher nachgeprüft worden, ob auch bei Polyäthylenoxyden derartiges eintritt.

### α) Prüfung der Methode.

Ein Natriumamidpolymerisat (Molekulargewicht 5900) wurde nach der oben angegebenen Methode (s. S. 323) durch vierstündiges Kochen mit Essigsäureanhydrid acetyliert und das Diacetat isoliert. Ein Teil von ihm wurde als erstes Acetylprodukt zurückbehalten. Die Hauptmenge wurde durch neuerliches vierstündiges Kochen mit Anhydrid weiter acetyliert. Das entstandene zweite Acetylprodukt wurde wieder isoliert und mit ihm genau so verfahren. Dies wurde noch einmal wiederholt, so daß man außer dem Dihydrat drei Diacetate hatte. Von allen vier Substanzen wurden die Molekulargewichte und relativen Viscositäten in Benzol in grundmolarer Lösung bestimmt.

Tabelle 201.

| Substanz | Einwage g | Dioxan g | $\Delta$ | Mol.-Gew. | Mittelwert | $\eta_r$ in Benzol bei 20° |
|---|---|---|---|---|---|---|
| Dihydrat . . | 0,3146<br>0,2671 | 20,66<br>20,66 | 0,013<br>0,011 | 5860<br>5900 | 5900 | 2,05 |
| 1. Diacetat . | 0,3191<br>0,2774 | 20,66<br>20,66 | 0,014<br>0,013 | 5530<br>5180 | 5400 | 2,01 |
| 2. Diacetat . | 0,2697<br>0,2723<br>0,2664 | 20,66<br>20,66<br>20,66 | 0,011<br>0,012<br>0,012 | 5940<br>5500<br>5380 | 5600 | 2,01 |
| 3. Diacetat . | 0,2672<br>0,2855 | 20,66<br>20,66 | 0,014<br>0,016 | 4630<br>4330 | 4500 | 1,97 |

[1] Freudenberg, K.: Liebigs Ann. **433**, 230 (1923).　　[2] Versuche von H. Scholz.

Hieraus geht zunächst hervor, daß sich das Molekulargewicht und die Viscosität auch bei weiterer Behandlung mit Essigsäureanhydrid nicht wesentlich verändern. Alle vier Substanzen wurden nun nach der FREUDENBERGschen Methode auf ihren Acetylgehalt geprüft. Es wurden bei der Umesterung diejenigen Zeiten eingehalten, die für N-Acetyl angegeben sind und die doppelt bis dreifach so lang sind wie bei normalen Acetylverbindungen. Außerdem wurde, nachdem eine Bestimmung beendet war, dieselbe Substanz 2mal von neuem umgeestert und neue Lauge vorgelegt, um festzustellen, ob die Abspaltung von Acetyl weiter geht oder nicht. Zum Titrieren wurde 0,1 molare Lauge und Phenolphthalein als Indicator verwandt.

Man sieht hieraus, daß eine einmalige Acetylierung genügt, und daß die FREUDENBERGsche Bestimmungsmethode schon beim ersten Umestern den richtigen Acetylgehalt liefert.

Es wurden nach dieser Methode alle dargestellten Diacetate geprüft. Dabei wurden zunächst stets

**Tabelle 202.**

| Substanz | Einwage g | Umestern | ccm NaOH (0,1- n) | Acetyl % |
|---|---|---|---|---|
| Dihydrat . . | 0,8757 | 1. mal | 0,30 | 0,15 |
|  |  | 2. ,, | 0,20 | 0,10 |
|  |  | 3. ,, | 0,07 | 0,03 |
| 1. Diacetat . | 0,9792 | 1. mal | 2,83 | 1,24 |
|  |  | 2. ,, | 0,20 | 0,09 |
|  |  | 3. ,, | 0,10 | 0,04 |
| 2. Diacetat . | 0,5942 | 1. mal | 1,80 | 1,30 |
|  |  | 2. ,, | 0,07 | 0,06 |
|  |  | 3. ,, | 0,07 | 0,06 |
|  |  | 4. ,, | 0,00 | 0,00 |
| 3. Diacetat . | 1,1284 | 1. mal | 3,37 | 1,29 |
|  |  | 2. ,, | 0,17 | 0,06 |
|  |  | 3. ,, | 0,17 | 0,06 |
|  |  | 4. ,, | 0,10 | 0,04 |

Blindproben mit den dazugehörenden Dihydraten ausgeführt. Als Beispiele dieser Bestimmungen seien im folgenden die Acetylbestimmungen von vier niedermolekularen Polyäthylenoxyd-diacetaten, deren Dihydrate durch Polymerisation mit Kalilauge erhalten waren (s. S. 319), und die des höchstmolekularen Polyäthylenoxyd-diacetates, das aus einem Natriumamidpolymerisat dargestellt worden ist, angeführt (Tabellen 203 bis 206).

*β) Kalilaugepolymerisate.*

**Tabelle 203. Blindproben: Polyäthylenoxyd-dihydrate.**

| Mol.-Gew. | Einwage g | ccm NaOH (Faktor=0,1971) |
|---|---|---|
| 800 | 0,3064 | 0,17 |
| 920 | 0,9246 | 0,10 |
| 1200 | 0,3614 | 0,14 |
| 1680 | 0,4201 | 0,13 |

Die Differenzen liegen also noch innerhalb der Fehlergrenze.

**Tabelle 204. Acetylbestimmung der Diacetate[1].**

| Mol.-Gew. | Einwage g | ccm NaOH (0,1971-n) | Acetyl % |
|---|---|---|---|
| 800 | 0,5221 | 5,83 | 9,5 |
|  | 0,4982 | 5,50 | 9,4 |
| 920 | 0,5323 | 5,23 | 8,3 |
|  | 0,6287 | 6,20 | 8,4 |
| 1200 | 0,5757 | 4,37 | 6,4 |
|  | 0,7063 | 5,43 | 6,5 |
| 1680 | 0,3554 | 1,77 | 4,2 |
|  | 0,3343 | 1,77 | 4,5 |

---

[1] Das Molekulargewicht des Polyäthylenoxyd-dihydrats berechnet sich aus dem Acetylgehalt folgendermaßen: $M = \dfrac{100-x}{x} \cdot 86$; $x = \%$ Acetyl.

### $\gamma)$ Natriumamidpolymerisat: Mol.-Gew. 13000.

<table>
<tr><td colspan="3">Tabelle 205. Blindprobe:<br>Polyäthylenoxyd-dihydrate.</td><td colspan="4">Tabelle 206. Acetylbestimmung des<br>Diacetates.</td></tr>
<tr><td>Einwage<br>g</td><td>ccm NaOH</td><td>Faktor<br>der NaOH</td><td>Einwage<br>g</td><td>ccm NaOH</td><td>Faktor<br>der NaOH</td><td>Acetyl<br>%</td></tr>
<tr><td>1</td><td>0,10</td><td>0,2421</td><td>1,1094</td><td>0,63</td><td>0,2421</td><td>0,59</td></tr>
<tr><td>0,85</td><td>0,04</td><td>0,2421</td><td>1,3654</td><td>0,86</td><td>0,2421</td><td>0,66</td></tr>
<tr><td>0,803</td><td>0,27</td><td>0,05</td><td>0,9537</td><td>2,77</td><td>0,05</td><td>0,63</td></tr>
<tr><td></td><td></td><td></td><td>1,0336</td><td>2,94</td><td>0,05</td><td>0,61</td></tr>
</table>

In derselben Weise sind die in Tabelle 143 (s. S. 298) angegebenen Acetylgehalte erhalten worden.

#### d) Bestimmung des aktiven Wasserstoffs nach ZEREWITINOFF[1].

Zur Bestimmung des aktiven Wasserstoffs mit Methylmagnesiumjodid wurde ein Kaliumpolymerisat vom Molekulargewicht 2400 verwandt. Als Lösungsmittel wurde über Natrium sorgfältig getrocknetes Anisol benutzt. Die Substanzen wurden im Hochvakuum über Phosphorpentoxyd bis zur Gewichtskonstanz getrocknet.

#### Polyäthylenoxyd-diacetat.

Einwage: 0,5585 g; bei 15° und 753 mm Barometerstand wurden 2,6 ccm Methan entwickelt, reduziertes Volumen: $v_0 = 2,4$ ccm. Einwage: 0,4557 g, bei 19,3° und 752 mm; 1,9 ccm Methan, $v_0 = 1,8$ ccm.

Ein Blindversuch ohne Substanz lieferte bei 18,4° und 753 mm 2,9 ccm Methan, $v_0 = 2,7$ ccm.

Diese geringen Mengen Methan treten also stets auf und sind zu vernachlässigen.

#### Polyäthylenoxyd-dihydrat.

Einwage: 0,5652 g, bei 21° und 751 mm: 9,5 ccm Methan, $v_0 = 8,7$ ccm, dem entspricht ein Hydroxylgehalt von 1,2%.

Einwage: 0,6338 g, bei 19,9° und 753 mm Barometerstand: 12,5 ccm Methan, $v_0 = 11,6$ ccm, Hydroxylgehalt 1,4%.

Mittelwert ist also 1,3% OH. Daraus folgt bei Anwesenheit von zwei Hydroxylgruppen im Molekül ein Molekulargewicht von 2600, während kryoskopisch 2200 gefunden wurde.

### 4. Stickstoffhaltige Polyäthylenoxyde.

Mono- und Dimethylaminpolymerisate enthalten auch nach mehrmaligem Umfällen noch Stickstoff. Sie wurden durch fraktioniertes Ausfällen in zwei Fraktionen getrennt und jede Fraktion nach KJELDAHL auf N-Gehalt untersucht (Tabelle 207).

Die gefundenen N-Gehalte stimmen nicht mit den berechneten überein. Es wurden daher Polymerisationen von Äthylenoxyd unter peinlichem Ausschluß

---

[1] MEYER, H.: Analyse und Konstitutionsermittlung. S. 570. 3. Aufl. 1916.

Tabelle 207.

| Katalysator | $\eta_r$ in 1 gd-mol. Lösung | Mol.-Gew. aus Viscosität | Einwage g | ccm NaOH | Faktor der NaOH | Stickstoff in Proz. | |
|---|---|---|---|---|---|---|---|
| | | | | | | gefunden | berechnet |
| Methylamin | 1,30 | 1500 | 1,5416 | 8,47 | 0,0859 | 0,66 | 0,9 |
| | | | 1,8065 | 9,90 | 0,0859 | 0,66 | |
| | 1,37 | 1900 | 2,0525 | 12,32 | 0,0859 | 0,72 | 0,7 |
| | | | 2,1448 | 12,50 | 0,0859 | 0,70 | |
| Dimethylamin | 1,40 | 2000 | 0,6430 | 0,74 | 0,2078 | 0,34 | 0,7 |
| | | | 0,7971 | 0,90 | 0,2078 | 0,33 | |
| | 1,53 | 2800 | 0,5258 | 1,13 | 0,2078 | 0,63 | 0,5 |
| | | | 0,6968 | 1,36 | 0,2078 | 0,57 | |

von Wasser mit sorgfältig getrockneten Aminen gemacht und die dabei entstandenen Produkte ebenfalls fraktioniert und auf deren N-Gehalt geprüft (Tabelle 208).

Tabelle 208.

| Katalysator | Fraktion | $\eta_r$ in 0,5 gd-mol. Lösung | Mol.-Gew. aus Viscosität | Einwage g | ccm NaOH (0,1-n) | Stickstoff in Proz. | |
|---|---|---|---|---|---|---|---|
| | | | | | | gefunden | berechnet |
| Methylamin | 1 | 1,14 | 1400 | 1,7021 | 9,08 | 0,75 | 1,0 |
| | 2 | 1,15 | 1500 | 1,3078 | 6,93 | 0,74 | 0,9 |
| | 3 | 1,20 | 2000 | 1,5044 | 5,92 | 0,55 | 0,7 |
| Dimethylamin | 1 | 1,12 | 1200 | 1,1888 | 4,85 | 0,57 | 1,2 |
| | 2 | 1,13 | 1300 | 1,0787 | 5,07 | 0,66 | 1,1 |
| | | | | 2,0307 | 8,67 | 0,60 | |
| | | | | 1,3732 | 5,93 | 0,60 | |
| | 3 | 1,15 | 1500 | 1,1063 | 2,95 | 0,37 | 0,9 |
| | | | | 1,2816 | 3,05 | 0,33 | |
| | 4 | 1,20 | 2000 | 1,1336 | 6,10 | 0,75 | 0,7 |
| | | | | 3,0590 | 14,31 | 0,66 | |
| | | | | 0,9644 | 4,60 | 0,67 | |

Die Molekulargewichte wurden aus den Viscositäten berechnet. Der theoretische Stickstoffgehalt stimmt also auch jetzt mit dem gefundenen nicht überein.

### 5. Die flüssigen Polyäthylenoxyde.

Die experimentelle Behandlung der flüssigen Polyäthylenoxyde ist im folgenden gesondert dargestellt, da die zu ihrer Bearbeitung dienenden Methoden denen bei niedermolekularen Stoffen entsprechen und diese Substanzen durch Destillation gereinigt werden können.

**a) Die flüssigen Polyäthylenoxyd-dihydrate.**

*α) Darstellung und Fraktionierung.*

Die flüssigen Polyäthylenoxyd-dihydrate entstehen in geringen Mengen bei der Bildung der festen Polyäthylenoxyde und können aus den ätherischen Mutterlaugen durch Fraktionierung gewonnen werden. Da diese Darstellungsmethode wenig ergiebig ist, wurden sie durch Polymerisation von Äthylenoxyd unter Wasserzusatz bei höherer Temperatur dargestellt.

4 Mol Äthylenoxyd und 1 Mol Wasser, denen 1% KOH zugesetzt war, wurden im Bombenrohr 8 Tage im Schießofen auf 55—60° erhitzt. Danach war der Inhalt

der Rohre hochviscos geworden. Er wurde im Hochvakuum destilliert. Glykol hatte sich hierbei nicht gebildet. Bei der Destillation stieg der Siedepunkt von 120° kontinuierlich bis auf 260°. Zwischen 260 und 265° trat Zersetzung ein; es bildeten sich Nebel und starker Acroleingeruch. Es wurden 4 Fraktionen aufgefangen, von denen die ersten beiden farblos, die letzten etwas gelblich übergingen. Die Färbung verschwand durch wiederholte Destillation nicht vollständig. Bei 0,02—0,04 mm Druck erhielt man folgende Fraktionen:

1. Siedepunkt 120—140° . . . . . . . . . 20 g
2.      „      140—180° . . . . . . . . 28 g
3.      „      180—220° . . . . . . . . 19 g
4.      „      220—260° . . . . . . . . 24 g

Es wurde im ganzen von 100 g Rohprodukt ausgegangen.

### β) Molekulargewichte und Analysen.

Die Molekulargewichte der flüssigen Polyäthylenoxyde wurden wie die der festen in Dioxan bestimmt (Tabelle 209).

Tabelle 209.

| Fraktion | Einwage g | Dioxan g | $\varDelta$ | Mol.-Gew. | Mittelwert | Polymerisations-grad |
|---|---|---|---|---|---|---|
| 1 | 0,2338 | 21,88 | 0,298 | 180 | 180 | 4 |
|   | 0,2319 | 21,88 | 0,297 | 179 |     |   |
| 2 | 0,0985 | 21,88 | 0,106 | 210 | 220 | 5 |
|   | 0,1806 | 21,88 | 0,190 | 230 |     |   |
| 3 | 0,2006 | 21,88 | 0,153 | 300 | 310 | 6 |
|   | 0,2342 | 21,88 | 0,170 | 315 |     |   |
| 4 | 0,2462 | 21,88 | 0,135 | 420 | 415 | 9 |
|   | 0,2173 | 21,88 | 0,120 | 415 |     |   |

Tabelle 210. Mikroanalysen.

| Polymeri-sationsgrad | Gefunden in Proz. | | Berechnet in Proz. | |
|---|---|---|---|---|
|   | C | H | C | H |
| 4 | 48,34 | 9,05 | 49,45 | 9,29 |
| 5 | 49,38 | 9,23 | 50,4 | 9,25 |
| 6 | 52,36 | 9,34 | 51,05 | 9,21 |
| 9 | 52,57 | 9,20 | 52,2 | 9,18 |

### γ) Physikalische Eigenschaften.

Die Dichten der 4 Fraktionen wurden mit dem Pyknometer von SPRENGEL-RIMBACH, mit eingeschmolzenem Thermometer, bestimmt. Sie sind mit den Molekularrefraktionen in der folgenden Tabelle 211 zusammengestellt.

Tabelle 211.

| Polymerisations-grad | Dichte bei Temperatur (Grad) | | Molekularrefraktion | |
|---|---|---|---|---|
|   |   |   | gef. | ber. |
| 4 | 1,1238 | 16,6 | 46,96 | 47,12 |
| 5 | 1,1243 | 19,4 | 58,055 | 58,002 |
| 6 | 1,1257 | 17,1 | — | — |
| 9 | 1,1259 | 18 | 102,04 | 101,52 |

### δ) Viscosität der flüssigen Polyäthylenoxyde.

Es wurde die Ausflußzeit der 4 Fraktionen im OSTWALDschen Viscosimeter bei 20° bestimmt. Die absolute Viscosität von Dioxan bei 20° beträgt 0,01255 Poise[1]. Daraus und aus den spez. Gewichten wurde die absolute Viscosität berechnet, wobei die HAGENBACHsche Korrektur nicht angewandt wurde. Die dadurch entstandenen Fehler werden aber bei den 4 Fraktionen annähernd dieselben sein, so daß die Werte untereinander vergleichbar sind (Tabelle 212).

Tabelle 212.

| Polymerisations-grad | Ausflußzeit Sekunden | Dichte | Grad | $\eta_{abs}$ bei 20° |
|---|---|---|---|---|
| 4 | 181,6 | 1,1238 bei | 16,2 | 0,49 |
| 5 | 242,6 | 1,1243 „ | 19,4 | 0,66 |
| 6 | 302,6 | 1,1257 „ | 17,1 | 0,83 |
| 9 | 457,7 | 1,1259 „ | 18 | 1,25 |

### ε) Krystallisationsfähigkeit der flüssigen Polyäthylenoxyde.

Durch Abkühlen auf —79° erstarren die Fraktionen 4 und 3 krystallin. Von Fraktion 2 krystallisiert ebenfalls der Hauptteil, während Fraktion 1 nur glasig erstarrt und auch durch Reiben und längeres Stehenlassen nicht zur Krystallisation zu bringen ist.

### b) Diacetate der flüssigen Polyäthylenoxyde.

Von zwei niederen Polyäthylenoxyd-dihydraten wurden die Diacetate hergestellt nach derselben Methode, wie sie für die höheren Diacetate angewandt wurde. Die Siedepunkte der Diacetate betrugen bei 0,4 mm Druck: Diacetat der Fraktion 2 150—180°, der Fraktion 4 200—255°. Die Siedepunkte der betreffenden Dihydrate betrugen dagegen 140—180° bzw. 220 bis 260°.

Tabelle 213.

| Fraktion | Einwage | ccm NaOH (0,2421 - n) | Acetyl % |
|---|---|---|---|
| 2 { | 0,8543 | 21,98 | 26,8 |
| | 0,7424 | 18,96 | 26,6 |
| 4 { | 0,7834 | 13,26 | 17,6 |
| | 0,7050 | 11,88 | 17,5 |

Nach der FREUDENBERGschen Methode wurden die Acetylgehalte bestimmt (Tabelle 213).

Aus diesen Werten berechnen sich die Molekulargewichte der Hydroxylverbindungen zu 236 bzw. 405, während kryoskopisch bei diesen gefunden wurde 220 bzw. 415.

### c) Die flüssigen Amino-polyäthylenoxyd-hydrate.

Es wurden die Dimethylamino-polyäthylenoxyd-hydrate dargestellt aus Äthylenoxyd und Dimethylamin im Verhältnis 5 : 1 und 10 : 1 (in Molen). Äthylenoxyd und Dimethylamin wurden unter Wasserausschluß und sorgfältiger Trocknung über frisch geglühtem Natronkalk in Bombenrohre destilliert, eingeschmolzen und bei Zimmertemperatur liegen gelassen. Die Reaktion verläuft sehr heftig, das Reaktionsgemisch ist tief dunkel gefärbt. Auch Explosionen wurden bei solchen

---

[1] HERZ, W., u. LORENTZ: Ztschr. f. physik. Ch. (A) **140**, 406 (1929).

Polymerisationen beobachtet. Bei der Destillation entwichen zunächst geringe Mengen Dimethylamin. Es wurde zuerst bei gewöhnlichem Druck, dann im Vakuum und schließlich im Hochvakuum destilliert. Aus 45 g Rohprodukt gingen zunächst bei 100—140° 1—2 g Dimethylamino-äthylalkohol (Siedep. 135°) über. Weiterhin wurden erhalten:

Fraktion 1: Siedepunkt 140—150° bei 760 mm . . . . 7 g
   „   2:      „       100—110°  „   12  „  . . . . 6,5 g
   „   3:      „       135—160°  „   12  „  . . . . 7,4 g
   „   4:      „       110—130°  „   0,1„  . . . . 3,5 g
   „   5:      „       130—150°  „   0,1„  . . . . 6,5 g
   „   6:      „       150—190°  „   0,1„  . . . . 3,5 g

Die Substanzen stellen schwach gelbliche bis gelbliche Öle dar, die in Benzol und Äther löslich sind und an der Luft in stark gelb gefärbte unlösliche Autoxydationsprodukte übergehen. Ihre N-Gehalte, nach KJELDAHL bestimmt, ergaben folgende Resultate (Tabelle 214):

Tabelle 214.

| Fraktion | Einwage g | ccm NaOH (0,1-n) | Stickstoff % |
|---|---|---|---|
| 1 | 0,1971 | 12,75 | 9,1 |
| 2 | 0,1512 | 6,3 | 5,8 |
| 3 | 0,1890 | 5,73 | 4,2 |
| 4 | 0,2637 | 5,93 | 3,1 |
| 5 | 0,2017 | 3,57 | 2,5 |
| 6 | 0,2413 | 4,25 | 2,5 |

## 6. Viscositätsmessungen an Polyäthylenoxyden in Lösung.

Die folgenden Viscositätsmessungen an verdünnten Lösungen von Polyäthylenoxyden wurden entweder im OSTWALDschen Viscosimeter oder im Capillarviscosimeter von UBBELOHDE ausgeführt. Letzteres hatte folgende Dimensionen: Radius der Capillare 0,0144 cm, Länge derselben 14,1 cm, Inhalt der Kugel 0,81 ccm. Für die übrigen Messungen wurden verschiedene OSTWALDsche Viscosimeter benutzt, deren Capillarenweite dem Lösungsmittel entsprechend gewählt wurde.

### a) Gültigkeit des HAGEN-POISEUILLEschen Gesetzes.

Die Viscosität des Polyäthylenoxyds vom Molekulargewicht 3500 wurde in grundmolarer Lösung in Benzol bei 20° im UBBELOHDEschen Viscosimeter gemessen. Viscosimeterkonstante 337.

Tabelle 215.

| Druck cm Hg | Ausflußzeit Sekunden | Druck × Zeit | $\eta_r$ |
|---|---|---|---|
| 4,96 | 110,6 | 549 | 1,63 |
| 4,93 | 111,8 | 552 | 1,64 |
| 10,82 | 51,0 | 552 | 1,64 |
| 10,56 | 52,2 | 552 | 1,64 |
| 14,82 | 37,6 | 557 | 1,65 |
| 14,51 | 38,4 | 558 | 1,66 |
| 21,20 | 26,6 | 563 | 1,67 |
| 21,09 | 26,4 | 557 | 1,65 |

Untersucht wurde ferner ein Polyäthylenoxyd vom Molekulargewicht 13000 in grundmolarer Lösung in Benzol bei 20° im gleichen Viscosimeter.

Tabelle 216.

| Druck cm Hg | Ausflußzeit Sekunden | Druck × Zeit | $\eta_r$ |
|---|---|---|---|
| 5,05 | 268,8 | 1357 | 4,03 |
| 6,15 | 221,2 | 1360 | 4,04 |
| 9,95 | 137,0 | 1364 | 4,05 |
| 11,25 | 121,2 | 1364 | 4,06 |
| 14,7 | 91,8 | 1350 | 4,01 |
| 16,1 | 84,2 | 1356 | 4,02 |
| 19,7 | 68,2 | 1344 | 3,98 |
| 21,85 | 61,6 | 1346 | 4,00 |

Die Schwankungen von $\eta_r$ liegen innerhalb der Versuchsfehler. Sie betragen im Maximum 2%.

### b) Viscosität in verschiedenen Konzentrationen.

### Die flüssigen Polyäthylenoxyd-dihydrate.

Der Zusammenhang der Viscosität mit der Konzentration wurde an zwei flüssigen Polyäthylenoxyd-dihydraten (Polymerisationsgrad 5 und 9) bei 20° untersucht. Die Konzentration der Dioxanlösung wurde hierbei so gesteigert, daß 1, 2, 3 usw. gd-mol. Lösungen zur Untersuchung kamen. Die spez. Gewichte der Lösungen wurden roh durch Wiegen von 10 ccm Lösung bestimmt. Alle Lösungen wurden durch Abwiegen der genauen Menge Substanz in einem Meßkölbchen von 10 ccm Inhalt und Auffüllen bis zur Marke hergestellt. Die Messungen wurden im Ostwaldschen Viscosimeter ausgeführt. Das spez. Gewicht des Dioxans beträgt 1,0330 bei 20°[1] (Tabelle 217).

Tabelle 217.

| Mol.-Gew. | Konzentration in Gd-Mol. | Konzentration in % | Spez. Gew. | $\eta_r = \dfrac{t_1 \cdot d_1}{t_0 \cdot d_0}$ | Mol.-Gew. | Konzentration in Gd-Mol. | Konzentration in % | Spez. Gew. | $\eta_r = \dfrac{t_1 \cdot d_1}{t_0 \cdot d_0}$ |
|---|---|---|---|---|---|---|---|---|---|
| 238 | 1 | 4,3 | 1,036 | 1,10 | 414 | 1 | 4,2 | 1,039 | 1,15 |
| | 2 | 8,5 | 1,039 | 1,24 | | 2 | 8,4 | 1,044 | 1,33 |
| | 3 | 12,7 | 1,040 | 1,39 | | 3 | 12,6 | 1,048 | 1,56 |
| | 4 | 16,8 | 1,049 | 1,57 | | 4 | 16,8 | 1,050 | 1,72 |
| | 6 | 25,0 | 1,058 | 2,05 | | 6 | 25,0 | 1,057 | 2,32 |
| | 8 | 33,0 | 1,065 | 2,73 | | 8 | 33,0 | 1,063 | 3,16 |
| | 12 | 48,9 | 1,079 | 4,88 | | 12 | 49,0 | 1,077 | 6,31 |
| | 16 | 64,6 | 1,088 | 9,60 | | 16 | 64,6 | 1,090 | 12,4 |
| | 20 | 79,8 | 1,104 | 17,2 | | 20 | 79,8 | 1,103 | 29,7 |
| | 25,6 | 100 | 1,124 | 52,6 | | 25,6 | 100 | 1,126 | 99,4 |

Die übrigen Viscositätsmessungen bei verschiedenen Konzentrationen, die im theoretischen Teil in den Tabellen 151 bis 156 angegeben sind, wurden ebenfalls in Ostwaldschen Viscosimetern ausgeführt.

---

[1] Herz, W., u. Lorentz: Ztschr. f. physik. Ch. (A) **140**, 406 (1929).

## c) Viscosität bei verschiedenen Temperaturen.

Die Viscositätsmessungen bei verschiedenen Temperaturen wurden im OSTWALD-schen Viscosimeter ausgeführt. In den Tabellen 218, 219 und 220 sind einige dieser Messungen wiedergegeben. Sie zeigen, daß die relativen Viscositäten in allen Lösungsmitteln nach dem Erwärmen auf 60° wieder völlig auf den Anfangs-wert zurückgehen.

Tabelle 218. Temperaturabhängigkeit in Eisessig und Tetrabromäthan.

| Mol.-Gew. | Konzentration in Gd-Mol. | Relative Viscosität in Eisessig bei | | | Relative Viscosität in Tetrabrom-äthan bei | | |
|---|---|---|---|---|---|---|---|
| | | 20° | 60° | wieder abgekühlt auf 20° | 20° | 60° | wieder abge-kühlt auf 20° |
| 920 | 1 | 1,39 | 1,29 | 1,39 | 1,39 | 1,26 | 1,39 |
| | 2 | 1,82 | 1,61 | 1,82 | 1,87 | 1,52 | 1,87 |
| | 3 | 2,32 | 1,95 | 2,32 | 2,45 | 1,82 | 2,45 |
| 2500 | 0,5 | 1,40 | 1,31 | 1,40 | 1,36 | 1,26 | 1,36 |
| | 1 | 1,79 | 1,62 | 1,79 | 1,75 | 1,51 | 1,75 |
| | 2 | 2,72 | 2,32 | 2,72 | 2,84 | 2,17 | 2,84 |
| 6400 | 0,25 | 1,40 | 1,32 | 1,40 | 1,35 | 1,27 | 1,35 |
| | 0,5 | 1,78 | 1,63 | 1,78 | 1,76 | 1,55 | 1,76 |
| | 1 | 2,76 | 2,42 | 2,76 | 2,78 | 2,25 | 2,78 |
| 13000 | 0,25 | 1,84 | 1,68 | 1,84 | 1,78 | 1,59 | 1,78 |
| | 0,5 | 2,81 | 2,50 | 2,81 | 2,78 | 2,31 | 2,78 |
| | 1 | 5,38 | 4,56 | 5,38 | 5,71 | 4,30 | 5,71 |

Tabelle 219. Temperaturabhängigkeit in Dioxan.

| Mol.-Gew. | Konzentration in Gd-Mol. | Relative. Viscosität bei | | |
|---|---|---|---|---|
| | | 20° | 60° | wieder abgekühlt auf 20° |
| 920 | 1 | 1,18 | 1,16 | 1,18 |
| | 2 | 1,43 | 1,37 | 1,43 |
| | 3 | 1,73 | 1,60 | 1,73 |
| 6400 | 0,25 | 1,20 | 1,18 | 1,20 |
| | 0,5 | 1,46 | 1,42 | 1,45 |
| | 1 | 2,09 | 1,97 | 2,08 |
| 13000 | 0,25 | 1,50 | 1,46 | 1,49 |
| | 0,5 | 2,13 | 2,00 | 2,11 |
| | 1 | 3,84 | 3,45 | 3,76 |

Tabelle 220. Temperaturabhängigkeit in Wasser.

| Mol.-Gew. | Konzentration in Gd-Mol. | Relative Viscosität bei | | |
|---|---|---|---|---|
| | | 20° | 60° | wieder ab-gekühlt auf 20° |
| 920 | 1 | 1,28 | 1,23 | 1,28 |
| | 2 | 1,61 | 1,49 | 1,61 |
| | 3 | 2,01 | 1,80 | 2,01 |
| 6400 | 0,25 | 1,25 | 1,19 | 1,25 |
| | 0,5 | 1,55 | 1,42 | 1,55 |
| | 1 | 2,27 | 1,97 | 2,27 |
| 13000 | 0,25 | 1,56 | 1,40 | 1,56 |
| | 0,5 | 2,27 | 1,91 | 2,27 |
| | 1 | 4,19 | 3,29 | 4,18 |

# D. Die Polyacrylsäure, ein Modell des Eiweißes[1,2].

## Bearbeitet von E. Trommsdorff[3].

## I. Einleitung.

### 1. Homöopolare, koordinative und heteropolare Molekülkolloide.

Die hochmolekularen Naturstoffe und die zu ihrer Konstitutionsaufklärung untersuchten Modelle sind nach ihrem Bau in drei Gruppen einzuteilen[4]. Die erste Gruppe der *homöopolaren Molekülkolloide* umfaßt die hochmolekularen Kohlenwasserstoffe wie Polystyrole und Polyprene, also Kautschuk, Guttapercha und Balata. Besitzen die Makromoleküle Gruppen mit Dipolcharakter, welche koordinative Bindungen eingehen, so haben wir Vertreter der *koordinativen Molekülkolloide* vor uns, zu denen Polyvinylalkohol, die Polysaccharide und unter gewissen Bedingungen die Polyacrylsäure, nämlich im undissoziierten Zustand, ferner das Eiweiß im unionisierten Zustand zählen. In der Gruppe der *heteropolaren Molekülkolloide* finden sich schließlich die Polyacrylsäure im ionisierten Zustand, die polyacrylsauren Salze, Kautschukphosphoniumsalze und das ionisierte Eiweiß.

Schon aus dieser kurzen Zusammenstellung erkennt man die Sonderstellung, die das Eiweiß und die Polyacrylsäure gemeinsam einnehmen. Je nachdem sich diese Körper im undissoziierten oder ionisierten Zustand befinden, sind sie Vertreter der koordinativen oder heteropolaren Molekülkolloide.

Am eingehendsten sind bisher die homöopolaren Molekülkolloide, vor allem das Polystyrol untersucht worden. In den Lösungen dieser Stoffe liegen die einfachsten und übersichtlichsten Verhältnisse vor, da vor allem in verdünnten Lösungen die Moleküle keine Kräfte aufeinander ausüben. Die koordinativen Molekülkolloide weisen in ihrem Bau durch die koordinativen Bindungsmöglichkeiten von einem Molekülfaden zum nächsten und zum Lösungsmittel eine erhebliche Kompliziertheit auf. Die Teilchen der heteropolaren Molekülkolloide sind durch die Dissoziationsfähigkeit und Schwarmbildung im Sinne der neuen Theorie der starken Elektrolyte verwickelt gebaut. Besonders schwer sind daher die Eiweißkörper zu überblicken, die gleichzeitig beiden Gruppen angehören. Nimmt man noch hinzu, daß die Eiweißkörper amphotere Elektrolyte sind, eine Ionisation also sowohl auf der sauren wie auf der basischen Seite des isoelektrischen Punktes eintritt, so wird es verständlich, weshalb in der Eiweißliteratur trotz der zahlreichen Einzelbeobachtungen eine einheitliche Deutung des Baues der Kolloidteilchen so ungeheuer erschwert ist. Für wenige hochmolekulare Naturkörper erschien deshalb die Arbeit am übersichtlichen Modellstoff so notwendig wie für die Eiweißkörper. Deshalb wurden Studien an der Polyacrylsäure und ihren Salzen als dem denkbar einfachsten Modell dieser Art aufgenommen.

---


[1] 66. Mitteilung über hochpolymere Verbindungen.

[2] Frühere Mitteilungen über Polyacrylsäure: STAUDINGER, H., u. E. URECH: Helv. chim. Acta 12, 1107 (1929). — STAUDINGER, H., u. H. W. KOHLSCHÜTTER: Ber. Dtsch. Chem. Ges. 64, 2091 (1931).

[3] TROMMSDORFF, E.: Inaug.-Diss. Freiburg i. Br. (1931).

[4] STAUDINGER, H.: Kolloid-Ztschr. 53, 26 (1930). Vgl. S. 19.

Als Grundlage für diese Modellversuche hat URECH[1] den Nachweis geführt, daß die Bindung der Acrylsäuremoleküle zur polymeren Säure durch normale Kovalenzen erfolgt. Dann hat H. W. KOHLSCHÜTTER[2] an der Polyacrylsäure sehr merkwürdige Viscositätseffekte beobachtet, z. B. einen enormen Viscositätsanstieg bei Zusatz geringer Mengen Natronlauge und einen starken Abfall der Viscosität bei Zusatz von mehr Natronlauge. Diese Beobachtungen erinnern lebhaft an die bekannte Abhängigkeit der Viscosität vom $p_H$ beim Eiweiß. Es erschien also von großem Interesse, diese Beobachtungen auszudehnen und messend zu verfolgen, da man hoffen durfte, daraus Rückschlüsse auf den Bau der Eiweißkörper ziehen zu können.

Allerdings muß man sich stets vor Augen halten, daß die Polyacrylsäure nur für einen Teil der Eigenschaften, nämlich den sauren Charakter, der Eiweißkörper ein Modell sein kann. Aber gerade darin liegt bei der Kompliziertheit der Erscheinungen ein Vorteil, denn man muß zuerst die Eigenschaften eines ausgesprochen heteropolaren Molekülkolloids kennen, bevor man die eines amphoteren beurteilen kann.

## 2. Der Zustand der Molekülkolloide in Lösung.

Die Kolloidteilchen in den Lösungen hochmolekularer Stoffe glaubte man früher als Micellen ansprechen zu müssen. Diese Auffassung wurde zuerst bei den homöopolaren Molekülkolloiden widerlegt, da sich zeigen ließ, daß sowohl die chemischen wie auch die Viscositätsuntersuchungen eindeutig darauf hinweisen, daß die Kolloidteilchen in diesen Lösungen mit den Makromolekülen identisch sind. Die $\eta_{sp}/c$-Werte dieser Lösungen sind nahezu unabhängig von der Temperatur und der Konzentration, solange niederviscose Lösungen verglichen werden. Deshalb stellen die $\eta_{sp}/c$-Werte verschiedener Stoffe Größen dar, welche nur von der Länge der Moleküle abhängig sind.

Nicht so einfach liegen die Verhältnisse bei den Eiweißkörpern. Früher glaubte man ihre Eigenschaften durch die Annahme erklären zu können, daß ihre Kolloidteilchen solvatisierte Micellen darstellen. Denn es waren scheinbar eine Reihe Analogien vorhanden. In ähnlicher Weise, wie beispielsweise die Beständigkeit der Seifenmicelle vom $p_H$ abhängig ist, beobachtet man auch die auffallende Viscositätsabhängigkeit der Eiweißkörper vom $p_H$. Trifft diese Auffassung über einen ähnlichen Bau der Seifen- und Eiweißmicelle zu, so würde hier im Gegensatz zu Lösungen von Kautschuk und Cellulose ein einfacher Zusammenhang zwischen Viscosität und Molekülgröße nicht zu erwarten sein, da die $\eta_{sp}/c$-Werte mit dem $p_H$ sich ändern.

Es ist bisher nicht möglich, die Frage nach dem Bau der Eiweißkolloidteilchen in Lösungen zu beantworten. Welchen Dienst kann nun das Modell der Polyacrylsäure und ihrer Salze zur Beantwortung dieser Frage leisten?

Auf den ersten Blick scheinen auch hier die Verhältnisse so kompliziert zu sein, daß ein Zusammenhang zwischen Viscosität und Molekulargewicht nicht zu erkennen ist. Eine geringe Änderung des $p_H$ genügt schon, um die Viscosität der Polyacrylsäure um ein Vielfaches zu ändern, ebensolche Wirkungen haben Neutralsalze. Dazu kommt, daß die Viscosität sehr weitgehend von der Fließ-

[1] STAUDINGER, H., u. E. URECH: Helv. chim. Acta **12**, 1107 (1929). — URECH, E.: These. E.P.F. Zürich 1927.

[2] STAUDINGER, H., u. H. W. KOHLSCHÜTTER: Ber. Dtsch. Chem. Ges. **64**, 2091 (1931).

geschwindigkeit abhängig, also keine konstante Größe ist. Gerade im sehr verdünnten Gebiet werden im Gegensatz zu den Polystyrollösungen diese Abweichungen vom HAGEN-POISEUILLEschen Gesetz sehr groß. Sehr verwickelt ist auch die Änderung der Viscosität mit der Temperatur. Es erscheint schwierig, bei der Kompliziertheit der Erscheinungen überhaupt den Bau der Kolloidteilchen erkennen zu können. Aber beim genauen Studium zeigt es sich, daß auch hier das Viscosimeter als „Kolloidoskop" die scheinbar unentwirrbaren Komplikationen übersichtlich gestaltet.

### 3. Der Zustand der Polyacrylsäure in Lösung.

In den Lösungen homöopolarer Molekülkolloide liegen besonders einfache Verhältnisse vor, da bei verschiedenen Temperaturen und verschiedenen Konzentrationen stets ein und derselbe Stoff in isolierten Fadenmolekülen in der Lösung vorhanden ist; deshalb sind hier die $\eta_{sp}/c$-Werte in verdünnter Lösung annähernd konstant. Bei koordinativen Molekülkolloiden können die Fadenmoleküle in Lösung durch koordinative Bindungen unter sich und mit den Lösungsmittelmolekülen verbunden sein. Die $\eta_{sp}/c$-Werte ändern sich in diesem Fall je nach der Konzentration und der Temperatur der Lösung.

Bei der Polyacrylsäure liegen in der Lösung „verschiedene Stoffe" vor. Je nach dem $p_H$, nach der Konzentration, nach der Temperatur enthält sie ionisierte, nichtionisierte oder teilweise ionisierte Moleküle. Im undissoziierten Zustand ist die Säure ein koordinatives Molekülkolloid. Die Nichtionisation wird begünstigt durch wachsende Konzentration der Säure und sinkende Temperatur. In diesem Zustand liegt die Säure als Pseudosäure im Sinne von HANTZSCH vor. Von den Fettsäuren ist bekannt, daß ihre normalen Moleküle im undissoziierten Zustand zu dimeren koordinativen Molekülen vereinigt sind[1]. Derartige koordinative Bindungen sind auch an dem undissoziierten Molekül der Polyacrylsäure zu erwarten, nur sind die Bindungsmöglichkeiten wegen der großen Zahl der Carboxylgruppen wesentlich zahlreicher, es können viele Moleküle miteinander verkettet werden. In wässeriger Lösung werden die COOH-Gruppen der Säure nicht nur unter sich koordinative Bindungen eingehen, sondern vor allem auch mit den Molekülen des Wassers. Mit der Konzentration und der Temperatur der Lösung wird sich aber das Verhältnis der verschiedenen koordinativen Moleküle ändern.

Mit wachsender Verdünnung und steigender Temperatur ist weiter eine Dissoziationszunahme der Polyacrylsäure verbunden. Schließlich bewirkt Zusatz von Natronlauge die Bildung von ionisierten Molekülen.

Zwischen diesem undissoziierten und dissoziierten Zustand der Polyacrylsäure gibt es alle Übergänge.

Die Viscositätsuntersuchungen an Polyacrylsäure zeigen nun das gemeinsame Bild, daß bei ein und derselben Verbindung, also bei unveränderter Länge der Hauptvalenzkette, die Viscosität der Lösungen sich außerordentlich stark ändert, je nachdem die Moleküle in der ionisierten oder unionisierten Form vorliegen.

---

[1] MÜLLER, A u. G. SHEARER: Journ. Chem. Soc. London **123**, 3156ff. (1923). — BRIEGLEB, G.: Ztschr. f. physik. Ch. (B) **10**, 205 (1930). — TRAUTZ, M., u. W. MOSCHEL: Ztschr. f. anorg. u. allg. Ch. **155**, 13 (1 926). — STAUDINGER, H., u. EIJI OCHIAI: Ztschr. f. physik. Ch. (A) **158**, 35 (1931).

Beim Übergang in die ionisierte Form wächst die Viscosität sehr beträchtlich. Nach den geläufigen Anschauungen könnte man hierfür die Solvatation der Ionen verantwortlich machen. Diese spielt auch zweifellos eine Rolle; denn die Solvatschicht der Ionen ist beträchtlicher als die der homöopolaren Moleküle, welche monomolekular anzunehmen ist[1]. Je nach der Konzentration und der Temperatur werden die Ionen mehr oder weniger zahlreiche Wassermoleküle binden[2]. Diese Solvatation wirkt gewissermaßen molekülvergrößernd und damit viscositätserhöhend. Sie kann aber nicht die wesentlichste Rolle für die bedeutenden Viscositätserhöhungen beim Übergang vom unionisierten in den ionisierten Zustand spielen. Denn die Solvatation muß pro Grundmolekül, also pro Kation und Anion, ungefähr die gleiche sein. Sie muß also proportional mit der Moleküllänge anwachsen. Das Verhältnis der Viscosität des Salzes zu der der Säure müßte also unabhängig von der Länge der Moleküle ungefähr gleich sein, wenn die Viscositätserhöhung bei der Salzbildung wesentlich mit der Solvatation zusammenhinge. Tatsächlich wird bei hochmolekularen Produkten die Viscosität durch den Übergang von der Säure in das Salz weit stärker vergrößert als bei niedermolekularen Produkten. Es müssen also für diese Viscositätserhöhung Faktoren verantwortlich gemacht werden, die sich mit zunehmender Länge der Ketten stärker bemerkbar machen. Einen solchen Einfluß haben die interionischen Kräfte, die zwischen den hochmolekularen Ionen genau so wirksam sind wie zwischen niedermolekularen. Wie sich in einer Lösung von Natriumchlorid um jedes Natriumion negativ geladene Chlorionen und um jedes Chlorion positive Natriumionen infolge der elektrostatischen Anziehung bzw. Abstoßung sammeln und sich so eine gewisse Ionenverteilung als stationärer Zustand ausbildet, stellt sich ein analoger Effekt auch bei den dissoziierten Salzen der Polyacrylsäure ein. Ein Säureanion umgibt sich mit Natriumionen, und eine Gruppe von Natriumionen wird wiederum mit Carboxylionen des Säureanions in Wechselwirkung treten. Dadurch, daß die Säureanionen gestreckte polyvalente Kettenmoleküle darstellen, wird eine Art gegenseitiger Festlegung der Säureanionen durch Ionenladungen eintreten. Diese Festlegung macht sich mit wachsender Kettenlänge der Fadenionen immer stärker bemerkbar. Diese *besondere Art von Teilchenvergrößerung* bezeichnen wir im folgenden *als Schwarmbildung*.

Ein solch stationärer Zustand in der Lösung wird also einer gewissen Strukturierung entsprechen, und einer Störung des Gleichgewichts dieser Strukturierung etwa durch Strömung im Viscosimeter wird sich ein Widerstand entgegensetzen. Daher ist die Säure im dissoziierten Zustand durch eine besonders hohe Viscosität ausgezeichnet, und es treten hier besonders große Abweichungen vom HAGEN-POISEUILLEschen Gesetz ein.

Bei den homöopolaren Molekülkolloiden deutet ein Anwachsen der Viscosität der verdünnten Lösungen, also eine Zunahme der $\eta_{sp}/c$-Werte, auf eine Verlängerung der Kettenmoleküle. Eine solche Vergrößerung der Kettenmoleküle kann bei koordinativen Molekülen auch durch koordinative Bindungen zwischen den Fadenmolekülen erfolgen. So zeigen beispielsweise die aliphatischen Säuren die doppelten $\eta_{sp}/c$-Werte, als man nach ihrem normalen Molekulargewicht erwarten

---

[1] STAUDINGER, H., u. W. HEUER: Ber. Dtsch. Chem. Ges. **62**, 2933 (1929). Vgl. S. 126.

[2] Das Wasser enthält koordinative polymere Moleküle, die bei der Solvatation der Ionen gebunden werden können, vgl. S. 7.

filtriert und gut mit mäßig heißem Wasser ($50-70°$) ausgewaschen. Das Produkt wurde im Vakuum über Phosphorpentoxyd getrocknet. Die Ausbeute betrug 2 g oder 20%.

Das Ausgangsmaterial, das zur Darstellung der höhermolekularen Polyoxymethylen-diacetate verwendet wurde, schmolz bei $160-170°$ unter Zersetzung. Sein Formaldehydgehalt wurde von R. SIGNER zu 93% bestimmt, sein Essigsäureanhydridgehalt zu 5,9%. Nach der Umkrystallisation aus Formamid hat das Produkt folgende Eigenschaften: Schmelzp.: $154-157°$. Zersetzungsp.: $220°$. (Einige Gasblasen schon bei $190°$).

*Zusammensetzung*: $(CH_2O)_{35} \cdot (CH_3CO)_2O = C_{39}H_{76}O_{38}$.

0,3824; 0,3257 g Subst.: 232,3; 197,4 ccm $^n/_{10}$-Jod und 6,87; 5,72 ccm $^n/_{10}$-Ba(OH)$_2$.

Ber. $CH_2O$ 91,3.  Gef. $CH_2O$ 91,2; 91,0.

Ber. $(CH_3CO)_2O$ 8,7.  Gef. $(CH_3CO)_2O$ 9,2; 9,0.

Ber. C 40,62, H 6,60.  Gef. C 41,10, H 6,86.

Durchschnittspolymerisationsgrad berechnet aus der Formaldehyd- und Essigsäureanhydridanalyse: 35.

Daraus berechnetes Molekulargewicht: 1150.

Molekulargewicht in Campher nach RAST: 0,930; 0,690 mg Subst.; 7,745; 4,455 mg Campher.

$\Delta t$ 3,3; 5,3°. Molekulargewicht: Ber. 1150. Gef. 1450; 1170.

### e) Die Zersetzung der Polyoxymethylen-dimethyläther bei höherer Temperatur.

Die Destillation der Polyoxymethylen-dimethyläther bis zum Polymerisationsgrad 10 ist bei gewöhnlichem Druck ohne Zersetzung möglich.

Die Destillationen wurden in konisch erweiterten Schmelzpunktsröhrchen ausgeführt; die Heizung erfolgte im Kupferblock. In Tabelle 134 sind die einzelnen Fraktionen und ihr Verhalten bei der Destillation angegeben. Vom Destillat wurde zur Charakterisierung nur der Schmelzpunkt bestimmt.

Tabelle 134.

| Polymerisationsgrad | Schmelzpunkt | Destillationstemperatur | Formaldehydabspaltung | Rückstand | Schmelzpunkt des Destillates |
|---|---|---|---|---|---|
| 7 | $43-45°$ | $260-320°$ | keine | sehr wenig; braun | $43-47°$ |
| 9 | $59-63°$ | $280-340°$ | keine | wenig; braun | $55-60°$ |
| 12 | $81-83°$ | $320-380°$ | keine | 50%; braun | $80-83°$ |
| 13 | $89-91°$ | Nur Spuren eines Destillats | $330°$; schwache Zersetzung | tiefbraun | — |
| 15 | $109-111°$ | Nur Spuren eines Destillats | $360°$; Formaldehydabspaltung | tiefbraun | $(80-105°)$ |

Die höhermolekularen Polyoxymethylen-dimethyläther vom Polymerisationsgrad $20-100$ wurden im Hochvakuum bei höherer Temperatur zersetzt. Die Zersetzung und anschließende Hochvakuumdestillation (0,02 mm) wurde in

kleinen Kölbchen mit angeschmolzenen Kugelvorlagen vorgenommen. Alle Fraktionen schmelzen klar und spalten beim höheren Erhitzen Formaldehyd ab. Nach einiger Zeit gehen bei 280—320° sehr schwer flüchtige Bestandteile über, die sich in den Kugelvorlagen kondensieren, zum Teil als rasch erstarrende Flüssigkeit, zum Teil als feiner Flugstaub. Als Rückstand bleiben etwa 10—20% des Ausgangsmaterials. Es sind verkohlte Massen, die durch Zersetzung der $\delta$-Polyoxymethylengruppierung[1] entstanden sind. Die überdestillierten schwer flüchtigen Produkte, die rein weiß sind, erwiesen sich als — allerdings zum Teil umgelagerte — Polyoxymethylen-dimethyläther.

## 2. Die Polyoxymethylen-dihydrate.

a) **Herstellung von niedermolekularen Polyoxymethylen-dihydraten ungefähr einheitlichen Polymerisationsgrades.**

$$\alpha)\ \textit{Methylenglykol:}\ CH_2\!\!\begin{array}{c}\diagup OH\\[-2pt]\diagdown OH\end{array}.$$

Durch Extraktion einer reinen konzentrierten Formaldehydlösung mit Äther im Apparat nach KUTSCHER-STEUDEL wurde eine ölige Flüssigkeit erhalten, die nach der Analyse 57,7% Formaldehyd enthielt, also etwas weniger als dem für das Methylenglykol geforderten theoretischen Formaldehydgehalt von 62,5% entspricht. Aber alle Versuche, das Methylenglykol aus solchen Ätherlösungen durch Ausfrieren krystallisiert zu erhalten, scheiterten.

$\beta)$ *Spaltung von Paraformaldehyd mit Wasser.*

Versuche, auf analogem Wege, wie die Herstellung der niedermolekularen Polyoxymethylen-diacetate und Polyoxymethylen-dimethyläther gelang, auch die niedermolekularen Polyoxymethylen-dihydrate herzustellen, nämlich dadurch, daß man hochmolekulare Polyoxymethylen-dihydrate bei höherer Temperatur in Bombenröhren mit berechneten Mengen Wasser zur Reaktion brachte, schlugen fehl:

Die Versuche mit 1 Mol Wasser auf 1, 2, 3 und 4 Grundmoleküle Formaldehyd (Paraformaldehyd) ergaben stark sauer reagierende, hochkonzentrierte Formaldehydlösungen, die sich rasch unter Abscheidung von Paraformaldehyd veränderten, aber keine niedermolekularen, krystallisierten Dihydrate lieferten. Das letztere war auch bei der sauren Reaktion des Inhalts der Bombenröhren wenig wahrscheinlich, da Säuren die kondensierende Polymerisation katalysieren.

$\gamma)$ *Di- und Trioxymethylen-dihydrat.*

Eine durch Ätherextraktion aus einer konzentrierten Formaldehydlösung erhaltene Polyoxymethylen-dihydrat-gallerte wurde in trockenem Aceton in der Kälte gelöst und wenige Stunden über Chlorcalcium stehen gelassen, filtriert und mit der gleichen Menge trockenem Petroläther gefällt. Der flockige Niederschlag setzte sich gut ab und ließ sich leicht filtrieren. Durch Evakuieren wurde von anhaftendem Aceton befreit. Das so erhaltene trockene Pulver schmilzt bei 82—85° und löst sich leicht in kaltem Aceton. Analyse und Eigenschaften sprechen für ein Gemisch von hauptsächlich Di- und Trioxymethylen-dihydrat:

---

[1] Vgl. S. 238.

0,1343; 0,1679 g Subst.: 70,95; 87,9 ccm $^n/_{10}$-Jod.

$(CH_2O)_2H_2O$ Ber. $CH_2O$ 76,9.  Gef. $CH_2O$ 79,3; 78,6.

$(CH_2O)_3H_2O$ Ber. $CH_2O$ 83,3.

Das Produkt löst sich noch einige Zeit in kaltem Aceton, verändert sich aber sehr rasch und wird dabei unlöslich. Es tritt Polymerisation zu unlöslichen, höhermolekularen Polyoxymethylen-dihydraten ein.

### δ) *Tetraoxymethylen-dihydrat.*

Zur Darstellung eines möglichst niedermolekularen Dihydratgemisches wurde eine frisch hergestellte 30proz. Formaldehydlösung auf dem Wasserbad eingedampft, bis sich feste Substanz abzuscheiden begann. Die Lösung reagierte nur sehr schwach sauer, es hatte sich also nur wenig Ameisensäure gebildet. Die heiße Lösung wurde unter Rühren in methylalkoholfreies Aceton eingegossen, worin sie sich fast vollständig auflöste. Dann wurde sehr viel wasserfreies Natriumsulfat zugegeben und eine halbe Stunde stark geschüttelt. Nach der Filtration wurde mit niedrigsiedendem Petroläther ein schön flockiges Produkt gefällt; diese Fällung wurde noch einmal wiederholt. Das so erhaltene Produkt ist in kaltem Aceton leicht löslich. Es wurde im Vakuum über Phosphorpentoxyd aufbewahrt. Dabei verändert es sich im Laufe von 3 Monaten fast nicht. Seine Löslichkeit in Aceton bleibt erhalten. Analyse und Eigenschaften sprechen für ein niedermolekulares Dihydratgemisch vom Durchschnittspolymerisationsgrad 4.

0,1030 g Subst.: 59,40 ccm $^n/_{10}$-Jod.

$(CH_2O)_4 \cdot H_2O$.  Ber. $CH_2O$ 86,96.  Gef. $CH_2O$ 86,55.

### ε) *Hexa- und Hepta-oxymethylen-dihydrat.*

Durch Eindampfen einer reinen 30proz. Formaldehydlösung auf dem Wasserbad erhält man eine hochkonzentrierte Formaldehydlösung, die beim Abkühlen zwischen 60 und 80° zu einer schmierigen Gallerte erstarrt. Im Laufe von 2 bis 3 Wochen entsteht daraus eine feste, noch etwas schmierige, wachsähnliche Substanz. Die Analyse derselben ergibt:

0,4055; 0,2560 g Subst.: 215,8; 137,9 ccm $^n/_{10}$-Jod.

$(CH_2O)_3 \cdot H_2O$.  Ber. $CH_2O$ 83,3.  Gef. 79,9; 80,9.

Ein ähnliches Produkt entsteht aus dem aus Formaldehydlösungen extrahierten Öl[1] mit 58% Formaldehyd, wenn man es einige Zeit sich selbst überläßt.

Zur Herstellung von reinen Dihydraten aus diesen Gemischen wird ein solches Produkt mit wenig Aceton im Mörser zu einem dünnen Brei verrieben und unter Druck filtriert. Aus dem Filtrat fällt mit tiefsiedendem Petroläther eine flüssige Fraktion aus, die aus Wasser und den niedersten Dihydraten besteht und nicht weiter untersucht wurde.

---

[1] Es ist interessant, daß auch Formaldehydlösungen mit ca. 35% Formaldehyd (spez. Gew. 1,101) nicht sehr lange haltbar sind. Nach einiger Zeit scheiden sie einen Bodenkörper aus. Dieser ist zuerst schmierig und gallertartig und besteht aus niedermolekularen Polyoxymethylen-dihydraten. Allmählich wird der Bodenkörper körnig und fest. Es ist weitgehende Polymerisation eingetreten. Man erhält so ein dem Paraformaldehyd ähnliches Produkt. Die Analyse liefert: 0,1611; 0,1802 g Substanz: 102,8; 114,7 ccm $^n/_{10}$-Jod. $(CH_2O)_{14} \cdot H_2O$. Ber. $CH_2O$ 95,9. Gef. $CH_2O$ 95,8; 95,5.

Der Filterrückstand kann mit Aceton in einen unlöslichen, einen in siedendem Aceton löslichen, einen in warmem Aceton löslichen und einen in kaltem Aceton löslichen Anteil zerlegt werden.

Das in kaltem Aceton lösliche Produkt wird mit tiefsiedendem Petroläther ausgefällt. Man erhält ein pulvriges, in kaltem Aceton leicht lösliches Dihydrat folgender Zusammensetzung:

0,2083 g Subst.: 126,2 ccm $n/_{10}$-Jod.

$(CH_2O)_6H_2O$. Ber. $CH_2O$ 90,91. Gef. $CH_2O$ 90,95.

Nach nochmaligem Umfällen aus kaltem Aceton mit Petroläther:
0,2419; 0,2170 g Subst.: 148,3; 133,0 ccm $n/_{10}$-Jod.
$(CH_2O)_7H_2O$. Ber. $CH_2O$ 92,11. Gef. $CH_2O$ 92,03; 91,99.

### ζ) *Octo-oxymethylen-dihydrat.*

Ein 8-oxymethylen-dihydrat wurde durch mehrfache fraktionierte Umkrystallisation aus warmem Aceton isoliert (vgl. Abschnitt ε).

Nach der zweiten Umkrystallisation:

0,2008 g Subst.: 123,3 ccm $n/_{10}$-Jod.

$(CH_2O)_8 \cdot H_2O$. Ber. $CH_2O$ 93,02. Gef. $CH_2O$ 92,2.

Nach der dritten Umkrystallisation.

0,1627 g Subst.: 100,8 ccm $n/_{10}$-Jod.

$(CH_2O)_8 \cdot H_2O$. Ber. $CH_2O$ 93,02. Gef. $CH_2O$ 92,96.

Die Analyse spricht für ein Octo-oxymethylen-dihydrat. Doch liegt kein vollständig einheitliches, 8fach polymeres Dihydrat vor, sondern ein Gemisch desselben mit den nächsthöheren und -niederen derselben polymer-homologen Reihe.

Das aus heißem Aceton zum drittenmal umkrystallisierte Produkt mit 93 % Formaldehyd löst sich spielend in heißem Aceton und fällt in der Kälte flockig aus. Die Ausscheidung ist sehr leicht filtrierbar im Gegensatz zum ungereinigten, nicht umkrystallisierten Ausgangsmaterial. Unter dem Mikroskop erkennt man feine, einheitlich aussehende Nädelchen. Der Schmelzpunkt liegt bei 115—120°, dann erst beginnt Zersetzung. Die Substanz ist trocken-pulvrig und nicht mehr schmierig; sie riecht frisch bereitet fast gar nicht nach Formaldehyd[1]. Sie wurde noch 6mal aus Aceton umkrystallisiert, dann 3mal aus Dioxan:

Nach der ersten Umkrystallisation aus Dioxan: Ausbeute: 70 %.

0,1000 g Subst.: 62,3 ccm $n/_{10}$-Jod.

$(CH_2O)_8 \cdot H_2O$. Ber. $CH_2O$ 93,0. Gef. $CH_2O$ 93,5.

Nach der zweiten Umkrystallisation aus Dioxan:
Ausbeute: 80 %.

0,1265 g Subst.: 78,6 ccm $n/_{10}$-Jod. Gef. $CH_2O$ 93,2.

Nach der dritten Umkrystallisation aus Dioxan:
Ausbeute: 80 %.

0,1108 g Subst.: 68,8 ccm $n/_{10}$-Jod. Gef. $CH_2O$ 93,2.

Unvorsichtiges Umkrystallisieren, wie z. B. zu langes Erhitzen, ist für die niedermolekularen, löslichen Polyoxymethylen-dihydrate schädlich. Abgesehen von der Ausbeute leidet auch die Reinheit der Produkte darunter. Schon siedendes

---

[1] Das Produkt ist beständig, da es völlig frei von Ameisensäure ist.

Aceton bewirkt eine Zersetzung, wenn auch nur in geringem Maße. Die leichte Spaltbarkeit des Produktes zeigen auch die folgenden Versuche:

Läßt man Octo-oxymethylen-dihydrat mit viel Wasser stehen, so tritt in 4 Tagen vollständige Auflösung, also Spaltung in Formaldehyd resp. Methylenglykol ein, beim Schütteln sogar schon in 2 Tagen. Paraformaldehyd braucht unter denselben Umständen zur vollständigen Auflösung 2 Monate, $\alpha$-Polyoxymethylen löst sich auch nach 4 Monaten noch nicht merklich auf.

### $\eta$) Nono-oxymethylen-dihydrat.

Nach der dritten Umkrystallisation aus heißem Aceton ergab die Analyse:

0,1142 g Subst.: 71,4 ccm $n/_{10}$-Jod.

$(CH_2O)_9 \cdot H_2O$. Ber. $CH_2O$ 93,75. Gef. $CH_2O$ 93,9.

Nach der vierten Umkrystallisation:

0,1367; 0,1644 g Subst.: 85,2; 102,7 ccm $n/_{10}$-Jod.

$(CH_2O)_9 \cdot H_2O$. Ber. $CH_2O$ 93,75. Gef. $CH_2O$ 93,6; 93,8.

### $\vartheta$) Undeka-oxymethylen-dihydrat.

Das Produkt wurde aus siedendem Aceton umkrystallisiert.

Erste Umkrystallisation:

0,2100 g Subst.: 132,4 ccm $n/_{10}$-Jod.

$(CH_2O)_{11} \cdot H_2O$. Ber. $CH_2O$ 94,80. Gef. $CH_2O$ 94,64.

Zweite Umkrystallisation:

0,2159 g Subst.: 136,4 ccm $n/_{10}$-Jod.

$(CH_2O)_{11} \cdot H_2O$. Ber. $CH_2O$ 94,80. Gef. $CH_2O$ 94,85.

### $\iota$) Duodeka-oxymethylen-dihydrat.

Das Produkt wurde zweimal aus siedendem Aceton umkrystallisiert:

0,2046 g Subst.: 129,5 ccm $n/_{10}$-Jod.

$(CH_2O)_{12} \cdot H_2O$. Ber. $CH_2O$ 95,24. Gef. $CH_2O$ 94,97.

### $\varkappa$) Die Acetylierung des Octo-oxymethylen-dihydrates.

Niedere Formaldehydhydrate können mit Essigsäureanhydrid und Pyridin in Verdünnungsmitteln wie Aceton oder Dioxan in Polyoxymethylen-diacetate übergeführt werden. Leider ist die Reaktion durch die Entstehung von gefärbten Nebenprodukten gestört; immerhin gelang es, Diacetate in einer Ausbeute von 50% zu erhalten.

100 ccm Dioxan wurden mit 1 g Octo-oxymethylen-dihydrat, 10 ccm Essigsäureanhydrid und 10 ccm Pyridin während 36 Stunden auf der Schüttelmaschine geschüttelt. Es trat vollständige Lösung unter leichter Gelbfärbung ein. Sodann wurde das Dioxan, Essigsäureanhydrid und Pyridin im Hochvakuum abdestilliert. Der Rückstand war meistens gelb bis gelbbraun gefärbt und krystallisierte teilweise. Er wurde mit tiefsiedendem Petroläther (40°) und Äther ausgezogen. Es konnten folgende Diacetate isoliert werden:

Tabelle 135.

| | Schmelzpunkt | Polymerisationsgrad |
|---|---|---|
| Aus Petroläther in der Kälte . . . . 0,1 g | 35—39° | 8—9 |
| Aus Äther mit Petroläther gefällt . . 0,2 g | 45—52° | 10 |
| Aus Äther bei 20° . . . . . . . . . 0,2 g | 54—60° | 10—11 |

Sicher sind auch noch Diacetate vom Schmelzp. 10—35° gebildet worden. Aber ihre Aufarbeitung ist bei den kleinen Mengen sehr schwierig; es ist wegen dieser experimentellen Schwierigkeiten noch nicht gelungen, das 7-oxymethylen-diacetat rein zu erhalten[1].

## b) Die Entwässerung der niedermolekularen Polyoxymethylen-dihydrate.

### $\alpha$) Die Entwässerung von Polyoxymethylen-dihydrat-gallerten.

Durch Extraktion einer konzentrierten Formaldehydlösung mit Äther wurde ein Öl erhalten, das bald gallertig erstarrte. Die Analyse des Öles ergab:

0,3738 g Subst.: 143,6 ccm $n/_{10}$-Jod.

Für $(CH_2O)_1 \cdot H_2O$. Ber. $CH_2O$ 62,5. <u>Gef. 57,7.</u>

Das Produkt ist in Äther und Benzol zum Teil löslich; in Alkohol und Aceton ist es sehr leicht löslich. Natriumsulfitlösung löst schon in der Kälte.

Die Alterung der Gallerte verfolgten wir dadurch, daß die Änderung der physikalischen und chemischen Eigenschaften bei der Entwässerung über Phosphorpentoxyd beobachtet wurde. Es wurde die Gewichtsabnahme, der Formaldehydgehalt, der Schmelzpunkt und die Löslichkeit in verschiedenen Lösungsmitteln festgestellt (vgl. Abb. 72 u. 73, S. 251). Die Löslichkeit nimmt beim Entwässern ab, und zwar in Äther und Benzol sehr rasch, in Alkohol und Aceton langsamer. Das Endprodukt ist in siedendem Aceton fast unlöslich. Die nebenstehende Tabelle zeigt die Analysen und die Schmelzpunkte.

Das Produkt ist während der ersten 3 Tage der Entwässerung schmierig und auch unter dem Mikroskop ohne erkennbare Struktur. Es hat das Aussehen eines amorph erstarrten Öles. Allmählich wird die Substanz fester und ist nach 5 Tagen so brüchig, daß sie pulverisiert werden kann. Das Endprodukt ist ein dem Paraformaldehyd auch in den chemischen Eigenschaften ähnliches, weißes Pulver, das stark nach Formaldehyd riecht.

Tabelle 136. Zunahme des Formaldehydgehaltes einer Dihydrat-gallerte bei der Entwässerung.

| Zeit | $CH_2O$ % | Zunahme pro Tag % | Schmelz-punkt |
|---|---|---|---|
| 0 Stunden | — 57,7 | — | 53—57 |
| 5 ,, | 58,5; 58,7 | 4,3 | 54—61 |
| 11,5 ,, | 59,5; 59,4 | 3,3 | 55—63 |
| 23 ,, | 60,4; 60,3 | 1,9 | 57—63 |
| 32 ,, | 61,3; 61,3 | 2,4 | 60—66 |
| 47 ,, | 63,2; 63,7 | 3,4 | 62—68 |
| 75 ,, | 67,1; 67,3 | 3,3 | 73—83 |
| 124 ,, | 76,3; 76,3 | 4,5 | 80—90 |
| 192 ,, | 92,0; 92,3 | 5,6 | 95—105 z |
| 12 Tage | — — | — | 100—106 z |
| 19 ,, | 93,2; 93,4 | 0,1 | 98—115 z |
| 54 ,, | 93,2; 93,1 | 0,0 | 104—115 z |
| 155 ,, | — 93,1 | 0,0 | 105—115 z |

$z$ = Zersetzung.

### $\beta$) Die Entwässerung einheitlicher Polyoxymethylendihydrate.

Es wurde die Gewichtsabnahme beim Stehen über Phosphorpentoxyd verfolgt (Abb. 79, S. 254). Ein 7-oxymethylen-dihydrat (92,0% $CH_2O$) zeigt nach 3 monatigem Stehen über Phosphorpentoxyd unveränderte Eigenschaften und fast denselben Formaldehydgehalt:

0,2004 g Subst.: 123,5 ccm $n/_{10}$-Jod. <u>Gef. $CH_2O$ 92,44.</u>

[1] Vgl. R. Signer: Inaug.-Diss. Zürich 1927.

Ein 8-oxymethylen-dihydrat (93,0% $CH_2O$), das vor der Entwässerung einige Zeit an der Luft gestanden hatte, ist nach 12 monatiger Entwässerung über Phosphorpentoxyd in siedendem Aceton schwer löslich geworden und zeigt einen höheren Formaldehydgehalt:

0,2041 g Subst.: 129,0 ccm $^n/_{10}$-Jod.  Gef. $CH_2O$ 94,9.

Ein 11-oxymethylen-dihydrat (94,8% $CH_2O$) hat bei 3 monatigem Stehen über Phosphorpentoxyd eine kleine Veränderung erlitten; ein kleiner Teil der Substanz ist in siedendem Aceton unlöslich geworden. Die Analyse ergibt einen etwas höheren Formaldehydgehalt:

0,2029 g Subst.: 129,4 ccm $^n/_{10}$-Jod.  Gef. $CH_2O$ 95,70.

Die Unterschiede im Verhalten beruhen auf dem verschiedenen Reinheitsgrad der Produkte, besonders auf der An- oder Abwesenheit von Spuren von Ameisensäure.

### c) Die hochmolekularen Polyoxymethylen-dihydrate.

#### α) *Der Paraformaldehyd.*

Der Paraformaldehyd mit einem Formaldehydgehalt von 94—98% ist ein Polyoxymethylen-dihydrat vom Polymerisationsgrad 10—50. Aus demselben[1] läßt sich mit siedendem Aceton ein niedermolekulares Dihydrat vom Durchschnittspolymerisationsgrad 10 herauslösen. Das Produkt zeigt alle Eigenschaften eines noch nicht einheitlichen, niedermolekularen Polyoxymethylen-dihydrates; es schmilzt bei 115—118° unter Zersetzung, während der Paraformaldehyd erst bei 140—150° unter Zersetzung schmilzt. Die Analyse ergibt:

0,1242; 0,1161 g Subst.: 78,04; 73,06 ccm $^n/_{10}$-Jod.

$(CH_2O)_{10} \cdot H_2O$.  Ber. $CH_2O$ 94,34; Gef. $CH_2O$ 94,3; 94,4.

Analyse des Paraformaldehydes:

0,1955; 0,2261 g Subst.: 125,2; 144,1 ccm $^n/_{10}$-Jod.

$(CH_2O)_{15} \cdot H_2O$.  Ber. $CH_2O$ 96,1; Gef. $CH_2O$ 96,1; 95,7.

Paraformaldehyd ist in der Hitze in Dioxan und Formamid löslich; hierbei tritt aber ziemlich starke Zersetzung unter Formaldehydabspaltung ein. Doch wird in der Kälte ein Teil der gelösten Substanz wieder ausgeschieden.

#### β) *Das α- und das β-Polyoxymethylen.*

α- und β-Polyoxymethylen sind Polyoxymethylen-dihydrate von sehr hohem Polymerisationsgrad. Sie sind in Lösungsmitteln wie Dioxan und Pyridin völlig unlöslich. Das einzige Lösungsmittel für die beiden Polyoxymethylene ist Formamid. Doch tritt bei der hohen Lösungstemperatur von 150—160° sehr rasch vollkommene Zersetzung ein. Die Umkrystallisation gelingt nur bei raschem Arbeiten in kleinen Mengen im Reagensglase: 5 g eines β-Polyoxymethylens werden in 5 Portionen in einem weiten und hohen Reagensglas mit Formamid möglichst rasch in Lösung gebracht und sofort durch Abschrecken wieder ausgeschieden. Die dicke Gallerte wird mit der doppelten Menge Wasser geschüttelt, filtriert und gut mit kaltem Wasser ausgewaschen, sodann im Vakuum über Phosphorpentoxyd getrocknet. Die Ausbeute beträgt 2 g, also ca. 40%. Das Produkt hat die Eigenschaften des α-Polyoxymethylens. Es „sublimiert" nicht,

---

[1] Die Zusammensetzung der käuflichen Paraformaldehyde wechselt und ebenso auch die Menge des acetonlöslichen Anteils.

sondern zersetzt sich ohne starke Polymerisation der Dämpfe. Es riecht im Gegensatz zu umkrystallisiertem $\gamma$-Polyoxymethylen stark nach Formaldehyd. Das umkrystallisierte $\beta$-Polyoxymethylen sintert bei 170—175° und zersetzt sich sofort, das $\beta$-Polyoxymethylen selbst sublimiert ohne zu sintern zwischen 150 und 170°.

*Zusammensetzung*: $(CH_2O)_{75} \cdot H_2O$.

0,5000; 0,5055 g Subst.: 330,6; 334,2 ccm $^{n}/_{10}$-Jod.

Ber. $CH_2O$ 99,1.  Gef. $CH_2O$ 99,25; 99,21.

0,5000; 0,5055 g Subst.: 1,22; 0,91 ccm $^{n}/_{5}$-$KMnO_4$.

Ber. $CH_3OCH_3$ 0,0.  Gef. $CH_3OCH_3$ 0,19; 0,14.*

Der Formaldehydgehalt des $\beta$-Produktes betrug 98,8%.

### 3. Polyoxymethylene aus flüssigem, monomerem Formaldehyd: Eu-Polyoxymethylen.

a) Herstellung des reinen, monomeren Formaldehyds.

Zur Darstellung von reinem, monomerem Formaldehyd benutzt man zweckmäßig das sehr hochprozentige Polyoxymethylen, das mit wenig Alkali aus konzentrierten Formaldehydlösungen gefällt wird[1]. Denn die Spuren von Schwefelsäure, die in den damit gefällten Polyoxymethylenen enthalten sind, begünstigen die Polymerisation des entstehenden Formaldehydgases und die Entstehung von Trioxymethylen[2]. Außerdem wurde, um Autoxydation zu vermeiden, die Zersetzung des Polyoxymethylens unter Durchleiten von trockenem, reinem Stickstoff vorgenommen.

Die Spuren von Alkali, die in dem Ausgangsmaterial enthalten sind, bewirken eine geringe Kondensation zu zuckerähnlichen Produkten ($\delta$-Polyoxymethylenbildung[3]), so daß beim vollständigen Zersetzen dieses Polyoxymethylens dunkle Rückstände entstehen. Deshalb wurden nur etwa zwei Drittel des Polyoxymethylens zersetzt, damit auch nicht spurweise Verkohlung eintritt; dadurch würde der monomere Formaldehyd durch flüchtige Zersetzungsprodukte verunreinigt[4].

Zur Herstellung von reinem, monomerem Formaldehyd haben schon M. TRAUTZ und E. UFER[5] eine besondere Apparatur beschrieben. Unsere Apparatur konnte entsprechend dem hohen Formaldehydgehalt des Ausgangsmaterials von 99% einfacher gestaltet werden. Die dem Formaldehydgas beigemengten Spuren von Wasser wurden dadurch beseitigt, daß denselben Gelegenheit zur Kondensation mit gasförmigem Formaldehyd gegeben wurde. Deshalb wurde das Formaldehydgas vor seiner Verflüssigung durch eine weite und lange Glasschlange geleitet. Der monomere Formaldehyd wurde sodann bei −80° verflüssigt und zweimal bei gewöhnlichem Druck destilliert. Das Einfüllen in Bombenröhren geschah ebenfalls durch Destillation aus einem Vorratsgefäß — und zwar wurde im Vakuum

---

* Der Blindwert der Methode von 0,2% ist in diesen Analysen noch nicht abgezogen.

[1] MANNICH, C.: Ber. Dtsch. Chem. Ges. **52**, 160 (1919).

[2] PRATESI: Gazz. chim. ital. **14**, 139 (1885). — STAUDINGER, H., u. Mitarbeiter: Liebigs Ann. **474**, 258 (1929). — KOHLSCHÜTTER, H. W.: Liebigs Ann. **482**, 75 (1930).

[3] Vgl. S. 238.

[4] Diese würden die Kettenreaktion beeinflussen und frühzeitig unterbrechen.

[5] Journ. f. prakt. Ch. **113**, 105 (1926).

destilliert, um bei möglichst tiefer Temperatur zu arbeiten. Alle Operationen erfolgten in einer Apparatur, bei der soweit als möglich die einzelnen Teile zusammengeschmolzen waren. Vor Beginn des Versuches wurde die ganze Apparatur sorgfältig im Hochvakuum getrocknet; dabei wurde in einer Atmosphäre von getrocknetem und von Sauerstoff befreitem Stickstoff gearbeitet; die Vorlagen wurden auf 100—200° erhitzt; die Bombenröhren wurden mehrmals ausgeglüht.

Der unreine, flüssige Formaldehyd ist eine trübe Flüssigkeit, die großes Polymerisationsbestreben zeigt. Die Polymerisation verläuft stark exotherm[1] und kann deshalb explosionsartig erfolgen, da die Verdampfungswärme klein ist[2]. Reiner, mehrmals destillierter Formaldehyd ist eine wasserhelle, leichtbewegliche Flüssigkeit, die verhältnismäßig geringe Polymerisationsneigung besitzt.

### b) Die Polymerisation des flüssigen, monomeren Formaldehydes.

Monomerer flüssiger Formaldehyd polymerisiert bei längerem Stehen schon bei —80° ohne Katalysatoren; die Polymerisation wurde bei —80°, —20° und +100° durchgeführt. Die Polymerisationsgeschwindigkeit nimmt natürlich mit steigender Temperatur rasch zu.

Bei der Polymerisation bei tiefer Temperatur (—80°) wirkt Sauerstoff hemmend. Unter Stickstoff erhält man nach wenigen Stunden ein festes, weißes Produkt. Unter Sauerstoff dauert die vollständige Polymerisation manchmal mehrere Tage; die Flüssigkeit geht in eine klare Gallerte, schließlich in ein klares Glas über.

Eine ähnliche Beobachtung, daß Sauerstoff bei tiefer Temperatur polymerisationshemmend wirkt, hat A. SCHWALBACH[3] bei der Polymerisation von Vinylacetat im ultravioletten Licht gemacht.

Man muß wohl annehmen, daß der Sauerstoff die aktiven Stellen besetzt, an denen die Polymerisation beschleunigt wird, z. B. die Glaswände. So erklärt sich auch, daß in Stickstoff die Polymerisation besonders rasch an den Wandungen der Bombenröhren erfolgt, deren Alkali die Polymerisationsgeschwindigkeit fördert. Deshalb sind in Stickstoff polymerisierte Polyoxymethylene im Innern oft klar durchsichtig, außen aber weiß und undurchsichtig: die rasche Polymerisation an den Glaswänden führt zu undurchsichtigen Produkten. In Sauerstoff dagegen erfolgt die Polymerisation gleichmäßig schnell resp. langsam und liefert glasklare Polymerisate.

A. SCHWALBACH fand, daß Sauerstoff die Polymerisation von Vinylacetat bei 100° fördert und sogar so beschleunigen kann, daß explosionsartige Polymerisation eintritt.

Auch die Polymerisation des Formaldehyds unter Sauerstoff erfolgt bei 100° unter heftiger Detonation; die Polymerisation wird also in der Hitze durch Sauerstoff beschleunigt. Hier wie beim Vinylacetat wirkt also Sauerstoff bei höherer Temperatur polymerisationsfördernd, bei niederer Temperatur aber polymerisationshemmend.

---

[1] Die Polymerisationswärme des gasförmigen Formaldehyds beträgt 36,7 Cal. v. WARTENBERG, H.: Ztschr. f. angew. Ch. **37**, 457 (1924).

[2] Vgl. Ber. Dtsch. Chem. Ges. **62**, 2397 (1929); ferner S. 290.

[3] STAUDINGER, H., u. A. SCHWALBACH: Liebigs Ann. **488**, 8 (1931).

### α) *Methodisches zur Untersuchung der Polymerisate.*

Die erhaltenen Produkte wurden daraufhin geprüft, ob ihr Verhalten dem eines Polyoxymethylen-dihydrates (α-Polyoxymethylens) oder eines -dimethyläthers (γ-Polyoxymethylens) entspricht. Dazu wurde untersucht: die Beständigkeit gegen verdünnte Alkalien und Säuren, ebenso ammoniakalische Silbernitratlösung in der Kälte und in der Hitze; die Auflösbarkeit und das Verhalten in heißem Formamid, die Ausscheidung daraus beim Abkühlen; der Sinterungspunkt, Schmelzpunkt und Zersetzungspunkt. Die Formaldehydanalyse wurde wie bei den Polyoxymethylen-dimethyläthern ausgeführt.

Speziellere Eigenschaften der neuen Polymeren sind deren Elastizität resp. Plastizität bei höherer Temperatur. Das „Fädenziehen“ wurde folgendermaßen ausgeführt: Die Substanz wird im Reagensglas mit freier Flamme erhitzt. Beim Sinterungspunkt ist sie knetbar elastisch; nun wird sie mit einem Glasstab an den Boden des Reagensglases festgedrückt und der Glasstab, an dem das Produkt haftet, aus dem Reagensglase herausgezogen. Durch Pressen der Substanz bei der Sinterungstemperatur erhält man filmartige Massen.

### β) *Die Polymerisation bei −80° in Stickstoff.*

Bei −80° ist der Formaldehyd zunächst flüssig; manchmal bilden sich einige Flocken polymerer Substanz. Nach kurzer Zeit wird die Flüssigkeit gallertig, und schon nach 1 Stunde erhält man eine dick fließende, meist noch klar durchsichtige Gallerte. Die Polymerisation schreitet nun rasch vorwärts. Das Produkt wird dabei undurchsichtig weiß. Nach 24 Stunden wird das Bombenrohr durch Zerschlagen geöffnet; es enthält keinen oder nur geringen Überdruck; der monomere Formaldehyd ist also verschwunden. Man erhält einen kompakten Block von Polyoxymethylen, der im Innern glasartig, außen dagegen undurchsichtig weiß ist. Das Produkt ist sehr hart und riecht schwach nach Formaldehyd. Von verdünnten Alkalien wird es beim Kochen nur sehr langsam angegriffen. Ammoniakalische Silbernitratlösung wirkt ebenfalls sehr langsam erst beim Kochen ein. Verdünnte Säuren lösen bei 100° nach einigen Stunden.

Bei 175° tritt Sinterung ein, aber kein eigentliches Schmelzen, bei 180−185° Zersetzung. Bei raschem Erhitzen im Reagensglas erfolgt vollständige Zersetzung ohne Rückstand. Der entstehende gasförmige Formaldehyd zeigt ein sehr geringes Polymerisationsbestreben. Beim Sinterungspunkt wird die Substanz knetbar elastisch. Sie ist dabei aber so zäh, daß man aus ihr keine Fäden ziehen kann. Durch Pressen an der Reagensglaswand erhält man durchsichtige elastische Filme. Bei langem, vorsichtigem Erhitzen im Reagensglas tritt neben der allmählichen Abspaltung von monomerem Formaldehyd noch eine andere Zersetzung ein; das Produkt wird gelb und ist nicht mehr ohne Rückstand flüchtig. Es ist neben der Entpolymerisation eine Umwandlung eingetreten, die der von γ- in δ-Polyoxymethylen entspricht.

In kochendem Formamid ist das Produkt sehr schwer löslich. Vor der eigentlichen Auflösung wird es weich und klebrig. Beim Abkühlen wird ein kleiner Teil der Substanz wieder ausgeschieden. Der weitaus größte Teil ist zerstört.

Nach der Analyse bestehen solche Produkte zu 100% aus Formaldehyd.

Substanz I: 0,5174; 0,2537 g Subst.: 344,8; 169,2 ccm $n/_{10}$-Jod.
Gef. $CH_2O$ 100,0; 100,1.

0,5174 g Subst.: 0,80 ccm $n/_5$-$KMnO_4$.
Gef. $CH_3OCH_3$ 0,12.

Substanz II: 0,5052; 0,2187 g Subst.: 336,7; 145,4 ccm $n/_{10}$-Jod.
Gef. $CH_2O$ 100,0; 99,8.

0,5052 g Subst.: 1,27 ccm $n/_5$-$KMnO_4$.
Gef. $CH_3OCH_3$ 0,19.

Der Blindwert der Methylätherbestimmung von 0,2% ist bei diesen Analysen noch nicht abgezogen. Die Produkte sind, wie man sieht, keine Dimethyläther.

Die Polymerisation von flüssigem, monomerem Formaldehyd im Hochvakuum bei −80° führt zu demselben Produkt wie in Stickstoff.

### γ) *Die Polymerisation bei −80° in Sauerstoff.*

Die Polymerisation wurde in Sauerstoff unter denselben Bedingungen vorgenommen wie in Stickstoff. Sie verläuft in Sauerstoff wesentlich langsamer als in Stickstoff. In einem Fall bildete sich die Gallerte aus dem flüssigen monomeren Formaldehyd erst nach 3—4 Stunden. Die Röhren wurden 4 bis 5 Tage auf −80° gekühlt. Danach haben sich in allen 3 Fällen vollkommen durchsichtige Polyoxymethylengläser gebildet. Bei der Polymerisation tritt starke Schrumpfung ein.

Die so erhaltenen Polyoxymethylengläser haben dieselben chemischen und physikalischen Eigenschaften wie die unter Stickstoff bei −80° erhaltenen Produkte. Die Analysen dreier verschiedener Gläser ergaben:

Substanz I: 0,5035 g Subst.: 334,4 ccm $n/_{10}$-Jod.
Gef. $CH_2O$: 99,7.

Substanz II: 0,5026; 0,2542 g Subst.: 332,8; 168,3 ccm $n/_{10}$-Jod.
Gef. $CH_2O$: 99,4; 99,4.

Substanz III: 0,2142 g Subst.: 141,0 ccm $n/_{10}$-Jod.
Gef. $CH_2O$: 98,8.

### δ) *Ein Polyoxymethylenfilm.*

Zersetzt man α-Polyoxymethylen im Vakuum von 12 mm sehr langsam und vorsichtig und leitet das entstehende Formaldehydgas in eine auf −80° gekühlte Vorlage, so entsteht an der Glaswand der gekühlten Vorlage ein filmartiges Eu-polyoxymethylen. Dieses hat das Aussehen eines Celluloseacetatfilms, es ist glashell und durchsichtig, elastisch biegsam, aber hart; es kann in dünne Streifen geschnitten werden. Beim Aufbewahren wird dieser Film nicht verändert. Er riecht nicht nach Formaldehyd; erst nach langem Stehen im verschlossenen Glas ist schwacher Formaldehydgeruch wahrnehmbar. Der Erweichungspunkt liegt bei 175—180°; bei dieser Temperatur beginnt auch die Zersetzung. Das Produkt läßt sich kneten und in Fäden ziehen. Seine Eigenschaften sind dieselben wie diejenigen der Polyoxymethylengläser.

Substanz I: 0,1990; 0,2044 g Subst.: 131,4; 134,8 ccm $n/_{10}$-Jod.
Gef. $CH_2O$ 99,1; 98,95.

Substanz II: 0,2067 g Subst.: 137,2 ccm $n/_{10}$-Jod.
Gef. $CH_2O$: 99,6.

Substanz III: 0,1866 g Subst.: 124,0 ccm $n/_{10}$-Jod.
Gef. $CH_2O$: 99,7.

Bei Wiederholung der Versuche bleibt manchmal die Bildung des Polyoxymethylenfilms trotz scheinbar gleicher Bedingungen aus. Ein Grund dafür konnte nicht gefunden werden.

### ε) *Die Polymerisation bei −20°.*

Bei den Destillationen des monomeren Formaldehyds, die zu seiner Reinigung vorgenommen wurden, tritt öfters Polymerisation ein. Solche unerwünschte Polymerisationen erschweren das Arbeiten mit flüssigem Formaldehyd ungemein. Die dabei auftretenden Polymerisationsprodukte haben ähnliche Eigenschaften, wie die bei −80° erhaltenen Eu-polyoxymethylene. Sie sind weiß, undurchsichtig, blasig und etwas biegsam. Bemerkenswert ist, daß der Erweichungspunkt in der Regel etwas tiefer liegt, etwa bei 165−170°, der Zersetzungspunkt etwas höher, bei 185−190°, als bei den bei tiefen Temperaturen hergestellten Produkten. Man kann aus den erhaltenen Polymerisaten oft Fäden von mehr als 1 m Länge ziehen, während dies bei den bei −80° hergestellten Produkten nicht gelingt.

Die Analyse eines in einer Vorlage entstandenen Produktes ergab:

0,5112; 0,2461 g Subst.: 337,9; 162,9 ccm $n/_{10}$-Jod.
Gef. $CH_2O$: 99,2; 99,4.

0,5112 g Subst.: 1,90 ccm $n/_5$-$KMnO_4$.
Gef. $CH_3OCH_3$ 0,28[1].

Zu Polymerisationsprodukten mit denselben chemischen und physikalischen Eigenschaften, wie sie die in Vorlagen erhaltenen Polymerisate zeigen, gelangt man auch bei der Polymerisation von monomerem, flüssigem Formaldehyd in Stickstoff bei gewöhnlicher Temperatur. Die plastischen Eigenschaften dieser Produkte beim Erweichungspunkt sind beträchtlich. Es gelingt, Fäden von 1 m Länge zu ziehen.

0,5000; 0,2044 g Subst.: 330,3; 135,1 ccm $n/_{10}$-Jod.
Gef. $CH_2O$: 99,2; 99,2.

### ζ) *Die Polymerisation bei +100°.*

Die mit festem, monomerem Formaldehyd in Stickstoff gefüllten Bombenröhren wurden aus der flüssigen Luft sofort in die geheizte Wasserbadkanone gebracht. Die Röhren wurden dazu, um ein Springen zu verhindern, mit Asbestpapier umwickelt in die heißen eisernen Mäntel eingeführt. Die Polymerisation erfolgte sehr rasch und war nach 1 Stunde beendet. Das Polymerisat ist sehr spröde, teilweise pulverig, und läßt sich sehr leicht vollständig pulverisieren. Nur an der Wandung des Bombenrohres hat sich etwas filmartiges Polyoxy-

---

[1] Der Blindwert der Methode von 0,2% ist hier noch nicht abgezogen.

methylen gebildet, wahrscheinlich durch Polymerisation, bevor die Temperatur von 100° erreicht war. Das Pulver zeigt andere Eigenschaften wie die bei tiefer und gewöhnlicher Temperatur erhaltenen Polymerisate; es zeigt die Eigenschaften von $\alpha$-Polyoxymethylen; bei 100° entstehen also weniger hochmolekulare Produkte wie bei tiefer Temperatur.

In verdünnten Alkalien tritt leicht Auflösung ein. Ammoniakalische Silbernitratlösung schwärzt schon in der Kälte und bildet in der Hitze einen Silberspiegel. Aus Formamid läßt sich die Substanz nicht umkrystallisieren. Bei 170° tritt Sinterung ein, dann starke Schrumpfung, kein Schmelzen, und sofort Zersetzung, die schon bei 178° sehr stürmisch wird. Das Produkt zeigt nicht einmal Andeutungen von plastischen oder elastischen Eigenschaften. Ein Fädenziehen ist unmöglich. Die Analyse eines der erhaltenen Pulver ergibt:

0,2135 g Subst.: 169,2 ccm $^n/_{10}$-Jod.
Gef. $CH_2O$ 97,9.

2 Bombenröhren, in die flüssiger, monomerer Formaldehyd in Sauerstoff eingefüllt worden war, wurden wie die mit Stickstoff gefüllten Röhren in die heiße Wasserbadkanone gebracht. Dabei erfolgte bei beiden Versuchen nach 10 Minuten heftige Explosion. Polymerisation war in beiden Fällen, wie aufgefundene Reste bewiesen, eingetreten. Das Polymerisat ist pulverig und zeigt keine plastischen oder elastischen Eigenschaften. Seine Eigenschaften stimmen mit denen der bei 100° in Stickstoff erhaltenen Produkte überein.

### c) Die Polymerisation von reinem, monomerem Formaldehyd in verdünnter Lösung.

Als Verdünnungsmittel wurde Äther verwendet, der durch mehrfache Destillation in reinem Stickstoff unter scharfem Trocknen über Natrium oder Natrium-Kalium gereinigt wurde. Die dabei verwendete Apparatur erlaubte es, den absoluten Äther aus einem Vorratsgefäß im Vakuum in die Bombenröhren zu destillieren, in die dann sofort ohne Öffnen der Röhren der monomere Formaldehyd unter vollständigem Wasserausschluß destilliert werden konnte.

#### $\alpha$) Die Polymerisation in verdünnter Lösung ohne Katalysator.

Die Polymerisation von flüssigem, monomerem Formaldehyd in absolutem Äther im Volumenverhältnis 1 : 1 verläuft bei —80° nur sehr langsam; es scheiden sich aus der klaren Lösung nur wenige Flocken aus. Deshalb wurde das Bombenrohr auf Zimmertemperatur erwärmt. Dabei trat sehr langsame Polymerisation zu einem Pulver ein, das aus der ätherischen Lösung ausfiel. Das Produkt zeigt chemisch und physikalisch dieselben Eigenschaften wie die ohne Verdünnungsmittel bei gewöhnlicher Temperatur erhaltenen Polymerisate. Der Sinterungspunkt liegt bei 175°; die Zersetzung beginnt bei 185°. Es tritt kein klares Schmelzen ein. Die plastisch-elastischen Eigenschaften sind nicht so gut wie bei den bei gewöhnlicher Temperatur erhaltenen Polymerisaten.

0,5011 g Subst.: 332,3 ccm $^n/_{10}$-Jod.
Gef. $CH_2O$ 99,5.

Die Polymerisation in absolutem Äther verläuft um so langsamer, je verdünnter die Lösung ist.

Polymerisiert man viel Formaldehyd mit wenig Äther (2 : 1), so erhält man ein sehr hartes, kompaktes Polymerisat, aus dem der Äther nur sehr langsam entweicht. Dabei wird das Produkt härter. Es ist gegen verdünnte Alkalien und ammoniakalische Silbernitratlösung ziemlich beständig.

Die Polymerisationsgeschwindigkeit von monomerem Formaldehyd in ätherischer Lösung wird durch Erwärmen wesentlich gesteigert. Bei 100° trat nach wenigen Minuten sehr heftige Explosion ein; auch bei 50° erfolgte nach etwa 1 Stunde Explosion der Röhre.

Es wurde noch die Polymerisation von monomerem Formaldehyd in reinstem, monomerem Acetaldehyd vorgenommen. Man erhält glasige, elastische Produkte, die unter allmählicher Abgabe von Acetaldehyd schrumpfen und dabei hart und spröde werden.

Alle diese Polymerisate sind Eu-polyoxymethylene.

### β) Die Polymerisation in verdünnter Lösung mit Katalysatoren.

Ein Vorversuch ergab, daß monomerer Formaldehyd mit Bortrichlorid und mit Trimethylamin sehr rasch polymerisiert. Leitet man z. B. monomeren, gasförmigen Formaldehyd in absoluten Äther, der wenig Trimethylamin enthält, so tritt schon bei −80° sofortige Polymerisation ein. Es entsteht ein blasiges, voluminöses Polyoxymethylen mit 98,6% Formaldehyd.

Bortrichlorid bewirkt teilweise Zersetzung des Formaldehyds; deshalb wurde bei den Hauptversuchen gut gereinigtes Trimethylamin[1] als Katalysator verwendet.

Die Apparatur war so eingerichtet, daß der monomere Formaldehyd, der absolute Äther und das Trimethylamin in beliebiger Reihenfolge unter vollkommenem Ausschluß von Wasser und Sauerstoff in das Bombenrohr destilliert werden konnten.

I. Monomerer Formaldehyd und absoluter Äther (Volumverhältnis 1 : 1) wurden mit viel Trimethylamin (ca. 10%) eingeschmolzen. Die Polymerisation verläuft sehr rasch unter beträchtlicher Erwärmung; sie beginnt schon bei −80°.

0,2011 g Subst.: 132,1 ccm $^n/_{10}$-Jod. Gef. $CH_2O$: 98,55.

II. Monomerer Formaldehyd und absoluter Äther (Volumenverhältnis 1 : 2) wurden mit wenig Trimethylamin eingeschmolzen. Sehr rasche Polymerisation.

0,2050 g Subst.: 134,0 ccm $^n/_{10}$-Jod. Gef. $CH_2O$: 98,10.

III. Monomerer Formaldehyd und absoluter Äther (Volumenverhältnis 1 : 5) wurden mit wenig Trimethylamin eingeschmolzen. In wenigen Minuten ist die heftige Polymerisation, die von einem knatternden Geräusch begleitet war, beendet. Starke Erwärmung der Röhre.

0,2186 g Subst.: 144,3 ccm $^n/_{10}$-Jod. Gef. $CH_2O$: 99,0.

Die erhaltenen Polymerisate sind nach der Aufarbeitung frei von Stickstoff.

Die Produkte sind gegen verdünnte Alkalien nur teilweise beständig, gegen ammoniakalische Silbernitratlösung aber unbeständig. Aus Formamid läßt sich ein kleiner Teil umkrystallisieren, ebenso aus Anisol. Die Produkte enthalten aber keine in Lösungsmitteln wie Wasser, Chloroform, Dioxan oder Pyridin lös-

---

[1] Trimethylaminchlorhydrat wurde aus reinstem Chloroform umkrystallisiert. Das mit 30proz. Kalilauge in Freiheit gesetzte Trimethylamin wurde im trockenen Stickstoffstrom über ausgeglühten Natronkalk geleitet und in einem Vorratsgefäß kondensiert.

lichen Anteile. Beim Erhitzen werden die Polymerisate kaum plastisch, vielmehr schmierig und zersetzen sich stark. Fädenziehen wie bei den Eu-polyoxymethylenen gelingt überhaupt nicht.

Die aus Formamid umkrystallisierten, pulverigen Produkte lösen sich in verdünnter, kalter Natronlauge nur sehr langsam und unterscheiden sich dadurch von den Polyoxymethylen-dihydraten ($\alpha$-Polyoxymethylen). In siedender Natronlauge tritt bis auf Spuren leicht Lösung ein, während Polyoxymethylen-dimethyläther ($\gamma$-Polyoxymethylen) darin unlöslich sind. Ammoniakalische Silbernitratlösung wirkt in der Wärme stark oxydierend. Beim Erhitzen tritt Zersetzung ohne klares Schmelzen ein; dabei bleibt ein kleiner Rückstand. Die umkrystallisierten Produkte zeigen also nicht den Charakter von Polyoxymethylen-dimethyläthern.

Die Analyse solcher umkrystallisierten Produkte ergibt:

0,2054 g Subst.: 135,3 ccm $n/_{10}$-Jod.  Gef. $CH_2O$: 98,9.

0,2049 g Subst.: 134,1 ccm $n/_{10}$-Jod.  Gef. $CH_2O$: 98,3.

# C. Das Polyäthylenoxyd, ein Modell der Stärke[1].

## Bearbeitet von H. LOHMANN[2].

### I. Übersicht der Ergebnisse.

In der ersten Arbeit über das polymere Äthylenoxyd von H. STAUDINGER und O. SCHWEITZER[3] wurde nachgewiesen, daß eine polymer-homologe Reihe von Polyäthylenoxyden dadurch herzustellen ist, daß man Äthylenoxyd unter wechselnden Bedingungen polymerisiert; in dieser verändern sich die physikalischen Eigenschaften der einzelnen Vertreter mit steigendem Molekulargewicht. Es wurde insbesondere gezeigt, daß zwischen dem kryoskopisch bestimmten Molekulargewicht und der spez. Viscosität gleichkonzentrierter Lösungen ein Zusammenhang besteht. Außerdem wurde die Krystallisationsfähigkeit der Polyäthylenoxyde untersucht und damit bewiesen, daß ein hochmolekularer Stoff aus Lösung krystallisieren kann, dadurch, daß sich die langen Fadenmoleküle parallel lagern.

In der vorliegenden Arbeit wurden durch geeignete Wahl der Versuchsbedingungen Polyäthylenoxyde vom Molekulargewicht 160—13000, die einem Polymerisationsgrad von 3—300 entsprechen, dargestellt. Das gewöhnliche Polyäthylenoxyd wurde dabei als Dihydrat von der Formel (I) erkannt[4].

I.  $HO—CH_2—CH_2—O—[CH_2—CH_2—O]_x—CH_2—CH_2—OH$

II.  $CH_3—CO \cdot O—CH_2—CH_2—O—[CH_2—CH_2—O]_x—CH_2—CH_2—O \cdot CO—CH_3$

Durch Acetylieren ließen sich diese hochpolymeren Alkohole in die Diacetate von der Formel (II) überführen. Die Übereinstimmung der kryoskopisch

---

[1] 65. Mitteilung über hochpolymere Verbindungen.

[2] LOHMANN, H.: Inaug.-Diss., Freiburg i. Br. 1931.

[3] Ber. Dtsch. Chem. Ges. **62**, 2395 (1929).

[4] Dieses Produkt wird im folgenden einfach als Polyäthylenoxyd bezeichnet, da bei höheren Polymerisationsgraden der Einfluß der Hydroxylgruppen gering ist und für viele Versuche nicht in Betracht kommt.

gefundenen Molekulargewichte mit den aus dem Acetylgehalt der Acetate errechneten bewies, daß hiermit tatsächlich das normale Molekulargewicht bestimmt worden ist und nicht etwa das koordinative oder das Micellgewicht. Weiterhin wurde gezeigt, daß die Beziehung zwischen Viscosität und Molekulargewicht von der Formel $\frac{\eta_{sp}}{c} = K_m \cdot M$ auch hier gültig ist. Die Größe der $K_m$-Konstante war zunächst mit den üblichen Vorstellungen über Fadenmoleküle nicht zu vereinbaren und führte zu einer besonderen Auffassung über die Gestalt der Polyäthylenoxydkette, durch die auch die sonstigen Eigenschaften dieser Substanz eine zwanglose Erklärung finden. Dabei ergaben sich Analogien zum Bau des Stärkemoleküls[1].

Versuche, außer den Dihydraten und ihren Diacetaten noch andere polymerhomologe Reihen, etwa mit stickstoffhaltigen Endgruppen, darzustellen, führten zu keinem einwandfreien Resultat.

Alle untersuchten Substanzen haben hemikolloide Eigenschaften. Ihre Molekulargewichte lassen sich kryoskopisch ermitteln. Ihre Lösungen gehorchen dem HAGEN-POISEUILLEschen Gesetz.

## II. Polymerisation des Äthylenoxydes.

### 1. Allgemeines.

Die Polymerisation des Äthylenoxydes tritt nur ein, wenn sie durch entsprechende Katalysatoren angeregt wird. Als solche wurden schon in der vorigen Arbeit Ätzkali, Zinkchlorid und Zinnchlorid, Natrium und Kalium, Natriumoxyd, Trimethylamin und Triäthylphosphin beschrieben. Jetzt wurde, außer den Äthyl- und Methylaminen, noch Natriumamid als wirksamer Katalysator gefunden. Die Dauer der Polymerisation wird durch die Menge des Katalysators beeinflußt, doch hängt sie auch von unsicheren Faktoren ab, wie dem Verteilungsgrad des Katalysators usw., weswegen die Zeiten nicht immer zu reproduzieren sind. Im allgemeinen führen die verschiedenen Katalysatoren zu Substanzen von annähernd gleichem Durchschnittspolymerisationsgrad (ca. 50). Eine Ausnahme hiervon macht nur das Natriumamid, das Produkte vom Durchschnittspolymerisationsgrad ca. 300 liefert. Von der angewandten Katalysatormenge scheint die Durchschnittskettenlänge weitgehend unabhängig zu sein; Versuche mit Trimethylamin führten jedenfalls bei einfacher und doppelter Katalysatormenge zum gleichen Produkt. Anders ist es bei Kalilauge. Eine größere Menge davon liefert kleinere Moleküle des Polymerisats, was auch verständlich ist, da die Enden einer Kette durch Wasser abgesättigt werden und eine höhere Konzentration von Wasser den baldigen Abschluß einer Kette durch eine Hydroxylgruppe fördert.

### 2. Verlauf der Polymerisation.

Alle durch Katalysatoren entstehenden Polyäthylenoxyde sind Dihydrate, tragen also an den Enden der Ketten Hydroxylgruppen. Über ihre Entstehung könnte man sich zunächst folgende Vorstellung machen. Ein Äthylenoxydmolekül lagert ein Molekül Wasser an, das entstandene Glykol reagiert mit einem weiteren Äthylenoxyd, und so wächst die Kette langsam weiter. Der Versuch zeigt tatsächlich, daß Glykol, das einem solchen Reaktionsgemisch zugesetzt

---

[1] Vgl. S. 75.

Temperaturabhängigkeit der hemikolloiden Polystyrole und Zwischenglieder geht bei einem Molekulargewicht von 150000 in die positive der Eukolloide über, also bei Polystyrolen mit einer Kettenlänge von ca. 4000 Å. Bei Produkten mit einem Molekulargewicht von 50000—100000 stellen sich die Moleküle in Lösung schon nicht mehr in die 45°-Richtung ein, sondern der Einstellwinkel wächst[1]. Der Richteffekt wird aber hier noch überdeckt durch die negative Temperaturabhängigkeit der Viscosität. Bei einem Molekulargewicht von 150000 kompensieren sich beide Faktoren ungefähr. So gewinnt man den Eindruck, daß die Viscosität der Polystyrollösungen nicht temperaturabhängig sei, wenn man Polymerisate gerade dieser Größenordnung untersucht[2]. Um also bei Substanzen, die starke Abweichungen vom HAGEN-POISEUILLEschen Gesetz zeigen, Aussagen über ihre Temperaturabhängigkeit machen zu können, müßte man entweder die Viscosität bestimmen, ohne daß ein Richteffekt bei der Messung eintreten kann, oder, wenn man die üblichen Methoden anwendet, müßte man über die Größe des Richteffekts und dessen Einfluß auf die Viscosität irgendwelche Aussagen machen können. Es ist allerdings nicht wahrscheinlich, daß sich für die Konstitution der Hochpolymeren wichtige neue Tatsachen ergeben würden, wenn man derartige Messungen ausführen würde. Solche hätten nur Interesse, um das Verhalten kolloider Lösungen näher kennenzulernen. Für die Konstitution der Eukolloide ergibt sich aus diesen Messungen folgendes: da das Verhalten der Glieder der polymerhomologen Reihe der Polystyrole bis zu den Zwischengliedern, also einem Molekulargewicht von 150000 und einer Kettenlänge von 3500—4000 Å, in bezug auf ihre Temperaturabhängigkeit in demselben Lösungsmittel ein ziemlich einheitliches Bild ergibt, so ist anzunehmen, daß die Teilchen der Eukolloide genau so gebaut sind wie erstere.

Zum Schluß dieses Abschnittes sei nochmals betont, daß die relativ geringe Temperaturabhängigkeit der Polystyrole in niederen Konzentrationen ein Beweis dafür ist, daß hier keine Substanzen mit micellarem Bau wie bei den Seifen vorliegen können, sondern daß in diesen Lösungen Einzelmoleküle vorliegen müssen, die durch ihre langgestreckte Form und den dadurch bedingten großen Wirkungsbereich der Moleküle die Kolloidnatur der Lösungen hervorrufen. Nur in ganz konzentrierten Lösungen treten Assoziationen auf, deren Größe naturgemäß stark von der Art des Lösungsmittels abhängt. (Man vgl. hierzu die Ausführungen über Hemikolloide S. 177, Tabelle 72.)

### 6. Molekulargewicht der Zwischenglieder und Eukolloide.

Aus den in den vorigen Abschnitten geschilderten Versuchen geht hervor, daß die Zwischenglieder bis zu einem Molekulargewicht von ca. 150000 sich ganz ähnlich wie die Hemikolloide verhalten. Wenn man also mit diesen Stoffen bei 20° in verdünnter Lösung, deren spez. Viscosität zwischen 0,1 und 0,4 liegt, Viscositätsmessungen ausführt, so liegen Zustände vor, die sich mit denen der Hemikolloide vergleichen lassen. Man kann also auf Grund der bei Hemikolloiden

ermittelten $K_m$-Konstante nach der Formel $M = \dfrac{\eta_{sp}}{c \cdot K_m}$ $(K_m = 1{,}8 \cdot 10^{-4})$ richtige

---

[1] Vgl. R. SIGNER: Helv. chim. Acta **14**, 1375 (1931).

[2] In der ersten Untersuchung war dies der Fall, vgl. H. STAUDINGER u. W. HEUER: Ber. Dtsch. Chem. Ges. **62**, 2933 (1929).

Molekulargewichte erwarten. Solche Moleküle haben eine Fadenlänge bis zu 4000 Å.

Bei den noch höhermolekularen Polystyrolen, den Eukolloiden, hauptsächlich wenn ihre Moleküle eine Länge von $1\,\mu$ und darüber haben, können bei Anwendung der einfachen Formel erhebliche Differenzen vom tatsächlichen Molekulargewicht eintreten, denn hier sind die Abweichungen vom HAGEN-POISEUILLE-schen Gesetz auch bei sehr geringen Konzentrationen nicht ganz zu vernachlässigen. Die folgende Tabelle 110 zeigt die Schwankungen, die die berechneten Molekulargewichte im Meßgebiet ($\eta_{sp}\,0{,}1-0{,}4$) aufweisen können, bei Änderung der Geschwindigkeitsgefälle von 500—2000. Man sieht die besonders bei den höchsten Produkten stark zunehmenden Abweichungen.

Tabelle 110. Berechnung des Durchschnittsmolekulargewichts verschiedener Eupolystyrole aus $\eta_{sp}$-Werten bei verschiedenem Geschwindigkeitsgefälle.

| Substanz: Polystyrol | Grund-molarität | $\eta_{sp}$ beim Gf. | | $\dfrac{\eta_{sp}}{c}$ beim Gf. | | Mol.-Gew. ber. nach $M=\dfrac{\eta_{sp}}{c\cdot 1{,}8}\cdot 10^4$ beim Gf. | |
|---|---|---|---|---|---|---|---|
| | | 500 | 2000 | 500 | 2000 | 500 | 2000 |
| Unter Luft bei Zimmertemp. polymerisiert | 0,01 | 0,35 | 0,33 (Gf. 1000) | 35 | 33 (Gf. 1000) | 190 000 | 180 000 |
| (unfraktioniert) | 0,025 | 1,03 | 0,98 | 41 | 39 | 230 000 | 220 000 |
| Unter Luft bei Zimmertemp. polymerisiert | 0,0025 | 0,12 | 0,11 | 48 | 44 | 270 000 | 240 000 |
| (fraktioniert) | 0,005 | 0,25 | 0,22 | 50 | 44 | 280 000 | 240 000 |
| Unter Luft bei Zimmertemp. polymerisiert | 0,0025 | 0,20 | 0,18 | 80 | 72 | 440 000 | 400 000 |
| (fraktioniert) | 0,005 | 0,44 | 0,35 | 88 | 70 | 490 000 | 390 000 |
| Unter $N_2$ bei Zimmertemp. polymerisiert | 0,001 | 0,11 | 0,08 | 110 | 80 | 610 000 | 440 000 |
| (fraktioniert) | 0,005 | 0,59 | 0,52 | 118 | 104 | 660 000 | 580 000 |

Wenn auch die absoluten Werte für die Molekulargewichte nicht genau bekannt sind, so ist doch eine genaue Anordnung der Polystyrole untereinander nach steigender Kettenlänge möglich, wenn man bei gleichem Geschwindigkeitsgefälle die spezifischen Viscositäten vergleicht. Wie schon in den vorigen Abschnitten ausführlich dargelegt wurde, kommen die auf möglichst kleine mittlere Geschwindigkeitsgefälle bezogenen Berechnungen sicher den wirklichen Werten am nächsten, die man auf diesem Wege nur unter Vermeidung des Richteffekts bestimmen könnte. Es ist wichtig, nochmals darauf hinzuweisen, daß die für diese Eupolystyrole errechneten Molekulargewichte eher zu klein als zu groß sind und daß tatsächlich Fadenmoleküle existenzfähig und sogar sehr beständig sind, deren Länge $1{,}5\,\mu$ überschreitet, während ihr Durchmesser ca. 15 Å beträgt. Ihre Länge reicht also bis in das mikroskopisch sichtbare Gebiet. Disperse Systeme mit kugeligen Teilchen von dieser Dimension sind mikroskopisch auflösbar und enthalten schon keine Kolloidteilchen mehr, sondern sind relativ

grobe Suspensionen. Das abnorme Verhalten dieser Eukolloide ist eine Folge ihrer Fadenform, die sowohl die hohe Viscosität infolge ihres großen Wirkungsbereiches wie auch die Abweichungen vom HAGEN-POISEUILLEschen Gesetz hervorruft.

## V. Chemisches Verhalten der Polystyrole.

### 1. Allgemeines.

Die Polystyrolketten sind als substituierte Paraffine gegen chemische Angriffe außerordentlich beständig. Man kann natürlich den Phenylkern substituieren, z. B. nitrieren, sulfurieren; doch wurden diese Reaktionen noch nicht eingehend studiert. Für das Beurteilen des chemischen Verhaltens der Hochpolymeren war es nun von Interesse, die Veränderungen in der Beständigkeit und Reaktionsfähigkeit kennenzulernen, die bei der Polystyrolkette mit zunehmender Länge eintreten. Wie schon öfter ausgeführt, kann man die Fadenmoleküle mit langen dünnen Stäben vergleichen und, wie diese mit zunehmender Länge immer zerbrechlicher werden, so ist es auch bei den Polystyrolketten der Fall. Bei erhöhter Temperatur werden sie infolge der durch die größere Molekularbewegung hervorgerufenen Schwingungen immer unbeständiger. Umgekehrt sind die großen Moleküle bei Substitutionsreaktionen viel weniger reaktionsfähig als entsprechend gebaute kleine. Äthylbenzol wird z. B. leicht nitriert oder sulfuriert, während ein Polystyrol gegen solche Angriffe auffallend beständig ist. Dies ist in der erheblich größeren Trägheit solch großer Moleküle begründet.

### 2. Mechanischer Abbau.

In einer früheren Arbeit[1] wurde festgestellt, daß Lösungen sowohl von Hemikolloiden wie auch von Eukolloiden durch intensive mechanische Behandlung auf der Schüttelmaschine keinen Abbau erleiden, selbst nicht bei Gegenwart von Sauerstoff. Dagegen ist es jetzt gelungen, Polystyrolmoleküle mit der größten bisher erhaltenen Kettenlänge von über 1,5 $\mu$ durch äußerst starke mechanische Beanspruchung in kleinere Bruchstücke zu zerbrechen. Eine solche intensive mechanische Beanspruchung kann man dadurch erzielen, daß man eine Lösung des Polystyrols häufig durch eine feine Düse preßt. Durch die turbulente Strömung dieses „Wasserfalles" werden diese langen Fadenmoleküle, deren Länge 1000 mal so groß ist wie ihr Durchmesser, so stark mechanisch beansprucht, daß sie zerbrechen. Nach 100 maligem Durchströmen einer 0,005-gd-molaren Tetralinlösung des Polystyrols vom Molekulargewicht 600000 durch eine Platindüse war die spezifische Viscosität der Lösung von 0,67 auf 0,41 gefallen, was einem 39 proz. Abbau der Moleküle entspricht.

Im Hinblick auf gewisse technische Probleme, wie etwa die Mastizierung des Kautschuks, ist die mechanische Zertrümmerung von solchen Fadenmolekülen von Bedeutung[2].

### 3. Oxydativer Abbau von Polystyrolen.

#### a) Abbau durch Ozon.

Gegen Luftsauerstoff sind die Polystyrole außerordentlich beständig. Sehr stark abbauend wirkt dagegen Ozon, wie bereits in früheren Arbeiten festgestellt

---

[1] STAUDINGER, H., u. K. FREY: Ber. Dtsch. Chem. Ges. **62**, 2909 (1929).
[2] Vgl. H. STAUDINGER: Ber. Dtsch. Chem. Ges. **63**, 926 (1930).

wurde[1]. Beim Einleiten von Ozon in eine Lösung von Polystyrol in Tetrachlorkohlenstoff sinkt die Viscosität zunächst stark ab, wie es die folgende Tabelle 111 zeigt, bis schließlich bei längerer Einwirkung Gelatinierung eintritt, die wohl in der Bildung dreidimensionaler Moleküle mit Ozonbrücken ihre Ursache hat[2]. Auch bei der Autoxydation des Kautschuks kann derselbe unlöslich werden; er geht dann von der löslichen $\alpha$-Form in die unlösliche $\beta$-Form über[3]; dies beruht darauf, daß die Fadenmoleküle unter sich durch Sauerstoffbrücken verbunden werden.

Tabelle 111. Ozonabbau eines Polystyrols vom Mol.-Gew. ca. 150000 (eingeleitet in eine 0,25 gd-mol. Lösung in $CCl_4$ in 1 Min. 0,2 l $O_2$ mit ca. 6 Vol.-% $O_3$).

| Dauer des Einleitens in Minuten | $\eta_{sp}$ bei 20° | Abbau % |
|---|---|---|
| 0 | 25,0 | — |
| 5 | 16,0 | 36 |
| 10 | 10,4 | 58 |
| 15 | 8,5 | 66 |
| 20 | 6,9 | 72 |

### b) Abbau durch Benzopersäure.

Ziemlich stark abbauend auf ein Polystyrol z. B. vom Molekulargewicht 440000 wirkt Benzopersäure, wie folgender Versuch zeigt: 100 ccm einer 0,5 gd-mol. Lösung des Eupolystyrols wurden mit 1,73 g Benzopersäure versetzt, die aber erst nach 1 stündigem Schütteln in Lösung ging. Während dieser Zeit ist sicher schon ein Abbau eingetreten, der nach Schätzung ca. 50% beträgt, so daß bei der ersten Viscositätsmessung der Lösung bereits ein Abbau bis auf ein Molekulargewicht von ca. 200000 erfolgt war. Nach der ersten Messung wurden in bestimmten Zeitabständen weitere Viscositätsbestimmungen ausgeführt und auf diese Weise der Verlauf des Abbaus genau verfolgt. Das Ergebnis ist in der nebenstehenden Tabelle zusammengestellt. Die angegebenen Molekulargewichte sind Schätzungen[4], da die gemessenen spezifischen Viscositäten zu hoch sind, um aus ihnen genauere Berechnungen des Molekulargewichts erhalten zu können.

Tabelle 112. Abbau eines Polystyrols vom Mol.-Gew. ca. 440000 mit Benzopersäure in 0,05 gd-mol. $CCl_4$-Lösung. $t = 20°$.

| Zeit in Stunden | $\eta_{sp}$ bei 20° | Abbau % | Geschätztes Mol.-Gew. |
|---|---|---|---|
| 0 | 9,4 | ca. 50 | 200000 * |
| $^1/_2$ | 8,85 | 53 | 200000 |
| 1 | 7,23 | 62 | 180000 |
| $1^1/_2$ | 6,34 | 66 | 170000 |
| $4^1/_2$ | 4,53 | 76 | 150000 |
| 5 | 4,50 | 76 | 150000 |
| 24 | 3,64 | 81 | 130000 |
| 48 | 3,05 | 84 | 120000 |
| 95 | 2,12 | 89 | 100000 |

### c) Abbau durch Oxydationsmittel.

Es ist erstaunlich, wie widerstandsfähig das Polystyrol gegen chemische Angriffe ist, im Gegensatz zum Kautschuk, der außerordentlich leicht abgebaut

---

[1] STAUDINGER, H., K. FREY, P. GARBSCH u. S. WEHRLI: Ber. Dtsch. Chem. Ges. **62**, 2917 (1929).

[2] Vgl. H. STAUDINGER: Über die Bildung von unlöslichen hochmolekularen Ozoniden. Ber. Dtsch. Chem. Ges. **58**, 1088 (1925).

[3] STAUDINGER, H., u. H. F. BONDY: Liebigs Ann. **488**, 155 (1931).

[4] Bei dem vorliegenden großen Material, das durchgemessen wurde, konnte durch Vergleich mit anderen Messungen das Molekulargewicht auch aus vorliegenden Messungen in hohen Konzentrationen ungefähr geschätzt werden.

* Das Produkt ist vor der ersten Messung schon ca. zur Hälfte abgebaut.

und in niedermolekulare Bruchstücke verwandelt wird. Ein hemikolloides Polystyrol, das längere Zeit in der Hitze mit Kaliumpermanganat in saurer Lösung behandelt wurde, zeigte keine Änderung der Viscosität. Es ist also kein oxydativer Abbau der Ketten eingetreten; ob das Polystyrol allerdings an einem tertiären H-Atom oxydiert wird, was möglich ist, wurde nicht untersucht.

Auch ein Eupolystyrol vom Molekulargewicht 150000—160000 wird in Benzollösung durch Schütteln mit einer wässerigen Lösung von Chromsäure nicht abgebaut; dagegen wird dieselbe Substanz durch Kaliumpermanganat sowohl in alkalischer wie auch in saurer Lösung oxydiert. Schon nach einstündigem Schütteln mit saurer $KMnO_4$-Lösung war, nachdem die Substanz einmal umgefällt war, die Viscosität um ca. 20% gesunken; ebenso wird das hochmolekulare Polystyrol durch salpetrige Säure oxydativ abgebaut.

## 4. Hochmolekulare Säuren.

a) Darstellung von hochmolekularen Säuren durch Oxydation von Polystyrol mit Kaliumpermanganat.

Der oxydative Abbau von Polystyrol sollte so vor sich gehen, daß an den Enden der langen Ketten Carboxylgruppen entstehen. Da das Polystyrol als Toluolderivat aufgefaßt werden kann, so wird eine Abspaltung von Benzoësäure erfolgen unter Bildung einer Dicarbonsäure nach folgender Gleichung:

$$CH_2\!-\!CH_2-\underset{\substack{|\\C_6H_5}}{\Big[CH\!-\!CH_2\Big]_x}\!-\underset{\substack{|\\C_6H_5}}{C}\!=\!CH_2{}^*$$

$$\big|\,C_6H_5$$

$$\downarrow \text{ oxydiert mit } KMnO_4$$

$$C_6H_5\cdot COOH + HOOC-\underset{\substack{|\\C_6H_5}}{\Big[CH\!-\!CH_2\Big]_x}\!-\underset{\substack{|\\C_6H_5}}{CH}\!-\!COOH$$

Ferner ist es natürlich möglich, daß tertiäre H-Atome der Kette oxydiert werden, so daß diese noch Hydroxylgruppen enthalten kann.

Da man beim Abbau von hochmolekularem Polystyrol vom Molekulargewicht ca. 150000 je nach der Dauer der Einwirkung Abbauprodukte vom Molekulargewicht 30000—40000 erhält, so hofften wir durch Fraktionieren aus diesen Substanzgemischen eine polymerhomologe Reihe von Polystyroldicarbonsäuren herzustellen, deren höchste Glieder das Molekulargewicht 50000 haben würden und deren niederste noch kryoskopisch bestimmbare Molekulargewichte bis 10000 besitzen würden. In diesen Polydicarbonsäuren glaubten wir dann in der Anwesenheit der Carboxylgruppen ein einfaches Mittel zu haben, auf chemischem Wege die Kettenlänge zu bestimmen; um so zu prüfen, ob die Beziehungen zwischen Viscosität und Molekulargewicht, die man bei den hemikolloiden Kohlenwasserstoffen gefunden hat, auch bei Produkten bis zu einem Molekulargewicht von 50000 ihre Gültigkeit haben.

Zur Darstellung der Säuren wurde ein technisches Polystyrol[1] vom Durchschnittsmolekulargewicht 150000 ohne vorheriges Umfällen in Benzol gelöst und in einem großen Stutzen mit einer schwefelsauren Kaliumpermanganatlösung

---

* Es wird der Einfachheit halber angenommen, daß am Ende der Kette eine Doppelbindung vorhanden ist.

[1] Präparat der I.G. Farbenindustrie AG., Werk Uerdingen.

sehr kräftig durchgerührt. Diese Behandlung wurde jeweils längere Zeit (bis zu 6 Wochen ununterbrochen) durchgeführt. Nach Entfärbung wurden frisches Kaliumpermanganat und Schwefelsäure hinzugefügt und auch von Zeit zu Zeit das verdampfte Benzol ersetzt. Auf diese Weise wurden mehrere Oxydationen unter verschiedenen Bedingungen durchgeführt. Sehr schwierig gestaltete sich nachher bei der Aufarbeitung die quantitative Entfernung des Mangans. Nach völliger Reduktion des abgeschiedenen Braunsteins durch Einleiten von $SO_2$ wurde zunächst die Benzollösung abgetrennt, filtriert und mit Methanol zur Entfernung anwesender niedermolekularer organischer Substanzen gefällt. Dann wurden verschiedene Wege zur Entfernung des Mangans eingeschlagen. Ein öfter wiederholtes Ausfällen der benzolischen Lösung der Säuren mit Eisessig führte nicht zu einem aschefreien Produkt, erst durch mehrmaliges Fällen einer Lösung in technischem Dioxan mit 4—6 proz. Schwefelsäure konnte ein von anorganischen Bestandteilen freies Produkt erhalten werden. Nach dieser Behandlung wurde die Substanz kurz im Vakuum von 12 mm Hg bei 60° getrocknet und nochmals aus benzolischer Lösung mit Methanol ausgefällt. Dann wurde nach den üblichen Methoden fraktioniert (vgl. hierzu S. 187). In folgender Tabelle 113 sind die Ergebnisse der Fraktionierung einiger Oxydationsprodukte angegeben, ferner die Ausbeuten in Prozenten der Gesamtausbeuten. Das Ausgangsmaterial hatte ein

Tabelle 113. Oxydation eines Polystyrols vom Mol.-Gew. 150000 mit $KMnO_4$ in schwefelsaurer Lösung.

| Fraktion | 1. In der Kälte 50 Std. oxydiert | | 2. In der Kälte 15 Tage oxydiert | | 3. Bei Siedehitze 14 Tage oxydiert | | 4. In der Kälte 26 Tage oxydiert | | 5. In der Kälte in stark saurer Lösung 16 Tage oxydiert | |
|---|---|---|---|---|---|---|---|---|---|---|
| | geschätztes Mol.-Gew. | Proz. der Gesamtausbeute | geschätztes Mol.-Gew. | Proz. der Gesamtausbeute | geschätztes Mol.-Gew. | Proz. der Gesamtausbeute | geschätztes Mol.-Gew. | Proz. der Gesamtausbeute | geschätztes Mol.-Gew. | Proz. der Gesamtausbeute |
| I | 35000 | 11 | 40000 | — | 40000 | 95 | 7000 | 9 | 7900 | 1,5 |
| II | 70000 | 21 | 70000 | — | 75000 | 5 | 12000 | 6 | 9700 | 3,5 |
| III | 100000 | 16 | 80000 | — | — | — | 19000 | 28 | 11000 | 3,0 |
| IV | 150000 | 52 | — | — | — | — | 32000 | 57 | 39000 | 92 |

Molekulargewicht von etwa 150000. Die niederstmolekularen Produkte, die daraus durch oxydativen Abbau erhalten wurden, haben ein Molekulargewicht von 7000. Die Ausbeuten an diesen niedermolekularen Anteilen waren aber trotz der sehr langen Einwirkungsdauer des Kaliumpermanganats sehr gering. Diese enorme Beständigkeit des Kohlenwasserstoffs gegen $KMnO_4$ ist auffallend. Wie schon im Abschnitt über Hemikolloide (s. Tab. 63b, S. 170) ausführlich dargestellt wurde, ist es bei diesen durch Abbau langer Ketten erhaltenen Substanzgemischen sehr wichtig, äußerst sorgfältig zu fraktionieren, da sonst infolge der mangelnden Einheitlichkeit der Produkte die Übereinstimmung zwischen den viscosimetrisch und kryoskopisch ermittelten Durchschnittsmolekulargewichten nicht befriedigend sein kann.

b) Versuche zur Bestimmung der Carboxylgruppen.

Durch eine Elementaranalyse läßt sich naturgemäß bei dem hohen Molekulargewicht der Säuren die Molekülgröße nicht genau aus dem Sauerstoffgehalt er-

mitteln[1]. Um die Carboxylgruppen zu bestimmen, versuchten wir daher, wie es früher bei den Fettsäuren geschah, Salze herzustellen, um aus dem Metallgehalt nachher das Äquivalentgewicht festzustellen. Wir machten dabei die Erfahrung, daß diese hochmolekularen oxydierten Substanzen sich gar nicht wie Säuren verhalten. Beim Schütteln der benzolischen Lösung der Säuren mit wässerigen Lösungen von KOH, TlOH und anderen Basen entstehen keine Salze. Die Säuren sind zu hochmolekular, als daß sie wasserlösliche und kolloidlösliche Salze liefern könnten. Das Alkali wandert auch nicht in die Benzollösung, um mit der Säure benzollösliche Salze zu bilden. Weiterhin versuchten wir, die Salze durch Fällen mit Natriumäthylat herzustellen; dabei fallen bei genügendem Zusatz von Alkohol die Polystyrolsäuren aus, aber wenn sie genügend gereinigt sind, enthalten sie kein Metall.

Diese hochmolekularen sauerstoffhaltigen Verbindungen, die nach ihrer Darstellung am Ende der Ketten Carboxylgruppen tragen, verhalten sich also nicht wie Säuren. Dies wird verständlich, wenn man bedenkt, daß saurer Charakter nur dann auftreten kann, wenn das Anion im Verhältnis zum Kation nicht zu groß ist; dies ist aber hier der Fall. Daher kann auch eine Micellbildung nicht eintreten wie bei den Seifen, ebenfalls wegen der Größe des Anions. Bei den Seifen werden ja die hydrophoben Kohlenwasserstoffreste im Innern der Micelle vor dem Zutritt von Wasser geschützt, an der Oberfläche befinden sich nur die hydrophilen Ionen. Ein derartiger Micellaufbau ist wegen der Größe der organischen Reste bei diesen Polystyrolsäuren nicht möglich.

Weiterhin versuchten wir, die Säuren in Säurechloride zu überführen, um diese dann mit Phenylhydrazin oder Bromsubstitutionsprodukten desselben in Phenylhydrazide überzuführen. Läßt man zur Herstellung der Säurechloride Thionylchlorid 3 Stunden lang siedend auf eine solche Polystyrolsäure einwirken, so bildet sich neben sehr wenig löslichem Produkt eine in Benzol, Toluol, $CCl_4$, $CHCl_3$ und anderen organischen Lösungsmitteln nur quellende, aber gänzlich unlösliche Substanz. Die Säuregruppe, die prozentual einen sehr geringen Anteil der Substanz ausmacht, hat einen starken Einfluß auf das chemische Verhalten des Polystyrols, wie die Überführung der hochmolekularen Säure in ein unlösliches dreidimensionales Gebilde zeigt; denn Polystyrol selbst, das keine charakteristischen Endgruppen besitzt, reagiert nicht mit Thionylchlorid und geht damit nicht in unlösliche Produkte über. Man kann sich die Bildung der unlöslichen Produkte so vorstellen, daß Carboxyl- und evtl. Hydroxylgruppen verschiedener Ketten miteinander reagieren und so durch Sauerstoffbrücken eine Verbindung der Fadenmoleküle untereinander erfolgt, die zur Bildung dreidimensionaler Makromoleküle führt. Die Herstellung von Säurechloriden und von Derivaten[2] derselben ist bisher nicht gelungen, doch sind diese Versuche noch nicht zum Abschluß gekommen.

Von Wichtigkeit war weiterhin die Darstellung der Polystyrolsäuren zur Aufklärung der Konstitution der Hemikolloide. Bei den Molekülen der Hemikolloide

---

[1] Die Polystyrolcarbonsäuren wurden analysiert. Ihr Sauerstoffgehalt ist in der Regel etwas höher, als dem nach der kryoskopischen oder viscosimetrischen Methode bestimmten Durchschnittsmolekulargewicht entspricht, ein Zeichen, daß auch Sauerstoffatome in die Kette eingetreten sind.

[2] Es könnte z. B. durch Bestimmung des Stickstoffgehaltes von Säurephenylhydraziden die Molekülgröße auf chemischem Weg bestimmt werden.

nahmen wir früher an[1], daß in ihnen hochmolekulare Ringe vorliegen; in diesen durch oxydativen Abbau erhaltenen Produkten können aber auf Grund ihrer Entstehung keine Ringe vorliegen, sondern beim oxydativen Abbau müssen Fadenmoleküle entstehen. Wir untersuchten nun die Viscosität einer solchen Säure vom Molekulargewicht ca. 40000 in Tetralinlösung in verschiedenen Konzentrationen bei 20 und 60° und stellten fest, daß sie sich genau wie ein Kohlenwasserstoff von entsprechender Kettenlänge verhält. Besonders die Temperaturabhängigkeit der spezifischen Viscosität bewegt sich in denselben Grenzen (10—15%) wie beim Kohlenwasserstoff. Man hätte infolge der in das Molekül eingetretenen Carboxyl- und Hydroxylgruppen eine Veränderung gerade in der Temperaturabhängigkeit erwarten können, da koordinative Bindungen zwischen den Molekülen durch die Carboxylgruppen erfolgen könnten; doch muß man auch hier wieder berücksichtigen, daß die Zahl der eingetretenen Carboxylgruppen im Verhältnis zur Gesamtgröße des Moleküls nur sehr gering ist und deshalb nicht genügt, um solch einen Einfluß geltend zu machen. Die nebenstehende Tabelle 114 enthält eine Konzentrationsreihe für eine Säure vom Molekulargewicht ca. 40000.

Tabelle 114. Viscositäten einer Polystyrolsäure vom Mol.-Gew. ca. 40000 in Tetralin bei 20 und 60° im OSTWALDschen Viscosimeter.

| Grundmolarität | $\eta_{sp}$ bei 20° | $\eta_{sp}$ bei 60° | $\dfrac{\eta_{sp}\ 60°}{\eta_{sp}\ 20°}$ |
|---|---|---|---|
| 0,01 | 0,070 | 0,065 | 0,93 |
| 0,025 | 0,190 | 0,185 | 0,97 |
| 0,05 | 0,394 | 0,370 | 0,94 |
| 0,075 | 0,640 | 0,587 | 0,92 |
| 0,1 | 0,905 | 0,825 | 0,91 |
| 0,25 | 2,995 | 2,725 | 0,91 |
| 0,5 | 10,1 | 8,66 | 0,86 |

### c) Untersuchung von hemikolloiden Säuren.

Durch sehr intensiven Abbau mit Kaliumpermanganat gelingt es, Polystyrolsäuren zu erhalten, die zu den Hemikolloiden zählen, deren Molekulargewicht unter 10000 liegt und kryoskopisch noch bestimmbar ist. Die Hauptmenge der erhaltenen Oxydationsprodukte hatte ein weit über 10000 liegendes Molekulargewicht, die geringen darin enthaltenen Mengen hemikolloider Substanz wurden mit Aceton daraus extrahiert. Bereits im Abschnitt über Hemikolloide (s. Tab. 63b, S. 170) wurden zwei Beispiele von Polystyrolsäuren dafür angeführt, daß bei nicht genügender Fraktionierung die $K_m$-Konstante infolge der Uneinheitlichkeit der Substanz nicht stimmt. In der folgenden Tabelle 115 ist die Bestimmung der $K_m$-Konstante an Produkten aus zwei Oxydationsversuchen angeführt. Die Werte des Oxydationsversuchs 1 sind die nach der zweiten besonders sorgfältig durchgeführten Fraktionierung erhaltenen Zahlen, die bereits in Tabelle 63b (s. S. 170) angeführt sind. Die drei Fraktionen des Versuches 2 entstanden folgendermaßen: Das unfraktionierte Oxydationsprodukt wurde, nachdem es durch häufiges Umfällen mit 4—6proz. Schwefelsäure und darauf mit Methanol aschefrei erhalten war, 6mal mit derselben Menge Aceton siedend extrahiert. Nach dem Ausfällen mit Methanol vereinigt, wurden die ersten 4 Extrakte wiederholt mit siedendem n-Butanol ausgezogen. Diese Auszüge wurden wiederum vereinigt und ergaben nach abermaligem Umfällen Fraktion I, der Rückstand

---

[1] Ber. Dtsch. Chem. Ges. **62**, 9912 (1929).

dieser Extraktion Fraktion II und die letzten Acetonextrakte Fraktion III. Die Tabelle 115 zeigt, daß die ersten 4 Substanzen eine mit der bei den Hemikolloiden ermittelten $K_m$-Konstanten ($1,8 \cdot 10^{-4}$) übereinstimmende Konstante ergeben, während die letzte Substanz einen zu hohen Wert für $K_m$ hat. Dies rührt daher, daß die letzten Acetonextrakte des Versuches 2 noch niedermolekulare Anteile enthalten, die bei den ersten 4 Acetonextrakten durch den Auszug mit n-Butanol entfernt wurden. Hierdurch wurde das kryoskopisch gefundene Molekulargewicht stark herabgesetzt und infolgedessen die Konstante zu hoch.

Aus der Übereinstimmung der $K_m$-Konstanten der Polystyrolsäuren mit derjenigen der hemikolloiden Polystyrolkohlenwasserstoffe ergibt sich, daß in den letzteren nicht hochmolekulare Ringe, sondern ebenfalls offene lange Ketten vorliegen. Wenn die Moleküle der Polystyrolkohlenwasserstoffe Ringstruktur hätten, dann müßten Lösungen der Polystyrolsäuren doppelt so viscos sein wie gleichkonzentrierte Lösungen der Kohlenwasserstoffe von gleichem Molekulargewicht. Denn die Ringmoleküle der letzteren wären nur halb so lang wie die Fadenmoleküle der Säuren, da die Ringe als Doppelfäden aufgefaßt werden müssen[1].

Tabelle 115. Bestimmung der $K_m$-Konstanten einiger hemikolloider Polystyrolsäuren in Benzol (bei Polystyrol $= 1,8 \cdot 10^{-4}$).

| Oxydations-versuch | Fraktion | Durchschnitts-molekulargewicht kryoskopisch in Benzol | $\dfrac{\eta_{sp}}{c}$ in Benzol $t = 20°$ | $K_m = \dfrac{\eta_{sp}}{c \cdot M}$ |
|---|---|---|---|---|
| 1 | I | 7000 | 1,25 | $1,8 \cdot 10^{-4}$ |
| 1 | II | 12000 | 2,34 | $1,9 \cdot 10^{-4}$ |
| 2 | I | 7400 | 1,23 | $1,7 \cdot 10^{-4}$ |
| 2 | II | 10800 | 1,75 | $1,6 \cdot 10^{-4}$ |
| 2 | III | 7000 | 1,95 | $2,8 \cdot 10^{-4}$ |

Bei gleicher Viscosität von Säure und Kohlenwasserstoff müßten sich dann die Molekulargewichte wie $1:2$ verhalten; die $K_m$-Konstante der Säure müßte also doppelt so hoch gefunden werden. Da sie sich jedoch nach diesen Versuchen als identisch mit der der Kohlenwasserstoffe erweist, müssen in den letzteren Substanzen offene Kohlenwasserstoffketten vorliegen.

## 5. Abbau von Polystyrolen durch Brom.

Wie schon in früheren Arbeiten[2] festgestellt wurde, werden Eupolystyrole und auch die Zwischenglieder durch Einwirkung von Brom abgebaut, während bei Hemikolloiden die Kettenlänge erhalten bleibt. Wir hofften nun, daß beim Abbau der langen Ketten durch Brom die Enden der Bruchstücke von diesem besetzt würden, wenn man streng unter Ausschluß von Licht arbeiten würde. Durch analytische Bestimmung des Broms sollten dann Schlüsse auf die Kettenlänge gezogen werden. Die Versuche führten aber nicht zu dem erwarteten Ziel. Es tritt nämlich auch bei Ausschluß von Licht neben Addition immer eine Substitution durch Brom ein, so daß der Bromgehalt der erhaltenen Abbauprodukte immer größer ist, als dem durch Viscositätsmessungen ermittelten Molekulargewicht entspricht.

---

[1] Bei dieser Schlußfolgerung ist allerdings die neue Erfahrung nicht berücksichtigt, daß Ringe in der Kette viscositätserhöhend wirken, vgl. S. 63.

[2] STAUDINGER, H., K. FREY, P. GARBSCH u. S. WEHRLI: Ber. Dtsch. Chem. Ges. **62**, 2912 (1929).

Die erste auffällige Beobachtung, die gemacht wurde, war, daß der Abbau im Licht viel rascher verläuft als im Dunkeln. Die Versuche wurden so ausgeführt, daß die Viscosität der mit Brom in Tetrachlorkohlenstoff versetzten

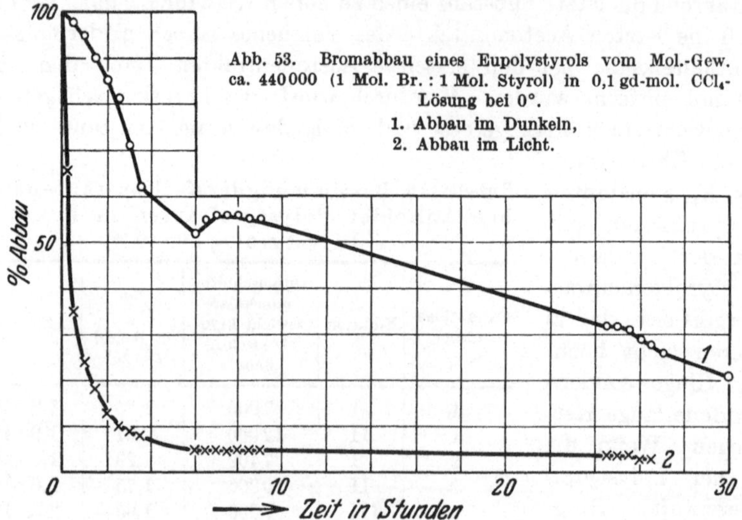

Abb. 53. Bromabbau eines Eupolystyrols vom Mol.-Gew. ca. 440000 (1 Mol. Br. : 1 Mol. Styrol) in 0,1 gd-mol. CCl₄-Lösung bei 0°.
1. Abbau im Dunkeln,
2. Abbau im Licht.

Polystyrollösung (im allgemeinen 1 Mol. Brom : 1 Grundmolekül Styrol) nach bestimmten Zeiten gemessen wurde, und zwar sowohl in einem farblosen OSTWALDschen Viscosimeter wie auch in einem mit rotem Lampenlack lackierten.

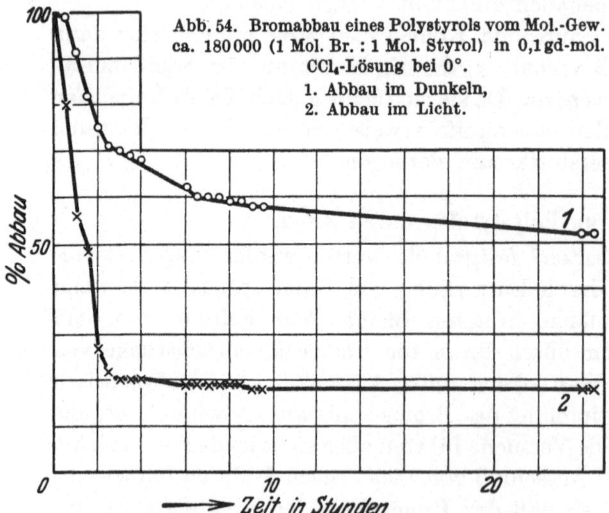

Abb. 54. Bromabbau eines Polystyrols vom Mol.-Gew. ca. 180000 (1 Mol. Br. : 1 Mol. Styrol) in 0,1 gd-mol. CCl₄-Lösung bei 0°.
1. Abbau im Dunkeln,
2. Abbau im Licht.

Alle diese Messungen wurden bei 0° ausgeführt. Am Tageslicht erfolgt ein erheblich schnellerer Abbau als im Dunkeln. Die folgenden Abb. 53, 54, 55 geben eine Übersicht dieser Versuche. Auf der Ordinate ist jeweils der Abbau in Prozent, rechnet auf die Anfangsviscosität, angegeben[1], auf der Abszisse die Zeiten der Einwirkung.

Man erkennt bei allen Produkten deutlich den erheblich stärkeren Abbau im Licht gegenüber den Dunkelversuchen. Dieser Abbau im Licht tritt sogar noch bei einem Polystyrol vom Molekulargewicht 23000 ein, während im Dunkeln hier die Kettenlänge erhalten bleibt. Mit zunehmender

---

[1] Da die Viscosität in diesen hohen Konzentrationen nicht proportional mit der Konzentration steigt, entsprechen die Kurven nicht genau der Abnahme der Molekülgrößen. Zur Orientierung sind jedoch die angegebenen Kurven ausreichend.

Molekülgröße wird der Abbau natürlich erheblich größer, wie ebenfalls aus den Abbildungen ersichtlich ist. Durch Zusatz von $HgCl_2$ wird der Abbau auch

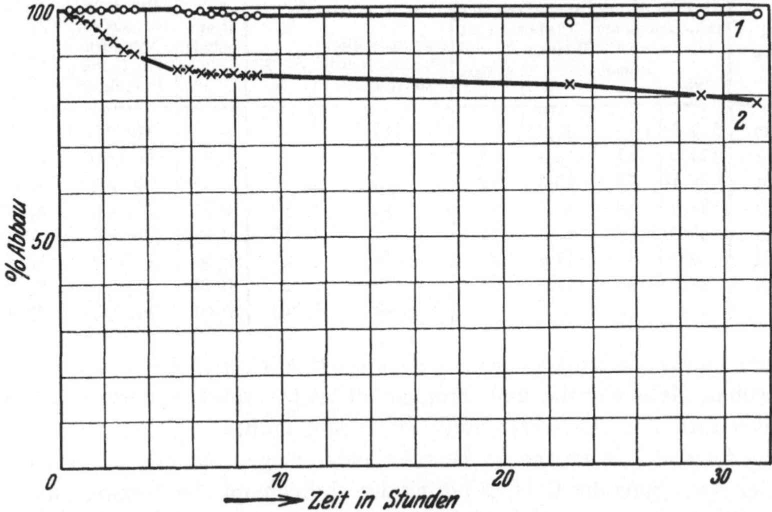


Abb. 55. Bromabbau eines Polystyrols vom Mol.-Gew. 23000 (1 Mol. Br. : 1 Mol. Styrol) in 0,5 gd-mol. $CCl_4$-Lösung bei 0°.   1. Abbau im Dunkeln, 2. Abbau im Licht.

im Dunkeln beschleunigt, wie die folgende Abb. 56 zeigt. Man vergleiche hierzu Abb. 54 für dieselbe Substanz ohne Zusatz von $HgCl_2$.

Um nun zu sehen, ob zwischen aufgenommenem Brom und der Kettenlänge der Abbauprodukte eine Beziehung besteht, derart daß auf ein Molekül Poly-

styrol 2 Atome Brom an den Enden kommen, wurde eine mit Brom versetzte 0,1 gd-molare Polystyrollösung in Tetrachlorkohlenstoff (1 Mol : 1 Gd-Mol) im Dunkeln bei Zimmertemperatur belassen und von Zeit zu Zeit eine Probe der Lösung ausgefällt. Das überschüssige Brom wurde vor dem Ausfällen jeweils mit $SO_2$ entfernt, dann nach 3 maligem Umfällen aus Methanol die Viscosität

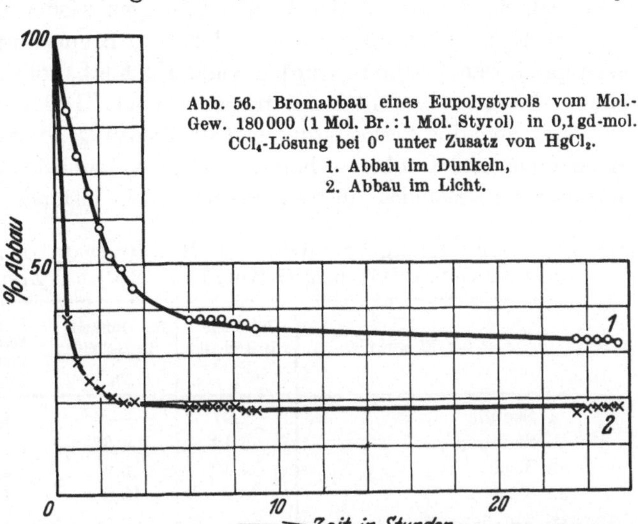


Abb. 56. Bromabbau eines Eupolystyrols vom Mol.-Gew. 180000 (1 Mol. Br. : 1 Mol. Styrol) in 0,1 gd-mol. $CCl_4$-Lösung bei 0° unter Zusatz von $HgCl_2$.
1. Abbau im Dunkeln,
2. Abbau im Licht.

des bromierten Produktes gemessen und der Bromgehalt bestimmt. Selbstverständich waren die Substanzen vorher bis zur Gewichtskonstanz im Hochvakuum bei 60° getrocknet. In der folgenden Tabelle 116 sind die Ergebnisse dieser Versuche zusammengestellt.

Tabelle 116. Einwirkung von Brom auf ein Eupolystyrol vom Mol.-Gew. ca. 270000 in 0,1 gd-molarer $CCl_4$-Lösung (1 Mol: 1 Gd-Mol) bei Zimmertemperatur.

| Dauer der Einwirkung | Ausflußzeit der $CCl_4$-Lösung am Licht $t = 20°$ | | Ausflußzeit der $CCl_4$-Lösung im Dunkeln $t = 20°$ | | $\eta_{sp}/c$ in Tetralin des ausgefällten Produktes bei 20° (dunkel) | Abbau % | Bromgehalt % | Mol.-Gew. ber. aus der Visc. des ausgefällten Produktes | Mol.-Gew. ber. aus dem Bromgehalt |
|---|---|---|---|---|---|---|---|---|---|
| | Sek. | Abbau % | Sek. | Abbau % | | | | | |
| Ohne Brom | 257,0[1] | — | 80,2[1] | — | 48 | — | — | 270000 | — |
| 5 Minuten | 177,0 | 31 | 73,8 | 8 | 43 | 10 | 0,39 | 240000 | 41000 |
| 30 Minuten | 68,4 | 73 | 70,6 | 12 | 43 | 10 | 0,35 | 240000 | 46000 |
| 8 Stunden | 31,0 | 88 | 59,8 | 25 | 43 | 10 | 0,37 | 240000 | 43000 |
| 24 Stunden | 30,2 | 88 | 55,5 | 31 | 41 | 15 | 0,48 | 230000 | 34000 |
| 48 Stunden | 27,6 | 89 | 47,0 | 41 | 38 | 21 | 0,54 | 210000 | 30000 |
| 96 Stunden | 24,0 | 97 | 37,0 | 54 | 36 | 25 | 0,56 | 200000 | 29000 |
| 7 Tage | — | — | — | — | 28 | 42 | 0,49 | 160000 | 33000 |

Man ersieht aus den Zahlen der beiden letzten Spalten, daß sich ein Zusammenhang zwischen Molekülgröße und Bromgehalt nicht ergibt, sondern daß Brom durch Substitution in die Kette eingetreten sein muß.

Wie die folgenden Versuche an Hemikolloiden zeigen, ist nur der Abbau der Kette unter Sprengung der C—C-Bindung der photochemische Vorgang, während die Bromsubstitution eine von der Lichteinwirkung scheinbar unabhängige Reaktion ist. Zur Untersuchung dieser Umsetzung ließen wir in 2,0 gd-molarer Tetrachlorkohlenstofflösung Brom auf Hemipolystyrol (1 Mol: 1 Gd-Mol) einwirken, und zwar sowohl im Dunkeln wie auch im Tageslicht. Hierbei ändert sich die Viscosität der Lösung nicht; sie steigt eher etwas an, wohl infolge des in Lösung befindlichen Bromwasserstoffes, der sich in starkem Maße bildet. Nach verschiedenen Zeiten wurden den beiden Lösungen wieder Proben entnommen und nach sofortiger Entfernung des überschüssigen Broms ausgefällt. Die ausgeschiedenen gelblichen Produkte wurden 3 mal aus Methanol umgefällt und im Hochvakuum bis zur Gewichtskonstanz getrocknet. Dann wurden die Substanzen analysiert und die Viscositäten in Tetralinlösung gemessen. Die Bromgehalte der im Licht und Dunkeln erhaltenen Produkte sind bei den verschiedenen Einwirkungszeiten ziemlich übereinstimmend, wie folgende Tabelle 117 zeigt.

Tabelle 117. Einwirkung von Brom auf Hemipolystyrol in 2 gd-molarer Tetrachlorkohlenstofflösung (1 Mol: 1 Gd-Mol) bei Zimmertemperatur.

| Dauer der Einwirkung | Im Licht Br-Gehalt % | Im Dunkeln Br-Gehalt % | Im Licht $\eta_{sp}/c$ in Tetralin bei 20° | Im Dunkeln $\eta_{sp}/c$ in Tetralin bei 20° |
|---|---|---|---|---|
| 1 Stunde . . . . . . . | 2,97 | — | 1,5 | 1,5 |
| 6 Stunden . . . . . . | 5,12 | 4,37 | 1,7 | 1,6 |
| 8 Tage . . . . . . . . | 14,4 | 15,9 | 1,5 | 1,5 |
| 35 Tage . . . . . . . | 20,5 | 18,9 | 1,3 | 1,4 |
| Hemikolloid ohne Brom . | — | — | 1,4 | 1,4 |

Die beiden letzten Spalten enthalten die $\eta_{sp}/c$-Werte der bromierten Substanzen in Tetralin bei 20° (gemessen in 0,1 gd-molaren Lösungen). Sie sind

---

[1] Die verschiedenen Ausflußzeiten erklären sich durch die Verwendung verschiedener Viscosimeter.

alle annähernd gleich, ob sie viel, wenig oder gar kein Brom enthalten. Hierin haben wir ein gutes Beispiel dafür, daß die spezifische Viscosität nur eine Funktion der Kettenlänge ist, während es auf etwa gebildete Seitenketten der Moleküle nicht ankommt[1], wenn man gleichkonzentrierte Lösungen vergleicht.

Es ist außerordentlich merkwürdig, daß durch Licht die beiden Umsetzungen mit Brom — erstens die Sprengung der C—C-Bindung in der Kette und zweitens die Substitutionsreaktion — ganz verschieden beeinflußt werden; nur die erste Reaktion ist eine photochemische. Das kommt noch besser zum Ausdruck bei der Einwirkung von $S_2Cl_2$ auf ein hochmolekulares Polystyrol im Licht und im Dunkeln, wie es in Abb. 57 wiedergegeben ist.

Hier findet nur ein Abbau im Licht statt, während im Dunkeln die Substanz nicht abgebaut wird[2]. Es ist interessant, daß von

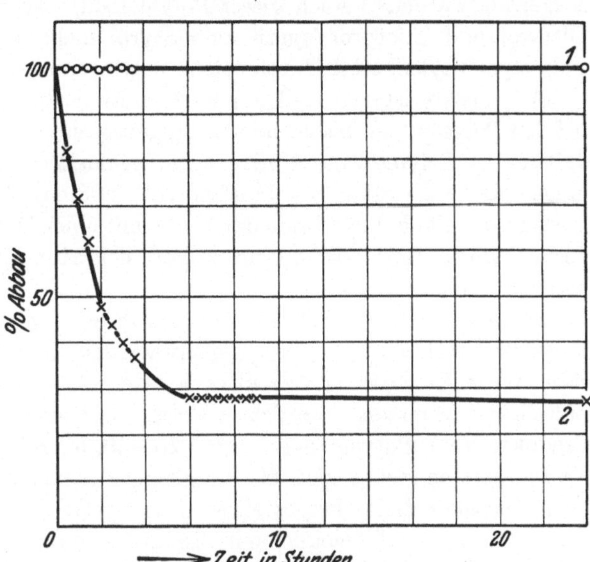


Abb. 57. Abbau eines Eupolystyrols vom Mol.-Gew. ca. 180000 mit $S_2Cl_2$ (1 Mol : 1 gd-Mol) in 0,1 gd-mol. $CCl_4$-Lösung bei 20°.
1. Abbau im Dunkeln, 2. Abbau im Licht.

E. O. LEUPOLD auch bei Balata ganz ähnliche Beobachtungen gemacht wurden[3]. Auch der oxydative Abbau der Polyprenketten ist ein photochemischer Vorgang. Es scheint also danach allgemein der chemische Abbau langer C-Ketten ein photochemischer Vorgang zu sein.

## 6. Weitere Versuche zur Einführung von Endgruppen in die Polystyrole[4].

Die Konstitutionsaufklärung der Polystyrole ist mit dem Nachweis, daß zahlreiche Polystyrolmoleküle zu einer langen Kette verbunden sind, und mit der Bestimmung dieser Kettenlänge nicht erledigt. Es handelt sich weiter darum, die Endgruppen dieser Fadenmoleküle festzustellen. Erst dann kann die Konstitutionsaufklärung als beendet gelten.

a) Anfangs wurde die Vermutung ausgesprochen[5], daß die Eukolloide freie Valenzen am Ende der Kette besäßen. Die Reaktionsfähigkeit des dreiwertigen Kohlenstoffes in einer derartig langen Kette hätte ja außer-

---

[1] STAUDINGER, H.: Ber. Dtsch. Chem. Ges. **65**, 267 (1932). Vgl. auch S. 77.

[2] Da hier keine Substitution erfolgt, sondern nur ein Abbau, so ließe sich hier aus dem S- und Cl-Gehalt der Abbauprodukte eine Aussage über die Kettenlänge machen; solche Versuche sollen noch unternommen werden.

[3] Vgl. Dritter Teil, C. IV. 4.

[4] Über die Frage der Endgruppen vgl. Ber. Dtsch. Chem. Ges. **59**, 3019 (1926).

[5] Kautschuk **1925**, Nr 1 (Augustheft), S. 5.

ordentlich gering sein können. Diese Vermutung ließ sich experimentell nicht bestätigen[1,2].

b) Man könnte weiter annehmen, daß sich ein Styrolmolekül unter Wasserstoffwanderung an ein anderes anlagert, und daß so allmählich die langen Ketten aufgebaut würden[3]. Auch dieser Polymerisationsverlauf findet nicht statt, denn Distyrol und Tristyrol lagern kein Styrol mehr an[4]. Dagegen können längere Polyoxymethylenketten durch solche polymerisierende Kondensation entstehen[5].

c) Charakteristische Endgruppen[6] am Ende langer Ketten konnten, wie gesagt, bei den Polystyrolen bisher nicht nachgewiesen werden. Anfangs nahmen wir an, daß bei der Polymerisation mit Zinntetrachlorid dieses Säurechlorid am Ende der langen Kette koordinativ gebunden wird, und daß dann beim Aufarbeiten durch Zusatz von Alkohol das Ende der Kette mit einer Methoxyl- resp. Äthoxylgruppe besetzt wird. Eine solche Gruppe ließ sich aber hier, wie auch bei den Polyindenen[7], nicht nachweisen.

Um das Ende der Ketten mit charakteristischen Endgruppen zu besetzen, polymerisierten wir Styrol bei Gegenwart von Eisessig, Methylalkohol und Piperidin durch Einwirkung von ultraviolettem Licht. Wir erhielten so neben einer unlöslichen[8] Substanz, die sich in Form von Häutchen ausscheidet, hemikolloide Produkte vom Polymerisationsgrad 20—30, aber bei keinem derselben konnten die zugesetzten Reagenzien als Endglieder der Kette nachgewiesen werden. Vielmehr sind auch die so hergestellten Polystyrole reine Kohlenwasserstoffe[9].

d) Infolge der Unmöglichkeit, Endgruppen nachzuweisen, nahmen wir einige Zeit an, daß in den Polystyrolen wie auch in den Polyindenen vielgliedrige Ringe vorliegen. Wir dachten uns den Polymerisationsverlauf derart[10], daß ein angeregtes Molekül an beiden Enden neue Styrolmoleküle anlagert. Diese Polystyrolfäden, die von dem angeregten Molekül ausgehen, sollten sich infolge zwischenmolekularer Kräfte parallel lagern, und schließlich sollte es je nach den Reaktionsbedingungen schneller oder langsamer zu einem Ringschluß kommen. Diese hochmolekularen Ringe stellten dann gewissermaßen Doppelfäden dar. Gerade durch die Untersuchungen von L. RUZICKA und J. R. KATZ[11] über den Bau der hochgliedrigen Ringe schien die Existenz solcher Doppelfäden durchaus

---

[1] Vgl. z. B. M. BRUNI: Verhandlungen des Kautschuk-Kongresses in Paris 1931.

[2] Vgl. Ber. Dtsch. Chem. Ges. **62**, 2913 (1929).

[3] WHITBY nimmt an, daß die Polymerisation in dieser Weise verläuft, vgl. WHITBY u. KATZ: Journ. Amer. Chem. Soc. **50**, 1160 (1928).

[4] Versuche von A. STEINHOFER.

[5] Vgl. S. 148.

[6] Über Endgruppen in der Polyoxymethylenkette siehe H. STAUDINGER u. M. LÜTHY: Helv. chim. Acta **8**, 41 (1924).

[7] Versuche von A. A. ASHDOWN, vgl. Helv. chim. Acta **12**, 942 (1929).

[8] Unter dem Einfluß des ultravioletten Lichtes ist hier eine Verkettung der Fadenmoleküle zu dreidimensionalen Makromolekülen erfolgt. Das Polystyrol ist durch Licht gewissermaßen „vulkanisiert" worden.

[9] Es sei bei dieser Gelegenheit bemerkt, daß die Zusammensetzung einer großen Zahl von Polystyrolen durch Elementaranalysen kontrolliert wurden. Sauerstoff oder Stickstoff hätten sich bei einem Polymerisationsgrad der Polystyrole von 30—50 analytisch noch leicht nachweisen lassen müssen. Vgl. Inaug.-Diss. W. HEUER, Freiburg i. Br. 1929.

[10] Helv. chim. Acta **12**, 944 (1929).

[11] Ztschr. f. angew. Ch. **41**, 336 (1928).

möglich. Aber diese Auffassung ist nach der heutigen Erfahrung nicht mehr
haltbar, wie im Abschnitt V, 4 (s. S. 213) durch die Darstellung der Polystyroldicarbonsäuren und deren Verhalten bewiesen wurde. Diese haben dieselbe $K_m$-Konstante wie die reinen Kohlenwasserstoffe. Da aber in den Säuren
offene Ketten vorliegen müssen, so mü⸱sen auch die Polystyrole offene Ketten
besitzen. Bei den Polystyrolen ist also die Frage der Endgruppen bisher ungelöst. Es ist möglich, daß Doppelbindungen am Ende vorhanden sind. Es
können aber auch bei den Hemikolloiden unter dem Einfluß von Katalysatoren
am Ende der Kette Umlagerungen stattgefunden haben, wie sie E. BERGMANN[1]
beobachtet hat.

### 7. Über die Bildung der Polystyrole durch Kettenreaktion.

Über die Bildung der Polystyrole kann man sich also folgendes Bild machen:
Ein Styrolmolekül wird aktiviert, wobei Licht, Sauerstoff oder Katalysatoren
eine Rolle spielen. Ein solches aktiviertes Molekül lagert dann in einer Kettenreaktion zahlreiche weitere Styrolmoleküle an. Es ist ja bei Kettenreaktionen, z. B. Chlorknallgas, bekannt, daß durch ein aktiviertes Molekül Zehntausende von anderen aktiviert werden können. Daraus ist das Wachsen langer
Ketten bei derartigen Polymerisationsprozessen verständlich. Diese Kettenreaktion kann dann durch sekundäre Einflüsse unterbrochen werden: z. B. kann
am Ende der Kette sich ein H-Atom lösen und das Ende eines anderen Moleküls
besetzen, so daß hier eine Absättigung erfolgt, während die erste Kette eine
Doppelbindung als Endgruppe erhält:

$$\cdots \overset{\overset{\textstyle C_6H_5}{|}}{CH}-CH_2-\left[\overset{\overset{\textstyle C_6H_5}{|}}{CH}-CH_2\right]_x-\overset{\overset{\textstyle C_6H_5}{|}}{CH}-CH_2 \cdots \;+\; \cdots \overset{\overset{\textstyle C_6H_5}{|}}{CH}-CH_2-\left[\overset{\overset{\textstyle C_6H_5}{|}}{CH}-CH_2\right]_y-\overset{\overset{\textstyle C_6H_5}{|}}{CH}-CH_2 \cdots$$

$$\cdots \overset{\overset{\textstyle C_6H_5}{|}}{CH}-CH_2-\left[\overset{\overset{\textstyle C_6H_5}{|}}{CH}-CH_2\right]_x-\overset{\overset{\textstyle C_6H_5}{|}}{C}=CH_2 \;+\; \overset{\overset{\textstyle C_6H_5}{|}}{CH_2}-CH_2-\left[\overset{\overset{\textstyle C_6H_5}{|}}{CH}-CH_2\right]_y-\overset{\overset{\textstyle C_6H_5}{|}}{CH}-CH_2 \cdots$$

Eventuell können auch aktivierte Styrolmoleküle den Kettenschluß herbeiführen,
indem sie sich unter Abspaltung von Wasserstoff zersetzen. Bei Gegenwart von
Katalysatoren oder bei hoher Temperatur ist natürlich eine Unterbrechung der
Kette leichter möglich als ohne diese, daher bilden sich unter solchen Bedingungen nur Hemikolloide.

Die längsten Moleküle können sich nur ausbilden bei möglichst geringen Temperaturen und ohne Zusätze, so daß die Kettenreaktion möglichst ohne Störung
verlaufen kann. Nur unter solchen Bedingungen können sich Moleküle dieser
erstaunlichen Länge ausbilden, die die merkwürdigen kolloiden Eigenschaften
der Lösungen bedingen. Die höchstmolekularen Polystyrole, die bisher hergestellt wurden, haben einen Polymerisationsgrad von 6000; ihre Fadenmoleküle
besitzen eine Länge von 1,5 $\mu$. Viel höhermolekulare Produkte sind in Lösung
nicht zu erhalten, da noch längere Fadenmoleküle schon bei Zimmertemperatur
nicht mehr beständig sind. Sie sind nur noch im festen Zustand existenzfähig,
sind also einaggregatig.

---

[1] Liebigs Ann. **480**, 49 (1930) — Ber. Dtsch. Chem. Ges. **64**, 1493 (1931).

Die Durchführung der vorliegenden Arbeit war uns nur dadurch möglich, daß die I.G. Farbenindustrie A.G., Werk Uerdingen, uns größere Mengen monomeres und polymeres Styrol zur Verfügung stellte. Dafür möchten wir der Direktion dieses Werkes und ebenso der Direktion der I.G. Farbenindustrie A.G., Werk Leverkusen, die beide diese Arbeiten in entgegenkommender Weise unterstützt haben, unseren verbindlichsten Dank aussprechen.

# B. Das Polyoxymethylen, ein Modell der Cellulose[1].

## Über Polyoxymethylen-dimethyläther, Polyoxymethylen-dihydrate und die Polymerisation von monomerem, flüssigem Formaldehyd.

### Bearbeitet von W. Kern[2].

## I. Einleitung.

„Die Untersuchungen der Polyoxymethylene wurden vor einigen Jahren aufgenommen im Anschluß an eine Reihe anderer Arbeiten über die Konstitution hochmolekularer, speziell hochpolymerer Verbindungen. Die Polyoxymethylene schienen deshalb besonders interessant, weil aus ihrer Untersuchung evtl. neue Gesichtspunkte über die Konstitution von anderen wichtigen hochpolymeren Stoffen, z. B. der Cellulose, resultieren konnten. In beiden Fällen haben wir Polymerisationsprodukte, die völlig unlöslich sind, so daß ihr Molekulargewicht nicht bestimmt werden kann, die aber doch auf Grund ihrer physikalischen und chemischen Eigenschaften als hochpolymer anzusehen sind, und es schien leichter, auf chemischem Wege in die Konstitution der Polyoxymethylene einzudringen als in die sicher viel kompliziertere Molekel der Cellulose.“

Diese Worte bildeten die Einleitung zu der ersten Publikation über Polyoxymethylene im Jahre 1924[3]. Das damals eingeschlagene Verfahren hat sich bewährt. Es gelang, durch Abbau der hochmolekularen Polyoxymethylene mit Essigsäureanhydrid eine polymer-homologe Reihe von Polyoxymethylen-diacetaten und mit Methylalkohol und Schwefelsäure als Katalysator eine solche von Dimethyläthern herzustellen. *So wurde zum erstenmal nachgewiesen, daß bei einem hochpolymeren Stoff mindestens 100 Grundmoleküle zu einem langen Fadenmolekül verbunden sein können.*

Besonders wichtig war es weiter, daß der Krystallbau der Polyoxymethylene aufgeklärt werden konnte. Dadurch ließ sich zeigen, daß man bei Hochpolymeren aus der Größe der Elementarzelle keine Rückschlüsse auf ihre Molekülgröße ziehen darf, wie es bei niedermolekularen Verbindungen der Fall ist. Irrige Annahmen über den Bau der Cellulose wurden dadurch widerlegt; denn die Kleinheit des Elementarkörpers der krystallisierten Cellulose ist kein Argument mehr für ein niederes Molekulargewicht derselben. Schließlich wurde ein Polyoxymethylen mit Faserstruktur gewonnen, damit die erste synthetische organische Faser hergestellt und dadurch eine weitere Beziehung zum Bau der Cellulose gefunden[4].

---

[1] 64. Mitteilung über hochpolymere Verbindungen.
[2] Inaug.-Diss. W. Kern, Freiburg i. Br. 1930.
[3] Helv. chim. Acta 8, 41 (1925).
[4] Ztschr. f. physik. Ch. 126, 425 (1927).

dagegen nicht viscositätserhöhend wirken kann, da es dort nur den Durchmesser des Moleküls vergrößert, was für die Viscosität gleichkonzentrierter Lösungen keine Rolle spielt:

$$
\begin{array}{c}
\overset{H_2}{C}\ \ \overset{H_2}{C}\ \ \overset{H_2}{C}\ \ \overset{H_2}{C}\ \ \overset{H_2}{C}\ \ \overset{H_2}{C}\ \ \overset{H_2}{C}\ \ \overset{H_2}{C}\\
H_3C{\diagup}C{\diagdown}C{\diagup}C{\diagdown}C{\diagup}C{\diagdown}\overset{H}{C}{\diagup}C{\diagdown}C{\diagup}C{\diagdown}C{\diagup}C{\diagdown}CH_3\\
\underset{H_2}{}\ \ \underset{H_2}{}\ \ \underset{H_2}{}\ \ \ \ \ \underset{H_2}{}\ \ \underset{H_2}{}\ \ \underset{H_2}{}\\
C{=}O\\
O\\
NH\\
HC\diagup{\diagdown}CH\\
HC\diagdown{\diagup}CH\\
CH
\end{array}
\qquad (I)
$$

$$
(II)
$$

Die Molekülform (I) und (II) sind als Strukturformeln dargestellt.

Dies geht aus folgender Berechnung hervor:

Dioctylessigsäuremethylester in $CCl_4$-Lösung:

$\eta_{sp}$ (1,4%) ber. für Formel  (I) $= 17 \cdot 1{,}6 \cdot 10^{-3} = 2{,}7 \cdot 10^{-2}$,

$\eta_{sp}$ (1,4%) ber. für Formel (II) $= 11 \cdot 1{,}6 \cdot 10^{-3} + 3 \cdot 10^{-3} = 2{,}06 \cdot 10^{-2}$.

　$3 \cdot 10^{-3} = \eta_{sp}$ (1,4%)-Wert für die O-Atome der Estergruppe,

　$1{,}6 \cdot 10^{-3} = \eta_{sp}(1{,}4\%)$-Wert für die $CH_2$-Gruppe.

Gefunden wurde: $\eta_{sp}$ (1,4%) $= 2{,}9 \cdot 10^{-2}$.

Dioctylessigsäure, Pyridinsalz in Pyridin:

$\eta_{sp}$ (1,4%) ber. für Formel  (I) $= 17 \cdot 1{,}6 \cdot 10^{-3} = 2{,}7 \cdot 10^{-2}$,

$\eta_{sp}$ (1,4%) ber. für Formel (II) $= 10 \cdot 1{,}6 \cdot 10^{-3} + 16 \cdot 10^{-3} = 3{,}2 \cdot 10^{-2}$.

　$16 \cdot 10^{-3} = \eta_{sp}$ (1,4%)-Wert für die Pyridingruppe.

$\eta_{sp}$ (1,4%) gefunden $3{,}3 \cdot 10^{-2}$.

Es bildet sich also hier diejenige Molekülform aus, die in Lösung die höchste Viscosität verursacht.

Die Tendenz der Moleküle, eine langgestreckte Form anzunehmen, besteht allgemein; denn die Moleküle der Paraffine und Paraffinderivate haben im Krystall, wie durch röntgenographische Untersuchungen bekannt ist[1], und ebenso in Lösung, wie die Viscositätsuntersuchungen[2] und die Ergebnisse über die Dicke der Oberflächenfilme[3] zeigen, eine langgestreckte fadenförmige Gestalt.

Das Ergebnis, daß *die Moleküle in Lösung eine möglichst langgestreckte Gestalt annehmen, ist für die Konstitutionsaufklärung der hochmolekularen Naturstoffe, die aus Fadenmolekülen bestehen, von großer Bedeutung; denn dadurch läßt sich das Molekulargewicht derselben durch Viscositätsbestimmungen ermitteln.*

---

[1] SHEARER, G.: Journ. Chem. Soc. London **123**, 3152 (1923). — MÜLLER, A., u. G. SHEARER: Journ. Chem. Soc. London **123**, 3156 (1923).

[2] STAUDINGER, H., u. R. NODZU: Ber. Dtsch. Chem. Ges. **63**, 721 (1930).

[3] LANGMUIR, A. J.: Journ. Amer. Chem. Soc. **39**, 1848 (1917). — TRILLAT, J.: C. r. d. l'Acad. des sciences **180**, 1329, 1838 (1915). Vgl. N. K. ADAM: Kolloid-Ztschr. **57**, 125 (1931).

# E. Die Konstitution der Eukolloide.

## I. Vergleich zwischen Eukolloiden, Hemikolloiden und Micellkolloiden.

Die wichtigste Frage bei diesen Untersuchungen ist die nach dem Bau und der Molekülgröße der hochmolekularen Naturstoffe, des Kautschuks und der Cellulose. Es ist hier nach den vorstehenden Ausführungen zu entscheiden, ob die Kolloidteilchen dieser Stoffe Micellen[1] oder Makromoleküle darstellen.

Man hat früher allgemein sowohl die hochmolekularen Naturprodukte als auch die Seifen in der Kolloidchemie als lyophile Kolloide[2] bezeichnet oder auch als Emulsoide[3] (Tröpfchenkolloide), da man annahm, daß eine flüssige disperse Phase in einem flüssigen Dispersionsmittel verteilt sei. Man hat also bei beiden Gruppen von Kolloiden ein gemeinsames Bauprinzip angenommen, und zwar einen micellaren Bau der Kolloidteilchen. Daß man deshalb, bevor der Bau der Molekülkolloide bekannt war, nahe Beziehungen zwischen den Lösungen der Micellkolloide, z. B. Seifenlösungen, und denen der Eukolloide, z. B. einer Kautschuklösung, vermutet hat, ist begreiflich. Denn das Verhalten dieser Lösungen ist in kolloider Hinsicht ein ganz ähnliches: so sind schon verdünnte 1—3proz. Lösungen hochviscos zum Unterschied von gleichkonzentrierten Lösungen der Suspensoide; ihre Viscosität steigt enorm[4] mit zunehmender Konzentration. Die hochviscosen Lösungen gehorchen nicht dem HAGEN-POISEUILLE-schen Gesetz[5]: sie zeigen, wie Wo. OSTWALD[6] sagt, Strukturviscosität. M. REINER[7] bezeichnet diese Lösungen deshalb als „nicht-NEWTONsche" Flüssigkeiten. Außerdem ändert sich die Viscosität der Lösungen der Eukolloide wie auch der Micellkolloide sehr leicht, und zwar kann sie zu- oder abnehmen: die kolloiden Lösungen altern[8].

Diese Ähnlichkeit im kolloiden Verhalten der Micellkolloide und der Eukolloide ist aber nicht darauf zurückzuführen, daß der innere Bau der Teilchen der gleiche ist; derselbe ist vielmehr grundverschieden. Die Seifen lösen sich micellar; in den Kautschuk- und Celluloselösungen sind dagegen Makromoleküle vorhanden. Daß diese Lösungen sich ähnlich verhalten, hängt damit zusammen, daß die

---

[1] Vgl. K. H. MEYER: Ztschr. f. angew. Ch. **41**, 935 (1928).

[2] Vgl. z. B. die Einteilung der Kolloide in der Capillarchemie von H. FREUNDLICH, 4. Aufl. Leipzig 1932, in lyophobe und lyophile Kolloide. Dort ist die wichtige Einteilung in Micellkolloide und Molekülkolloide nicht berücksichtigt. Vgl. weiter R. ZSIGMONDY: Kolloidchemie, 5. Aufl., S. 32 (1925).

[3] H. R. KRUYT: Colloids, englische Übersetzung von H. S. VAN KLOOSTER (1930), teilt die Kolloide ein in Suspensoide und Emulsoide und behandelt bei letzteren die Eiweißstoffe und Seifen. Vgl. weiter bei Wo. OSTWALD: Welt der vernachlässigten Dimensionen, 9. Aufl. (1927), die Einteilung der Kolloide in Suspensoide (Körnchenkolloide) und Emulsoide (Tröpfchenkolloide), zu welch letzteren er Kautschuklösungen, Eiweißstoffe, Stärke zählt, u. a. m. Vgl. ferner Kolloid-Ztschr. **11**, 230 (1912).

[4] Dieser starke Anstieg der Viscosität mit zunehmender Konzentration findet nur im Gebiet der Gellösung statt.

[5] Über die Viscosität und Elastizität von Seifenlösungen vgl. H. FREUNDLICH u. H. J. KORES: Kolloid-Ztschr. **36**, 241 (1925).

[6] OSTWALD, Wo.: Kolloid-Ztschr. **36**, 99, 157, 248 (1925).

[7] REINER, M.: Kolloid-Ztschr. **54**, 175 (1931).

[8] Vgl. dazu Wo. OSTWALD: Grundriß der Kolloidchemie, 7. Aufl., S. 191; hauptsächlich wird in der Kautschukliteratur häufig vom Altern des Kautschuks gesprochen.

Form der Kolloidteilchen eine ähnliche ist, und zwar sind die Kolloidteilchen sowohl der Micellkolloide wie der Molekülkolloide langgestreckte fadenförmige Gebilde[1]. Die Kolloidteilchen der Seifen sind aber Fadenmicellen[2], die der hochmolekularen Verbindungen dagegen Fadenmoleküle. Die hohe Viscosität der kolloiden Lösungen beider Stoffe ist durch diese Teilchenform und nicht durch eine Gleichheit des inneren Aufbaues der Teilchen bedingt. Infolge dieser Teilchenform gehorchen diese Lösungen auch nicht dem HAGEN-POISEUILLEschen Gesetz, denn beim Strömen der Lösung tritt in beiden Fällen eine Orientierung der Teilchen ein, wie man durch Strömungsdoppelbrechung nachweisen kann[3], wodurch die Viscosität verringert wird. Die Strömungsdoppelbrechung ist sowohl bei Seifenlösungen[4] wie auch bei Lösungen hochmolekularer Naturprodukte[5] zu beobachten.

Die Auffassung, daß die Kolloidteilchen der Eukolloide, der hochmolekularen Naturprodukte micellar gebaut sind, konnte jedoch weiter scheinbar dadurch begründet werden, daß die Lösungen der abgebauten Naturstoffe, also z. B. Lösungen von stark abgebautem Kautschuk, von stark abgebauter Cellulose oder Cellulosederivaten sich ganz anders wie die Lösungen der Naturstoffe selbst verhalten[6]. Sie sind wie die Lösungen synthetischer Hemikolloide, z. B. von hemikolloidem Polystyrol, niederviscos und zeigen keine anormalen Strömungsverhältnisse. Die Lösungen der Hemikolloide verhalten sich also wie die Lösungen niedermolekularer Stoffe, während die der Eukolloide sich, wie gesagt, ähnlich wie die der Micellkolloide verhalten.

*Bei diesen Analogien zwischen Micellkolloiden und Eukolloiden und dem großen Unterschied zwischen den Lösungen letzterer und den von Hemikolloiden* war es naheliegend, einen micellaren Bau der Kolloidteilchen der Eukolloide anzunehmen. So ist der Gedankengang von K. H. MEYER[7] verständlich, der in seiner Micellartheorie annahm, daß die kolloiden Eigenschaften der hochmolekularen Naturstoffe mit dem micellaren Bau ihrer Teilchen zusammenhängen.

Tatsächlich haben aber *die Kolloidteilchen der Eukolloide den gleichen Bau wie die der Hemikolloide: sie sind Makromoleküle. Zu diesem Ergebnis kommt man durch Untersuchung der polymerhomologen Reihen.* Durch Vergleich der einzelnen Glieder einer polymerhomologen Reihe, nämlich der Hemikolloide vom Molekulargewicht 1000—10000, deren Konstitution bekannt ist, und der Zwischenglieder, deren Moleküle bis 3000 Kettenglieder besitzen, mit den Eukolloiden kann man feststellen, daß die Eukolloide mit den Hemikolloiden kontinuierlich durch Übergänge verbunden sind; deshalb müssen die Eukolloide die höchst-

---

[1] Über die Form der Seifenmicellen vgl. P. A. THIESSEN u. R. SPYCHALSKI: Ztschr. f. physik. Ch. (A) **156**, 435 (1931); über die Gestalt sichtbarer Teilchen in Seifengelen vgl. R. ZSIGMONDY u. W. BACHMANN: Kolloid-Ztschr. **11**, 145 (1912); A. S. C. LAWRENCE: Kolloid-Ztschr. **50**, 12 (1930).

[2] STAUDINGER, H.: Helv. chim. Acta **15**, 221 (1932).

[3] Über Strömungsdoppelbrechung in Solen mit nichtkugeligen Teilchen vgl. H. FREUNDLICH, H. NEUKIRCHER u. H. ZOCHER: Kolloid-Ztschr. **38**, 43 (1926).

[4] Vgl. P. A. THIESSEN u. E. TRIEBEL: Ztschr. f. physik. Ch. (A) **156**, 309 (1931).

[5] Vgl. R. SIGNER: Ztschr. f. physik. Ch. (A) **150**, 257 (1930).

[6] K. HESS führt die Viscositätsänderungen der Lösungen von Cellulose und Cellulosederivaten beim Reinigen auf eine Entfernung von Fremdhautsubstanz zurück, vgl. K. HESS, TROGUS, AKIM u. SAKURADA: Ber. Dtsch. Chem. Ges. **64**, 427 (1931); vgl. dazu H. STAUDINGER: Ber. Dtsch. Chem. Ges. **64**, 1696 (1931).

[7] MEYER, K. H.: Ztschr. f. angew. Ch. **41**, 939 (1928).

molekularen Endglieder dieser Reihen sein. Sie sind also wie die Hemikolloide aus Fadenmolekülen aufgebaut. *Die Viscosität der Lösungen der verschiedenen Vertreter einer polymerhomologen Reihe ist also lediglich eine Funktion der Kettenlänge.* Die anormalen kolloiden Eigenschaften der hochmolekularen Substanzen treten bei einer bestimmten Größe der Fadenmoleküle auf und nehmen mit wachsender Länge derselben immer stärker zu. Ebenso werden die Moleküle in einer polymerhomologen Reihe mit zunehmender Länge immer zerbrechlicher und unbeständiger gegenüber Molekülen anderer Stoffe. Damit hängen die Viscositätsänderungen der Lösungen hochmolekularer Stoffe zusammen. Deshalb zeigen diese Lösungen „Alterungserscheinungen" ähnlich wie die der Micellkolloide. In einem Fall ändert sich aber die Länge von Fadenmolekülen, im anderen Fall die Größe von Fadenmicellen. Der Unterschied zwischen Hemikolloiden und Eukolloiden besteht also lediglich in der Länge der Makromoleküle, während der Unterschied zwischen Eukolloiden und Micellkolloiden, wie gesagt, im inneren Aufbau der Teilchen begründet ist.

Auf diesen gleichen Aufbau der Teilchen von Hemikolloiden und Eukolloiden kann man bei synthetischen Polymeren schon aus der Darstellung dieser Produkte schließen. Die hemikolloiden Polymeren, z. B. die hemikolloiden Polystyrole[1] und die hemikolloiden Polyvinylacetate[2], bilden sich bei rascher Polymerisation in der Wärme oder mit Katalysatoren. Je langsamer die Polymerisation vor sich geht, um so längere Moleküle entstehen dabei. Die längsten Moleküle werden also durch langsame Polymerisation bei möglichst tiefer Temperatur erhalten. So konnten bei der Polymerisation des Styrols durch Ausschaltung aller störenden Einflüsse Polymerisationsprodukte erhalten werden, die ca. 6000 Grundmoleküle in der Kette gebunden enthalten. Wie der Polymerisationsgrad des Polystyrols von den Darstellungsbedingungen abhängt, zeigt folgende Tabelle.

Tabelle 26. Physikalische Eigenschaften einiger Polystyrole.

| Darstellung | Aussehen | | Löslichkeit in Äther | $\eta_{sp}/c$ bei 20° in Tetralin | DurchschnittsMol.-Gew. | Polymerisationsgrad a |
| --- | --- | --- | --- | --- | --- | --- |
| | vor dem Umfällen | nach dem Umfällen | | | | |
| Mit SnCl$_4$ . . . . | — | Weißes Pulver, staubförmig | Leicht löslich | 0,9 | 3000 | 30 |
| 260° unter N$_2$ . | Sprödes Glas, leicht pulveris. | Weißes Pulver | Leicht löslich | 5 | 28000 | 280 |
| 210° unter N$_2$ . | Sprödes Glas, leicht pulveris. | Weißes Pulver | Löslich | 7 | 39000 | 390 |
| 150° unter N$_2$ . | Zähes Glas, noch pulveris. | Weißes Pulver | Teilweise löslich | 12 | 70000 | 700 |
| 100° unter N$_2$ . | Zähes Glas, nicht zerreibbar | Weiß, faserig | Unlöslich | 25 | 140000 | 1400 |
| 65° unter N$_2$ . Zimmertemp. | Zähes Glas, nicht zerreibbar | Weiß, faserig | Unlöslich | 35 | 190000 | 1900 |
| unter Luft . . | Zähes Glas, nicht zerreibbar | Weiß, faserig | Unlöslich | 35 | 190000 | 1900 |
| Höchstmolekulare Fraktion | Zähes Glas, nicht zerreibbar | Weiß, faserig | Unlöslich | 110 | 600000 | 6000 |

[1] Vgl. Ber. Dtsch. Chem. Ges. **62**, 241, 2921 (1929).
[2] STAUDINGER, H., u. A. SCHWALBACH: Liebigs Ann. **488**, 8 (1931).

Bei den Naturprodukten Kautschuk und Cellulose ist eine solche Versuchsreihe nicht durchzuführen, da die Synthese der Cellulose noch nicht gelungen ist; der synthetische Kautschuk ist mit dem natürlichen Kautschuk nicht vollständig identisch. Aber man kann eine polymerhomologe Reihe durch Abbau der Naturprodukte herstellen. Viscositätsuntersuchungen liefern hier den sicheren Nachweis, daß die Kolloidteilchen der eukolloiden Naturstoffe gleich gebaut sind, wie die ihrer hemikolloiden Abbauprodukte und sich von denen der Micellkolloide grundlegend unterscheiden. Man muß dazu allerdings vergleichende Viscositätsmessungen mit annähernd gleichviscosen Lösungen vornehmen und nicht etwa mit Lösungen gleicher Konzentration. Vergleicht man gleichkonzentrierte Lösungen eines Hemikolloids und eines Eukolloids, z. B. eine 1 proz. Lösung eines abgebauten Kautschuks mit einer 1 proz. Lösung eines nicht abgebauten Kautschuks, so fallen nur die enormen Unterschiede auf, nämlich daß die Lösung des Hemikolloids niederviscos und die des Eukolloids sehr hochviscos ist. Die Analogien zwischen den beiden Lösungen entgehen in diesem Fall der Beobachtung und zeigen sich erst dann, wenn man ungefähr äquiviscose Lösungen vergleicht. Hierzu muß man natürlich bei den verschiedenen Gliedern der polymerhomologen Reihe in ganz verschiedenen Konzentrationen arbeiten.

## II. Viscositätsmessungen an Eukolloiden bei verschiedener Konzentration und Temperatur.

Wenn man die Beziehungen zwischen Hemikolloiden und Eukolloiden und die Unterschiede letzterer von den Micellkolloiden feststellen will, dann dürfen nicht die abnormen Viscositätserscheinungen, also die Abweichungen vom HAGEN-POISEUILLEschen Gesetz, in erster Linie betrachtet werden, sondern es müssen Viscositätsuntersuchungen vorgenommen werden, die Aufschluß über den inneren Bau der Teilchen geben; dies sind Viscositätsmessungen bei wechselnder Konzentration und Temperatur.

Nach der früher angegebenen Umformung[1] kann man das EINSTEINsche Gesetz folgendermaßen schreiben:

$$\eta_{sp} = K \cdot \frac{c \cdot N_L}{M} \cdot \varphi; \qquad \frac{\eta_{sp}}{c} = K'. \tag{6}$$

$\varphi$ ist das wirksame Volumen des gelösten Teilchens, $c$ die Konzentration der Lösung. Danach ist $\eta_{sp}/c$ konstant, wenn ein und dieselbe Substanz in verschiedenen Konzentrationen gelöst wird; denn das Volumen der Kolloidteilchen darf sich nicht ändern, wenn dieselben beständige Moleküle sind. Bei Lösungen von Molekülkolloiden ist dies auch der Fall; es wurde festgestellt bei Lösungen von Polystyrolen[2], Polyvinylacetaten[3], Kautschuk[4], Balata[5] und Cellulosenitraten[6] in

---

[1] Vgl. Erster Teil, D. III.
[2] Ber. Dtsch. Chem. Ges. **62**, 2933 (1929); vgl. auch Zweiter Teil, A. III. 3.
[3] STAUDINGER, H., u. A. SCHWALBACH: Liebigs Ann. **488**, 8 (1931).
[4] STAUDINGER, H., u. H. F. BONDY: Liebigs Ann. **488**, 127 (1931).
[5] Vgl. Dritter Teil, C. III. 2.
[6] Vgl. Vierter Teil, D. VII. 2.

organischen Lösungsmitteln und bei solchen von Cellulose in Schweizers Reagens [1].

Diese Konstanz der $\eta_{sp}/c$-Werte beobachtet man bei allen Gliedern einer polymerhomologen Reihe, vorausgesetzt, daß man im Gebiet der Sollösungen arbeitet; die spez. Viscosität der Lösung darf also die „Grenzviscosität"[2] nicht überschreiten, da man sonst Gellösungen mißt, bei denen kompliziertere Verhältnisse vorliegen.

Daraus, daß die $\eta_{sp}/c$-Werte bei hoch- und niedermolekularen Stoffen im Gebiet der Sollösung unabhängig von der Konzentration sind, ist zu schließen, daß die Kolloidteilchen in den ganzen polymerhomologen Reihen den gleichen Bau haben und Moleküle darstellen; denn bei Micellkolloiden sind die $\eta_{sp}/c$-Werte in verschiedenen Konzentrationen nicht gleich.

Wenn die Kolloidteilchen der Eukolloide Moleküle darstellen, so darf sich weiter die spez. Viscosität der Lösung bei Temperaturerhöhung nicht oder nur wenig ändern. In der Regel ist die spez. Viscosität der Lösungen der Hemikolloide bei 60° um 10—20% geringer als bei 20°. Diese Temperaturabhängigkeit ist aber bei hoch- und niedermolekularen Vertretern einer polymerhomologen Reihe ungefähr die gleiche[3], resp. sie ändert sich beim Übergang von den Hemikolloiden zu den Eukolloiden in einer gesetzmäßigen Weise, die in der verschiedenen Länge der Moleküle ihre Erklärung findet[4]. Aus diesem gesetzmäßigen Verhalten der Lösungen von Hemikolloiden und Eukolloiden bei verschiedenen Temperaturen geht ebenfalls hervor, daß ihre Kolloidteilchen den gleichen Bau haben, also Makromoleküle sind.

### III. Viscositätsmessungen an Micellkolloiden bei verschiedener Konzentration und Temperatur.

Ein ganz anderes Verhalten zeigen die Micellkolloide. Bei diesen sind die $\eta_{sp}/c$-Werte weder in verschiedenen Konzentrationen noch bei verschiedenen Temperaturen konstant, sondern sie variieren sehr beträchtlich, und zwar nehmen sie bei zunehmender Konzentration stark zu, während sie beim Erwärmen sehr viel kleiner werden. Diese Änderungen der $\eta_{sp}/c$-Werte zeigen, daß das Volumen der gelösten Teilchen je nach den Meßbedingungen außerordentlich stark variiert, daß also die Kolloidteilchen hier nicht beständig sind. Dies liegt daran, daß die einzelnen kleineren Moleküle resp. Ionen, z. B. die Ionen der Fettsäuren oder der Farbstoffe, aus denen sich die Micellen bilden, nur durch schwache zwischenmolekulare Kräfte in denselben zusammengehalten werden.

Nach dem Einsteinschen Gesetz sollte allerdings die spez. Viscosität unabhängig vom Verteilungsgrad sein und nur vom Gesamtvolumen $\Phi$ der gelösten

---

[1] Staudinger, H., u. O. Schweitzer: Ber. Dtsch. Chem. Ges. **63**, 3132 (1930). In diesen Lösungen ist Cellulose als polywertiges Anion gelöst. Sie verhalten sich aber in einem Überschuß von Schweizers Reagens wie die Fadenmoleküle eines homöopolaren Molekülkolloids, da die Schwarmbildung unter den Fadenionen durch einen großen Überschuß des niedermolekularen Elektrolyten verhindert wird. Vgl. Vierter Teil, B. III.

[2] Vgl. Erster Teil, G. V.

[3] Vgl. das Verhalten der Triacetylcellulosen. Vierter Teil, A. VI. 2.

[4] Vgl. Viscositätsmessungen an Polystyrolen. Zweiter Teil, A. IV. 5 b.

Phase abhängen. Es sollte also $\eta_{sp}/c$ konstant sein, auch wenn die Micellen zerfallen — aber nur dann, wenn dieselben kugelförmig wären. Die starke Abnahme der $\eta_{sp}/c$-Werte beim Verdünnen einer Seifenlösung beweist, daß die dadurch zerfallenen Micellen langgestreckte Teilchen mit großem Wirkungsbereich gewesen sind. Denn die Viscosität von gleichkonzentrierten Lösungen mit fadenförmigen Teilchen ist je nach der Länge derselben verschieden.

Mit zunehmender Konzentration der Lösung wächst die Tendenz zur Micellbildung; deshalb nehmen die $\eta_{sp}/c$-Werte stark zu. Beim Erwärmen werden die Fadenmicellen weitgehend abgebaut, daher sind die $\eta_{sp}/c$-Werte bei 60° weit geringer als bei 20°. Diese Viscositätsänderungen sind reversibel, da sich beim Abkühlen die Micellen in ihrer ursprünglichen Größe zurückbilden.

Die Rückbildung findet häufig nicht momentan statt, sondern die Micellen vergrößern sich erst beim Stehen der Lösung; die Viscosität nimmt deshalb beim Stehen zu: die Lösung altert. Diese Verhältnisse sind von W. BILTZ[1] an Nachtblaulösungen eingehend studiert worden. Die Änderung der $\eta_{sp}/c$-Werte bei verschiedenen Temperaturen und verschiedenen Konzentrationen zeigt folgende Tabelle.

Tabelle 27.

Viscosität von Nachtblaulösungen bei verschiedenen Temperaturen.

| Gehalt der Lösungen % | $\eta_{sp}$ bei 0° | $\eta_{sp}/c$ bei 0° * | $\eta_{sp}$ bei 50° | $\eta_{sp}/c$ bei 50° |
|---|---|---|---|---|
| 0,45 | 0,026 | 0,026 | 0,019 | 0,019 |
| 0,90 | 0,068 | 0,034 | 0,041 | 0,020 |
| 1,35 | 0,132 | 0,044 | 0,071 | 0,024 |
| 1,575 | 0,176 | 0,050 | 0,090 | 0,026 |
| 1,80 | 0,807 | 0,202 | 0,097 | 0,024 |

Gesetzmäßige Zusammenhänge zwischen Viscosität und Teilchengröße ergeben sich, wie aus der Tabelle hervorgeht, bei einem solchen Micellkolloid nicht, da die Viscosität einer Lösung je nach den Bedingungen, unter denen gemessen wird, stark variiert. Die $\eta_{sp}/c$-Werte sind hier auch in verdünnter Lösung nicht konstant. Gleiche Erfahrungen wie an Nachtblaulösungen wurden auch bei Viscositätsmessungen an Seifenlösungen gemacht. Es liegt zahlreiches Versuchsmaterial darüber vor, daß die Viscosität einer Seifenlösung mit der Konzentration und mit der Temperatur sehr stark schwankt[2]. Die Tabelle 28 zeigt das starke Ansteigen der $\eta_{sp}/c$-Werte mit zunehmender Konzentration und abnehmender Temperatur bei Lösungen von Ölsäure in Kalilauge; sie zeigt weiter, daß diese Lösungen, wie schon bekannt ist[3], starke Abweichungen vom HAGEN-POISEUILLESchen Gesetz aufweisen.

---

[1] BILTZ, W.: Ztschr. f physik. Ch. **73**, 481 (1910).

* Für eine 0,45proz. Lösung ist $c = 1$ gesetzt.

[2] Vgl. z. B. F. GOLDSCHMIDT u. L. WEISSMANN: Ztschr. f. Elektrochemie **18**, 382 (1912) — Chem. Zentralblatt **1912 II**, 293 — Kolloid-Ztschr. **12**, 18 (1913). — KURZMANN, J.: Kolloidchem. Beihefte **5**, 433 (1914). — ARNDT, K., u. P. SCHIFF: Kolloidchem. Beihefte **6**, 201 (1914). — JAJNIK, N. A., u. K. S. MALIK: Kolloid-Ztschr. **36**. 322 (1925).

[3] Vgl. H. FREUNDLICH u. Mitarbeiter: Kolloid-Ztschr. **36**, 241 (1925) — Ztschr. f. physik. Ch. **104**, 233 (1923); **108**, 153 (1923). — OSTWALD, Wo.: Kolloid-Ztschr. **36**, 99, 157 (1925).

Tabelle 28. $\eta_{sp}/c$-Werte von Ölsäure mit dem doppelten Äquivalent Kalilauge versetzt bei 20 und 60°.

(Messungen im UBBELOHDEschen Viscosimeter[1].)

| Grundmolarität der Lösung (1 Gd-Mol. = 14 g) | Gehalt der Lösung % | $\eta_{sp}/c$ bei 20° und einem Gf.[2] von | | | $\eta_{sp}/c$ bei 60° und einem Gf. von | | |
|---|---|---|---|---|---|---|---|
| | | 100 | 500 | 1000 | 100 | 500 | 1000 |
| 2 | 2,8 | 0,09 | 0,09 | 0,09 | 0,07 | 0,07 | 0,07 |
| 3 | 4,2 | 0,86 | 0,75 | 0,62 | 0,14 | 0,14 | 0,15 |
| 4 | 5,6 | 5,9 | — | — | 0,75 | 0,45 | 0,50 |
| 5 | 7,0 | 8,5 | 3,0 | — | 0,62 | 0,64 | 0,62 |

Die außerordentlich starke Temperaturabhängigkeit wird nochmals in folgender Tabelle 29 dargestellt, in der die Viscosität bei verschiedenen Temperaturen auf die Viscosität bei 20° bezogen wird.

Tabelle 29. Temperaturabhängigkeit von Ölsäure mit dem doppelten Äquivalent Kalilauge versetzt.

(Messungen im UBBELOHDEschen Viscosimeter.)

| Grundmolarität der Lösung (1 Gd-Mol. = 14 g) | Gehalt der Lösung % | Temperaturabhängigkeit bei dem Gf. 100 | | |
|---|---|---|---|---|
| | | 20° | 40° | 60° |
| 2 | 2,8 | 100 | 78 | 78 |
| 3 | 4,2 | 100 | 42 | 17 |
| 4 | 5,6 | 100 | — | 13 |
| 5 | 7,0 | 100 | 38 | 7,5 |

Das anormale Verhalten der Seifenlösungen, also die Inkonstanz der $\eta_{sp}/c$-Werte, weiter die starken Abweichungen vom HAGEN-POISEUILLEschen Gesetz treten vor allem bei hochviscosen Lösungen hervor. Nur dort sind die langen, sehr empfindlichen Fadenmicellen ausgebildet, die durch Temperaturerhöhung so leicht zerfallen, da die normale Löslichkeit der fettsauren Salze bei höherer Temperatur steigt. Diese Micellen sind in verdünnter Lösung weitgehend aufgeteilt; in dieser sind die Salze normal gelöst; deshalb sind hier die $\eta_{sp}/c$-Werte niedrig, und die Temperaturabhängigkeit ist gering. Sie beträgt ca. 20% wie bei Molekülkolloiden (vgl. Tabelle 28 u. 29).

Weitere Viscositätsmessungen wurden an Lösungen von Ölsäure in 1n-Kalilauge gemacht. Eine solche Lösung enthält einen sehr großen Überschuß von Kalilauge, da eine molare Lösung von Ölsäure etwa 20 gd-mol. ist. Auch hier sieht man wieder die Inkonstanz der $\eta_{sp}/c$-Werte bei verschiedenen Temperaturen und Konzentrationen.

Tabelle 30. $\eta_{sp}/c$ von Ölsäure in 1n-Kalilauge gelöst bei 25 und 55°.

(Messungen im UBBELOHDEschen Viscosimeter[1].)

| Grundmolarität der Lösung (1 Gd-Mol. = 14 g) | Gehalt der Lösung % | $\eta_{sp}/c$ bei 25° und einem Gf. von | | | $\eta_{sp}/c$ bei 55° und einem Gf. von | | |
|---|---|---|---|---|---|---|---|
| | | 100 | 500 | 1000 | 100 | 500 | 1000 |
| 0,1 | 0,14 | — | — | 2,9 | — | — | 2,5 |
| 0,25 | 0,35 | 10 | 6 | 4,8 | — | 5,6 | 4 |
| 0,5 | 0,7 | 15 | 8 | 6,6 | 10 | 5,6 | 4,4 |
| 1,0 | 1,4 | 30 | — | — | 19 | 8 | — |

[1] Messungen von E. OCHIAI.    [2] Gf. = mittleres Geschwindigkeitsgefälle.

Durch einen großen Überschuß von Kalilauge wird die normale Löslichkeit der fettsauren Salze stark herabgesetzt und die Micellbildung begünstigt. Deshalb ist die Viscosität der stark alkalischen Seifenlösung bei gleicher Konzentration weit höher als die der schwach alkalischen. Bei Gegenwart eines großen Über-

schusses von Alkali bleiben die Micellen daher auch bei Temperatursteigerung erhalten; ihre Beständigkeit ist also unter diesen Bedingungen ähnlich derjenigen von Fadenmolekülen. Man ersieht aus diesem Beispiel, wie kompliziert die Unterscheidung von Micellkolloiden und Eukolloiden ist, wenn man sich auf die Kolloidphänomene beschränkt und chemische Gesichtspunkte nicht berücksichtigt.

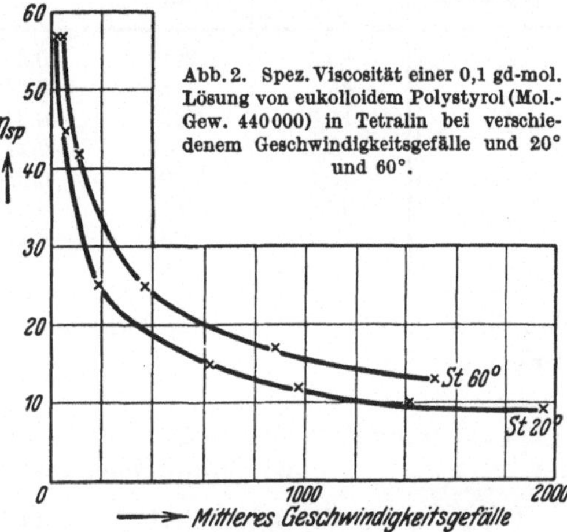

Abb. 2. Spez. Viscosität einer 0,1 gd-mol. Lösung von eukolloidem Polystyrol (Mol.-Gew. 440000) in Tetralin bei verschiedenem Geschwindigkeitsgefälle und 20° und 60°.

Wenn man also den Unterschied eines Micellkolloids und eines Eukolloids feststellen will, so müssen beide Lösungen hochviscos und die des Micellkolloids schwach alkalisch sein. Macht man mit solchen ungefähr äquiviscosen Lösungen von hoher Viscosität einer Seife und eines Polystyrols Viscositätsmessungen bei verschiedenen Temperaturen, so fällt der enorme Unterschied zwischen dem Micellkolloid und dem Molekülkolloid deutlich auf. Die Seifenlösung hat nur bei 20° die hohe Viscosität, und nur bei dieser

Temperatur zeigt die Lösung anormale Viscositätserscheinungen. Bei 60° ist die Seifenlösung niederviscos und verhält sich annähernd normal. Die Lösung des eukolloiden Polystyrols zeigt dagegen bei 60° annähernd das gleiche Verhalten wie bei 20°; die Viscosität ändert sich nicht, und die Lösung zeigt die gleichen Abweichungen vom HAGEN-POISEUILLEschen Gesetz. Dies ist ein klarer Beweis für den ganz andersartigen Bau der Kolloidteilchen der Eukolloide und der Micellkolloide (vgl. Abb. 2 u. 3).

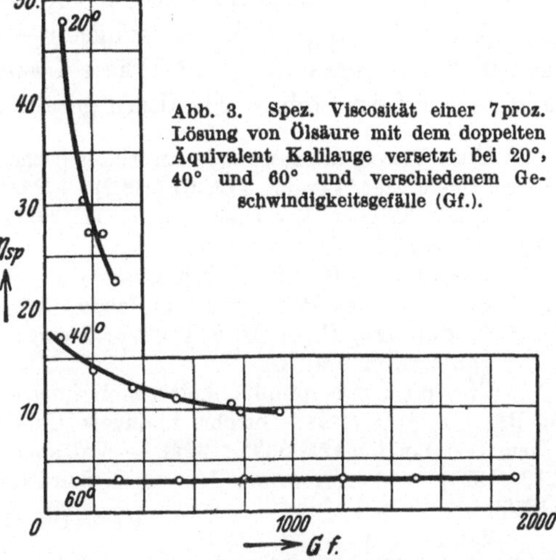

Abb. 3. Spez. Viscosität einer 7proz. Lösung von Ölsäure mit dem doppelten Äquivalent Kalilauge versetzt bei 20°, 40° und 60° und verschiedenem Geschwindigkeitsgefälle (Gf.).

Stellt man endlich eine alkoholische Seifenlösung her, so ist diese niederviscos und gehorcht dem HAGEN-POISEUILLEschen Gesetz. Eine 7proz. Seifenlösung in Alkohol hat bei 20° einen $\eta_{sp}/c$-Wert von 0,048, während die wässerige 7proz. Seifenlösung einen $\eta_{sp}/c$-Wert von 8,5 besitzt ($c$ ist die Konzentration einer Lösung in Grundmolaritäten). Die Temperaturabhängigkeit ersterer Lösung ist gering, ähnlich

Tabelle 31[1]. 7proz. Ölsäure (5 gd-molar) in alkoholischer Lösung mit dem doppelten Äquivalent Kalilauge versetzt.
(Messungen im UBBELOHDEschen Viscosimeter.)

| Temperatur | Druck in cm Hg | Gf. | $\eta_{sp}$ |
|---|---|---|---|
| 20° | 80,1 | 1265 | 0,24 |
| | 45 | 715 | 0,24 |
| | 15,8 | 249 | 0,24 |
| | 9,4 | 150 | 0,24 |
| 60° | 47,4 | 2120 | 0,21 |
| | 33,5 | 1485 | 0,21 |
| | 7,6 | 338 | 0,21 |
| | 4,2 | 188 | 0,21 |

wie die einer Lösung eines Molekülkolloids. In dieser Lösung ist also das fettsaure Salz nicht micellar, sondern molekular gelöst[2].

Bei den Molekülkolloiden ist es dagegen nicht möglich, durch Variation des Lösungsmittels niedermolekulare Lösungen herzustellen[3]; infolge der Größe ihrer Moleküle können sie sich nicht anders als kolloid lösen, es sei denn,

daß die Moleküle einen Abbau erleiden und in niedermolekulare Bruchstücke zerlegt werden.

## IV. „Alterungserscheinungen" und Viscositätsänderungen durch Zusätze bei Eukolloiden und Micellkolloiden.

Die Konstanz der $\eta_{sp}/c$-Werte bei verschiedenen Konzentrationen und Temperaturen kann man bei Eukolloiden nur beobachten, wenn die Moleküle des gelösten hochmolekularen Stoffes beständig sind. Dies ist beim Polystyrol der Fall, da dieser Kohlenwasserstoff ein Paraffinderivat ist. Darum sind die Viscositätsmessungen an Polystyrolen von so grundlegender Bedeutung für die Konstitutionsaufklärung der Eukolloide und für die Erkenntnis, daß deren Kolloidteilchen Moleküle sind[4].

Ganz andere Verhältnisse liegen vor, wenn man Lösungen von Kautschuk[5] oder Balata[6] in organischen Lösungsmitteln untersucht, oder solche von Cellulose in SCHWEIZERS Reagens[7]. Diese Lösungen sind sehr empfindlich und verändern sich beim Stehen. Sie altern geradeso wie Lösungen eines Micellkolloids[8].

---

[1] Über Viscositätsmessungen an alkoholischen Seifenlösungen vgl. L. L. BIRCUMSHAW: Journ. Chem. Soc. London **123**, 91 (1923). — PRASAD: Journ. Physical Chem. **28**, 636 (1924).

[2] Vgl. F. KRAFFT: Ber. Dtsch. Chem. Ges. **27**, 1747 (1894); **28**, 2566 (1895); **29**, 1328 (1896); **32**, 1584 (1899).

[3] STAUDINGER, H.: Ber. Dtsch. Chem. Ges. **59**, 3038 (1926); vgl. Erster Teil, B. IV.

[4] Vgl. Über das Polystyrol, ein Modell des Kautschuks. Zweiter Teil, A.

[5] STAUDINGER, H., u. H. F. BONDY: Liebigs Ann. **488**, 157 (1931).

[6] Vgl. Dritter Teil, C.

[7] Über die Luftempfindlichkeit von Lösungen der Cellulose in SCHWEIZERS Reagens vgl. E. BERL u. A. G. INNES: Ztschr. f. angew. Ch. **23**, 987 (1910). — JOYNER, R. A.: Journ. Chem. Soc. London **121**, 2395 (1922). — Vgl. auch K. HESS u. Mitarbeiter: Liebigs Ann. **444**, 316 (1925). — STAUDINGER, H., u. O. SCHWEITZER: Ber. Dtsch. Chem. Ges. **63**, 3141 (1930).

[8] Vgl. z. B. W. BILTZ: Ztschr. f. physik. Ch. **73**, 508 (1910) über das Altern von Nachtblaulösungen (s. nebenstehende Tabelle). Über die zeitliche Unbeständigkeit von Emulsoiden vgl. Wo. OSTWALD: Grundriß der Kolloidchemie. 7. Aufl. S. 191. 1923.

Relative Viscosität von Nachtblaulösungen beim Altern.

| Gehalt % | Sofort nach Herstellung | Nach 1 Tag | Nach 6 Tagen |
|---|---|---|---|
| 0,90 | 1,044 | 1,061 | 1,062 |
| 1,35 | 1,074 | 1,110 | 1,105 |
| 2,25 | 1,156 | 1,239 | 1,390 |
| 2,70 | 1,226 | 1,600 | 1,525 |

Ferner wird die Viscosität einer Kautschuklösung beim Erhitzen geringer; aber zwischen dieser Viscositätsänderung und der einer Seifenlösung besteht ein wesentlicher Unterschied. Die Viscositätsabnahme einer Kautschuklösung ist irreversibel[1] und kann deshalb nicht mit einem Zerfall von Micellen oder einer Desaggregierung von komplex gebauten Kolloidteilchen zusammenhängen. Die Viscositätsverminderung einer Seifenlösung beim Erwärmen ist dagegen reversibel, da die durch die Wärme zerstörten Micellen sich wieder zurückbilden können.

Die Unbeständigkeit von Kautschuk- und Balatalösungen rührt daher, daß diese hochmolekularen ungesättigten Kohlenwasserstoffe außerordentlich leicht oxydiert werden, und zwar können schon Spuren von Sauerstoff, wie sie in den gewöhnlichen organischen Lösungsmitteln gelöst sind, die langen Moleküle des Kautschuks und der Balata abbauen und eine erhebliche Viscositätsveränderung hervorrufen. Umgekehrt beobachtet man beim Stehen von Kautschuk- und Balatalösungen unter bestimmten Bedingungen auch Viscositätserhöhungen. In diesem Fall werden die langen Fadenmoleküle untereinander verknüpft, sei es durch Sauerstoffatome, sei es durch Kohlenstoffbindungen[2]. Bevor durch Modellversuche am Polystyrol der Aufbau der Eukolloide geklärt war, konnte diese Unbeständigkeit einer Kautschuklösung für einen micellaren Bau der Kolloidteilchen sprechen. Es konnte aber nachgewiesen werden, daß in der Kautschuklösung Moleküle gelöst sind, denn wenn man alle störenden Einflüsse — vor allem Sauerstoff — ausschließt, verhält sich eine Kautschuklösung wie eine Polystyrollösung.

Es besteht aber eine weitere wesentliche Analogie zwischen Seifenlösungen und Lösungen einer Reihe von heteropolaren Molekülkolloiden. Die Viscosität einer Seifenlösung ist sehr stark abhängig von der Wasserstoffionenkonzentration der Lösung[3]. Bei Zusatz von Alkali zu einer Lösung von Seifen wird die Viscosität[4] verändert, ebenso bei Elektrolytzusatz[5]. Sie wird bei geringem Zusatz zuerst erniedrigt, um bei wachsendem Zusatz wieder anzusteigen. Eine ähnliche Abhängigkeit der Viscosität von der Wasserstoffionenkonzentration und dem Elektrolytzusatz beobachtet man bei heteropolaren Molekülkolloiden, wie bei Lösungen von polyacrylsaurem Natron und bei Eiweißstoffen. Der Unterschied zwischen den Lösungen der Seifen und denen des polyacrylsauren Natrons und des Eiweißes besteht aber darin, daß die ersteren leicht normal gelöst werden können, z. B. in Alkohol, während dies bei den letzteren nicht möglich ist. Die

---

[1] Vgl. H STAUDINGER u. H. F. BONDY: Liebis Ann. **468**, 3 (1929).

[2] Vgl. Dritter Teil, D. III.

[3] Viscositätsänderungen bei Zusatz von Säuren beobachtet man bei einer ganzen Reihe von homöopolaren Molekülkolloiden; z. B. wird die Viscosität einer Kautschuklösung durch Säurezusatz erniedrigt. Man nahm zur Erklärung an, daß durch die Bindung und Absorption z. B. von Chlorwasserstoff und Schwefelchlorür Micellarkräfte der Kautschukmoleküle in Anspruch genommen würden. Vgl. Handbuch der Kautschukwissenschaften, L. HOCK: S. 536. Leipzig 1930. Tatsächlich werden durch diese Reagenzien die langen, sehr empfindlichen Kautschukmoleküle abgebaut, vgl. H. STAUDINGER u. H. JOSEPH: Ber. Dtsch. Chem. Ges. **63**, 2888 (1930).

[4] GOLDSCHMIDT, F., u. L. WEISSMANN: Ztschr. f. Elektrochem. **18**, 382 (1922) — Kolloid-Ztschr. **12**, 18 (1913). — FARROW, F. D.: Journ. Chem. Soc. London **101**, 347 (1912) — Kolloid-Ztschr. **11**, 305 (1912).

[5] LEIMDÖRFER, J.: Seifensieder-Ztg. **37**, 985 (1910).

Konstitution der polyacrylsauren Salze wurde dadurch aufgeklärt, daß eine polymerhomologe Reihe von Verbindungen hergestellt werden konnte. Dadurch konnte gezeigt werden, daß die obenerwähnten Viscositätserscheinungen mit wachsender Länge der polywertigen Ionen immer stärker hervortreten. Es ist also auch hier nicht ein micellarer Bau der Kolloidteilchen an dem besonderen Verhalten schuld, sondern die Länge der Moleküle resp. der Fadenionen[1] und vor allem durch die Schwarmbildung zwischen denselben. Diese wird durch den Elektrolytzusatz gestört, und dadurch wird die Viscosität erniedrigt[2].

Bei den Seifenlösungen liegen die Verhältnisse komplizierter. Auch hier wird die Schwarmbildung zwischen den Fadenmicellen durch den Elektrolytzusatz verhindert, und deshalb erfolgt auch hier zunächst eine Viscositätserniedrigung. Das Ansteigen der Viscosität einer Seifenlösung nach weiterem Zusatz von Laugen beruht, wie gesagt, darauf, daß die normale Löslichkeit der fettsauren Salze herabgesetzt und so die Micellbildung begünstigt wird.

## V. Abweichungen vom HAGEN-POISEUILLEschen Gesetz bei Eukolloiden und Micellkolloiden.

Die Eukolloide sind unter anderem dadurch charakterisiert, daß ihre hochviscosen Lösungen dem HAGEN-POISEUILLEschen Gesetz nicht gehorchen[3]. Es ändert sich also die spez. Viscosität einer Lösung, je nachdem sie in Viscosimetern mit engeren oder weiteren, kürzeren oder längeren Capillaren bestimmt wird. Deshalb erscheinen Rückschlüsse aus der Viscosität der Lösung auf das Molekulargewicht nicht möglich, da die Viscosität je nach den Meßbedingungen verschiedene Werte annehmen kann. Darauf beruhen auch zum Teil die Zweifel mancher Forscher, ob man aus Viscositätsmessungen das Molekulargewicht der hochmolekularen Naturprodukte, des Kautschuks und der Cellulose ermitteln kann, da diese solche eukolloide Lösungen liefern. Deshalb soll hier besprochen werden, inwieweit diese anormalen Viscositätserscheinungen die Gültigkeit des Viscositätsgesetzes $\frac{\eta_{sp}}{c} = K_m \cdot M$ bei den Eukolloiden beeinflussen.

1. Die anormalen Strömungsverhältnisse hängen nicht mit der hohen Viscosität der Lösung zusammen; denn Lösungen von Hemikolloiden, die die gleiche spez. Viscosität haben wie solche von Eukolloiden, zeigen normale Strömungsverhältnisse. Allerdings sind solche Lösungen von Hemikolloiden weit konzentrierter als

Tabelle 32. Vergleich der spezifischen Viscositäten von äquiviscosen Lösungen von hemikolloidem und eukolloidem Polystyrol bei verschiedenen Drucken (in cm Hg). (Messungen im UBBELOHDEschen Viscosimeter.)

| $\eta_{sp}$ einer 30 proz. Lösung von hemikolloidem Polystyrol in Tetralin | | | | $\eta_{sp}$ einer 2 proz. Lösung von eukolloidem Polystyrol in Tetralin | | | |
|---|---|---|---|---|---|---|---|
| Temperatur | $p=10$ cm | $p=30$ cm | $p=60$ cm | Temperatur | $p=10$ cm | $p=30$ cm | $p=60$ cm |
| 20° | 25,2 | 24,7 | 24,2 | 20° | 25,4 | 16,4 | 11,1 |
| 40° | 15,8 | 15,5 | 15,5 | 40° | 23,2 | 14,9 | 10,7 |
| 60° | 10,9 | 10,6 | 10,5 | 60° | 21,6 | 13,6 | 9,6 |

[1] Über den Bau der Kolloidteilchen der Eiweißstoffe lassen sich keine Aussagen machen, bevor nicht polymerhomologe Reihen untersucht sind. Vgl. G. BOEHM u. R. SIGNER: Helv. chim. Acta **14**, 1370 (1931).

[2] Vgl. Zweiter Teil, D. I. 3.　　　[3] HESS, W. R.: Kolloid-Ztschr. **27**, 154 (1920).

die äquiviscosen der Eukolloide. Zum Vergleich seien die spez. Viscositäten einer ca. 30 proz. Lösung von hemikolloidem Polystyrol (Durchschnittsmolekulargewicht 3000) und einer ca. 2 proz. Lösung von hochmolekularem Polystyrol (Durchschnittsmolekulargewicht 200 000) angeführt; die Lösungen sind ungefähr äquiviscos[1] (Tabelle 32).

2. Die anormalen Strömungsverhältnisse werden bei Lösungen[2] zahlreicher hochmolekularer Verbindungen wie auch bei solchen von Micellkolloiden beobachtet. Wo. OSTWALD bezeichnet sie als Strukturviscosität[3], während H. FREUNDLICH diese Erscheinungen auf Fließelastizität zurückführt und die

Annahme macht, daß durch die ganze Lösung ein gewisser Zusammenhang der Teilchen besteht[4]. Die weitere Untersuchung zeigt, daß diese anormalen Viscositätserscheinungen je nach dem Bau der Kolloidteilchen verschiedenartig gedeutet werden müssen. Relativ einfach ist die Erklärung bei homöopolaren Molekülkolloiden. Die niedermolekularen Verbindungen, die Hemikolloide, gehorchen dem HAGEN-POISEUILLEschen Gesetz. Nach der Untersuchung von R. SIGNER[5] stellen sich deren relativ kurze Fadenmoleküle bei der Strömung in 45°-Richtung ein. Ob das mittlere Geschwindigkeitsgefälle größer oder kleiner ist, also ob mehr oder weniger Teilchen orientiert sind, hat auf die Viscosität der Lösung keinen Einfluß; denn die nicht-orientierten Teilchen, die längs und quer zur Strömungsrichtung gelagert sind, verhalten sich in ihrer Gesamtheit so, als ob sie die 45°-Stellung einnehmen würden. Darum tritt bei Lösungen solcher Stoffe keine Abweichung vom HAGEN-POISEUILLEschen Gesetz ein; die Viscosität bleibt gleich, ob die Flüssigkeit rascher oder langsamer strömt.

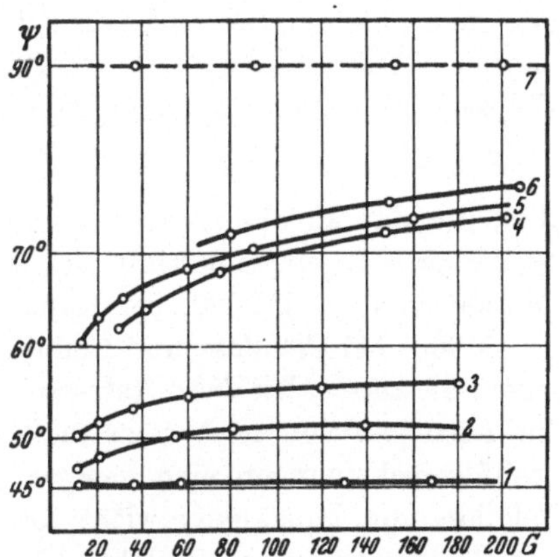

Abb. 4. Abhängigkeit des Einstellwinkels von Fadenmolekeln von der mechanischen Beanspruchung und der Fadenlänge, Abhängigkeit von der Fadenlänge allein von einem bestimmten Gefälle ab.

1. Polyäthylenoxyd, Mol.-Gew.  3500
2. Polystyrol,          „   „    35000
3. Polystyrol,          „   „    90000
4./5. Polystyrol, Mol.-Gew. 200 000 in zwei Konzentrationen
6. Polystyrol, Mol.-Gew. 440 000
7. Ovoglobulin und höchstpolymeres Polystyrol

Dagegen stellen sich nach den Untersuchungen von R. SIGNER die sehr langen Moleküle der Eukolloide nicht in der 45°-Stellung ein, sondern sie werden stärker in der Strömungsrichtung abgelenkt. Der Einstellwinkel ist 70° und mehr, je nach der Länge der Teilchen und der Größe des mittleren Geschwindigkeitsgefälles, wie aus obiger Abbildung hervorgeht[6].

---

[1] STAUDINGER, H., u. W. HEUER: Ber. Dtsch. Chem. Ges. **62**, 2933 (1929).

[2] STAUDINGER, H., u. H. MACHEMER: Ber. Dtsch. Chem. Ges. **62**, 2921 (1929).

[3] OSTWALD, Wo.: Kolloid-Ztschr. **36**, 99 (1925); **47**, 176 (1929) — Ztschr. f. physik. Ch. **111**, 62 (1924).

[4] FREUNDLICH, H., H. NEUKIRCHER u. H. ZOCHER: Kolloid-Ztschr. **38**, 46 (1926).

[5] SIGNER, R.: Über die Strömungsdoppelbrechung von Molekülkolloiden. Ztschr. f. physik. Ch. (A) **150**, 257 (1930).

[6] BOEHM, G., u. R. SIGNER: Helv. chim. Acta **14**, 1375 (1931).

Bei langsamer Strömung werden weniger Teilchen orientiert als bei rascher. Da die unorientierten Teilchen die Viscosität der Lösung stärker erhöhen als die orientierten Teilchen, so nimmt mit zunehmender Strömung die Viscosität der Lösung ab; sie wird immer geringer, je größer das Geschwindigkeitsgefälle ist, je mehr Teilchen also orientiert sind. Die anormalen Viscositätserscheinungen stehen also mit der Orientierung sehr langer Teilchen beim Strömen im Zusammenhang; sie werden als *makromolekulare Viscositätserscheinungen* bezeichnet; denn sie werden von den Makromolekülen in der Lösung hervorgerufen und hängen ganz wesentlich von der Länge derselben ab; die Beobachtungen zeigen bei allen homöopolaren Molekülkolloiden, daß Stoffe, die Moleküle mit 3000 und mehr Kettengliedern haben, deren Kettenlänge also über 3700 Å beträgt, anormale Viscositätserscheinungen aufweisen. Solche wurden bei Polyprenen[1], Polystyrolen[2], Polyisopropenylketonen[3] beobachtet[4].

Das Viscositätsgesetz $\frac{\eta_{sp}}{c} = K_m \cdot M$ kann also ohne Bedenken benutzt werden, um das Molekulargewicht von Teilchen erheblicher Kettenlänge aus Viscositätsmessungen zu bestimmen; denn beim Polystyrol bis zu einem Molekulargewicht von ca. 150000, bei Kautschuk und Balata bis zu einem solchen von ca. 50000, bei Cellulose und Celluloseacetaten bis ungefähr zu derselben Größe treten die anormalen Viscositätserscheinungen in verdünnter Lösung kaum hervor. Bei Lösungen von noch höhermolekularen Stoffen bringen die anormalen Viscositätserscheinungen eine gewisse Unsicherheit in die Berechnung, z. B. bei Cellulose vom Molekulargewicht 75000, bei den höchstmolekularen Kautschuken vom Molekulargewicht 120000—150000 und hauptsächlich beim Polystyrol von einem Molekulargewicht 500000—600000. Diese Unsicherheit fällt aber bei der Größe der Moleküle nicht stark ins Gewicht; denn in sehr niederviscosen Sollösungen sind die Abweichungen vom HAGEN-POISEUILLEschen Gesetz gering und betragen ca. 10—20%[5]. Um bei verschiedenen Vertretern einer polymerhomologen Reihe unter sich vergleichbare $\eta_{sp}/c$-Werte und so vergleichbare Molekulargewichte zu erhalten, rechnet man die Messungen auf gleiches mittleres Geschwindigkeitsgefälle[6] um; dabei ergeben sich die zuverlässigsten Molekulargewichte, wenn man die spez. Viscosität bei möglichst geringem Geschwindigkeitsgefälle bestimmt, weil das Verhalten einer langsam strömenden Lösung eines Eukolloids am meisten dem Verhalten einer strömenden Lösung von Hemikolloiden entspricht[7]. Wenn man dagegen bei einem zu hohen Geschwindigkeitsgefälle die spez. Viscosität mißt und daraus das Molekular-

---

[1] STAUDINGER, H., u. H. F. BONDY: Liebigs Ann. **488**, 127 (1931).

[2] Vgl. Zweiter Teil, A. IV. 3.

[3] Unveröffentlichte Versuche von B. RITZENTHALER.

[4] Auch bei Cellulose und Cellulosederivaten treten die anormalen Viscositätserscheinungen erst bei Stoffen mit hohem Molekulargewicht auf; doch ist hier die Kettenlänge der Moleküle, die diese hervorrufen, noch nicht genau bestimmt.

[5] Ausgenommen sind die höchstmolekularen Produkte, wie das Polystyrol vom Molekulargewicht 600000 und die Nitrocellulosen, bei denen die Abweichungen vom HAGEN-POISEUILLEschen Gesetz auch in verdünnter Lösung sehr beträchtlich sind, vgl. Vierter Teil, D. VII. 1.

[6] Das Gefälle wurde dabei nach der Formel von H. KROEPELIN: Ber. Dtsch. Chem. Ges. **62**, 3056 (1929) berechnet.

[7] Vgl. Zweiter Teil, A. IV. 3.

gewicht berechnet, so sind die sich so ergebenden Werte voraussichtlich zu klein[1].

Diesen anormalen Viscositätserscheinungen legte man früher viel zu große Bedeutung bei, weil man sie in der Regel an hochviscosen Lösungen studierte. An solchen Lösungen treten sie sehr stark in Erscheinung; die Viscosität kann bei verschiedenem Geschwindigkeitsgefälle sehr stark differierende Werte annehmen (vgl. Abb. 2, S. 89). Solche hochviscosen Lösungen sind Gellösungen; in diesen behindern sich die langen Fadenmoleküle gegenseitig; bei zunehmender Strömung werden aber diese Störungen durch die Orientierung der Moleküle verringert. Jedoch sind Viscositätsmessungen an solchen hochviscosen Lösungen für die Berechnung des Molekulargewichts nicht brauchbar.

3. Viel kompliziertere Verhältnisse, *polyionische Viscositätserscheinungen*[2], treten bei heteropolaren Molekülkolloiden auf. Durch die Schwarmbildung, d. h. durch interionische Bindung, kann eine Festlegung der Fadenionen erfolgen; dadurch zeigen solche Lösungen Abweichungen vom HAGEN-POISEUILLEschen Gesetz; denn bei rascher Strömung wird diese Schwarmbildung stärker gestört als bei langsamer Strömung. Da die interionischen Kräfte von einem Fadenion auf das nächste usf. wirken, so kann man annehmen, daß bei genügender Länge der Polyionen sämtliche Fadenmoleküle durch interionische Kräfte untereinander festgelegt sind. Hier sind also die Vorstellungen von H. FREUNDLICH[3] über die Ursachen der anormalen Viscositätserscheinungen zutreffend: er nahm an, daß durch die ganze Lösung ein Zusammenhang der Teilchen bestehe.

Durch Elektrolytzusatz wird die Schwarmbildung gestört und endlich aufgehoben. Damit verschwinden die anormalen Viscositätserscheinungen, soweit sie auf der durch interionische Kräfte bewirkten Schwarmbildung beruhen und nicht durch die Länge der eukolloiden Fadenmoleküle bedingt sind. Das Verhalten der heteropolaren Molekülkolloide ist also ein ganz anderes als das der homöopolaren, wo Zusätze die anormalen Viscositätserscheinungen nicht beeinflussen, sofern die Moleküle nicht gespalten werden.

Verdünnte Lösungen von polyacrylsaurem Natron vom Polymerisationsgrad 190 in Wasser zeigen außerordentlich starke Abweichungen vom HAGEN-POISEUILLEschen Gesetz, die die der höchstmolekularen homöopolaren Molekülkolloide in äquiviscosen Lösungen weit übertreffen. Wenn durch Zusatz von Lauge oder Elektrolyten die Schwarmbildung gestört ist und die Fadenionen voneinander isoliert sind, dann zeigen solche Lösungen normales Verhalten wie die eines homöopolaren Molekülkolloids, da die Fadenmoleküle dieses

---

[1] Man könnte daran denken, alle Viscositätsmessungen bei so hohem Geschwindigkeitsgefälle auszuführen, daß sämtliche Teilchen orientiert sind, um die so sich ergebenden Werte zu vergleichen; vgl. dazu W. R. HESS: Kolloid-Ztschr. **27**, 154 (1920). — ROTHLIN: Biochem. Ztschr. **98**, 34 (1919). Aber gerade in diesem Zustand ließe sich die Viscosität eines Eukolloids nicht mit der eines Hemikolloids vergleichen, da die Teilchen der Eukolloide einen anderen Einstellwinkel zur Strömungsrichtung haben als die der Hemikolloide; vgl. R. SIGNER: l. c.; die $K_m$-Konstante, die bei den Hemikolloiden ermittelt ist, ließe sich nicht zur Berechnung des Molekulargewichts der eukolloiden Verbindungen benutzen, denn die sich so ergebenden Molekulargewichte wären zu niedrig.

[2] Vgl. Zweiter Teil, D. IV. 4.

[3] FREUNDLICH, H., u. Mitarbeiter: Kolloid-Ztschr. **38**, 46 (1926). Vgl. dazu G. BOEHM u. R. SIGNER: Helv. chim. Acta **14**, 1373 (1931).

Produktes relativ kurz sind. Das polyacrylsaure Natron verhält sich also in neutraler Lösung wie ein Eukolloid, in stark alkalischer Lösung oder nach Elektrolytzusatz wie ein Hemikolloid; der eukolloide Charakter hängt also hier von der Elektrolytkonzentration ab.

Nahe Beziehungen bestehen in bezug auf die anormale Viscosität zwischen dem polyacrylsauren Natron und dem Eiweiß, weiter den Seifen; denn bei allen diesen Stoffgruppen liegen in wässeriger Lösung polywertige Fadenionen vor. Bei dem polyacrylsauren Natron handelt es sich um ein polywertiges Fadenion eines Molekülkolloids, bei den Seifen um ein polywertiges Fadenion eines Micellkolloids[1]. Bei den fadenförmigen Seifenmicellen kann ebenfalls eine Schwarmbildung erfolgen; deshalb treten auch hier starke Abweichungen vom HAGEN-POISEUILLEschen Gesetz auf, die durch Elektrolytzusätze beeinflußt werden. Doch hier liegen die Verhältnisse noch weit komplizierter als beim polyacrylsauren Natron; denn durch den Elektrolytzusatz wird hier nicht nur die Schwarmbildung gestört, sondern es verändert sich dadurch, wie gesagt, auch die Micellgröße, und zwar wird das Wachstum der Micelle begünstigt, da die normale Löslichkeit der Fettsäuren durch den Elektrolytzusatz herabgesetzt wird. Diese Micellvergrößerung hat eine Viscositätserhöhung zur Folge. So können bei Seifen umgekehrt wie beim polyacrylsauren Natron die Abweichungen vom HAGEN-POISEUILLEschen Gesetz durch Zusätze von viel Alkalilauge größer werden.

## VI. Konstitutionsaufkläruug der Eukolloide durch chemische Untersuchungen.

Das Vorliegen von Molekülen in Lösungen von Eukolloiden sollte wie bei den Hemikolloiden durch chemische Untersuchungen festgestellt werden können. Dies ist bei besonders günstigen Objekten möglich.

In einer Reihe von Fällen konnte bei Hemikolloiden das Molekulargewicht durch Bestimmung der charakteristischen Endgruppen der Moleküle festgestellt und dadurch die Konstitutionsaufklärung durchgeführt werden. Diese Methode ist bei Eukolloiden nicht brauchbar; denn bei sehr hochmolekularen Produkten ist das Gewicht der Endgruppe im Vergleich zu dem des Gesamtmoleküls so gering, daß eine genaue analytische Bestimmung der Endgruppe nicht möglich ist. Hat z. B. die Endgruppe das Gewicht ca. 100, so macht das bei einem Molekulargewicht von 10000 nur 1% desselben aus; bei einem Molekulargewicht von 100000, wie es die höchstmolekularen Stoffe besitzen, betragen die charakteristischen Endgruppen nur 0,1% des Moleküls. Sie sind also in so geringer Menge vorhanden, daß man meistens nicht entscheiden kann, ob der analytisch nachgewiesene Anteil an Fremdgruppen im hochpolymeren Stoff wirklich die Endgruppe des Moleküls darstellt oder ob die Fremdgruppen eine zufällige Verunreinigung sind; denn die hochmolekularen Substanzen absorbieren sehr stark, und Verunreinigungen sind deshalb sehr schwer zu entfernen.

Fadenförmige Teilchen, deren Größe man nach irgendeiner Methode bestimmt hat, stellen Moleküle dar, wenn sich bei chemischen Umsetzungen die Länge derselben, also die Zahl der Kettenatome, nicht ändert; dabei wird das Teilchen-

---

[1] Der Bau der Eiweißteilchen ist ganz verschieden, vgl. G. BOEHM u. R. SIGNER: Helv. chim. Acta **14**, 1370 (1931).

dagegen nicht viscositätserhöhend wirken kann, da es dort nur den Durchmesser des Moleküls vergrößert, was für die Viscosität gleichkonzentrierter Lösungen keine Rolle spielt:

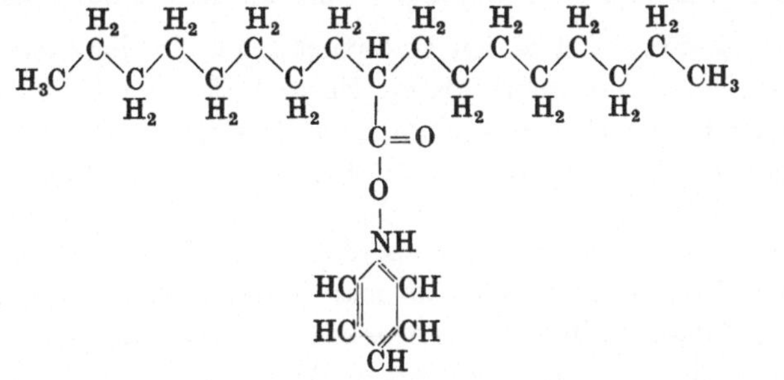

$$
\begin{array}{c}
\quad\ \ H_2\ \ \ H_2\ \ \ H_2\ \ \ H_2\ \ \ H_2\ \ \ H_2\ \ \ H_2\ \ \ H_2 \\
\quad\ \ C\ \ \ \ C\ \ \ \ C\ \ \ \ C\ \ \ \ C\ \ \ \ C\ \ \ \ C\ \ \ \ C \\
H_3C\ \ \ C\ \ \ C\ \ \ C\ \ \ C\ \ H\ \ C\ \ \ C\ \ \ C\ \ \ CH_3 \\
\quad\ \ H_2\ \ \ H_2\ \ \ H_2\ \ \ |\ \ \ H_2\ \ \ H_2\ \ \ H_2 \\
\quad\quad\quad\quad\quad\quad C{=}O \\
\quad\quad\quad\quad\quad\quad\ |\ \\
\quad\quad\quad\quad\quad\quad\ O \\
\quad\quad\quad\quad\quad\quad NH \\
\quad\quad\quad\quad HC\ \ \ CH \\
\quad\quad\quad\quad HC\ \ \ CH \\
\quad\quad\quad\quad\quad\ CH
\end{array}
\qquad\text{(I)}
$$

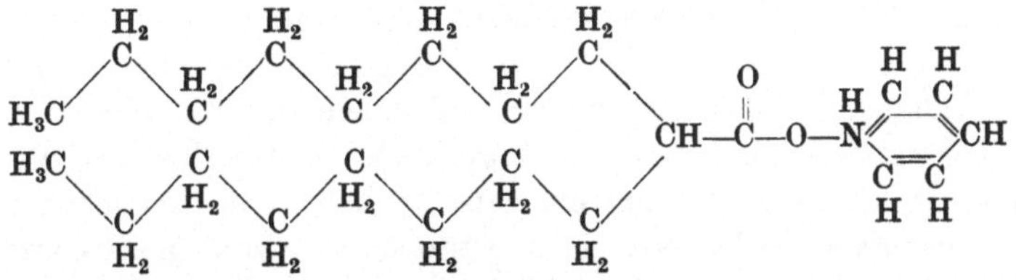

$$
\text{(II)}
$$

Dies geht aus folgender Berechnung hervor:

Dioctylessigsäuremethylester in $CCl_4$-Lösung:

$\eta_{sp}$ (1,4%) ber. für Formel (I) $= 17 \cdot 1,6 \cdot 10^{-3} = 2,7 \cdot 10^{-2}$,

$\eta_{sp}$ (1,4%) ber. für Formel (II) $= 11 \cdot 1,6 \cdot 10^{-3} + 3 \cdot 10^{-3} = 2,06 \cdot 10^{-2}$.

$3 \cdot 10^{-3} = \eta_{sp}$ (1,4%)-Wert für die O-Atome der Estergruppe,

$1,6 \cdot 10^{-3} = \eta_{sp}(1,4\%)$-Wert für die $CH_2$-Gruppe.

Gefunden wurde: $\eta_{sp}$ (1,4%) $= 2,9 \cdot 10^{-2}$.

Dioctylessigsäure, Pyridinsalz in Pyridin:

$\eta_{sp}$ (1,4%) ber. für Formel (I) $= 17 \cdot 1,6 \cdot 10^{-3} = 2,7 \cdot 10^{-2}$,

$\eta_{sp}$ (1,4%) ber. für Formel (II) $= 10 \cdot 1,6 \cdot 10^{-3} + 16 \cdot 10^{-3} = 3,2 \cdot 10^{-2}$.

$16 \cdot 10^{-3} = \eta_{sp}$ (1,4%)-Wert für die Pyridingruppe.

$\eta_{sp}$ (1,4%) gefunden $3,3 \cdot 10^{-2}$.

Es bildet sich also hier diejenige Molekülform aus, die in Lösung die höchste Viscosität verursacht.

Die Tendenz der Moleküle, eine langgestreckte Form anzunehmen, besteht allgemein; denn die Moleküle der Paraffine und Paraffinderivate haben im Krystall, wie durch röntgenographische Untersuchungen bekannt ist[1], und ebenso in Lösung, wie die Viscositätsuntersuchungen[2] und die Ergebnisse über die Dicke der Oberflächenfilme[3] zeigen, eine langgestreckte fadenförmige Gestalt.

Das Ergebnis, daß *die Moleküle in Lösung eine möglichst langgestreckte Gestalt annehmen, ist für die Konstitutionsaufklärung der hochmolekularen Naturstoffe, die aus Fadenmolekülen bestehen, von großer Bedeutung; denn dadurch läßt sich das Molekulargewicht derselben durch Viscositätsbestimmungen ermitteln.*

---

[1] SHEARER, G.: Journ. Chem. Soc. London **123**, 3152 (1923). — MÜLLER, A., u. G. SHEARER: Journ. Chem. Soc. London **123**, 3156 (1923).

[2] STAUDINGER, H., u. R. NODZU: Ber. Dtsch. Chem. Ges. **63**, 721 (1930).

[3] LANGMUIR, A. J.: Journ. Amer. Chem. Soc. **39**, 1848 (1917). — TRILLAT, J.: C. r. d. l'Acad. des sciences **180**, 1329, 1838 (1915). Vgl. N. K. ADAM: Kolloid-Ztschr. **57**, 125 (1931).

# E. Die Konstitution der Eukolloide.

## I. Vergleich zwischen Eukolloiden, Hemikolloiden und Micellkolloiden.

Die wichtigste Frage bei diesen Untersuchungen ist die nach dem Bau und der Molekülgröße der hochmolekularen Naturstoffe, des Kautschuks und der Cellulose. Es ist hier nach den vorstehenden Ausführungen zu entscheiden, ob die Kolloidteilchen dieser Stoffe Micellen[1] oder Makromoleküle darstellen.

Man hat früher allgemein sowohl die hochmolekularen Naturprodukte als auch die Seifen in der Kolloidchemie als lyophile Kolloide[2] bezeichnet oder auch als Emulsoide[3] (Tröpfchenkolloide), da man annahm, daß eine flüssige disperse Phase in einem flüssigen Dispersionsmittel verteilt sei. Man hat also bei beiden Gruppen von Kolloiden ein gemeinsames Bauprinzip angenommen, und zwar einen micellaren Bau der Kolloidteilchen. Daß man deshalb, bevor der Bau der Molekülkolloide bekannt war, nahe Beziehungen zwischen den Lösungen der Micellkolloide, z. B. Seifenlösungen, und denen der Eukolloide, z. B. einer Kautschuklösung, vermutet hat, ist begreiflich. Denn das Verhalten dieser Lösungen ist in kolloider Hinsicht ein ganz ähnliches: so sind schon verdünnte 1—3proz. Lösungen hochviscos zum Unterschied von gleichkonzentrierten Lösungen der Suspensoide; ihre Viscosität steigt enorm[4] mit zunehmender Konzentration. Die hochviscosen Lösungen gehorchen nicht dem HAGEN-POISEUILLE-schen Gesetz[5]: sie zeigen, wie Wo. OSTWALD[6] sagt, Strukturviscosität. M. REINER[7] bezeichnet diese Lösungen deshalb als „nicht-NEWTONsche" Flüssigkeiten. Außerdem ändert sich die Viscosität der Lösungen der Eukolloide wie auch der Micellkolloide sehr leicht, und zwar kann sie zu- oder abnehmen: die kolloiden Lösungen altern[8].

Diese Ähnlichkeit im kolloiden Verhalten der Micellkolloide und der Eukolloide ist aber nicht darauf zurückzuführen, daß der innere Bau der Teilchen der gleiche ist; derselbe ist vielmehr grundverschieden. Die Seifen lösen sich micellar; in den Kautschuk- und Celluloselösungen sind dagegen Makromoleküle vorhanden. Daß diese Lösungen sich ähnlich verhalten, hängt damit zusammen, daß die

---

[1] Vgl. K. H. MEYER: Ztschr. f. angew. Ch. **41**, 935 (1928).

[2] Vgl. z. B. die Einteilung der Kolloide in der Capillarchemie von H. FREUNDLICH, 4. Aufl. Leipzig 1932, in lyophobe und lyophile Kolloide. Dort ist die wichtige Einteilung in Micellkolloide und Molekülkolloide nicht berücksichtigt. Vgl. weiter R. ZSIGMONDY: Kolloidchemie, 5. Aufl., S. 32 (1925).

[3] H. R. KRUYT: Colloids, englische Übersetzung von H. S. VAN KLOOSTER (1930), teilt die Kolloide ein in Suspensoide und Emulsoide und behandelt bei letzteren die Eiweißstoffe und Seifen. Vgl. weiter bei Wo. OSTWALD: Welt der vernachlässigten Dimensionen, 9. Aufl. (1927), die Einteilung der Kolloide in Suspensoide (Körnchenkolloide) und Emulsoide (Tröpfchenkolloide), zu welch letzteren er Kautschuklösungen, Eiweißstoffe, Stärke zählt, u. a. m. Vgl. ferner Kolloid-Ztschr. **11**, 230 (1912).

[4] Dieser starke Anstieg der Viscosität mit zunehmender Konzentration findet nur im Gebiet der Gellösung statt.

[5] Über die Viscosität und Elastizität von Seifenlösungen vgl. H. FREUNDLICH u. H. J. KORES: Kolloid-Ztschr. **36**, 241 (1925).

[6] OSTWALD, Wo.: Kolloid-Ztschr. **36**, 99, 157, 248 (1925).

[7] REINER, M.: Kolloid-Ztschr. **54**, 175 (1931).

[8] Vgl. dazu Wo. OSTWALD: Grundriß der Kolloidchemie, 7. Aufl., S. 191; hauptsächlich wird in der Kautschukliteratur häufig vom Altern des Kautschuks gesprochen.

Form der Kolloidteilchen eine ähnliche ist, und zwar sind die Kolloidteilchen sowohl der Micellkolloide wie der Molekülkolloide langgestreckte fadenförmige Gebilde[1]. Die Kolloidteilchen der Seifen sind aber Fadenmicellen[2], die der hochmolekularen Verbindungen dagegen Fadenmoleküle. Die hohe Viscosität der kolloiden Lösungen beider Stoffe ist durch diese Teilchenform und nicht durch eine Gleichheit des inneren Aufbaues der Teilchen bedingt. Infolge dieser Teilchenform gehorchen diese Lösungen auch nicht dem HAGEN-POISEUILLEschen Gesetz, denn beim Strömen der Lösung tritt in beiden Fällen eine Orientierung der Teilchen ein, wie man durch Strömungsdoppelbrechung nachweisen kann[3], wodurch die Viscosität verringert wird. Die Strömungsdoppelbrechung ist sowohl bei Seifenlösungen[4] wie auch bei Lösungen hochmolekularer Naturprodukte[5] zu beobachten.

Die Auffassung, daß die Kolloidteilchen der Eukolloide, der hochmolekularen Naturprodukte micellar gebaut sind, konnte jedoch weiter scheinbar dadurch begründet werden, daß die Lösungen der abgebauten Naturstoffe, also z. B. Lösungen von stark abgebautem Kautschuk, von stark abgebauter Cellulose oder Cellulosederivaten sich ganz anders wie die Lösungen der Naturstoffe selbst verhalten[6]. Sie sind wie die Lösungen synthetischer Hemikolloide, z. B. von hemikolloidem Polystyrol, niederviscos und zeigen keine anormalen Strömungsverhältnisse. Die Lösungen der Hemikolloide verhalten sich also wie die Lösungen niedermolekularer Stoffe, während die der Eukolloide sich, wie gesagt, ähnlich wie die der Micellkolloide verhalten.

*Bei diesen Analogien zwischen Micellkolloiden und Eukolloiden und dem großen Unterschied zwischen den Lösungen letzterer und den von Hemikolloiden* war es naheliegend, einen micellaren Bau der Kolloidteilchen der Eukolloide anzunehmen. So ist der Gedankengang von K. H. MEYER[7] verständlich, der in seiner Micellartheorie annahm, daß die kolloiden Eigenschaften der hochmolekularen Naturstoffe mit dem micellaren Bau ihrer Teilchen zusammenhängen.

Tatsächlich haben aber *die Kolloidteilchen der Eukolloide den gleichen Bau wie die der Hemikolloide: sie sind Makromoleküle. Zu diesem Ergebnis kommt man durch Untersuchung der polymerhomologen Reihen.* Durch Vergleich der einzelnen Glieder einer polymerhomologen Reihe, nämlich der Hemikolloide vom Molekulargewicht 1000—10000, deren Konstitution bekannt ist, und der Zwischenglieder, deren Moleküle bis 3000 Kettenglieder besitzen, mit den Eukolloiden kann man feststellen, daß die Eukolloide mit den Hemikolloiden kontinuierlich durch Übergänge verbunden sind; deshalb müssen die Eukolloide die höchst-

---

[1] Über die Form der Seifenmicellen vgl. P. A. THIESSEN u. R. SPYCHALSKI: Ztschr. f. physik. Ch. (A) **156**, 435 (1931); über die Gestalt sichtbarer Teilchen in Seifengelen vgl. R. ZSIGMONDY u. W. BACHMANN: Kolloid-Ztschr. **11**, 145 (1912); A. S. C. LAWRENCE: Kolloid-Ztschr. **50**, 12 (1930).

[2] STAUDINGER, H.: Helv. chim. Acta **15**, 221 (1932).

[3] Über Strömungsdoppelbrechung in Solen mit nichtkugeligen Teilchen vgl. H. FREUNDLICH, H. NEUKIRCHER u. H. ZOCHER: Kolloid-Ztschr. **38**, 43 (1926).

[4] Vgl. P. A. THIESSEN u. E. TRIEBEL: Ztschr. f. physik. Ch. (A) **156**, 309 (1931).

[5] Vgl. R. SIGNER: Ztschr. f. physik. Ch. (A) **150**, 257 (1930).

[6] K. HESS führt die Viscositätsänderungen der Lösungen von Cellulose und Cellulosederivaten beim Reinigen auf eine Entfernung von Fremdhautsubstanz zurück, vgl. K. HESS, TROGUS, AKIM u. SAKURADA: Ber. Dtsch. Chem. Ges. **64**, 427 (1931); vgl. dazu H. STAUDINGER: Ber. Dtsch. Chem. Ges. **64**, 1696 (1931).

[7] MEYER, K. H.: Ztschr. f. angew. Ch. **41**, 939 (1928).

molekularen Endglieder dieser Reihen sein. Sie sind also wie die Hemikolloide aus Fadenmolekülen aufgebaut. *Die Viscosität der Lösungen der verschiedenen Vertreter einer polymerhomologen Reihe ist also lediglich eine Funktion der Kettenlänge.* Die anormalen kolloiden Eigenschaften der hochmolekularen Substanzen treten bei einer bestimmten Größe der Fadenmoleküle auf und nehmen mit wachsender Länge derselben immer stärker zu. Ebenso werden die Moleküle in einer polymerhomologen Reihe mit zunehmender Länge immer zerbrechlicher und unbeständiger gegenüber Molekülen anderer Stoffe. Damit hängen die Viscositätsänderungen der Lösungen hochmolekularer Stoffe zusammen. Deshalb zeigen diese Lösungen „Alterungserscheinungen" ähnlich wie die der Micellkolloide. In einem Fall ändert sich aber die Länge von Fadenmolekülen, im anderen Fall die Größe von Fadenmicellen. Der Unterschied zwischen Hemikolloiden und Eukolloiden besteht also lediglich in der Länge der Makromoleküle, während der Unterschied zwischen Eukolloiden und Micellkolloiden, wie gesagt, im inneren Aufbau der Teilchen begründet ist.

Auf diesen gleichen Aufbau der Teilchen von Hemikolloiden und Eukolloiden kann man bei synthetischen Polymeren schon aus der Darstellung dieser Produkte schließen. Die hemikolloiden Polymeren, z. B. die hemikolloiden Polystyrole[1] und die hemikolloiden Polyvinylacetate[2], bilden sich bei rascher Polymerisation in der Wärme oder mit Katalysatoren. Je langsamer die Polymerisation vor sich geht, um so längere Moleküle entstehen dabei. Die längsten Moleküle werden also durch langsame Polymerisation bei möglichst tiefer Temperatur erhalten. So konnten bei der Polymerisation des Styrols durch Ausschaltung aller störenden Einflüsse Polymerisationsprodukte erhalten werden, die ca. 6000 Grundmoleküle in der Kette gebunden enthalten. Wie der Polymerisationsgrad des Polystyrols von den Darstellungsbedingungen abhängt, zeigt folgende Tabelle.

Tabelle 26. Physikalische Eigenschaften einiger Polystyrole.

| Darstellung | Aussehen | | Löslichkeit in Äther | $\eta_{sp}/c$ bei 20° in Tetralin | Durchschnitts-Mol.-Gew. | Polymerisationsgrad a |
|---|---|---|---|---|---|---|
| | vor dem Umfällen | nach dem Umfällen | | | | |
| Mit $SnCl_4$ . . . | — | Weißes Pulver, staubförmig | Leicht löslich | 0,9 | 3 000 | 30 |
| 260° unter $N_2$ . | Sprödes Glas, leicht pulveris. | Weißes Pulver | Leicht löslich | 5 | 28 000 | 280 |
| 210° unter $N_2$ . | Sprödes Glas, leicht pulveris. | Weißes Pulver | Löslich | 7 | 39 000 | 390 |
| 150° unter $N_2$ . | Zähes Glas, noch pulveris. | Weißes Pulver | Teilweise löslich | 12 | 70 000 | 700 |
| 100° unter $N_2$ . | Zähes Glas, nicht zerreibbar | Weiß, faserig | Unlöslich | 25 | 140 000 | 1400 |
| 65° unter $N_2$ . | Zähes Glas, nicht zerreibbar | Weiß, faserig | Unlöslich | 35 | 190 000 | 1900 |
| Zimmertemp. unter Luft . . | Zähes Glas, nicht zerreibbar | Weiß, faserig | Unlöslich | 35 | 190 000 | 1900 |
| Höchstmolekulare Fraktion | Zähes Glas, nicht zerreibbar | Weiß, faserig | Unlöslich | 110 | 600 000 | 6000 |

[1] Vgl. Ber. Dtsch. Chem. Ges. **62**, 241, 2921 (1929).
[2] STAUDINGER, H., u. A. SCHWALBACH: Liebigs Ann. **488**, 8 (1931).

Bei den Naturprodukten Kautschuk und Cellulose ist eine solche Versuchsreihe nicht durchzuführen, da die Synthese der Cellulose noch nicht gelungen ist; der synthetische Kautschuk ist mit dem natürlichen Kautschuk nicht vollständig identisch. Aber man kann eine polymerhomologe Reihe durch Abbau der Naturprodukte herstellen. Viscositätsuntersuchungen liefern hier den sicheren Nachweis, daß die Kolloidteilchen der eukolloiden Naturstoffe gleich gebaut sind, wie die ihrer hemikolloiden Abbauprodukte und sich von denen der Micellkolloide grundlegend unterscheiden. Man muß dazu allerdings vergleichende Viscositätsmessungen mit annähernd gleichviscosen Lösungen vornehmen und nicht etwa mit Lösungen gleicher Konzentration. Vergleicht man gleichkonzentrierte Lösungen eines Hemikolloids und eines Eukolloids, z. B. eine 1 proz. Lösung eines abgebauten Kautschuks mit einer 1 proz. Lösung eines nicht abgebauten Kautschuks, so fallen nur die enormen Unterschiede auf, nämlich daß die Lösung des Hemikolloids niederviscos und die des Eukolloids sehr hochviscos ist. Die Analogien zwischen den beiden Lösungen entgehen in diesem Fall der Beobachtung und zeigen sich erst dann, wenn man ungefähr äquiviscose Lösungen vergleicht. Hierzu muß man natürlich bei den verschiedenen Gliedern der polymerhomologen Reihe in ganz verschiedenen Konzentrationen arbeiten.

## II. Viscositätsmessungen an Eukolloiden bei verschiedener Konzentration und Temperatur.

Wenn man die Beziehungen zwischen Hemikolloiden und Eukolloiden und die Unterschiede letzterer von den Micellkolloiden feststellen will, dann dürfen nicht die abnormen Viscositätserscheinungen, also die Abweichungen vom HAGEN-POISEUILLEschen Gesetz, in erster Linie betrachtet werden, sondern es müssen Viscositätsuntersuchungen vorgenommen werden, die Aufschluß über den inneren Bau der Teilchen geben; dies sind Viscositätsmessungen bei wechselnder Konzentration und Temperatur.

Nach der früher angegebenen Umformung[1] kann man das EINSTEINsche Gesetz folgendermaßen schreiben:

$$\eta_{sp} = K \cdot \frac{c \cdot N_L}{M} \cdot \varphi; \qquad \frac{\eta_{sp}}{c} = K'. \tag{6}$$

$\varphi$ ist das wirksame Volumen des gelösten Teilchens, $c$ die Konzentration der Lösung. Danach ist $\eta_{sp}/c$ konstant, wenn ein und dieselbe Substanz in verschiedenen Konzentrationen gelöst wird; denn das Volumen der Kolloidteilchen darf sich nicht ändern, wenn dieselben beständige Moleküle sind. Bei Lösungen von Molekülkolloiden ist dies auch der Fall; es wurde festgestellt bei Lösungen von Polystyrolen[2], Polyvinylacetaten[3], Kautschuk[4], Balata[5] und Cellulosenitraten[6] in

---


[1] Vgl. Erster Teil, D. III.
[2] Ber. Dtsch. Chem. Ges. **62**, 2933 (1929); vgl. auch Zweiter Teil, A. III. 3.
[3] STAUDINGER, H., u. A. SCHWALBACH: Liebigs Ann. **488**, 8 (1931).
[4] STAUDINGER, H., u. H. F. BONDY: Liebigs Ann. **488**, 127 (1931).
[5] Vgl. Dritter Teil, C. III. 2.
[6] Vgl. Vierter Teil, D. VII. 2.

organischen Lösungsmitteln und bei solchen von Cellulose in SCHWEIZERS Reagens[1].

Diese Konstanz der $\eta_{sp}/c$-Werte beobachtet man bei allen Gliedern einer polymerhomologen Reihe, vorausgesetzt, daß man im Gebiet der Sollösungen arbeitet; die spez. Viscosität der Lösung darf also die „Grenzviscosität"[2] nicht überschreiten, da man sonst Gellösungen mißt, bei denen kompliziertere Verhältnisse vorliegen.

Daraus, daß die $\eta_{sp}/c$-Werte bei hoch- und niedermolekularen Stoffen im Gebiet der Sollösung unabhängig von der Konzentration sind, ist zu schließen, daß die Kolloidteilchen in den ganzen polymerhomologen Reihen den gleichen Bau haben und Moleküle darstellen; denn bei Micellkolloiden sind die $\eta_{sp}/c$-Werte in verschiedenen Konzentrationen nicht gleich.

Wenn die Kolloidteilchen der Eukolloide Moleküle darstellen, so darf sich weiter die spez. Viscosität der Lösung bei Temperaturerhöhung nicht oder nur wenig ändern. In der Regel ist die spez. Viscosität der Lösungen der Hemikolloide bei 60° um 10—20% geringer als bei 20°. Diese Temperaturabhängigkeit ist aber bei hoch- und niedermolekularen Vertretern einer polymerhomologen Reihe ungefähr die gleiche[3], resp. sie ändert sich beim Übergang von den Hemikolloiden zu den Eukolloiden in einer gesetzmäßigen Weise, die in der verschiedenen Länge der Moleküle ihre Erklärung findet[4]. Aus diesem gesetzmäßigen Verhalten der Lösungen von Hemikolloiden und Eukolloiden bei verschiedenen Temperaturen geht ebenfalls hervor, daß ihre Kolloidteilchen den gleichen Bau haben, also Makromoleküle sind.

### III. Viscositätsmessungen an Micellkolloiden bei verschiedener Konzentration und Temperatur.

Ein ganz anderes Verhalten zeigen die Micellkolloide. Bei diesen sind die $\eta_{sp}/c$-Werte weder in verschiedenen Konzentrationen noch bei verschiedenen Temperaturen konstant, sondern sie variieren sehr beträchtlich, und zwar nehmen sie bei zunehmender Konzentration stark zu, während sie beim Erwärmen sehr viel kleiner werden. Diese Änderungen der $\eta_{sp}/c$-Werte zeigen, daß das Volumen der gelösten Teilchen je nach den Meßbedingungen außerordentlich stark variiert, daß also die Kolloidteilchen hier nicht beständig sind. Dies liegt daran, daß die einzelnen kleineren Moleküle resp. Ionen, z. B. die Ionen der Fettsäuren oder der Farbstoffe, aus denen sich die Micellen bilden, nur durch schwache zwischenmolekulare Kräfte in denselben zusammengehalten werden.

Nach dem EINSTEINschen Gesetz sollte allerdings die spez. Viscosität unabhängig vom Verteilungsgrad sein und nur vom Gesamtvolumen $\Phi$ der gelösten

---

[1] STAUDINGER, H., u. O. SCHWEITZER: Ber. Dtsch. Chem. Ges. **63**, 3132 (1930). In diesen Lösungen ist Cellulose als polywertiges Anion gelöst. Sie verhalten sich aber in einem Überschuß von SCHWEIZERS Reagens wie die Fadenmoleküle eines homöopolaren Molekülkolloids, da die Schwarmbildung unter den Fadenionen durch einen großen Überschuß des niedermolekularen Elektrolyten verhindert wird. Vgl. Vierter Teil, B. III.

[2] Vgl. Erster Teil, G. V.

[3] Vgl. das Verhalten der Triacetylcellulosen. Vierter Teil, A. VI. 2.

[4] Vgl. Viscositätsmessungen an Polystyrolen. Zweiter Teil, A. IV. 5 b.

Phase abhängen. Es sollte also $\eta_{sp}/c$ konstant sein, auch wenn die Micellen zerfallen — aber nur dann, wenn dieselben kugelförmig wären. Die starke Abnahme der $\eta_{sp}/c$-Werte beim Verdünnen einer Seifenlösung beweist, daß die dadurch zerfallenen Micellen langgestreckte Teilchen mit großem Wirkungsbereich gewesen sind. Denn die Viscosität von gleichkonzentrierten Lösungen mit fadenförmigen Teilchen ist je nach der Länge derselben verschieden.

Mit zunehmender Konzentration der Lösung wächst die Tendenz zur Micellbildung; deshalb nehmen die $\eta_{sp}/c$-Werte stark zu. Beim Erwärmen werden die Fadenmicellen weitgehend abgebaut, daher sind die $\eta_{sp}/c$-Werte bei 60° weit geringer als bei 20°. Diese Viscositätsänderungen sind reversibel, da sich beim Abkühlen die Micellen in ihrer ursprünglichen Größe zurückbilden.

Die Rückbildung findet häufig nicht momentan statt, sondern die Micellen vergrößern sich erst beim Stehen der Lösung; die Viscosität nimmt deshalb beim Stehen zu: die Lösung altert. Diese Verhältnisse sind von W. Biltz[1] an Nachtblaulösungen eingehend studiert worden. Die Änderung der $\eta_{sp}/c$-Werte bei verschiedenen Temperaturen und verschiedenen Konzentrationen zeigt folgende Tabelle.

Tabelle 27.

Viscosität von Nachtblaulösungen bei verschiedenen Temperaturen.

| Gehalt der Lösungen % | $\eta_{sp}$ bei 0° | $\eta_{sp}/c$ bei 0° * | $\eta_{sp}$ bei 50° | $\eta_{sp}/c$ bei 50° |
|---|---|---|---|---|
| 0,45 | 0,026 | 0,026 | 0,019 | 0,019 |
| 0,90 | 0,068 | 0,034 | 0,041 | 0,020 |
| 1,35 | 0,132 | 0,044 | 0,071 | 0,024 |
| 1,575 | 0,176 | 0,050 | 0,090 | 0,026 |
| 1,80 | 0,807 | 0,202 | 0,097 | 0,024 |

Gesetzmäßige Zusammenhänge zwischen Viscosität und Teilchengröße ergeben sich, wie aus der Tabelle hervorgeht, bei einem solchen Micellkolloid nicht, da die Viscosität einer Lösung je nach den Bedingungen, unter denen gemessen wird, stark variiert. Die $\eta_{sp}/c$-Werte sind hier auch in verdünnter Lösung nicht konstant. Gleiche Erfahrungen wie an Nachtblaulösungen wurden auch bei Viscositätsmessungen an Seifenlösungen gemacht. Es liegt zahlreiches Versuchsmaterial darüber vor, daß die Viscosität einer Seifenlösung mit der Konzentration und mit der Temperatur sehr stark schwankt[2]. Die Tabelle 28 zeigt das starke Ansteigen der $\eta_{sp}/c$-Werte mit zunehmender Konzentration und abnehmender Temperatur bei Lösungen von Ölsäure in Kalilauge; sie zeigt weiter, daß diese Lösungen, wie schon bekannt ist[3], starke Abweichungen vom Hagen-Poiseuilleschen Gesetz aufweisen.

---

[1] Biltz, W.: Ztschr. f physik. Ch. **73**, 481 (1910).

* Für eine 0,45proz. Lösung ist $c = 1$ gesetzt.

[2] Vgl. z. B. F. Goldschmidt u. L. Weissmann: Ztschr. f. Elektrochemie **18**, 382 (1912) — Chem. Zentralblatt **1912 II**, 293 — Kolloid-Ztschr. **12**, 18 (1913). — Kurzmann, J.: Kolloidchem. Beihefte **5**, 433 (1914). — Arndt, K., u. P. Schiff: Kolloidchem. Beihefte **6**, 201 (1914). — Jajnik, N. A., u. K. S. Malik: Kolloid-Ztschr. **36**. 322 (1925).

[3] Vgl. H. Freundlich u. Mitarbeiter: Kolloid-Ztschr. **36**, 241 (1925) — Ztschr. f. physik. Ch. **104**, 233 (1923); **108**, 153 (1923). — Ostwald, Wo.: Kolloid-Ztschr. **36**, 99, 157 (1925).

Tabelle 28. $\eta_{sp}/c$-Werte von Ölsäure mit dem doppelten Äquivalent Kalilauge versetzt bei 20 und 60°.
(Messungen im UBBELOHDEschen Viscosimeter[1].)

| Grundmolarität der Lösung (1 Gd-Mol. = 14 g) | Gehalt der Lösung % | $\eta_{sp}/c$ bei 20° und einem Gf.[2] von | | | $\eta_{sp}/c$ bei 60° und einem Gf. von | | |
|---|---|---|---|---|---|---|---|
| | | 100 | 500 | 1000 | 100 | 500 | 1000 |
| 2 | 2,8 | 0,09 | 0,09 | 0,09 | 0,07 | 0,07 | 0,07 |
| 3 | 4,2 | 0,86 | 0,75 | 0,62 | 0,14 | 0,14 | 0,15 |
| 4 | 5,6 | 5,9 | — | — | 0,75 | 0,45 | 0,50 |
| 5 | 7,0 | 8,5 | 3,0 | — | 0,62 | 0,64 | 0,62 |

Die außerordentlich starke Temperaturabhängigkeit wird nochmals in folgender Tabelle 29 dargestellt, in der die Viscosität bei verschiedenen Temperaturen auf die Viscosität bei 20° bezogen wird.

Tabelle 29. Temperaturabhängigkeit von Ölsäure mit dem doppelten Äquivalent Kalilauge versetzt.
(Messungen im UBBELOHDEschen Viscosimeter.)

| Grundmolarität der Lösung (1 Gd-Mol.=14 g) | Gehalt der Lösung % | Temperaturabhängigkeit bei dem Gf. 100 | | |
|---|---|---|---|---|
| | | 20° | 40° | 60° |
| 2 | 2,8 | 100 | 78 | 78 |
| 3 | 4,2 | 100 | 42 | 17 |
| 4 | 5,6 | 100 | — | 13 |
| 5 | 7,0 | 100 | 38 | 7,5 |

Das anormale Verhalten der Seifenlösungen, also die Inkonstanz der $\eta_{sp}/c$-Werte, weiter die starken Abweichungen vom HAGEN-POISEUILLEschen Gesetz treten vor allem bei hochviscosen Lösungen hervor. Nur dort sind die langen, sehr empfindlichen Fadenmicellen ausgebildet, die durch Temperaturerhöhung so leicht zerfallen, da die normale Löslichkeit der fettsauren Salze bei höherer Temperatur steigt. Diese Micellen sind in verdünnter Lösung weitgehend aufgeteilt; in dieser sind die Salze normal gelöst; deshalb sind hier die $\eta_{sp}/c$-Werte niedrig, und die Temperaturabhängigkeit ist gering. Sie beträgt ca. 20% wie bei Molekülkolloiden (vgl. Tabelle 28 u. 29).

Weitere Viscositätsmessungen wurden an Lösungen von Ölsäure in 1 n-Kalilauge gemacht. Eine solche Lösung enthält einen sehr großen Überschuß von Kalilauge, da eine molare Lösung von Ölsäure etwa 20 gd-mol. ist. Auch hier sieht man wieder die Inkonstanz der $\eta_{sp}/c$-Werte bei verschiedenen Temperaturen und Konzentrationen.

Tabelle 30. $\eta_{sp}/c$ von Ölsäure in 1n-Kalilauge gelöst bei 25 und 55°.
(Messungen im UBBELOHDEschen Viscosimeter[1].)

| Grundmolarität der Lösung (1 Gd-Mol.=14 g) | Gehalt der Lösung % | $\eta_{sp}/c$ bei 25° und einem Gf. von | | | $\eta_{sp}/c$ bei 55° und einem Gf. von | | |
|---|---|---|---|---|---|---|---|
| | | 100 | 500 | 1000 | 100 | 500 | 1000 |
| 0,1 | 0,14 | — | — | 2,9 | — | — | 2,5 |
| 0,25 | 0,35 | 10 | 6 | 4,8 | — | 5,6 | 4 |
| 0,5 | 0,7 | 15 | 8 | 6,6 | 10 | 5,6 | 4,4 |
| 1,0 | 1,4 | 30 | — | — | 19 | 8 | — |

[1] Messungen von E. OCHIAI.     [2] Gf. = mittleres Geschwindigkeitsgefälle.

Durch einen großen Überschuß von Kalilauge wird die normale Löslichkeit der fettsauren Salze stark herabgesetzt und die Micellbildung begünstigt. Deshalb ist die Viscosität der stark alkalischen Seifenlösung bei gleicher Konzentration weit höher als die der schwach alkalischen. Bei Gegenwart eines großen Über-schusses von Alkali bleiben die Micellen daher auch bei Temperatursteigerung erhalten; ihre Beständigkeit ist also unter diesen Bedingungen ähnlich derjenigen von Fadenmolekülen. Man ersieht aus diesem Beispiel, wie kompliziert die Unterscheidung von Micellkolloiden und Eukolloiden ist, wenn man sich auf die Kolloidphänomene beschränkt und chemische Gesichtspunkte nicht berücksichtigt.

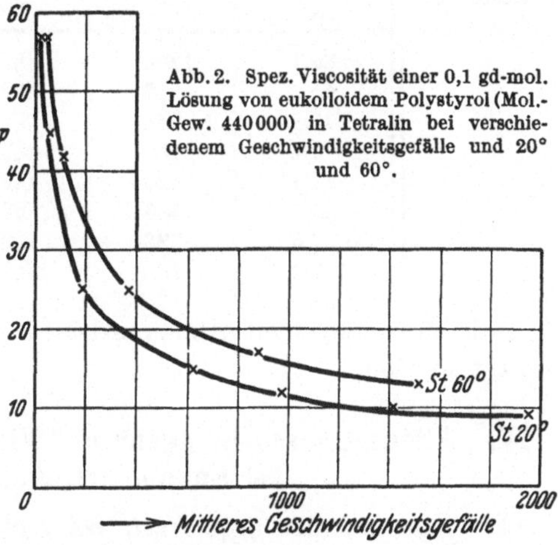

Abb. 2. Spez. Viscosität einer 0,1 gd-mol. Lösung von eukolloidem Polystyrol (Mol.-Gew. 440000) in Tetralin bei verschiedenem Geschwindigkeitsgefälle und 20° und 60°.

Wenn man also den Unterschied eines Micellkolloids und eines Eukolloids feststellen will, so müssen beide Lösungen hochviscos und die des Micellkolloids schwach alkalisch sein. Macht man mit solchen ungefähr äquiviscosen Lösungen von hoher Viscosität einer Seife und eines Polystyrols Viscositätsmessungen bei verschiedenen Temperaturen, so fällt der enorme Unterschied zwischen dem Micellkolloid und dem Molekülkolloid deutlich auf. Die Seifenlösung hat nur bei 20° die hohe Viscosität, und nur bei dieser Temperatur zeigt die Lösung anormale Viscositätserscheinungen. Bei 60° ist die Seifenlösung niederviscos und verhält sich annähernd normal. Die Lösung des eukolloiden Polystyrols zeigt dagegen bei 60° annähernd das gleiche Verhalten wie bei 20°; die Viscosität ändert sich nicht, und die Lösung zeigt die gleichen Abweichungen vom HAGEN-POISEUILLEschen Gesetz. Dies ist ein klarer Beweis für den ganz andersartigen Bau der Kolloidteilchen der Eukolloide und der Micellkolloide (vgl. Abb. 2 u. 3).

Stellt man endlich eine alkoholische Seifenlösung her, so ist diese niederviscos und gehorcht dem

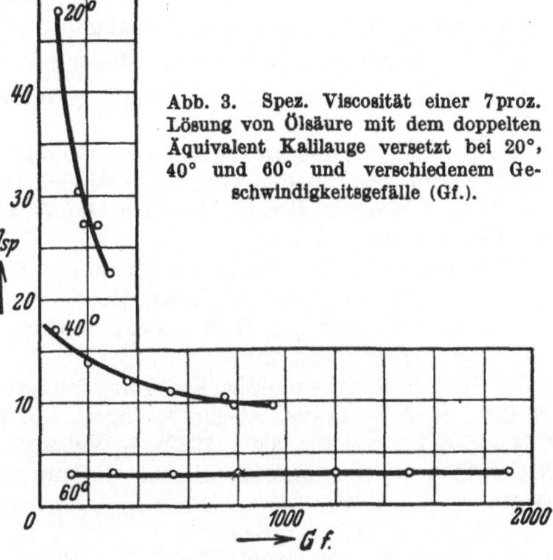


Abb. 3. Spez. Viscosität einer 7 proz. Lösung von Ölsäure mit dem doppelten Äquivalent Kalilauge versetzt bei 20°, 40° und 60° und verschiedenem Geschwindigkeitsgefälle (Gf.).

HAGEN-POISEUILLEschen Gesetz. Eine 7 proz. Seifenlösung in Alkohol hat bei 20° einen $\eta_{sp}/c$-Wert von 0,048, während die wässerige 7 proz. Seifenlösung einen $\eta_{sp}/c$-Wert von 8,5 besitzt ($c$ ist die Konzentration einer Lösung in Grundmolaritäten). Die Temperaturabhängigkeit ersterer Lösung ist gering, ähnlich

Tabelle 31[1]. 7proz. Ölsäure (5 gd-molar) in alkoholischer Lösung mit dem doppelten Äquivalent Kalilauge versetzt.
(Messungen im UBBELOHDESchen Viscosimeter.)

| Temperatur | Druck in cm Hg | Gf. | $\eta_{sp}$ |
|---|---|---|---|
| 20° | 80,1 | 1265 | 0,24 |
| | 45 | 715 | 0,24 |
| | 15,8 | 249 | 0,24 |
| | 9,4 | 150 | 0,24 |
| 60° | 47,4 | 2120 | 0,21 |
| | 33,5 | 1485 | 0,21 |
| | 7,6 | 338 | 0,21 |
| | 4,2 | 188 | 0,21 |

wie die einer Lösung eines Molekülkolloids. In dieser Lösung ist also das fettsaure Salz nicht micellar, sondern molekular gelöst[2].

Bei den Molekülkolloiden ist es dagegen nicht möglich, durch Variation des Lösungsmittels niedermolekulare Lösungen herzustellen[3]; infolge der Größe ihrer Moleküle können sie sich nicht anders als kolloid lösen, es sei denn, daß die Moleküle einen Abbau erleiden und in niedermolekulare Bruchstücke zerlegt werden.

## IV. „Alterungserscheinungen" und Viscositätsänderungen durch Zusätze bei Eukolloiden und Micellkolloiden.

Die Konstanz der $\eta_{sp}/c$-Werte bei verschiedenen Konzentrationen und Temperaturen kann man bei Eukolloiden nur beobachten, wenn die Moleküle des gelösten hochmolekularen Stoffes beständig sind. Dies ist beim Polystyrol der Fall, da dieser Kohlenwasserstoff ein Paraffinderivat ist. Darum sind die Viscositätsmessungen an Polystyrolen von so grundlegender Bedeutung für die Konstitutionsaufklärung der Eukolloide und für die Erkenntnis, daß deren Kolloidteilchen Moleküle sind[4].

Ganz andere Verhältnisse liegen vor, wenn man Lösungen von Kautschuk[5] oder Balata[6] in organischen Lösungsmitteln untersucht, oder solche von Cellulose in SCHWEIZERS Reagens[7]. Diese Lösungen sind sehr empfindlich und verändern sich beim Stehen. Sie altern geradeso wie Lösungen eines Micellkolloids[8].

[1] Über Viscositätsmessungen an alkoholischen Seifenlösungen vgl. L. L. BIRCUMSHAW: Journ. Chem. Soc. London **123**, 91 (1923). — PRASAD: Journ. Physical Chem. **28**, 636 (1924).

[2] Vgl. F. KRAFFT: Ber. Dtsch. Chem. Ges. **27**, 1747 (1894); **28**, 2566 (1895); **29**, 1328 (1896); **32**, 1584 (1899).

[3] STAUDINGER, H.: Ber. Dtsch. Chem. Ges. **59**, 3038 (1926); vgl. Erster Teil, B. IV.

[4] Vgl. Über das Polystyrol, ein Modell des Kautschuks. Zweiter Teil, A.

[5] STAUDINGER, H., u. H. F. BONDY: Liebigs Ann. **488**, 157 (1931).

[6] Vgl. Dritter Teil, C.

[7] Über die Luftempfindlichkeit von Lösungen der Cellulose in SCHWEIZERS Reagens vgl. E. BERL u. A. G. INNES: Ztschr. f. angew. Ch. **23**, 987 (1910). — JOYNER, R. A.: Journ. Chem. Soc. London **121**, 2395 (1922). — Vgl. auch K. HESS u. Mitarbeiter: Liebigs Ann. **444**, 316 (1925). — STAUDINGER, H., u. O. SCHWEITZER: Ber. Dtsch. Chem. Ges. **63**, 3141 (1930).

[8] Vgl. z. B. W. BILTZ: Ztschr. f. physik. Ch. **73**, 508 (1910) über das Altern von Nachtblaulösungen (s. nebenstehende Tabelle). Über die zeitliche Unbeständigkeit von Emulsoiden vgl. Wo. OSTWALD: Grundriß der Kolloidchemie. 7. Aufl. S. 191. 1923.

Relative Viscosität von Nachtblaulösungen beim Altern.

| Gehalt % | Sofort nach Herstellung | Nach 1 Tag | Nach 6 Tagen |
|---|---|---|---|
| 0,90 | 1,044 | 1,061 | 1,062 |
| 1,35 | 1,074 | 1,110 | 1,105 |
| 2,25 | 1,156 | 1,239 | 1,390 |
| 2,70 | 1,226 | 1,600 | 1,525 |

Ferner wird die Viscosität einer Kautschuklösung beim Erhitzen geringer; aber zwischen dieser Viscositätsänderung und der einer Seifenlösung besteht ein wesentlicher Unterschied. Die Viscositätsabnahme einer Kautschuklösung ist irreversibel[1] und kann deshalb nicht mit einem Zerfall von Micellen oder einer Desaggregierung von komplex gebauten Kolloidteilchen zusammenhängen. Die Viscositätsverminderung einer Seifenlösung beim Erwärmen ist dagegen reversibel, da die durch die Wärme zerstörten Micellen sich wieder zurückbilden können.

Die Unbeständigkeit von Kautschuk- und Balatalösungen rührt daher, daß diese hochmolekularen ungesättigten Kohlenwasserstoffe außerordentlich leicht oxydiert werden, und zwar können schon Spuren von Sauerstoff, wie sie in den gewöhnlichen organischen Lösungsmitteln gelöst sind, die langen Moleküle des Kautschuks und der Balata abbauen und eine erhebliche Viscositätsveränderung hervorrufen. Umgekehrt beobachtet man beim Stehen von Kautschuk- und Balatalösungen unter bestimmten Bedingungen auch Viscositätserhöhungen. In diesem Fall werden die langen Fadenmoleküle untereinander verknüpft, sei es durch Sauerstoffatome, sei es durch Kohlenstoffbindungen[2]. Bevor durch Modellversuche am Polystyrol der Aufbau der Eukolloide geklärt war, konnte diese Unbeständigkeit einer Kautschuklösung für einen micellaren Bau der Kolloidteilchen sprechen. Es konnte aber nachgewiesen werden, daß in der Kautschuklösung Moleküle gelöst sind, denn wenn man alle störenden Einflüsse — vor allem Sauerstoff — ausschließt, verhält sich eine Kautschuklösung wie eine Polystyrollösung.

Es besteht aber eine weitere wesentliche Analogie zwischen Seifenlösungen und Lösungen einer Reihe von heteropolaren Molekülkolloiden. Die Viscosität einer Seifenlösung ist sehr stark abhängig von der Wasserstoffionenkonzentration der Lösung[3]. Bei Zusatz von Alkali zu einer Lösung von Seifen wird die Viscosität[4] verändert, ebenso bei Elektrolytzusatz[5]. Sie wird bei geringem Zusatz zuerst erniedrigt, um bei wachsendem Zusatz wieder anzusteigen. Eine ähnliche Abhängigkeit der Viscosität von der Wasserstoffionenkonzentration und dem Elektrolytzusatz beobachtet man bei heteropolaren Molekülkolloiden, wie bei Lösungen von polyacrylsaurem Natron und bei Eiweißstoffen. Der Unterschied zwischen den Lösungen der Seifen und denen des polyacrylsauren Natrons und des Eiweißes besteht aber darin, daß die ersteren leicht normal gelöst werden können, z. B. in Alkohol, während dies bei den letzteren nicht möglich ist. Die

---

[1] Vgl. H STAUDINGER u. H. F. BONDY: Liebis Ann. **468**, 3 (1929).

[2] Vgl. Dritter Teil, D. III.

[3] Viscositätsänderungen bei Zusatz von Säuren beobachtet man bei einer ganzen Reihe von homöopolaren Molekülkolloiden; z. B. wird die Viscosität einer Kautschuklösung durch Säurezusatz erniedrigt. Man nahm zur Erklärung an, daß durch die Bindung und Absorption z. B. von Chlorwasserstoff und Schwefelchlorür Micellarkräfte der Kautschukmoleküle in Anspruch genommen würden. Vgl. Handbuch der Kautschukwissenschaften, L. HOCK: S. 536. Leipzig 1930. Tatsächlich werden durch diese Reagenzien die langen, sehr empfindlichen Kautschukmoleküle abgebaut, vgl. H. STAUDINGER u. H. JOSEPH: Ber. Dtsch. Chem. Ges. **63**, 2888 (1930).

[4] GOLDSCHMIDT, F., u. L. WEISSMANN: Ztschr. f. Elektrochem. **18**, 382 (1922) — Kolloid-Ztschr. **12**, 18 (1913). — FARROW, F. D.: Journ. Chem. Soc. London **101**, 347 (1912) — Kolloid-Ztschr. **11**, 305 (1912).

[5] LEIMDÖRFER, J.: Seifensieder-Ztg. **37**, 985 (1910).

Konstitution der polyacrylsauren Salze wurde dadurch aufgeklärt, daß eine polymerhomologe Reihe von Verbindungen hergestellt werden konnte. Dadurch konnte gezeigt werden, daß die obenerwähnten Viscositätserscheinungen mit wachsender Länge der polywertigen Ionen immer stärker hervortreten. Es ist also auch hier nicht ein micellarer Bau der Kolloidteilchen an dem besonderen Verhalten schuld, sondern die Länge der Moleküle resp. der Fadenionen[1] und vor allem durch die Schwarmbildung zwischen denselben. Diese wird durch den Elektrolytzusatz gestört, und dadurch wird die Viscosität erniedrigt[2].

Bei den Seifenlösungen liegen die Verhältnisse komplizierter. Auch hier wird die Schwarmbildung zwischen den Fadenmicellen durch den Elektrolytzusatz verhindert, und deshalb erfolgt auch hier zunächst eine Viscositätserniedrigung. Das Ansteigen der Viscosität einer Seifenlösung nach weiterem Zusatz von Laugen beruht, wie gesagt, darauf, daß die normale Löslichkeit der fettsauren Salze herabgesetzt und so die Micellbildung begünstigt wird.

## V. Abweichungen vom HAGEN-POISEUILLEschen Gesetz bei Eukolloiden und Micellkolloiden.

Die Eukolloide sind unter anderem dadurch charakterisiert, daß ihre hochviscosen Lösungen dem HAGEN-POISEUILLEschen Gesetz nicht gehorchen[3]. Es ändert sich also die spez. Viscosität einer Lösung, je nachdem sie in Viscosimetern mit engeren oder weiteren, kürzeren oder längeren Capillaren bestimmt wird. Deshalb erscheinen Rückschlüsse aus der Viscosität der Lösung auf das Molekulargewicht nicht möglich, da die Viscosität je nach den Meßbedingungen verschiedene Werte annehmen kann. Darauf beruhen auch zum Teil die Zweifel mancher Forscher, ob man aus Viscositätsmessungen das Molekulargewicht der hochmolekularen Naturprodukte, des Kautschuks und der Cellulose ermitteln kann, da diese solche eukolloide Lösungen liefern. Deshalb soll hier besprochen werden, inwieweit diese anormalen Viscositätserscheinungen die Gültigkeit des Viscositätsgesetzes $\frac{\eta_{sp}}{c} = K_m \cdot M$ bei den Eukolloiden beeinflussen.

1. Die anormalen Strömungsverhältnisse hängen nicht mit der hohen Viscosität der Lösung zusammen; denn Lösungen von Hemikolloiden, die die gleiche spez. Viscosität haben wie solche von Eukolloiden, zeigen normale Strömungsverhältnisse. Allerdings sind solche Lösungen von Hemikolloiden weit konzentrierter als

Tabelle 32. Vergleich der spezifischen Viscositäten von äquiviscosen Lösungen von hemikolloidem und eukolloidem Polystyrol bei verschiedenen Drucken (in cm Hg). (Messungen im UBBELOHDEschen Viscosimeter.)

| $\eta_{sp}$ einer 30 proz. Lösung von hemikolloidem Polystyrol in Tetralin | | | | $\eta_{sp}$ einer 2 proz. Lösung von eukolloidem Polystyrol in Tetralin | | | |
| Temperatur | $p=10$ cm | $p=30$ cm | $p=60$ cm | Temperatur | $p=10$ cm | $p=30$ cm | $p=60$ cm |
| --- | --- | --- | --- | --- | --- | --- | --- |
| 20° | 25,2 | 24,7 | 24,2 | 20° | 25,4 | 16,4 | 11,1 |
| 40° | 15,8 | 15,5 | 15,5 | 40° | 23,2 | 14,9 | 10,7 |
| 60° | 10,9 | 10,6 | 10,5 | 60° | 21,6 | 13,6 | 9,6 |

---

[1] Über den Bau der Kolloidteilchen der Eiweißstoffe lassen sich keine Aussagen machen, bevor nicht polymerhomologe Reihen untersucht sind. Vgl. G. BOEHM u. R. SIGNER: Helv. chim. Acta **14**, 1370 (1931).

[2] Vgl. Zweiter Teil, D. I. 3.  [3] HESS, W. R.: Kolloid-Ztschr. **27**, 154 (1920).

die äquiviscosen der Eukolloide. Zum Vergleich seien die spez. Viscositäten einer ca. 30proz. Lösung von hemikolloidem Polystyrol (Durchschnittsmolekulargewicht 3000) und einer ca. 2 proz. Lösung von hochmolekularem Polystyrol (Durchschnittsmolekulargewicht 200 000) angeführt; die Lösungen sind ungefähr äquiviscos[1] (Tabelle 32).

2. Die anormalen Strömungsverhältnisse werden bei Lösungen[2] zahlreicher hochmolekularer Verbindungen wie auch bei solchen von Micellkolloiden beobachtet. Wo. OSTWALD bezeichnet sie als Strukturviscosität[3], während H. FREUNDLICH diese Erscheinungen auf Fließelastizität zurückführt und die Annahme macht, daß durch die ganze Lösung ein gewisser Zusammenhang der Teilchen besteht[4]. Die weitere Untersuchung zeigt, daß diese anormalen Viscositätserscheinungen je nach dem Bau der Kolloidteilchen verschiedenartig gedeutet werden müssen. Relativ einfach ist die Erklärung bei homöopolaren Molekülkolloiden. Die niedermolekularen Verbindungen, die Hemikolloide, gehorchen dem HAGEN-POISEUILLEschen Gesetz. Nach der Untersuchung von R. SIGNER[5] stellen sich deren relativ kurze Fadenmoleküle bei der Strömung in 45°-Richtung ein. Ob das mittlere Geschwindigkeitsgefälle größer oder kleiner ist, also ob mehr oder weniger Teilchen orientiert sind, hat auf die Viscosität der Lösung keinen Einfluß; denn die nichtorientierten Teilchen, die längs und quer zur Strömungsrichtung gelagert sind, verhalten sich in ihrer Gesamtheit so, als ob sie die 45°-Stellung einnehmen würden. Darum tritt bei Lösungen solcher Stoffe keine Abweichung vom HAGEN-POISEUILLEschen Gesetz ein; die Viscosität bleibt gleich, ob die Flüssigkeit rascher oder langsamer strömt.

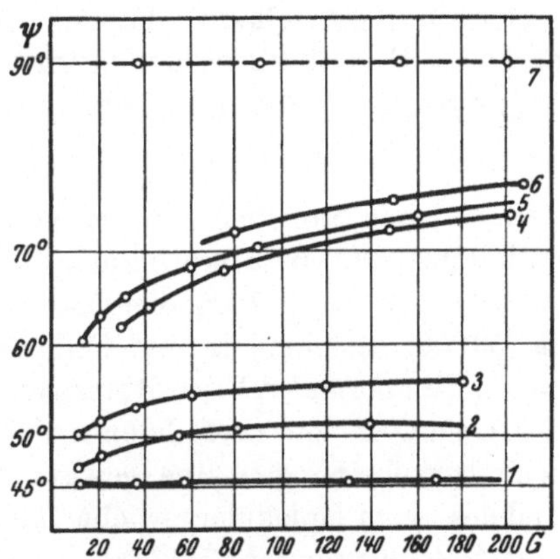

Abb. 4. Abhängigkeit des Einstellwinkels von Fadenmolekeln von der mechanischen Beanspruchung und der Fadenlänge, Abhängigkeit von der Fadenlänge allein von einem bestimmten Gefälle ab.

1. Polyäthylenoxyd, Mol.·Gew.   3500
2. Polystyrol,          „    „    35000
3. Polystyrol,          „    „    90000
4./5. Polystyrol, Mol.-Gew. 200000 in zwei Konzentrationen
6. Polystyrol, Mol.-Gew. 440000
7. Ovoglobulin und höchstpolymeres Polystyrol

Dagegen stellen sich nach den Untersuchungen von R. SIGNER die sehr langen Moleküle der Eukolloide nicht in der 45°-Stellung ein, sondern sie werden stärker in der Strömungsrichtung abgelenkt. Der Einstellwinkel ist 70° und mehr, je nach der Länge der Teilchen und der Größe des mittleren Geschwindigkeitsgefälles, wie aus obiger Abbildung hervorgeht[6].

[1] STAUDINGER, H., u. W. HEUER: Ber. Dtsch. Chem. Ges. **62**, 2933 (1929).

[2] STAUDINGER, H., u. H. MACHEMER: Ber. Dtsch. Chem. Ges. **62**, 2921 (1929).

[3] OSTWALD, Wo.: Kolloid-Ztschr. **36**, 99 (1925); **47**, 176 (1929) — Ztschr. f. physik. Ch. **111**, 62 (1924).

[4] FREUNDLICH, H., H. NEUKIRCHER u. H. ZOCHER: Kolloid-Ztschr. **38**, 46 (1926).

[5] SIGNER, R.: Über die Strömungsdoppelbrechung von Molekülkolloiden. Ztschr. f. physik. Ch. (A) **150**, 257 (1930).

[6] BOEHM, G., u. R. SIGNER: Helv. chim. Acta **14**, 1375 (1931).

Bei langsamer Strömung werden weniger Teilchen orientiert als bei rascher. Da die unorientierten Teilchen die Viscosität der Lösung stärker erhöhen als die orientierten Teilchen, so nimmt mit zunehmender Strömung die Viscosität der Lösung ab; sie wird immer geringer, je größer das Geschwindigkeitsgefälle ist, je mehr Teilchen also orientiert sind. Die anormalen Viscositätserscheinungen stehen also mit der Orientierung sehr langer Teilchen beim Strömen im Zusammenhang; sie werden als *makromolekulare Viscositätserscheinungen* bezeichnet; denn sie werden von den Makromolekülen in der Lösung hervorgerufen und hängen ganz wesentlich von der Länge derselben ab; die Beobachtungen zeigen bei allen homöopolaren Molekülkolloiden, daß Stoffe, die Moleküle mit 3000 und mehr Kettengliedern haben, deren Kettenlänge also über 3700 Å beträgt, anormale Viscositätserscheinungen aufweisen. Solche wurden bei Polyprenen[1], Polystyrolen[2], Polyisopropenylketonen[3] beobachtet[4].

Das Viscositätsgesetz $\frac{\eta_{sp}}{c} = K_m \cdot M$ kann also ohne Bedenken benutzt werden, um das Molekulargewicht von Teilchen erheblicher Kettenlänge aus Viscositätsmessungen zu bestimmen; denn beim Polystyrol bis zu einem Molekulargewicht von ca. 150000, bei Kautschuk und Balata bis zu einem solchen von ca. 50000, bei Cellulose und Celluloseacetaten bis ungefähr zu derselben Größe treten die anormalen Viscositätserscheinungen in verdünnter Lösung kaum hervor. Bei Lösungen von noch höhermolekularen Stoffen bringen die anormalen Viscositätserscheinungen eine gewisse Unsicherheit in die Berechnung, z. B. bei Cellulose vom Molekulargewicht 75000, bei den höchstmolekularen Kautschuken vom Molekulargewicht 120000—150000 und hauptsächlich beim Polystyrol von einem Molekulargewicht 500000—600000. Diese Unsicherheit fällt aber bei der Größe der Moleküle nicht stark ins Gewicht; denn in sehr niederviscosen Sollösungen sind die Abweichungen vom HAGEN-POISEUILLEschen Gesetz gering und betragen ca. 10—20%[5]. Um bei verschiedenen Vertretern einer polymerhomologen Reihe unter sich vergleichbare $\eta_{sp}/c$-Werte und so vergleichbare Molekulargewichte zu erhalten, rechnet man die Messungen auf gleiches mittleres Geschwindigkeitsgefälle[6] um; dabei ergeben sich die zuverlässigsten Molekulargewichte, wenn man die spez. Viscosität bei möglichst geringem Geschwindigkeitsgefälle bestimmt, weil das Verhalten einer langsam strömenden Lösung eines Eukolloids am meisten dem Verhalten einer strömenden Lösung von Hemikolloiden entspricht[7]. Wenn man dagegen bei einem zu hohen Geschwindigkeitsgefälle die spez. Viscosität mißt und daraus das Molekular-

---

[1] STAUDINGER, H., u. H. F. BONDY: Liebigs Ann. **488**, 127 (1931).

[2] Vgl. Zweiter Teil, A. IV. 3.

[3] Unveröffentlichte Versuche von B. RITZENTHALER.

[4] Auch bei Cellulose und Cellulosederivaten treten die anormalen Viscositätserscheinungen erst bei Stoffen mit hohem Molekulargewicht auf; doch ist hier die Kettenlänge der Moleküle, die diese hervorrufen, noch nicht genau bestimmt.

[5] Ausgenommen sind die höchstmolekularen Produkte, wie das Polystyrol vom Molekulargewicht 600000 und die Nitrocellulosen, bei denen die Abweichungen vom HAGEN-POISEUILLEschen Gesetz auch in verdünnter Lösung sehr beträchtlich sind, vgl. Vierter Teil, D. VII. 1.

[6] Das Gefälle wurde dabei nach der Formel von H. KROEPELIN: Ber. Dtsch. Chem. Ges. **62**, 3056 (1929) berechnet.

[7] Vgl. Zweiter Teil, A. IV. 3.

gewicht berechnet, so sind die sich so ergebenden Werte voraussichtlich zu klein[1].

Diesen anormalen Viscositätserscheinungen legte man früher viel zu große Bedeutung bei, weil man sie in der Regel an hochviscosen Lösungen studierte. An solchen Lösungen treten sie sehr stark in Erscheinung; die Viscosität kann bei verschiedenem Geschwindigkeitsgefälle sehr stark differierende Werte annehmen (vgl. Abb. 2, S. 89). Solche hochviscosen Lösungen sind Gellösungen; in diesen behindern sich die langen Fadenmoleküle gegenseitig; bei zunehmender Strömung werden aber diese Störungen durch die Orientierung der Moleküle verringert. Jedoch sind Viscositätsmessungen an solchen hochviscosen Lösungen für die Berechnung des Molekulargewichts nicht brauchbar.

3. Viel kompliziertere Verhältnisse, *polyionische Viscositätserscheinungen*[2], treten bei heteropolaren Molekülkolloiden auf. Durch die Schwarmbildung, d. h. durch interionische Bindung, kann eine Festlegung der Fadenionen erfolgen; dadurch zeigen solche Lösungen Abweichungen vom HAGEN-POISEUILLEschen Gesetz; denn bei rascher Strömung wird diese Schwarmbildung stärker gestört als bei langsamer Strömung. Da die interionischen Kräfte von einem Fadenion auf das nächste usf. wirken, so kann man annehmen, daß bei genügender Länge der Polyionen sämtliche Fadenmoleküle durch interionische Kräfte untereinander festgelegt sind. Hier sind also die Vorstellungen von H. FREUNDLICH[3] über die Ursachen der anormalen Viscositätserscheinungen zutreffend: er nahm an, daß durch die ganze Lösung ein Zusammenhang der Teilchen bestehe.

Durch Elektrolytzusatz wird die Schwarmbildung gestört und endlich aufgehoben. Damit verschwinden die anormalen Viscositätserscheinungen, soweit sie auf der durch interionische Kräfte bewirkten Schwarmbildung beruhen und nicht durch die Länge der eukolloiden Fadenmoleküle bedingt sind. Das Verhalten der heteropolaren Molekülkolloide ist also ein ganz anderes als das der homöopolaren, wo Zusätze die anormalen Viscositätserscheinungen nicht beeinflussen, sofern die Moleküle nicht gespalten werden.

Verdünnte Lösungen von polyacrylsaurem Natron vom Polymerisationsgrad 190 in Wasser zeigen außerordentlich starke Abweichungen vom HAGEN-POISEUILLEschen Gesetz, die die der höchstmolekularen homöopolaren Molekülkolloide in äquiviscosen Lösungen weit übertreffen. Wenn durch Zusatz von Lauge oder Elektrolyten die Schwarmbildung gestört ist und die Fadenionen voneinander isoliert sind, dann zeigen solche Lösungen normales Verhalten wie die eines homöopolaren Molekülkolloids, da die Fadenmoleküle dieses

---

[1] Man könnte daran denken, alle Viscositätsmessungen bei so hohem Geschwindigkeitsgefälle auszuführen, daß sämtliche Teilchen orientiert sind, um die so sich ergebenden Werte zu vergleichen; vgl. dazu W. R. HESS: Kolloid-Ztschr. **27**, 154 (1920). — ROTHLIN: Biochem. Ztschr. **98**, 34 (1919). Aber gerade in diesem Zustand ließe sich die Viscosität eines Eukolloids nicht mit der eines Hemikolloids vergleichen, da die Teilchen der Eukolloide einen anderen Einstellwinkel zur Strömungsrichtung haben als die der Hemikolloide; vgl. R. SIGNER: l. c.; die $K_m$-Konstante, die bei den Hemikolloiden ermittelt ist, ließe sich nicht zur Berechnung des Molekulargewichts der eukolloiden Verbindungen benutzen, denn die sich so ergebenden Molekulargewichte wären zu niedrig.

[2] Vgl. Zweiter Teil, D. IV. 4.

[3] FREUNDLICH, H., u. Mitarbeiter: Kolloid-Ztschr. **38**, 46 (1926). Vgl. dazu G. BOEHM u. R. SIGNER: Helv. chim. Acta **14**, 1373 (1931).

Produktes relativ kurz sind. Das polyacrylsaure Natron verhält sich also in neutraler Lösung wie ein Eukolloid, in stark alkalischer Lösung oder nach Elektrolytzusatz wie ein Hemikolloid; der eukolloide Charakter hängt also hier von der Elektrolytkonzentration ab.

Nahe Beziehungen bestehen in bezug auf die anormale Viscosität zwischen dem polyacrylsauren Natron und dem Eiweiß, weiter den Seifen; denn bei allen diesen Stoffgruppen liegen in wässeriger Lösung polywertige Fadenionen vor. Bei dem polyacrylsauren Natron handelt es sich um ein polywertiges Fadenion eines Molekülkolloids, bei den Seifen um ein polywertiges Fadenion eines Micellkolloids[1]. Bei den fadenförmigen Seifenmicellen kann ebenfalls eine Schwarmbildung erfolgen; deshalb treten auch hier starke Abweichungen vom HAGEN-POISEUILLEschen Gesetz auf, die durch Elektrolytzusätze beeinflußt werden. Doch hier liegen die Verhältnisse noch weit komplizierter als beim polyacrylsauren Natron; denn durch den Elektrolytzusatz wird hier nicht nur die Schwarmbildung gestört, sondern es verändert sich dadurch, wie gesagt, auch die Micellgröße, und zwar wird das Wachstum der Micelle begünstigt, da die normale Löslichkeit der Fettsäuren durch den Elektrolytzusatz herabgesetzt wird. Diese Micellvergrößerung hat eine Viscositätserhöhung zur Folge. So können bei Seifen umgekehrt wie beim polyacrylsauren Natron die Abweichungen vom HAGEN-POISEUILLEschen Gesetz durch Zusätze von viel Alkalilauge größer werden.

## VI. Konstitutionsaufkläruug der Eukolloide durch chemische Untersuchungen.

Das Vorliegen von Molekülen in Lösungen von Eukolloiden sollte wie bei den Hemikolloiden durch chemische Untersuchungen festgestellt werden können. Dies ist bei besonders günstigen Objekten möglich.

In einer Reihe von Fällen konnte bei Hemikolloiden das Molekulargewicht durch Bestimmung der charakteristischen Endgruppen der Moleküle festgestellt und dadurch die Konstitutionsaufklärung durchgeführt werden. Diese Methode ist bei Eukolloiden nicht brauchbar; denn bei sehr hochmolekularen Produkten ist das Gewicht der Endgruppe im Vergleich zu dem des Gesamtmoleküls so gering, daß eine genaue analytische Bestimmung der Endgruppe nicht möglich ist. Hat z. B. die Endgruppe das Gewicht ca. 100, so macht das bei einem Molekulargewicht von 10000 nur 1% desselben aus; bei einem Molekulargewicht von 100000, wie es die höchstmolekularen Stoffe besitzen, betragen die charakteristischen Endgruppen nur 0,1% des Moleküls. Sie sind also in so geringer Menge vorhanden, daß man meistens nicht entscheiden kann, ob der analytisch nachgewiesene Anteil an Fremdgruppen im hochpolymeren Stoff wirklich die Endgruppe des Moleküls darstellt oder ob die Fremdgruppen eine zufällige Verunreinigung sind; denn die hochmolekularen Substanzen absorbieren sehr stark, und Verunreinigungen sind deshalb sehr schwer zu entfernen.

Fadenförmige Teilchen, deren Größe man nach irgendeiner Methode bestimmt hat, stellen Moleküle dar, wenn sich bei chemischen Umsetzungen die Länge derselben, also die Zahl der Kettenatome, nicht ändert; dabei wird das Teilchen-

---

[1] Der Bau der Eiweißteilchen ist ganz verschieden, vgl. G. BOEHM u. R. SIGNER: Helv. chim. Acta **14**, 1370 (1931).

gewicht entsprechend der chemischen Reaktion zu- oder abnehmen. Da nach den Viscositätsgesetzen Lösungen von Fadenmolekülen gleicher Länge unabhängig von deren Bau in gleicher Konzentration gleiche Viscosität haben, so kann man durch Viscositätsmessungen entscheiden, ob bei chemischen Umsetzungen Änderungen der Teilchengröße eintreten oder nicht; in letzterem Fall stellen die gelösten Kolloidteilchen Moleküle dar; denn bei einem micellaren Bau der Kolloidteilchen müßte nach chemischen Umsetzungen an den Micellbausteinen die Größe der Micelle und damit die Viscosität der Lösung sich ändern.

Dieses Vorgehen begegnet aber der Schwierigkeit, daß die Moleküle mit zunehmender Länge reaktionsträger werden. Umsetzungen, die sich bei niedermolekularen Körpern leicht vollziehen, treten bei analog gebauten hochmolekularen nur sehr schwer ein. Polyacrylester sind z. B. nur schwer verseifbar und Polyacrylsäuren nur schwer zu verestern[1]. Weiter werden die Fadenmoleküle bei zunehmender Länge immer zerbrechlicher. Will man also chemische Reaktionen an Fadenmolekülen vornehmen, so kann ein Abbau eintreten. So lassen sich z. B. im eukolloiden Polystyrol die Wasserstoffatome wohl durch Brom substituieren, aber es erfolgt bei der Einwirkung von Brom gleichzeitig ein Abbau unter Spaltung in kleinere Moleküle. Die Lösungen solcher Abbauprodukte sind natürlich weniger viscos als die des Ausgangsmaterials[2].

Trotz dieser Schwierigkeiten ergab sich aber bei der Balata und ebenfalls bei der Cellulose durch chemische Umsetzungen, daß in deren Lösungen Moleküle vorhanden sind. Es wurde Balata vom Molekulargewicht 50000, deren Moleküle 750 Grundmoleküle zu einer langen Kette gebunden enthalten, und weiter eine abgebaute Balata vom Molekulargewicht 7500, die noch 110 Grundmoleküle in der Kette besitzt, zu Hydrobalata reduziert. Diese beiden Reduktionsprodukte besitzen in gleichkonzentrierten Lösungen die gleiche spez. Viscosität wie die unreduzierten Kohlenwasserstoffe. Allerdings gelingt dieser Versuch nur dann, wenn Luftsauerstoff, welcher Balata abbaut, sorgfältig ausgeschlossen wird[3]. Bei einem micellaren Bau der Kolloidteilchen in einer Balatalösung müßte die Größe dieser

Tabelle 33. Vergleich der Viscositäten und Molekulargewichte von Balata und Hydrobalata.

| | $\eta_{sp\,(1,4\%)}$ | $M = \dfrac{\eta_{sp\,(1,4\%)}}{K_{1,4\%}}$ * |
|---|---|---|
| Hemikolloide Balata . . . . . . . . . . . . . | 0,52 | 8 400 |
| Hemikolloide Hydrobalata . . . . . . . . . | 0,45 | 7 500 |
| Eukolloide Balata . . . . . . . . . . . . . . | 3,08 | 50 000 |
| Eukolloide Hydrobalata . . . . . . . . . . | 3,06 | 51 000 |

[1] Für Reaktionen an Hochpolymeren ist die Stellung der reaktionsfähigen Gruppe von Bedeutung. Polyacrylester werden nur schwer verseift, leicht dagegen Celluloseacetate und Polyvinylacetate; die Estergruppe ist also reaktionsträger, wenn die Carbonylgruppe in der Kette substituiert ist, reaktionsfähig dagegen, wenn sie der Seitengruppe angehört. Vgl. H. STAUDINGER u. E. URECH: Helv. chim. Acta 12, 1107 (1929). Auch die Halogenatome im Polyvinylbromid und in den Kautschukhalogeniden sind reaktionsträg, vgl. H. STAUDINGER, M. BRUNNER, W. FEISST: Helv. chim. Acta 13, 805 (1930).

[2] STAUDINGER, H., K. FREY, P. GARBSCH u. S. WEHRLI: Ber. Dtsch. Chem. Ges. 62, 2912 (1929); vgl. ferner Zweiter Teil, A. V. 5.

[3] Vgl. Dritter Teil, C. IV. 2.

* $K_{1,4\%}$ vgl. Erster Teil, D. IX. S. 76.

Micellen nach der Reduktion stark abnehmen, da die nebenvalenzbildenden Kräfte eines ungesättigten Moleküls, die evtl. zu einer Micellbildung Anlaß geben könnten, größer sind als die eines gesättigten. Durch diese Überführung von Balata in Hydrobalata ohne Veränderung der Kettenlänge ist die Existenz von außerordentlich langen Molekülen mit ca. 3000 Kettenatomen und einer Kettenlänge von 3400 Å chemisch erwiesen (Tabelle 33).

Es sollte einfach sein, nach demselben Verfahren wie bei der Balata auch beim Kautschuk nachzuweisen, daß die Kolloidteilchen in seinen Lösungen mit den Molekülen identisch sind. Man müßte also durch Reduktion des Kautschuks einen Hydrokautschuk gewinnen, der den gleichen $\eta_{sp}/c$-Wert wie das Ausgangsmaterial besitzt. Aber infolge der Unbeständigkeit der Kautschukmoleküle ist dieser Versuch noch nicht gelungen. Der bis jetzt gewonnene Hydrokautschuk hat ein wesentlich niedrigeres Molekulargewicht als der Kautschuk selbst; die Durchführung dieses Versuches stößt bei der Empfindlichkeit der Kautschukmoleküle auf große Schwierigkeiten.

Durch Viscositätsuntersuchungen kann man ebenfalls nachweisen, daß die Kettenlänge von Polytriacetylcelloglucan-diacetaten bei der Verseifung zu Polycelloglucan-dihydraten die gleiche bleibt. Damit ist auch für die abgebaute Cellulose chemisch nachgewiesen, daß die Teilchen in Lösung die Moleküle selbst sind. Die früheren Anschauungen eines micellaren Baues dieser Kolloidteilchen sind durch folgenden Versuch widerlegt.

Die $K_m$-Konstante von Cellulose in SCHWEIZERS Reagens ist ungefähr gleich groß wie die von Triacetylcellulose in m-Kresol. Eine Cellulose vom Molekulargewicht 10000 hat also in grundmolarer Lösung ungefähr die gleiche Viscosität wie eine grundmolare Lösung von Triacetylcellulose vom gleichen Molekulargewicht

$$\left.\begin{array}{l} \text{Triacetylcellulose} \quad \eta_{sp}\,(28{,}8\%) = 11 \\ \text{Cellulose} \ \ldots \ldots \quad \eta_{sp}\,(16{,}2\%) = 10 \end{array}\right\} \text{bei Mol.-Gew. } 10000.$$

Die Kettenlänge dieser beiden Produkte von gleichem Molekulargewicht ist verschieden, und zwar ist sie umgekehrt proportional dem Grundmolekulargewicht. Die Viscosität von gleichkonzentrierten Lösungen (1,4%) dieser Produkte ist danach verschieden und ist umgekehrt proportional den Grundmolekulargewichten.

$$\left.\begin{array}{l} \text{Triacetylcellulose} \quad \eta_{sp}\,(1{,}4\%) = \dfrac{11\cdot 14}{288} \\[2mm] \text{Cellulose} \ \ldots \ldots \quad \eta_{sp}\,(1{,}4\%) = \dfrac{10\cdot 14}{162} \end{array}\right\} \text{bei Mol.-Gew. } 10000.$$

Berechnet man daraus die spez. Viscosität von Produkten gleicher Kettenlänge, z. B. vom Polymerisationsgrad 100, so ist diese wieder annähernd gleich, da die Viscositäten von Produkten gleichen Polymerisationsgrades (also verschiedenen Molekulargewichts) zu den Viscositäten von Produkten gleichen Molekulargewichts, aber verschiedenen Polymerisationsgrades im Verhältnis der Grundmolekulargewichte stehen.

$$\left.\begin{array}{l} \text{Triacetylcellulose} \quad \eta_{sp}\,(1{,}4\%) = \dfrac{11\cdot 14}{288}\cdot 2{,}88 = 1{,}5 \\[2mm] \text{Cellulose} \ \ldots \ldots \quad \eta_{sp}\,(1{,}4\%) = \dfrac{10\cdot 14}{162}\cdot 1{,}62 = 1{,}4 \end{array}\right\} \begin{array}{l}\text{bei gleicher Kettenlänge}\\ \text{(Polymerisations-}\\ \text{grad 100).}\end{array}$$

Gefunden wurden folgende Werte:

Tabelle 34. Vergleich der spezifischen Viscosität von Polytriacetylcelloglucan-diacetaten (Triacetylcellulosen) und Polycelloglucan-dihydraten (abgebaute Cellulose).

| Poly-merisationsgrad | $\eta_{sp}$ der Acetate in 1,4 proz. $m$-Kresollösung bei 20° | $\eta_{sp}$ der Cellulose in 1,4 % Schweizer-Lösung bei 20° | Daraus berechnet $\eta_{sp}(1,4\%)$ für Polymerisationsgrad 100 | |
| --- | --- | --- | --- | --- |
| | | | Celluloseacetate | Cellulosen |
| 178 | 2,7 | 2,1 | 1,52 | 1,18 |
| 138 | 2,1 | 1,6 | 1,52 | 1,16 |
| 127 | 2,0 | 1,7 | 1,57 | 1,34 |
| 105 | 1,6 | 1,4 | 1,52 | 1,33 |
| 87 | 1,3 | 1,1 | 1,49 | 1,26 |
| 76 | 1,2 | 1,1 | 1,58 | 1,45 |
| 47 | 0,73 | 0,86 | 1,55 | 1,83 |
| 29 | 0,45 | 0,43 | 1,55 | 1,48 |

Die Viscosität einer Cellulose ist also in einer 1,4 proz. Lösung ungefähr dieselbe wie die der Triacetylcellulose gleicher Kettenlänge, und sie stimmt auch ungefähr mit den berechneten Werten überein. Es ist also durch diese Untersuchung der Bau der Kolloidteilchen der Celluloseacetate und der Cellulose entschieden: es ist nachgewiesen, daß sie Moleküle darstellen, da sich die Kettenlänge der Teilchen beim Verseifen nicht ändert. Denn die micellbildenden Kräfte eines Celluloseesters müßten ganz andere sein als die der freien Cellulose. Wenn daher die Celluloseteilchen micellaren Bau besäßen, dann hätte sich beim Verseifen des Esters die Teilchengröße ändern müssen. Dadurch ist außerdem das Molekulargewicht dieser abgebauten Cellulose mit Sicherheit bestimmt. Da die nicht abgebaute Cellulose sich in Schweizer-Lösung ganz gleich verhält wie die abgebaute, so ist für sie derselbe Bau der Teilchen anzunehmen. In einer Lösung von Cellulose in SCHWEIZERS Reagens sind also Fadenmoleküle, die bis zu 750 Grundmoleküle in der Kette gebunden enthalten, vorhanden.

## VII. Bestimmung des Molekulargewichts der Eukolloide.
### (Kautschuk und Cellulose.)

Durch Herstellung von polymerhomologen Reihen und durch vergleichende Viscositätsuntersuchungen der Eukolloide und der Hemikolloide, endlich durch chemische Umsetzungen an Makromolekülen ist nachgewiesen, daß die Kolloidteilchen in Lösungen der Eukolloide Fadenmoleküle sind. Die weitere Aufgabe ist, das Molekulargewicht der hochmolekularen Produkte, also die Länge der Fadenmoleküle zu bestimmen.

Es wurden früher zur Bestimmung der Teilchengewichte in Lösungen von Kautschuk und Cellulosederivaten vielfach die osmotischen Methoden benutzt[1]; es wurde auch durch Diffusionsmessungen die Größe der Teilchen zu

---

[1] CASPARI, W. A.: Journ. Chem. Soc. London 105, 2139 (1914). — OSTWALD, Wo.: Kolloid-Ztschr. 49, 60 (1929). — KROEPELIN, H., u. W. BRUMSHAGEN: Ber. Dtsch. Chem. Ges. 61, 2441 (1929) — Kolloid-Ztschr. 47, 294 (1929). — DUCLAUX, J., u. E. WOLLMAN: C. r. d. l'Acad. des sciences 152, 1580 (1911). — SCHULZ, G. V.: Ztschr. f. physik. Ch. (A) 158, 237 (1931).

ermitteln versucht[1]. Diese Messungen wurden aber in viel zu konzentrierten Lösungen vorgenommen. Man hat zwar osmotische Bestimmungen mit einer 0,5proz. oder 1proz. Lösung vorgenommen; aber solche Lösungen sind bei diesen hochmolekularen Produkten immer noch Gellösungen, in denen sich die langen Fadenmoleküle gegenseitig stören. Darum ergaben auch alle bisherigen Arbeiten, daß keine einfachen Beziehungen zwischen osmotischen Drucken und Teilchengrößen vorliegen.

Das Bemühen zahlreicher Forscher auf diesem Gebiet ging nun dahin, den Grund für diese Komplikationen aufzufinden und zu ermitteln, warum die einfachen osmotischen Gesetze für die Lösungen der Hochmolekularen nicht gelten. So wurde eine Reihe von Gleichungen aufgestellt, die die Beziehungen zwischen dem osmotischen Druck und der Konzentration wiedergeben sollen[2]. Als den störenden Faktor[3], der die Übertragung der einfachen osmotischen Gesetze auf die kolloiden Systeme hinderte, sah man dabei eine starke Solvatation im Sinne einer Bildung großer Lösungsmittelhüllen um die Kolloidteilchen der hochmolekularen Stoffe an. Unter Solvatation sind aber hier andere Vorgänge zu verstehen, nämlich solche, die mit dem Lösungsvorgang eines Stoffes in Beziehung stehen, worauf noch eingegangen wird[4]. Das störende Element bei diesen osmotischen Bestimmungen ist nicht diese „Solvatation", sondern in Wirklichkeit der große Wirkungsbereich der Fadenmoleküle, welcher verursacht, daß schon verdünnte Lösungen Gellösungen sind, in denen die Moleküle nicht mehr frei beweglich sind. Wenn man bei diesen hochmolekularen Stoffen osmotische Messungen unter Verhältnissen machen wollte, die mit denen niedermolekularer Stoffe vergleichbar sind, dann müßten dieselben im Gebiet der Sollösungen ausgeführt werden, in dem die langen Moleküle sich gegenseitig nicht behindern. In solcher Konzentration dürften die osmotischen Gesetze ähnlich wie bei verdünnten Lösungen niedermolekularer Stoffe anwendbar sein. Aber man muß dann bei hochmolekularen Stoffen in so großer Verdünnung arbeiten, daß sich die osmotischen Drucke nicht mehr genau bestimmen lassen. In folgender Tabelle sind die Grenzkonzentrationen von Lösungen einiger hochmolekularer Naturstoffe angegeben, und zwar der Prozentgehalt derselben und ihre Grundmolarität.

---

[1] Vgl. R. O. Herzog: Ztschr. f. Elektrochem. **13**, 533 (1907). — Herzog, R. O., u. A. Polotzky: Ztschr. f. physik. Ch. **87**, 449 (1914). — Brintzinger, H. u. W.: Ztschr. f. anorg. u. allg. Ch. **196**, 33, 50 (1931). — Krüger, D., u. H. Grunsky: Ztschr. f. physik. Ch. **150**, 115 (1930).

[2] Vgl z. B. die allgemeine Solvatationsgleichung kolloider Systeme von Wo. Ostwald: Kolloid-Ztschr. **49**, 60 (1929). — Schulz, G. V.: Das Solvatationsgleichgewicht in kolloiden Systemen. Ztschr. f. physik. Ch. (A) **158**, 237 (1931).

[3] Vielfach wurden zur Aufstellung von Solvatationsgleichungen Messungen an Kautschuklösungen benutzt. Aber Lösungen von reinem Kautschuk sind so überaus luftempfindlich, daß sie schon durch den im Lösungsmittel gelösten Sauerstoff abgebaut werden, vgl. Dritter Teil, C. IV. 2. Die von Wo. Ostwald: Kolloid-Ztschr. **49**, 60 (1929), als Limes-Werte errechneten „Molekulargewichte" für Kautschuk und Balata stimmen in der Größenordnung mit den durch Viscositätsmessungen erhaltenen überein. Diese Übereinstimmung läßt aber keine weiteren Schlüsse zu; denn voraussichtlich handelt es sich bei den Casparischen Versuchen, die diesen Berechnungen zugrunde liegen, vgl. Journ. Chem. Soc. London **105**, 2139 (1914), um Messungen an abgebauten Produkten, da nicht unter Luftabschluß gearbeitet wurde. Vgl. H. Staudinger u. H. F. Bondy: Ber. Dtsch. Chem. Ges. **63**, 734 (1930). — Staudinger, H., u. E. O. Leupold: Ber. Dtsch. Chem. Ges. **63**, 730 (1930).

[4] Vgl. Erster Teil. G. II.

Daraus ist dann die wirkliche Molarität der hochmolekularen Stoffe bei der Grenzkonzentration berechnet und die außerordentlich geringen osmotischen Drucke,
die eine solche Lösung zeigen sollte.

Tabelle 35.

Osmotische Drucke einiger Eukolloide bei ihrer Grenzkonzentration.

| Substanz | Mol.-Gew. | Polymeri-sationsgrad | Grenzkonzentration in | | Wirkliche Molarität bei der Grenz-konzentration | Osmotische Drucke bei Grenzkonzen-tration in Atmosphären |
| --- | --- | --- | --- | --- | --- | --- |
| | | | gd-mol. | % | | |
| Polystyrol . . . . . | 100000 | 1000 | 0,023 | 0,24 | $2,3 \cdot 10^{-5}$ | $5,2 \cdot 10^{-4}$ |
| | 500000 | 5000 | 0,0046 | 0,048 | $9,1 \cdot 10^{-7}$ | $2,0 \cdot 10^{-5}$ |
| Polypren (Kautschuk) | 68000 | 1000 | 0,035 | 0,24 | $3,5 \cdot 10^{-5}$ | $7,9 \cdot 10^{-4}$ |
| | 136000 | 2000 | 0,018 | 0,12 | $9,0 \cdot 10^{-6}$ | $2,0 \cdot 10^{-4}$ |
| Cellulosetriacetat . . | 87000 | 300 | 0,026 | 0,76 | $8,7 \cdot 10^{-5}$ | $2,0 \cdot 10^{-3}$ |
| Cellulosetrinitrat . . | 223000 | 750 | 0,0105 | 0,31 | $1,4 \cdot 10^{-5}$ | $3,1 \cdot 10^{-4}$ |
| Cellulose . . . . . | 122000 | 750 | 0,014 | 0,23 | $1,9 \cdot 10^{-5}$ | $4,3 \cdot 10^{-4}$ |

Wenn man in „verdünnten Lösungen" arbeiten wollte, in denen die Moleküle weit voneinander entfernt sind, also in einer Lösung, die einer 10 proz.
Lösung eines niedermolekularen Stoffes entspricht, dann würden sich noch
10 fach geringere osmotische Drucke ergeben. Deshalb ist die osmotische Methode zur Molekulargewichtsbestimmung dieser hochmolekularen Produkte
nicht geeignet.

Die osmotischen Gesetze gelten weiter für Stoffe mit kugelförmigen Teilchen.
Auch bei relativ niedermolekularen Stoffen mit Fadenmolekülen sind keine
Abweichungen von den osmotischen Gesetzen beobachtet[1]. Es ist aber noch
fraglich, ob die osmotische Methode auch bei so abnormer Gestalt der Moleküle,
wie sie die Fadenmoleküle der hochmolekularen Naturprodukte haben, gültig ist.

Gleiches gilt auch für die Bestimmung des Molekulargewichts durch Diffusionsmessungen; die Methode von SVEDBERG[2], die Teilchengröße von Kolloiden
mittels der Ultrazentrifuge zu bestimmen. dürfte zur Bestimmung des Molekulargewichts hochmolekularer Stoffe, deren Teilchen Fadenmoleküle sind, ebenfalls
nur mit Vorsicht angewandt werden.

Im Gegensatz zu diesen Methoden sind die Voraussetzungen für die Bestimmung des Molekulargewichts von Eukolloiden durch Viscositätsmessungen
an ihren Lösungen besonders günstig. Dazu zeichnet sich diese Methode durch
große Einfachheit aus. Während bei osmotischen Messungen mit steigendem Molekulargewicht des gelösten Stoffes die erhaltenen Effekte geringer werden, wird
die Viscosität einer Lösung mit wachsendem Molekulargewicht des gelösten Stoffes
immer höher, wenn Stoffe mit Fadenmolekülen vorliegen. Die Viscositätsmethode
ist also gerade zur Bestimmung des Molekulargewichts sehr hochmolekularer Verbindungen, die aus Fadenmolekülen aufgebaut sind, besonders geeignet.

---

[1] HERZOG, R. O., u. A. DERIPASKO: Cellulosechemie **13**, 25 (1932), haben gezeigt, daß die
durch osmotische Methoden bestimmten Molekulargewichte von Acetylcellulosen mit den
aus Viscositätsmessungen errechneten übereinstimmen.

[2] SVEDBERG, THE: Kolloid-Ztschr. **51**, 10 (1930); vgl. Messungen von A. STAMM an
Cellulosepräparaten: Journ. Amer. Chem. Soc. **52**, 3047, 3062 (1930). SVEDBERG hat vor allem
Eiweißstoffe untersucht; Teilchen derselben haben verschiedene Formen, vgl. G. BOEHM u.
R. SIGNER: Helv. chim. Acta **14**, 1370 (1931).

Um ganz sicher zu gehen, müßte man die Molekulargewichte noch nach anderen Methoden bestimmen können. Dies ist bisher nicht möglich, denn wenn z. B. Bestimmungen der Teilchengröße nach der osmotischen Methode zu anderen Molekulargewichten führen würden, so wäre damit nicht erwiesen, daß die Viscositätsgesetze für die Eukolloide nicht gültig sind; denn es könnte ja auch die osmotische Methode bei diesen Stoffen versagen[1]. Die beste Kontrolle der Molekulargewichte würde sich ergeben, wenn man die Teilchen direkt auszählen könnte. Dies ist aber trotz der Größe der Teilchen infolge ihres geringen Durchmessers nicht möglich. So sind bisher die geschilderten Viscositätsmessungen die einzig zuverlässige Methode zur Bestimmung des Molekulargewichtes der Eukolloide.

Die Gültigkeit der Viscositätsgesetze wurde bei Fadenmolekülen ganz verschiedener Dimensionen bewiesen. Sie gelten bei niedermolekularen Paraffinen und Paraffinderivaten, deren Moleküle nur 20 bis 30 Å lang sind[2], wie bei den relativ hochmolekularen Hemikolloiden vom Molekulargewicht 10000, z. B. bei Polyäthylenoxyden vom Polymerisationsgrad 230, die eine Länge von ca. 500 Å besitzen[3]. Da die Gültigkeit dieser Gesetzmäßigkeiten in einem so großen Intervall bewiesen ist, ist anzunehmen, daß sie auch in einem noch größeren Gebiet gelten und daß man sie benutzen kann, um die Größe von noch längeren Molekülen zu bestimmen, also von denen der Eukolloide, deren Moleküle eine Länge von 3500 Å bis 1 $\mu$ haben, die also 10—20 mal länger sind als die längsten Hemikolloidmoleküle.

Um die Molekulargewichte der Eukolloide aus Viscositätsmessungen zu bestimmen, muß man diese im Gebiet der Sollösung vornehmen, also unterhalb der Grenzviscosität, die sich aus den Viscositätsgesetzen berechnen läßt[4]. Diese Grenzviscositäten liegen je nach der polymerhomologen Reihe zwischen 0,4 und 3,0. Die Viscositätsmessungen werden dabei zweckmäßig in noch niedrigerviscosen Lösungen ausgeführt, da dann verdünnte Sollösungen vorliegen, in denen die Moleküle weit voneinander entfernt sind. Man bestimmt also spez. Viscositäten von ca. 0,03 bis ca. 0,3* in mehreren Konzentrationen und überzeugt sich, ob die $\eta_{sp}/c$-Werte konstant bleiben.

Tabelle 36. **Konzentration in Grundmolarität und Prozent bei $\eta_{sp} = 0,1$ bei verschiedenem Molekulargewicht.**

| Substanz | Mol.-Gew. 1000 | | Mol.-Gew. 10000 | | Mol.-Gew. 100000 | |
|---|---|---|---|---|---|---|
| | gd-mol. | % | gd-mol | % | gd-mol. | % |
| Polystyrole in Benzol . . . . | 0,56 | 5,8 | 0,056 | 0,58 | 0,0056 | 0,058 |
| Polyprene in Benzol . . . . . | 0,33 | 2,2 | 0,033 | 0,22 | 0,0033 | 0,022 |
| Polyvinylacetate in Benzol . . | 0,38 | 3,3 | 0,038 | 0,33 | 0,0038 | 0,033 |
| Cellulose in Schweizer-Lösung . | 0,10 | 1,6 | 0,010 | 0,16 | 0,0010 | 0,016 |
| Cellulosetriacetate in m-Kresol | 0,091 | 2,6 | 0,0091 | 0,26 | 0,00091 | 0,026 |
| Cellulosetrinitrate in n-Butylacetat . . . . . . . . . . | 0,077 | 2,3 | 0,0077 | 0,23 | 0,00077 | 0,023 |

[1] Gleiches gilt auch für andere Methoden.
[2] STAUDINGER, H., u. E. OCHIAI: Ztschr. f. physik. Ch. (A) **158**, 49 (1931).
[3] Vgl. Zweiter Teil, C. VI. 1 u. 2.          [4] Vgl. Erster Teil, G. V.
 * Bei Lösungen, die noch geringere spezifische Viscosität haben als 0,03, werden die Messungen zu ungenau.

Dabei muß bei hochmolekularen Substanzen in sehr stark verdünnter Lösung gearbeitet werden. Als Beispiel werden in der Tabelle 36 die Konzentrationen von Lösungen verschiedener hochmolekularer Substanzen angeführt, deren spez. Viscosität 0,1 ist. Man sieht daraus, in wie geringen Konzentrationen die Viscositätsmessungen bei den Eukolloiden (Molekulargewicht 100000) im Vergleich zu den angeführten Hemikolloiden (Molekulargewicht 1000 und 10000) vorzunehmen sind.

Die Viscositätsmessungen werden auch bei verschiedenen Temperaturen ausgeführt, um die Temperaturabhängigkeit, die bei Molekülkolloiden nur gering sein darf, und die Temperaturempfindlichkeit[1] festzustellen. Wenn die $\eta_{sp}/c$-Werte nach dem Abkühlen der Lösung auf 20° wieder den Ausgangswert haben, so ergibt sich daraus, daß eine Veränderung der empfindlichen Moleküle bei der Messung nicht stattgefunden hat. Bei Molekulargewichtsbestimmungen der hochmolekularen Naturprodukte ergibt sich eine Schwierigkeit: da die Fadenmoleküle derselben außerordentlich empfindlich sind, so ist die Herstellung der Lösungen und die Messungen selbst unter peinlichem Ausschluß von Luftsauerstoff unter Verwendung von sauerstofffreien Lösungsmitteln vorzunehmen. Die Konstanz der $\eta_{sp}/c$-Werte beweist, wie oben geschildert, das Vorliegen von Molekülen und deren Beständigkeit unter den Meßbedingungen. Die ermittelten $\eta_{sp}/c$-Werte dienen zur Berechnung des Molekulargewichts.

Es sei an einem Beispiel gezeigt, wie bei derartigen Messungen vorgegangen wird In der Tabelle 37 sind die $\eta_{sp}$-Werte von Lösungen gereinigter Baumwolle in SCHWEIZERS Reagens angegeben, in der Tabelle 38 die dazugehörigen $\eta_{sp}/c$-Werte[2].

Tabelle 37. $\eta_{sp}$ von gereinigter Baumwolle in Schweizer-Lösung bei verschiedener Konzentration und Temperatur.

| Temperatur | 0,01 gd-mol. =0,16 proz. Lösung | 0,005 gd-mol. =0,08 proz. Lösung | 0,0033 gd-mol. =0,053 proz. Lösung |
|---|---|---|---|
| 0,2° | 0,93 | 0,50 | 0,32 |
| 10° | 0,91 | 0,44 | 0,31 |
| 20° | 0,94 | 0,42 | 0,32 |
| 30° | 0,92 | 0,40 | 0,29 |
| 0,2° | 0,85 | 0,27 | 0,25 |

Tabelle 38. $\eta_{sp}/c$ von gereinigter Baumwolle in Schweizer-Lösung bei verschiedener Konzentration und Temperatur.

| Temperatur | 0,01 gd-mol. =0,16 proz. Lösung | 0,005 gd-mol =0,08 proz. Lösung | 0,0033 gd-mol. =0,053 proz. Lösung |
|---|---|---|---|
| 0,2° | 93 | 100 | 96 |
| 10° | 91 | 88 | 93 |
| 20° | 94 | 84 | 96 |
| 30° | 92 | 80 | 87 |
| 0,2° | 85 | 54 * | 75 |

In gleicher Weise wurden die $\eta_{sp}/c$-Werte bei eukolloidem Polystyrol[3], Kautschuk[4], Balata[5], Celluloseacetaten[6], Cellulosenitraten[7] bestimmt. Daraus be-

---

[1] Dieselbe ist ein Abbau beim Erwärmen und tritt nur bei den höchstmolekularen Stoffen in geringem Maße ein, vorausgesetzt, daß Sauerstoff ausgeschlossen ist.

* Ein Abbau der Cellulose tritt beim Erwärmen bei Gegenwart von Licht ein, vgl. Vierter Teil, C. VII.

[2] Messungen von O. SCHWEITZER; vgl. H. STAUDINGER u. O. SCHWEITZER: Ber. Dtsch. Chem. Ges. **63**, 3142 (1930). Vgl. Vierter Teil, B. III.

[3] Vgl. Zweiter Teil, A. IV. 4., 5. u. 6.

[4] STAUDINGER, H., u. H. F. BONDY: Liebigs Ann. **488**, 127 (1931).

[5] Vgl. Dritter Teil, C. III. 2.   [6] Vgl. Vierter Teil, A. VI.   [7] Vgl. Vierter Teil, D. VII. u. VIII.

rechnen sich dann mittels der $K_m$-Konstanten, die an den hemikolloiden Vertretern der polymerhomologen Reihen bestimmt worden sind, die Molekulargewichte und Kettenlängen für diese höchstmolekularen Produkte, wie sie in folgender Tabelle angegeben sind.

Tabelle 39. Molekulargewicht und Kettenlänge der höchstmolekularen Produkte.

| Substanz | $\eta_{sp}$ | Konz. in Gd-mol. | Gehalt % | $\eta_{sp}/c$ | $K_m$ | Durchschnitts-Mol.-Gew. | Durchschnitts-Polym.-Grad $a$ | Zahl der Kettenatome $n$ | Kettenlänge in Å |
|---|---|---|---|---|---|---|---|---|---|
| Polystyrol . . . | 0,11 | 0,001 | 0,01 | 110 | $1,8 \cdot 10^{-4}$ | 600000 | 6000 | 12000 | 15000 |
| Polyvinylacetat . | 0,26 | 0,0125 | 0,108 | 20,8 | 2,6 · „ | 80000 | 900 | 1800 | 2200 |
| Kautschuk . . . | 0,380 | 0,010 | 0,068 | 38,0 | 3,0 · „ | 125000 | 1800 | 7200 | 8100 |
| Balata . . . . | 0,386 | 0,025 | 0,17 | 15,0 | 3,0 · „ | 50000 | 750 | 3000 | 3400 |
| Cellulose . . . . | 0,307 | 0,0025 | 0,040 | 121,4 | 10 · „ | 120000 | 750 | 3800 | 3900 |
| Triacetylcellulose | 0,284 | 0,0025 | 0,072 | 113,6 | 11 · „ | 103000 | 360 | 1800 | 1900 |

Es ist dabei nicht notwendig, für jede Reihe die Konstante getrennt zu bestimmen, sondern auf Grund der Viscositätsgesetze kann man diese Konstanten aus allgemeinen Zusammenhängen berechnen. Man kann weiter die Zahl der Kettenatome eines Fadenmoleküls bestimmen, und zwar durch folgende Formel:

$$\frac{\eta_{sp}(1,4\%)}{1,2 \cdot 10^{-3}} = n^*. \tag{17}$$

Dabei ist $n$ die Zahl der Kettenatome, $1,2 \cdot 10^{-3}$ der Viscositätsbetrag eines Kettenatoms in 1,4proz. Lösung. Natürlich muß man dazu die Gestalt der Fadenmoleküle kennen und wissen, daß die Kettenatome in einer bestimmten Form, z. B. der Zickzackform, angeordnet sind; denn nur unter dieser Bedingung wirken alle Kettenatome kettenverlängernd, im Gegensatz z. B. zu einer Mäanderform. Das Molekulargewicht ergibt sich dann als Produkt der Zahl der Kettenatome $n$ mit dem Kettenäquivalentgewicht. Für Kautschuk und Balata ergeben sich folgende Werte, die mit den mittels der $K_m$-Konstante berechneten Werten ungefähr übereinstimmen[1]:

Tabelle 40. Berechnung des Molekulargewichts von Kautschuk und Balata aus den Viscositätsgesetzen.

| | $\dfrac{\eta_{sp}}{c} = \eta_{sp}(6,8\%)$ | $\eta_{sp}(1,4\%)$ | $n$ | Mol.-Gew. $= n \cdot 17^{**}$ | Mol.-Gew. $= \dfrac{\eta_{sp}}{c \cdot K_m}$ |
|---|---|---|---|---|---|
| Balata . . . . . . . . . | 15,0 | 3,1 | 2600 | 46000 | 50000 |
| Gereinigter Kautschuk . . | 21,8 | 4,5 | 3800 | 64000 | 73000 |

Man kann also das Molekulargewicht des Kautschuks und der Balata bestimmen, ohne die $K_m$-Konstante der Polyprene zu kennen. Die Werte für das

---

* Vgl. H. Staudinger: Ber. Dtsch. Chem. Ges. **65**, 272 (1932); ferner Erster Teil, D. VII.

[1] Die Differenzen rühren daher, daß die $K_m$-Konstante gerade in der Reihe der Polyprene nicht sehr genau bestimmt werden konnte. Wahrscheinlich ist das nach den Viscositätsgesetzen errechnete Molekulargewicht das richtigere, weil der Viscositätsbetrag für ein Kettenatom sich an wohldefinierten Verbindungen genau bestimmen läßt.

** $17 = $ Kettenäquivalentgewicht der Polyprene $= \dfrac{\text{Grundmolekulargewicht}}{\text{Ketten-C-Atome im Grundmolekül}} = \dfrac{68}{4}$ .

Molekulargewicht dieser Kohlenwasserstoffe in Tabelle 40 lassen sich durch Bestimmung des Viscositätsbetrages für ein Kettenatom an Lösungen von Paraffinen berechnen.

Nach diesen Messungen sind in den Lösungen von hochmolekularen Substanzen außerordentlich große Moleküle vorhanden, von einer Länge, wie man sie bisher nicht gekannt hat. Die Länge dieser Moleküle kann bis 1 $\mu$ betragen, also die Wellenlänge des sichtbaren Lichtes erreichen; der Durchmesser der Moleküle beträgt dagegen nur 3—15 Å. *Diese Fadenmoleküle haben also nur in einer Dimension die Größe von Kolloidteilchen, in den beiden anderen Dimensionen aber die Größe gewöhnlicher kleiner Moleküle.*

Dabei ist zu beachten, daß diese *Makromoleküle*, die so außerordentlich merkwürdige Gebilde darstellen, *die Endglieder einer Reihe von polymerhomologen Molekülen sind, die alle gleiche Bauart und nur Unterschiede in der Kettenlänge haben. Sie sind also durch eine ganze Reihe von Molekülen kontinuierlich verbunden mit den kleinsten Molekülen, die die Eigenschaften einfacher organischer Moleküle haben.*

Es wird in Abschnitt F und G gezeigt werden, daß durch diese Gestalt der Makromoleküle die physikalischen Eigenschaften der Hochmolekularen im festen Zustand wie auch die Natur der kolloiden Lösung erklärt werden kann. Ebenso wird dadurch auch die merkwürdige Veränderlichkeit hochmolekularer Substanzen verständlich.

Es ist somit das Molekulargewicht der hochmolekularen Naturstoffe, des Kautschuks und der Cellulose bestimmt, allerdings nur das Gewicht der gelösten Teilchen. Es ist möglich, daß die Moleküle der nativen Cellulose noch länger sind, denn bei der großen Empfindlichkeit der langen Fadenmoleküle ist es nicht ausgeschlossen, daß das Auflösen von Cellulose in SCHWEIZERS Reagens schon mit einem Zerfall von noch längeren Molekülen verbunden ist.

Dafür spricht, daß die Nitrocellulosen, die man durch Nitrieren von nativer Baumwolle herstellt, ein noch höheres Molekulargewicht haben als die Cellulosemoleküle in SCHWEIZERS Reagens[1]. Letztere enthalten bis 750 Grundmoleküle in der Kette gebunden. Bei der Nitrocellulose aus nativer Cellulose sind dagegen nach Viscositätsmessungen bis zu 1500 Grundmoleküle zu einem Fadenmolekül vereinigt. Die Cellulosemoleküle hätten danach die doppelte Kettenlänge. Über das Molekulargewicht der nativen Cellulose kann also noch nicht entschieden werden, und es ist auch fraglich, ob es gelingt, die Größe dieser Makromoleküle zu ermitteln; denn mit den heutigen Methoden der Molekulargewichtsbestimmung kann nur etwas über die Größe von Molekülen ausgesagt werden, wenn sie gelöst werden können.

## F. Die Hochmolekularen im festen Zustand.

### I. Der Krystallbau hochmolekularer Verbindungen[2].

Grundlegend für die Aufklärung des Krystallbaues der hochmolekularen Verbindungen sind die Arbeiten der BRAGGschen Schule[3], so die von MÜLLER und

---

[1] Vgl. Vierter Teil, D. IX.

[2] Vgl. H. STAUDINGER u. R. SIGNER: Über den Krystallbau hochmolekularer Verbindungen. Ztschr. f. Krystallogr. **70**, 193 (1929)..

[3] Vgl. die Zusammenfassung von W. H. BRAGG: Ber. des 2. Solvay-Kongresses, Brüssel 1925, S. 21. Paris: Gauthiers-Villars 1926.

Shearer[1], die durch Röntgenuntersuchungen nachwiesen, daß die Moleküle der normalen Fettsäuren und ihrer Derivate im krystallisierten Zustand fadenförmige Gestalt haben. Die Anordnung von einfachen Fadenmolekülen in einem Krystallgitter war damit zum erstenmal klargestellt. Müller und Shearer benutzten dabei zur Veranschaulichung des Krystallbaues die Braggschen Atommodelle; sie zogen verschiedene Anordnungen der Kohlenstoffatome in Erwägung (Abb. 5)[2],

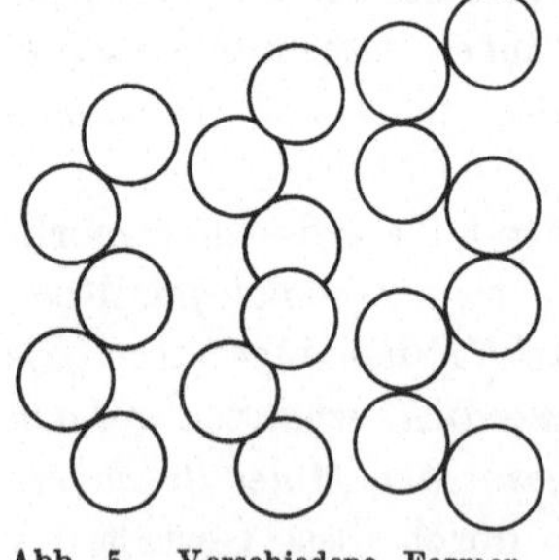

Abb. 5.  Verschiedene Formen der Kohlenstoffkette.

wobei der Zickzackkette der Vorzug gegeben wurde (Abb. 6)[3].

Gestützt auf diese Arbeiten stellten O. L. Sponsler und W. H. Dore[4] im Jahre 1926 eine Formel der Cellulose auf, unter der Annahme, daß ihre Moleküle lange Ketten darstellen, die zu der Faserrichtung parallel angeordnet sind. Sie kamen zu folgender Vorstellung (Abb. 7) über die Dimensionen der Glykosereste im Cellulosemolekül, die mit den röntgenographischen Befunden in Übereinstimmung standen.

In diesen Ketten sind nach den Autoren die Glykoseeinheiten durch glykosidische Kondensation, also durch Hauptvalenzen vereinigt. Die einzelnen Ketten stehen untereinander durch die Nebenvalenzen der Sauerstoffatome in Verbindung, wie es Abb. 8 veranschaulicht.

Allerdings machten Sponsler und Dore unrichtige Annahmen über die Bindung der Glykoseeinheiten in den Fadenmolekülen der Cellulose. Durch die

Abb. 6.  Zickzackkette von Kohlenstoffatomen. (A. Müller 1927.)

Haworthschen Arbeiten[5] wurde die Konstitution der Cellobiose und ihre Bindung in der Cellulosekette aufgeklärt; die Cellobiose war von K. Freudenberg[6] als Baustein der langen Celluloseketten erkannt worden. Auf Grund dieser Untersuchungen haben dann K. H. Meyer und H. Mark die Sponslersche Formel abgeändert und folgendes Modell entworfen (Abb. 9).

Die letzteren Autoren machten die weitere Annahme, daß 30—50 Glykosereste zu einem Fadenmolekül vereinigt sind und 40—60 solcher Fäden in paralleler Orientierung die Krystallite der Cellulose darstellen[7]. Diese Angaben über die Größe der Krystallite sind nicht haltbar, ebensowenig wie die weitere Annahme

---

[1] Müller, A.: Journ. Chem. Soc. London 123, 2043 (1923). — Müller, A., u. G. Shearer: Journ. Chem. Soc. London 123, 3156 (1923). — Shearer, G.: Journ. Chem. Soc. London 123, 3152 (1923).

[2] Müller, Alex, u. G. Shearer: Journ. Chem. Soc. London 123, 3159 (1923).

[3] Vgl. A. Müller: Proc. Royal Soc. London (A) 114, 542 (1927).

[4] Sponsler, O. L., u. W. H. Dore: Colloid Symposium Monograph 1926, 174; vgl. die Übersetzung dieser Arbeit: Cellulosechemie 11, 186 (1930).

[5] Vgl. die zusammenfassenden Arbeiten von W. N. Haworth: Helv. chim. Acta 11, 534 (1928) — Ber. Dtsch. Chem. Ges. 65, A. 43 (1932).

[6] Vgl. K. Freudenberg: Ber. Dtsch. Chem. Ges. 54, 767 (1921), welcher nachwies, daß die Cellulose zu etwa 60% aus Cellobiose aufgebaut ist; vgl. auch weiter K. Freudenberg u. Braun: Liebigs Ann. 460, 288 (1928).

[7] Vgl. Ber. Dtsch. Chem. Ges. 61, 593 (1928) — Ztschr. f. physik. Ch. (B) 2, 115 (1929).

eines micellaren Aufbaues der Celluloseteilchen in Lösung. Die Teilchen der in SCHWEIZERS Reagens gelösten Cellulose sind lange Fadenmoleküle, die bis zu 750 Grundmoleküle glykosidisch gebunden enthalten. Die Vorstellung über den Krystallbau der Cellulose, wie sie Abb. 9 wiedergibt, ist aber auch mit diesem neuen Befund vereinbar. Die langen Cellulosemoleküle sind in den Krystallen der Cellulose wie ein Bündel langer dünner Stäbe zusammen gelagert.

Als SPONSLER und DORE ihr Modell der krystallisierten Cellulose aufstellten, war eine Reihe von Fragen über den Bau der hochmolekularen Verbindungen noch strittig. Es war darum von Bedeutung, daß an einem krystallisierten hochmolekularen Stoff von genau bekannter Konstitution, nämlich dem Polyoxymethylen, diese Fragen aufgeklärt werden konnten.

Daß man die Ergebnisse der BRAGGschen Schule über den Krystallbau von einheitlichen aliphatischen Verbindungen nicht ohne weiteres benutzt hat, um durch eine analoge Anordnung von langen Kettenmolekülen den Krystallbau von Hochmolekularen zu erklären, lag daran, daß man bei niedermolekularen Stoffen die Erfahrung machte, daß das Molekül einer Verbindung nie größer als der Elementarbereich ist. Da der Elementarkörper der Cellulose, des Seidenfibroins und des Kautschuks, also der krystallisierten Naturkörper klein ist, so schlossen einige Forscher auf ein niederes Molekulargewicht dieser Stoffe, was mit chemischen Erfahrungen zu übereinstimmen schien[1], andere schrieben den Hochmolekularen ein ganz neues Bauprinzip zu[2].

Es bestand außerdem noch folgende Schwierigkeit, um den Krystallbau hochmolekularer Verbindungen zu verstehen. Die chemischen Befunde zeigten, daß die Hochpolymeren nicht einheitliche Verbindungen

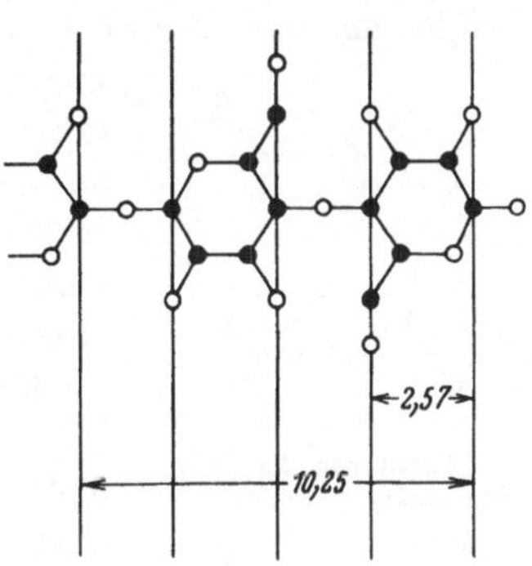

Abb. 7. Dimensionen der Glykosereste im Cellulosemolekül. (SPONSLER und DORE 1926.)

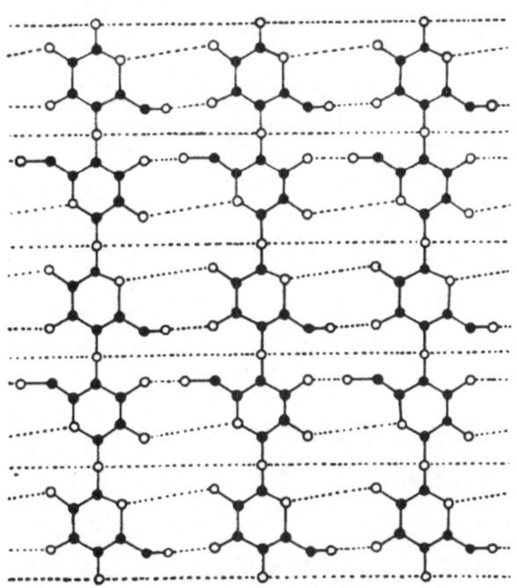

Abb. 8. Tangentialschnitt durch eine Ramiefaser. Ausgezogene Linien stellen primäre Valenzbrücken dar; punktierte Linien zeigen die wahrscheinliche Richtung der Sekundärvalenzkräfte. (SPONSLER und DORE 1926.)

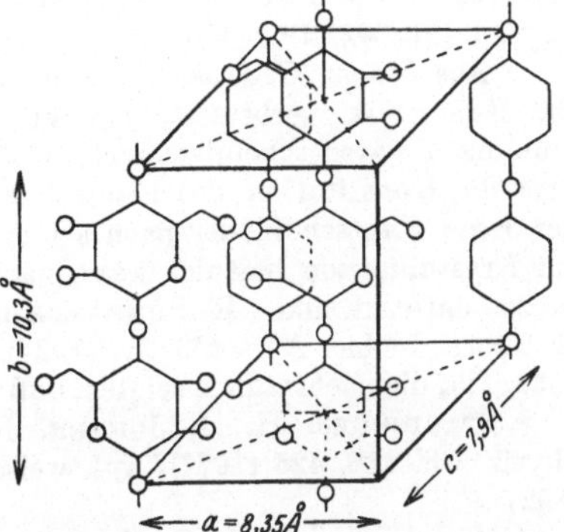

Abb. 9. Elementarkörper der nativen Cellulose. (K. H. MEYER und H. MARK 1928.)

---

[1] Vgl. P. KARRER: Polymere Kohlehydrate. Leipzig 1925.

[2] Vgl. M. BERGMANN: Ber. Dtsch. Chem. Ges. **59**, 2973 (1926). — MARK, H.: Ber. Dtsch. Chem. Ges. **59**, 2982 (1926).

sind, sondern daß sie aus einem Gemisch von Polymerhomologen bestehen. Bei der Darstellung niedermolekularer Verbindungen machte die präparative Chemie die Erfahrung, daß Gemische von Substanzen häufig nicht krystallisieren. Man ging deshalb in der Regel so vor, durch Reinigung einen möglichst einheitlichen Stoff aus dem Gemisch zu isolieren[1], der dann in der Tat vielfach zum Krystallisieren zu bringen war[2]. Man konnte sich aber nicht vorstellen, wie ein Gemisch verschieden langer Moleküle krystallisieren könne.

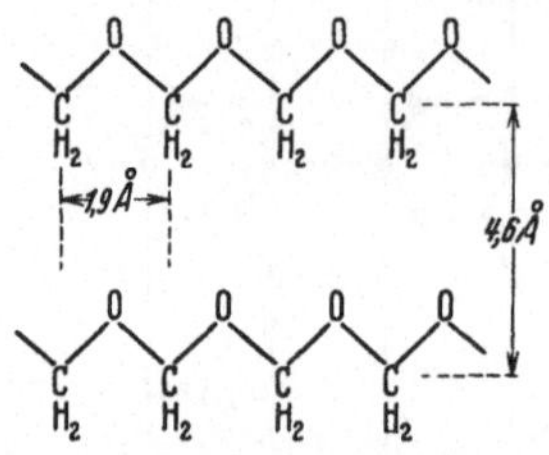

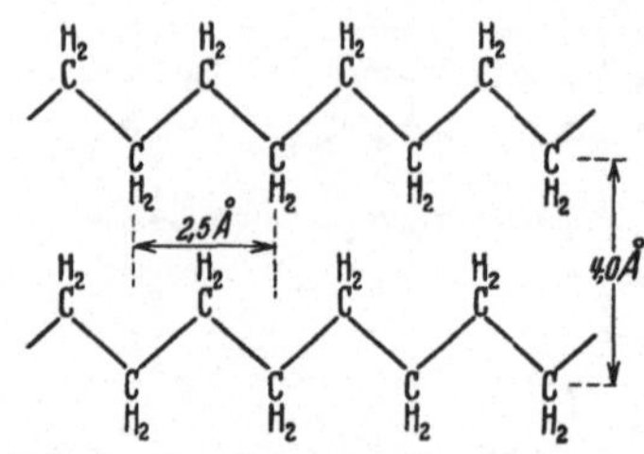

Abb. 10. Anordnung der Polyoxymethylenketten im Krystall.

Diese Fragen wurden durch die Untersuchung des Krystallbaues der Polyoxymethylene von G. MIE und J. HENGSTENBERG[3] und von hochmolekularen Paraffinen von J. HENGSTENBERG[4] aufgeklärt.

Bei der röntgenographischen Untersuchung der verschiedenen Polyoxymethylene, sei es, daß dieselben aus relativ kleinen einheitlichen Molekülen aufgebaut sind, sei es, daß dieselben aus großen ungleich langen Molekülen bestehen, ergab sich, daß das Bauprinzip des Krystallgitters, abgesehen von kleinen Abweichungen, das gleiche ist. Das Gitter entsteht dadurch, daß sich Polyoxymethylenketten unabhängig von der Kettenlänge in bestimmten Abständen parallel lagern (Abb. 10).

Abb. 11. Anordnung von Paraffinketten im Krystall.

Auch die verschiedenen Paraffine haben das gleiche Bauprinzip, gleichgültig, ob sie aus einheitlichen Molekülen aufgebaut sind wie das Pentatriacontan oder Molekülgemische darstellen wie die hochmolekularen Paraffine (Abb. 11). Hier wird das Kry-

---

[1] So hatte K. HESS sich bemüht, Cellulose und Cellulosederivate zu reinigen, um sie dann zum Krystallisieren zu bringen, und es sind von ihm auch in der Tat krystallisierte Cellulosederivate erhalten worden. Sehr merkwürdig ist das Verhalten der Triacetylcellulose. Die höhermolekularen Produkte krystallisieren aus Lösung nicht, dagegen ist das „Biosanacetat" krystallisiert. Im Biosanacetat liegt ein Gemisch von Celluloseacetaten vom Polymerisationsgrad 20—30 vor. M. BERGMANN u. H. MACHEMER: Ber. Dtsch. Chem. Ges. **63**, 316 (1930); vgl. dazu die Ausführungen von K. FREUDENBERG u. W. DIRSCHERL: Ztschr. f. physiol. Ch. **202**, 192 (1931).

[2] Aus diesem Gedankengang heraus hat auch R. PUMMERER die Reinigungsmethode für Kautschuk verbessert, um ein krystallisiertes Produkt zu erhalten. Diese Bemühungen waren scheinbar auch erfolgreich. Bei der damaligen Auffassung R. PUMMERERS über die Konstitution des Kautschuks konnte dieses Resultat so gedeutet werden, daß der reine Kautschuk, der nach seiner Ansicht aus den Molekülen $(C_5H_8)_8$ bestehen sollte, zur Krystallisation befähigt wäre, nachdem die Verunreinigungen durch einen Reinigungsprozeß entfernt sind. R. PUMMERER u. A. KOCH: Liebigs Ann. **438**, 294 (1924); vgl. auch R. GROSS: Liebigs Ann. **438**, 311 (1924). Vgl. dazu R. PUMMERER u. G. v. SUSICH: Kautschuk **1931**, 117, die nachträglich zeigten, daß in dem krystallisierten Kautschuk Guttapercha vorlag.

[3] STAUDINGER, H., H. JOHNER, R. SIGNER, G. MIE u. J. HENGSTENBERG: Ztschr. f. physik. Ch. **126**, 425 (1927); vgl. weiter J. HENGSTENBERG: Ann. d. Physik IV. F. **84**, 245 (1927).

[4] HENGSTENBERG, J.: Ztschr. f. Krystallogr. **67**, 583 (1928). — MÜLLER, A.: Proc. Roy. Soc. London **114**, 542 (1927). — TRILLAT, I. I.: C. r. d. l'Acad. des sciences **180**, 1329 (1925). — SAVILLE, W. B., u. G. SHEARER: Journ. Chem. Soc. London **127**, 591 (1925).

stallgitter durch Parallellagerung der Kohlenwasserstoffketten gebildet, und zwar ergibt sich aus den röntgenographischen Untersuchungen, daß auch im krystallisierten Stoff die Moleküle als solche noch vorhanden sind. Bei den Polyoxymethylenen ist die Länge einer $-CH_2-O-$-Gruppe in der Kette 1,9 Å; die Atome einer Polyoxymethylenkette sind im Krystall durch Hauptvalenzgitterkräfte gebunden. Zwei Polyoxymethylenketten haben einen Abstand von 4,5 Å; zwischen ihnen betätigen sich Molekülgitterkräfte[1] (Abb. 10).

Für die Paraffinketten ergibt sich eine analoge Anordnung; die Länge einer $-CH_2-CH_2-$-Gruppe in der Kette ist 2,5 Å, der Abstand zweier Ketten beträgt ca. 4,0 Å (Abb. 11).

## II. Über die Molekülgitter von niedermolekularen Polyoxymethylen-diacetaten.

Die krystallisierten höhermolekularen Polyoxymethylen-diacetate, die aus einheitlich langen, relativ kleinen Molekülen aufgebaut sind, bilden Molekülgitter; die Molekülenden liegen in Ebenen senkrecht zur Längsrichtung der Kettenmoleküle. Gleiches ist bei den einheitlichen Paraffinen der Fall, also z. B. bei dem Pentatriacontan. Die durch die Molekülenden bedingte Schichtung, die im Röntgenbild besondere Linien nahe dem Primärfleck ergibt, rückt von einem Polyoxymethylen-diacetat zum andern um 1,9 Å auseinander, während die Basisdimensionen des Gitters annähernd gleichbleiben.

Aus den Netzebenenabständen, die sich aus der Lage dieser Interferenzen ergeben, lassen sich bei einheitlichen Produkten die Moleküllängen der verschiedenen Polyoxymethylen-diacetate bestimmen, ähnlich wie es MÜLLER und SHEARER bei den Fettsäuren gezeigt haben. Der Längenzuwachs für eine Formaldehydgruppe ist dabei von einem Glied der polymerhomologen Reihe zum nächsten 1,9 Å; er ist, wie folgende Tabelle zeigt, ziemlich konstant.

Tabelle 41.

Moleküllängen der niedermolekularen Polyoxymethylen-diacetate.

| Zahl der CH₂O-Gruppen .... | 4 | 5 | 8 | 9 | 10 | 14 | 15 | 16 | 17 | 19 |
|---|---|---|---|---|---|---|---|---|---|---|
| Länge der Moleküle in Å ...... | 14,6 | 16,9 | 23,7 | 25,2 | 27,2 | 34,6 | 36,8 | 38,5 | 40,4 | 43,7 |
| Länge der CH₂O-Gruppen $n \cdot 1,9$ Å | 7,6 | 9,5 | 15,2 | 17,1 | 19,0 | 26,6 | 28,5 | 30,4 | 32,3 | 36,1 |
| Länge der beiden Endgruppen (Essigsäureanhydrid) und der Zwischenräume in Å | 7,0 | 7,4 | 8,5 | 8,1 | 8,2 | 8,0 | 8,3 | 8,1 | 8,1 | 7,6 |
| | Abweichungen von allen Gitterdimensionen | | | | | | | | | wenig einheitlich, schwer zu reinigen |

Zieht man bei den verschiedenen Polyoxymethylen-diacetaten die Kettenlänge der Formaldehydgruppen von der Moleküllänge ab, so ergeben sich für das Essig-

---

[1] In der ersten Arbeit wurden die Molekülgitterkräfte als Krystallvalenzgitterkräfte bezeichnet, vgl. H. STAUDINGER: Ber. Dtsch. Chem. Ges. **59**, 3027 (1926).

säureanhydrid, das die Endvalenzen besetzt, Werte von 8,0—8,5 Å, im Durchschnitt 8,2 Å.

Für die beiden Reste $CH_3\overset{O}{\overset{\|}{C}}$—O— und $CH_3\overset{O}{\overset{\|}{C}}$— dürfte eine Länge von 6 Å in Rechnung zu setzen sein, so daß für die Molekülzwischenräume etwa 2 Å bleiben oder für die Abstände zwischen den Atomschwerpunkten etwa 4 Å, eine ähnliche Distanz wie zwischen den einzelnen Ketten.

Danach kann man sich eine Vorstellung über die Anordnung der Moleküle in dem krystallisierten Polyoxymethylen-diacetat und über den Krystallbau machen. An dem Beispiel des Octooxymethylen-diacetats sei dies wiedergegeben.

Die Längenbestimmung der Kette nach der röntgenographischen Methode ist dabei sehr genau, wenn polymere Stoffe, die aus einheitlich langen Molekülen bestehen, vorliegen. Man kann bei diesen die Molekülgröße ebenso exakt bestimmen wie bei niedermolekularen Stoffen, z. B. den Fettsäuren und Fettsäurederivaten.

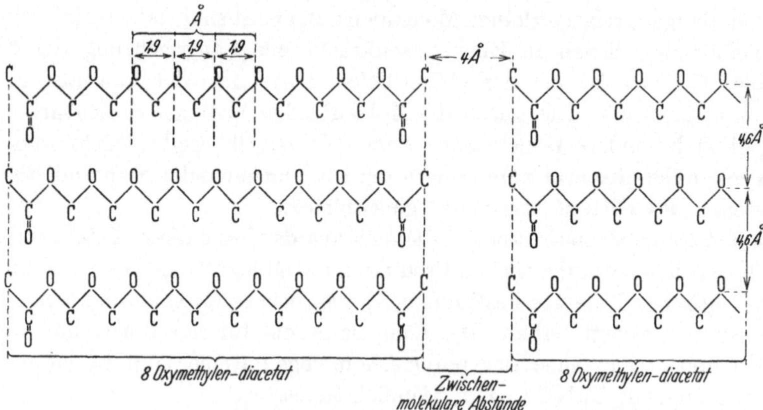


Abb. 12. Die Anordnung der Moleküle im Octooxymethylen-diacetat.

Diese Bestimmung, die genauer ist als andere Methoden, kann aber nur durchgeführt werden, wenn die Moleküle nicht zu lang sind, denn sonst versagt auch bei einheitlich langen Molekülen die röntgenographische Methode.

Das Wachstum der Krystalle solcher Verbindungen aus Lösung oder aus dem Schmelzfluß geht so vor sich, daß die gleich langen Fadenmoleküle regelmäßig nebeneinander gelagert werden. Das Wachstum ist deshalb in den beiden Richtungen senkrecht zur Molekülachse sehr stark begünstigt. Die Produkte können deshalb in Blättchen krystallisieren, wie dies von SHEARER und MÜLLER[1] bei den Fettsäuren festgestellt worden ist.

### III. Über das Makromolekülgitter der hochmolekularen Polyoxymethylene.

Während bei den einheitlichen niedermolekularen Polyoxymethylenderivaten die Moleküllänge röntgenographisch festgestellt werden kann, läßt sich bei den hochmolekularen Produkten, also bei den unlöslichen Polyoxymethylenen, nur die Parallellagerung der Ketten und die kurze Periode in der Kettenrichtung erkennen. Gleiches ist bei einem Paraffingemisch im Gegensatz zum einheitlichen Pentatriacontan der Fall.

---

[1] SHEARER und MÜLLER: Journ. Chem. Soc. London **123**, 3156 (1923).

Die hochmolekularen Polyoxymethylene sind genau so wie das Paraffin-gemisch krystallisierte Substanzen, obwohl sie aus ungleich langen Molekülen bestehen. Die Endgruppen der langen Moleküle, die chemisch von Bedeutung sind, sind im Krystallaufbau röntgenographisch nicht mehr zu erkennen, und deshalb läßt sich die Molekülgröße auf diese Weise nicht feststellen. Die End-gruppen verhalten sich wie kleine Unregelmäßigkeiten im Gitter, wie sie auch

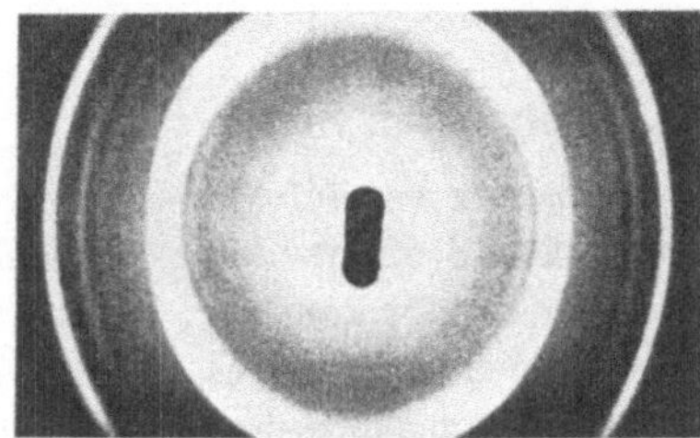

Abb. 13.  Polyoxymethylen-dihydrat.    Abb. 14.  Polyoxymethylen-dimethyläther.
(Nach Aufnahmen von J. HENGSTENBERG.)

bei anderen Krystallen vorhanden sind. Sie haben für den Krystallbau keine Bedeutung, während sie dagegen den Chemismus der Stoffe sehr wesentlich beeinflussen. So sind z. B. hochmolekulare Polyoxymethylen-dihydrate und Polyoxymethylen-dimethyläther chemisch ganz verschiedene Substanzen, geben aber dasselbe DEBYE-SCHERRER-Diagramm (vgl. Abb. 13 u. 14)[1].

Es ist also hier das interessante Ergebnis zu verzeichnen, daß die Röntgen-untersuchungen in dieser Beziehung trotz ihrer Feinheit weniger leisten können als eine chemische Untersuchung.

Der Krystallaufbau aus kleinen Elementarzellen kommt bei diesen krystalli-sierten hochpolymeren Substanzen dadurch zustande, daß schon kleine Bruch-stücke der Fadenmoleküle das Prinzip des Krystalls aufweisen, indem sie eine periodisch wiederkehrende regelmäßige Anordnung kleiner Atomgruppen zeigen.

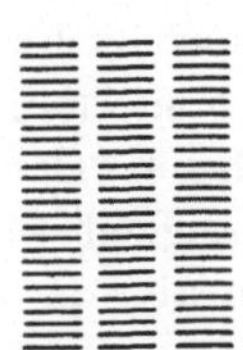

Abb. 15.  Molekülgitter (z. B. Octo-oxymethylen-diacetat).

Abb. 16.  Makromolekülgitter (z. B. hochmolekulare Polyoxymethylene).

Die beiden Gittertypen kann man durch obige Zeichnungen veranschau-lichen, und zwar das Molekülgitter aus gleich langen Molekülen durch Abb. 15, ein Gitter dagegen, das aus ungleich langen, sehr großen Molekülen, also aus Makromolekülen aufgebaut ist und deshalb als Makromolekülgitter bezeichnet wird, durch Abb. 16.

---

[1] Die Abbildungen sind der Arbeit von H. STAUDINGER u. R. SIGNER: Ztschr. f. Krystallogr. 70, 208 (1929) entnommen.

Der Krystallbau der hochmolekularen Verbindungen wie auch viele Eigenschaften derselben lassen sich leicht durch Modelle veranschaulichen[1]. Die Fadenmoleküle verschiedener Länge können durch lange dünne Holzstäbe wiedergegeben werden[2]. Ein Paket kurzer gleich langer Hölzer veranschaulicht den Krystallbau der niedermolekularen, einheitlichen Polyoxymethylen-diacetate; durch Bündel sehr langer Hölzer ungleicher Größe kann man die Bildung eines Makromolekülgitters und die Unebenheit der Oberfläche eines Krystallits demonstrieren.

## IV. Bildungsarten der festen hochpolymeren Stoffe.

Die Bildung einer festen hochmolekularen Substanz verläuft verschieden, je nachdem es sich um einen löslichen oder unlöslichen Stoff handelt. Bei einem löslichen hochpolymeren Stoff liegen in Lösung Makromoleküle vor. Sie bilden sich bei der Polymerisation des Monomeren in der Lösung fertig aus. Durch Abdampfen des Lösungsmittels oder durch geeignete Fällungsmittel wird der hochpolymere Stoff ausgeschieden. Es kommt dann auf die Ausscheidungsbedingungen[3], hauptsächlich aber auf die Gestalt der Makromoleküle an, ob der gebildete feste Stoff amorph oder krystallisiert ist. Von der Größe der Moleküle hängt weiter ab, ob das feste Produkt pulverig oder faserig ausfällt. Die hemikolloiden Stoffe werden pulverig erhalten, die eukolloiden faserig oder in Form von zähen elastischen Filmen. Die Härte der festen hochmolekularen Produkte variiert ganz wesentlich mit der Molekülgröße.

Ist der hochpolymere Stoff vollständig unlöslich, wie z. B. das Cupren, das Polyacrolein, gewisse Modifikationen der Polyacrylsäure, die hochmolekularen Polyoxymethylene, die polymere Blausäure und die Cellulose, so ist anzunehmen, daß die Bildung der endgültigen Makromoleküle erst im festen Zustand erfolgt, und zwar dadurch, daß in dem sich ausbildenden festen hochpolymeren Körper neue monomere Moleküle durch Hauptvalenzbindung eingefügt werden. Genauer untersuchte Beispiele für die beiden Arten der Bildung einer hochmolekularen Substanz sind das lösliche Polystyrol und die unlösliche Polyacrylsäure. Bei dem Übergang von Styrol in Polystyrol wird das Monomere allmählich höherviscos und erstarrt schließlich zu einer Gallerte, die, wie STOBBE nachwies[4], eine Quellung von Polystyrol im Monomeren darstellt. Schließlich erhält man, wenn der Polymerisationsprozeß beendet ist, eine glasharte Masse. Ganz anders verläuft die Polymerisation von reiner Acrylsäure: die Flüssigkeit wird zuerst trüb, und es scheidet sich das Polymere als feste Masse ab, da es in der monomeren Acrylsäure unlöslich ist. Dabei können in der monomeren Acrylsäure nicht etwa zuerst größere Moleküle polymerer Säure entstanden sein, die allmählich zur Ausscheidung kommen, denn gelöste Fadenmoleküle würden eine Viscositätserhöhung der Acrylsäure hervorrufen. Aber auch wenn der Polymerisationsprozeß fortgeschritten ist, ist die neben der unlöslichen polymeren Acrylsäure noch vorhandene monomere Acrylsäure niederviscos. Sie kann also

---

[1] STAUDINGER, H.: Ztschr. f. angew. Ch. **42**, 70 (1929).

[2] Vgl. Ztschr. f. physik. Ch. **126**, 435 (1927).

[3] HABER, F.: Über die Abhängigkeit der Krystallisation von der Häufungs- und Ordnungsgeschwindigkeit. Ber. Dtsch. Chem. Ges. **55**, 1717 (1922).

[4] STOBBE, H., u. G. POSNJACK: Liebigs Ann. **371**, 259 (1909); **409**, 1 (1915).

keine langen Fadenmoleküle enthalten, denn bereits ein Gehalt von 0,01 % dieser sehr langen Moleküle würde an einer Viscositätserhöhung der Acrylsäure zu erkennen sein[1].

M. KRONSTEIN[2] hat zuerst auf diese zwei verschiedenen Arten der Polymerisation aufmerksam gemacht. Er teilt die Polymeren ein in mesomorphe und euthymorphe. Die mesomorphen Polymerisationsprozesse sind solche, bei denen der monomere Stoff allmählich viscos wird, um schließlich in den hochpolymeren Körper überzugehen. KRONSTEIN verbindet allerdings damit die unrichtige Vorstellung, daß bei der Polymerisation des Styrols Zwischenprodukte entstehen, die allmählich in das glasharte Polystyrol sich umwandeln. Dies ist nicht der Fall, sondern bei der Polymerisation des Styrols entstehen schon bei Beginn des Polymerisationsprozesses Moleküle derselben Länge wie am Ende desselben[3], nur bleibt das Polymere in dem Monomeren gelöst; infolge der Länge der auftretenden Fadenmoleküle wird aber die Lösung viscos, geht in eine hochviscose Gellösung, schließlich in eine Gallerte und endlich in das Polystyrolglas über.

Die euthymorphen Polymerisationsvorgänge sind solche, bei denen der monomere Stoff polymerisiert, ohne seine Konsistenz zu ändern, unter Ausscheidung des polymeren Körpers. Auf diese Weise bildet sich Polyacrylsäure aus Acrylsäure, Cyamelid (Polycyansäure) aus Cyansäure, polymere Blausäure aus Blausäure.

Die Konstitution dieser euthymorphen Polymerisationsprodukte ist natürlich sehr viel schwerer aufzuklären als die der mesomorphen, da sie unlöslich sind. Bei der unlöslichen Polyacrylsäure wurde die Konstitutionsaufklärung so weit durchgeführt, daß man den Nachweis für die Art der Verkettung der Grundmoleküle zu einem Fadenmolekül führen konnte; dies ist hier möglich, weil neben der unlöslichen Polyacrylsäure durch Variation der Polymerisationsbedingungen auch lösliche Polymere von geringem Durchschnittsmolekulargewicht erhalten werden können[4].

## V. Die Krystallisationsfähigkeit hochpolymerer Stoffe.

Die Krystallisationsfähigkeit von löslichen hochpolymeren Verbindungen wurde zum erstenmal bei den Polyäthylenoxyden nachgewiesen. Hier zeigt die chemische Untersuchung, daß ein Gemisch von Fadenmolekülen verschiedener Länge vorliegt, deren Polymerisationsgrad zwischen 100 und 300 schwanken kann. Trotzdem scheidet sich dieses Produkt aus seiner Lösung krystallisiert aus[5].

Damit eine gelöste hochmolekulare Substanz aus der Lösung sich krystallisiert ausscheidet, kommt es also nicht darauf an, daß die Moleküle gleiche Länge haben, sondern die Krystallisationsfähigkeit hängt vom Bau dieser Fadenmoleküle ab. Sehr regelmäßig gebaute Moleküle, wie z. B. die der Paraffine und der Polyoxymethylene, ebenso Polyäthylenoxyde, ordnen sich immer gittermäßig an. Ein

---

[1] Vgl. H. STAUDINGER u. E. URECH: Helv. chim. Acta **12**, 1107 (1929). — STAUDINGER, H., u. H. W. KOHLSCHÜTTER: Ber. Dtsch. Chem. Ges. **64**, 2091 (1931).

[2] KRONSTEIN, M.: Ber. Dtsch. Chem. Ges. **35**, 4150 (1902).

[3] Unveröffentlichte Versuche von W. FROST. W. FROST hat die Polymerisation von Styrol bei 60° zu verschiedenen Zeiten unterbrochen und das Molekulargewicht der Polymeren durch Viscositätsbestimmungen festgestellt. Dabei ergab sich das oben angeführte Resultat.

[4] Vgl. Zweiter Teil, D. II. 1.

[5] STAUDINGER, H., u. O. SCHWEITZER: Ber. Dtsch. Chem. Ges. **62**, 2395 (1929). Vgl. auch Zweiter Teil, C. III. 4.

amorphes normales Paraffin[1] und ein amorphes Polyoxymethylen wurden bisher noch nicht beobachtet. Auch ein sehr hochmolekulares Polyoxymethylen (ein Eupolyoxymethylen), das ein ähnliches glasartiges Aussehen hat wie Polystyrol, ist krystallisiert[2].

Dagegen konnten Polystyrole[3], Polyvinylacetate[4] und Polyindene[5] bisher nicht in krystallisiertem Zustand erhalten werden. Die gittermäßige Anordnung der Atome in den Fadenmolekülen letzterer Stoffe ist dadurch erschwert, daß die Produkte unregelmäßig gebaute Moleküle besitzen; denn bei der Polymerisation der Äthylenderivate können eine große Zahl von Diastereoisomeren entstehen, dadurch, daß sich die Seitenketten verschiedenartig anordnen. Dies bedingt eine unregelmäßige Molekülform, und es ist verständlich, daß darum keine Krystallisation erfolgt.

Ob diese Vorstellung, daß nur Stoffe mit regelmäßig gebauten Molekülen krystallisieren, allgemeingültig ist, ist noch nicht sicher. Das Polydichloräthylen (II), bei dem keine Diastereoisomeren vorhanden sein können, ist nach Röntgenuntersuchungen auch gut krystallisiert[6]. Aber auch das Polyvinylbromid (III), das ein Gemisch von diastereoisomeren Molekülen enthalten sollte, also dessen unregelmäßig gebaute Moleküle nicht zur Krystallisation befähigt sein sollten, krystallisiert, wenn auch wesentlich schlechter als das Polydichloräthylen[7]; das Poly-trans-dichloräthylen (IV) ist dagegen nach Untersuchungen von L. EBERT entsprechend den oben entwickelten Anschauungen völlig amorph[8].

$$\text{I} \qquad \cdots CH_2-O-CH_2-O-CH_2-O-CH_2-O\cdots \text{ Polyoxymethylene}$$

$$\text{II} \qquad \cdots CH_2-\overset{\overset{\textstyle Cl}{|}}{\underset{\underset{\textstyle Cl}{|}}{C}}-CH_2-\overset{\overset{\textstyle Cl}{|}}{\underset{\underset{\textstyle Cl}{|}}{C}}-CH_2-\overset{\overset{\textstyle Cl}{|}}{\underset{\underset{\textstyle Cl}{|}}{C}}-CH_2-\overset{\overset{\textstyle Cl}{|}}{\underset{\underset{\textstyle Cl}{|}}{C}}\cdots \left\{ \begin{array}{l} \text{Polydichloräthylen aus asym.} \\ \qquad \text{Dichloräthylen} \end{array} \right.$$

Regelmäßig gebaute Fadenmoleküle: krystallisieren gut.

$$\text{III} \qquad \cdots CH_2-\overset{\overset{\textstyle Br}{|}}{\underset{\underset{\textstyle H}{|}}{C}}-CH_2-\overset{\overset{\textstyle Br}{|}}{\underset{\underset{\textstyle H}{|}}{C}}-CH_2-\overset{\overset{\textstyle H}{|}}{\underset{\underset{\textstyle Br}{|}}{C}}-CH_2-\overset{\overset{\textstyle Br}{|}}{\underset{\underset{\textstyle H}{|}}{C}}\cdots \text{ Polyvinylbromid}$$

$$\text{IV} \qquad \cdots \overset{\overset{\textstyle Cl}{|}}{CH}-CH-\overset{\overset{\textstyle Cl}{|}}{\underset{\underset{\textstyle Cl}{|}}{CH}}-CH-\overset{\overset{\textstyle }{}}{\underset{\underset{\textstyle Cl}{|}}{CH}}-\overset{\overset{\textstyle Cl}{|}}{CH}-CH-\overset{\overset{\textstyle }{}}{\underset{\underset{\textstyle Cl}{|}}{CH}}\cdots \left\{ \begin{array}{l} \text{Polydichloräthylen aus} \\ \text{trans-Dichloräthylen} \end{array} \right.$$

$$\text{V} \qquad \cdots CH_2-\overset{\overset{\textstyle C_6H_5}{|}}{\underset{\underset{\textstyle H}{|}}{C}}-CH_2-\overset{\overset{\textstyle C_6H_5}{|}}{\underset{\underset{\textstyle H}{|}}{C}}-CH_2-\overset{\overset{\textstyle H}{|}}{\underset{\underset{\textstyle C_6H_5}{|}}{C}}-CH_2-\overset{\overset{\textstyle C_6H_5}{|}}{\underset{\underset{\textstyle H}{|}}{C}}\cdots \text{ Polystyrol}$$

Unregelmäßig gebaute Fadenmoleküle: krystallisieren nicht oder schlecht.

---

[1] Das Reduktionsprodukt des Butadienkautschuks sollte ein hochmolekulares Paraffin und als solches schwer löslich und krystallisiert sein. Es wurde aber ein amorphes lösliches Produkt erhalten, das kein normales Paraffin ist; denn der Butadienkautschuk besitzt nicht den regelmäßigen Bau der Moleküle wie der Naturkautschuk.

[2] Vgl. Zweiter Teil, B. IV. 5.          [3] Vgl. Zweiter Teil, A. II. 4.

[4] STAUDINGER, H., u. A. SCHWALBACH: Liebigs Ann. **488**, 8 (1931).

[5] Helv. chim. Acta **12**, 934 (1929).

[6] Nach Untersuchungen von E. SAUTER, vgl. Helv. chim. Acta **13**, 832 (1930).

[7] Nach Röntgenaufnahmen von E. SAUTER.

[8] Nach freundlicher Privatmitteilung von Herrn Prof. L. EBERT, Würzburg; cis-Dichloräthylen krystallisiert nicht.

Auffallend ist der Unterschied in der Krystallisationsfähigkeit zwischen Kautschuk einerseits und Balata und Guttapercha andererseits; die beiden letzteren Kohlenwasserstoffe sind identisch[1]. Guttapercha und Balata scheiden sich aus ihren Lösungen krystallisiert ab[2] und können durch Abkühlen konzentrierter Lösungen umkrystallisiert werden, während Kautschuk sich amorph ausscheidet. Die Bindungsart der Grundmoleküle in den Guttapercha-, Balata- und Kautschukmolekülen ist nach den chemischen Untersuchungen die gleiche: beim Ozonabbau werden die gleichen Spaltstücke erhalten, und die Hydrierungsprodukte — Hydrokautschuk, Hydrobalata und Hydroguttapercha — lassen keine Unterschiede erkennen[3]. Die Viscositätsuntersuchungen ergeben, daß alle diese Stoffe aus langgestreckten Fadenmolekülen bestehen, denn die $K_m$-Konstanten für die hemikolloiden Abbauprodukte von Kautschuk, Balata und Guttapercha sind die gleichen[4]. Die Unterschiede zwischen Kautschuk und Balata können auch nicht darauf beruhen, daß Balata etwas kürzere Moleküle hat wie Kautschuk, denn dann müßte man beim Abbau des Kautschuks balataähnliche Produkte erhalten[5]. Der Unterschied beider Stoffe ist auf eine Stereoisomerie zurückzuführen, und zwar wurde für Balata die cis-Form, für Kautschuk die trans-Form vorgeschlagen[6], weil bei der cis-Form sich die Kohlenstoffatome regelmäßiger anordnen lassen als bei der trans-Form[7].

$$\text{cis-Form}\qquad \underset{-CH_2}{\overset{H_3C}{\diagdown}}C=C\underset{CH_2-CH_2}{\overset{H}{\diagup}}\quad \underset{CH_2-CH_2}{\overset{H_3C}{\diagdown}}C=C\underset{CH_2-CH_2}{\overset{H}{\diagup}}\quad \underset{CH_2-CH_2}{\overset{H_3C}{\diagdown}}C=C\underset{CH_2-CH_2}{\overset{H}{\diagup}}\quad \overset{H_3C}{\diagdown}C=$$

$$\text{trans-Form}\qquad \underset{-CH_2}{\overset{H_3C}{\diagdown}}C=C\underset{H}{\overset{CH_2-CH_2}{\diagup}}\quad \underset{H_3C}{\overset{}{\diagup}}C=C\underset{CH_2-CH_2}{\overset{H}{\diagdown}}\quad \underset{CH_2-CH_2}{\overset{H_3C}{\diagdown}}C=C\underset{H}{\overset{CH_2-CH_2}{\diagup}}\quad \underset{H_3C}{\overset{}{\diagup}}C=$$

Beim Kautschuk tritt nach den Beobachtungen von J. R. Katz beim Dehnen Krystallisation ein[8]. Eine Erklärung dieses Phänomens, das viel diskutiert worden ist, soll hier nicht gegeben werden[9].

---

[1] Ob diese Kohlenwasserstoffe genau die gleiche Moleküllänge besitzen, ist noch nicht untersucht. Beide Kohlenwasserstoffe zeigen aber den gleichen Krystallbau, vgl. E. A. Hauser u. G. v. Susich: Kautschuk **1931**, 120.

[2] Kirchhof, F.: Kautschuk **1929**, 175. — Staudinger, H., u. H. F. Bondy: Ber. Dtsch. Chem. Ges. **63**, 726 (1930).

[3] Staudinger, H., E. Geiger, E. Huber, W. Schaal u. A. Schwalbach: Helv. chim. Acta **13**, 1334 (1930).

[4] Staudinger, H., u. H. F. Bondy: Ber. Dtsch. Chem. Ges. **63**, 734 (1930).

[5] Es wurde früher erwogen, ob der Unterschied in der Krystallisationsfähigkeit zwischen Kautschuk und Balata darauf beruht, daß Balata Fadenmoleküle besitzt, während die Moleküle des Kautschuks hochmolekulare Ringe darstellen, vgl. H. Staudinger u. R. Signer: Ztschr. f. Krystallogr. **70**, 205 (1929). Diese älteren Annahmen sind aber unrichtig. Der Unterschied zwischen Balata und Kautschuk beruht auf einer Stereoisomerie dieser beiden Produkte.

[6] Staudinger, H.: Ber. Dtsch. Chem. Ges. **63**, 927 (1930). Auf die Möglichkeit der Stereoisomerie machte in einer Diskussion 1926 A. Haanen aufmerksam.

[7] K. H. Meyer u. H. Mark: Der Aufbau der hochpolymeren organischen Naturstoffe, S. 205, Leipzig 1930, kamen zu der umgekehrten Auffassung und begründeten dies durch einen Vergleich mit niedermolekularen cis-trans-Isomeren. Bei niedermolekularen Stoffen schmilzt die trans-Modifikation höher als die cis-Modifikation. Deshalb sollte auch die höherschmelzende Balata die trans-Form besitzen. Es ist aber möglich, daß diese Regel nur auf niedermolekulare Stoffe beschränkt ist und für höhermolekulare keine Gültigkeit mehr hat, z. B. ist es möglich, daß Ölsäure die trans-Form und Elaidinsäure die cis-Form ist. Vgl. dazu H. Staudinger u. E. Ochiai: Ztschr. f. physik. Ch. (A) **158**, 49 (1931).

[8] Katz, J. R., u. K. Bing: Ztschr. f. angew. Ch. **38**, 439 (1925).

[9] Vgl. dazu M. Kröger u. M. Le Blanc: Ergebn. d. angew. physikal. Chem. **1**, 289 (1931).

## VI. Die Krystallisation gelöster hochmolekularer Verbindungen.

Die krystallisierten Gebilde, die sich aus Lösungen hochmolekularer Stoffe ausscheiden, wie die krystallisierte Balata, die Polyäthylenoxyde und die Polyoxymethylene[1], sind nicht aus einheitlich langen Molekülen aufgebaut, sondern aus solchen verschiedener Länge; deshalb können sich hier nicht, wie bei Stoffen aus gleich langen Molekülen, ebene Begrenzungsflächen der Krystalle ausbilden, sondern einzelne Makromoleküle werden über die Oberfläche herausragen, andere werden zu kurz sein. Mit dieser Unregelmäßigkeit der Oberfläche bringen wir die starken Absorptionskräfte in Zusammenhang, die man bei diesen Stoffen beobachtet. Solche Gebilde sind vielleicht die Krystallite der Cellulose, die von NÄGELI als Micell[2] bezeichnet wurden. Wir schlagen vor, als Krystallite in Zukunft nur solche krystallisierte Gebilde zu bezeichnen, die sich aus Makromolekülen aufbauen. Krystalle bilden sich aus Molekülen einheitlicher Größe, gleichgültig, ob diese klein oder groß sind.

Bei den Polyoxymethylen-diacetaten und -dimethyläthern vom Polymerisationsgrad 8—20 kann man die Krystallisation von Polymeren mit einheitlichen Molekülen sowie von Gemischen Polymerhomologer verfolgen.

Die Größe der Krystalle bei der Krystallisation von Polyoxymethylen-diacetaten wurde von J. HENGSTENBERG[3] und R. SIGNER[4] untersucht, mit dem Ergebnis, daß mit zunehmender Molekülgröße deren Dimensionen abnehmen (s. Tabelle 42). Je länger die Moleküle sind, die sich in einer Lösung befinden,

Tabelle 42.
Tabelle der Krystallgröße[3] der einzelnen Polyoxymethylen-diacetate.

| Anzahl der CH$_2$O-Gruppen des Polymeren . . . . . | 8 | 9 | 10 | 12 | 14 | 17 | 19 |
|---|---|---|---|---|---|---|---|
| Ungefähre Krystallgröße in $\mu$ | 70 | 50 | 25 | 15 | 10 | 2 | 1 |
| Anzahl der Moleküle im Krystall . . . . . . . . | $9 \cdot 10^{14}$ | $3 \cdot 10^{14}$ | $3 \cdot 10^{13}$ | $5 \cdot 10^{12}$ | $2 \cdot 10^{12}$ | $1 \cdot 10^{10}$ | $1 \cdot 10^{9}$ |

desto kleiner sind die sich abscheidenden Krystalle, und zwar einmal infolge der geringeren Beweglichkeit größerer Moleküle im Vergleich zu kleineren, ferner weil die Krystallkeime, die durch Zusammenlagern von wenigen Molekülen entstehen, infolge der größeren Gitterkräfte um so beständiger sind, je größer diese Moleküle sind. So entstehen mit wachsender Moleküllänge des auskrystallisierenden Stoffes zahlreichere, aber kleinere Krystalle.

Noch viel deutlicher wird der Unterschied in der Krystallisationstendenz verschieden langer Moleküle, wenn man die Zahl der in den Krystallen vorhandenen Moleküle berechnet. Unter der einfachsten Annahme, daß die Krystalle kubische Teilchen sind, ist nach vorstehender Tabelle die Zahl der Moleküle im Krystall des 19-Oxymethylen-diacetats ungefähr $10^6$ mal kleiner als die Anzahl der Moleküle im 8-Oxymethylen-diacetatkrystall.

---

[1] Vgl. Zweiter Teil, B. II. 5.

[2] Die Micellen NÄGELIS haben einen anderen Aufbau als die Seifenmicellen und dürfen mit diesen nicht verwechselt werden.

[3] HENGSTENBERG, J.: Ann. der Physik (IV) **84**, 245 (1927).

[4] SIGNER, R.: Liebigs Ann. **474**, 187 (1929).

Hat man ein Gemisch der verschiedenen Polyoxymethylen-diacetate in Lösung und läßt dieses krystallisieren, so ist es wahrscheinlich, daß nur Moleküle annähernd gleicher Länge zu einem Krystall zusammentreten, so daß nach der Krystallisation ein Gemisch von Krystallen verschiedener Größe vorhanden ist. Beim Abkühlen werden zuerst die großen Moleküle zu Krystallen zusammentreten und erst dann die kleineren; denn sonst wäre es nicht möglich, Gemische der Polyoxymethylen-diacetate zu trennen.

Die Wachstumsbedingungen eines Krystalls sind in Lösungen solcher Gemische nicht so günstig wie bei reinen Substanzen. Deshalb kommt es zur Ausscheidung immer kleinerer Krystalle, je mehr verschiedene Polyoxymethylen-diacetatmoleküle in der Lösung vorliegen. Bei einer sehr großen Zahl von Polymerhomologen bilden sich bei der Krystallisation aus Lösung Krystalle von Kolloiddimensionen mit der für solche Systeme charakteristischen Fähigkeit der Adsorption des Lösungsmittels. Man hat in diesem Fall den Eindruck der Ausscheidung einer kolloiden Substanz. Lösungsmittel und ausgeschiedene Substanz bilden eine nicht filtrierbare Gallerte. Je weiter das polymerhomologe Gemisch in einheitliche Substanzen getrennt wird, um so pulveriger wird die Ausscheidung, da die Krystallgröße zunimmt. Krystallisiert man statt der relativ niedermolekularen Polyoxymethylenderivate vom Polymerisationsgrad 10—20 den 100-Oxymethylen-dimethyläther um, so ist bei den geringen Löslichkeitsunterschieden benachbarter Polymerhomologer die Bildung einheitlicher Krystalle unmöglich: an einen Krystallkeim werden sich nicht nur Moleküle genau der gleichen Länge anlagern, sondern auch andere ähnlicher Größe; so entstehen Krystallite mit unregelmäßiger Oberfläche und starkem Adsorptionsvermögen. Da das Krystallwachstum hier ähnlich wie bei der Bildung der Seifenmicellen[1] einseitig begünstigt ist, so sind diese Krystallite langgestreckt. Die langen Moleküle stehen quer[2] zum Längsdurchmesser des Krystallits und nicht parallel dazu, wie dies in den natürlichen Fasern der Fall ist.

## VII. Amorphe, hochmolekulare, lösliche Produkte.

Die Bildung von festen amorphen Massen aus Lösung, sei es durch Eindampfen derselben, sei es durch Ausscheidung infolge Zusatz von Fällungsmitteln, erfolgt prinzipiell nicht anders wie die Bildung von krystallisierten hochmolekularen Produkten. Die langen Fadenmoleküle, die sich in Lösung befinden, lagern sich parallel, und es hängt lediglich, wie schon gesagt, vom Bau der Fadenmoleküle ab, ob die Bildung eines Krystallgitters erfolgt oder nicht, nicht dagegen von der Einheitlichkeit dieser Produkte. In den amorphen Substanzen, z. B. den amorphen Polystyrolen, sind also die Moleküle nicht völlig ungeordnet, sondern parallel gelagert; auch in flüssigen organischen Stoffen, die kurze Fadenmoleküle enthalten, z. B. in den normalen Alkoholen, ist eine solche Parallellagerung der Moleküle in der Flüssigkeit durch die Arbeiten von G. W. Stewart und J. R. Katz[3] nachgewiesen worden. Für eine derartige An-

---

[1] Lawrence. A. S. C.: Kolloid-Ztschr. **50**, 12 (1930). — Thiessen, P. A., u. R. Spychalski: Ztschr. f. physik. Ch. (A), **156**, 435 (1931).

[2] Vgl. Zweiter Teil, B. II. 5.

[3] Stewart, G. W.: Chem. Zentralblatt **1928 I**, 639; **1928 II**, 1740. — Katz, J. R.: Ztschr. f. physik. Ch. **45**, 97 (1927) — Chem. Zentralblatt **1928 I**, 154.

ordnung der langen Moleküle im amorphen Zustand spricht schon die Tatsache, daß der Unterschied der spez. Gewichte des amorphen und des krystallisierten Stoffes nicht sehr groß ist, wie z. B. beim Kautschuk. Der amorphe Kautschuk hat das spez. Gewicht ca. 0,92 [*]; das des krystallisierten, gedehnten Kautschuks ist nach FEUCHTER 0,953 [**]. Bei einer völlig regellosen Lagerung der Moleküle im amorphen Zustand müßten sehr große zwischenmolekulare Lücken vorhanden sein und daher sich ein relativ kleines spez. Gewicht ergeben.

Der amorphe Zustand dieser hochmolekularen Stoffe ist also nicht prinzipiell von dem krystallisierten unterschieden, da auch hier eine gewisse Anordnung der Moleküle vorhanden ist und nur die gittermäßige Ordnung der Atome fehlt. Die amorphen Polystyrole sind also wie die krystallisierten Körper als feste Stoffe anzusprechen, da die langen Fadenmoleküle infolge der starken zwischenmolekularen Kräfte im amorphen Stoff fast geradeso unbeweglich sind wie im krystallisierten. Diese amorphen Stoffe sind also keinesfalls Flüssigkeiten von besonders hoher Viscosität, wie man häufig angenommen hat. In einer polymerhomologen Reihe, z. B. bei den Polystyrolen und Polyindenen, wird die Verflüssigungstemperatur mit zunehmendem Polymerisationsgrad immer höher, denn mit zunehmender Molekülgröße wird die Beweglichkeit der Moleküle immer geringer. So sind die niederen Glieder der Reihe der polymerhomologen Polystyrole hochviscose Flüssigkeiten, die höheren feste amorphe Produkte. Dieser Übergang von Flüssigkeiten in amorphe, feste Körper mit zunehmender Kettenlänge kann gerade in dieser Reihe gut verfolgt werden[1].

Da alle diese Stoffe aus Gemischen von Polymerhomologen zusammengesetzt sind, so ist der Temperaturpunkt, bei dem die zwischenmolekularen Kräfte derart gelockert sind, daß die Moleküle beweglich werden, nicht scharf. Denn bei den kleineren Molekülen sind die zwischenmolekularen Kräfte geringer als bei den großen, und deshalb verflüssigen sich diese Gemische nicht bei einer ganz bestimmten Temperatur wie die festen Stoffe, die aus einheitlich großen Molekülen aufgebaut sind, sondern in einem Intervall[2].

## VIII. Die Krystallisation von unlöslichen hochmolekularen Verbindungen.

Auch völlig unlösliche Stoffe können krystallisiert sein. Hierher gehört die krystallisierte Cellulose. Ein Verständnis der Bildung derselben können die Polyoxymethylene vermitteln.

Zum Studium der Krystallisation hochmolekularer unlöslicher Substanzen kann speziell die Bildung des $\beta$-Polyoxymethylens dienen, da dessen Konstitution in chemischer Hinsicht aufgeklärt ist. Es ist ein sehr hochmolekulares Polyoxymethylen-dihydrat. Dieser Stoff ist von AUERBACH und BARSCHALL[3] in gut ausgebildeten hexagonalen Prismen erhalten worden. O. SCHWEITZER[4]

---

[*] MACALLUM u. WHITBY: Chem. Zentralblatt 1925 I, 1295. — STAUDINGER, H., u. E. GEIGER: Kautschuk 1925, Septemberheft, 9.

[**] Kautschuk 1925, 35.

[1] Vgl. S. 163.

[2] Wir bezeichnen diesen Vorgang des Überganges eines festen amorphen Körpers in eine Flüssigkeit als Verflüssigung und nicht als Schmelzen, um ihn vom Schmelzen der Krystalle zu unterscheiden.

[3] AUERBACH, F., u. H. BARSCHALL: Arbb. Kais. Gesundh.-Amt 27, 183 (1907).

[4] Vgl. O. SCHWEITZER: Inaug.-Diss. Freiburg i. Br. 1930.

hat durch sehr langsame Krystallisation hexagonale Prismen, wie sie Abb. 17 zeigt, hergestellt[1]. Die langen Fadenmoleküle, die den Krystall aufbauen, entstehen nicht primär in Lösung und scheiden sich dann ab, sondern in Lösung befinden sich Moleküle des monomeren Formaldehyds. Mit der Bindung dieser Formaldehydmoleküle im Polyoxymethylenkrystall tritt in einer Richtung eine Verknüpfung der Atome durch normale Co-Valenzen unter Bildung eines Fadenmoleküls ein. In den beiden dazu senkrechten Richtungen erfolgt die Bindung durch Molekülgitterkräfte.

Ob ein einziges Makromolekül den ganzen Krystall von einer Basisfläche zur anderen durchzieht oder ob die Länge der Krystalle mehreren kürzeren Makromolekülen entspricht, läßt sich hier weder chemisch noch röntgenographisch entscheiden, weil die Zahl der Endgruppen so gering ist, daß sie sich dem genauen Nachweis entzieht.

Die in Abb. 17 abgebildeten Krystalle haben eine Größe von etwa 0,05 mm*. Wenn die Polyoxymethylenmoleküle als Fäden den ganzen Krystall durchziehen, so müßten der Größenordnung nach $10^5$ Formaldehydgruppen durch normale Co-Valenzen zu einem großen Molekül gebunden sein. Die Endgruppen, nämlich die Hydroxylgruppen, wären in diesem Fall auf der Oberfläche angeordnet.

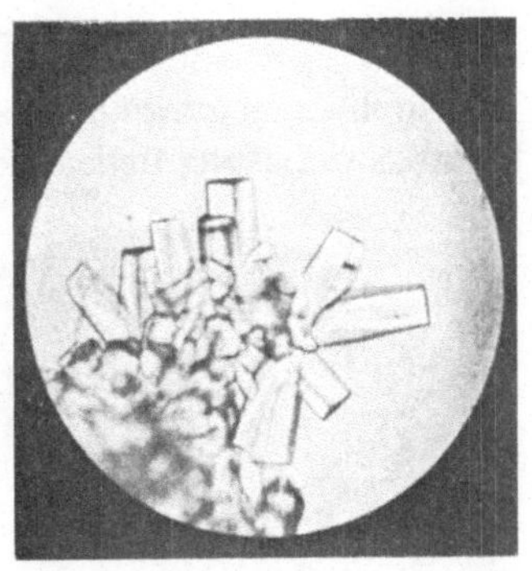

Abb. 17.
Krystalle des β-Polyoxymethylens.

Diese Hypothese über die Länge der Moleküle in den Krystallen ist nach dem physikalischen und chemischen Verhalten des β-Polyoxymethylens nicht wahrscheinlich. Man weiß aus zahlreichen Erfahrungen bei anderen Stoffen, daß sehr hochmolekulare Produkte sich nicht pulverisieren lassen, sondern sehr zäh sind. In der Tat ist auch das Eupolyoxymethylen, das durch Polymerisation von flüssigem Formaldehyd erhalten wird[2], hart und zäh. Da das β-Polyoxymethylen leicht pulverisierbar ist, sich also wie ein Hemikolloid verhält, sollten in ihm nur Ketten vom Polymerisationsgrad 100—150 vorhanden sein.

Für eine geringe Molekülgröße sprechen auch die chemischen Eigenschaften. Die β-Polyoxymethylenkrystalle werden rasch von Laugen gelöst und beim Kochen mit heißem Wasser angegriffen. Der Abbau der Polyoxymethylenkette erfolgt dabei nur an den endständigen Hydroxylgruppen. Wenn das β-Polyoxymethylen aus sehr langen Fadenmolekülen aufgebaut wäre, so müßte es bei der geringen Zahl der Angriffsstellen nur sehr langsam reagieren. Der rasche Abbau des β-Polyoxymethylens läßt darauf schließen, daß die regelmäßigen β-Polyoxymethylenkrystalle nicht aus sehr langen, den Krystall durchziehenden Fadenmolekülen aufgebaut sind, sondern aus kürzeren Ketten.

---

[1] Vgl. dazu auch H. W. KOHLSCHÜTTER: Zur Morphologie hochmolekularer Stoffe. Liebigs Ann. **482**, 75 (1930); **484**, 155 (1930).

* An solchen Krystallen wurden von E. SAUTER Drehkrystallaufnahmen gemacht und dadurch die Richtigkeit der von J. HENGSTENBERG durchgeführten Indizierung des Polyoxymethylendiagramms bestätigt.

[2] Vgl. Zweiter Teil, F. IV. 3a.

Der regelmäßige Bau der Krystalle kommt dabei dadurch zustande, daß das Krystallwachstum durch Anlagerung von Einzelmolekülen aus Lösung vor sich geht, also ähnlich erfolgt wie das Wachstum eines Kochsalzkrystalls, allerdings mit dem wesentlichen Unterschied, daß mit dem Krystallwachstum die Bildung der polymeren Moleküle eintritt. Wenn bei dieser Molekülbildung Teile davon über die Krystalloberfläche herausragen, so werden diese abgebaut. An der Oberfläche des Krystalls gehen also Polymerisations- und Entpolymerisationsprozesse vor sich, erstere durch Einbauen, letztere durch Ablösen von Formaldehydmolekülen.

Eine ganz ähnliche Bildung der Krystallite kann man auch bei der Cellulose annehmen: auch dort wachsen die Cellulosefäden dadurch, daß Glykosemoleküle in das Krystallgitter eingelagert werden, derart, daß gleichzeitig eine Bindung des Glykoserestes durch normale Co-Valenzen erfolgt, so daß ein Fadenmolekül entsteht. Das Krystallwachstum geht also auch hier mit dem Wachstum der Makromoleküle Hand in Hand[1].

## IX. Die Bildung der Polyoxymethylenfaser.

Durch einen ganz ähnlichen Vorgang wie die Bildung des $\beta$-Polyoxymethylenkrystalls in Lösung findet auch die Bildung des krystallisierten Polyoxymethylens aus Formaldehydgas statt. Aus feuchtem Formaldehydgas entstehen krystallisierte Polyoxymethylenderivate derart, daß sich Formaldehydmoleküle im

Abb. 18.  Polyoxymethylenfasern.
Vergr. 10fach.

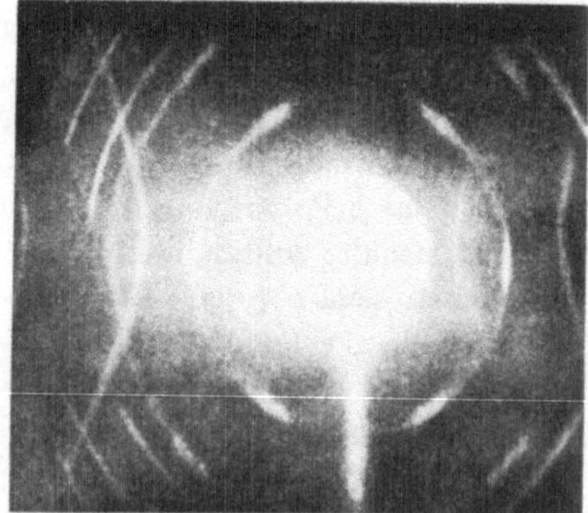

Abb. 19. Diagramm der Polyoxymethylenfaser.
Aufnahme von J. HENGSTENBERG.

Dampfzustand an Krystallkeime von Polyoxymethylen-dihydrat anlagern; so entstehen Krystalle, indem die Formaldehydgruppen sich gleichzeitig ins Gitter und durch Co-Valenzen in die Polyoxymethylenketten einlagern. Meistens erfolgt dabei die Bildung zahlreicher kleiner Krystalle, so daß man von solchen Produkten nur ein DEBYE-SCHERRER-Diagramm erhält. Unter besonderen Bedingungen gelingt es aber auch, dieses Polyoxymethylen in Form von Fasern zu

[1] STAUDINGER, H., u. R. SIGNER: Liebigs Ann. **474**, 267 (1929).

erhalten (Abb. 18)[1]; diese Fasern geben, wie die Cellulosefaser, bei der Röntgenuntersuchung ein Faserdiagramm (Abb. 19)[1]. Es ist das die erste, aus kleinen Bausteinen synthetisch hergestellte organische Faser.

Danach sind hier einzelne Krystallite parallel zu einer Faserachse angeordnet. Die Polyoxymethylenfasern wurden von H. W. KOHLSCHÜTTER genauer untersucht, der zu dem auffallenden Ergebnis kam, daß ihre Bildung mit dem Entstehen von Trioxymethylen, welches in langen Nadeln krystallisiert, verknüpft ist[2].

## X. Ein-, zwei-, dreidimensionale Makromolekülgitter.

Wie früher ausgeführt[3], müssen in konsequenter Anwendung des Molekülbegriffs nicht nur solche Gebilde als Makromoleküle bezeichnet werden, bei denen sehr viele Atome in einer Dimension durch normale Co-Valenzen gebunden sind, sondern auch solche Moleküle, bei denen die Bindung der Atome durch normale Co-Valenzen in zwei oder drei Dimensionen erfolgt ist. Man kann also von eindimensionalen Molekülen oder Fadenmolekülen, von zweidimensionalen oder Flächenmolekülen und dreidimensionalen oder Raummolekülen sprechen. Eindimensionale Makromoleküle sind als Bausteine von hochpolymeren Substanzen in großer Zahl bekannt, zweidimensionale Makromoleküle[4] weniger, dagegen enthalten sehr viele unlösliche Verbindungen dreidimensionale Makromoleküle. Die meisten Stoffe mit dreidimensionalen Molekülen sind amorph, da die gittermäßige Anordnung der Atome um so mehr erschwert ist, je komplizierter die Moleküle sind.

Krystallisierte organische Stoffe mit zwei- und dreidimensionalen Makromolekülen sind bisher nur im Graphit und im Diamant bekannt. Vom Graphit sagt P. P. EWALD[5]: „Im Graphit ist die Verbindung der Basisebenen so gering, daß nicht viel daran fehlt, daß der Graphit in ein Haufwerk von zweidimensionalen Krystallen zerfällt." Die Bindungen der Kohlenstoffatome im Graphit entsprechen in zwei Richtungen den Co-Valenzgitterkräften, in der dritten Richtung den Molekülgitterkräften. Beim Diamant sind die Kohlenstoffatome in drei Richtungen durch Co-Valenzgitterkräfte gebunden.

Es sind also drei Typen von Makromolekülgittern möglich: eindimensionale Makromolekülgitter, wie sie in den Paraffinen, den Polyoxymethylenen, der Cellulose und dem krystallisierten Kautschuk vorliegen, ein zweidimensionales Makromolekülgitter im Graphit, ein dreidimensionales Makromolekülgitter im Diamant[6].

## XI. Elastizität fester hochmolekularer Stoffe.

Um die Elastizität des Kautschuks zu erklären, haben verschiedene Forscher die Annahme gemacht, daß seine langen Moleküle Spiralen darstellen, und zwar sei die Spiralform des Moleküls durch die Doppelbindungen begünstigt, da sich

---

[1] Entnommen der Arbeit von H. STAUDINGER u. R. SIGNER: Ztschr. f. Krystallogr. **70**, 193 (1929).

[2] KOHLSCHÜTTER, H. W.: Liebigs Ann. **482**, 75 (1930). — KOHLSCHÜTTER, H. W., u. L. SPRENGER: Ztschr. f. physik. Ch. (B) **16**, 284 (1932).

[3] Vgl. Erster Teil, A. VII.

[4] Die Siloxene von H. KAUTSKY können als zweidimensionale Makromoleküle bezeichnet werden.

[5] EWALD, P. P.: Krystalle und Röntgenstrahlen, S. 136. Berlin 1923.

[6] Vgl. WEISSENBERG: Ber. Dtsch. Chem. Ges. **59**, 1526 (1926) — Ztschr. f. physik. Ch. **139**, 529 (1928) über Mikroketten, Mikronetz und Mikroraumbausteine.

bei dieser Anordnung die Nebenvalenzen dieser Doppelbindungen absättigen
können. Auf der Dehnbarkeit solcher Spiralen soll die Elastizität des Kautschuks beruhen. Diese Anordnung der Atome im Molekül konnte scheinbar auch
erklären, warum die Krystallisation des Kautschuks beim Dehnen erfolgt: denn
erst wenn die Moleküle aus der Spiralform durch Zug in die gestreckte Form
gebracht werden, sollte eine gittermäßige Anordnung der Atome möglich sein[1]
(vgl. Abb. 20).

Diese Auffassung schien dadurch experimentell gestützt, daß die elastischen
Eigenschaften des Kautschuks verschwinden, wenn man seine Doppelbindungen
aufhebt. Kautschukhalogenide, ebenso Hydrokautschuke sind nicht elastisch[2].

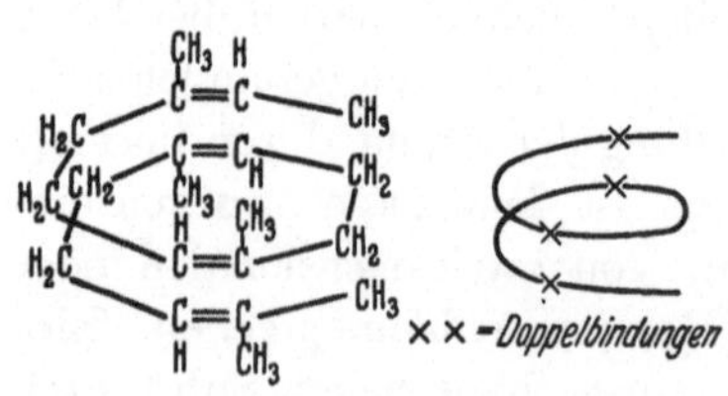


Abb. 20. Schema eines Rohkautschukmole-
küls. [Nach F. Kirchhof: Kautschuk 6,
31 (1930).]

Es stellte sich jedoch heraus, daß es sich
bei diesen Hydrokautschuken um Hemikolloide,
also stark abgebaute Produkte vom Durchschnittsmolekulargewicht 2000—10000 han-
delte, während der Kautschuk selbst ein Molekulargewicht von über 100000 besitzt[3]. Hochmolekulare Hydrokautschuke vom Durchschnittsmolekulargewicht 30000 sind schon
etwas elastisch, wenn auch nicht in dem Maße
wie Kautschuk selbst[4].

Aber auch eine große Reihe anderer Beobachtungen spricht dagegen, daß
die Elastizität des Kautschuks mit einer Spiralform der Moleküle in Zusammenhang steht, so vor allem die Viscositätsuntersuchungen; nach diesen müssen die
Moleküle des Kautschuks und der Balata so wie die der Paraffine langgestreckte
Fadenmoleküle sein. Denn bei den Polyprenen besteht derselbe Zusammenhang
zwischen Viscösität und Molekulargewicht wie bei Paraffinen. Weiter treten
elastische Eigenschaften auch bei anderen Hochpolymeren auf, deren Moleküle
keine Doppelbindungen besitzen. Es wird z. B. das hochmolekulare gesättigte
Polystyrol, das in der Kälte ein hartes zähes Glas darstellt, beim Erwärmen
auf 100—120° elastisch[5]. Das bei Zimmertemperatur harte Polystyrol ist also
mit einem auf tiefe Temperatur gekühlten Kautschuk zu vergleichen, der dann
ebenfalls sehr hart und spröde ist. Das polymere Styrol wird durch geringe Zusätze von monomerem schon bei gewöhnlicher Temperatur elastisch. Den gleichen
Effekt bewirken auch andere Quellungsmittel, z. B. Tetralin.

Man gewinnt aus diesen Versuchen den Eindruck, daß nicht die reinen Stoffe
elastisch sind, sondern nur Gemische, z. B. Gemische von Polymerhomologen.
Es gehört weiter eine bestimmte Mindesttemperatur dazu, um einen Stoff elastisch
werden zu lassen. Für die Elastizität[6] ist endlich ein Aufbau der Stoffe aus Makro-

---

[1] Vgl. F. Kirchhof: Kolloid-Ztschr. **30**, 176 (1922). — Meyer, K. H., u. H. Mark:
Ber. Dtsch. Chem. Ges. **61**, 1944 (1928). — Fikentscher, H., u. H. Mark: Kautschuk **1930**, 2.
— Ferner F. Kirchhof: Kautschuk **1930**, 31.

[2] Staudinger, H., u. J. Fritschi: Helv. chim. Acta **5**, 789 (1922). — Vgl. ferner K. H.
Meyer u. H. Mark: Der Aufbau der hochpolymeren organischen Naturstoffe, S. 1. Leipzig 1930.

[3] Staudinger, H.: Helv. chim. Acta **13**, 1324 (1930).

[4] Staudinger, H., u. W. Feisst: Helv. chim. Acta **13**, 1361 (1930).

[5] Staudinger, H.: Ber. Dtsch. Chem. Ges. **59**, 3036 (1926).

[6] Vgl. H. Staudinger: Ber. Dtsch. Chem. Ges. **63**, 929 (1930); ferner die ähnlichen
Ausführungen K. H. Meyers: Kolloid-Ztschr. **49**, 212 (1932).

molekülen wichtig. Bei tiefer Temperatur sind die intermolekularen Kräfte zwischen den Makromolekülen so groß, daß die Produkte starr sind und gewöhnlichen festen Körpern gleichen. Bei Erhöhung der Temperatur auf einen bestimmten Punkt werden die zwischenmolekularen Kräfte so weit überwunden, daß die Moleküle beweglich werden; deshalb erhalten die Produkte elastische Eigenschaften, wie sie in wenig Lösungsmittel quellenden, hochmolekularen Stoffen eigentümlich sind.

Die Versuche am synthetischen Material zeigen weiter, daß ein Zusammenhang zwischen Elastizität und Molekülgröße besteht. In der polymerhomologen Reihe der Polystyrole nehmen die elastischen Eigenschaften mit zunehmender Molekülgröße zu[1]. Auch beim Polyoxymethylen macht man dieselbe Erfahrung: ein sehr hochmolekulares Polyoxymethylen, das Eupolyoxymethylen, ist in der Wärme elastisch, während $\alpha$-, $\beta$- und $\gamma$-Polyoxymethylen, die hemikolloiden Charakter haben, nicht elastisch sind[2].

Nach den bisherigen Beobachtungen bedingen also die Doppelbindungen in den Kautschukmolekülen nicht seine Elastizität; vielmehr besitzen viele hochmolekulare Substanzen Elastizität, allerdings nur in bestimmten Temperaturintervallen.

## G. Die Natur der kolloiden Lösungen.

### I. Frühere Auffassungen.

Die am meisten in die Augen fallende Eigenschaft hochmolekularer Stoffe ist die Viscosität ihrer Lösungen, die schon in niederprozentiger Lösung außerordentlich hoch sein kann. 1—2 proz. Kautschuklösungen in Benzol besitzen eine relative Viscosität von etwa 100 und mehr, sind also 100 mal so viscos wie das Lösungsmittel, während gleichkonzentrierte Lösungen von niedermolekularen Terpenen in Benzol fast die gleiche Viscosität wie das Lösungsmittel haben. Ebenso zeichnen sich 1—2 proz. Lösungen von Celluloseacetaten in m-Kresol und solche von Cellulose in Schweizers Reagens durch eine enorm hohe Viscosität aus.

In der Kolloidliteratur finden sich die verschiedensten Annahmen, um diese hohe Viscosität der Lösungen zu erklären. Dabei ging man in der Regel von dem Gedankengang von A. Einstein aus, der festgestellt hatte, daß die Raumbeanspruchung z. B. eines Moleküls des Zuckers in Lösung größer ist als im Krystall. Er kommt dabei zu der Annahme[3], „daß das in Lösung befindliche Zuckermolekül die Beweglichkeit des unmittelbar angrenzenden Wassers hemme, so daß ein Quantum Wasser, dessen Volumen ungefähr das Dreifache[4] des Volumens des Zuckermoleküls ist, an das Zuckermolekül gekettet ist".

Auf Grund der Einsteinschen Beobachtung kam man dann bei hochmolekularen Stoffen zu der Vorstellung, daß die gelösten Teilchen eine besonders starke Raumbeanspruchung haben müssen, und führte die hohe Viscosität der

---


[1] Staudinger, H., u. H. Machemer: Ber. Dtsch. Chem. Ges. **62**, 2922 (1929).

[2] Vgl. Zweiter Teil, B. IV. 4.

[3] Einstein, A.: Ann. der Physik **19**, 289 (1906). Zitiert von S. 301.

[4] Später korrigiert zu $^5/_3$. — Einstein, A.: Ann. der Physik **34**, 591 (1911) — Kolloid-Ztschr. **27**, 137 (1920).

Lösung darauf zurück[1]. Da weiter bei Ionen eine starke Bindung von Wassermolekülen, also Solvatation, nachgewiesen war, so nahm man auch eine starke Solvatation z. B. der Micellen der Seifen an und brachte damit die hohe Viscosität ihrer Lösungen in Zusammenhang. Da man endlich den Molekülkolloiden, wie Kautschuk, Cellulose und den Eiweißstoffen einen micellaren Bau zuschrieb, so führte man die hohe Viscosität ihrer Lösungen analog auf eine starke Solvatation der gelösten Micellen zurück. So sagen z. B. K. H. Meyer und H. Mark über den Kautschuk: „Die hohe Viscosität dieser Lösung, z. B. in Benzol, läßt wohl darauf schließen, daß in diesem Lösungsmittel sehr große, stark solvatisierte Micellen vorliegen[2]." Eine richtige Auffassung der Natur der kolloiden Lösungen und der Solvatationserscheinungen war natürlich früher nicht möglich, da der Bau der gelösten Kolloidteilchen der hochmolekularen Substanzen nicht bekannt war; es mußte erst durch die geschilderten chemischen Untersuchungen die Konstitution der hochmolekularen Naturstoffe, ihre Molekülgröße und ihre Molekülform aufgeklärt sein, bevor man sichere Aussagen über die Natur ihrer kolloiden Lösungen machen konnte.

Nachdem an einer Reihe von Beispielen, hauptsächlich an synthetischen Polymeren, nachgewiesen war, daß die früheren Ansichten eines micellaren Baues der Kolloidteilchen der hochmolekularen Stoffe unrichtig sind und daß die Kolloidteilchen Fadenmoleküle darstellen, die sich bei den verschiedenen Stoffen durch ihre Länge unterscheiden, versuchten H. Fikentscher und H. Mark[3] die hohe Viscosität der Lösungen von Molekülkolloiden auf eine starke Solvatation der gelösten Fadenmoleküle zurückzuführen, und nahmen an, daß die Größe der Solvathülle eines Fadenmoleküls durch das Volumen eines Rotationsellipsoids wiedergegeben werden kann.

Nach den Autoren[4] „ist das Volumen eines solchen Teilchens im solvatisierten Zustande

$$\varphi' = \frac{4}{3}\,\pi\,\frac{l}{2}\cdot\left(\frac{m}{2}\right)^2.$$

Der große Durchmesser $l$ des Ellipsoides fällt mit der Länge des Kettenmoleküls zusammen, während der kleine Durchmesser $m$ noch eine Funktion dieser Länge ist. In dem Verhältnis der beiden Durchmesser drückt sich schematisch die spezifische Affinität des Kolloids zum Lösungsmittel in dem Sinne aus, daß sich bei großer Affinität das Ellipsoid etwa der Kugelgestalt nähert, bei geringer Affinität eine langgestreckte Form annimmt. Deshalb wird im allgemeinen das Verhältnis der beiden Durchmesser — also auch das Maß der Immobilisierung — bei verschiedenen Substanzen gleicher Kettenlänge verschieden sein. Aus der Gesamtheit des experimentellen Materials gewinnt man aber den Eindruck, daß *in polymerhomologen Reihen dieses Verhältnis von Glied zu Glied konstant bleibt.* Dies bedeutet physikalisch, daß sich beim Übergang von einem Glied einer solchen Reihe zu einem anderen zwar das Maß, nicht aber die Art der Wechselwirkung zwischen dem Kettenmolekül und dem Lösungsmittel ändert". Und weiter: „Die Solvat-

---

[1] Vgl. E. Hatschek: Kolloid-Ztschr. 7, 301 (1910); 8, 34 (1911); 11, 280, 284 (1912). Vgl. auch N. v. Smoluchowsky: Kolloid-Ztschr. 18, 190 (1916). — Hess, W. R.: Kolloid-Ztschr. 27, 1 (1920).

[2] Zitiert aus Ber. Dtsch. Chem. Ges. 61, 1945 (1928).

[3] Kolloid-Ztschr. 49, 135 (1929).      [4] Zitiert aus Kolloid-Ztschr. 49, 137, 148 (1929).

hüllen sind in polymerhomologen Reihen auch unabhängig von der Temperatur, während natürlich die absoluten $b$-Werte sowohl mit dem Lösungsmittel variieren als auch mit steigender Temperatur abnehmen. Je größer die $b$-Werte in verschiedenen Lösungsmitteln sind und je steiler ihre Temperaturkurve verläuft, desto größer ist die spezifische Affinität zum Lösungsmittel."

Wenn auch H. FIKENTSCHER und H. MARK in dieser Arbeit dieselbe Auffassung über den Aufbau der hochmolekularen Substanzen vertreten, wie sie sich durch das Studium der synthetischen Hochpolymeren ergeben hat, und wenn sie in Übereinstimmung damit annehmen, daß die Unterschiede in der Viscosität von Lösungen von Kautschuk oder Cellulosepräparaten verschiedener Vorbehandlung auf Unterschieden in der Kettenlänge beruhen[1], so sind doch ihre Folgerungen über die Natur der kolloiden Lösungen unrichtig; denn die Annahme einer starken Solvatation der langen Moleküle, die mit der Natur der Lösung wechselt, trifft nicht zu. Solche Solvathüllen, die um so größer sein müßten, je größer die Affinität des gelösten Stoffes zum Lösungsmittel ist, besitzen die gelösten Makromoleküle nicht. Wenn dieses der Fall wäre, so müßte die Größe der Solvathüllen sich bei Temperaturerhöhung sehr stark ändern, denn die Lösungsmittelmoleküle könnten in solchen Solvathüllen nur durch ganz schwache Kräfte gebunden sein, und bei Temperaturerhöhung würde der Umfang dieser Solvathüllen stark abnehmen. Eine solche Veränderung der Solvathüllen bei höherer Temperatur müßte sich durch eine starke Änderung der spezifischen Viscosität der gelösten Makromoleküle bei Temperaturerhöhung zu erkennen geben. Die spezifische Viscosität einer Lösung von hochmolekularen Stoffen ist aber bei 20 und 60° annähernd gleich[2]; die Änderung beträgt nur selten mehr als 10—20%.

Auch der Einfluß des Lösungsmittels auf die Viscosität ist nicht so stark, wie die Autoren annehmen. Wenn die langen Moleküle viele Schichten von Lösungsmittelmolekülen binden würden, dann müßte natürlich die Solvatation und damit auch die Viscosität um so größer sein, je größer die spezifische Affinität des Stoffes zum Lösungsmittel ist. In verdünnter Lösung ist aber die spezifische Viscosität eines gelösten Stoffes nahezu unabhängig vom Lösungsmittel, vorausgesetzt, daß die absolute Viscosität des gelösten Stoffes im Vergleich zu derjenigen des Lösungsmittels sehr groß ist[3]; so ist z. B. die spezifische Viscosität des Polystyrols in den verschiedensten Lösungsmitteln annähernd dieselbe[4].

Da der Begriff Solvatation von den verschiedenen Autoren nicht in der gleichen Weise gebraucht wird[5], da ferner auch noch der Begriff der Immobili-

---

[1] Im Gegensatz zu der älteren Auffassung von H. MARK, der früher annahm, daß Viscositätsuntersuchungen „wertvolle Aufschlüsse über die Struktur der solvatisierten Micelle" geben könnten, versuchen die Autoren hier, durch Viscositätsmessungen die Größe von Molekülen zu ermitteln. Vgl. H. MARK: Naturwissenschaften 1928, 900. Vgl. dazu S. 53. Anm. 8.

[2] STAUDINGER, H., u. W. HEUER: Ber. Dtsch. Chem. Ges. 62, 2933 (1929).

[3] Vgl. S. 59; ferner Zweiter Teil, A. III. 5.

[4] Paraffine und Paraffinderivate sind in Tetrachlorkohlenstofflösung etwas viscoser als in Benzol, vermutlich deshalb, weil hier der Unterschied der absoluten Viscositäten des Lösungsmittels und der relativ niedermolekularen gelösten Stoffe nicht genügend groß ist. Vgl. dazu S. 79.

[5] Vgl. z. B. die Ausführungen von Wo. OSTWALD: Kolloid-Ztschr. 9, 189 (1911). Vgl. H. LÜERS u. M. SCHNEIDER: Zur Messung der Solvatation (Quellung) in kolloiden Lösungen. Kolloid-Ztschr. 28, 1 (1921); vgl. ferner die Arbeiten von E. HATSCHEK u. N. v. SMOLUCHOWSKY.

sierung[1] von Lösungsmittelmolekülen eingeführt ist, um die Natur der kolloiden Lösungen zu erklären, sei im folgenden der Begriff „Solvatation" definiert.

## II. Solvatation.

Solvatation tritt ein, wenn sich irgendein Stoff in einem Lösungsmittel löst. Dabei werden nur solche Lösungsvorgänge betrachtet, in deren Verlauf keine Veränderungen der gelösten Moleküle vor sich gehen. In den Lösungsmitteln müssen also die normalen Moleküle gelöst sein, wie sie im festen Stoff vorliegen. Durch Entfernung des Lösungsmittels, durch Verdunsten oder Ausfällen muß das Produkt wieder unverändert zurückerhalten werden können[2]. Die Solvatationserscheinungen sind je nach der Konstitution der Moleküle des gelösten Stoffes und des Lösungsmittels verschieden.

1. Besonders einfache Verhältnisse liegen vor, wenn *homöopolare Stoffe* in Lösungsmitteln homöopolaren Charakters gelöst werden. In dem festen oder flüssigen homöopolaren Stoff betätigen sich VAN DER WAALSsche Kräfte zwischen den einzelnen gleichartigen Molekülen. Fügt man nun das Lösungsmittel, also in diesem Fall einen Stoff mit ähnlich gebauten Molekülen dazu, so tritt eine Bindung durch VAN DER WAALSsche Kräfte[3] zwischen den Lösungsmittelmolekülen und den Molekülen des zu lösenden Stoffes ein. Den Lösungsprozeß kann man mit einem chemischen Prozeß vergleichen: die Bindung durch VAN DER WAALSsche Kräfte[3] zwischen den gleichen Molekülen des festen Stoffes wird aufgehoben und durch die neue Bindung zwischen den gelösten Molekülen und den Lösungsmittelmolekülen ersetzt; da die zwischenmolekularen Kräfte sehr schwach sind, so treten bei dieser „Umsetzung" nur sehr geringe Energieänderungen ein.

Bei dem Lösungsvorgang bildet sich um die gelösten Moleküle eine monomolekulare Solvatschicht, denn die schwachen Kräfte, die zwischen den Molekülen wirken, reichen nur aus, um eine einzige Schicht von Lösungsmittelmolekülen an das gelöste Molekül zu binden. Entferntere Moleküle des Lösungsmittels stehen zu dieser ersten gebundenen Molekülschicht in derselben Beziehung wie die anderen Flüssigkeitsmoleküle unter sich. Bei dieser Auffassung der Solvatation sollte man annehmen, daß mit wachsender Größe der Moleküle die Solvatationsenergie proportional anwächst. Man sollte also erwarten, daß in einer homologen resp. polymerhomologen Reihe die Löslichkeit unabhängig von der Kettenlänge ist. Tatsächlich ist dies nicht der Fall, sondern die Löslichkeit nimmt mit der Länge der Moleküle ab[4].

---

[1] Vgl. Wo. OSTWALD: Kolloid-Ztschr. **46**, 248 (1928). Vgl. z. B. S. 255: „Im ganzen erscheint als das gemeinsame äußere Kennzeichen aller Gelatinierungsvorgänge die Immobilisierung des flüssigen Anteils bzw. des ganzen dispersen Systems gegenüber den Einflüssen von Schwerkraft und Oberflächenspannung. Eine Gallerte oder ein Lyogel fließt und tropft nicht mehr, im Gegensatz zu ihrem flüssigen Vorstadium."

[2] Die Lösung von $\alpha$-Polyoxymethylen (Paraformaldehyd) in heißem Wasser ist in diesem Sinne keine Lösung, da eine Zersetzung des festen Stoffes beim Lösen eintritt. Die gelösten Moleküle haben nicht mehr die gleiche Größe wie die Moleküle, die den Krystall aufbauen. Allerdings kann hier nach dem Vertreiben des Lösungsmittels durch Eindampfen der polymere Stoff zum Teil zurückerhalten werden, da beim Eindampfen wieder Polymerisation eintritt.

[3] Der Abstand zwischen den gelösten Molekülen und den Molekülen des Lösungsmittels ist dabei ungefähr der gleiche wie derjenige zwischen den Molekülen des festen Stoffes.

[4] H. FIKENTSCHER u. H. MARK sind der Auffassung, daß es sich bei der verschiedenen Löslichkeit der polymerhomologen Stoffe nicht um Unterschiede der Löslichkeit, sondern

Von ausschlaggebender Bedeutung für die Löslichkeit ist der Bau der Moleküle. Moleküle gleichen Gewichtes mit geringen Unterschieden im Bau können sehr beträchtliche Unterschiede in der Löslichkeit aufweisen. Allgemein erhöht ein unregelmäßiger Bau der Moleküle die Löslichkeit der Stoffe[1].

2. Kompliziertere Verhältnisse liegen vor, wenn *koordinative organische Stoffe*, also Verbindungen mit Hydroxyl- resp. Aminogruppen gelöst werden. Wenn das Lösungsmittel ebenfalls ein koordinativer Stoff ist, also wenn z. B. ein hydroxylhaltiger Stoff in Wasser oder Alkohol gelöst wird, dann werden die koordinativen Gruppen im Molekül des zu lösenden Stoffes mit den Lösungsmittelmolekülen koordinative Bindungen eingehen; erst die so entstandenen koordinativen Moleküle werden in Lösung gehen. Bei den Lösungen von Alkoholen und Säuren in Wasser und Alkohol werden die koordinativen Moleküle dieser Stoffe, die im festen Zustand vorhanden sind, ganz oder teilweise gespalten unter Bildung von neuen koordinativen Molekülen mit den Lösungsmittelmolekülen. Erst diese neugebildeten Moleküle gehen unter Solvatation in Lösung. Es ist also wichtig, zwischen den koordinativen Bindungen der gelösten Stoffe mit den Lösungsmittelmolekülen und der Solvatation dieser koordinativen Moleküle zu unterscheiden.

Man kann dies am Beispiel der Methylcellulose[2] deutlich erkennen. Diese ist in Wasser in der Kälte löslich, da sich ein koordinatives Molekül aus den Molekülen der Methylcellulose und Wassermolekülen bildet[3]. Diese koordinativen Moleküle können durch weitere Wassermoleküle solvatisiert und so gelöst werden[4]. Beim Erwärmen werden die labilen koordinativen Bindungen zwischen Methylcellulose und Wasser gesprengt. Die Methylcellulose selbst ist als homöopolarer organischer Stoff in Wasser unlöslich, und deshalb fällt Methylcellulose beim Erwärmen der wässerigen Lösung aus[5]. Dagegen ist Methylcellulose in organischen Lösungsmitteln, wie z. B. Butylacetat, in der Kälte und in der Wärme löslich: denn mit organischen homöopolaren Lösungsmitteln entstehen keine koordinativen Moleküle, sondern dort werden die Moleküle der Methylcellulose durch die Lösungsmittelmoleküle wie andere homöopolare Moleküle solvatisiert[6].

3. Ganz besonders kompliziert sind die Verhältnisse bei wässerigen Lösungen; denn im flüssigen Wasser sind nicht einfache Wassermoleküle vorhanden, sondern

---

der Lösungsgeschwindigkeit handelt. Kolloid-Ztschr. **49**, 137 (1929). Es nimmt aber nicht nur die Lösungsgeschwindigkeit mit wachsender Moleküllänge ab, sondern es verringert sich auch die Löslichkeit, denn die Summe der VAN DER WAALSschen Kräfte der kleinen Lösungsmittelmoleküle, die ein gelöstes Fadenmolekül umgeben, ist geringer als die VAN DER WAALSschen Kräfte zwischen den langen Molekülen.

[1] Vgl. S. 35 u. 75.

[2] Es handelt sich um abgebaute, nicht völlig methylierte Produkte. Nicht abgebaute Trimethylcellulose ist in Wasser unlöslich, vgl. K. FREUDENBERG u. E. BRAUN: Liebigs Ann. **460**, 288 (1928). — HEUSER, E.: Cellulosechemie **6**, 106 (1925).

[3] Es bildet sich dabei eine Oxonium-hydroxyd-Verbindung.

[4] Dabei werden die Wassermoleküle durch VAN DER WAALSsche Kräfte gebunden.

[5] Vgl. H. STAUDINGER u. O. SCHWEITZER: Ber. Dtsch. Chem. Ges. **63**, 2327 (1930).

[6] Die Bindung von Molekülen durch VAN DER WAALSsche Kräfte und durch koordinative Co-Valenzen unterscheidet sich energetisch. Bei der Bindung von Molekülen durch koordinative Co-Valenzen werden größere Energiebeträge frei als bei der Bindung durch VAN DER WAALSsche Kräfte. Der Abstand der Moleküle voneinander wird im letzteren Fall auch ein größerer sein als im ersteren.

koordinativpolymere. Beim Lösen von hydroxylhaltigen Substanzen in Wasser, also z. B. von Alkoholen und Säuren, treten koordinative Bindungen nicht nur mit einzelnen Wassermolekülen ein, sondern auch mit diesen polymeren Molekülen. Es ist deshalb möglich, daß beim Lösen hydroxylhaltiger Substanzen in Wasser eine beträchtliche Molekülvergrößerung erfolgt, weil das normale Molekül des Wassers zur Bildung von solchen höherpolymeren koordinativen Molekülen neigt. Aber diese Verhältnisse sind noch wenig untersucht. Gerade die Viscositäts-erscheinungen dürften über die koordinativen Bindungen von gelösten Stoffen mit polymeren Wassermolekülen und über die Solvatation mit denselben genaueren Aufschluß geben[1].

### III. Über den Wirkungsbereich der Fadenmoleküle[2].

Aus dem Viscositätsgesetz $\eta_{sp}/c = K_m \cdot M$ resp. $\eta_{sp}(1{,}4\%) = K_{(1,4\%)} \cdot M$ ergibt sich eine Erklärung für die Natur der viscosen Lösungen von homöopolaren Molekülkolloiden, also von Lösungen des Polystyrols, des Kautschuks, der Celluloseacetate in organischen Lösungsmitteln, ferner von Lösungen der Cellulose in einem Überschuß von SCHWEIZERS Reagens, die sich wie die eines homöopolaren Molekülkolloids verhalten.

Nach dem EINSTEINschen Gesetz ist:

$$\eta_r = 1 + K \cdot \Phi \qquad \text{oder} \qquad \eta_{sp} = K \cdot \Phi. \tag{2}$$

Dabei ist $K$ eine Konstante und $\Phi$ das Gesamtvolumen des gelösten Stoffes. Das Gesetz sagt also aus, daß die spez. Viscosität in gleichkonzentrierten Lösungen unabhängig von der Zahl ($N$) und der Größe $\varphi$ der gelösten Teilchen ist, also

$$\eta_{sp(1,4\%)} = K \cdot \varphi_1 \cdot N_1 = K \cdot \varphi_2 \cdot N_2 = K \cdot \varphi_3 \cdot N_3 \text{ usw.}, \tag{21}$$

wobei $\Phi = \varphi_1 \cdot N_1 = \varphi_2 \cdot N_2 = \varphi_3 \cdot N_3$ ist.

Voraussetzung bei der Ableitung der EINSTEINschen Gleichung ist die kugelige Gestalt der gelösten Teilchen. Wenn diese Bedingung erfüllt ist, so gilt auch diese Beziehung; deshalb ist sie für Suspensionen gültig, wie M. BANCELIN[3] an Mastixsuspensionen zeigen konnte. Das Gesetz gilt auch für Lösungen von Stoffen mit annähernd kugelförmigen Molekülen. So zeigen 1,4proz. wässerige Lösungen von Glykose, Galaktose, Lactose und Saccharose ungefähr dieselbe spez. Viscosität von ca. 0,038, obwohl die Zahl der Teilchen in der Lösung der Monosen zu der in Lösungen der Biosen sich wie 100 : 53 verhält[4]. Auch

---

[1] Die starke Solvatation der Ionen beim Lösen von heteropolaren Stoffen in Wasser ist auch darauf zurückzuführen, daß solche polymeren Wassermoleküle von den Ionen gebunden werden. Bei den polywertigen Ionen hochmolekularer heteropolarer organischer Stoffe kann sie eine erhebliche Größe annehmen, da das fadenförmige Ion sehr viele Ionen-ladungen trägt. So kann bei hochmolekularen heteropolaren Stoffen die hohe Viscosität der Lösung wenigstens teilweise mit einer starken Solvatation in Zusammenhang stehen; bei homöopolaren Stoffen ist dies aber nicht der Fall. Bei der Unbeständigkeit der polymeren Wassermoleküle wird natürlich die Solvatation außerordentlich leicht durch Zusätze und durch Temperaturerhöhung beeinflußt. Deshalb sind die Viscositätsverhältnisse der hetero-polaren Molekülkolloide besonders kompliziert.

[2] Ztschr. f. physik. Ch. (A) **153**, 406 (1931).

[3] BANCELIN, M.: C. r. d. l'Acad. des sciences **152**, 1382 (1911).

[4] Vgl. S. 57.

dagegen nicht viscositätserhöhend wirken kann, da es dort nur den Durchmesser des Moleküls vergrößert, was für die Viscosität gleichkonzentrierter Lösungen keine Rolle spielt:

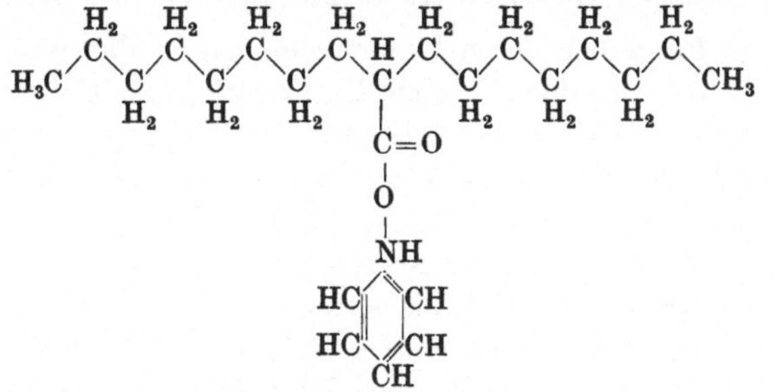

$$\text{(I)}$$

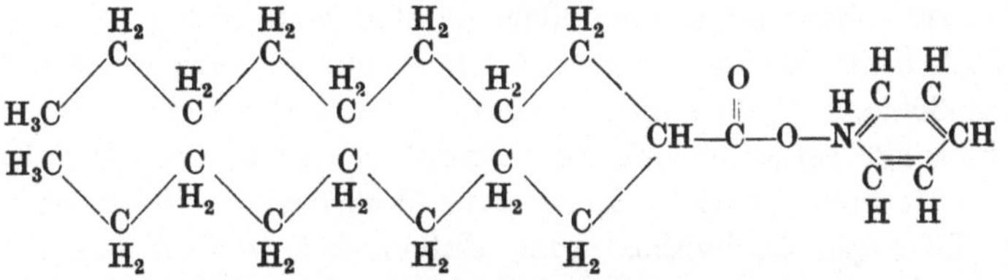

$$\text{(II)}$$

Dies geht aus folgender Berechnung hervor:

Dioctylessigsäuremethylester in $CCl_4$-Lösung:

$\eta_{sp}$ (1,4%) ber. für Formel  (I) $= 17 \cdot 1,6 \cdot 10^{-3} = 2,7 \cdot 10^{-2}$,

$\eta_{sp}$ (1,4%) ber. für Formel (II) $= 11 \cdot 1,6 \cdot 10^{-3} + 3 \cdot 10^{-3} = 2,06 \cdot 10^{-2}$.

$3 \cdot 10^{-3} = \eta_{sp}$ (1,4%)-Wert für die O-Atome der Estergruppe,

$1,6 \cdot 10^{-3} = \eta_{sp}(1,4\%)$-Wert für die $CH_2$-Gruppe.

Gefunden wurde: $\eta_{sp}$ (1,4%) $= 2,9 \cdot 10^{-2}$.

Dioctylessigsäure, Pyridinsalz in Pyridin:

$\eta_{sp}$ (1,4%) ber. für Formel  (I) $= 17 \cdot 1,6 \cdot 10^{-3} = 2,7 \cdot 10^{-2}$,

$\eta_{sp}$ (1,4%) ber. für Formel (II) $= 10 \cdot 1,6 \cdot 10^{-3} + 16 \cdot 10^{-3} = 3,2 \cdot 10^{-2}$.

$16 \cdot 10^{-3} = \eta_{sp}$ (1,4%)-Wert für die Pyridingruppe.

$\eta_{sp}$ (1,4%) gefunden $3,3 \cdot 10^{-2}$.

Es bildet sich also hier diejenige Molekülform aus, die in Lösung die höchste Viscosität verursacht.

Die Tendenz der Moleküle, eine langgestreckte Form anzunehmen, besteht allgemein; denn die Moleküle der Paraffine und Paraffinderivate haben im Krystall, wie durch röntgenographische Untersuchungen bekannt ist[1], und ebenso in Lösung, wie die Viscositätsuntersuchungen[2] und die Ergebnisse über die Dicke der Oberflächenfilme[3] zeigen, eine langgestreckte fadenförmige Gestalt.

*Das Ergebnis, daß die Moleküle in Lösung eine möglichst langgestreckte Gestalt annehmen, ist für die Konstitutionsaufklärung der hochmolekularen Naturstoffe, die aus Fadenmolekülen bestehen, von großer Bedeutung; denn dadurch läßt sich das Molekulargewicht derselben durch Viscositätsbestimmungen ermitteln.*


[1] SHEARER, G.: Journ. Chem. Soc. London **123**, 3152 (1923). — MÜLLER, A., u. G. SHEARER: Journ. Chem. Soc. London **123**, 3156 (1923).

[2] STAUDINGER, H., u. R. NODZU: Ber. Dtsch. Chem. Ges. **63**, 721 (1930).

[3] LANGMUIR, A. J.: Journ. Amer. Chem. Soc. **39**, 1848 (1917). — TRILLAT, J.: C. r. d. l'Acad. des sciences **180**, 1329, 1838 (1915). Vgl. N. K. ADAM: Kolloid-Ztschr. **57**, 125 (1931).

# E. Die Konstitution der Eukolloide.

## I. Vergleich zwischen Eukolloiden, Hemikolloiden und Micellkolloiden.

Die wichtigste Frage bei diesen Untersuchungen ist die nach dem Bau und der Molekülgröße der hochmolekularen Naturstoffe, des Kautschuks und der Cellulose. Es ist hier nach den vorstehenden Ausführungen zu entscheiden, ob die Kolloidteilchen dieser Stoffe Micellen[1] oder Makromoleküle darstellen.

Man hat früher allgemein sowohl die hochmolekularen Naturprodukte als auch die Seifen in der Kolloidchemie als lyophile Kolloide[2] bezeichnet oder auch als Emulsoide[3] (Tröpfchenkolloide), da man annahm, daß eine flüssige disperse Phase in einem flüssigen Dispersionsmittel verteilt sei. Man hat also bei beiden Gruppen von Kolloiden ein gemeinsames Bauprinzip angenommen, und zwar einen micellaren Bau der Kolloidteilchen. Daß man deshalb, bevor der Bau der Molekülkolloide bekannt war, nahe Beziehungen zwischen den Lösungen der Micellkolloide, z. B. Seifenlösungen, und denen der Eukolloide, z. B. einer Kautschuklösung, vermutet hat, ist begreiflich. Denn das Verhalten dieser Lösungen ist in kolloider Hinsicht ein ganz ähnliches: so sind schon verdünnte 1—3proz. Lösungen hochviscos zum Unterschied von gleichkonzentrierten Lösungen der Suspensoide; ihre Viscosität steigt enorm[4] mit zunehmender Konzentration. Die hochviscosen Lösungen gehorchen nicht dem HAGEN-POISEUILLE-schen Gesetz[5]: sie zeigen, wie Wo. OSTWALD[6] sagt, Strukturviscosität. M. REINER[7] bezeichnet diese Lösungen deshalb als „nicht-NEWTONsche" Flüssigkeiten. Außerdem ändert sich die Viscosität der Lösungen der Eukolloide wie auch der Micellkolloide sehr leicht, und zwar kann sie zu- oder abnehmen: die kolloiden Lösungen altern[8].

Diese Ähnlichkeit im kolloiden Verhalten der Micellkolloide und der Eukolloide ist aber nicht darauf zurückzuführen, daß der innere Bau der Teilchen der gleiche ist; derselbe ist vielmehr grundverschieden. Die Seifen lösen sich micellar; in den Kautschuk- und Celluloselösungen sind dagegen Makromoleküle vorhanden. Daß diese Lösungen sich ähnlich verhalten, hängt damit zusammen, daß die

---


[1] Vgl. K. H. MEYER: Ztschr. f. angew. Ch. **41**, 935 (1928).

[2] Vgl. z. B. die Einteilung der Kolloide in der Capillarchemie von H. FREUNDLICH, 4. Aufl. Leipzig 1932, in lyophobe und lyophile Kolloide. Dort ist die wichtige Einteilung in Micellkolloide und Molekülkolloide nicht berücksichtigt. Vgl. weiter R. ZSIGMONDY: Kolloidchemie, 5. Aufl., S. 32 (1925).

[3] H. R. KRUYT: Colloids, englische Übersetzung von H. S. VAN KLOOSTER (1930), teilt die Kolloide ein in Suspensoide und Emulsoide und behandelt bei letzteren die Eiweißstoffe und Seifen. Vgl. weiter bei Wo. OSTWALD: Welt der vernachlässigten Dimensionen, 9. Aufl. (1927), die Einteilung der Kolloide in Suspensoide (Körnchenkolloide) und Emulsoide (Tröpfchenkolloide), zu welch letzteren er Kautschuklösungen, Eiweißstoffe, Stärke zählt, u. a. m. Vgl. ferner Kolloid-Ztschr. **11**, 230 (1912).

[4] Dieser starke Anstieg der Viscosität mit zunehmender Konzentration findet nur im Gebiet der Gellösung statt.

[5] Über die Viscosität und Elastizität von Seifenlösungen vgl. H. FREUNDLICH u. H. J. KORES: Kolloid-Ztschr. **36**, 241 (1925).

[6] OSTWALD, Wo.: Kolloid-Ztschr. **36**, 99, 157, 248 (1925).

[7] REINER, M.: Kolloid-Ztschr. **54**, 175 (1931).

[8] Vgl. dazu Wo. OSTWALD: Grundriß der Kolloidchemie, 7. Aufl., S. 191; hauptsächlich wird in der Kautschukliteratur häufig vom Altern des Kautschuks gesprochen.

Form der Kolloidteilchen eine ähnliche ist, und zwar sind die Kolloidteilchen sowohl der Micellkolloide wie der Molekülkolloide langgestreckte fadenförmige Gebilde[1]. Die Kolloidteilchen der Seifen sind aber Fadenmicellen[2], die der hochmolekularen Verbindungen dagegen Fadenmoleküle. Die hohe Viscosität der kolloiden Lösungen beider Stoffe ist durch diese Teilchenform und nicht durch eine Gleichheit des inneren Aufbaues der Teilchen bedingt. Infolge dieser Teilchenform gehorchen diese Lösungen auch nicht dem HAGEN-POISEUILLEschen Gesetz, denn beim Strömen der Lösung tritt in beiden Fällen eine Orientierung der Teilchen ein, wie man durch Strömungsdoppelbrechung nachweisen kann[3], wodurch die Viscosität verringert wird. Die Strömungsdoppelbrechung ist sowohl bei Seifenlösungen[4] wie auch bei Lösungen hochmolekularer Naturprodukte[5] zu beobachten.

Die Auffassung, daß die Kolloidteilchen der Eukolloide, der hochmolekularen Naturprodukte micellar gebaut sind, konnte jedoch weiter scheinbar dadurch begründet werden, daß die Lösungen der abgebauten Naturstoffe, also z. B. Lösungen von stark abgebautem Kautschuk, von stark abgebauter Cellulose oder Cellulosederivaten sich ganz anders wie die Lösungen der Naturstoffe selbst verhalten[6]. Sie sind wie die Lösungen synthetischer Hemikolloide, z. B. von hemikolloidem Polystyrol, niederviscos und zeigen keine anormalen Strömungsverhältnisse. Die Lösungen der Hemikolloide verhalten sich also wie die Lösungen niedermolekularer Stoffe, während die der Eukolloide sich, wie gesagt, ähnlich wie die der Micellkolloide verhalten.

*Bei diesen Analogien zwischen Micellkolloiden und Eukolloiden und dem großen Unterschied zwischen den Lösungen letzterer und den von Hemikolloiden* war es naheliegend, einen micellaren Bau der Kolloidteilchen der Eukolloide anzunehmen. So ist der Gedankengang von K. H. MEYER[7] verständlich, der in seiner Micellartheorie annahm, daß die kolloiden Eigenschaften der hochmolekularen Naturstoffe mit dem micellaren Bau ihrer Teilchen zusammenhängen.

Tatsächlich haben aber *die Kolloidteilchen der Eukolloide den gleichen Bau wie die der Hemikolloide: sie sind Makromoleküle. Zu diesem Ergebnis kommt man durch Untersuchung der polymerhomologen Reihen.* Durch Vergleich der einzelnen Glieder einer polymerhomologen Reihe, nämlich der Hemikolloide vom Molekulargewicht 1000—10000, deren Konstitution bekannt ist, und der Zwischenglieder, deren Moleküle bis 3000 Kettenglieder besitzen, mit den Eukolloiden kann man feststellen, daß die Eukolloide mit den Hemikolloiden kontinuierlich durch Übergänge verbunden sind; deshalb müssen die Eukolloide die höchst-

---

[1] Über die Form der Seifenmicellen vgl. P. A. THIESSEN u. R. SPYCHALSKI: Ztschr. f. physik. Ch. (A) **156**, 435 (1931); über die Gestalt sichtbarer Teilchen in Seifengelen vgl. R. ZSIGMONDY u. W. BACHMANN: Kolloid-Ztschr. **11**, 145 (1912); A. S. C. LAWRENCE: Kolloid-Ztschr. **50**, 12 (1930).

[2] STAUDINGER, H.: Helv. chim. Acta **15**, 221 (1932).

[3] Über Strömungsdoppelbrechung in Solen mit nichtkugeligen Teilchen vgl. H. FREUNDLICH, H. NEUKIRCHER u. H. ZOCHER: Kolloid-Ztschr. **38**, 43 (1926).

[4] Vgl. P. A. THIESSEN u. E. TRIEBEL: Ztschr. f. physik. Ch. (A) **156**, 309 (1931).

[5] Vgl. R. SIGNER: Ztschr. f. physik. Ch. (A) **150**, 257 (1930).

[6] K. HESS führt die Viscositätsänderungen der Lösungen von Cellulose und Cellulosederivaten beim Reinigen auf eine Entfernung von Fremdhautsubstanz zurück, vgl. K. HESS, TROGUS, AKIM u. SAKURADA: Ber. Dtsch. Chem. Ges. **64**, 427 (1931); vgl. dazu H. STAUDINGER: Ber. Dtsch. Chem. Ges. **64**, 1696 (1931).

[7] MEYER, K. H.: Ztschr. f. angew. Ch. **41**, 939 (1928).

molekularen Endglieder dieser Reihen sein. Sie sind also wie die Hemikolloide aus Fadenmolekülen aufgebaut. *Die Viscosität der Lösungen der verschiedenen Vertreter einer polymerhomologen Reihe ist also lediglich eine Funktion der Kettenlänge.* Die anormalen kolloiden Eigenschaften der hochmolekularen Substanzen treten bei einer bestimmten Größe der Fadenmoleküle auf und nehmen mit wachsender Länge derselben immer stärker zu. Ebenso werden die Moleküle in einer polymerhomologen Reihe mit zunehmender Länge immer zerbrechlicher und unbeständiger gegenüber Molekülen anderer Stoffe. Damit hängen die Viscositätsänderungen der Lösungen hochmolekularer Stoffe zusammen. Deshalb zeigen diese Lösungen „Alterungserscheinungen" ähnlich wie die der Micellkolloide. In einem Fall ändert sich aber die Länge von Fadenmolekülen, im anderen Fall die Größe von Fadenmicellen. Der Unterschied zwischen Hemikolloiden und Eukolloiden besteht also lediglich in der Länge der Makromoleküle, während der Unterschied zwischen Eukolloiden und Micellkolloiden, wie gesagt, im inneren Aufbau der Teilchen begründet ist.

Auf diesen gleichen Aufbau der Teilchen von Hemikolloiden und Eukolloiden kann man bei synthetischen Polymeren schon aus der Darstellung dieser Produkte schließen. Die hemikolloiden Polymeren, z. B. die hemikolloiden Polystyrole[1] und die hemikolloiden Polyvinylacetate[2], bilden sich bei rascher Polymerisation in der Wärme oder mit Katalysatoren. Je langsamer die Polymerisation vor sich geht, um so längere Moleküle entstehen dabei. Die längsten Moleküle werden also durch langsame Polymerisation bei möglichst tiefer Temperatur erhalten. So konnten bei der Polymerisation des Styrols durch Ausschaltung aller störenden Einflüsse Polymerisationsprodukte erhalten werden, die ca. 6000 Grundmoleküle in der Kette gebunden enthalten. Wie der Polymerisationsgrad des Polystyrols von den Darstellungsbedingungen abhängt, zeigt folgende Tabelle.

Tabelle 26. Physikalische Eigenschaften einiger Polystyrole.

| Darstellung | Aussehen | | Löslichkeit in Äther | $\eta_{sp}/c$ bei 20° in Tetralin | DurchschnittsMol.-Gew. | Polymerisationsgrad a |
|---|---|---|---|---|---|---|
| | vor dem Umfällen | nach dem Umfällen | | | | |
| Mit SnCl$_4$ . . . | — | Weißes Pulver, staubförmig | Leicht löslich | 0,9 | 3 000 | 30 |
| 260° unter N$_2$ . | Sprödes Glas, leicht pulveris. | Weißes Pulver | Leicht löslich | 5 | 28 000 | 280 |
| 210° unter N$_2$ . | Sprödes Glas, leicht pulveris. | Weißes Pulver | Löslich | 7 | 39 000 | 390 |
| 150° unter N$_2$ . | Zähes Glas, noch pulveris. | Weißes Pulver | Teilweise löslich | 12 | 70 000 | 700 |
| 100° unter N$_2$ . | Zähes Glas, nicht zerreibbar | Weiß, faserig | Unlöslich | 25 | 140 000 | 1400 |
| 65° unter N$_2$ . Zimmertemp. | Zähes Glas, nicht zerreibbar | Weiß, faserig | Unlöslich | 35 | 190 000 | 1900 |
| unter Luft . . | Zähes Glas, nicht zerreibbar | Weiß, faserig | Unlöslich | 35 | 190 000 | 1900 |
| Höchstmolekulare Fraktion | Zähes Glas, nicht zerreibbar | Weiß, faserig | Unlöslich | 110 | 600 000 | 6000 |

[1] Vgl. Ber. Dtsch. Chem. Ges. **62**, 241, 2921 (1929).
[2] STAUDINGER, H., u. A. SCHWALBACH: Liebigs Ann. **488**, 8 (1931).

Bei den Naturprodukten Kautschuk und Cellulose ist eine solche Versuchsreihe nicht durchzuführen, da die Synthese der Cellulose noch nicht gelungen ist; der synthetische Kautschuk ist mit dem natürlichen Kautschuk nicht vollständig identisch. Aber man kann eine polymerhomologe Reihe durch Abbau der Naturprodukte herstellen. Viscositätsuntersuchungen liefern hier den sicheren Nachweis, daß die Kolloidteilchen der eukolloiden Naturstoffe gleich gebaut sind, wie die ihrer hemikolloiden Abbauprodukte und sich von denen der Micellkolloide grundlegend unterscheiden. Man muß dazu allerdings vergleichende Viscositätsmessungen mit annähernd gleichviscosen Lösungen vornehmen und nicht etwa mit Lösungen gleicher Konzentration. Vergleicht man gleichkonzentrierte Lösungen eines Hemikolloids und eines Eukolloids, z. B. eine 1 proz. Lösung eines abgebauten Kautschuks mit einer 1 proz. Lösung eines nicht abgebauten Kautschuks, so fallen nur die enormen Unterschiede auf, nämlich daß die Lösung des Hemikolloids niederviscos und die des Eukolloids sehr hochviscos ist. Die Analogien zwischen den beiden Lösungen entgehen in diesem Fall der Beobachtung und zeigen sich erst dann, wenn man ungefähr äquiviscose Lösungen vergleicht. Hierzu muß man natürlich bei den verschiedenen Gliedern der polymerhomologen Reihe in ganz verschiedenen Konzentrationen arbeiten.

## II. Viscositätsmessungen an Eukolloiden bei verschiedener Konzentration und Temperatur.

Wenn man die Beziehungen zwischen Hemikolloiden und Eukolloiden und die Unterschiede letzterer von den Micellkolloiden feststellen will, dann dürfen nicht die abnormen Viscositätserscheinungen, also die Abweichungen vom HAGEN-POISEUILLEschen Gesetz, in erster Linie betrachtet werden, sondern es müssen Viscositätsuntersuchungen vorgenommen werden, die Aufschluß über den inneren Bau der Teilchen geben; dies sind Viscositätsmessungen bei wechselnder Konzentration und Temperatur.

Nach der früher angegebenen Umformung[1] kann man das EINSTEINsche Gesetz folgendermaßen schreiben:

$$\eta_{sp} = K \cdot \frac{c \cdot N_L}{M} \cdot \varphi; \qquad \frac{\eta_{sp}}{c} = K'. \tag{6}$$

$\varphi$ ist das wirksame Volumen des gelösten Teilchens, $c$ die Konzentration der Lösung. Danach ist $\eta_{sp}/c$ konstant, wenn ein und dieselbe Substanz in verschiedenen Konzentrationen gelöst wird; denn das Volumen der Kolloidteilchen darf sich nicht ändern, wenn dieselben beständige Moleküle sind. Bei Lösungen von Molekülkolloiden ist dies auch der Fall; es wurde festgestellt bei Lösungen von Polystyrolen[2], Polyvinylacetaten[3], Kautschuk[4], Balata[5] und Cellulosenitraten[6] in

---

[1] Vgl. Erster Teil, D. III.

[2] Ber. Dtsch. Chem. Ges. **62**, 2933 (1929); vgl. auch Zweiter Teil, A. III. 3.

[3] STAUDINGER, H., u. A. SCHWALBACH: Liebigs Ann. **488**, 8 (1931).

[4] STAUDINGER, H., u. H. F. BONDY: Liebigs Ann. **488**, 127 (1931).

[5] Vgl. Dritter Teil, C. III. 2.

[6] Vgl. Vierter Teil, D. VII. 2.

organischen Lösungsmitteln und bei solchen von Cellulose in Schweizers Reagens[1].

Diese Konstanz der $\eta_{sp}/c$-Werte beobachtet man bei allen Gliedern einer polymerhomologen Reihe, vorausgesetzt, daß man im Gebiet der Sollösungen arbeitet; die spez. Viscosität der Lösung darf also die „Grenzviscosität"[2] nicht überschreiten, da man sonst Gellösungen mißt, bei denen kompliziertere Verhältnisse vorliegen.

Daraus, daß die $\eta_{sp}/c$-Werte bei hoch- und niedermolekularen Stoffen im Gebiet der Sollösung unabhängig von der Konzentration sind, ist zu schließen, daß die Kolloidteilchen in den ganzen polymerhomologen Reihen den gleichen Bau haben und Moleküle darstellen; denn bei Micellkolloiden sind die $\eta_{sp}/c$-Werte in verschiedenen Konzentrationen nicht gleich.

Wenn die Kolloidteilchen der Eukolloide Moleküle darstellen, so darf sich weiter die spez. Viscosität der Lösung bei Temperaturerhöhung nicht oder nur wenig ändern. In der Regel ist die spez. Viscosität der Lösungen der Hemikolloide bei 60° um 10—20% geringer als bei 20°. Diese Temperaturabhängigkeit ist aber bei hoch- und niedermolekularen Vertretern einer polymerhomologen Reihe ungefähr die gleiche[3], resp. sie ändert sich beim Übergang von den Hemikolloiden zu den Eukolloiden in einer gesetzmäßigen Weise, die in der verschiedenen Länge der Moleküle ihre Erklärung findet[4]. Aus diesem gesetzmäßigen Verhalten der Lösungen von Hemikolloiden und Eukolloiden bei verschiedenen Temperaturen geht ebenfalls hervor, daß ihre Kolloidteilchen den gleichen Bau haben, also Makromoleküle sind.

## III. Viscositätsmessungen an Micellkolloiden bei verschiedener Konzentration und Temperatur.

Ein ganz anderes Verhalten zeigen die Micellkolloide. Bei diesen sind die $\eta_{sp}/c$-Werte weder in verschiedenen Konzentrationen noch bei verschiedenen Temperaturen konstant, sondern sie variieren sehr beträchtlich, und zwar nehmen sie bei zunehmender Konzentration stark zu, während sie beim Erwärmen sehr viel kleiner werden. Diese Änderungen der $\eta_{sp}/c$-Werte zeigen, daß das Volumen der gelösten Teilchen je nach den Meßbedingungen außerordentlich stark variiert, daß also die Kolloidteilchen hier nicht beständig sind. Dies liegt daran, daß die einzelnen kleineren Moleküle resp. Ionen, z. B. die Ionen der Fettsäuren oder der Farbstoffe, aus denen sich die Micellen bilden, nur durch schwache zwischenmolekulare Kräfte in denselben zusammengehalten werden.

Nach dem Einsteinschen Gesetz sollte allerdings die spez. Viscosität unabhängig vom Verteilungsgrad sein und nur vom Gesamtvolumen $\Phi$ der gelösten

---

[1] Staudinger, H., u. O. Schweitzer: Ber. Dtsch. Chem. Ges. **63**, 3132 (1930). In diesen Lösungen ist Cellulose als polywertiges Anion gelöst. Sie verhalten sich aber in einem Überschuß von Schweizers Reagens wie die Fadenmoleküle eines homöopolaren Molekülkolloids, da die Schwarmbildung unter den Fadenionen durch einen großen Überschuß des niedermolekularen Elektrolyten verhindert wird. Vgl. Vierter Teil, B. III.

[2] Vgl. Erster Teil, G. V.

[3] Vgl. das Verhalten der Triacetylcellulosen. Vierter Teil, A. VI. 2.

[4] Vgl. Viscositätsmessungen an Polystyrolen. Zweiter Teil, A. IV. 5 b.

Phase abhängen. Es sollte also $\eta_{sp}/c$ konstant sein, auch wenn die Micellen zerfallen — aber nur dann, wenn dieselben kugelförmig wären. Die starke Abnahme der $\eta_{sp}/c$-Werte beim Verdünnen einer Seifenlösung beweist, daß die dadurch zerfallenen Micellen langgestreckte Teilchen mit großem Wirkungsbereich gewesen sind. Denn die Viscosität von gleichkonzentrierten Lösungen mit fadenförmigen Teilchen ist je nach der Länge derselben verschieden.

Mit zunehmender Konzentration der Lösung wächst die Tendenz zur Micellbildung; deshalb nehmen die $\eta_{sp}/c$-Werte stark zu. Beim Erwärmen werden die Fadenmicellen weitgehend abgebaut, daher sind die $\eta_{sp}/c$-Werte bei 60° weit geringer als bei 20°. Diese Viscositätsänderungen sind reversibel, da sich beim Abkühlen die Micellen in ihrer ursprünglichen Größe zurückbilden.

Die Rückbildung findet häufig nicht momentan statt, sondern die Micellen vergrößern sich erst beim Stehen der Lösung; die Viscosität nimmt deshalb beim Stehen zu: die Lösung altert. Diese Verhältnisse sind von W. Biltz[1] an Nachtblaulösungen eingehend studiert worden. Die Änderung der $\eta_{sp}/c$-Werte bei verschiedenen Temperaturen und verschiedenen Konzentrationen zeigt folgende Tabelle.

Tabelle 27.
Viscosität von Nachtblaulösungen bei verschiedenen Temperaturen.

| Gehalt der Lösungen % | $\eta_{sp}$ bei 0° | $\eta_{sp}/c$ bei 0° * | $\eta_{sp}$ bei 50° | $\eta_{sp}/c$ bei 50° |
|---|---|---|---|---|
| 0,45 | 0,026 | 0,026 | 0,019 | 0,019 |
| 0,90 | 0,068 | 0,034 | 0,041 | 0,020 |
| 1,35 | 0,132 | 0,044 | 0,071 | 0,024 |
| 1,575 | 0,176 | 0,050 | 0,090 | 0,026 |
| 1,80 | 0,807 | 0,202 | 0,097 | 0,024 |

Gesetzmäßige Zusammenhänge zwischen Viscosität und Teilchengröße ergeben sich, wie aus der Tabelle hervorgeht, bei einem solchen Micellkolloid nicht, da die Viscosität einer Lösung je nach den Bedingungen, unter denen gemessen wird, stark variiert. Die $\eta_{sp}/c$-Werte sind hier auch in verdünnter Lösung nicht konstant. Gleiche Erfahrungen wie an Nachtblaulösungen wurden auch bei Viscositätsmessungen an Seifenlösungen gemacht. Es liegt zahlreiches Versuchsmaterial darüber vor, daß die Viscosität einer Seifenlösung mit der Konzentration und mit der Temperatur sehr stark schwankt[2]. Die Tabelle 28 zeigt das starke Ansteigen der $\eta_{sp}/c$-Werte mit zunehmender Konzentration und abnehmender Temperatur bei Lösungen von Ölsäure in Kalilauge; sie zeigt weiter, daß diese Lösungen, wie schon bekannt ist[3], starke Abweichungen vom Hagen-Poiseuilleschen Gesetz aufweisen.

---

[1] Biltz, W.: Ztschr. f physik. Ch. 73, 481 (1910).

* Für eine 0,45proz. Lösung ist $c = 1$ gesetzt.

[2] Vgl. z. B. F. Goldschmidt u. L. Weissmann: Ztschr. f. Elektrochemie 18, 382 (1912) — Chem. Zentralblatt 1912 II, 293 — Kolloid-Ztschr. 12, 18 (1913). — Kurzmann, J.: Kolloidchem. Beihefte 5, 433 (1914). — Arndt, K., u. P. Schiff: Kolloidchem. Beihefte 6, 201 (1914). — Jajnik, N. A., u. K. S. Malik: Kolloid-Ztschr. 36. 322 (1925).

[3] Vgl. H. Freundlich u. Mitarbeiter: Kolloid-Ztschr. 36, 241 (1925) — Ztschr. f. physik. Ch. 104, 233 (1923); 108, 153 (1923). — Ostwald, Wo.: Kolloid-Ztschr. 36, 99, 157 (1925).

Tabelle 28. $\eta_{sp}/c$-Werte von Ölsäure mit dem doppelten Äquivalent Kalilauge versetzt bei 20 und 60°.

(Messungen im UBBELOHDEschen Viscosimeter[1].)

| Grundmolarität der Lösung (1 Gd-Mol. = 14 g) | Gehalt der Lösung % | $\eta_{sp}/c$ bei 20° und einem Gf.[2] von | | | $\eta_{sp}/c$ bei 60° und einem Gf. von | | |
|---|---|---|---|---|---|---|---|
| | | 100 | 500 | 1000 | 100 | 500 | 1000 |
| 2 | 2,8 | 0,09 | 0,09 | 0,09 | 0,07 | 0,07 | 0,07 |
| 3 | 4,2 | 0,86 | 0,75 | 0,62 | 0,14 | 0,14 | 0,15 |
| 4 | 5,6 | 5,9 | — | — | 0,75 | 0,45 | 0,50 |
| 5 | 7,0 | 8,5 | 3,0 | — | 0,62 | 0,64 | 0,62 |

Die außerordentlich starke Temperaturabhängigkeit wird nochmals in folgender Tabelle 29 dargestellt, in der die Viscosität bei verschiedenen Temperaturen auf die Viscosität bei 20° bezogen wird.

Tabelle 29. Temperaturabhängigkeit von Ölsäure mit dem doppelten Äquivalent Kalilauge versetzt.

(Messungen im UBBELOHDEschen Viscosimeter.)

| Grundmolarität der Lösung (1 Gd-Mol.=14 g) | Gehalt der Lösung % | Temperaturabhängigkeit bei dem Gf. 100 | | |
|---|---|---|---|---|
| | | 20° | 40° | 60° |
| 2 | 2,8 | 100 | 78 | 78 |
| 3 | 4,2 | 100 | 42 | 17 |
| 4 | 5,6 | 100 | — | 13 |
| 5 | 7,0 | 100 | 38 | 7,5 |

Das anormale Verhalten der Seifenlösungen, also die Inkonstanz der $\eta_{sp}/c$-Werte, weiter die starken Abweichungen vom HAGEN-POISEUILLEschen Gesetz treten vor allem bei hochviscosen Lösungen hervor. Nur dort sind die langen, sehr empfindlichen Fadenmicellen ausgebildet, die durch Temperaturerhöhung so leicht zerfallen, da die normale Löslichkeit der fettsauren Salze bei höherer Temperatur steigt. Diese Micellen sind in verdünnter Lösung weitgehend aufgeteilt; in dieser sind die Salze normal gelöst; deshalb sind hier die $\eta_{sp}/c$-Werte niedrig, und die Temperaturabhängigkeit ist gering. Sie beträgt ca. 20% wie bei Molekülkolloiden (vgl. Tabelle 28 u. 29).

Weitere Viscositätsmessungen wurden an Lösungen von Ölsäure in 1n-Kalilauge gemacht. Eine solche Lösung enthält einen sehr großen Überschuß von Kalilauge, da eine molare Lösung von Ölsäure etwa 20 gd-mol. ist. Auch hier sieht man wieder die Inkonstanz der $\eta_{sp}/c$-Werte bei verschiedenen Temperaturen und Konzentrationen.

Tabelle 30. $\eta_{sp}/c$ von Ölsäure in 1n-Kalilauge gelöst bei 25 und 55°.

(Messungen im UBBELOHDEschen Viscosimeter[1].)

| Grundmolarität der Lösung (1 Gd-Mol.=14 g) | Gehalt der Lösung % | $\eta_{sp}/c$ bei 25° und einem Gf. von | | | $\eta_{sp}/c$ bei 55° und einem Gf. von | | |
|---|---|---|---|---|---|---|---|
| | | 100 | 500 | 1000 | 100 | 500 | 1000 |
| 0,1 | 0,14 | — | — | 2,9 | — | — | 2,5 |
| 0,25 | 0,35 | 10 | 6 | 4,8 | — | 5,6 | 4 |
| 0,5 | 0,7 | 15 | 8 | 6,6 | 10 | 5,6 | 4,4 |
| 1,0 | 1,4 | 30 | — | — | 19 | 8 | — |

[1] Messungen von E. OCHIAI.   [2] Gf. = mittleres Geschwindigkeitsgefälle.

Durch einen großen Überschuß von Kalilauge wird die normale Löslichkeit der fettsauren Salze stark herabgesetzt und die Micellbildung begünstigt. Deshalb ist die Viscosität der stark alkalischen Seifenlösung bei gleicher Konzentration weit höher als die der schwach alkalischen. Bei Gegenwart eines großen Über-schusses von Alkali bleiben die Micellen daher auch bei Temperatursteigerung erhalten; ihre Beständigkeit ist also unter diesen Bedingungen ähnlich derjenigen von Fadenmolekülen. Man ersieht aus diesem Beispiel, wie kompliziert die Unterscheidung von Micellkolloiden und Eukolloiden ist, wenn man sich auf die Kolloidphänomene beschränkt und chemische Gesichtspunkte nicht berücksichtigt.

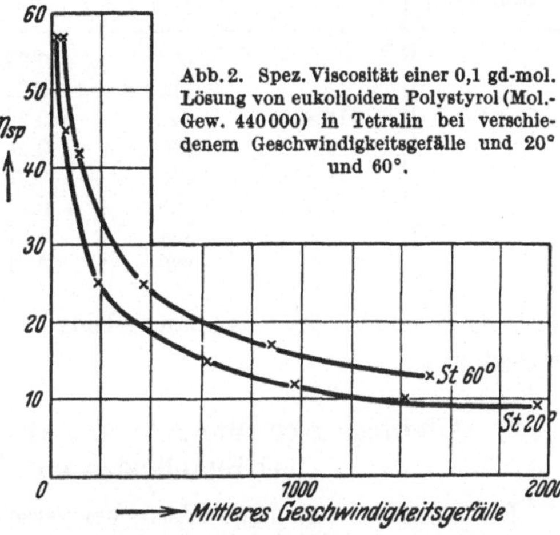

Abb. 2. Spez. Viscosität einer 0,1 gd-mol. Lösung von eukolloidem Polystyrol (Mol.-Gew. 440000) in Tetralin bei verschiedenem Geschwindigkeitsgefälle und 20° und 60°.



Wenn man also den Unterschied eines Micellkolloids und eines Eukolloids feststellen will, so müssen beide Lösungen hochviscos und die des Micellkolloids schwach alkalisch sein. Macht man mit solchen ungefähr äquiviscosen Lösungen von hoher Viscosität einer Seife und eines Polystyrols Viscositätsmessungen bei verschiedenen Temperaturen, so fällt der enorme Unterschied zwischen dem Micellkolloid und dem Molekülkolloid deutlich auf. Die Seifenlösung hat nur bei 20° die hohe Viscosität, und nur bei dieser Temperatur zeigt die Lösung anormale Viscositätserscheinungen. Bei 60° ist die Seifenlösung niederviscos und verhält sich annähernd normal. Die Lösung des eukolloiden Polystyrols zeigt dagegen bei 60° annähernd das gleiche Verhalten wie bei 20°; die Viscosität ändert sich nicht, und die Lösung zeigt die gleichen Abweichungen vom Hagen-Poiseuilleschen Gesetz. Dies ist ein klarer Beweis für den ganz andersartigen Bau der Kolloidteilchen der Eukolloide und der Micellkolloide (vgl. Abb. 2 u. 3).

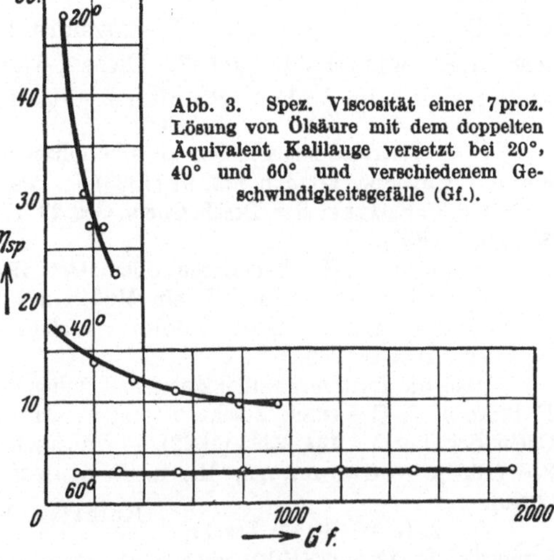

Abb. 3. Spez. Viscosität einer 7proz. Lösung von Ölsäure mit dem doppelten Äquivalent Kalilauge versetzt bei 20°, 40° und 60° und verschiedenem Geschwindigkeitsgefälle (Gf.).



Stellt man endlich eine alkoholische Seifenlösung her, so ist diese niederviscos und gehorcht dem Hagen-Poiseuilleschen Gesetz. Eine 7proz. Seifenlösung in Alkohol hat bei 20° einen $\eta_{sp}/c$-Wert von 0,048, während die wässerige 7proz. Seifenlösung einen $\eta_{sp}/c$-Wert von 8,5 besitzt ($c$ ist die Konzentration einer Lösung in Grundmolaritäten). Die Temperaturabhängigkeit ersterer Lösung ist gering, ähnlich

Tabelle 31[1]. 7proz. Ölsäure (5 gd-molar) in alkoholischer Lösung mit dem doppelten Äquivalent Kalilauge versetzt.
(Messungen im UBBELOHDEschen Viscosimeter.)

| Temperatur | Druck in cm Hg | Gf. | $\eta_{sp}$ |
|---|---|---|---|
| 20° | 80,1 | 1265 | 0,24 |
|  | 45 | 715 | 0,24 |
|  | 15,8 | 249 | 0,24 |
|  | 9,4 | 150 | 0,24 |
| 60° | 47,4 | 2120 | 0,21 |
|  | 33,5 | 1485 | 0,21 |
|  | 7,6 | 338 | 0,21 |
|  | 4,2 | 188 | 0,21 |

wie die einer Lösung eines Molekülkolloids. In dieser Lösung ist also das fettsaure Salz nicht micellar, sondern molekular gelöst[2].

Bei den Molekülkolloiden ist es dagegen nicht möglich, durch Variation des Lösungsmittels niedermolekulare Lösungen herzustellen[3]; infolge der Größe ihrer Moleküle können sie sich nicht anders als kolloid lösen, es sei denn, daß die Moleküle einen Abbau erleiden und in niedermolekulare Bruchstücke zerlegt werden.

## IV. „Alterungserscheinungen" und Viscositätsänderungen durch Zusätze bei Eukolloiden und Micellkolloiden.

Die Konstanz der $\eta_{sp}/c$-Werte bei verschiedenen Konzentrationen und Temperaturen kann man bei Eukolloiden nur beobachten, wenn die Moleküle des gelösten hochmolekularen Stoffes beständig sind. Dies ist beim Polystyrol der Fall, da dieser Kohlenwasserstoff ein Paraffinderivat ist. Darum sind die Viscositätsmessungen an Polystyrolen von so grundlegender Bedeutung für die Konstitutionsaufklärung der Eukolloide und für die Erkenntnis, daß deren Kolloidteilchen Moleküle sind[4].

Ganz andere Verhältnisse liegen vor, wenn man Lösungen von Kautschuk[5] oder Balata[6] in organischen Lösungsmitteln untersucht, oder solche von Cellulose in SCHWEIZERS Reagens[7]. Diese Lösungen sind sehr empfindlich und verändern sich beim Stehen. Sie altern geradeso wie Lösungen eines Micellkolloids[8].

<hr>

[1] Über Viscositätsmessungen an alkoholischen Seifenlösungen vgl. L. L. BIRCUMSHAW: Journ. Chem. Soc. London **123**, 91 (1923). — PRASAD: Journ. Physical Chem. **28**, 636 (1924).

[2] Vgl. F. KRAFFT: Ber. Dtsch. Chem. Ges. **27**, 1747 (1894); **28**, 2566 (1895); **29**, 1328 (1896); **32**, 1584 (1899).

[3] STAUDINGER, H.: Ber. Dtsch. Chem. Ges. **59**, 3038 (1926); vgl. Erster Teil, B. IV.

[4] Vgl. Über das Polystyrol, ein Modell des Kautschuks. Zweiter Teil, A.

[5] STAUDINGER, H., u. H. F. BONDY: Liebigs Ann. **488**, 157 (1931).

[6] Vgl. Dritter Teil, C.

[7] Über die Luftempfindlichkeit von Lösungen der Cellulose in SCHWEIZERS Reagens vgl. E. BERL u. A. G. INNES: Ztschr. f. angew. Ch. **23**, 987 (1910). — JOYNER, R. A.: Journ. Chem. Soc. London **121**, 2395 (1922). — Vgl. auch K. HESS u. Mitarbeiter: Liebigs Ann. **444**, 316 (1925). — STAUDINGER, H., u. O. SCHWEITZER: Ber. Dtsch. Chem. Ges. **63**, 3141 (1930).

[8] Vgl. z. B. W. BILTZ: Ztschr. f. physik. Ch. **73**, 508 (1910) über das Altern von Nachtblaulösungen (s. nebenstehende Tabelle). Über die zeitliche Unbeständigkeit von Emulsoiden vgl. Wo. OSTWALD: Grundriß der Kolloidchemie. 7. Aufl. S. 191. 1923.

Relative Viscosität von Nachtblaulösungen beim Altern.

| Gehalt % | Sofort nach Herstellung | Nach 1 Tag | Nach 6 Tagen |
|---|---|---|---|
| 0,90 | 1,044 | 1,061 | 1,062 |
| 1,35 | 1,074 | 1,110 | 1,105 |
| 2,25 | 1,156 | 1,239 | 1,390 |
| 2,70 | 1,226 | 1,600 | 1,525 |

Ferner wird die Viscosität einer Kautschuklösung beim Erhitzen geringer; aber zwischen dieser Viscositätsänderung und der einer Seifenlösung besteht ein wesentlicher Unterschied. Die Viscositätsabnahme einer Kautschuklösung ist irreversibel[1] und kann deshalb nicht mit einem Zerfall von Micellen oder einer Desaggregierung von komplex gebauten Kolloidteilchen zusammenhängen. Die Viscositätsverminderung einer Seifenlösung beim Erwärmen ist dagegen reversibel, da die durch die Wärme zerstörten Micellen sich wieder zurückbilden können.

Die Unbeständigkeit von Kautschuk- und Balatalösungen rührt daher, daß diese hochmolekularen ungesättigten Kohlenwasserstoffe außerordentlich leicht oxydiert werden, und zwar können schon Spuren von Sauerstoff, wie sie in den gewöhnlichen organischen Lösungsmitteln gelöst sind, die langen Moleküle des Kautschuks und der Balata abbauen und eine erhebliche Viscositätsveränderung hervorrufen. Umgekehrt beobachtet man beim Stehen von Kautschuk- und Balatalösungen unter bestimmten Bedingungen auch Viscositätserhöhungen. In diesem Fall werden die langen Fadenmoleküle untereinander verknüpft, sei es durch Sauerstoffatome, sei es durch Kohlenstoffbindungen[2]. Bevor durch Modellversuche am Polystyrol der Aufbau der Eukolloide geklärt war, konnte diese Unbeständigkeit einer Kautschuklösung für einen micellaren Bau der Kolloidteilchen sprechen. Es konnte aber nachgewiesen werden, daß in der Kautschuklösung Moleküle gelöst sind, denn wenn man alle störenden Einflüsse — vor allem Sauerstoff — ausschließt, verhält sich eine Kautschuklösung wie eine Polystyrollösung.

Es besteht aber eine weitere wesentliche Analogie zwischen Seifenlösungen und Lösungen einer Reihe von heteropolaren Molekülkolloiden. Die Viscosität einer Seifenlösung ist sehr stark abhängig von der Wasserstoffionenkonzentration der Lösung[3]. Bei Zusatz von Alkali zu einer Lösung von Seifen wird die Viscosität[4] verändert, ebenso bei Elektrolytzusatz[5]. Sie wird bei geringem Zusatz zuerst erniedrigt, um bei wachsendem Zusatz wieder anzusteigen. Eine ähnliche Abhängigkeit der Viscosität von der Wasserstoffionenkonzentration und dem Elektrolytzusatz beobachtet man bei heteropolaren Molekülkolloiden, wie bei Lösungen von polyacrylsaurem Natron und bei Eiweißstoffen. Der Unterschied zwischen den Lösungen der Seifen und denen des polyacrylsauren Natrons und des Eiweißes besteht aber darin, daß die ersteren leicht normal gelöst werden können, z. B. in Alkohol, während dies bei den letzteren nicht möglich ist. Die

---

[1] Vgl. H STAUDINGER u. H. F. BONDY: Liebis Ann. **468**, 3 (1929).

[2] Vgl. Dritter Teil, D. III.

[3] Viscositätsänderungen bei Zusatz von Säuren beobachtet man bei einer ganzen Reihe von homöopolaren Molekülkolloiden; z. B. wird die Viscosität einer Kautschuklösung durch Säurezusatz erniedrigt. Man nahm zur Erklärung an, daß durch die Bindung und Absorption z. B. von Chlorwasserstoff und Schwefelchlorür Micellarkräfte der Kautschukmoleküle in Anspruch genommen würden. Vgl. Handbuch der Kautschukwissenschaften, L. HOCK: S. 536. Leipzig 1930. Tatsächlich werden durch diese Reagenzien die langen, sehr empfindlichen Kautschukmoleküle abgebaut, vgl. H. STAUDINGER u. H. JOSEPH: Ber. Dtsch. Chem. Ges. **63**, 2888 (1930).

[4] GOLDSCHMIDT, F., u. L. WEISSMANN: Ztschr. f. Elektrochem. **18**, 382 (1922) — Kolloid-Ztschr. **12**, 18 (1913). — FARROW, F. D.: Journ. Chem. Soc. London **101**, 347 (1912) — Kolloid-Ztschr. **11**, 305 (1912).

[5] LEIMDÖRFER, J.: Seifensieder-Ztg. **37**, 985 (1910).

Konstitution der polyacrylsauren Salze wurde dadurch aufgeklärt, daß eine polymerhomologe Reihe von Verbindungen hergestellt werden konnte. Dadurch konnte gezeigt werden, daß die obenerwähnten Viscositätserscheinungen mit wachsender Länge der polywertigen Ionen immer stärker hervortreten. Es ist also auch hier nicht ein micellarer Bau der Kolloidteilchen an dem besonderen Verhalten schuld, sondern die Länge der Moleküle resp. der Fadenionen[1] und vor allem durch die Schwarmbildung zwischen denselben. Diese wird durch den Elektrolytzusatz gestört, und dadurch wird die Viscosität erniedrigt[2].

Bei den Seifenlösungen liegen die Verhältnisse komplizierter. Auch hier wird die Schwarmbildung zwischen den Fadenmicellen durch den Elektrolytzusatz verhindert, und deshalb erfolgt auch hier zunächst eine Viscositätserniedrigung. Das Ansteigen der Viscosität einer Seifenlösung nach weiterem Zusatz von Laugen beruht, wie gesagt, darauf, daß die normale Löslichkeit der fettsauren Salze herabgesetzt und so die Micellbildung begünstigt wird.

## V. Abweichungen vom HAGEN-POISEUILLESCHEN Gesetz bei Eukolloiden und Micellkolloiden.

Die Eukolloide sind unter anderem dadurch charakterisiert, daß ihre hochviscosen Lösungen dem HAGEN-POISEUILLESCHEN Gesetz nicht gehorchen[3]. Es ändert sich also die spez. Viscosität einer Lösung, je nachdem sie in Viscosimetern mit engeren oder weiteren, kürzeren oder längeren Capillaren bestimmt wird. Deshalb erscheinen Rückschlüsse aus der Viscosität der Lösung auf das Molekulargewicht nicht möglich, da die Viscosität je nach den Meßbedingungen verschiedene Werte annehmen kann. Darauf beruhen auch zum Teil die Zweifel mancher Forscher, ob man aus Viscositätsmessungen das Molekulargewicht der hochmolekularen Naturprodukte, des Kautschuks und der Cellulose ermitteln kann, da diese solche eukolloide Lösungen liefern. Deshalb soll hier besprochen werden, inwieweit diese anormalen Viscositätserscheinungen die Gültigkeit des Viscositätsgesetzes $\frac{\eta_{sp}}{c} = K_m \cdot M$ bei den Eukolloiden beeinflussen.

1. Die anormalen Strömungsverhältnisse hängen nicht mit der hohen Viscosität der Lösung zusammen; denn Lösungen von Hemikolloiden, die die gleiche spez. Viscosität haben wie solche von Eukolloiden, zeigen normale Strömungsverhältnisse. Allerdings sind solche Lösungen von Hemikolloiden weit konzentrierter als

Tabelle 32. Vergleich der spezifischen Viscositäten von äquiviscosen Lösungen von hemikolloidem und eukolloidem Polystyrol bei verschiedenen Drucken (in cm Hg). (Messungen im UBBELOHDESCHEN Viscosimeter.)

| $\eta_{sp}$ einer 30 proz. Lösung von hemikolloidem Polystyrol in Tetralin | | | | $\eta_{sp}$ einer 2 proz. Lösung von eukolloidem Polystyrol in Tetralin | | |
| Temperatur | $p=10$ cm | $p=30$ cm | $p=60$ cm | Temperatur | $p=10$ cm | $p=30$ cm | $p=60$ cm |
|---|---|---|---|---|---|---|---|
| 20° | 25,2 | 24,7 | 24,2 | 20° | 25,4 | 16,4 | 11,1 |
| 40° | 15,8 | 15,5 | 15,5 | 40° | 23,2 | 14,9 | 10,7 |
| 60° | 10,9 | 10,6 | 10,5 | 60° | 21,6 | 13,6 | 9,6 |

---

[1] Über den Bau der Kolloidteilchen der Eiweißstoffe lassen sich keine Aussagen machen, bevor nicht polymerhomologe Reihen untersucht sind. Vgl. G. BOEHM u. R. SIGNER: Helv. chim. Acta **14**, 1370 (1931).

[2] Vgl. Zweiter Teil, D. I. 3.        [3] HESS, W. R.: Kolloid-Ztschr. **27**, 154 (1920).

die äquiviscosen der Eukolloide. Zum Vergleich seien die spez. Viscositäten einer ca. 30 proz. Lösung von hemikolloidem Polystyrol (Durchschnittsmolekulargewicht 3000) und einer ca. 2 proz. Lösung von hochmolekularem Polystyrol (Durchschnittsmolekulargewicht 200000) angeführt; die Lösungen sind ungefähr äquiviscos[1] (Tabelle 32).

2. Die anormalen Strömungsverhältnisse werden bei Lösungen[2] zahlreicher hochmolekularer Verbindungen wie auch bei solchen von Micellkolloiden beobachtet. Wo. OSTWALD bezeichnet sie als Strukturviscosität[3], während H. FREUNDLICH diese Erscheinungen auf Fließelastizität zurückführt und die Annahme macht, daß durch die ganze Lösung ein gewisser Zusammenhang der Teilchen besteht[4]. Die weitere Untersuchung zeigt, daß diese anormalen Viscositätserscheinungen je nach dem Bau der Kolloidteilchen verschiedenartig gedeutet werden müssen. Relativ einfach ist die Erklärung bei homöopolaren Molekülkolloiden. Die niedermolekularen Verbindungen, die Hemikolloide, gehorchen dem HAGEN-POISEUILLEschen Gesetz. Nach der Untersuchung von R. SIGNER[5] stellen sich deren relativ kurze Fadenmoleküle bei der Strömung in 45°-Richtung ein. Ob das mittlere Geschwindigkeitsgefälle größer oder kleiner ist, also ob mehr oder weniger Teilchen orientiert sind, hat auf die Viscosität der Lösung keinen Einfluß; denn die nichtorientierten Teilchen, die längs und quer zur Strömungsrichtung gelagert sind, verhalten sich in ihrer Gesamtheit so, als ob sie die 45°-Stellung einnehmen würden. Darum tritt bei Lösungen solcher Stoffe keine Abweichung vom HAGEN-POISEUILLEschen Gesetz ein; die Viscosität bleibt gleich, ob die Flüssigkeit rascher oder langsamer strömt.

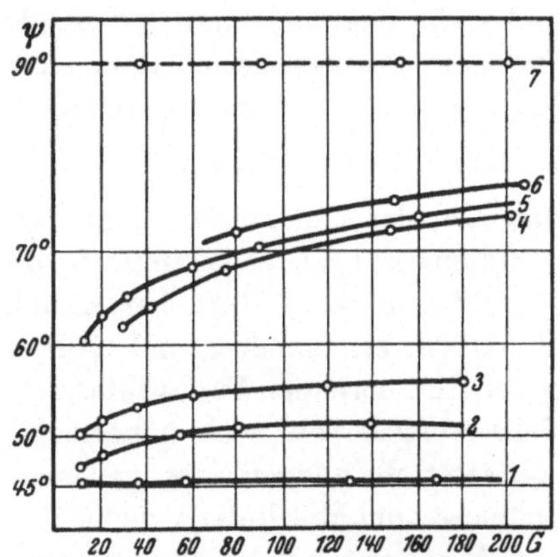



Abb. 4. Abhängigkeit des Einstellwinkels von Fadenmolekeln von der mechanischen Beanspruchung und der Fadenlänge, Abhängigkeit von der Fadenlänge allein von einem bestimmten Gefälle ab.

1. Polyäthylenoxyd, Mol.·Gew.  3500
2. Polystyrol,        „   „    35000
3. Polystyrol,        „   „    90000
4./5. Polystyrol, Mol.-Gew. 200000 in zwei Konzentrationen
6. Polystyrol, Mol.-Gew. 440000
7. Ovoglobulin und höchstpolymeres Polystyrol

Dagegen stellen sich nach den Untersuchungen von R. SIGNER die sehr langen Moleküle der Eukolloide nicht in der 45°-Stellung ein, sondern sie werden stärker in der Strömungsrichtung abgelenkt. Der Einstellwinkel ist 70° und mehr, je nach der Länge der Teilchen und der Größe des mittleren Geschwindigkeitsgefälles, wie aus obiger Abbildung hervorgeht[6].

---


[1] STAUDINGER, H., u. W. HEUER: Ber. Dtsch. Chem. Ges. **62**, 2933 (1929).

[2] STAUDINGER, H., u. H. MACHEMER: Ber. Dtsch. Chem. Ges. **62**, 2921 (1929).

[3] OSTWALD, Wo.: Kolloid-Ztschr. **36**, 99 (1925); **47**, 176 (1929) — Ztschr. f. physik. Ch. **111**, 62 (1924).

[4] FREUNDLICH, H., H. NEUKIRCHER u. H. ZOCHER: Kolloid-Ztschr. **38**, 46 (1926).

[5] SIGNER, R.: Über die Strömungsdoppelbrechung von Molekülkolloiden. Ztschr. f. physik. Ch. (A) **150**, 257 (1930).

[6] BOEHM, G., u. R. SIGNER: Helv. chim. Acta **14**, 1375 (1931).

Bei langsamer Strömung werden weniger Teilchen orientiert als bei rascher. Da die unorientierten Teilchen die Viscosität der Lösung stärker erhöhen als die orientierten Teilchen, so nimmt mit zunehmender Strömung die Viscosität der Lösung ab; sie wird immer geringer, je größer das Geschwindigkeitsgefälle ist, je mehr Teilchen also orientiert sind. Die anormalen Viscositätserscheinungen stehen also mit der Orientierung sehr langer Teilchen beim Strömen im Zusammenhang; sie werden als *makromolekulare Viscositätserscheinungen* bezeichnet; denn sie werden von den Makromolekülen in der Lösung hervorgerufen und hängen ganz wesentlich von der Länge derselben ab; die Beobachtungen zeigen bei allen homöopolaren Molekülkolloiden, daß Stoffe, die Moleküle mit 3000 und mehr Kettengliedern haben, deren Kettenlänge also über 3700 Å beträgt, anormale Viscositätserscheinungen aufweisen. Solche wurden bei Polyprenen[1], Polystyrolen[2], Polyisopropenylketonen[3] beobachtet[4].

Das Viscositätsgesetz $\frac{\eta_{sp}}{c} = K_m \cdot M$ kann also ohne Bedenken benutzt werden, um das Molekulargewicht von Teilchen erheblicher Kettenlänge aus Viscositätsmessungen zu bestimmen; denn beim Polystyrol bis zu einem Molekulargewicht von ca. 150000, bei Kautschuk und Balata bis zu einem solchen von ca. 50000, bei Cellulose und Celluloseacetaten bis ungefähr zu derselben Größe treten die anormalen Viscositätserscheinungen in verdünnter Lösung kaum hervor. Bei Lösungen von noch höhermolekularen Stoffen bringen die anormalen Viscositätserscheinungen eine gewisse Unsicherheit in die Berechnung, z. B. bei Cellulose vom Molekulargewicht 75000, bei den höchstmolekularen Kautschuken vom Molekulargewicht 120000—150000 und hauptsächlich beim Polystyrol von einem Molekulargewicht 500000—600000. Diese Unsicherheit fällt aber bei der Größe der Moleküle nicht stark ins Gewicht; denn in sehr niederviscosen Sollösungen sind die Abweichungen vom HAGEN-POISEUILLEschen Gesetz gering und betragen ca. 10—20%[5]. Um bei verschiedenen Vertretern einer polymerhomologen Reihe unter sich vergleichbare $\eta_{sp}/c$-Werte und so vergleichbare Molekulargewichte zu erhalten, rechnet man die Messungen auf gleiches mittleres Geschwindigkeitsgefälle[6] um; dabei ergeben sich die zuverlässigsten Molekulargewichte, wenn man die spez. Viscosität bei möglichst geringem Geschwindigkeitsgefälle bestimmt, weil das Verhalten einer langsam strömenden Lösung eines Eukolloids am meisten dem Verhalten einer strömenden Lösung von Hemikolloiden entspricht[7]. Wenn man dagegen bei einem zu hohen Geschwindigkeitsgefälle die spez. Viscosität mißt und daraus das Molekular-

---

[1] STAUDINGER, H., u. H. F. BONDY: Liebigs Ann. **488**, 127 (1931).

[2] Vgl. Zweiter Teil, A. IV. 3.

[3] Unveröffentlichte Versuche von B. RITZENTHALER.

[4] Auch bei Cellulose und Cellulosederivaten treten die anormalen Viscositätserscheinungen erst bei Stoffen mit hohem Molekulargewicht auf; doch ist hier die Kettenlänge der Moleküle, die diese hervorrufen, noch nicht genau bestimmt.

[5] Ausgenommen sind die höchstmolekularen Produkte, wie das Polystyrol vom Molekulargewicht 600000 und die Nitrocellulosen, bei denen die Abweichungen vom HAGEN-POISEUILLEschen Gesetz auch in verdünnter Lösung sehr beträchtlich sind, vgl. Vierter Teil, D. VII. 1.

[6] Das Gefälle wurde dabei nach der Formel von H. KROEPELIN: Ber. Dtsch. Chem. Ges. **62**, 3056 (1929) berechnet.

[7] Vgl. Zweiter Teil, A. IV. 3.

gewicht berechnet, so sind die sich so ergebenden Werte voraussichtlich zu klein[1].

Diesen anormalen Viscositätserscheinungen legte man früher viel zu große Bedeutung bei, weil man sie in der Regel an hochviscosen Lösungen studierte. An solchen Lösungen treten sie sehr stark in Erscheinung; die Viscosität kann bei verschiedenem Geschwindigkeitsgefälle sehr stark differierende Werte annehmen (vgl. Abb. 2, S. 89). Solche hochviscosen Lösungen sind Gellösungen; in diesen behindern sich die langen Fadenmoleküle gegenseitig; bei zunehmender Strömung werden aber diese Störungen durch die Orientierung der Moleküle verringert. Jedoch sind Viscositätsmessungen an solchen hochviscosen Lösungen für die Berechnung des Molekulargewichts nicht brauchbar.

3. Viel komplizicrtere Verhältnisse, *polyionische Viscositätserscheinungen*[2], treten bei heteropolaren Molekülkolloiden auf. Durch die Schwarmbildung, d. h. durch interionische Bindung, kann eine Festlegung der Fadenionen erfolgen; dadurch zeigen solche Lösungen Abweichungen vom HAGEN-POISEUILLEschen Gesetz; denn bei rascher Strömung wird diese Schwarmbildung stärker gestört als bei langsamer Strömung. Da die interionischen Kräfte von einem Fadenion auf das nächste usf. wirken, so kann man annehmen, daß bei genügender Länge der Polyionen sämtliche Fadenmoleküle durch interionische Kräfte untereinander festgelegt sind. Hier sind also die Vorstellungen von H. FREUNDLICH[3] über die Ursachen der anormalen Viscositätserscheinungen zutreffend: er nahm an, daß durch die ganze Lösung ein Zusammenhang der Teilchen bestehe.

Durch Elektrolytzusatz wird die Schwarmbildung gestört und endlich aufgehoben. Damit verschwinden die anormalen Viscositätserscheinungen, soweit sie auf der durch interionische Kräfte bewirkten Schwarmbildung beruhen und nicht durch die Länge der eukolloiden Fadenmoleküle bedingt sind. Das Verhalten der heteropolaren Molekülkolloide ist also ein ganz anderes als das der homöopolaren, wo Zusätze die anormalen Viscositätserscheinungen nicht beeinflussen, sofern die Moleküle nicht gespalten werden.

Verdünnte Lösungen von polyacrylsaurem Natron vom Polymerisationsgrad 190 in Wasser zeigen außerordentlich starke Abweichungen vom HAGEN-POISEUILLEschen Gesetz, die die der höchstmolekularen homöopolaren Molekülkolloide in äquiviscosen Lösungen weit übertreffen. Wenn durch Zusatz von Lauge oder Elektrolyten die Schwarmbildung gestört ist und die Fadenionen voneinander isoliert sind, dann zeigen solche Lösungen normales Verhalten wie die eines homöopolaren Molekülkolloids, da die Fadenmoleküle dieses

---

[1] Man könnte daran denken, alle Viscositätsmessungen bei so hohem Geschwindigkeitsgefälle auszuführen, daß sämtliche Teilchen orientiert sind, um die so sich ergebenden Werte zu vergleichen; vgl. dazu W. R. HESS: Kolloid-Ztschr. **27**, 154 (1920). — ROTHLIN: Biochem. Ztschr. **98**, 34 (1919). Aber gerade in diesem Zustand ließe sich die Viscosität eines Eukolloids nicht mit der eines Hemikolloids vergleichen, da die Teilchen der Eukolloide einen anderen Einstellwinkel zur Strömungsrichtung haben als die der Hemikolloide; vgl. R. SIGNER: l. c.; die $K_m$-Konstante, die bei den Hemikolloiden ermittelt ist, ließe sich nicht zur Berechnung des Molekulargewichts der eukolloiden Verbindungen benutzen, denn die sich so ergebenden Molekulargewichte wären zu niedrig.

[2] Vgl. Zweiter Teil, D. IV. 4.

[3] FREUNDLICH, H., u. Mitarbeiter: Kolloid-Ztschr. **38**, 46 (1926). Vgl. dazu G. BOEHM u. R. SIGNER: Helv. chim. Acta **14**, 1373 (1931).

Produktes relativ kurz sind. Das polyacrylsaure Natron verhält sich also in neutraler Lösung wie ein Eukolloid, in stark alkalischer Lösung oder nach Elektrolytzusatz wie ein Hemikolloid; der eukolloide Charakter hängt also hier von der Elektrolytkonzentration ab.

Nahe Beziehungen bestehen in bezug auf die anormale Viscosität zwischen dem polyacrylsauren Natron und dem Eiweiß, weiter den Seifen; denn bei allen diesen Stoffgruppen liegen in wässeriger Lösung polywertige Fadenionen vor. Bei dem polyacrylsauren Natron handelt es sich um ein polywertiges Fadenion eines Molekülkolloids, bei den Seifen um ein polywertiges Fadenion eines Micellkolloids[1]. Bei den fadenförmigen Seifenmicellen kann ebenfalls eine Schwarmbildung erfolgen; deshalb treten auch hier starke Abweichungen vom HAGEN-POISEUILLEschen Gesetz auf, die durch Elektrolytzusätze beeinflußt werden. Doch hier liegen die Verhältnisse noch weit komplizierter als beim polyacrylsauren Natron; denn durch den Elektrolytzusatz wird hier nicht nur die Schwarmbildung gestört, sondern es verändert sich dadurch, wie gesagt, auch die Micellgröße, und zwar wird das Wachstum der Micelle begünstigt, da die normale Löslichkeit der Fettsäuren durch den Elektrolytzusatz herabgesetzt wird. Diese Micellvergrößerung hat eine Viscositätserhöhung zur Folge. So können bei Seifen umgekehrt wie beim polyacrylsauren Natron die Abweichungen vom HAGEN-POISEUILLEschen Gesetz durch Zusätze von viel Alkalilauge größer werden.

## VI. Konstitutionsaufkläruug der Eukolloide durch chemische Untersuchungen.

Das Vorliegen von Molekülen in Lösungen von Eukolloiden sollte wie bei den Hemikolloiden durch chemische Untersuchungen festgestellt werden können. Dies ist bei besonders günstigen Objekten möglich.

In einer Reihe von Fällen konnte bei Hemikolloiden das Molekulargewicht durch Bestimmung der charakteristischen Endgruppen der Moleküle festgestellt und dadurch die Konstitutionsaufklärung durchgeführt werden. Diese Methode ist bei Eukolloiden nicht brauchbar; denn bei sehr hochmolekularen Produkten ist das Gewicht der Endgruppe im Vergleich zu dem des Gesamtmoleküls so gering, daß eine genaue analytische Bestimmung der Endgruppe nicht möglich ist. Hat z. B. die Endgruppe das Gewicht ca. 100, so macht das bei einem Molekulargewicht von 10000 nur 1% desselben aus; bei einem Molekulargewicht von 100000, wie es die höchstmolekularen Stoffe besitzen, betragen die charakteristischen Endgruppen nur 0,1% des Moleküls. Sie sind also in so geringer Menge vorhanden, daß man meistens nicht entscheiden kann, ob der analytisch nachgewiesene Anteil an Fremdgruppen im hochpolymeren Stoff wirklich die Endgruppe des Moleküls darstellt oder ob die Fremdgruppen eine zufällige Verunreinigung sind; denn die hochmolekularen Substanzen absorbieren sehr stark, und Verunreinigungen sind deshalb sehr schwer zu entfernen.

Fadenförmige Teilchen, deren Größe man nach irgendeiner Methode bestimmt hat, stellen Moleküle dar, wenn sich bei chemischen Umsetzungen die Länge derselben, also die Zahl der Kettenatome, nicht ändert; dabei wird das Teilchen-

---

[1] Der Bau der Eiweißteilchen ist ganz verschieden, vgl. G. BOEHM u. R. SIGNER: Helv. chim. Acta **14**, 1370 (1931).

Lösung, ohne zu zerfallen, noch beständig sind. Der Übergang zu der grobdispersen Verteilung fehlt in diesem Fall. Der eine Teil des OSTWALDschen Schemas ist also nur für die Suspensoide, der andere nur für die Molekülkolloide anwendbar, ein Punkt, der bisher übersehen wurde.

Die Molekülkolloide, die Kolloide im GRAHAMschen Sinne und die Suspensoide und Emulsoide haben also nichts Gemeinsames. Es könnte darum zweckmäßig erscheinen, diese letzteren überhaupt nicht mehr als Kolloide zu bezeichnen, sondern als Dispersoide, und den Namen „Kolloide" den Stoffen zu reservieren, für die GRAHAM ihn geschaffen hat, wenn nicht schließlich Übergänge zwischen den einzelnen Gruppen, vor allem bei anorganischen Kolloiden, vorhanden wären.

Bei anorganischen Kolloiden spielen, entsprechend dem ganz andersartigen Bau dieser Stoffe, die Molekülkolloide eine ganz untergeordnete Rolle. Die polymeren Kieselsäuren können als Molekülkolloide betrachtet werden. Der Bau dieser Kolloidteilchen ist aber hier schon weit komplizierter als der der homöopolaren organischen Kolloide, da hier koordinative Bindungen eine Rolle spielen: man kann Parallelen ziehen zwischen den Kolloidmolekülen der Polykieselsäuren und Polyacrylsäuren[1].

Die Bearbeitung der Molekülkolloide wird also wesentlich eine Aufgabe der organischen Chemie sein. Sie ist für die physiologische Chemie und Biologie von der größten Bedeutung, weil die wichtigsten Lebensprozesse Umsetzungen an makro-molekularen Verbindungen sind.

## II. Bildung und chemisches Verhalten der hochpolymeren Stoffe.

### I. Über den Bau der Ketten der Hochpolymeren.

In vorstehenden Ausführungen wurde angenommen, daß in den Fadenmolekülen die Grundmoleküle gleichartig angeordnet sind. Dies ist bei synthetischen Polymeren nicht immer der Fall. So hat z. B. G. STEIMMIG[2] nachgewiesen, daß der synthetische Kautschuk nicht völlig den gleichen Bau hat wie der natürliche Kautschuk. Im ersteren sind die Isoprenreste nicht mit derselben Regelmäßigkeit aneinander gereiht wie im letzteren, wie der Ozonabbau erkennen läßt.

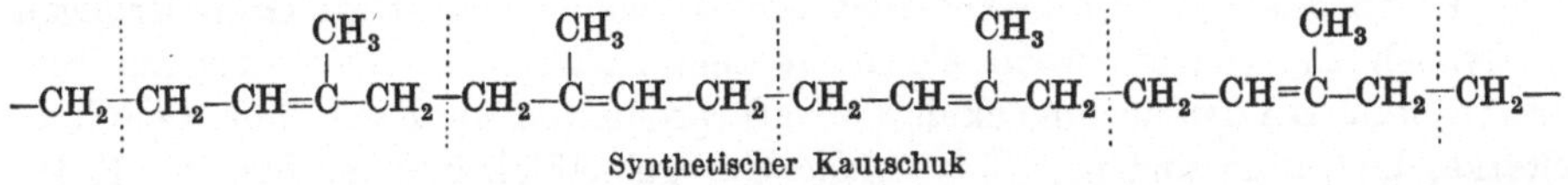

$$-CH_2\!-\!CH_2\!-\!CH\!=\!\overset{\displaystyle CH_3}{C}\!-\!CH_2\!-\!CH_2\!-\!\overset{\displaystyle CH_3}{C}\!=\!CH\!-\!CH_2\!-\!CH_2\!-\!CH\!=\!\overset{\displaystyle CH_3}{C}\!-\!CH_2\!-\!CH_2\!-\!CH\!=\!\overset{\displaystyle CH_3}{C}\!-\!CH_2\!-\!CH_2\!-$$

Synthetischer Kautschuk

Allerdings dürfte dieser geringe Unterschied im Bau der Kette nicht allein dafür verantwortlich sein, daß der synthetische Kautschuk etwas andere Eigenschaften hat als der Naturkautschuk. Denn einmal haben die Fadenmoleküle bei dem synthetischen Kautschuk und beim Naturprodukt nicht die gleiche Länge; vor allem können aber bei der Synthese auch noch andersartige Reaktionen vor sich gehen, außer der oben skizzierten. Es tritt z. B. eine Verknüpfung der einzelnen Fadenmoleküle untereinander ein. So sind die synthetischen Kautschuke z. T. unlöslich und nur quellbar, da sie dreidimensionale Moleküle enthalten.

Auch beim Butadienkautschuk sind die Grundmoleküle nicht gleichmäßig in 1—4-Stellung zusammengetreten; denn beim oxydativen Abbau läßt sich

---

[1] Vgl. Zweiter Teil, D.  [2] STEIMMIG, G.: Ber. Dtsch. Chem. Ges. **47**, 350, 852 (1914).

Bernsteinsäure als Reaktionsprodukt nur in untergeordneter Menge gewinnen. Auch hier muß eine kompliziertere und unregelmäßigere Verknüpfung der einzelnen Grundmoleküle stattgefunden haben.

Ein weiteres Beispiel für die unregelmäßige Verknüpfung der Grundmoleküle im polymeren Molekül ist das Polydimethylketen, das weder nach Formel (I) noch nach Formel (II) konstituiert ist; in dem Fadenmolekül des Polymeren müssen vielmehr, nach den Spaltprodukten zu urteilen, beide Gruppierungen vertreten sein, so daß man das Polymere etwa nach Formel (III) formulieren muß[1]:

$$\cdots\overset{\overset{\textstyle(CH_3)_2}{\|}}{C}\!-\!\overset{\overset{\textstyle O}{\|}}{C}\!-\!\left[\overset{\overset{\textstyle(CH_3)_2}{\|}}{C}\!-\!\overset{\overset{\textstyle O}{\|}}{C}\right]_x\!\!-\!\overset{\overset{\textstyle(CH_3)_2}{\|}}{C}\!-\!\overset{\overset{\textstyle O}{\|}}{C}\cdots \qquad (I)$$

$$\cdots\overset{\overset{\textstyle(CH_3)_2}{\|}}{C}\!-\!O\!-\!\left[\overset{\overset{\textstyle(CH_3)_2}{\|}}{C}\!-\!O\right]_x\!\!-\!\overset{\overset{\textstyle(CH_3)_2}{\|}}{C}\!-\!O\cdots \qquad (II)$$

$$\cdots\overset{\overset{\textstyle(CH_3)_2}{\|}}{C}\!-\!O\!-\!\overset{\overset{\textstyle(CH_3)_2}{\|}}{C}\!-\!\overset{\overset{\textstyle O}{\|}}{C}\!-\!\overset{\overset{\textstyle(CH_3)_2}{\|}}{C}\!-\!\overset{\overset{\textstyle O}{\|}}{C}\!-\!\overset{\overset{\textstyle(CH_3)_2}{\|}}{C}\!-\!O\!-\!\overset{\overset{\textstyle(CH_3)_2}{\|}}{C}\!-\!\overset{\overset{\textstyle O}{\|}}{C}\cdots \qquad (III)$$

Das $\delta$-Polyoxymethylen, das beim Kochen des $\gamma$-Polyoxymethylens mit Wasser entsteht, ist ein weiteres Beispiel dafür, daß im Polymeren die einzelnen Grundmoleküle nicht immer regelmäßig angeordnet sind. Denn dieses Produkt enthält neben den $-CH_2-O-CH_2-O-$ -Bindungen auch folgende Gruppierung der Formaldehydgruppe, die sich durch eine CANNIZAROsche Umlagerung aus der ersten Gruppierung gebildet hat[2].

$$\cdots O\!-\!CH_2\!-\!O\!-\!CH_2\!-\!O\!-\!CH_2\cdots \rightarrow$$
$$\rightarrow \cdots O\!-\!\underset{\underset{\textstyle OH}{|}}{CH}\!-\!CH_2\!-\!O\!-\!CH_2\cdots$$

Bei anderen synthetischen Polymeren, wie beim Polystyrol und beim Polyvinylacetat, haben sich bisher solche Ungleichmäßigkeiten im Bau der Kette nicht nachweisen lassen; es wird aber auch schwer sein, andersartige Gruppierungen analytisch zu erfassen, wenn sie nicht sehr reichlich im Fadenmolekül vertreten sind. Bei den hochmolekularen Naturprodukten wie Kautschuk, Cellulose, Stärke, Lichenin[3] sind natürlich solche Unregelmäßigkeiten im Bau der Kette durchaus möglich; sie würden sich aber bei der Größe der Moleküle völlig der Beobachtung entziehen, falls sie nur selten im Molekül vertreten sind. Umgekehrt


[1] STAUDINGER, H.: Helv. chim. Acta 8, 306 (1925).

[2] Vgl. H. STAUDINGER u. R. SIGNER: Liebigs Ann. 474, 232 (1929). Alle anderen Polyoxymethylene enthalten dagegen außer den Endgruppen nur die normale Gruppierung im Fadenmolekül. Deshalb kann bei den Polyoxymethylenen mit Ausnahme des $\delta$-Polyoxymethylens durch Bestimmung des Formaldehydgehaltes nach der Spaltung des polymeren Moleküls der Polymerisationsgrad ermittelt werden.

[3] P. KARRER erhielt aus dem Lichenin Cellobiose und betrachtet es deshalb als eine Art kolloidlöslicher Cellulose, vgl. Helv. chim. Acta 6, 800 (1923). Diese Auffassung ist heute nicht mehr haltbar. Der Unterschied beider Polysaccharide muß auf einer verschiedenen Anordnung der Glykosebausteine in der Kette beruhen.

ist es gerade bei diesen polymeren Naturprodukten durchaus möglich, daß hier ganz regelmäßig ein Grundmolekül an das andere gereiht ist[1].

## II. Endgruppen der Fadenmoleküle.

Bei einer großen Reihe von natürlichen und synthetischen Hochpolymeren, wie Kautschuk und Balata, Cellulose und Stärke, liegen Fadenmoleküle vor, deren Länge durch die vorstehenden Untersuchungen jetzt bekannt ist. Die Konstitutionsaufklärung dieser Stoffe im Sinne der organischen Chemie ist aber nicht beendet, solange nicht die Endgruppen dieser langen Moleküle nachgewiesen sind. Wenn zahlreiche ungesättigte Einzelmoleküle zu einem langen Fadenmolekül vereinigt werden, oder wenn zahlreiche Glykosemoleküle glykosidisch miteinander gebunden werden, dann müssen am Ende dieser Ketten ungesättigte Atome vorhanden sein (I), wenn nicht andere Gruppierungen die Enden der Kette abschließen (II und III), oder die beiden ungesättigten Endvalenzen sich gegenseitig unter Ringschluß absättigen (IV).

Als Formel z. B. des Polystyrols kommen so folgende vier Möglichkeiten in Betracht[2]:

$$-\overset{\overset{\textstyle C_6H_5}{|}}{CH}-CH_2-\left[\overset{\overset{\textstyle C_6H_5}{|}}{CH}-CH_2\right]_x\overset{\overset{\textstyle C_6H_5}{|}}{CH}-CH_2- \tag{I}$$

Freie Endvalenzen

$$R-\overset{\overset{\textstyle C_6H_5}{|}}{CH}-CH_2-\left[\overset{\overset{\textstyle C_6H_5}{|}}{CH}-CH_2\right]_x\overset{\overset{\textstyle C_6H_5}{|}}{CH}-CH_2-R \tag{II}$$

Absättigung der Endvalenzen durch andere Gruppen[3]

$$\overset{\overset{\textstyle C_6H_5}{|}}{CH_2}-CH_2-\left[\overset{\overset{\textstyle C_6H_5}{|}}{CH}-CH_2\right]_x\overset{\overset{\textstyle C_6H_5}{|}}{C}=CH_2 \tag{III}$$

Wanderung eines H-Atoms

$$\overset{\overset{\textstyle C_6H_5}{|}}{CH}-CH_2-\left[\overset{\overset{\textstyle C_6H_5}{|}}{CH}-CH_2\right]_x\overset{\overset{\textstyle C_6H_5}{|}}{CH}-CH_2 \tag{IV}$$

Ringschluß

Die chemische und physikalische Untersuchung — insbesondere Viscositätsmessungen — einer großen Zahl von Hochpolymeren ergab, daß Formel (I) und (IV), also Fadenmoleküle mit freien Endvalenzen und hochmolekulare Ringe, nicht zutreffen können. Alle untersuchten Polymeren besitzen Fadenmoleküle mit irgendwelchen Endgruppen. Solche Endgruppen sind bei einigen synthetischen polymeren Stoffen mit Sicherheit nachgewiesen. Die Endgruppen an den Ketten der hochmolekularen Naturprodukte sind dagegen nicht bekannt; die Erforschung ihres Baues ist aber von Bedeutung, auch wenn sie

---

[1] R. Pummerer, G. Ebermayer, K. Gerlach: Ber. Dtsch. Chem. Ges. **64**, 809 (1931), konnten durch Verbesserung des Ozonabbaues zeigen, daß ca. 90% der Isoprengruppen in den Fadenmolekülen des Kautschuks gleichmäßig gebunden sind.

[2] Vgl. H. Staudinger: Ber. Dtsch. Chem. Ges. **59**, 3035 (1926).

[3] Auch eine Absättigung durch Umlagerungen an der Endgruppe kommt in Betracht. Vgl. E. Bergmann: Liebigs Ann. **480**, 49 (1930) — Ber. Dtsch. Chem. Ges. **64**, 1493 (1931).

prozentual nur ein geringer Teil des Moleküls sind. Es läßt sich bei synthetischen Produkten zeigen, daß die Endgruppen das chemische Verhalten der langen Moleküle sehr wesentlich beeinflussen können, nämlich dann, wenn ein Abbau oder Aufbau der Fadenmoleküle vom Ende aus erfolgt.

Die Art der Endgruppen konnte bisher nur bei synthetischen Polymeren festgestellt werden und auch hier nur bei ganz besonders übersichtlichen Bildungsbedingungen des Fadenmoleküls; darum muß diese Frage der Endgruppen im Zusammenhang mit der Bildung der Polymeren besprochen werden.

## III. Bildung der Polymeren.
### 1. Durch kondensierende Polymerisation.

Fadenmoleküle können dadurch entstehen, daß sich ein ungesättigtes Molekül unter Wasserstoffwanderung an ein anderes anlagert usw. Es entsteht das hochmolekulare Polymerisationsprodukt über eine Reihe von Zwischenprodukten, von denen jedes für sich existenzfähig ist und bei geeigneter Wahl der Polymerisationsbedingungen auch erhalten werden kann. Ein Beispiel für diesen Polymerisationsverlauf ist die Bildung von Polyoxymethylen-dihydraten, die durch Anlagerung von Formaldehyd an Methylenglykol entstehen. Je nach der Konzentration der Formaldehydlösungen und je nach der Temperatur entstehen bei dieser kondensierenden Polymerisation mehr oder weniger hochpolymere Stoffe der betreffenden polymerhomologen Reihe[1]. Die Endgruppen der Fadenmoleküle werden im Verlauf des Polymerisationsprozesses gebildet. Man kann dabei durch Zusatz von Methyl- oder Äthylalkohol auch Methoxyl- oder Äthoxylgruppen als Endgruppen des Fadens einfügen. Auf diese Weise entsteht das $\gamma$-Polyoxymethylen. Das Weiterwachsen des Fadens ist natürlich durch eine solche Endgruppe verhindert.

Auf ähnliche Weise bilden sich durch kondensierende Polymerisation aus Äthylenoxyd und Glykol oder Glykolchlorhydrin polymere Produkte, deren Endgruppen man durch die Art des Polymerisationsprozesses erkennt. Hierher gehören auch die von CAROTHERS[2] untersuchten Produkte, z. B. die polymeren Glykolester der Oxalsäure, Bernsteinsäure usw. Auch hier. kann man aus dem Verlauf des kondensierenden Polymerisationsprozesses auf die Art der Endgruppe schließen. WHITBY und KATZ[3] nahmen an, daß auch Polyindene und Polystyrole ganz analog durch kondensierende Polymerisation entstehen, dadurch, daß ein Molekül des ungesättigten Kohlenwasserstoffes unter Wasserstoffwanderung sich an ein anderes anlagere.

1. Inden:

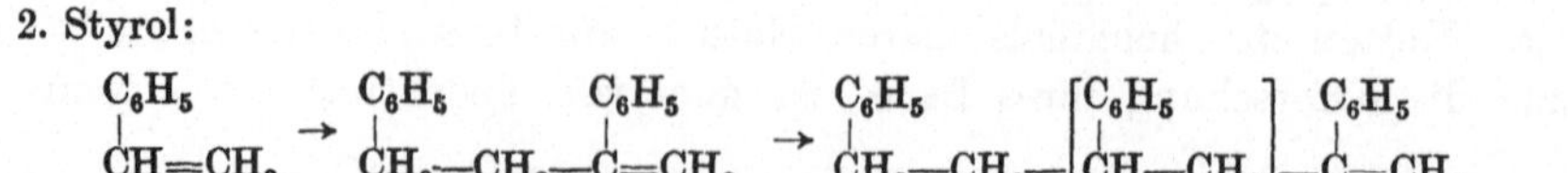

$$
\begin{array}{c}
C_6H_4-CH_2 \\
|\qquad\quad| \\
CH = CH
\end{array}
\rightarrow
\begin{array}{c}
C_6H_4-CH_2 \\
|\qquad\quad| \\
CH_2-CH
\end{array}
\begin{array}{c}
C_6H_4-CH_2 \\
|\qquad\quad| \\
-C =\!=\!= CH
\end{array}
\rightarrow
\begin{array}{c}
C_6H_4-CH_2 \\
|\qquad\quad| \\
CH_2-CH-
\end{array}
\left[
\begin{array}{c}
C_6H_4-CH_2 \\
|\qquad\quad| \\
CH-CH
\end{array}
\right]_x
\begin{array}{c}
C_6H_4-CH_2 \\
|\qquad\quad| \\
-C =\!=\!= CH
\end{array}
$$

2. Styrol:

$$
\begin{array}{c}
C_6H_5 \\
| \\
CH = CH_2
\end{array}
\rightarrow
\begin{array}{c}
C_6H_5 \\
| \\
CH_2-CH_2-
\end{array}
\begin{array}{c}
C_6H_5 \\
| \\
C = CH_2
\end{array}
\rightarrow
\begin{array}{c}
C_6H_5 \\
| \\
CH_2-CH_2-
\end{array}
\left[
\begin{array}{c}
C_6H_5 \\
| \\
CH-CH_2
\end{array}
\right]_x
\begin{array}{c}
C_6H_5 \\
| \\
C = CH_2
\end{array}
$$

<hr>

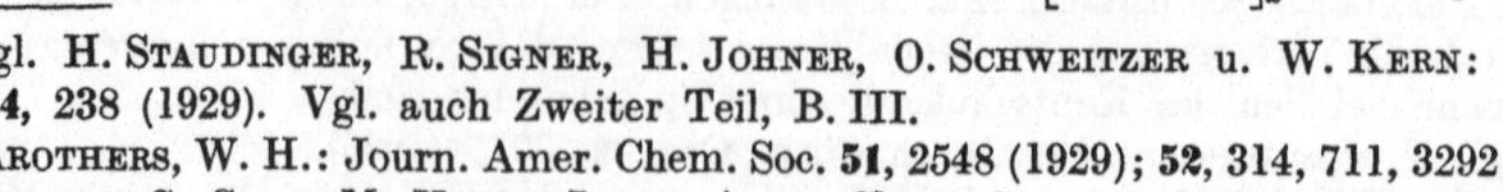

[1] Vgl. H. STAUDINGER, R. SIGNER, H. JOHNER, O. SCHWEITZER u. W. KERN: Liebigs Ann. **474**, 238 (1929). Vgl. auch Zweiter Teil, B. III.

[2] CAROTHERS, W. H.: Journ. Amer. Chem. Soc. **51**, 2548 (1929); **52**, 314, 711, 3292 (1930).

[3] WHITBY, G. S., u. M. KATZ: Journ. Amer. Chem. Soc. **50**, 1160 (1928). Vgl. auch W. GALLAY: Kolloid-Ztschr. **57**, 2 (1931).

Ein derartiger Polymerisationsverlauf kann aber nicht zur Bildung sehr hochmolekularer Produkte führen, denn schon das Distyrol und Tristyrol, welche nach obiger Formel gebaut sind[1], lagern monomeres Styrol nicht mehr an.

Die kondensierenden Polymerisationsprozesse können überhaupt nicht zu sehr hochmolekularen Produkten führen, bei denen 1000 und mehr Einzelmoleküle in einer Kette gebunden sind; denn die Reaktionsfähigkeit eines polymeren Moleküls nimmt mit wachsender Moleküllänge rasch ab. Nur im günstigsten Fall, bei den Polyoxymethylenen, können sich nach diesem Reaktionsschema längere Fadenmoleküle ausbilden, infolge der enormen Reaktionsfähigkeit des monomeren Formaldehyds. Aber bereits beim Äthylenoxyd entstehen die höhermolekularen Polymerisationsprodukte nicht durch eine kondensierende Polymerisation, sondern durch Kettenpolymerisation[2].

## 2. Bildung von Fadenmolekülen mit bekannten Endgruppen durch Abbau von hochmolekularen Produkten.

Fadenmoleküle mit bekannten Endgruppen kann man in einer Reihe von Fällen dadurch herstellen, daß man synthetische Produkte oder hochmolekulare Naturprodukte abbaut. Die Art der Spaltung der langen Moleküle gibt dann Aufschluß über die Art der Endgruppen in den entstehenden kürzeren Fadenmolekülen. So werden z. B. aus hochmolekularem Polyoxymethylen durch Abbau mit einer unzureichenden Menge Essigsäureanhydrid oder mit Methylalkohol und Schwefelsäure die polymerhomologen Reihen der Polyoxymethylen-diacetate[3] oder Polyoxymethylen-dimethyläther[4] erhalten.

Durch acetylierenden Abbau von Cellulose erhält man die polymerhomologe Reihe der Polytriacetylcelloglucandiacetate, eine Reaktion, die der Spaltung der Polyoxymethylene mit Essigsäureanhydrid analog ist[5].

Durch oxydativen Abbau von eukolloiden Polystyrolen mit Kaliumpermanganat entstehen hemikolloide Produkte, die nach der Darstellungsart Carboxylgruppen an den Enden der Ketten tragen müssen, obwohl sich diese „Polystyrolcarbonsäuren" nicht in der gewöhnlichen Weise als Säuren identifizieren lassen[6].

Durch oxydativen Abbau des Kautschuks, z. B. mit Luftsauerstoff, werden vermutlich hemikolloide Polyprene entstehen mit sauerstoffhaltigen Endgruppen; aber auch diese ließen sich bisher nicht charakterisieren. Die Einwirkung von Sauerstoff auf Kautschuk verläuft kompliziert, da nicht nur ein Abbau eintritt, sondern auch Sauerstoff an die Kette angelagert werden kann[7].

## 3. Bildung von Hochpolymeren durch Kettenreaktion.

Durch die kondensierende Polymerisation können, wie gesagt, keine sehr hochmolekularen Produkte entstehen. Die Bildung der synthetischen Hoch-

---

[1] Diese Kohlenwasserstoffe wurden von W. Heuer bei der pyrogenen Zersetzung des Polystyrols im Vakuum gewonnen und von A. Steinhofer ihre Konstitution aufgeklärt. Vgl. Zweiter Teil, A. II. 3.

[2] Vgl. Zweiter Teil, C. II. 2.

[3] Staudinger, H., u. M. Lüthy: Helv. chim. Acta 8, 41 (1925).

[4] Staudinger, H., u. H. Johner: Liebigs Ann. 474, 205 (1929).

[5] Vgl. H. Staudinger u. H. Freudenberger: Ber. Dtsch. Chem. Ges. 63, 2331 (1930). Vgl. weiter Vierter Teil, A. II.

[6] Vgl. Zweiter Teil, A. V. 4.      [7] Vgl. Dritter Teil, C. IV. 6a und b.

polymeren von eukolloidem Charakter, also von solchen Polymeren, deren Moleküle 1000 und mehr Einzelmoleküle in der Kette haben, erfolgt durch eine ganz andere Reaktion, die mit der Kettenreaktion bei Umsetzungen von Gasen verglichen werden kann. Wie z. B. bei Chlorknallgasreaktionen ein aktiviertes Molekül die Umsetzung von ca. $10^5$ anderen Molekülen dadurch anregt[1], daß die „Anregung" von einem Molekül auf das andere übertragen wird, so kann auch hier ein aktiviertes Molekül die Polymerisation von zahlreichen anderen Molekülen veranlassen; nur besteht zwischen beiden Kettenreaktionen der Unterschied, daß bei der Chlorknallgasreaktion die einzelnen Moleküle getrennt bleiben, während bei der Polymerisation die Kettenreaktion zur Bildung eines Fadenmoleküls führt[2].

Ein angeregtes ungesättigtes Molekül kann weitere ungesättigte Moleküle anlagern; in manchen Fällen kommt es zur Bildung eines 4-, 6- oder 8-Ringes, wenn sich 2, 3 oder 4 ungesättigte Moleküle vereinigt haben. So entstehen z. B. bei der Polymerisation der Ketene in der Regel dimolekulare Polymerisationsprodukte[3].

$$2\,R_2C{=}C{=}O \;\rightarrow\; \begin{array}{c} R_2C{-}CO \\ | \quad\quad | \\ OC{-}CR_2 \end{array}$$

Bei der Polymerisation des Formaldehyds kann es unter bestimmten Bedingungen zur Bildung von tri- und tetramolekularen Produkten kommen. Bei Anwesenheit von Spuren von Schwefelsäure entsteht das Trioxymethylen[4], während das Tetraoxymethylen[5] bei der Spaltung von höhermolekularen Polyoxymethylendiacetaten erhalten wurde.

In anderen Fällen bleibt aber der Ringschluß aus; es lagern sich dann an die ungesättigten Endvalenzen des polymeren Produktes neue ungesättigte Moleküle an. So erfolgt die Molekülvergrößerung derart, daß das entstehende neue Molekül am Ende ungesättigte Valenzen hat und so zur Anlagerung weiterer Einzelmoleküle befähigt ist. Es wird gewissermaßen der Energiebetrag, den das ungesättigte Molekül bei seiner Aktivierung aufgenommen hat und der es zur Polymerisation befähigt, immer wieder auf das neu angelagerte Molekül übertragen. Da am Ende der wachsenden Moleküle freie Valenzen sind, so kann es durch diese Reaktion zum Unterschied von der kondensierenden Polymerisation zur Bildung außerordentlich hochpolymerer Produkte kommen. Die Zwischenprodukte bei diesem Polymerisationsverlauf sind infolge der freien Endvalenzen am Ende der Ketten nicht existenzfähig, wenn nicht diese Endvalenzen abgesättigt werden.

Es ist nun in fast allen Fällen die Frage ungelöst, wie die Kettenreaktion ihren Abschluß findet. Es ist somit unbekannt, wie die Endgruppen dieser langen Fadenmoleküle konstituiert sind.

---

[1] KORNFELD, G., u. H. MÜLLER: Ztschr. f. physik. Ch. **117**, 242 (1925). — CREMER, E.: Ztschr. f. physik. Ch. **128**, 285 (1927).

[2] Die Polymerisation einer ungesättigten Verbindung führt also durch eine Kettenreaktion zur Bildung der langen Kohlenstoffkette. Man beachte, daß der Ausdruck „Kette" in beiden Fällen eine verschiedene Bedeutung hat.

[3] Vgl. H. STAUDINGER: Helv. chim. Acta **7**, 3 (1924).

[4] PRATESI: Gazz. chim. ital. **14**, 139 (1884). — F. AUERBACH u. A. BARSCHALL: Arbb. Kais. Gesundh.-Amt **27**, 183 (1907).

[5] STAUDINGER, H., u. M. LÜTHY: Helv. chim. Acta **8**, 65 (1925).

$$\begin{array}{cc} R & R \\ | & | \\ -CH-CH_2- & + \ CH=CH_2 \rightarrow \end{array}$$

aktiviertes Molekül

$$\begin{array}{ccc} R & R & R \\ | & | & | \\ -CH-CH_2-CH-CH_2- & + \ CH=CH_2 \rightarrow \end{array}$$

$$\begin{array}{ccc} R & R & R \\ | & | & | \\ -CH-CH_2-CH-CH_2-CH-CH_2- & \text{usw.} \end{array}$$

Bei Beginn der Untersuchungen[1] wurde angenommen, daß der Polymerisationsprozeß so lange vor sich gehe, bis die ungesättigten endständigen Kettenglieder infolge der Größe des gebildeten polymeren Moleküls nicht mehr genügend reaktionsfähig seien, um neue monomere Moleküle anzulagern. Es sollten also die langen Fadenmoleküle Endgruppen mit dreiwertigen Kohlenstoffatomen besitzen[2]. Aber diese Hypothese[3], die anfangs eine Erklärung für die merkwürdigen Viscositätserscheinungen hochmolekularer Stoffe zu geben schien, ist nicht richtig[4]; denn in der polymerhomologen Reihe der Polystyrole existiert eine kontinuierliche Reihe von Verbindungen vom niedersten bis zum höchsten Molekulargewicht. Die niedermolekularen hemikolloiden Produkte besitzen keine dreiwertigen Kohlenstoffatome am Ende der relativ kurzen Ketten; daher ist ein solcher Bau auch für das eukolloide Polystyrol unwahrscheinlich.

Es wurde weiter die Annahme geprüft, ob nicht die Kettenreaktion dadurch unterbrochen würde, daß die Enden der Kette sich gegenseitig absättigen. Es würden dann in den polymeren Kohlenwasserstoffen, wie Polystyrol und Kautschuk, Gemische hochgliedriger Ringe verschiedener Gliederzahl vorliegen. Da es mittlerweile L. Ruzicka in seinen bekannten Arbeiten gelungen ist, sehr hochgliedrige Ringe herzustellen, und da weiter von J. R. Katz[5] durch röntgenographische Untersuchungen gezeigt werden konnte, daß im krystallisierten Zustand diese hochgliedrigen Ringe sich wie Doppelfäden verhalten, so schien es möglich, daß eine Reihe hochmolekularer Produkte aus Molekülen aufgebaut ist, die solche Doppelfäden sind. Die Bildung von Produkten verschiedenen Polymerisationsgrades schien dadurch verständlich, daß z. B. durch Katalysatoren[6] oder durch Erhitzen der Ringschluß rascher herbeigeführt werden könnte als bei der Polymerisation in der Kälte.

Die aufgefundenen Viscositätsgesetze zeigen aber, daß die polymeren Kohlenwasserstoffe nicht derartig gebaute Moleküle haben können; denn für Stoffe,

---

[1] Staudinger, H.: Ber. Dtsch. Chem. Ges. **53**, 1073 (1920).

[2] Scheibe, G., u. R. Pummerer: Ber. Dtsch. Chem. Ges. **60**, 2163 (1927), untersuchten die Absorptionsspektren des Kautschuks und der Guttapercha im Ultraviolett. Sie konnten dabei die für die Triphenylmethyle charakteristischen Absorptionsbanden nicht finden und glaubten dadurch die obigen Anschauungen widerlegen zu können. Aber die geringe Zahl von dreiwertigen Kohlenstoffatomen am Ende der langen Ketten vom Polymerisationsgrad 1000 lassen sich dadurch nicht nachweisen, denn auf 5000 Kohlenstoffatome des Moleküls kämen nur 2 dreiwertige Kohlenstoffatome. Die Endgruppenfrage läßt sich also auf diese Weise nicht entscheiden.

[3] Vgl. H. Staudinger: Ber. Dtsch. Chem. Ges. **53**, 1073 (1920); ferner Kautschuk **1925**, 5. Vgl. Dritter Teil, A. III.

[4] Staudinger, H., K. Frey, P. Garbsch u. S. Wehrli: Ber. Dtsch. Chem. Ges. **62**, 2912 (1929).

[5] Katz, J. R.: Ztschr. f. angew. Ch. **41**, 329 (1928).      [6] Helv. chim. Acta **12**, 934 (1929).

deren Moleküle hochmolekulare Ringe sind, müßten andere Beziehungen zwischen Viscosität und Kettenlänge gelten als bei solchen mit Fadenmolekülen. Die Polystyrole sowie der Kautschuk und die Balata verhalten sich aber in bezug auf die Viscosität ihrer Lösungen ebenso wie die Paraffine und andere Stoffe mit Fadenmolekülen.

Die Frage nach der Endgruppe in diesen Fadenmolekülen ist also noch ungeklärt. Bei den synthetischen Polymeren ist die Annahme am wahrscheinlichsten, daß die Kettenreaktion durch eine sekundäre Reaktion, bei der die Endgruppe entsteht, unterbrochen wird. Bei der Größe der eukolloiden Moleküle läßt sich aber die Endgruppe nicht feststellen, da sie einen viel zu kleinen Betrag des Gesamtmoleküls ausmacht. Nur in einem Fall ist die Endgruppe eines polymeren Moleküls, das durch Kettenreaktion entstanden ist, bekannt, nämlich bei der Polymerisation von reinem Äthylenoxyd; durch Kettenreaktion bilden sich hier hochmolekulare Polyäthylenoxyd-dihydrate. Die Hydroxylgruppen, die die Ketten des Polyäthylenoxyds abschließen, entstehen durch eine unbekannte sekundäre Reaktion.

### 4. Bildung der hochmolekularen Naturprodukte.

Die hochmolekularen Naturprodukte wie Cellulose, Kautschuk und Balata haben eukolloiden Charakter. In der Natur können die Fadenmoleküle nicht auf dieselbe Weise entstehen wie die synthetischen Hochpolymeren; denn damit eine ähnliche Kettenreaktion zur Bildung hochpolymerer Produkte führt, ist eine hohe Konzentration des Monomeren ohne Beisein von Fremdprodukten notwendig. Diese Bedingungen liegen in der Natur nicht vor. Es sind vielmehr immer Gemische von Stoffen, in denen die Reaktionen sich abspielen. Aussagen über letztere lassen sich im einzelnen noch nicht machen. Die hochpolymeren Naturstoffe entstehen wohl durch kondensierende Polymerisationsprozesse, die hier zum Unterschied von Laboratoriumsversuchen zu sehr hochmolekularen Produkten führen können. Es sei hier nur nochmals darauf hingewiesen, daß z. B. die Bildung der Celluloseketten im festen Zustand erfolgt, derart, daß ein Glykoserest in das Krystallgitter eingelagert wird und gleichzeitig seine Bindung durch Hauptvalenzen erfolgt; das Wachstum der Krystallite geht also mit dem Wachstum der Fadenmoleküle Hand in Hand.

### IV. Bedeutung der Endgruppen.

Die Endgruppen der langen Fadenmoleküle machen nur einen geringen Anteil des Stoffes aus, können aber trotzdem für das chemische Verhalten desselben von großem Einfluß sein. So zeigt z. B. das $\gamma$-Polyoxymethylen, ein hochmolekularer Polyoxymethylen-dimethyläther[1], charakteristische Unterschiede vom $\alpha$- und $\beta$-Polyoxymethylen, den Polyoxymethylen-dihydraten[2]. Die Wirkung der endständigen Gruppe macht sich bei allen Reaktionen der Polyoxymethylene bemerkbar, bei denen die Moleküle vom Ende her stufenweise abgebaut werden. $\alpha$- und $\beta$-Polyoxymethylen werden durch Kochen mit Wasser, Natronlauge oder Ammoniak abgebaut; sie werden ferner durch ammoniakalische Silbernitratlösung oxydiert. Alle diese Reaktionen beginnen an den endständigen Hydroxylgruppen,

---

[1] Vgl. Zweiter Teil, B. II. 2.

[2] Eventuell enthält das $\beta$-Polyoxymethylen Schwefelsäure esterartig gebunden; vgl. dazu Liebigs Ann. **474**, 245 (1929).

und von dort aus schreiten sie dann weiter, indem ein Grundmolekül nach dem anderen abgebaut wird. Steht dagegen eine Methoxylgruppe am Ende der Kette, dann können die genannten Reagenzien nicht einwirken, da Ätherbindungen dadurch nicht gesprengt werden. So sind die hochmolekularen Polyoxymethylendimethyläther (das $\gamma$-Polyoxymethylen[1]) gegen kochendes Wasser, Natronlauge und Ammoniak beständig und werden durch ammoniakalische Silbernitratlösung nicht oxydiert. Die Polyoxymethylen-diacetate nehmen in der Beständigkeit eine Mittelstellung ein, da die Acetylgruppe leicht abgespalten werden kann. Unterschiede im Bau der Endgruppe rufen also ein bemerkenswert anderes chemisches Verhalten hervor. Gegenüber solchen Reagenzien, die die Ätherbindungen spalten können, z. B. Salzsäure, Schwefelsäure, konzentrierte Salpetersäure, zeigen natürlich sowohl $\alpha$- und $\beta$- als auch $\gamma$-Polyoxymethylen das gleiche Verhalten, da durch dieselben die Ketten unabhängig von der Endgruppe an jeder Stelle angegriffen werden können.

Viele physikalische Eigenschaften der chemisch so verschiedenen Polyoxymethylene sind dabei gleich, weil die Länge der Moleküle im $\alpha$-, $\beta$- und $\gamma$-Polyoxymethylen ungefähr dieselbe ist. Die Moleküllänge ist bestimmend für die physikalischen Eigenschaften, wie Aussehen und Löslichkeit, während die Endgruppen bei der Größe des Moleküls für diese Eigenschaften ohne bemerkbaren Einfluß sind. Ähnliche Verhältnisse trifft man bei hochmolekularen Paraffinen und Paraffinderivaten. Hochmolekulare Paraffine, hochmolekulare Fettsäuren[2] und Alkohole haben gleiches Aussehen und gleiches physikalisches Verhalten,

Tabelle 53. Vergleich[3] zwischen verschiedenen Polyoxymethylenderivaten und Paraffinderivaten.

| | Endgruppen | Kettenlänge bestimmt die physikalischen Eigenschaften | Endgruppen bestimmen die chemischen Eigenschaften | |
|---|---|---|---|---|
| Polyoxymethylen-dihydrate infolge der Hydroxylgruppen reaktionsfähig | $HO-$ | $CH_2-O-CH_2-O-(CH_2-O)_x-CH_2-O$ | $-H$ | pulverig |
| Polyoxymethylendimethyläther als Äther reaktionsträg | $CH_3O-$ | $CH_2-O-CH_2-O-(CH_2-O)_x-CH_2-O$ | $-CH_3$ | |
| Polymethylene { Kohlenwasserstoff | $CH_3-$ | $CH_2-CH_2-CH_2-(CH_2)_x-CH_2-CH_2-$ | $CH_3$ | paraffinartig |
| Alkohol | $CH_3-$ | $CH_2-CH_2-CH_2-(CH_2)_x-CH_2-CH_2-$ | $OH$ | |
| Fettsäure | $CH_3-$ | $CH_2-CH_2-CH_2-(CH_2)_x-CH_2-CH_2-$ | $COOH$ | |

---

[1] Über die Konstitution des $\gamma$-Polyoxymethylens vgl. Zweiter Teil, B. II. 4c. Ferner Dissertation O. SCHWEITZER, Freiburg i. Br. 1930.

[2] Die hochmolekularen Fettsäuren haben denselben Schmelzpunkt wie Paraffine mit der doppelten Zahl von Kohlenstoffatomen im Molekül, da die Fettsäuren im Krystall nicht als normale, sondern als koordinative Moleküle vorliegen, vgl. A. S. C. LAWRENCE: Kolloid-Ztschr. **50**, 12 (1930).

[3] Es kommt bei diesem Vergleich lediglich darauf an, auf die Bedeutung der Endgruppe bei gleichgebauten Ketten aufmerksam zu machen. Es ist selbstverständlich, daß im chemischen Verhalten die polymerhomologen Reihen der Paraffine, Polyoxymethylene, Polysaccharide, Polyprene bedeutende Unterschiede voneinander zeigen, und daß diese miteinander nicht verglichen werden sollen. Auf diese für den Chemiker selbstverständliche Tatsache brauchte nicht hingewiesen zu werden, wenn nicht diese Verhältnisse von K. H. MEYER und H. MARK in ihrem Buch „Aufbau der hochpolymeren organischen Naturstoffe", S. 70, völlig irrtümlich dargestellt worden wären.

da die Länge der Paraffinkohlenwasserstoffketten für die physikalischen Eigenschaften ausschlaggebend ist. Die chemischen Eigenschaften sind dagegen je nach der Endgruppe verschieden.

Einen sehr merkwürdigen Einfluß der unbekannten Endgruppen kann man bei den Polystyrolen feststellen. Während die hemikolloiden Polystyrolkohlenwasserstoffe von Thionylchlorid nicht angegriffen werden, werden die hemikolloiden Polystyrolcarbonsäuren[1] beim Kochen mit Thionylchlorid in unlösliche quellbare Massen übergeführt. Wahrscheinlich tritt eine Verknüpfung zwischen den COOH-Gruppen ein unter Bildung von dreidimensionalen Molekülen. Hier wird also durch die prozentual geringe Molekülendgruppe das Verhalten der Stoffe außerordentlich modifiziert.

Bei den meisten Naturstoffen sind die Endgruppen der Fadenmoleküle nicht bekannt. Für die chemischen Reaktionen, bei denen eine Spaltung der Moleküle an beliebiger Stelle eintritt, wird die Art der Endgruppe unwichtig sein. Es ist aber anzunehmen, daß die biologischen Aufbau- und Abbaureaktionen der hochmolekularen Substanzen, z. B. der Eiweißstoffe, an den Enden der Moleküle vor sich gehen, indem hier Grundmoleküle angefügt oder abgebaut werden. Ein solcher Auf- und Abbau der hochmolekularen Substanzen vom Ende her ist biologisch viel wahrscheinlicher als ein Auf- oder Abbau unter Zerfall der großen Moleküle in einzelne Bruchstücke. Deshalb ist auch anzunehmen, daß die Art der Endgruppen für die Reaktionen des Eiweißes und anderer hochmolekularer Verbindungen von fundamentaler Bedeutung ist. Die im Verhältnis zur Molekülgröße kleine Endgruppe kann das Verhalten des ganzen Moleküls entscheidend beeinflussen. So wird es verständlich, daß geringe Stoffmengen, z. B. Hormone, biologisch so auffallende und tiefgreifende Wirkungen ausüben können.

Das Verhalten der Polyoxymethylene gibt also ein Modell zum Verständnis der Einwirkungen kleiner Stoffmengen auf das Verhalten hochmolekularer Körper.

## V. Existenzbereich der Makromoleküle.

Eine für das Verständnis der hochmolekularen Substanzen wichtige Eigenschaft der Makromoleküle ist ihre Empfindlichkeit im Vergleich zu derjenigen kleinerer Moleküle der gleichen Bauart, also derselben polymerhomologen Reihe[2]. Die Bindungen der Atome zu Ketten verschiedener Länge sind bei polymerhomologen Produkten gleichartig. Man sollte danach keinen Unterschied in der Beständigkeit der Verbindungen mit wachsender Moleküllänge erwarten. Tatsächlich ist dies aber nicht der Fall; so nimmt z. B. die Unbeständigkeit der Paraffine mit wachsender Moleküllänge zu. Die Kohlenstoffbindungen im Äthan und Propan werden erst bei viel höherer Temperatur gesprengt als die Kohlenstoffbindungen des hochmolekularen Dimyricyls, das relativ leicht verkrackt wird. Auch in den polymerhomologen Reihen der Polyoxymethylene[3], der Polystyrole[4], der Polyprene[5] und der Cellulosen[6] beobachtet man die gleiche Abnahme der Beständigkeit der Kette mit ihrer zunehmenden Länge. Eukolloide zeigen also gegen-

[1] Vgl. Zweiter Teil, A. V. 4.

[2] Ber. Dtsch. Chem. Ges. **59**, 3042 (1926); **62**, 2897 (1929).

[3] Vgl. Zweiter Teil, B. II. 4.

[4] Ber. Dtsch. Chem. Ges. **62**, 2912 (1929); vgl. Zweiter Teil, A. V.

[5] Liebigs Ann. **468**, 1 (1929).     [6] Ber. Dtsch. Chem. Ges. **63**, 3152 (1930).

über chemischen Reagenzien, wie Oxydationsmitteln, ferner beim Erwärmen eine viel geringere Beständigkeit als die Hemikolloide derselben polymerhomologen Reihe. Sie werden dabei zu kürzeren Molekülen verkrackt.

Diese Spaltungsreaktionen machen sich durch Viscositätsänderungen bemerkbar. Deshalb sind Viscositätsmessungen das einfachste Mittel, um Umsetzungen, die zur Spaltung von Makromolekülen führen, messend zu verfolgen.

Diese Veränderung der Beständigkeit der Moleküle bei gleichartiger Bauart mit zunehmender Länge kann man durch folgendes Beispiel illustrieren; lange dünne Stäbe vom gleichen Durchmesser, aber unterschiedlicher Länge haben eine ganz verschiedene Zerbrechlichkeit; die Dimensionen eines Kautschukmoleküls vom Polymerisationsgrad 1000 wären hiernach denjenigen eines Stabes, der 15 m lang und nur 1 cm dick ist, zu vergleichen. Ein Hemikolloidmolekül vom Polymerisationsgrad 100 wird dagegen durch einen Stab von nur 1,5 m Länge und 1 cm Durchmesser zu veranschaulichen sein. Die großen Unterschiede in der Stabilität der beiden Stäbe veranschaulichen die Unterschiede in der Beständigkeit der Eukolloidmoleküle und der Hemikolloidmoleküle. Die stabförmige Anordnung der Atome ist die stabilste Mittellage, die sich bei den Fadenmolekülen immer wieder zurückbildet, wenn Teile derselben infolge der freien Drehbarkeit der einfach gebundenen Kohlenstoffatome aus ihrer Ursprungslage abgelenkt sind. Je länger aber die Moleküle sind, um so leichter führen solche Schwingungen zu einem Zerreißen der Kette.

Solche Veränderungen an Makromolekülen treten nur auf, wenn sie gelöst sind, nicht aber in der festen Substanz. In dieser, z. B. in der Cellulosefaser, im festen Polystyrol und Kautschuk, sind die Moleküle nicht beweglich[1]. Sie sind durch ihre bündelartige Anordnung stabilisiert, und deshalb tritt die Empfindlichkeit der Moleküle von eukolloiden Substanzen im festen Zustand nicht in Erscheinung[2].

Da die Moleküle in Lösung mit wachsender Länge unbeständiger werden, so kann man die Frage aufwerfen, welches die größten Moleküle sind, die als Kolloidmoleküle noch in Lösung existieren können. In der Polystyrolreihe sind Produkte vom Durchschnittsmolekulargewicht 600000 hergestellt, die bei gewöhnlicher Temperatur in Lösung stabil sind. Die Existenzgrenze für Fadenmoleküle im gelösten Zustand wird in der Polystyrolreihe zwischen einem Durchschnittsmolekulargewicht von 600000 und einer Million liegen, d. h. Moleküle, die ein noch höheres Molekulargewicht haben, werden in Lösung nicht mehr existenzfähig sein, sondern in kleinere Bruchstücke zerfallen.

Diese Zunahme der Unbeständigkeit mit wachsender Molekülgröße gilt nur für Fadenmoleküle. Dreidimensionale Moleküle, wie sie evtl. in Eiweißstoffen vorliegen, können ganz andere Stabilitätsverhältnisse haben, und es können hier noch viel größere Moleküle existieren. Da aber die Existenz der Eiweißstoffe nur auf ein sehr geringes Temperaturgebiet beschränkt ist, so ist es wahrschein-

---

[1] Vgl. H. STAUDINGER: Ber. Dtsch. Chem. Ges. **62**, 2901 (1929).

[2] Im festen Zustand können die Fadenmoleküle hochmolekularer Stoffe an reaktionsfähigen Stellen Umsetzungen erleiden, ohne daß sie in Lösung gehen. Solche topochemischen Reaktionen nach V. KOHLSCHÜTTER (permutoide nach H. FREUNDLICH) sind bei der nativen Cellulose von Bedeutung und dort eingehend studiert. An dieser Stelle werden solche topochemischen Reaktionen nicht behandelt, da sich die vorliegenden Untersuchungen im wesentlichen mit der Konstitutionsaufklärung der Moleküle in Lösung beschäftigen.

lich, daß in ihnen ebenfalls sehr empfindliche Makromoleküle vorliegen, die schon bei geringer Temperatursteigerung verändert werden. Damit verschwindet auch die Möglichkeit des Lebens, das an die Umsetzungen dieser labilen großen Moleküle gebunden ist.

Wenn auch die Frage nach der Konstitution des Eiweißes noch nicht geklärt ist, wenn also auch noch nicht bekannt ist, ob die Teilchen in seinen kolloiden Lösungen normale oder koordinative Moleküle darstellen, so sind doch die Ergebnisse über das Molekulargewicht der Cellulose und des Kautschuks auch für die Eiweißforschung von Bedeutung. Denn es ist durch die Untersuchungen des Kautschuks und der Cellulose erwiesen, daß die Natur Moleküle bisher unbekannter Größe aufbaut und daß das Wesen der kolloiden Lösungen durch Größe und Form dieser Moleküle bedingt ist. Gleiches gilt auch für das Eiweiß. Es ist wahrscheinlich, daß auch dort normale Moleküle von einem Gewicht von 100000 und mehr existieren. In diesen sind also 10000 und mehr Atome durch normale Valenzen gebunden. Bei dieser Größe des Moleküls ist natürlich die Kombinationsfähigkeit einzelner kleiner Bausteine zu dem Makromolekül eine unendliche; es ist also eine unendliche Zahl verschiedener Moleküle und verschiedener Eiweißarten zu erwarten. Dabei ist es gerade für die Chemie des Eiweißes von großer Bedeutung, die Größe und Form seiner Moleküle zu kennen. Denn je größer die Moleküle sind, um so größer ist die Mannigfaltigkeit derselben; jedes von diesen großen Molekülen hat eine bestimmte feste Anordnung der Atome, die seine chemischen Reaktionen bedingen. Bei Änderungen im Bau derselben resultiert ein anderes chemisches Verhalten. So ist auch bei einer unendlichen Zahl von verschiedenen Eiweißmolekülen eine unendliche Zahl von verschiedenen Reaktionen zu erwarten. Diese Mannigfaltigkeit in Molekülarten und Reaktionen muß auch gefordert werden, wenn die biologischen Vorgänge verstanden werden sollen, da ein jeder solcher Vorgang mit einem chemischen Prozeß, also mit einer Umsetzung an großen Molekülen verknüpft ist. Deshalb ist es von Bedeutung, schon an den einfachsten Beispielen, wie den synthetischen Polymeren, den Polyoxymethylenen und den Polystyrolen, weiter an relativ einfach gebauten Naturstoffen, wie dem Kautschuk und der Cellulose, diese ungeheure Mannigfaltigkeit der hochmolekularen Stoffe und ihres chemischen und physikalischen Verhaltens zu studieren. Denn hierdurch gewinnt man allmählich Einblick in die Kompliziertheit des Aufbaues der höchstmolekularen Stoffe, der Eiweißverbindungen, und in die Gesetze ihrer lebenswichtigen Reaktionen.

# Über synthetische hochmolekulare Stoffe.

## A. Das Polystyrol, ein Modell des Kautschuks[1,2].

### Bearbeitet von W. HEUER[3].

### I. Einleitung.

Für die Konstitution des Kautschuks ist die Kenntnis des Aufbaues des Polystyrols von grundlegender Bedeutung. Beide Kohlenwasserstoffe weisen die gleichen charakteristischen Eigenschaften auf, wie Bildung kolloider, hochviscoser Lösungen, Elastizität in bestimmten Temperaturgrenzen usw. Da das Polystyrol synthetisch zugänglich ist und den Vorzug großer Beständigkeit besitzt, so war es sehr naheliegend, diese Verbindung als Modell des Kautschuks zu untersuchen, um mit Hilfe der daran gewonnenen Erfahrungen die Untersuchung des Kautschuks in Angriff zu nehmen. Denn die direkte Untersuchung des Kautschuks ist erschwert, da er in Lösung außerordentlich autoxydabel ist. Der natürliche Kautschuk ist weiter sehr schwer zu reinigen, und es ist die Frage aufgeworfen worden, ob nicht die hohe Viscosität der Kautschuklösung teilweise auf Verunreinigungen zurückzuführen sei. Im Polystyrol liegt dagegen ein reiner gesättigter Kohlenwasserstoff vor, dessen Lösungen sehr beständig sind. Die kolloide Natur muß also durch den Bau der Moleküle bedingt sein und kann nicht etwa von Verunreinigungen herrühren. Diese Modellmethode hat sich auch in diesem Fall[4] bewährt, und es ist gelungen, die Natur der kolloiden Lösungen der hochmolekularen Stoffe am Beispiel des Polystyrols aufzuklären.

---

[1] 63. Mitteilung über hochpolymere Verbindungen; 62. Mitteilung: Helv. chim. Acta **15**, 649 (1932).

[2] Frühere Publikationen: STAUDINGER, H.: Ber. Dtsch. Chem. Ges. **59**, 3019 (1926). — STAUDINGER, H., M. BRUNNER, K. FREY, P. GARBSCH, R. SIGNER u. S. WEHRLI: Polystyrol, ein Modell des Kautschuks. Ber. Dtsch. Chem. Ges. **62**, 241 (1929). — STAUDINGER, H., u. K. FREY: Viscositätsuntersuchungen an Polystyrollösungen. Ber. Dtsch. Chem. Ges. **62**, 2909 (1929). — STAUDINGER, H., K. FREY, P. GARBSCH u. S. WEHRLI: Über den Abbau des makromolekularen Polystyrols. Ber. Dtsch. Chem. Ges. **62**, 2912 (1929). — STAUDINGER, H., u. H. MACHEMER: Viscositätsmessungen an Polystyrollösungen. Ber. Dtsch. Chem. Ges. **62**, 2921 (1929). — STAUDINGER, H., u. W. HEUER: Über Assoziation und Solvatation; u.: Beziehungen zwischen Viscosität und Molekulargewicht bei Polystyrolen. Ber. Dtsch. Chem. Ges. **62**, 2933 (1929) u. **63**, 222 (1930). In der vorliegenden Arbeit wird die Konstitutionsaufklärung dieses kolloidlöslichen Produktes ausführlich behandelt.

[3] Vgl. Dissertation von W. HEUER, Freiburg i. Br. 1929.

[4] Diese Arbeit stellt gewissermaßen ein Gegenstück dar zu der über die Polyoxymethylene, die das Modell für die Konstitution der Cellulose abgab, vgl. Liebigs Ann. **474**, 145 (1929).

Besondere Bedeutung für die Konstitutionsaufklärung der hochmolekularen Produkte besitzen die *hemikolloiden* Polymerisationsprodukte. Wir bezeichnen im folgenden als hemikolloide Polystyrole solche Vertreter derselben, bei denen noch nach der kryoskopischen Methode das Molekulargewicht bestimmt werden kann, also Produkte bis zu einem Durchschnittsmolekulargewicht 10 000. Bei höhermolekularen Produkten ist die kryoskopische Methode auch bei Anwendung empfindlicher Thermometer zu ungenau und gibt wenig zuverlässige Werte. Die Konstitutionsaufklärung der Hemikolloide, die noch niederviscose Lösungen geben, war also die erste Aufgabe, der man sich unterziehen mußte, wenn man den Bau der höhermolekularen Vertreter, deren Lösungen hochviscos sind, aufklären wollte. Es handelt sich darum, dieselbe Frage zu erforschen wie bei homologen Reihen, also zu untersuchen, wie die physikalischen Eigenschaften, z. B. die Viscosität der Lösungen mit steigender Kettenlänge, also steigendem Molekulargewicht, sich ändern. Diese hemikolloiden Polystyrole sind wie die höheren Polymeren Gemische von Polymerhomologen[1], die nicht zu trennen sind. Rein dargestellt wurden nur die Polystyrole bis zum Polymerisationsgrad 4; solche Polymere, bei denen die Trennung eines Gemisches nach den üblichen Methoden noch gelingt, werden als *niedermolekular* bezeichnet.

Die höchstmolekularen Produkte bezeichnen wir als *eukolloide* Polystyrole[2]. Bei diesen sind schon 1—2proz. Lösungen außerordentlich hochviscos, da der Wirkungsbereich der langen Fadenmoleküle, die diese Substanzen enthalten, so groß ist, daß selbst in dieser geringen Konzentration nicht mehr Sollösungen, sondern Gellösungen vorhanden sind[3]. Diese Fadenmoleküle der höchstmolekularen Produkte sind weiter unbeständig und verkracken leicht bei erhöhter Temperatur oder unter Sauerstoffeinfluß, was sich in irreversiblen Viscositätsänderungen bemerkbar macht. Endlich zeigen Lösungen dieser eukolloiden Produkte Abweichungen vom HAGEN-POISEUILLEschen Gesetz[4]. Alle diese Erscheinungen treten bei Polystyrolen von einem Polymerisationsgrad über 1500 auf, also einem Durchschnittsmolekulargewicht von ca. 150 000. Die Produkte zwischen 10 000 und 150 000 sind *Zwischenglieder* zwischen hemikolloiden und eukolloiden Stoffen, die in einem ganz allmählichen Übergang diese beiden Gruppen verbinden.

## II. Niedermolekulare und hemikolloide Polystyrole.

### 1. Darstellung derselben durch Polymerisation des Styrols.

Die Polymerisation des Styrols führt zu um so niederer molekularen Produkten, je rascher sie verläuft. Die relativ niedermolekularen hemikolloiden Produkte erhält man also durch Erhitzen von reinem Styrol über 250° oder durch Polymerisation bei Gegenwart von Katalysatoren.

Die Bildung von niedermolekularen Produkten ist weiter in verdünnter Lösung begünstigt. Die Polymerisation ist eine Kettenreaktion, die in verdünnter Lösung leichter abreißt als in konzentrierter.

---

[1] STAUDINGER, H.: Ber. Dtsch. Chem. Ges. **59**, 3019 (1926). Vgl. S. 7.

[2] Diesen Ausdruck „Eukolloide" gebrauchen wir in etwas anderem Sinne als Wo. OSTWALD in Kolloid-Ztschr. **32**, 2 (1923), nämlich nur als Bezeichnung für die höchstmolekulare Gruppe von Molekülkolloiden.

[3] Ber. Dtsch. Chem. Ges. **63**, 921 (1930). Vgl. S. 131.

[4] STAUDINGER, H., u. H. MACHEMER: Ber. Dtsch. Chem. Ges. **62**, 2921 (1929). Vgl. S. 92.

*a) Polymerisation von reinem Styrol durch Erhitzen.* Hemikolloide Polystyrole bilden sich beim Erhitzen von Styrol unter $N_2$ auf 260°, also bei sehr rascher Polymerisation. Ein so dargestelltes Produkt hatte einen $\eta_{sp}/c$-Wert von 3,36, also ein Durchschnittsmolekulargewicht von 18700[1].

*b) Polymerisiert man Styrol in Lösung durch Erhitzen,* so entstehen weit niederer molekulare Produkte; in 10proz. Tetralinlösung bei 200° entstand ein Polystyrol vom $\eta_{sp}/c$-Wert 0,83, also dem Durchschnittsmolekulargewicht 4600[2].

*c) Polymerisation mit Katalysatoren.* In der Kälte kann man diese rasche Polymerisation durch Zusatz von Katalysatoren erreichen. Es ist schon früher angegeben, daß man durch Zinntetrachlorid und andere anorganische Säurechloride, wie $BCl_3$ usw., Styrol in Lösung in der Kälte innerhalb weniger Minuten oder einiger Stunden je nach der Konzentration der Lösung in hemikolloide Produkte überführen kann. Diese hemikolloiden Produkte haben dieselben Eigenschaften wie die in der Hitze hergestellten, man gewinnt also den Eindruck, als ob die Kettenlänge eines polymeren Styrols wesentlich von der Geschwindigkeit, mit der die Polymerisation verläuft, abhängt[3,4].

Die Länge der entstehenden Ketten ist sehr stark durch die Konzentration bedingt. In konzentrierter Benzol- oder Tetrachlorkohlenstofflösung erhält man höhermolekulare Produkte als in verdünnter. So hatte M. BRUNNER, der Styrol in 75proz. Benzollösung mit Zinntetrachlorid polymerisierte, hemikolloide Produkte vom Polymerisationsgrad 10—125 erhalten, während wir in 20proz. Benzollösung Polymere vom Polymerisationsgrad 20—50 erhielten. Trägt man Styrol in reines Zinntetrachlorid in der Kälte ein, so findet zwar die Polymerisation sehr rasch statt, aber infolge der hohen Konzentration erhält man trotzdem ein ziemlich hochpolymeres Produkt vom Durchschnittspolymerisationsgrad 70. Bei Zusatz von Zinntetrachlorid zu der Styrollösung tritt Dunkelfärbung ein. Wir nahmen früher an, daß dabei farbige Komplexverbindungen[5] des Polystyrols entstehen. Diese Färbungen unterbleiben aber beim Arbeiten unter Luft- und vor allem unter Lichtausschluß.

*d) Polymerisation mit Floridaerde*[6]. Außerordentlich leicht wird Styrol mittels aktivierter Floridaerde polymerisiert, und zwar zu relativ niedermolekularen

---

[1] In der früheren Arbeit, Ber. Dtsch. Chem. Ges. **63**, 233 (1930), ist das Molekulargewicht mit 13400 angegeben. Die $K_m$-Konstante beträgt aber nicht $2,5 \cdot 10^{-4}$, wie damals angenommen wurde, sondern $1,8 \cdot 10^{-4}$.

[2] Vgl. Ber. Dtsch. Chem. Ges. **62**, 2920 (1929).

[3] Die Polymerisation mit Katalysatoren von verschiedener Wirksamkeit müßte unter gleichen Bedingungen so zu Polymeren von verschiedener Kettenlänge führen. Bei einem schlecht wirkenden Katalysator wie Phosphoroxychlorid sollte ein höhermolekulares Produkt entstehen als bei einem sehr guten wie Zinntetrachlorid oder Borchlorid; diese Frage muß noch geprüft werden. Vgl. dazu H. STAUDINGER u. H. A. BRUSON, Liebigs Ann. **447**, 115 (1926).

[4] Vgl. Dissertation M. BRUNNER, Zürich E.T.H. 1926.

[5] Vgl. Helv. chim. Acta **12**, 950 (1929).

[6] Die Beobachtung, daß aktiviertes Floridin ungesättigte Verbindungen polymerisiert, wurde zuerst von L. GURWITSCH: Journ. russ. phys. chem. Ges. **47**, 823 (1915), gemacht. Dann haben S. W. LEBEDEW u. E. FILONENKO zahlreiche ungesättigte organische Verbindungen mit Floridin polymerisiert [Ber. Dtsch. Chem. Ges. **58**, 163 (1925)]. Sie geben dabei an, daß mono-substituierte Äthylenderivate durch Floridin nicht polymerisiert werden. Wie aus der Tabelle hervorgeht, haben sie die Polymerisation mit Floridaerde nicht untersucht.

Produkten. Dabei erhält man nach Versuchen von N. J. Toivonen sowohl in Lösung wie auch mit reinem Styrol Produkte vom Durchschnittspolymerisationsgrad 10 neben niedermolekularen Produkten vom Polymerisationsgrad 2—9. Die Polymerisation in reinem Zustand und in Lösung unterscheidet sich nur dadurch, daß sie in verdünnter Lösung unvollständiger verläuft, wie aus folgender Tabelle-von N. J. Toivonen hervorgeht.

Tabelle 54. Polymerisation von Styrol mit Floridaerde (1 g) (N. J. Toivonen).

| 20 g Styrol +$x$ g Benzol<br><br>$x =$ | Gehalt der Lösung an Styrol<br><br>% | Gesamtmenge der Polymerisationsprodukte<br>g | Gesamtausbeute<br><br>% | Mit Methanol fällbarer Anteil (höhermolekular)<br>g | Ausbeute an höhermolekularen Produkten<br>% | Mit Methanol nicht fällbarer Anteil (niedermolekular)<br>g | Ausbeute an niedermolekularen Produkten<br>% |
|---|---|---|---|---|---|---|---|
| 0 | 100 | 19,35 | 97 | 13,15 | 66 | 6,20 | 31 |
| 15 | 57 | 20,22 | 102 | 14,10 | 71 | 6,12 | 31 |
| 30 | 40 | 20,30 | 101 | 14,42 | 72 | 5,88 | 29 |
| 75 | 21 | 15,52 | 78 | 9,53 | 48 | 5,99 | 30 |
| 150 | 12 | 8,22 | 41 | 3,28 | 16 | 4,94 | 25 |
| 300 | 6 | 3,50 | 18 | — | — | 3,30 | 17 |

Es ist merkwürdig, daß bei Verwendung eines festen Katalysators die Konzentration der Lösung die Kettenlänge des polymeren Produktes nicht beeinflußt, während bei Verwendung gelöster Katalysatoren der Polymerisationsgrad von der Konzentration der Lösung abhängig ist.

*e) Polymerisation durch Belichten.* Da mit Katalysatoren sich hemikolloide Polystyrole bilden, bei der Polymerisation in der Kälte oder bei schwachem Erwärmen auf 60—100° dagegen sehr hochmolekulare Polystyrole, so nahmen wir anfangs an, daß der Katalysator, wie z. B. Zinntetrachlorid, sich an das Ende der Kette begibt, dort die ungesättigten Valenzen absättigt und so die Weiterpolymerisation verhindert. Da ohne Katalysator die Polymerisation in der Kälte sehr langsam verläuft, so hofften wir, die Bildung eines hochmolekularen eukolloiden Polystyrols durch Licht beschleunigen zu können. Polymerisiert man aber Styrol durch Belichten mit einer Heraeusschen Quarzlampe[1], so erhält man sowohl mit unverdünntem Styrol wie auch mit Styrol in Lösung neben einem unlöslichen Produkt[2] hemikolloide Substanzen vom Polymerisationsgrad 30—40[3]. Durch das Belichten wird also die Bildung langer Ketten trotz relativ langsamen Polymerisationsverlaufs verhindert, weil die Kettenreaktion durch sekundäre Reaktionen leicht unterbrochen wird.

*f) Darstellung von hemikolloidem Polystyrol durch Abbau von eukolloidem Polystyrol*[4]. Ein Abbau der langen Ketten tritt bei festem Polystyrol erst bei langem Erhitzen auf hohe Temperaturen über 300° ein. Die Ketten des hochmolekularen Polystyrols sind also sehr beständig. Relativ rasch erfolgt der Abbau zu hemikolloiden Produkten durch Erhitzen in Lösung, vor allem bei

---

[1] Vgl. H. Stobbe u. G. Posnjak: Liebigs Ann. **371**, 277 (1909).
[2] Dieses unlösliche Polystyrol enthält evtl. dreidimensionale Moleküle: durch das Belichten können zwischen einzelnen Fadenmolekülen Verbindungen eingetreten sein.
[3] Die Geschwindigkeit der Polymerisation variiert stark mit der Intensität des Lichtes.
[4] Staudinger, H., u. H. Machemer: Ber. Dtsch. Chem. Ges. **62**, 2929 (1929).

Lösung, ohne zu zerfallen, noch beständig sind. Der Übergang zu der grobdispersen Verteilung fehlt in diesem Fall. Der eine Teil des OSTWALDschen Schemas ist also nur für die Suspensoide, der andere nur für die Molekülkolloide
anwendbar, ein Punkt, der bisher übersehen wurde.

Die Molekülkolloide, die Kolloide im GRAHAMschen Sinne und die Suspensoide
und Emulsoide haben also nichts Gemeinsames. Es könnte darum zweckmäßig
erscheinen, diese letzteren überhaupt nicht mehr als Kolloide zu bezeichnen,
sondern als Dispersoide, und den Namen „Kolloide" den Stoffen zu reservieren,
für die GRAHAM ihn geschaffen hat, wenn nicht schließlich Übergänge zwischen
den einzelnen Gruppen, vor allem bei anorganischen Kolloiden, vorhanden
wären.

Bei anorganischen Kolloiden spielen, entsprechend dem ganz andersartigen
Bau dieser Stoffe, die Molekülkolloide eine ganz untergeordnete Rolle. Die
polymeren Kieselsäuren können als Molekülkolloide betrachtet werden. Der Bau
dieser Kolloidteilchen ist aber hier schon weit komplizierter als der der homöopolaren organischen Kolloide, da hier koordinative Bindungen eine Rolle spielen:
man kann Parallelen ziehen zwischen den Kolloidmolekülen der Polykieselsäuren
und Polyacrylsäuren[1].

Die Bearbeitung der Molekülkolloide wird also wesentlich eine Aufgabe der
organischen Chemie sein. Sie ist für die physiologische Chemie und Biologie
von der größten Bedeutung, weil die wichtigsten Lebensprozesse Umsetzungen
an makro-molekularen Verbindungen sind.

# II. Bildung und chemisches Verhalten der hochpolymeren Stoffe.

## I. Über den Bau der Ketten der Hochpolymeren.

In vorstehenden Ausführungen wurde angenommen, daß in den Fadenmolekülen die Grundmoleküle gleichartig angeordnet sind. Dies ist bei synthetischen
Polymeren nicht immer der Fall. So hat z. B. G. STEIMMIG[2] nachgewiesen, daß der
synthetische Kautschuk nicht völlig den gleichen Bau hat wie der natürliche
Kautschuk. Im ersteren sind die Isoprenreste nicht mit derselben Regelmäßigkeit aneinander gereiht wie im letzteren, wie der Ozonabbau erkennen läßt.

$$-CH_2 \vdots CH_2-CH=\overset{\overset{\displaystyle CH_3}{|}}{C}-CH_2 \vdots CH_2-\overset{\overset{\displaystyle CH_3}{|}}{C}=CH-CH_2 \vdots CH_2-CH=\overset{\overset{\displaystyle CH_3}{|}}{C}-CH_2 \vdots CH_2-CH=\overset{\overset{\displaystyle CH_3}{|}}{C}-CH_2 \vdots CH_2-$$

Synthetischer Kautschuk

Allerdings dürfte dieser geringe Unterschied im Bau der Kette nicht allein dafür
verantwortlich sein, daß der synthetische Kautschuk etwas andere Eigenschaften
hat als der Naturkautschuk. Denn einmal haben die Fadenmoleküle bei dem
synthetischen Kautschuk und beim Naturprodukt nicht die gleiche Länge; vor
allem können aber bei der Synthese auch noch andersartige Reaktionen vor sich
gehen, außer der oben skizzierten. Es tritt z. B. eine Verknüpfung der einzelnen
Fadenmoleküle untereinander ein. So sind die synthetischen Kautschuke z. T.
unlöslich und nur quellbar, da sie dreidimensionale Moleküle enthalten.

Auch beim Butadienkautschuk sind die Grundmoleküle nicht gleichmäßig
in 1—4-Stellung zusammengetreten; denn beim oxydativen Abbau läßt sich

---

Bernsteinsäure als Reaktionsprodukt nur in untergeordneter Menge gewinnen. Auch hier muß eine kompliziertere und unregelmäßigere Verknüpfung der einzelnen Grundmoleküle stattgefunden haben.

Ein weiteres Beispiel für die unregelmäßige Verknüpfung der Grundmoleküle im polymeren Molekül ist das Polydimethylketen, das weder nach Formel (I) noch nach Formel (II) konstituiert ist; in dem Fadenmolekül des Polymeren müssen vielmehr, nach den Spaltprodukten zu urteilen, beide Gruppierungen vertreten sein, so daß man das Polymere etwa nach Formel (III) formulieren muß[1]:

$$\cdots\overset{(CH_3)_2}{\underset{\parallel}{C}}{-\!-}\overset{O}{\underset{\parallel}{C}}{-}\Bigg[\overset{(CH_3)_2}{\underset{\parallel}{C}}{-\!-}\overset{O}{\underset{\parallel}{C}}\Bigg]_x{-}\overset{(CH_3)_2}{\underset{\parallel}{C}}{-\!-}\overset{O}{\underset{\parallel}{C}}\cdots \qquad (I)$$

$$\cdots\overset{\overset{(CH_3)_2}{\parallel}}{\underset{\parallel}{C}}{-}O{-}\Bigg[\overset{\overset{(CH_3)_2}{\parallel}}{\underset{\parallel}{C}}{-}O\Bigg]_x{-}\overset{\overset{(CH_3)_2}{\parallel}}{\underset{\parallel}{C}}{-}O\cdots \qquad (II)$$

$$\cdots\overset{\overset{(CH_3)_2}{\parallel}}{\underset{\parallel}{C}}{-}O{-}\overset{(CH_3)_2}{\underset{\parallel}{C}}{-\!-}\overset{O}{\underset{\parallel}{C}}{-}\overset{(CH_3)_2}{\underset{\parallel}{C}}{-\!-}\overset{O}{\underset{\parallel}{C}}{-}\overset{\overset{(CH_3)_2}{\parallel}}{\underset{\parallel}{C}}{-}O{-}\overset{(CH_3)_2}{\underset{\parallel}{C}}{-\!-}\overset{O}{\underset{\parallel}{C}}\cdots \qquad (III)$$

Das $\delta$-Polyoxymethylen, das beim Kochen des $\gamma$-Polyoxymethylens mit Wasser entsteht, ist ein weiteres Beispiel dafür, daß im Polymeren die einzelnen Grundmoleküle nicht immer regelmäßig angeordnet sind. Denn dieses Produkt enthält neben den $-CH_2-O-CH_2-O-$-Bindungen auch folgende Gruppierung der Formaldehydgruppe, die sich durch eine CANNIZAROsche Umlagerung aus der ersten Gruppierung gebildet hat[2].

$$\cdots O{-}CH_2{-}O{-}CH_2{-}O{-}CH_2\cdots \;\rightarrow$$
$$\rightarrow\;\cdots O{-}\underset{\underset{OH}{|}}{CH}{-}CH_2{-}O{-}CH_2\cdots$$

Bei anderen synthetischen Polymeren, wie beim Polystyrol und beim Polyvinylacetat, haben sich bisher solche Ungleichmäßigkeiten im Bau der Kette nicht nachweisen lassen; es wird aber auch schwer sein, andersartige Gruppierungen analytisch zu erfassen, wenn sie nicht sehr reichlich im Fadenmolekül vertreten sind. Bei den hochmolekularen Naturprodukten wie Kautschuk, Cellulose, Stärke, Lichenin[3] sind natürlich solche Unregelmäßigkeiten im Bau der Kette durchaus möglich; sie würden sich aber bei der Größe der Moleküle völlig der Beobachtung entziehen, falls sie nur selten im Molekül vertreten sind. Umgekehrt

---

[1] STAUDINGER, H.: Helv. chim. Acta 8, 306 (1925).

[2] Vgl. H. STAUDINGER u. R. SIGNER: Liebigs Ann. 474, 232 (1929). Alle anderen Polyoxymethylene enthalten dagegen außer den Endgruppen nur die normale Gruppierung im Fadenmolekül. Deshalb kann bei den Polyoxymethylenen mit Ausnahme des $\delta$-Polyoxymethylens durch Bestimmung des Formaldehydgehaltes nach der Spaltung des polymeren Moleküls der Polymerisationsgrad ermittelt werden.

[3] P. KARRER erhielt aus dem Lichenin Cellobiose und betrachtet es deshalb als eine Art kolloidlöslicher Cellulose, vgl. Helv. chim. Acta 6, 800 (1923). Diese Auffassung ist heute nicht mehr haltbar. Der Unterschied beider Polysaccharide muß auf einer verschiedenen Anordnung der Glykosebausteine in der Kette beruhen.

ist es gerade bei diesen polymeren Naturprodukten durchaus möglich, daß hier ganz regelmäßig ein Grundmolekül an das andere gereiht ist[1].

## II. Endgruppen der Fadenmoleküle.

Bei einer großen Reihe von natürlichen und synthetischen Hochpolymeren, wie Kautschuk und Balata, Cellulose und Stärke, liegen Fadenmoleküle vor, deren Länge durch die vorstehenden Untersuchungen jetzt bekannt ist. Die Konstitutionsaufklärung dieser Stoffe im Sinne der organischen Chemie ist aber nicht beendet, solange nicht die Endgruppen dieser langen Moleküle nachgewiesen sind. Wenn zahlreiche ungesättigte Einzelmoleküle zu einem langen Fadenmolekül vereinigt werden, oder wenn zahlreiche Glykosemoleküle glykosidisch miteinander gebunden werden, dann müssen am Ende dieser Ketten ungesättigte Atome vorhanden sein (I), wenn nicht andere Gruppierungen die Enden der Kette abschließen (II und III), oder die beiden ungesättigten Endvalenzen sich gegenseitig unter Ringschluß absättigen (IV).

Als Formel z. B. des Polystyrols kommen so folgende vier Möglichkeiten in Betracht[2]:

$$-\underset{\underset{\text{CH}}{|}}{\overset{\overset{C_6H_5}{|}}{\phantom{.}}}-CH_2-\left[\underset{\underset{\text{CH}}{|}}{\overset{\overset{C_6H_5}{|}}{\phantom{.}}}-CH_2\right]_x-\underset{\underset{\text{CH}}{|}}{\overset{\overset{C_6H_5}{|}}{\phantom{.}}}-CH_2- \qquad (I)$$

Freie Endvalenzen

$$R-\underset{\underset{\text{CH}}{|}}{\overset{\overset{C_6H_5}{|}}{\phantom{.}}}-CH_2-\left[\underset{\underset{\text{CH}}{|}}{\overset{\overset{C_6H_5}{|}}{\phantom{.}}}-CH_2\right]_x-\underset{\underset{\text{CH}}{|}}{\overset{\overset{C_6H_5}{|}}{\phantom{.}}}-CH_2-R \qquad (II)$$

Absättigung der Endvalenzen durch andere Gruppen[3]

$$\underset{\underset{\text{CH}_2}{|}}{\overset{\overset{C_6H_5}{|}}{\phantom{.}}}-CH_2-\left[\underset{\underset{\text{CH}}{|}}{\overset{\overset{C_6H_5}{|}}{\phantom{.}}}-CH_2\right]_x-\underset{\underset{\text{C}}{|}}{\overset{\overset{C_6H_5}{|}}{\phantom{.}}}=CH_2 \qquad (III)$$

Wanderung eines H-Atoms

$$\underset{\underset{\text{CH}}{|}}{\overset{\overset{C_6H_5}{|}}{\phantom{.}}}-CH_2-\left[\underset{\underset{\text{CH}}{|}}{\overset{\overset{C_6H_5}{|}}{\phantom{.}}}-CH_2\right]_x-\underset{\underset{\text{CH}}{|}}{\overset{\overset{C_6H_5}{|}}{\phantom{.}}}-CH_2 \qquad (IV)$$

Ringschluß

Die chemische und physikalische Untersuchung — insbesondere Viscositätsmessungen — einer großen Zahl von Hochpolymeren ergab, daß Formel (I) und (IV), also Fadenmoleküle mit freien Endvalenzen und hochmolekulare Ringe, nicht zutreffen können. Alle untersuchten Polymeren besitzen Fadenmoleküle mit irgendwelchen Endgruppen. Solche Endgruppen sind bei einigen synthetischen polymeren Stoffen mit Sicherheit nachgewiesen. Die Endgruppen an den Ketten der hochmolekularen Naturprodukte sind dagegen nicht bekannt; die Erforschung ihres Baues ist aber von Bedeutung, auch wenn sie

---

[1] R. PUMMERER, G. EBERMAYER, K. GERLACH: Ber. Dtsch. Chem. Ges. **64**, 809 (1931), konnten durch Verbesserung des Ozonabbaues zeigen, daß ca. 90% der Isoprengruppen in den Fadenmolekülen des Kautschuks gleichmäßig gebunden sind.

[2] Vgl. H. STAUDINGER: Ber. Dtsch. Chem. Ges. **59**, 3035 (1926).

[3] Auch eine Absättigung durch Umlagerungen an der Endgruppe kommt in Betracht. Vgl. E. BERGMANN: Liebigs Ann. **480**, 49 (1930) — Ber. Dtsch. Chem. Ges. **64**, 1493 (1931).

prozentual nur ein geringer Teil des Moleküls sind. Es läßt sich bei synthetischen Produkten zeigen, daß die Endgruppen das chemische Verhalten der langen Moleküle sehr wesentlich beeinflussen können, nämlich dann, wenn ein Abbau oder Aufbau der Fadenmoleküle vom Ende aus erfolgt.

Die Art der Endgruppen konnte bisher nur bei synthetischen Polymeren festgestellt werden und auch hier nur bei ganz besonders übersichtlichen Bildungsbedingungen des Fadenmoleküls; darum muß diese Frage der Endgruppen im Zusammenhang mit der Bildung der Polymeren besprochen werden.

## III. Bildung der Polymeren.

### 1. Durch kondensierende Polymerisation.

Fadenmoleküle können dadurch entstehen, daß sich ein ungesättigtes Molekül unter Wasserstoffwanderung an ein anderes anlagert usw. Es entsteht das hochmolekulare Polymerisationsprodukt über eine Reihe von Zwischenprodukten, von denen jedes für sich existenzfähig ist und bei geeigneter Wahl der Polymerisationsbedingungen auch erhalten werden kann. Ein Beispiel für diesen Polymerisationsverlauf ist die Bildung von Polyoxymethylen-dihydraten, die durch Anlagerung von Formaldehyd an Methylenglykol entstehen. Je nach der Konzentration der Formaldehydlösungen und je nach der Temperatur entstehen bei dieser kondensierenden Polymerisation mehr oder weniger hochpolymere Stoffe der betreffenden polymerhomologen Reihe[1]. Die Endgruppen der Fadenmoleküle werden im Verlauf des Polymerisationsprozesses gebildet. Man kann dabei durch Zusatz von Methyl- oder Äthylalkohol auch Methoxyl- oder Äthoxylgruppen als Endgruppen des Fadens einfügen. Auf diese Weise entsteht das $\gamma$-Polyoxymethylen. Das Weiterwachsen des Fadens ist natürlich durch eine solche Endgruppe verhindert.

Auf ähnliche Weise bilden sich durch kondensierende Polymerisation aus Äthylenoxyd und Glykol oder Glykolchlorhydrin polymere Produkte, deren Endgruppen man durch die Art des Polymerisationsprozesses erkennt. Hierher gehören auch die von CAROTHERS[2] untersuchten Produkte, z. B. die polymeren Glykolester der Oxalsäure, Bernsteinsäure usw. Auch hier kann man aus dem Verlauf des kondensierenden Polymerisationsprozesses auf die Art der Endgruppe schließen. WHITBY und KATZ[3] nahmen an, daß auch Polyindene und Polystyrole ganz analog durch kondensierende Polymerisation entstehen, dadurch, daß ein Molekül des ungesättigten Kohlenwasserstoffes unter Wasserstoffwanderung sich an ein anderes anlagere.

1. Inden:

$$
\begin{array}{c}
C_6H_4\!-\!CH_2 \\
|\qquad\ | \\
CH\!=\!CH
\end{array}
\rightarrow
\begin{array}{c}
C_6H_4\!-\!CH_2 \\
|\qquad\ | \\
CH_2\!-\!CH\!-\!C\!=\!CH
\end{array}
\rightarrow
\begin{array}{c}
C_6H_4\!-\!CH_2 \quad \left[ C_6H_4\!-\!CH_2 \right] \quad C_6H_4\!-\!CH_2 \\
|\qquad\ | \qquad\ \ |\qquad\quad | \qquad\qquad |\qquad\ | \\
CH_2\!-\!CH\!-\!\left[ CH\!-\!CH \right]_x\!-\!C\!=\!CH
\end{array}
$$

2. Styrol:

$$
\begin{array}{c}
C_6H_5 \\
| \\
CH\!=\!CH_2
\end{array}
\rightarrow
\begin{array}{c}
C_6H_5 \qquad\quad C_6H_5 \\
| \qquad\qquad\ | \\
CH_2\!-\!CH_2\!-\!C\!=\!CH_2
\end{array}
\rightarrow
\begin{array}{c}
C_6H_5 \quad \left[ C_6H_5 \right] \quad C_6H_5 \\
| \qquad\quad\ | \qquad\qquad | \\
CH_2\!-\!CH_2\!-\!\left[ CH\!-\!CH_2 \right]_x\!-\!C\!=\!CH_2
\end{array}
$$

[1] Vgl. H. STAUDINGER, R. SIGNER, H. JOHNER, O. SCHWEITZER u. W. KERN: Liebigs Ann. **474**, 238 (1929). Vgl. auch Zweiter Teil, B. III.

[2] CAROTHERS, W. H.: Journ. Amer. Chem. Soc. **51**, 2548 (1929); **52**, 314, 711, 3292 (1930).

[3] WHITBY, G. S., u. M. KATZ: Journ. Amer. Chem. Soc. **50**, 1160 (1928). Vgl. auch W. GALLAY: Kolloid-Ztschr. **57**, 2 (1931).

Ein derartiger Polymerisationsverlauf kann aber nicht zur Bildung sehr hochmolekularer Produkte führen, denn schon das Distyrol und Tristyrol, welche nach obiger Formel gebaut sind[1], lagern monomeres Styrol nicht mehr an.

Die kondensierenden Polymerisationsprozesse können überhaupt nicht zu sehr hochmolekularen Produkten führen, bei denen 1000 und mehr Einzelmoleküle in einer Kette gebunden sind; denn die Reaktionsfähigkeit eines polymeren Moleküls nimmt mit wachsender Moleküllänge rasch ab. Nur im günstigsten Fall, bei den Polyoxymethylenen, können sich nach diesem Reaktionsschema längere Fadenmoleküle ausbilden, infolge der enormen Reaktionsfähigkeit des monomeren Formaldehyds. Aber bereits beim Äthylenoxyd entstehen die höhermolekularen Polymerisationsprodukte nicht durch eine kondensierende Polymerisation, sondern durch Kettenpolymerisation[2].

## 2. Bildung von Fadenmolekülen mit bekannten Endgruppen durch Abbau von hochmolekularen Produkten.

Fadenmoleküle mit bekannten Endgruppen kann man in einer Reihe von Fällen dadurch herstellen, daß man synthetische Produkte oder hochmolekulare Naturprodukte abbaut. Die Art der Spaltung der langen Moleküle gibt dann Aufschluß über die Art der Endgruppen in den entstehenden kürzeren Fadenmolekülen. So werden z. B. aus hochmolekularem Polyoxymethylen durch Abbau mit einer unzureichenden Menge Essigsäureanhydrid oder mit Methylalkohol und Schwefelsäure die polymerhomologen Reihen der Polyoxymethylen-diacetate[3] oder Polyoxymethylen-dimethyläther[4] erhalten.

Durch acetylierenden Abbau von Cellulose erhält man die polymerhomologe Reihe der Polytriacetylcelloglucandiacetate, eine Reaktion, die der Spaltung der Polyoxymethylene mit Essigsäureanhydrid analog ist[5].

Durch oxydativen Abbau von eukolloiden Polystyrolen mit Kaliumpermanganat entstehen hemikolloide Produkte, die nach der Darstellungsart Carboxylgruppen an den Enden der Ketten tragen müssen, obwohl sich diese „Polystyrolcarbonsäuren" nicht in der gewöhnlichen Weise als Säuren identifizieren lassen[6].

Durch oxydativen Abbau des Kautschuks, z. B. mit Luftsauerstoff, werden vermutlich hemikolloide Polyprene entstehen mit sauerstoffhaltigen Endgruppen; aber auch diese ließen sich bisher nicht charakterisieren. Die Einwirkung von Sauerstoff auf Kautschuk verläuft kompliziert, da nicht nur ein Abbau eintritt, sondern auch Sauerstoff an die Kette angelagert werden kann[7].

### 3. Bildung von Hochpolymeren durch Kettenreaktion.

Durch die kondensierende Polymerisation können, wie gesagt, keine sehr hochmolekularen Produkte entstehen. Die Bildung der synthetischen Hoch-

---

[1] Diese Kohlenwasserstoffe wurden von W. Heuer bei der pyrogenen Zersetzung des Polystyrols im Vakuum gewonnen und von A. Steinhofer ihre Konstitution aufgeklärt. Vgl. Zweiter Teil, A. II. 3.

[2] Vgl. Zweiter Teil, C. II. 2.

[3] Staudinger, H., u. M. Lüthy: Helv. chim. Acta 8, 41 (1925).

[4] Staudinger, H., u. H. Johner: Liebigs Ann. 474, 205 (1929).

[5] Vgl. H. Staudinger u. H. Freudenberger: Ber. Dtsch. Chem. Ges. 63, 2331 (1930). Vgl. weiter Vierter Teil, A. II.

[6] Vgl. Zweiter Teil, A. V. 4.      [7] Vgl. Dritter Teil, C. IV. 6a und b.

polymeren von eukolloidem Charakter, also von solchen Polymeren, deren Moleküle 1000 und mehr Einzelmoleküle in der Kette haben, erfolgt durch eine ganz andere Reaktion, die mit der Kettenreaktion bei Umsetzungen von Gasen verglichen werden kann. Wie z. B. bei Chlorknallgasreaktionen ein aktiviertes Molekül die Umsetzung von ca. $10^5$ anderen Molekülen dadurch anregt[1], daß die „Anregung" von einem Molekül auf das andere übertragen wird, so kann auch hier ein aktiviertes Molekül die Polymerisation von zahlreichen anderen Molekülen veranlassen; nur besteht zwischen beiden Kettenreaktionen der Unterschied, daß bei der Chlorknallgasreaktion die einzelnen Moleküle getrennt bleiben, während bei der Polymerisation die Kettenreaktion zur Bildung eines Fadenmoleküls führt[2].

Ein angeregtes ungesättigtes Molekül kann weitere ungesättigte Moleküle anlagern; in manchen Fällen kommt es zur Bildung eines 4-, 6- oder 8-Ringes, wenn sich 2, 3 oder 4 ungesättigte Moleküle vereinigt haben. So entstehen z. B. bei der Polymerisation der Ketene in der Regel dimolekulare Polymerisationsprodukte[3].

$$2\,R_2C{=}C{=}O \rightarrow \begin{array}{ccc} R_2C & \!\!-\!\! & CO \\ | & & | \\ OC & \!\!-\!\! & CR_2 \end{array}$$

Bei der Polymerisation des Formaldehyds kann es unter bestimmten Bedingungen zur Bildung von tri- und tetramolekularen Produkten kommen. Bei Anwesenheit von Spuren von Schwefelsäure entsteht das Trioxymethylen[4], während das Tetraoxymethylen[5] bei der Spaltung von höhermolekularen Polyoxymethylendiacetaten erhalten wurde.

In anderen Fällen bleibt aber der Ringschluß aus; es lagern sich dann an die ungesättigten Endvalenzen des polymeren Produktes neue ungesättigte Moleküle an. So erfolgt die Molekülvergrößerung derart, daß das entstehende neue Molekül am Ende ungesättigte Valenzen hat und so zur Anlagerung weiterer Einzelmoleküle befähigt ist. Es wird gewissermaßen der Energiebetrag, den das ungesättigte Molekül bei seiner Aktivierung aufgenommen hat und der es zur Polymerisation befähigt, immer wieder auf das neu angelagerte Molekül übertragen. Da am Ende der wachsenden Moleküle freie Valenzen sind, so kann es durch diese Reaktion zum Unterschied von der kondensierenden Polymerisation zur Bildung außerordentlich hochpolymerer Produkte kommen. Die Zwischenprodukte bei diesem Polymerisationsverlauf sind infolge der freien Endvalenzen am Ende der Ketten nicht existenzfähig, wenn nicht diese Endvalenzen abgesättigt werden.

Es ist nun in fast allen Fällen die Frage ungelöst, wie die Kettenreaktion ihren Abschluß findet. Es ist somit unbekannt, wie die Endgruppen dieser langen Fadenmoleküle konstituiert sind.

---

[1] KORNFELD, G., u. H. MÜLLER: Ztschr. f. physik. Ch. **117**, 242 (1925). — CREMER, E.: Ztschr. f. physik. Ch. **128**, 285 (1927).

[2] Die Polymerisation einer ungesättigten Verbindung führt also durch eine Kettenreaktion zur Bildung der langen Kohlenstoffkette. Man beachte, daß der Ausdruck „Kette" in beiden Fällen eine verschiedene Bedeutung hat.

[3] Vgl. H. STAUDINGER: Helv. chim. Acta **7**, 3 (1924).

[4] PRATESI: Gazz. chim. ital. **14**, 139 (1884). — F. AUERBACH u. A. BARSCHALL: Arbb. Kais. Gesundh.-Amt **27**, 183 (1907).

[5] STAUDINGER, H., u. M. LÜTHY: Helv. chim. Acta **8**, 65 (1925).

$$\underset{\text{aktiviertes Molekül}}{-\overset{\overset{R}{|}}{C}H-CH_2-} + \overset{\overset{R}{|}}{C}H=CH_2 \rightarrow$$

$$-\overset{\overset{R}{|}}{C}H-CH_2-\overset{\overset{R}{|}}{C}H-CH_2- + \overset{\overset{R}{|}}{C}H=CH_2 \rightarrow$$

$$-\overset{\overset{R}{|}}{C}H-CH_2-\overset{\overset{R}{|}}{C}H-CH_2-\overset{\overset{R}{|}}{C}H-CH_2-\quad \text{usw.}$$

Bei Beginn der Untersuchungen[1] wurde angenommen, daß der Polymerisationsprozeß so lange vor sich gehe, bis die ungesättigten endständigen Kettenglieder infolge der Größe des gebildeten polymeren Moleküls nicht mehr genügend reaktionsfähig seien, um neue monomere Moleküle anzulagern. Es sollten also die langen Fadenmoleküle Endgruppen mit dreiwertigen Kohlenstoffatomen besitzen[2]. Aber diese Hypothese[3], die anfangs eine Erklärung für die merkwürdigen Viscositätserscheinungen hochmolekularer Stoffe zu geben schien, ist nicht richtig[4]; denn in der polymerhomologen Reihe der Polystyrole existiert eine kontinuierliche Reihe von Verbindungen vom niedersten bis zum höchsten Molekulargewicht. Die niedermolekularen hemikolloiden Produkte besitzen keine dreiwertigen Kohlenstoffatome am Ende der relativ kurzen Ketten; daher ist ein solcher Bau auch für das eukolloide Polystyrol unwahrscheinlich.

Es wurde weiter die Annahme geprüft, ob nicht die Kettenreaktion dadurch unterbrochen würde, daß die Enden der Kette sich gegenseitig absättigen. Es würden dann in den polymeren Kohlenwasserstoffen, wie Polystyrol und Kautschuk, Gemische hochgliedriger Ringe verschiedener Gliederzahl vorliegen. Da es mittlerweile L. Ruzicka in seinen bekannten Arbeiten gelungen ist, sehr hochgliedrige Ringe herzustellen, und da weiter von J. R. Katz[5] durch röntgenographische Untersuchungen gezeigt werden konnte, daß im krystallisierten Zustand diese hochgliedrigen Ringe sich wie Doppelfäden verhalten, so schien es möglich, daß eine Reihe hochmolekularer Produkte aus Molekülen aufgebaut ist, die solche Doppelfäden sind. Die Bildung von Produkten verschiedenen Polymerisationsgrades schien dadurch verständlich, daß z. B. durch Katalysatoren[6] oder durch Erhitzen der Ringschluß rascher herbeigeführt werden könnte als bei der Polymerisation in der Kälte.

Die aufgefundenen Viscositätsgesetze zeigen aber, daß die polymeren Kohlenwasserstoffe nicht derartig gebaute Moleküle haben können; denn für Stoffe,

---

[1] Staudinger, H.: Ber. Dtsch. Chem. Ges. **53**, 1073 (1920).

[2] Scheibe, G., u. R. Pummerer: Ber. Dtsch. Chem. Ges. **60**, 2163 (1927), untersuchten die Absorptionsspektren des Kautschuks und der Guttapercha im Ultraviolett. Sie konnten dabei die für die Triphenylmethyle charakteristischen Absorptionsbanden nicht finden und glaubten dadurch die obigen Anschauungen widerlegen zu können. Aber die geringe Zahl von dreiwertigen Kohlenstoffatomen am Ende der langen Ketten vom Polymerisationsgrad 1000 lassen sich dadurch nicht nachweisen, denn auf 5000 Kohlenstoffatome des Moleküls kämen nur 2 dreiwertige Kohlenstoffatome. Die Endgruppenfrage läßt sich also auf diese Weise nicht entscheiden.

[3] Vgl. H. Staudinger: Ber. Dtsch. Chem. Ges. **53**, 1073 (1920); ferner Kautschuk **1925**, 5. Vgl. Dritter Teil, A. III.

[4] Staudinger, H., K. Frey, P. Garbsch u. S. Wehrli: Ber. Dtsch. Chem. Ges. **62**, 2912 (1929).

[5] Katz, J. R.: Ztschr. f. angew. Ch. **41**, 329 (1928).    [6] Helv. chim. Acta **12**, 934 (1929).

deren Moleküle hochmolekulare Ringe sind, müßten andere Beziehungen zwischen Viscosität und Kettenlänge gelten als bei solchen mit Fadenmolekülen. Die Polystyrole sowie der Kautschuk und die Balata verhalten sich aber in bezug auf die Viscosität ihrer Lösungen ebenso wie die Paraffine und andere Stoffe mit Fadenmolekülen.

Die Frage nach der Endgruppe in diesen Fadenmolekülen ist also noch ungeklärt. Bei den synthetischen Polymeren ist die Annahme am wahrscheinlichsten, daß die Kettenreaktion durch eine sekundäre Reaktion, bei der die Endgruppe entsteht, unterbrochen wird. Bei der Größe der eukolloiden Moleküle läßt sich aber die Endgruppe nicht feststellen, da sie einen viel zu kleinen Betrag des Gesamtmoleküls ausmacht. Nur in einem Fall ist die Endgruppe eines polymeren Moleküls, das durch Kettenreaktion entstanden ist, bekannt, nämlich bei der Polymerisation von reinem Äthylenoxyd; durch Kettenreaktion bilden sich hier hochmolekulare Polyäthylenoxyd-dihydrate. Die Hydroxylgruppen, die die Ketten des Polyäthylenoxyds abschließen, entstehen durch eine unbekannte sekundäre Reaktion.

### 4. Bildung der hochmolekularen Naturprodukte.

Die hochmolekularen Naturprodukte wie Cellulose, Kautschuk und Balata haben eukolloiden Charakter. In der Natur können die Fadenmoleküle nicht auf dieselbe Weise entstehen wie die synthetischen Hochpolymeren; denn damit eine ähnliche Kettenreaktion zur Bildung hochpolymerer Produkte führt, ist eine hohe Konzentration des Monomeren ohne Beisein von Fremdprodukten notwendig. Diese Bedingungen liegen in der Natur nicht vor. Es sind vielmehr immer Gemische von Stoffen, in denen die Reaktionen sich abspielen. Aussagen über letztere lassen sich im einzelnen noch nicht machen. Die hochpolymeren Naturstoffe entstehen wohl durch kondensierende Polymerisationsprozesse, die hier zum Unterschied von Laboratoriumsversuchen zu sehr hochmolekularen Produkten führen können. Es sei hier nur nochmals darauf hingewiesen, daß z. B. die Bildung der Celluloseketten im festen Zustand erfolgt, derart, daß ein Glykoserest in das Krystallgitter eingelagert wird und gleichzeitig seine Bindung durch Hauptvalenzen erfolgt; das Wachstum der Krystallite geht also mit dem Wachstum der Fadenmoleküle Hand in Hand.

### IV. Bedeutung der Endgruppen.

Die Endgruppen der langen Fadenmoleküle machen nur einen geringen Anteil des Stoffes aus, können aber trotzdem für das chemische Verhalten desselben von großem Einfluß sein. So zeigt z. B. das $\gamma$-Polyoxymethylen, ein hochmolekularer Polyoxymethylen-dimethyläther[1], charakteristische Unterschiede vom $\alpha$- und $\beta$-Polyoxymethylen, den Polyoxymethylen-dihydraten[2]. Die Wirkung der endständigen Gruppe macht sich bei allen Reaktionen der Polyoxymethylene bemerkbar, bei denen die Moleküle vom Ende her stufenweise abgebaut werden. $\alpha$- und $\beta$-Polyoxymethylen werden durch Kochen mit Wasser, Natronlauge oder Ammoniak abgebaut; sie werden ferner durch ammoniakalische Silbernitratlösung oxydiert. Alle diese Reaktionen beginnen an den endständigen Hydroxylgruppen,

---

[1] Vgl. Zweiter Teil, B. II. 2.

[2] Eventuell enthält das $\beta$-Polyoxymethylen Schwefelsäure esterartig gebunden; vgl. dazu Liebigs Ann. **474**, 245 (1929).

und von dort aus schreiten sie dann weiter, indem ein Grundmolekül nach dem anderen abgebaut wird. Steht dagegen eine Methoxylgruppe am Ende der Kette, dann können die genannten Reagenzien nicht einwirken, da Ätherbindungen dadurch nicht gesprengt werden. So sind die hochmolekularen Polyoxymethylen-dimethyläther (das $\gamma$-Polyoxymethylen[1]) gegen kochendes Wasser, Natronlauge und Ammoniak beständig und werden durch ammoniakalische Silbernitratlösung nicht oxydiert. Die Polyoxymethylen-diacetate nehmen in der Beständigkeit eine Mittelstellung ein, da die Acetylgruppe leicht abgespalten werden kann. Unterschiede im Bau der Endgruppe rufen also ein bemerkenswert anderes chemisches Verhalten hervor. Gegenüber solchen Reagenzien, die die Ätherbindungen spalten können, z. B. Salzsäure, Schwefelsäure, konzentrierte Salpetersäure, zeigen natürlich sowohl $\alpha$- und $\beta$- als auch $\gamma$-Polyoxymethylen das gleiche Verhalten, da durch dieselben die Ketten unabhängig von der Endgruppe an jeder Stelle angegriffen werden können.

Viele physikalische Eigenschaften der chemisch so verschiedenen Polyoxymethylene sind dabei gleich, weil die Länge der Moleküle im $\alpha$-, $\beta$- und $\gamma$-Polyoxymethylen ungefähr dieselbe ist. Die Moleküllänge ist bestimmend für die physikalischen Eigenschaften, wie Aussehen und Löslichkeit, während die Endgruppen bei der Größe des Moleküls für diese Eigenschaften ohne bemerkbaren Einfluß sind. Ähnliche Verhältnisse trifft man bei hochmolekularen Paraffinen und Paraffinderivaten. Hochmolekulare Paraffine, hochmolekulare Fettsäuren[2] und Alkohole haben gleiches Aussehen und gleiches physikalisches Verhalten,

Tabelle 53. Vergleich[3] zwischen verschiedenen Polyoxymethylenderivaten und Paraffinderivaten.

| Endgruppen | Kettenlänge bestimmt die physikalischen Eigenschaften | Endgruppen bestimmen die chemischen Eigenschaften | |
|---|---|---|---|
| Polyoxymethylen-dihydrate infolge der Hydroxylgruppen reaktionsfähig | $HO-$ | $CH_2-O-CH_2-O-(CH_2-O)_x-CH_2-O$ | $-H$ | pulverig |
| Polyoxymethylen-dimethyläther als Äther reaktionsträg | $CH_3O-$ | $CH_2-O-CH_2-O-(CH_2-O)_x-CH_2-O$ | $-CH_3$ | |
| Poly-me-thylene — Kohlenwasserstoff | $CH_3-$ | $CH_2-CH_2-CH_2-(CH_2)_x-CH_2-CH_2-$ | $CH_3$ | paraffinartig |
| Poly-me-thylene — Alkohol | $CH_3-$ | $CH_2-CH_2-CH_2-(CH_2)_x-CH_2-CH_2-$ | $OH$ | |
| Poly-me-thylene — Fettsäure | $CH_3-$ | $CH_2-CH_2-CH_2-(CH_2)_x-CH_2-CH_2-$ | $COOH$ | |

---

[1] Über die Konstitution des $\gamma$-Polyoxymethylens vgl. Zweiter Teil, B. II. 4c. Ferner Dissertation O. Schweitzer, Freiburg i. Br. 1930.

[2] Die hochmolekularen Fettsäuren haben denselben Schmelzpunkt wie Paraffine mit der doppelten Zahl von Kohlenstoffatomen im Molekül, da die Fettsäuren im Krystall nicht als normale, sondern als koordinative Moleküle vorliegen, vgl. A. S. C. Lawrence: Kolloid-Ztschr. 50, 12 (1930).

[3] Es kommt bei diesem Vergleich lediglich darauf an, auf die Bedeutung der Endgruppe bei gleichgebauten Ketten aufmerksam zu machen. Es ist selbstverständlich, daß im chemischen Verhalten die polymerhomologen Reihen der Paraffine, Polyoxymethylene, Polysaccharide, Polyprene bedeutende Unterschiede voneinander zeigen, und daß diese miteinander nicht verglichen werden sollen. Auf diese für den Chemiker selbstverständliche Tatsache brauchte nicht hingewiesen zu werden, wenn nicht diese Verhältnisse von K. H. Meyer und H. Mark in ihrem Buch „Aufbau der hochpolymeren organischen Naturstoffe", S. 70, völlig irrtümlich dargestellt worden wären.

da die Länge der Paraffinkohlenwasserstoffketten für die physikalischen Eigenschaften ausschlaggebend ist. Die chemischen Eigenschaften sind dagegen je nach der Endgruppe verschieden.

Einen sehr merkwürdigen Einfluß der unbekannten Endgruppen kann man bei den Polystyrolen feststellen. Während die hemikolloiden Polystyrolkohlenwasserstoffe von Thionylchlorid nicht angegriffen werden, werden die hemikolloiden Polystyrolcarbonsäuren[1] beim Kochen mit Thionylchlorid in unlösliche quellbare Massen übergeführt. Wahrscheinlich tritt eine Verknüpfung zwischen den COOH-Gruppen ein unter Bildung von dreidimensionalen Molekülen. Hier wird also durch die prozentual geringe Molekülendgruppe das Verhalten der Stoffe außerordentlich modifiziert.

Bei den meisten Naturstoffen sind die Endgruppen der Fadenmoleküle nicht bekannt. Für die chemischen Reaktionen, bei denen eine Spaltung der Moleküle an beliebiger Stelle eintritt, wird die Art der Endgruppe unwichtig sein. Es ist aber anzunehmen, daß die biologischen Aufbau- und Abbaureaktionen der hochmolekularen Substanzen, z. B. der Eiweißstoffe, an den Enden der Moleküle vor sich gehen, indem hier Grundmoleküle angefügt oder abgebaut werden. Ein solcher Auf- und Abbau der hochmolekularen Substanzen vom Ende her ist biologisch viel wahrscheinlicher als ein Auf- oder Abbau unter Zerfall der großen Moleküle in einzelne Bruchstücke. Deshalb ist auch anzunehmen, daß die Art der Endgruppen für die Reaktionen des Eiweißes und anderer hochmolekularer Verbindungen von fundamentaler Bedeutung ist. Die im Verhältnis zur Molekülgröße kleine Endgruppe kann das Verhalten des ganzen Moleküls entscheidend beeinflussen. So wird es verständlich, daß geringe Stoffmengen, z. B. Hormone, biologisch so auffallende und tiefgreifende Wirkungen ausüben können.

Das Verhalten der Polyoxymethylene gibt also ein Modell zum Verständnis der Einwirkungen kleiner Stoffmengen auf das Verhalten hochmolekularer Körper.

## V. Existenzbereich der Makromoleküle.

Eine für das Verständnis der hochmolekularen Substanzen wichtige Eigenschaft der Makromoleküle ist ihre Empfindlichkeit im Vergleich zu derjenigen kleinerer Moleküle der gleichen Bauart, also derselben polymerhomologen Reihe[2]. Die Bindungen der Atome zu Ketten verschiedener Länge sind bei polymerhomologen Produkten gleichartig. Man sollte danach keinen Unterschied in der Beständigkeit der Verbindungen mit wachsender Moleküllänge erwarten. Tatsächlich ist dies aber nicht der Fall; so nimmt z. B. die Unbeständigkeit der Paraffine mit wachsender Moleküllänge zu. Die Kohlenstoffbindungen im Äthan und Propan werden erst bei viel höherer Temperatur gesprengt als die Kohlenstoffbindungen des hochmolekularen Dimyricyls, das relativ leicht verkrackt wird. Auch in den polymerhomologen Reihen der Polyoxymethylene[3], der Polystyrole[4], der Polyprene[5] und der Cellulosen[6] beobachtet man die gleiche Abnahme der Beständigkeit der Kette mit ihrer zunehmenden Länge. Eukolloide zeigen also gegen-

---


[1] Vgl. Zweiter Teil, A. V. 4.

[2] Ber. Dtsch. Chem. Ges. **59**, 3042 (1926); **62**, 2897 (1929).

[3] Vgl. Zweiter Teil, B. II. 4.

[4] Ber. Dtsch. Chem. Ges. **62**, 2912 (1929); vgl. Zweiter Teil, A. V.

[5] Liebigs Ann. **468**, 1 (1929).     [6] Ber. Dtsch. Chem. Ges. **63**, 3152 (1930).

über chemischen Reagenzien, wie Oxydationsmitteln, ferner beim Erwärmen eine viel geringere Beständigkeit als die Hemikolloide derselben polymerhomologen Reihe. Sie werden dabei zu kürzeren Molekülen verkrackt.

Diese Spaltungsreaktionen machen sich durch Viscositätsänderungen bemerkbar. Deshalb sind Viscositätsmessungen das einfachste Mittel, um Umsetzungen, die zur Spaltung von Makromolekülen führen, messend zu verfolgen.

Diese Veränderung der Beständigkeit der Moleküle bei gleichartiger Bauart mit zunehmender Länge kann man durch folgendes Beispiel illustrieren; lange dünne Stäbe vom gleichen Durchmesser, aber unterschiedlicher Länge haben eine ganz verschiedene Zerbrechlichkeit; die Dimensionen eines Kautschukmoleküls vom Polymerisationsgrad 1000 wären hiernach denjenigen eines Stabes, der 15 m lang und nur 1 cm dick ist, zu vergleichen. Ein Hemikolloidmolekül vom Polymerisationsgrad 100 wird dagegen durch einen Stab von nur 1,5 m Länge und 1 cm Durchmesser zu veranschaulichen sein. Die großen Unterschiede in der Stabilität der beiden Stäbe veranschaulichen die Unterschiede in der Beständigkeit der Eukolloidmoleküle und der Hemikolloidmoleküle. Die stabförmige Anordnung der Atome ist die stabilste Mittellage, die sich bei den Fadenmolekülen immer wieder zurückbildet, wenn Teile derselben infolge der freien Drehbarkeit der einfach gebundenen Kohlenstoffatome aus ihrer Ursprungslage abgelenkt sind. Je länger aber die Moleküle sind, um so leichter führen solche Schwingungen zu einem Zerreißen der Kette.

Solche Veränderungen an Makromolekülen treten nur auf, wenn sie gelöst sind, nicht aber in der festen Substanz. In dieser, z. B. in der Cellulosefaser, im festen Polystyrol und Kautschuk, sind die Moleküle nicht beweglich[1]. Sie sind durch ihre bündelartige Anordnung stabilisiert, und deshalb tritt die Empfindlichkeit der Moleküle von eukolloiden Substanzen im festen Zustand nicht in Erscheinung[2].

Da die Moleküle in Lösung mit wachsender Länge unbeständiger werden, so kann man die Frage aufwerfen, welches die größten Moleküle sind, die als Kolloidmoleküle noch in Lösung existieren können. In der Polystyrolreihe sind Produkte vom Durchschnittsmolekulargewicht 600000 hergestellt, die bei gewöhnlicher Temperatur in Lösung stabil sind. Die Existenzgrenze für Fadenmoleküle im gelösten Zustand wird in der Polystyrolreihe zwischen einem Durchschnittsmolekulargewicht von 600000 und einer Million liegen, d. h. Moleküle, die ein noch höheres Molekulargewicht haben, werden in Lösung nicht mehr existenzfähig sein, sondern in kleinere Bruchstücke zerfallen.

Diese Zunahme der Unbeständigkeit mit wachsender Molekülgröße gilt nur für Fadenmoleküle. Dreidimensionale Moleküle, wie sie evtl. in Eiweißstoffen vorliegen, können ganz andere Stabilitätsverhältnisse haben, und es können hier noch viel größere Moleküle existieren. Da aber die Existenz der Eiweißstoffe nur auf ein sehr geringes Temperaturgebiet beschränkt ist, so ist es wahrschein-

---

[1] Vgl. H. STAUDINGER: Ber. Dtsch. Chem. Ges. **62**, 2901 (1929).

[2] Im festen Zustand können die Fadenmoleküle hochmolekularer Stoffe an reaktionsfähigen Stellen Umsetzungen erleiden, ohne daß sie in Lösung gehen. Solche topochemischen Reaktionen nach V. KOHLSCHÜTTER (permutoide nach H. FREUNDLICH) sind bei der nativen Cellulose von Bedeutung und dort eingehend studiert. An dieser Stelle werden solche topochemischen Reaktionen nicht behandelt, da sich die vorliegenden Untersuchungen im wesentlichen mit der Konstitutionsaufklärung der Moleküle in Lösung beschäftigen.

lich, daß in ihnen ebenfalls sehr empfindliche Makromoleküle vorliegen, die schon bei geringer Temperatursteigerung verändert werden. Damit verschwindet auch die Möglichkeit des Lebens, das an die Umsetzungen dieser labilen großen Moleküle gebunden ist.

Wenn auch die Frage nach der Konstitution des Eiweißes noch nicht geklärt ist, wenn also auch noch nicht bekannt ist, ob die Teilchen in seinen kolloiden Lösungen normale oder koordinative Moleküle darstellen, so sind doch die Ergebnisse über das Molekulargewicht der Cellulose und des Kautschuks auch für die Eiweißforschung von Bedeutung. Denn es ist durch die Untersuchungen des Kautschuks und der Cellulose erwiesen, daß die Natur Moleküle bisher unbekannter Größe aufbaut und daß das Wesen der kolloiden Lösungen durch Größe und Form dieser Moleküle bedingt ist. Gleiches gilt auch für das Eiweiß. Es ist wahrscheinlich, daß auch dort normale Moleküle von einem Gewicht von 100000 und mehr existieren. In diesen sind also 10000 und mehr Atome durch normale Valenzen gebunden. Bei dieser Größe des Moleküls ist natürlich die Kombinationsfähigkeit einzelner kleiner Bausteine zu dem Makromolekül eine unendliche; es ist also eine unendliche Zahl verschiedener Moleküle und verschiedener Eiweißarten zu erwarten. Dabei ist es gerade für die Chemie des Eiweißes von großer Bedeutung, die Größe und Form seiner Moleküle zu kennen. Denn je größer die Moleküle sind, um so größer ist die Mannigfaltigkeit derselben; jedes von diesen großen Molekülen hat eine bestimmte feste Anordnung der Atome, die seine chemischen Reaktionen bedingen. Bei Änderungen im Bau derselben resultiert ein anderes chemisches Verhalten. So ist auch bei einer unendlichen Zahl von verschiedenen Eiweißmolekülen eine unendliche Zahl von verschiedenen Reaktionen zu erwarten. Diese Mannigfaltigkeit in Molekülarten und Reaktionen muß auch gefordert werden, wenn die biologischen Vorgänge verstanden werden sollen, da ein jeder solcher Vorgang mit einem chemischen Prozeß, also mit einer Umsetzung an großen Molekülen verknüpft ist. Deshalb ist es von Bedeutung, schon an den einfachsten Beispielen, wie den synthetischen Polymeren, den Polyoxymethylenen und den Polystyrolen, weiter an relativ einfach gebauten Naturstoffen, wie dem Kautschuk und der Cellulose, diese ungeheure Mannigfaltigkeit der hochmolekularen Stoffe und ihres chemischen und physikalischen Verhaltens zu studieren. Denn hierdurch gewinnt man allmählich Einblick in die Kompliziertheit des Aufbaues der höchstmolekularen Stoffe, der Eiweißverbindungen, und in die Gesetze ihrer lebenswichtigen Reaktionen.

Zweiter Teil.

# Über synthetische hochmolekulare Stoffe.

## A. Das Polystyrol, ein Modell des Kautschuks[1,2].

Bearbeitet von W. HEUER[3].

### I. Einleitung.

Für die Konstitution des Kautschuks ist die Kenntnis des Aufbaues des Polystyrols von grundlegender Bedeutung. Beide Kohlenwasserstoffe weisen die gleichen charakteristischen Eigenschaften auf, wie Bildung kolloider, hochviscoser Lösungen, Elastizität in bestimmten Temperaturgrenzen usw. Da das Polystyrol synthetisch zugänglich ist und den Vorzug großer Beständigkeit besitzt, so war es sehr naheliegend, diese Verbindung als Modell des Kautschuks zu untersuchen, um mit Hilfe der daran gewonnenen Erfahrungen die Untersuchung des Kautschuks in Angriff zu nehmen. Denn die direkte Untersuchung des Kautschuks ist erschwert, da er in Lösung außerordentlich autoxydabel ist. Der natürliche Kautschuk ist weiter sehr schwer zu reinigen, und es ist die Frage aufgeworfen worden, ob nicht die hohe Viscosität der Kautschuklösung teilweise auf Verunreinigungen zurückzuführen sei. Im Polystyrol liegt dagegen ein reiner gesättigter Kohlenwasserstoff vor, dessen Lösungen sehr beständig sind. Die kolloide Natur muß also durch den Bau der Moleküle bedingt sein und kann nicht etwa von Verunreinigungen herrühren. Diese Modellmethode hat sich auch in diesem Fall[4] bewährt, und es ist gelungen, die Natur der kolloiden Lösungen der hochmolekularen Stoffe am Beispiel des Polystyrols aufzuklären.

---

[1] 63. Mitteilung über hochpolymere Verbindungen; 62. Mitteilung: Helv. chim. Acta **15**, 649 (1932).

[2] Frühere Publikationen: STAUDINGER, H.: Ber. Dtsch. Chem. Ges. **59**, 3019 (1926). — STAUDINGER, H., M. BRUNNER, K. FREY, P. GARBSCH, R. SIGNER u. S. WEHRLI: Polystyrol, ein Modell des Kautschuks. Ber. Dtsch. Chem. Ges. **62**, 241 (1929). — STAUDINGER, H., u. K. FREY: Viscositätsuntersuchungen an Polystyrollösungen. Ber. Dtsch. Chem. Ges. **62**, 2909 (1929). — STAUDINGER, H., K. FREY, P. GARBSCH u. S. WEHRLI: Über den Abbau des makromolekularen Polystyrols. Ber. Dtsch. Chem. Ges. **62**, 2912 (1929). — STAUDINGER, H., u. H. MACHEMER: Viscositätsmessungen an Polystyrollösungen. Ber. Dtsch. Chem. Ges. **62**, 2921 (1929). — STAUDINGER, H., u. W. HEUER: Über Assoziation und Solvatation; u.: Beziehungen zwischen Viscosität und Molekulargewicht bei Polystyrolen. Ber. Dtsch. Chem. Ges. **62**, 2933 (1929) u. **63**, 222 (1930). In der vorliegenden Arbeit wird die Konstitutionsaufklärung dieses kolloidlöslichen Produktes ausführlich behandelt.

[3] Vgl. Dissertation von W. HEUER, Freiburg i. Br. 1929.

[4] Diese Arbeit stellt gewissermaßen ein Gegenstück dar zu der über die Polyoxymethylene, die das Modell für die Konstitution der Cellulose abgab, vgl. Liebigs Ann. **474**, 145 (1929).

Besondere Bedeutung für die Konstitutionsaufklärung der hochmolekularen Produkte besitzen die *hemikolloiden* Polymerisationsprodukte. Wir bezeichnen im folgenden als hemikolloide Polystyrole solche Vertreter derselben, bei denen noch nach der kryoskopischen Methode das Molekulargewicht bestimmt werden kann, also Produkte bis zu einem Durchschnittsmolekulargewicht 10000. Bei höhermolekularen Produkten ist die kryoskopische Methode auch bei Anwendung empfindlicher Thermometer zu ungenau und gibt wenig zuverlässige Werte. Die Konstitutionsaufklärung der Hemikolloide, die noch niederviscose Lösungen geben, war also die erste Aufgabe, der man sich unterziehen mußte, wenn man den Bau der höhermolekularen Vertreter, deren Lösungen hochviscos sind, aufklären wollte. Es handelt sich darum, dieselbe Frage zu erforschen wie bei homologen Reihen, also zu untersuchen, wie die physikalischen Eigenschaften, z. B. die Viscosität der Lösungen mit steigender Kettenlänge, also steigendem Molekulargewicht, sich ändern. Diese hemikolloiden Polystyrole sind wie die höheren Polymeren Gemische von Polymerhomologen[1], die nicht zu trennen sind. Rein dargestellt wurden nur die Polystyrole bis zum Polymerisationsgrad 4; solche Polymere, bei denen die Trennung eines Gemisches nach den üblichen Methoden noch gelingt, werden als *niedermolekular* bezeichnet.

Die höchstmolekularen Produkte bezeichnen wir als *eukolloide* Polystyrole[2]. Bei diesen sind schon 1—2proz. Lösungen außerordentlich hochviscos, da der Wirkungsbereich der langen Fadenmoleküle, die diese Substanzen enthalten, so groß ist, daß selbst in dieser geringen Konzentration nicht mehr Sollösungen, sondern Gellösungen vorhanden sind[3]. Diese Fadenmoleküle der höchstmolekularen Produkte sind weiter unbeständig und verkracken leicht bei erhöhter Temperatur oder unter Sauerstoffeinfluß, was sich in irreversiblen Viscositätsänderungen bemerkbar macht. Endlich zeigen Lösungen dieser eukolloiden Produkte Abweichungen vom HAGEN-POISEUILLEschen Gesetz[4]. Alle diese Erscheinungen treten bei Polystyrolen von einem Polymerisationsgrad über 1500 auf, also einem Durchschnittsmolekulargewicht von ca. 150000. Die Produkte zwischen 10000 und 150000 sind *Zwischenglieder* zwischen hemikolloiden und eukolloiden Stoffen, die in einem ganz allmählichen Übergang diese beiden Gruppen verbinden.

## II. Niedermolekulare und hemikolloide Polystyrole.

### 1. Darstellung derselben durch Polymerisation des Styrols.

Die Polymerisation des Styrols führt zu um so niederer molekularen Produkten, je rascher sie verläuft. Die relativ niedermolekularen hemikolloiden Produkte erhält man also durch Erhitzen von reinem Styrol über 250° oder durch Polymerisation bei Gegenwart von Katalysatoren.

Die Bildung von niedermolekularen Produkten ist weiter in verdünnter Lösung begünstigt. Die Polymerisation ist eine Kettenreaktion, die in verdünnter Lösung leichter abreißt als in konzentrierter.

---

[1] STAUDINGER, H.: Ber. Dtsch. Chem. Ges. **59**, 3019 (1926). Vgl. S. 7.

[2] Diesen Ausdruck „Eukolloide" gebrauchen wir in etwas anderem Sinne als Wo. OSTWALD in Kolloid-Ztschr. **32**, 2 (1923), nämlich nur als Bezeichnung für die höchstmolekulare Gruppe von Molekülkolloiden.

[3] Ber. Dtsch. Chem. Ges. **63**, 921 (1930). Vgl. S. 131.

[4] STAUDINGER, H., u. H. MACHEMER: Ber. Dtsch. Chem. Ges. **62**, 2921 (1929). Vgl. S. 92.

*a) Polymerisation von reinem Styrol durch Erhitzen.* Hemikolloide Polystyrole bilden sich beim Erhitzen von Styrol unter $N_2$ auf 260°, also bei sehr rascher Polymerisation. Ein so dargestelltes Produkt hatte einen $\eta_{sp}/c$-Wert von 3,36, also ein Durchschnittsmolekulargewicht von 18700 [1].

*b) Polymerisiert man Styrol in Lösung durch Erhitzen,* so entstehen weit niederer molekulare Produkte; in 10proz. Tetralinlösung bei 200° entstand ein Polystyrol vom $\eta_{sp}/c$-Wert 0,83, also dem Durchschnittsmolekulargewicht 4600 [2].

*c) Polymerisation mit Katalysatoren.* In der Kälte kann man diese rasche Polymerisation durch Zusatz von Katalysatoren erreichen. Es ist schon früher angegeben, daß man durch Zinntetrachlorid und andere anorganische Säurechloride, wie $BCl_3$ usw., Styrol in Lösung in der Kälte innerhalb weniger Minuten oder einiger Stunden je nach der Konzentration der Lösung in hemikolloide Produkte überführen kann. Diese hemikolloiden Produkte haben dieselben Eigenschaften wie die in der Hitze hergestellten, man gewinnt also den Eindruck, als ob die Kettenlänge eines polymeren Styrols wesentlich von der Geschwindigkeit, mit der die Polymerisation verläuft, abhängt [3,4].

Die Länge der entstehenden Ketten ist sehr stark durch die Konzentration bedingt. In konzentrierter Benzol- oder Tetrachlorkohlenstofflösung erhält man höhermolekulare Produkte als in verdünnter. So hatte M. BRUNNER, der Styrol in 75proz. Benzollösung mit Zinntetrachlorid polymerisierte, hemikolloide Produkte vom Polymerisationsgrad 10—125 erhalten, während wir in 20proz. Benzollösung Polymere vom Polymerisationsgrad 20—50 erhielten. Trägt man Styrol in reines Zinntetrachlorid in der Kälte ein, so findet zwar die Polymerisation sehr rasch statt, aber infolge der hohen Konzentration erhält man trotzdem ein ziemlich hochpolymeres Produkt vom Durchschnittspolymerisationsgrad 70. Bei Zusatz von Zinntetrachlorid zu der Styrollösung tritt Dunkelfärbung ein. Wir nahmen früher an, daß dabei farbige Komplexverbindungen [5] des Polystyrols entstehen. Diese Färbungen unterbleiben aber beim Arbeiten unter Luft- und vor allem unter Lichtausschluß.

*d) Polymerisation mit Floridaerde* [6]. Außerordentlich leicht wird Styrol mittels aktivierter Floridaerde polymerisiert, und zwar zu relativ niedermolekularen

---

[1] In der früheren Arbeit, Ber. Dtsch. Chem. Ges. **63**, 233 (1930), ist das Molekulargewicht mit 13400 angegeben. Die $K_m$-Konstante beträgt aber nicht $2,5 \cdot 10^{-4}$, wie damals angenommen wurde, sondern $1,8 \cdot 10^{-4}$.

[2] Vgl. Ber. Dtsch. Chem. Ges. **62**, 2920 (1929).

[3] Die Polymerisation mit Katalysatoren von verschiedener Wirksamkeit müßte unter gleichen Bedingungen so zu Polymeren von verschiedener Kettenlänge führen. Bei einem schlecht wirkenden Katalysator wie Phosphoroxychlorid sollte ein höhermolekulares Produkt entstehen als bei einem sehr guten wie Zinntetrachlorid oder Borchlorid; diese Frage muß noch geprüft werden. Vgl. dazu H. STAUDINGER u. H. A. BRUSON, Liebigs Ann. **447**, 115 (1926).

[4] Vgl. Dissertation M. BRUNNER, Zürich E.T.H. 1926.

[5] Vgl. Helv. chim. Acta **12**, 950 (1929).

[6] Die Beobachtung, daß aktiviertes Floridin ungesättigte Verbindungen polymerisiert, wurde zuerst von L. GURWITSCH: Journ. russ. phys. chem. Ges. **47**, 823 (1915), gemacht. Dann haben S. W. LEBEDEW u. E. FILONENKO zahlreiche ungesättigte organische Verbindungen mit Floridin polymerisiert [Ber. Dtsch. Chem. Ges. **58**, 163 (1925)]. Sie geben dabei an, daß mono-substituierte Äthylenderivate durch Floridin nicht polymerisiert werden. Wie aus der Tabelle hervorgeht, haben sie die Polymerisation mit Floridaerde nicht untersucht.

Produkten. Dabei erhält man nach Versuchen von N. J. Toivonen sowohl in Lösung wie auch mit reinem Styrol Produkte vom Durchschnittspolymerisationsgrad 10 neben niedermolekularen Produkten vom Polymerisationsgrad 2—9. Die Polymerisation in reinem Zustand und in Lösung unterscheidet sich nur dadurch, daß sie in verdünnter Lösung unvollständiger verläuft, wie aus folgender Tabelle-von N. J. Toivonen hervorgeht.

Tabelle 54. **Polymerisation von Styrol mit Floridaerde (1 g) (N. J. Toivonen).**

| 20 g Styrol + $x$ g Benzol | Gehalt der Lösung an Styrol | Gesamtmenge der Polymerisationsprodukte | Gesamtausbeute | Mit Methanol fällbarer Anteil (höhermolekular) | Ausbeute an höhermolekularen Produkten | Mit Methanol nicht fällbarer Anteil (niedermolekular) | Ausbeute an niedermolekularen Produkten |
|---|---|---|---|---|---|---|---|
| $x =$ | % | g | % | g | % | g | % |
| 0 | 100 | 19,35 | 97 | 13,15 | 66 | 6,20 | 31 |
| 15 | 57 | 20,22 | 102 | 14,10 | 71 | 6,12 | 31 |
| 30 | 40 | 20,30 | 101 | 14,42 | 72 | 5,88 | 29 |
| 75 | 21 | 15,52 | 78 | 9,53 | 48 | 5,99 | 30 |
| 150 | 12 | 8,22 | 41 | 3,28 | 16 | 4,94 | 25 |
| 300 | 6 | 3,50 | 18 | — | — | 3,30 | 17 |

Es ist merkwürdig, daß bei Verwendung eines festen Katalysators die Konzentration der Lösung die Kettenlänge des polymeren Produktes nicht beeinflußt, während bei Verwendung gelöster Katalysatoren der Polymerisationsgrad von der Konzentration der Lösung abhängig ist.

*e) Polymerisation durch Belichten.* Da mit Katalysatoren sich hemikolloide Polystyrole bilden, bei der Polymerisation in der Kälte oder bei schwachem Erwärmen auf 60—100° dagegen sehr hochmolekulare Polystyrole, so nahmen wir anfangs an, daß der Katalysator, wie z. B. Zinntetrachlorid, sich an das Ende der Kette begibt, dort die ungesättigten Valenzen absättigt und so die Weiterpolymerisation verhindert. Da ohne Katalysator die Polymerisation in der Kälte sehr langsam verläuft, so hofften wir, die Bildung eines hochmolekularen eukolloiden Polystyrols durch Licht beschleunigen zu können. Polymerisiert man aber Styrol durch Belichten mit einer Heraeusschen Quarzlampe[1], so erhält man sowohl mit unverdünntem Styrol wie auch mit Styrol in Lösung neben einem unlöslichen Produkt[2] hemikolloide Substanzen vom Polymerisationsgrad 30—40[3]. Durch das Belichten wird also die Bildung langer Ketten trotz relativ langsamen Polymerisationsverlaufs verhindert, weil die Kettenreaktion durch sekundäre Reaktionen leicht unterbrochen wird.

*f) Darstellung von hemikolloidem Polystyrol durch Abbau von eukolloidem Polystyrol[4].* Ein Abbau der langen Ketten tritt bei festem Polystyrol erst bei langem Erhitzen auf hohe Temperaturen über 300° ein. Die Ketten des hochmolekularen Polystyrols sind also sehr beständig. Relativ rasch erfolgt der Abbau zu hemikolloiden Produkten durch Erhitzen in Lösung, vor allem bei

---

[1] Vgl. H. Stobbe u. G. Posnjak: Liebigs Ann. **371**, 277 (1909).

[2] Dieses unlösliche Polystyrol enthält evtl. dreidimensionale Moleküle: durch das Belichten können zwischen einzelnen Fadenmolekülen Verbindungen eingetreten sein.

[3] Die Geschwindigkeit der Polymerisation variiert stark mit der Intensität des Lichtes.

[4] Staudinger, H., u. H. Machemer: Ber. Dtsch. Chem. Ges. **62**, 2929 (1929).

Lösung, ohne zu zerfallen, noch beständig sind. Der Übergang zu der grobdispersen Verteilung fehlt in diesem Fall. Der eine Teil des OSTWALDschen Schemas ist also nur für die Suspensoide, der andere nur für die Molekülkolloide anwendbar, ein Punkt, der bisher übersehen wurde.

Die Molekülkolloide, die Kolloide im GRAHAMschen Sinne und die Suspensoide und Emulsoide haben also nichts Gemeinsames. Es könnte darum zweckmäßig erscheinen, diese letzteren überhaupt nicht mehr als Kolloide zu bezeichnen, sondern als Dispersoide, und den Namen „Kolloide" den Stoffen zu reservieren, für die GRAHAM ihn geschaffen hat, wenn nicht schließlich Übergänge zwischen den einzelnen Gruppen, vor allem bei anorganischen Kolloiden, vorhanden wären.

Bei anorganischen Kolloiden spielen, entsprechend dem ganz andersartigen Bau dieser Stoffe, die Molekülkolloide eine ganz untergeordnete Rolle. Die polymeren Kieselsäuren können als Molekülkolloide betrachtet werden. Der Bau dieser Kolloidteilchen ist aber hier schon weit komplizierter als der der homöopolaren organischen Kolloide, da hier koordinative Bindungen eine Rolle spielen: man kann Parallelen ziehen zwischen den Kolloidmolekülen der Polykieselsäuren und Polyacrylsäuren[1].

Die Bearbeitung der Molekülkolloide wird also wesentlich eine Aufgabe der organischen Chemie sein. Sie ist für die physiologische Chemie und Biologie von der größten Bedeutung, weil die wichtigsten Lebensprozesse Umsetzungen an makro-molekularen Verbindungen sind.

# II. Bildung und chemisches Verhalten der hochpolymeren Stoffe.

## I. Über den Bau der Ketten der Hochpolymeren.

In vorstehenden Ausführungen wurde angenommen, daß in den Fadenmolekülen die Grundmoleküle gleichartig angeordnet sind. Dies ist bei synthetischen Polymeren nicht immer der Fall. So hat z. B. G. STEIMMIG[2] nachgewiesen, daß der synthetische Kautschuk nicht völlig den gleichen Bau hat wie der natürliche Kautschuk. Im ersteren sind die Isoprenreste nicht mit derselben Regelmäßigkeit aneinander gereiht wie im letzteren, wie der Ozonabbau erkennen läßt.

$$-CH_2 \vdots CH_2-CH=\overset{\overset{\displaystyle CH_3}{|}}{C}-CH_2 \vdots CH_2-\overset{\overset{\displaystyle CH_3}{|}}{C}=CH-CH_2 \vdots CH_2-CH=\overset{\overset{\displaystyle CH_3}{|}}{C}-CH_2 \vdots CH_2-CH=\overset{\overset{\displaystyle CH_3}{|}}{C}-CH_2 \vdots CH_2-$$

Synthetischer Kautschuk

Allerdings dürfte dieser geringe Unterschied im Bau der Kette nicht allein dafür verantwortlich sein, daß der synthetische Kautschuk etwas andere Eigenschaften hat als der Naturkautschuk. Denn einmal haben die Fadenmoleküle bei dem synthetischen Kautschuk und beim Naturprodukt nicht die gleiche Länge; vor allem können aber bei der Synthese auch noch andersartige Reaktionen vor sich gehen, außer der oben skizzierten. Es tritt z. B. eine Verknüpfung der einzelnen Fadenmoleküle untereinander ein. So sind die synthetischen Kautschuke z. T. unlöslich und nur quellbar, da sie dreidimensionale Moleküle enthalten.

Auch beim Butadienkautschuk sind die Grundmoleküle nicht gleichmäßig in 1—4-Stellung zusammengetreten; denn beim oxydativen Abbau läßt sich

---

[1] Vgl. Zweiter Teil, D.   [2] STEIMMIG, G.: Ber. Dtsch. Chem. Ges. **47**, 350, 852 (1914).

Bernsteinsäure als Reaktionsprodukt nur in untergeordneter Menge gewinnen. Auch hier muß eine kompliziertere und unregelmäßigere Verknüpfung der einzelnen Grundmoleküle stattgefunden haben.

Ein weiteres Beispiel für die unregelmäßige Verknüpfung der Grundmoleküle im polymeren Molekül ist das Polydimethylketen, das weder nach Formel (I) noch nach Formel (II) konstituiert ist; in dem Fadenmolekül des Polymeren müssen vielmehr, nach den Spaltprodukten zu urteilen, beide Gruppierungen vertreten sein, so daß man das Polymere etwa nach Formel (III) formulieren muß[1]:

$$
\cdots \overset{\overset{\textstyle (CH_3)_2}{\|}}{C}\!\!-\!\!-\!\!\overset{\overset{\textstyle O}{\|}}{C}\!\!-\!\!\left[\overset{\overset{\textstyle (CH_3)_2}{\|}}{C}\!\!-\!\!-\!\!\overset{\overset{\textstyle O}{\|}}{C}\right]_x\!\!\!-\!\!\overset{\overset{\textstyle (CH_3)_2}{\|}}{C}\!\!-\!\!-\!\!\overset{\overset{\textstyle O}{\|}}{C}\cdots \tag{I}
$$

$$
\cdots \overset{\overset{\textstyle (CH_3)_2}{\|}}{\underset{}{C}}\!\!-\!\!O\!\!-\!\!\left[\overset{\overset{\textstyle (CH_3)_2}{\|}}{C}\!\!-\!\!O\right]_x\!\!\!-\!\!\overset{\overset{\textstyle (CH_3)_2}{\|}}{C}\!\!-\!\!O\cdots \tag{II}
$$

$$
\cdots\overset{\overset{\textstyle (CH_3)_2}{\|}}{C}\!-\!O\!-\!\overset{\overset{\textstyle (CH_3)_2}{\|}}{C}\!-\!\!-\!\overset{\overset{\textstyle O}{\|}}{C}\!-\!\overset{\overset{\textstyle (CH_3)_2}{\|}}{C}\!-\!\overset{\overset{\textstyle O}{\|}}{C}\!-\!O\!-\!\overset{\overset{\textstyle (CH_3)_2}{\|}}{C}\!-\!\!-\!\overset{\overset{\textstyle O}{\|}}{C}\cdots \tag{III}
$$

Das $\delta$-Polyoxymethylen, das beim Kochen des $\gamma$-Polyoxymethylens mit Wasser entsteht, ist ein weiteres Beispiel dafür, daß im Polymeren die einzelnen Grundmoleküle nicht immer regelmäßig angeordnet sind. Denn dieses Produkt enthält neben den $-CH_2-O-CH_2-O-$ -Bindungen auch folgende Gruppierung der Formaldehydgruppe, die sich durch eine CANNIZAROsche Umlagerung aus der ersten Gruppierung gebildet hat[2].

$$
\cdots O-CH_2-O-CH_2-O-CH_2\cdots \rightarrow
$$
$$
\rightarrow \cdots O-\underset{\underset{\textstyle OH}{|}}{CH}-CH_2-O-CH_2\cdots
$$

Bei anderen synthetischen Polymeren, wie beim Polystyrol und beim Polyvinylacetat, haben sich bisher solche Ungleichmäßigkeiten im Bau der Kette nicht nachweisen lassen; es wird aber auch schwer sein, andersartige Gruppierungen analytisch zu erfassen, wenn sie nicht sehr reichlich im Fadenmolekül vertreten sind. Bei den hochmolekularen Naturprodukten wie Kautschuk, Cellulose, Stärke, Lichenin[3] sind natürlich solche Unregelmäßigkeiten im Bau der Kette durchaus möglich; sie würden sich aber bei der Größe der Moleküle völlig der Beobachtung entziehen, falls sie nur selten im Molekül vertreten sind. Umgekehrt

---

[1] STAUDINGER, H.: Helv. chim. Acta 8, 306 (1925).

[2] Vgl. H. STAUDINGER u. R. SIGNER: Liebigs Ann. 474, 232 (1929). Alle anderen Polyoxymethylene enthalten dagegen außer den Endgruppen nur die normale Gruppierung im Fadenmolekül. Deshalb kann bei den Polyoxymethylenen mit Ausnahme des $\delta$-Polyoxymethylens durch Bestimmung des Formaldehydgehaltes nach der Spaltung des polymeren Moleküls der Polymerisationsgrad ermittelt werden.

[3] P. KARRER erhielt aus dem Lichenin Cellobiose und betrachtet es deshalb als eine Art kolloidlöslicher Cellulose, vgl. Helv. chim. Acta 6, 800 (1923). Diese Auffassung ist heute nicht mehr haltbar. Der Unterschied beider Polysaccharide muß auf einer verschiedenen Anordnung der Glykosebausteine in der Kette beruhen.

ist es gerade bei diesen polymeren Naturprodukten durchaus möglich, daß hier ganz regelmäßig ein Grundmolekül an das andere gereiht ist[1].

## II. Endgruppen der Fadenmoleküle.

Bei einer großen Reihe von natürlichen und synthetischen Hochpolymeren, wie Kautschuk und Balata, Cellulose und Stärke, liegen Fadenmoleküle vor, deren Länge durch die vorstehenden Untersuchungen jetzt bekannt ist. Die Konstitutionsaufklärung dieser Stoffe im Sinne der organischen Chemie ist aber nicht beendet, solange nicht die Endgruppen dieser langen Moleküle nachgewiesen sind. Wenn zahlreiche ungesättigte Einzelmoleküle zu einem langen Fadenmolekül vereinigt werden, oder wenn zahlreiche Glykosemoleküle glykosidisch miteinander gebunden werden, dann müssen am Ende dieser Ketten ungesättigte Atome vorhanden sein (I), wenn nicht andere Gruppierungen die Enden der Kette abschließen (II und III), oder die beiden ungesättigten Endvalenzen sich gegenseitig unter Ringschluß absättigen (IV).

Als Formel z. B. des Polystyrols kommen so folgende vier Möglichkeiten in Betracht[2]:

$$-\underset{|}{\overset{C_6H_5}{CH}}-CH_2-\left[\underset{|}{\overset{C_6H_5}{CH}}-CH_2\right]_x-\underset{|}{\overset{C_6H_5}{CH}}-CH_2- \qquad (I)$$

Freie Endvalenzen

$$R-\underset{|}{\overset{C_6H_5}{CH}}-CH_2-\left[\underset{|}{\overset{C_6H_5}{CH}}-CH_2\right]_x-\underset{|}{\overset{C_6H_5}{CH}}-CH_2-R \qquad (II)$$

Absättigung der Endvalenzen durch andere Gruppen[3]

$$\underset{|}{\overset{C_6H_5}{CH_2}}-CH_2-\left[\underset{|}{\overset{C_6H_5}{CH}}-CH_2\right]_x-\underset{|}{\overset{C_6H_5}{C}}=CH_2 \qquad (III)$$

Wanderung eines H-Atoms

$$\underset{|}{\overset{C_6H_5}{CH}}-CH_2-\left[\underset{|}{\overset{C_6H_5}{CH}}-CH_2\right]_x-\underset{|}{\overset{C_6H_5}{CH}}-CH_2 \qquad (IV)$$

Ringschluß

Die chemische und physikalische Untersuchung — insbesondere Viscositätsmessungen — einer großen Zahl von Hochpolymeren ergab, daß Formel (I) und (IV), also Fadenmoleküle mit freien Endvalenzen und hochmolekulare Ringe, nicht zutreffen können. Alle untersuchten Polymeren besitzen Fadenmoleküle mit irgendwelchen Endgruppen. Solche Endgruppen sind bei einigen synthetischen polymeren Stoffen mit Sicherheit nachgewiesen. Die Endgruppen an den Ketten der hochmolekularen Naturprodukte sind dagegen nicht bekannt; die Erforschung ihres Baues ist aber von Bedeutung, auch wenn sie

---

[1] R. Pummerer, G. Ebermayer, K. Gerlach: Ber. Dtsch. Chem. Ges. **64**, 809 (1931), konnten durch Verbesserung des Ozonabbaues zeigen, daß ca. 90% der Isoprengruppen in den Fadenmolekülen des Kautschuks gleichmäßig gebunden sind.

[2] Vgl. H. Staudinger: Ber. Dtsch. Chem. Ges. **59**, 3035 (1926).

[3] Auch eine Absättigung durch Umlagerungen an der Endgruppe kommt in Betracht. Vgl. E. Bergmann: Liebigs Ann. **480**, 49 (1930) — Ber. Dtsch. Chem. Ges. **64**, 1493 (1931).

prozentual nur ein geringer Teil des Moleküls sind. Es läßt sich bei synthetischen Produkten zeigen, daß die Endgruppen das chemische Verhalten der langen Moleküle sehr wesentlich beeinflussen können, nämlich dann, wenn ein Abbau oder Aufbau der Fadenmoleküle vom Ende aus erfolgt.

Die Art der Endgruppen konnte bisher nur bei synthetischen Polymeren festgestellt werden und auch hier nur bei ganz besonders übersichtlichen Bildungsbedingungen des Fadenmoleküls; darum muß diese Frage der Endgruppen im Zusammenhang mit der Bildung der Polymeren besprochen werden.

## III. Bildung der Polymeren.

### 1. Durch kondensierende Polymerisation.

Fadenmoleküle können dadurch entstehen, daß sich ein ungesättigtes Molekül unter Wasserstoffwanderung an ein anderes anlagert usw. Es entsteht das hochmolekulare Polymerisationsprodukt über eine Reihe von Zwischenprodukten, von denen jedes für sich existenzfähig ist und bei geeigneter Wahl der Polymerisationsbedingungen auch erhalten werden kann. Ein Beispiel für diesen Polymerisationsverlauf ist die Bildung von Polyoxymethylen-dihydraten, die durch Anlagerung von Formaldehyd an Methylenglykol entstehen. Je nach der Konzentration der Formaldehydlösungen und je nach der Temperatur entstehen bei dieser kondensierenden Polymerisation mehr oder weniger hochpolymere Stoffe der betreffenden polymerhomologen Reihe[1]. Die Endgruppen der Fadenmoleküle werden im Verlauf des Polymerisationsprozesses gebildet. Man kann dabei durch Zusatz von Methyl- oder Äthylalkohol auch Methoxyl- oder Äthoxylgruppen als Endgruppen des Fadens einfügen. Auf diese Weise entsteht das $\gamma$-Polyoxymethylen. Das Weiterwachsen des Fadens ist natürlich durch eine solche Endgruppe verhindert.

Auf ähnliche Weise bilden sich durch kondensierende Polymerisation aus Äthylenoxyd und Glykol oder Glykolchlorhydrin polymere Produkte, deren Endgruppen man durch die Art des Polymerisationsprozesses erkennt. Hierher gehören auch die von CAROTHERS[2] untersuchten Produkte, z. B. die polymeren Glykolester der Oxalsäure, Bernsteinsäure usw. Auch hier. kann man aus dem Verlauf des kondensierenden Polymerisationsprozesses auf die Art der Endgruppe schließen. WHITBY und KATZ[3] nahmen an, daß auch Polyindene und Polystyrole ganz analog durch kondensierende Polymerisation entstehen, dadurch, daß ein Molekül des ungesättigten Kohlenwasserstoffes unter Wasserstoffwanderung sich an ein anderes anlagere.

1. Inden:

$$\begin{array}{ccc}
C_6H_4-CH_2 & \rightarrow & C_6H_4-CH_2 \quad C_6H_4-CH_2 \quad \rightarrow \quad C_6H_4-CH_2 \; \left[\; C_6H_4-CH_2 \;\right] \; C_6H_4-CH_2 \\
| \quad\quad | & & | \quad\quad | \quad\quad\quad | \quad\quad | \quad\quad\quad\quad | \quad\quad | \quad\quad\quad\quad\quad | \quad\quad | \quad\quad\quad\quad | \quad\quad | \\
CH = CH & & CH_2-CH-C = CH \quad\quad CH_2-CH-\left[CH-CH\right]_x-C=CH
\end{array}$$

2. Styrol:

$$\begin{array}{ccc}
C_6H_5 & \rightarrow & C_6H_5 \quad\quad C_6H_5 \quad\rightarrow\quad C_6H_5 \;\left[\; C_6H_5 \;\right]\; C_6H_5 \\
| & & | \quad\quad\quad | \quad\quad\quad\quad | \quad\quad\quad | \quad\quad\quad | \\
CH=CH_2 & & CH_2-CH_2-C=CH_2 \quad\quad CH_2-CH_2-\left[CH-CH_2\right]_x-C=CH_2
\end{array}$$

---

[1] Vgl. H. STAUDINGER, R. SIGNER, H. JOHNER, O. SCHWEITZER u. W. KERN: Liebigs Ann. **474**, 238 (1929). Vgl. auch Zweiter Teil, B. III.

[2] CAROTHERS, W. H.: Journ. Amer. Chem. Soc. **51**, 2548 (1929); **52**, 314, 711, 3292 (1930).

[3] WHITBY, G. S., u. M. KATZ: Journ. Amer. Chem. Soc. **50**, 1160 (1928). Vgl. auch W. GALLAY: Kolloid-Ztschr. **57**, 2 (1931).

Ein derartiger Polymerisationsverlauf kann aber nicht zur Bildung sehr hochmolekularer Produkte führen, denn schon das Distyrol und Tristyrol, welche nach obiger Formel gebaut sind[1], lagern monomeres Styrol nicht mehr an.

Die kondensierenden Polymerisationsprozesse können überhaupt nicht zu sehr hochmolekularen Produkten führen, bei denen 1000 und mehr Einzelmoleküle in einer Kette gebunden sind; denn die Reaktionsfähigkeit eines polymeren Moleküls nimmt mit wachsender Moleküllänge rasch ab. Nur im günstigsten Fall, bei den Polyoxymethylenen, können sich nach diesem Reaktionsschema längere Fadenmoleküle ausbilden, infolge der enormen Reaktionsfähigkeit des monomeren Formaldehyds. Aber bereits beim Äthylenoxyd entstehen die höhermolekularen Polymerisationsprodukte nicht durch eine kondensierende Polymerisation, sondern durch Kettenpolymerisation[2].

## 2. Bildung von Fadenmolekülen mit bekannten Endgruppen durch Abbau von hochmolekularen Produkten.

Fadenmoleküle mit bekannten Endgruppen kann man in einer Reihe von Fällen dadurch herstellen, daß man synthetische Produkte oder hochmolekulare Naturprodukte abbaut. Die Art der Spaltung der langen Moleküle gibt dann Aufschluß über die Art der Endgruppen in den entstehenden kürzeren Fadenmolekülen. So werden z. B. aus hochmolekularem Polyoxymethylen durch Abbau mit einer unzureichenden Menge Essigsäureanhydrid oder mit Methylalkohol und Schwefelsäure die polymerhomologen Reihen der Polyoxymethylen-diacetate[3] oder Polyoxymethylen-dimethyläther[4] erhalten.

Durch acetylierenden Abbau von Cellulose erhält man die polymerhomologe Reihe der Polytriacetylcelloglucandiacetate, eine Reaktion, die der Spaltung der Polyoxymethylene mit Essigsäureanhydrid analog ist[5].

Durch oxydativen Abbau von eukolloiden Polystyrolen mit Kaliumpermanganat entstehen hemikolloide Produkte, die nach der Darstellungsart Carboxylgruppen an den Enden der Ketten tragen müssen, obwohl sich diese „Polystyrolcarbonsäuren" nicht in der gewöhnlichen Weise als Säuren identifizieren lassen[6].

Durch oxydativen Abbau des Kautschuks, z. B. mit Luftsauerstoff, werden vermutlich hemikolloide Polyprene entstehen mit sauerstoffhaltigen Endgruppen; aber auch diese ließen sich bisher nicht charakterisieren. Die Einwirkung von Sauerstoff auf Kautschuk verläuft kompliziert, da nicht nur ein Abbau eintritt, sondern auch Sauerstoff an die Kette angelagert werden kann[7].

## 3. Bildung von Hochpolymeren durch Kettenreaktion.

Durch die kondensierende Polymerisation können, wie gesagt, keine sehr hochmolekularen Produkte entstehen. Die Bildung der synthetischen Hoch-

---

[1] Diese Kohlenwasserstoffe wurden von W. Heuer bei der pyrogenen Zersetzung des Polystyrols im Vakuum gewonnen und von A. Steinhofer ihre Konstitution aufgeklärt. Vgl. Zweiter Teil, A. II. 3.

[2] Vgl. Zweiter Teil, C. II. 2.

[3] Staudinger, H., u. M. Lüthy: Helv. chim. Acta 8, 41 (1925).

[4] Staudinger, H., u. H. Johner: Liebigs Ann. 474, 205 (1929).

[5] Vgl. H. Staudinger u. H. Freudenberger: Ber. Dtsch. Chem. Ges. 63, 2331 (1930). Vgl. weiter Vierter Teil, A. II.

[6] Vgl. Zweiter Teil, A. V. 4.     [7] Vgl. Dritter Teil, C. IV. 6a und b.

polymeren von eukolloidem Charakter, also von solchen Polymeren, deren Moleküle 1000 und mehr Einzelmoleküle in der Kette haben, erfolgt durch eine ganz andere Reaktion, die mit der Kettenreaktion bei Umsetzungen von Gasen verglichen werden kann. Wie z. B. bei Chlorknallgasreaktionen ein aktiviertes Molekül die Umsetzung von ca. $10^5$ anderen Molekülen dadurch anregt[1], daß die „Anregung" von einem Molekül auf das andere übertragen wird, so kann auch hier ein aktiviertes Molekül die Polymerisation von zahlreichen anderen Molekülen veranlassen; nur besteht zwischen beiden Kettenreaktionen der Unterschied, daß bei der Chlorknallgasreaktion die einzelnen Moleküle getrennt bleiben, während bei der Polymerisation die Kettenreaktion zur Bildung eines Fadenmoleküls führt[2].

Ein angeregtes ungesättigtes Molekül kann weitere ungesättigte Moleküle anlagern; in manchen Fällen kommt es zur Bildung eines 4-, 6- oder 8-Ringes, wenn sich 2, 3 oder 4 ungesättigte Moleküle vereinigt haben. So entstehen z. B. bei der Polymerisation der Ketene in der Regel dimolekulare Polymerisationsprodukte[3].

$$2\,R_2C{=}C{=}O \;\rightarrow\; \begin{array}{ccc} R_2C & \!\!-\!\! & CO \\ | & & | \\ OC & \!\!-\!\! & CR_2 \end{array}$$

Bei der Polymerisation des Formaldehyds kann es unter bestimmten Bedingungen zur Bildung von tri- und tetramolekularen Produkten kommen. Bei Anwesenheit von Spuren von Schwefelsäure entsteht das Trioxymethylen[4], während das Tetraoxymethylen[5] bei der Spaltung von höhermolekularen Polyoxymethylendiacetaten erhalten wurde.

In anderen Fällen bleibt aber der Ringschluß aus; es lagern sich dann an die ungesättigten Endvalenzen des polymeren Produktes neue ungesättigte Moleküle an. So erfolgt die Molekülvergrößerung derart, daß das entstehende neue Molekül am Ende ungesättigte Valenzen hat und so zur Anlagerung weiterer Einzelmoleküle befähigt ist. Es wird gewissermaßen der Energiebetrag, den das ungesättigte Molekül bei seiner Aktivierung aufgenommen hat und der es zur Polymerisation befähigt, immer wieder auf das neu angelagerte Molekül übertragen. Da am Ende der wachsenden Moleküle freie Valenzen sind, so kann es durch diese Reaktion zum Unterschied von der kondensierenden Polymerisation zur Bildung außerordentlich hochpolymerer Produkte kommen. Die Zwischenprodukte bei diesem Polymerisationsverlauf sind infolge der freien Endvalenzen am Ende der Ketten nicht existenzfähig, wenn nicht diese Endvalenzen abgesättigt werden.

Es ist nun in fast allen Fällen die Frage ungelöst, wie die Kettenreaktion ihren Abschluß findet. Es ist somit unbekannt, wie die Endgruppen dieser langen Fadenmoleküle konstituiert sind.


[1] KORNFELD, G., u. H. MÜLLER: Ztschr. f. physik. Ch. **117**, 242 (1925). — CREMER, E.: Ztschr. f. physik. Ch. **128**, 285 (1927).

[2] Die Polymerisation einer ungesättigten Verbindung führt also durch eine Kettenreaktion zur Bildung der langen Kohlenstoffkette. Man beachte, daß der Ausdruck „Kette" in beiden Fällen eine verschiedene Bedeutung hat.

[3] Vgl. H. STAUDINGER: Helv. chim. Acta **7**, 3 (1924).

[4] PRATESI: Gazz. chim. ital. **14**, 139 (1884). — F. AUERBACH u. A. BARSCHALL: Arbb. Kais. Gesundh.-Amt **27**, 183 (1907).

[5] STAUDINGER, H., u. M. LÜTHY: Helv. chim. Acta **8**, 65 (1925).

$$\overset{\overset{\textstyle R}{\displaystyle |}}{-CH}-CH_2- + \overset{\overset{\textstyle R}{\displaystyle |}}{CH}=CH_2 \rightarrow$$

aktiviertes Molekül

$$\overset{\overset{\textstyle R}{\displaystyle |}}{-CH}-CH_2-\overset{\overset{\textstyle R}{\displaystyle |}}{CH}-CH_2- + \overset{\overset{\textstyle R}{\displaystyle |}}{CH}=CH_2 \rightarrow$$

$$\overset{\overset{\textstyle R}{\displaystyle |}}{-CH}-CH_2-\overset{\overset{\textstyle R}{\displaystyle |}}{CH}-CH_2-\overset{\overset{\textstyle R}{\displaystyle |}}{CH}-CH_2-   \text{usw.}$$

Bei Beginn der Untersuchungen[1] wurde angenommen, daß der Polymerisationsprozeß so lange vor sich gehe, bis die ungesättigten endständigen Kettenglieder infolge der Größe des gebildeten polymeren Moleküls nicht mehr genügend reaktionsfähig seien, um neue monomere Moleküle anzulagern. Es sollten also die langen Fadenmoleküle Endgruppen mit dreiwertigen Kohlenstoffatomen besitzen[2]. Aber diese Hypothese[3], die anfangs eine Erklärung für die merkwürdigen Viscositätserscheinungen hochmolekularer Stoffe zu geben schien, ist nicht richtig[4]; denn in der polymerhomologen Reihe der Polystyrole existiert eine kontinuierliche Reihe von Verbindungen vom niedersten bis zum höchsten Molekulargewicht. Die niedermolekularen hemikolloiden Produkte besitzen keine dreiwertigen Kohlenstoffatome am Ende der relativ kurzen Ketten; daher ist ein solcher Bau auch für das eukolloide Polystyrol unwahrscheinlich.

Es wurde weiter die Annahme geprüft, ob nicht die Kettenreaktion dadurch unterbrochen würde, daß die Enden der Kette sich gegenseitig absättigen. Es würden dann in den polymeren Kohlenwasserstoffen, wie Polystyrol und Kautschuk, Gemische hochgliedriger Ringe verschiedener Gliederzahl vorliegen. Da es mittlerweile L. RUZICKA in seinen bekannten Arbeiten gelungen ist, sehr hochgliedrige Ringe herzustellen, und da weiter von J. R. KATZ[5] durch röntgenographische Untersuchungen gezeigt werden konnte, daß im krystallisierten Zustand diese hochgliedrigen Ringe sich wie Doppelfäden verhalten, so schien es möglich, daß eine Reihe hochmolekularer Produkte aus Molekülen aufgebaut ist, die solche Doppelfäden sind. Die Bildung von Produkten verschiedenen Polymerisationsgrades schien dadurch verständlich, daß z. B. durch Katalysatoren[6] oder durch Erhitzen der Ringschluß rascher herbeigeführt werden könnte als bei der Polymerisation in der Kälte.

Die aufgefundenen Viscositätsgesetze zeigen aber, daß die polymeren Kohlenwasserstoffe nicht derartig gebaute Moleküle haben können; denn für Stoffe,

---

[1] STAUDINGER, H.: Ber. Dtsch. Chem. Ges. **53**, 1073 (1920).

[2] SCHEIBE, G., u. R. PUMMERER: Ber. Dtsch. Chem. Ges. **60**, 2163 (1927), untersuchten die Absorptionsspektren des Kautschuks und der Guttapercha im Ultraviolett. Sie konnten dabei die für die Triphenylmethyle charakteristischen Absorptionsbanden nicht finden und glaubten dadurch die obigen Anschauungen widerlegen zu können. Aber die geringe Zahl von dreiwertigen Kohlenstoffatomen am Ende der langen Ketten vom Polymerisationsgrad 1000 lassen sich dadurch nicht nachweisen, denn auf 5000 Kohlenstoffatome des Moleküls kämen nur 2 dreiwertige Kohlenstoffatome. Die Endgruppenfrage läßt sich also auf diese Weise nicht entscheiden.

[3] Vgl. H. STAUDINGER: Ber. Dtsch. Chem. Ges. **53**, 1073 (1920); ferner Kautschuk **1925**, 5. Vgl. Dritter Teil, A. III.

[4] STAUDINGER, H., K. FREY, P. GARBSCH u. S. WEHRLI: Ber. Dtsch. Chem. Ges. **62**, 2912 (1929).

[5] KATZ, J. R.: Ztschr. f. angew. Ch. **41**, 329 (1928).   [6] Helv. chim. Acta **12**, 934 (1929).

deren Moleküle hochmolekulare Ringe sind, müßten andere Beziehungen zwischen Viscosität und Kettenlänge gelten als bei solchen mit Fadenmolekülen. Die Polystyrole sowie der Kautschuk und die Balata verhalten sich aber in bezug auf die Viscosität ihrer Lösungen ebenso wie die Paraffine und andere Stoffe mit Fadenmolekülen.

Die Frage nach der Endgruppe in diesen Fadenmolekülen ist also noch ungeklärt. Bei den synthetischen Polymeren ist die Annahme am wahrscheinlichsten, daß die Kettenreaktion durch eine sekundäre Reaktion, bei der die Endgruppe entsteht, unterbrochen wird. Bei der Größe der eukolloiden Moleküle läßt sich aber die Endgruppe nicht feststellen, da sie einen viel zu kleinen Betrag des Gesamtmoleküls ausmacht. Nur in einem Fall ist die Endgruppe eines polymeren Moleküls, das durch Kettenreaktion entstanden ist, bekannt, nämlich bei der Polymerisation von reinem Äthylenoxyd; durch Kettenreaktion bilden sich hier hochmolekulare Polyäthylenoxyd-dihydrate. Die Hydroxylgruppen, die die Ketten des Polyäthylenoxyds abschließen, entstehen durch eine unbekannte sekundäre Reaktion.

### 4. Bildung der hochmolekularen Naturprodukte.

Die hochmolekularen Naturprodukte wie Cellulose, Kautschuk und Balata haben eukolloiden Charakter. In der Natur können die Fadenmoleküle nicht auf dieselbe Weise entstehen wie die synthetischen Hochpolymeren; denn damit eine ähnliche Kettenreaktion zur Bildung hochpolymerer Produkte führt, ist eine hohe Konzentration des Monomeren ohne Beisein von Fremdprodukten notwendig. Diese Bedingungen liegen in der Natur nicht vor. Es sind vielmehr immer Gemische von Stoffen, in denen die Reaktionen sich abspielen. Aussagen über letztere lassen sich im einzelnen noch nicht machen. Die hochpolymeren Naturstoffe entstehen wohl durch kondensierende Polymerisationsprozesse, die hier zum Unterschied von Laboratoriumsversuchen zu sehr hochmolekularen Produkten führen können. Es sei hier nur nochmals darauf hingewiesen, daß z. B. die Bildung der Celluloseketten im festen Zustand erfolgt, derart, daß ein Glykoserest in das Krystallgitter eingelagert wird und gleichzeitig seine Bindung durch Hauptvalenzen erfolgt; das Wachstum der Krystallite geht also mit dem Wachstum der Fadenmoleküle Hand in Hand.

### IV. Bedeutung der Endgruppen.

Die Endgruppen der langen Fadenmoleküle machen nur einen geringen Anteil des Stoffes aus, können aber trotzdem für das chemische Verhalten desselben von großem Einfluß sein. So zeigt z. B. das $\gamma$-Polyoxymethylen, ein hochmolekularer Polyoxymethylen-dimethyläther[1], charakteristische Unterschiede vom $\alpha$- und $\beta$-Polyoxymethylen, den Polyoxymethylen-dihydraten[2]. Die Wirkung der endständigen Gruppe macht sich bei allen Reaktionen der Polyoxymethylene bemerkbar, bei denen die Moleküle vom Ende her stufenweise abgebaut werden. $\alpha$- und $\beta$-Polyoxymethylen werden durch Kochen mit Wasser, Natronlauge oder Ammoniak abgebaut; sie werden ferner durch ammoniakalische Silbernitratlösung oxydiert. Alle diese Reaktionen beginnen an den endständigen Hydroxylgruppen,

---

[1] Vgl. Zweiter Teil, B. II. 2.

[2] Eventuell enthält das $\beta$-Polyoxymethylen Schwefelsäure esterartig gebunden; vgl. dazu Liebigs Ann. **474**, 245 (1929).

und von dort aus schreiten sie dann weiter, indem ein Grundmolekül nach dem anderen abgebaut wird. Steht dagegen eine Methoxylgruppe am Ende der Kette, dann können die genannten Reagenzien nicht einwirken, da Ätherbindungen dadurch nicht gesprengt werden. So sind die hochmolekularen Polyoxymethylen-dimethyläther (das $\gamma$-Polyoxymethylen[1]) gegen kochendes Wasser, Natronlauge und Ammoniak beständig und werden durch ammoniakalische Silbernitratlösung nicht oxydiert. Die Polyoxymethylen-diacetate nehmen in der Beständigkeit eine Mittelstellung ein, da die Acetylgruppe leicht abgespalten werden kann. Unterschiede im Bau der Endgruppe rufen also ein bemerkenswert anderes chemisches Verhalten hervor. Gegenüber solchen Reagenzien, die die Ätherbindungen spalten können, z. B. Salzsäure, Schwefelsäure, konzentrierte Salpetersäure, zeigen natürlich sowohl $\alpha$- und $\beta$- als auch $\gamma$-Polyoxymethylen das gleiche Verhalten, da durch dieselben die Ketten unabhängig von der Endgruppe an jeder Stelle angegriffen werden können.

Viele physikalische Eigenschaften der chemisch so verschiedenen Polyoxymethylene sind dabei gleich, weil die Länge der Moleküle im $\alpha$-, $\beta$- und $\gamma$-Polyoxymethylen ungefähr dieselbe ist. Die Moleküllänge ist bestimmend für die physikalischen Eigenschaften, wie Aussehen und Löslichkeit, während die Endgruppen bei der Größe des Moleküls für diese Eigenschaften ohne bemerkbaren Einfluß sind. Ähnliche Verhältnisse trifft man bei hochmolekularen Paraffinen und Paraffinderivaten. Hochmolekulare Paraffine, hochmolekulare Fettsäuren[2] und Alkohole haben gleiches Aussehen und gleiches physikalisches Verhalten,

Tabelle 53. Vergleich[3] zwischen verschiedenen Polyoxymethylenderivaten und Paraffinderivaten.

| | | | |
|---|---|---|---|
| Polyoxymethylen-dihydrate infolge der Hydroxylgruppen reaktionsfähig | $HO-$ | $CH_2-O-CH_2-O-(CH_2-O)_x-CH_2-O$ | $-H$ (pulverig) |
| Polyoxymethylen-dimethyläther als Äther reaktionsträg | $CH_3O-$ | $CH_2-O-CH_2-O-(CH_2-O)_x-CH_2-O$ | $-CH_3$ (pulverig) |
| Poly-me-thylene — Kohlenwasserstoff | $CH_3-$ | $CH_2-CH_2-CH_2-(CH_2)_x-CH_2-CH_2-$ | $CH_3$ (paraffinartig) |
| Poly-me-thylene — Alkohol | $CH_3-$ | $CH_2-CH_2-CH_2-(CH_2)_x-CH_2-CH_2-$ | $OH$ (paraffinartig) |
| Poly-me-thylene — Fettsäure | $CH_3-$ | $CH_2-CH_2-CH_2-(CH_2)_x-CH_2-CH_2-$ | $COOH$ (paraffinartig) |
| | Endgruppen | Kettenlänge bestimmt die physikalischen Eigenschaften | Endgruppen bestimmen die chemischen Eigenschaften |

[1] Über die Konstitution des $\gamma$-Polyoxymethylens vgl. Zweiter Teil, B. II. 4c. Ferner Dissertation O. Schweitzer, Freiburg i. Br. 1930.

[2] Die hochmolekularen Fettsäuren haben denselben Schmelzpunkt wie Paraffine mit der doppelten Zahl von Kohlenstoffatomen im Molekül, da die Fettsäuren im Krystall nicht als normale, sondern als koordinative Moleküle vorliegen, vgl. A. S. C. Lawrence: Kolloid-Ztschr. 50, 12 (1930).

[3] Es kommt bei diesem Vergleich lediglich darauf an, auf die Bedeutung der Endgruppe bei gleichgebauten Ketten aufmerksam zu machen. Es ist selbstverständlich, daß im chemischen Verhalten die polymerhomologen Reihen der Paraffine, Polyoxymethylene, Polysaccharide, Polyprene bedeutende Unterschiede voneinander zeigen, und daß diese miteinander nicht verglichen werden sollen. Auf diese für den Chemiker selbstverständliche Tatsache brauchte nicht hingewiesen zu werden, wenn nicht diese Verhältnisse von K. H. Meyer und H. Mark in ihrem Buch „Aufbau der hochpolymeren organischen Naturstoffe", S. 70, völlig irrtümlich dargestellt worden wären.

da die Länge der Paraffinkohlenwasserstoffketten für die physikalischen Eigenschaften ausschlaggebend ist. Die chemischen Eigenschaften sind dagegen je nach der Endgruppe verschieden.

Einen sehr merkwürdigen Einfluß der unbekannten Endgruppen kann man bei den Polystyrolen feststellen. Während die hemikolloiden Polystyrolkohlenwasserstoffe von Thionylchlorid nicht angegriffen werden, werden die hemikolloiden Polystyrolcarbonsäuren[1] beim Kochen mit Thionylchlorid in unlösliche quellbare Massen übergeführt. Wahrscheinlich tritt eine Verknüpfung zwischen den COOH-Gruppen ein unter Bildung von dreidimensionalen Molekülen. Hier wird also durch die prozentual geringe Molekülendgruppe das Verhalten der Stoffe außerordentlich modifiziert.

Bei den meisten Naturstoffen sind die Endgruppen der Fadenmoleküle nicht bekannt. Für die chemischen Reaktionen, bei denen eine Spaltung der Moleküle an beliebiger Stelle eintritt, wird die Art der Endgruppe unwichtig sein. Es ist aber anzunehmen, daß die biologischen Aufbau- und Abbaureaktionen der hochmolekularen Substanzen, z. B. der Eiweißstoffe, an den Enden der Moleküle vor sich gehen, indem hier Grundmoleküle angefügt oder abgebaut werden. Ein solcher Auf- und Abbau der hochmolekularen Substanzen vom Ende her ist biologisch viel wahrscheinlicher als ein Auf- oder Abbau unter Zerfall der großen Moleküle in einzelne Bruchstücke. Deshalb ist auch anzunehmen, daß die Art der Endgruppen für die Reaktionen des Eiweißes und anderer hochmolekularer Verbindungen von fundamentaler Bedeutung ist. Die im Verhältnis zur Molekülgröße kleine Endgruppe kann das Verhalten des ganzen Moleküls entscheidend beeinflussen. So wird es verständlich, daß geringe Stoffmengen, z. B. Hormone, biologisch so auffallende und tiefgreifende Wirkungen ausüben können.

Das Verhalten der Polyoxymethylene gibt also ein Modell zum Verständnis der Einwirkungen kleiner Stoffmengen auf das Verhalten hochmolekularer Körper.

## V. Existenzbereich der Makromoleküle.

Eine für das Verständnis der hochmolekularen Substanzen wichtige Eigenschaft der Makromoleküle ist ihre Empfindlichkeit im Vergleich zu derjenigen kleinerer Moleküle der gleichen Bauart, also derselben polymerhomologen Reihe[2]. Die Bindungen der Atome zu Ketten verschiedener Länge sind bei polymerhomologen Produkten gleichartig. Man sollte danach keinen Unterschied in der Beständigkeit der Verbindungen mit wachsender Moleküllänge erwarten. Tatsächlich ist dies aber nicht der Fall; so nimmt z. B. die Unbeständigkeit der Paraffine mit wachsender Moleküllänge zu. Die Kohlenstoffbindungen im Äthan und Propan werden erst bei viel höherer Temperatur gesprengt als die Kohlenstoffbindungen des hochmolekularen Dimyricyls, das relativ leicht verkrackt wird. Auch in den polymerhomologen Reihen der Polyoxymethylene[3], der Polystyrole[4], der Polyprene[5] und der Cellulosen[6] beobachtet man die gleiche Abnahme der Beständigkeit der Kette mit ihrer zunehmenden Länge. Eukolloide zeigen also gegen-

---

[1] Vgl. Zweiter Teil, A. V. 4.
[2] Ber. Dtsch. Chem. Ges. **59**, 3042 (1926); **62**, 2897 (1929).
[3] Vgl. Zweiter Teil, B. II. 4.
[4] Ber. Dtsch. Chem. Ges. **62**, 2912 (1929); vgl. Zweiter Teil, A. V.
[5] Liebigs Ann. **468**, 1 (1929).      [6] Ber. Dtsch. Chem. Ges. **63**, 3152 (1930).

über chemischen Reagenzien, wie Oxydationsmitteln, ferner beim Erwärmen eine viel geringere Beständigkeit als die Hemikolloide derselben polymerhomologen Reihe. Sie werden dabei zu kürzeren Molekülen verkrackt.

Diese Spaltungsreaktionen machen sich durch Viscositätsänderungen bemerkbar. Deshalb sind Viscositätsmessungen das einfachste Mittel, um Umsetzungen, die zur Spaltung von Makromolekülen führen, messend zu verfolgen.

Diese Veränderung der Beständigkeit der Moleküle bei gleichartiger Bauart mit zunehmender Länge kann man durch folgendes Beispiel illustrieren; lange dünne Stäbe vom gleichen Durchmesser, aber unterschiedlicher Länge haben eine ganz verschiedene Zerbrechlichkeit; die Dimensionen eines Kautschukmoleküls vom Polymerisationsgrad 1000 wären hiernach denjenigen eines Stabes, der 15 m lang und nur 1 cm dick ist, zu vergleichen. Ein Hemikolloidmolekül vom Polymerisationsgrad 100 wird dagegen durch einen Stab von nur 1,5 m Länge und 1 cm Durchmesser zu veranschaulichen sein. Die großen Unterschiede in der Stabilität der beiden Stäbe veranschaulichen die Unterschiede in der Beständigkeit der Eukolloidmoleküle und der Hemikolloidmoleküle. Die stabförmige Anordnung der Atome ist die stabilste Mittellage, die sich bei den Fadenmolekülen immer wieder zurückbildet, wenn Teile derselben infolge der freien Drehbarkeit der einfach gebundenen Kohlenstoffatome aus ihrer Ursprungslage abgelenkt sind. Je länger aber die Moleküle sind, um so leichter führen solche Schwingungen zu einem Zerreißen der Kette.

Solche Veränderungen an Makromolekülen treten nur auf, wenn sie gelöst sind, nicht aber in der festen Substanz. In dieser, z. B. in der Cellulosefaser, im festen Polystyrol und Kautschuk, sind die Moleküle nicht beweglich[1]. Sie sind durch ihre bündelartige Anordnung stabilisiert, und deshalb tritt die Empfindlichkeit der Moleküle von eukolloiden Substanzen im festen Zustand nicht in Erscheinung[2].

Da die Moleküle in Lösung mit wachsender Länge unbeständiger werden, so kann man die Frage aufwerfen, welches die größten Moleküle sind, die als Kolloidmoleküle noch in Lösung existieren können. In der Polystyrolreihe sind Produkte vom Durchschnittsmolekulargewicht 600000 hergestellt, die bei gewöhnlicher Temperatur in Lösung stabil sind. Die Existenzgrenze für Fadenmoleküle im gelösten Zustand wird in der Polystyrolreihe zwischen einem Durchschnittsmolekulargewicht von 600000 und einer Million liegen, d. h. Moleküle, die ein noch höheres Molekulargewicht haben, werden in Lösung nicht mehr existenzfähig sein, sondern in kleinere Bruchstücke zerfallen.

Diese Zunahme der Unbeständigkeit mit wachsender Molekülgröße gilt nur für Fadenmoleküle. Dreidimensionale Moleküle, wie sie evtl. in Eiweißstoffen vorliegen, können ganz andere Stabilitätsverhältnisse haben, und es können hier noch viel größere Moleküle existieren. Da aber die Existenz der Eiweißstoffe nur auf ein sehr geringes Temperaturgebiet beschränkt ist, so ist es wahrschein-

---

[1] Vgl. H. STAUDINGER: Ber. Dtsch. Chem. Ges. **62**, 2901 (1929).

[2] Im festen Zustand können die Fadenmoleküle hochmolekularer Stoffe an reaktionsfähigen Stellen Umsetzungen erleiden, ohne daß sie in Lösung gehen. Solche topochemischen Reaktionen nach V. KOHLSCHÜTTER (permutoide nach H. FREUNDLICH) sind bei der nativen Cellulose von Bedeutung und dort eingehend studiert. An dieser Stelle werden solche topochemischen Reaktionen nicht behandelt, da sich die vorliegenden Untersuchungen im wesentlichen mit der Konstitutionsaufklärung der Moleküle in Lösung beschäftigen.

lich, daß in ihnen ebenfalls sehr empfindliche Makromoleküle vorliegen, die schon bei geringer Temperatursteigerung verändert werden. Damit verschwindet auch die Möglichkeit des Lebens, das an die Umsetzungen dieser labilen großen Moleküle gebunden ist.

Wenn auch die Frage nach der Konstitution des Eiweißes noch nicht geklärt ist, wenn also auch noch nicht bekannt ist, ob die Teilchen in seinen kolloiden Lösungen normale oder koordinative Moleküle darstellen, so sind doch die Ergebnisse über das Molekulargewicht der Cellulose und des Kautschuks auch für die Eiweißforschung von Bedeutung. Denn es ist durch die Untersuchungen des Kautschuks und der Cellulose erwiesen, daß die Natur Moleküle bisher unbekannter Größe aufbaut und daß das Wesen der kolloiden Lösungen durch Größe und Form dieser Moleküle bedingt ist. Gleiches gilt auch für das Eiweiß. Es ist wahrscheinlich, daß auch dort normale Moleküle von einem Gewicht von 100000 und mehr existieren. In diesen sind also 10000 und mehr Atome durch normale Valenzen gebunden. Bei dieser Größe des Moleküls ist natürlich die Kombinationsfähigkeit einzelner kleiner Bausteine zu dem Makromolekül eine unendliche; es ist also eine unendliche Zahl verschiedener Moleküle und verschiedener Eiweißarten zu erwarten. Dabei ist es gerade für die Chemie des Eiweißes von großer Bedeutung, die Größe und Form seiner Moleküle zu kennen. Denn je größer die Moleküle sind, um so größer ist die Mannigfaltigkeit derselben; jedes von diesen großen Molekülen hat eine bestimmte feste Anordnung der Atome, die seine chemischen Reaktionen bedingen. Bei Änderungen im Bau derselben resultiert ein anderes chemisches Verhalten. So ist auch bei einer unendlichen Zahl von verschiedenen Eiweißmolekülen eine unendliche Zahl von verschiedenen Reaktionen zu erwarten. Diese Mannigfaltigkeit in Molekülarten und Reaktionen muß auch gefordert werden, wenn die biologischen Vorgänge verstanden werden sollen, da ein jeder solcher Vorgang mit einem chemischen Prozeß, also mit einer Umsetzung an großen Molekülen verknüpft ist. Deshalb ist es von Bedeutung, schon an den einfachsten Beispielen, wie den synthetischen Polymeren, den Polyoxymethylenen und den Polystyrolen, weiter an relativ einfach gebauten Naturstoffen, wie dem Kautschuk und der Cellulose, diese ungeheure Mannigfaltigkeit der hochmolekularen Stoffe und ihres chemischen und physikalischen Verhaltens zu studieren. Denn hierdurch gewinnt man allmählich Einblick in die Kompliziertheit des Aufbaues der höchstmolekularen Stoffe, der Eiweißverbindungen, und in die Gesetze ihrer lebenswichtigen Reaktionen.

# Über synthetische hochmolekulare Stoffe.

## A. Das Polystyrol, ein Modell des Kautschuks[1,2].

Bearbeitet von W. HEUER[3].

### I. Einleitung.

Für die Konstitution des Kautschuks ist die Kenntnis des Aufbaues des Polystyrols von grundlegender Bedeutung. Beide Kohlenwasserstoffe weisen die gleichen charakteristischen Eigenschaften auf, wie Bildung kolloider, hochviscoser Lösungen, Elastizität in bestimmten Temperaturgrenzen usw. Da das Polystyrol synthetisch zugänglich ist und den Vorzug großer Beständigkeit besitzt, so war es sehr naheliegend, diese Verbindung als Modell des Kautschuks zu untersuchen, um mit Hilfe der daran gewonnenen Erfahrungen die Untersuchung des Kautschuks in Angriff zu nehmen. Denn die direkte Untersuchung des Kautschuks ist erschwert, da er in Lösung außerordentlich autoxydabel ist. Der natürliche Kautschuk ist weiter sehr schwer zu reinigen, und es ist die Frage aufgeworfen worden, ob nicht die hohe Viscosität der Kautschuklösung teilweise auf Verunreinigungen zurückzuführen sei. Im Polystyrol liegt dagegen ein reiner gesättigter Kohlenwasserstoff vor, dessen Lösungen sehr beständig sind. Die kolloide Natur muß also durch den Bau der Moleküle bedingt sein und kann nicht etwa von Verunreinigungen herrühren. Diese Modellmethode hat sich auch in diesem Fall[4] bewährt, und es ist gelungen, die Natur der kolloiden Lösungen der hochmolekularen Stoffe am Beispiel des Polystyrols aufzuklären.

---

[1] 63. Mitteilung über hochpolymere Verbindungen; 62. Mitteilung: Helv. chim. Acta **15**, 649 (1932).

[2] Frühere Publikationen: STAUDINGER, H.: Ber. Dtsch. Chem. Ges. **59**, 3019 (1926). — STAUDINGER, H., M. BRUNNER, K. FREY, P. GARBSCH, R. SIGNER u. S. WEHRLI: Polystyrol, ein Modell des Kautschuks. Ber. Dtsch. Chem. Ges. **62**, 241 (1929). — STAUDINGER, H., u. K. FREY: Viscositätsuntersuchungen an Polystyrollösungen. Ber. Dtsch. Chem. Ges. **62**, 2909 (1929). — STAUDINGER, H., K. FREY, P. GARBSCH u. S. WEHRLI: Über den Abbau des makromolekularen Polystyrols. Ber. Dtsch. Chem. Ges. **62**, 2912 (1929). — STAUDINGER, H., u. H. MACHEMER: Viscositätsmessungen an Polystyrollösungen. Ber. Dtsch. Chem. Ges. **62**, 2921 (1929). — STAUDINGER, H., u. W. HEUER: Über Assoziation und Solvatation; u.: Beziehungen zwischen Viscosität und Molekulargewicht bei Polystyrolen. Ber. Dtsch. Chem. Ges. **62**, 2933 (1929) u. **63**, 222 (1930). In der vorliegenden Arbeit wird die Konstitutionsaufklärung dieses kolloidlöslichen Produktes ausführlich behandelt.

[3] Vgl. Dissertation von W. HEUER, Freiburg i. Br. 1929.

[4] Diese Arbeit stellt gewissermaßen ein Gegenstück dar zu der über die Polyoxymethylene, die das Modell für die Konstitution der Cellulose abgab, vgl. Liebigs Ann. **474**, 145 (1929).

Besondere Bedeutung für die Konstitutionsaufklärung der hochmolekularen Produkte besitzen die *hemikolloiden* Polymerisationsprodukte. Wir bezeichnen im folgenden als hemikolloide Polystyrole solche Vertreter derselben, bei denen noch nach der kryoskopischen Methode das Molekulargewicht bestimmt werden kann, also Produkte bis zu einem Durchschnittsmolekulargewicht 10000. Bei höhermolekularen Produkten ist die kryoskopische Methode auch bei Anwendung empfindlicher Thermometer zu ungenau und gibt wenig zuverlässige Werte. Die Konstitutionsaufklärung der Hemikolloide, die noch niederviscose Lösungen geben, war also die erste Aufgabe, der man sich unterziehen mußte, wenn man den Bau der höhermolekularen Vertreter, deren Lösungen hochviscos sind, aufklären wollte. Es handelt sich darum, dieselbe Frage zu erforschen wie bei homologen Reihen, also zu untersuchen, wie die physikalischen Eigenschaften, z. B. die Viscosität der Lösungen mit steigender Kettenlänge, also steigendem Molekulargewicht, sich ändern. Diese hemikolloiden Polystyrole sind wie die höheren Polymeren Gemische von Polymerhomologen[1], die nicht zu trennen sind. Rein dargestellt wurden nur die Polystyrole bis zum Polymerisationsgrad 4; solche Polymere, bei denen die Trennung eines Gemisches nach den üblichen Methoden noch gelingt, werden als *niedermolekular* bezeichnet.

Die höchstmolekularen Produkte bezeichnen wir als *eukolloide* Polystyrole[2]. Bei diesen sind schon 1—2proz. Lösungen außerordentlich hochviscos, da der Wirkungsbereich der langen Fadenmoleküle, die diese Substanzen enthalten, so groß ist, daß selbst in dieser geringen Konzentration nicht mehr Sollösungen, sondern Gellösungen vorhanden sind[3]. Diese Fadenmoleküle der höchstmolekularen Produkte sind weiter unbeständig und verkracken leicht bei erhöhter Temperatur oder unter Sauerstoffeinfluß, was sich in irreversiblen Viscositätsänderungen bemerkbar macht. Endlich zeigen Lösungen dieser eukolloiden Produkte Abweichungen vom HAGEN-POISEUILLEschen Gesetz[4]. Alle diese Erscheinungen treten bei Polystyrolen von einem Polymerisationsgrad über 1500 auf, also einem Durchschnittsmolekulargewicht von ca. 150000. Die Produkte zwischen 10000 und 150000 sind *Zwischenglieder* zwischen hemikolloiden und eukolloiden Stoffen, die in einem ganz allmählichen Übergang diese beiden Gruppen verbinden.

## II. Niedermolekulare und hemikolloide Polystyrole.

### 1. Darstellung derselben durch Polymerisation des Styrols.

Die Polymerisation des Styrols führt zu um so niederer molekularen Produkten, je rascher sie verläuft. Die relativ niedermolekularen hemikolloiden Produkte erhält man also durch Erhitzen von reinem Styrol über 250° oder durch Polymerisation bei Gegenwart von Katalysatoren.

Die Bildung von niedermolekularen Produkten ist weiter in verdünnter Lösung begünstigt. Die Polymerisation ist eine Kettenreaktion, die in verdünnter Lösung leichter abreißt als in konzentrierter.

---

[1] STAUDINGER, H.: Ber. Dtsch. Chem. Ges. **59**, 3019 (1926). Vgl. S. 7.

[2] Diesen Ausdruck „Eukolloide" gebrauchen wir in etwas anderem Sinne als Wo. OSTWALD in Kolloid-Ztschr. **32**, 2 (1923), nämlich nur als Bezeichnung für die höchstmolekulare Gruppe von Molekülkolloiden.

[3] Ber. Dtsch. Chem. Ges. **63**, 921 (1930). Vgl. S. 131.

[4] STAUDINGER, H., u. H. MACHEMER: Ber. Dtsch. Chem. Ges. **62**, 2921 (1929). Vgl. S. 92.

*a) Polymerisation von reinem Styrol durch Erhitzen.* Hemikolloide Polystyrole bilden sich beim Erhitzen von Styrol unter $N_2$ auf 260°, also bei sehr rascher Polymerisation. Ein so dargestelltes Produkt hatte einen $\eta_{sp}/c$-Wert von 3,36, also ein Durchschnittsmolekulargewicht von 18700[1].

*b) Polymerisiert man Styrol in Lösung durch Erhitzen,* so entstehen weit niederer molekulare Produkte; in 10proz. Tetralinlösung bei 200° entstand ein Polystyrol vom $\eta_{sp}/c$-Wert 0,83, also dem Durchschnittsmolekulargewicht 4600[2].

*c) Polymerisation mit Katalysatoren.* In der Kälte kann man diese rasche Polymerisation durch Zusatz von Katalysatoren erreichen. Es ist schon früher angegeben, daß man durch Zinntetrachlorid und andere anorganische Säurechloride, wie $BCl_3$ usw., Styrol in Lösung in der Kälte innerhalb weniger Minuten oder einiger Stunden je nach der Konzentration der Lösung in hemikolloide Produkte überführen kann. Diese hemikolloiden Produkte haben dieselben Eigenschaften wie die in der Hitze hergestellten, man gewinnt also den Eindruck, als ob die Kettenlänge eines polymeren Styrols wesentlich von der Geschwindigkeit, mit der die Polymerisation verläuft, abhängt[3,4].

Die Länge der entstehenden Ketten ist sehr stark durch die Konzentration bedingt. In konzentrierter Benzol- oder Tetrachlorkohlenstofflösung erhält man höhermolekulare Produkte als in verdünnter. So hatte M. BRUNNER, der Styrol in 75proz. Benzollösung mit Zinntetrachlorid polymerisierte, hemikolloide Produkte vom Polymerisationsgrad 10—125 erhalten, während wir in 20proz. Benzollösung Polymere vom Polymerisationsgrad 20—50 erhielten. Trägt man Styrol in reines Zinntetrachlorid in der Kälte ein, so findet zwar die Polymerisation sehr rasch statt, aber infolge der hohen Konzentration erhält man trotzdem ein ziemlich hochpolymeres Produkt vom Durchschnittspolymerisationsgrad 70. Bei Zusatz von Zinntetrachlorid zu der Styrollösung tritt Dunkelfärbung ein. Wir nahmen früher an, daß dabei farbige Komplexverbindungen[5] des Polystyrols entstehen. Diese Färbungen unterbleiben aber beim Arbeiten unter Luft- und vor allem unter Lichtausschluß.

*d) Polymerisation mit Floridaerde*[6]. Außerordentlich leicht wird Styrol mittels aktivierter Floridaerde polymerisiert, und zwar zu relativ niedermolekularen

---

[1] In der früheren Arbeit, Ber. Dtsch. Chem. Ges. **63**, 233 (1930), ist das Molekulargewicht mit 13400 angegeben. Die $K_m$-Konstante beträgt aber nicht $2{,}5 \cdot 10^{-4}$, wie damals angenommen wurde, sondern $1{,}8 \cdot 10^{-4}$.

[2] Vgl. Ber. Dtsch. Chem. Ges. **62**, 2920 (1929).

[3] Die Polymerisation mit Katalysatoren von verschiedener Wirksamkeit müßte unter gleichen Bedingungen so zu Polymeren von verschiedener Kettenlänge führen. Bei einem schlecht wirkenden Katalysator wie Phosphoroxychlorid sollte ein höhermolekulares Produkt entstehen als bei einem sehr guten wie Zinntetrachlorid oder Borchlorid; diese Frage muß noch geprüft werden. Vgl. dazu H. STAUDINGER u. H. A. BRUSON, Liebigs Ann. **447**, 115 (1926).

[4] Vgl. Dissertation M. BRUNNER, Zürich E.T.H. 1926.

[5] Vgl. Helv. chim. Acta **12**, 950 (1929).

[6] Die Beobachtung, daß aktiviertes Floridin ungesättigte Verbindungen polymerisiert, wurde zuerst von L. GURWITSCH: Journ. russ. phys. chem. Ges. **47**, 823 (1915), gemacht. Dann haben S. W. LEBEDEW u. E. FILONENKO zahlreiche ungesättigte organische Verbindungen mit Floridin polymerisiert [Ber. Dtsch. Chem. Ges. **58**, 163 (1925)]. Sie geben dabei an, daß mono-substituierte Äthylenderivate durch Floridin nicht polymerisiert werden. Wie aus der Tabelle hervorgeht, haben sie die Polymerisation mit Floridaerde nicht untersucht.

Produkten. Dabei erhält man nach Versuchen von N. J. Toivonen sowohl in Lösung wie auch mit reinem Styrol Produkte vom Durchschnittspolymerisationsgrad 10 neben niedermolekularen Produkten vom Polymerisationsgrad 2—9. Die Polymerisation in reinem Zustand und in Lösung unterscheidet sich nur dadurch, daß sie in verdünnter Lösung unvollständiger verläuft, wie aus folgender Tabelle-von N. J. Toivonen hervorgeht.

Tabelle 54. Polymerisation von Styrol mit Floridaerde (1 g) (N. J. Toivonen).

| 20 g Styrol +$x$ g Benzol | Gehalt der Lösung an Styrol | Gesamtmenge der Polymerisationsprodukte | Gesamtausbeute | Mit Methanol fällbarer Anteil (höhermolekular) | Ausbeute an höhermolekularen Produkten | Mit Methanol nicht fällbarer Anteil (niedermolekular) | Ausbeute an niedermolekularen Produkten |
|---|---|---|---|---|---|---|---|
| $x =$ | % | g | % | g | % | g | % |
| 0 | 100 | 19,35 | 97 | 13,15 | 66 | 6,20 | 31 |
| 15 | 57 | 20,22 | 102 | 14,10 | 71 | 6,12 | 31 |
| 30 | 40 | 20,30 | 101 | 14,42 | 72 | 5,88 | 29 |
| 75 | 21 | 15,52 | 78 | 9,53 | 48 | 5,99 | 30 |
| 150 | 12 | 8,22 | 41 | 3,28 | 16 | 4,94 | 25 |
| 300 | 6 | 3,50 | 18 | — | — | 3,30 | 17 |

Es ist merkwürdig, daß bei Verwendung eines festen Katalysators die Konzentration der Lösung die Kettenlänge des polymeren Produktes nicht beeinflußt, während bei Verwendung gelöster Katalysatoren der Polymerisationsgrad von der Konzentration der Lösung abhängig ist.

*e) Polymerisation durch Belichten.* Da mit Katalysatoren sich hemikolloide Polystyrole bilden, bei der Polymerisation in der Kälte oder bei schwachem Erwärmen auf 60—100° dagegen sehr hochmolekulare Polystyrole, so nahmen wir anfangs an, daß der Katalysator, wie z. B. Zinntetrachlorid, sich an das Ende der Kette begibt, dort die ungesättigten Valenzen absättigt und so die Weiterpolymerisation verhindert. Da ohne Katalysator die Polymerisation in der Kälte sehr langsam verläuft, so hofften wir, die Bildung eines hochmolekularen eukolloiden Polystyrols durch Licht beschleunigen zu können. Polymerisiert man aber Styrol durch Belichten mit einer Heraeusschen Quarzlampe[1], so erhält man sowohl mit unverdünntem Styrol wie auch mit Styrol in Lösung neben einem unlöslichen Produkt[2] hemikolloide Substanzen vom Polymerisationsgrad 30—40[3]. Durch das Belichten wird also die Bildung langer Ketten trotz relativ langsamen Polymerisationsverlaufs verhindert, weil die Kettenreaktion durch sekundäre Reaktionen leicht unterbrochen wird.

*f) Darstellung von hemikolloidem Polystyrol durch Abbau von eukolloidem Polystyrol*[4]. Ein Abbau der langen Ketten tritt bei festem Polystyrol erst bei langem Erhitzen auf hohe Temperaturen über 300° ein. Die Ketten des hochmolekularen Polystyrols sind also sehr beständig. Relativ rasch erfolgt der Abbau zu hemikolloiden Produkten durch Erhitzen in Lösung, vor allem bei

<hr>

[1] Vgl. H. Stobbe u. G. Posnjak: Liebigs Ann. **371**, 277 (1909).
[2] Dieses unlösliche Polystyrol enthält evtl. dreidimensionale Moleküle: durch das Belichten können zwischen einzelnen Fadenmolekülen Verbindungen eingetreten sein.
[3] Die Geschwindigkeit der Polymerisation variiert stark mit der Intensität des Lichtes.
[4] Staudinger, H., u. H. Machemer: Ber. Dtsch. Chem. Ges. **62**, 2929 (1929).

filtriert und gut mit mäßig heißem Wasser (50—70°) ausgewaschen. Das Produkt wurde im Vakuum über Phosphorpentoxyd getrocknet. Die Ausbeute betrug 2 g oder 20%.

Das Ausgangsmaterial, das zur Darstellung der höhermolekularen Polyoxymethylen-diacetate verwendet wurde, schmolz bei 160—170° unter Zersetzung. Sein Formaldehydgehalt wurde von R. SIGNER zu 93% bestimmt, sein Essigsäureanhydridgehalt zu 5,9%. Nach der Umkrystallisation aus Formamid hat das Produkt folgende Eigenschaften: Schmelzp.: 154—157°. Zersetzungsp.: 220°. (Einige Gasblasen schon bei 190°).

*Zusammensetzung*: $(CH_2O)_{35} \cdot (CH_3CO)_2O = C_{39}H_{76}O_{38}$.

0,3824; 0,3257 g Subst.: 232,3; 197,4 ccm $^n/_{10}$-Jod und 6,87; 5,72 ccm $^n/_{10}$-Ba(OH)$_2$.

Ber. $CH_2O$ 91,3.  Gef. $CH_2O$ 91,2; 91,0.

Ber. $(CH_3CO)_2O$ 8,7.  Gef. $(CH_3CO)_2O$ 9,2; 9,0.

Ber. C 40,62, H 6,60.  Gef. C 41,10, H 6,86.

Durchschnittspolymerisationsgrad berechnet aus der Formaldehyd- und Essigsäureanhydridanalyse: 35.

Daraus berechnetes Molekulargewicht: 1150.

Molekulargewicht in Campher nach RAST: 0,930; 0,690 mg Subst.; 7,745; 4,455 mg Campher.

$\Delta t$ 3,3; 5,3°.  Molekulargewicht: Ber. 1150.  Gef. 1450; 1170.

### e) Die Zersetzung der Polyoxymethylen-dimethyläther bei höherer Temperatur.

Die Destillation der Polyoxymethylen-dimethyläther bis zum Polymerisationsgrad 10 ist bei gewöhnlichem Druck ohne Zersetzung möglich.

Die Destillationen wurden in konisch erweiterten Schmelzpunktsröhrchen ausgeführt; die Heizung erfolgte im Kupferblock. In Tabelle 134 sind die einzelnen Fraktionen und ihr Verhalten bei der Destillation angegeben. Vom Destillat wurde zur Charakterisierung nur der Schmelzpunkt bestimmt.

Tabelle 134.

| Polymerisationsgrad | Schmelzpunkt | Destillationstemperatur | Formaldehydabspaltung | Rückstand | Schmelzpunkt des Destillates |
|---|---|---|---|---|---|
| 7 | 43—45° | 260—320° | keine | sehr wenig; braun | 43—47° |
| 9 | 59—63° | 280—340° | keine | wenig; braun | 55—60° |
| 12 | 81—83° | 320—380° | keine | 50%; braun | 80—83° |
| 13 | 89—91° | Nur Spuren eines Destillats | 330°; schwache Zersetzung | tiefbraun | — |
| 15 | 109—111° | Nur Spuren eines Destillats | 360°; Formaldehydabspaltung | tiefbraun | (80—105°) |

Die höhermolekularen Polyoxymethylen-dimethyläther vom Polymerisationsgrad 20—100 wurden im Hochvakuum bei höherer Temperatur zersetzt. Die Zersetzung und anschließende Hochvakuumdestillation (0,02 mm) wurde in

kleinen Kölbchen mit angeschmolzenen Kugelvorlagen vorgenommen. Alle Fraktionen schmelzen klar und spalten beim höheren Erhitzen Formaldehyd ab. Nach einiger Zeit gehen bei 280—320° sehr schwer flüchtige Bestandteile über, die sich in den Kugelvorlagen kondensieren, zum Teil als rasch erstarrende Flüssigkeit, zum Teil als feiner Flugstaub. Als Rückstand bleiben etwa 10—20% des Ausgangsmaterials. Es sind verkohlte Massen, die durch Zersetzung der $\delta$-Polyoxymethylengruppierung[1] entstanden sind. Die überdestillierten schwer flüchtigen Produkte, die rein weiß sind, erwiesen sich als — allerdings zum Teil umgelagerte — Polyoxymethylen-dimethyläther.

## 2. Die Polyoxymethylen-dihydrate.

### a) Herstellung von niedermolekularen Polyoxymethylen-dihydraten ungefähr einheitlichen Polymerisationsgrades.

$$\alpha)\ \textit{Methylenglykol:}\ CH_2\!\!\begin{array}{c}\diagup OH\\ \diagdown OH\end{array}.$$

Durch Extraktion einer reinen konzentrierten Formaldehydlösung mit Äther im Apparat nach KUTSCHER-STEUDEL wurde eine ölige Flüssigkeit erhalten, die nach der Analyse 57,7% Formaldehyd enthielt, also etwas weniger als dem für das Methylenglykol geforderten theoretischen Formaldehydgehalt von 62,5% entspricht. Aber alle Versuche, das Methylenglykol aus solchen Ätherlösungen durch Ausfrieren krystallisiert zu erhalten, scheiterten.

### $\beta)$ Spaltung von Paraformaldehyd mit Wasser.

Versuche, auf analogem Wege, wie die Herstellung der niedermolekularen Polyoxymethylen-diacetate und Polyoxymethylen-dimethyläther gelang, auch die niedermolekularen Polyoxymethylen-dihydrate herzustellen, nämlich dadurch, daß man hochmolekulare Polyoxymethylen-dihydrate bei höherer Temperatur in Bombenröhren mit berechneten Mengen Wasser zur Reaktion brachte, schlugen fehl:

Die Versuche mit 1 Mol Wasser auf 1, 2, 3 und 4 Grundmoleküle Formaldehyd (Paraformaldehyd) ergaben stark sauer reagierende, hochkonzentrierte Formaldehydlösungen, die sich rasch unter Abscheidung von Paraformaldehyd veränderten, aber keine niedermolekularen, krystallisierten Dihydrate lieferten. Das letztere war auch bei der sauren Reaktion des Inhalts der Bombenröhren wenig wahrscheinlich, da Säuren die kondensierende Polymerisation katalysieren.

### $\gamma)$ Di- und Trioxymethylen-dihydrat.

Eine durch Ätherextraktion aus einer konzentrierten Formaldehydlösung erhaltene Polyoxymethylen-dihydrat-gallerte wurde in trockenem Aceton in der Kälte gelöst und wenige Stunden über Chlorcalcium stehen gelassen, filtriert und mit der gleichen Menge trockenem Petroläther gefällt. Der flockige Niederschlag setzte sich gut ab und ließ sich leicht filtrieren. Durch Evakuieren wurde von anhaftendem Aceton befreit. Das so erhaltene trockene Pulver schmilzt bei 82—85° und löst sich leicht in kaltem Aceton. Analyse und Eigenschaften sprechen für ein Gemisch von hauptsächlich Di- und Trioxymethylen-dihydrat:

---

[1] Vgl. S. 238.

0,1343; 0,1679 g Subst.: 70,95; 87,9 ccm $n/_{10}$-Jod.

$(CH_2O)_2H_2O$ Ber. $CH_2O$ 76,9. Gef. $CH_2O$ 79,3; 78,6.

$(CH_2O)_3H_2O$ Ber. $CH_2O$ 83,3.

Das Produkt löst sich noch einige Zeit in kaltem Aceton, verändert sich aber sehr rasch und wird dabei unlöslich. Es tritt Polymerisation zu unlöslichen, höhermolekularen Polyoxymethylen-dihydraten ein.

### δ) *Tetraoxymethylen-dihydrat.*

Zur Darstellung eines möglichst niedermolekularen Dihydratgemisches wurde eine frisch hergestellte 30proz. Formaldehydlösung auf dem Wasserbad eingedampft, bis sich feste Substanz abzuscheiden begann. Die Lösung reagierte nur sehr schwach sauer, es hatte sich also nur wenig Ameisensäure gebildet. Die heiße Lösung wurde unter Rühren in methylalkoholfreies Aceton eingegossen, worin sie sich fast vollständig auflöste. Dann wurde sehr viel wasserfreies Natriumsulfat zugegeben und eine halbe Stunde stark geschüttelt. Nach der Filtration wurde mit niedrigsiedendem Petroläther ein schön flockiges Produkt gefällt; diese Fällung wurde noch einmal wiederholt. Das so erhaltene Produkt ist in kaltem Aceton leicht löslich. Es wurde im Vakuum über Phosphorpentoxyd aufbewahrt. Dabei verändert es sich im Laufe von 3 Monaten fast nicht. Seine Löslichkeit in Aceton bleibt erhalten. Analyse und Eigenschaften sprechen für ein niedermolekulares Dihydratgemisch vom Durchschnittspolymerisationsgrad 4.

0,1030 g Subst.: 59,40 ccm $n/_{10}$-Jod.

$(CH_2O)_4 \cdot H_2O$. Ber. $CH_2O$ 86,96. Gef. $CH_2O$ 86,55.

### ε) *Hexa- und Hepta-oxymethylen-dihydrat.*

Durch Eindampfen einer reinen 30proz. Formaldehydlösung auf dem Wasserbad erhält man eine hochkonzentrierte Formaldehydlösung, die beim Abkühlen zwischen 60 und 80° zu einer schmierigen Gallerte erstarrt. Im Laufe von 2 bis 3 Wochen entsteht daraus eine feste, noch etwas schmierige, wachsähnliche Substanz. Die Analyse derselben ergibt:

0,4055; 0,2560 g Subst.: 215,8; 137,9 ccm $n/_{10}$-Jod.

$(CH_2O)_3 \cdot H_2O$. Ber. $CH_2O$ 83,3. Gef. 79,9; 80,9.

Ein ähnliches Produkt entsteht aus dem aus Formaldehydlösungen extrahierten Öl[1] mit 58% Formaldehyd, wenn man es einige Zeit sich selbst überläßt.

Zur Herstellung von reinen Dihydraten aus diesen Gemischen wird ein solches Produkt mit wenig Aceton im Mörser zu einem dünnen Brei verrieben und unter Druck filtriert. Aus dem Filtrat fällt mit tiefsiedendem Petroläther eine flüssige Fraktion aus, die aus Wasser und den niedersten Dihydraten besteht und nicht weiter untersucht wurde.

---

[1] Es ist interessant, daß auch Formaldehydlösungen mit ca. 35% Formaldehyd (spez. Gew. 1,101) nicht sehr lange haltbar sind. Nach einiger Zeit scheiden sie einen Bodenkörper aus. Dieser ist zuerst schmierig und gallertartig und besteht aus niedermolekularen Polyoxymethylen-dihydraten. Allmählich wird der Bodenkörper körnig und fest. Es ist weitgehende Polymerisation eingetreten. Man erhält so ein dem Paraformaldehyd ähnliches Produkt. Die Analyse liefert: 0,1611; 0,1802 g Substanz: 102,8; 114,7 ccm $n/_{10}$-Jod. $(CH_2O)_{14} \cdot H_2O$. Ber. $CH_2O$ 95,9. Gef. $CH_2O$ 95,8; 95,5.

Der Filterrückstand kann mit Aceton in einen unlöslichen, einen in siedendem Aceton löslichen, einen in warmem Aceton löslichen und einen in kaltem Aceton löslichen Anteil zerlegt werden.

Das in kaltem Aceton lösliche Produkt wird mit tiefsiedendem Petroläther ausgefällt. Man erhält ein pulvriges, in kaltem Aceton leicht lösliches Dihydrat folgender Zusammensetzung:

0,2083 g Subst.: 126,2 ccm $n/_{10}$-Jod.

$(CH_2O)_6 H_2O$. Ber. $CH_2O$ 90,91. Gef. $CH_2O$ 90,95.

Nach nochmaligem Umfällen aus kaltem Aceton mit Petroläther:

0,2419; 0,2170 g Subst.: 148,3; 133,0 ccm $n/_{10}$-Jod.

$(CH_2O)_7 H_2O$. Ber. $CH_2O$ 92,11. Gef. $CH_2O$ 92,03; 91,99.

### ζ) Octo-oxymethylen-dihydrat.

Ein 8-oxymethylen-dihydrat wurde durch mehrfache fraktionierte Umkrystallisation aus warmem Aceton isoliert (vgl. Abschnitt ε).

Nach der zweiten Umkrystallisation:

0,2008 g Subst.: 123,3 ccm $n/_{10}$-Jod.

$(CH_2O)_8 \cdot H_2O$. Ber. $CH_2O$ 93,02. Gef. $CH_2O$ 92,2.

Nach der dritten Umkrystallisation.

0,1627 g Subst.: 100,8 ccm $n/_{10}$-Jod.

$(CH_2O)_8 \cdot H_2O$. Ber. $CH_2O$ 93,02. Gef. $CH_2O$ 92,96.

Die Analyse spricht für ein Octo-oxymethylen-dihydrat. Doch liegt kein vollständig einheitliches, 8fach polymeres Dihydrat vor, sondern ein Gemisch desselben mit den nächsthöheren und -niederen derselben polymer-homologen Reihe.

Das aus heißem Aceton zum drittenmal umkrystallisierte Produkt mit 93% Formaldehyd löst sich spielend in heißem Aceton und fällt in der Kälte flockig aus. Die Ausscheidung ist sehr leicht filtrierbar im Gegensatz zum ungereinigten, nicht umkrystallisierten Ausgangsmaterial. Unter dem Mikroskop erkennt man feine, einheitlich aussehende Nädelchen. Der Schmelzpunkt liegt bei 115—120°, dann erst beginnt Zersetzung. Die Substanz ist trocken-pulvrig und nicht mehr schmierig; sie riecht frisch bereitet fast gar nicht nach Formaldehyd[1]. Sie wurde noch 6mal aus Aceton umkrystallisiert, dann 3mal aus Dioxan:

Nach der ersten Umkrystallisation aus Dioxan: Ausbeute: 70%.

0,1000 g Subst.: 62,3 ccm $n/_{10}$-Jod.

$(CH_2O)_8 \cdot H_2O$. Ber. $CH_2O$ 93,0. Gef. $CH_2O$ 93,5.

Nach der zweiten Umkrystallisation aus Dioxan:

Ausbeute: 80%.

0,1265 g Subst.: 78,6 ccm $n/_{10}$-Jod. Gef. $CH_2O$ 93,2.

Nach der dritten Umkrystallisation aus Dioxan:

Ausbeute: 80%.

0,1108 g Subst.: 68,8 ccm $n/_{10}$-Jod. Gef. $CH_2O$ 93,2.

Unvorsichtiges Umkrystallisieren, wie z. B. zu langes Erhitzen, ist für die niedermolekularen, löslichen Polyoxymethylen-dihydrate schädlich. Abgesehen von der Ausbeute leidet auch die Reinheit der Produkte darunter. Schon siedendes

---

[1] Das Produkt ist beständig, da es völlig frei von Ameisensäure ist.

Aceton bewirkt eine Zersetzung, wenn auch nur in geringem Maße. Die leichte Spaltbarkeit des Produktes zeigen auch die folgenden Versuche:

Läßt man Octo-oxymethylen-dihydrat mit viel Wasser stehen, so tritt in 4 Tagen vollständige Auflösung, also Spaltung in Formaldehyd resp. Methylenglykol ein, beim Schütteln sogar schon in 2 Tagen. Paraformaldehyd braucht unter denselben Umständen zur vollständigen Auflösung 2 Monate, $\alpha$-Polyoxymethylen löst sich auch nach 4 Monaten noch nicht merklich auf.

### $\eta$) *Nono-oxymethylen-dihydrat.*

Nach der dritten Umkrystallisation aus heißem Aceton ergab die Analyse:

0,1142 g Subst.: 71,4 ccm $^n/_{10}$-Jod.

$(CH_2O)_9 \cdot H_2O$. Ber. $CH_2O$ 93,75. Gef. $CH_2O$ 93,9.

Nach der vierten Umkrystallisation:

0,1367; 0,1644 g Subst.: 85,2; 102,7 ccm $^n/_{10}$-Jod.

$(CH_2O)_9 \cdot H_2O$. Ber. $CH_2O$ 93,75. Gef. $CH_2O$ 93,6; 93,8.

### $\vartheta$) *Undeka-oxymethylen-dihydrat.*

Das Produkt wurde aus siedendem Aceton umkrystallisiert.

Erste Umkrystallisation:

0,2100 g Subst.: 132,4 ccm $^n/_{10}$-Jod.

$(CH_2O)_{11} \cdot H_2O$. Ber. $CH_2O$ 94,80. Gef. $CH_2O$ 94,64.

Zweite Umkrystallisation:

0,2159 g Subst.: 136,4 ccm $^n/_{10}$-Jod.

$(CH_2O)_{11} \cdot H_2O$. Ber. $CH_2O$ 94,80. Gef. $CH_2O$ 94,85.

### $\iota$) *Duodeka-oxymethylen-dihydrat.*

Das Produkt wurde zweimal aus siedendem Aceton umkrystallisiert:

0,2046 g Subst.: 129,5 ccm $^n/_{10}$-Jod.

$(CH_2O)_{12} \cdot H_2O$. Ber. $CH_2O$ 95,24. Gef. $CH_2O$ 94,97.

### $\varkappa$) *Die Acetylierung des Octo-oxymethylen-dihydrates.*

Niedere Formaldehydhydrate können mit Essigsäureanhydrid und Pyridin in Verdünnungsmitteln wie Aceton oder Dioxan in Polyoxymethylen-diacetate übergeführt werden. Leider ist die Reaktion durch die Entstehung von gefärbten Nebenprodukten gestört; immerhin gelang es, Diacetate in einer Ausbeute von 50 % zu erhalten.

100 ccm Dioxan wurden mit 1 g Octo-oxymethylen-dihydrat, 10 ccm Essigsäureanhydrid und 10 ccm Pyridin während 36 Stunden auf der Schüttelmaschine geschüttelt. Es trat vollständige Lösung unter leichter Gelbfärbung ein. Sodann wurde das Dioxan, Essigsäureanhydrid und Pyridin im Hochvakuum abdestilliert. Der Rückstand war meistens gelb bis gelbbraun gefärbt und krystallisierte teilweise. Er wurde mit tiefsiedendem Petroläther (40°) und Äther ausgezogen. Es konnten folgende Diacetate isoliert werden:

Tabelle 135.

| | | Schmelzpunkt | Polymerisationsgrad |
|---|---|---|---|
| Aus Petroläther in der Kälte . . . . | 0,1 g | 35—39° | 8—9 |
| Aus Äther mit Petroläther gefällt . . | 0,2 g | 45—52° | 10 |
| Aus Äther bei 20° . . . . . . . . . | 0,2 g | 54—60° | 10—11 |

Sicher sind auch noch Diacetate vom Schmelzp. $10-35°$ gebildet worden. Aber ihre Aufarbeitung ist bei den kleinen Mengen sehr schwierig; es ist wegen dieser experimentellen Schwierigkeiten noch nicht gelungen, das 7-oxymethylendiacetat rein zu erhalten[1].

## b) Die Entwässerung der niedermolekularen Polyoxymethylendihydrate.

### $\alpha$) Die Entwässerung von Polyoxymethylen-dihydrat-gallerten.

Durch Extraktion einer konzentrierten Formaldehydlösung mit Äther wurde ein Öl erhalten, das bald gallertig erstarrte. Die Analyse des Öles ergab:

0,3738 g Subst.: 143,6 ccm $n/_{10}$-Jod.

Für $(CH_2O)_1 \cdot H_2O$. Ber. $CH_2O$ 62,5. Gef. 57,7.

Das Produkt ist in Äther und Benzol zum Teil löslich; in Alkohol und Aceton ist es sehr leicht löslich. Natriumsulfitlösung löst schon in der Kälte.

Die Alterung der Gallerte verfolgten wir dadurch, daß die Änderung der physikalischen und chemischen Eigenschaften bei der Entwässerung über Phosphorpentoxyd beobachtet wurde. Es wurde die Gewichtsabnahme, der Formaldehydgehalt, der Schmelzpunkt und die Löslichkeit in verschiedenen Lösungsmitteln festgestellt (vgl. Abb. 72 u. 73, S. 251). Die Löslichkeit nimmt beim Entwässern ab, und zwar in Äther und Benzol sehr rasch, in Alkohol und Aceton langsamer. Das Endprodukt ist in siedendem Aceton fast unlöslich. Die nebenstehende Tabelle zeigt die Analysen und die Schmelzpunkte.

Tabelle 136. Zunahme des Formaldehydgehaltes einer Dihydrat-gallerte bei der Entwässerung.

| Zeit | $CH_2O$ % | Zunahme pro Tag % | Schmelzpunkt |
|---|---|---|---|
| 0 Stunden | — 57,7 | — | 53—57 |
| 5 „ | 58,5; 58,7 | 4,3 | 54—61 |
| 11,5 „ | 59,5; 59,4 | 3,3 | 55—63 |
| 23 „ | 60,4; 60,3 | 1,9 | 57—63 |
| 32 „ | 61,3; 61,3 | 2,4 | 60—66 |
| 47 „ | 63,2; 63,7 | 3,4 | 62—68 |
| 75 „ | 67,1; 67,3 | 3,3 | 73—83 |
| 124 „ | 76,3; 76,3 | 4,5 | 80—90 |
| 192 „ | 92,0; 92,3 | 5,6 | 95—105 z |
| 12 Tage | — — | — | 100—106 z |
| 19 „ | 93,2; 93,4 | 0,1 | 98—115 z |
| 54 „ | 93,2; 93,1 | 0,0 | 104—115 z |
| 155 „ | — 93,1 | 0,0 | 105—115 z |

z = Zersetzung.

Das Produkt ist während der ersten 3 Tage der Entwässerung schmierig und auch unter dem Mikroskop ohne erkennbare Struktur. Es hat das Aussehen eines amorph erstarrten Öles. Allmählich wird die Substanz fester und ist nach 5 Tagen so brüchig, daß sie pulverisiert werden kann. Das Endprodukt ist ein dem Paraformaldehyd auch in den chemischen Eigenschaften ähnliches, weißes Pulver, das stark nach Formaldehyd riecht.

### $\beta$) Die Entwässerung einheitlicher Polyoxymethylendihydrate.

Es wurde die Gewichtsabnahme beim Stehen über Phosphorpentoxyd verfolgt (Abb. 79, S. 254). Ein 7-oxymethylen-dihydrat (92,0% $CH_2O$) zeigt nach 3 monatigem Stehen über Phosphorpentoxyd unveränderte Eigenschaften und fast denselben Formaldehydgehalt:

0,2004 g Subst.: 123,5 ccm $n/_{10}$-Jod.  Gef. $CH_2O$ 92,44.

---

[1] Vgl. R. SIGNER: Inaug.-Diss. Zürich 1927.

Ein 8-oxymethylen-dihydrat (93,0% $CH_2O$), das vor der Entwässerung einige Zeit an der Luft gestanden hatte, ist nach 12 monatiger Entwässerung über Phosphorpentoxyd in siedendem Aceton schwer löslich geworden und zeigt einen höheren Formaldehydgehalt:

0,2041 g Subst.: 129,0 ccm $^n/_{10}$-Jod. Gef. $CH_2O$ 94,9.

Ein 11-oxymethylen-dihydrat (94,8% $CH_2O$) hat bei 3 monatigem Stehen über Phosphorpentoxyd eine kleine Veränderung erlitten; ein kleiner Teil der Substanz ist in siedendem Aceton unlöslich geworden. Die Analyse ergibt einen etwas höheren Formaldehydgehalt:

0,2029 g Subst.: 129,4 ccm $^n/_{10}$-Jod. Gef. $CH_2O$ 95,70.

Die Unterschiede im Verhalten beruhen auf dem verschiedenen Reinheitsgrad der Produkte, besonders auf der An- oder Abwesenheit von Spuren von Ameisensäure.

### c) Die hochmolekularen Polyoxymethylen-dihydrate.

#### α) *Der Paraformaldehyd.*

Der Paraformaldehyd mit einem Formaldehydgehalt von 94—98% ist ein Polyoxymethylen-dihydrat vom Polymerisationsgrad 10—50. Aus demselben[1] läßt sich mit siedendem Aceton ein niedermolekulares Dihydrat vom Durchschnittspolymerisationsgrad 10 herauslösen. Das Produkt zeigt alle Eigenschaften eines noch nicht einheitlichen, niedermolekularen Polyoxymethylen-dihydrates; es schmilzt bei 115—118° unter Zersetzung, während der Paraformaldehyd erst bei 140—150° unter Zersetzung schmilzt. Die Analyse ergibt:

0,1242; 0,1161 g Subst.: 78,04; 73,06 ccm $^n/_{10}$-Jod.

$(CH_2O)_{10} \cdot H_2O$.  Ber. $CH_2O$ 94,34; Gef. $CH_2O$ 94,3; 94,4.

Analyse des Paraformaldehydes:

0,1955; 0,2261 g Subst.: 125,2; 144,1 ccm $^n/_{10}$-Jod.

$(CH_2O)_{15} \cdot H_2O$.  Ber. $CH_2O$ 96,1; Gef. $CH_2O$ 96,1; 95,7.

Paraformaldehyd ist in der Hitze in Dioxan und Formamid löslich; hierbei tritt aber ziemlich starke Zersetzung unter Formaldehydabspaltung ein. Doch wird in der Kälte ein Teil der gelösten Substanz wieder ausgeschieden.

#### β) *Das α- und das β-Polyoxymethylen.*

α- und β-Polyoxymethylen sind Polyoxymethylen-dihydrate von sehr hohem Polymerisationsgrad. Sie sind in Lösungsmitteln wie Dioxan und Pyridin völlig unlöslich. Das einzige Lösungsmittel für die beiden Polyoxymethylene ist Formamid. Doch tritt bei der hohen Lösungstemperatur von 150—160° sehr rasch vollkommene Zersetzung ein. Die Umkrystallisation gelingt nur bei raschem Arbeiten in kleinen Mengen im Reagensglase: 5 g eines β-Polyoxymethylens werden in 5 Portionen in einem weiten und hohen Reagensglas mit Formamid möglichst rasch in Lösung gebracht und sofort durch Abschrecken wieder ausgeschieden. Die dicke Gallerte wird mit der doppelten Menge Wasser geschüttelt, filtriert und gut mit kaltem Wasser ausgewaschen, sodann im Vakuum über Phosphorpentoxyd getrocknet. Die Ausbeute beträgt 2 g, also ca. 40%. Das Produkt hat die Eigenschaften des α-Polyoxymethylens. Es „sublimiert" nicht,

---

[1] Die Zusammensetzung der käuflichen Paraformaldehyde wechselt und ebenso auch die Menge des acetonlöslichen Anteils.

sondern zersetzt sich ohne starke Polymerisation der Dämpfe. Es riecht im Gegensatz zu umkrystallisiertem $\gamma$-Polyoxymethylen stark nach Formaldehyd. Das umkrystallisierte $\beta$-Polyoxymethylen sintert bei 170—175° und zersetzt sich sofort, das $\beta$-Polyoxymethylen selbst sublimiert ohne zu sintern zwischen 150 und 170°.

*Zusammensetzung*: $(CH_2O)_{75} \cdot H_2O$.

0,5000; 0,5055 g Subst.: 330,6; 334,2 ccm $n/_{10}$-Jod.

Ber. $CH_2O$ 99,1.  Gef. $CH_2O$ 99,25; 99,21.

0,5000; 0,5055 g Subst.: 1,22; 0,91 ccm $n/_5$-$KMnO_4$.

Ber. $CH_3OCH_3$ 0,0.  Gef. $CH_3OCH_3$ 0,19; 0,14.*

Der Formaldehydgehalt des $\beta$-Produktes betrug 98,8%.

### 3. Polyoxymethylene aus flüssigem, monomerem Formaldehyd: Eu-Polyoxymethylen.

a) Herstellung des reinen, monomeren Formaldehyds.

Zur Darstellung von reinem, monomerem Formaldehyd benutzt man zweckmäßig das sehr hochprozentige Polyoxymethylen, das mit wenig Alkali aus konzentrierten Formaldehydlösungen gefällt wird[1]. Denn die Spuren von Schwefelsäure, die in den damit gefällten Polyoxymethylenen enthalten sind, begünstigen die Polymerisation des entstehenden Formaldehydgases und die Entstehung von Trioxymethylen[2]. Außerdem wurde, um Autoxydation zu vermeiden, die Zersetzung des Polyoxymethylens unter Durchleiten von trockenem, reinem Stickstoff vorgenommen.

Die Spuren von Alkali, die in dem Ausgangsmaterial enthalten sind, bewirken eine geringe Kondensation zu zuckerähnlichen Produkten ($\delta$-Polyoxymethylenbildung[3]), so daß beim vollständigen Zersetzen dieses Polyoxymethylens dunkle Rückstände entstehen. Deshalb wurden nur etwa zwei Drittel des Polyoxymethylens zersetzt, damit auch nicht spurweise Verkohlung eintritt; dadurch würde der monomere Formaldehyd durch flüchtige Zersetzungsprodukte verunreinigt[4].

Zur Herstellung von reinem, monomerem Formaldehyd haben schon M. Trautz und E. Ufer[5] eine besondere Apparatur beschrieben. Unsere Apparatur konnte entsprechend dem hohen Formaldehydgehalt des Ausgangsmaterials von 99% einfacher gestaltet werden. Die dem Formaldehydgas beigemengten Spuren von Wasser wurden dadurch beseitigt, daß denselben Gelegenheit zur Kondensation mit gasförmigem Formaldehyd gegeben wurde. Deshalb wurde das Formaldehydgas vor seiner Verflüssigung durch eine weite und lange Glasschlange geleitet. Der monomere Formaldehyd wurde sodann bei —80° verflüssigt und zweimal bei gewöhnlichem Druck destilliert. Das Einfüllen in Bombenröhren geschah ebenfalls durch Destillation aus einem Vorratsgefäß — und zwar wurde im Vakuum

---

* Der Blindwert der Methode von 0,2% ist in diesen Analysen noch nicht abgezogen.

[1] Mannich, C.: Ber. Dtsch. Chem. Ges. **52**, 160 (1919).

[2] Pratesi: Gazz. chim. ital. **14**, 139 (1885). — Staudinger, H., u. Mitarbeiter: Liebigs Ann. **474**, 258 (1929). — Kohlschütter, H. W.: Liebigs Ann. **482**, 75 (1930).

[3] Vgl. S. 238.

[4] Diese würden die Kettenreaktion beeinflussen und frühzeitig unterbrechen.

[5] Journ. f. prakt. Ch. **113**, 105 (1926).

destilliert, um bei möglichst tiefer Temperatur zu arbeiten. Alle Operationen erfolgten in einer Apparatur, bei der soweit als möglich die einzelnen Teile zusammengeschmolzen waren. Vor Beginn des Versuches wurde die ganze Apparatur sorgfältig im Hochvakuum getrocknet; dabei wurde in einer Atmosphäre von getrocknetem und von Sauerstoff befreitem Stickstoff gearbeitet; die Vorlagen wurden auf 100—200° erhitzt; die Bombenröhren wurden mehrmals ausgeglüht.

Der unreine, flüssige Formaldehyd ist eine trübe Flüssigkeit, die großes Polymerisationsbestreben zeigt. Die Polymerisation verläuft stark exotherm[1] und kann deshalb explosionsartig erfolgen, da die Verdampfungswärme klein ist[2]. Reiner, mehrmals destillierter Formaldehyd ist eine wasserhelle, leichtbewegliche Flüssigkeit, die verhältnismäßig geringe Polymerisationsneigung besitzt.

b) Die Polymerisation des flüssigen, monomeren Formaldehydes.

Monomerer flüssiger Formaldehyd polymerisiert bei längerem Stehen schon bei —80° ohne Katalysatoren; die Polymerisation wurde bei —80°, —20° und +100° durchgeführt. Die Polymerisationsgeschwindigkeit nimmt natürlich mit steigender Temperatur rasch zu.

Bei der Polymerisation bei tiefer Temperatur (—80°) wirkt Sauerstoff hemmend. Unter Stickstoff erhält man nach wenigen Stunden ein festes, weißes Produkt. Unter Sauerstoff dauert die vollständige Polymerisation manchmal mehrere Tage; die Flüssigkeit geht in eine klare Gallerte, schließlich in ein klares Glas über.

Eine ähnliche Beobachtung, daß Sauerstoff bei tiefer Temperatur polymerisationshemmend wirkt, hat A. SCHWALBACH[3] bei der Polymerisation von Vinylacetat im ultravioletten Licht gemacht.

Man muß wohl annehmen, daß der Sauerstoff die aktiven Stellen besetzt, an denen die Polymerisation beschleunigt wird, z. B. die Glaswände. So erklärt sich auch, daß in Stickstoff die Polymerisation besonders rasch an den Wandungen der Bombenröhren erfolgt, deren Alkali die Polymerisationsgeschwindigkeit fördert. Deshalb sind in Stickstoff polymerisierte Polyoxymethylene im Innern oft klar durchsichtig, außen aber weiß und undurchsichtig: die rasche Polymerisation an den Glaswänden führt zu undurchsichtigen Produkten. In Sauerstoff dagegen erfolgt die Polymerisation gleichmäßig schnell resp. langsam und liefert glasklare Polymerisate.

A. SCHWALBACH fand, daß Sauerstoff die Polymerisation von Vinylacetat bei 100° fördert und sogar so beschleunigen kann, daß explosionsartige Polymerisation eintritt.

Auch die Polymerisation des Formaldehyds unter Sauerstoff erfolgt bei 100° unter heftiger Detonation; die Polymerisation wird also in der Hitze durch Sauerstoff beschleunigt. Hier wie beim Vinylacetat wirkt also Sauerstoff bei höherer Temperatur polymerisationsfördernd, bei niederer Temperatur aber polymerisationshemmend.

---

[1] Die Polymerisationswärme des gasförmigen Formaldehyds beträgt 36,7 Cal. v. WARTENBERG, H.: Ztschr. f. angew. Ch. **37**, 457 (1924).

[2] Vgl. Ber. Dtsch. Chem. Ges. **62**, 2397 (1929); ferner S. 290.

[3] STAUDINGER, H., u. A. SCHWALBACH: Liebigs Ann. **488**, 8 (1931).

### α) *Methodisches zur Untersuchung der Polymerisate.*

Die erhaltenen Produkte wurden daraufhin geprüft, ob ihr Verhalten dem eines Polyoxymethylen-dihydrates (α-Polyoxymethylens) oder eines -dimethyläthers (γ-Polyoxymethylens) entspricht. Dazu wurde untersucht: die Beständigkeit gegen verdünnte Alkalien und Säuren, ebenso ammoniakalische Silbernitratlösung in der Kälte und in der Hitze; die Auflösbarkeit und das Verhalten in heißem Formamid, die Ausscheidung daraus beim Abkühlen; der Sinterungspunkt, Schmelzpunkt und Zersetzungspunkt. Die Formaldehydanalyse wurde wie bei den Polyoxymethylen-dimethyläthern ausgeführt.

Speziellere Eigenschaften der neuen Polymeren sind deren Elastizität resp. Plastizität bei höherer Temperatur. Das „Fädenziehen" wurde folgendermaßen ausgeführt: Die Substanz wird im Reagensglas mit freier Flamme erhitzt. Beim Sinterungspunkt ist sie knetbar elastisch; nun wird sie mit einem Glasstab an den Boden des Reagensglases festgedrückt und der Glasstab, an dem das Produkt haftet, aus dem Reagensglase herausgezogen. Durch Pressen der Substanz bei der Sinterungstemperatur erhält man filmartige Massen.

### β) *Die Polymerisation bei −80° in Stickstoff.*

Bei −80° ist der Formaldehyd zunächst flüssig; manchmal bilden sich einige Flocken polymerer Substanz. Nach kurzer Zeit wird die Flüssigkeit gallertig, und schon nach 1 Stunde erhält man eine dick fließende, meist noch klar durchsichtige Gallerte. Die Polymerisation schreitet nun rasch vorwärts. Das Produkt wird dabei undurchsichtig weiß. Nach 24 Stunden wird das Bombenrohr durch Zerschlagen geöffnet; es enthält keinen oder nur geringen Überdruck; der monomere Formaldehyd ist also verschwunden. Man erhält einen kompakten Block von Polyoxymethylen, der im Innern glasartig, außen dagegen undurchsichtig weiß ist. Das Produkt ist sehr hart und riecht schwach nach Formaldehyd. Von verdünnten Alkalien wird es beim Kochen nur sehr langsam angegriffen. Ammoniakalische Silbernitratlösung wirkt ebenfalls sehr langsam erst beim Kochen ein. Verdünnte Säuren lösen bei 100° nach einigen Stunden.

Bei 175° tritt Sinterung ein, aber kein eigentliches Schmelzen, bei 180—185° Zersetzung. Bei raschem Erhitzen im Reagensglas erfolgt vollständige Zersetzung ohne Rückstand. Der entstehende gasförmige Formaldehyd zeigt ein sehr geringes Polymerisationsbestreben. Beim Sinterungspunkt wird die Substanz knetbar elastisch. Sie ist dabei aber so zäh, daß man aus ihr keine Fäden ziehen kann. Durch Pressen an der Reagensglaswand erhält man durchsichtige elastische Filme. Bei langem, vorsichtigem Erhitzen im Reagensglas tritt neben der allmählichen Abspaltung von monomerem Formaldehyd noch eine andere Zersetzung ein; das Produkt wird gelb und ist nicht mehr ohne Rückstand flüchtig. Es ist neben der Entpolymerisation eine Umwandlung eingetreten, die der von γ- in δ-Polyoxymethylen entspricht.

In kochendem Formamid ist das Produkt sehr schwer löslich. Vor der eigentlichen Auflösung wird es weich und klebrig. Beim Abkühlen wird ein kleiner Teil der Substanz wieder ausgeschieden. Der weitaus größte Teil ist zerstört.

Nach der Analyse bestehen solche Produkte zu 100% aus Formaldehyd.

Substanz I: 0,5174; 0,2537 g Subst.: 344,8; 169,2 ccm $^n/_{10}$-Jod.
Gef. $CH_2O$ 100,0; 100,1.

0,5174 g Subst.: 0,80 ccm $^n/_5$-$KMnO_4$.
Gef. $CH_3OCH_3$ 0,12.

Substanz II: 0,5052; 0,2187 g Subst.: 336,7; 145,4 ccm $^n/_{10}$-Jod.
Gef. $CH_2O$ 100,0; 99,8.

0,5052 g Subst.: 1,27 ccm $^n/_5$-$KMnO_4$.
Gef. $CH_3OCH_3$ 0,19.

Der Blindwert der Methylätherbestimmung von 0,2% ist bei diesen Analysen noch nicht abgezogen. Die Produkte sind, wie man sieht, keine Dimethyläther.

Die Polymerisation von flüssigem, monomerem Formaldehyd im Hochvakuum bei $-80°$ führt zu demselben Produkt wie in Stickstoff.

### γ) *Die Polymerisation bei $-80°$ in Sauerstoff.*

Die Polymerisation wurde in Sauerstoff unter denselben Bedingungen vorgenommen wie in Stickstoff. Sie verläuft in Sauerstoff wesentlich langsamer als in Stickstoff. In einem Fall bildete sich die Gallerte aus dem flüssigen monomeren Formaldehyd erst nach 3—4 Stunden. Die Röhren wurden 4 bis 5 Tage auf $-80°$ gekühlt. Danach haben sich in allen 3 Fällen vollkommen durchsichtige Polyoxymethylengläser gebildet. Bei der Polymerisation tritt starke Schrumpfung ein.

Die so erhaltenen Polyoxymethylengläser haben dieselben chemischen und physikalischen Eigenschaften wie die unter Stickstoff bei $-80°$ erhaltenen Produkte. Die Analysen dreier verschiedener Gläser ergaben:

Substanz I: 0,5035 g Subst.: 334,4 ccm $^n/_{10}$-Jod.
Gef. $CH_2O$: 99,7.

Substanz II: 0,5026; 0,2542 g Subst.: 332,8; 168,3 ccm $^n/_{10}$-Jod.
Gef. $CH_2O$: 99,4; 99,4.

Substanz III: 0,2142 g Subst.: 141,0 ccm $^n/_{10}$-Jod.
Gef. $CH_2O$: 98,8.

### δ) *Ein Polyoxymethylenfilm.*

Zersetzt man α-Polyoxymethylen im Vakuum von 12 mm sehr langsam und vorsichtig und leitet das entstehende Formaldehydgas in eine auf $-80°$ gekühlte Vorlage, so entsteht an der Glaswand der gekühlten Vorlage ein filmartiges Eu-polyoxymethylen. Dieses hat das Aussehen eines Celluloseacetatfilms, es ist glashell und durchsichtig, elastisch biegsam, aber hart; es kann in dünne Streifen geschnitten werden. Beim Aufbewahren wird dieser Film nicht verändert. Er riecht nicht nach Formaldehyd; erst nach langem Stehen im verschlossenen Glas ist schwacher Formaldehydgeruch wahrnehmbar. Der Erweichungspunkt liegt bei 175—180°; bei dieser Temperatur beginnt auch die Zersetzung. Das Produkt läßt sich kneten und in Fäden ziehen. Seine Eigenschaften sind dieselben wie diejenigen der Polyoxymethylengläser.

Substanz I: 0,1990; 0,2044 g Subst.: 131,4; 134,8 ccm $n/_{10}$-Jod.
Gef. $CH_2O$ 99,1; 98,95.

Substanz II: 0,2067 g Subst.: 137,2 ccm $n/_{10}$-Jod.
Gef. $CH_2O$: 99,6.

Substanz III: 0,1866 g Subst.: 124,0 ccm $n/_{10}$-Jod.
Gef. $CH_2O$: 99,7.

Bei Wiederholung der Versuche bleibt manchmal die Bildung des Polyoxymethylenfilms trotz scheinbar gleicher Bedingungen aus. Ein Grund dafür konnte nicht gefunden werden.

### ε) *Die Polymerisation bei* −20°.

Bei den Destillationen des monomeren Formaldehyds, die zu seiner Reinigung vorgenommen wurden, tritt öfters Polymerisation ein. Solche unerwünschte Polymerisationen erschweren das Arbeiten mit flüssigem Formaldehyd ungemein. Die dabei auftretenden Polymerisationsprodukte haben ähnliche Eigenschaften, wie die bei −80° erhaltenen Eu-polyoxymethylene. Sie sind weiß, undurchsichtig, blasig und etwas biegsam. Bemerkenswert ist, daß der Erweichungspunkt in der Regel etwas tiefer liegt, etwa bei 165−170°, der Zersetzungspunkt etwas höher, bei 185−190°, als bei den bei tiefen Temperaturen hergestellten Produkten. Man kann aus den erhaltenen Polymerisaten oft Fäden von mehr als 1 m Länge ziehen, während dies bei den bei −80° hergestellten Produkten nicht gelingt. Die Analyse eines in einer Vorlage entstandenen Produktes ergab:

0,5112; 0,2461 g Subst.: 337,9; 162,9 ccm $n/_{10}$-Jod.
Gef. $CH_2O$: 99,2; 99,4.

0,5112 g Subst.: 1,90 ccm $n/_{5}$-$KMnO_4$.
Gef. $CH_3OCH_3$ 0,28[1].

Zu Polymerisationsprodukten mit denselben chemischen und physikalischen Eigenschaften, wie sie die in Vorlagen erhaltenen Polymerisate zeigen, gelangt man auch bei der Polymerisation von monomerem, flüssigem Formaldehyd in Stickstoff bei gewöhnlicher Temperatur. Die plastischen Eigenschaften dieser Produkte beim Erweichungspunkt sind beträchtlich. Es gelingt, Fäden von 1 m Länge zu ziehen.

0,5000; 0,2044 g Subst.: 330,3; 135,1 ccm $n/_{10}$-Jod.
Gef. $CH_2O$: 99,2; 99,2.

### ζ) *Die Polymerisation bei* +100°.

Die mit festem, monomerem Formaldehyd in Stickstoff gefüllten Bombenröhren wurden aus der flüssigen Luft sofort in die geheizte Wasserbadkanone gebracht. Die Röhren wurden dazu, um ein Springen zu verhindern, mit Asbestpapier umwickelt in die heißen eisernen Mäntel eingeführt. Die Polymerisation erfolgte sehr rasch und war nach 1 Stunde beendet. Das Polymerisat ist sehr spröde, teilweise pulverig, und läßt sich sehr leicht vollständig pulverisieren. Nur an der Wandung des Bombenrohres hat sich etwas filmartiges Polyoxy-

---

[1] Der Blindwert der Methode von 0,2% ist hier noch nicht abgezogen.

methylen gebildet, wahrscheinlich durch Polymerisation, bevor die Temperatur von 100° erreicht war. Das Pulver zeigt andere Eigenschaften wie die bei tiefer und gewöhnlicher Temperatur erhaltenen Polymerisate; es zeigt die Eigenschaften von $\alpha$-Polyoxymethylen; bei 100° entstehen also weniger hochmolekulare Produkte wie bei tiefer Temperatur.

In verdünnten Alkalien tritt leicht Auflösung ein. Ammoniakalische Silbernitratlösung schwärzt schon in der Kälte und bildet in der Hitze einen Silberspiegel. Aus Formamid läßt sich die Substanz nicht umkrystallisieren. Bei 170° tritt Sinterung ein, dann starke Schrumpfung, kein Schmelzen, und sofort Zersetzung, die schon bei 178° sehr stürmisch wird. Das Produkt zeigt nicht einmal Andeutungen von plastischen oder elastischen Eigenschaften. Ein Fädenziehen ist unmöglich. Die Analyse eines der erhaltenen Pulver ergibt:

0,2135 g Subst.: 169,2 ccm $^{n}/_{10}$-Jod.
Gef. $CH_2O$ 97,9.

2 Bombenröhren, in die flüssiger, monomerer Formaldehyd in Sauerstoff eingefüllt worden war, wurden wie die mit Stickstoff gefüllten Röhren in die heiße Wasserbadkanone gebracht. Dabei erfolgte bei beiden Versuchen nach 10 Minuten heftige Explosion. Polymerisation war in beiden Fällen, wie aufgefundene Reste bewiesen, eingetreten. Das Polymerisat ist pulverig und zeigt keine plastischen oder elastischen Eigenschaften. Seine Eigenschaften stimmen mit denen der bei 100° in Stickstoff erhaltenen Produkte überein.

## c) Die Polymerisation von reinem, monomerem Formaldehyd in verdünnter Lösung.

Als Verdünnungsmittel wurde Äther verwendet, der durch mehrfache Destillation in reinem Stickstoff unter scharfem Trocknen über Natrium oder Natrium-Kalium gereinigt wurde. Die dabei verwendete Apparatur erlaubte es, den absoluten Äther aus einem Vorratsgefäß im Vakuum in die Bombenröhren zu destillieren, in die dann sofort ohne Öffnen der Röhren der monomere Formaldehyd unter vollständigem Wasserausschluß destilliert werden konnte.

### $\alpha$) Die Polymerisation in verdünnter Lösung ohne Katalysator.

Die Polymerisation von flüssigem, monomerem Formaldehyd in absolutem Äther im Volumenverhältnis 1 : 1 verläuft bei —80° nur sehr langsam; es scheiden sich aus der klaren Lösung nur wenige Flocken aus. Deshalb wurde das Bombenrohr auf Zimmertemperatur erwärmt. Dabei trat sehr langsame Polymerisation zu einem Pulver ein, das aus der ätherischen Lösung ausfiel. Das Produkt zeigt chemisch und physikalisch dieselben Eigenschaften wie die ohne Verdünnungsmittel bei gewöhnlicher Temperatur erhaltenen Polymerisate. Der Sinterungspunkt liegt bei 175°; die Zersetzung beginnt bei 185°. Es tritt kein klares Schmelzen ein. Die plastisch-elastischen Eigenschaften sind nicht so gut wie bei den bei gewöhnlicher Temperatur erhaltenen Polymerisaten.

0,5011 g Subst.: 332,3 ccm $^{n}/_{10}$-Jod.
Gef. $CH_2O$ 99,5.

Die Polymerisation in absolutem Äther verläuft um so langsamer, je verdünnter die Lösung ist.

Polymerisiert man viel Formaldehyd mit wenig Äther (2 : 1), so erhält man ein sehr hartes, kompaktes Polymerisat, aus dem der Äther nur sehr langsam entweicht. Dabei wird das Produkt härter. Es ist gegen verdünnte Alkalien und ammoniakalische Silbernitratlösung ziemlich beständig.

Die Polymerisationsgeschwindigkeit von monomerem Formaldehyd in ätherischer Lösung wird durch Erwärmen wesentlich gesteigert. Bei 100° trat nach wenigen Minuten sehr heftige Explosion ein; auch bei 50° erfolgte nach etwa 1 Stunde Explosion der Röhre.

Es wurde noch die Polymerisation von monomerem Formaldehyd in reinstem, monomerem Acetaldehyd vorgenommen. Man erhält glasige, elastische Produkte, die unter allmählicher Abgabe von Acetaldehyd schrumpfen und dabei hart und spröde werden.

Alle diese Polymerisate sind Eu-polyoxymethylene.

### β) Die Polymerisation in verdünnter Lösung mit Katalysatoren.

Ein Vorversuch ergab, daß monomerer Formaldehyd mit Bortrichlorid und mit Trimethylamin sehr rasch polymerisiert. Leitet man z. B. monomeren, gasförmigen Formaldehyd in absoluten Äther, der wenig Trimethylamin enthält, so tritt schon bei −80° sofortige Polymerisation ein. Es entsteht ein blasiges, voluminöses Polyoxymethylen mit 98,6% Formaldehyd.

Bortrichlorid bewirkt teilweise Zersetzung des Formaldehyds; deshalb wurde bei den Hauptversuchen gut gereinigtes Trimethylamin[1] als Katalysator verwendet.

Die Apparatur war so eingerichtet, daß der monomere Formaldehyd, der absolute Äther und das Trimethylamin in beliebiger Reihenfolge unter vollkommenem Ausschluß von Wasser und Sauerstoff in das Bombenrohr destilliert werden konnten.

I. Monomerer Formaldehyd und absoluter Äther (Volumverhältnis 1 : 1) wurden mit viel Trimethylamin (ca. 10%) eingeschmolzen. Die Polymerisation verläuft sehr rasch unter beträchtlicher Erwärmung; sie beginnt schon bei −80°.

0,2011 g Subst.: 132,1 ccm $^n/_{10}$-Jod. Gef. $CH_2O$: 98,55.

II. Monomerer Formaldehyd und absoluter Äther (Volumenverhältnis 1 : 2) wurden mit wenig Trimethylamin eingeschmolzen. Sehr rasche Polymerisation.

0,2050 g Subst.: 134,0 ccm $^n/_{10}$-Jod. Gef. $CH_2O$: 98,10.

III. Monomerer Formaldehyd und absoluter Äther (Volumenverhältnis 1 : 5) wurden mit wenig Trimethylamin eingeschmolzen. In wenigen Minuten ist die heftige Polymerisation, die von einem knatternden Geräusch begleitet war, beendet. Starke Erwärmung der Röhre.

0,2186 g Subst.: 144,3 ccm $^n/_{10}$-Jod. Gef. $CH_2O$: 99,0.

Die erhaltenen Polymerisate sind nach der Aufarbeitung frei von Stickstoff.

Die Produkte sind gegen verdünnte Alkalien nur teilweise beständig, gegen ammoniakalische Silbernitratlösung aber unbeständig. Aus Formamid läßt sich ein kleiner Teil umkrystallisieren, ebenso aus Anisol. Die Produkte enthalten aber keine in Lösungsmitteln wie Wasser, Chloroform, Dioxan oder Pyridin lös-

---

[1] Trimethylaminchlorhydrat wurde aus reinstem Chloroform umkrystallisiert. Das mit 30proz. Kalilauge in Freiheit gesetzte Trimethylamin wurde im trockenen Stickstoffstrom über ausgeglühten Natronkalk geleitet und in einem Vorratsgefäß kondensiert.

lichen Anteile. Beim Erhitzen werden die Polymerisate kaum plastisch, vielmehr schmierig und zersetzen sich stark. Fädenziehen wie bei den Eu-polyoxymethylenen gelingt überhaupt nicht.

Die aus Formamid umkrystallisierten, pulverigen Produkte lösen sich in verdünnter, kalter Natronlauge nur sehr langsam und unterscheiden sich dadurch von den Polyoxymethylen-dihydraten ($\alpha$-Polyoxymethylen). In siedender Natronlauge tritt bis auf Spuren leicht Lösung ein, während Polyoxymethylen-dimethyläther ($\gamma$-Polyoxymethylen) darin unlöslich sind. Ammoniakalische Silbernitratlösung wirkt in der Wärme stark oxydierend. Beim Erhitzen tritt Zersetzung ohne klares Schmelzen ein; dabei bleibt ein kleiner Rückstand. Die umkrystallisierten Produkte zeigen also nicht den Charakter von Polyoxymethylen-dimethyläthern.

Die Analyse solcher umkrystallisierten Produkte ergibt:

0,2054 g Subst.: 135,3 ccm $n/_{10}$-Jod.  Gef. $CH_2O$: 98,9.

0,2049 g Subst.: 134,1 ccm $n/_{10}$-Jod.  Gef. $CH_2O$: 98,3.

## C. Das Polyäthylenoxyd, ein Modell der Stärke[1].

### Bearbeitet von H. LOHMANN[2].

### I. Übersicht der Ergebnisse.

In der ersten Arbeit über das polymere Äthylenoxyd von H. STAUDINGER und O. SCHWEITZER[3] wurde nachgewiesen, daß eine polymer-homologe Reihe von Polyäthylenoxyden dadurch herzustellen ist, daß man Äthylenoxyd unter wechselnden Bedingungen polymerisiert; in dieser verändern sich die physikalischen Eigenschaften der einzelnen Vertreter mit steigendem Molekulargewicht. Es wurde insbesondere gezeigt, daß zwischen dem kryoskopisch bestimmten Molekulargewicht und der spez. Viscosität gleichkonzentrierter Lösungen ein Zusammenhang besteht. Außerdem wurde die Krystallisationsfähigkeit der Polyäthylenoxyde untersucht und damit bewiesen, daß ein hochmolekularer Stoff aus Lösung krystallisieren kann, dadurch, daß sich die langen Fadenmoleküle parallel lagern.

In der vorliegenden Arbeit wurden durch geeignete Wahl der Versuchsbedingungen Polyäthylenoxyde vom Molekulargewicht 160—13000, die einem Polymerisationsgrad von 3—300 entsprechen, dargestellt. Das gewöhnliche Polyäthylenoxyd wurde dabei als Dihydrat von der Formel (I) erkannt[4].

I.     $HO-CH_2-CH_2-O-[CH_2-CH_2-O]_x-CH_2-CH_2-OH$

II.   $CH_3-CO \cdot O-CH_2-CH_2-O-[CH_2-CH_2-O]_x-CH_2-CH_2-O \cdot CO-CH_3$

Durch Acetylieren ließen sich diese hochpolymeren Alkohole in die Diacetate von der Formel (II) überführen. Die Übereinstimmung der kryoskopisch

---

[1] 65. Mitteilung über hochpolymere Verbindungen.

[2] LOHMANN, H.: Inaug.-Diss., Freiburg i. Br. 1931.

[3] Ber. Dtsch. Chem. Ges. **62**, 2395 (1929).

[4] Dieses Produkt wird im folgenden einfach als Polyäthylenoxyd bezeichnet, da bei höheren Polymerisationsgraden der Einfluß der Hydroxylgruppen gering ist und für viele Versuche nicht in Betracht kommt.

gefundenen Molekulargewichte mit den aus dem Acetylgehalt der Acetate errechneten bewies, daß hiermit tatsächlich das normale Molekulargewicht bestimmt worden ist und nicht etwa das koordinative oder das Micellgewicht. Weiterhin wurde gezeigt, daß die Beziehung zwischen Viscosität und Molekulargewicht von der Formel $\frac{\eta_{sp}}{c} = K_m \cdot M$ auch hier gültig ist. Die Größe der $K_m$-Konstante war zunächst mit den üblichen Vorstellungen über Fadenmoleküle nicht zu vereinbaren und führte zu einer besonderen Auffassung über die Gestalt der Polyäthylenoxydkette, durch die auch die sonstigen Eigenschaften dieser Substanz eine zwanglose Erklärung finden. Dabei ergaben sich Analogien zum Bau des Stärkemoleküls[1].

Versuche, außer den Dihydraten und ihren Diacetaten noch andere polymerhomologe Reihen, etwa mit stickstoffhaltigen Endgruppen, darzustellen, führten zu keinem einwandfreien Resultat.

Alle untersuchten Substanzen haben hemikolloide Eigenschaften. Ihre Molekulargewichte lassen sich kryoskopisch ermitteln. Ihre Lösungen gehorchen dem HAGEN-POISEUILLEschen Gesetz.

## II. Polymerisation des Äthylenoxydes.

### 1. Allgemeines.

Die Polymerisation des Äthylenoxydes tritt nur ein, wenn sie durch entsprechende Katalysatoren angeregt wird. Als solche wurden schon in der vorigen Arbeit Ätzkali, Zinkchlorid und Zinnchlorid, Natrium und Kalium, Natriumoxyd, Trimethylamin und Triäthylphosphin beschrieben. Jetzt wurde, außer den Äthyl- und Methylaminen, noch Natriumamid als wirksamer Katalysator gefunden. Die Dauer der Polymerisation wird durch die Menge des Katalysators beeinflußt, doch hängt sie auch von unsicheren Faktoren ab, wie dem Verteilungsgrad des Katalysators usw., weswegen die Zeiten nicht immer zu reproduzieren sind. Im allgemeinen führen die verschiedenen Katalysatoren zu Substanzen von annähernd gleichem Durchschnittspolymerisationsgrad (ca. 50). Eine Ausnahme hiervon macht nur das Natriumamid, das Produkte vom Durchschnittspolymerisationsgrad ca. 300 liefert. Von der angewandten Katalysatormenge scheint die Durchschnittskettenlänge weitgehend unabhängig zu sein; Versuche mit Trimethylamin führten jedenfalls bei einfacher und doppelter Katalysatormenge zum gleichen Produkt. Anders ist es bei Kalilauge. Eine größere Menge davon liefert kleinere Moleküle des Polymerisats, was auch verständlich ist, da die Enden einer Kette durch Wasser abgesättigt werden und eine höhere Konzentration von Wasser den baldigen Abschluß einer Kette durch eine Hydroxylgruppe fördert.

### 2. Verlauf der Polymerisation.

Alle durch Katalysatoren entstehenden Polyäthylenoxyde sind Dihydrate, tragen also an den Enden der Ketten Hydroxylgruppen. Über ihre Entstehung könnte man sich zunächst folgende Vorstellung machen. Ein Äthylenoxydmolekül lagert ein Molekül Wasser an, das entstandene Glykol reagiert mit einem weiteren Äthylenoxyd, und so wächst die Kette langsam weiter. Der Versuch zeigt tatsächlich, daß Glykol, das einem solchen Reaktionsgemisch zugesetzt

---

[1] Vgl. S. 75.

wurde, nach dem Auspolymerisieren verschwunden ist, also zum Aufbau der großen Moleküle gedient hat. Dasselbe war der Fall mit Äthylenchlorhydrin. Liegt wirklich ein solcher Polymerisationsverlauf vor, so sollten, wenn man die Polymerisation in verschiedenen Stadien unterbricht, Produkte verschiedenen Durchschnittspolymerisationsgrades erhalten werden. Ein Versuch mit Trimethylamin als Katalysator zeigte jedoch, daß in den verschiedenen Stadien der Reaktion immer nur monomeres Äthylenoxyd neben zunehmenden Mengen eines Polymerisates vorhanden sind, dessen Durchschnittsmolekulargewicht genau so hoch war, wie das eines völlig zu Ende polymerisierten Produktes. Die Bildung einer Polyäthylenoxydkette verläuft demnach durch Kettenreaktion. Ein durch den Katalysator oder sonst irgendwie „angeregtes" Molekül lagert ein anderes an; die Kette wächst sehr rasch, und zwar so lange, bis eine Absättigung der Endvalenzen eintritt.

Für die Absättigung der Endvalenzen kann eine völlig befriedigende Erklärung noch nicht gegeben werden. Die Vorstellung, daß sich das Äthylenoxyd in Vinylalkohol umwandelt, von dem sich dann ein Molekül an ein anderes anlagert (Formel III), ist, wie gesagt, unwahrscheinlich. Es zeigte sich außerdem, daß eine Doppelbindung als Endgruppe der Polyäthylenoxydkette nicht vor-

$$\text{III.} \quad \left\{ \begin{array}{l} CH_2{=}CHOH + CH_2{=}CHOH \rightarrow CH_2{=}CH{-}O{-}CH_2{-}CH_2OH \\ \quad + CH_2{=}CHOH \rightarrow CH_2{=}CH{-}O{-}CH_2CH_2OCH_2CH_2OH \end{array} \right.$$

handen ist. Da weiter alle untersuchten Polymerisate sich als zweiwertige Alkohole erwiesen, die pro Molekül zwei Hydroxylgruppen tragen, so muß angenommen werden, daß die durch ein „angeregtes" Molekül hervorgerufene Kettenreaktion schließlich dadurch abgebrochen wird, daß an beide Enden Hydroxylgruppen treten. Diese Hydroxylgruppen traten auch auf, wenn die Polymerisation unter völligem Wasserausschluß vorgenommen wurde. Dieses Wasser kann daher nur aus dem Äthylenoxyd selbst stammen, und man muß annehmen, daß ein kleiner Teil des Äthylenoxydes in Wasser und evtl. Acetylen zerfällt.

$$\text{IV.}^1 \quad \left\{ \begin{array}{c} -[CH_2{-}CH_2{-}O]_x{-}CH_2{-}CH_2{-}O{-} \\ +({-}CH_2{-}CH_2{-}O{-}) \\ \downarrow \\ HO{-}[CH_2{-}CH_2{-}O]_x{-}CH_2{-}CH_2{-}OH \\ + HC{\equiv}CH(\,?\,) \end{array} \right.$$

Das entstehende Acetylen konnte zwar als solches nicht nachgewiesen werden. Anzunehmen ist, daß es seinerseits ebenfalls polymerisiert, und die bei den Polymerisaten häufig auftretende Braunfärbung könnte auf solche Nebenreaktionen zurückzuführen sein. Die Länge einer Kette wäre demnach bedingt durch die Konzentration der „angeregten" Moleküle, die wiederum von der Art des Katalysators abhängig ist. So ist es verständlich, daß einige besonders langsam wirkende Katalysatoren Fadenmoleküle von größerer Länge geben.

Primäre und sekundäre Amine sollten nach diesen Vorstellungen ebenfalls die Enden solcher Ketten absättigen können; man käme dann zu Produkten, die pro Molekül ein Atom N tragen. Es wurden mit Mono- und Dimethylamin auch solche N-haltigen Polymerisate hergestellt, doch stimmte der N-Gehalt mit dem Molekulargewicht nicht überein, sondern war in allen Fällen ge-

---

[1] Schematische Formulierung.

Temperaturabhängigkeit der hemikolloiden Polystyrole und Zwischenglieder geht bei einem Molekulargewicht von 150000 in die positive der Eukolloide über, also bei Polystyrolen mit einer Kettenlänge von ca. 4000 Å. Bei Produkten mit einem Molekulargewicht von 50000—100000 stellen sich die Moleküle in Lösung schon nicht mehr in die 45°-Richtung ein, sondern der Einstellwinkel wächst[1]. Der Richteffekt wird aber hier noch überdeckt durch die negative Temperaturabhängigkeit der Viscosität. Bei einem Molekulargewicht von 150000 kompensieren sich beide Faktoren ungefähr. So gewinnt man den Eindruck, daß die Viscosität der Polystyrollösungen nicht temperaturabhängig sei, wenn man Polymerisate gerade dieser Größenordnung untersucht[2]. Um also bei Substanzen, die starke Abweichungen vom HAGEN-POISEUILLEschen Gesetz zeigen, Aussagen über ihre Temperaturabhängigkeit machen zu können, müßte man entweder die Viscosität bestimmen, ohne daß ein Richteffekt bei der Messung eintreten kann, oder, wenn man die üblichen Methoden anwendet, müßte man über die Größe des Richteffekts und dessen Einfluß auf die Viscosität irgendwelche Aussagen machen können. Es ist allerdings nicht wahrscheinlich, daß sich für die Konstitution der Hochpolymeren wichtige neue Tatsachen ergeben würden, wenn man derartige Messungen ausführen würde. Solche hätten nur Interesse, um das Verhalten kolloider Lösungen näher kennenzulernen. Für die Konstitution der Eukolloide ergibt sich aus diesen Messungen folgendes: da das Verhalten der Glieder der polymerhomologen Reihe der Polystyrole bis zu den Zwischengliedern, also einem Molekulargewicht von 150000 und einer Kettenlänge von 3500—4000 Å, in bezug auf ihre Temperaturabhängigkeit in demselben Lösungsmittel ein ziemlich einheitliches Bild ergibt, so ist anzunehmen, daß die Teilchen der Eukolloide genau so gebaut sind wie erstere.

Zum Schluß dieses Abschnittes sei nochmals betont, daß die relativ geringe Temperaturabhängigkeit der Polystyrole in niederen Konzentrationen ein Beweis dafür ist, daß hier keine Substanzen mit micellarem Bau wie bei den Seifen vorliegen können, sondern daß in diesen Lösungen Einzelmoleküle vorliegen müssen, die durch ihre langgestreckte Form und den dadurch bedingten großen Wirkungsbereich der Moleküle die Kolloidnatur der Lösungen hervorrufen. Nur in ganz konzentrierten Lösungen treten Assoziationen auf, deren Größe naturgemäß stark von der Art des Lösungsmittels abhängt. (Man vgl. hierzu die Ausführungen über Hemikolloide S. 177, Tabelle 72.)

### 6. Molekulargewicht der Zwischenglieder und Eukolloide.

Aus den in den vorigen Abschnitten geschilderten Versuchen geht hervor, daß die Zwischenglieder bis zu einem Molekulargewicht von ca. 150000 sich ganz ähnlich wie die Hemikolloide verhalten. Wenn man also mit diesen Stoffen bei 20° in verdünnter Lösung, deren spez. Viscosität zwischen 0,1 und 0,4 liegt, Viscositätsmessungen ausführt, so liegen Zustände vor, die sich mit denen der Hemikolloide vergleichen lassen. Man kann also auf Grund der bei Hemikolloiden

ermittelten $K_m$-Konstante nach der Formel $M = \dfrac{\eta_{sp}}{c \cdot K_m}$ $(K_m = 1,8 \cdot 10^{-4})$ richtige

---

[1] Vgl. R. SIGNER: Helv. chim. Acta **14**, 1375 (1931).

[2] In der ersten Untersuchung war dies der Fall, vgl. H. STAUDINGER u. W. HEUER: Ber. Dtsch. Chem. Ges. **62**, 2933 (1929).

Molekulargewichte erwarten. Solche Moleküle haben eine Fadenlänge bis zu 4000 Å.

Bei den noch höhermolekularen Polystyrolen, den Eukolloiden, hauptsächlich wenn ihre Moleküle eine Länge von $1\,\mu$ und darüber haben, können bei Anwendung der einfachen Formel erhebliche Differenzen vom tatsächlichen Molekulargewicht eintreten, denn hier sind die Abweichungen vom HAGEN-POISEUILLE-schen Gesetz auch bei sehr geringen Konzentrationen nicht ganz zu vernachlässigen. Die folgende Tabelle 110 zeigt die Schwankungen, die die berechneten Molekulargewichte im Meßgebiet ($\eta_{sp}$ 0,1—0,4) aufweisen können, bei Änderung der Geschwindigkeitsgefälle von 500—2000. Man sieht die besonders bei den höchsten Produkten stark zunehmenden Abweichungen.

Tabelle 110. Berechnung des Durchschnittsmolekulargewichts verschiedener Eupolystyrole aus $\eta_{sp}$-Werten bei verschiedenem Geschwindigkeitsgefälle.

| Substanz: Polystyrol | Grundmolarität | $\eta_{sp}$ beim Gf. | | $\dfrac{\eta_{sp}}{c}$ beim Gf. | | Mol.-Gew. ber. nach $M = \dfrac{\eta_{sp}}{c \cdot 1,8} \cdot 10^4$ beim Gf. | |
|---|---|---|---|---|---|---|---|
| | | 500 | 2000 | 500 | 2000 | 500 | 2000 |
| Unter Luft bei Zimmertemp. polymerisiert (unfraktioniert) | 0,01 | 0,35 | 0,33 (Gf. 1000) | 35 | 33 (Gf. 1000) | 190 000 | 180 000 |
| | 0,025 | 1,03 | 0,98 | 41 | 39 | 230 000 | 220 000 |
| Unter Luft bei Zimmertemp. polymerisiert (fraktioniert) | 0,0025 | 0,12 | 0,11 | 48 | 44 | 270 000 | 240 000 |
| | 0,005 | 0,25 | 0,22 | 50 | 44 | 280 000 | 240 000 |
| Unter Luft bei Zimmertemp. polymerisiert (fraktioniert) | 0,0025 | 0,20 | 0,18 | 80 | 72 | 440 000 | 400 000 |
| | 0,005 | 0,44 | 0,35 | 88 | 70 | 490 000 | 390 000 |
| Unter $N_2$ bei Zimmertemp. polymerisiert (fraktioniert) | 0,001 | 0,11 | 0,08 | 110 | 80 | 610 000 | 440 000 |
| | 0,005 | 0,59 | 0,52 | 118 | 104 | 660 000 | 580 000 |

Wenn auch die absoluten Werte für die Molekulargewichte nicht genau bekannt sind, so ist doch eine genaue Anordnung der Polystyrole untereinander nach steigender Kettenlänge möglich, wenn man bei gleichem Geschwindigkeitsgefälle die spezifischen Viscositäten vergleicht. Wie schon in den vorigen Abschnitten ausführlich dargelegt wurde, kommen die auf möglichst kleine mittlere Geschwindigkeitsgefälle bezogenen Berechnungen sicher den wirklichen Werten am nächsten, die man auf diesem Wege nur unter Vermeidung des Richteffekts bestimmen könnte. Es ist wichtig, nochmals darauf hinzuweisen, daß die für diese Eupolystyrole errechneten Molekulargewichte eher zu klein als zu groß sind und daß tatsächlich Fadenmoleküle existenzfähig und sogar sehr beständig sind, deren Länge $1,5\,\mu$ überschreitet, während ihr Durchmesser ca. 15 Å beträgt. Ihre Länge reicht also bis in das mikroskopisch sichtbare Gebiet. Disperse Systeme mit kugeligen Teilchen von dieser Dimension sind mikroskopisch auflösbar und enthalten schon keine Kolloidteilchen mehr, sondern sind relativ

grobe Suspensionen. Das abnorme Verhalten dieser Eukolloide ist eine Folge ihrer Fadenform, die sowohl die hohe Viscosität infolge ihres großen Wirkungsbereiches wie auch die Abweichungen vom HAGEN-POISEUILLEschen Gesetz hervorruft.

## V. Chemisches Verhalten der Polystyrole.

### 1. Allgemeines.

Die Polystyrolketten sind als substituierte Paraffine gegen chemische Angriffe außerordentlich beständig. Man kann natürlich den Phenylkern substituieren, z. B. nitrieren, sulfurieren; doch wurden diese Reaktionen noch nicht eingehend studiert. Für das Beurteilen des chemischen Verhaltens der Hochpolymeren war es nun von Interesse, die Veränderungen in der Beständigkeit und Reaktionsfähigkeit kennenzulernen, die bei der Polystyrolkette mit zunehmender Länge eintreten. Wie schon öfter ausgeführt, kann man die Fadenmoleküle mit langen dünnen Stäben vergleichen und, wie diese mit zunehmender Länge immer zerbrechlicher werden, so ist es auch bei den Polystyrolketten der Fall. Bei erhöhter Temperatur werden sie infolge der durch die größere Molekularbewegung hervorgerufenen Schwingungen immer unbeständiger. Umgekehrt sind die großen Moleküle bei Substitutionsreaktionen viel weniger reaktionsfähig als entsprechend gebaute kleine. Äthylbenzol wird z. B. leicht nitriert oder sulfuriert, während ein Polystyrol gegen solche Angriffe auffallend beständig ist. Dies ist in der erheblich größeren Trägheit solch großer Moleküle begründet.

### 2. Mechanischer Abbau.

In einer früheren Arbeit[1] wurde festgestellt, daß Lösungen sowohl von Hemikolloiden wie auch von Eukolloiden durch intensive mechanische Behandlung auf der Schüttelmaschine keinen Abbau erleiden, selbst nicht bei Gegenwart von Sauerstoff. Dagegen ist es jetzt gelungen, Polystyrolmoleküle mit der größten bisher erhaltenen Kettenlänge von über 1,5 $\mu$ durch äußerst starke mechanische Beanspruchung in kleinere Bruchstücke zu zerbrechen. Eine solche intensive mechanische Beanspruchung kann man dadurch erzielen, daß man eine Lösung des Polystyrols häufig durch eine feine Düse preßt. Durch die turbulente Strömung dieses „Wasserfalles" werden diese langen Fadenmoleküle, deren Länge 1000mal so groß ist wie ihr Durchmesser, so stark mechanisch beansprucht, daß sie zerbrechen. Nach 100maligem Durchströmen einer 0,005-gd-molaren Tetralinlösung des Polystyrols vom Molekulargewicht 600000 durch eine Platindüse war die spezifische Viscosität der Lösung von 0,67 auf 0,41 gefallen, was einem 39 proz. Abbau der Moleküle entspricht.

Im Hinblick auf gewisse technische Probleme, wie etwa die Mastizierung des Kautschuks, ist die mechanische Zertrümmerung von solchen Fadenmolekülen von Bedeutung[2].

### 3. Oxydativer Abbau von Polystyrolen.

#### a) Abbau durch Ozon.

Gegen Luftsauerstoff sind die Polystyrole außerordentlich beständig. Sehr stark abbauend wirkt dagegen Ozon, wie bereits in früheren Arbeiten festgestellt

---

[1] STAUDINGER, H., u. K. FREY: Ber. Dtsch. Chem. Ges. **62**, 2909 (1929).
[2] Vgl. H. STAUDINGER: Ber. Dtsch. Chem. Ges. **63**, 926 (1930).

wurde[1]. Beim Einleiten von Ozon in eine Lösung von Polystyrol in Tetrachlorkohlenstoff sinkt die Viscosität zunächst stark ab, wie es die folgende Tabelle 111 zeigt, bis schließlich bei längerer Einwirkung Gelatinierung eintritt, die wohl in der Bildung dreidimensionaler Moleküle mit Ozonbrücken ihre Ursache hat[2]. Auch bei der Autoxydation des Kautschuks kann derselbe unlöslich werden; er geht dann von der löslichen $\alpha$-Form in die unlösliche $\beta$-Form über[3]; dies beruht darauf, daß die Fadenmoleküle unter sich durch Sauerstoffbrücken verbunden werden.

Tabelle 111. Ozonabbau eines Polystyrols vom Mol.-Gew. ca. 150000 (eingeleitet in eine 0,25 gd-mol. Lösung in $CCl_4$ in 1 Min. 0,2 l $O_2$ mit ca. 6 Vol.-% $O_3$).

| Dauer des Einleitens in Minuten | $\eta_{sp}$ bei 20° | Abbau % |
|---|---|---|
| 0 | 25,0 | — |
| 5 | 16,0 | 36 |
| 10 | 10,4 | 58 |
| 15 | 8,5 | 66 |
| 20 | 6,9 | 72 |

**b) Abbau durch Benzopersäure.**

Ziemlich stark abbauend auf ein Polystyrol z. B. vom Molekulargewicht 440000 wirkt Benzopersäure, wie folgender Versuch zeigt: 100 ccm einer 0,5 gd-mol. Lösung des Eupolystyrols wurden mit 1,73 g Benzopersäure versetzt, die aber erst nach 1stündigem Schütteln in Lösung ging. Während dieser Zeit ist sicher schon ein Abbau eingetreten, der nach Schätzung ca. 50% beträgt, so daß bei der ersten Viscositätsmessung der Lösung bereits ein Abbau bis auf ein Molekulargewicht von ca. 200000 erfolgt war. Nach der ersten Messung wurden in bestimmten Zeitabständen weitere Viscositätsbestimmungen ausgeführt und auf diese Weise der Verlauf des Abbaus genau verfolgt. Das Ergebnis ist in der nebenstehenden Tabelle zusammengestellt. Die angegebenen Molekulargewichte sind Schätzungen[4], da die gemessenen spezifischen Viscositäten zu hoch sind, um aus ihnen genauere Berechnungen des Molekulargewichts erhalten zu können.

Tabelle 112. Abbau eines Polystyrols vom Mol.-Gew. ca. 440000 mit Benzopersäure in 0,05 gd-mol. $CCl_4$-Lösung. $t = 20°$.

| Zeit in Stunden | $\eta_{sp}$ bei 20° | Abbau % | Geschätztes Mol.-Gew. |
|---|---|---|---|
| 0 | 9,4 | ca. 50 | 200000* |
| $^1/_2$ | 8,85 | 53 | 200000 |
| 1 | 7,23 | 62 | 180000 |
| $1^1/_2$ | 6,34 | 66 | 170000 |
| $4^1/_2$ | 4,53 | 76 | 150000 |
| 5 | 4,50 | 76 | 150000 |
| 24 | 3,64 | 81 | 130000 |
| 48 | 3,05 | 84 | 120000 |
| 95 | 2,12 | 89 | 100000 |

**c) Abbau durch Oxydationsmittel.**

Es ist erstaunlich, wie widerstandsfähig das Polystyrol gegen chemische Angriffe ist, im Gegensatz zum Kautschuk, der außerordentlich leicht abgebaut

---

[1] STAUDINGER, H., K. FREY, P. GARBSCH u. S. WEHRLI: Ber. Dtsch. Chem. Ges. **62**, 2917 (1929).

[2] Vgl. H. STAUDINGER: Über die Bildung von unlöslichen hochmolekularen Ozoniden. Ber. Dtsch. Chem. Ges. **58**, 1088 (1925).

[3] STAUDINGER, H., u. H. F. BONDY: Liebigs Ann. **488**, 155 (1931).

[4] Bei dem vorliegenden großen Material, das durchgemessen wurde, konnte durch Vergleich mit anderen Messungen das Molekulargewicht auch aus vorliegenden Messungen in hohen Konzentrationen ungefähr geschätzt werden.

* Das Produkt ist vor der ersten Messung schon ca. zur Hälfte abgebaut.

und in niedermolekulare Bruchstücke verwandelt wird. Ein hemikolloides Polystyrol, das längere Zeit in der Hitze mit Kaliumpermanganat in saurer Lösung behandelt wurde, zeigte keine Änderung der Viscosität. Es ist also kein oxydativer Abbau der Ketten eingetreten; ob das Polystyrol allerdings an einem tertiären H-Atom oxydiert wird, was möglich ist, wurde nicht untersucht.

Auch ein Eupolystyrol vom Molekulargewicht 150000—160000 wird in Benzollösung durch Schütteln mit einer wässerigen Lösung von Chromsäure nicht abgebaut; dagegen wird dieselbe Substanz durch Kaliumpermanganat sowohl in alkalischer wie auch in saurer Lösung oxydiert. Schon nach einstündigem Schütteln mit saurer $KMnO_4$-Lösung war, nachdem die Substanz einmal umgefällt war, die Viscosität um ca. 20% gesunken; ebenso wird das hochmolekulare Polystyrol durch salpetrige Säure oxydativ abgebaut.

### 4. Hochmolekulare Säuren.

**a) Darstellung von hochmolekularen Säuren durch Oxydation von Polystyrol mit Kaliumpermanganat.**

Der oxydative Abbau von Polystyrol sollte so vor sich gehen, daß an den Enden der langen Ketten Carboxylgruppen entstehen. Da das Polystyrol als Toluolderivat aufgefaßt werden kann, so wird eine Abspaltung von Benzoësäure erfolgen unter Bildung einer Dicarbonsäure nach folgender Gleichung:

$$CH_2 \!\mid\! —CH_2—[CH—CH_2]_x—C\!=\!CH_2^{*}$$
$$\phantom{x}C_6H_5 \qquad\quad C_6H_5 \qquad\quad C_6H_5$$

$$\downarrow \text{ oxydiert mit } KMnO_4$$

$$C_6H_5 \cdot COOH + HOOC—[CH—CH_2]_x—CH—COOH$$
$$\phantom{xxxxxxxxxxxxx}C_6H_5 \qquad\qquad C_6H_5$$

Ferner ist es natürlich möglich, daß tertiäre H-Atome der Kette oxydiert werden, so daß diese noch Hydroxylgruppen enthalten kann.

Da man beim Abbau von hochmolekularem Polystyrol vom Molekulargewicht ca. 150000 je nach der Dauer der Einwirkung Abbauprodukte vom Molekulargewicht 30000—40000 erhält, so hofften wir durch Fraktionieren aus diesen Substanzgemischen eine polymerhomologe Reihe von Polystyroldicarbonsäuren herzustellen, deren höchste Glieder das Molekulargewicht 50000 haben würden und deren niederste noch kryoskopisch bestimmbare Molekulargewichte bis 10000 besitzen würden. In diesen Polydicarbonsäuren glaubten wir dann in der Anwesenheit der Carboxylgruppen ein einfaches Mittel zu haben, auf chemischem Wege die Kettenlänge zu bestimmen; um so zu prüfen, ob die Beziehungen zwischen Viscosität und Molekulargewicht, die man bei den hemikolloiden Kohlenwasserstoffen gefunden hat, auch bei Produkten bis zu einem Molekulargewicht von 50000 ihre Gültigkeit haben.

Zur Darstellung der Säuren wurde ein technisches Polystyrol[1] vom Durchschnittsmolekulargewicht 150000 ohne vorheriges Umfällen in Benzol gelöst und in einem großen Stutzen mit einer schwefelsauren Kaliumpermanganatlösung

---

* Es wird der Einfachheit halber angenommen, daß am Ende der Kette eine Doppelbindung vorhanden ist.

[1] Präparat der I.G. Farbenindustrie AG., Werk Uerdingen.

sehr kräftig durchgerührt. Diese Behandlung wurde jeweils längere Zeit (bis zu 6 Wochen ununterbrochen) durchgeführt. Nach Entfärbung wurden frisches Kaliumpermanganat und Schwefelsäure hinzugefügt und auch von Zeit zu Zeit das verdampfte Benzol ersetzt. Auf diese Weise wurden mehrere Oxydationen unter verschiedenen Bedingungen durchgeführt. Sehr schwierig gestaltete sich nachher bei der Aufarbeitung die quantitative Entfernung des Mangans. Nach völliger Reduktion des abgeschiedenen Braunsteins durch Einleiten von $SO_2$ wurde zunächst die Benzollösung abgetrennt, filtriert und mit Methanol zur Entfernung anwesender niedermolekularer organischer Substanzen gefällt. Dann wurden verschiedene Wege zur Entfernung des Mangans eingeschlagen. Ein öfter wiederholtes Ausfällen der benzolischen Lösung der Säuren mit Eisessig führte nicht zu einem aschefreien Produkt, erst durch mehrmaliges Fällen einer Lösung in technischem Dioxan mit 4—6proz. Schwefelsäure konnte ein von anorganischen Bestandteilen freies Produkt erhalten werden. Nach dieser Behandlung wurde die Substanz kurz im Vakuum von 12 mm Hg bei 60° getrocknet und nochmals aus benzolischer Lösung mit Methanol ausgefällt. Dann wurde nach den üblichen Methoden fraktioniert (vgl. hierzu S. 187). In folgender Tabelle 113 sind die Ergebnisse der Fraktionierung einiger Oxydationsprodukte angegeben, ferner die Ausbeuten in Prozenten der Gesamtausbeuten. Das Ausgangsmaterial hatte ein

Tabelle 113. Oxydation eines Polystyrols vom Mol.-Gew. 150000 mit $KMnO_4$ in schwefelsaurer Lösung.

| Fraktion | 1. In der Kälte 50 Std. oxydiert | | 2. In der Kälte 15 Tage oxydiert | | 3. Bei Siedehitze 14 Tage oxydiert | | 4. In der Kälte 26 Tage oxydiert | | 5. In der Kälte in stark saurer Lösung 16 Tage oxydiert | |
|---|---|---|---|---|---|---|---|---|---|---|
| | geschätztes Mol.-Gew. | Proz. der Gesamtausbeute | geschätztes Mol.-Gew. | Proz. der Gesamtausbeute | geschätztes Mol.-Gew. | Proz. der Gesamtausbeute | geschätztes Mol.-Gew. | Proz. der Gesamtausbeute | geschätztes Mol.-Gew. | Proz. der Gesamtausbeute |
| I | 35000 | 11 | 40000 | — | 40000 | 95 | 7000 | 9 | 7900 | 1,5 |
| II | 70000 | 21 | 70000 | — | 75000 | 5 | 12000 | 6 | 9700 | 3,5 |
| III | 100000 | 16 | 80000 | — | — | — | 19000 | 28 | 11000 | 3,0 |
| IV | 150000 | 52 | — | — | — | — | 32000 | 57 | 39000 | 92 |

Molekulargewicht von etwa 150000. Die niederstmolekularen Produkte, die daraus durch oxydativen Abbau erhalten wurden, haben ein Molekulargewicht von 7000. Die Ausbeuten an diesen niedermolekularen Anteilen waren aber trotz der sehr langen Einwirkungsdauer des Kaliumpermanganats sehr gering. Diese enorme Beständigkeit des Kohlenwasserstoffs gegen $KMnO_4$ ist auffallend. Wie schon im Abschnitt über Hemikolloide (s. Tab. 63b, S. 170) ausführlich dargestellt wurde, ist es bei diesen durch Abbau langer Ketten erhaltenen Substanzgemischen sehr wichtig, äußerst sorgfältig zu fraktionieren, da sonst infolge der mangelnden Einheitlichkeit der Produkte die Übereinstimmung zwischen den viscosimetrisch und kryoskopisch ermittelten Durchschnittsmolekulargewichten nicht befriedigend sein kann.

b) Versuche zur Bestimmung der Carboxylgruppen.

Durch eine Elementaranalyse läßt sich naturgemäß bei dem hohen Molekulargewicht der Säuren die Molekülgröße nicht genau aus dem Sauerstoffgehalt er-

mitteln[1]. Um die Carboxylgruppen zu bestimmen, versuchten wir daher, wie es früher bei den Fettsäuren geschah, Salze herzustellen, um aus dem Metallgehalt nachher das Äquivalentgewicht festzustellen. Wir machten dabei die Erfahrung, daß diese hochmolekularen oxydierten Substanzen sich gar nicht wie Säuren verhalten. Beim Schütteln der benzolischen Lösung der Säuren mit wässerigen Lösungen von KOH, TlOH und anderen Basen entstehen keine Salze. Die Säuren sind zu hochmolekular, als daß sie wasserlösliche und kolloidlösliche Salze liefern könnten. Das Alkali wandert auch nicht in die Benzollösung, um mit der Säure benzollösliche Salze zu bilden. Weiterhin versuchten wir, die Salze durch Fällen mit Natriumäthylat herzustellen; dabei fallen bei genügendem Zusatz von Alkohol die Polystyrolsäuren aus, aber wenn sie genügend gereinigt sind, enthalten sie kein Metall.

Diese hochmolekularen sauerstoffhaltigen Verbindungen, die nach ihrer Darstellung am Ende der Ketten Carboxylgruppen tragen, verhalten sich also nicht wie Säuren. Dies wird verständlich, wenn man bedenkt, daß saurer Charakter nur dann auftreten kann, wenn das Anion im Verhältnis zum Kation nicht zu groß ist; dies ist aber hier der Fall. Daher kann auch eine Micellbildung nicht eintreten wie bei den Seifen, ebenfalls wegen der Größe des Anions. Bei den Seifen werden ja die hydrophoben Kohlenwasserstoffreste im Innern der Micelle vor dem Zutritt von Wasser geschützt, an der Oberfläche befinden sich nur die hydrophilen Ionen. Ein derartiger Micellaufbau ist wegen der Größe der organischen Reste bei diesen Polystyrolsäuren nicht möglich.

Weiterhin versuchten wir, die Säuren in Säurechloride zu überführen, um diese dann mit Phenylhydrazin oder Bromsubstitutionsprodukten desselben in Phenylhydrazide überzuführen. Läßt man zur Herstellung der Säurechloride Thionylchlorid 3 Stunden lang siedend auf eine solche Polystyrolsäure einwirken, so bildet sich neben sehr wenig löslichem Produkt eine in Benzol, Toluol, $CCl_4$, $CHCl_3$ und anderen organischen Lösungsmitteln nur quellende, aber gänzlich unlösliche Substanz. Die Säuregruppe, die prozentual einen sehr geringen Anteil der Substanz ausmacht, hat einen starken Einfluß auf das chemische Verhalten des Polystyrols, wie die Überführung der hochmolekularen Säure in ein unlösliches dreidimensionales Gebilde zeigt; denn Polystyrol selbst, das keine charakteristischen Endgruppen besitzt, reagiert nicht mit Thionylchlorid und geht damit nicht in unlösliche Produkte über. Man kann sich die Bildung der unlöslichen Produkte so vorstellen, daß Carboxyl- und evtl. Hydroxylgruppen verschiedener Ketten miteinander reagieren und so durch Sauerstoffbrücken eine Verbindung der Fadenmoleküle untereinander erfolgt, die zur Bildung dreidimensionaler Makromoleküle führt. Die Herstellung von Säurechloriden und von Derivaten[2] derselben ist bisher nicht gelungen, doch sind diese Versuche noch nicht zum Abschluß gekommen.

Von Wichtigkeit war weiterhin die Darstellung der Polystyrolsäuren zur Aufklärung der Konstitution der Hemikolloide. Bei den Molekülen der Hemikolloide

---

[1] Die Polystyrolcarbonsäuren wurden analysiert. Ihr Sauerstoffgehalt ist in der Regel etwas höher, als dem nach der kryoskopischen oder viscosimetrischen Methode bestimmten Durchschnittsmolekulargewicht entspricht, ein Zeichen, daß auch Sauerstoffatome in die Kette eingetreten sind.

[2] Es könnte z. B. durch Bestimmung des Stickstoffgehaltes von Säurephenylhydraziden die Molekülgröße auf chemischem Weg bestimmt werden.

nahmen wir früher an[1], daß in ihnen hochmolekulare Ringe vorliegen; in diesen durch oxydativen Abbau erhaltenen Produkten können aber auf Grund ihrer Entstehung keine Ringe vorliegen, sondern beim oxydativen Abbau müssen Fadenmoleküle entstehen. Wir untersuchten nun die Viscosität einer solchen Säure vom Molekulargewicht ca. 40000 in Tetralinlösung in verschiedenen Konzentrationen bei 20 und 60° und stellten fest, daß sie sich genau wie ein Kohlenwasserstoff von entsprechender Kettenlänge verhält. Besonders die Temperaturabhängigkeit der spezifischen Viscosität bewegt sich in denselben Grenzen (10—15%) wie beim Kohlenwasserstoff. Man hätte infolge der in das Molekül eingetretenen Carboxyl- und Hydroxylgruppen eine Veränderung gerade in der Temperaturabhängigkeit erwarten können, da koordinative Bindungen zwischen den Molekülen durch die Carboxylgruppen erfolgen könnten; doch muß man auch hier wieder berücksichtigen, daß die Zahl der eingetretenen Carboxylgruppen im Verhältnis zur Gesamtgröße des Moleküls nur sehr gering ist und deshalb nicht genügt, um solch einen Einfluß geltend zu machen. Die nebenstehende Tabelle 114 enthält eine Konzentrationsreihe für eine Säure vom Molekulargewicht ca. 40000.

Tabelle 114. Viscositäten einer Polystyrolsäure vom Mol.-Gew. ca. 40000 in Tetralin bei 20 und 60° im OSTWALDschen Viscosimeter.

| Grundmolarität | $\eta_{sp}$ bei 20° | $\eta_{sp}$ bei 60° | $\dfrac{\eta_{sp}\ 60°}{\eta_{sp}\ 20°}$ |
|---|---|---|---|
| 0,01 | 0,070 | 0,065 | 0,93 |
| 0,025 | 0,190 | 0,185 | 0,97 |
| 0,05 | 0,394 | 0,370 | 0,94 |
| 0,075 | 0,640 | 0,587 | 0,92 |
| 0,1 | 0,905 | 0,825 | 0,91 |
| 0,25 | 2,995 | 2,725 | 0,91 |
| 0,5 | 10,1 | 8,66 | 0,86 |

### c) Untersuchung von hemikolloiden Säuren.

Durch sehr intensiven Abbau mit Kaliumpermanganat gelingt es, Polystyrolsäuren zu erhalten, die zu den Hemikolloiden zählen, deren Molekulargewicht unter 10000 liegt und kryoskopisch noch bestimmbar ist. Die Hauptmenge der erhaltenen Oxydationsprodukte hatte ein weit über 10000 liegendes Molekulargewicht, die geringen darin enthaltenen Mengen hemikolloider Substanz wurden mit Aceton daraus extrahiert. Bereits im Abschnitt über Hemikolloide (s. Tab. 63b, S. 170) wurden zwei Beispiele von Polystyrolsäuren dafür angeführt, daß bei nicht genügender Fraktionierung die $K_m$-Konstante infolge der Uneinheitlichkeit der Substanz nicht stimmt. In der folgenden Tabelle 115 ist die Bestimmung der $K_m$-Konstante an Produkten aus zwei Oxydationsversuchen angeführt. Die Werte des Oxydationsversuchs 1 sind die nach der zweiten besonders sorgfältig durchgeführten Fraktionierung erhaltenen Zahlen, die bereits in Tabelle 63b (s. S. 170) angeführt sind. Die drei Fraktionen des Versuches 2 entstanden folgendermaßen: Das unfraktionierte Oxydationsprodukt wurde, nachdem es durch häufiges Umfällen mit 4—6proz. Schwefelsäure und darauf mit Methanol aschefrei erhalten war, 6mal mit derselben Menge Aceton siedend extrahiert. Nach dem Ausfällen mit Methanol vereinigt, wurden die ersten 4 Extrakte wiederholt mit siedendem n-Butanol ausgezogen. Diese Auszüge wurden wiederum vereinigt und ergaben nach abermaligem Umfällen Fraktion I, der Rückstand

---

[1] Ber. Dtsch. Chem. Ges. **62**, 9912 (1929).

dieser Extraktion Fraktion II und die letzten Acetonextrakte Fraktion III. Die Tabelle 115 zeigt, daß die ersten 4 Substanzen eine mit der bei den Hemikolloiden ermittelten $K_m$-Konstanten ($1,8 \cdot 10^{-4}$) übereinstimmende Konstante ergeben, während die letzte Substanz einen zu hohen Wert für $K_m$ hat. Dies rührt daher, daß die letzten Acetonextrakte des Versuches 2 noch niedermolekulare Anteile enthalten, die bei den ersten 4 Acetonextrakten durch den Auszug mit n-Butanol entfernt wurden. Hierdurch wurde das kryoskopisch gefundene Molekulargewicht stark herabgesetzt und infolgedessen die Konstante zu hoch.

Aus der Übereinstimmung der $K_m$-Konstanten der Polystyrolsäuren mit derjenigen der hemikolloiden Polystyrolkohlenwasserstoffe ergibt sich, daß in den letzteren nicht hochmolekulare Ringe, sondern ebenfalls offene lange Ketten vorliegen. Wenn die Moleküle der Polystyrolkohlenwasserstoffe Ringstruktur hätten, dann müßten Lösungen der Polystyrolsäuren doppelt so viscos sein wie gleichkonzentrierte Lösungen der Kohlenwasserstoffe von gleichem Molekulargewicht. Denn die Ringmoleküle der letzteren wären nur halb so lang wie die Fadenmoleküle der Säuren, da die Ringe als Doppelfäden aufgefaßt werden müssen[1].

Tabelle 115. Bestimmung der $K_m$-Konstanten einiger hemikolloider Polystyrolsäuren in Benzol (bei Polystyrol $= 1,8 \cdot 10^{-4}$).

| Oxydations-versuch | Fraktion | Durchschnitts-molekular-gewicht kryo-skopisch in Benzol | $\dfrac{\eta_{sp}}{c}$ in Benzol $t = 20°$ | $K_m = \dfrac{\eta_{sp}}{c \cdot M}$ |
|---|---|---|---|---|
| 1 | I | 7000 | 1,25 | $1,8 \cdot 10^{-4}$ |
| 1 | II | 12000 | 2,34 | $1,9 \cdot 10^{-4}$ |
| 2 | I | 7400 | 1,23 | $1,7 \cdot 10^{-4}$ |
| 2 | II | 10800 | 1,75 | $1,6 \cdot 10^{-4}$ |
| 2 | III | 7000 | 1,95 | $2,8 \cdot 10^{-4}$ |

Bei gleicher Viscosität von Säure und Kohlenwasserstoff müßten sich dann die Molekulargewichte wie $1 : 2$ verhalten; die $K_m$-Konstante der Säure müßte also doppelt so hoch gefunden werden. Da sie sich jedoch nach diesen Versuchen als identisch mit der der Kohlenwasserstoffe erweist, müssen in den letzteren Substanzen offene Kohlenwasserstoffketten vorliegen.

## 5. Abbau von Polystyrolen durch Brom.

Wie schon in früheren Arbeiten[2] festgestellt wurde, werden Eupolystyrole und auch die Zwischenglieder durch Einwirkung von Brom abgebaut, während bei Hemikolloiden die Kettenlänge erhalten bleibt. Wir hofften nun, daß beim Abbau der langen Ketten durch Brom die Enden der Bruchstücke von diesem besetzt würden, wenn man streng unter Ausschluß von Licht arbeiten würde. Durch analytische Bestimmung des Broms sollten dann Schlüsse auf die Kettenlänge gezogen werden. Die Versuche führten aber nicht zu dem erwarteten Ziel. Es tritt nämlich auch bei Ausschluß von Licht neben Addition immer eine Substitution durch Brom ein, so daß der Bromgehalt der erhaltenen Abbauprodukte immer größer ist, als dem durch Viscositätsmessungen ermittelten Molekulargewicht entspricht.

---

[1] Bei dieser Schlußfolgerung ist allerdings die neue Erfahrung nicht berücksichtigt, daß Ringe in der Kette viscositätserhöhend wirken, vgl. S. 63.

[2] STAUDINGER, H., K. FREY, P. GARBSCH u. S. WEHRLI: Ber. Dtsch. Chem. Ges. 62, 2912 (1929).

Die erste auffällige Beobachtung, die gemacht wurde, war, daß der Abbau im Licht viel rascher verläuft als im Dunkeln. Die Versuche wurden so ausgeführt, daß die Viscosität der mit Brom in Tetrachlorkohlenstoff versetzten

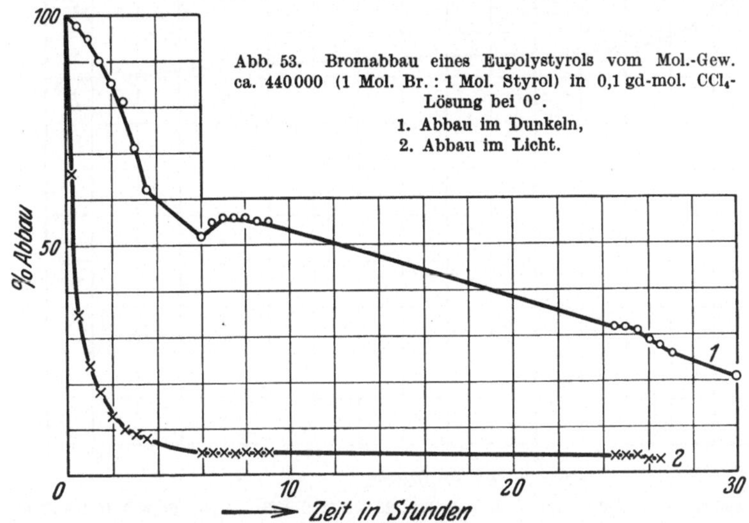

Abb. 53.  Bromabbau eines Eupolystyrols vom Mol.-Gew. ca. 440000 (1 Mol. Br. : 1 Mol. Styrol) in 0,1 gd-mol. CCl₄-Lösung bei 0°.
1. Abbau im Dunkeln,
2. Abbau im Licht.

Polystyrollösung (im allgemeinen 1 Mol. Brom : 1 Grundmolekül Styrol) nach bestimmten Zeiten gemessen wurde, und zwar sowohl in einem farblosen OstwaLDschen Viscosimeter wie auch in einem mit rotem Lampenlack lackierten.

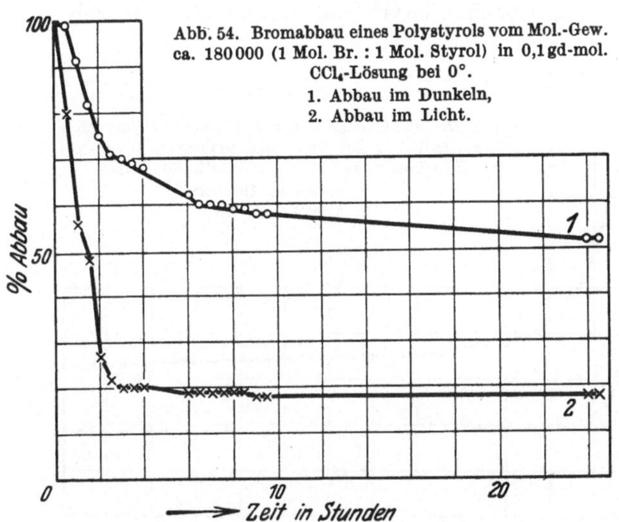

Abb. 54.  Bromabbau eines Polystyrols vom Mol.-Gew. ca. 180000 (1 Mol. Br. : 1 Mol. Styrol) in 0,1 gd-mol. CCl₄-Lösung bei 0°.
1. Abbau im Dunkeln,
2. Abbau im Licht.

Alle diese Messungen wurden bei 0° ausgeführt. Am Tageslicht erfolgt ein erheblich schnellerer Abbau als im Dunkeln. Die folgenden Abb. 53, 54, 55 geben eine Übersicht dieser Versuche. Auf der Ordinate ist jeweils der Abbau in Prozent, rechnet auf die Anfangsviscosität, angegeben[1], auf der Abszisse die Zeiten der Einwirkung.

Man erkennt bei allen Produkten deutlich den erheblich stärkeren Abbau im Licht gegenüber den Dunkelversuchen. Dieser Abbau im Licht tritt sogar noch bei einem Polystyrol vom Molekulargewicht 23000 ein, während im Dunkeln hier die Kettenlänge erhalten bleibt. Mit zunehmender

---

[1] Da die Viscosität in diesen hohen Konzentrationen nicht proportional mit der Konzentration steigt, entsprechen die Kurven nicht genau der Abnahme der Molekülgrößen. Zur Orientierung sind jedoch die angegebenen Kurven ausreichend.

Molekülgröße wird der Abbau natürlich erheblich größer, wie ebenfalls aus den Abbildungen ersichtlich ist. Durch Zusatz von $HgCl_2$ wird der Abbau auch

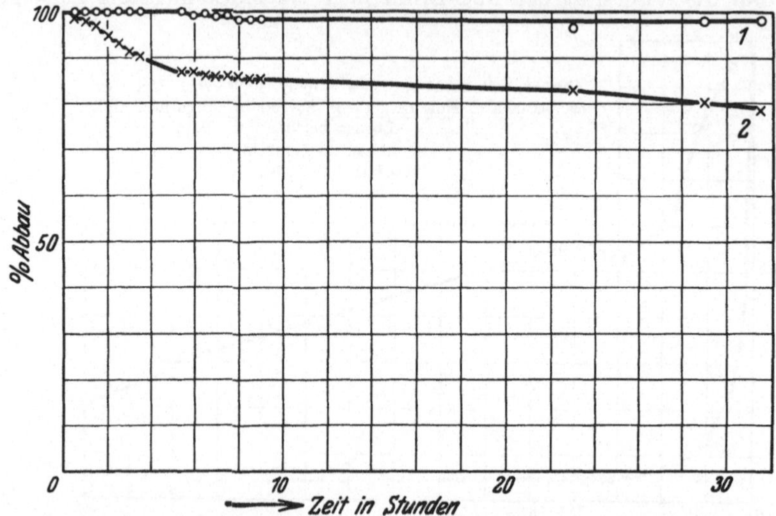

Abb. 55. Bromabbau eines Polystyrols vom Mol.-Gew. 23000 (1 Mol. Br. : 1 Mol. Styrol) in 0,5 gd-mol. $CCl_4$-Lösung bei 0°.  1. Abbau im Dunkeln, 2. Abbau im Licht.

im Dunkeln beschleunigt, wie die folgende Abb. 56 zeigt. Man vergleiche hierzu Abb. 54 für dieselbe Substanz ohne Zusatz von $HgCl_2$.

Um nun zu sehen, ob zwischen aufgenommenem Brom und der Kettenlänge der Abbauprodukte eine Beziehung besteht, derart daß auf ein Molekül Poly-

styrol 2 Atome Brom an den Enden kommen, wurde eine mit Brom versetzte 0,1 gd-molare Polystyrollösung in Tetrachlorkohlenstoff (1 Mol : 1 Gd-Mol) im Dunkeln bei Zimmertemperatur belassen und von Zeit zu Zeit eine Probe der Lösung ausgefällt. Das überschüssige Brom wurde vor dem Ausfällen jeweils mit $SO_2$ entfernt, dann nach 3 maligem Umfällen aus Methanol die Viscosität

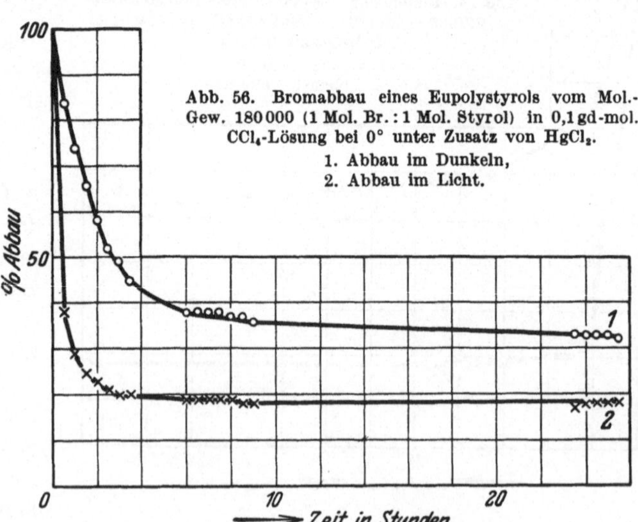

Abb. 56.  Bromabbau eines Eupolystyrols vom Mol.-Gew. 180000 (1 Mol. Br. : 1 Mol. Styrol) in 0,1 gd-mol. $CCl_4$-Lösung bei 0° unter Zusatz von $HgCl_2$.
1. Abbau im Dunkeln,
2. Abbau im Licht.

des bromierten Produktes gemessen und der Bromgehalt bestimmt. Selbstverständlich waren die Substanzen vorher bis zur Gewichtskonstanz im Hochvakuum bei 60° getrocknet. In der folgenden Tabelle 116 sind die Ergebnisse dieser Versuche zusammengestellt.

Tabelle 116. Einwirkung von Brom auf ein Eupolystyrol vom Mol.-Gew. ca. 270000 in 0,1 gd-molarer $CCl_4$-Lösung (1 Mol : 1 Gd-Mol) bei Zimmertemperatur.

| Dauer der Einwirkung | Ausflußzeit der $CCl_4$-Lösung am Licht $t = 20°$ | | Ausflußzeit der $CCl_4$-Lösung im Dunkeln $t = 20°$ | | $\eta_{sp}/c$ in Tetralin des ausgefällten Produktes bei 20° (dunkel) | Abbau % | Brom-gehalt % | Mol.-Gew. ber. aus der Visc. des ausgefällten Produktes | Mol.-Gew. ber. aus dem Brom-gehalt |
|---|---|---|---|---|---|---|---|---|---|
| | Sek. | Abbau % | Sek. | Abbau % | | | | | |
| Ohne Brom | 257,0[1] | — | 80,2[1] | — | 48 | — | — | 270000 | — |
| 5 Minuten | 177,0 | 31 | 73,8 | 8 | 43 | 10 | 0,39 | 240000 | 41000 |
| 30 Minuten | 68,4 | 73 | 70,6 | 12 | 43 | 10 | 0,35 | 240000 | 46000 |
| 8 Stunden | 31,0 | 88 | 59,8 | 25 | 43 | 10 | 0,37 | 240000 | 43000 |
| 24 Stunden | 30,2 | 88 | 55,5 | 31 | 41 | 15 | 0,48 | 230000 | 34000 |
| 48 Stunden | 27,6 | 89 | 47,0 | 41 | 38 | 21 | 0,54 | 210000 | 30000 |
| 96 Stunden | 24,0 | 97 | 37,0 | 54 | 36 | 25 | 0,56 | 200000 | 29000 |
| 7 Tage | — | — | — | — | 28 | 42 | 0,49 | 160000 | 33000 |

Man ersieht aus den Zahlen der beiden letzten Spalten, daß sich ein Zusammenhang zwischen Molekülgröße und Bromgehalt nicht ergibt, sondern daß Brom durch Substitution in die Kette eingetreten sein muß.

Wie die folgenden Versuche an Hemikolloiden zeigen, ist nur der Abbau der Kette unter Sprengung der C—C-Bindung der photochemische Vorgang, während die Bromsubstitution eine von der Lichteinwirkung scheinbar unabhängige Reaktion ist. Zur Untersuchung dieser Umsetzung ließen wir in 2,0 gd-molarer Tetrachlorkohlenstofflösung Brom auf Hemipolystyrol (1 Mol : 1 Gd-Mol) einwirken, und zwar sowohl im Dunkeln wie auch im Tageslicht. Hierbei ändert sich die Viscosität der Lösung nicht; sie steigt eher etwas an, wohl infolge des in Lösung befindlichen Bromwasserstoffes, der sich in starkem Maße bildet. Nach verschiedenen Zeiten wurden den beiden Lösungen wieder Proben entnommen und nach sofortiger Entfernung des überschüssigen Broms ausgefällt. Die ausgeschiedenen gelblichen Produkte wurden 3 mal aus Methanol umgefällt und im Hochvakuum bis zur Gewichtskonstanz getrocknet. Dann wurden die Substanzen analysiert und die Viscositäten in Tetralinlösung gemessen. Die Bromgehalte der im Licht und Dunkeln erhaltenen Produkte sind bei den verschiedenen Einwirkungszeiten ziemlich übereinstimmend, wie folgende Tabelle 117 zeigt.

Tabelle 117. Einwirkung von Brom auf Hemipolystyrol in 2 gd-molarer Tetrachlorkohlenstofflösung (1 Mol : 1 Gd-Mol) bei Zimmertemperatur.

| Dauer der Einwirkung | Im Licht Br-Gehalt % | Im Dunkeln Br-Gehalt % | Im Licht $\eta_{sp}/c$ in Tetralin bei 20° | Im Dunkeln $\eta_{sp}/c$ in Tetralin bei 20° |
|---|---|---|---|---|
| 1 Stunde . . . . . . . | 2,97 | — | 1,5 | 1,5 |
| 6 Stunden . . . . . . | 5,12 | 4,37 | 1,7 | 1,6 |
| 8 Tage . . . . . . . . | 14,4 | 15,9 | 1,5 | 1,5 |
| 35 Tage . . . . . . . . | 20,5 | 18,9 | 1,3 | 1,4 |
| Hemikolloid ohne Brom . | — | — | 1,4 | 1,4 |

Die beiden letzten Spalten enthalten die $\eta_{sp}/c$-Werte der bromierten Substanzen in Tetralin bei 20° (gemessen in 0,1 gd-molaren Lösungen). Sie sind

---

[1] Die verschiedenen Ausflußzeiten erklären sich durch die Verwendung verschiedener Viscosimeter.

alle annähernd gleich, ob sie viel, wenig oder gar kein Brom enthalten. Hierin haben wir ein gutes Beispiel dafür, daß die spezifische Viscosität nur eine Funktion der Kettenlänge ist, während es auf etwa gebildete Seitenketten der Moleküle nicht ankommt[1], wenn man gleichkonzentrierte Lösungen vergleicht.

Es ist außerordentlich merkwürdig, daß durch Licht die beiden Umsetzungen mit Brom — erstens die Sprengung der C—C-Bindung in der Kette und zweitens die Substitutionsreaktion — ganz verschieden beeinflußt werden; nur die erste Reaktion ist eine photochemische. Das kommt noch besser zum Ausdruck bei der Einwirkung von $S_2Cl_2$ auf ein hochmolekulares Polystyrol im Licht und im Dunkeln, wie es in Abb. 57 wiedergegeben ist.

Hier findet nur ein Abbau im Licht statt, während im Dunkeln die Substanz nicht abgebaut wird[2]. Es ist interessant, daß von

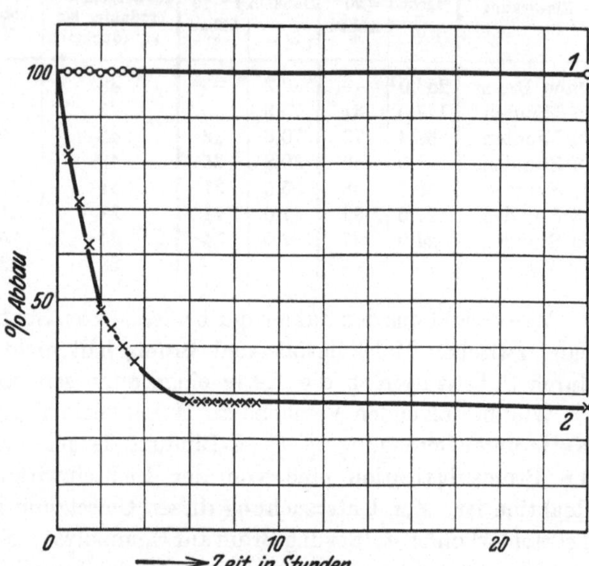


Abb. 57. Abbau eines Eupolystyrols vom Mol.-Gew. ca. 180000 mit $S_2Cl_2$ (1 Mol : 1 gd-Mol) in 0,1 gd-mol. $CCl_4$-Lösung bei 20°.
1. Abbau im Dunkeln, 2. Abbau im Licht.

E. O. LEUPOLD auch bei Balata ganz ähnliche Beobachtungen gemacht wurden[3]. Auch der oxydative Abbau der Polyprenketten ist ein photochemischer Vorgang. Es scheint also danach allgemein der chemische Abbau langer C-Ketten ein photochemischer Vorgang zu sein.

## 6. Weitere Versuche zur Einführung von Endgruppen in die Polystyrole[4].

Die Konstitutionsaufklärung der Polystyrole ist mit dem Nachweis, daß zahlreiche Polystyrolmoleküle zu einer langen Kette verbunden sind, und mit der Bestimmung dieser Kettenlänge nicht erledigt. Es handelt sich weiter darum, die Endgruppen dieser Fadenmoleküle festzustellen. Erst dann kann die Konstitutionsaufklärung als beendet gelten.

a) Anfangs wurde die Vermutung ausgesprochen[5], daß die Eukolloide freie Valenzen am Ende der Kette besäßen. Die Reaktionsfähigkeit des dreiwertigen Kohlenstoffes in einer derartig langen Kette hätte ja außer-

---

[1] STAUDINGER, H.: Ber. Dtsch. Chem. Ges. **65**, 267 (1932).  Vgl. auch S. 77.

[2] Da hier keine Substitution erfolgt, sondern nur ein Abbau, so ließe sich hier aus dem S- und Cl-Gehalt der Abbauprodukte eine Aussage über die Kettenlänge machen; solche Versuche sollen noch unternommen werden.

[3] Vgl. Dritter Teil, C. IV. 4.

[4] Über die Frage der Endgruppen vgl. Ber. Dtsch. Chem. Ges. **59**, 3019 (1926).

[5] Kautschuk **1925**, Nr 1 (Augustheft), S. 5.

ordentlich gering sein können. Diese Vermutung ließ sich experimentell nicht bestätigen[1,2].

b) Man könnte weiter annehmen, daß sich ein Styrolmolekül unter Wasserstoffwanderung an ein anderes anlagert, und daß so allmählich die langen Ketten aufgebaut würden[3]. Auch dieser Polymerisationsverlauf findet nicht statt, denn Distyrol und Tristyrol lagern kein Styrol mehr an[4]. Dagegen können längere Polyoxymethylenketten durch solche polymerisierende Kondensation entstehen[5].

c) Charakteristische Endgruppen[6] am Ende langer Ketten konnten, wie gesagt, bei den Polystyrolen bisher nicht nachgewiesen werden. Anfangs nahmen wir an, daß bei der Polymerisation mit Zinntetrachlorid dieses Säurechlorid am Ende der langen Kette koordinativ gebunden wird, und daß dann beim Aufarbeiten durch Zusatz von Alkohol das Ende der Kette mit einer Methoxyl- resp. Äthoxylgruppe besetzt wird. Eine solche Gruppe ließ sich aber hier, wie auch bei den Polyindenen[7], nicht nachweisen.

Um das Ende der Ketten mit charakteristischen Endgruppen zu besetzen, polymerisierten wir Styrol bei Gegenwart von Eisessig, Methylalkohol und Piperidin durch Einwirkung von ultraviolettem Licht. Wir erhielten so neben einer unlöslichen[8] Substanz, die sich in Form von Häutchen ausscheidet, hemikolloide Produkte vom Polymerisationsgrad 20—30, aber bei keinem derselben konnten die zugesetzten Reagenzien als Endglieder der Kette nachgewiesen werden. Vielmehr sind auch die so hergestellten Polystyrole reine Kohlenwasserstoffe[9].

d) Infolge der Unmöglichkeit, Endgruppen nachzuweisen, nahmen wir einige Zeit an, daß in den Polystyrolen wie auch in den Polyindenen vielgliedrige Ringe vorliegen. Wir dachten uns den Polymerisationsverlauf derart[10], daß ein angeregtes Molekül an beiden Enden neue Styrolmoleküle anlagert. Diese Polystyrolfäden, die von dem angeregten Molekül ausgehen, sollten sich infolge zwischenmolekularer Kräfte parallel lagern, und schließlich sollte es je nach den Reaktionsbedingungen schneller oder langsamer zu einem Ringschluß kommen. Diese hochmolekularen Ringe stellten dann gewissermaßen Doppelfäden dar. Gerade durch die Untersuchungen von L. Ruzicka und J. R. Katz[11] über den Bau der hochgliedrigen Ringe schien die Existenz solcher Doppelfäden durchaus

---

[1] Vgl. z. B. M. Bruni: Verhandlungen des Kautschuk-Kongresses in Paris 1931.

[2] Vgl. Ber. Dtsch. Chem. Ges. **62**, 2913 (1929).

[3] Whitby nimmt an, daß die Polymerisation in dieser Weise verläuft, vgl. Whitby u. Katz: Journ. Amer. Chem. Soc. **50**, 1160 (1928).

[4] Versuche von A. Steinhofer.

[5] Vgl. S. 148.

[6] Über Endgruppen in der Polyoxymethylenkette siehe H. Staudinger u. M. Lüthy: Helv. chim. Acta **8**, 41 (1924).

[7] Versuche von A. A. Ashdown, vgl. Helv. chim. Acta **12**, 942 (1929).

[8] Unter dem Einfluß des ultravioletten Lichtes ist hier eine Verkettung der Fadenmoleküle zu dreidimensionalen Makromolekülen erfolgt. Das Polystyrol ist durch Licht gewissermaßen „vulkanisiert" worden.

[9] Es sei bei dieser Gelegenheit bemerkt, daß die Zusammensetzung einer großen Zahl von Polystyrolen durch Elementaranalysen kontrolliert wurden. Sauerstoff oder Stickstoff hätten sich bei einem Polymerisationsgrad der Polystyrole von 30—50 analytisch noch leicht nachweisen lassen müssen. Vgl. Inaug.-Diss. W. Heuer, Freiburg i. Br. 1929.

[10] Helv. chim. Acta **12**, 944 (1929).

[11] Ztschr. f. angew. Ch. **41**, 336 (1928).

möglich. Aber diese Auffassung ist nach der heutigen Erfahrung nicht mehr haltbar, wie im Abschnitt V, 4 (s. S. 213) durch die Darstellung der Polystyroldicarbonsäuren und deren Verhalten bewiesen wurde. Diese haben dieselbe $K_m$-Konstante wie die reinen Kohlenwasserstoffe. Da aber in den Säuren offene Ketten vorliegen müssen, so müßsen auch die Polystyrole offene Ketten besitzen. Bei den Polystyrolen ist also die Frage der Endgruppen bisher ungelöst. Es ist möglich, daß Doppelbindungen am Ende vorhanden sind. Es können aber auch bei den Hemikolloiden unter dem Einfluß von Katalysatoren am Ende der Kette Umlagerungen stattgefunden haben, wie sie E. BERGMANN[1] beobachtet hat.

## 7. Über die Bildung der Polystyrole durch Kettenreaktion.

Über die Bildung der Polystyrole kann man sich also folgendes Bild machen: Ein Styrolmolekül wird aktiviert, wobei Licht, Sauerstoff oder Katalysatoren eine Rolle spielen. Ein solches aktiviertes Molekül lagert dann in einer Kettenreaktion zahlreiche weitere Styrolmoleküle an. Es ist ja bei Kettenreaktionen, z. B. Chlorknallgas, bekannt, daß durch ein aktiviertes Molekül Zehntausende von anderen aktiviert werden können. Daraus ist das Wachsen langer Ketten bei derartigen Polymerisationsprozessen verständlich. Diese Kettenreaktion kann dann durch sekundäre Einflüsse unterbrochen werden: z. B. kann am Ende der Kette sich ein H-Atom lösen und das Ende eines anderen Moleküls besetzen, so daß hier eine Absättigung erfolgt, während die erste Kette eine Doppelbindung als Endgruppe erhält:

$$\ldots \overset{\overset{\text{C}_6\text{H}_5}{|}}{\text{CH}}\text{—CH}_2\text{—}\left[\overset{\overset{\text{C}_6\text{H}_5}{|}}{\text{CH}}\text{—CH}_2\right]_x\overset{\overset{\text{C}_6\text{H}_5}{|}}{\text{CH}}\text{—CH}_2\ldots + \ldots\overset{\overset{\text{C}_6\text{H}_5}{|}}{\text{CH}}\text{—CH}_2\text{—}\left[\overset{\overset{\text{C}_6\text{H}_5}{|}}{\text{CH}}\text{—CH}_2\right]_y\overset{\overset{\text{C}_6\text{H}_5}{|}}{\text{CH}}\text{—CH}_2\ldots$$

$$\ldots \overset{\overset{\text{C}_6\text{H}_5}{|}}{\text{CH}}\text{—CH}_2\text{—}\left[\overset{\overset{\text{C}_6\text{H}_5}{|}}{\text{CH}}\text{—CH}_2\right]_x\overset{\overset{\text{C}_6\text{H}_5}{|}}{\text{C}}\text{=CH}_2 + \overset{\overset{\text{C}_6\text{H}_5}{|}}{\text{CH}_2}\text{—CH}_2\text{—}\left[\overset{\overset{\text{C}_6\text{H}_5}{|}}{\text{CH}}\text{—CH}_2\right]_y\overset{\overset{\text{C}_6\text{H}_5}{|}}{\text{CH}}\text{—CH}_2\ldots$$

Eventuell können auch aktivierte Styrolmoleküle den Kettenschluß herbeiführen, indem sie sich unter Abspaltung von Wasserstoff zersetzen. Bei Gegenwart von Katalysatoren oder bei hoher Temperatur ist natürlich eine Unterbrechung der Kette leichter möglich als ohne diese, daher bilden sich unter solchen Bedingungen nur Hemikolloide.

Die längsten Moleküle können sich nur ausbilden bei möglichst geringen Temperaturen und ohne Zusätze, so daß die Kettenreaktion möglichst ohne Störung verlaufen kann. Nur unter solchen Bedingungen können sich Moleküle dieser erstaunlichen Länge ausbilden, die die merkwürdigen kolloiden Eigenschaften der Lösungen bedingen. Die höchstmolekularen Polystyrole, die bisher hergestellt wurden, haben einen Polymerisationsgrad von 6000; ihre Fadenmoleküle besitzen eine Länge von 1,5 $\mu$. Viel höhermolekulare Produkte sind in Lösung nicht zu erhalten, da noch längere Fadenmoleküle schon bei Zimmertemperatur nicht mehr beständig sind. Sie sind nur noch im festen Zustand existenzfähig, sind also einaggregatig.

---

[1] Liebigs Ann. **480**, 49 (1930) — Ber. Dtsch. Chem. Ges. **64**, 1493 (1931).

Die Durchführung der vorliegenden Arbeit war uns nur dadurch möglich, daß die I.G. Farbenindustrie A.G., Werk Uerdingen, uns größere Mengen monomeres und polymeres Styrol zur Verfügung stellte. Dafür möchten wir der Direktion dieses Werkes und ebenso der Direktion der I.G. Farbenindustrie A.G., Werk Leverkusen, die beide diese Arbeiten in entgegenkommender Weise unterstützt haben, unseren verbindlichsten Dank aussprechen.

# B. Das Polyoxymethylen, ein Modell der Cellulose[1].

### Über Polyoxymethylen-dimethyläther, Polyoxymethylen-dihydrate und die Polymerisation von monomerem, flüssigem Formaldehyd.

### Bearbeitet von W. Kern[2].

## I. Einleitung.

„Die Untersuchungen der Polyoxymethylene wurden vor einigen Jahren aufgenommen im Anschluß an eine Reihe anderer Arbeiten über die Konstitution hochmolekularer, speziell hochpolymerer Verbindungen. Die Polyoxymethylene schienen deshalb besonders interessant, weil aus ihrer Untersuchung evtl. neue Gesichtspunkte über die Konstitution von anderen wichtigen hochpolymeren Stoffen, z. B. der Cellulose, resultieren konnten. In beiden Fällen haben wir Polymerisationsprodukte, die völlig unlöslich sind, so daß ihr Molekulargewicht nicht bestimmt werden kann, die aber doch auf Grund ihrer physikalischen und chemischen Eigenschaften als hochpolymer anzusehen sind, und es schien leichter, auf chemischem Wege in die Konstitution der Polyoxymethylene einzudringen als in die sicher viel kompliziertere Molekel der Cellulose."

Diese Worte bildeten die Einleitung zu der ersten Publikation über Polyoxymethylene im Jahre 1924[3]. Das damals eingeschlagene Verfahren hat sich bewährt. Es gelang, durch Abbau der hochmolekularen Polyoxymethylene mit Essigsäureanhydrid eine polymer-homologe Reihe von Polyoxymethylen-diacetaten und mit Methylalkohol und Schwefelsäure als Katalysator eine solche von Dimethyläthern herzustellen. *So wurde zum erstenmal nachgewiesen, daß bei einem hochpolymeren Stoff mindestens 100 Grundmoleküle zu einem langen Fadenmolekül verbunden sein können.*

Besonders wichtig war es weiter, daß der Krystallbau der Polyoxymethylene aufgeklärt werden konnte. Dadurch ließ sich zeigen, daß man bei Hochpolymeren aus der Größe der Elementarzelle keine Rückschlüsse auf ihre Molekülgröße ziehen darf, wie es bei niedermolekularen Verbindungen der Fall ist. Irrige Annahmen über den Bau der Cellulose wurden dadurch widerlegt; denn die Kleinheit des Elementarkörpers der krystallisierten Cellulose ist kein Argument mehr für ein niederes Molekulargewicht derselben. Schließlich wurde ein Polyoxymethylen mit Faserstruktur gewonnen, damit die erste synthetische organische Faser hergestellt und dadurch eine weitere Beziehung zum Bau der Cellulose gefunden[4].

<hr>

[1] 64. Mitteilung über hochpolymere Verbindungen.
[2] Inaug.-Diss. W. Kern, Freiburg i. Br. 1930.
[3] Helv. chim. Acta 8, 41 (1925).
[4] Ztschr. f. physik. Ch. 126, 425 (1927).

Temperaturabhängigkeit der hemikolloiden Polystyrole und Zwischenglieder geht bei einem Molekulargewicht von 150000 in die positive der Eukolloide über, also bei Polystyrolen mit einer Kettenlänge von ca. 4000 Å. Bei Produkten mit einem Molekulargewicht von 50000—100000 stellen sich die Moleküle in Lösung schon nicht mehr in die 45°-Richtung ein, sondern der Einstellwinkel wächst[1]. Der Richteffekt wird aber hier noch überdeckt durch die negative Temperaturabhängigkeit der Viscosität. Bei einem Molekulargewicht von 150000 kompensieren sich beide Faktoren ungefähr. So gewinnt man den Eindruck, daß die Viscosität der Polystyrollösungen nicht temperaturabhängig sei, wenn man Polymerisate gerade dieser Größenordnung untersucht[2]. Um also bei Substanzen, die starke Abweichungen vom HAGEN-POISEUILLEschen Gesetz zeigen, Aussagen über ihre Temperaturabhängigkeit machen zu können, müßte man entweder die Viscosität bestimmen, ohne daß ein Richteffekt bei der Messung eintreten kann, oder, wenn man die üblichen Methoden anwendet, müßte man über die Größe des Richteffekts und dessen Einfluß auf die Viscosität irgendwelche Aussagen machen können. Es ist allerdings nicht wahrscheinlich, daß sich für die Konstitution der Hochpolymeren wichtige neue Tatsachen ergeben würden, wenn man derartige Messungen ausführen würde. Solche hätten nur Interesse, um das Verhalten kolloider Lösungen näher kennenzulernen. Für die Konstitution der Eukolloide ergibt sich aus diesen Messungen folgendes: da das Verhalten der Glieder der polymerhomologen Reihe der Polystyrole bis zu den Zwischengliedern, also einem Molekulargewicht von 150000 und einer Kettenlänge von 3500—4000 Å, in bezug auf ihre Temperaturabhängigkeit in demselben Lösungsmittel ein ziemlich einheitliches Bild ergibt, so ist anzunehmen, daß die Teilchen der Eukolloide genau so gebaut sind wie erstere.

Zum Schluß dieses Abschnittes sei nochmals betont, daß die relativ geringe Temperaturabhängigkeit der Polystyrole in niederen Konzentrationen ein Beweis dafür ist, daß hier keine Substanzen mit micellarem Bau wie bei den Seifen vorliegen können, sondern daß in diesen Lösungen Einzelmoleküle vorliegen müssen, die durch ihre langgestreckte Form und den dadurch bedingten großen Wirkungsbereich der Moleküle die Kolloidnatur der Lösungen hervorrufen. Nur in ganz konzentrierten Lösungen treten Assoziationen auf, deren Größe naturgemäß stark von der Art des Lösungsmittels abhängt. (Man vgl. hierzu die Ausführungen über Hemikolloide S. 177, Tabelle 72.)

### 6. Molekulargewicht der Zwischenglieder und Eukolloide.

Aus den in den vorigen Abschnitten geschilderten Versuchen geht hervor, daß die Zwischenglieder bis zu einem Molekulargewicht von ca. 150000 sich ganz ähnlich wie die Hemikolloide verhalten. Wenn man also mit diesen Stoffen bei 20° in verdünnter Lösung, deren spez. Viscosität zwischen 0,1 und 0,4 liegt, Viscositätsmessungen ausführt, so liegen Zustände vor, die sich mit denen der Hemikolloide vergleichen lassen. Man kann also auf Grund der bei Hemikolloiden

ermittelten $K_m$-Konstante nach der Formel $M = \dfrac{\eta_{sp}}{c \cdot K_m}$ $(K_m = 1{,}8 \cdot 10^{-4})$ richtige

---

[1] Vgl. R. SIGNER: Helv. chim. Acta **14**, 1375 (1931).

[2] In der ersten Untersuchung war dies der Fall, vgl. H. STAUDINGER u. W. HEUER: Ber. Dtsch. Chem. Ges. **62**, 2933 (1929).

Molekulargewichte erwarten. Solche Moleküle haben eine Fadenlänge bis zu 4000 Å.

Bei den noch höhermolekularen Polystyrolen, den Eukolloiden, hauptsächlich wenn ihre Moleküle eine Länge von $1\,\mu$ und darüber haben, können bei Anwendung der einfachen Formel erhebliche Differenzen vom tatsächlichen Molekulargewicht eintreten, denn hier sind die Abweichungen vom HAGEN-POISEUILLE-schen Gesetz auch bei sehr geringen Konzentrationen nicht ganz zu vernachlässigen. Die folgende Tabelle 110 zeigt die Schwankungen, die die berechneten Molekulargewichte im Meßgebiet ($\eta_{sp}$ 0,1—0,4) aufweisen können, bei Änderung der Geschwindigkeitsgefälle von 500—2000. Man sieht die besonders bei den höchsten Produkten stark zunehmenden Abweichungen.

Tabelle 110. Berechnung des Durchschnittsmolekulargewichts verschiedener Eupolystyrole aus $\eta_{sp}$-Werten bei verschiedenem Geschwindigkeitsgefälle.

| Substanz: Polystyrol | Grundmolarität | $\eta_{sp}$ beim Gf. | | $\dfrac{\eta_{sp}}{c}$ beim Gf. | | Mol.-Gew. ber. nach $M = \dfrac{\eta_{sp}}{c \cdot 1{,}8} \cdot 10^4$ beim Gf. | |
|---|---|---|---|---|---|---|---|
| | | 500 | 2000 | 500 | 2000 | 500 | 2000 |
| Unter Luft bei Zimmertemp. polymerisiert (unfraktioniert) | 0,01 | 0,35 | 0,33 (Gf. 1000) | 35 | 33 (Gf. 1000) | 190000 | 180000 |
| | 0,025 | 1,03 | 0,98 | 41 | 39 | 230000 | 220000 |
| Unter Luft bei Zimmertemp. polymerisiert (fraktioniert) | 0,0025 | 0,12 | 0,11 | 48 | 44 | 270000 | 240000 |
| | 0,005 | 0,25 | 0,22 | 50 | 44 | 280000 | 240000 |
| Unter Luft bei Zimmertemp. polymerisiert (fraktioniert) | 0,0025 | 0,20 | 0,18 | 80 | 72 | 440000 | 400000 |
| | 0,005 | 0,44 | 0,35 | 88 | 70 | 490000 | 390000 |
| Unter $N_2$ bei Zimmertemp. polymerisiert (fraktioniert) | 0,001 | 0,11 | 0,08 | 110 | 80 | 610000 | 440000 |
| | 0,005 | 0,59 | 0,52 | 118 | 104 | 660000 | 580000 |

Wenn auch die absoluten Werte für die Molekulargewichte nicht genau bekannt sind, so ist doch eine genaue Anordnung der Polystyrole untereinander nach steigender Kettenlänge möglich, wenn man bei gleichem Geschwindigkeitsgefälle die spezifischen Viscositäten vergleicht. Wie schon in den vorigen Abschnitten ausführlich dargelegt wurde, kommen die auf möglichst kleine mittlere Geschwindigkeitsgefälle bezogenen Berechnungen sicher den wirklichen Werten am nächsten, die man auf diesem Wege nur unter Vermeidung des Richteffekts bestimmen könnte. Es ist wichtig, nochmals darauf hinzuweisen, daß die für diese Eupolystyrole errechneten Molekulargewichte eher zu klein als zu groß sind und daß tatsächlich Fadenmoleküle existenzfähig und sogar sehr beständig sind, deren Länge $1{,}5\,\mu$ überschreitet, während ihr Durchmesser ca. 15 Å beträgt. Ihre Länge reicht also bis in das mikroskopisch sichtbare Gebiet. Disperse Systeme mit kugeligen Teilchen von dieser Dimension sind mikroskopisch auflösbar und enthalten schon keine Kolloidteilchen mehr, sondern sind relativ

grobe Suspensionen. Das abnorme Verhalten dieser Eukolloide ist eine Folge ihrer Fadenform, die sowohl die hohe Viscosität infolge ihres großen Wirkungsbereiches wie auch die Abweichungen vom HAGEN-POISEUILLEschen Gesetz hervorruft.

## V. Chemisches Verhalten der Polystyrole.

### 1. Allgemeines.

Die Polystyrolketten sind als substituierte Paraffine gegen chemische Angriffe außerordentlich beständig. Man kann natürlich den Phenylkern substituieren, z. B. nitrieren, sulfurieren; doch wurden diese Reaktionen noch nicht eingehend studiert. Für das Beurteilen des chemischen Verhaltens der Hochpolymeren war es nun von Interesse, die Veränderungen in der Beständigkeit und Reaktionsfähigkeit kennenzulernen, die bei der Polystyrolkette mit zunehmender Länge eintreten. Wie schon öfter ausgeführt, kann man die Fadenmoleküle mit langen dünnen Stäben vergleichen und, wie diese mit zunehmender Länge immer zerbrechlicher werden, so ist es auch bei den Polystyrolketten der Fall. Bei erhöhter Temperatur werden sie infolge der durch die größere Molekularbewegung hervorgerufenen Schwingungen immer unbeständiger. Umgekehrt sind die großen Moleküle bei Substitutionsreaktionen viel weniger reaktionsfähig als entsprechend gebaute kleine. Äthylbenzol wird z. B. leicht nitriert oder sulfuriert, während ein Polystyrol gegen solche Angriffe auffallend beständig ist. Dies ist in der erheblich größeren Trägheit solch großer Moleküle begründet.

### 2. Mechanischer Abbau.

In einer früheren Arbeit[1] wurde festgestellt, daß Lösungen sowohl von Hemikolloiden wie auch von Eukolloiden durch intensive mechanische Behandlung auf der Schüttelmaschine keinen Abbau erleiden, selbst nicht bei Gegenwart von Sauerstoff. Dagegen ist es jetzt gelungen, Polystyrolmoleküle mit der größten bisher erhaltenen Kettenlänge von über $1{,}5\,\mu$ durch äußerst starke mechanische Beanspruchung in kleinere Bruchstücke zu zerbrechen. Eine solche intensive mechanische Beanspruchung kann man dadurch erzielen, daß man eine Lösung des Polystyrols häufig durch eine feine Düse preßt. Durch die turbulente Strömung dieses ,,Wasserfalles'' werden diese langen Fadenmoleküle, deren Länge 1000 mal so groß ist wie ihr Durchmesser, so stark mechanisch beansprucht, daß sie zerbrechen. Nach 100 maligem Durchströmen einer 0,005-gd-molaren Tetralinlösung des Polystyrols vom Molekulargewicht 600000 durch eine Platindüse war die spezifische Viscosität der Lösung von 0,67 auf 0,41 gefallen, was einem 39 proz. Abbau der Moleküle entspricht.

Im Hinblick auf gewisse technische Probleme, wie etwa die Mastizierung des Kautschuks, ist die mechanische Zertrümmerung von solchen Fadenmolekülen von Bedeutung[2].

### 3. Oxydativer Abbau von Polystyrolen.

#### a) Abbau durch Ozon.

Gegen Luftsauerstoff sind die Polystyrole außerordentlich beständig. Sehr stark abbauend wirkt dagegen Ozon, wie bereits in früheren Arbeiten festgestellt

---

[1] STAUDINGER, H., u. K. FREY: Ber. Dtsch. Chem. Ges. **62**, 2909 (1929).

[2] Vgl. H. STAUDINGER: Ber. Dtsch. Chem. Ges. **63**, 926 (1930).

wurde[1]. Beim Einleiten von Ozon in eine Lösung von Polystyrol in Tetrachlorkohlenstoff sinkt die Viscosität zunächst stark ab, wie es die folgende Tabelle 111 zeigt, bis schließlich bei längerer Einwirkung Gelatinierung eintritt, die wohl in der Bildung dreidimensionaler Moleküle mit Ozonbrücken ihre Ursache hat[2]. Auch bei der Autoxydation des Kautschuks kann derselbe unlöslich werden; er geht dann von der löslichen $\alpha$-Form in die unlösliche $\beta$-Form über[3]; dies beruht darauf, daß die Fadenmoleküle unter sich durch Sauerstoffbrücken verbunden werden.

Tabelle 111. Ozonabbau eines Polystyrols vom Mol.-Gew. ca. 150000 (eingeleitet in eine 0,25 gd-mol. Lösung in $CCl_4$ in 1 Min. 0,2 l $O_2$ mit ca. 6 Vol.-% $O_3$).

| Dauer des Einleitens in Minuten | $\eta_{sp}$ bei 20° | Abbau % |
|---|---|---|
| 0 | 25,0 | — |
| 5 | 16,0 | 36 |
| 10 | 10,4 | 58 |
| 15 | 8,5 | 66 |
| 20 | 6,9 | 72 |

**b) Abbau durch Benzopersäure.**

Ziemlich stark abbauend auf ein Polystyrol z. B. vom Molekulargewicht 440000 wirkt Benzopersäure, wie folgender Versuch zeigt: 100 ccm einer 0,5 gd-mol. Lösung des Eupolystyrols wurden mit 1,73 g Benzopersäure versetzt, die aber erst nach 1 stündigem Schütteln in Lösung ging. Während dieser Zeit ist sicher schon ein Abbau eingetreten, der nach Schätzung ca. 50% beträgt, so daß bei der ersten Viscositätsmessung der Lösung bereits ein Abbau bis auf ein Molekulargewicht von ca. 200000 erfolgt war. Nach der ersten Messung wurden in bestimmten Zeitabständen weitere Viscositätsbestimmungen ausgeführt und auf diese Weise der Verlauf des Abbaus genau verfolgt. Das Ergebnis ist in der nebenstehenden Tabelle zusammengestellt. Die angegebenen Molekulargewichte sind Schätzungen[4], da die gemessenen spezifischen Viscositäten zu hoch sind, um aus ihnen genauere Berechnungen des Molekulargewichts erhalten zu können.

Tabelle 112. Abbau eines Polystyrols vom Mol.-Gew. ca. 440000 mit Benzopersäure in 0,05 gd-mol. $CCl_4$-Lösung. $t = 20°$.

| Zeit in Stunden | $\eta_{sp}$ bei 20° | Abbau % | Geschätztes Mol.-Gew. |
|---|---|---|---|
| 0 | 9,4 | ca. 50 | 200000* |
| $^1/_2$ | 8,85 | 53 | 200000 |
| 1 | 7,23 | 62 | 180000 |
| $1^1/_2$ | 6,34 | 66 | 170000 |
| $4^1/_2$ | 4,53 | 76 | 150000 |
| 5 | 4,50 | 76 | 150000 |
| 24 | 3,64 | 81 | 130000 |
| 48 | 3,05 | 84 | 120000 |
| 95 | 2,12 | 89 | 100000 |

**c) Abbau durch Oxydationsmittel.**

Es ist erstaunlich, wie widerstandsfähig das Polystyrol gegen chemische Angriffe ist, im Gegensatz zum Kautschuk, der außerordentlich leicht abgebaut

---

[1] STAUDINGER, H., K. FREY, P. GARBSCH u. S. WEHRLI: Ber. Dtsch. Chem. Ges. **62**, 2917 (1929).

[2] Vgl. H. STAUDINGER: Über die Bildung von unlöslichen hochmolekularen Ozoniden. Ber. Dtsch. Chem. Ges. **58**, 1088 (1925).

[3] STAUDINGER, H., u. H. F. BONDY: Liebigs Ann. **488**, 155 (1931).

[4] Bei dem vorliegenden großen Material, das durchgemessen wurde, konnte durch Vergleich mit anderen Messungen das Molekulargewicht auch aus vorliegenden Messungen in hohen Konzentrationen ungefähr geschätzt werden.

* Das Produkt ist vor der ersten Messung schon ca. zur Hälfte abgebaut.

und in niedermolekulare Bruchstücke verwandelt wird. Ein hemikolloides Polystyrol, das längere Zeit in der Hitze mit Kaliumpermanganat in saurer Lösung behandelt wurde, zeigte keine Änderung der Viscosität. Es ist also kein oxydativer Abbau der Ketten eingetreten; ob das Polystyrol allerdings an einem tertiären H-Atom oxydiert wird, was möglich ist, wurde nicht untersucht.

Auch ein Eupolystyrol vom Molekulargewicht 150000—160000 wird in Benzollösung durch Schütteln mit einer wässerigen Lösung von Chromsäure nicht abgebaut; dagegen wird dieselbe Substanz durch Kaliumpermanganat sowohl in alkalischer wie auch in saurer Lösung oxydiert. Schon nach einstündigem Schütteln mit saurer $KMnO_4$-Lösung war, nachdem die Substanz einmal umgefällt war, die Viscosität um ca. 20% gesunken; ebenso wird das hochmolekulare Polystyrol durch salpetrige Säure oxydativ abgebaut.

## 4. Hochmolekulare Säuren.

### a) Darstellung von hochmolekularen Säuren durch Oxydation von Polystyrol mit Kaliumpermanganat.

Der oxydative Abbau von Polystyrol sollte so vor sich gehen, daß an den Enden der langen Ketten Carboxylgruppen entstehen. Da das Polystyrol als Toluolderivat aufgefaßt werden kann, so wird eine Abspaltung von Benzoësäure erfolgen unter Bildung einer Dicarbonsäure nach folgender Gleichung:

$$CH_2\!-\!CH_2\!-\!\left[\!\begin{array}{c}CH\!-\!CH_2\\ |\\ C_6H_5\end{array}\!\right]_x\!\!-\!\begin{array}{c}C=CH_2*\\ |\\ C_6H_5\end{array}$$

$$\downarrow \text{ oxydiert mit } KMnO_4$$

$$C_6H_5 \cdot COOH + HOOC\!-\!\left[\!\begin{array}{c}CH\!-\!CH_2\\ |\\ C_6H_5\end{array}\!\right]_x\!\!-\!\begin{array}{c}CH\!-\!COOH\\ |\\ C_6H_5\end{array}$$

Ferner ist es natürlich möglich, daß tertiäre H-Atome der Kette oxydiert werden, so daß diese noch Hydroxylgruppen enthalten kann.

Da man beim Abbau von hochmolekularem Polystyrol vom Molekulargewicht ca. 150000 je nach der Dauer der Einwirkung Abbauprodukte vom Molekulargewicht 30000—40000 erhält, so hofften wir durch Fraktionieren aus diesen Substanzgemischen eine polymerhomologe Reihe von Polystyroldicarbonsäuren herzustellen, deren höchste Glieder das Molekulargewicht 50000 haben würden und deren niederste noch kryoskopisch bestimmbare Molekulargewichte bis 10000 besitzen würden. In diesen Polydicarbonsäuren glaubten wir dann in der Anwesenheit der Carboxylgruppen ein einfaches Mittel zu haben, auf chemischem Wege die Kettenlänge zu bestimmen; um so zu prüfen, ob die Beziehungen zwischen Viscosität und Molekulargewicht, die man bei den hemikolloiden Kohlenwasserstoffen gefunden hat, auch bei Produkten bis zu einem Molekulargewicht von 50000 ihre Gültigkeit haben.

Zur Darstellung der Säuren wurde ein technisches Polystyrol[1] vom Durchschnittsmolekulargewicht 150000 ohne vorheriges Umfällen in Benzol gelöst und in einem großen Stutzen mit einer schwefelsauren Kaliumpermanganatlösung

---

* Es wird der Einfachheit halber angenommen, daß am Ende der Kette eine Doppelbindung vorhanden ist.

[1] Präparat der I.G. Farbenindustrie AG., Werk Uerdingen.

sehr kräftig durchgerührt. Diese Behandlung wurde jeweils längere Zeit (bis zu 6 Wochen ununterbrochen) durchgeführt. Nach Entfärbung wurden frisches Kaliumpermanganat und Schwefelsäure hinzugefügt und auch von Zeit zu Zeit das verdampfte Benzol ersetzt. Auf diese Weise wurden mehrere Oxydationen unter verschiedenen Bedingungen durchgeführt. Sehr schwierig gestaltete sich nachher bei der Aufarbeitung die quantitative Entfernung des Mangans. Nach völliger Reduktion des abgeschiedenen Braunsteins durch Einleiten von $SO_2$ wurde zunächst die Benzollösung abgetrennt, filtriert und mit Methanol zur Entfernung anwesender niedermolekularer organischer Substanzen gefällt. Dann wurden verschiedene Wege zur Entfernung des Mangans eingeschlagen. Ein öfter wiederholtes Ausfällen der benzolischen Lösung der Säuren mit Eisessig führte nicht zu einem aschefreien Produkt, erst durch mehrmaliges Fällen einer Lösung in technischem Dioxan mit 4—6 proz. Schwefelsäure konnte ein von anorganischen Bestandteilen freies Produkt erhalten werden. Nach dieser Behandlung wurde die Substanz kurz im Vakuum von 12 mm Hg bei 60° getrocknet und nochmals aus benzolischer Lösung mit Methanol ausgefällt. Dann wurde nach den üblichen Methoden fraktioniert (vgl. hierzu S. 187). In folgender Tabelle 113 sind die Ergebnisse der Fraktionierung einiger Oxydationsprodukte angegeben, ferner die Ausbeuten in Prozenten der Gesamtausbeuten. Das Ausgangsmaterial hatte ein

Tabelle 113. Oxydation eines Polystyrols vom Mol.-Gew. 150000 mit $KMnO_4$ in schwefelsaurer Lösung.

| Fraktion | 1. In der Kälte 50 Std. oxydiert | | 2. In der Kälte 15 Tage oxydiert | | 3. Bei Siedehitze 14 Tage oxydiert | | 4. In der Kälte 26 Tage oxydiert | | 5. In der Kälte in stark saurer Lösung 16 Tage oxydiert | |
|---|---|---|---|---|---|---|---|---|---|---|
| | geschätztes Mol.-Gew. | Proz. der Gesamtausbeute | geschätztes Mol.-Gew. | Proz. der Gesamtausbeute | geschätztes Mol.-Gew. | Proz. der Gesamtausbeute | geschätztes Mol.-Gew. | Proz. der Gesamtausbeute | geschätztes Mol.-Gew. | Proz. der Gesamtausbeute |
| I | 35000 | 11 | 40000 | — | 40000 | 95 | 7000 | 9 | 7900 | 1,5 |
| II | 70000 | 21 | 70000 | — | 75000 | 5 | 12000 | 6 | 9700 | 3,5 |
| III | 100000 | 16 | 80000 | — | — | — | 19000 | 28 | 11000 | 3,0 |
| IV | 150000 | 52 | — | — | — | — | 32000 | 57 | 39000 | 92 |

Molekulargewicht von etwa 150000. Die niederstmolekularen Produkte, die daraus durch oxydativen Abbau erhalten wurden, haben ein Molekulargewicht von 7000. Die Ausbeuten an diesen niedermolekularen Anteilen waren aber trotz der sehr langen Einwirkungsdauer des Kaliumpermanganats sehr gering. Diese enorme Beständigkeit des Kohlenwasserstoffs gegen $KMnO_4$ ist auffallend. Wie schon im Abschnitt über Hemikolloide (s. Tab. 63b, S. 170) ausführlich dargestellt wurde, ist es bei diesen durch Abbau langer Ketten erhaltenen Substanzgemischen sehr wichtig, äußerst sorgfältig zu fraktionieren, da sonst infolge der mangelnden Einheitlichkeit der Produkte die Übereinstimmung zwischen den viscosimetrisch und kryoskopisch ermittelten Durchschnittsmolekulargewichten nicht befriedigend sein kann.

### b) Versuche zur Bestimmung der Carboxylgruppen.

Durch eine Elementaranalyse läßt sich naturgemäß bei dem hohen Molekulargewicht der Säuren die Molekülgröße nicht genau aus dem Sauerstoffgehalt er-

mitteln[1]. Um die Carboxylgruppen zu bestimmen, versuchten wir daher, wie es früher bei den Fettsäuren geschah, Salze herzustellen, um aus dem Metallgehalt nachher das Äquivalentgewicht festzustellen. Wir machten dabei die Erfahrung, daß diese hochmolekularen oxydierten Substanzen sich gar nicht wie Säuren verhalten. Beim Schütteln der benzolischen Lösung der Säuren mit wässerigen Lösungen von KOH, TlOH und anderen Basen entstehen keine Salze. Die Säuren sind zu hochmolekular, als daß sie wasserlösliche und kolloidlösliche Salze liefern könnten. Das Alkali wandert auch nicht in die Benzollösung, um mit der Säure benzollösliche Salze zu bilden. Weiterhin versuchten wir, die Salze durch Fällen mit Natriumäthylat herzustellen; dabei fallen bei genügendem Zusatz von Alkohol die Polystyrolsäuren aus, aber wenn sie genügend gereinigt sind, enthalten sie kein Metall.

Diese hochmolekularen sauerstoffhaltigen Verbindungen, die nach ihrer Darstellung am Ende der Ketten Carboxylgruppen tragen, verhalten sich also nicht wie Säuren. Dies wird verständlich, wenn man bedenkt, daß saurer Charakter nur dann auftreten kann, wenn das Anion im Verhältnis zum Kation nicht zu groß ist; dies ist aber hier der Fall. Daher kann auch eine Micellbildung nicht eintreten wie bei den Seifen, ebenfalls wegen der Größe des Anions. Bei den Seifen werden ja die hydrophoben Kohlenwasserstoffreste im Innern der Micelle vor dem Zutritt von Wasser geschützt, an der Oberfläche befinden sich nur die hydrophilen Ionen. Ein derartiger Micellaufbau ist wegen der Größe der organischen Reste bei diesen Polystyrolsäuren nicht möglich.

Weiterhin versuchten wir, die Säuren in Säurechloride zu überführen, um diese dann mit Phenylhydrazin oder Bromsubstitutionsprodukten desselben in Phenylhydrazide überzuführen. Läßt man zur Herstellung der Säurechloride Thionylchlorid 3 Stunden lang siedend auf eine solche Polystyrolsäure einwirken, so bildet sich neben sehr wenig löslichem Produkt eine in Benzol, Toluol, $CCl_4$, $CHCl_3$ und anderen organischen Lösungsmitteln nur quellende, aber gänzlich unlösliche Substanz. Die Säuregruppe, die prozentual einen sehr geringen Anteil der Substanz ausmacht, hat einen starken Einfluß auf das chemische Verhalten des Polystyrols, wie die Überführung der hochmolekularen Säure in ein unlösliches dreidimensionales Gebilde zeigt; denn Polystyrol selbst, das keine charakteristischen Endgruppen besitzt, reagiert nicht mit Thionylchlorid und geht damit nicht in unlösliche Produkte über. Man kann sich die Bildung der unlöslichen Produkte so vorstellen, daß Carboxyl- und evtl. Hydroxylgruppen verschiedener Ketten miteinander reagieren und so durch Sauerstoffbrücken eine Verbindung der Fadenmoleküle untereinander erfolgt, die zur Bildung dreidimensionaler Makromoleküle führt. Die Herstellung von Säurechloriden und von Derivaten[2] derselben ist bisher nicht gelungen, doch sind diese Versuche noch nicht zum Abschluß gekommen.

Von Wichtigkeit war weiterhin die Darstellung der Polystyrolsäuren zur Aufklärung der Konstitution der Hemikolloide. Bei den Molekülen der Hemikolloide

---

[1] Die Polystyrolcarbonsäuren wurden analysiert. Ihr Sauerstoffgehalt ist in der Regel etwas höher, als dem nach der kryoskopischen oder viscosimetrischen Methode bestimmten Durchschnittsmolekulargewicht entspricht, ein Zeichen, daß auch Sauerstoffatome in die Kette eingetreten sind.

[2] Es könnte z. B. durch Bestimmung des Stickstoffgehaltes von Säurephenylhydraziden die Molekülgröße auf chemischem Weg bestimmt werden.

nahmen wir früher an[1], daß in ihnen hochmolekulare Ringe vorliegen; in diesen durch oxydativen Abbau erhaltenen Produkten können aber auf Grund ihrer Entstehung keine Ringe vorliegen, sondern beim oxydativen Abbau müssen Fadenmoleküle entstehen. Wir untersuchten nun die Viscosität einer solchen Säure vom Molekulargewicht ca. 40000 in Tetralinlösung in verschiedenen Konzentrationen bei 20 und 60° und stellten fest, daß sie sich genau wie ein Kohlenwasserstoff von entsprechender Kettenlänge verhält. Besonders die Temperaturabhängigkeit der spezifischen Viscosität bewegt sich in denselben Grenzen (10—15%) wie beim Kohlenwasserstoff. Man hätte infolge der in das Molekül eingetretenen Carboxyl- und Hydroxylgruppen eine Veränderung gerade in der Temperaturabhängigkeit erwarten können, da koordinative Bindungen zwischen den Molekülen durch die Carboxylgruppen erfolgen könnten; doch muß man auch hier wieder berücksichtigen, daß die Zahl der eingetretenen Carboxylgruppen im Verhältnis zur Gesamtgröße des Moleküls nur sehr gering ist und deshalb nicht genügt, um solch einen Einfluß geltend zu machen. Die nebenstehende Tabelle 114 enthält eine Konzentrationsreihe für eine Säure vom Molekulargewicht ca. 40000.

Tabelle 114. Viscositäten einer Polystyrolsäure vom Mol.-Gew. ca. 40000 in Tetralin bei 20 und 60° im OstwaLDschen Viscosimeter.

| Grundmolarität | $\eta_{sp}$ bei 20° | $\eta_{sp}$ bei 60° | $\dfrac{\eta_{sp}\,60°}{\eta_{sp}\,20°}$ |
|---|---|---|---|
| 0,01 | 0,070 | 0,065 | 0,93 |
| 0,025 | 0,190 | 0,185 | 0,97 |
| 0,05 | 0,394 | 0,370 | 0,94 |
| 0,075 | 0,640 | 0,587 | 0,92 |
| 0,1 | 0,905 | 0,825 | 0,91 |
| 0,25 | 2,995 | 2,725 | 0,91 |
| 0,5 | 10,1 | 8,66 | 0,86 |

### c) Untersuchung von hemikolloiden Säuren.

Durch sehr intensiven Abbau mit Kaliumpermanganat gelingt es, Polystyrolsäuren zu erhalten, die zu den Hemikolloiden zählen, deren Molekulargewicht unter 10000 liegt und kryoskopisch noch bestimmbar ist. Die Hauptmenge der erhaltenen Oxydationsprodukte hatte ein weit über 10000 liegendes Molekulargewicht, die geringen darin enthaltenen Mengen hemikolloider Substanz wurden mit Aceton daraus extrahiert. Bereits im Abschnitt über Hemikolloide (s. Tab. 63b, S. 170) wurden zwei Beispiele von Polystyrolsäuren dafür angeführt, daß bei nicht genügender Fraktionierung die $K_m$-Konstante infolge der Uneinheitlichkeit der Substanz nicht stimmt. In der folgenden Tabelle 115 ist die Bestimmung der $K_m$-Konstante an Produkten aus zwei Oxydationsversuchen angeführt. Die Werte des Oxydationsversuchs 1 sind die nach der zweiten besonders sorgfältig durchgeführten Fraktionierung erhaltenen Zahlen, die bereits in Tabelle 63b (s. S. 170) angeführt sind. Die drei Fraktionen des Versuches 2 entstanden folgendermaßen: Das unfraktionierte Oxydationsprodukt wurde, nachdem es durch häufiges Umfällen mit 4—6proz. Schwefelsäure und darauf mit Methanol aschefrei erhalten war, 6mal mit derselben Menge Aceton siedend extrahiert. Nach dem Ausfällen mit Methanol vereinigt, wurden die ersten 4 Extrakte wiederholt mit siedendem n-Butanol ausgezogen. Diese Auszüge wurden wiederum vereinigt und ergaben nach abermaligem Umfällen Fraktion I, der Rückstand

---

[1] Ber. Dtsch. Chem. Ges. **62**, 9912 (1929).

dieser Extraktion Fraktion II und die letzten Acetonextrakte Fraktion III. Die Tabelle 115 zeigt, daß die ersten 4 Substanzen eine mit der bei den Hemikolloiden ermittelten $K_m$-Konstanten ($1{,}8 \cdot 10^{-4}$) übereinstimmende Konstante ergeben, während die letzte Substanz einen zu hohen Wert für $K_m$ hat. Dies rührt daher, daß die letzten Acetonextrakte des Versuches 2 noch niedermolekulare Anteile enthalten, die bei den ersten 4 Acetonextrakten durch den Auszug mit n-Butanol entfernt wurden. Hierdurch wurde das kryoskopisch gefundene Molekulargewicht stark herabgesetzt und infolgedessen die Konstante zu hoch.

Aus der Übereinstimmung der $K_m$-Konstanten der Polystyrolsäuren mit derjenigen der hemikolloiden Polystyrolkohlenwasserstoffe ergibt sich, daß in den letzteren nicht hochmolekulare Ringe, sondern ebenfalls offene lange Ketten vorliegen. Wenn die Moleküle der Polystyrolkohlenwasserstoffe Ringstruktur hätten, dann müßten Lösungen der Polystyrolsäuren doppelt so viscos sein wie gleichkonzentrierte Lösungen der Kohlenwasserstoffe von gleichem Molekulargewicht. Denn die Ringmoleküle der letzteren wären nur halb so lang wie die Fadenmoleküle der Säuren, da die Ringe als Doppelfäden aufgefaßt werden müssen[1].

Tabelle 115. Bestimmung der $K_m$-Konstanten einiger hemikolloider Polystyrolsäuren in Benzol (bei Polystyrol = $1{,}8 \cdot 10^{-4}$).

| Oxydationsversuch | Fraktion | Durchschnittsmolekulargewicht kryoskopisch in Benzol | $\dfrac{\eta_{sp}}{c}$ in Benzol $t = 20°$ | $K_m = \dfrac{\eta_{sp}}{c \cdot M}$ |
|---|---|---|---|---|
| 1 | I | 7000 | 1,25 | $1{,}8 \cdot 10^{-4}$ |
| 1 | II | 12000 | 2,34 | $1{,}9 \cdot 10^{-4}$ |
| 2 | I | 7400 | 1,23 | $1{,}7 \cdot 10^{-4}$ |
| 2 | II | 10800 | 1,75 | $1{,}6 \cdot 10^{-4}$ |
| 2 | III | 7000 | 1,95 | $2{,}8 \cdot 10^{-4}$ |

Bei gleicher Viscosität von Säure und Kohlenwasserstoff müßten sich dann die Molekulargewichte wie 1 : 2 verhalten; die $K_m$-Konstante der Säure müßte also doppelt so hoch gefunden werden. Da sie sich jedoch nach diesen Versuchen als identisch mit der der Kohlenwasserstoffe erweist, müssen in den letzteren Substanzen offene Kohlenwasserstoffketten vorliegen.

## 5. Abbau von Polystyrolen durch Brom.

Wie schon in früheren Arbeiten[2] festgestellt wurde, werden Eupolystyrole und auch die Zwischenglieder durch Einwirkung von Brom abgebaut, während bei Hemikolloiden die Kettenlänge erhalten bleibt. Wir hofften nun, daß beim Abbau der langen Ketten durch Brom die Enden der Bruchstücke von diesem besetzt würden, wenn man streng unter Ausschluß von Licht arbeiten würde. Durch analytische Bestimmung des Broms sollten dann Schlüsse auf die Kettenlänge gezogen werden. Die Versuche führten aber nicht zu dem erwarteten Ziel. Es tritt nämlich auch bei Ausschluß von Licht neben Addition immer eine Substitution durch Brom ein, so daß der Bromgehalt der erhaltenen Abbauprodukte immer größer ist, als dem durch Viscositätsmessungen ermittelten Molekulargewicht entspricht.

---

[1] Bei dieser Schlußfolgerung ist allerdings die neue Erfahrung nicht berücksichtigt, daß Ringe in der Kette viscositätserhöhend wirken, vgl. S. 63.

[2] STAUDINGER, H., K. FREY, P. GARBSCH u. S. WEHRLI: Ber. Dtsch. Chem. Ges. **62**, 2912 (1929).

Die erste auffällige Beobachtung, die gemacht wurde, war, daß der Abbau im Licht viel rascher verläuft als im Dunkeln. Die Versuche wurden so ausgeführt, daß die Viscosität der mit Brom in Tetrachlorkohlenstoff versetzten

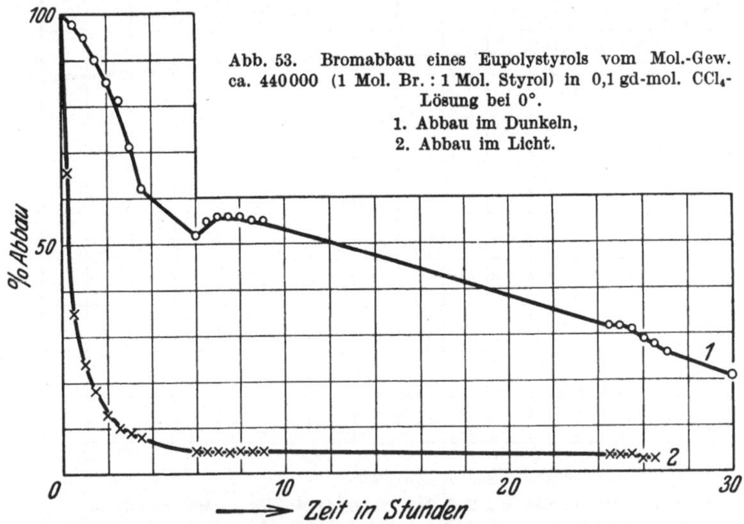



Abb. 53.  Bromabbau eines Eupolystyrols vom Mol.-Gew. ca. 440000 (1 Mol. Br. : 1 Mol. Styrol) in 0,1 gd-mol. CCl₄-Lösung bei 0°.
1. Abbau im Dunkeln,
2. Abbau im Licht.

Polystyrollösung (im allgemeinen 1 Mol. Brom : 1 Grundmolekül Styrol) nach bestimmten Zeiten gemessen wurde, und zwar sowohl in einem farblosen OstWALDschen Viscosimeter wie auch in einem mit rotem Lampenlack lackierten.

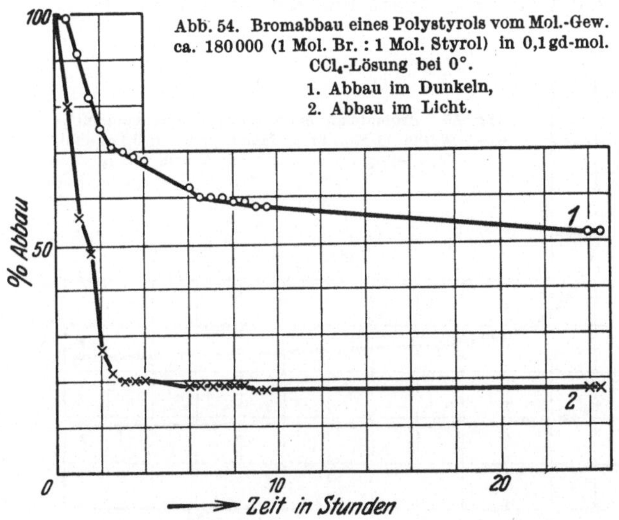



Abb. 54.  Bromabbau eines Polystyrols vom Mol.-Gew. ca. 180000 (1 Mol. Br. : 1 Mol. Styrol) in 0,1 gd-mol. CCl₄-Lösung bei 0°.
1. Abbau im Dunkeln,
2. Abbau im Licht.

Alle diese Messungen wurden bei 0° ausgeführt. Am Tageslicht erfolgt ein erheblich schnellerer Abbau als im Dunkeln. Die folgenden Abb. 53, 54, 55 geben eine Übersicht dieser Versuche. Auf der Ordinate ist jeweils der Abbau in Prozent, rechnet auf die Anfangsviscosität, angegeben[1], auf der Abszisse die Zeiten der Einwirkung.

Man erkennt bei allen Produkten deutlich den erheblich stärkeren Abbau im Licht gegenüber den Dunkelversuchen. Dieser Abbau im Licht tritt sogar noch bei einem Polystyrol vom Molekulargewicht 23000 ein, während im Dunkeln hier die Kettenlänge erhalten bleibt. Mit zunehmender

---

[1] Da die Viscosität in diesen hohen Konzentrationen nicht proportional mit der Konzentration steigt, entsprechen die Kurven nicht genau der Abnahme der Molekülgrößen. Zur Orientierung sind jedoch die angegebenen Kurven ausreichend.

Molekülgröße wird der Abbau natürlich erheblich größer, wie ebenfalls aus den Abbildungen ersichtlich ist. Durch Zusatz von $HgCl_2$ wird der Abbau auch

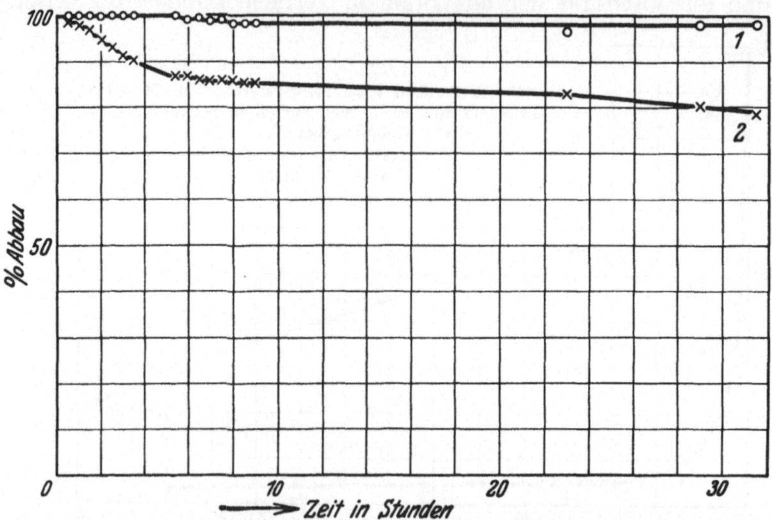



Abb. 55. Bromabbau eines Polystyrols vom Mol.-Gew. 23000 (1 Mol. Br. : 1 Mol. Styrol) in 0,5 gd-mol. CCl₄-Lösung bei 0°.    1. Abbau im Dunkeln, 2. Abbau im Licht.

im Dunkeln beschleunigt, wie die folgende Abb. 56 zeigt. Man vergleiche hierzu Abb. 54 für dieselbe Substanz ohne Zusatz von $HgCl_2$.

Um nun zu sehen, ob zwischen aufgenommenem Brom und der Kettenlänge der Abbauprodukte eine Beziehung besteht, derart daß auf ein Molekül Polystyrol 2 Atome Brom an den Enden kommen, wurde eine mit Brom versetzte 0,1 gd-molare Polystyrollösung in Tetrachlorkohlenstoff (1 Mol : 1 Gd-Mol) im Dunkeln bei Zimmertemperatur belassen und von Zeit zu Zeit eine Probe der Lösung ausgefällt. Das überschüssige Brom wurde vor dem Ausfällen jeweils mit $SO_2$ entfernt, dann nach 3 maligem Umfällen aus Methanol die Viscosität

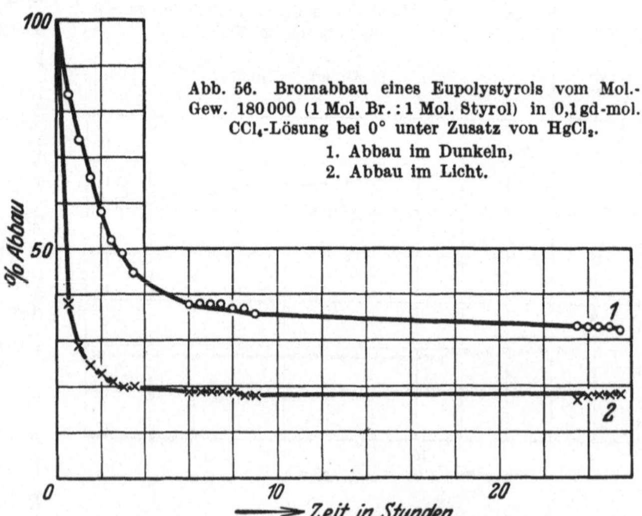



Abb. 56. Bromabbau eines Eupolystyrols vom Mol.-Gew. 180000 (1 Mol. Br. : 1 Mol. Styrol) in 0,1 gd-mol. CCl₄-Lösung bei 0° unter Zusatz von $HgCl_2$.
1. Abbau im Dunkeln,
2. Abbau im Licht.

des bromierten Produktes gemessen und der Bromgehalt bestimmt. Selbstverständlich waren die Substanzen vorher bis zur Gewichtskonstanz im Hochvakuum bei 60° getrocknet. In der folgenden Tabelle 116 sind die Ergebnisse dieser Versuche zusammengestellt.

Tabelle 116. Einwirkung von Brom auf ein Eupolystyrol vom Mol.-Gew. ca. 270000 in 0,1 gd-molarer $CCl_4$-Lösung (1 Mol : 1 Gd-Mol) bei Zimmertemperatur.

| Dauer der Einwirkung | Ausflußzeit der $CCl_4$-Lösung am Licht $t = 20°$ | | Ausflußzeit der $CCl_4$-Lösung im Dunkeln $t = 20°$ | | $\eta_{sp}/c$ in Tetralin des ausgefällten Produktes bei 20° (dunkel) | Abbau % | Brom-gehalt % | Mol.-Gew. ber. aus der Visc. des ausgefällten Produktes | Mol.-Gew. ber. aus dem Brom-gehalt |
|---|---|---|---|---|---|---|---|---|---|
| | Sek. | Abbau % | Sek. | Abbau % | | | | | |
| Ohne Brom | 257,0[1] | — | 80,2[1] | — | 48 | — | — | 270000 | — |
| 5 Minuten | 177,0 | 31 | 73,8 | 8 | 43 | 10 | 0,39 | 240000 | 41000 |
| 30 Minuten | 68,4 | 73 | 70,6 | 12 | 43 | 10 | 0,35 | 240000 | 46000 |
| 8 Stunden | 31,0 | 88 | 59,8 | 25 | 43 | 10 | 0,37 | 240000 | 43000 |
| 24 Stunden | 30,2 | 88 | 55,5 | 31 | 41 | 15 | 0,48 | 230000 | 34000 |
| 48 Stunden | 27,6 | 89 | 47,0 | 41 | 38 | 21 | 0,54 | 210000 | 30000 |
| 96 Stunden | 24,0 | 97 | 37,0 | 54 | 36 | 25 | 0,56 | 200000 | 29000 |
| 7 Tage | — | — | — | — | 28 | 42 | 0,49 | 160000 | 33000 |

Man ersieht aus den Zahlen der beiden letzten Spalten, daß sich ein Zusammenhang zwischen Molekülgröße und Bromgehalt nicht ergibt, sondern daß Brom durch Substitution in die Kette eingetreten sein muß.

Wie die folgenden Versuche an Hemikolloiden zeigen, ist nur der Abbau der Kette unter Sprengung der C—C-Bindung der photochemische Vorgang, während die Bromsubstitution eine von der Lichteinwirkung scheinbar unabhängige Reaktion ist. Zur Untersuchung dieser Umsetzung ließen wir in 2,0 gd-molarer Tetrachlorkohlenstofflösung Brom auf Hemipolystyrol (1 Mol : 1 Gd-Mol) einwirken, und zwar sowohl im Dunkeln wie auch im Tageslicht. Hierbei ändert sich die Viscosität der Lösung nicht; sie steigt eher etwas an, wohl infolge des in Lösung befindlichen Bromwasserstoffes, der sich in starkem Maße bildet. Nach verschiedenen Zeiten wurden den beiden Lösungen wieder Proben entnommen und nach sofortiger Entfernung des überschüssigen Broms ausgefällt. Die ausgeschiedenen gelblichen Produkte wurden 3 mal aus Methanol umgefällt und im Hochvakuum bis zur Gewichtskonstanz getrocknet. Dann wurden die Substanzen analysiert und die Viscositäten in Tetralinlösung gemessen. Die Bromgehalte der im Licht und Dunkeln erhaltenen Produkte sind bei den verschiedenen Einwirkungszeiten ziemlich übereinstimmend, wie folgende Tabelle 117 zeigt.

Tabelle 117. Einwirkung von Brom auf Hemipolystyrol in 2 gd-molarer Tetrachlorkohlenstofflösung (1 Mol : 1 Gd-Mol) bei Zimmertemperatur.

| Dauer der Einwirkung | Im Licht Br-Gehalt % | Im Dunkeln Br-Gehalt % | Im Licht $\eta_{sp}/c$ in Tetralin bei 20° | Im Dunkeln $\eta_{sp}/c$ in Tetralin bei 20° |
|---|---|---|---|---|
| 1 Stunde . . . . . . . | 2,97 | — | 1,5 | 1,5 |
| 6 Stunden . . . . . . | 5,12 | 4,37 | 1,7 | 1,6 |
| 8 Tage . . . . . . . . | 14,4 | 15,9 | 1,5 | 1,5 |
| 35 Tage . . . . . . . . | 20,5 | 18,9 | 1,3 | 1,4 |
| Hemikolloid ohne Brom . | — | — | 1,4 | 1,4 |

Die beiden letzten Spalten enthalten die $\eta_{sp}/c$-Werte der bromierten Substanzen in Tetralin bei 20° (gemessen in 0,1 gd-molaren Lösungen). Sie sind

---

[1] Die verschiedenen Ausflußzeiten erklären sich durch die Verwendung verschiedener Viscosimeter.

alle annähernd gleich, ob sie viel, wenig oder gar kein Brom enthalten. Hierin haben wir ein gutes Beispiel dafür, daß die spezifische Viscosität nur eine Funktion der Kettenlänge ist, während es auf etwa gebildete Seitenketten der Moleküle nicht ankommt[1], wenn man gleichkonzentrierte Lösungen vergleicht.

Es ist außerordentlich merkwürdig, daß durch Licht die beiden Umsetzungen mit Brom — erstens die Sprengung der C—C-Bindung in der Kette und zweitens die Substitutionsreaktion — ganz verschieden beeinflußt werden; nur die erste Reaktion ist eine photochemische. Das kommt noch besser zum Ausdruck bei der Einwirkung von $S_2Cl_2$ auf ein hochmolekulares Polystyrol im Licht und im Dunkeln, wie es in Abb. 57 wiedergegeben ist.

Hier findet nur ein Abbau im Licht statt, während im Dunkeln die Substanz nicht abgebaut wird[2]. Es ist interessant, daß von

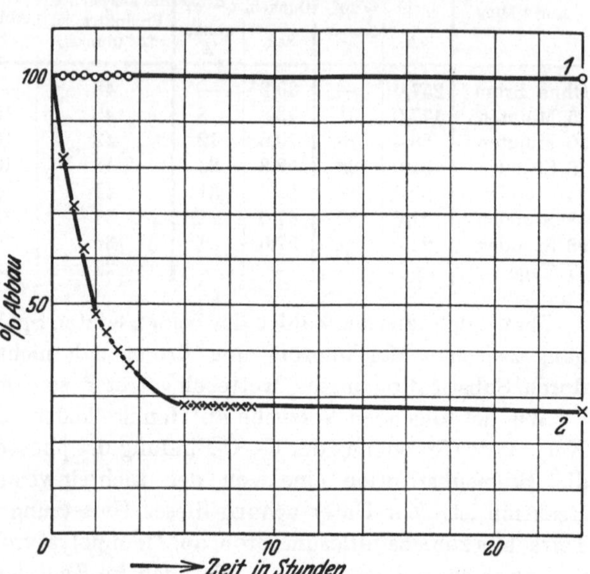


Abb. 57. Abbau eines Eupolystyrols vom Mol.-Gew. ca. 180000 mit $S_2Cl_2$ (1 Mol : 1 gd-Mol) in 0,1 gd-mol. $CCl_4$-Lösung bei 20°.
1. Abbau im Dunkeln, 2. Abbau im Licht.

E. O. LEUPOLD auch bei Balata ganz ähnliche Beobachtungen gemacht wurden[3]. Auch der oxydative Abbau der Polyprenketten ist ein photochemischer Vorgang. Es scheint also danach allgemein der chemische Abbau langer C-Ketten ein photochemischer Vorgang zu sein.

### 6. Weitere Versuche zur Einführung von Endgruppen in die Polystyrole[4].

Die Konstitutionsaufklärung der Polystyrole ist mit dem Nachweis, daß zahlreiche Polystyrolmoleküle zu einer langen Kette verbunden sind, und mit der Bestimmung dieser Kettenlänge nicht erledigt. Es handelt sich weiter darum, die Endgruppen dieser Fadenmoleküle festzustellen. Erst dann kann die Konstitutionsaufklärung als beendet gelten.

a) Anfangs wurde die Vermutung ausgesprochen[5], daß die Eukolloide freie Valenzen am Ende der Kette besäßen. Die Reaktionsfähigkeit des dreiwertigen Kohlenstoffes in einer derartig langen Kette hätte ja außer-

---


[1] STAUDINGER, H.: Ber. Dtsch. Chem. Ges. **65**, 267 (1932). Vgl. auch S. 77.

[2] Da hier keine Substitution erfolgt, sondern nur ein Abbau, so ließe sich hier aus dem S- und Cl-Gehalt der Abbauprodukte eine Aussage über die Kettenlänge machen; solche Versuche sollen noch unternommen werden.

[3] Vgl. Dritter Teil, C. IV. 4.

[4] Über die Frage der Endgruppen vgl. Ber. Dtsch. Chem. Ges. **59**, 3019 (1926).

[5] Kautschuk **1925**, Nr 1 (Augustheft), S. 5.

ordentlich gering sein können. Diese Vermutung ließ sich experimentell nicht bestätigen[1,2].

b) Man könnte weiter annehmen, daß sich ein Styrolmolekül unter Wasserstoffwanderung an ein anderes anlagert, und daß so allmählich die langen Ketten aufgebaut würden[3]. Auch dieser Polymerisationsverlauf findet nicht statt, denn Distyrol und Tristyrol lagern kein Styrol mehr an[4]. Dagegen können längere Polyoxymethylenketten durch solche polymerisierende Kondensation entstehen[5].

c) Charakteristische Endgruppen[6] am Ende langer Ketten konnten, wie gesagt, bei den Polystyrolen bisher nicht nachgewiesen werden. Anfangs nahmen wir an, daß bei der Polymerisation mit Zinntetrachlorid dieses Säurechlorid am Ende der langen Kette koordinativ gebunden wird, und daß dann beim Aufarbeiten durch Zusatz von Alkohol das Ende der Kette mit einer Methoxyl- resp. Äthoxylgruppe besetzt wird. Eine solche Gruppe ließ sich aber hier, wie auch bei den Polyindenen[7], nicht nachweisen.

Um das Ende der Ketten mit charakteristischen Endgruppen zu besetzen, polymerisierten wir Styrol bei Gegenwart von Eisessig, Methylalkohol und Piperidin durch Einwirkung von ultraviolettem Licht. Wir erhielten so neben einer unlöslichen[8] Substanz, die sich in Form von Häutchen ausscheidet, hemikolloide Produkte vom Polymerisationsgrad 20—30, aber bei keinem derselben konnten die zugesetzten Reagenzien als Endglieder der Kette nachgewiesen werden. Vielmehr sind auch die so hergestellten Polystyrole reine Kohlenwasserstoffe[9].

d) Infolge der Unmöglichkeit, Endgruppen nachzuweisen, nahmen wir einige Zeit an, daß in den Polystyrolen wie auch in den Polyindenen vielgliedrige Ringe vorliegen. Wir dachten uns den Polymerisationsverlauf derart[10], daß ein angeregtes Molekül an beiden Enden neue Styrolmoleküle anlagert. Diese Polystyrolfäden, die von dem angeregten Molekül ausgehen, sollten sich infolge zwischenmolekularer Kräfte parallel lagern, und schließlich sollte es je nach den Reaktionsbedingungen schneller oder langsamer zu einem Ringschluß kommen. Diese hochmolekularen Ringe stellten dann gewissermaßen Doppelfäden dar. Gerade durch die Untersuchungen von L. Ruzicka und J. R. Katz[11] über den Bau der hochgliedrigen Ringe schien die Existenz solcher Doppelfäden durchaus

---

[1] Vgl. z. B. M. Bruni: Verhandlungen des Kautschuk-Kongresses in Paris 1931.

[2] Vgl. Ber. Dtsch. Chem. Ges. **62**, 2913 (1929).

[3] Whitby nimmt an, daß die Polymerisation in dieser Weise verläuft, vgl. Whitby u. Katz: Journ. Amer. Chem. Soc. **50**, 1160 (1928).

[4] Versuche von A. Steinhofer.

[5] Vgl. S. 148.

[6] Über Endgruppen in der Polyoxymethylenkette siehe H. Staudinger u. M. Lüthy: Helv. chim. Acta **8**, 41 (1924).

[7] Versuche von A. A. Ashdown, vgl. Helv. chim. Acta **12**, 942 (1929).

[8] Unter dem Einfluß des ultravioletten Lichtes ist hier eine Verkettung der Fadenmoleküle zu dreidimensionalen Makromolekülen erfolgt. Das Polystyrol ist durch Licht gewissermaßen „vulkanisiert" worden.

[9] Es sei bei dieser Gelegenheit bemerkt, daß die Zusammensetzung einer großen Zahl von Polystyrolen durch Elementaranalysen kontrolliert wurden. Sauerstoff oder Stickstoff hätten sich bei einem Polymerisationsgrad der Polystyrole von 30—50 analytisch noch leicht nachweisen lassen müssen. Vgl. Inaug.-Diss. W. Heuer, Freiburg i. Br. 1929.

[10] Helv. chim. Acta **12**, 944 (1929).

[11] Ztschr. f. angew. Ch. **41**, 336 (1928).

möglich. Aber diese Auffassung ist nach der heutigen Erfahrung nicht mehr haltbar, wie im Abschnitt V, 4 (s. S. 213) durch die Darstellung der Polystyroldicarbonsäuren und deren Verhalten bewiesen wurde. Diese haben dieselbe $K_m$-Konstante wie die reinen Kohlenwasserstoffe. Da aber in den Säuren offene Ketten vorliegen müssen, so mü⸱sen auch die Polystyrole offene Ketten besitzen. Bei den Polystyrolen ist also die Frage der Endgruppen bisher ungelöst. Es ist möglich, daß Doppelbindungen am Ende vorhanden sind. Es können aber auch bei den Hemikolloiden unter dem Einfluß von Katalysatoren am Ende der Kette Umlagerungen stattgefunden haben, wie sie E. Bergmann[1] beobachtet hat.

### 7. Über die Bildung der Polystyrole durch Kettenreaktion.

Über die Bildung der Polystyrole kann man sich also folgendes Bild machen: Ein Styrolmolekül wird aktiviert, wobei Licht, Sauerstoff oder Katalysatoren eine Rolle spielen. Ein solches aktiviertes Molekül lagert dann in einer Kettenreaktion zahlreiche weitere Styrolmoleküle an. Es ist ja bei Kettenreaktionen, z. B. Chlorknallgas, bekannt, daß durch ein aktiviertes Molekül Zehntausende von anderen aktiviert werden können. Daraus ist das Wachsen langer Ketten bei derartigen Polymerisationsprozessen verständlich. Diese Kettenreaktion kann dann durch sekundäre Einflüsse unterbrochen werden: z. B. kann am Ende der Kette sich ein H-Atom lösen und das Ende eines anderen Moleküls besetzen, so daß hier eine Absättigung erfolgt, während die erste Kette eine Doppelbindung als Endgruppe erhält:

$$\cdots \overset{C_6H_5}{\underset{|}{CH}}-CH_2-\left[\overset{C_6H_5}{\underset{|}{CH}}-CH_2\right]_x-\overset{C_6H_5}{\underset{|}{CH}}-CH_2 \cdots \; + \; \cdots \overset{C_6H_5}{\underset{|}{CH}}-CH_2-\left[\overset{C_6H_5}{\underset{|}{CH}}-CH_2\right]_y-\overset{C_6H_5}{\underset{|}{CH}}-CH_2 \cdots$$

$$\cdots \overset{C_6H_5}{\underset{|}{CH}}-CH_2-\left[\overset{C_6H_5}{\underset{|}{CH}}-CH_2\right]_x-\overset{C_6H_5}{\underset{|}{C}}=CH_2 \; + \; \overset{C_6H_5}{\underset{|}{CH_2}}-CH_2-\left[\overset{C_6H_5}{\underset{|}{CH}}-CH_2\right]_y-\overset{C_6H_5}{\underset{|}{CH}}-CH_2 \cdots$$

Eventuell können auch aktivierte Styrolmoleküle den Kettenschluß herbeiführen, indem sie sich unter Abspaltung von Wasserstoff zersetzen. Bei Gegenwart von Katalysatoren oder bei hoher Temperatur ist natürlich eine Unterbrechung der Kette leichter möglich als ohne diese, daher bilden sich unter solchen Bedingungen nur Hemikolloide.

Die längsten Moleküle können sich nur ausbilden bei möglichst geringen Temperaturen und ohne Zusätze, so daß die Kettenreaktion möglichst ohne Störung verlaufen kann. Nur unter solchen Bedingungen können sich Moleküle dieser erstaunlichen Länge ausbilden, die die merkwürdigen kolloiden Eigenschaften der Lösungen bedingen. Die höchstmolekularen Polystyrole, die bisher hergestellt wurden, haben einen Polymerisationsgrad von 6000; ihre Fadenmoleküle besitzen eine Länge von 1,5 $\mu$. Viel höhermolekulare Produkte sind in Lösung nicht zu erhalten, da noch längere Fadenmoleküle schon bei Zimmertemperatur nicht mehr beständig sind. Sie sind nur noch im festen Zustand existenzfähig, sind also einaggregatig.

---

[1] Liebigs Ann. **480**, 49 (1930) — Ber. Dtsch. Chem. Ges. **64**, 1493 (1931).

Die Durchführung der vorliegenden Arbeit war uns nur dadurch möglich, daß die I.G. Farbenindustrie A.G., Werk Uerdingen, uns größere Mengen monomeres und polymeres Styrol zur Verfügung stellte. Dafür möchten wir der Direktion dieses Werkes und ebenso der Direktion der I.G. Farbenindustrie A.G., Werk Leverkusen, die beide diese Arbeiten in entgegenkommender Weise unterstützt haben, unseren verbindlichsten Dank aussprechen.

## B. Das Polyoxymethylen, ein Modell der Cellulose[1].

### Über Polyoxymethylen-dimethyläther, Polyoxymethylen-dihydrate und die Polymerisation von monomerem, flüssigem Formaldehyd.

### Bearbeitet von W. Kern[2].

### I. Einleitung.

„Die Untersuchungen der Polyoxymethylene wurden vor einigen Jahren aufgenommen im Anschluß an eine Reihe anderer Arbeiten über die Konstitution hochmolekularer, speziell hochpolymerer Verbindungen. Die Polyoxymethylene schienen deshalb besonders interessant, weil aus ihrer Untersuchung evtl. neue Gesichtspunkte über die Konstitution von anderen wichtigen hochpolymeren Stoffen, z. B. der Cellulose, resultieren konnten. In beiden Fällen haben wir Polymerisationsprodukte, die völlig unlöslich sind, so daß ihr Molekulargewicht nicht bestimmt werden kann, die aber doch auf Grund ihrer physikalischen und chemischen Eigenschaften als hochpolymer anzusehen sind, und es schien leichter, auf chemischem Wege in die Konstitution der Polyoxymethylene einzudringen als in die sicher viel kompliziertere Molekel der Cellulose."

Diese Worte bildeten die Einleitung zu der ersten Publikation über Polyoxymethylene im Jahre 1924[3]. Das damals eingeschlagene Verfahren hat sich bewährt. Es gelang, durch Abbau der hochmolekularen Polyoxymethylene mit Essigsäureanhydrid eine polymer-homologe Reihe von Polyoxymethylen-diacetaten und mit Methylalkohol und Schwefelsäure als Katalysator eine solche von Dimethyläthern herzustellen. *So wurde zum erstenmal nachgewiesen, daß bei einem hochpolymeren Stoff mindestens 100 Grundmoleküle zu einem langen Fadenmolekül verbunden sein können.*

Besonders wichtig war es weiter, daß der Krystallbau der Polyoxymethylene aufgeklärt werden konnte. Dadurch ließ sich zeigen, daß man bei Hochpolymeren aus der Größe der Elementarzelle keine Rückschlüsse auf ihre Molekülgröße ziehen darf, wie es bei niedermolekularen Verbindungen der Fall ist. Irrige Annahmen über den Bau der Cellulose wurden dadurch widerlegt; denn die Kleinheit des Elementarkörpers der krystallisierten Cellulose ist kein Argument mehr für ein niederes Molekulargewicht derselben. Schließlich wurde ein Polyoxymethylen mit Faserstruktur gewonnen, damit die erste synthetische organische Faser hergestellt und dadurch eine weitere Beziehung zum Bau der Cellulose gefunden[4].

---


[1] 64. Mitteilung über hochpolymere Verbindungen.

[2] Inaug.-Diss. W. Kern, Freiburg i. Br. 1930.

[3] Helv. chim. Acta 8, 41 (1925).

[4] Ztschr. f. physik. Ch. 126, 425 (1927).

rung der höchstmolekularen löslichen Dimethyläther entgegenstehen. Der Dimethyläther vom Durchschnittspolymerisationsgrad 100 stellt ein Gemisch von Dimethyläthern mit ca. 50—150 Formaldehydgruppen im Molekül dar. Die Löslichkeitsgrenzen des Polymeren vom Polymerisationsgrad 50 und des Polymeren vom Polymerisationsgrad 150 weisen nur einen Unterschied von ca. 20° auf. Dieser Unterschied ist zu gering, um eine Fraktionierung zu ermöglichen. Dagegen zeigt die Kurve, daß eine Fraktionierung der niedermolekularen Dimethyläther bis zu einem Polymerisationsgrad von ca. 50, wie sie (mit anderen Lösungsmitteln) durchgeführt wurde, leicht möglich ist.

Da die höchstmolekularen Polyoxymethylen-dimethyläther bei höherer Temperatur unbeständig werden, so entsteht durch längeres Kochen eines Dimethyläthers vom Polymerisationsgrad 100 mit Anisol oder Cyclohexanol ein Polyoxymethylen-dimethyläther eines etwas geringeren Polymerisationsgrades[1].

Tabelle 128.

| Durch Abbau aus einem 100-oxym.-dimethyläther erhaltene Dimethyläther | Methode | Erhaltene Ausbeute % |
|---|---|---|
| 90-oxym.-dimethyläther | Durch Kochen mit Anisol (154°) 15 Minuten | 90 |
| 80-oxym.-dimethyläther | Durch Kochen mit Cyclohexanol (160°) 10 Minuten | 70 |

Die so durch Abbau erhaltenen Produkte erwiesen sich als reine, polymereinheitliche Dimethyläther, die durch ihre Zusammensetzung und ihr Molekulargewicht identifiziert werden konnten.

### c) Die ein-aggregatigen Polyoxymethylen-dimethyläther.

Im geschmolzenen Zustande sind Polyoxymethylen-dimethyläther bis zum Polymerisationsgrad 150 beständig. Im festen Zustande können aber Produkte von wesentlich höherem Polymerisationsgrad beständig sein. Man könnte denken, daß Fadenmoleküle durch einen ganzen Krystallit hindurchgehen, daß also Moleküle von sehr großer Länge auftreten. Die gewachsenen Polyoxymethylenkrystallite können eine Länge von ca. 0,1 mm erreichen; das würde heißen, daß ca. $5 \cdot 10^5$ Formaldehydgruppen, also $10^6$ Kettenatome in einem Fadenmolekül angeordnet sind[2]. In entsprechender Weise könnte man auch für manche Silicate, z. B. für den Augit[3], ungeheuere Kettenmoleküle annehmen. Für die organische Chemie haben solche Aussagen wenig Bedeutung. Denn wir kennen bis heute keine Methode, um *im festen Zustande* Moleküle eines Polymerisationsgrades $10^3$ von denen eines Polymerisationsgrades $10^6$ unterscheiden zu können. Erst wenn man solche Unterschiede wird feststellen können, wird es einen Sinn haben, im

---

[1] Der Abbau der Dimethyläther geht in Lösung langsam vor sich. Dies zeigen besonders die Molekulargewichtsbestimmungen in Campher; nur bei der höchstmolekularen Fraktion mit dem Molekulargewicht 3000 wurde bei längerem Erhitzen ein allmähliches Absinken des Schmelzpunktes beobachtet. Ebenso konnte an demselben Produkt der Abbau in Lösung durch die Viscositätsmessung in Formamid bei 145° festgestellt werden; es wurde von einer Messung zur anderen ein geringer Viscositätsabfall beobachtet, der einen Abbau anzeigt.

[2] Es ist nicht wahrscheinlich, daß die $\beta$-Polyoxymethylenkrystalle aus solchen Riesenmolekülen aufgebaut sind, da sehr hochmolekulare Stoffe sehr zäh sind und sich nicht pulverisieren lassen, vgl. S. 119; vgl. weiter die Eigenschaften der Eupolyoxymethylene S. 260.

[3] Vgl. W. L. Bragg: The structure of Silicates. Leipzig: Akadem. Verlagsgesellschaft. 1930.

festen Zustand von Riesenmolekülen verschiedener Größe zu sprechen. Im gelösten Zustande dagegen treten Unterschiede zwischen den Stoffen mit verschieden großen Molekülen auf, besonders erhebliche in der Viscosität ihrer Lösungen; dann hat es Zweck, Aussagen über das Molekulargewicht zu machen und z. B. einen Stoff mit dem Molekulargewicht $10^4$ von einem solchen mit dem Molekulargewicht $10^5$ zu unterscheiden. Die Unmöglichkeit, Unterschiede zwischen Polyoxymethylenen vom Molekulargewicht $10^4$, $10^5$ oder $10^6$ zu finden, liegt also darin, daß es nicht gelingt, derartige Stoffe in Lösung überzuführen. Wie vorsichtig man bei Aussagen über die Molekülgröße ein-aggregatiger Stoffe sein muß, soll gerade am Beispiel des $\gamma$-Polyoxymethylens gezeigt werden. Das $\gamma$-Polyoxymethylen ist in seinen chemischen Eigenschaften und seiner Zusammensetzung den Polyoxymethylen-dimethyläthern sehr ähnlich, besonders in seiner Beständigkeit. Es schmilzt nicht, sondern zersetzt sich bei 170—200°, in Lösungsmitteln ist es nur unter starker Zersetzung löslich. Man kann daher vermuten, daß im $\gamma$-Polyoxymethylen sehr hochmolekulare Polyoxymethylen-dimethyläther vorliegen.

Dieses Polyoxymethylen entsteht beim Fällen von methylalkoholhaltiger Formaldehydlösung mit konzentrierter Schwefelsäure. Das gefällte Produkt ist keine einheitliche Substanz, sondern enthält $\beta$-Polyoxymethylen, das man aus methylalkoholfreier Formaldehydlösung durch Fällen mit konzentrierter Schwefelsäure erhalten kann.

Die Reinigung des $\gamma$-Polyoxymethylens wurde von AUERBACH und BARSCHALL mit Natriumsulfitlösung, von O. SCHWEITZER mit verdünnter Natronlauge vorgenommen. Für das so erhaltene Produkt wurde auf Grund von Analysen in früheren Arbeiten[1] ein Durchschnittspolymerisationsgrad von 150 angegeben. Diese Angabe ist nicht ohne weiteres aufrechtzuerhalten; denn man weiß bei diesem ein-aggregatigen Stoff nicht, ob er polymer-einheitlich ist. Im vorliegenden Fall des $\gamma$-Polyoxymethylens können in einem Krystallit 3 Arten von Polyoxymethylenketten, die sich in den Endgruppen unterscheiden, vorliegen: Polyoxymethylen-dimethyläther, -methylätherhydrate und -dihydrate.

Dabei ist sehr unwahrscheinlich, daß sich diese drei Polymeren in getrennten Krystalliten[2] ausbilden werden; denn die Krystallite des $\gamma$-Polyoxymethylens sind genau dieselben wie diejenigen des $\beta$-Polyoxymethylens[3]. Es wird vielmehr so sein, daß das Wachstum einer Polyoxymethylenkette durch Kondensationsreaktionen von Methylenglykol gleichzeitig mit dem Krystallwachstum vor sich geht. Der Abschluß der Kette kann nun dadurch erreicht werden, daß entweder die Kondensationsreaktion zum Stillstand kommt, oder aber Methylenglykolmonomethyläther — die Lösung enthält Methylalkohol — sich an der Kondensationsreaktion beteiligt, oder auch Methylalkohol die endständige Hydroxylgruppe veräthert. Das Ergebnis wird ein makromolekularer Mischkrystallit sein; d. h. die in ein Makromolekülgitter eingelagerten Polyoxymethylenketten besitzen verschiedene Endgruppen: entweder Hydroxyl- oder Methyläthergruppen.

---

[1] Liebigs Ann. **474**, 216 (1929).

[2] Es wird hier von Krystalliten und nicht von Krystallen gesprocher, da dieselben aus Makromolekülen und nicht aus einheitlich langen Molekülen aufgebaut sind. Vgl. H. STAUDINGER u. R. SIGNER: Ztschr. f. Krystallogr. **70**, 193 (1929). Vgl. S. 116.

[3] Vgl. auch KOHLSCHÜTTER, H. W.: Liebigs Ann. **484**, 155 (1930).

Ebenso wie der Aufbau des $\gamma$-Polyoxymethylens eine topochemische Reaktion darstellt, so auch sein Abbau mit verdünnten Alkalien. Reine Polyoxymethylen-dimethyläther sind gegen verdünnte Alkalien auch bei langem Kochen vollkommen beständig; Polyoxymethylen-dihydrate dagegen werden rasch zerstört. Der Angriff verdünnter Alkalien erfolgt also von den Endgruppen her. Eine Behandlung mit Alkalien könnte nur dann reine polymer-einheitliche Dimethyläther liefern, wenn Hydrate und Dimethyläther in Lösung vorliegen würden. Da aber die $\gamma$-Polyoxymethylenkrystalle makromolekulare Mischkrystallite sind, so wird der Abbau des $\gamma$-Polyoxymethylens topochemisch so lange fortschreiten, bis sich an seiner Oberfläche keine Hydroxylgruppen, sondern nur noch Methyläthergruppen befinden; dann ist das Teilchen gegen weitere Angriffe geschützt; denn in das Innere des Krystallits kann das Alkali nicht eindringen. In Abb. 65 ist schematisch ein makromolekularer Mischkrystallit des $\gamma$-Polyoxymethylens aufgezeichnet und sein Abbau durch Alkali angedeutet.

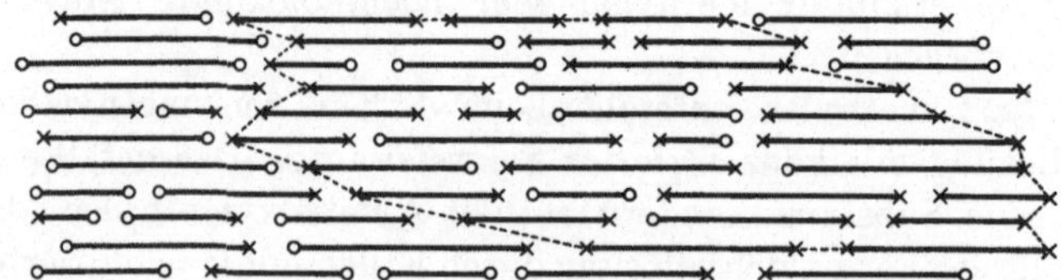

Abb. 65.  Schema des Aufbaues von $\gamma$-Polyoxymethylen.  ($\times$ = OCH$_3$, $\bigcirc$ = OH.)

Nimmt man, wie dies früher geschehen ist, an, daß das $\gamma$-Polyoxymethylen polymer-einheitlich ist, dann würde man aus der Methylätherbestimmung auf einen viel zu großen Durchschnittspolymerisationsgrad schließen.

Mit dem Bau des $\gamma$-Polyoxymethylens als makromolekularer Mischkrystallit lassen sich alle physikalischen und chemischen Eigenschaften desselben vereinbaren. Das $\gamma$-Polyoxymethylen zersetzt sich bei 170—200° ohne zu schmelzen, weil hochmolekulare Dihydrate und Methylätherhydrate sich ohne zu schmelzen zersetzen.

Auch die Erfahrungen, die man bei der Umkrystallisation des $\gamma$-Polyoxymethylens aus hochsiedenden Lösungsmitteln macht, lassen sich ohne Schwierigkeit erklären.

Bei höherer Temperatur können bestimmte Lösungsmittel in das gelockerte Makromolekülgitter eindringen. Die dadurch isolierten Makromoleküle lösen sich in normaler Weise auf. Nun macht sich der große Beständigkeitsunterschied zwischen Dimethyläthern, Methylätherhydraten und Dihydraten geltend. Die beiden letzteren werden rasch abgebaut. Ebenso werden sehr hochmolekulare Dimethyläther abgebaut; denn das Beständigkeitsdiagramm der Polyoxymethylen-dimethyläther zeigt, daß Dimethyläther mit mehr als ca. 150—200 Formaldehydgruppen im Molekül in Lösung nicht bestehen können. Dimethyläther mit dem Durchschnittspolymerisationsgrad 100 können isoliert werden. Die Ausbeute an diesem Dimethyläther beträgt bei der Umkrystallisation aus Formamid nur etwa 35%. Krystallisiert man dagegen reine, hochmolekulare, polymer-einheitliche Dimethyläther aus Formamid um, so werden sie nicht zersetzt; sie sind auch bei 150—160° in Lösung beständig und werden nur langsam abgebaut.

Bis zu welcher Kettenlänge Polyoxymethylen-dimethyläther im festen Zustand, also im $\gamma$-Polyoxymethylen, existieren, läßt sich nicht entscheiden. Es ist natürlich möglich, daß auch Dimethyläther eines höheren Polymerisationsgrades, wie sie durch Umkrystallisation isoliert werden konnten, im Makromolekülgitter des $\gamma$-Polyoxymethylens vorkommen, aber exakt beweisen läßt sich diese Annahme nicht.

Dieses Beispiel des $\gamma$-Polyoxymethylens zeigt, daß es bei einem ein-aggregatigen Stoff unmöglich ist, sichere Aussagen über die Molekülgröße zu machen. Es ist also auch eine Aussage über die Kettenlänge der Moleküle im $\beta$-Polyoxymethylen nicht möglich.

### 5. Die Krystallstruktur der Polyoxymethylen-dimethyläther.

Die Darstellung eines Polyoxymethylen-dimethyläthers vom Durchschnittspolymerisationsgrad 100 war besonders im Hinblick auf Krystallstruktur und Krystallausbildung interessant. Denn es konnte hier an einem krystallisierten Produkt die Frage studiert werden, wie fadenförmige Makromoleküle von so beträchtlicher Größe aus Lösung sich abscheiden.

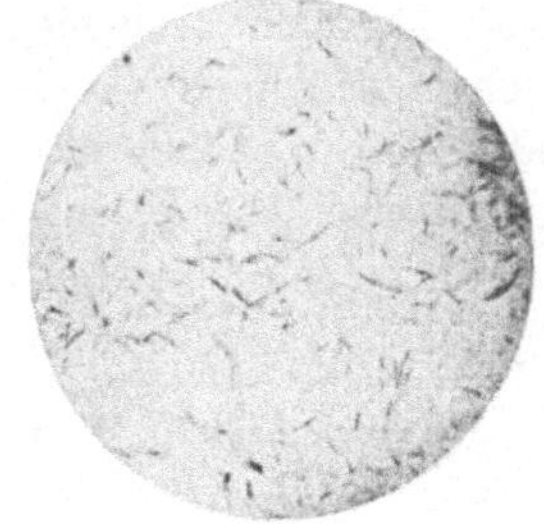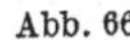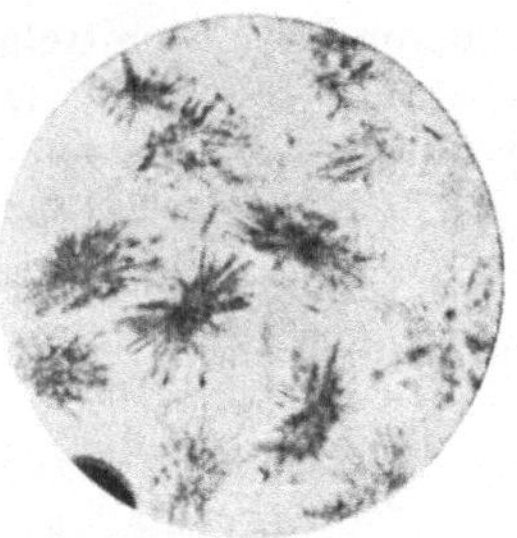

Abb. 66.              Abb. 67.

Abb. 66 u. 67.  Hochmolekulare Polyoxymethylen-dimethyläther aus Formamid umkrystallisiert.

Aus den Viscositätsgesetzen und der Strömungsdoppelbrechung folgt, daß Fadenmoleküle in Lösung starr sind, und daß schon in Lösung eine gewisse Ordnung derselben, die in einer Orientierung besteht, erfolgen kann. Bei der Abscheidung aus Lösung lagern sich die Moleküle parallel; dabei braucht keine gittermäßige Anordnung zu erfolgen. Vielmehr wird sogar in den meisten Fällen die einzige Ordnung die Parallellagerung sein. Die Einordnung in ein Gitter wird von anderen Faktoren abhängen, nämlich vor allem von der *Gestalt der Moleküle*. Moleküle mit unregelmäßigem Bau, wie die des Polystyrols oder des Polyvinylacetats, werden sich zwar parallel anordnen, aber kein Krystallgitter bilden[1]. Der Molekülbau der Polyoxymethylene ist dagegen so regelmäßig, daß bei der Parallellagerung der Moleküle auch immer Gitterordnung der Atome erfolgt. Deshalb krystallisiert der Polyoxymethylen-dimethyläther mit 100 Formaldehydgruppen, d. h. 200 Atomen in einer Kette, ebenso wie niedermolekulare Dimethyläther.

---

[1] Vgl. über den Krystallbau hochmolekularer Verbindungen H. STAUDINGER u. R. SIGNER: Ztschr. Krystallogr. **70**, 193 (1929). Vgl. S. 109ff.

Über die äußere Form der aus Lösung erhaltenen Krystallite läßt sich nur soviel voraussagen, daß wohlausgebildete hexagonale Tafeln und sechsseitige Prismen, wie sie bei der Entstehung von $\beta$-Polyoxymethylen aus konzentrierter Formaldehydlösung mit Schwefelsäure beobachtet werden, hier nicht zu erwarten sind. Die in Lösung befindlichen, fertigen Makromoleküle werden sich in anderer Art und Weise abscheiden.

Wenn man hochmolekulare Polyoxymethylen-dimethyläther vom Polymerisationsgrad 100 aus heißem Formamid umkrystallisiert, so erhält man eine Ausscheidung, die das Aussehen einer Gallerte hat; schon eine 3proz. Lösung wird

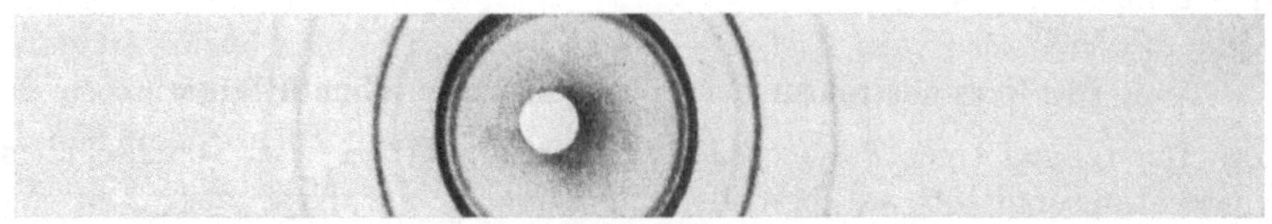

Abb. 68. DEBYE-SCHERRER-Aufnahme eines hochmolekularen umkrystallisierten Polyoxymethylen-dimethyläthers.

beim Abkühlen so fest, daß sie nicht mehr fließt. Solche Gallerten erhält man auch mit allen anderen Lösungsmitteln, wie z. B. Anisol. Doch unterscheiden sich die Lösungsmittel insofern, als die Größe der ausgeschiedenen, mikroskopisch sichtbaren Teilchen verschieden ist. Aus Formamid erhält man bei raschem Abkühlen größere Krystallite als aus Cyclohexanol oder Anisol. Ihre Form ist länglich und spitz; spindelartig und unregelmäßig; man kann keine definierten Krystallflächen erkennen (Abb. 66). Bei langsamer Krystallisation aus Formamid er-

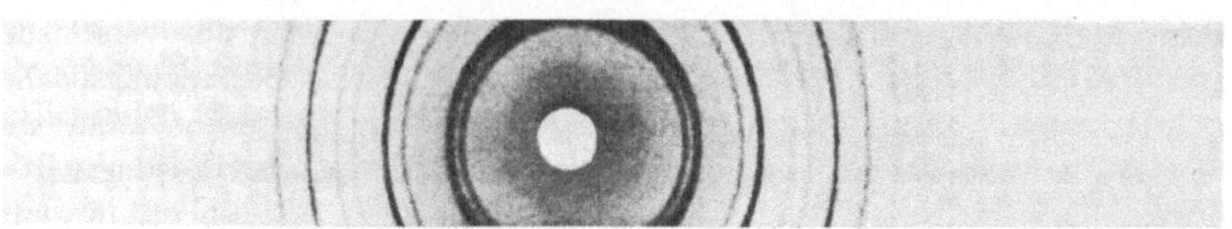

Abb. 69. DEBYE-SCHERRER-Aufnahme des $\gamma$-Polyoxymethylens.

hält man büschelige Gebilde (Abb. 67). Mit polarisiertem Licht zeigen die Krystallite einheitliche Auslöschung. Das Debye-Scherrer-Diagramm[1] (Abb. 68) ist mit dem Diagramm des $\gamma$-Polyoxymethylens (Abb. 69) identisch.

Die Lagerung der langen Moleküle in den Krystalliten muß senkrecht zu deren Längsrichtung angenommen werden. Das Hauptwachstum am Krystall erfolgt bekanntlich da, wo die Atompackung am dichtesten ist. Da der Abstand zweier Polyoxymethylenketten nach J. HENGSTENBERG[2] 4,6 Å, die Länge einer Formaldehydgruppe im Fadenmolekül aber 1,9 Å beträgt, so liegt die dichteste Packung der Atome nicht in der Fläche der Molekülendgruppen, sondern senkrecht dazu vor. Das Hauptwachstum der Krystallite wird also nicht in der Richtung der Fadenmoleküle, sondern senkrecht dazu erfolgen.

---

[1] Die Aufnahmen wurden im hiesigen Physikalischen Institut von E. SAUTER gemacht. Wir möchten ihm an dieser Stelle bestens danken.

[2] Ztschr. f. physik. Ch. **126**, 425 (1927).

Für die native Cellulose ist bewiesen, daß die Fadenmoleküle in Richtung der Faserachse liegen. Das Wachstum der Cellulosefaser ist aber ein ganz anderes und ist eher dem Wachstum eines $\beta$-Polyoxymethylenkrystalls[1] zu vergleichen; es lagert sich ein Glucosemolekül an das andere, wobei gleichzeitig die chemische Bindung und das Krystallwachstum eintritt[2].

Ganz entsprechende Beobachtungen hat schon A. S. C. LAWRENCE[3] bei den Salzen ungesättigter Fettsäuren gemacht; auch er nimmt an, daß das Hauptwachstum der Krystalle senkrecht zur Richtung der Fettsäuremoleküle erfolgt. Ebenso zeigen die freien Fettsäuren (Palmitinsäure, Stearinsäure) bei der Krystallisation aus Formamid nadelförmige Ausbildung der Krystalle. Nur sind diese Krystalle größer und zeigen im Gegensatz zu den Krystalliten hochmolekularer Polyoxymethylen-dimethyläther scharfe Begrenzungsflächen. Ebenso haben die Krystalle niedermolekularer Polyoxymethylen-dimethyläther aus Formamid besser ausgebildete Formen[4].

In Abb. 70 ist der Bau eines Krystallits aus hochmolekularen Dimethyläthern schematisch angedeutet.

Die Ausmessung der Krystallite zeigt, daß ihre Dicke (ca. $1-2\ \mu$) nicht der Länge eines Moleküls (200 Å) entspricht. Die Krystalldicke entspricht ungefähr 100 Makromoleküllängen, die Krystallänge ($10-15\ \mu$) ungefähr $10^4-10^5$ nebeneinander gittermäßig angeordneten Makromolekülen.

Abb. 70. Schema des Aufbaues eines Krystallits von Polyoxymethylen-dimethyläthern aus Lösung.

Es bleibt uns noch auf die unregelmäßige Form der Krystallite der hochmolekularen Dimethyläther einzugehen. Diese Form ist wahrscheinlich neben der Größe der aufbauenden Moleküle auf deren verschiedene Länge zurückzuführen. Denn aus verschieden langen Makromolekülen kann kein Krystall mit scharfen Begrenzungsflächen gebildet werden. Die schlechte Ausbildung der Krystalloberfläche kann man daran erkennen, daß schon verdünnte Lösungen infolge starker Lösungsmitteladsorption gelatinös erstarren. Die aufgefundene Form ist also nichts weiter als die äußere Begrenzung eines Makromolekülgitters, das sich aus schon fertigen Makromolekülen aus Lösung bildet[5].

Nun ist aber die Fraktionierung des Gemisches der Polymer-homologen durchführbar. Das steht mit der Annahme eines Makromolekülgitters, in dem die kleinen Moleküle von den großen eingeschlossen würden, scheinbar in Widerspruch[6]. Es ist aber anzunehmen, daß ein Krystallit nur aus Molekülen *ungefähr*

---


[1] Hier liegt ein wohlausgebildeter Krystall vor; es läßt sich allerdings nicht entscheiden, ob derselbe aus einheitlich langen Molekülen aufgebaut ist. Vgl. Abb. 17, S. 119.

[2] Liebigs Ann. **474**, 267 (1929). Vgl. S. 118ff.

[3] Kolloid-Ztschr. **50**, 12 (1930). Unsere Beobachtungen wurden, bevor uns die Arbeiten von LAWRENCE vorlagen, gemacht und in entsprechender Weise gedeutet.

[4] Es ist interessant, daß die niedermolekularen Dimethyläther, die sonst in Blättchen krystallisieren, aus Formamid nadelförmig erhalten werden können, ähnlich wie die Fettsäuren, die aus anderen Lösungsmitteln ebenfalls in Blättchen erhalten werden.

[5] GERNGROSS spricht beim Eiweiß von „ausgefransten Gittern", Ztschr. f. physik. Ch. (B) **10**, 371 (1930). Dieses ist identisch mit dem Makromolekülgitter, vgl. STAUDINGER u. R. SIGNER: Ztschr. f. Krystallogr. **70**, 193 (1929).

[6] Liebigs Ann. **474**, 172 (1929).

gleicher Größe besteht. Jeder Krystallit enthält also einen Ausschnitt aus der
ganzen Reihe polymer-homologer Moleküle des vorliegenden Gemisches. Diese
Struktur ist durch die Bildung aus Lösung verständlich, besonders im Hinblick
auf die Kurve der Löslichkeitsgrenzen (Abb. 64). Es werden aus der Lösung zuerst
Krystallite der größten, also schwerstlöslichen Moleküle entstehen. Diese wachsen
nicht weiter, es bilden sich neue Krystallite kleinerer Moleküle usw. Die Fraktionierung ist also durchaus möglich, solange die Löslichkeitsunterschiede genügend groß sind.

### III. Die Polyoxymethylen-dihydrate[1].

#### (Gemeinsam bearbeitet mit R. SIGNER.)

Die polymer-homologe Reihe der Polyoxymethylen-dihydrate hat den Bau-
typus: $HO-(CH_2-O)_x-CH_2-OH$. Schon M. DELÉPINE[2] erkannte den Paraformaldehyd als ein Gemisch von Polymeren obiger Formel. Doch wurde diese
Ansicht von AUERBACH und BARSCHALL[3] auf Grund ihrer ausgedehnten Untersuchungen an den festen Polymeren des Formaldehyds abgelehnt. Sie hielten
den Paraformaldehyd für „ein amorphes Polymeres des Formaldehydes von
unbekannter, aber mindestens dreifacher Molekulargröße und mit einem je nach
den inneren und äußeren Umständen schwankenden Gehalt an adsorbiertem
Wasser". Diese Anschauungen wurden durch umfangreiche Untersuchungen[4]
über die Polyoxymethylene widerlegt. Die Herstellung der polymer-homologen
Reihen der Polyoxymethylen-dimethyläther und der Polyoxymethylen-diacetate
ergaben als notwendige Konsequenz auch die Existenz der polymer-homologen
Reihe der Polyoxymethylen-dihydrate. Eine direkte Bestätigung mußte sich
aus der Untersuchung der niederen Glieder dieser Reihe ergeben. Sie wurde
schon von R. SIGNER[5] und O. SCHWEITZER[5] in Angriff genommen und in der
vorliegenden Arbeit fortgesetzt.

Auch bei den Polyoxymethylen-dihydraten wurde untersucht, welche Moleküle im gasförmigen, im geschmolzenen und gelösten und im festen Zustand
existenzfähig sind.

Schon die niedermolekularen Polyoxymethylen-dihydrate lassen sich nicht
unzersetzt destillieren; die Produkte zerfallen. In Lösung sind dagegen Moleküle
eines ziemlich großen Polymerisationsgrades beständig. Wie weit diese Beständigkeit geht, soll im folgenden dargelegt werden. Dabei muß auch nochmals
auf die Existenz des Methylenglykols eingegangen werden.

---

[1] Die Nomenklatur ist nicht völlig korrekt. Diese Produkte haben die Zusammensetzung Formaldehyd $+ 1 H_2O$, sind also Hydrate. Wie aber von Polyoxymethylen-
diacetaten und -dimethyläthern gesprochen wird, so wird auch hier die Bezeichnung
Polyoxymethylen-dihydrate gewählt, um auszudrücken, daß zwei Hydroxylgruppen am
Kettenende stehen. In einer früheren Arbeit [5. Mitt. über hochpolymere Verbindungen,
Helv. chim. Acta 8, 67 (1925)] wurde „Polyoxymethylen-diole" erwogen, was aber auch
nicht völlig richtig ist, weil ja 1 O der beiden Hydroxylgruppen einer Formaldehydgruppe zugehört.

[2] Bull. Soc. Chim. Paris (3), **17**, 856 (1897).

[3] Arbb. Kais. Gesundh.-Amt **27**, 183—236 (1906).

[4] STAUDINGER, H., u. Mitarbeiter: 18. Mitt. Liebigs Ann. **474**, 145 (1929).

[5] Liebigs Ann. **474**, 238 (1929).

## 1. Methylenglykol.

Das erste Glied dieser Reihe ist das Methylenglykol oder Formaldehydhydrat:
$CH_2{<}^{OH}_{OH}$, das nach Arbeiten von Tollens[1], Auerbach und Barschall[2] in wässerigen Formaldehydlösungen vorliegt. Die Existenz des Methylenglykols in solchen
Lösungen ist sehr wahrscheinlich. Durch die Untersuchung der fraktionierenden
Destillation wässriger Formaldehydlösungen konnte A. Zimmerli[3] zeigen, daß
nach Erreichen einer bestimmten Konzentration der Lösung ein Produkt von
der ungefähren Zusammensetzung des Methylenglykols abdestilliert. So ist die
Existenz dieses Körpers in Lösung und in Dampfform wahrscheinlich gemacht.
Für seine Existenz in Lösung spricht auch, daß durch Extraktion aus ca. 30proz.
Formaldehydlösungen mit Äther im Apparat von Kutscher-Steudel ein Öl
erhalten wird, dessen Formaldehydgehalt von 58% dem für das Methylenglykol
geforderten Wert von 62,5% sehr nahe kommt. Aber alle weiteren Versuche,
diese Verbindung in reiner Form zu isolieren, schlugen fehl, und es läßt sich
nicht entscheiden, ob sie im reinen Zustand existenzfähig ist.

Das erhaltene Öl ist in Wasser und Aceton leicht, in Äther und Benzol nur
beschränkt löslich. Durch Abkühlen erhält man keine gut krystallisierte Substanz,
sondern nur schmierige Produkte, die keinen scharfen Schmelzpunkt zeigen.
Da das Chloralhydrat gut krystallisiert, könnte man vermuten, daß das Formaldehydhydrat ebenfalls gut krystallisiert und so zu reinigen ist. Die Eigenschaften
des Öles entsprechen aber denen des Äthylenglykols, das ähnliche Löslichkeits-
verhältnisse zeigt, ölig ist und schwer krystallisiert.

$$\begin{array}{ccc}
\overset{\text{OH OH}}{\underset{|}{\overset{\diagdown\diagup}{CH}}} & \overset{\text{OH OH}}{\overset{\diagdown\diagup}{CH_2}} & \overset{\text{OH}\qquad\text{OH}}{\overset{\diagdown\qquad\diagup}{CH_2\!-\!CH_2}} \\
CCl_3 & & \\
\text{krystallisiert gut} & \text{krystallisieren schlecht} &
\end{array}$$

Recht auffallend ist die große Polymerisationsneigung des Öles, wobei es in
Paraformaldehyd übergeht und fest wird. Diese Veränderung wurde schon früher
von R. Signer beobachtet und als eine fortschreitende Polymerisation ähnlich der Polymerisation der monomeren Kieselsäure nach Willstätter gedeutet[4].

## 2. Lösliche, niedermolekulare Polyoxymethylen-dihydrate.

Dieselben Veränderungen wie das durch Extraktion mit Äther erhaltene Öl,
das vermeintliche Methylenglykol, erleiden alle reinen, methylalkoholfreien
Formaldehydlösungen, die mehr als 30 Gewichtsprozente Formaldehyd gelöst
enthalten.

Beim Eindampfen von Formaldehydlösungen auf dem Wasserbad entweicht
neben wenig Formaldehyd ein großer Teil des Wassers; man kann so Lösungen
mit ca. 80% Formaldehyd erhalten. Sie erstarren beim Abkühlen zu schmierigen,
wachsartigen Gallerten. Es bildet sich durch Kondensation ein Gemisch von

---


[1] Ber. Dtsch. Chem. Ges. **21**, 1566, 3503 (1888).

[2] Arbb. Kais. Gesundh.-Amt **22**, 584 (1905).

[3] Industrial and Engin. Chemistry **19**, 524 (1927).

[4] Willstätter, R., u. Mitarbeiter: Ber. Dtsch. Chem. Ges. **58**, 2462 (1925); **61**, 2280
(1928). Vgl. auch Liebigs Ann. **474**, 271 (1929).

niedermolekularen Polyoxymethylen-dihydraten. Um daraus einheitliche Dihydrate herzustellen, wurde aus Aceton umkrystallisiert. Während aber die Polyoxymethylen-diacetate und besonders die Dimethyläther eine sehr große Beständigkeit zeigen, sind die Dihydrate in Lösung sehr unbeständig und verändern sich auch im festen Zustande. Eine Isolierung und Reinigung ist daher sehr erschwert.

Die Fraktionierung aus Aceton ergibt eine Reihe von Produkten, die sich in ihrer Löslichkeit unterscheiden. Bis zum Polymerisationsgrad 6 sind die Dihydrate in kaltem Aceton löslich und können mit tiefsiedendem Petroläther gefällt werden, bis zum Polymerisationsgrad 12 sind sie in siedendem Aceton löslich und krystallisieren beim Abkühlen aus; die als Rückstand erhaltenen, in Aceton unlöslichen Dihydrate wurden nicht untersucht. Die folgende Tabelle gibt eine Übersicht über die erhaltenen niedermolekularen Polyoxymethylen-dihydrate.

Tabelle 129.  Die Polyoxymethylen-dihydrate.

| Polymerisations-grad | CH$_2$O ber. % | CH$_2$O gef. % | Schmelz-punkt Grad | Löslichkeit in Aceton |
|---|---|---|---|---|
| 2—3 | 76,9 83,3 | 79,3 | 82—85 | Sehr leicht löslich in der Kälte. |
| 4 | 87,0 | 86,5 | 95—105 Zers. | desgl. |
| 6 | 90,9 | 90,9 | | Löslich in der Kälte. |
| 7 | 92,1 | 92,0 | | Desgl. |
| 8 | 93,0 | 92,9 93,2 | 115—120 Zers. | Leicht löslich in der Wärme. |
| 9 | 93,8 | 93,9 93,8 | | Desgl. |
| 11 | 94,8 | 94,9 94,8 | | Löslich beim Sieden. |
| 12 | 95,2 | 95,0 | | Schwer löslich beim Sieden. |
| Paraform-aldehyd | 95—98 | 95,8 | 140 Zers. | Fast unlöslich. |

Durch häufige Umkrystallisation aus Aceton wurde ein Octo-oxymethylen-dihydrat erhalten, das besonders eingehend untersucht wurde. Sein Formaldehydgehalt von 93 % änderte sich bei weiterer Umkrystallisation aus Aceton nicht mehr. Das Produkt ist deshalb ziemlich rein, kann aber nicht als vollständig einheitliches Octo-oxymethylen-dihydrat angesprochen werden. Es ist trotz seines hohen Formaldehydgehaltes leicht in heißem Aceton löslich und fällt fast quantitativ in der Kälte wieder aus; es kann ferner aus Chloroform, Dioxan, Pyridin und anderen Lösungsmitteln umkrystallisiert werden, bei sehr raschem Arbeiten im Reagensglase sogar aus Wasser. Von verdünnten Säuren und Alkalien wird es, auch in der Kälte, in kurzer Zeit zerstört.

Dieses relativ einheitliche Dihydrat krystallisiert in Nädelchen, die polarisiertes Licht einheitlich auslöschen. Das Produkt ist pulverig und deshalb leicht filtrierbar. Die gut ausgebildeten Krystalle haben eine regelmäßige Oberfläche und adsorbieren deshalb kein Lösungsmittel. Im Gegensatz dazu zeigen uneinheitliche Polyoxymethylen-dihydrate vom gleichen Formaldehydgehalt (Paraformaldehyd) keine mikroskopisch sichtbaren Krystalle. Auch riecht das frisch umkrystallisierte reine Produkt nur schwach nach Formaldehyd im Gegensatz zu dem nicht umkrystallisierten, stark riechenden Rohprodukt, das infolge eines geringen Ameisensäuregehaltes sich zersetzt.

Das Octo-oxymethylen-dihydrat schmilzt bei 115—120° und zersetzt sich dabei.

Es wurde auch versucht, die Konstitution der niedermolekularen Polyoxymethylen-dihydrate röntgenographisch festzustellen. Die Untersuchung ergab, daß die DEBYE-SCHERRER-Diagramme zwar alle Linien eines hochmolekularen Polyoxymethylens zeigen, aber nicht die der Moleküllänge entsprechenden inneren Interferenzringe aufweisen, wie sie von I. HENGSTENBERG[1] bei den Diacetaten aufgefunden und ausgemessen wurden. Das könnte daher kommen, daß die untersuchten Dihydrate noch nicht genügend einheitlich sind. Es ist aber auch möglich, daß die Reflexionsebenen, in denen die Endgruppen der Dihydrate, die OH-Gruppen, liegen, in ihrem Zonenverband keine besondere Stellung einnehmen. Die Molekülenden würden dann ziemlich nahe einander gegenüberstehen[2], so daß eine Kette von kurzen Fadenmolekülen wie ein langes Fadenmolekül, das den ganzen Krystall durchzieht, wirkt.

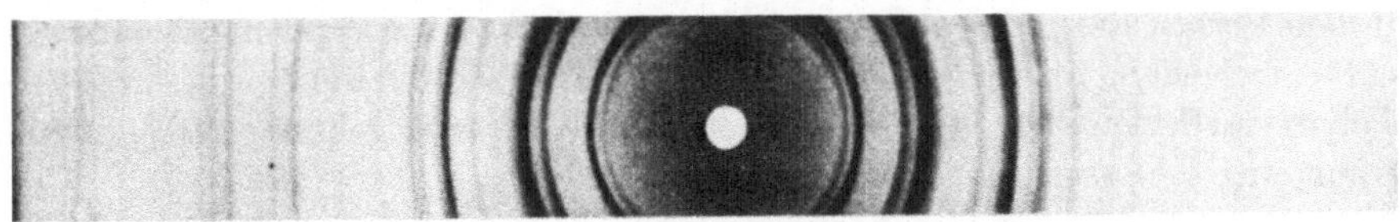

Abb. 71. DEBYE-SCHERRER-Aufnahme eines 11-oxymethylen-dihydrates.

Die Konstitution der krystallisierten Dihydrate kann nicht mit derselben Sicherheit wie die der Diacetate oder Dimethyläther bewiesen werden; denn die Molekulargewichtsbestimmung auf kryoskopischem Wege ist nicht durchführbar; der Polymerisationsgrad kann daher nur auf Grund der Bestimmung des Formaldehydgehaltes festgelegt werden.

Um zu beweisen, daß niedermolekulare Dihydrate bestimmten Polymerisationsgrades vorliegen, wollten wir sie in die bekannten Diacetate und Dimethyläther überführen. Aber diese chemischen Umwandlungen lassen sich nicht glatt durchführen; denn dazu sind die Dihydrate viel zu unbeständig. Die Acetylierung mit Essigsäureanhydrid und Pyridin in Dioxan als Verdünnungs- und Dispergierungsmittel führt beim Octo-oxymethylen-dihydrat in schlechter Ausbeute zu Diacetaten vom Polymerisationsgrad 6—12. Die Methylierung mit Diazomethan, die einen Vergleich mit den niedermolekularen Dimethyläthern erlaubt hätte, war überhaupt nicht durchführbar, da vollständige Zersetzung eintrat.

### 3. Die hochmolekularen Polyoxymethylen-dihydrate.

Der Paraformaldehyd und die durch konzentrierte Schwefelsäure aus reinen methylalkoholfreien Formaldehydlösungen ausgefällten Polyoxymethylene sind hochmolekulare Dihydrate. Diese Produkte sind in Aceton unlöslich. Nur der Paraformaldehyd enthält kleine Mengen niedermolekularer Anteile, die mit Aceton extrahiert werden können.

---

[1] Ztschr. f. physik. Ch. **126**, 435 (1927).
[2] Infolge koordinativer Bindung der beiden OH-Gruppen unter sich.

Die Beständigkeit dieser Produkte ist durch die Einordnung der Makromoleküle in ein Krystallgitter erklärbar. Sowie diese Gitterstruktur gelockert wird, tritt Zersetzung ein. Deshalb haben die Polyoxymethylen-dihydrate keinen Schmelzpunkt, da hier zum Unterschied von den Dimethyläthern der Zersetzungspunkt unter dem Schmelzpunkt liegt. Nur die niedersten Glieder der Reihe schmelzen, bevor sie sich zersetzen.

Bei sehr raschem Arbeiten kann man hochmolekulare Dihydrate auch umkrystallisieren. So löst sich Paraformaldehyd in der Hitze teilweise in Dioxan und fällt in der Kälte wieder aus. In Formamid kann auch $\alpha$- und $\beta$-Polyoxymethylen gelöst werden, wird aber in wenigen Sekunden vollständig abgebaut. Durch rasches Abkühlen beim Arbeiten mit kleinen Mengen erhält man eine teilweise Wiederausscheidung (bis 40%). Ganz kurze Zeit können also auch hochmolekulare Dihydrate vom Polymerisationsgrad 50—100 in Lösung existieren. Die umkrystallisierten Produkte zeigen die Eigenschaften eines $\alpha$-Polyoxymethylens. Sie enthalten wie dieses mehr als 99% Formaldehyd. Die speziellen Eigenschaften des $\beta$-Polyoxymethylens, die auf seinem geringen Schwefelsäuregehalt beruhen, wie z. B. seine „Sublimierbarkeit"[1], sind nach dem Umkrystallisieren mit dem Verlust des geringen Schwefelsäuregehaltes verschwunden. Es läßt sich nicht entscheiden, ob im $\beta$-Polyoxymethylen die Schwefelsäure, die in jedem $\beta$-Polyoxymethylen nachgewiesen werden kann, esterartig gebunden ist[2], oder ob sie nur eingeschlossen ist.

### 4. Die Alterung der Polyoxymethylen-dihydrate.

Die bemerkenswerteste Eigenschaft der niedermolekularen Polyoxymethylen-dihydrate ist ihre Veränderung, die sie beim Stehen erleiden; sie altern. Dieser Vorgang läßt sich sehr gut an Polyoxymethylengallerten verfolgen, die man

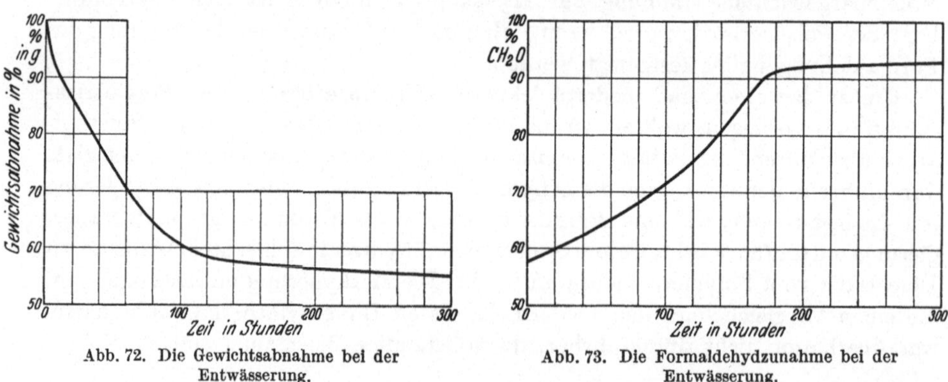

Abb. 72. Die Gewichtsabnahme bei der
Entwässerung.

Abb. 73. Die Formaldehydzunahme bei der
Entwässerung.

durch Eindampfen wässeriger Formaldehydlösungen erhält. Der Formaldehydgehalt der Gallerten beträgt 50—80%. Die Alterung wurde an der Veränderung bei der Entwässerung über Phosphorpentoxyd untersucht (Abb. 72 und 73).

---

[1] Wie schon früher erwähnt, läßt sich $\alpha$- und $\beta$-Polyoxymethylen leicht beim Erhitzen im Reagensrohr unterscheiden. Das Formaldehydgas aus dem $\beta$-Produkt polymerisiert sich sofort wieder infolge des Schwefelsäuregehaltes. Man hat so den Eindruck, als ob dieser Stoff sublimiert.

[2] Liebigs Ann. **474**, 245 (1929).

Wird ein solches Produkt sofort nach seiner Herstellung über Phosphorpentoxyd gebracht, dann tritt unter Abgabe von Wasser und etwas Formaldehyd eine kontinuierliche Gewichtsabnahme ein (Abb. 72), der Formaldehydgehalt nimmt kontinuierlich zu (Abb. 73). Ebenso steigt der Schmelzpunkt allmählich an, und die Löslichkeit in Lösungsmitteln, wie z. B. in Aceton, nimmt ab.

Dieses Verhalten kann chemisch so erklärt werden, daß sich aus den niederen Gliedern der Polyoxymethylen-dihydrate durch Kondensation höhere Glieder bilden; dabei wird ursprünglich chemisch gebundenes Wasser frei, das von Phosphorpentoxyd aufgenommen wird. Der Übergang der niederen Glieder in höhere Polyoxymethylen-dihydrate bedeutet also für die Einzelmoleküle eine *sprunghafte* Änderung; für die Gesamtheit der Moleküle des polymer-homologen Gemisches resultiert aber eine *kontinuierliche* Veränderung aller Eigenschaften, da ein Gemisch von Polymer-homologen vorliegt.

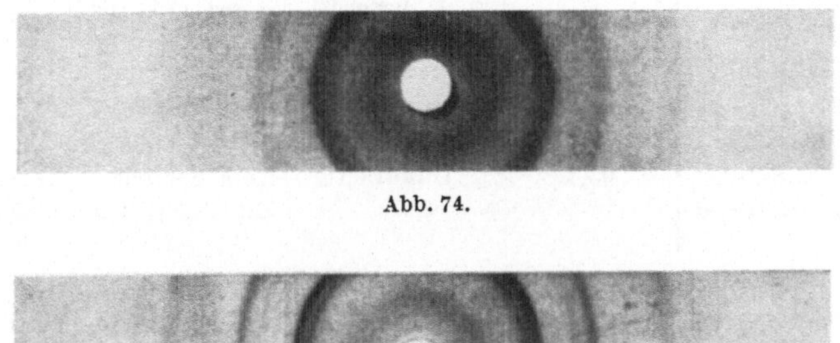

Abb. 74.

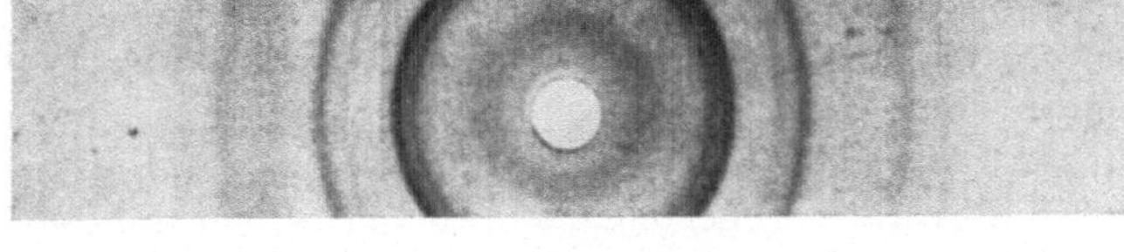

Abb. 75.

Abb. 74 u. 75.  DEBYE SCHERRER-Aufnahmen einer Polyoxymethylen-dihydrat-gallerte sofort nach der Herstellung (Abb. 74) und nach zwei Tagen (Abb. 75).

Die Alterung wurde auch röntgenographisch untersucht. Die Gallerten erweisen sich dabei als krystallisiert. Die DEBYE-SCHERRER-Aufnahme einer frisch hergestellten, stark wasserhaltigen Dihydratgallerte (Abb. 74) zeigt schon die Linien eines Polyoxymethylen-diagramms (Abb. 68, 69). Die Interferenzen sind entsprechend der Kleinheit der Krystallite stark verbreitert, der ganze Film ist durch Streustrahlung geschwärzt. Ein breiter innerer Ring, der dem normalen Polyoxymethylendiagramm nicht angehört, rührt von amorpher Substanz her, vermutlich eine Interferenz des nicht krystallisierten Methylenglykols und der niedersten Glieder dieser Reihe. Beim Aufbewahren, ohne Entwässerung, erleidet das Produkt in kurzer Zeit eine Veränderung, die sich besonders röntgenographisch anzeigt. Eine DEBYE-SCHERRER-Aufnahme nach zwei Tagen zeigt ein vollständiges Polyoxymethylendiagramm mit scharfen, schmalen Linien; eine Schwärzung des ganzen Films ist nicht mehr vorhanden (Abb. 75). Polymerisation und Krystallisation erfolgen also in kurzer Zeit. Dabei macht das Produkt rein äußerlich einen amorphen Eindruck, da seine Krystallite sehr klein sind.

Besonderes Interesse verdient noch das Endprodukt der Entwässerung der Polyoxymethylen-dihydrat-gallerte über Phosphorpentoxyd. Der Formaldehydgehalt der Gallerte nimmt rasch zu, ihr Wassergehalt ab. Nach 10 Tagen hat sie einen Gehalt von ca. 93% Formaldehyd, und diese Zusammensetzung ändert sich auch nach monatelangem Stehen nicht mehr. Das Produkt zeigt jetzt alle Eigenschaften des Paraformaldehyds; es schmilzt nicht und zersetzt sich von 115—150° vollständig. In Aceton ist es fast nicht mehr löslich.

Man beobachtet also, daß beim Altern einer Gallerte durch Entwässern über Phosphorpentoxyd ein Produkt mit ca. 93—94% Formaldehyd entsteht, das in Aceton sehr schwer löslich ist, während man durch Umkrystallisation der frischen Gallerte aus Aceton Produkte desselben Formaldehydgehalts erhält, die in Aceton relativ leicht löslich sind. Es liegen also Produkte gleicher Zusammensetzung, aber verschiedener Löslichkeit vor. Die beiden Produkte sind in Tabelle 130 einander gegenübergestellt.

Tabelle 130.

|  | Formaldehyd-gehalt % | Löslichkeit in Aceton | Schmelzpunkt und Zersetzungspunkt | Aussehen |
|---|---|---|---|---|
| Octo-oxymethylen-dihy-drat | 93,0 | In heißem Aceton leicht löslich | 115—120° unter Zersetzung | Einheitliche Krystallnadeln |
| Entwässerungsprodukt über Phosphorpentoxyd | 93,3 | Unlöslich | Kein Schmelzp. Zersetzung von 115—150° | Mikroskopisch nicht sichtbare Krystallite |

Eine Erklärung für das verschiedene Verhalten der beiden Produkte ergibt sich aus ihrem inneren Aufbau.

In dem aus Aceton umkrystallisierten Produkt liegt ein fast einheitliches Polyoxymethylen-dihydrat vor, bei dem die niederen Glieder in Lösung geblieben sind, die höheren Glieder aber als unlöslich abgetrennt wurden. Die Moleküle dieses Dihydrates haben ungefähr einheitliche Kettenlänge entsprechend folgendem Schema (Abb. 76).

Wenn dagegen eine Dihydrat-gallerte altert und zugleich entwässert wird, so entsteht zwar ein Produkt mit dem gleichen Formaldehydgehalt, dieses Produkt ist aber ein Gemisch von niederen und höheren Polyoxymethylen-dihydraten. Dabei ist die Kondensation zu größeren Molekülen besonders an

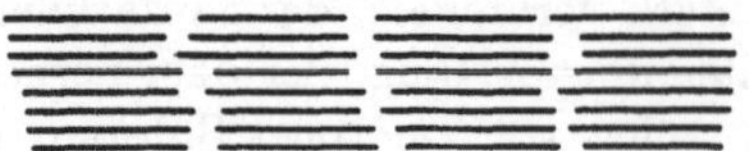

Abb. 76. Schematischer Aufbau des Osto-oxymethylen-dihydrates.    Abb. 77. Schematischer Aufbau einer entwässerten Polyoxymethylen-dihydrat-gallerte.

der Oberfläche der Krystallite eingetreten, und die längeren Moleküle schließen die kürzeren ein (Abb. 77). Dadurch wird das Produkt in heißem Aceton unlöslich.

Es liegt also hier eine Isomerie vor, die darauf beruht, daß Produkte gleicher Zusammensetzung Gemische von Polymerhomologen ganz verschiedenartiger Größe sind, die zwar gleiches Durchschnittsmolekulargewicht haben, aber sonst große Unterschiede im physikalischen Verhalten aufweisen. Ähnliche Erfahrungen kann man bei allen Hochpolymeren, die aus Gemischen von Polymerhomologen bestehen, machen.

Bei der Entwässerung einer Dihydrat-gallerte über Phosphorpentoxyd[1] (Abb. 78) treten deutliche Unterschiede zwischen einer frischen und einer gealterten Gallerte auf.

Die Kurve (*1*) weicht in ihrer Form von den übrigen ab. Sie gibt die Zersetzung eines Gemisches niedermolekularer Polyoxymethylen-dihydrate wieder.

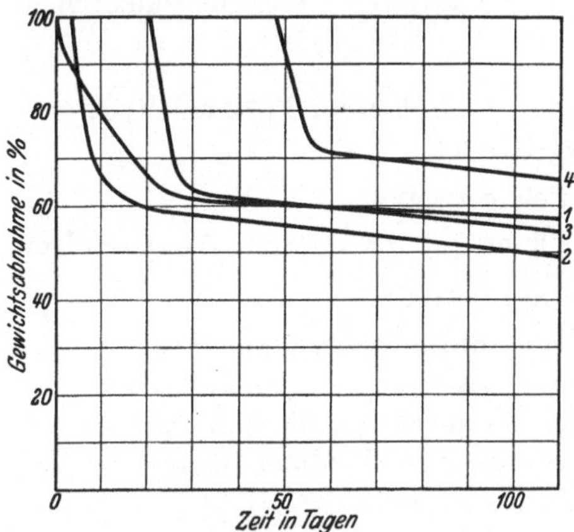


Abb. 78. Gewichtsabnahme bei der Entwässerung von Polyoxymethylen-dihydrat-gallerten verschiedenen Alters.

Die langsame Gewichtsabnahme hält Schritt mit einer langsam verlaufenden chemischen Reaktion, der Zersetzung der Dihydrate. Die Kurven (*2*), (*3*) und (*4*) geben dagegen die Entwässerung von gealterten Dihydraten wieder; die rasche Gewichtsabnahme entspricht der Abgabe von physikalisch eingeschlossenem Wasser. Im späteren Verlauf zeigen alle Kurven eine langsame Gewichtsabnahme an; dies entspricht einer langsamen chemischen Zersetzung unter Abgabe von Formaldehyd und Wasser.

Im Gegensatz zu der Alterung von Polyoxymethylen-dihydrat-gallerten, also eines Gemisches von polymerhomologen Polyoxymethylen-dihydraten, zeigen reine, einheitliche Dihydrate keine oder nur geringfügige Alterungserscheinungen. Es tritt bei genügendem Reinheitsgrad der Produkte — vor allem scheint die Abwesenheit von Spuren von Ameisensäure erforderlich zu sein — nur eine Zersetzung unter Abgabe von Formaldehyd und Wasser ein, ohne daß sich dieser Formaldehyd an die noch unveränderten Dihydratmoleküle anlagert. Deshalb können reine, einheitliche Polyoxymethylen-dihydrate über Phosphorpentoxyd ohne Rückstand völlig verdampfen. Abb. 79 zeigt den Verlauf der Zersetzung eines 7-oxymethylendihydrates, der ganz anders ist als der von nicht gereinigten und uneinheitlichen Dihydraten (vgl. Abb. 78).

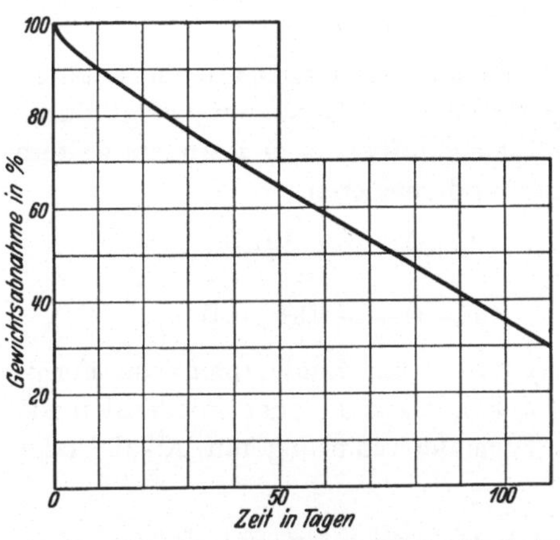


Abb. 79. Die Zersetzung eines 7-oxymethylen-dihydrates über Phosphorpentoxyd.

Das 7-oxymethylen-dihydrat mit einem Formaldehydgehalt von 92,0% gibt über Phosphorpentoxyd in ca. 100 Tagen zwei Drittel an Gewicht ab. Danach beträgt bei fast unveränderten physikalischen Eigenschaften, insbesondere unveränderter Löslichkeit in Aceton, sein Formaldehydgehalt 92,4%; das reine Produkt hat also nicht „gealtert".

---

[1] Derselbe Versuch wurde auch über Schwefelsäure als Entwässerungsmittel durchgeführt; der Verlauf der Entwässerung ist derselbe wie über Phosphorpentoxyd.

Ganz anders verhalten sich niedermolekulare Polyoxymethylen-dihydrate, die nicht ganz rein sind und Spuren von Ameisensäure enthalten, beim Stehen über Phosphorpentoxyd. Solche Produkte zeigen ausgesprochene Alterungs-erscheinungen: ihr Formaldehydgehalt steigt langsam an, ihre Löslichkeit in Aceton nimmt ab. Unter dem Einfluß von Spuren von Ameisensäure kondensiert sich der durch Zersetzung entstandene Formaldehyd zu höhermolekularen, in Aceton unlöslichen Produkten.

## IV. Polyoxymethylene aus flüssigem, monomerem Formaldehyd: Eu-Polyoxymethylen.

### 1. Die Arten der Polymerisation[1].

Die Polymerisation des Formaldehyds kann auf verschiedene Weise erfolgen.

### a) Die Polykondensation.

Man kann annehmen, daß Formaldehydhydratmoleküle unter Wasseraustritt reagieren und so das Dioxymethylen-dihydrat entsteht, das mit weiteren Molekülen Formaldehydhydrat unter fortschreitender Kondensation die höhermolekularen Dihydrate liefert. Hierbei entsteht also das polymere Produkt durch einen Vorgang, den man als Polykondensation bezeichnen kann.

$$HO-CH_2-O\boxed{H+HO}-CH_2-O\boxed{H+HO}-CH_2-O\boxed{H}+\cdots+\boxed{HO}-CH_2-OH$$
$$\downarrow$$
$$HO-CH_2----O----CH_2----O----CH_2----O----\cdots----CH_2-OH$$

Durch derartige „Polykondensationsprozesse" sind die von CAROTHERS[2] unter-suchten Polymeren, z. B. die polymeren Ester von Dicarbonsäuren mit Glykol, die polymeren Säureanhydride, u. a. entstanden.

### b) Die kondensierende Polymerisation.

Ein Molekül Formaldehydhydrat kann Formaldehyd anlagern; so entsteht ein Dioxymethylen-dihydrat. Die Bildung der höheren Polymeren erfolgt durch eine kondensierende Polymerisation, durch Wasserstoffwanderung, indem weitere Formaldehydmoleküle fortlaufend kondensierend reagieren.

$$HO-CH_2-OH + CH_2O + CH_2O + CH_2O + \cdots + CH_2O$$
$$\downarrow$$
$$HO-CH_2-O-CH_2-O-CH_2-O-CH_2-O-\cdots-CH_2-OH$$

Die Bildung der Polyoxymethylen-dihydrate beim Eindampfen von Form-aldehydlösung erfolgt entweder durch Polykondensation oder kondensierende Polymerisation, ebenso ihre Bildung aus Formaldehydlösung mit Alkali[3] oder Schwefelsäure[4].

### c) Die echte Polymerisation oder Kettenpolymerisation.

Hochpolymere Kohlenwasserstoffe entstehen nicht durch kondensierende Polymerisation. Also ein polymeres Styrol entsteht nicht dadurch, daß sich ein

---

[1] Vgl. S. 148 ff.

[2] Journ. Amer. Chem. Soc. **51**, 2548 (1929) und spätere Arbeiten.

[3] MANNICH, C.: Ber. Dtsch. Chem. Ges. **52**, 160 (1919). Vgl. ferner Ber. Dtsch. Chem. Ges. **64**, 398 (1930).

[4] Vgl. diese Arbeit S. 242.

Styrolmolekül an ein anderes unter Wasserstoffwanderung anlagert. Denn Di- und Tristyrol sind zu wenig reaktionsfähig, als daß sie mit monomerem Styrol weiter reagieren würden. Hier erfolgt die Polymerisation derart, daß ein Styrolmolekül aktiviert wird und daß sich an dieses aktivierte Molekül andere anlagern, so lange bis schließlich die Kettenreaktion durch irgendeinen anderen chemischen Vorgang abbricht. Diese Polymerisationsart unterscheidet sich prinzipiell von der Polykondensation und der kondensierenden Polymerisation. Wir bezeichnen diese Reaktion als eine Kettenpolymerisation, gerade wie die Chlorknallgasbildung eine Kettenreaktion ist[1]. Diese Kettenpolymerisationen sind die Polymerisationsprozesse, die zu hochpolymeren Produkten führen können. Man wird eine solche Kettenpolymerisation etwa folgendermaßen formulieren können:

$$CH_2{=}O \rightarrow -CH_2-O-$$
aktiviertes Molekül

$$\cdots + CH_2O \;+\; CH_2O + CH_2O + -CH_2-O- + CH_2O + CH_2O \;+\; CH_2O + \cdots$$
$$\downarrow$$
$$\cdots + CH_2O + -CH_2-O-CH_2-O-CH_2-O-CH_2-O-CH_2-O- + CH_2O + \cdots$$

Die Kettenreaktion wird schließlich durch einen anderen chemischen Vorgang abgeschlossen; sonst würde das Fadenmolekül bis ins Unendliche wachsen. Durch diesen Abschluß der Reaktion kommt als Endgruppe eine Fremdgruppe in das Molekül[2].

Die durch Kettenpolymerisation entstehenden Produkte unterscheiden sich von den durch Kondensation erhaltenen charakteristisch in ihrer Molekülgröße; denn durch Polykondensation oder kondensierende Polymerisation können keine so großen Moleküle entstehen wie bei der Kettenpolymerisation, weil mit wachsender Größe des Moleküls die Reaktionsfähigkeit abnimmt, also die Kondensationsprozesse sich verlangsamen. So macht man allgemein die Erfahrung, daß Polymere, die durch Polykondensation oder kondensierende Polymerisation entstanden sind, soweit sie löslich sind[3], hemikolloiden Charakter haben. Dagegen entstehen durch Kettenpolymerisation bei genügend tiefer Temperatur Produkte, die außerordentlich hochmolekular sind und sich in der Molekülgröße von den durch Kondensation erhaltenen Polymeren größenordnungsmäßig unterscheiden; falls sie löslich sind, haben ihre Lösungen eukolloiden Charakter.

Bei den hochpolymeren Kohlenwasserstoffen, die durch Kettenpolymerisation erhalten wurden, ließen sich irgendwelche Fremdgruppen, wie z. B. Doppelbindungen, am Ende der Kette nicht nachweisen. Es wurde deshalb in früheren Arbeiten angenommen, daß hochpolymere Ringe vorliegen[4]. Dabei wurde von der Ansicht ausgegangen, daß bei bestimmten Polymerisationsreaktionen sich

---

[1] Der Begriff „Kette" wird hier in zwei verschiedenen Weisen gebraucht: „Kettenpolymerisation" im Vergleich mit der Kettenreaktion des Chlorknallgases. Diese Polymerisation führt dabei zu Ketten- oder Fadenmolekülen. Es ist selbstverständlich die Kettenbildung nicht mit der Kettenpolymerisation zu verwechseln.

[2] Hochpolymere Stoffe, die im polymeren Molekül nur die Gruppierung des Monomeren haben, sind nur möglich, wenn freie Valenzen am Ende der Kette vorhanden sind, oder wenn hochmolekulare Ringe vorliegen. Vgl. Ber. Dtsch. Chem. Ges. **59**, 3019 (1926).

[3] Natürlich können durch Kondensation unlösliche dreidimensionale Moleküle entstehen, über deren Molekülgröße keine Aussage möglich ist, z. B. die Bakelite.

[4] STAUDINGER, H.: Hochpolymere Verbindungen. 22. Mitt. Helv. chim. Acta **12**, 934 (1929).

4-, 6- oder 8-Ringe bilden und daß schließlich auch höhergliedrige Ringsysteme entstehen, wenn aus irgendwelchen unbekannten Gründen diese niedergliedrigen Ringe sich nicht gebildet haben. Auf Grund der Ruzickaschen Arbeiten[1] wäre zu erwarten, daß Ringe mit 10—16 Gliedern sich nur sehr schwer bilden, daß aber höhergliedrige Ringe sehr viel leichter entstehen können.

So konnte man auch bei der Polymerisation des Formaldehyds annehmen, daß entweder der 6-Ring, das Trioxymethylen[2], oder der 8-Ring, das Tetraoxymethylen[3], sich bilden, oder aber, wenn diese Ringbildung aus irgendeinem Grunde ausbleibt, höhergliedrige Ringe[4] entstehen, und zwar je nach den Bedingungen hemikolloide oder eukolloide Produkte.

Solche Produkte sollte man bei der Polymerisation von reinem, monomerem, flüssigem Formaldehyd erwarten; denn hier erfolgt die Polymerisation durch eine Kettenreaktion. In Wirklichkeit sind aber die Verhältnisse komplizierter.

## 2. Die Polymerisation des gasförmigen Formaldehyds.

M. Trautz und E. Ufer[5] beobachteten, daß sehr reiner, gasförmiger Formaldehyd nur geringes Polymerisationsbestreben zeigt. Kleine Mengen von Feuchtigkeit beeinflussen katalytisch die Reaktion. Wir können diese Angaben bestätigen. Reiner Formaldehyd ist in trockenem Zustande in Gasform ziemlich beständig. Dagegen bewirken Spuren von Wasser die Bildung von Polymeren. Außerdem begünstigen selbst die geringsten Spuren von Säuren oder Alkali die Polymerisation. Deshalb polymerisiert sich gasförmiger Formaldehyd aus $\beta$-Polyoxymethylen[6] besonders rasch, so daß man den Eindruck hat, als ob das Produkt beim Erhitzen sublimiert. Die Polymerisation von gasförmigem Formaldehyd, die durch Spuren von Wasser eingeleitet wird, ist wahrscheinlich eine kondensierende Polymerisation, die primär in einer Anlagerung von Formaldehyd an Methylenglykol besteht.

## 3. Die Polymerisation des reinen, flüssigen Formaldehyds.

### a) Eu-Polyoxymethylen.

Wenn man reinen, flüssigen Formaldehyd polymerisiert, kann man je nach den Bedingungen bei tiefer Temperatur (—80°) glasartige, bei höherer Temperatur (—20°) feste, undurchsichtige Produkte erhalten. Diese Produkte sind hochmolekulare Polyoxymethylene, deren Molekulargewicht nicht bestimmbar ist. Man kann hier nicht entscheiden, ob 100 oder 1000 oder mehr Formaldehydmoleküle in einer Kette gebunden sind, weil diese Produkte in der Kälte unlöslich sind und sich in Formamid in der Hitze weitgehend zersetzen. Aus heißem Formamid erhält man einen kleinen Bruchteil der Substanz, die in Lösung geht, zurück; aber das so „umkrystallisierte" Produkt zeigt völlig veränderte Eigenschaften; es gleicht dem $\alpha$-Polyoxymethylen. Es ist nicht wahrscheinlich, daß ein anderes Lösungsmittel gefunden wird, in dem diese Polyoxymethylene in der

---

[1] Helv. chim. Acta **13**, 1152 (1930).
[2] Pratesi: Gazz. chim. ital. **14**, 139 (1884). — Auerbach u. Barschall: Arbb. Kais. Gesundh.-Amt **27**, 221 (1907).
[3] Staudinger, H., u. M. Lüthy: Helv. chim. Acta **8**, 65 (1925).
[4] Liebigs Ann. **474**, 258 (1929).      [5] Journ. f. prakt. Ch. **113**, 105 (1926).
[6] $\beta$-Polyoxymethylen enthält geringe Mengen Schwefelsäure. Vgl. Anm. 1, S. 251.

Kälte unzersetzt löslich sind. Wenn das der Fall wäre, müßten solche Lösungen hochviscos sein, sie müßten eukolloiden Charakter haben[1]. Eine Untersuchung der Viscosität derselben würde Aussagen über das Molekulargewicht dieser Produkte ermöglichen.

Da nach Abb. 64 (S. 240) ein 150-oxymethylen-dimethyläther gerade noch in kochendem Formamid unverändert löslich sein sollte, so kann man von diesen hochpolymeren Produkten nur sagen, daß sehr wenig Polymere vom Polymerisationsgrad 100 darin enthalten sind, und daß es in der Hauptsache aus Polymeren mit einem höheren Polymerisationsgrad als 150 besteht. Wir bezeichnen dieses Produkt, das ein sehr hochmolekulares Polyoxymethylen ist, als „*Eu-Polyoxymethylen*".

Diese Eu-Polyoxymethylene sahen wir anfangs nicht als Fadenmoleküle an, sondern als hochgliedrige Ringe, also Doppelketten mit gegenseitiger Absättigung der Endvalenzen. Wir teilten ihnen also denselben Bau zu wie den hochmolekularen Polystyrolen[2]. Dazu veranlaßte besonders das chemische Verhalten der Produkte, nämlich deren relativ große Beständigkeit gegen verdünnte Alkalien und ammoniakalische Silbernitratlösung. Polyoxymethylen-dihydrate werden von diesen Reagenzien sehr rasch angegriffen, Polyoxymethylen-dimethyläther dagegen nicht. Die Ringstruktur könnte die große Beständigkeit dieser Produkte erklären, da die Formaldehydgruppen ähnlich wie in den Dimethyläthern ätherartig gebunden sind.

$$CH_2\text{—}O\text{—}(CH_2\text{—}O)_x\text{—}CH_2\text{—}O$$
$$O\text{—}CH_2\text{—}(O\text{—}CH_2)_x\text{—}O\text{—}CH_2$$

Hochmolekularer Ring

Nachdem nun durch die Untersuchungen von W. HEUER[3] nachgewiesen ist, daß die Polystyrole aus Fadenmolekülen aufgebaut sind und keine hochgliedrigen Ringe darstellen, ist es wahrscheinlich, daß auch die hochmolekularen Polyoxymethylene so gebaut sind. Es liegen hier Fadenmoleküle von unbekannter, sehr großer Kettenlänge vor[4]. Da die Kettenpolymerisation des Styrols zu Fadenmolekülen mit bis zu 5000 Styrolgruppen in der Kette führt, so kann man annehmen, daß auch bei den eukolloiden Polyoxymethylenen so viele Grundmoleküle oder, wegen der Kleinheit der Formaldehydgruppe, noch sehr viel mehr das Makromolekül aufbauen. Bei der Kettenreaktion des Chlorknallgases aktiviert ja ein angeregtes Molekül $10^5$ andere Moleküle, bevor die Reaktionskette abbricht.

Die relativ große Beständigkeit der Eu-Polyoxymethylene muß man also darauf zurückführen, daß bei der Länge der Ketten sehr wenig Endgruppen, also sehr wenig Angriffspunkte für chemische Reaktionen vorhanden sind. Da an der Polyoxymethylenkette die genannten Reagenzien nur am Molekülende angreifen können, nicht aber an den Acetalbindungen der Kette, so ist eine langsame Reaktion verständlich. Die geringe Reaktionsfähigkeit ist auch dadurch begünstigt, daß die Oberfläche der Produkte sehr klein ist, zum Unterschied von den anderen Polyoxymethylenen, die pulverig sind.

---

[1] Vgl. S. 236.      [2] Ber. Dtsch. Chem. Ges. **62**, 2912 (1929). Vgl. S. 147.

[3] Vgl. S. 216.      [4] Die Endgruppen sind deshalb hier nicht nachweisbar.

b) Versuche zur Herstellung von hemikolloiden Polyoxymethylenen.

Bei Beginn dieser Untersuchung war die Frage noch offen, ob die Moleküle der hochmolekularen Verbindungen Fadenmoleküle oder langgestreckte Ringmoleküle sind. Wir erhofften Aufklärung durch Herstellung von hemikolloiden Polyoxymethylenen mit Ringstruktur.

Die hemikolloiden Polystyrole erhält man durch Polymerisation mit Katalysatoren; dabei entstehen kleine Moleküle, weil der Katalysator die Kettenreaktion frühzeitig unterbricht. Hemikolloide Polyoxymethylene sollten ganz analog in indifferenter Lösung durch Einwirkung von Katalysatoren zu erhalten sein. In reiner, absolut trockener, ätherischer Lösung von Formaldehyd wurde die Polymerisation mit Trimethylamin als Katalysator eingeleitet; dabei wurden blättrige, blasige, teilweise pulverige Polymerisate erhalten. Wenn diese Polyoxymethylene als Hemikolloide vom Polymerisationsgrad 50—100 Ringstruktur hätten, dann müßten sie sich aus Formamid unverändert umkrystallisieren lassen. Denn hochpolymere Ringe vom Polymerisationsgrad 50—100 müßten eine ähnliche Beständigkeit wie die Polyoxymethylen-dimethyläther desselben Polymerisationsgrades besitzen, da in ihnen nur ätherartige Bindungen vorkommen; die reaktionsfähigen Hydroxylgruppen, die zur Zersetzung des $\alpha$-Polyoxymethylens Anlaß geben, fehlen. Aber solche aus Formamid umkrystallisierbare, niedermolekulare Polyoxymethylene, die zu 100 % aus Formaldehyd bestehen, wurden nicht erhalten. Beim Lösen in Formamid zersetzen sich die erhaltenen Produkte zum größten Teil, ein Zeichen, daß sie sehr hochmolekular sind und einen Polymerisationsgrad von weit über 100 haben. Die kleinen Mengen, die bei der Umkrystallisation erhalten werden, sind niedermolekulare Beimengungen oder Zersetzungsprodukte; ihr Formaldehydgehalt liegt bei 95—97 %. Sie haben nicht den Charakter von Polyoxymethylen-dimethyläthern, sondern viel mehr den von Dihydraten[1].

Es zeigt sich also, daß die Vorstellungen über den Bau der polymeren Moleküle als hochgliedrige Ringe zu modifizieren sind. Es bilden sich bei der Kettenpolymerisation nicht etwa, wenn die Bildung eines 4-, 6- oder 8-Ringes ausbleibt, sehr hochgliedrige Ringe, sondern es entstehen infolge der Kettenreaktion lange Fadenmoleküle, ohne daß am Ende der Fadenmoleküle ein Ringschluß erfolgt. Der Abschluß der Kettenreaktion erfolgt durch irgend eine andere Reaktion, bei der eine Fremdgruppe am Molekülende gebildet wird.

Das Wachstumsprinzip eines Kettenmoleküls ist also anders, als es früher angenommen wurde. Früher nahm man an, daß die Polymerisation von einem Molekül ausgeht und die beiden wachsenden Molekülenden sich parallel lagern; dadurch sollte die Ringstruktur des Moleküls schon vorgebildet sein; man brauchte dann nur noch anzunehmen, daß die freien Endvalenzen der beiden parallel wachsenden Molekülhälften sich unter Ringschluß absättigten[2].

$$\left.\begin{array}{l} \diagup \text{O---}(CH_2\text{---O})_x\text{---}CH_2\text{---O}\cdots \\ CH_2 \\ \diagdown \text{O---}CH_2\text{---}(O\text{---}CH_2)_x\text{---O---}CH_2\cdots \end{array}\right\} \text{Ringschluß}$$

---

[1] Die Methylätherbestimmung ergibt einen kleinen Gehalt an Methylätherendgruppen, der wahrscheinlich durch Spaltung der langen Formaldehydketten bei der Umkrystallisation aus Formamid entstanden ist. Vgl. S. 239.

[2] Vgl. Helv. chim. Acta **12**, 944 (1929).

Diese Vorstellung von der Bildung und dem Bau eines hochpolymeren Stoffes ist nicht richtig. Wir wissen heute, daß Fadenmoleküle die langgestreckte Form bevorzugen[1]. So wird es verständlich, daß Ringschlüsse bei langen fadenförmigen Molekülen außerordentlich schwer vor sich gehen können.

Reine Polymere des Formaldehyds sind also nur das Tri- und das Tetraoxymethylen. Alle anderen Polyoxymethylene müssen irgendeine andersartige Gruppe am Ende der Fadenmoleküle besitzen. Wie diese Endgruppen bei den aus reinem flüssigem Formaldehyd erhaltenen Produkten ausgebildet sind, ist noch unklar. Bei der großen Tendenz des Formaldehyds, sich umzulagern, kann man annehmen, daß die Kettenreaktion durch eine andere Reaktion unterbrochen wird. Durch die Bildung der Endgruppe kann dann gleichzeitig der Beginn einer neuen Kette angeregt werden. Für die Bildung von Endgruppen kommt auch in Betracht, daß Ketten von einer gewissen Länge an zerbrechen und dabei Endgruppen gebildet werden. Auch können aktivierte Formaldehydmoleküle sich unter Wasserabspaltung[2] zersetzen. Es ist also eine sehr große Zahl von Reaktionen möglich, die zur Endgruppenbildung führen kann; von diesen Möglichkeiten sind hier nur einige angedeutet worden. Bei gewöhnlichen chemischen Umsetzungen werden solche Nebenreaktionen, die weniger als 0,5% der Gesamtreaktion ausmachen, meist nicht beachtet. Bei der Kettenpolymerisation aber spielen solche Nebenreaktionen eine ausschlaggebende Rolle, weil sie in den Mechanismus der Kettenreaktion eingreifen und weil durch ihren Ablauf die Kettenlänge der entstehenden Produkte ausschlaggebend beeinflußt wird.

### 4. Physikalische Eigenschaften der Eu-Polyoxymethylene.

Die Polymerisation von reinem, flüssigem Formaldehyd führt bei $-80°$ (besonders in Sauerstoff) zu einem klaren, durchsichtigen, etwas spröden Glas, bei $-20°$ zu blasigen, undurchsichtigen Polymeren, die bei gewöhnlicher Temperatur biegsam und etwas elastisch sind. Weiter wurde ein Polyoxymethylen in Form eines biegsamen Filmes erhalten, der dem Aussehen nach einem Acetylcellulosefilm gleicht. Dieser Film entsteht bei der Destillation von monomerem Formaldehyd im gewöhnlichen Vakuum, wenn man die Vorlagen auf $-80°$ kühlt. Kühlt man aber mit flüssiger Luft, so erhält man keinen Film, sondern den festen monomeren Formaldehyd, der sich in diesem Zustande nicht verändert und keine Polymerisationsneigung zeigt.

Die Eu-Polyoxymethylene haben besonders auffallende physikalische Eigenschaften. Außer ihrer glasartigen Ausbildung sind vor allem die schwach elastischen Eigenschaften bei gewöhnlicher Temperatur und die plastisch-elastischen Eigenschaften bei höherer Temperatur bemerkenswert. Elastische Eigenschaften zeigen die filmartigen Polyoxymethylene und die noch zu besprechenden Fasern. Plastisch-elastisch werden alle bei tiefer Temperatur polymerisierten Formaldehyde beim Erhitzen auf $160-200°$. Die Produkte zeigen dabei keinen Schmelzpunkt. Sie sintern unter Formaldehydabspaltung und lassen sich kneten und formen. Diese Eigenschaft unterscheidet die aus flüssigem Formaldehyd erhaltenen Polyoxymethylene von allen anderen bisher bekannten; Paraformaldehyd und $\alpha$-, $\beta$-, $\gamma$- oder $\delta$-Polyoxymethylen zeigen keinerlei plastische oder elastische Eigenschaften.

---

[1] Vgl. S. 80.

[2] Diese Reaktion kann vorläufig nicht formuliert werden.

Die bei $-80°$ hergestellten Eu-Polyoxymethylene, z. B. die Gläser, sind im plastischen Zustande sehr zäh; dagegen sind die bei $-20°$ erhaltenen Polymeren ziemlich weich und so leicht dehnbar, daß man sie in lange Fäden (1 m Länge und mehr) ziehen kann, ein Vorgang, der an das Streckspinnen von viscosen Celluloselösungen oder geschmolzenem Glas oder Quarz erinnert. Die Polymerisate können in dem plastisch-elastischen Zustande zu Filmen gepreßt werden, die dieselben Eigenschaften wie die bei Vakuumdestillationen aus monomerem Formaldehyd erhaltenen Filme haben.

Die erhaltenen Fasern sind dehnbar-elastisch. Sie können bei genügender Feinheit reversibel bis zu 10% ihrer Länge gedehnt werden. Bei einem Belastungsversuch wurde an einem feinen Faden innerhalb dreier Tage eine — teilweise irreversible — Dehnung von über 20% der ursprünglichen Fadenlänge festgestellt.

Von physikalischen Konstanten wurde an einem glasklaren Polyoxymethylenblock das spez. Gewicht (Pyknometermethode) bei $20°$ zu 1,407[1] bestimmt[2]. Die Dichte des Glases ist kleiner als die des $\gamma$-Polyoxymethylens[3].

Eine sehr auffallende Eigenschaft der aus flüssigem Formaldehyd erhaltenen Polyoxymethylene ist, wie schon betont wurde, ihre Elastizität und Plastizität.

Die elastischen und plastischen Eigenschaften der hochmolekularen Stoffe wurden schon durch sehr verschiedene Annahmen zu erklären versucht. Man führte sie auf den chemischen Bau der Makromoleküle oder auf deren inneren Zusammenhalt zurück[4]. Häufig wurden zweiphasige Systeme zur Erklärung herangezogen.

Alle Stoffe, die elastische Eigenschaften zeigen, sind aus Makromolekülen aufgebaut. Diese Tatsache allein genügt aber nicht. Die Makromoleküle müssen sich in einem aufgelockerten Zustande befinden. Dieser besondere Zustand der Makromoleküle ist an Temperaturgrenzen gebunden, er ist eine Intervalleigenschaft[5]. Unterhalb der unteren Temperaturgrenze sind die Stoffe feste, starre Körper, ohne elastische Eigenschaften. Die obere Intervallgrenze ist entweder dadurch gekennzeichnet, daß der elastische Zustand in einen plastischen, zuletzt in einen viscosen Zustand übergeht, oder aber daß Zersetzung eintritt. Die Lage des Elastizitätsintervalles ist von Stoff zu Stoff verschieden. Beim Kautschuk liegt die untere Elastizitätsgrenze sehr tief, beim Polystyrol[6] erst bei $100°$, bei den hergestellten Polyoxymethylenen bei $160°$. Da bei $180-220°$ schon Zersetzung des „Polyoxymethylenkautschuks" eintritt, ist sein Elastizitäts-

---

[1] Die Abweichung vom spezifischen Gewicht der hochmolekularen Polyoxymethylene ist beträchtlich: Das spezifische Gewicht des $\gamma$-Polyoxymethylens wurde von W. STARCK nach der Schwebemethode zu 1,467 bestimmt.

[2] Der Brechungsindex des Polyoxymethylenglases wurde nach der BECKEschen Methode zu $n^{20°} = 1,51$ gefunden. Die daraus berechnete Molekularrefraktion beträgt ($M = 30$) 6,38. Für $CH_2=O$ fordert die Theorie 6,79, für $-CH_2-O-$ 6.24. Die Übereinstimmung ist nicht sehr gut, aber immerhin genügend, wenn man bedenkt, daß der Brechungsindex nur ungenau bestimmt werden konnte.

[3] Möglicherweise hängt dies damit zusammen, daß die Packung der Krystallite im $\gamma$-Polyoxymethylen infolge ihrer Größe dichter ist als die in einem Glas.

[4] MEYER, K. H., u. H. MARK: Ber. Dtsch. Chem. Ges. **61**, 1944 (1928). — FIKENTSCHER, H., u. H. MARK: Kautschuk **1930**, 2. — KIRCHHOF, F.: Kautschuk **1930**, 31.

[5] STAUDINGER, H.: Ber. Dtsch. Chem. Ges. **63**, 929 (1930). Vgl. S. 121.

[6] STAUDINGER, H., u. H. MACHEMER: Ber. Dtsch. Chem. Ges. **62**, 2922 (1929).

intervall nur sehr klein. Möglicherweise könnten auch andere makromolekulare Stoffe, wie z. B. Cellulose, elastische Eigenschaften zeigen, wenn nicht die untere Intervallgrenze höher als der Zersetzungspunkt liegen würde; die Versuche lassen sich deshalb nicht realisieren.

Die Auflockerung der Makromoleküle, die zur Erlangung elastischer Eigenschaften notwendig ist, kann auch durch Quellung erreicht werden. So zeigen in Benzol oder in monomerem Styrol gequollene Polystyrole elastische Eigenschaften.

Die Polymerisate des flüssigen Formaldehyds quellen nicht. Man erhält aber ziemlich stark elastische Polyoxymethylene, wenn die Polymerisation von monomerem Formaldehyd bei $-80°$ nicht beendet ist; es liegt offenbar eine Quellung der polymeren Substanz im Monomeren vor. Das Produkt verliert aber durch die fortschreitende Polymerisation sehr rasch seine elastischen Eigenschaften und wird fest und hart. Ebenso erhält man bei der Polymerisation von monomerem Formaldehyd in monomerem Acetaldehyd hochelastische Produkte, die aber allmählich ihren Gehalt an Acetaldehyd abgeben und dabei hart und spröde werden. Auch mit Äther wurde ein solches elastisches Produkt erhalten.

Eine Beobachtung, die sowohl beim Polystyrol[1] wie auch beim Polyvinylacetat[2] gemacht wurde, findet sich in gleicher Weise bei den Polyoxymethylenen. Die niederstmolekularen Produkte sind nicht elastisch, wohl aber Produkte mittleren Polymerisationsgrades; dagegen sind die höchstmolekularen Produkte weniger elastisch, weil sie zu hart sind. So erwiesen sich die bei $-80°$ erhaltenen Polyoxymethylene weniger elastisch als die bei $-20°$ erhaltenen Produkte. Deshalb können auch aus den bei $-80°$ erhaltenen Polymeren keine Fasern gezogen werden. Dagegen lassen sich die bei $-20°$ erhaltenen Produkte leicht bei $160-200°$ in lange Fäden ziehen.

### 5. Die Krystallstruktur der Polyoxymethylengläser und -filme.

Äußerlich sehen die Produkte amorph aus; man kann Polyoxymethylengläser und -filme von solchen z. B. aus Polystyrol nicht unterscheiden. Die röntgenographische Untersuchung ergibt aber Unterschiede. Polystyrolfilme sind amorph; Polyoxymethylenfilme (Abb. 81) und -gläser (Abb. 80) sind krystallisiert. Die DEBYE-SCHERRER-Diagramme[3] zeigen dieselben Interferenzen, wie sie für die früher von J. HENGSTENBERG röntgenographisch untersuchten hochmolekularen Polyoxymethylene[4] gefunden und ausgemessen wurden. Der innere Aufbau ist also derselbe. Nur zeigen die Interferenzen eine starke Verbreiterung. Die Krystallite sind demnach nicht so gut ausgebildet wie beim $\alpha$-, $\beta$- oder $\gamma$-Polyoxymethylen; sie sind wesentlich kleiner. Ob noch amorphe Substanz dazwischengelagert ist, läßt sich nicht entscheiden.

Die Tatsache, daß das Polyoxymethylenglas krystallisiert ist, läßt erkennen, daß die Krystallisationsfähigkeit der Polyoxymethylenkette eine sehr große ist.

---

[1] STAUDINGER, H., u. H. MACHEMER: Ber. Dtsch. Chem. Ges. **62**, 2921 (1929). Vgl. S. 187.

[2] STAUDINGER, H., u. A. SCHWALBACH: Liebigs Ann. **488**, 8 (1931).

[3] Die röntgenographische Untersuchung wurde von E. SAUTER im hiesigen Physikalischen Institut ausgeführt. Wir möchten ihm dafür bestens danken.

[4] STAUDINGER, H., H. JOHNER, R. SIGNER, G. MIE u. J. HENGSTENBERG: Der polymere Formaldehyd, ein Modell der Cellulose. Ztschr. f. physik. Ch. **126**, 435 (1927).

Es gibt also besonders regelmäßig gebaute Makromoleküle, die unter allen Umständen krystallisieren. Die Krystallstruktur des Polyoxymethylenglases zeigt, daß die entstehenden Makromoleküle sich parallel lagern und dabei eine gittermäßige Ordnung der Atome erfolgt. Wir dürfen deshalb annehmen, daß z. B. im Polystyrolglas, das dem Polyoxymethylenglas in Bildung und Eigenschaften entspricht, die Kettenmoleküle parallel angeordnet sind. Daß dabei keine Gitterord-

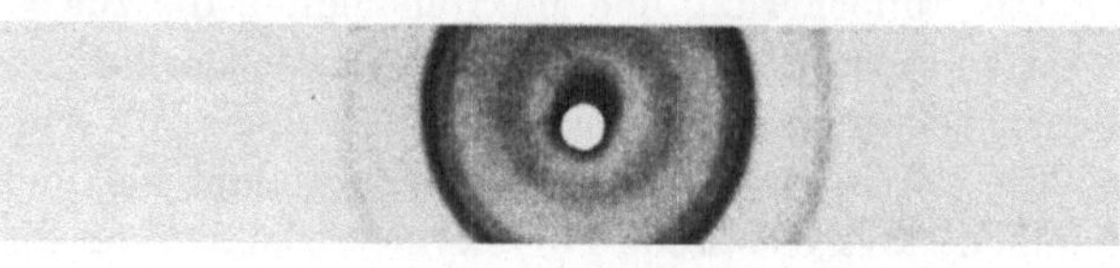

Abb. 80.  DEBYE-SCHERRER-Aufnahme des Polyoxymethylenglases.

nung der Atome eintritt, liegt nur daran, daß der unregelmäßige Bau der Polystyrolkette dies nicht zuläßt.

Wird das Polyoxymethylenglas bis zu seinem Erweichungspunkt erhitzt und dann abgekühlt, so vergrößern sich dabei die Krystallite. Eine DEBYE-SCHERRER-Aufnahme zeigt jetzt scharfe Interferenzen. Deshalb zeigt auch die durch Ausziehen erhaltene Polyoxymethylenfaser ein Diagramm mit scharfen Linien

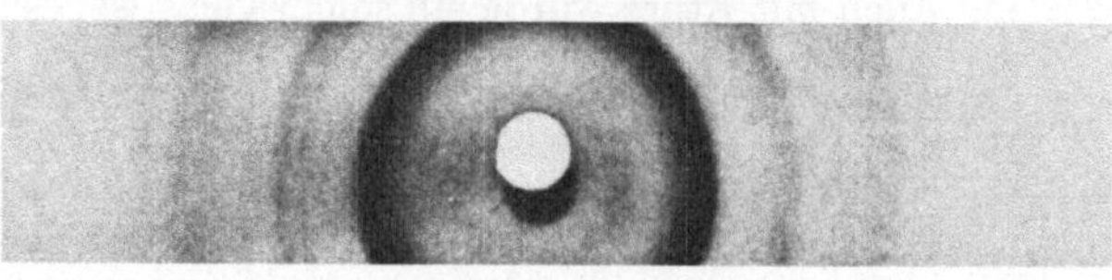

Abb. 81.  DEBYE-SCHERRER-Aufnahme des Polyoxymethylenfilmes.

(Abb. 82). Zugleich treten gewisse Intensitätsmaxima der Linien auf, eine Andeutung von Faserstruktur; die Faser zeigt dasselbe Faserdiagramm[1] wie die von R. SIGNER[2] durch Sublimation von $\beta$-Polyoxymethylen erhaltenen Fasern. Versuche, durch Dehnen einer Faser ein noch besseres Diagramm zu erhalten, schlugen fehl. Während aber die aus gasförmigem Formaldehyd erhaltenen Polyoxymethylenfasern brüchig sind, besitzt die gezogene Faser ähnlich stabile und elastische Eigenschaften wie die natürliche Cellulosefaser[3].

Die DEBYE-SCHERRER-Diagramme aller aus flüssigem Formaldehyd erhaltenen Polyoxymethylene zeigen einen breiten verwaschenen Ring in der Nähe des Primärfleckes, der in den Aufnahmen anderer hochpolymerer

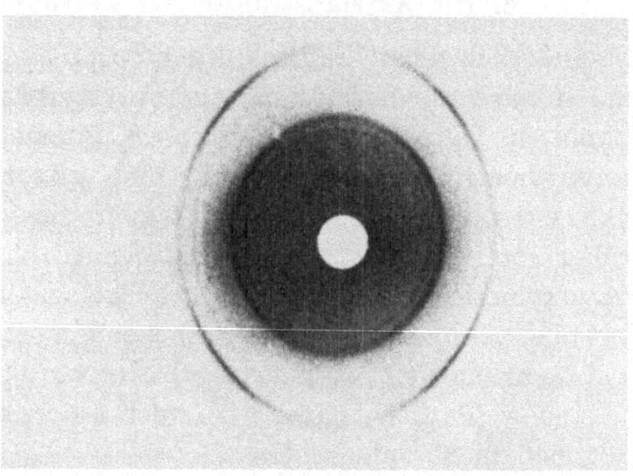

Abb. 82.  Faserdiagramm einer Eu-Polyoxymethylenfaser.

Polyoxymethylene (z. B. $\gamma$-Polyoxymethylen; Abb. 69, S. 245) nicht zu finden ist. Diese Interferenz ist in Produkten, die einer Rekrystallisation bei höherer Temperatur ausgesetzt wurden, gar nicht mehr oder nur sehr schwach zu finden. Eine befriedigende Deutung dieses inneren Ringes kann bis jetzt noch nicht gegeben werden.

---

[1] Vgl. das Faserdiagramm in Ztschr. f. physik. Ch. **126**, 436 (1927).

[2] STAUDINGER, H., u. R. SIGNER: Ztschr. f. Krystallogr. **70**, 207 (1929).

[3] Die Zug- und Reißfestigkeit ist noch nicht bestimmt; es handelt sich hier nur um einen Vergleich.

# V. Versuchsteil.

## 1. Die Polyoxymethylen-dimethyläther und das γ-Polyoxymethylen.

### a) Methodisches.

#### α) Die Formaldehydbestimmung.

Die Formaldehydbestimmung wurde nach ROMIJN[1] unter Berücksichtigung der Ergebnisse von R. SIGNER[2] durchgeführt. Die Genauigkeit der Bestimmung beträgt ± 0,1 %. In der Regel findet man die Werte etwas zu niedrig; ein kleiner Teil des Formaldehyds wird in der verdünnten Salzsäure zu Methylalkohol und Ameisensäure umgelagert und entgeht so der Bestimmung. Doch liegt der dadurch entstehende Fehler innerhalb der Fehlergrenze von 0,1 %.

#### β) Die Methylätherbestimmung.

Die Methylätherbestimmung wurde außer einigen zweckmäßigen Änderungen nach der von H. JOHNER[3] ausgearbeiteten Methode durchgeführt: Die Substanz wurde mit $^n/_5$-Salzsäure in Einschlußröhren aus Jenaer Geräteglas bei 100° aufgeschlossen. Ein Teil diente zur Formaldehydbestimmung; ein anderer Teil wurde nach genauer Neutralisation der Säure mit Alkali in einem Kolben mit Rückflußkühler mit reinstem, mehrfach umkrystallisiertem sulfanilsaurem Natrium 8—10 Stunden lang gekocht. Der abdestillierte Methylalkohol wurde mit $^n/_5$-Kaliumpermanganatlösung titriert. Die Genauigkeit der Methylätherbestimmung beträgt etwa 0,2 % der angewandten Substanz.

Der Blindwert dieser Bestimmung wurde an Polyoxymethylenen festgestellt, die keinen Methyläthergehalt haben können. Er beträgt 0,2 %. Von allen ausgeführten Methylätheranalysen wurde dieser Blindwert abgezogen.

Bei vollständig gleichmäßiger Arbeitsmethode, besonders bei sorgfältigem Neutralisieren vor dem Kochen mit sulfanilsaurem Natrium — die Lösung darf unter keinen Umständen alkalisch sein, eher sehr schwach sauer — findet man nie einen den Betrag von 0,2 % wesentlich übersteigenden Blindwert. Die Titration von evtl. mit überdestilliertem, durch sulfanilsaures Natrium nicht gebundenem Formaldehyd ist dann überflüssig. Führt man diese Bestimmung doch durch, dann ergibt die Umrechnung des erhaltenen überdestillierten Formaldehydes auf Prozent Methyläther eine Korrektur, die den Blindwert von 0,2 % Methyläther nicht übersteigt.

#### γ) Schmelzpunkt und Zersetzungspunkt; die Löslichkeitsgrenze.

Unter Sinterungspunkt ist der Temperaturpunkt zu verstehen, bei dem die erste äußere Veränderung an der Substanz bemerkbar ist. Das Schmelzintervall wird angegeben vom Zusammensacken der Substanz bis zu ihrem klaren Schmelzen. Der Zersetzungspunkt ist der Temperaturpunkt, bei dem die ersten Anzeichen der Zersetzung, die Formaldehydabspaltung, Blasenbildung, bemerkbar sind.

---

[1] Ztschr. f. anal. Ch. **36**, 19 (1897); **39**, 60 (1900); **44**, 20 (1905).

[2] Helv. chim. Acta **13**, 43 (1930).

[3] JOHNER, H.: Inaug.-Diss. E.T.H. Zürich 1927 — Liebigs Ann. **474**, 225 (1929).

Molekulargewichte in Campher wurden nur von Substanzen bestimmt, deren Zersetzungspunkt über 190° liegt.

Zur Charakterisierung der Fraktionen wurde auch die Temperatur bestimmt, bei der die betreffende Substanz gerade noch in Formamid löslich ist. Die etwa 3proz. klare Lösung wurde erkalten gelassen, und es wurde beobachtet, bei welcher Temperatur die Ausscheidung beginnt.

### b) Das Ausgangsmaterial und seine Reinigung.

*α) Das Gemisch der Polyoxymethylen-dimethyläther vom Polymerisations-grad 15—60.*

Als Ausgangsmaterial diente der Rückstand der Darstellung der niedermolekularen Dimethyläther (Polymerisationsgrad 1—15)[1]. Dieser Rückstand ist in tiefsiedenden Lösungsmitteln unlöslich und enthält Dimethyläther mit 15 bis 60 Formaldehyden in der Kette. Zu seiner weiteren Reinigung wurde das weiße Pulver mit verdünnter Natronlauge gekocht. Vorversuche ergaben, daß Polyoxymethylen-dimethyläther gegen verdünnte Alkalien sehr beständig sind, während Polyoxymethylen-dihydrate (Paraformaldehyd, $\alpha$- und $\beta$-Polyoxymethylen) rasch zerstört werden. Dieselbe Beständigkeit hat schon O. SCHWEITZER für das $\gamma$-Polyoxymethylen gefunden.

Beim Kochen des Rückstandes mit verdünntem Alkali wird dieses allmählich verbraucht und deshalb immer wieder in kleinen Mengen zugesetzt. Die Suspension färbt sich bald gelb und wird im Laufe von 10 Stunden tief dunkelbraun. Danach wurde heiß filtriert und mit kochendem Wasser sehr gut ausgewaschen. Im Filtrat schied sich beim Erkalten eine kleine Menge niederer Dimethyläther aus, die nicht weiter untersucht wurden. Das so gereinigte Ausgangsmaterial wurde im Vakuum über Phosphorpentoxyd getrocknet. Es roch danach nicht mehr nach Formaldehyd; erst nach einigen Monaten trat wieder schwacher Formaldehydgeruch auf. Schmelzp. 155—165° unter Zersetzung.

Analysen: 0,2000 g Subst.: 128,0 ccm $^n/_{10}$-Jod.

$\underline{CH_2O: 91,6.}$

1,0375 g Subst.: 40,40 ccm $^n/_5$-KMnO$_4$.

$\underline{CH_3OCH_3: 2,8.}$

Durchschnittspolymerisationsgrad aus der Formaldehydanalyse 40.

*β) Das $\gamma$-Polyoxymethylen.*

Das zu den Untersuchungen verwendete $\beta + \gamma$-Polyoxymethylen wurde nach bekannter Vorschrift hergestellt[2]. Dieses $\beta + \gamma$-Gemisch wurde mit verdünntem Alkali gekocht, bis die Flüssigkeit braun wurde; dann wurde rasch filtriert, kurz mit heißem Wasser ausgewaschen und mit frischer, verdünnter Natronlauge ca. 10 Stunden gekocht. Die Lösung wird dabei noch leicht gelb. Danach wird filtriert, sehr gut mit heißem Wasser ausgewaschen und im Vakuum über Phosphorpentoxyd getrocknet. Ausbeute ca. 30 % des $\beta + \gamma$-Gemisches und 12 % des zur Fällung angewendeten Formaldehyds. Das Produkt riecht schwach nach Formaldehyd.

---

[1] Liebigs Ann. **474**, 213—214 (1929).
[2] AUERBACH u. BARSCHALL: Arbb. Kais. Gesundh.-Amt **27**, 183 (1907).

Analysen: 0,5086; 0,5012 g Subst.: 334,2; 329,5 ccm $^n/_{10}$-Jod.
$CH_2O$: 98,6; 98,7.

1,2957; 0,5012 g Subst.: 21,60; 8,85 ccm $^n/_5$-$KMnO_4$.
$CH_3OCH_3$: 1,1; 1,2.

Wie das $\alpha$- und $\beta$-Polyoxymethylen, so zeigt auch dieses Produkt keinen Schmelzpunkt. Sinterung bei 185° und Zersetzung. Von 190—200° verflüchtigt sich die Substanz restlos.

### c) Die Polyoxymethylen-dimethyläther vom Polymerisations- grad 20—100.

*α) Die Fraktionierung der Polyoxymethylen-dimethyläther vom Polymerisations- grad 15—60.*

Reagensglasversuche ergaben, daß die folgenden Lösungsmittel beim Kochen in der angegebenen Reihenfolge wachsende Mengen des Gemisches der Polyoxy- methylen-dimethyläther vom Polymerisationsgrad 15—60 lösen: Dioxan, Pyridin, Chlorbenzol, Brombenzol, Äthylenbromid[1], Essigsäureanhydrid. Vollständig lösen Anisol, Cyclohexanol, Cyclohexanon, Tetrachloräthan und Formamid[2]. In allen Fällen wurde beim Kochen nur ganz schwacher Formaldehydgeruch festgestellt. Beim Erkalten scheidet sich der gelöste Anteil gallertartig aus; schon 3proz., also ziemlich verdünnte Lösungen bilden beim Erkalten steife, nicht mehr fließende Gallerten, die erst beim kräftigen Umschütteln beweglich werden.

Für die Fraktionierung wurde Dioxan, Pyridin und Anisol verwendet. Das Ausgangsmaterial wurde dazu in Extraktionshülsen in weithalsigen Kolben in den Dampf des betreffenden Lösungsmittels gehängt. Dadurch wurde erreicht, daß die Extraktion beim Siedepunkt des Lösungsmittels stattfand; diese Anord- nung war notwendig, weil die höheren Polyoxymethylen-dimethyläther nur im siedenden Lösungsmittel löslich sind. Leider zeigte sich erst später, daß diese Behandlung der Polyoxymethylen-dimethyläther nicht ohne Nachteil ist. Zwar ist die Zersetzung, d. h. die Abspaltung von monomerem Formaldehyd nur von sehr untergeordneter Bedeutung. Aber wie die späteren Analysen zeigten, treten bei den hohen Extraktionstemperaturen und der langen Dauer der Extraktion innermolekulare Umlagerungen ein, die den Umlagerungen von $\gamma$-Polyoxy- methylen in $\delta$-Polyoxymethylen[3] analog sind. Deshalb ergänzen sich in den aus Dioxan und Pyridin erhaltenen Fraktionen Formaldehyd- und Methyläthergehalt nicht zu 100%[4].

---

[1] Äthylenbromid zeigt zwar gutes Lösungsvermögen, reagiert aber mit den Polyoxy- methylen-dimethyläthern; es entstehen beim Kochen Produkte, die halogenhaltig sind. Nach ihrer Reinigung mit verdünnten Alkalien haben diese dem $\delta$-Polyoxymethylen ähn- liche Eigenschaften. Aus diesem Grunde wurden zu den späteren Extraktionen und Um- krystallisationen nur halogenfreie Lösungsmittel verwendet.

[2] Der I.G. Farbenindustrie, Ludwigshafen, sind wir für die Überlassung einer größeren Menge Formamid zu großem Dank verpflichtet.

[3] Es handelt sich um eine Umlagerung der C—O—C-Kette in eine C—C—O-Kette. Vgl. Liebigs Ann. **474**, 232 (1929); ferner S. 238.

[4] Bei der Wiederholung der Fraktionierung müßte diese nicht durch Extraktion, sondern durch fraktionierende Umkrystallisation erreicht werden. Umkrystallisationen, die nur kurze Zeit in Anspruch nehmen, bewirken, wie die späteren Versuche mit $\gamma$-Polyoxymethylen zeigen, keinerlei Umlagerungen. Die Reinigung der aus Dioxan und Pyridin erhaltenen

Der Gang der Fraktionierung geht aus der folgenden Tabelle 131 hervor:

Tabelle 131.

| Polymerisations-grad | Erhaltene Fraktionen | Ausbeute | Schmelzpunkte |
|---|---|---|---|
| 15—60 | Ausgangsmaterial | | 160—165° unter Zersetzung |
| 20—30 | Aus Dioxan: Extraktion während 20 Stunden | 9,8% | 135—145° |
| 25—35 | Extraktion während 20 Stunden | 1,7% | 145—150° |
| 30—40 | Aus Pyridin: Extraktion während 20 Stunden | 6,3% | 152—156° |
| 40—60 | Rückstand nach der Extraktion mit Dioxan und Pyridin | 80% | 160—164° unter Zersetzung |

Alle erhaltenen Fraktionen sind weiße Pulver, die gegen verdünnte Natronlauge sehr beständig sind; ebenso werden sie von ammoniakalischer Silbernitratlösung auch bei langer Einwirkungszeit selbst beim Kochen nicht angegriffen. Die Produkte riechen auch nach längerem Stehen über Phosphorpentoxyd nicht nach Formaldehyd. Zur vollständigen Reinigung wurden die drei Fraktionen mit verdünnter Natronlauge je 2 Stunden gekocht, gut ausgewaschen und getrocknet; sodann wurden sie sorgfältig aus reinem Formamid umkrystallisiert, gut mit heißem Wasser ausgewaschen und im Hochvakuum über Phosphorpentoxyd getrocknet und aufbewahrt.

Die Ausbeute bei der Umkrystallisation der Polyoxymethylen-dimethyläther aus Formamid ist fast quantitativ. Die auftretenden Verluste sind durch das Auswaschen mit heißem Wasser bedingt. Dimethyläther vom Polymerisationsgrad 12—15 kann man noch aus siedendem Wasser umkrystallisieren.

*β) Analyse und Eigenschaften der Polyoxymethylen-dimethyläther vom Polymerisationsgrad 15—60.*

Es folgt eine kurze Zusammenstellung der analytischen Daten und der Eigenschaften der erhaltenen Polyoxymethylen-dimethyläther.

*Polyoxymethylen-dimethyläther vom Polymerisationsgrad 20—30.*

Aus dem Gemisch der Polyoxymethylen-dimethyläther durch erschöpfende Extraktion mit Dioxan erhalten. Schmelzp.: 140—143°. Zersetzungsp.: 230°. Löslichkeitsgrenze in Formamid: 105°.

*Zusammensetzung*: $(CH_2O)_{23} \cdot CH_3OCH_3 = C_{25}H_{52}O_{24}$.

0,2010; 0,2048 g Subst.: 124,2; 126,3 ccm $^n/_{10}$-Jod.

Ber. $CH_2O$ 93,7.  Gef. $CH_2O$ 92,7; 92,7.

0,5037; 0,5011 g Subst.: 34,34; 36,77 ccm $^n/_5$-$KMnO_4$.

Ber. $CH_3OCH_3$ 6,3.  Gef. $CH_3OCH_3$ 5,1; 5,5.

Ber. C 40,90; H 7,12.  Gef. C 41,38; H 7,29.

---

Fraktionen durch Kochen mit verdünnter Natronlauge und Umkrystallisation aus Formamid führte zu keinem besseren Ergebnis; die umgelagerten Moleküle lassen sich dadurch nicht entfernen.

Durchschnittspolymerisationsgrad, berechnet aus der Formaldehyd- und Methylätherbestimmung: 23.

Daraus berechnetes Molekulargewicht: 736.

Molekulargewicht in Campher nach RAST: 0,385; 1,000 mg Subst.: 8,12; 9,93 mg Campher.

$\varDelta t$ 3,0; 6,2°. Molekulargewicht: Ber. 736. Gef. 630; 650.

*Polyoxymethylen-dimethyläther vom Polymerisationsgrad 30—40.*

Aus dem Gemisch der Polyoxymethylen-dimethyläther nach der Extraktion mit Dioxan durch erschöpfende Extraktion mit Pyridin erhalten.

Schmelzp.: 152—156°. Zersetzungsp.: 220°. Löslichkeitsgrenze in Formamid: 120°.

*Zusammensetzung*: $(CH_2O)_{33} \cdot CH_3OCH_3 = C_{35}H_{72}O_{34}$.

0,2015; 0,2013; 0,2083; 0,2000 g Subst.

127,3; 126,9; 131,5; 126,2 ccm $^n/_{10}$-Jod.

Ber. $CH_2O$ 95,5.    Gef. $CH_2O$ 94,8; 94,6; 94,8; 94,7.

0,5000; 0,5084 g Subst.: 27,98; 27,96 ccm $^n/_5$-$KMnO_4$.

Ber. $CH_3OCH_3$ 4,5.    Gef. $CH_3OCH_3$ 4,1; 4,1.

Ber. C 40,60; H 6,98.    Gef. C 41,30; H 7,33.

Durchschnittspolymerisationsgrad, berechnet aus der Formaldehyd- und Methylätherbestimmung: 33.

Daraus berechnetes Molekulargewicht: 1036.

Molekulargewicht in Campher nach RAST: 0,59; 0,67 mg Subst.; 6,39; 6,32 mg Campher.

$\varDelta t$ 4,5; 4,2°. Molekulargewicht: Ber. 1036. Gef. 820; 1010.

*Unreine Polyoxymethylen-dimethyläther vom Polymerisationsgrad 40—60.*

Die Substanz ist nicht umkrystallisiert und ist deshalb auch nicht polymereinheitlich; sie enthält noch Polyoxymethylen-dihydrate. Die Polyoxymethylendimethyläther vom Polymerisationsgrad 15—40 sind durch die erschöpfende Extraktion mit Dioxan und Pyridin entfernt. Die Uneinheitlichkeit gibt sich schon durch Schmelzpunkt und Zersetzungspunkt zu erkennen.

Schmelzp.: 160—166° und sofortige Zersetzung. Diese Zersetzung kommt alsbald zum Stillstand. Die bleibende, klare Schmelze zersetzt sich erst wieder bei 200°. Bestimmt man jetzt noch einmal den Schmelzpunkt, so liegt er bei 160—163°. Der Schmelzpunkt ist derselbe wie der des nachfolgenden, aus Anisol umkrystallisierten Rückstandes.

Löslichkeitsgrenze in Formamid: 128°.

*Zusammensetzung*: $(CH_2O)_{55} \cdot CH_3OCH_3$ und $(CH_2O)_x \cdot H_2O$ als Verunreinigung.

0,2043; 0,2065 g Subst.: 132,4; 133,8 ccm $^n/_{10}$-Jod.

Ber. $CH_2O$ 97,25.    Gef. $CH_2O$ 97,25; 97,2.

1,0392 g Subst.: 25,64 ccm $^n/_5$-$KMnO_4$.

Ber. $CH_3OCH_3$ 2,75.    Gef. $CH_3OCH_3$ 1,7.

Durchschnittspolymerisationsgrad, berechnet aus der Formaldehydbestimmung: 55. Daraus berechnetes Molekulargewicht: 1696.

Durchschnittspolymerisationsgrad und Molekulargewicht sind hier unter der nicht zutreffenden Annahme, daß polymer-einheitliche Polyoxymethylen-dimethyläther vorliegen, nur zu Vergleichszwecken berechnet worden.

Molekulargewichtsbestimmung in Campher nach RAST:

1,145 mg Subst.: 7,545 mg Campher; $\Delta t$ 11,3°.

Molekulargewicht: Ber. 1696. Gef. 540.

Diese Molekulargewichtsbestimmung zeigt, daß ein Teil der Substanz, wie das bei dem niederen Zersetzungspunkt von 166° nicht anders zu erwarten war, bei der Bestimmung abgebaut wurde; darum ist der gefundene Wert erheblich tiefer als der berechnete. Dies beweist im Zusammenhang mit der Molekular-gewichtsbestimmung der nachfolgenden, aus Anisol umkrystallisierten Fraktion, daß dieser Rückstand der Extraktion mit Dioxan und Pyridin nicht polymer-einheitlich ist.

*Reine Polyoxymethylen-dimethyläther vom Polymerisationsgrad 40—60.*

Aus dem Gemisch der Polyoxymethylen-dimethyläther nach der erschöpfen-den Extraktion mit Dioxan und Pyridin durch Umkrystallisation des Rück-standes aus Anisol erhalten.

Schmelzp.: 161—163°. Zersetzungsp.: 210°. Löslichkeitsgrenze in Form-amid: 128°.

*Zusammensetzung*: $(CH_2O)_{50} \cdot CH_3OCH_3 = C_{52}H_{106}O_{51}$.

0,2039; 0,2026; 0,2027; 0,5067 g Subst.

131,8; 131,0; 131,1; 328,3 ccm $^n/_{10}$-Jod.

Ber. $CH_2O$ 97,02. Gef. $CH_2O$ 97,0; 97,1; 97,1; 97,2.

0,5053; 0,5067 g Subst.: 19,9; 19,45 ccm $^n/_5$-$KMnO_4$.

Ber. $CH_3OCH_3$ 2,98. Gef. $CH_3OCH_3$ 2,9; 2,8.

Ber. C 40,36, H. 6,86. Gef. C 40,67, H 7,09.

Durchschnittspolymerisationsgrad, berechnet aus der Formaldehyd- und Methylätherbestimmung: 50.

Daraus berechnetes Molekulargewicht: 1546.

Molekulargewicht in Campher nach RAST: 1,285; 1,180 mg Subst.: 5,850; 4,310 mg Campher.

$\Delta t$ 6,1; 6,8°. Molekulargewicht: Ber. 1546. Gef. 1440; 1610.

*γ) Darstellung der Polyoxymethylen-dimethyläther vom Polymerisationsgrad 80—100.*

Reagensglasversuche ergaben, daß eine ganze Reihe von hochsiedenden Lösungsmitteln in der Hitze γ-Polyoxymethylen auflöst. Dabei wird, wie man leicht am Geruch erkennen kann, ein Teil der Substanz zerstört. Beim Abkühlen erhält man aus der klaren Lösung eine dicke, schmierige Gallerte. Als geeignete Lösungsmittel erwiesen sich: Anisol, Cyclohexanol, Cyclohexanon, Butylen-glykol, Glykolmonoäthylätheracetat und Formamid. Dagegen lösen nicht, son-dern zersetzen: Äthylenbromid, Dekalin, Tetralin, Glykol. Ganz besonders ge-eignet sind als Lösungsmittel Formamid, Cyclohexanol und Anisol, die auch bei den folgenden Untersuchungen verwendet wurden. Das bei weitem beste Lö-sungsvermögen hat Formamid. Dieses hat außerdem den Vorteil bei der Isolierung der Produkte, daß es mit Wasser in jedem Verhältnis mischbar ist, wodurch die Filtration und Reinigung der umkrystallisierten Substanzen sehr erleichtert wird.

### *Polyoxymethylen-dimethyläther vom Polymerisationsgrad 100.*
#### (Umkrystallisation von $\gamma$-Polyoxymethylen aus Formamid.)

8 g $\gamma$-Polyoxymethylen werden mit 200 g Formamid in einem weithalsigen Erlenmeyerkolben rasch unter öfterem Umschütteln erhitzt: Die Substanz beginnt dabei zu quellen und löst sich zwischen 150 und 160° unter Formaldehydabspaltung auf. Nachdem vollständige Lösung eingetreten ist, wird abgekühlt, wobei die vorher klare Lösung zu einem dicken Brei erstarrt. Unter Umschütteln werden 500 ccm Wasser zugegeben; dabei wird die schmierige Gallerte flockig und läßt sich leicht filtrieren. Mit sehr viel heißem Wasser wird gut ausgewaschen und zuletzt im Vakuum über Phosphorpentoxyd getrocknet. Die Ausbeute beträgt 3,5 g oder 40%.

Das Produkt sintert bei 168°, von 170—185° tritt unter leichter Zersetzung Schmelzen ein. Wie es sich später zeigte, war die Substanz noch nicht ganz rein, d. h. noch nicht polymer-einheitlich. Die Umkrystallisation war zu rasch durchgeführt worden, so daß nicht nur Polyoxymethylen-dimethyläther, sondern auch -methylätherhydrate bzw. -dihydrate mit umkrystallisiert wurden. Reine einheitliche Polyoxymethylen-dimethyläther erhält man erst, wenn man die Lösung in Formamid kurze Zeit (1—2 Minuten) bei einer Lösungstemperatur von 150 bis 160° stehen läßt.

Löslichkeitsgrenze in Formamid: 142°.

*Zusammensetzung*: $(CH_2O)_{100} \cdot CH_3OCH_3 = C_{102}H_{206}O_{101}$.

0,2111; 0,5031; 0,5064 g Subst.: 138,4; 329,7; 332,0 ccm $^n/_{10}$-Jod.

Ber. $CH_2O$ 98,50. Gef. $CH_2O$ 98,4; 98,35; 98,41.

0,5031; 0,5064 g Subst.: 10,64; 10,48 ccm $^n/_5$-$KMnO_4$.

Ber. $CH_3OCH_3$ 1,5. Gef. $CH_3OCH_3$ 1,5; 1,4.

Ber. C 40,17, H 6,80. Gef. C 40,15, H 6,93.

Durchschnittspolymerisationsgrad, berechnet aus der Formaldehyd- und Methylätherbestimmung: 100.

Daraus berechnetes Molekulargewicht: 3046.

Eine Molekulargewichtsbestimmung wurde nicht durchgeführt, weil der Zersetzungspunkt der Substanz zu tief liegt.

Tabelle 132.

| $\gamma$-Polyoxyme-thylen in | *Ausbeute* an umkryst. Subst. | |
|---|---|---|
| g | in g | in % |
| 8 | 3,5 | 40 |
| 20 | 7,0 | 35 |
| 25 | 8,5 | 35 |
| 30 | 11,0 | 35 |

Auf diese Weise wurden eine Reihe von Umkrystallisationen von $\gamma$-Polyoxymethylen aus Formamid vorgenommen. Die Ausbeute betrug in allen Fällen etwa 35—40% des Ausgangsmaterials.

Bei nochmaliger Umkrystallisation aus Formamid erhält man eine fast quantitative Ausbeute. Der 100-oxymethylen-dimethyläther ist also zum Unterschied vom $\gamma$-Polyoxymethylen unverändert umkrystallisierbar: 3 g schon einmal aus Formamid umkrystallisiertes $\gamma$-Polyoxymethylen wurden zum zweitenmal aus Formamid umkrystallisiert.

Die Ausbeute beträgt 2,7 g oder 90%. Das Produkt sintert bei 165° und schmilzt klar und ohne Zersetzung bei 170—175°. Zersetzungspunkt: 190°. Löslichkeitsgrenze in Formamid: 142°.

*Zusammensetzung*: $(CH_2O)_{100} \cdot CH_3OCH_3 = C_{102}H_{206}O_{101}$.

0,5063; 0,5037 g Subst.: 331,8; 330,2 ccm $^n/_{10}$-Jod.

Ber. $CH_2O$ 98,50. Gef. $CH_2O$ 98,36; 98,38.

0,5063; 0,5037 g Subst.: 10,64; 11,40 ccm $^n/_5$-$KMnO_4$.

Ber. $CH_3OCH_3$ 1,50. Gef. $CH_3OCH_3$ 1,45; 1,60.

Durchschnittspolymerisationsgrad, berechnet aus der Formaldehyd- und Methylätherbestimmung: 100.

Daraus berechnetes Molekulargewicht: 3046.

Molekulargewicht in Campher nach RAST: 1,115; 0,843 mg Subst.; 4,755; 14,960 mg Campher.

$\Delta t$ 3,3°; 0,8°. Molekulargewicht: Ber. 3046. Gef. 2950, 2820.

### Die Fraktionierung des 100-oxymethylen-dimethyläthers[1].

Der polymer-einheitliche, aus Formamid umkrystallisierte 100-oxymethylen-dimethyläther ist in vielen Lösungsmitteln, in denen sich γ-Polyoxymethylen nur unter sehr starker Zersetzung löst, unverändert löslich; z. B.: Anisol, Essigsäureanhydrid, Äthylenbromid, Brombenzol. In einigen Lösungsmitteln tritt teilweise Lösung ein, z. B.: Dioxan, Pyridin, Chlorbenzol. Dagegen lösen Toluol, Xylol, Dekalin, Tetralin überhaupt nicht. Auf Grund der verschiedenen Löslichkeit ist eine Fraktionierung der Polyoxymethylen-dimethyläther vom Durchschnittspolymerisationsgrad 100 möglich.

Die Fraktionierung mit Pyridin ergab, daß etwa 10% der Substanz in siedendem Pyridin löslich sind und abgetrennt werden können. Der Schmelzpunkt der löslichen Fraktion liegt bei 155—165°, also ca. 10° tiefer als der Schmelzpunkt des Ausgangsmaterials. Der Rückstand der Fraktionierung war fast unverändertes Ausgangsmaterial.

Die Fraktionierung mit einem Lösungsmittelgemisch Anisol-Xylol ergab folgende Fraktionen:

Tabelle 133.

| Substanz | Schmelzpunkt | Zersetzungspunkt |
|---|---|---|
| Ausgangsmaterial . . . . . . . . . . . . | 170—175° | 190° |
| Fraktion 1 . . . . . . . . . . . . . . | 154—160° | 200° |
| Fraktion 2 . . . . . . . . . . . . . . | 160—165° | 190° |
| Ungelöster Rückstand . . . . . . . . | 165—170° | 175° |

Beim Kochen mit Lösungsmitteln tritt eine Zersetzung der längsten Moleküle des Gemisches ein; deshalb schmilzt der Rückstand der Fraktionierung tiefer als das Ausgangsmaterial und zersetzt sich früher als dieses.

---

[1] E. OTT folgert aus röntgenographischen Untersuchungen, daß das γ-Polyoxymethylen aus Molekülen einheitlicher Größe besteht, also kein Gemisch von Polymerhomologen sein könne. Dieser Befund ist unrichtig und wird durch die hier durchgeführte Fraktionierung des aus γ-Polyoxymethylen hergestellten 100-oxymethylen-dimethyläthers widerlegt. Vgl. E. OTT: Ztschr. f. physik. Ch. (B) **9**, 378 (1930). Ein 60-oxymethylen-dimethyläther ist leicht aus Formamid umzukrystallisieren; deshalb kann γ-Polyoxymethylen nicht damit identisch sein, wie E. OTT irrtümlich annimmt.

*Polyoxymethylen-dimethyläther vom Polymerisationsgrad 90.*

3 g des 100-oxymethylen-dimethyläthers wurden mit 150 ccm dest. trockenem Anisol zum Sieden erhitzt. Die klare Lösung wird 15 Minuten am Rückflußkühler gekocht. Das Produkt wird dann aufgearbeitet und aus Formamid noch einmal umkrystallisiert. Ausbeute 90%. Das Produkt sintert bei 165° und schmilzt klar und ohne Zersetzung bei 170—180°.

Zersetzungsp.: 190°. Löslichkeitsgrenze in Formamid: 140°.

*Zusammensetzung*: $(CH_2O)_{90} \cdot CH_3OCH_3 = C_{92}H_{186}O_{91}$.

0,5073; 0,5000 g Subst.: 331,8; 327,4 ccm $^n/_{10}$-Jod.

Ber. $CH_2O$ 98,30.   Gef. $CH_2O$ 98,17; 98,26.

0,5000 g Subst.: 12,91 ccm $^n/_5$-$KMnO_4$.

Ber. $CH_3OCH_3$ 1,7.   Gef. $CH_3OCH_3$ 1,8.

Ber. C 40,2, H 6,81.   Gef. C 41,1, H 6,87.

Durchschnittspolymerisationsgrad, berechnet aus der Formaldehyd- und Methylätherbestimmung: 90.

Daraus berechnetes Molekulargewicht: 2746.

Molekulargewicht in Campher nach RAST: 1,065; 1,030 mg Subst.; 6,190; 6,340 mg Campher.

$\Delta t$ 2,7; 2,3°. Molekulargewicht: Ber. 2746.   Gef. 2550, 2830.

*Polyoxymethylen-dimethyläther vom Polymerisationsgrad 80.*

In derselben Weise wie mit Anisol wurde der 100-oxymethylen-dimethyläther auch mit Cyclohexanol behandelt. Die Ausbeute beträgt hier 70%. Das Produkt sintert bei 160° und schmilzt klar und ohne Zersetzung bei 165—170°.

Zersetzungspunkt: 190°.

Löslichkeitsgrenze in Formamid: 140°.

*Zusammensetzung*: $(CH_2O)_{80} \cdot CH_3OCH_3 = C_{82}H_{166}O_{81}$.

0,5004; 0,5037 g Subst.: 326,6; 328,8 ccm $^n/_{10}$-Jod.

Ber. $CHO_2$ 98,1.   Gef. $CH_2O$ 97,94; 97,96.

0,5004 g Subst.: 13,68 ccm $^n/_5$-$KMnO_4$.

Ber. $CH_3OCH_3$ 1,9.   Gef. $CH_3OCH_3$ 1,9.

Durchschnittspolymerisationsgrad, berechnet aus der Formaldehyd- und Methylätherbestimmung: 80.

Daraus berechnetes Molekulargewicht: 2446.

Molekulargewicht in Campher nach RAST: 0,810; 0,810 mg Subst.; 5,415; 4,340 mg Campher.

$\Delta t$ 2,7; 3,0°. Molekulargewicht: Ber. 2446.   Gef. 2220; 2490.

### d) Die Polyoxymethylen-diacetate vom Polymerisationsgrad 20—50.

Die Beständigkeit der Polyoxymethylen-diacetate in heißem Formamid ist größer als die der Dihydrate und kleiner als die der Dimethyläther.

10 g mit Aceton erschöpfend extrahierte, höhere Polyoxymethylen-diacetate werden in 150 ccm Formamid durch Erhitzen rasch in Lösung gebracht, 2 Minuten die Lösungstemperatur beibehalten, dann sofort mit Wasser die Diacetate gefällt,

filtriert und gut mit mäßig heißem Wasser (50—70°) ausgewaschen. Das Produkt wurde im Vakuum über Phosphorpentoxyd getrocknet. Die Ausbeute betrug 2 g oder 20%.

Das Ausgangsmaterial, das zur Darstellung der höhermolekularen Polyoxymethylen-diacetate verwendet wurde, schmolz bei 160—170° unter Zersetzung. Sein Formaldehydgehalt wurde von R. Signer zu 93% bestimmt, sein Essigsäureanhydridgehalt zu 5,9%. Nach der Umkrystallisation aus Formamid hat das Produkt folgende Eigenschaften: Schmelzp.: 154—157°. Zersetzungsp.: 220°. (Einige Gasblasen schon bei 190°).

*Zusammensetzung*: $(CH_2O)_{35} \cdot (CH_3CO)_2O = C_{39}H_{76}O_{38}$.

0,3824; 0,3257 g Subst.: 232,3; 197,4 ccm $^n/_{10}$-Jod und 6,87; 5,72 ccm $^n/_{10}$-Ba(OH)$_2$.

Ber. $CH_2O$ 91,3.   Gef. $CH_2O$ 91,2; 91,0.

Ber. $(CH_3CO)_2O$ 8,7.   Gef. $(CH_3CO)_2O$ 9,2; 9,0.

Ber. C 40,62, H 6,60.   Gef. C 41,10, H 6,86.

Durchschnittspolymerisationsgrad berechnet aus der Formaldehyd- und Essigsäureanhydridanalyse: 35.

Daraus berechnetes Molekulargewicht: 1150.

Molekulargewicht in Campher nach Rast: 0,930; 0,690 mg Subst.; 7,745; 4,455 mg Campher.

$\Delta t$ 3,3; 5,3°. Molekulargewicht: Ber. 1150. Gef. 1450; 1170.

### e) Die Zersetzung der Polyoxymethylen-dimethyläther bei höherer Temperatur.

Die Destillation der Polyoxymethylen-dimethyläther bis zum Polymerisationsgrad 10 ist bei gewöhnlichem Druck ohne Zersetzung möglich.

Die Destillationen wurden in konisch erweiterten Schmelzpunktsröhrchen ausgeführt; die Heizung erfolgte im Kupferblock. In Tabelle 134 sind die einzelnen Fraktionen und ihr Verhalten bei der Destillation angegeben. Vom Destillat wurde zur Charakterisierung nur der Schmelzpunkt bestimmt.

Tabelle 134.

| Polymerisationsgrad | Schmelzpunkt | Destillationstemperatur | Formaldehydabspaltung | Rückstand | Schmelzpunkt des Destillates |
|---|---|---|---|---|---|
| 7 | 43—45° | 260—320° | keine | sehr wenig; braun | 43—47° |
| 9 | 59—63° | 280—340° | keine | wenig; braun | 55—60° |
| 12 | 81—83° | 320—380° | keine | 50%; braun | 80—83° |
| 13 | 89—91° | Nur Spuren eines Destillats | 330°; schwache Zersetzung | tiefbraun | — |
| 15 | 109—111° | Nur Spuren eines Destillats | 360°; Formaldehydabspaltung | tiefbraun | (80—105°) |

Die höhermolekularen Polyoxymethylen-dimethyläther vom Polymerisationsgrad 20—100 wurden im Hochvakuum bei höherer Temperatur zersetzt. Die Zersetzung und anschließende Hochvakuumdestillation (0,02 mm) wurde in

kleinen Kölbchen mit angeschmolzenen Kugelvorlagen vorgenommen. Alle Fraktionen schmelzen klar und spalten beim höheren Erhitzen Formaldehyd ab. Nach einiger Zeit gehen bei 280—320° sehr schwer flüchtige Bestandteile über, die sich in den Kugelvorlagen kondensieren, zum Teil als rasch erstarrende Flüssigkeit, zum Teil als feiner Flugstaub. Als Rückstand bleiben etwa 10—20% des Ausgangsmaterials. Es sind verkohlte Massen, die durch Zersetzung der $\delta$-Polyoxymethylengruppierung[1] entstanden sind. Die überdestillierten schwer flüchtigen Produkte, die rein weiß sind, erwiesen sich als — allerdings zum Teil umgelagerte — Polyoxymethylen-dimethyläther.

## 2. Die Polyoxymethylen-dihydrate.

a) Herstellung von niedermolekularen Polyoxymethylen-dihydraten ungefähr einheitlichen Polymerisationsgrades.

$$\alpha)\ \textit{Methylenglykol:}\ \ CH_2\!\!<^{OH}_{OH}.$$

Durch Extraktion einer reinen konzentrierten Formaldehydlösung mit Äther im Apparat nach KUTSCHER-STEUDEL wurde eine ölige Flüssigkeit erhalten, die nach der Analyse 57,7% Formaldehyd enthielt, also etwas weniger als dem für das Methylenglykol geforderten theoretischen Formaldehydgehalt von 62,5% entspricht. Aber alle Versuche, das Methylenglykol aus solchen Ätherlösungen durch Ausfrieren krystallisiert zu erhalten, scheiterten.

### $\beta)$ Spaltung von Paraformaldehyd mit Wasser.

Versuche, auf analogem Wege, wie die Herstellung der niedermolekularen Polyoxymethylen-diacetate und Polyoxymethylen-dimethyläther gelang, auch die niedermolekularen Polyoxymethylen-dihydrate herzustellen, nämlich dadurch, daß man hochmolekulare Polyoxymethylen-dihydrate bei höherer Temperatur in Bombenröhren mit berechneten Mengen Wasser zur Reaktion brachte, schlugen fehl:

Die Versuche mit 1 Mol Wasser auf 1, 2, 3 und 4 Grundmoleküle Formaldehyd (Paraformaldehyd) ergaben stark sauer reagierende, hochkonzentrierte Formaldehydlösungen, die sich rasch unter Abscheidung von Paraformaldehyd veränderten, aber keine niedermolekularen, krystallisierten Dihydrate lieferten. Das letztere war auch bei der sauren Reaktion des Inhalts der Bombenröhren wenig wahrscheinlich, da Säuren die kondensierende Polymerisation katalysieren.

### $\gamma)$ Di- und Trioxymethylen-dihydrat.

Eine durch Ätherextraktion aus einer konzentrierten Formaldehydlösung erhaltene Polyoxymethylen-dihydrat-gallerte wurde in trockenem Aceton in der Kälte gelöst und wenige Stunden über Chlorcalcium stehen gelassen, filtriert und mit der gleichen Menge trockenem Petroläther gefällt. Der flockige Niederschlag setzte sich gut ab und ließ sich leicht filtrieren. Durch Evakuieren wurde von anhaftendem Aceton befreit. Das so erhaltene trockene Pulver schmilzt bei 82—85° und löst sich leicht in kaltem Aceton. Analyse und Eigenschaften sprechen für ein Gemisch von hauptsächlich Di- und Trioxymethylen-dihydrat:

---

[1] Vgl. S. 238.

0,1343; 0,1679 g Subst.: 70,95; 87,9 ccm $^n/_{10}$-Jod.

$(CH_2O)_2H_2O$ Ber. $CH_2O$ 76,9. Gef. $CH_2O$ 79,3; 78,6.

$(CH_2O)_3H_2O$ Ber. $CH_2O$ 83,3.

Das Produkt löst sich noch einige Zeit in kaltem Aceton, verändert sich aber sehr rasch und wird dabei unlöslich. Es tritt Polymerisation zu unlöslichen, höhermolekularen Polyoxymethylen-dihydraten ein.

### δ) *Tetraoxymethylen-dihydrat.*

Zur Darstellung eines möglichst niedermolekularen Dihydratgemisches wurde eine frisch hergestellte 30proz. Formaldehydlösung auf dem Wasserbad eingedampft, bis sich feste Substanz abzuscheiden begann. Die Lösung reagierte nur sehr schwach sauer, es hatte sich also nur wenig Ameisensäure gebildet. Die heiße Lösung wurde unter Rühren in methylalkoholfreies Aceton eingegossen, worin sie sich fast vollständig auflöste. Dann wurde sehr viel wasserfreies Natriumsulfat zugegeben und eine halbe Stunde stark geschüttelt. Nach der Filtration wurde mit niedrigsiedendem Petroläther ein schön flockiges Produkt gefällt; diese Fällung wurde noch einmal wiederholt. Das so erhaltene Produkt ist in kaltem Aceton leicht löslich. Es wurde im Vakuum über Phosphorpentoxyd aufbewahrt. Dabei verändert es sich im Laufe von 3 Monaten fast nicht. Seine Löslichkeit in Aceton bleibt erhalten. Analyse und Eigenschaften sprechen für ein niedermolekulares Dihydratgemisch vom Durchschnittspolymerisationsgrad 4.

0,1030 g Subst.: 59,40 ccm $^n/_{10}$-Jod.

$(CH_2O)_4 \cdot H_2O$. Ber. $CH_2O$ 86,96. Gef. $CH_2O$ 86,55.

### ε) *Hexa- und Hepta-oxymethylen-dihydrat.*

Durch Eindampfen einer reinen 30proz. Formaldehydlösung auf dem Wasserbad erhält man eine hochkonzentrierte Formaldehydlösung, die beim Abkühlen zwischen 60 und 80° zu einer schmierigen Gallerte erstarrt. Im Laufe von 2 bis 3 Wochen entsteht daraus eine feste, noch etwas schmierige, wachsähnliche Substanz. Die Analyse derselben ergibt:

0,4055; 0,2560 g Subst.: 215,8; 137,9 ccm $^n/_{10}$-Jod.

$(CH_2O)_3 \cdot H_2O$. Ber. $CH_2O$ 83,3. Gef. 79,9; 80,9.

Ein ähnliches Produkt entsteht aus dem aus Formaldehydlösungen extrahierten Öl[1] mit 58% Formaldehyd, wenn man es einige Zeit sich selbst überläßt.

Zur Herstellung von reinen Dihydraten aus diesen Gemischen wird ein solches Produkt mit wenig Aceton im Mörser zu einem dünnen Brei verrieben und unter Druck filtriert. Aus dem Filtrat fällt mit tiefsiedendem Petroläther eine flüssige Fraktion aus, die aus Wasser und den niedersten Dihydraten besteht und nicht weiter untersucht wurde.

---

[1] Es ist interessant, daß auch Formaldehydlösungen mit ca. 35% Formaldehyd (spez. Gew. 1,101) nicht sehr lange haltbar sind. Nach einiger Zeit scheiden sie einen Bodenkörper aus. Dieser ist zuerst schmierig und gallertartig und besteht aus niedermolekularen Polyoxymethylen-dihydraten. Allmählich wird der Bodenkörper körnig und fest. Es ist weitgehende Polymerisation eingetreten. Man erhält so ein dem Paraformaldehyd ähnliches Produkt. Die Analyse liefert: 0,1611; 0,1802 g Substanz: 102,8; 114,7 ccm $^n/_{10}$-Jod. $(CH_2O)_{14} \cdot H_2O$. Ber. $CH_2O$ 95,9. Gef. $CH_2O$ 95,8; 95,5.

Der Filterrückstand kann mit Aceton in einen unlöslichen, einen in siedendem Aceton löslichen, einen in warmem Aceton löslichen und einen in kaltem Aceton löslichen Anteil zerlegt werden.

Das in kaltem Aceton lösliche Produkt wird mit tiefsiedendem Petroläther ausgefällt. Man erhält ein pulvriges, in kaltem Aceton leicht lösliches Dihydrat folgender Zusammensetzung:

0,2083 g Subst.: 126,2 ccm $n/_{10}$-Jod.

$(CH_2O)_6 H_2O$. Ber. $CH_2O$ 90,91. Gef. $CH_2O$ 90,95.

Nach nochmaligem Umfällen aus kaltem Aceton mit Petroläther:

0,2419; 0,2170 g Subst.: 148,3; 133,0 ccm $n/_{10}$-Jod.

$(CH_2O)_7 H_2O$. Ber. $CH_2O$ 92,11. Gef. $CH_2O$ 92,03; 91,99.

### ζ) Octo-oxymethylen-dihydrat.

Ein 8-oxymethylen-dihydrat wurde durch mehrfache fraktionierte Umkrystallisation aus warmem Aceton isoliert (vgl. Abschnitt ε).

Nach der zweiten Umkrystallisation:

0,2008 g Subst.: 123,3 ccm $n/_{10}$-Jod.

$(CH_2O)_8 \cdot H_2O$. Ber. $CH_2O$ 93,02. Gef. $CH_2O$ 92,2.

Nach der dritten Umkrystallisation.

0,1627 g Subst.: 100,8 ccm $n/_{10}$-Jod.

$(CH_2O)_8 \cdot H_2O$. Ber. $CH_2O$ 93,02. Gef. $CH_2O$ 92,96.

Die Analyse spricht für ein Octo-oxymethylen-dihydrat. Doch liegt kein vollständig einheitliches, 8fach polymeres Dihydrat vor, sondern ein Gemisch desselben mit den nächsthöheren und -niederen derselben polymer-homologen Reihe.

Das aus heißem Aceton zum drittenmal umkrystallisierte Produkt mit 93% Formaldehyd löst sich spielend in heißem Aceton und fällt in der Kälte flockig aus. Die Ausscheidung ist sehr leicht filtrierbar im Gegensatz zum ungereinigten, nicht umkrystallisierten Ausgangsmaterial. Unter dem Mikroskop erkennt man feine, einheitlich aussehende Nädelchen. Der Schmelzpunkt liegt bei 115—120°, dann erst beginnt Zersetzung. Die Substanz ist trocken-pulvrig und nicht mehr schmierig; sie riecht frisch bereitet fast gar nicht nach Formaldehyd[1]. Sie wurde noch 6mal aus Aceton umkrystallisiert, dann 3mal aus Dioxan:

Nach der ersten Umkrystallisation aus Dioxan: Ausbeute: 70%.

0,1000 g Subst.: 62,3 ccm $n/_{10}$-Jod.

$(CH_2O)_8 \cdot H_2O$. Ber. $CH_2O$ 93,0. Gef. $CH_2O$ 93,5.

Nach der zweiten Umkrystallisation aus Dioxan:
Ausbeute: 80%.

0,1265 g Subst.: 78,6 ccm $n/_{10}$-Jod. Gef. $CH_2O$ 93,2.

Nach der dritten Umkrystallisation aus Dioxan:
Ausbeute: 80%.

0,1108 g Subst.: 68,8 ccm $n/_{10}$-Jod. Gef. $CH_2O$ 93,2.

Unvorsichtiges Umkrystallisieren, wie z. B. zu langes Erhitzen, ist für die niedermolekularen, löslichen Polyoxymethylen-dihydrate schädlich. Abgesehen von der Ausbeute leidet auch die Reinheit der Produkte darunter. Schon siedendes

---

[1] Das Produkt ist beständig, da es völlig frei von Ameisensäure ist.

Aceton bewirkt eine Zersetzung, wenn auch nur in geringem Maße. Die leichte Spaltbarkeit des Produktes zeigen auch die folgenden Versuche:

Läßt man Octo-oxymethylen-dihydrat mit viel Wasser stehen, so tritt in 4 Tagen vollständige Auflösung, also Spaltung in Formaldehyd resp. Methylenglykol ein, beim Schütteln sogar schon in 2 Tagen. Paraformaldehyd braucht unter denselben Umständen zur vollständigen Auflösung 2 Monate, $\alpha$-Polyoxymethylen löst sich auch nach 4 Monaten noch nicht merklich auf.

### $\eta$) *Nono-oxymethylen-dihydrat.*

Nach der dritten Umkrystallisation aus heißem Aceton ergab die Analyse:

0,1142 g Subst.: 71,4 ccm $^n/_{10}$-Jod.

$(CH_2O)_9 \cdot H_2O$. Ber. $CH_2O$ 93,75. Gef. $CH_2O$ 93,9.

Nach der vierten Umkrystallisation:

0,1367; 0,1644 g Subst.: 85,2; 102,7 ccm $^n/_{10}$-Jod.

$(CH_2O)_9 \cdot H_2O$. Ber. $CH_2O$ 93,75. Gef. $CH_2O$ 93,6; 93,8.

### $\vartheta$) *Undeka-oxymethylen-dihydrat.*

Das Produkt wurde aus siedendem Aceton umkrystallisiert.
Erste Umkrystallisation:

0,2100 g Subst.: 132,4 ccm $^n/_{10}$-Jod.

$(CH_2O)_{11} \cdot H_2O$. Ber. $CH_2O$ 94,80. Gef. $CH_2O$ 94,64.

Zweite Umkrystallisation:

0,2159 g Subst.: 136,4 ccm $^n/_{10}$-Jod.

$(CH_2O)_{11} \cdot H_2O$. Ber. $CH_2O$ 94,80. Gef. $CH_2O$ 94,85.

### $\iota$) *Duodeka-oxymethylen-dihydrat.*

Das Produkt wurde zweimal aus siedendem Aceton umkrystallisiert:

0,2046 g Subst.: 129,5 ccm $^n/_{10}$-Jod.

$(CH_2O)_{12} \cdot H_2O$. Ber. $CH_2O$ 95,24. Gef. $CH_2O$ 94,97.

### $\varkappa$) *Die Acetylierung des Octo-oxymethylen-dihydrates.*

Niedere Formaldehydhydrate können mit Essigsäureanhydrid und Pyridin in Verdünnungsmitteln wie Aceton oder Dioxan in Polyoxymethylen-diacetate übergeführt werden. Leider ist die Reaktion durch die Entstehung von gefärbten Nebenprodukten gestört; immerhin gelang es, Diacetate in einer Ausbeute von 50% zu erhalten.

100 ccm Dioxan wurden mit 1 g Octo-oxymethylen-dihydrat, 10 ccm Essigsäureanhydrid und 10 ccm Pyridin während 36 Stunden auf der Schüttelmaschine geschüttelt. Es trat vollständige Lösung unter leichter Gelbfärbung ein. Sodann wurde das Dioxan, Essigsäureanhydrid und Pyridin im Hochvakuum abdestilliert. Der Rückstand war meistens gelb bis gelbbraun gefärbt und krystallisierte teilweise. Er wurde mit tiefsiedendem Petroläther (40°) und Äther ausgezogen. Es konnten folgende Diacetate isoliert werden:

Tabelle 135.

| | | Schmelzpunkt | Polymerisationsgrad |
|---|---|---|---|
| Aus Petroläther in der Kälte . . . . | 0,1 g | 35—39° | 8—9 |
| Aus Äther mit Petroläther gefällt . . | 0,2 g | 45—52° | 10 |
| Aus Äther bei 20° . . . . . . . . | 0,2 g | 54—60° | 10—11 |

Sicher sind auch noch Diacetate vom Schmelzp. 10—35° gebildet worden. Aber ihre Aufarbeitung ist bei den kleinen Mengen sehr schwierig; es ist wegen dieser experimentellen Schwierigkeiten noch nicht gelungen, das 7-oxymethylen-diacetat rein zu erhalten[1].

## b) Die Entwässerung der niedermolekularen Polyoxymethylen-dihydrate.

### $\alpha$) Die Entwässerung von Polyoxymethylen-dihydrat-gallerten.

Durch Extraktion einer konzentrierten Formaldehydlösung mit Äther wurde ein Öl erhalten, das bald gallertig erstarrte. Die Analyse des Öles ergab:

0,3738 g Subst.: 143,6 ccm $^n/_{10}$-Jod.

Für $(CH_2O)_1 \cdot H_2O$. Ber. $CH_2O$ 62,5. Gef. 57,7.

Das Produkt ist in Äther und Benzol zum Teil löslich; in Alkohol und Aceton ist es sehr leicht löslich. Natriumsulfitlösung löst schon in der Kälte.

Die Alterung der Gallerte verfolgten wir dadurch, daß die Änderung der physikalischen und chemischen Eigenschaften bei der Entwässerung über Phosphorpentoxyd beobachtet wurde. Es wurde die Gewichtsabnahme, der Formaldehydgehalt, der Schmelzpunkt und die Löslichkeit in verschiedenen Lösungsmitteln festgestellt (vgl. Abb. 72 u. 73, S. 251). Die Löslichkeit nimmt beim Entwässern ab, und zwar in Äther und Benzol sehr rasch, in Alkohol und Aceton langsamer. Das Endprodukt ist in siedendem Aceton fast unlöslich. Die nebenstehende Tabelle zeigt die Analysen und die Schmelzpunkte.

Tabelle 136. Zunahme des Formaldehydgehaltes einer Dihydrat-gallerte bei der Entwässerung.

| Zeit | $CH_2O$ % | Zunahme pro Tag % | Schmelz-punkt |
|---|---|---|---|
| 0 Stunden | — 57,7 | — | 53—57 |
| 5 „ | 58,5; 58,7 | 4,3 | 54—61 |
| 11,5 „ | 59,5; 59,4 | 3,3 | 55—63 |
| 23 „ | 60,4; 60,3 | 1,9 | 57—63 |
| 32 „ | 61,3; 61,3 | 2,4 | 60—66 |
| 47 „ | 63,2; 63,7 | 3,4 | 62—68 |
| 75 „ | 67,1; 67,3 | 3,3 | 73—83 |
| 124 „ | 76,3; 76,3 | 4,5 | 80—90 |
| 192 „ | 92,0; 92,3 | 5,6 | 95—105 z |
| 12 Tage | — — | — | 100—106 z |
| 19 „ | 93,2; 93,4 | 0,1 | 98—115 z |
| 54 „ | 93,2; 93,1 | 0,0 | 104—115 z |
| 155 „ | — 93,1 | 0,0 | 105—115 z |

$z$ = Zersetzung.

Das Produkt ist während der ersten 3 Tage der Entwässerung schmierig und auch unter dem Mikroskop ohne erkennbare Struktur. Es hat das Aussehen eines amorph erstarrten Öles. Allmählich wird die Substanz fester und ist nach 5 Tagen so brüchig, daß sie pulverisiert werden kann. Das Endprodukt ist ein dem Paraformaldehyd auch in den chemischen Eigenschaften ähnliches, weißes Pulver, das stark nach Formaldehyd riecht.

### $\beta$) Die Entwässerung einheitlicher Polyoxymethylendihydrate.

Es wurde die Gewichtsabnahme beim Stehen über Phosphorpentoxyd verfolgt (Abb. 79, S. 254). Ein 7-oxymethylen-dihydrat (92,0% $CH_2O$) zeigt nach 3 monatigem Stehen über Phosphorpentoxyd unveränderte Eigenschaften und fast denselben Formaldehydgehalt:

0,2004 g Subst.: 123,5 ccm $^n/_{10}$-Jod. Gef. $CH_2O$ 92,44.

---

[1] Vgl. R. Signer: Inaug.-Diss. Zürich 1927.

Ein 8-oxymethylen-dihydrat (93,0% $CH_2O$), das vor der Entwässerung einige Zeit an der Luft gestanden hatte, ist nach 12 monatiger Entwässerung über Phosphorpentoxyd in siedendem Aceton schwer löslich geworden und zeigt einen höheren Formaldehydgehalt:

0,2041 g Subst.: 129,0 ccm $^n/_{10}$-Jod. Gef. $CH_2O$ 94,9.

Ein 11-oxymethylen-dihydrat (94,8% $CH_2O$) hat bei 3 monatigem Stehen über Phosphorpentoxyd eine kleine Veränderung erlitten; ein kleiner Teil der Substanz ist in siedendem Aceton unlöslich geworden. Die Analyse ergibt einen etwas höheren Formaldehydgehalt:

0,2029 g Subst.: 129,4 ccm $^n/_{10}$-Jod. Gef. $CH_2O$ 95,70.

Die Unterschiede im Verhalten beruhen auf dem verschiedenen Reinheitsgrad der Produkte, besonders auf der An- oder Abwesenheit von Spuren von Ameisensäure.

### c) Die hochmolekularen Polyoxymethylen-dihydrate.

#### α) *Der Paraformaldehyd.*

Der Paraformaldehyd mit einem Formaldehydgehalt von 94—98% ist ein Polyoxymethylen-dihydrat vom Polymerisationsgrad 10—50. Aus demselben[1] läßt sich mit siedendem Aceton ein niedermolekulares Dihydrat vom Durchschnittspolymerisationsgrad 10 herauslösen. Das Produkt zeigt alle Eigenschaften eines noch nicht einheitlichen, niedermolekularen Polyoxymethylen-dihydrates; es schmilzt bei 115—118° unter Zersetzung, während der Paraformaldehyd erst bei 140—150° unter Zersetzung schmilzt. Die Analyse ergibt:

0,1242; 0,1161 g Subst.: 78,04; 73,06 ccm $^n/_{10}$-Jod.

$(CH_2O)_{10} \cdot H_2O$. Ber. $CH_2O$ 94,34; Gef. $CH_2O$ 94,3; 94,4.

Analyse des Paraformaldehydes:

0,1955; 0,2261 g Subst.: 125,2; 144,1 ccm $^n/_{10}$-Jod.

$(CH_2O)_{15} \cdot H_2O$. Ber. $CH_2O$ 96,1; Gef. $CH_2O$ 96,1; 95,7.

Paraformaldehyd ist in der Hitze in Dioxan und Formamid löslich; hierbei tritt aber ziemlich starke Zersetzung unter Formaldehydabspaltung ein. Doch wird in der Kälte ein Teil der gelösten Substanz wieder ausgeschieden.

#### β) *Das α- und das β-Polyoxymethylen.*

α- und β-Polyoxymethylen sind Polyoxymethylen-dihydrate von sehr hohem Polymerisationsgrad. Sie sind in Lösungsmitteln wie Dioxan und Pyridin völlig unlöslich. Das einzige Lösungsmittel für die beiden Polyoxymethylene ist Formamid. Doch tritt bei der hohen Lösungstemperatur von 150—160° sehr rasch vollkommene Zersetzung ein. Die Umkrystallisation gelingt nur bei raschem Arbeiten in kleinen Mengen im Reagensglase: 5 g eines β-Polyoxymethylens werden in 5 Portionen in einem weiten und hohen Reagensglas mit Formamid möglichst rasch in Lösung gebracht und sofort durch Abschrecken wieder ausgeschieden. Die dicke Gallerte wird mit der doppelten Menge Wasser geschüttelt, filtriert und gut mit kaltem Wasser ausgewaschen, sodann im Vakuum über Phosphorpentoxyd getrocknet. Die Ausbeute beträgt 2 g, also ca. 40%. Das Produkt hat die Eigenschaften des α-Polyoxymethylens. Es „sublimiert" nicht,

---

[1] Die Zusammensetzung der käuflichen Paraformaldehyde wechselt und ebenso auch die Menge des acetonlöslichen Anteils.

sondern zersetzt sich ohne starke Polymerisation der Dämpfe. Es riecht im Gegensatz zu umkrystallisiertem $\gamma$-Polyoxymethylen stark nach Formaldehyd. Das umkrystallisierte $\beta$-Polyoxymethylen sintert bei $170-175°$ und zersetzt sich sofort, das $\beta$-Polyoxymethylen selbst sublimiert ohne zu sintern zwischen 150 und 170°.

*Zusammensetzung*: $(CH_2O)_{75} \cdot H_2O$.

0,5000; 0,5055 g Subst.: 330,6; 334,2 ccm $n/_{10}$-Jod.

Ber. $CH_2O$ 99,1. Gef. $CH_2O$ 99,25; 99,21.

0,5000; 0,5055 g Subst.: 1,22; 0,91 ccm $n/_5$-$KMnO_4$.

Ber. $CH_3OCH_3$ 0,0. Gef. $CH_3OCH_3$ 0,19; 0,14.*

Der Formaldehydgehalt des $\beta$-Produktes betrug 98,8%.

### 3. Polyoxymethylene aus flüssigem, monomerem Formaldehyd: Eu-Polyoxymethylen.

a) Herstellung des reinen, monomeren Formaldehyds.

Zur Darstellung von reinem, monomerem Formaldehyd benutzt man zweckmäßig das sehr hochprozentige Polyoxymethylen, das mit wenig Alkali aus konzentrierten Formaldehydlösungen gefällt wird[1]. Denn die Spuren von Schwefelsäure, die in den damit gefällten Polyoxymethylenen enthalten sind, begünstigen die Polymerisation des entstehenden Formaldehydgases und die Entstehung von Trioxymethylen[2]. Außerdem wurde, um Autoxydation zu vermeiden, die Zersetzung des Polyoxymethylens unter Durchleiten von trockenem, reinem Stickstoff vorgenommen.

Die Spuren von Alkali, die in dem Ausgangsmaterial enthalten sind, bewirken eine geringe Kondensation zu zuckerähnlichen Produkten ($\delta$-Polyoxymethylenbildung[3]), so daß beim vollständigen Zersetzen dieses Polyoxymethylens dunkle Rückstände entstehen. Deshalb wurden nur etwa zwei Drittel des Polyoxymethylens zersetzt, damit auch nicht spurweise Verkohlung eintritt; dadurch würde der monomere Formaldehyd durch flüchtige Zersetzungsprodukte verunreinigt[4].

Zur Herstellung von reinem, monomerem Formaldehyd haben schon M. TRAUTZ und E. UFER[5] eine besondere Apparatur beschrieben. Unsere Apparatur konnte entsprechend dem hohen Formaldehydgehalt des Ausgangsmaterials von 99% einfacher gestaltet werden. Die dem Formaldehydgas beigemengten Spuren von Wasser wurden dadurch beseitigt, daß denselben Gelegenheit zur Kondensation mit gasförmigem Formaldehyd gegeben wurde. Deshalb wurde das Formaldehydgas vor seiner Verflüssigung durch eine weite und lange Glasschlange geleitet. Der monomere Formaldehyd wurde sodann bei $-80°$ verflüssigt und zweimal bei gewöhnlichem Druck destilliert. Das Einfüllen in Bombenröhren geschah ebenfalls durch Destillation aus einem Vorratsgefäß — und zwar wurde im Vakuum

---

* Der Blindwert der Methode von 0,2% ist in diesen Analysen noch nicht abgezogen.

[1] MANNICH, C.: Ber. Dtsch. Chem. Ges. **52**, 160 (1919).

[2] PRATESI: Gazz. chim. ital. **14**, 139 (1885). — STAUDINGER, H., u. Mitarbeiter: Liebigs Ann. **474**, 258 (1929). — KOHLSCHÜTTER, H. W.: Liebigs Ann. **482**, 75 (1930).

[3] Vgl. S. 238.

[4] Diese würden die Kettenreaktion beeinflussen und frühzeitig unterbrechen.

[5] Journ. f. prakt. Ch. **113**, 105 (1926).

destilliert, um bei möglichst tiefer Temperatur zu arbeiten. Alle Operationen erfolgten in einer Apparatur, bei der soweit als möglich die einzelnen Teile zusammengeschmolzen waren. Vor Beginn des Versuches wurde die ganze Apparatur sorgfältig im Hochvakuum getrocknet; dabei wurde in einer Atmosphäre von getrocknetem und von Sauerstoff befreitem Stickstoff gearbeitet; die Vorlagen wurden auf 100—200° erhitzt; die Bombenröhren wurden mehrmals ausgeglüht.

Der unreine, flüssige Formaldehyd ist eine trübe Flüssigkeit, die großes Polymerisationsbestreben zeigt. Die Polymerisation verläuft stark exotherm[1] und kann deshalb explosionsartig erfolgen, da die Verdampfungswärme klein ist[2]. Reiner, mehrmals destillierter Formaldehyd ist eine wasserhelle, leichtbewegliche Flüssigkeit, die verhältnismäßig geringe Polymerisationsneigung besitzt.

b) Die Polymerisation des flüssigen, monomeren Formaldehydes.

Monomerer flüssiger Formaldehyd polymerisiert bei längerem Stehen schon bei —80° ohne Katalysatoren; die Polymerisation wurde bei —80°, —20° und +100° durchgeführt. Die Polymerisationsgeschwindigkeit nimmt natürlich mit steigender Temperatur rasch zu.

Bei der Polymerisation bei tiefer Temperatur (—80°) wirkt Sauerstoff hemmend. Unter Stickstoff erhält man nach wenigen Stunden ein festes, weißes Produkt. Unter Sauerstoff dauert die vollständige Polymerisation manchmal mehrere Tage; die Flüssigkeit geht in eine klare Gallerte, schließlich in ein klares Glas über.

Eine ähnliche Beobachtung, daß Sauerstoff bei tiefer Temperatur polymerisationshemmend wirkt, hat A. SCHWALBACH[3] bei der Polymerisation von Vinylacetat im ultravioletten Licht gemacht.

Man muß wohl annehmen, daß der Sauerstoff die aktiven Stellen besetzt, an denen die Polymerisation beschleunigt wird, z. B. die Glaswände. So erklärt sich auch, daß in Stickstoff die Polymerisation besonders rasch an den Wandungen der Bombenröhren erfolgt, deren Alkali die Polymerisationsgeschwindigkeit fördert. Deshalb sind in Stickstoff polymerisierte Polyoxymethylene im Innern oft klar durchsichtig, außen aber weiß und undurchsichtig: die rasche Polymerisation an den Glaswänden führt zu undurchsichtigen Produkten. In Sauerstoff dagegen erfolgt die Polymerisation gleichmäßig schnell resp. langsam und liefert glasklare Polymerisate.

A. SCHWALBACH fand, daß Sauerstoff die Polymerisation von Vinylacetat bei 100° fördert und sogar so beschleunigen kann, daß explosionsartige Polymerisation eintritt.

Auch die Polymerisation des Formaldehyds unter Sauerstoff erfolgt bei 100° unter heftiger Detonation; die Polymerisation wird also in der Hitze durch Sauerstoff beschleunigt. Hier wie beim Vinylacetat wirkt also Sauerstoff bei höherer Temperatur polymerisationsfördernd, bei niederer Temperatur aber polymerisationshemmend.

---

[1] Die Polymerisationswärme des gasförmigen Formaldehyds beträgt 36,7 Cal. v. WARTENBERG, H.: Ztschr. f. angew. Ch. **37**, 457 (1924).

[2] Vgl. Ber. Dtsch. Chem. Ges. **62**, 2397 (1929); ferner S. 290.

[3] STAUDINGER, H., u. A. SCHWALBACH: Liebigs Ann. **488**, 8 (1931).

### α) *Methodisches zur Untersuchung der Polymerisate.*

Die erhaltenen Produkte wurden daraufhin geprüft, ob ihr Verhalten dem eines Polyoxymethylen-dihydrates (α-Polyoxymethylens) oder eines -dimethyläthers (γ-Polyoxymethylens) entspricht. Dazu wurde untersucht: die Beständigkeit gegen verdünnte Alkalien und Säuren, ebenso ammoniakalische Silbernitratlösung in der Kälte und in der Hitze; die Auflösbarkeit und das Verhalten in heißem Formamid, die Ausscheidung daraus beim Abkühlen; der Sinterungspunkt, Schmelzpunkt und Zersetzungspunkt. Die Formaldehydanalyse wurde wie bei den Polyoxymethylen-dimethyläthern ausgeführt.

Speziellere Eigenschaften der neuen Polymeren sind deren Elastizität resp. Plastizität bei höherer Temperatur. Das „Fädenziehen" wurde folgendermaßen ausgeführt: Die Substanz wird im Reagensglas mit freier Flamme erhitzt. Beim Sinterungspunkt ist sie knetbar elastisch; nun wird sie mit einem Glasstab an den Boden des Reagensglases festgedrückt und der Glasstab, an dem das Produkt haftet, aus dem Reagensglase herausgezogen. Durch Pressen der Substanz bei der Sinterungstemperatur erhält man filmartige Massen.

### β) *Die Polymerisation bei —80° in Stickstoff.*

Bei —80° ist der Formaldehyd zunächst flüssig; manchmal bilden sich einige Flocken polymerer Substanz. Nach kurzer Zeit wird die Flüssigkeit gallertig, und schon nach 1 Stunde erhält man eine dick fließende, meist noch klar durchsichtige Gallerte. Die Polymerisation schreitet nun rasch vorwärts. Das Produkt wird dabei undurchsichtig weiß. Nach 24 Stunden wird das Bombenrohr durch Zerschlagen geöffnet; es enthält keinen oder nur geringen Überdruck; der monomere Formaldehyd ist also verschwunden. Man erhält einen kompakten Block von Polyoxymethylen, der im Innern glasartig, außen dagegen undurchsichtig weiß ist. Das Produkt ist sehr hart und riecht schwach nach Formaldehyd. Von verdünnten Alkalien wird es beim Kochen nur sehr langsam angegriffen. Ammoniakalische Silbernitratlösung wirkt ebenfalls sehr langsam erst beim Kochen ein. Verdünnte Säuren lösen bei 100° nach einigen Stunden.

Bei 175° tritt Sinterung ein, aber kein eigentliches Schmelzen, bei 180—185° Zersetzung. Bei raschem Erhitzen im Reagensglas erfolgt vollständige Zersetzung ohne Rückstand. Der entstehende gasförmige Formaldehyd zeigt ein sehr geringes Polymerisationsbestreben. Beim Sinterungspunkt wird die Substanz knetbar elastisch. Sie ist dabei aber so zäh, daß man aus ihr keine Fäden ziehen kann. Durch Pressen an der Reagensglaswand erhält man durchsichtige elastische Filme. Bei langem, vorsichtigem Erhitzen im Reagensglas tritt neben der allmählichen Abspaltung von monomerem Formaldehyd noch eine andere Zersetzung ein; das Produkt wird gelb und ist nicht mehr ohne Rückstand flüchtig. Es ist neben der Entpolymerisation eine Umwandlung eingetreten, die der von γ- in δ-Polyoxymethylen entspricht.

In kochendem Formamid ist das Produkt sehr schwer löslich. Vor der eigentlichen Auflösung wird es weich und klebrig. Beim Abkühlen wird ein kleiner Teil der Substanz wieder ausgeschieden. Der weitaus größte Teil ist zerstört.

Nach der Analyse bestehen solche Produkte zu 100% aus Formaldehyd.

Substanz I: 0,5174; 0,2537 g Subst.: 344,8; 169,2 ccm $n/_{10}$-Jod.
Gef. $CH_2O$ 100,0; 100,1.

0,5174 g Subst.: 0,80 ccm $n/_5$-$KMnO_4$.
Gef. $CH_3OCH_3$ 0,12.

Substanz II: 0,5052; 0,2187 g Subst.: 336,7; 145,4 ccm $n/_{10}$-Jod.
Gef. $CH_2O$ 100,0; 99,8.

0,5052 g Subst.: 1,27 ccm $n/_5$-$KMnO_4$.
Gef. $CH_3OCH_3$ 0,19.

Der Blindwert der Methylätherbestimmung von 0,2% ist bei diesen Analysen noch nicht abgezogen. Die Produkte sind, wie man sieht, keine Dimethyläther.

Die Polymerisation von flüssigem, monomerem Formaldehyd im Hochvakuum bei −80° führt zu demselben Produkt wie in Stickstoff.

### γ) *Die Polymerisation bei −80° in Sauerstoff.*

Die Polymerisation wurde in Sauerstoff unter denselben Bedingungen vorgenommen wie in Stickstoff. Sie verläuft in Sauerstoff wesentlich langsamer als in Stickstoff. In einem Fall bildete sich die Gallerte aus dem flüssigen monomeren Formaldehyd erst nach 3—4 Stunden. Die Röhren wurden 4 bis 5 Tage auf −80° gekühlt. Danach haben sich in allen 3 Fällen vollkommen durchsichtige Polyoxymethylengläser gebildet. Bei der Polymerisation tritt starke Schrumpfung ein.

Die so erhaltenen Polyoxymethylengläser haben dieselben chemischen und physikalischen Eigenschaften wie die unter Stickstoff bei −80° erhaltenen Produkte. Die Analysen dreier verschiedener Gläser ergaben:

Substanz I: 0,5035 g Subst.: 334,4 ccm $n/_{10}$-Jod.
Gef. $CH_2O$: 99,7.

Substanz II: 0,5026; 0,2542 g Subst.: 332,8; 168,3 ccm $n/_{10}$-Jod.
Gef. $CH_2O$: 99,4; 99,4.

Substanz III: 0,2142 g Subst.: 141,0 ccm $n/_{10}$-Jod.
Gef. $CH_2O$: 98,8.

### δ) *Ein Polyoxymethylenfilm.*

Zersetzt man α-Polyoxymethylen im Vakuum von 12 mm sehr langsam und vorsichtig und leitet das entstehende Formaldehydgas in eine auf −80° gekühlte Vorlage, so entsteht an der Glaswand der gekühlten Vorlage ein filmartiges Eu-polyoxymethylen. Dieses hat das Aussehen eines Celluloseacetatfilms, es ist glashell und durchsichtig, elastisch biegsam, aber hart; es kann in dünne Streifen geschnitten werden. Beim Aufbewahren wird dieser Film nicht verändert. Er riecht nicht nach Formaldehyd; erst nach langem Stehen im verschlossenen Glas ist schwacher Formaldehydgeruch wahrnehmbar. Der Erweichungspunkt liegt bei 175—180°; bei dieser Temperatur beginnt auch die Zersetzung. Das Produkt läßt sich kneten und in Fäden ziehen. Seine Eigenschaften sind dieselben wie diejenigen der Polyoxymethylengläser.

Substanz I: 0,1990; 0,2044 g Subst.: 131,4; 134,8 ccm $n/_{10}$-Jod.
Gef. $CH_2O$ 99,1; 98,95.

Substanz II: 0,2067 g Subst.: 137,2 ccm $n/_{10}$-Jod.
Gef. $CH_2O$: 99,6.

Substanz III: 0,1866 g Subst.: 124,0 ccm $n/_{10}$-Jod.
Gef. $CH_2O$: 99,7.

Bei Wiederholung der Versuche bleibt manchmal die Bildung des Polyoxymethylenfilms trotz scheinbar gleicher Bedingungen aus. Ein Grund dafür konnte nicht gefunden werden.

### ε) *Die Polymerisation bei* −20°.

Bei den Destillationen des monomeren Formaldehyds, die zu seiner Reinigung vorgenommen wurden, tritt öfters Polymerisation ein. Solche unerwünschte Polymerisationen erschweren das Arbeiten mit flüssigem Formaldehyd ungemein. Die dabei auftretenden Polymerisationsprodukte haben ähnliche Eigenschaften, wie die bei −80° erhaltenen Eu-polyoxymethylene. Sie sind weiß, undurchsichtig, blasig und etwas biegsam. Bemerkenswert ist, daß der Erweichungspunkt in der Regel etwas tiefer liegt, etwa bei 165—170°, der Zersetzungspunkt etwas höher, bei 185—190°, als bei den bei tiefen Temperaturen hergestellten Produkten. Man kann aus den erhaltenen Polymerisaten oft Fäden von mehr als 1 m Länge ziehen, während dies bei den bei −80° hergestellten Produkten nicht gelingt.

Die Analyse eines in einer Vorlage entstandenen Produktes ergab:

0,5112; 0,2461 g Subst.: 337,9; 162,9 ccm $n/_{10}$-Jod.
Gef. $CH_2O$: 99,2; 99,4.

0,5112 g Subst.: 1,90 ccm $n/_5$-$KMnO_4$.
Gef. $CH_3OCH_3$ 0,28[1].

Zu Polymerisationsprodukten mit denselben chemischen und physikalischen Eigenschaften, wie sie die in Vorlagen erhaltenen Polymerisate zeigen, gelangt man auch bei der Polymerisation von monomerem, flüssigem Formaldehyd in Stickstoff bei gewöhnlicher Temperatur. Die plastischen Eigenschaften dieser Produkte beim Erweichungspunkt sind beträchtlich. Es gelingt, Fäden von 1 m Länge zu ziehen.

0,5000; 0,2044 g Subst.: 330,3; 135,1 ccm $n/_{10}$-Jod.
Gef. $CH_2O$: 99,2; 99,2.

### ζ) *Die Polymerisation bei* +100°.

Die mit festem, monomerem Formaldehyd in Stickstoff gefüllten Bombenröhren wurden aus der flüssigen Luft sofort in die geheizte Wasserbadkanone gebracht. Die Röhren wurden dazu, um ein Springen zu verhindern, mit Asbestpapier umwickelt in die heißen eisernen Mäntel eingeführt. Die Polymerisation erfolgte sehr rasch und war nach 1 Stunde beendet. Das Polymerisat ist sehr spröde, teilweise pulverig, und läßt sich sehr leicht vollständig pulverisieren. Nur an der Wandung des Bombenrohres hat sich etwas filmartiges Polyoxy-

---

[1] Der Blindwert der Methode von 0,2% ist hier noch nicht abgezogen.

methylen gebildet, wahrscheinlich durch Polymerisation, bevor die Temperatur von 100° erreicht war. Das Pulver zeigt andere Eigenschaften wie die bei tiefer und gewöhnlicher Temperatur erhaltenen Polymerisate; es zeigt die Eigenschaften von $\alpha$-Polyoxymethylen; bei 100° entstehen also weniger hochmolekulare Produkte wie bei tiefer Temperatur.

In verdünnten Alkalien tritt leicht Auflösung ein. Ammoniakalische Silbernitratlösung schwärzt schon in der Kälte und bildet in der Hitze einen Silberspiegel. Aus Formamid läßt sich die Substanz nicht umkrystallisieren. Bei 170° tritt Sinterung ein, dann starke Schrumpfung, kein Schmelzen, und sofort Zersetzung, die schon bei 178° sehr stürmisch wird. Das Produkt zeigt nicht einmal Andeutungen von plastischen oder elastischen Eigenschaften. Ein Fädenziehen ist unmöglich. Die Analyse eines der erhaltenen Pulver ergibt:

0,2135 g Subst.: 169,2 ccm $n/_{10}$-Jod.

Gef. $CH_2O$ 97,9.

2 Bombenröhren, in die flüssiger, monomerer Formaldehyd in Sauerstoff eingefüllt worden war, wurden wie die mit Stickstoff gefüllten Röhren in die heiße Wasserbadkanone gebracht. Dabei erfolgte bei beiden Versuchen nach 10 Minuten heftige Explosion. Polymerisation war in beiden Fällen, wie aufgefundene Reste bewiesen, eingetreten. Das Polymerisat ist pulverig und zeigt keine plastischen oder elastischen Eigenschaften. Seine Eigenschaften stimmen mit denen der bei 100° in Stickstoff erhaltenen Produkte überein.

### c) Die Polymerisation von reinem, monomerem Formaldehyd in verdünnter Lösung.

Als Verdünnungsmittel wurde Äther verwendet, der durch mehrfache Destillation in reinem Stickstoff unter scharfem Trocknen über Natrium oder Natrium-Kalium gereinigt wurde. Die dabei verwendete Apparatur erlaubte es, den absoluten Äther aus einem Vorratsgefäß im Vakuum in die Bombenröhren zu destillieren, in die dann sofort ohne Öffnen der Röhren der monomere Formaldehyd unter vollständigem Wasserausschluß destilliert werden konnte.

#### $\alpha$) Die Polymerisation in verdünnter Lösung ohne Katalysator.

Die Polymerisation von flüssigem, monomerem Formaldehyd in absolutem Äther im Volumenverhältnis 1 : 1 verläuft bei $-80°$ nur sehr langsam; es scheiden sich aus der klaren Lösung nur wenige Flocken aus. Deshalb wurde das Bombenrohr auf Zimmertemperatur erwärmt. Dabei trat sehr langsame Polymerisation zu einem Pulver ein, das aus der ätherischen Lösung ausfiel. Das Produkt zeigt chemisch und physikalisch dieselben Eigenschaften wie die ohne Verdünnungsmittel bei gewöhnlicher Temperatur erhaltenen Polymerisate. Der Sinterungspunkt liegt bei 175°; die Zersetzung beginnt bei 185°. Es tritt kein klares Schmelzen ein. Die plastisch-elastischen Eigenschaften sind nicht so gut wie bei den bei gewöhnlicher Temperatur erhaltenen Polymerisaten.

0,5011 g Subst.: 332,3 ccm $n/_{10}$-Jod.

Gef. $CH_2O$ 99,5.

Die Polymerisation in absolutem Äther verläuft um so langsamer, je verdünnter die Lösung ist.

Polymerisiert man viel Formaldehyd mit wenig Äther (2 : 1), so erhält man ein sehr hartes, kompaktes Polymerisat, aus dem der Äther nur sehr langsam entweicht. Dabei wird das Produkt härter. Es ist gegen verdünnte Alkalien und ammoniakalische Silbernitratlösung ziemlich beständig.

Die Polymerisationsgeschwindigkeit von monomerem Formaldehyd in ätherischer Lösung wird durch Erwärmen wesentlich gesteigert. Bei 100° trat nach wenigen Minuten sehr heftige Explosion ein; auch bei 50° erfolgte nach etwa 1 Stunde Explosion der Röhre.

Es wurde noch die Polymerisation von monomerem Formaldehyd in reinstem, monomerem Acetaldehyd vorgenommen. Man erhält glasige, elastische Produkte, die unter allmählicher Abgabe von Acetaldehyd schrumpfen und dabei hart und spröde werden.

Alle diese Polymerisate sind Eu-polyoxymethylene.

*β) Die Polymerisation in verdünnter Lösung mit Katalysatoren.*

Ein Vorversuch ergab, daß monomerer Formaldehyd mit Bortrichlorid und mit Trimethylamin sehr rasch polymerisiert. Leitet man z. B. monomeren, gasförmigen Formaldehyd in absoluten Äther, der wenig Trimethylamin enthält, so tritt schon bei −80° sofortige Polymerisation ein. Es entsteht ein blasiges, voluminöses Polyoxymethylen mit 98,6% Formaldehyd.

Bortrichlorid bewirkt teilweise Zersetzung des Formaldehyds; deshalb wurde bei den Hauptversuchen gut gereinigtes Trimethylamin[1] als Katalysator verwendet.

Die Apparatur war so eingerichtet, daß der monomere Formaldehyd, der absolute Äther und das Trimethylamin in beliebiger Reihenfolge unter vollkommenem Ausschluß von Wasser und Sauerstoff in das Bombenrohr destilliert werden konnten.

I. Monomerer Formaldehyd und absoluter Äther (Volumverhältnis 1 : 1) wurden mit viel Trimethylamin (ca. 10%) eingeschmolzen. Die Polymerisation verläuft sehr rasch unter beträchtlicher Erwärmung; sie beginnt schon bei −80°.

0,2011 g Subst.: 132,1 ccm $^n/_{10}$-Jod.  Gef. $CH_2O$: 98,55.

II. Monomerer Formaldehyd und absoluter Äther (Volumenverhältnis 1 : 2) wurden mit wenig Trimethylamin eingeschmolzen. Sehr rasche Polymerisation.

0,2050 g Subst.: 134,0 ccm $^n/_{10}$-Jod.  Gef. $CH_2O$: 98,10.

III. Monomerer Formaldehyd und absoluter Äther (Volumenverhältnis 1 : 5) wurden mit wenig Trimethylamin eingeschmolzen. In wenigen Minuten ist die heftige Polymerisation, die von einem knatternden Geräusch begleitet war, beendet. Starke Erwärmung der Röhre.

0,2186 g Subst.: 144,3 ccm $^n/_{10}$-Jod.  Gef. $CH_2O$: 99,0.

Die erhaltenen Polymerisate sind nach der Aufarbeitung frei von Stickstoff.

Die Produkte sind gegen verdünnte Alkalien nur teilweise beständig, gegen ammoniakalische Silbernitratlösung aber unbeständig. Aus Formamid läßt sich ein kleiner Teil umkrystallisieren, ebenso aus Anisol. Die Produkte enthalten aber keine in Lösungsmitteln wie Wasser, Chloroform, Dioxan oder Pyridin lös-

---

[1] Trimethylaminchlorhydrat wurde aus reinstem Chloroform umkrystallisiert. Das mit 30proz. Kalilauge in Freiheit gesetzte Trimethylamin wurde im trockenen Stickstoffstrom über ausgeglühten Natronkalk geleitet und in einem Vorratsgefäß kondensiert.

lichen Anteile. Beim Erhitzen werden die Polymerisate kaum plastisch, vielmehr schmierig und zersetzen sich stark. Fädenziehen wie bei den Eu-polyoxymethylenen gelingt überhaupt nicht.

Die aus Formamid umkrystallisierten, pulverigen Produkte lösen sich in verdünnter, kalter Natronlauge nur sehr langsam und unterscheiden sich dadurch von den Polyoxymethylen-dihydraten ($\alpha$-Polyoxymethylen). In siedender Natronlauge tritt bis auf Spuren leicht Lösung ein, während Polyoxymethylen-dimethyläther ($\gamma$-Polyoxymethylen) darin unlöslich sind. Ammoniakalische Silbernitratlösung wirkt in der Wärme stark oxydierend. Beim Erhitzen tritt Zersetzung ohne klares Schmelzen ein; dabei bleibt ein kleiner Rückstand. Die umkrystallisierten Produkte zeigen also nicht den Charakter von Polyoxymethylen-dimethyläthern.

Die Analyse solcher umkrystallisierten Produkte ergibt:

0,2054 g Subst.: 135,3 ccm $^n/_{10}$-Jod.  Gef. $CH_2O$: 98,9.

0,2049 g Subst.: 134,1 ccm $^n/_{10}$-Jod.  Gef. $CH_2O$: 98,3.

# C. Das Polyäthylenoxyd, ein Modell der Stärke[1].

## Bearbeitet von H. LOHMANN[2].

### I. Übersicht der Ergebnisse.

In der ersten Arbeit über das polymere Äthylenoxyd von H. STAUDINGER und O. SCHWEITZER[3] wurde nachgewiesen, daß eine polymer-homologe Reihe von Polyäthylenoxyden dadurch herzustellen ist, daß man Äthylenoxyd unter wechselnden Bedingungen polymerisiert; in dieser verändern sich die physikalischen Eigenschaften der einzelnen Vertreter mit steigendem Molekulargewicht. Es wurde insbesondere gezeigt, daß zwischen dem kryoskopisch bestimmten Molekulargewicht und der spez. Viscosität gleichkonzentrierter Lösungen ein Zusammenhang besteht. Außerdem wurde die Krystallisationsfähigkeit der Polyäthylenoxyde untersucht und damit bewiesen, daß ein hochmolekularer Stoff aus Lösung krystallisieren kann, dadurch, daß sich die langen Fadenmoleküle parallel lagern.

In der vorliegenden Arbeit wurden durch geeignete Wahl der Versuchsbedingungen Polyäthylenoxyde vom Molekulargewicht 160—13000, die einem Polymerisationsgrad von 3—300 entsprechen, dargestellt. Das gewöhnliche Polyäthylenoxyd wurde dabei als Dihydrat von der Formel (I) erkannt[4].

I.      HO—$CH_2$—$CH_2$—O—[$CH_2$—$CH_2$—O]$_x$—$CH_2$—$CH_2$—OH

II.     $CH_3$—CO · O—$CH_2$—$CH_2$—O—[$CH_2$—$CH_2$—O]$_x$—$CH_2$—$CH_2$—O · CO—$CH_3$

Durch Acetylieren ließen sich diese hochpolymeren Alkohole in die Diacetate von der Formel (II) überführen. Die Übereinstimmung der kryoskopisch

---

[1] 65. Mitteilung über hochpolymere Verbindungen.

[2] LOHMANN, H.: Inaug.-Diss., Freiburg i. Br. 1931.

[3] Ber. Dtsch. Chem. Ges. **62**, 2395 (1929).

[4] Dieses Produkt wird im folgenden einfach als Polyäthylenoxyd bezeichnet, da bei höheren Polymerisationsgraden der Einfluß der Hydroxylgruppen gering ist und für viele Versuche nicht in Betracht kommt.

gefundenen Molekulargewichte mit den aus dem Acetylgehalt der Acetate errechneten bewies, daß hiermit tatsächlich das normale Molekulargewicht bestimmt worden ist und nicht etwa das koordinative oder das Micellgewicht. Weiterhin wurde gezeigt, daß die Beziehung zwischen Viscosität und Molekulargewicht von der Formel $\frac{\eta_{sp}}{c} = K_m \cdot M$ auch hier gültig ist. Die Größe der $K_m$-Konstante war zunächst mit den üblichen Vorstellungen über Fadenmoleküle nicht zu vereinbaren und führte zu einer besonderen Auffassung über die Gestalt der Polyäthylenoxydkette, durch die auch die sonstigen Eigenschaften dieser Substanz eine zwanglose Erklärung finden. Dabei ergaben sich Analogien zum Bau des Stärkemoleküls[1].

Versuche, außer den Dihydraten und ihren Diacetaten noch andere polymerhomologe Reihen, etwa mit stickstoffhaltigen Endgruppen, darzustellen, führten zu keinem einwandfreien Resultat.

Alle untersuchten Substanzen haben hemikolloide Eigenschaften. Ihre Molekulargewichte lassen sich kryoskopisch ermitteln. Ihre Lösungen gehorchen dem HAGEN-POISEUILLEschen Gesetz.

## II. Polymerisation des Äthylenoxydes.

### 1. Allgemeines.

Die Polymerisation des Äthylenoxydes tritt nur ein, wenn sie durch entsprechende Katalysatoren angeregt wird. Als solche wurden schon in der vorigen Arbeit Ätzkali, Zinkchlorid und Zinnchlorid, Natrium und Kalium, Natriumoxyd, Trimethylamin und Triäthylphosphin beschrieben. Jetzt wurde, außer den Äthyl- und Methylaminen, noch Natriumamid als wirksamer Katalysator gefunden. Die Dauer der Polymerisation wird durch die Menge des Katalysators beeinflußt, doch hängt sie auch von unsicheren Faktoren ab, wie dem Verteilungsgrad des Katalysators usw., weswegen die Zeiten nicht immer zu reproduzieren sind. Im allgemeinen führen die verschiedenen Katalysatoren zu Substanzen von annähernd gleichem Durchschnittspolymerisationsgrad (ca. 50). Eine Ausnahme hiervon macht nur das Natriumamid, das Produkte vom Durchschnittspolymerisationsgrad ca. 300 liefert. Von der angewandten Katalysatormenge scheint die Durchschnittskettenlänge weitgehend unabhängig zu sein; Versuche mit Trimethylamin führten jedenfalls bei einfacher und doppelter Katalysatormenge zum gleichen Produkt. Anders ist es bei Kalilauge. Eine größere Menge davon liefert kleinere Moleküle des Polymerisats, was auch verständlich ist, da die Enden einer Kette durch Wasser abgesättigt werden und eine höhere Konzentration von Wasser den baldigen Abschluß einer Kette durch eine Hydroxylgruppe fördert.

### 2. Verlauf der Polymerisation.

Alle durch Katalysatoren entstehenden Polyäthylenoxyde sind Dihydrate, tragen also an den Enden der Ketten Hydroxylgruppen. Über ihre Entstehung könnte man sich zunächst folgende Vorstellung machen. Ein Äthylenoxydmolekül lagert ein Molekül Wasser an, das entstandene Glykol reagiert mit einem weiteren Äthylenoxyd, und so wächst die Kette langsam weiter. Der Versuch zeigt tatsächlich, daß Glykol, das einem solchen Reaktionsgemisch zugesetzt

---

[1] Vgl. S. 75.

wurde, nach dem Auspolymerisieren verschwunden ist, also zum Aufbau der großen Moleküle gedient hat. Dasselbe war der Fall mit Äthylenchlorhydrin. Liegt wirklich ein solcher Polymerisationsverlauf vor, so sollten, wenn man die Polymerisation in verschiedenen Stadien unterbricht, Produkte verschiedenen Durchschnittspolymerisationsgrades erhalten werden. Ein Versuch mit Trimethylamin als Katalysator zeigte jedoch, daß in den verschiedenen Stadien der Reaktion immer nur monomeres Äthylenoxyd neben zunehmenden Mengen eines Polymerisates vorhanden sind, dessen Durchschnittsmolekulargewicht genau so hoch war, wie das eines völlig zu Ende polymerisierten Produktes. Die Bildung einer Polyäthylenoxydkette verläuft demnach durch Kettenreaktion. Ein durch den Katalysator oder sonst irgendwie „angeregtes" Molekül lagert ein anderes an; die Kette wächst sehr rasch, und zwar so lange, bis eine Absättigung der Endvalenzen eintritt.

Für die Absättigung der Endvalenzen kann eine völlig befriedigende Erklärung noch nicht gegeben werden. Die Vorstellung, daß sich das Äthylenoxyd in Vinylalkohol umwandelt, von dem sich dann ein Molekül an ein anderes anlagert (Formel III), ist, wie gesagt, unwahrscheinlich. Es zeigte sich außerdem, daß eine Doppelbindung als Endgruppe der Polyäthylenoxydkette nicht vor-

$$\text{III.} \quad \begin{cases} CH_2{=}CHOH + CH_2{=}CHOH \rightarrow CH_2{=}CH{-}O{-}CH_2{-}CH_2OH \\ + CH_2{=}CHOH \rightarrow CH_2{=}CH{-}O{-}CH_2CH_2OCH_2CH_2OH \end{cases}$$

handen ist. Da weiter alle untersuchten Polymerisate sich als zweiwertige Alkohole erwiesen, die pro Molekül zwei Hydroxylgruppen tragen, so muß angenommen werden, daß die durch ein „angeregtes" Molekül hervorgerufene Kettenreaktion schließlich dadurch abgebrochen wird, daß an beide Enden Hydroxylgruppen treten. Diese Hydroxylgruppen traten auch auf, wenn die Polymerisation unter völligem Wasserausschluß vorgenommen wurde. Dieses Wasser kann daher nur aus dem Äthylenoxyd selbst stammen, und man muß annehmen, daß ein kleiner Teil des Äthylenoxydes in Wasser und evtl. Acetylen zerfällt.

$$\text{IV.}^1 \quad \begin{cases} -[CH_2{-}CH_2{-}O]_x{-}CH_2{-}CH_2{-}O{-} \\ \quad +({-}CH_2{-}CH_2{-}O{-}) \\ \qquad\qquad \downarrow \\ HO-[CH_2{-}CH_2{-}O]_x{-}CH_2{-}CH_2{-}OH \\ \quad + HC{\equiv}CH(?) \end{cases}$$

Das entstehende Acetylen konnte zwar als solches nicht nachgewiesen werden. Anzunehmen ist, daß es seinerseits ebenfalls polymerisiert, und die bei den Polymerisaten häufig auftretende Braunfärbung könnte auf solche Nebenreaktionen zurückzuführen sein. Die Länge einer Kette wäre demnach bedingt durch die Konzentration der „angeregten" Moleküle, die wiederum von der Art des Katalysators abhängig ist. So ist es verständlich, daß einige besonders langsam wirkende Katalysatoren Fadenmoleküle von größerer Länge geben.

Primäre und sekundäre Amine sollten nach diesen Vorstellungen ebenfalls die Enden solcher Ketten absättigen können; man käme dann zu Produkten, die pro Molekül ein Atom N tragen. Es wurden mit Mono- und Dimethylamin auch solche N-haltigen Polymerisate hergestellt, doch stimmte der N-Gehalt mit dem Molekulargewicht nicht überein, sondern war in allen Fällen ge-

---

[1] Schematische Formulierung.

ringer. Hieraus geht hervor, daß außer der Absättigung durch Amin auch noch ein Zerfall „angeregter Moleküle" stattfindet, der zu hydroxylhaltigen Verbindungen führt und sich scheinbar nicht ausschließen läßt. Anders ist es dagegen bei der Polymerisation in Gegenwart von $\beta$-Chloräthanol. Die hierbei auftretenden Polyäthylenoxyd-chlorhydrine haben tatsächlich den ihnen zukommenden Chlorgehalt[1].

Bei Anwesenheit einer größeren Menge Amin geht außer der durch die „angeregten Moleküle" hervorgerufenen Kettenreaktion noch eine kondensierende Polymerisation vor sich, die zu höhermolekularen Aminoalkoholen führt (Formel V):

$$
\text{V.} \quad \left\{ \begin{array}{l} CH_2-CH_2 + HN(CH_3)_2 \rightarrow HOCH_2CH_2N(CH_3)_2 + CH_2CH_2 \rightarrow \\ \qquad\diagdown_O\diagup \qquad\qquad\qquad\qquad\qquad\qquad\qquad\qquad \diagdown_O\diagup \\ \qquad\qquad HOCH_2CH_2OCH_2CH_2N(CH_3)_2 \end{array} \right.
$$

Diese Reaktion geht aber langsam vor sich und macht sich nur, wenn Amin und Äthylenoxyd etwa im Verhältnis 1 : 5 bzw. 1 : 10 vorhanden sind, deutlich bemerkbar. Bei den so entstehenden Produkten stimmt das Molekulargewicht mit dem N-Gehalt überein. Eine solche kondensierende Polymerisation lag auch der Bildung der von LOURENÇO und WURTZ[2] dargestellten niederen Polyäthylenoxyd-dihydrate und -diacetate zugrunde. Bei diesen Versuchen wurde die Bildung niederer Polymerisate beobachtet, vom Polymerisationsgrad 5—6, woraus ebenfalls folgt, daß diese kondensierende Polymerisation nur langsam verläuft und daher zu niederen Polymerisaten führt. Bei der Polymerisation mit Methylamin konnten in einem Falle zwei Schichten beobachtet werden, von denen die untere, flüssige die niederen Aminoalkohole, die obere, feste das Gemisch der Polyäthylenoxyddihydrate und der hochpolymeren Aminoalkohole, die durch Kettenreaktion entstanden sind, enthielt.

Bei der Polymerisation des Äthylenoxyds kann man also unterscheiden zwischen einer Kettenreaktion, die hervorgerufen wird durch „angeregte Moleküle"; dabei erfolgt die Absättigung der ungesättigten Endvalenzen in den meisten Fällen durch Wasser, das evtl. aus einem Zusammenstoß mit einem weiteren „angeregten Molekül" herrührt, oder seltener durch primäre und sekundäre Amine; ferner kann man eine kondensierende Polymerisation beobachten, die nur bei Anwesenheit größere Mengen Amin sich bemerkbar macht. Die Kettenreaktion entspräche der Bildung des Polystyrols, die kondensierende Polymerisation der der Polyoxymethylendihydrate in wässeriger Lösung[3].

### 3. Explosiver Verlauf der Polymerisation.

Es ist verständlich, daß die oben dargestellte Kettenreaktion bei sehr wirksamen Katalysatoren, d. h. solchen, die viele „angeregte Moleküle" erzeugen, einen außerordentlich heftiger Verlauf nehmen kann. Da die Reaktionsprodukte wegen des niedrigen Siedepunktes des Äthylenoxydes (12,5°) in Bombenrohre eingeschmolzen wurden, kamen Explosionen derselben vor. Bei Berücksichtigung der thermischen Daten des Äthylenoxyds und seiner Polymeren werden diese

---

[1] Aus Aminen und Äthylenoxyd sollten in gleicher Weise hochmolekulare Aminoalkohole entstehen. Eventuell ist die Bildung von Polyäthylenoxyd-Chlorhydrine begünstigter als die von hochmolekularen Aminoalkoholen.

[2] LOURENÇO: Ann. Chim. phys. **67**, 274 (1863). — WURTZ: Ebenda **69**, 330 (1863).

[3] Vgl. S. 149, ferner S. 255.

Tatsachen verständlich. In der Tabelle 137 sind die Verbrennungswärmen des monomeren Äthylenoxydes[1] und die seiner Polymerisate[2] zusammengestellt.

Tabelle 137. Verbrennungswärmen.

| | | Verbrennungswärme in | |
|---|---|---|---|
| | | cal. pro g | cal. pro Mol bzw. Gd-mol. |
| Monomeres Äthylen- | flüssig | 6870 | 302,5 |
| oxyd | gasförmig | 6989 | 307,7 |
| Polyäthylenoxyde | 2500 | 6335 | 278,9 |
| vom | 2800 | 6377 | 280,8 |
| Molekulargewicht | 5000 | 6355 | 279,8 |

Hieraus folgt eine Polymerisationswärme von ca. 22 Cal pro Mol, während die Verdampfungswärme nur 5—6 Cal pro Mol beträgt. Die bei einer raschen Polymerisation auftretenden Drucke können daher die Widerstandsfähigkeit des Glases überschreiten und Explosionen verursachen. Da bereits geringe Mengen von Katalysatoren diese Explosionen hervorrufen und sie schon bei geringer Temperaturerhöhung recht heftig werden, ist beim Arbeiten mit flüssigem Äthylenoxyd Vorsicht geboten.

## III. Eigenschaften des Polyäthylenoxydes.

### 1. Die polymer-homologe Reihe der Polyäthylenoxyde.

Das durch Polymerisation mit Katalysatoren erhaltene Polyäthylenoxyd ist keine einheitliche Substanz, sondern ein Gemisch polymer-homologer Verbindungen, das sich in Fraktionen von verschiedenem Polymerisationsgrad trennen läßt[3]. Es wurden durch die Anwendung verschiedener Katalysatoren Polymerisate von verschiedenem Durchschnittsmolekulargewicht hergestellt, die in Fraktionen vom Durchschnittspolymerisationsgrad 3—300 zerlegt werden konnten. In dieser Reihe der Polyäthylenoxyde ändern sich mit dem Molekulargewicht sowohl die spez. Viscositäten der Lösungen wie auch die physikalischen Eigenschaften der festen Substanz, deren Veränderungen durch das Anwachsen der zwischenmolekularen Kräfte mit zunehmender Kettenlänge verursacht werden. In Tabelle 138a und 139 kommt dies zum Ausdruck.

Die Schmelzpunkte sind unscharf. Die Substanzen fangen schon vorher an zu sintern. Es rührt dies daher, daß auch in den Fraktionen keine einheitlichen Substanzen vorliegen, sondern nur Gemische Polymerhomologer. Trotzdem kann man hier von einem Schmelzpunkt reden, da die Substanzen krystallisiert sind. Ein deutliches Ansteigen des Schmelzpunktes tritt mit zunehmender Kettenlänge ein. Da die Ketten auch bei verschiedener Länge gleichen Bau haben, werden von einem bestimmten Polymerisationsgrad an die Unterschiede der physikalischen Eigenschaften benachbarter Glieder so gering, daß sie zu einer Trennung nicht mehr ausreichen. Eine Reindarstellung der einzelnen Glieder wird daher nur etwa bis zu einem Polymerisationsgrad 10 möglich sein[4].

---

[1] LANDOLT-BÖRNSTEIN: 5. Aufl. S. 1595.
[2] Diese Daten verdanken wir Herrn Prof. SCHLAEPFER, Zürich.
[3] STAUDINGER, H., u. O. SCHWEITZER: Ber. Dtsch. Chem. Ges. **62**, 2395 (1929).
[4] Vgl. S. 225.

Tabelle 138a. Kalilauge-Polymerisate.

| Polymeri-sationsgrad | Hygroskopizität | Schmelzpunkt | Aussehen | Löslichkeit | $\eta_{sp}$ in 1 – gdmol. Lösung in Benzol bei 20° |
|---|---|---|---|---|---|
| ca. 18 [1] | — | 27—44° | — | — | 0,26 |
| 17 | hygroskopisch | 25—29° | halbfest | löslich in kaltem Äther | 0,20 |
| 20 | | 36—42° | | löslich in wenig warmem Äther | 0,23 |
| 27 | | | | löslich in viel warmem Äther | 0,32 |
| | | 40—48° | | | |
| 39 | nicht hygroskopisch | 48—52° | fest, wachsartig [2] | unlöslich | 0,40 |

Trimethylamin-Polymerisate.

| ca. 49 [1] | — | 44—55° | — | — | 0,52 |
|---|---|---|---|---|---|
| 24 | hygroskopisch | 33—38° | halbfest | löslich in kaltem Äther | 0,26 |
| 35 | | 43—47° | | löslich in warmem Äther | 0,28 |
| 51 | nicht hygroskopisch | 47—53° | fest, wachsartig [2] | unlöslich | 0,47 |
| 56 | | 49—55° | | sinkende Löslich- | 0,48 |
| 64 | | 50—56° | | keit in Äther- | 0,55 |
| 81 | | 50—57° | | Benzol-Gemisch | 0,65 |

Tabelle 138b.

| Fraktion vom Polymeri-sationsgrad | Schmelzpunkt | Mischschmelzpunkte |
|---|---|---|
| 37 | 35—40° | 35—50° |
| 70 | 42—54° | 40—60° |
| 290 | 55—70° | |

Durch den gleichen Bau der Ketten erklärt sich auch die Tatsache, daß bei Mischschmelzpunkten zweier verschiedener Fraktionen keine Depressionen zu beobachten sind.

Die Mischschmelzpunkte liegen nach Tab. 138b zwischen den Werten der beiden Komponenten.

## 2. Löslichkeit der Polyäthylenoxyde.

Die auffallendste Eigenschaft der Polyäthylenoxyde ist ihre leichte Löslichkeit, von der die Tabelle 139 einen Überblick gibt.

Tabelle 139.

| Polymeri-sationsgrad | 10 | 30 | 100 | 300 | 2000 [3] |
|---|---|---|---|---|---|
| Wasser . . . | mischbar | mischbar | mischbar | mischbar | lösl.; Quellung |
| Formamid . | leicht löslich | leicht löslich | leicht löslich | leicht löslich | lösl.; Quellung |
| Dioxan . . . | leicht löslich | leicht löslich | leicht löslich | leicht löslich | schwer lösl.; Quellung |
| Äther. . . . | löslich | schwer lösl. | unlöslich | unlöslich | unlöslich |
| Chloroform . | löslich | löslich | löslich | schwer lösl. | unlöslich |

Auch in Alkohol, Eisessig und Benzol sind die niederen Glieder leicht löslich. In letzterem Lösungsmittel machen sich allerdings bei den ganz niederen Gliedern

---

[1] Unfraktioniertes Gemisch.

[2] Die Substanzen sind im geschmolzenen Zustand wachsartig, beim Ausfällen aus ihren Lösungen erhält man sie pulverig.

[3] Das eukolloide Polyäthylenoxyd ist in dieser Arbeit noch nicht beschrieben.

(bis zum Polymerisationsgrad 10) die Hydroxylgruppen bemerkbar und sie sind daher in Benzol schwer löslich, während Glykol darin unlöslich ist. Ebenso ist ihre Hygroskopizität auf diesen Einfluß der Hydroxylgruppen zurückzuführen.

Die gute Löslichkeit der Polyäthylenoxyde ist im Vergleich mit anderen Kettenmolekülen sehr auffällig. Der Bau dieser Kette sollte analog dem der Polyoxymethylene und Paraffine sein.

VI.

$$-\overset{H_2}{C}\diagdown_{\overset{C}{H_2}}\diagup\overset{H_2}{C}\diagdown_{\overset{C}{H_2}}\diagup\overset{H_2}{C}\diagdown_{\overset{C}{H_2}}\diagup\overset{H_2}{C}\diagdown_{\overset{C}{H_2}}\diagup\overset{H_2}{C}\diagdown_{\overset{C}{H_2}}\diagup\overset{H_2}{C}\diagdown_{\overset{C}{H_2}}\diagup-$$

Paraffinkette

VII.

$$-\overset{H_2}{C}\diagdown_{O}\diagup\overset{H_2}{C}\diagdown_{O}\diagup\overset{H_2}{C}\diagdown_{O}\diagup\overset{H_2}{C}\diagdown_{O}\diagup\overset{H_2}{C}\diagdown_{O}\diagup\overset{H_2}{C}\diagdown_{O}\diagup-$$

Polyoxymethylenkette

VIII.

$$-\overset{H_2}{C}\diagdown_{\overset{C}{H_2}}\diagup O\diagdown_{C}\diagup\overset{H_2}{C}\diagdown_{O}\diagup\overset{H_2}{C}\diagdown_{\overset{C}{H_2}}\diagup O\diagdown_{C}\diagup\overset{H_2}{C}\diagdown_{O}\diagup-$$

Polyäthylenoxydkette

Aus diesem analogen Bau des Krystallgitters sollten auch analoge Eigenschaften, wie ähnlicher Schmelzpunkt und ähnliche Löslichkeit, folgen. Das Polyäthylenoxyd müßte hiernach in seinen Eigenschaften zwischen den Paraffinen und Polyoxymethylenen stehen. Die folgende Tabelle 140 zeigt aber, daß es völlig aus dem erwarteten Rahmen herausfällt.

Tabelle 140.

| Paraffine | | | Polyoxymethylen-dimethyläther | | | | Polyäthylenoxyde | | | |
|---|---|---|---|---|---|---|---|---|---|---|
| Zahl der Kettenatome | Schmelzpunkt | Löslichkeit in CHCl₃ | Polymerisationsgrad | Zahl der Kettenatome | Schmelzpunkt | Löslichkeit in CHCl₃ | Polymerisationsgrad | Zahl der Kettenatome | Schmelzpunkt | Löslichkeit in CHCl₃ |
| 30 | 66° | löslich | 14 | 31 | 100° | löslich | 10 | 31 | flüssig | leicht löslich |
| 60 | 101° | schwer lösl. | 29 | 61 | 150° | schwer lösl. | 20 | 61 | 35—40 | leicht löslich |
| 90 | 110° | schwer lösl. | 44 | 91 | 160° | sehr schwer löslich | 30 | 91 | 40—45 | leicht löslich |

Man sieht daraus, daß, während gleichlange Paraffin- und Polyoxymethylenketten annähernd dieselben physikalischen Eigenschaften haben, dem Polyäthylenoxyd eine Ausnahmestellung zukommt. Aus den Viscositätsmessungen folgt außerdem, daß die Polyäthylenoxydkette nicht die Länge besitzt, die ihr nach obiger Formel VIII zukommen sollte, sondern viel kürzer ist, und zwar ungefähr die Länge einer Polyoxymethylenkette gleichen Polymerisationsgrades hat. Daher muß ein anderer Bau der Kette angenommen werden, als bei den Polyoxymethylenen. Folgende Vorstellung von dem Bau der Kette macht diese auffälligen Eigenschaften der Polyäthylenoxydkette verständlich (Formel IX):

IX.

$$-\overset{\displaystyle O}{\underset{\displaystyle CH_2}{H_2C\diagup\diagdown CH_2}}\ \overset{\displaystyle O}{\underset{\displaystyle CH_2}{H_2C\diagup\diagdown CH_2}}\ \overset{\displaystyle O}{\underset{\displaystyle CH_2}{H_2C\diagup\diagdown CH_2}}\ \overset{\displaystyle O}{H_2C\diagup\diagdown}-$$

Diese mäanderartige Form[1] der Kette ist viel sperriger und kürzer. Die gute Löslichkeit besonders in Dioxan sowie die niedrigen Schmelzpunkte finden dadurch eine befriedigende Erklärung.

Unterschiede in der Löslichkeit zwischen Polyäthylenoxyd-dihydraten und ihren Diacetaten sind nur bei den niederen Gliedern vorhanden. Die ersteren sind infolge der endständigen Hydroxylgruppen in Benzol schwer löslich, die Diacetate dagegen sind sämtlich in Benzol löslich. Bei höheren Gliedern, etwa vom Polymerisationsgrad 20 an, ist praktisch kein Unterschied in der Löslichkeit zwischen Dihydraten und Diacetaten mehr bemerkbar, da die Endgruppen, die diese Löslichkeit bedingen, einen zu kleinen Teil der großen Moleküle ausmachen.

### 3. Vergleich mit Cellulose und Stärke.

Dieselben Unterschiede in der Löslichkeit wie zwischen Polyoxymethylenen und Polyäthylenoxyden bestehen zwischen Cellulose und Stärke. Es ist anzunehmen, daß dieselben ebenfalls durch eine Verschiedenheit in der Form der Moleküle begründet sind. Die Cellulose besitzt langgestreckte Fadenmoleküle wie das Polyoxymethylen; deshalb sind beide unlöslich. Die Moleküle der Stärke sind dagegen mäanderförmig, wie die des Polyäthylenoxyds[2]. Damit hängt die leichtere Löslichkeit dieser Verbindungen zusammen.

### 4. Krystallbau der Polyäthylenoxyde.

Den Entscheid, ob im krystallisierten Polyäthylenoxyd Moleküle von der Formel VIII oder IX vorliegen, sollte die röntgenographische Untersuchung erbringen. Es ist jedoch noch nicht geglückt, Faserdiagramme aufzunehmen. Bis jetzt konnten nur DEBYE-SCHERRER-Diagramme aufgenommen werden, die nur

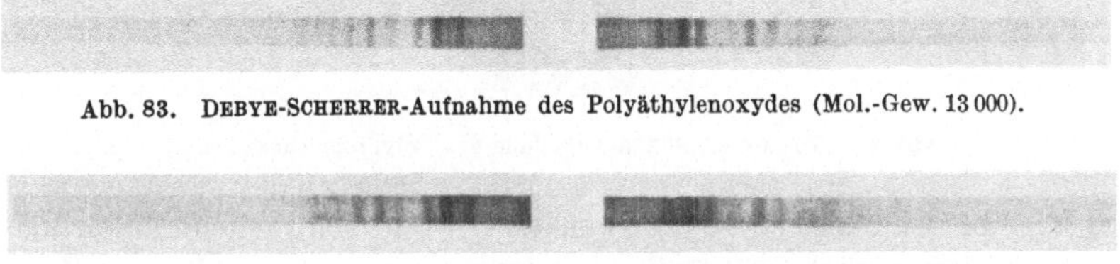

Abb. 83.   DEBYE-SCHERRER-Aufnahme des Polyäthylenoxydes (Mol.-Gew. 13 000).

Abb. 84.   DEBYE-SCHERRER-Aufnahme des Polyäthylenoxydes (Mol.-Gew. 3100).

allgemein Krystallisation anzeigen. Es wurden zwei DEBYE-SCHERRER-Aufnahmen von zwei Fraktionen mit dem Molekulargewicht 13 000 und 3100 gemacht. Beide sind vollständig identisch und zeigen, daß aus dem Röntgenbild ein Schluß auf die Kettenlänge nicht gezogen werden kann[3].

Bestätigt werden die Vorstellungen über den Bau der Polyäthylenoxydkette durch die Untersuchung des Polypropylenoxydes[4]. Bei diesem wäre eine Krystal-

---

[1] Über eine Mäanderform für eine Kohlenstoffkette vgl. A. MÜLLER u. G. SHEARER, J. chem. Soc. 1923, 3159; G. WITTIG: Stereochemie, 1930, S. 319.

[2] Vgl. S. 75.

[3] Die Aufnahmen verdanken wir Herrn Dr. SAUTER im hiesigen Physikalischen Institut.

[4] Das Propylenoxyd polymerisiert unter dem Einfluß von Zinntetrachlorid mit außerordentlicher Heftigkeit. Doch entstehen dabei meist niedermolekulare Polymerisate, die noch flüssig sind. Durch Fraktionieren konnte jedoch aus ihnen ein höhermolekulares Produkt erhalten werden, das halbfest ist.

lisation bei einem Bau der Kette, wie ihn Formel X wiedergibt, schwer verständlich wegen der unregelmäßigen Verteilung der Methylgruppen in der Kette[1]. In Formel XI sieht man jedoch, daß die Methylgruppen in den „Lücken" Platz haben; so sind die Moleküle regelmäßig und zur Krystallisation befähigt.

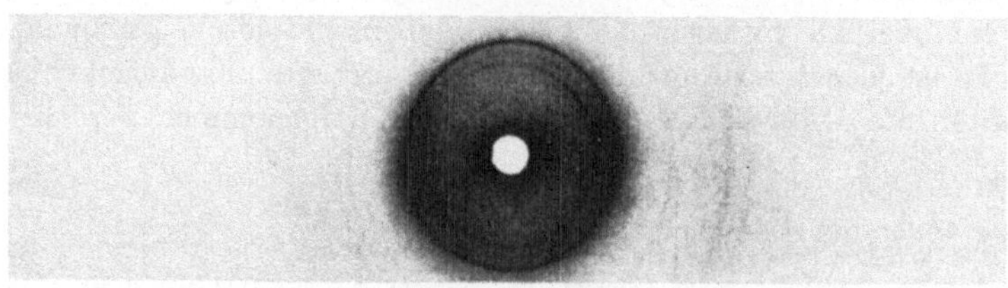

Tatsächlich zeigte sich, daß auch Polypropylenoxyd krystallisiert[2], wenn auch wesentlich schlechter als Polyäthylenoxyd.

Der unregelmäßige Bau der Moleküle verursacht den niedrigeren Schmelzpunkt und die leichtere Löslichkeit dieser Substanz. Zum Vergleich wurde das Molekulargewicht nach der Formel $\eta_{sp}(1{,}4\%) = 1{,}2 \cdot 10^{-3} \cdot n$ berechnet[3], wobei in der Berechnung von $n$ entsprechend Formel XI pro Grundmolekül nur 2 Atome berücksichtigt worden sind. Man erhält, da $\eta_{sp}(1{,}4\%) = 0{,}36$ beträgt, $n = 300$ Kettenatome und ein entsprechendes Molekulargewicht von 8700.

Abb. 85. DEBYE-SCHERRER-Aufnahme des Polypropylenoxydes.

Das Produkt ist halbfest, schmilzt schon bei sehr schwachem Erwärmen und ist in Benzol leicht löslich, während ein Polyäthylenoxyd vom gleichen Polymerisationsgrad in Benzol schwer löslich ist und erst bei ca. 60° schmilzt.

## 5. Beständigkeit der Polyäthylenoxydkette.

Im Gegensatz zu der Polyoxymethylenkette ist die Polyäthylenoxydkette sehr beständig. Im ersten Falle haben wir es mit acetalartigen Bindungen der Grundmoleküle zu tun, die leicht gesprengt werden; deshalb geht die Entpolymerisation leicht vonstatten und ist schon bei 170° vollständig. Im anderen Falle liegt dagegen eine echte Ätherbindung vor, die viel beständiger ist. Der Zerfall der Ketten erfolgt erst bei Temperaturen von 300° und nimmt dann einen weit komplizierteren Verlauf. Es treten dabei Acetaldehyd, aber auch Acrolein und andere ungesättigte Verbindungen auf.

[1] Vgl. S. 114.
[2] Aufnahme von W. KERN.
[3] Vgl. S. 311.

Auch gegenüber chemischen Reagenzien äußert sich diese größere Beständigkeit der Polyäthylenoxydkette. Verdünnte Salzsäure wirkt bei 100° noch nicht ein, und zerstört die Kette erst bei 170°, wobei Acetaldehyd auftritt. Rauchende Jodwasserstoffsäure reduziert erst bei 250° zu Äthyljodid[1].

In Lösung sind auch die längsten Polyäthylenoxydmoleküle stabil. Tabelle 141 zeigt, daß die spez. Viscosität auch nach längerem und höherem Erhitzen in neutralen Lösungsmitteln praktisch völlig erhalten bleibt. Nur in Eisessig findet ein geringer Abbau statt. Die Polyoxymethylenkette dagegen wird unter den gleichen Bedingungen völlig zerstört.

Tabelle 141.

| Lösungsmittel | Molekular-gewicht | Grund-molarität der Lösung | $\eta_{sp}$ vorher | Behandlung | $\eta_{sp}$ nachher | Temperatur-empfindlichkeit in Proz. |
|---|---|---|---|---|---|---|
| Dioxan . . . . | 13000 | 1 | 2,87 | 14tägiges Erhitzen auf 60° | 2,74 | 95 |
| Eisessig . . . . | 13000 | 1 | 4,38 | 14tägiges Erhitzen auf 60° | 3,48 | 80 |
| Formamid. . . | 13000 | 0,25 | 0,52 | 2—3stündiges Erhitzen auf 145° | 0,48 | 92 |
| ,, | 6400 | 0,5 | 0,44 | 2—3stündiges Erhitzen auf 145° | 0,40 | 91 |
| ,, | 2400 | 1 | 0,44 | 2—3stündiges Erhitzen auf 145° | 0,44 | 100 |
| ,, | 1200 | 1 | 0,29 | 2—3stündiges Erhitzen auf 145° | 0,28 | 97 |

Diese Beständigkeit, verbunden mit der großen Löslichkeit, gestattet es, mit den Polyäthylenoxyddihydraten bis zu dem Polymerisationsgrad 300 chemische Reaktionen vorzunehmen und ihr Verhalten in den verschiedenen Lösungsmitteln zu studieren. Eine solche chemische Reaktion ist die Acetylierung der Endgruppen. Hierbei bleibt die Kette völlig erhalten, während die Polyoxymethylenkette dabei zerbricht. Das eukolloide Polyäthylenoxyd vom Polymerisationsgrad 2000 ist dagegen nicht so beständig. Es wird unter den gleichen Bedingungen weitgehend abgebaut.

## IV. Konstitutionsaufklärung der Polyäthylenoxyde.

### 1. Allgemeines.

Die Polyäthylenoxyddihydrate sind wegen ihrer Löslichkeit und Beständigkeit ein besonders günstiges Beispiel für die Konstitutionsaufklärung einer hochmolekularen Substanz. Die Molekulargewichte lassen sich hier bis zu einem solchen von 10000 nach der kryoskopischen Methode bestimmen. Außerdem läßt sich chemisch der Gehalt an Hydroxylgruppen und damit das Molekulargewicht festlegen. Da beide Methoden völlig übereinstimmende Werte liefern, ist erwiesen, daß die kryoskopisch gefundene Teilchengröße derjenigen des Moleküls entspricht. Da Hydroxylverbindungen leicht zur Bildung koordinativer Moleküle neigen, war dies nicht von vornherein sicher, denn die kryoskopische Methode hätte ebensogut statt des normalen das koordinative Molekulargewicht[2] liefern können. Die Konstitutionsaufklärung darf sich daher nicht mit einer dieser beiden Methoden begnügen. Nur ihre Kombination führt zu einem sicheren Ergebnis. Bei Polyäthylenoxyddihydraten zeigte es sich also, daß das in Lösung vorhandene Teilchen mit dem normalen Molekül identisch ist. Das Atomgerüst

---

[1] Roithner: Monatshefte f. Chemie **15**, 679 (1894).     [2] Vgl. S. 6.

der Kette bleibt bei chemischen Umsetzungen als Ganzes erhalten. Dieser Nachweis konnte bei Produkten bis zu einem Polymerisationsgrad 300 geführt werden. Es sind demnach Kettenmoleküle von 900 Kettenatomen noch durchaus beständige Gebilde.

Eine vollständige Konstitutionsaufklärung einer hochmolekularen Verbindung muß zunächst das Aufbauprinzip der Kette feststellen, d. h. die Art, wie die Grundmoleküle aneinander gebunden sind. Weiterhin muß die Zahl der Grundmoleküle in einem Makromolekül und schließlich seine Begrenzung, d. h. die Art der Endgruppen, festgestellt werden. Diesen drei Forderungen konnte durch Kombination der physikalischen und chemischen Methoden beim Polyäthylenoxyd nachgekommen werden.

## 2. Kryoskopische Molekulargewichtsbestimmung.

In der früheren Arbeit[1] über Polyäthylenoxyde wurden die kryoskopischen Molekulargewichtsbestimmungen in Benzol vorgenommen. In diesem Lösungsmittel besteht aber die Gefahr, daß koordinative Bindungen zwischen den einzelnen Molekülen eintreten. Eine solche Assoziation von Alkoholen ist bekannt und auch durch Viscositätsmessungen in Tetrachlorkohlenstoff nachgewiesen worden[2]. Es bildet sich dabei ein Gleichgewicht zwischen mono- und dimolekularem Alkohol aus. In Dioxan sind die Alkohole dagegen praktisch monomolekular gelöst[3]. Dies geht aus Viscositätsmessungen an Polyäthylenoxyden hervor, die zeigen, daß die Temperaturabhängigkeit der spez. Viscosität in Dioxan relativ gering ist[4], während sie in Benzol etwas größer ist. Hier treten also eventuell koordinative Bindungen zwischen den Molekülen ein, die ein etwas zu hohes Molekulargewicht vortäuschen. Ein Vergleich der Molekulargewichte der vorigen Arbeit[1], die in Benzol bestimmt wurden, mit den jetzigen in Dioxan erhaltenen zeigt, daß dies in der Tat der Fall ist[4].

Vorbedingung für die Ausführung der Molekulargewichtsbestimmungen ist es, in solchen Konzentrationen zu messen, in denen die Moleküle noch frei beweglich sind, also noch im Solgebiet. Das höchstmolekulare Polyäthylenoxyd, dessen Molekulargewicht bestimmt wurde, hatte einen Polymerisationsgrad von 290 und wurde in 2proz. Lösung gemessen. Die Grenzkonzentration liegt für diese Fraktion bei 2,5%, womit also diese Bedingung erfüllt ist[5].

Die beobachteten Depressionen betragen bei einem Molekulargewicht von 10000 und einer Konzentration von 2% 0,01°. Es wurden immer eine ganze Reihe von Schmelzpunktsablesungen gemacht, die in einigen Fällen bis zu 0,004—0,005° voneinander abwichen, was einem Fehler von ca. 50% entsprechen würde. Da die Ablesungen aber so lange wiederholt wurden, bis genügende Konstanz des Schmelzpunktes eintrat und da bei verschiedenen Versuchen stets dieselben Resultate erhalten wurden, ist der Fehler auch bei so hohen Molekulargewichten nicht größer als 10 bis höchstens 20%.

Von besonderer Wichtigkeit ist, wie erwähnt, die Beständigkeit der Polyäthylenoxydkettte, die es erlaubt, chemische Umsetzungen an diesem Stoff vorzunehmen. Dabei erhält man vor und nach der Reaktion das gleiche Molekular-

---

[1] Ber. Dtsch. Chem. Ges. **62**, 2395 (1929).　　[2] Unveröffentlichte Versuche R. BAUER.
[3] Hierzu siehe auch MEISENHEIMER u. DORNER: Liebigs Ann. **282**, 152 (1930).
[4] Siehe unten S. 307, Tabelle 164.　　[5] Siehe unten S. 302, Tabelle 148.

gewicht. Es zeigen z. B. die durch Acetylieren der Dihydrate entstandenen Diacetate, wie aus Tabelle 142 hervorgeht, dasselbe Molekulargewicht. In ihr sind
auch die spez. Viscositäten beider Verbindungsreihen angegeben. Ihre Gleichheit
beweist ebenfalls, daß keine grundlegende Veränderung bei der Acetylierung stattgefunden hat.

Tabelle 142.

| Polymeri-sationsgrad | Kryoskopisches Molekulargewicht | | $\eta_{sp}/c$ in Benzol bei 20° | |
|---|---|---|---|---|
| | Dihydrate | Diacetate | Dihydrate | Diacetate |
| 5 | 220 | — | 0,10 | 0,08 |
| 9 | 415 | — | 0,15 | 0,12 |
| 18 | 790 | — | 0,20 | 0,17 |
| 20 | 900 | 860 | 0,23 | 0,21 |
| 27 | 1170 | — | 0,33 | 0,25 |
| 37 | 1230 | 1550 | 0,29 | 0,29 |
| 39 | 1610 | — | 0,40 | 0,37 |
| 59 | 2200 | 3000 | 0,48 | 0,56 |
| 70 | 3040 | — | 0,54 | 0,48 |
| 140 | 5900 | — | 1,01 | 0,94 |
| 145 | 5900 | 5500 | 1,05 | 1,01 |
| 210 | — | 9200 | 1,8 | — |
| 290 | 12000 | — | 2,2 | 1,92 |

### 3. Bestimmung des Molekulargewichts aus dem Acetylgehalt und dem Gehalt an aktivem Wasserstoff.

Die aus den Dihydraten dargestellten Diacetate zeigen also kryoskopisch dasselbe Molekulargewicht wie die Dihydrate. Von entscheidender Bedeutung war
nun festzustellen, ob die Acetylgehalte im richtigen Verhältnis zum Molekulargewicht stehen. Sie wurden nach der Methode von K. FREUDENBERG[1] bestimmt
und sind mit den aus ihnen errechneten Molekulargewichten und den kryoskopischen Molekulargewichten in Tabelle 143 zusammengestellt. Die Molekulargewichte wurden errechnet unter der Annahme, daß zwei Acetylgruppen in ein
Molekül eingetreten sind.

Eine Bestimmung des Molekulargewichtes der Dihydrate kann außer durch
die Bestimmung des Acetylgehaltes ihrer Diacetate auch durch die des aktiven
Wasserstoffes der Dihydrate nach ZEREWITINOFF[2] erfolgen.

Tabelle 143.

| Polymeri-sationsgrad | Acetylgehalt % | Molekulargewicht | |
|---|---|---|---|
| | | kryoskopisch | aus Acetylgehalt |
| 5 | 26,7 | 220 | 236 |
| 9 | 17,6 | 415 | 405 |
| 18 | 9,5 | 790 | 820 |
| 20 | 8,4 | 900 | 940 |
| 27 | 6,5 | 1170 | 1240 |
| 37 | 4,6 | 1230 | 1890 |
| 39 | 4,4 | 1610 | 1750 |
| 59 | 2,8 | 2200 | 3000 |
| 70 | 2,6 | 3040 | 3200 |
| 140 | 1,3 | 5900 | 6500 |
| 145 | 1,25 | 5900 | 6800 |
| 210 | 0,92 | 9200 | 9300 |
| 290 | 0,62 | 12000 | 13800 |

Man erhält bei einem Dihydrat vom kryoskopischen Molekulargewicht 2200
einen Gehalt an Hydroxyl von 1,3%, der einem Molekulargewicht von 2600 ent-

---

[1] FREUDENBERG, K.: Liebigs Ann. **433**, 230 (1923).
[2] MEYER, H.: Analyse und Konstitutionsermittlung. 3. Aufl. S. 570. 1916.

spricht. Die Übereinstimmung ist ausreichend, wenn man die Fehlerquellen der Methode berücksichtigt und bedenkt, daß die geringe Menge aktiven Wasserstoffs in dem großen Molekül nur langsam quantitativ in Reaktion treten kann. Ein Blindversuch mit dem entsprechenden Diacetat lieferte unter gleichen Bedingungen nur eine geringe Menge Methan, die immer als Blindwert bei diesen Versuchen auftritt.

### 4. Stickstoffhaltige Polyäthylenoxyde.

Wie oben bereits erwähnt, wurde versucht, eine polymer-homologe Reihe stickstoffhaltiger Polyäthylenoxyde darzustellen, deren Stickstoffgehalt durch die Endgruppen der Moleküle hervorgerufen wird. Dieser Stickstoffgehalt sollte dem Molekulargewicht entsprechen. Es wurden zunächst die ohne besondere Vorsichtsmaßregeln dargestellten Polymerisate in Fraktionen von verschiedenem Durchschnittsmolekulargewicht getrennt und diese auf ihren N-Gehalt nach KJELDAHL untersucht. Trimethylaminpolymerisate werden durch Reinigung stickstofffrei. Es wurden daher Methyl- und Dimethylamin zur Darstellung solcher Produkte verwandt. In der nebenstehenden Tabelle 144 sind die gefundenen Stickstoffgehalte mit den errechneten zusammengestellt unter der Annahme, daß auf jedes Molekül ein Stickstoffatom am Ende der Kette kommt.

Tabelle 144.

| Katalysator | Molekular-gewicht[1] | Stickstoffgehalt in Proz. | |
|---|---|---|---|
| | | ber. | gef. |
| Methylamin . | 1900 | 0,74 | 0,70 |
| ,, | 1400 | 1,00 | 0,66 |
| Dimethylamin | 2800 | 0,5 | 0,6 |
| ,, | 2100 | 0,67 | 0,3 |

Die Stickstoffgehalte stimmen nur schlecht mit dem Molekulargewicht[1] überein. Da bei der Polymerisation nicht unter peinlichem Wasserausschluß gearbeitet worden war, können die durch geringe Mengen Wasser entstandenen Dihydrate das Ergebnis gefälscht haben. Es wurden daher Polymerisationen unter sorgfältigem Ausschluß von Wasser vorgenommen. Die entstandenen Produkte wurden ebenfalls fraktioniert und auf ihren N-Gehalt untersucht (Tabelle 145).

Auch hier stimmen die Stickstoff-Gehalte ebenso schlecht. Man muß also annehmen, daß immer noch Gemische von Dihydraten und stickstoffhaltigen Ketten vorliegen, die sich nicht trennen lassen.

Anders ist es dagegen bei den niederen stickstoff-haltigen Polyäthylenoxyden, die

Tabelle 145.

| Katalysator | Molekular-gewicht[1] | Stickstoffgehalt in Proz. | |
|---|---|---|---|
| | | ber. | gef. |
| Methylamin | 2000 | 0,7 | 0,6 |
| ,, | 1500 | 0,9 | 0,7 |
| ,, | 1400 | 1,0 | 0,8 |
| Dimethylamin | 2000 | 0,7 | 0,7 |
| ,, | 1500 | 0,9 | 0,4 |
| ,, | 1300 | 1,1 | 0,6 |
| ,, | 1200 | 1,2 | 0,6 |

mit einer größeren Menge Amin (5 : 1 bzw. 10 : 1) dargestellt sind. Ein solches noch flüssiges Polymerisat konnte durch fraktionierte Destillation in mehrere Fraktionen getrennt werden, deren N-Gehalte mit zunehmender Siedetemperatur abnehmen. In folgender Tabelle 146 sind z. B. die aus einem Dimethylaminpolymerisat erhaltenen Fraktionen dargestellt.

---

[1] Durch Viscositätsmessungen bestimmt.

Tabelle 146.

| Siedepunkt bei | | N % | Molekulargewicht aus N-Gehalt ber. | Polymerisationsgrad |
|---|---|---|---|---|
| Grad | mm Hg | | | |
| 140—150 | bei 760 | 9,1 | 160 | 3 |
| 100—110 | „ 12 | 5,8 | 240 | 5 |
| 135—160 | „ 12 | 4,3 | 330 | 7 |
| 110—130 | „ 0,1 | 3,2 | 440 | 9 |
| 130—150 | „ 0,1 | 2,5 | 560 | 12 |
| 150—190 | „ 0,1 | 2,5 | 560 | 12 |

Hier hat also eine andere Art der Polymerisation, die kondensierende, stattgefunden, weswegen der N-Gehalt mit dem Molekulargewicht übereinstimmt.

## 5. Halogenhaltige Polyäthylenoxyde.

Aus Äthylenchlorhydrin und Äthylenoxyd (im Verhältnis 1 : 10 in Molen) wurde ein halogenhaltiges Polymerisat dargestellt, das zum größten Teil aus niedermolekularen, flüssigen Polyäthylenoxydchlorhydraten bestand. Da diese schon von WURTZ[1] aus Äthylenchlorhydrin und Glykol dargestellt worden waren, wurden sie nicht näher untersucht. Es gelang jedoch durch fraktionierendes Ausfällen mit Äther aus diesem Produkt zwei feste Fraktionen zu erhalten, deren Durchschnitts-

Tabelle 147.

| $\eta_{sp}/c$ | Mol.-Gew. aus Viscosität | Chlorgehalt in Proz. | Mol.-Gew. aus Chlorgehalt |
|---|---|---|---|
| 0,22 | 1000 | 3,26 | 1080 |
| 0,80 | 4400 | 0,94 | 3800 |

polymerisationsgrade 23 und 100 betrugen. Bei ihnen zeigte sich nun, daß das aus der Viscosität errechnete Molekulargewicht mit dem Chlorgehalt übereinstimmt. Diese hochmolekularen Chlorhydrine enthalten pro Molekül ein Atom Chlor als Endgruppe.

## 6. Schlußfolgerung.

Es geht aus vorstehendem hervor, daß alle drei Forderungen der Konstitutionsaufklärung einer hochmolekularen Substanz beim Polyäthylenoxyd erfüllt werden konnten. Das Polyäthylenoxyd stellt ein Fadenmolekül dar, dessen Länge genau festgestellt werden kann und dessen Enden durch Hydroxylgruppen abgesättigt sind. Die Ansicht von ROITHNER[2], daß im Polyäthylenoxyd hochmolekulare Ringe vorliegen, ist damit widerlegt. Die festen Polyäthylenoxyde sind vielmehr die höheren Glieder der schon von WURTZ[3] und LOURENÇO[4] dargestellten niedermolekularen Polyäthylenoxyd-dihydrate. Durch die Acetylierung werden die physikalischen Eigenschaften der Polyäthylenoxyde bei höheren Gliedern nicht merkbar verändert, da die Endgruppen im Vergleich zum Gesamtmolekül viel zu gering sind. Bei niederen Gliedern dagegen treten Unterschiede z. B. in der Löslichkeit auf. Weiter beträgt die absolute Viscosität des flüssigen 9-Äthylenoxyd-dihydrats im reinen Zustand 1,25 Poise, während sie beim 9-Äthylenoxyd-diacetat nur 0,51 Poise beträgt.

---

[1] WURTZ: Ann. de Chimie **69**, 331 (1863).
[2] ROITHNER: Monatshefte f. Chemie **15**, 679 (1894).
[3] WURTZ: Ann. de Chimie **69**, 331 (1863).
[4] LOURENÇO: Ann. de Chimie **67**, 275 (1863).

Bei den Polyoxymethylenen spielt die Endgruppe für die Abbaureaktionen[1] der Kette eine sehr wichtige Rolle. Dies ist wegen der viel größeren Beständigkeit der Polyäthylenoxydkette hier nicht der Fall.

Polyäthylenoxyde, die am Ende einer Kette N tragen, sind zwar bis zu einem Polymerisationsgrad von 12 polymereinheitlich dargestellt. Bei dem Versuch, höhere Glieder dieser Reihe darzustellen, kommt man jedoch immer zu Gemischen von hochpolymeren Aminen und Dihydraten, die nicht getrennt werden können. Die Darstellung hochpolymerer polymereinheitlicher Chlorhydrinen dagegen ist möglich.

## V. Viscositätsuntersuchungen.

### 1. Allgemeines.

Auf Grund der in verdünnten Lösungen für Fadenmoleküle gültigen Viscositätsgesetze[2] ist es möglich, die Molekulargewichtskonstante jeder polymerhomologen Reihe zu berechnen. Da man ein Sauerstoffatom in der Polyäthylenoxydkette einer $CH_2$-Gruppe annähernd gleichsetzen kann, so sollte sich eine $K_m$-Konstante von $3 \cdot 0{,}85 \cdot 10^{-4} = 2{,}55 \cdot 10^{-4}$ ergeben[3], da die Zahl der Kettenglieder im Grundmolekül des Polyäthylenoxyds 3 ist. Wie unten gezeigt wird, fand man aber in allen Fällen eine Konstante, die im Mittel etwa $1{,}8—1{,}9 \cdot 10^{-4}$ betrug, also um ein Drittel zu klein war. Daraus wurde geschlossen, daß die Polyäthylenoxydkette pro Grundmolekül nicht um 3, sondern um 2 Atome wächst, und dies führte zu der oben diskutierten Formel IX (s. S. 293), die auch die übrigen Eigenschaften dieser Substanz verständlich macht.

VIII.
cc. 3,5 Å
2,5 Å

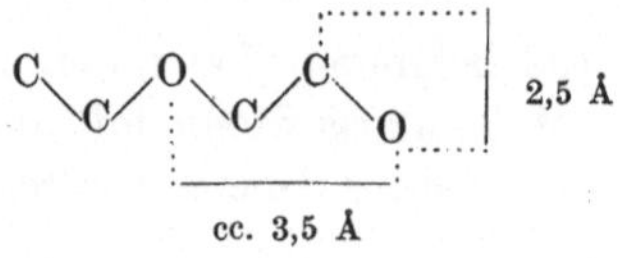

IX.
cc. 1.9 Å
4 Å

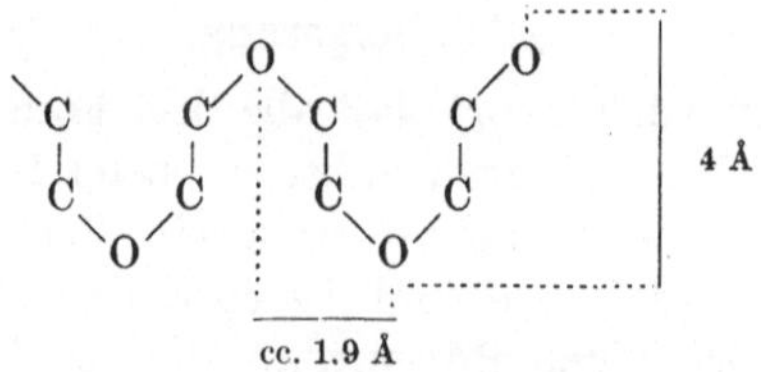

Die Ketten sind demnach viel kürzer, als man nach der Zahl der Kettenatome erwarten sollte, und gleichlang mit einer Polyoxymethylenkette vom gleichen Polymerisationsgrad. In der Tat wurden die $K_m$-Konstanten beider Substanzen in Chloroform und Formamid gleich groß gefunden. Die Dimensionen eines Grundmoleküls betragen nach Formel VIII: Länge 3,5 Å und Breite 2,5 Å; während sie nach Formel IX: Länge 1,9 Å[4] und Breite 4 Å betragen. Im zweiten Falle beansprucht die Kette in Lösung einen geringeren Wirkungsbereich und der Gelzustand tritt erst bei höherer Konzentration ein. Auch diese Tatsache steht mit dem experimentellen Befund in guter Übereinstimmung. In der folgenden

---

[1] Vgl. S. 152.  [2] STAUDINGER, H.: Ber. Dtsch. Chem. Ges. **65**, 267 (1932).
[3] $0{,}85 \cdot 10^{-4} = K_{\text{äqu}}$-Konstante für kettenäquivalente Lösungen. Vgl. S. 68.
[4] Diese Länge des Grundmoleküls wurde gleich der bei den Polyoxymethylenen gesetzt.

Tabelle 148 sind die Wirkungsbereiche für einzelne Moleküle, der Gesamtwirkungsbereich einer 1-grundmolaren (4,4 proz.) Lösung sowie die „Grenzkonzentrationen" in Gewichtsprozent und Grundmolarität angegeben.

Tabelle 148. Wirkungsbereich und Grenzkonzentration nach Formel VIII und IX.

| Polymerisationsgrad | Molekulargewicht | Kettenlänge in Å nach Form. | | Wirkungsbereich eines Moleküls in Å³ nach Formel | | Zahl der Moleküle pro 1 cm³ in 4,4 proz. Lösung | Gesamtwirkungsbereich in 1 cm³ einer 1-grundmolaren (4,4 proz.) Lösung in cm³ | | Grenzkonzentration in Gewichtsprozent | | in Grundmolarität | |
|---|---|---|---|---|---|---|---|---|---|---|---|---|
| | | VIII | IX | VIII | IX | | VIII | IX | VIII | IX | VIII | IX |
| 300 | 13000 | 1050 | 570 | $2,16 \cdot 10^6$ | $1,02 \cdot 10^6$ | $2 \cdot 10^{18}$ | 4,3 | 2 | 1,0 | 2,2 | 0,23 | 0,5 |
| 150 | 6500 | 525 | 285 | $0,54 \cdot 10^6$ | $0,26 \cdot 10^6$ | $4 \cdot 10^{18}$ | 2,2 | 1 | 2,0 | 4,4 | 0,49 | 1,0 |
| 100 | 4400 | 350 | 190 | $0,24 \cdot 10^6$ | $0,11 \cdot 10^6$ | $6 \cdot 10^{18}$ | 1,4 | 0,7 | 3,1 | 6,3 | 0,71 | 1,4 |
| 50 | 2200 | 175 | 95 | $0,6 \cdot 10^5$ | $0,28 \cdot 10^5$ | $12 \cdot 10^{18}$ | 0,7 | 0,34 | 6,3 | 12,7 | 1,4 | 2,9 |
| 10 | 440 | 35 | 19 | $0,24 \cdot 10^4$ | $0,11 \cdot 10^4$ | $60 \cdot 10^{18}$ | 0,14 | 0,07 | 31 | 63 | 7,1 | 14 |

Die Grenzviskosität ist berechnet nach der Zick-Zackformel VIII zu 1,8, nach der Mäanderformel IX zu 1,17.

Für eine Beziehung zwischen Molekulargewicht und Viscosität in Lösung ist zunächst Voraussetzung, daß die Moleküle fadenförmige Gestalt haben. Außerdem müssen in Lösung normale Moleküle vorliegen und keine Micellen oder koordinative Moleküle. Da die Polyäthylenoxyd-dihydrate Alkohole darstellen, könnten sie zu koordinativer Molekülbildung befähigt sein. Denn Alkohole sind in manchen Lösungsmitteln, z. B. Tetrachlorkohlenstoff, koordinativ gebunden, wie durch Viscositätsmessungen nachgewiesen werden kann. In Dioxan sind sie dagegen monomolekular gelöst. Zur Bestimmung der Viscosität und der Molekulargewichte müssen natürlich Lösungsmittel verwandt werden, in denen sich keine koordinativen Moleküle bilden. Dies kann durch Viscositätsmessungen nachgewiesen werden.

Entschiedend ist der Nachweis, daß $\eta_{sp}/c$ in niederviscoser Sollösung sowohl von der Fließgeschwindigkeit wie auch von Konzentration und Temperatur unabhängig ist. Nach diesen drei Richtungen hin wurden daher die Polyäthylenoxyde in verschiedenen Lösungsmitteln untersucht[1].

## 2. Viscosität und Fließgeschwindigkeit.

Das HAGEN-POISEUILLEsche Gesetz verlangt, daß die Fließgeschwindigkeit bei laminarer Strömung proportional dem Druck zunimmt, daß also das Produkt aus Ausflußzeit und Druck bei gleichem Volumen konstant ist. Dies ist in der Regel bei normalen Lösungen der Fall. Bei Kautschuk- und anderen eukolloiden Lösungen, in denen Fadenmoleküle von großer Länge vorliegen, treten makromolekulare Viscositätserscheinungen auf, d. h. bei größerer Fließgeschwindigkeit wird das Produkt aus Druck und Zeit kleiner, als erwartet werden sollte. Am Polystyrol[2] wurde zuerst nachgewiesen, daß diese Erscheinung auf einer Orientierung der Fadenmoleküle beruht, wodurch ein viscositätsvermindernder Einfluß resultiert. Dies tritt jedoch erst ein bei Moleküllängen von 3000 Å an. Die Polyäthylenoxyde vom Polymerisationsgrad 300 und einer Kettenlänge von 570 Å zeigen daher diese Erscheinung noch nicht. Dies ist ersichtlich aus folgender

---

[1] Vgl. S. 56ff.

[2] STAUDINGER, H., u. H. MACHEMER: Ber. Dtsch. Chem. Ges. **62**, 2921 (1929). Vgl. S. 148.

Tabelle 149, in der die Druckabhängigkeit der spezifischen Viscosität der grundmolaren Lösungen zweier Produkte dargestellt ist. Eine Umrechnung auf Fließgeschwindigkeit ist unnötig, da ja keine Druckabhängigkeit vorliegt.

Tabelle 149. Benzollösungen von Polyäthylenoxyden bei verschiedenen Drucken im UBBELOHDEschen Viscosimeter.

| Druck in cm Hg | Molekulargewicht 13000, Polymerisationsgrad 290 | | Molekulargewicht 3500, Polymerisationsgrad 81 | |
|---|---|---|---|---|
| | Druck mal Zeit bei 20° | $\eta_{sp}$ | Druck mal Zeit bei 20° | $\eta_{sp}$ |
| 20 | 1345 | 2,99 | 560 | 0,66 |
| 15 | 1353 | 3,02 | 557 | 0,65 |
| 10 | 1366 | 3,05 | 552 | 0,64 |
| 5 | 1359 | 3,03 | 551 | 0,64 |
| 0,8 | — | 2,95 | — | — |

Die Differenzen betragen im Maximum 2,5% und liegen noch innerhalb der Fehlergrenzen.

### 3. Viscosität und Konzentration.

#### a) Die Beziehung: $\eta_{sp}/c = $ konstant.

Bei ein und demselben Polyäthylenoxyd findet man Konstanz der $\eta_{sp}/c$-Werte, wenn man verschieden konzentrierte Lösungen mißt. Hier sind also normale Moleküle in verdünnter Lösung vorhanden, eine Tatsache, die mit den chemischen Befunden im Einklang steht. Tabelle 150 zeigt die Viscosität zweier flüssiger Polyäthylenoxyd-dihydrate in Dioxanlösung verschiedener Konzentration.

Tabelle 150.

| Konzentration | in Proz. | 4,2 | 8,5 | 12,6 | 16,8 | 25 | 33 | 49 | 64,6 | 79,8 |
|---|---|---|---|---|---|---|---|---|---|---|
| | in Gd-mol. | 1 | 2 | 3 | 4 | 6 | 8 | 12 | 16 | 20 |
| $\eta_{sp}/c$ bei 20° Mol.- | 238 | 0,10 | 0,12 | 0,13 | 0,16 | 0,17 | 0,22 | 0,32 | 0,54 | 0,81 |
| Gew. | 414 | 0,15 | 0,16 | 0,18 | 0,18 | 0,22 | 0,27 | 0,44 | 0,70 | 1,43 |

Es ergibt sich dabei eine mit der Konzentration wachsende Zunahme von $\eta_{sp}/c$. Die Viscositätskonzentrationskurve, die von einer 4,4proz. bis 100proz. Konzentration aufgenommen wurde, zeigt den hierbei üblichen Verlauf, als deren Typ Wasser-Glykol[1] gelten kann und der auf eine Herabsetzung der Assoziation[2] der einen Komponente (des Polyäthylenoxydes) durch die andere (das Dioxan)

Tabelle 151. $\eta_{sp}/c$ bei 20°; Mol.-Gew. 920.

| Lösungsmittel | | | Dioxan | Wasser | Eisessig | Tetrabromäthan |
|---|---|---|---|---|---|---|
| Konz. 1 | Konz. | 4,4 | 0,18 | 0,28 | 0,39 | 0,39 |
| in 2 | in | 8,8 | 0,22 | 0,30 | 0,41 | 0,43 |
| Gd-mol. 3 | Proz. | 13,2 | 0,24 | 0,34 | 0,44 | 0,48 |
| Zunahme von $\eta_{sp}/c$ in Proz.[3] | | | 133 | 122 | 113 | 123 |

---

[1] KREMANN, R.: Mechanische Eigenschaften flüssiger Stoffe. S. 302. 1928.

[2] Statt von Herabsetzung der Assoziation würde besser vom Zerfall koordinativer Moleküle gesprochen.

[3] Der $\eta_{sp}/c$-Wert der niedersten Konzentration wird dabei = 100 gesetzt.

Tabelle 152. $\eta_{sp}/c$ bei 20°; Mol.-Gew. 2500.

| Lösungsmittel | | Eisessig | Tetrabromäthan |
|---|---|---|---|
| Konz. | 0,5 | 0,80 | 0,72 |
| in | 1 | 0,79 | 0,75 |
| Gd-mol. | 2 | 0,86 | 0,92 |
| Zunahme von $\eta_{sp}/c$ in Proz.[1] | | 108 | 128 |

hinweist. Dasselbe ist auch in anderen Lösungsmitteln zu beobachten (Tabelle 151 u. 152).

In niederen Konzentrationen ist $\eta_{sp}/c$ konstant (vgl. Tabelle 153—156).

Tabelle 153. $\eta_{sp}/c$ bei 20°; Mol.-Gew. 6400 und 13000.

| Molekulargewicht | | 6400 | | | 13000 | | |
|---|---|---|---|---|---|---|---|
| Lösungsmittel | | Wasser | Eisessig | Tetrabrom-äthan | Wasser | Eisessig | Tetrabrom-äthan |
| Konz. | 0,25 | 1,0 | 1,60 | 1,40 | 2,24 | 3,36 | 3,12 |
| in | 0,5 | 1,1 | 1,56 | 1,52 | 2,54 | 3,62 | 3,56 |
| Gd-mol. | 1 | 1,27 | 1,76 | 1,78 | 3,2 | 4,4 | 4,7 |
| Zunahme von $\eta_{sp}/c$ in Proz.[1] | | 127 | 110 | 127 | 143 | 131 | 151 |

Tabelle 154. $\eta_{sp}/c$ in Benzol bei 20°.

| Molekulargewicht | | 800 | 920 | 1200 | 1700 | 6400 | 13000 |
|---|---|---|---|---|---|---|---|
| Konz. | 0,25 | 0,20 | 0,24 | 0,32 | 0,40 | 1,0 | 2,04 |
| in | 0,5 | 0,20 | 0,22 | 0,34 | 0,40 | 1,0 | 2,3 |
| Gd-mol. | 1 | 0,19 | 0,22 | 0,31 | 0,39 | 1,19 | 2,95 |
| Zunahme von $\eta_{sp}/c$ in Proz.[1] | | 100 | 100 | 100 | 100 | 119 | 145 |

Bei Molekulargewichten bis zu 2000 ist die Konstanz von $\eta_{sp}/c$ bis zu einer grundmolaren Lösung vorhanden. Polyäthylenoxyde vom Molekulargewicht 6000 geben bis zu einer 0,5 gd-mol. Lösung ebenfalls konstante $\eta_{sp}/c$-Werte.

Das Abweichen der $\eta_{sp}/c$-Werte sollte erfolgen, wenn die Grenzkonzentration überschritten wird. Es tritt dann Behinderung der Moleküle in Lösung ein, was sich in einer Erhöhung der Viscosität bemerkbar macht. In der folgenden Tabelle 157 sind die Grenzkonzentrationen für die beiden oben

Tabelle 155. $\eta_{sp}/c$ in Dioxan bei 20°.

| Molekulargewicht | | 2260 | 2500 | 2800 |
|---|---|---|---|---|
| Konz. | 0,25 | 0,40 | 0,44 | 0,44 |
| in | 0,5 | 0,40 | 0,44 | 0,46 |
| Gd-mol. | 1 | 0,43 | 0,48 | 0,54 |
| Zunahme von $\eta_{sp}/c$ in Proz.[1] | | 108 | 109 | 123 |

Tabelle 156. Polyäthylenoxydlösungen in verschiedener Konzentration.

| Molekulargewicht | | $\eta_{sp}/c$ bei 20° in Dioxan | | Zunahme von $\eta_{sp}/c$ in Proz. | |
|---|---|---|---|---|---|
| | | 6400 | 13000 | 6400 | 13000 |
| | 0,125 | 0,96 | 1,9 | 100 | 100 |
| | 0,25 | 0,92 | 2,0 | 100 | 105 |
| Konz. | 0,5 | 0,92 | 2,3 | 100 | 121 |
| in | 1,0 | 1,09 | 2,84 | 117 | 150 |
| Gd-mol. | 1,5 | 1,31 | 3,59 | 141 | 189 |
| | 2,0 | 1,45 | 4,32 | 156 | 230 |

[1] Vgl. Fußnote 3 auf S. 303.

# Die Konstitutionsaufklärung der hochmolekularen organischen Verbindungen (Kautschuk und Cellulose).

## A. Grundlegende Begriffe.

### I. Bedeutung der hochmolekularen Verbindungen.

Eine der wesentlichsten Fragen der organischen Chemie ist die nach dem Bau der hochmolekularen Verbindungen, denn es gehören zu diesen eine Reihe der wichtigsten Naturprodukte, wie Cellulose, Stärke und andere Polysaccharide, Kautschuk und Balata, ferner die Eiweißstoffe. Auch eine Reihe synthetischer Produkte gehören hierher, so z. B. Polyoxymethylene, Polystyrole, Polyvinylacetate, Bakelite, die Harnstoff-Formaldehyd-Kondensationsprodukte und viele andere, die durch Polymerisation oder Kondensation von niedermolekularen Stoffen erhalten werden.

Die Bildung, den Bau und die Eigenschaften von hochmolekularen Verbindungen kennenzulernen, hat für den Biologen die größte Bedeutung; diese Fragen sind aber auch für die Technik von erheblichem Interesse; es sei nur auf die Industrie der Kunstseide, des Kautschuks, der synthetischen Harze und Lacke hingewiesen[1]. Deshalb ist die wissenschaftliche Bearbeitung dieses Gebietes in den letzten Jahrzehnten eine sehr intensive geworden, nachdem lange Zeit der organische Chemiker vor einer genaueren Untersuchung dieser kolloidlöslichen Verbindungen zurückgeschreckt ist, da die normalen Methoden der organischen Chemie zur Konstitutionsaufklärung hier scheinbar versagten. Dagegen liegen zahlreiche ältere und neuere Untersuchungen von seiten der Kolloidchemiker über die kolloiden Lösungen dieser Stoffe vor, da ein erhebliches biologisches und technisches Interesse für die Bearbeitung derselben vorhanden war. Über das Wesen dieser kolloiden Lösungen und somit über den Aufbau der hochmolekularen Verbindungen sind früher die verschiedenartigsten Anschauungen geäußert worden. Die Natur der kolloiden Lösungen ließ sich aber erst aufklären, nachdem die Konstitution dieser hochmolekularen Produkte im Sinne der organischen Chemie bekannt war.

### II. Hochmolekulare und hochpolymere Verbindungen.

In der älteren organischen Chemie bezeichnete man die im ersten Abschnitt genannten Stoffe` als hochmolekular, ohne über das Molekulargewicht

---

[1] Vgl. z. B. C. ELLIS: Synthetic Resins and their Plastics. New York 1923. — SCHEIBER-SÄNDIG: Die künstlichen Harze. Stuttgart 1929.

derselben irgendeine Aussage machen zu können. Die Annahme, daß hochmolekulare Produkte vorliegen, stützte sich darauf, daß diese Stoffe ganz andere Eigenschaften haben wie ähnlich gebaute mit niederem Molekulargewicht. Sie sind zum Unterschied von diesen unlöslich oder kolloidlöslich und ferner nicht flüchtig. Aus diesen Eigenschaften schloß man auf ein hohes Molekulargewicht der Verbindungen, denn man wußte aus dem reichen Erfahrungsmaterial der organischen Chemie, daß die Löslichkeit organischer Verbindungen mit zunehmendem Molekulargewicht abnimmt und ihre Flüchtigkeit sich verringert.

Eine spezielle Gruppe hochmolekularer Verbindungen sind dabei die hochpolymeren Stoffe. Dies sind *solche Verbindungen, deren Moleküle aus einer großen Zahl von gleichen niedermolekularen Bausteinen, den Grundmolekülen, aufgebaut sind.* Solche hochpolymeren Verbindungen kommen in der Natur vor; Beispiele sind Cellulose, Stärke, Kautschuk. Synthetisch entstehen sie durch Polymerisation von niedermolekularen ungesättigten Verbindungen, z. B. die Polyoxymethylene aus dem Formaldehyd, Polystyrol aus dem Styrol.

In der ersten Periode der Arbeiten über hochmolekulare Produkte wurden die hochpolymeren Verbindungen folgendermaßen formuliert:

$(C_5H_8)_x$ Kautschuk, Balata,

$(C_6H_{10}O_5)_x$ Cellulose, Stärke,

$(H_2CO)_x$ Polyoxymethylene,

$(C_6H_5CH—CH_2)_x$ Polystyrol.

Aber über die Größe des $x$, also über den Polymerisationsgrad und somit über die Molekülgröße, konnte man keine Angaben machen; man wußte nicht, ob $x$ die Größe 10 oder 100 oder 1000 hat.

Bei einer derartigen Formulierung wird angenommen, daß Kautschuk gleichartig aus *Isoprengruppen* aufgebaut ist, Cellulose gleichartig aus *Glukoseresten*, Polyoxymethylene aus *Formaldehydgruppen.* Nach neuen Untersuchungen ist dies aber nicht der Fall[1]. Es ergab sich nämlich, daß alle diese hochpolymeren Stoffe aus langen faden- oder kettenförmigen Molekülen bestehen, in denen zahlreiche Grundmoleküle aneinandergereiht sind, bis schließlich am Ende der Ketten Absättigung durch andersartige Endgruppen erfolgt; denn sonst müßten sich ungesättigte Atome am Ende der Moleküle befinden, oder hochmolekulare Ringe vorliegen[2]. Bei den meisten hochpolymeren Produkten, vor allem bei den hochmolekularen Naturstoffen, ist die Art dieser Endgruppen noch nicht bestimmt. Es gelang jedoch, bei einer Reihe von Verbindungen, z. B. den Polyoxymethylenen den Bau des polymeren Moleküls bis in alle Einzelheiten aufzuklären und festzustellen, daß Hydroxylgruppen oder andere Gruppen als Endgruppen vorhanden sind, so daß z. B. das $\alpha$-Polyoxymethylen folgendermaßen formuliert werden muß[3]:

$$HO—CH_2—O—(CH_2—O)_x—CH_2—OH\,.$$

Da der Anteil der Endgruppen im Verhältnis zum Gesamtmolekül ein sehr geringer ist und da man in den meisten Fällen diese Endgruppen nicht kennt,

---

[1] Bei diesen hochpolymeren Verbindungen wird weiter angenommen, daß in den langen Fadenmolekülen sämtliche Grundmoleküle gleichartig gebunden sind; aber es fehlt hier der exakte Nachweis, vgl. Erster Teil, H. I. Vgl. H. Brintzinger: Ztschr. f. anorg. u. allg. Ch. **196**, 50 (1931).

[2] Vgl. Zweiter Teil, B. III.

[3] Staudinger, H., u. M. Lüthy: Helv. chim. Acta **8**, 41 (1925).

so wird dies bei Benennung der Verbindungen in der Regel nicht berücksichtigt, und es wird einfach von polymeren Verbindungen gesprochen, wenn dies auch streng genommen, im Hinblick auf die Endgruppen, nicht ganz richtig ist[1].

Hochpolymere Verbindungen entstehen nicht nur durch Polymerisation eines ungesättigten Grundmoleküls, sondern es können auch zwei oder mehrere verschiedenartige Grundmoleküle sich zu einem polymeren Molekül zusammenfügen. Für derartige Polymerisate wurde von TH. WAGNER-JAUREGG die Bezeichnung *Heteropolymerisate* vorgeschlagen[2]. Solche Produkte sind in der letzten Zeit vielfach in der Technik hergestellt worden[3]. Eine wichtige Gruppe derartiger Polymerisate[4] sind die hochpolymeren Moloxyde, die bei der Autoxydation ungesättigter Verbindungen entstehen können[5]. Hierher gehört z. B. das Peroxyd des asymmetrischen Diphenyläthylens:

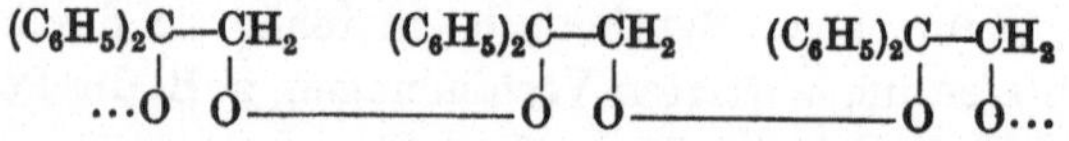

$$(C_6H_5)_2C\!-\!CH_2 \qquad (C_6H_5)_2C\!-\!CH_2 \qquad (C_6H_5)_2C\!-\!CH_2$$
$$\ldots O \quad O\!-\!\!-\!\!-\!\!-\!\!-\!\!-\!\!-\!\!- O \quad O\!-\!\!-\!\!-\!\!-\!\!-\!\!-\!\!-\!\!- O \quad O\ldots$$

Auch die hochpolymeren Ozonide haben wahrscheinlich den gleichen Bau[6]. Solche hochpolymeren Heteropolymerisate wurden früher auch aus Dimethylketen mit Iso-cyanaten resp. Schwefelkohlenstoff erhalten, während aus Dimethylketen und Kohlendioxyd niedermolekulare Verbindungen entsprechender Zusammensetzung entstehen[7].

**Tabelle 1. Zusammensetzung der Dimethylketenderivate.**

| | | |
|---|---|---|
| $O\!=\!C\!=\!O$ | 2 Mol. Keten + 1 Mol. $CO_2$; 3 Mol. Keten + 2 Mol. $CO_2$; 4 Mol. Keten + 3 Mol. $CO_2$ | niedermolekulare Verbindungen, 6- und 10-Ringe |
| $O\!=\!C\!=\!N \cdot C_6H_5$ | 2 Mol. Keten + 3 Mol. Isocyanat; 1 Mol. Keten + 4 Mol. Isocyanat | hochmolekulare Heteropolymerisate |
| $O\!=\!C\!=\!N \cdot C_{10}H_7\,\alpha$ | 3 Mol. Keten + 2 Mol. Isocyanat | |
| $O\!=\!C\!=\!N \cdot C_6H_4 \cdot NO_2\,p\text{-}$ | 3 Mol. Keten + 2 Mol. Isocyanat | |
| $O\!=\!C\!=\!S$ | 5 Mol. Keten + 2 Mol. COS | |
| $S\!=\!C\!=\!S$ | 5 Mol. Keten + 2 Mol. $CS_2$ | |

[1] Vgl. dazu W. H. CAROTHERS: Journ. Amer. Chem. Soc. **51**, 2548 (1929).

[2] WAGNER-JAUREGG, TH.: Ber. Dtsch. Chem. Ges. **63**, 3213 (1930).

[3] Vgl. I.G. Farbenindustrie DRP. 540101 — Chem. Zentralblatt **1932 I**, 1448. Vgl. ferner Chem. Zentralblatt **1932 I**, 594.

[4] Hochmolekulare Heteropolymerisate entstehen weiter bei der Einwirkung von Schwefeldioxyd auf ungesättigte Verbindungen, wie Äthylen, Isopren. Das Polyäthylensulfon hat z. B. folgende Formel:

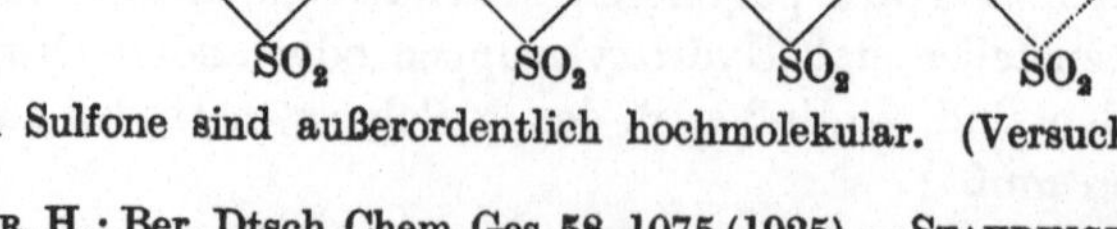

$$\ldots CH_2\!-\!CH_2 \quad CH_2\!-\!CH_2 \quad CH_2\!-\!CH_2 \quad CH_2\!-\!CH_2$$
$$\diagdown SO_2 \diagup \quad \diagdown SO_2 \diagup \quad \diagdown SO_2 \diagup \quad \diagdown SO_2 \diagup$$

Diese polymeren Sulfone sind außerordentlich hochmolekular. (Versuche von B. RITZENTHALER.)

[5] STAUDINGER, H.: Ber. Dtsch. Chem. Ges. **58**, 1075 (1925). — STAUDINGER, H., K. DYCKERHOFF, H. W. KLEVER u. L. RUZICKA: Ber. Dtsch. Chem. Ges. **58**, 1079 (1925).

[6] STAUDINGER, H.: Ber. Dtsch. Chem. Ges. **58**, 1088 (1925). Evtl. leiden sich auch polymere Ozonide von den Isozoniden ab; vgl. A. RIECHE, Alkylperoxyde und Ozonide, 1931, S. 149.

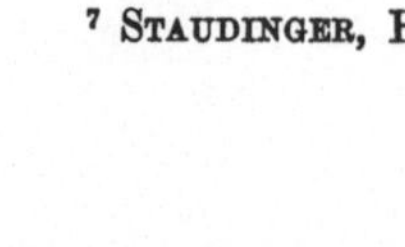

$$R_2C \diagup\overset{\displaystyle O}{\diagdown}\,CR'_2$$
$$\underset{\text{Isozonid}}{O\!-\!O}$$

$$CR_2 \quad CR'_2 \qquad\quad CR_2 \quad CR'_2 \qquad\quad CR_2 \quad CR'_2$$
$$O \quad O\!-\!O \quad O \quad O\!-\!O \quad O \quad O\!-\!O\ldots$$
Polymeres Isozonid

[7] STAUDINGER, H.: Helv. chim. Acta **8**, 306 (1925).

Hochmolekulare Produkte können auch aus kleinen Grundmolekülen durch gleichartige Kondensationsprozesse, z. B. durch Austritt von Wasser, entstehen. Es liegen dann *Polykondensationsprodukte* vor; bei diesen kann man zwei Gruppen unterscheiden, *Iso- und Hetero-Polykondensationsprodukte*, je nachdem ein oder mehrere Bausteine an dem Aufbau des polymeren Moleküls sich beteiligen. Ein Iso-Polykondensationsprodukt ist z. B. das polymere Dimethylmalonsäureanhydrid, das sich aus dem gemischten Dimethylmalonsäure-essigsäure-anhydrid unter Austritt von Essigsäureanhydrid bildet. Hierbei entsteht kein reines polymeres Anhydrid, sondern am Ende der langen Kette dürften Acetylgruppen vorhanden sein.

$$(x + 2)\,CH_3 \cdot CO \cdot O \cdot CO \cdot CR_2 \cdot CO \cdot O \cdot CO \cdot CH_3 \rightarrow$$
$$CH_3 \cdot CO \cdot O \cdot CO \cdot CR_2 \cdot CO \cdot [O \cdot CO \cdot CR_2 \cdot CO]_x \cdot O \cdot CO \cdot CR_2 \cdot CO \cdot O \cdot CO \cdot CH_3$$

Solche Polykondensationsprodukte sind in großer Zahl in den letzten Jahren durch die Untersuchungen von Carothers bekanntgeworden[1]. Der Zusammensetzung nach sind die Iso-Kondensationsprodukte ebenfalls hochpolymere Körper, da sich ihre Fadenmoleküle aus gleichartigen kleinen Bausteinen zusammensetzen. Natürlich gilt auch hier die Einschränkung, daß die Endgruppen dabei außer acht gelassen werden. Hetero-Polykondensationsprodukte sind die Polypeptide und die Eiweißstoffe.

Wenn man den Aufbau hochmolekularer Stoffe kennenlernen will, so ist es am einfachsten, zuerst den Aufbau der hochpolymeren Körper zu untersuchen, da hier der Bau der Kette ein sehr einfacher ist. Ganz besonders übersichtlich sind die Verhältnisse bei der Untersuchung synthetischer hochpolymerer Stoffe, da hier das Grundmolekül bekannt ist und der Übergang desselben in den polymeren Stoff verfolgt und durch Formeln wiedergegeben werden kann.

Dabei ergab sich als erstes wesentliches Ergebnis, daß bei der Polymerisation eines Grundmoleküls unter wechselnden Bedingungen nicht ein einziger, sondern eine ganze Reihe von hochpolymeren Stoffen entstehen kann, die sich in der Viscosität ihrer Lösungen, in der Zähigkeit der festen Substanz usw. unterscheiden[2]. Solche Unterschiede zwischen polymeren Körpern hatte man allerdings schon früher beobachtet, aber meist kein besonderes Gewicht darauf gelegt, weil man diese Unterschiede auf verschiedenartige Aggregation von Kolloidteilchen, auf Unterschiede der Micellbildung usw. zurückführte. Diese Unterschiede zwischen polymeren Stoffen, die bei der Polymerisation eines Grundmoleküls entstehen, beruhen aber tatsächlich auf Unterschieden in der Molekülgröße, also auf einer Abstufung des Polymerisationsgrades $x$. Solche polymeren Stoffe, die sich aus dem gleichen Grundmolekül aufbauen, sich aber im Polymerisationsgrad unterscheiden, werden als *polymerhomolog*[3] bezeichnet. Wie bei homologen Verbindungen, so ist auch bei den polymerhomologen die Größe des Moleküls für die physikalischen Eigenschaften bestimmend. Wie sich z. B. die Kohlenwasserstoffe $(C_5H_8)_2$ und $(C_5H_8)_3$ in ihren Eigenschaften ganz wesentlich unterscheiden, so zeigt auch das Polyterpen $(C_5H_8)_{100}$ ganz andere physikalische Eigenschaften, als ein solches von der Zusammensetzung $(C_5H_8)_{1000}$. *Um die Eigen-*

---

[1] Carothers, W. H., u. Mitarbeiter: Journ. Amer. Chem. Soc. **51**, 2548, 2560 (1929); **52**, 314, 711, 3292, 5279, 5289 (1930).

[2] Staudinger, H.: Ber. Dtsch. Chem. Ges. **59**, 3019 (1926).

[3] Staudinger, H.: Ztschr. f. angew. Ch. **42**, 69 (1929).

*schaften der hochpolymeren Verbindungen zu verstehen, ist es also die wichtigste Aufgabe, den Polymerisationsgrad x festzustellen und damit die Molekülgröße zu bestimmen*; denn die hochmolekularen Eigenschaften, z. B. die Festigkeit, die Quellung, die Eigenschaften der kolloiden Lösung ändern sich stark mit dem Polymerisationsgrad. Die Kenntnis der Molekülgröße ist deshalb von der größten Bedeutung sowohl für die Beurteilung der in der Natur vorkommenden hochmolekularen Produkte wie auch der vielen hochmolekularen Stoffe, die in der Technik verarbeitet werden.

Nachdem die Molekülgröße bestimmt ist, ist es eine weitere Aufgabe, die genaue Anordnung sämtlicher Atome, vor allem die Endgruppen der langen Fadenmoleküle, festzustellen, da gerade die Endgruppen für die Reaktionen des Moleküls bestimmend sein können[1]. Diese letztere, schwierige Aufgabe ist bisher nur in wenigen Fällen gelöst worden. Die vorliegenden Untersuchungen beschäftigen sich hauptsächlich mit der Frage der Bestimmung des Polymerisationsgrades, also der Größe des Wertes $x$.

### III. Definition des Molekülbegriffs bei homöopolaren, heteropolaren und koordinativen organischen Verbindungen.

Da die wichtigste Frage bei der Konstitutionsaufklärung der hochmolekularen Verbindungen darin besteht, deren Molekulargewicht zu ermitteln, so ist es vor allem notwendig, genau zu definieren, was unter dem Molekulargewicht einer hochmolekularen Verbindung verstanden werden soll. Viele Diskussionen und Meinungsverschiedenheiten über den Bau der hochmolekularen Verbindungen sind dadurch entstanden, daß dieser grundlegende Begriff nicht richtig formuliert wurde.

Die organischen Verbindungen kann man in 3 Gruppen einteilen: 1. die homöopolaren, 2. die heteropolaren und 3. die koordinativen Verbindungen. Bei den homöopolaren Stoffen *umfaßt das Molekül alle Atome, die durch normale Kovalenzen gebunden sind*[2]. Die Summe der Gewichte der so gebundenen Atome ist das normale Molekulargewicht der homöopolaren Verbindungen. So enthält z. B. Kautschuk Moleküle von der Zusammensetzung $(C_5H_8)_{1000}$, es sind also in einem solchen Molekül 13000 Atome durch normale Kovalenzen gebunden; das normale Molekulargewicht dieses Kautschuks ist 68000. Das größte Molekül, das bis jetzt erhalten worden ist, ist dasjenige eines Polystyrols von der Zusammensetzung $(C_8H_8)_{6000}$; das Molekulargewicht beträgt hier 600000, und es sind in diesem Molekül rund 100000 Atome durch normale Kovalenzen gebunden. Auch ein Diamant stellt nach dieser Definition ein sehr großes Molekül dar, da in ihm alle Kohlenstoffatome durch normale Kovalenzen gebunden sind[3].

In den heteropolaren organischen Verbindungen sind im Anion und Kation die Atome durch normale Kovalenzen gebunden, während Anion und Kation unter sich durch Elektrovalenzen in Verbindung stehen. Das Molekül solcher Stoffe stellt also die Summe der durch normale Kovalenzen und Elektrovalenzen gebundenen Atome dar, also sämtlicher Atome, die durch Hauptvalenzen verbunden sind.

---

[1] Vgl. Erster Teil, H. II.

[2] Vgl. H. STAUDINGER: Liebigs Ann. **474**, 149 (1929).

[3] Vgl. über Fehler im Krystallbau A. SMEKAL: Ztschr. Physik **55**, 289 (1929); Ztschr. angew. Chem. **42**, 489 (1929); Ztschr. f. Elektrochem. **35**, 567 (1929).

Dieser Molekülbegriff läßt sich sowohl auf die niedermolekularen wie auf die höchstmolekularen Verbindungen anwenden: gerade so wie das essigsaure Natron das Molekulargewicht 82 hat, so hat ein polyacrylsaures Natron vom Polymerisationsgrad $x$ das Molekulargewicht

$$\left[\begin{array}{c} -CH_2-CH- \\ | \\ COONa \end{array}\right]_x = 94 \cdot x$$

Ein polyacrylsaures Natron vom Polymerisationsgrad 200 hat also das Molekulargewicht 18800. Es enthält ein 200wertiges Anion. Diese hochwertigen Anionen und Kationen hochmolekularer Verbindungen werden als *Polyanionen* und *Polykationen* bezeichnet.

Organische koordinative Verbindungen (organische Molekülverbindungen) sind vor allem in den letzten zwei Jahrzehnten genauer untersucht worden[1]. Sie entstehen durch Vereinigung von normalen Molekülen durch koordinative Kovalenzen (Nebenvalenzen). Bei diesen koordinativen Verbindungen kann man 2 Gruppen unterscheiden. Es gibt Nebenvalenzverbindungen, in denen gleiche, normale Moleküle koordinativ gebunden sind. Beispiele dafür sind das Wasser, die Alkohole, die Amine, die organischen Säuren und Säureamide. Diese Verbindungen sollen als *isokoordinative Verbindungen* bezeichnet werden. Es können aber Nebenvalenzverbindungen auch dadurch entstehen, daß sich zwei ungleiche, normale Moleküle vereinigen; so sind z. B. Pikrate, Oxonium- und Ammoniumsalze konstituiert. Diese Verbindungen sollen als *heterokoordinative Verbindungen*[2] bezeichnet werden. Diese heterokoordinativen Verbindungen hat man bisher immer als Nebenvalenzverbindungen angesprochen, während die isokoordinativen Verbindungen auch als Assoziate bezeichnet wurden. So sprach man z. B. von der Assoziation des Wassers. Nach der hier vorgeschlagenen Nomenklatur ist das flüssige Wasser eine isokoordinative Verbindung.

Der Grund dafür, daß die Bezeichnung nicht einheitlich ist, liegt darin, daß die Zusammensetzung der koordinativen Moleküle eine unterschiedliche ist. Bei einer ganzen Reihe von heterokoordinativen wie auch von isokoordinativen Verbindungen treten die normalen Moleküle in einem einfachen Zahlenverhältnis zusammen. Bei den Alkoholen und Säuren sind die koordinativen Moleküle aus zwei normalen Molekülen gebildet. Z. B. sind die koordinativen Moleküle der Säuren so beständig, daß sie auch unverändert in Lösung gehen. Durch kryoskopische Bestimmungen ermittelt man hier nicht das normale Molekulargewicht, sondern das koordinative[3]. Ebenso lassen Viscositätsmessungen das Vorliegen von koordinativen Molekülen erkennen[4]. Die isokoordinativen Moleküle des Wassers sind aber labiler und komplizierter gebaut, als die der Säuren, und werden deshalb als Assoziate bezeichnet.

Die andersartigen Verhältnisse beim Wasser lassen sich folgendermaßen verstehen. Die einfachen Äther liefern keine isokoordinativen Verbindungen,

---

[1] Vgl. P. Pfeiffer: Organische Molekülverbindungen. 2. Aufl. Verlag Ferdinand Enke 1927.

[2] Vgl. auch die heterokoordinativen Verbindungen aus Desoxycholsäure und Fettsäuren, H. Wieland und H. Sorge: Ztschr. f. physiol. Ch. **97**, 1 (1916); Reinboldt, H.: Liebigs Ann. **451**, 256 (1927); **473**, 249 (1929) — Ztschr. f. physiol. Ch. **180**, 180 (1929).

[3] Trautz, M., u. W. Moschel: Ztschr. f. anorg. u. allg. Ch. **155**, 13 (1926).

[4] Staudinger, H., u. E. Ochiai: Ztschr. f. physik. Ch. (A) **158**, 45 (1931).

Alkohole und Säuren, also Verbindungen mit einem Wasserstoffatom am Sauerstoffatom, liefern koordinative Verbindungen aus zwei normalen Molekülen. Es
ist darum wahrscheinlich, daß das Wasser, das zwei Wasserstoffatome an einem
Sauerstoffatom gebunden hat, zu beiden Seiten ein weiteres Wassermolekül
koordinativ binden kann. Da diese Wassermoleküle wieder weitere Wassermoleküle
koordinativ binden können, so kommt es zur Ausbildung eines *polymeren, isokoordinativen Wassermoleküls* [1, 2].

Bei organischen Verbindungen, die mehrere Hydroxylgruppen tragen, kann
jede Hydroxylgruppe eine koordinative Bindung betätigen. So kann es bei den
Polyhydroxylverbindungen, Polycarbonsäuren und Oxycarbonsäuren zu kompliziert gebauten Verbindungen kommen. Über die Zusammensetzung dieser
koordinativen Moleküle und ihr Verhalten in Lösung ist bis jetzt nichts bekannt.
Wahrscheinlich werden Viscositätsuntersuchungen auch hier einen Einblick
geben.

Man hat also besonders bei hochmolekularen Stoffen zu beachten, daß verschiedene Arten von Molekülen zu unterscheiden sind: normale Moleküle, bei
denen alle Atome durch Hauptvalenzen gebunden sind und koordinative Moleküle, an deren Aufbau sich Hauptvalenzen und Nebenvalenzen beteiligen.

## IV. Hochmolekulare Stoffe sind Gemische von Polymerhomologen.

Es existiert ein prinzipieller Unterschied zwischen hoch- und niedermolekularen Verbindungen in bezug auf Bearbeitung und Charakterisierung. Ein
niedermolekularer Stoff läßt sich durch chemische Umsetzungen als reine und
einheitliche Verbindung gewinnen, so daß alle Moleküle gleichen Bau und gleiche
Größe haben. Gemische von niedermolekularen Stoffen lassen sich durch chemische
Methoden trennen, wenn die einzelnen Bestandteile ganz verschiedene Eigenschaften haben. Liegt ein Gemisch homologer Verbindungen vor, also ein Gemisch
von Verbindungen mit gleichen chemischen Eigenschaften, aber Unterschieden
in der Molekülgröße, so läßt sich ein solches Gemisch durch Destillation oder
Krystallisation oder fraktionierendes Behandeln mit Lösungsmitteln ebenfalls in
einzelne chemische Individuen zerlegen. Diese physikalischen Methoden sind
allerdings nur dann erfolgreich, wenn die Unterschiede im Gewicht der Moleküle
eines Gemisches genügend groß sind. Deshalb sind Gemische von homologen
Verbindungen bekanntlich um so schwerer zu trennen, je höhermolekular diese
Verbindungen sind; denn die Gewichtsunterschiede zweier benachbarter Vertreter werden mit steigendem Molekulargewicht immer geringer. In der folgenden Tabelle 2 sind die Gewichtsunterschiede zwischen benachbarten Paraffinen
bezogen auf das Gewicht des niedrigermolekularen Produktes, in Prozenten angegeben. Da sich das Gewicht des Paraffinmoleküls $C_{100}H_{202}$ von dem des folgenden nur um 1% unterscheidet, so ist die Trennung eines Gemisches dieser
beiden kaum zu erreichen, während ein Gemisch von Äthan und Propan sich sehr
leicht durch fraktionierte Destillation trennen läßt.

---

[1] Auch die hohe Viscosität des Wassers; ebenso ist die große Temperaturabhängigkeit der Viscosität durch den leichten Zerfall der polymeren Wassermoleküle bedingt.

[2] Über polymere Wassermoleküle vgl. z. B. M. P. APPLEBEY, Journ. chem. Soc.
London **97**, 2000 (1910); W. R. BOUSFIELD, Journ. chem. Soc. London **107**, 1781 (1915);
ferner W. MADELUNG, Liebigs Ann. **427**, 72 (1922).

Tabelle 2.

Die Trennungsmöglichkeit in der homologen Reihe der Paraffine.

| $\dfrac{CH_4}{C_2H_6}$ | $\dfrac{C_2H_6}{C_3H_8}$ | $\dfrac{C_3H_8}{C_4H_{10}}$ | $\dfrac{C_4H_{10}}{C_5H_{12}}$ | $\dfrac{C_5H_{12}}{C_6H_{14}}$ | $\dfrac{C_{10}H_{22}}{C_{11}H_{24}}$ | $\dfrac{C_{50}H_{102}}{C_{51}H_{104}}$ | $\dfrac{C_{100}H_{202}}{C_{101}H_{204}}$ |
|---|---|---|---|---|---|---|---|
| 87,5% | 47% | 32% | 24% | 19,5% | 9,8% | 2,0% | 1,0% |

Ganz ähnliche Verhältnisse wie bei hochmolekularen Paraffinen und überhaupt bei Gemischen homologer Substanzen liegen auch bei den Hochpolymeren vor[1]. Bei der Synthese von Hochpolymeren durch Polymerisation von niedermolekularen Verbindungen entstehen nicht einheitliche Substanzen, sondern Gemische Polymerhomologer. Wenn man also die Polymerisationsbedingungen so wählt, daß ein Produkt vom Polymerisationsgrad 100 entsteht, so bilden sich dabei auch die Produkte vom Polymerisationsgrad 101, 102 usw. resp. 99, 98 usw., da die Unterschiede in den Bildungsbedingungen sehr gering sind. Ebenso erhält man bei der Spaltung der hochmolekularen Stoffe stets Gemische von polymerhomologen Abbauprodukten. Wenn man z. B. Kautschuk vom Polymerisationsgrad 1000 durch Erhitzen spaltet und die Temperatur so hoch wählt, daß sich ein Polypren vom Polymerisationsgrad 100 bildet, dann entsteht dieses nicht allein, sondern auch die nächsthöheren und -niederen Polymerhomologen. Aus solchen Gemischen Polymerhomologer lassen sich keine einheitlichen Stoffe herstellen; denn infolge der Größe der Moleküle sind die Gewichtsunterschiede zwischen den einzelnen Molekülen zu gering, als daß sich darauf eine Trennung durch physikalische Methoden begründen ließe. Ein Polypren vom Molekulargewicht 6800 ist von einem solchen mit dem Molekulargewicht 6868 natürlich außerordentlich wenig unterschieden.

*Moleküle einer solchen Größe*, bei der benachbarte homologe oder polymerhomologe Glieder sich in ihrem Gewicht so wenig unterscheiden, daß die Trennung des Gemisches nicht durchführbar ist, werden als *Makromoleküle* bezeichnet. Bei Stoffen, die aus Makromolekülen aufgebaut sind, kann man infolgedessen nicht von einem Molekulargewicht sprechen, sondern nur von einem *Durchschnittsmolekulargewicht*. Trotzdem kann man Gemische solcher polymerhomologer Stoffe als einheitliche Stoffe bezeichnen, und zwar als *polymereinheitliche*[2], weil die einzelnen Moleküle das gleiche Bauprinzip und nur eine verschiedene Kettenlänge haben. Geradeso spricht man auch von einem reinen Paraffin, wenn das Produkt aus einem Gemisch von normalen Paraffinkohlenwasserstoffen, also Kohlenwasserstoffen gleichen Baues, aber verschiedener Kettenlänge, besteht. Der Übergang zwischen Makromolekülen und gewöhnlichen Molekülen ist natürlich kein scharfer, da sie ja gleich gebaut sind und es bei Gemischen relativ niedermolekularer, homologer wie polymerhomologer Stoffe nur auf die analytische Sorgfalt ankommt, ob man solche Gemische in Produkte mit völlig einheitlichen Molekülen zerlegen kann oder nicht.

Da die hochpolymeren Stoffe aus einem Gemisch von Polymerhomologen bestehen, so resultiert eine Schwierigkeit in der Bearbeitung und Charakterisierung dieser Produkte. Bei einheitlichen niedermolekularen Stoffen sind die physikalischen Eigenschaften und ihr chemisches Verhalten reproduzierbar; denn alle

---

[1] Vgl. H. STAUDINGER: Ber. Dtsch. Chem. Ges. **59**, 3022 (1926).

[2] STAUDINGER, H.: Liebigs Ann. **474**, 155 (1929).

Moleküle haben gleichen Bau und müssen daher auch gleiches Verhalten zeigen. Allerdings ist diese ideale Forderung praktisch schwer zu erfüllen. Häufig sind in einer scheinbar reinen Verbindung geringe Mengen von Fremdsubstanzen vorhanden, die gewisse physikalische und chemische Eigenschaften des Stoffes beeinflussen. Bei den gewöhnlichen chemischen Untersuchungen macht sich ein solcher Anteil von Fremdmolekülen in der Regel nicht bemerkbar, aber gewisse Umsetzungen wie z. B. Polymerisationsprozesse, ebenso Autoxydationsprozesse können durch solche Verunreinigungen katalytisch beschleunigt oder gehemmt werden. So ist z. B. die Polymerisationsgeschwindigkeit scheinbar reiner Styrolpräparate eine ganz verschiedene, je nach dem Sauerstoffgehalt, wenn derselbe sich analytisch auch nicht direkt nachweisen läßt[1]. Für die gewöhnlichen Umsetzungen eines reinen Stoffes sind, wie gesagt, solche geringen Beimengungen ohne Einfluß, ebenso werden die meisten physikalischen Eigenschaften dadurch nicht merklich verändert. So kann man einen niedermolekularen einheitlichen Stoff reproduzierbar charakterisieren, und es gilt für diese einheitlichen Stoffe der Satz von W. OSTWALD[2]: „Stimmen zwei Stoffe in einigen Eigenschaften überein, so tun sie dies in bezug auf alle anderen Eigenschaften gleichfalls.“ Diese Erfahrung ist grundlegend für die ganze analytische Chemie.

Ganz andere Verhältnisse liegen bei der Charakterisierung und Identifizierung von hochmolekularen Verbindungen vor. Es ist praktisch wohl kaum möglich, daß man ein solches Gemisch von Polymerhomologen, in dem 10, 100 oder noch mehr Molekülarten, die sich durch ihre Länge unterscheiden, enthalten sind, bei einer Wiederholung des Versuches völlig gleichartig herstellen kann. Die Eigenschaften eines solchen Gemisches ändern sich aber sehr stark, je nach dem Gehalt an hoch- und niedermolekularen Produkten. Wenn z. B. zwei Abbauprodukte des Kautschuks genau den gleichen Durchschnittspolymerisationsgrad 100, also das Molekulargewicht 6800 haben, so brauchen damit die sonstigen Eigenschaften der beiden Stoffe noch nicht übereinzustimmen. So kann z. B. die Viscosität von gleichkonzentrierten Lösungen dieser Stoffe sich sehr erheblich unterscheiden, da sie von der Moleküllänge der einzelnen Komponenten des Gemisches abhängt. Wenn also der Gehalt an hoch- und niedermolekularen Stoffen in zwei Produkten ein verschiedener ist, so ist es möglich, daß sie in anderen Eigenschaften erhebliche Differenzen aufweisen, trotzdem sie in ihrem Durchschnittsmolekulargewicht[3] übereinstimmen. Versuche an Hochpolymeren sind deshalb nicht genau reproduzierbar. Man beobachtet schon bei relativ einfach gebauten hochmolekularen Körpern, wie z. B. dem Polyoxymethylen, eine Fülle von verschiedenartigen Erscheinungen, die durch kleine Unterschiede im Stoffgemisch bedingt sind. Ein noch viel mannigfaltiger wechselndes Verhalten wird man demnach bei den kompliziert gebauten hochmolekularen Naturstoffen erwarten können. Diese Schwierigkeit der Identifizierung der hochmolekularen Stoffe hat vielfach von der Untersuchung derselben abgeschreckt, da der Chemiker gewohnt war, mit reinen und einheitlichen Stoffen zu arbeiten.

Die Aussage, daß die hochpolymeren Verbindungen Gemische von Polymerhomologen darstellen, gilt allerdings nur für die synthetischen Polymeren und

---

[1] Unveröffentlichte Versuche von W. FROST.
[2] OSTWALD, W.: Wissenschaftliche Grundlagen der analytischen Chemie. 2. Aufl. S. 3.
[3] Gemeint ist hier das kryoskopische resp. osmotische Durchschnittsmolekulargewicht.

die Abbauprodukte der hochmolekularen Naturprodukte. Es ist nicht ausgeschlossen, daß die Natur große Moleküle einer ganz bestimmten Länge herstellen kann.
So baut möglicherweise jede Pflanze Cellulosemoleküle einer einheitlichen Größe,
die sich von Cellulosemolekülen einer anderen Pflanzenart evtl. in der Länge
unterscheiden können. Ebenso ist es möglich, daß der natürliche Kautschuk
und die Balata völlig einheitliche Stoffe sind[1]. Synthetisch sind hochmolekulare
Stoffe mit einheitlich langen Molekülen bisher nicht zugänglich. Alle reinen
Cellulosepräparate des Laboratoriums, ebenso der gereinigte Kautschuk und die
gereinigte Balata sind Gemische von Polymerhomologen, da beim Aufarbeiten
und Reinigen der Naturstoffe ein Abbau dieser empfindlichen Moleküle nicht zu
vermeiden ist; die teilweise abgebauten Moleküle lassen sich von den ursprünglichen natürlich nicht trennen. Also auch beim Arbeiten mit den Naturprodukten
hat man es immer mit einem Gemisch von Polymerhomologen zu tun.

## V. Polymerisation, Assoziation, Micellbildung, Aggregation, Schwarmbildung.

In der Literatur der hochmolekularen Stoffe werden diese Begriffe häufig von
den einzelnen Autoren in verschiedener Weise gebraucht, z. B. wurde von Aggregation und Desaggregation, Polymerisation und Depolymerisation des Kautschuks gesprochen, ohne daß damit genau bezeichnet wurde, was unter diesen
Begriffen verstanden werden soll. Es ist darum wichtig, dieselben genau zu
definieren.

### 1. Polymerisation.

Der Begriff Polymerisation wurde früher in der Chemie häufig nicht richtig
verwandt; so bezeichnete z. B. HOLLEMANN[2] als Polymerisation solche Vorgänge,
bei denen zwei oder mehrere Moleküle eines Stoffes in der Weise verkettet
werden, daß diese wieder daraus regeneriert werden können. Gerade dieses
Kriterium ist für den Polymerisationsprozeß nicht wesentlich. Die Polymerisationsprodukte können je nach ihrer Konstitution einen ganz verschiedenen
Grad der Zersetzlichkeit aufweisen, ohne daß glatte Depolymerisation zu den
monomolekularen Körpern eintritt. Letzteres wird nicht nur von der Beständigkeit des Polymerisationsproduktes abhängig sein, sondern auch von der Stabilität
der monomeren Verbindung. *Als Polymerisation bezeichnet man die Vereinigung
zweier oder mehrerer Moleküle einer Verbindung zu einem Produkt von gleichprozentiger Zusammensetzung*, also einem Vielfachen ihres Molekulargewichtes[3].
Dabei kann man zwei Arten von Polymerisation unterscheiden, je nachdem die
Bindung der einzelnen Moleküle durch normale oder durch koordinative Kovalenzen erfolgt. Ein normales Polymerisationsprodukt entsteht aus einem
monomeren Körper dadurch, daß die Moleküle desselben durch normale Kovalenzen gebunden werden; bei einem koordinativen Polymerisationsprodukt
werden dagegen die Grundmoleküle durch koordinative Kovalenzen verkettet.
*Depolymerisation ist die Zerlegung polymerer Moleküle in die monomeren.* Die
Depolymerisation normaler Polymerisationsprodukte verläuft, wie gesagt, ganz
verschieden, je nach der Beständigkeit des Polymerisationsproduktes und der

---

[1] Vgl. H. STAUDINGER u. H. F. BONDY: Ber. Dtsch. Chem. Ges. **63**, 727 (1930).
[2] HOLLEMANN: Lehrbuch der organischen Chemie. 13. Aufl. S. 115. 1918.
[3] Vgl. H. STAUDINGER: Ber. Dtsch. Chem. Ges. **53**, 1074 (1920) — Kautschuk **1**, 8 (1925).

monomeren Verbindung, und ist in manchen Fällen, wie z. B. beim Polyvinyl-bromid und Polyäthylenoxyd nicht durchführbar.

Koordinative Polymerisationsprodukte sind in allen Fällen leicht zu depoly-merisieren, da ja die Bindung der einzelnen Grundmoleküle durch koordinative Kovalenzen lange nicht so fest ist wie die durch normale Kovalenzen.

Bei den normalen Polymerisationsprozessen lassen sich zwei verschiedene Gruppen unterscheiden.

a) Es gibt normale Polymerisationsprozesse, bei denen das entstehende Polymerisationsprodukt die gleiche Bindungsart der Atome wie das Grund-molekül hat. Beispiele hierfür sind die Bildung des Hexaphenylaethans aus Triphenylmethyl, des Trioxymethylens aus Formaldehyd, der Cyclobutandion-derivate aus Ketenen. Hierher gehören ferner die Bildung des Eupolyoxy-methylens aus Formaldehyd[1], die Bildung des Eupolystyrols aus Styrol[2]. Diese Polymerisationsprozesse sollen als *echte Polymerisationsprozesse* bezeichnet werden, die entstehenden Polymerisationsprodukte als echte Polymerisations-produkte.

b) Bei einer zweiten Gruppe von Polymerisationsprozessen tritt bei der Bildung des polymeren Körpers aus dem Monomeren eine Atomverschiebung ein, in der Regel eine Wasserstoffwanderung. Das Polymerisationsprodukt weist nicht mehr die ursprüngliche Bindungsart der Atome des monomeren Körpers auf. Hierher gehört die Polymerisation des Formaldehyds zu Glykol-aldehyd und den Zuckern, die Aldolpolymerisation, die Bildung von Distyrol[3] aus Styrol, von Diacrylester[4] aus Acrylester. Diese Polymerisationsarten sollen als *kondensierende Polymerisationsprozesse* bezeichnet werden[5]. Sie verlaufen analog den eigentlichen Kondensationsprozessen, bei denen Moleküle ver-schiedener Zusammensetzung in ähnlicher Weise vereinigt werden. Polymeri-sationsprodukte, bei denen im polymerisierten Körper nicht mehr die ur-sprüngliche Bindung der Atome des Monomeren erhalten ist, stellen konden-sierte Polymerisationsprodukte dar. So kann die Polymerisation des Acetal-dehyds zu Aldol mit der Kondensation von Acetaldehyd mit Aceton ver-glichen werden.

Dabei ist interessant, daß durch einen kondensierenden Polymerisations-prozeß, also durch Polymerisation unter Wasserstoffwanderung, auch echte Poly-merisationsprodukte erhalten werden können; z. B. entsteht das $\alpha$-Polyoxy-methylen dadurch, daß sich an ein Molekül Methylenglykol in fortlaufender Reihe monomere Formaldehydmoleküle anlagern (vgl. zweiter Teil, B. IV. 1 b).

Sowohl bei den echten wie bei den kondensierenden Polymerisationsprozessen entstehen je nach dem Charakter der Monomeren und je nach den Polymerisa-

---

[1] Vgl. Zweiter Teil, B. IV. 3a.

[2] Auf diese letzteren Polymerisationsprozesse wird noch später eingegangen, vgl. Erster Teil, H. III. 3.; denn es ist die Einschränkung zu machen, daß bei der Endgruppenbildung der langen Fadenmoleküle eine Atomverschiebung eintritt.

[3] Stobbe, H., u. Posnjak: Liebigs Ann. **371**, 287 (1909).

[4] H. v. Pechmann u. O. Röhm: Ber. Dtsch. Chem. Ges. **34**, 427 (1901).

[5] Vgl. dazu auch W. H. Carothers: Journ. Amer. Chem. Soc. **51**, 2548 (1929), der zwischen Additionspolymeren = echten Polymerisationsprodukten und Kondensations-polymeren unterscheidet. Ferner Th. Wagner-Jauregg: Ber. Dtsch. Chem. Ges. **63**, 3213 (1930). Vgl. dazu H. Staudinger: Ber. Dtsch. Chem. Ges. **53**, 1074 (1920).

tionsbedingungen dimolekulare, trimolekulare oder höhermolekulare Stoffe. Die sehr hochmolekularen Stoffe, bei denen 1000 und mehr Grundmoleküle im Polymeren durch normale Kovalenzen gebunden sind, entstehen synthetisch nur durch echte Polymerisationsprozesse, nicht aber durch kondensierende; denn die Kondensationsfähigkeit nimmt mit wachsender Molekülgröße ab und hört schließlich ganz auf, so daß hierbei nur relativ niedermolekulare Polymere sich bilden können.

$$
CH_2{=}O
\begin{cases}
\begin{array}{c}
CH_2 \quad O \\
O\diagup \qquad \diagdown CH_2 \\
CH_2 \quad O
\end{array} \\[2ex]
{-}O{-}CH_2{-}(O{-}CH_2)_x{-}O{-}CH_2{-}
\end{cases}
\right\} \text{echte Polymerisationsprozesse}
$$

$$
\left.
\begin{array}{c}
CH_2{=}O \rightarrow \underset{\underset{\textstyle OH}{|}}{CH_2}{-}C{\big\langle}^{O}_{H} \quad \text{usw.} \\
\text{kondensiertes Polymerisationsprodukt} \\[2ex]
\left.\begin{array}{c} CH_2{=}O \\ + \\ HO{-}CH_2{-}OH \end{array}\right\} HO{-}CH_2{-}(O{-}CH_2)_x{-}O{-}CH_2{-}OH \\
\text{echtes Polymerisationsprodukt}
\end{array}
\right\} \text{kondensierende Polymerisationsprozesse}
$$

Über koordinative Polymerisationsprodukte ist relativ wenig bekannt; sie können dimolekular und höhermolekular sein. Genau bekannt sind nur die dimolekularen Polymerisationsprodukte der Monocarbonsäuren, deren Moleküle in organischen Lösungsmitteln nicht als normale Moleküle, sondern als koordinative Moleküle gelöst sind[1]. Ob Polyhydroxylverbindungen (in gleicher Weise Polyamine) höhermolekulare koordinative Polymerisationsprodukte bilden, ist noch nicht untersucht. Dagegen stellt das flüssige Wasser ein höhermolekulares koordinatives Polymerisationsprodukt dar[2].

Es sei hier bemerkt, daß in den letzten Jahren die verschiedensten Auffassungen über die Konstitution der Hochpolymeren geäußert wurden. Einige Forscher wie KARRER, BERGMANN, HESS, PUMMERER glaubten, daß sie aus kleinen Bausteinen aufgebaut seien, während sie tatsächlich Makromoleküle enthalten. Wenn man auf Grund der gegebenen Nomenklatur die verschiedenen Ansichten unterscheiden soll, so glaubten die genannten Forscher, die Hochpolymeren seien koordinative Polymerisationsprodukte, während sie tatsächlich normale Polymerisationsprodukte sind. Für die Beurteilung des Baues und der Eigenschaften der hochpolymeren Stoffe ist natürlich diese Unterscheidung eine sehr wesentliche, da sich beide Gruppen weitgehend in der Beständigkeit unterscheiden. Denn die Energiebeträge, die bei einer koordinativen Bindung zweier Atome frei werden, sind viel geringer als diejenigen, die bei einer Bindung der Atome durch Hauptvalenzen frei werden.

---

[1] Vgl. A. J. LANGMUIR: Journ. Amer. Chem. Soc. **39**, 1848 (1917). — TRILLAT, J.: C. r. d. l'Acad. des sciences **180**, 1329, 1838 (1925). — TRAUTZ, M., u. W. MOSCHEL: Anorg. Chemie **155**, 13 (1926). — STAUDINGER, H., u. E. OCHIAI: Ztschr. f. physik. Ch. (A) **158**, 45 (1931).

[2] Vgl. Erster Teil, A. III.

## 2. Assoziation.

Bei der Bildung von koordinativen Polymerisationsprodukten treten die normalen Moleküle in einfachem stöchiometrischem Verhältnis zusammen, wenn in denselben nur ein Atom enthalten ist, das zur Bildung koordinativer Moleküle Anlaß gibt. Sind natürlich, wie es bei den Hochpolymeren der Fall sein kann, im Molekül viele Atome vorhanden, die zu koordinativen Bindungen fähig sind, liegt also eine Polyhydroxylverbindung vor, eine Polycarbonsäure oder ein Polyamin, so kann das koordinative Molekül auch viel komplizierter zusammengesetzt und durch Zusammenlagern zahlreicher Einzelmoleküle entstanden sein. Normale Moleküle ohne solche Gruppen, die zu koordinativen Bindungen befähigt sind, können sich auch durch VAN DER WAALSsche Kräfte in konzentrierter Lösung zu größeren „Molekülhaufen" vereinigen. Da die Kräfte, die die Moleküle in einem „Molekülhaufen" zusammenhalten, sehr gering sind, so wird eine solche Molekülvereinigung sehr unbeständig sein, und es werden sich keine einfachen stöchiometrischen Verhältnisse bei der Bildung erkennen lassen. In einfachen stöchiometrischen Verhältnissen vereinigen sich nur solche Moleküle, bei denen ein oder mehrere Atome vor den anderen durch starke Dipolmomente ausgezeichnet sind.

Die Molekülvereinigungen, die in den konzentrierten Lösungen eines jeden homöopolaren Körpers vorliegen, sollen als *Assoziationen* bezeichnet werden. Über die Größe dieser „Molekülhaufen" hat man heute noch keine Kenntnis. Man weiß z. B. nicht, ob bei einem bestimmten Stoff in konzentrierten Lösungen „Molekülhaufen" einer bestimmten Größe entstehen, und ob dieselben stets gleiche Größe besitzen[1], oder ob sie sich mit der Konzentration einer Lösung kontinuierlich ändern.

Da die Kräfte, die solche „Molekülhaufen" zusammenhalten, sehr gering sind, so werden diese Assoziationen durch Temperaturerhöhung leicht zerstört. Wie später gezeigt werden soll, lassen sich Assoziationen an Viscositätsänderungen der Lösungen bei Temperaturerhöhung leicht erkennen.

Die Tendenz zu Assoziationen nimmt mit steigender Größe des Moleküls zu, wie man aus zahlreichen Erfahrungen in der organischen Chemie weiß.

## 3. Micellbildung.

Eine besondere Art der Assoziation kleiner Moleküle stellt die Micellbildung dar. Sie tritt ein, wenn heteropolare organische Verbindungen mit einem höhermolekularen Kation resp. Anion in Wasser gelöst werden[2]. Die relativ hochmolekularen organischen Reste sind lyophob, die Ionen dagegen lyophil. Durch die Micellbildung werden die lyophoben organischen Reste vor dem Wasserzutritt geschützt. Es lagern sich z. B. bei der Bildung der Seifenmicellen die langen Ketten der Fettsäuren derart zusammen, daß im Innern der Micellen die organischen Reste vorhanden sind, während an den Oberflächen sich die lyophilen

---

[1] Dafür könnten eine Reihe von Erfahrungen sprechen, vgl. z. B. J. TRAUBE: Ztschr. f. physik. Ch. (A) **138**, 85 (1928) — Ztschr. f. Elektrochem. **35**, 626 (1929).

[2] Dabei darf das höhermolekulare Ion nur eine oder wenige Ionenladungen haben. Die Seifen unterscheiden sich so von dem polyacrylsauren Natrium, das ein Polyanion besitzt.

Ionen befinden[1]. Die Löslichkeit der Micelle in Wasser wird also durch die Ionen an der Oberfläche bedingt. Die Größe der Micellen hängt ab von der Länge der Ketten, z. B. der der Fettsäurereste, und der Größe der VAN DER WAALSschen Kräfte, die zwischen diesen Ketten herrschen. Zur Micellbildung sind aber nicht nur die langen Ketten, sondern vor allem auch die Ionenladungen notwendig. Die Micellen sind also elektrisch geladene Kolloidteilchen, die polywertige Anionen oder Kationen haben. Damit es zur Micellbildung kommt, ist ein gewisses Verhältnis der langen Kette zu der Ionenladung notwendig. Sind die Ketten noch kurz, so sind die Salze normal löslich, wie es bei den niederen Fettsäuren der Fall ist. Sind dagegen die Ketten sehr lang, wie es bei hochmolekularen Säuren der Fall ist, dann kann es zu einer Micellbildung nicht mehr kommen, da die Säuren zu schwach sind und ihre Salze hydrolysiert werden. Trägt eine lange Kette sehr viele Ionenladungen, wie es beim polyacrylsauren Natron der Fall ist, dann löst sich ein solches Salz normal, wie eine niedermolekulare Verbindung, ohne daß Micellbildung eintritt.

### 4. Aggregation.

Micellen, ebenso Kolloidteilchen von Suspensoiden und Emulsoiden können sich zu größeren Komplexen zusammenlagern. Dies hat man z. B. beim Vanadinpentoxyd beobachtet. Eine Zusammenlagerung derartiger Kolloidteilchen zu größeren Komplexen soll als *Aggregation* bezeichnet werden, die Zerstörung von solchen Komplexen als *Desaggregation*.

Lagern sich dagegen die Kolloidteilchen von Molekülkolloiden zusammen, so ist dies eine Assoziation, da ja hier die Kolloidteilchen Makromoleküle sind.

Die Vereinigung der Kolloidteilchen zu Aggregaten kann durch koordinative Kovalenzen oder durch Oberflächenkräfte bewirkt werden. Sie erfolgt *nicht* durch Hauptvalenzen, denn eine solche Vereinigung würde ja eine Polymerisation darstellen und führte von kleineren Molekülen zu größeren.

### 5. Schwarmbildung.

In der Lösung einer heteropolaren Verbindung bilden sich Ionenhaufen derart, daß sich ein Anion mit Kationen umgibt und umgekehrt. Diese Ionenhaufen sollen als *Schwarmbildung* bezeichnet werden. Bei hochmolekularen heteropolaren Verbindungen treten durch die interionischen Kräfte zwischen den polywertigen Ionen besonders komplizierte Verhältnisse ein[2], die beim polyacrylsauren Natron genauer untersucht sind.

### VI. Definition der hochmolekularen Verbindungen.

Früher bezeichnete man eine Reihe von unlöslichen oder kolloidlöslichen Naturprodukten oder synthetischen Stoffen als hochmolekular, da analog gebaute niedermolekulare Stoffe sich normal lösen. Die Unlöslichkeit bzw. die Kolloidlöslichkeit sind aber keine einwandfreien Kriterien für die hochmolekulare Natur

---

[1] Vgl. die Arbeiten von P. A. THIESSEN u. Mitarbeiter: Ztschr. f. physik. Ch. (A) **156**, 309, 435, 457 (1931). Vgl. vor allem die zahlreichen Arbeiten von MC BAIN, ferner A. S. C. LAWRENCE: Kolloid-Ztschr. **50**, 12 (1930).

[2] Vgl. Zweiter Teil, D. I. 3.

eines Stoffes. Ein kolloidlöslicher Stoff kann auch aus kleinen Molekülen aufgebaut sein, wie z. B. die Seifen zeigen. Zudem braucht eine unlösliche Verbindung nicht hochmolekular zu sein; so hat z. B. das unlösliche Polycyclopentadien[1] nur den Polymerisationsgrad 6, ist also ein niedermolekularer Stoff, der nur infolge der blättchenförmigen Gestalt seiner Moleküle unlöslich ist.

Die Moleküle der hochmolekularen Verbindungen, sowohl der Naturprodukte wie der synthetischen Hochpolymeren, haben, soweit ihre Konstitution aufgeklärt ist, ein gemeinsames Bauprinzip: es sind lange Fadenmoleküle[2]. Solche Moleküle besitzen auch die Paraffine und ihre Derivate; aber deren Fadenmoleküle sind relativ kurz, sie sind nur 20—50 oder höchstens 100 mal länger als breit. Beträgt aber die Länge der Fadenmoleküle das Mehrhundertfache ihres Durchmessers, dann besitzen sie in einer Dimension die Größe von Kolloidteilchen und können die Wellenlänge des sichtbaren Lichtes übertreffen, während ihre beiden anderen Dimensionen niedermolekulare Größenordnung haben. Stoffe mit so gestalteten Molekülen liefern kolloide Lösungen. Sie werden deshalb auch als *„Molekülkolloide"*[3] bezeichnet, da die Kolloidteilchen mit den Molekülen identisch sind. Makromoleküle kolloider Dimensionen können deshalb auch *„Kolloidmoleküle"* genannt werden. Die „hochmolekularen" Eigenschaften von Kautschuk und Cellulose und die Natur ihrer kolloiden Lösungen hängen einmal von der Größe ihrer Moleküle ab, weiter aber auch von deren Gestalt.

Die Makromoleküle von Kautschuk und Cellulose erreichen eine Länge von 4000—8000 Å bei einem Durchmesser von 3 bzw. 7,5 Å. Sie sind also dünnen Stäben zu vergleichen, die bei einem Durchmesser von 1 cm eine Länge von 5—20 m haben. Die längsten Fadenmoleküle, die bei synthetischen Stoffen beobachtet worden sind, sind die des Polystyrols. Diese haben eine Länge von ca. 1,5 $\mu$ bei einem Durchmesser von ungefähr 15 Å.

Wo. OSTWALD[4] teilt die dispersen Systeme nach ihrer Größe folgendermaßen ein:

| Grobe Dispersionen | Kolloide | Molekulardispersoide |
|---|---|---|
| Perioden größer als 0,1 $\mu$ können mikroskopisch aufgelöst werden | Perioden 0,1 $\mu$ bis 1 $\mu\mu$ können nicht mikroskopisch aufgelöst werden | Perioden kleiner als 1 $\mu\mu$ können nicht mikroskopisch aufgelöst werden |

Diese Größenordnungen gelten für Suspensoide und Emulsoide, also für annähernd kugelförmige Kolloidteilchen. Die Dimensionen der fadenförmigen Kolloidmoleküle liegen zwischen 50 $\mu\mu$ und 1 $\mu$. Fadenmoleküle, die kürzer als 50 $\mu\mu$ sind, rufen in Lösung noch keine charakteristischen, kolloiden Eigenschaften hervor. Stoffe mit Fadenmolekülen dieser Länge sind noch relativ niedermolekular. In einem Suspensoid sind Teilchen vom Durchmesser 1 $\mu$ mikroskopisch sichtbar, während ebenso lange Kolloidmoleküle infolge ihres

---

[1] Vgl. H. STAUDINGER, H. A. BRUSON: 7. Mitt. über hochpolymere Verbindungen. Liebigs Ann. **447**, 97 (1926). Die dort angegebene Formel des Polycyclopentadiens ist nach der neueren Arbeit von K. ALDER u. G. STEIN: Liebigs Ann. **485**, 223 (1931) abzuändern; die früheren Ausführungen über das Verhalten dieser Stoffe werden dadurch nicht berührt.

[2] Man kann auch von langen Ketten- oder Stabmolekülen sprechen.

[3] Vgl. A. LUMIÈRE: Chem. Zentralblatt **1926 I**, 1779. — STAUDINGER, H.: Ber. Dtsch. Chem. Ges. **62**, 2893 (1929). — Ferner Bull. Soc. Chim. de France (4) **49**, 1267 (1931).

[4] Welt der vernachlässigten Dimensionen. 9. u. 10. Auflage, S. 20. 1927.

geringen Durchmessers sich der Beobachtung entziehen. Dadurch unterscheiden sich auch die höchstmolekularen Molekülkolloide von den Suspensoiden und den Emulsoiden. In der älteren Literatur über Kautschuk und Cellulose finden sich eine Reihe von Angaben, nach denen die Kolloidteilchen von Lösungen dieser Stoffe ultramikroskopisch sichtbar sein sollen. Diese Angaben sind irrig. Die ultramikroskopisch sichtbaren Teilchen sind Verunreinigungen der hochmolekularen Naturprodukte, die sich natürlich besonders schwer entfernen lassen. Stellt man dagegen hochmolekulare Produkte durch Polymerisation von niedermolekularen Stoffen her, so lassen sich solche Verunreinigungen fernhalten. Ein aus monomerem Styrol gewonnenes hochmolekulares Polystyrol, ebenso ein synthetischer Kautschuk geben optisch völlig leere Lösungen[1]; es ist heute nicht mehr auffallend, daß die Molekülkolloide sich der ultramikroskopischen Beobachtung entziehen, nachdem ihr Bau bekannt ist.

## VII. Hochmolekulare Verbindungen mit ein-, zwei- und dreidimensionalen Makromolekülen.

Es ist möglich, daß außer den Hochmolekularen, deren Moleküle Fadenform haben, auch solche existieren, deren Moleküle blättchen- oder kugelförmig sind, die also nicht nur in der Länge, sondern auch in der Breite resp. allen drei Dimensionen gleiche Größe haben. Man kann so von ein-, zwei- und dreidimensionalen Makromolekülen sprechen. Dreidimensionale Makromoleküle können in manchen Eiweißstoffen vorliegen, doch sind sie bisher noch nicht erforscht.

Stoffe mit sehr großen dreidimensionalen Molekülen sind unlöslich, da die Oberfläche solcher dreidimensionaler Makromoleküle im Verhältnis zu ihrer Größe zu gering ist und nur eine ungenügende Solvatation durch das Lösungsmittel eintreten kann. Stoffe mit dreidimensionalen Makromolekülen entstehen vielfach aus solchen mit Fadenmolekülen, und zwar durch eine Verkettung derselben durch chemische Reaktionen; ist die Verkettung zwischen den Fadenmolekülen nur an wenigen Stellen erfolgt, dann können die Lösungsmittelmoleküle noch in den Stoff eindringen und ihn zum Quellen bringen. Ist dagegen eine starke Verkettung zwischen Fadenmolekülen zu dreidimensionalen Molekülen eingetreten, dann sind diese Stoffe vollständig unlöslich und quellen nicht.

Auf der Ausbildung solcher dreidimensionaler Makromoleküle beruhen die Eigenschaften vieler unlöslicher Kunstharze, z. B. der Bakelite, ferner der Vulkanisate des Kautschuks[2].

Die Tendenz zur Bildung solcher Verkettungen nimmt bei Kohlenwasserstoffen mit der Zahl der Doppelbindungen zu. Das Molekül eines hochmolekularen Paraffins ist der Typus eines beständigen Fadenmoleküls, aus dem sich keine dreidimensionalen Moleküle bilden können (I). Beim Kautschukmolekül ist dagegen infolge der Doppelbindungen eine Verknüpfung der Makromoleküle möglich (II). Ein fadenförmiges Polyacetylen, wie es bei der Polymerisation des Acetylens entstehen sollte, ist nicht bekannt (III); es entsteht dabei das beständige

---

[1] Versuche von M. BRUNNER u. R. SIGNER. Vgl. H. STAUDINGER: Ber. Dtsch. Chem. Ges. **62**, 2906 (1929).

[2] Über die Anlagerung von Schwefelchlorür an Kautschuk vgl. H. STAUDINGER u. J. FRITSCHI: Helv. chim. Acta **5**, 793 (1922); ferner K. H. MEYER u. H. MARK: Ber. Dtsch. Chem. Ges. **61**, 1947 (1928).

## e) Trimethylaminpolymerisat.

### Polymerisationsgrad ca. 50.

2,5% Trimethylamin (1 Mol auf 50) polymerisieren Äthylenoxyd in 8 Tagen. Das Produkt ist gelblich und enthält trotz mehrmaligem Umfällen noch ca. 0,5% Stickstoff, wie nach KJELDAHL festgestellt wurde. Löst man jedoch in Alkohol statt in Benzol und fällt mit Äther aus, so verschwindet nach dreimaligem Wiederholen dieser Operation der Stickstoffgehalt. Das Produkt wurde durch fraktionierendes Ausfällen in 6 Fraktionen zerlegt. Ihre Eigenschaften, Molekulargewichte und Analysen sind in den Tabellen 193 bis 195 zusammengestellt.

Tabelle 193. Eigenschaften.

| Fraktion | Löslichkeit in Äther | Schmelzpunkt Grad | $\eta_r$ |
|---|---|---|---|
| Unfrakt. Substanz | — | 44—55 | 1,52 |
| 1 | löslich in kaltem Äther | 33—38 | 1,26 |
| 2 | löslich in warmem Äther | 43—47 | 1,28 |
| 3 | | 47—53 | 1,47 |
| 4 | abnehmende Löslichkeit in | 49—55 | 1,48 |
| 5 | Benzol-Äther-Gemischen | 50—56 | 1,55 |
| 6 | | 50—57 | 1,65 |

Tabelle 194. Molekulargewichte.

| Fraktion | Einwage g | Dioxan g | $\varDelta$ | Molekulargewicht | Mittelwert | Polymerisationsgrad |
|---|---|---|---|---|---|---|
| Unfrakt. Substanz | 0,2894 | 21,88 | 0,030 | 2210 | 2150 | 49 |
| | 0,2934 | | 0,032 | 2100 | | |
| 1 | 0,1245 | 21,88 | 0,028 | 1020 | 1090 | 24 |
| | 0,2062 | | 0,041 | 1150 | | |
| 2 | 0,3433 | 21,88 | 0,052 | 1510 | 1540 | 35 |
| | 0,3730 | | 0,0545 | 1570 | | |
| 3 | 0,1975 | 21,88 | 0,020 | 2260 | 2260 | 51 |
| | 0,2357 | | 0,024 | 2250 | | |
| 4 | 0,2897 | 21,88 | 0,0275 | 2410 | 2500 | 56 |
| | 0,2154 | | 0,019 | 2600 | | |
| 5 | 0,3864 | 21,88 | 0,0315 | 2810 | 2830 | 64 |
| | 0,3534 | | 0,0285 | 2840 | | |
| 6 | 0,3653 | 21,88 | 0,024 | 3490 | 3590 | 81 |
| | 0,1931 | | 0,012 | 3690 | | |

Tabelle 195. Mikroanalysen.

| Polymerisationsgrad | Gefunden in Proz. | | Berechnet in Proz. | |
|---|---|---|---|---|
| | C | H | C | H |
| 49 | 53,7 | 9,3 | 54,09 | 9,11 |
| 24 | 53,43 | 9,07 | 53,62 | 9,13 |
| 35 | 54,07 | 9,12 | 53,92 | 9,12 |
| 51 | 54,39 | 9,20 | 54,11 | 9,11 |
| 56 | 54,36 | 9,13 | 54,16 | 9,11 |
| 64 | 53,53 | 9,13 | 54,21 | 9,11 |
| 81 | 54,11 | 9,08 | 54,26 | 9,11 |

Diese hochmolekularen Dihydrate zeigen merkwürdigerweise bei der Blind-probe der FREUDENBERGschen Acetylbestimmung einen Säuregehalt von 0,6%. Diacetate wurden daher nicht hergestellt.

### f) Kaliumpolymerisate.

Es wurden zwei Kaliumpolymerisate untersucht, die durch verschiedene Mengen Katalysator erhalten worden sind. Das höchstmolekulare von ihnen wurde folgendermaßen gereinigt: Es wurde mit einem Überschuß Essigsäure-anhydrid gekocht, die Hauptmenge Anhydrid abdestilliert, der Rückstand in Benzol gelöst und mit viel Äther gefällt. Das Ausfällen mit Äther wurde dann noch zweimal wiederholt. Das so erhaltene Diacetat wurde mit alkoholischer Kali-lauge verseift, zur Trockne verdampft, im Vakuum auf dem Wasserbad einen Tag lang getrocknet und dann mit Benzol aufgenommen. Die benzolische Lösung wurde filtriert, und mit Äther gefällt. Das Umfällen wurde noch zweimal wiederholt. Das so erhaltene Produkt hatte einen Schmelzpunkt von 55—65° und dieselbe relative Viscosität wie vor dem Umfällen.

Die Molekulargewichte beider Polymerisate sind in Tabelle 196, die Mikro-analysen des höchstmolekularen in Tabelle 197 dargestellt.

Tabelle 196. Molekulargewichte.

| Polymerisat | Einwage g | Dioxan g | $\Delta$ | Mol.-Gew. | Mittelwert | Polymerisations-grad |
|---|---|---|---|---|---|---|
| 1 | 0,2211 | 20,66 | 0,026 | 2100 | 2200 | 50 |
|   | 0,2144 | 20,66 | 0,024 | 2200 |   |   |
| 2 | 0,2916 | 20,66 | 0,012 | 5900 | 5900 | 134 |
|   | 0,2251 | 20,66 | 0,009 | 6100 |   |   |
|   | 0,3309 | 20,66 | 0,014 | 5700 |   |   |

Tabelle 197. Mikroanalysen: Polymerisat 2 von Tabelle 196.

| Substanz | Gefunden in Proz. | | Berechnet in Proz. | |
|---|---|---|---|---|
|   | C | H | C | H |
| Ungereinigt . . . . | 54,36 | 8,78 | 54,63 | 9,10 |
| Gereinigt . . . . . | 54,36 | 9,13 |   |   |

### g) Natriumamidpolymerisate.

Durch verschiedene Mengen Katalysator (1 und 0,5%) wurden drei Natrium-amidpolymerisate dargestellt, von denen die beiden letzten sehr hochmolekular sind (Molekulargewicht 9000 bzw. 13000). Diese beiden Substanzen lösen sich in Dioxan, Wasser, Formamid und Tetrabromäthan in der Kälte, in Alkohol, Benzol, Toluol, Xylol, Tetralin, Hexahydrobenzol, Tetrachloräthan und Chloro-form beim Erwärmen. Aus letzteren Lösungsmitteln fallen sie aber beim Ab-kühlen wieder aus. Unlöslich sind sie in Äther und Petroläther. In Wasser sind sie in jedem Verhältnis löslich. Ihre erstarrten Schmelzen sind viel härter als die aller vorigen Polymerisate, lassen sich aber noch gut pulverisieren. Sie enthalten keinen Stickstoff und hinterlassen keinen wägbaren Rückstand beim Veraschen. Die Molekulargewichtsbestimmungen der höchstmolekularen Substanz

sind bereits oben ausführlich mitgeteilt (Tabellen 184 bis 186, S. 318). In Tabelle 198 folgen die Analysen der beiden höchstmolekularen Polymerisate.

Tabelle 198. Mikroanalysen.

| Polymerisations-grad | Gefunden in Proz. | | Berechnet in Proz. | |
|---|---|---|---|---|
| | C | H | C | H |
| 210 | 54,15 | 9,34 | 54,43 | 9,10 |
| 295 | 54,16 | 8,73 | 54,55 | 9,10 |

### 3. Die Polyäthylenoxyd-diacetate.

#### a) Darstellung und Eigenschaften.

4,4 g des betreffenden Polyäthylenoxyd-dihydrates wurden mit 30,6 ccm Essigsäureanhydrid 4 Stunden am Rückflußkühler gekocht. Darauf wurde die Hauptmenge Anhydrid im Vakuum abdestilliert. Die niedermolekularen Diacetate (bis zum Molekulargewicht 1500) wurden in reinem Zustand durch Trocknen im Hochvakuum, die höheren durch wiederholtes Umfällen erhalten.

In ihrem Aussehen und ihrer Löslichkeit unterscheiden sich die Diacetate nicht merkbar von den Dihydraten. Ihre Schmelzpunkte liegen durchweg etwas niedriger als die der entsprechenden Hydroxylverbindungen. Auch die relativen Viscositäten in Benzol bei 20° in grundmolarer Lösung sind etwas geringer. In der folgenden Tabelle 199 sind diese Konstanten für beide Arten von Verbindungen zusammengestellt.

Tabelle 199.

| Katalysator | Frak-tion | Mol.-Gew. | Aussehen der | | Schmelzpunkte der | | Relative Viscosität in 1 gd-mol. Lösung | |
|---|---|---|---|---|---|---|---|---|
| | | | Dihydrate | Diacetate | Dihydrate Grad | Diacetate Grad | Dihydrate | Diacetate |
| Konz. Kali-lauge | 1 | 800 | halbfest, farblos | halbfest, gelblich | 25—29 | —26 | 1,20 | 1,17 |
| | 2 | 920 | | | 36—42 | —34 | 1,23 | 1,21 |
| | 3 | 1200 | | | 40—48 | 35—43 | 1,32 | 1,25 |
| | 4 | 1680 | farblos, fest | farblos, fest | 48—52 | 44—50 | 1,40 | 1,37 |
| SnCl$_4$ | 1 | 1530 | desgl. | desgl. | 35—40 | 35—45 | 1,29 | 1,30 |
| | 2 | 3100 | desgl. | desgl. | 42—54 | 42—52 | 1,54 | 1,50 |
| Kalium | 1 | 2700 | desgl. | desgl. | — | — | 1,24[1] | 1,28[1] |
| | 2 | 6400 | desgl. | desgl. | 55—65 | 56—62 | 1,49[1] | 1,48[1] |
| Natrium-amid | 1 | 6000 | desgl. | desgl. | 55—60 | — | 2,05 | 2,01 |
| | 2 | 9300 | desgl. | desgl. | 55—60 | 53—60 | 2,82 | — |
| | 3 | 13000 | desgl. | desgl. | 55—70 | 53—69 | 2,13[1] | 1,96[1] |

#### b) Molekulargewichte der Acetylverbindungen.

Von einigen Diacetaten wurden auch kryoskopisch nach BECKMANN Molekulargewichte bestimmt, um zu sehen, ob bei der Acetylierung kein Abbau eingetreten ist (Tabelle 200). Dies ist in der Regel nicht der Fall. Die verhältnismäßig großen Differenzen zwischen den Molekulargewichten der Dihydrate und Diacetate bei einigen Polymerisaten rühren von der Art der Reinigung her. Die betreffenden Produkte wurden durch Umfällen gereinigt, und da sie gerade an der Grenze zwischen ätherlöslich und ätherunlöslich stehen, bleiben niedere Glieder

---

[1] Diese Viscositäten sind in 0,5 gd-mol. Lösung gemessen.

der Reihe in Lösung. Es folgt also eine Anreicherung der höhermolekularen Anteile. Dies prägt sich auch in der Viscosität und im Schmelzpunkt aus, die bei diesen Diacetaten höher als bei den Dihydraten gefunden werden.

Tabelle 200.

| Substanz | Einwage g | Dioxan g | $\varDelta$ | Mol.-Gew. des Diacetates | Mittelwert | Mol.-Gew. des Dihydrates |
|---|---|---|---|---|---|---|
| KOH-Polymerisat | 0,1585 | 20,66 | 0,045 | 850 | } 860 | 900 |
| 2 | 0,1490 | 20,66 | 0,042 | 860 | | |
| SnCl₄-Polymerisat | 0,2271 | 20,66 | 0,035 | 1580 | } 1550 | 1230 |
| 1 | 0,2293 | 20,66 | 0,037 | 1510 | | |
| Kalium-Polymerisat | 0,2055 | 20,66 | 0,016 | 3100 | } 3000 | 2200 |
| 1 | 0,2140 | 20,66 | 0,018 | 2900 | | |
| NaNH₂-Polymerisat | 0,3191 | 20,66 | 0,014 | 5530 | } 5500 | 5900 |
| 1 | 0,2664 | 20,66 | 0,012 | 5380 | | |
| NaNH₂-Polymerisat | 0,2976 | 20,66 | 0,0075 | 9600 | } 9200 | — |
| 2 | 0,2908 | 20,66 | 0,008 | 8800 | | |

### c) Bestimmung des Acetylgehaltes nach K. FREUDENBERG[1].

Die Acetylbestimmung nach FREUDENBERG besteht bekanntlich darin, daß die Substanz in absolut alkoholischer Lösung mit p-Toluolsulfosäure umgeestert wird, der entstehende Essigsäureäthylester abdestilliert, mit einer bestimmten Menge Lauge verseift und die überschüssige Lauge zurücktitriert wird. Umestern und Abdestillieren wird dabei 2—3 mal wiederholt. Bei der Anwendung der Methode auf Acetylcellulosen stellte sich heraus, daß je nach der Dauer des Umesterns ein schwankender Gehalt an Acetyl gefunden wurde[2]. Es ist daher vorher nachgeprüft worden, ob auch bei Polyäthylenoxyden derartiges eintritt.

### α) Prüfung der Methode.

Ein Natriumamidpolymerisat (Molekulargewicht 5900) wurde nach der oben angegebenen Methode (s. S. 323) durch vierstündiges Kochen mit Essigsäureanhydrid acetyliert und das Diacetat isoliert. Ein Teil von ihm wurde als erstes Acetylprodukt zurückbehalten. Die Hauptmenge wurde durch neuerliches vierstündiges Kochen mit Anhydrid weiter acetyliert. Das entstandene zweite Acetylprodukt wurde wieder isoliert und mit ihm genau so verfahren. Dies wurde noch einmal wiederholt, so daß man außer dem Dihydrat drei Diacetate hatte. Von allen vier Substanzen wurden die Molekulargewichte und relativen Viscositäten in Benzol in grundmolarer Lösung bestimmt.

Tabelle 201.

| Substanz | Einwage g | Dioxan g | $\varDelta$ | Mol.-Gew. | Mittelwert | $\eta_r$ in Benzol bei 20° |
|---|---|---|---|---|---|---|
| Dihydrat | 0,3146 | 20,66 | 0,013 | 5860 | } 5900 | 2,05 |
| | 0,2671 | 20,66 | 0,011 | 5900 | | |
| 1. Diacetat | 0,3191 | 20,66 | 0,014 | 5530 | } 5400 | 2,01 |
| | 0,2774 | 20,66 | 0,013 | 5180 | | |
| 2. Diacetat | 0,2697 | 20,66 | 0,011 | 5940 | | |
| | 0,2723 | 20,66 | 0,012 | 5500 | } 5600 | 2,01 |
| | 0,2664 | 20,66 | 0,012 | 5380 | | |
| 3. Diacetat | 0,2672 | 20,66 | 0,014 | 4630 | } 4500 | 1,97 |
| | 0,2855 | 20,66 | 0,016 | 4330 | | |

[1] FREUDENBERG, K.: Liebigs Ann. **433**, 230 (1923).    [2] Versuche von H. SCHOLZ.

Hieraus geht zunächst hervor, daß sich das Molekulargewicht und die Viscosität auch bei weiterer Behandlung mit Essigsäureanhydrid nicht wesentlich verändern. Alle vier Substanzen wurden nun nach der FREUDENBERGschen Methode auf ihren Acetylgehalt geprüft. Es wurden bei der Umesterung diejenigen Zeiten eingehalten, die für N-Acetyl angegeben sind und die doppelt bis dreifach so lang sind wie bei normalen Acetylverbindungen. Außerdem wurde, nachdem eine Bestimmung beendet war, dieselbe Substanz 2mal von neuem umgeestert und neue Lauge vorgelegt, um festzustellen, ob die Abspaltung von Acetyl weiter geht oder nicht. Zum Titrieren wurde 0,1 molare Lauge und Phenolphthalein als Indicator verwandt.

Man sieht hieraus, daß eine einmalige Acetylierung genügt, und daß die FREUDENBERGsche Bestimmungsmethode schon beim ersten Umestern den richtigen Acetylgehalt liefert.

Es wurden nach dieser Methode alle dargestellten Diacetate geprüft. Dabei wurden zunächst stets Blindproben mit den dazugehörenden Dihydraten ausgeführt. Als Beispiele dieser Bestimmungen seien im folgenden die Acetylbestimmungen von vier niedermolekularen Polyäthylenoxyd-diacetaten, deren Dihydrate durch Polymerisation mit Kalilauge erhalten waren (s. S. 319), und die des höchstmolekularen Polyäthylenoxyd-diacetates, das aus einem Natriumamidpolymerisat dargestellt worden ist, angeführt (Tabellen 203 bis 206).

Tabelle 202.

| Substanz | Einwage g | Umestern | ccm NaOH (0,1- n) | Acetyl % |
|---|---|---|---|---|
| Dihydrat. . | 0,8757 | 1. mal | 0,30 | 0,15 |
|  |  | 2. „ | 0,20 | 0,10 |
|  |  | 3. „ | 0,07 | 0,03 |
| 1. Diacetat . | 0,9792 | 1. mal | 2,83 | 1,24 |
|  |  | 2. „ | 0,20 | 0,09 |
|  |  | 3. „ | 0,10 | 0,04 |
| 2. Diacetat . | 0,5942 | 1. mal | 1,80 | 1,30 |
|  |  | 2. „ | 0,07 | 0,06 |
|  |  | 3. „ | 0,07 | 0,06 |
|  |  | 4. „ | 0,00 | 0,00 |
| 3. Diacetat . | 1,1284 | 1. mal | 3,37 | 1,29 |
|  |  | 2. „ | 0,17 | 0,06 |
|  |  | 3. „ | 0,17 | 0,06 |
|  |  | 4. „ | 0,10 | 0,04 |

## β) Kalilaugepolymerisate.

**Tabelle 203. Blindproben: Polyäthylenoxyd-dihydrate.**

| Mol.-Gew. | Einwage g | ccm NaOH (Faktor=0,1971) |
|---|---|---|
| 800 | 0,3064 | 0,17 |
| 920 | 0,9246 | 0,10 |
| 1200 | 0,3614 | 0,14 |
| 1680 | 0,4201 | 0,13 |

Die Differenzen liegen also noch innerhalb der Fehlergrenze.

**Tabelle 204. Acetylbestimmung der Diacetate[1].**

| Mol.-Gew. | Einwage g | ccm NaOH (0,1971-n) | Acetyl % |
|---|---|---|---|
| 800 | 0,5221 | 5,83 | 9,5 |
|  | 0,4982 | 5,50 | 9,4 |
| 920 | 0,5323 | 5,23 | 8,3 |
|  | 0,6287 | 6,20 | 8,4 |
| 1200 | 0,5757 | 4,37 | 6,4 |
|  | 0,7063 | 5,43 | 6,5 |
| 1680 | 0,3554 | 1,77 | 4,2 |
|  | 0,3343 | 1,77 | 4,5 |

---

[1] Das Molekulargewicht des Polyäthylenoxyd-dihydrats berechnet sich aus dem Acetylgehalt folgendermaßen: $M = \dfrac{100 - x}{x} \cdot 86$; $x = \%$ Acetyl.

$\gamma)$ *Natriumamidpolymerisat: Mol.-Gew. 13000.*

**Tabelle 205. Blindprobe: Polyäthylenoxyd-dihydrate.**

| Einwage g | ccm NaOH | Faktor der NaOH |
|---|---|---|
| 1 | 0,10 | 0,2421 |
| 0,85 | 0,04 | 0,2421 |
| 0,803 | 0,27 | 0,05 |

**Tabelle 206. Acetylbestimmung des Diacetates.**

| Einwage g | ccm NaOH | Faktor der NaOH | Acetyl % |
|---|---|---|---|
| 1,1094 | 0,63 | 0,2421 | 0,59 |
| 1,3654 | 0,86 | 0,2421 | 0,66 |
| 0,9537 | 2,77 | 0,05 | 0,63 |
| 1,0336 | 2,94 | 0,05 | 0,61 |

In derselben Weise sind die in Tabelle 143 (s. S. 298) angegebenen Acetylgehalte erhalten worden.

### d) Bestimmung des aktiven Wasserstoffs nach Zerewitinoff[1].

Zur Bestimmung des aktiven Wasserstoffs mit Methylmagnesiumjodid wurde ein Kaliumpolymerisat vom Molekulargewicht 2400 verwandt. Als Lösungsmittel wurde über Natrium sorgfältig getrocknetes Anisol benutzt. Die Substanzen wurden im Hochvakuum über Phosphorpentoxyd bis zur Gewichtskonstanz getrocknet.

### Polyäthylenoxyd-diacetat.

Einwage: 0,5585 g; bei 15° und 753 mm Barometerstand wurden 2,6 ccm Methan entwickelt, reduziertes Volumen: $v_0 = 2,4$ ccm. Einwage: 0,4557 g, bei 19,3° und 752 mm; 1,9 ccm Methan, $v_0 = 1,8$ ccm.

Ein Blindversuch ohne Substanz lieferte bei 18,4° und 753 mm 2,9 ccm Methan, $v_0 = 2,7$ ccm.

Diese geringen Mengen Methan treten also stets auf und sind zu vernachlässigen.

### Polyäthylenoxyd-dihydrat.

Einwage: 0,5652 g, bei 21° und 751 mm: 9,5 ccm Methan, $v_0 = 8,7$ ccm, dem entspricht ein Hydroxylgehalt von 1,2%.

Einwage: 0,6338 g, bei 19,9° und 753 mm Barometerstand: 12,5 ccm Methan, $v_0 = 11,6$ ccm, Hydroxylgehalt 1,4%.

Mittelwert ist also 1,3% OH. Daraus folgt bei Anwesenheit von zwei Hydroxylgruppen im Molekül ein Molekulargewicht von 2600, während kryoskopisch 2200 gefunden wurde.

### 4. Stickstoffhaltige Polyäthylenoxyde.

Mono- und Dimethylaminpolymerisate enthalten auch nach mehrmaligem Umfällen noch Stickstoff. Sie wurden durch fraktioniertes Ausfällen in zwei Fraktionen getrennt und jede Fraktion nach Kjeldahl auf N-Gehalt untersucht (Tabelle 207).

Die gefundenen N-Gehalte stimmen nicht mit den berechneten überein. Es wurden daher Polymerisationen von Äthylenoxyd unter peinlichem Ausschluß

---

[1] Meyer, H.: Analyse und Konstitutionsermittlung. S. 570. 3. Aufl. 1916.

Tabelle 207.

| Katalysator | $\eta_r$ in 1 gd-mol. Lösung | Mol.-Gew. aus Viscosität | Einwage g | ccm NaOH | Faktor der NaOH | Stickstoff in Proz. gefunden | berechnet |
|---|---|---|---|---|---|---|---|
| Methyl-amin | 1,30 | 1500 | 1,5416 | 8,47 | 0,0859 | 0,66 | } 0,9 |
|  |  |  | 1,8065 | 9,90 | 0,0859 | 0,66 |  |
|  | 1,37 | 1900 | 2,0525 | 12,32 | 0,0859 | 0,72 | } 0,7 |
|  |  |  | 2,1448 | 12,50 | 0,0859 | 0,70 |  |
| Dimethyl-amin | 1,40 | 2000 | 0,6430 | 0,74 | 0,2078 | 0,34 | } 0,7 |
|  |  |  | 0,7971 | 0,90 | 0,2078 | 0,33 |  |
|  | 1,53 | 2800 | 0,5258 | 1,13 | 0,2078 | 0,63 | } 0,5 |
|  |  |  | 0,6968 | 1,36 | 0,2078 | 0,57 |  |

von Wasser mit sorgfältig getrockneten Aminen gemacht und die dabei entstandenen Produkte ebenfalls fraktioniert und auf deren N-Gehalt geprüft (Tabelle 208).

Tabelle 208.

| Katalysator | Fraktion | $\eta_r$ in 0,5 gd-mol. Lösung | Mol.-Gew. aus Viscosität | Einwage g | ccm NaOH (0,1-n) | Stickstoff in Proz. gefunden | berechnet |
|---|---|---|---|---|---|---|---|
| Methyl-amin | 1 | 1,14 | 1400 | 1,7021 | 9,08 | 0,75 | 1,0 |
|  | 2 | 1,15 | 1500 | 1,3078 | 6,93 | 0,74 | 0,9 |
|  | 3 | 1,20 | 2000 | 1,5044 | 5,92 | 0,55 | 0,7 |
| Dimethyl-amin | 1 | 1,12 | 1200 | 1,1888 | 4,85 | 0,57 | 1,2 |
|  | 2 | 1,13 | 1300 | 1,0787 | 5,07 | 0,66 |  |
|  |  |  |  | 2,0307 | 8,67 | 0,60 | } 1,1 |
|  |  |  |  | 1,3732 | 5,93 | 0,60 |  |
|  | 3 | 1,15 | 1500 | 1,1063 | 2,95 | 0,37 | } 0,9 |
|  |  |  |  | 1,2816 | 3,05 | 0,33 |  |
|  | 4 | 1,20 | 2000 | 1,1336 | 6,10 | 0,75 |  |
|  |  |  |  | 3,0590 | 14,31 | 0,66 | } 0,7 |
|  |  |  |  | 0,9644 | 4,60 | 0,67 |  |

Die Molekulargewichte wurden aus den Viscositäten berechnet. Der theoretische Stickstoffgehalt stimmt also auch jetzt mit dem gefundenen nicht überein.

### 5. Die flüssigen Polyäthylenoxyde.

Die experimentelle Behandlung der flüssigen Polyäthylenoxyde ist im folgenden gesondert dargestellt, da die zu ihrer Bearbeitung dienenden Methoden denen bei niedermolekularen Stoffen entsprechen und diese Substanzen durch Destillation gereinigt werden können.

### a) Die flüssigen Polyäthylenoxyd-dihydrate.

#### α) Darstellung und Fraktionierung.

Die flüssigen Polyäthylenoxyd-dihydrate entstehen in geringen Mengen bei der Bildung der festen Polyäthylenoxyde und können aus den ätherischen Mutterlaugen durch Fraktionierung gewonnen werden. Da diese Darstellungsmethode wenig ergiebig ist, wurden sie durch Polymerisation von Äthylenoxyd unter Wasserzusatz bei höherer Temperatur dargestellt.

4 Mol Äthylenoxyd und 1 Mol Wasser, denen 1% KOH zugesetzt war, wurden im Bombenrohr 8 Tage im Schießofen auf 55—60° erhitzt. Danach war der Inhalt

der Rohre hochviscos geworden. Er wurde im Hochvakuum destilliert. Glykol hatte sich hierbei nicht gebildet. Bei der Destillation stieg der Siedepunkt von 120° kontinuierlich bis auf 260°. Zwischen 260 und 265° trat Zersetzung ein; es bildeten sich Nebel und starker Acroleingeruch. Es wurden 4 Fraktionen aufgefangen, von denen die ersten beiden farblos, die letzten etwas gelblich übergingen. Die Färbung verschwand durch wiederholte Destillation nicht vollständig. Bei 0,02—0,04 mm Druck erhielt man folgende Fraktionen:

1. Siedepunkt 120—140° . . . . . . . . . . 20 g
2.     „     140—180° . . . . . . . . . . 28 g
3.     „     180—220° . . . . . . . . . . 19 g
4.     „     220—260° . . . . . . . . . . 24 g

Es wurde im ganzen von 100 g Rohprodukt ausgegangen.

### β) Molekulargewichte und Analysen.

Die Molekulargewichte der flüssigen Polyäthylenoxyde wurden wie die der festen in Dioxan bestimmt (Tabelle 209).

Tabelle 209.

| Fraktion | Einwage g | Dioxan g | $\Delta$ | Mol.-Gew. | Mittelwert | Polymerisations- grad |
|---|---|---|---|---|---|---|
| 1 | 0,2338 | 21,88 | 0,298 | 180 | 180 | 4 |
|   | 0,2319 | 21,88 | 0,297 | 179 |     |   |
| 2 | 0,0985 | 21,88 | 0,106 | 210 | 220 | 5 |
|   | 0,1806 | 21,88 | 0,190 | 230 |     |   |
| 3 | 0,2006 | 21,88 | 0,153 | 300 | 310 | 6 |
|   | 0,2342 | 21,88 | 0,170 | 315 |     |   |
| 4 | 0,2462 | 21,88 | 0,135 | 420 | 415 | 9 |
|   | 0,2173 | 21,88 | 0,120 | 415 |     |   |

Tabelle 210. Mikroanalysen.

| Polymeri- sationsgrad | Gefunden in Proz. | | Berechnet in Proz. | |
|---|---|---|---|---|
|  | C | H | C | H |
| 4 | 48,34 | 9,05 | 49,45 | 9,29 |
| 5 | 49,38 | 9,23 | 50,4 | 9,25 |
| 6 | 52,36 | 9,34 | 51,05 | 9,21 |
| 9 | 52,57 | 9,20 | 52,2 | 9,18 |

### γ) Physikalische Eigenschaften.

Die Dichten der 4 Fraktionen wurden mit dem Pyknometer von SPRENGEL-RIMBACH, mit eingeschmolzenem Thermometer, bestimmt. Sie sind mit den Molekularrefraktionen in der folgenden Tabelle 211 zusammengestellt.

Tabelle 211.

| Polymerisations- grad | Dichte bei Temperatur (Grad) | | Molekularrefraktion | |
|---|---|---|---|---|
|  |  |  | gef. | ber. |
| 4 | 1,1238 | 16,6 | 46,96 | 47,12 |
| 5 | 1,1243 | 19,4 | 58,055 | 58,002 |
| 6 | 1,1257 | 17,1 | — | — |
| 9 | 1,1259 | 18 | 102,04 | 101,52 |

### δ) Viscosität der flüssigen Polyäthylenoxyde.

Es wurde die Ausflußzeit der 4 Fraktionen im OSTWALDschen Viscosimeter bei 20° bestimmt. Die absolute Viscosität von Dioxan bei 20° beträgt 0,01255 Poise[1]. Daraus und aus den spez. Gewichten wurde die absolute Viscosität berechnet, wobei die HAGENBACHsche Korrektur nicht angewandt wurde. Die dadurch entstandenen Fehler werden aber bei den 4 Fraktionen annähernd dieselben sein, so daß die Werte untereinander vergleichbar sind (Tabelle 212).

Tabelle 212.

| Polymerisations-grad | Ausflußzeit Sekunden | Dichte | Grad | $\eta_{abs}$ bei 20° |
|---|---|---|---|---|
| 4 | 181,6 | 1,1238 | bei 16,2 | 0,49 |
| 5 | 242,6 | 1,1243 | „ 19,4 | 0,66 |
| 6 | 302,6 | 1,1257 | „ 17,1 | 0,83 |
| 9 | 457,7 | 1,1259 | „ 18 | 1,25 |

### ε) Krystallisationsfähigkeit der flüssigen Polyäthylenoxyde.

Durch Abkühlen auf —79° erstarren die Fraktionen 4 und 3 krystallin. Von Fraktion 2 krystallisiert ebenfalls der Hauptteil, während Fraktion 1 nur glasig erstarrt und auch durch Reiben und längeres Stehenlassen nicht zur Krystallisation zu bringen ist.

### b) Diacetate der flüssigen Polyäthylenoxyde.

Von zwei niederen Polyäthylenoxyd-dihydraten wurden die Diacetate hergestellt nach derselben Methode, wie sie für die höheren Diacetate angewandt wurde. Die Siedepunkte der Diacetate betrugen bei 0,4 mm Druck: Diacetat der Fraktion 2 150—180°, der Fraktion 4 200—255°. Die Siedepunkte der betreffenden Dihydrate betrugen dagegen 140—180° bzw. 220 bis 260°.

Tabelle 213.

| Fraktion | Einwage | ccm NaOH (0,2421-n) | Acetyl % |
|---|---|---|---|
| 2 | 0,8543 | 21,98 | 26,8 |
|   | 0,7424 | 18,96 | 26,6 |
| 4 | 0,7834 | 13,26 | 17,6 |
|   | 0,7050 | 11,88 | 17,5 |

Nach der FREUDENBERGschen Methode wurden die Acetylgehalte bestimmt (Tabelle 213).

Aus diesen Werten berechnen sich die Molekulargewichte der Hydroxylverbindungen zu 236 bzw. 405, während kryoskopisch bei diesen gefunden wurde 220 bzw. 415.

### c) Die flüssigen Amino-polyäthylenoxyd-hydrate.

Es wurden die Dimethylamino-polyäthylenoxyd-hydrate dargestellt aus Äthylenoxyd und Dimethylamin im Verhältnis 5 : 1 und 10 : 1 (in Molen). Äthylenoxyd und Dimethylamin wurden unter Wasserausschluß und sorgfältiger Trocknung über frisch geglühtem Natronkalk in Bombenrohre destilliert, eingeschmolzen und bei Zimmertemperatur liegen gelassen. Die Reaktion verläuft sehr heftig, das Reaktionsgemisch ist tief dunkel gefärbt. Auch Explosionen wurden bei solchen

---

[1] HERZ, W., u. LORENTZ: Ztschr. f. physik. Ch. (A) **140**, 406 (1929).

Polymerisationen beobachtet. Bei der Destillation entwichen zunächst geringe Mengen Dimethylamin. Es wurde zuerst bei gewöhnlichem Druck, dann im Vakuum und schließlich im Hochvakuum destilliert. Aus 45 g Rohprodukt gingen zunächst bei 100—140° 1—2 g Dimethylamino-äthylalkohol (Siedep. 135°) über. Weiterhin wurden erhalten:

```
Fraktion 1:  Siedepunkt  140—150°  bei  760 mm  . . . .  7 g
      „  2:       „      100—110°   „    12  „   . . . .  6,5 g
      „  3:       „      135—160°   „    12  „   . . . .  7,4 g
      „  4:       „      110—130°   „    0,1 „   . . . .  3,5 g
      „  5:       „      130—150°   „    0,1 „   . . . .  6,5 g
      „  6:       „      150—190°   „    0,1 „   . . . .  3,5 g
```

Die Substanzen stellen schwach gelbliche bis gelbliche Öle dar, die in Benzol und Äther löslich sind und an der Luft in stark gelb gefärbte unlösliche Autoxydationsprodukte übergehen. Ihre N-Gehalte, nach KJELDAHL bestimmt, ergaben folgende Resultate (Tabelle 214):

Tabelle 214.

| Fraktion | Einwage g | ccm NaOH (0,1-n) | Stickstoff % |
|---|---|---|---|
| 1 | 0,1971 | 12,75 | 9,1 |
| 2 | 0,1512 | 6,3 | 5,8 |
| 3 | 0,1890 | 5,73 | 4,2 |
| 4 | 0,2637 | 5,93 | 3,1 |
| 5 | 0,2017 | 3,57 | 2,5 |
| 6 | 0,2413 | 4,25 | 2,5 |

### 6. Viscositätsmessungen an Polyäthylenoxyden in Lösung.

Die folgenden Viscositätsmessungen an verdünnten Lösungen von Polyäthylenoxyden wurden entweder im OSTWALDschen Viscosimeter oder im Capillarviscosimeter von UBBELOHDE ausgeführt. Letzteres hatte folgende Dimensionen: Radius der Capillare 0,0144 cm, Länge derselben 14,1 cm, Inhalt der Kugel 0,81 ccm. Für die übrigen Messungen wurden verschiedene OSTWALDsche Viscosimeter benutzt, deren Capillarenweite dem Lösungsmittel entsprechend gewählt wurde.

#### a) Gültigkeit des HAGEN-POISEUILLEschen Gesetzes.

Die Viscosität des Polyäthylenoxyds vom Molekulargewicht 3500 wurde in grundmolarer Lösung in Benzol bei 20° im UBBELOHDEschen Viscosimeter gemessen. Viscosimeterkonstante 337.

Tabelle 215.

| Druck cm Hg | Ausflußzeit Sekunden | Druck × Zeit | $\eta_r$ |
|---|---|---|---|
| 4,96 | 110,6 | 549 | 1,63 |
| 4,93 | 111,8 | 552 | 1,64 |
| 10,82 | 51,0 | 552 | 1,64 |
| 10,56 | 52,2 | 552 | 1,64 |
| 14,82 | 37,6 | 557 | 1,65 |
| 14,51 | 38,4 | 558 | 1,66 |
| 21,20 | 26,6 | 563 | 1,67 |
| 21,09 | 26,4 | 557 | 1,65 |

Untersucht wurde ferner ein Polyäthylenoxyd vom Molekulargewicht 13000 in grundmolarer Lösung in Benzol bei 20° im gleichen Viscosimeter.

Tabelle 216.

| Druck cm Hg | Ausflußzeit Sekunden | Druck × Zeit | $\eta_r$ |
|---|---|---|---|
| 5,05 | 268,8 | 1357 | 4,03 |
| 6,15 | 221,2 | 1360 | 4,04 |
| 9,95 | 137,0 | 1364 | 4,05 |
| 11,25 | 121,2 | 1364 | 4,06 |
| 14,7 | 91,8 | 1350 | 4,01 |
| 16,1 | 84,2 | 1356 | 4,02 |
| 19,7 | 68,2 | 1344 | 3,98 |
| 21,85 | 61,6 | 1346 | 4,00 |

Die Schwankungen von $\eta_r$ liegen innerhalb der Versuchsfehler. Sie betragen im Maximum 2%.

### b) Viscosität in verschiedenen Konzentrationen.

### Die flüssigen Polyäthylenoxyd-dihydrate.

Der Zusammenhang der Viscosität mit der Konzentration wurde an zwei flüssigen Polyäthylenoxyd-dihydraten (Polymerisationsgrad 5 und 9) bei 20° untersucht. Die Konzentration der Dioxanlösung wurde hierbei so gesteigert, daß 1, 2, 3 usw. gd-mol. Lösungen zur Untersuchung kamen. Die spez. Gewichte der Lösungen wurden roh durch Wiegen von 10 ccm Lösung bestimmt. Alle Lösungen wurden durch Abwiegen der genauen Menge Substanz in einem Meßkölbchen von 10 ccm Inhalt und Auffüllen bis zur Marke hergestellt. Die Messungen wurden im OSTWALDschen Viscosimeter ausgeführt. Das spez. Gewicht des Dioxans beträgt 1,0330 bei 20°[1] (Tabelle 217).

Tabelle 217.

| Mol.-Gew. | Konzentration in Gd-Mol. | % | Spez. Gew. | $\eta_r = \dfrac{t_1 \cdot d_1}{t_0 \cdot d_0}$ | Mol.-Gew. | Konzentration in Gd-Mol. | % | Spez. Gew. | $\eta_r = \dfrac{t_1 \cdot d_1}{t_0 \cdot d_0}$ |
|---|---|---|---|---|---|---|---|---|---|
| 238 | 1 | 4,3 | 1,036 | 1,10 | 414 | 1 | 4,2 | 1,039 | 1,15 |
| | 2 | 8,5 | 1,039 | 1,24 | | 2 | 8,4 | 1,044 | 1,33 |
| | 3 | 12,7 | 1,040 | 1,39 | | 3 | 12,6 | 1,048 | 1,56 |
| | 4 | 16,8 | 1,049 | 1,57 | | 4 | 16,8 | 1,050 | 1,72 |
| | 6 | 25,0 | 1,058 | 2,05 | | 6 | 25,0 | 1,057 | 2,32 |
| | 8 | 33,0 | 1,065 | 2,73 | | 8 | 33,0 | 1,063 | 3,16 |
| | 12 | 48,9 | 1,079 | 4,88 | | 12 | 49,0 | 1,077 | 6,31 |
| | 16 | 64,6 | 1,088 | 9,60 | | 16 | 64,6 | 1,090 | 12,4 |
| | 20 | 79,8 | 1,104 | 17,2 | | 20 | 79,8 | 1,103 | 29,7 |
| | 25,6 | 100 | 1,124 | 52,6 | | 25,6 | 100 | 1,126 | 99,4 |

Die übrigen Viscositätsmessungen bei verschiedenen Konzentrationen, die im theoretischen Teil in den Tabellen 151 bis 156 angegeben sind, wurden ebenfalls in OSTWALDschen Viscosimetern ausgeführt.

---

[1] HERZ, W., u. LORENTZ: Ztschr. f. physik. Ch. (A) **140**, 406 (1929).

## c) Viscosität bei verschiedenen Temperaturen.

Die Viscositätsmessungen bei verschiedenen Temperaturen wurden im OSTWALD-schen Viscosimeter ausgeführt. In den Tabellen 218, 219 und 220 sind einige dieser Messungen wiedergegeben. Sie zeigen, daß die relativen Viscositäten in allen Lösungsmitteln nach dem Erwärmen auf 60° wieder völlig auf den Anfangswert zurückgehen.

**Tabelle 218. Temperaturabhängigkeit in Eisessig und Tetrabromäthan.**

| Mol.-Gew. | Konzentration in Gd-Mol. | Relative Viscosität in Eisessig bei | | | Relative Viscosität in Tetrabromäthan bei | | |
|---|---|---|---|---|---|---|---|
| | | 20° | 60° | wieder abgekühlt auf 20° | 20° | 60° | wieder abgekühlt auf 20° |
| 920 | 1 | 1,39 | 1,29 | 1,39 | 1,39 | 1,26 | 1,39 |
| | 2 | 1,82 | 1,61 | 1,82 | 1,87 | 1,52 | 1,87 |
| | 3 | 2,32 | 1,95 | 2,32 | 2,45 | 1,82 | 2,45 |
| 2500 | 0,5 | 1,40 | 1,31 | 1,40 | 1,36 | 1,26 | 1,36 |
| | 1 | 1,79 | 1,62 | 1,79 | 1,75 | 1,51 | 1,75 |
| | 2 | 2,72 | 2,32 | 2,72 | 2,84 | 2,17 | 2,84 |
| 6400 | 0,25 | 1,40 | 1,32 | 1,40 | 1,35 | 1,27 | 1,35 |
| | 0,5 | 1,78 | 1,63 | 1,78 | 1,76 | 1,55 | 1,76 |
| | 1 | 2,76 | 2,42 | 2,76 | 2,78 | 2,25 | 2,78 |
| 13000 | 0,25 | 1,84 | 1,68 | 1,84 | 1,78 | 1,59 | 1,78 |
| | 0,5 | 2,81 | 2,50 | 2,81 | 2,78 | 2,31 | 2,78 |
| | 1 | 5,38 | 4,56 | 5,38 | 5,71 | 4,30 | 5,71 |

**Tabelle 219. Temperaturabhängigkeit in Dioxan.**

| Mol.-Gew. | Konzentration in Gd-Mol. | Relative Viscosität bei | | |
|---|---|---|---|---|
| | | 20° | 60° | wieder abgekühlt auf 20° |
| 920 | 1 | 1,18 | 1,16 | 1,18 |
| | 2 | 1,43 | 1,37 | 1,43 |
| | 3 | 1,73 | 1,60 | 1,73 |
| 6400 | 0,25 | 1,20 | 1,18 | 1,20 |
| | 0,5 | 1,46 | 1,42 | 1,45 |
| | 1 | 2,09 | 1,97 | 2,08 |
| 13000 | 0,25 | 1,50 | 1,46 | 1,49 |
| | 0,5 | 2,13 | 2,00 | 2,11 |
| | 1 | 3,84 | 3,45 | 3,76 |

**Tabelle 220. Temperaturabhängigkeit in Wasser.**

| Mol.-Gew. | Konzentration in Gd-Mol. | Relative Viscosität bei | | |
|---|---|---|---|---|
| | | 20° | 60° | wieder abgekühlt auf 20° |
| 920 | 1 | 1,28 | 1,23 | 1,28 |
| | 2 | 1,61 | 1,49 | 1,61 |
| | 3 | 2,01 | 1,80 | 2,01 |
| '6400 | 0,25 | 1,25 | 1,19 | 1,25 |
| | 0,5 | 1,55 | 1,42 | 1,55 |
| | 1 | 2,27 | 1,97 | 2,27 |
| 13000 | 0,25 | 1,56 | 1,40 | 1,56 |
| | 0,5 | 2,27 | 1,91 | 2,27 |
| | 1 | 4,19 | 3,29 | 4,18 |

# D. Die Polyacrylsäure, ein Modell des Eiweißes[1,2].

## Bearbeitet von E. Trommsdorff[3].

## I. Einleitung.

### 1. Homöopolare, koordinative und heteropolare Molekülkolloide.

Die hochmolekularen Naturstoffe und die zu ihrer Konstitutionsaufklärung untersuchten Modelle sind nach ihrem Bau in drei Gruppen einzuteilen[4]. Die erste Gruppe der *homöopolaren Molekülkolloide* umfaßt die hochmolekularen Kohlenwasserstoffe wie Polystyrole und Polyprene, also Kautschuk, Guttapercha und Balata. Besitzen die Makromoleküle Gruppen mit Dipolcharakter, welche koordinative Bindungen eingehen, so haben wir Vertreter der *koordinativen Molekülkolloide* vor uns, zu denen Polyvinylalkohol, die Polysaccharide und unter gewissen Bedingungen die Polyacrylsäure, nämlich im undissoziierten Zustand, ferner das Eiweiß im unionisierten Zustand zählen. In der Gruppe der *heteropolaren Molekülkolloide* finden sich schließlich die Polyacrylsäure im ionisierten Zustand, die polyacrylsauren Salze, Kautschukphosphoniumsalze und das ionisierte Eiweiß.

Schon aus dieser kurzen Zusammenstellung erkennt man die Sonderstellung, die das Eiweiß und die Polyacrylsäure gemeinsam einnehmen. Je nachdem sich diese Körper im undissoziierten oder ionisierten Zustand befinden, sind sie Vertreter der koordinativen oder heteropolaren Molekülkolloide.

Am eingehendsten sind bisher die homöopolaren Molekülkolloide, vor allem das Polystyrol untersucht worden. In den Lösungen dieser Stoffe liegen die einfachsten und übersichtlichsten Verhältnisse vor, da vor allem in verdünnten Lösungen die Moleküle keine Kräfte aufeinander ausüben. Die koordinativen Molekülkolloide weisen in ihrem Bau durch die koordinativen Bindungsmöglichkeiten von einem Molekülfaden zum nächsten und zum Lösungsmittel eine erhebliche Kompliziertheit auf. Die Teilchen der heteropolaren Molekülkolloide sind durch die Dissoziationsfähigkeit und Schwarmbildung im Sinne der neuen Theorie der starken Elektrolyte verwickelt gebaut. Besonders schwer sind daher die Eiweißkörper zu überblicken, die gleichzeitig beiden Gruppen angehören. Nimmt man noch hinzu, daß die Eiweißkörper amphotere Elektrolyte sind, eine Ionisation also sowohl auf der sauren wie auf der basischen Seite des isoelektrischen Punktes eintritt, so wird es verständlich, weshalb in der Eiweißliteratur trotz der zahlreichen Einzelbeobachtungen eine einheitliche Deutung des Baues der Kolloidteilchen so ungeheuer erschwert ist. Für wenige hochmolekulare Naturkörper erschien deshalb die Arbeit am übersichtlichen Modellstoff so notwendig wie für die Eiweißkörper. Deshalb wurden Studien an der Polyacrylsäure und ihren Salzen als dem denkbar einfachsten Modell dieser Art aufgenommen.

---

[1] 66. Mitteilung über hochpolymere Verbindungen.

[2] Frühere Mitteilungen über Polyacrylsäure: Staudinger, H., u. E. Urech: Helv. chim. Acta **12**, 1107 (1929). — Staudinger, H., u. H. W. Kohlschütter: Ber. Dtsch. Chem. Ges. **64**, 2091 (1931).

[3] Trommsdorff, E.: Inaug.-Diss. Freiburg i. Br. (1931).

[4] Staudinger, H.: Kolloid-Ztschr. **53**, 26 (1930). Vgl. S. 19.

Als Grundlage für diese Modellversuche hat URECH[1] den Nachweis geführt, daß die Bindung der Acrylsäuremoleküle zur polymeren Säure durch normale Kovalenzen erfolgt. Dann hat H. W. KOHLSCHÜTTER[2] an der Polyacrylsäure sehr merkwürdige Viscositätseffekte beobachtet, z. B. einen enormen Viscositätsanstieg bei Zusatz geringer Mengen Natronlauge und einen starken Abfall der Viscosität bei Zusatz von mehr Natronlauge. Diese Beobachtungen erinnern lebhaft an die bekannte Abhängigkeit der Viscosität vom $p_H$ beim Eiweiß. Es erschien also von großem Interesse, diese Beobachtungen auszudehnen und messend zu verfolgen, da man hoffen durfte, daraus Rückschlüsse auf den Bau der Eiweißkörper ziehen zu können.

Allerdings muß man sich stets vor Augen halten, daß die Polyacrylsäure nur für einen Teil der Eigenschaften, nämlich den sauren Charakter, der Eiweißkörper ein Modell sein kann. Aber gerade darin liegt bei der Kompliziertheit der Erscheinungen ein Vorteil, denn man muß zuerst die Eigenschaften eines ausgesprochen heteropolaren Molekülkolloids kennen, bevor man die eines amphoteren beurteilen kann.

## 2. Der Zustand der Molekülkolloide in Lösung.

Die Kolloidteilchen in den Lösungen hochmolekularer Stoffe glaubte man früher als Micellen ansprechen zu müssen. Diese Auffassung wurde zuerst bei den homöopolaren Molekülkolloiden widerlegt, da sich zeigen ließ, daß sowohl die chemischen wie auch die Viscositätsuntersuchungen eindeutig darauf hinweisen, daß die Kolloidteilchen in diesen Lösungen mit den Makromolekülen identisch sind. Die $\eta_{sp}/c$-Werte dieser Lösungen sind nahezu unabhängig von der Temperatur und der Konzentration, solange niederviscose Lösungen verglichen werden. Deshalb stellen die $\eta_{sp}/c$-Werte verschiedener Stoffe Größen dar, welche nur von der Länge der Moleküle abhängig sind.

Nicht so einfach liegen die Verhältnisse bei den Eiweißkörpern. Früher glaubte man ihre Eigenschaften durch die Annahme erklären zu können, daß ihre Kolloidteilchen solvatisierte Micellen darstellen. Denn es waren scheinbar eine Reihe Analogien vorhanden. In ähnlicher Weise, wie beispielsweise die Beständigkeit der Seifenmicelle vom $p_H$ abhängig ist, beobachtet man auch die auffallende Viscositätsabhängigkeit der Eiweißkörper vom $p_H$. Trifft diese Auffassung über einen ähnlichen Bau der Seifen- und Eiweißmicelle zu, so würde hier im Gegensatz zu Lösungen von Kautschuk und Cellulose ein einfacher Zusammenhang zwischen Viscosität und Molekülgröße nicht zu erwarten sein, da die $\eta_{sp}/c$-Werte mit dem $p_H$ sich ändern.

Es ist bisher nicht möglich, die Frage nach dem Bau der Eiweißkolloidteilchen in Lösungen zu beantworten. Welchen Dienst kann nun das Modell der Polyacrylsäure und ihrer Salze zur Beantwortung dieser Frage leisten?.

Auf den ersten Blick scheinen auch hier die Verhältnisse so kompliziert zu sein, daß ein Zusammenhang zwischen Viscosität und Molekulargewicht nicht zu erkennen ist. Eine geringe Änderung des $p_H$ genügt schon, um die Viscosität der Polyacrylsäure um ein Vielfaches zu ändern, ebensolche Wirkungen haben Neutralsalze. Dazu kommt, daß die Viscosität sehr weitgehend von der Fließ-

---

[1] STAUDINGER, H., u. E. URECH: Helv. chim. Acta **12**, 1107 (1929). — URECH, E.: These. E.P.F. Zürich 1927.

[2] STAUDINGER, H., u. H. W. KOHLSCHÜTTER: Ber. Dtsch. Chem. Ges. **64**, 2091 (1931).

geschwindigkeit abhängig, also keine konstante Größe ist. Gerade im sehr verdünnten Gebiet werden im Gegensatz zu den Polystyrollösungen diese Abweichungen vom HAGEN-POISEUILLEschen Gesetz sehr groß. Sehr verwickelt ist auch die Änderung der Viscosität mit der Temperatur. Es erscheint schwierig, bei der Kompliziertheit der Erscheinungen überhaupt den Bau der Kolloidteilchen erkennen zu können. Aber beim genauen Studium zeigt es sich, daß auch hier das Viscosimeter als „Kolloidoskop" die scheinbar unentwirrbaren Komplikationen übersichtlich gestaltet.

### 3. Der Zustand der Polyacrylsäure in Lösung.

In den Lösungen homöopolarer Molekülkolloide liegen besonders einfache Verhältnisse vor, da bei verschiedenen Temperaturen und verschiedenen Konzentrationen stets ein und derselbe Stoff in isolierten Fadenmolekülen in der Lösung vorhanden ist; deshalb sind hier die $\eta_{sp}/c$-Werte in verdünnter Lösung annähernd konstant. Bei koordinativen Molekülkolloiden können die Fadenmoleküle in Lösung durch koordinative Bindungen unter sich und mit den Lösungsmittelmolekülen verbunden sein. Die $\eta_{sp}/c$-Werte ändern sich in diesem Fall je nach der Konzentration und der Temperatur der Lösung.

Bei der Polyacrylsäure liegen in der Lösung „verschiedene Stoffe" vor. Je nach dem $p_H$, nach der Konzentration, nach der Temperatur enthält sie ionisierte, nichtionisierte oder teilweise ionisierte Moleküle. Im undissoziierten Zustand ist die Säure ein koordinatives Molekülkolloid. Die Nichtionisation wird begünstigt durch wachsende Konzentration der Säure und sinkende Temperatur. In diesem Zustand liegt die Säure als Pseudosäure im Sinne von HANTZSCH vor. Von den Fettsäuren ist bekannt, daß ihre normalen Moleküle im undissoziierten Zustand zu dimeren koordinativen Molekülen vereinigt sind[1]. Derartige koordinative Bindungen sind auch an dem undissoziierten Molekül der Polyacrylsäure zu erwarten, nur sind die Bindungsmöglichkeiten wegen der großen Zahl der Carboxylgruppen wesentlich zahlreicher, es können viele Moleküle miteinander verkettet werden. In wässeriger Lösung werden die COOH-Gruppen der Säure nicht nur unter sich koordinative Bindungen eingehen, sondern vor allem auch mit den Molekülen des Wassers. Mit der Konzentration und der Temperatur der Lösung wird sich aber das Verhältnis der verschiedenen koordinativen Moleküle ändern.

Mit wachsender Verdünnung und steigender Temperatur ist weiter eine Dissoziationszunahme der Polyacrylsäure verbunden. Schließlich bewirkt Zusatz von Natronlauge die Bildung von ionisierten Molekülen.

Zwischen diesem undissoziierten und dissoziierten Zustand der Polyacrylsäure gibt es alle Übergänge.

Die Viscositätsuntersuchungen an Polyacrylsäure zeigen nun das gemeinsame Bild, daß bei ein und derselben Verbindung, also bei unveränderter Länge der Hauptvalenzkette, die Viscosität der Lösungen sich außerordentlich stark ändert, je nachdem die Moleküle in der ionisierten oder unionisierten Form vorliegen.

---

[1] MÜLLER, A u. G. SHEARER: Journ. Chem. Soc. London **123**, 3156ff. (1923). — BRIEGLEB, G.: Ztschr. f. physik. Ch. (B) **10**, 205 (1930). — TRAUTZ, M., u. W. MOSCHEL: Ztschr. f. anorg. u. allg. Ch.**155**, 13 (1 926). — STAUDINGER, H., u. EIJI OCHIAI: Ztschr. f. physik. Ch. (A) **158**, 35 (1931).

Beim Übergang in die ionisierte Form wächst die Viscosität sehr beträchtlich. Nach den geläufigen Anschauungen könnte man hierfür die Solvatation der Ionen verantwortlich machen. Diese spielt auch zweifellos eine Rolle; denn die Solvatschicht der Ionen ist beträchtlicher als die der homöopolaren Moleküle, welche monomolekular anzunehmen ist[1]. Je nach der Konzentration und der Temperatur werden die Ionen mehr oder weniger zahlreiche Wassermoleküle binden[2]. Diese Solvatation wirkt gewissermaßen molekülvergrößernd und damit viscositätserhöhend. Sie kann aber nicht die wesentlichste Rolle für die bedeutenden Viscositätserhöhungen beim Übergang vom unionisierten in den ionisierten Zustand spielen. Denn die Solvatation muß pro Grundmolekül, also pro Kation und Anion, ungefähr die gleiche sein. Sie muß also proportional mit der Moleküllänge anwachsen. Das Verhältnis der Viscosität des Salzes zu der der Säure müßte also unabhängig von der Länge der Moleküle ungefähr gleich sein, wenn die Viscositätserhöhung bei der Salzbildung wesentlich mit der Solvatation zusammenhinge. Tatsächlich wird bei hochmolekularen Produkten die Viscosität durch den Übergang von der Säure in das Salz weit stärker vergrößert als bei niedermolekularen Produkten. Es müssen also für diese Viscositätserhöhung Faktoren verantwortlich gemacht werden, die sich mit zunehmender Länge der Ketten stärker bemerkbar machen. Einen solchen Einfluß haben die interionischen Kräfte, die zwischen den hochmolekularen Ionen genau so wirksam sind wie zwischen niedermolekularen. Wie sich in einer Lösung von Natriumchlorid um jedes Natriumion negativ geladene Chlorionen und um jedes Chlorion positive Natriumionen infolge der elektrostatischen Anziehung bzw. Abstoßung sammeln und sich so eine gewisse Ionenverteilung als stationärer Zustand ausbildet, stellt sich ein analoger Effekt auch bei den dissoziierten Salzen der Polyacrylsäure ein. Ein Säureanion umgibt sich mit Natriumionen, und eine Gruppe von Natriumionen wird wiederum mit Carboxylionen des Säureanions in Wechselwirkung treten. Dadurch, daß die Säureanionen gestreckte polyvalente Kettenmoleküle darstellen, wird eine Art gegenseitiger Festlegung der Säureanionen durch Ionenladungen eintreten. Diese Festlegung macht sich mit wachsender Kettenlänge der Fadenionen immer stärker bemerkbar. Diese *besondere Art von Teilchenvergrößerung* bezeichnen wir im folgenden *als Schwarmbildung*.

Ein solch stationärer Zustand in der Lösung wird also einer gewissen Strukturierung entsprechen, und einer Störung des Gleichgewichts dieser Strukturierung etwa durch Strömung im Viscosimeter wird sich ein Widerstand entgegensetzen. Daher ist die Säure im dissoziierten Zustand durch eine besonders hohe Viscosität ausgezeichnet, und es treten hier besonders große Abweichungen vom Hagen-Poiseuilleschen Gesetz ein.

Bei den homöopolaren Molekülkolloiden deutet ein Anwachsen der Viscosität der verdünnten Lösungen, also eine Zunahme der $\eta_{sp}/c$-Werte, auf eine Verlängerung der Kettenmoleküle. Eine solche Vergrößerung der Kettenmoleküle kann bei koordinativen Molekülen auch durch koordinative Bindungen zwischen den Fadenmolekülen erfolgen. So zeigen beispielsweise die aliphatischen Säuren die doppelten $\eta_{sp}/c$-Werte, als man nach ihrem normalen Molekulargewicht erwarten

---

[1] Staudinger, H., u. W. Heuer: Ber. Dtsch. Chem. Ges. **62**, 2933 (1929). Vgl. S. 126.

[2] Das Wasser enthält koordinative polymere Moleküle, die bei der Solvatation der Ionen gebunden werden können, vgl. S. 7.

sollte, weil koordinative Bindungen zwischen den Molekülen eingetreten sind[1]. Die Viscositätserhöhung bei der Polyacrylsäure stellt eine ganz andersartige Erscheinung dar. Sie ist hervorgerufen durch die Festlegung der Fadenmoleküle bzw. die Behinderung ihrer freien Beweglichkeit infolge der interionischen Kräfte. Eine eigentliche Molekülvergrößerung, wie sie z. B. durch die Bildung koordinativer aus normalen Molekülen zustande kommt, findet durch interionische Kräfte nicht statt. Dies zeigen auch die Versuche von BOEHM und SIGNER über Strömungsdoppelbrechung der Polyacrylsäure und die ihres Salzes[2].

Zusammenfassend läßt sich über die Art der Teilchen in Lösungen von Polyacrylsäure und ihrer Salze folgendes sagen: Bei der Säure können Einzelmoleküle in Lösung vorhanden sein, wenn die koordinativen Gruppen durch Wassermoleküle gebunden sind; es können weiter koordinative Moleküle aus mehreren Säuremolekülen vorliegen; endlich liegen Fadenionen vor, die solvatisiert sind und durch interionische Kräfte teilweise gegeneinander festgelegt sind. Beim polyacrylsauren Natrium sind in der Lösung hauptsächlich solche solvatisierten Fadenionen vorhanden, die durch interionische Kräfte aufeinander wirken. Durch Hydrolyse entstehen Säuregruppen, die wieder zu koordinativen Bindungen Anlaß geben können.

So sind die Viscositätserscheinungen bei Polyacrylsäure und ihren Salzen außerordentlich kompliziert. Einfache und übersichtliche Verhältnisse sind dagegen vorhanden, wenn man polyacrylsaure Salze im Überschuß von Lauge oder nach Zusatz von Salzen wie z. B. Kochsalz untersucht. Die Hydrolyse wird hier zurückgedrängt, die Festlegung der Fadenionen unter sich durch interionische Kräfte wird verhindert, da jedes Ion von einer großen Menge niedermolekularer Kationen und Anionen umgeben ist. Unter diesen Bedingungen können die Fadenionen keine Wirkungen aufeinander ausüben.

Es verhalten sich dann die Fadenionen des heteropolaren Molekülkolloids wie die Fadenmoleküle eines homöopolaren. Es ergeben sich bei der hemikolloiden Polyacrylsäure einfache Beziehungen zwischen Viscosität und Molekulargewicht, auf Grund deren man die Kettenlänge der eukolloiden Vertreter ermitteln kann.

Unter Hemikolloiden werden dabei hier, wie bei anderen hochmolekularen Stoffen, die Produkte verstanden, die so niedermolekular sind, daß man ihr Molekulargewicht durch kryoskopische Methoden oder durch Endgruppenbestimmung noch festlegen kann. Die hemikolloiden Polyacrylsäuren haben ein Molekulargewicht von rund 600—4000 (Polymerisationsgrad ca. 8—50). Sie geben relativ niederviscose Lösungen, die keine anormalen Viscositätserscheinungen zeigen.

Als eukolloide Produkte werden auch in dieser Reihe die Verbindungen bezeichnet, deren Lösungen dem HAGEN-POISEUILLEschen Gesetz nicht gehorchen[3]. Das Molekulargewicht der eukolloiden Polyacrylsäuren liegt zwischen 4000 und 15000 (Polymerisationsgrad 50—200). Diese Produkte sind also relativ niedermolekular im Vergleich zu den Polystyrolen, die einen Polymerisationsgrad von über 1500 besitzen müssen, damit „eukolloide Eigenschaften" auftreten. Der Grund hierfür ist folgender: die eukolloiden Eigenschaften werden beim poly-

---

[1] STAUDINGER, H., u. EIJI OCHIAI: Ztschr. f. physik. Ch. (A) **158**, 45 (1931). Vgl. S. 61.
[2] BOEHM, G., u. R. SIGNER: Helv. chim. Acta **14**, 1395 (1931).　　　[3] Vgl. S. 92.

acrylsauren Natrium durch die Schwarmbildung der Fadenionen hervorgerufen; in verdünnten Lösungen des homöopolaren Polystyrols hängen sie lediglich von der Länge der Moleküle ab.

### 4. Osmotischer Druck von polyacrylsauren Salzen.

Die polyacrylsauren Salze dialysieren nicht, auch nicht die niedermolekularen Kationen, weil sie durch die starken elektrischen Kräfte der hochmolekularen Anionen, die nicht dialysieren können, festgehalten werden. Deshalb besitzen diese Lösungen einen osmotischen Druck, wie er sonst nur bei Krystalloiden zu beobachten ist. *In den Lösungen von polyacrylsaurem Natrium wirken zwei Komponenten zusammen: die zahlreichen Natriumionen rufen den starken osmotischen Effekt hervor, die hochmolekularen Polyanionen verleihen der Lösung die charakteristischen Merkmale eines Kolloids. Wenn man die Lösung eines heteropolaren Molekülkolloids mit einem hochmolekularen Polyanion und zahlreichen niedermolekularen Kationen* (und umgekehrt) *durch eine permeable Membran abschließt, so verhält sie sich wie die Lösung eines niedermolekularen Stoffes in einer semipermeablen Membran.* Es entsteht innerhalb der Membran ein osmotischer Druck, da die niedermolekularen Ionen durch das hochmolekulare Ion innerhalb derselben festgehalten werden. Es muß also bei polyacrylsauren Salzen verschiedenen Molekulargewichtes der osmotische Druck annähernd der gleiche sein[1], da die Beträge für den osmotischen Druck der hochmolekularen Anionen zu vernachlässigen sind[2].

Die Lösungen von polyacrylsauren Salzen in einer permeablen Membran verhalten sich also wie solche von niedermolekularen Stoffen in einer semipermeablen. Bei Lösungen von hochmolekularen heteropolaren polyionischen Molekülkolloiden hat man also in einer Zelle gegenüber Wasser einen hohen osmotischen Druck, ohne daß die Zellwand semipermeabel ist. Lösungen von homöopolaren hochmolekularen Stoffen in Zellen mit permeablen Membranen haben hingegen entsprechend der geringen Zahl der homöopolaren großen Teilchen nur einen geringen osmotischen Druck.

### II. Hemikolloide Polyacrylsäuren.

Die erste Aufgabe ist nach dem oben Gesagten die Herstellung der Hemikolloide, ihre Molekulargewichtsbestimmung und die Untersuchung der Viscositätserscheinungen.

Die Herstellung gelingt durch Polymerisation von Acrylsäure in Lösung unter Zusatz von Katalysatoren. Die Molekulargewichtsbestimmung, welche auf kryoskopischem Wege nicht durchführbar ist, gelingt durch Bestimmung der Molekülendgruppen. Die Viscositätsuntersuchungen zeigen, daß in stark alkalischer Lösung sich die Moleküle in vergleichbaren Zuständen befinden. Hieraus ergeben sich Zusammenhänge zwischen Viscosität und Molekulargewicht.

---

[1] Genaue Messungen müssen noch ausgeführt werden.

[2] Da die Säurestärke der hoch- und niedermolekularen Polyacrylsäuren etwas verschieden ist, so zeigen sich voraussichtlich geringe Unterschiede im osmotischen Druck, da die Salze verschieden hydrolysiert sind.

## 1. Darstellung der Hemikolloide.

Durch Polymerisation von reiner Acrylsäure werden je nach den Bedingungen sehr hochmolekulare Produkte erhalten. Auch in wässeriger Lösung entstehen bei der Polymerisation, die durch Spuren von Peroxyden eingeleitet sein muß, sehr hochmolekulare Polyacrylsäuren. Durch Zusatz großer Mengen von Peroxyden und in verdünnter wässeriger Lösung gelingt es jedoch, hemikolloide Produkte zu erhalten. Tabelle 221 zeigt, daß die Viscositäten der so erhaltenen polymeren Säuren stark mit der bei der Polymerisation angewendeten Acrylsäurekonzentration und mit der Menge des angewendeten Katalysators variieren. Je höher die auf eine bestimmte Menge Acrylsäure angewendete Menge Wasserstoffsuperoxyd ist, desto niedriger ist die Viscosität des Polymerisationsproduktes. Einmal wirkt Wasserstoffsuperoxyd als Katalysator beim Polymerisationsprozeß. Dann unterbricht es aber die Kettenreaktion, indem es — je nach seiner Konzentration — die Endvalenzen kürzerer oder längerer Ketten besetzt und dadurch die Molekülfäden am Weiterwachsen hindert.

Tabelle 221. **Polymerisation von Acrylsäure in wässeriger Lösung in Gegenwart von Katalysatoren.**

| Konzentration der Acrylsäure | Katalysator | $\eta_{sp}$ in 1 gd-mol. Lösung |
|---|---|---|
| 1 mol. | 1 Tropfen peroxydhaltiger Äther auf 0,5 g Säure | 1,82 |
| 1 mol. | 0,11 Mol. $H_2O_2$ auf 1 Mol. Säure | $\begin{cases}1,25\\1,35\end{cases}$ |
| 1 mol. | 0,1 Mol. $H_2O_2$ auf 1 Mol. Säure | $\begin{cases}1,72\\1,50\end{cases}$ |
| 1 mol. | 0,05 Mol. $H_2O_2$ auf 1 Mol. Säure | 1,90[1] |
| 1 mol. | 0,05 Mol. $H_2O_2$ auf 1 Mol. Säure | 2,71 |
| 1 mol. | 0,03 Mol. $H_2O_2$ auf 1 Mol. Säure | 3,23 |
| 1 mol. | 0,02 Mol. $H_2O_2$ auf 1 Mol. Säure | $\begin{cases}4,38\\4,45\end{cases}$ |
| 2 mol. | 0,1 Mol. $H_2O_2$ auf 1 Mol. Säure | 3,13 |
| 2 mol. | 0,02 Mol. $H_2O_2$ auf 1 Mol. Säure | 7,96 |

Die Lösungen wurden im Einschlußrohr unter Stickstoff 11 Tage auf 100° erhitzt.

In einer früheren Arbeit wurde gezeigt, daß die Polymerisation von Acrylsäure eine Kettenreaktion darstellt[2]. Die Rolle des Wasserstoffsuperoxyds wird durch folgendes Formelbild wiedergegeben.

$$
\begin{array}{l}
\text{HO--OH} + \underset{\text{CH=CH}_2}{\overset{\text{COOH}}{|}} + x\,\underset{\text{CH=CH}_2}{\overset{\text{COOH}}{|}} + \underset{\text{CH=CH}_2}{\overset{\text{COOH}}{|}} + \text{HO--OH} + \underset{\text{CH=CH}_2}{\overset{\text{COOH}}{|}} + y\,\underset{\text{CH=CH}_2}{\overset{\text{COOH}}{|}} + \underset{\text{CH=CH}_2}{\overset{\text{COOH}}{|}} + \text{HO--OH} \\[2ex]
\rightarrow \underset{\text{HO--CH--CH}_2}{\overset{\text{COOH}}{|}} - \left(\underset{\text{CH--CH}_2}{\overset{\text{COOH}}{|}}\right)_x - \underset{\text{CH--CH}_2\text{--OH}}{\overset{\text{COOH}}{|}} + \underset{\text{HO--CH--CH}_2}{\overset{\text{COOH}}{|}} - \left(\underset{\text{CH--CH}_2}{\overset{\text{COOH}}{|}}\right)_y - \underset{\text{CH--CH}_2\text{--OH}}{\overset{\text{COOH}}{|}}
\end{array}
$$

## 2. Titration und Molekulargewicht der Hemikolloide.

Die Polyacrylsäure ist also eine Di-oxy-polycarbonsäure. Nimmt man an, daß die Polymerisation symmetrisch verläuft, so ergibt sich, daß an dem einen

---

[1] Die verwendete Acrylsäure enthielt Peroxyde.
[2] STAUDINGER, H., u. H. W. KOHLSCHÜTTER: Ber. Dtsch. Chem. Ges. **64**, 2093 (1931).

Ende der Polyacrylsäurekette die $\alpha$-$\gamma$-Oxy-, am anderen Ende die $\beta$-$\delta$-Oxysäure-gruppierung vorliegt. Im wasserfreien Zustand sind die Hydroxylgruppen laktonisiert.

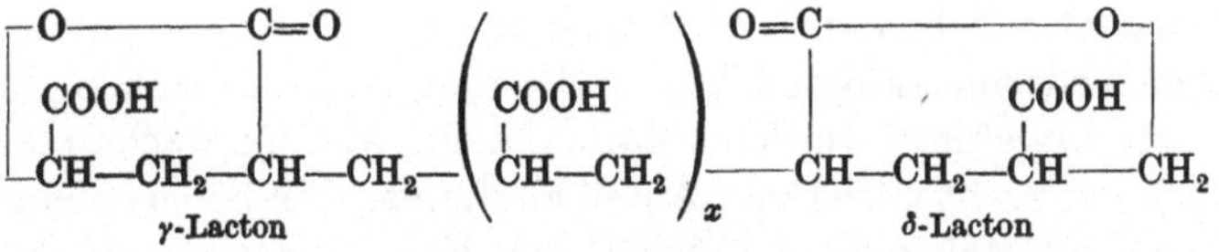

$$\underbrace{\begin{array}{c} \text{O}\!\!-\!\!-\!\!-\!\!-\!\!-\text{C}\!\!=\!\!\text{O} \\ \text{COOH} \quad | \\ \text{CH}\!\!-\!\!\text{CH}_2\!\!-\!\!\text{CH}\!\!-\!\!\text{CH}_2\!\!- \end{array}}_{\gamma\text{-Lacton}} \left(\begin{array}{c} \text{COOH} \\ \text{CH}\!\!-\!\!\text{CH}_2 \end{array}\right)_x \underbrace{\begin{array}{c} \text{O}\!\!=\!\!\text{C}\!\!-\!\!-\!\!-\!\!-\!\!-\text{O} \\ | \qquad\quad \text{COOH} \\ \text{CH}\!\!-\!\!\text{CH}_2\!\!-\!\!\text{CH}\!\!-\!\!\text{CH}_2 \end{array}}_{\delta\text{-Lacton}}$$

Analytisch läßt sich die lactonisierte hochmolekulare Oxysäure nicht von Polyacrylsäure unterscheiden, da die Bruttozusammensetzung der Polyacrylsäure $C_3H_4O_2$ von der einer lactonisierten polymeren Säure $(C_3H_4O_2)_x + H_2O_2 - 2\,H_2O = (C_3H_4O_2)_x - 2\,H$ nur durch das Fehlen zweier Wasserstoffatome in dem großen Molekül verschieden ist.

$\gamma$- und $\delta$-Lactone weisen nun eine völlig verschiedene Beständigkeit auf. Während der $\gamma$-Lactonring beständig ist und selbst in alkalischer Lösung nur teilweise zur $\gamma$-Oxysäure gespalten werden kann, gehen $\delta$-Lactone schon in neutraler Lösung leicht in die $\delta$-Oxysäure über. Die Beständigkeit des $\gamma$-Lactonrings im Vergleich zum $\delta$-Lactonring hat HAWORTH[1] benutzt, um durch Messung der Hydrolysegeschwindigkeit von Lactonen der verschiedenen Monocarbonsäuren aus Monosen und Biosen eine Unterscheidung von $\gamma$- und $\delta$-Lactonen zu begründen. Sämtliche von ihm untersuchten $\gamma$-Lactone werden wesentlich langsamer hydrolysiert als die entsprechenden $\delta$-Lactone. Ebenso konnte STOBBE[2] am Beispiel der $\gamma$-Äthyl-Methylaconsäure zeigen, daß $\gamma$-Oxysäuren auch in alkalischer Lösung nur teilweise als solche zu titrieren sind, weil der Ringschluß zum $\gamma$-Lacton schon beim Neutralisieren der alkalischen Lösung eintritt.

Bei der direkten Titration der Polyacrylsäure mit Natronlauge und Phenolphthalein als Indicator findet man keinen scharfen Umschlagspunkt des Indicators. Die vielen schwachen Carboxylgruppen der Säure bewirken eine Hydrolyse des Natriumsalzes. Nur in Gegenwart von Natriumchlorid oder Alkohol — der Zusatz darf bei der Titration erst in der Nähe des Neutralpunktes erfolgen, weil sonst die Säure koaguliert — läßt sich die Titration scharf durchführen.

Bei dieser Titration läßt sich nun das $\delta$-Lacton wie eine Säure titrieren, der $\gamma$-Lactonring wird nicht aufgespalten. Erst wenn man in alkalischer Lösung erhitzt und dann in der Kälte mit Salzsäure schnell zurücktitriert, gelingt es, einen Teil des $\gamma$-Lactons zu titrieren. Doch schon beim Neutralisieren der alkalischen Lösung wird das $\gamma$-Lacton, entsprechend den oben angeführten Beobachtungen von STOBBE, teilweise wieder zurückgebildet. Man erfaßt also bei der Titration der Polyacrylsäure mit Natronlauge in Gegenwart von Natriumchlorid alle Carboxylgruppen des Moleküls bis auf eine Endgruppe, welche als $\gamma$-Lacton gebunden ist[3]. Bei den hochmolekularen Polyacrylsäuren macht das Fehlen dieser einen Carboxylgruppe in dem großen Molekül bei der Titration einen so geringen Prozentsatz der insgesamt vorhandenen Säuregruppen aus, daß dieser Fehlbetrag in der Größe der Versuchsfehler liegt, also nicht bemerkt werden kann. Während bei einem Polymerisationsgrad von 2 dieser Fehlbetrag 50% ausmachen

[1] HAWORTH, W. N., u. Mitarbeiter: Journ. Chem. Soc. London 1927, 1237; 1928, 611; Helv. chim. Acta 11, 534 (1928).

[2] STOBBE, H.: Liebigs Ann. 321, 122 (1902).

[3] Vorausgesetzt ist, daß die Polymerisation in der geschilderten Weise symmetrisch verläuft.

würde, beträgt er bei einem Polymerisationsgrad von 100 nur noch 1%. Da die Titration der Polyacrylsäure nicht sehr scharfe Werte liefert, so läßt sich durch Titration ein Polymerisationsgrad nur bis etwa 50 bestimmen.

In der folgenden Tabelle sind die Ergebnisse der Titrationen zusammengestellt, welche an den niedermolekularen Polyacrylsäuren, deren Herstellung in Tabelle 221 angegeben ist, ausgeführt wurden. Man erkennt, wie mit wachsender Viscosität der Lösungen der nicht titrierbare Anteil abnimmt. Die höherviscosen Lösungen enthalten größere Moleküle, der Anteil der Endgruppen — des $\gamma$-Lactons — an diesen großen Molekülen ist geringer. Aus diesen Titrationsergebnissen, die den $\gamma$-Lactongehalt der Säuren erkennen lassen, kann man, wie es in Tabelle 222

Tabelle 222. Titration der Hemikolloide.

| $\eta_{sp}$ der Säure in 1 gd-mol. Lösung | Von der Einwage titrierbar % | Nicht titrierbarer Teil % | Durchschnittspolymerisationsgrad | Durchschnittsmolekular-Gewicht |
|---|---|---|---|---|
| 1,72 | 92,15 | 7,85 | } 12—13 | } ca. 900 |
| 1,50 | 91,7 | 8,3 | | |
| 2,71 | 94,1 | 5,9 | 17 | 1200 |
| 3,13 | 94,5 | 5,5 | 18 | 1300 |
| 4,45 | 96,2 | 3,8 | 26 | 1900 |
| 7,96 | 97,4—97,6 | 2,4—2,6 | 38—42 | 2900 |
| 10,3 | 98 | 2 | 50 | 3600 |

angegeben ist, den durchschnittlichen Polymerisationsgrad der Polyacrylsäure berechnen. Es war bisher nicht möglich, die so ermittelten Werte für die Molekulargewichte auf anderem Wege zu kontrollieren. Die osmotischen Methoden versagen bei der Polyacrylsäure, denn die Zahl der osmotisch wirksamen Teilchen wechselt mit dem Dissoziationsgrad. Dabei ist die Zahl der hochmolekularen Anionen im Verhältnis zu der der niedermolekularen Kationen gering. Weiter ist die Zusammensetzung der Teilchen in einer Lösung von Polyacrylsäure noch unbekannt. Man weiß nicht, wieweit normale Moleküle, wieweit koordinative Moleküle vorhanden sind. Es ist also nicht sichergestellt, ob die geschilderte Titrationsmethode richtige Werte für das Molekulargewicht der hemikolloiden Polyacrylsäuren liefert. Jedenfalls stellen die so ermittelten Werte eine untere Grenze dar. Denn es ist möglich, daß ein Teil der nicht titrierbaren Carboxylgruppen nicht als Endgruppen gebunden ist. In diesem Falle wären die wirklichen Molekulargewichte höher. Für die weiteren Berechnungen werden die durch Titration gefundenen Molekulargewichte zugrunde gelegt.

### 3. Viscositätsuntersuchungen an Hemikolloiden.

Es gilt nun zu ermitteln, in welchem Zusammenhang das Molekulargewicht der Hemikolloide und die spez. Viscosität ihrer Lösungen stehen. Dabei ergibt sich die große Schwierigkeit, daß die Viscosität der Polyacrylsäuren, vor allem der eukolloiden, ungeheuer stark vom $p_H$, der Fließgeschwindigkeit und der Anwesenheit anderer Elektrolyte abhängig ist. So erschien es zu Beginn der Untersuchungen aussichtslos, die Bedingungen zu finden, unter denen sich die spez. Viscositäten der verschiedenen Vertreter, ähnlich wie es bei den homöopolaren Molekülkolloiden möglich ist, vergleichen lassen. Eingehende Untersuchungen vor allem an den Eukolloiden, welche unten geschildert werden, führten dann zu dem Ergebnis, daß in Lösungen von Polyacrylsäure bei einem Überschuß von

Natronlauge in bezug auf die Viscosität ganz ähnliche Verhältnisse vorliegen, wie sie in verdünnten Lösungen homöopolarer Molekülkolloide vorhanden sind.

Aus der polymerhomologen Reihe der hemikolloiden Polyacrylsäuren wurden zwei Produkte auf ihr allgemeines Viscositätsverhalten hin genauer geprüft. Die durchschnittlichen Polymerisationsgrade dieser Säuren wurden durch die Lactontitration zu 8 und zu 50 ermittelt. Sie werden im folgenden mit „Säure P 8" und „Säure P 50", ihre Natriumsalze mit „Na-Salz P 8" und „Na-Salz P 50" bezeichnet. Es wurde festgestellt, ob die Lösungen dem HAGEN-POISEUILLEschen Gesetz gehorchen, unter welchen Bedingungen und in welchen Konzentrationen $\eta_{sp}/c$ konstant ist. Es wurde gefunden, daß dieses in verdünnten Lösungen bei großem Alkaliüberschuß der Fall ist, und dort ergeben sich die gesuchten Zusammenhänge zwischen Viscosität und Molekulargewicht.

### a) Gültigkeit des HAGEN-POISEUILLEschen Gesetzes.

Die Lösungen der Säure P 8 und ihres Natriumsalzes gehorchen dem HAGEN-POISEUILLEschen Gesetz vollkommen. Bei Säure P 50 und ihrem Natriumsalz

Tabelle 223.
Abhängigkeit der Viscosität der Hemikolloide vom Geschwindigkeitsgefälle
Messungen im UBBELOHDEschen und OSTWALDschen Viscosimeter.

*Säure P 8.  0,5 gd-mol.*[1]

| 20° | Gf.[2] | 502 | 10200 | 16800 | | |
|-----|-----|-----|-----|-----|-----|-----|
|      | $\eta_{sp}$ | 0,615 | 0,61 | 0,62 | | |
| 60° | Gf. | 1030 | 20800 | | | |
|      | $\eta_{sp}$ | 0,64 | 0,64 | | | |

*Na-Salz P 8.  0,09 gd-mol.*[1]

| 20° | Gf. | 430 | 4460 | 13400 | | |
|-----|-----|-----|-----|-----|-----|-----|
|      | $\eta_{sp}$ | 0,89 | 0,88 | 0,88 | | |
| 60° | Gf. | 963 | 10950 | | | |
|      | $\eta_{sp}$ | 0,77 | 0,76 | | | |

*Säure P 50.  0,004 gd-mol.*

| 20° | Gf. | 538 | 1040 | 1600 | 3530 | 7080 |
|-----|-----|-----|-----|-----|-----|-----|
|      | $\eta_{sp}$ | 0,137 | 0,138 | 0,140 | 0,137 | 0,137 |

*Säure P 50.  1,64 gd-mol.*

| 20° | Gf. | 38 | 102 | 210 | 434 | |
|-----|-----|-----|-----|-----|-----|-----|
|      | $\eta_{sp}$ | 41,5 | 40,9 | 40,7 | 40,6 | |

*Na-Salz P 50.  0,18 gd-mol.*

| 20° | Gf. | 96 | 359 | 818 | 1400 | 1905 | 2540 |
|-----|-----|-----|-----|-----|-----|-----|-----|
|      | $\eta_{sp}$ | 10,4 | 10,4 | 10,3 | 10,3 | 10,2 | 10,0 |

*Na-Salz P 50.  0,53 gd-mol.*

| 20° | Gf. | 41,2 | 110 | 274 | 562 | 1145 | |
|-----|-----|-----|-----|-----|-----|-----|-----|
|      | $\eta_{sp}$ | 32,3 | 31,9 | 31,8 | 31,8 | 31,8 | |

[1] Gd-mol. bei Säuren auf das Mol.-Gew. der Acrylsäure = 72 bezogen. Also 0,1 gd-mol. = 0,72%. Gd-mol. beim polyacrylsauren Natrium auf das Mol.-Gew. des acrylsauren Natrium = 94 bezogen. Also 0,1 gd-mol. = 0,94%.

[2] Gf. = Mittleres Geschwindigkeitsgefälle, berechnet nach KRÖPELIN[3] nach der Gleichung

$$\text{Gf.} = \frac{8v}{3\pi R^3 t}.$$

[3] KRÖPELIN, H.: Ber. Dtsch. Chem. Ges. **62**, 3056 (1929).

finden sich schon ganz geringe Abweichungen von diesem Gesetz bei kleinen Fließgeschwindigkeiten (vgl. Tabelle 223).

### b) Die Abhängigkeit der Viscosität der Säuren von der Konzentration.

Die Abhängigkeit der spez. Viscosität der Säuren P 8 und P 50 von der Konzentration ist in Abb. 86 wiedergegeben. Zum Vergleich ist die Konzentrationsviscositätskurve eines hemikolloiden Polystyrols[1] eingezeichnet; während die Kurve der Säure P 8 noch keine sehr wesentlichen Unterschiede gegen den Kurvenverlauf beim Polystyrol aufweist, gibt die Säure P 50 ein abweichendes Bild. Im stark verdünnten Gebiet fällt hier ein starker Anstieg der Kurve auf, es folgt dann ein Umbiegen zu einem etwas flacheren Verlauf und im konzentrierten Gebiet wieder ein steiler Anstieg. Die $\eta_{sp}/c$-Werte haben entsprechend mit steigender Konzentration zunächst fallende Tendenz, um nach Durchlaufen eines Minimums wieder anzusteigen (s. Abb. 87). Im ganz verdünnten Gebiet haben sie auffällig hohe Werte. Die Zusammenstellung der Messungen befindet sich in Tabelle 224.

Dies Verhalten der Säuren läßt folgendes erkennen: Im stark verdünnten Gebiet sind

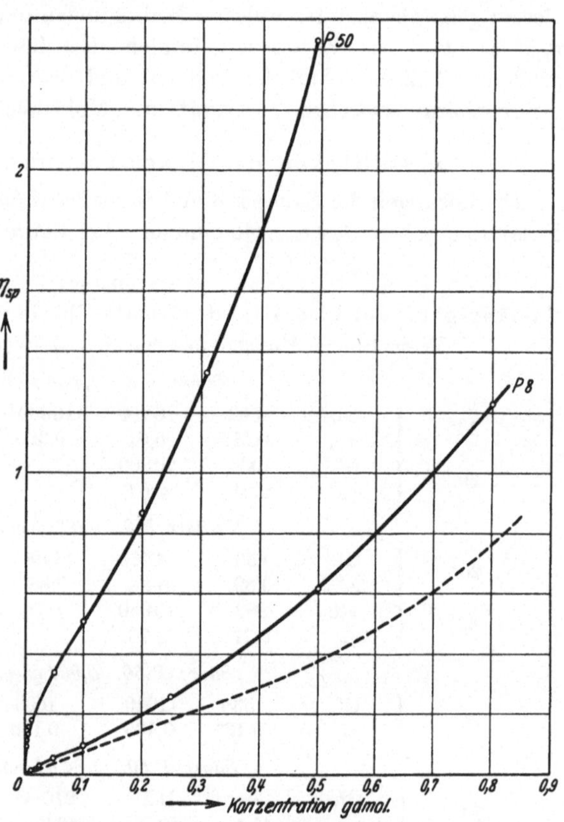


Abb. 86. Viscositätskonzentrationskurven der hemikolloiden Säuren. (——— Kurve für Polystyrol vom Durchschnittsmolekulargewicht 2350 nach W. Heuer.)

die Säuren weitgehend dissoziiert. Hier beobachtet man die höchsten $\eta_{sp}/c$-Werte, da einmal die interionischen Kräfte zur Festlegung der Fadenionen durch Schwarmbildung führen; andererseits kann auch deren Solvatation beträchtlich sein. Bei geringer Konzentrationszunahme nimmt die Dissoziation erheblich ab; damit werden die interionischen Kräfte und die Solvatation geringer, $\eta_{sp}/c$ nimmt ab. Je mehr undissoziierte Säure sich aber bildet, desto mehr nähert sich der Charakter der Säure dem eines homöopolaren Molekülkolloids wie z. B. dem des Polystyrols. Allerdings können auch hier koordi-

---

[1] Nach Messungen von W. Heuer, vgl. Tabelle 65, S. 172.

native Bindungen der Moleküle unter sich eintreten, wie dies bei der Essigsäure der Fall ist. Mit steigender Konzentration wird die Tendenz zur Bildung solcher koordinativer Moleküle zunehmen. Der Anstieg der $\eta_{sp}/c$-Werte in hohen Konzentrationen kann mit solchen Erscheinungen zusammenhängen, ist aber auch darauf zurückzuführen, daß die Sollösung in eine Gellösung

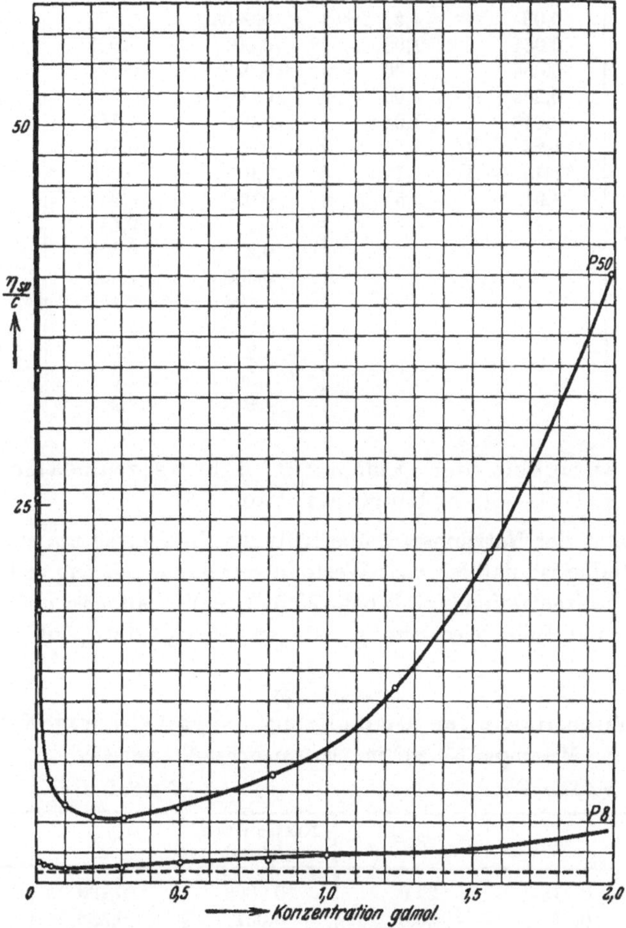


Abb. 87. $\eta_{sp}/c$-Konzentrationskurven für die hemikolloiden Säuren. (— — — Kurve für Polystyrol vom Durchschnittsmolekulargewicht 2350 [1].)

übergeht. Wie die Bildung koordinativer Moleküle die Viscosität beeinflußt, ist vorläufig nicht zu entscheiden, da man den Bau dieser koordinativen Teilchen nicht kennt.

Der Verlauf der Viscositätskurven ist bei der Säure P 8 ähnlich wie beim Polystyrol, bei der Säure P 50 ergibt sich ein ganz verschiedenes Bild. Diese ungewöhnlichen Viscositätserscheinungen stehen also mit der Länge der Moleküle in Zusammenhang, und zwar wirkt die Schwarmbildung mit zunehmender Länge der Fadenionen stark viscositätserhöhend.

---

[1] Vgl. Abb. 24, S. 171.

**Tabelle 224. Spezifische Viscositäten der hemikolloiden Polyacrylsäuren.**
**Messungen im OSTWALDschen Viscosimeter bei 20°.**

*Säure P 8.* *Säure P 50.*

| Konzentration in Gd-mol. | $\eta_{sp}$ | $\eta_{sp}/c$ | Konzentration in Gd-mol. | $\eta_{sp}$ | $\eta_{sp}/c$ |
|---|---|---|---|---|---|
| 0,01 | 0,013 | 1,3 | 0,0002 | 0,036 | 180 |
| 0,025 | 0,03 | 1,2 | 0,0005 | 0,073 | 146 |
| 0,05 | 0,051 | 1,02 | 0,001 | 0,092 | 92 |
| 0,1 | 0,096 | 0,96 | 0,002 | 0,114 | 57 |
| 0,25 | 0,265 | 1,06 | 0,004 | 0,136 | 34 |
| 0,5 | 0,618 | 1,24 | 0,006 | 0,153 | 25,5 |
| 0,8 | 1,23 | 1,54 | 0,008 | 0,162 | 20,3 |
| 1,0 | 1,75 | 1,75 | 0,01 | 0,180 | 18,0 |
| 2,0 | 7,01 | 3,5 | 0,05 | 0,34 | 6,8 |
|  |  |  | 0,1 | 0,51 | 5,1 |
|  |  |  | 0,2 | 0,865 | 4,32 |
|  |  |  | 0,308 | 1,33 | 4,32 |
|  |  |  | 0,494 | 2,43 | 4,92 |
|  |  |  | 0,823 | 5,79 | 7,03 |
|  |  |  | 1,23 | 15,9 | 12,9 |
|  |  |  | 1,56 | 34,0 | 21,8 |
|  |  |  | 1,973 | 78,9 | 40,0 |

## c) Die Abhängigkeit der Viscosität der Natriumsalze von der Konzentration.

Die Viscosität der Natriumsalze übertrifft die der Säuren um ein Vielfaches. Besonders auffällig ist, daß die $\eta_{sp}/c$-Werte in verdünnter Lösung viel größer sind als in höherer Konzentration (vgl. Tabelle 225). Dies Verhalten ist dem der homöopolaren Molekülkolloide wiederum gerade entgegengesetzt (Abb. 88 und 89).

**Tabelle 225.**
**Spezifische Viscositäten der hemikolloiden polyacrylsauren Natriumsalze.**
**Messungen bei 20° im OSTWALDschen Viscosimeter.**

*Na-Salz P 8.* *Na-Salz P 50.*

| Konzentration in Gd-mol.[1] | $\eta_{sp}$ | $\eta_{sp}/c$ | Konzentration in Gd-mol.[1] | $\eta_{sp}$ | $\eta_{sp}/c$ |
|---|---|---|---|---|---|
| 0,005 | 0,118 | 23,6 | 0,0005 | 0,189 | 378 |
| 0,01 | 0,20 | 20,0 | 0,001 | 0,338 | 338 |
| 0,05 | 0,596 | 11,9 | 0,002 | 0,65 | 325 |
| 0,1 | 0,968 | 9,68 | 0,004 | 1,05 | 263 |
| 0,2 | 1,58 | 7,9 | 0,007 | 1,555 | 222 |
|  |  |  | 0,01 | 1,856 | 186 |
|  |  |  | 0,03 | 3,65 | 122 |
|  |  |  | 0,06 | 5,37 | 89,7 |
|  |  |  | 0,1 | 7,46 | 74,6 |
|  |  |  | 0,2 | 12,12 | 60,6 |
|  |  |  | 0,3 | 16,75 | 55,9 |
|  |  |  | 0,4 | 22,3 | 55,8 |
|  |  |  | 0,5 | 27,35 | 54,8 |
|  |  |  | 0,6125 | 34,1 | 55,7 |

[1] 0,1 gd-mol. Lösung des Salzes = 0,94%.

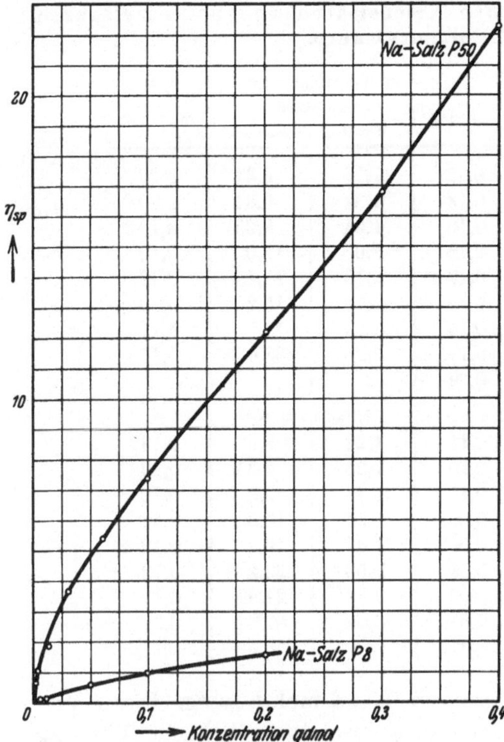


Abb. 88.　Viscositätskonzentrationskurven der hemikolloiden Na-Salze.

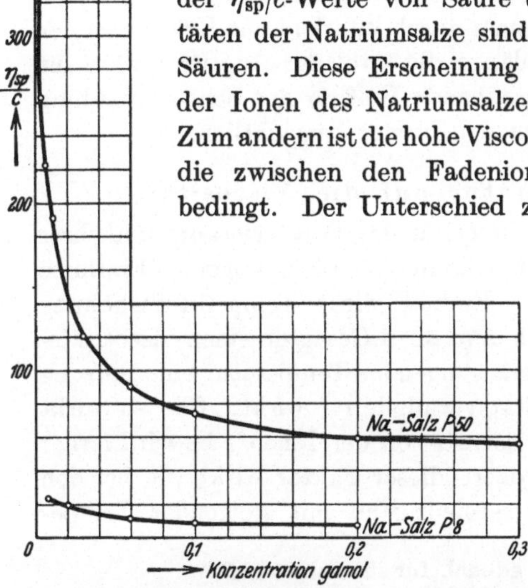


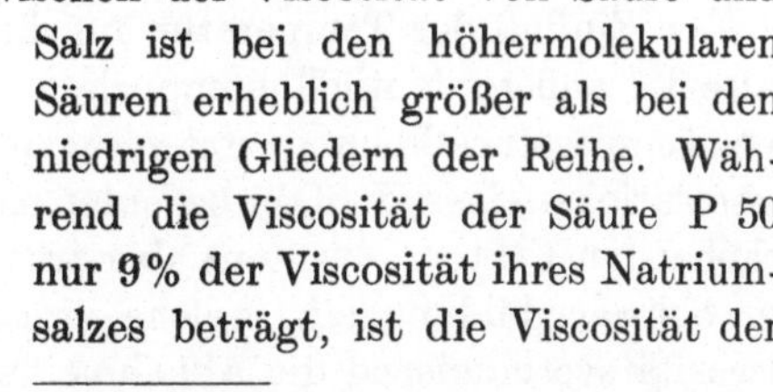

Abb. 89.　$\eta_{sp}/c$-Konzentrationskurven der hemikolloiden Na-Salze.

Während beim Polystyrol die $\eta_{sp}/c$-Werte in verdünnten Lösungen konstant sind und erst in höheren Konzentrationen wachsen, beobachtet man beim polyacrylsauren Natrium gerade in verdünntem Gebiet ein sehr starkes Abfallen der $\eta_{sp}/c$-Werte und im konzentrierten Gebiet, wie aus den Kurven in Abb. 89 hervorgeht, ein Konstantwerden[1]. Dieser Kurvenverlauf ist, wie schon hier bemerkt werden soll, bei den Eukolloiden noch ausgeprägter. Im ganz verdünnten Gebiet, wo auch die Säuren dissoziiert sind, zeigen Natriumsalze und Säuren einen analogen Kurvenverlauf.

**d) Vergleich der spez. Viscositäten von Natriumsalzen und Säuren.**

Aufschlußreich ist ein Vergleich der spez. Viscositäten von Natriumsalzen und Säuren von verschiedenem Polymerisationsgrad. In Tabelle 226 sind die $\eta_{sp}/c$-Werte der Salze und Polyacrylsäuren in verschiedenen Konzentrationen bei 20 und 60° nebeneinandergestellt. Es ist weiter das Verhältnis der $\eta_{sp}/c$-Werte von Säure und Salz berechnet. Die spez. Viscositäten der Natriumsalze sind außerordentlich viel höher als die der Säuren. Diese Erscheinung ist einmal auf die erhöhte Solvatation der Ionen des Natriumsalzes gegenüber der Säure zurückzuführen. Zum andern ist die hohe Viscosität der Salze durch interionische Kräfte, die zwischen den Fadenionen des Natriumsalzes wirksam sind, bedingt. Der Unterschied zwischen der Viscosität von Säure und Salz ist bei den höhermolekularen Säuren erheblich größer als bei den niedrigen Gliedern der Reihe. Während die Viscosität der Säure P 50 nur 9% der Viscosität ihres Natriumsalzes beträgt, ist die Viscosität der

---

[1] Von einer Erklärung soll hier vorläufig abgesehen werden. Es möge hier eine Beschreibung der Phänomene genügen, welche die Kompliziertheit der Viscositätserscheinungen bei den verschiedenen Stoffen zeigt.

Tabelle 226. Vergleich der spezifischen Viscositäten von polyacrylsaurem Natrium und Polyacrylsäure.

| Durchschnitts-polymeri-sationsgrad | 0,5 gd-mol.[1] 20° $\eta_{sp}/c$-Werte | | $\dfrac{\eta_{sp}/c\text{-Säure}}{\eta_{sp}/c\text{-Salz}}$ | 0,5 gd-mol.[1] 60° $\eta_{sp}/c$-Werte | | $\dfrac{\eta_{sp}/c\text{-Säure}}{\eta_{sp}/c\text{-Salz}}$ |
|---|---|---|---|---|---|---|
| | Säure | Na-Salz | | Säure | Na-Salz | |
| 12—13 $\{$ | 1,19 | 6,73 | 0,18 | 1,29 | 6,32 | 0,20 |
| | 1,28 | 6,94 | 0,18 | 1,34 | 6,84 | 0,20 |
| 15 | 1,42 | 8,78 | 0,16 | 1,54 | 8,25 | 0,19 |
| 17 | 1,87 | 11,7 | 0,16 | 2,06 | 11,0 | 0,19 |
| 17 | 1,96 | 11,8 | 0,17 | 2,16 | 11,1 | 0,19 |
| 18 | 2,39 | 16,0 | 0,15 | 2,78 | 15,2 | 0,18 |
| 26 | 2,81 | 19,9 | 0,14 | 3,22 | 18,7 | 0,17 |
| 38—42 | 4,37 | 41,4 | 0,11 | 5,26 | 38,4 | 0,14 |
| 50 | 4,92 | 54,8 | 0,09 | | | |
| | 0,1 gd-mol.[2] 20° | | | 0,1 gd-mol.[2] 60° | | |
| 12—13 $\{$ | 1,12 | 9,9 | 0,11 | 1,22 | 9,2 | 0,13 |
| | 1,07 | 10,24 | 0,10 | 1,23 | 9,35 | 0,13 |
| 15 | 1,28 | 13,2 | 0,10 | 1,49 | 12,2 | 0,12 |
| 17 | 1,65 | 18,2 | 0,09 | 1,93 | 16,3 | 0,12 |
| 17 | 1,69 | 18,4 | 0,09 | 1,97 | 16,7 | 0,12 |
| 18 | 2,22 | 23,8 | 0,09 | 2,56 | 22,2 | 0,12 |
| 26 | 2,83 | 30,3 | 0,09 | 3,28 | 27,99 | 0,12 |
| 38—42 | 4,17 | 63,0 | 0,07 | 5,05 | 57,8 | 0,09 |
| 50 | 5,1 | 74,6 | 0,07 | | | |

Säure P 12 18% der Viscosität ihres Salzes in 0,5 gd-mol. Lösung. Dieser Vergleich zeigt, daß bei den Natriumsalzen eine viscositätserhöhende Wirkung vorhanden ist, welche mit zunehmender Kettenlänge wächst. Dieser viscositätserhöhende Effekt kann nicht auf einer Solvatation der Ionen beruhen; dann müßte der Unterschied zwischen der Viscosität des Natriumsalzes und der Säure bei Molekülen verschiedener Kettenlänge gleich sein, da man annehmen muß, daß die Solvatation pro Grundmolekül in gleicher Konzentration die gleiche ist. Dagegen wird die Festlegung der Fadenionen durch interionische Kräfte mit der Kettenlänge stärker, da mit der Kettenlänge die Zahl der Angriffspunkte für die Festlegung wächst. Der viscositätserhöhende Einfluß der Schwarmbildung wird mit zunehmender Länge der Fadenionen immer beträchtlicher.

### e) Der Einfluß der Temperatur auf die Viscosität.

Der Einfluß der Temperatur auf die Viscosität der Polyacrylsäure und ihrer Salze ist außerordentlich kompliziert. Man kann vor allem folgende Einflüsse der Temperaturerhöhung unterscheiden. Einmal wirkt Temperaturerhöhung dissoziationssteigernd. Das bedeutet nach dem oben Gesagten einen viscositätserhöhenden Faktor. Zweitens aber tritt mit steigender Temperatur eine Störung der Schwarmbildung ein, welche viscositätsvermindernd wirkt. Ebenso wirkt viscositätsvermindernd die Abnahme der Solvatation der Ionen[3]. Es wird ferner der Abstand zwischen den Molekülen größer; dieser Faktor wirkt wie bei den homöopolaren Molekülkolloiden viscositätserniedrigend mit steigender Tempe-

---

[1] 0,5 gd-mol. für die Säuren = 3,6%. 0,5 gd-mol. für die Salze = 4,7%.
[2] 0,1 gd-mol. für die Säuren = 0,72%. 0,1 gd-mol. für die Salze = 0,94%.
[3] Dadurch, daß die polymeren Moleküle des Wassers bei Temperaturerhöhung zerfallen.

Tabelle 227. Abhängigkeit der spezifischen Viscosität der Säuren von der Temperatur.

| Konzentration in Gd-mol. | $\eta_{sp}$ bei 20° | $\eta_{sp}$ bei 60° | T.-A.[1] |
|---|---|---|---|
| *Säure P 8.* | | | |
| 0,1 | 0,096 | 0,10 | 1,04 |
| 0,25 | 0,265 | 0,278 | 1,05 |
| 0,5 | 0,618 | 0,639 | 1,03 |
| 0,8 | 1,23 | 1,21 | 0,99 |
| 1,0 | 1,75 | 1,69 | 0,97 |
| *Säure P 50.* | | | |
| 0,02 | 0,29 | 0,315 | 1,09 |
| 0,9 | 7,7 | 8,1 | 1,05 |

Tabelle 228. Abhängigkeit der spezifischen Viscosität der Natriumsalze von der Temperatur.

| Konzentration in Gd-mol. | $\eta_{sp}$ bei 20° | $\eta_{sp}$ bei 60° | T.-A.[1] |
|---|---|---|---|
| *Na-Salz P 8.* | | | |
| 0,01 | 0,20 | 0,173 | 0,87 |
| 0,05 | 0,596 | 0,522 | 0,88 |
| 0,1 | 0,968 | 0,875 | 0,90 |
| 0,2 | 1,58 | 1,46 | 0,93 |
| *Na-Salz P 50.* | | | |
| 0,01 | 1,83 | 1,52 | 0,83 |
| 0,175 | 11,08 | 10,15 | 0,92 |

ratur. Schließlich wirkt Temperaturerhöhung auch auflösend auf die koordinativen Bindungen der Säure in höheren Konzentrationen. Wie dies die Viscosität beeinflußt, kann nicht beurteilt werden, da man den Bau der koordinativen Moleküle nicht kennt.

Die Säuren zeigen bei 60° höhere spezifische Viscosität als bei 20°. Hier überwiegt also ein viscositätssteigernder Einfluß der Temperaturerhöhung, wahrscheinlich vor allem die Dissoziationssteigerung. Die spez. Viscosität der stark dissoziierten hemikolloiden Natriumsalze nimmt dagegen mit steigender Temperatur ab. Es überwiegen hier also viscositätsvermindernde Einflüsse im Gegensatz zu den Verhältnissen bei den später beschriebenen eukolloiden Natriumsalzen, deren Viscosität mit steigender Temperatur zunimmt. Vgl. Tabelle 227 und 228.

## f) Der Einfluß von Elektrolyten auf die Viscosität.

Bei Zusatz von geringen Mengen Natronlauge zur Säure tritt eine erhebliche Viscositätssteigerung ein. Bei dem Natriumgehalt, bei dem alle direkt titrierbaren, also alle freien Carboxylgruppen, mit Natrium besetzt sind[2], liegt das Maximum der Viscosität (Tabelle 229 und Abb. 90). Ein weiterer Zusatz von Natronlauge setzt die Viscosität wieder herab, den gleichen Einfluß hat Natriumchlorid auf die Viscosität des Salzes. Im Sinne der oben entwickelten Vorstellungen ist dieser Einfluß darauf zurückzuführen, daß die Festlegung der Anionen durch interionische Kräfte gelöst wird. Die Säureanionen umgeben sich mit den Ionen des Elektrolyten. Dadurch werden die Einzelmoleküle des Salzes in der Lösung als solche isoliert und von Elektrolytmolekülen umhüllt, eine Wechselwirkung zwischen den Fadenionen kann nicht mehr stattfinden. So wird die Schwarmbildung bei genügendem Elektrolytzusatz aufgehoben. Den gleichen

---

[1] T.-A. = Temperaturabhängigkeit ist der Quotient $\eta_{sp}$ bei 60° : $\eta_{sp}$ bei 20°. Temperaturabhängigkeiten, deren Wert größer als 1 ist, bedeuten also steigende Viscosität mit steigender Temperatur, was im folgenden auch mit „positiver Temperaturabhängigkeit" bezeichnet wird. T.-A.-Werte kleiner als 1 bedeuten geringere spezifische Viscosität mit steigender Temperatur, auch als „negative Temperaturabhängigkeit" bezeichnet.

[2] Sind alle titrierbaren Carboxylgruppen neutralisiert, so bezeichnen wir die Konzentration des Natriums in der Lösung als 100%.

viscositätsherabsetzenden Einfluß auf die Natriumsalze wie Natronlauge hat auch Natriumchlorid. Angaben hierüber finden sich bei den Eukolloiden.

Setzt man dagegen zu Polyacrylsäure geringe Mengen Natriumchlorid oder Salzsäure zu, so wird auch hier die Viscosität stark vermindert. In etwas höheren

Tabelle 229.　Viscosität der Säure P 8
mit steigenden Mengen NaOH.
Säurekonzentration 0,05 gd-mol. Temp. 20°.

| Na in Proz.[1] | $\eta_{sp}$ | Na in Proz.[1] | $\eta_{sp}$ |
|---|---|---|---|
| 0 | 0,05 | 100 | 0,633 |
| 50 | 0,509 | 102,5 | 0,596 |
| 90 | 0,618 | 105 | 0,588 |
| 95 | 0,624 | 110 | 0,532 |
| 97,5 | 0,627 | 150 | 0,395 |

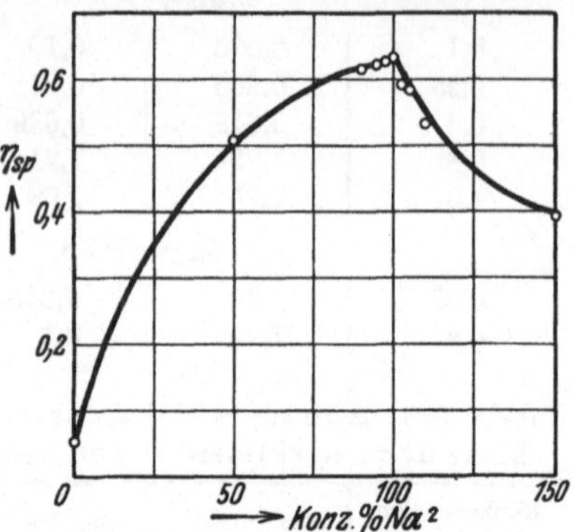


Abb. 90.　Säure P 8 mit steigenden Mengen NaOH.

Konzentrationen, etwa in 0,5 molarer Kochsalzlösung, wird die Lösung trübe, es bildet sich eine Suspension. Nach einiger Zeit tritt Ausflockung ein. Größere Mengen Kochsalz wirken sofort koagulierend. Analoge Erscheinungen sind beim Eiweiß bekannt. Diese Phänomene sind wahrscheinlich damit zu erklären, daß Elektrolytzusatz die Ausbildung koordinativer Bindungen der Moleküle der freien Säure unter sich begünstigt. Es bilden sich dreidimensionale koordinative Moleküle, deren Größe so erheblich ist, daß sie nicht mehr gelöst werden können; infolgedessen tritt Ausflockung ein. Temperaturerhöhung wirkt sprengend auf die koordinativen Bindungen, die Suspension wird bei höherer Temperatur wieder aufgelöst. Dies macht sich durch eine stark positive Temperatur-

Tabelle 230.　Viscosität der Säure P 8 0,25 gd-mol.
in NaCl-Lösungen.

| NaCl Konz. mol. | $\eta_{sp}$ bei 20° | $\eta_{sp}$ bei 60° | T.-A.[3] |
|---|---|---|---|
| 0,0 | 0,265 | 0,278 | 1,05 |
| 1,0 | 0,172 | 0,211 | 1,23 |
| 2,0 | 0,068 | 0,088 | 1,29 |

abhängigkeit der Viscosität bemerkbar (vgl. Tabelle 230). Bei den Natriumsalzen der Polyacrylsäuren kann ein analoger Effekt nicht auftreten, weil hier koordinative Bindungen zwischen den Ionen nicht möglich sind. Deshalb sind sie im Gegensatz zu den Säuren durch Elektrolytzusatz nicht koagulierbar.

### g) Polyacrylsaures Natrium im Überschuß von Natronlauge.

Alle diese merkwürdigen, vom Verhalten homöopolarer Molekülkolloide abweichenden Eigenschaften der Polyacrylsäure und ihrer Salze verschwinden, wenn sich die Moleküle des polyacrylsauren Natrium im großen Überschuß von Natronlauge befinden. Hier verhalten sich die Fadenionen ähnlich wie Fadenmoleküle homöopolarer Molekülkolloide in Lösung. Die $\eta_{sp}/c$-Werte sind in niedrigen Konzentrationen konstant und steigen erst in höheren Konzentrationen. Die Abhängigkeit der Viscosität von der Temperatur geht zurück. Dies zeigen vor allem die Messungen bei Eukolloiden, bei denen das abnorme Verhalten der

---

[1, 2] Siehe Fußnote 2 auf S. 348.　　　[3] Siehe Fußnote 1 auf S. 348.

Säuren und Salze noch viel ausgeprägter ist als bei den Hemikolloiden, während sie sich in 2 n-Natronlauge normal verhalten. Diese Ergebnisse der Messungen an Eukolloiden wurden auch bei den Hemikolloiden bestätigt gefunden, wie Tabelle 231 zeigt.

In 2 n-Natronlauge liegen also die Bedingungen vor, unter denen die $\eta_{sp}/c$-Werte verschiedener Produkte vergleichbar sind.

Die Lösungen von Natriumsalzen der Polyacrylsäuren in Natronlauge sind viel weniger viscos als neutrale Lösungen von polyacrylsauren Salzen, da die Schwarmbildung in alkalischer Lösung im Gegensatz zur neutralen verhindert wird. Dieser Rückgang der Viscosität ist wiederum um so stärker, je höher das Molekulargewicht der Säure ist (vgl. Tabelle 232).

Tabelle 231. $\eta_{sp}/c$-Werte der Na-Salze der hemikolloiden Polyacrylsäuren in 2 n-Natronlauge bei verschiedenen Konzentrationen und Temperaturen.

| Durchschnittspolymerisationsgrad | Konzentration in Gd-mol. | $\eta_{sp}/c$ 20° | $\eta_{sp}/c$ 60° |
|---|---|---|---|
| 12—13 | 0,0539 | 1,6 | 1,6 |
| | 0,0733 | 1,7 | 1,6 |
| | 0,1 | 1,7 | 1,5 |
| 12—13 | 0,0439 | 1,9 | 2,0 |
| | 0,0613 | 1,9 | 1,9 |
| | 0,0798 | 1,9 | 1,9 |
| | 0,0894 | 2,0 | 1,9 |
| 15 | 0,076 | 2,0 | 2,0 |
| | 0,0838 | 2,0 | 2,0 |
| 17 | 0,0634 | 2,5 | 2,6 |
| | 0,0524 | 2,5 | 2,4 |
| 18 | 0,077 | 2,9 | 2,8 |
| 26 | 0,0443 | 3,4 | 3,4 |
| | 0,05 | 3,2 | 3,4 |
| 26 | 0,0425 | 3,3 | 3,3 |
| | 0,0511 | 3,4 | 3,4 |
| 38—42 | 0,0271 | 4,4 | 5,0 |
| | 0,0417 | 4,8 | 5,0 |
| | 0,0478 | 4,6 | 5,0 |

Dies zeigt nochmals, daß die hohen Viscositäten der Natriumsalze in neutraler Lösung teilweise durch Kräfte bedingt sind, die von der Länge der Ketten abhängig sind. Es sind dies interionische Kräfte, die zur Schwarmbildung führen. Vergleicht man die Viscositäten der Säuren in 0,1-gd-mol. Lösung aus Tabelle 226

Tabelle 232. $\eta_{sp}/c$-Werte von polyacrylsauren Natriumsalzen in neutraler Lösung und in 2n-Natronlauge.

| Durchschnittspolymerisationsgrad | Na-Salz 0,1 gd-mol. | | | Na-Salz 0,1 gd-mol. | | |
|---|---|---|---|---|---|---|
| | neutral b | in 2n-NaOH 20° a | a/b | neutral d | in 2n-NaOH 60° c | c/d |
| 12—13 | 9,9 | 1,66 | 0,17 | 9,2 | 1,54 | 0,17 |
| | 10,24 | 1,92 | 0,19 | 9,35 | 1,94 | 0,21 |
| 15 | 13,2 | 2,03 | 0,15 | 12,2 | 2,03 | 0,17 |
| 17 | 18,2 | 2,50 | 0,14 | 16,3 | 2,57 | 0,16 |
| 17 | 18,4 | 2,50 | 0,14 | 16,7 | 2,53 | 0,15 |
| 18 | 23,8 | 2,86 | 0,12 | 22,2 | 2,77 | 0,12 |
| 26 | 30,3 | 3,30 | 0,11 | 27,9 | 3,37 | 0,12 |
| 38—42 | 63,0 | 4,60 | 0,07 | 57,8 | 5,02 | 0,09 |

mit denen der Salze in 2 n-Natronlauge in gleicher Konzentration (Tabelle 232), so sind diese annähernd gleich. Daraus kann man nicht folgern, daß auch in den Lösungen der Säuren normale Moleküle vorliegen, denn diese Übereinstimmung ist eine zufällige, da die $\eta_{sp}/c$-Werte der Säuren nicht konstant sind, sondern in weiten Grenzen variieren (Tabelle 224). Dagegen sind die $\eta_{sp}/c$-Werte

der Salze in 2n-NaOH in verdünnter Lösung konstant (Tabelle 231); daraus kann man hier auf das Vorliegen von Molekülen schließen.

## 4. Beziehungen zwischen Viscosität und Molekulargewicht bei Hemikolloiden.

Da die $\eta_{sp}/c$-Werte der Polyacrylsäure in 2n-Natronlauge unabhängig von Konzentration und Temperatur in verdünnten Lösungen konstant sind, so kann man versuchen, hier Beziehungen zwischen Molekulargewicht und den $\eta_{sp}/c$-Werten aufzufinden. Berechnet man, wie in Tabelle 233 angegeben, den $K_m$-Wert der verschiedenen hemikolloiden Produkte, so erhält man als Durchschnittswert der Messungen $K_m = 2 \cdot 10^{-3}$. Bei der Berechnung der Viscositätsmessungen wurde davon abgesehen, die Endgruppen in den Ketten besonders zu berücksichtigen, obwohl diese bei kürzeren Ketten einen prozentual größeren Teil der Moleküle ausmachen als bei langen. Eine exakte Bestimmung erübrigt sich hier, da die Molekulargewichtsbestimmung durch die Lactontitration keine scharfen Werte liefert und deshalb diese Fehler nicht in Betracht kommen. Daß die Werte der $K_m$-Konstante sehr erheblich schwanken, ist zu verstehen, wenn man bedenkt, daß die vorliegenden Polyacrylsäuren unfraktionierte Gemische einer polymerhomologen Reihe sind[1].

Tabelle 233. Berechnung der $K_m$-Konstanten für Polyacrylsäure in 2n-Natronlauge.

| Durchschnitts-Polymerisationsgrad | Durchschnitts-Mol.-Gew. | $\eta_{sp}/c$ in 2n-NaOH | $K_m = \dfrac{\eta_{sp}/c}{M}$ |
|---|---|---|---|
| 12,7 | 915 | 1,66 | $1{,}8 \cdot 10^{-3}$ |
| 12 | 865 | 1,92 | 2,2 „ |
| 17 | 1200 | 2,50 | 2,1 „ |
| 18 | 1300 | 2,86 | 2,2 „ |
| 26 | 1900 | 3,30 | 1,7 „ |
| 38—42 | 2700—3000 | 4,6 | 1,5–1,7 „ |

Auffällig ist der hohe Wert der Konstante mit $2 \cdot 10^{-3}$. Dies entspricht einer $K_{\text{äqu}}$-Konstante von $10 \cdot 10^{-4}$[*]. Der Wert der $K_{\text{äqu}}$-Konstante für homöopolare Moleküle ist um eine Zehnerpotenz kleiner, nämlich zu $0{,}85 \cdot 10^{-4}$[**] gefunden worden. Würde man mit Hilfe dieser Konstanten das Molekulargewicht der Polyacrylsäure berechnen, so ergäbe sich ein 10mal größeres Molekulargewicht, als es durch die Lactontitration gefunden wurde. Diese hohe $K_m$-Konstante bedeutet also, daß diese Stoffe mit relativ kurzen Fadenmolekülen schon sehr hochviscose Lösungen liefern, auch wenn die Schwarmbildung verhindert ist, wie es in diesen Lösungen bei Gegenwart von überschüssiger Natronlauge der Fall ist.

Würde man die $\eta_{sp}/c$-Werte, die für polyacrylsaures Natrium in neutraler Lösung gefunden wurden, der Berechnung des Molekulargewichtes zugrunde legen und für die Berechnung die für die homöopolaren Moleküle gefundene Beziehung $M = \eta_{sp}(\text{äqu})/0{,}85 \cdot 10^{-4}$[**] benutzen, so würden sich ungeheure Werte für das Molekulargewicht der Polyacrylsäure berechnen. Für einen $\eta_{sp}/c$-Wert von 60, wie er beispielsweise für das Natriumsalz vom Polymerisationsgrad 40 (Molekulargewicht 2900) gefunden wurde, ergäbe sich ein Molekulargewicht von 350000 entsprechend einem Polymerisationsgrad von 5000. Hieraus geht hervor, daß man nicht ohne weiteres aus einer hohen Viscosität der Lösung auf ein hohes

---

[1] Die Fraktionierung der Gemische, die zur Erzielung einwandfreier Ergebnisse durchgeführt werden müßte, stößt bei diesen Produkten auf Schwierigkeiten.

[*] Das Grundmolekül der Polyacrylsäure enthält 2 Ketten-C-Atome.

[**] STAUDINGER, H.: Ber. Dtsch. Chem. Ges. **65**, 267 (1932). Vgl. S. 68.

Molekulargewicht schließen darf; man muß vielmehr bei der Beurteilung des Molekulargewichtes auf Grund von Viscositätsmessungen außerordentlich vorsichtig vorgehen und den Bau der Teilchen erst durch chemische Untersuchungen aufklären.

### III. Viscositätsmessungen an niedermolekularen Polycarbonsäuren.

Die Viscositäten des polyacrylsauren Natriums in 2n-Natronlauge, also unter Bedingungen, unter denen die Moleküle isoliert sind, ergaben eine im Vergleich zu den homöopolaren Molekülkolloiden abnorm hohe $K_m$-Konstante. Da die Bestimmung des Polymerisationsgrades der Polyacrylsäuren durch Titration evtl. ungenaue Werte ergibt, war es wichtig, diese Konstante, die die Ermittlung des Molekulargewichts der Eukolloide ermöglichen sollte, noch auf andere Weise nachzuprüfen. Deshalb wurden Viscositätsmessungen an einfachen Polycarbonsäuren vorgenommen, um zu erfahren, ob man bei diesen Stoffen bekannter Konstitution die gleichen abnormen Viscositätserscheinungen beobachtet. Wichtig ist, daß man bei diesen Untersuchungen die Viscositäten der Polycarbonsäureester bekannter Konstitution mit der von Säuren, Natriumsalzen und Natriumsalzen in überschüssiger Natronlauge vergleichen kann. Die Viscositäten der Ester lassen sich nach der Formel[1] $\eta_{sp}(1,4\%) = x + ny*$ berechnen. Dieser berechnete Wert stimmt, wie Tabelle 234 zeigt, mit dem bei der Messung der Ester in Butylacetat gefundenen der Größenordnung nach überein. Unstimmigkeiten dürften darauf zurückzuführen sein, daß die Moleküle dieser Ester keine ausgesprochene Fadenform besitzen[2].

Tabelle 234. Ester von Polycarbonsäuren in Butylacetat.

| | $\eta_{sp}$ (1,4%) berechnet | $\eta_{sp}$ (1,4%) gefunden 20° | $\eta_{sp}$ (1,4%) gefunden 60° |
|---|---|---|---|
| Bernsteinsäure-dimethylester . . . . . . . . | 0,0128 | 0,0153 | 0,0109 |
| Glutarsäure-diäthylester . . . . . . . . . . | 0,0176 | 0,0146 | 0,0116 |
| Adipinsäure-diäthylester . . . . . . . . . . | 0,0192 | 0,019 | 0,014 |
| Pentan-1,3,5-tricarbonsäure-triäthylester . . . | 0,0208 | 0,0235 | 0,020 |
| Pentan-1,3,5-hexacarbonsäure-hexaäthylester . | 0,0208 | 0,0272 | 0,0215 |

Ganz andere Resultate ergaben die Viscositätsmessungen an Polycarbonsäuren und ihren Salzen. Die Viscosität der Säuren wurde unter der Annahme, daß einfache Moleküle vorliegen, nach derselben Formel wie bei den Estern $\eta_{sp}(1,4\%) = 1,6 \cdot 10^{-3} \cdot n$ ($n$ = Zahl der Atome in der Kette) berechnet[3]. Tatsächlich ist die Viscosität der Säuren erheblich größer als der berechnete Wert

---

[1] STAUDINGER, H., u. EIJI OCHIAI: Ztschr. f. physik. Ch. (A) **158**, 43 (1931). Vgl. Formel (11) S. 61.

* $n$ = Zahl der Kettenkohlenstoffatome,

$y$ = Viscositätsbetrag eines C-Atoms resp. einer $CH_2$-Gruppe in 1,4proz. Lösung = $1,6 \cdot 10^{-3}$,

$x$ = Viscositätsbetrag der O-Atome in 1,4proz. Lösung, für Butylacetat als Lösungsmittel nicht bekannt. Es wurde deshalb für jedes O-Atom in der Kette der Betrag für eine $CH_2$-Gruppe eingesetzt, so daß die Gleichung lautet: $\eta_{sp}(1,4\%) = 1,6 \cdot 10^{-3} \cdot n$ ($n$ = Zahl der Atome in der Kette).

[2] Diese Abweichungen von den berechneten Werten sind von besonderem Interesse, da man aus ihnen evtl. auf die Gestalt der Moleküle schließen kann.

[3] $1,6 \cdot 10^{-3} = y$; ein besonderer Wert für die O-Atome wurde auch hier nicht angesetzt; es wurden vielmehr die O-Atome als Kettenatome gezählt.

sollte, weil koordinative Bindungen zwischen den Molekülen eingetreten sind[1]. Die Viscositätserhöhung bei der Polyacrylsäure stellt eine ganz andersartige Erscheinung dar. Sie ist hervorgerufen durch die Festlegung der Fadenmoleküle bzw. die Behinderung ihrer freien Beweglichkeit infolge der interionischen Kräfte. Eine eigentliche Molekülvergrößerung, wie sie z. B. durch die Bildung koordinativer aus normalen Molekülen zustande kommt, findet durch interionische Kräfte nicht statt. Dies zeigen auch die Versuche von BOEHM und SIGNER über Strömungsdoppelbrechung der Polyacrylsäure und die ihres Salzes[2].

Zusammenfassend läßt sich über die Art der Teilchen in Lösungen von Polyacrylsäure und ihrer Salze folgendes sagen: Bei der Säure können Einzelmoleküle in Lösung vorhanden sein, wenn die koordinativen Gruppen durch Wassermoleküle gebunden sind; es können weiter koordinative Moleküle aus mehreren Säuremolekülen vorliegen; endlich liegen Fadenionen vor, die solvatisiert sind und durch interionische Kräfte teilweise gegeneinander festgelegt sind. Beim polyacrylsauren Natrium sind in der Lösung hauptsächlich solche solvatisierten Fadenionen vorhanden, die durch interionische Kräfte aufeinander wirken. Durch Hydrolyse entstehen Säuregruppen, die wieder zu koordinativen Bindungen Anlaß geben können.

So sind die Viscositätserscheinungen bei Polyacrylsäure und ihren Salzen außerordentlich kompliziert. Einfache und übersichtliche Verhältnisse sind dagegen vorhanden, wenn man polyacrylsaure Salze im Überschuß von Lauge oder nach Zusatz von Salzen wie z. B. Kochsalz untersucht. Die Hydrolyse wird hier zurückgedrängt, die Festlegung der Fadenionen unter sich durch interionische Kräfte wird verhindert, da jedes Ion von einer großen Menge niedermolekularer Kationen und Anionen umgeben ist. Unter diesen Bedingungen können die Fadenionen keine Wirkungen aufeinander ausüben.

Es verhalten sich dann die Fadenionen des heteropolaren Molekülkolloids wie die Fadenmoleküle eines homöopolaren. Es ergeben sich bei der hemikolloiden Polyacrylsäure einfache Beziehungen zwischen Viscosität und Molekulargewicht, auf Grund deren man die Kettenlänge der eukolloiden Vertreter ermitteln kann.

Unter Hemikolloiden werden dabei hier, wie bei anderen hochmolekularen Stoffen, die Produkte verstanden, die so niedermolekular sind, daß man ihr Molekulargewicht durch kryoskopische Methoden oder durch Endgruppenbestimmung noch festlegen kann. Die hemikolloiden Polyacrylsäuren haben ein Molekulargewicht von rund 600—4000 (Polymerisationsgrad ca. 8—50). Sie geben relativ niederviscose Lösungen, die keine anormalen Viscositätserscheinungen zeigen.

Als eukolloide Produkte werden auch in dieser Reihe die Verbindungen bezeichnet, deren Lösungen dem HAGEN-POISEUILLEschen Gesetz nicht gehorchen[3]. Das Molekulargewicht der eukolloiden Polyacrylsäuren liegt zwischen 4000 und 15000 (Polymerisationsgrad 50—200). Diese Produkte sind also relativ niedermolekular im Vergleich zu den Polystyrolen, die einen Polymerisationsgrad von über 1500 besitzen müssen, damit „eukolloide Eigenschaften" auftreten. Der Grund hierfür ist folgender: die eukolloiden Eigenschaften werden beim poly-

---

[1] STAUDINGER, H., u. EIJI OCHIAI: Ztschr. f. physik. Ch. (A) **158**, 45 (1931). Vgl. S. 61.
[2] BOEHM, G., u. R. SIGNER: Helv. chim. Acta **14**, 1395 (1931).     [3] Vgl. S. 92.

acrylsauren Natrium durch die Schwarmbildung der Fadenionen hervorgerufen; in verdünnten Lösungen des homöopolaren Polystyrols hängen sie lediglich von der Länge der Moleküle ab.

### 4. Osmotischer Druck von polyacrylsauren Salzen.

Die polyacrylsauren Salze dialysieren nicht, auch nicht die niedermolekularen Kationen, weil sie durch die starken elektrischen Kräfte der hochmolekularen Anionen, die nicht dialysieren können, festgehalten werden. Deshalb besitzen diese Lösungen einen osmotischen Druck, wie er sonst nur bei Krystalloiden zu beobachten ist. *In den Lösungen von polyacrylsaurem Natrium wirken zwei Komponenten zusammen: die zahlreichen Natriumionen rufen den starken osmotischen Effekt hervor, die hochmolekularen Polyanionen verleihen der Lösung die charakteristischen Merkmale eines Kolloids. Wenn man die Lösung eines heteropolaren Molekülkolloids mit einem hochmolekularen Polyanion und zahlreichen niedermolekularen Kationen (und umgekehrt) durch eine permeable Membran abschließt, so verhält sie sich wie die Lösung eines niedermolekularen Stoffes in einer semipermeablen Membran.* Es entsteht innerhalb der Membran ein osmotischer Druck, da die niedermolekularen Ionen durch das hochmolekulare Ion innerhalb derselben festgehalten werden. Es muß also bei polyacrylsauren Salzen verschiedenen Molekulargewichtes der osmotische Druck annähernd der gleiche sein[1], da die Beträge für den osmotischen Druck der hochmolekularen Anionen zu vernachlässigen sind[2].

Die Lösungen von polyacrylsauren Salzen in einer permeablen Membran verhalten sich also wie solche von niedermolekularen Stoffen in einer semipermeablen. Bei Lösungen von hochmolekularen heteropolaren polyionischen Molekülkolloiden hat man also in einer Zelle gegenüber Wasser einen hohen osmotischen Druck, ohne daß die Zellwand semipermeabel ist. Lösungen von homöopolaren hochmolekularen Stoffen in Zellen mit permeablen Membranen haben hingegen entsprechend der geringen Zahl der homöopolaren großen Teilchen nur einen geringen osmotischen Druck.

### II. Hemikolloide Polyacrylsäuren.

Die erste Aufgabe ist nach dem oben Gesagten die Herstellung der Hemikolloide, ihre Molekulargewichtsbestimmung und die Untersuchung der Viscositätserscheinungen.

Die Herstellung gelingt durch Polymerisation von Acrylsäure in Lösung unter Zusatz von Katalysatoren. Die Molekulargewichtsbestimmung, welche auf kryoskopischem Wege nicht durchführbar ist, gelingt durch Bestimmung der Molekülendgruppen. Die Viscositätsuntersuchungen zeigen, daß in stark alkalischer Lösung sich die Moleküle in vergleichbaren Zuständen befinden. Hieraus ergeben sich Zusammenhänge zwischen Viscosität und Molekulargewicht.

---

[1] Genaue Messungen müssen noch ausgeführt werden.

[2] Da die Säurestärke der hoch- und niedermolekularen Polyacrylsäuren etwas verschieden ist, so zeigen sich voraussichtlich geringe Unterschiede im osmotischen Druck, da die Salze verschieden hydrolysiert sind.

## 1. Darstellung der Hemikolloide.

Durch Polymerisation von reiner Acrylsäure werden je nach den Bedingungen sehr hochmolekulare Produkte erhalten. Auch in wässeriger Lösung entstehen bei der Polymerisation, die durch Spuren von Peroxyden eingeleitet sein muß, sehr hochmolekulare Polyacrylsäuren. Durch Zusatz großer Mengen von Peroxyden und in verdünnter wässeriger Lösung gelingt es jedoch, hemikolloide Produkte zu erhalten. Tabelle 221 zeigt, daß die Viscositäten der so erhaltenen polymeren Säuren stark mit der bei der Polymerisation angewendeten Acrylsäurekonzentration und mit der Menge des angewendeten Katalysators variieren. Je höher die auf eine bestimmte Menge Acrylsäure angewendete Menge Wasserstoffsuperoxyd ist, desto niedriger ist die Viscosität des Polymerisationsproduktes. Einmal wirkt Wasserstoffsuperoxyd als Katalysator beim Polymerisationsprozeß. Dann unterbricht es aber die Kettenreaktion, indem es — je nach seiner Konzentration — die Endvalenzen kürzerer oder längerer Ketten besetzt und dadurch die Molekülfäden am Weiterwachsen hindert.

Tabelle 221. Polymerisation von Acrylsäure in wässeriger Lösung in Gegenwart von Katalysatoren.

| Konzentration der Acrylsäure | Katalysator | $\eta_{sp}$ in 1 gd-mol. Lösung |
|---|---|---|
| 1 mol. | 1 Tropfen peroxydhaltiger Äther auf 0,5 g Säure | 1,82 |
| 1 mol. | 0,11 Mol. $H_2O_2$ auf 1 Mol. Säure | $\begin{cases}1,25\\1,35\end{cases}$ |
| 1 mol. | 0,1 Mol. $H_2O_2$ auf 1 Mol. Säure | $\begin{cases}1,72\\1,50\end{cases}$ |
| 1 mol. | 0,05 Mol. $H_2O_2$ auf 1 Mol. Säure | 1,90[1] |
| 1 mol. | 0,05 Mol. $H_2O_2$ auf 1 Mol. Säure | 2,71 |
| 1 mol. | 0,03 Mol. $H_2O_2$ auf 1 Mol. Säure | 3,23 |
| 1 mol. | 0,02 Mol. $H_2O_2$ auf 1 Mol. Säure | $\begin{cases}4,38\\4,45\end{cases}$ |
| 2 mol. | 0,1 Mol. $H_2O_2$ auf 1 Mol. Säure | 3,13 |
| 2 mol. | 0,02 Mol. $H_2O_2$ auf 1 Mol. Säure | 7,96 |

Die Lösungen wurden im Einschlußrohr unter Stickstoff 11 Tage auf 100° erhitzt.

In einer früheren Arbeit wurde gezeigt, daß die Polymerisation von Acrylsäure eine Kettenreaktion darstellt[2]. Die Rolle des Wasserstoffsuperoxyds wird durch folgendes Formelbild wiedergegeben.

$$
\begin{aligned}
&\underset{\text{HO—OH}}{\;} + \underset{\text{CH=CH}_2}{\overset{\text{COOH}}{|}} +x\, \underset{\text{CH=CH}_2}{\overset{\text{COOH}}{|}} + \underset{\text{CH=CH}_2}{\overset{\text{COOH}}{|}} + \underset{\text{HO—OH}}{\;} + \underset{\text{CH=CH}_2}{\overset{\text{COOH}}{|}} +y\, \underset{\text{CH=CH}_2}{\overset{\text{COOH}}{|}} + \underset{\text{CH=CH}_2}{\overset{\text{COOH}}{|}} + \underset{\text{HO—OH}}{\;} \\
&\rightarrow \text{HO—}\underset{}{\overset{\text{COOH}}{|}}\text{CH—CH}_2\text{—}\left(\overset{\text{COOH}}{|}\text{CH—CH}_2\right)_x\text{—CH—CH}_2\text{—OH} + \text{HO—CH—CH}_2\text{—}\left(\text{CH—CH}_2\right)_y\text{—CH—CH}_2\text{—OH}
\end{aligned}
$$

## 2. Titration und Molekulargewicht der Hemikolloide.

Die Polyacrylsäure ist also eine Di-oxy-polycarbonsäure. Nimmt man an, daß die Polymerisation symmetrisch verläuft, so ergibt sich, daß an dem einen

---

[1] Die verwendete Acrylsäure enthielt Peroxyde.
[2] STAUDINGER, H., u. H. W. KOHLSCHÜTTER: Ber. Dtsch. Chem. Ges. **64**, 2093 (1931).

Ende der Polyacrylsäurekette die $\alpha$-$\gamma$-Oxy-, am anderen Ende die $\beta$-$\delta$-Oxysäure-gruppierung vorliegt. Im wasserfreien Zustand sind die Hydroxylgruppen laktonisiert.

$$
\underset{\gamma\text{-Lacton}}{
\begin{array}{c}
\lceil\text{O}\!-\!-\!-\!-\!-\!\text{C}\!=\!\text{O} \\
\;\;\text{COOH} \qquad | \\
\lfloor\text{CH}\!-\!\text{CH}_2\!-\!\text{CH}\!-\!\text{CH}_2\!-
\end{array}}
\left(
\begin{array}{c}
\text{COOH} \\
| \\
\text{CH}\!-\!\text{CH}_2
\end{array}
\right)_x
\underset{\delta\text{-Lacton}}{
\begin{array}{c}
\text{O}\!=\!\text{C}\!-\!-\!-\!-\!-\!\text{O}\rceil \\
| \qquad\;\; \text{COOH}\;\; | \\
\text{CH}\!-\!\text{CH}_2\!-\!\text{CH}\!-\!\text{CH}_2
\end{array}}
$$

Analytisch läßt sich die lactonisierte hochmolekulare Oxysäure nicht von Polyacrylsäure unterscheiden, da die Bruttozusammensetzung der Polyacrylsäure $C_3H_4O_2$ von der einer lactonisierten polymeren Säure $(C_3H_4O_2)_x + H_2O_2 - 2\,H_2O = (C_3H_4O_2)_x - 2\,H$ nur durch das Fehlen zweier Wasserstoffatome in dem großen Molekül verschieden ist.

$\gamma$- und $\delta$-Lactone weisen nun eine völlig verschiedene Beständigkeit auf. Während der $\gamma$-Lactonring beständig ist und selbst in alkalischer Lösung nur teilweise zur $\gamma$-Oxysäure gespalten werden kann, gehen $\delta$-Lactone schon in neutraler Lösung leicht in die $\delta$-Oxysäure über. Die Beständigkeit des $\gamma$-Lactonrings im Vergleich zum $\delta$-Lactonring hat HAWORTH[1] benutzt, um durch Messung der Hydrolysegeschwindigkeit von Lactonen der verschiedenen Monocarbonsäuren aus Monosen und Biosen eine Unterscheidung von $\gamma$- und $\delta$-Lactonen zu begründen. Sämtliche von ihm untersuchten $\gamma$-Lactone werden wesentlich langsamer hydrolysiert als die entsprechenden $\delta$-Lactone. Ebenso konnte STOBBE[2] am Beispiel der $\gamma$-Äthyl-Methylaconsäure zeigen, daß $\gamma$-Oxysäuren auch in alkalischer Lösung nur teilweise als solche zu titrieren sind, weil der Ringschluß zum $\gamma$-Lacton schon beim Neutralisieren der alkalischen Lösung eintritt.

Bei der direkten Titration der Polyacrylsäure mit Natronlauge und Phenolphthalein als Indicator findet man keinen scharfen Umschlagspunkt des Indicators. Die vielen schwachen Carboxylgruppen der Säure bewirken eine Hydrolyse des Natriumsalzes. Nur in Gegenwart von Natriumchlorid oder Alkohol — der Zusatz darf bei der Titration erst in der Nähe des Neutralpunktes erfolgen, weil sonst die Säure koaguliert — läßt sich die Titration scharf durchführen.

Bei dieser Titration läßt sich nun das $\delta$-Lacton wie eine Säure titrieren, der $\gamma$-Lactonring wird nicht aufgespalten. Erst wenn man in alkalischer Lösung erhitzt und dann in der Kälte mit Salzsäure schnell zurücktitriert, gelingt es, einen Teil des $\gamma$-Lactons zu titrieren. Doch schon beim Neutralisieren der alkalischen Lösung wird das $\gamma$-Lacton, entsprechend den oben angeführten Beobachtungen von STOBBE, teilweise wieder zurückgebildet. Man erfaßt also bei der Titration der Polyacrylsäure mit Natronlauge in Gegenwart von Natriumchlorid alle Carboxylgruppen des Moleküls bis auf eine Endgruppe, welche als $\gamma$-Lacton gebunden ist[3]. Bei den hochmolekularen Polyacrylsäuren macht das Fehlen dieser einen Carboxylgruppe in dem großen Molekül bei der Titration einen so geringen Prozentsatz der insgesamt vorhandenen Säuregruppen aus, daß dieser Fehlbetrag in der Größe der Versuchsfehler liegt, also nicht bemerkt werden kann. Während bei einem Polymerisationsgrad von 2 dieser Fehlbetrag 50% ausmachen

---

[1] HAWORTH, W. N., u. Mitarbeiter: Journ. Chem. Soc. London 1927, 1237; 1928, 611; Helv. chim. Acta 11, 534 (1928).

[2] STOBBE, H.: Liebigs Ann. 321, 122 (1902).

[3] Vorausgesetzt ist, daß die Polymerisation in der geschilderten Weise symmetrisch verläuft.

würde, beträgt er bei einem Polymerisationsgrad von 100 nur noch 1%. Da die Titration der Polyacrylsäure nicht sehr scharfe Werte liefert, so läßt sich durch Titration ein Polymerisationsgrad nur bis etwa 50 bestimmen.

In der folgenden Tabelle sind die Ergebnisse der Titrationen zusammengestellt, welche an den niedermolekularen Polyacrylsäuren, deren Herstellung in Tabelle 221 angegeben ist, ausgeführt wurden. Man erkennt, wie mit wachsender Viscosität der Lösungen der nicht titrierbare Anteil abnimmt. Die höherviscosen Lösungen enthalten größere Moleküle, der Anteil der Endgruppen — des $\gamma$-Lactons — an diesen großen Molekülen ist geringer. Aus diesen Titrationsergebnissen, die den $\gamma$-Lactongehalt der Säuren erkennen lassen, kann man, wie es in Tabelle 222

Tabelle 222. Titration der Hemikolloide.

| $\eta_{sp}$ der Säure in 1 gd-mol. Lösung | Von der Einwage titrierbar % | Nicht titrierbarer Teil % | Durchschnittspolymerisationsgrad | Durchschnittsmolekular-Gewicht |
|---|---|---|---|---|
| 1,72 | 92,15 | 7,85 | } 12—13 | } ca. 900 |
| 1,50 | 91,7 | 8,3 | | |
| 2,71 | 94,1 | 5,9 | 17 | 1200 |
| 3,13 | 94,5 | 5,5 | 18 | 1300 |
| 4,45 | 96,2 | 3,8 | 26 | 1900 |
| 7,96 | 97,4—97,6 | 2,4—2,6 | 38—42 | 2900 |
| 10,3 | 98 | 2 | 50 | 3600 |

angegeben ist, den durchschnittlichen Polymerisationsgrad der Polyacrylsäure berechnen. Es war bisher nicht möglich, die so ermittelten Werte für die Molekulargewichte auf anderem Wege zu kontrollieren. Die osmotischen Methoden versagen bei der Polyacrylsäure, denn die Zahl der osmotisch wirksamen Teilchen wechselt mit dem Dissoziationsgrad. Dabei ist die Zahl der hochmolekularen Anionen im Verhältnis zu der der niedermolekularen Kationen gering. Weiter ist die Zusammensetzung der Teilchen in einer Lösung von Polyacrylsäure noch unbekannt. Man weiß nicht, wieweit normale Moleküle, wieweit koordinative Moleküle vorhanden sind. Es ist also nicht sichergestellt, ob die geschilderte Titrationsmethode richtige Werte für das Molekulargewicht der hemikolloiden Polyacrylsäuren liefert. Jedenfalls stellen die so ermittelten Werte eine untere Grenze dar. Denn es ist möglich, daß ein Teil der nicht titrierbaren Carboxylgruppen nicht als Endgruppen gebunden ist. In diesem Falle wären die wirklichen Molekulargewichte höher. Für die weiteren Berechnungen werden die durch Titration gefundenen Molekulargewichte zugrunde gelegt.

### 3. Viscositätsuntersuchungen an Hemikolloiden.

Es gilt nun zu ermitteln, in welchem Zusammenhang das Molekulargewicht der Hemikolloide und die spez. Viscosität ihrer Lösungen stehen. Dabei ergibt sich die große Schwierigkeit, daß die Viscosität der Polyacrylsäuren, vor allem der eukolloiden, ungeheuer stark vom $p_H$, der Fließgeschwindigkeit und der Anwesenheit anderer Elektrolyte abhängig ist. So erschien es zu Beginn der Untersuchungen aussichtslos, die Bedingungen zu finden, unter denen sich die spez. Viscositäten der verschiedenen Vertreter, ähnlich wie es bei den homöopolaren Molekülkolloiden möglich ist, vergleichen lassen. Eingehende Untersuchungen vor allem an den Eukolloiden, welche unten geschildert werden, führten dann zu dem Ergebnis, daß in Lösungen von Polyacrylsäure bei einem Überschuß von

Natronlauge in bezug auf die Viscosität ganz ähnliche Verhältnisse vorliegen, wie sie in verdünnten Lösungen homöopolarer Molekülkolloide vorhanden sind.

Aus der polymerhomologen Reihe der hemikolloiden Polyacrylsäuren wurden zwei Produkte auf ihr allgemeines Viscositätsverhalten hin genauer geprüft. Die durchschnittlichen Polymerisationsgrade dieser Säuren wurden durch die Lactontitration zu 8 und zu 50 ermittelt. Sie werden im folgenden mit „Säure P 8“ und „Säure P 50“, ihre Natriumsalze mit „Na-Salz P 8“ und „Na-Salz P 50“ bezeichnet. Es wurde festgestellt, ob die Lösungen dem HAGEN-POISEUILLEschen Gesetz gehorchen, unter welchen Bedingungen und in welchen Konzentrationen $\eta_{sp}/c$ konstant ist. Es wurde gefunden, daß dieses in verdünnten Lösungen bei großem Alkaliüberschuß der Fall ist, und dort ergeben sich die gesuchten Zusammenhänge zwischen Viscosität und Molekulargewicht.

### a) Gültigkeit des HAGEN-POISEUILLEschen Gesetzes.

Die Lösungen der Säure P 8 und ihres Natriumsalzes gehorchen dem HAGEN-POISEUILLEschen Gesetz vollkommen. Bei Säure P 50 und ihrem Natriumsalz

Tabelle 223.
Abhängigkeit der Viscosität der Hemikolloide vom Geschwindigkeitsgefälle<br>Messungen im UBBELOHDEschen und OSTWALDschen Viscosimeter.

*Säure P 8. 0,5 gd-mol.*[1]

| | | | | | | |
|---|---|---|---|---|---|---|
| 20° | Gf.[2] | 502 | 10200 | 16800 | | |
| | $\eta_{sp}$ | 0,615 | 0,61 | 0,62 | | |
| 60° | Gf. | 1030 | 20800 | | | |
| | $\eta_{sp}$ | 0,64 | 0,64 | | | |

*Na-Salz P 8. 0,09 gd-mol.*[1]

| | | | | | | |
|---|---|---|---|---|---|---|
| 20° | Gf. | 430 | 4460 | 13400 | | |
| | $\eta_{sp}$ | 0,89 | 0,88 | 0,88 | | |
| 60° | Gf. | 963 | 10950 | | | |
| | $\eta_{sp}$ | 0,77 | 0,76 | | | |

*Säure P 50. 0,004 gd-mol.*

| | | | | | | |
|---|---|---|---|---|---|---|
| 20° | Gf. | 538 | 1040 | 1600 | 3530 | 7080 |
| | $\eta_{sp}$ | 0,137 | 0,138 | 0,140 | 0,137 | 0,137 |

*Säure P 50. 1,64 gd-mol.*

| | | | | | | |
|---|---|---|---|---|---|---|
| 20° | Gf. | 38 | 102 | 210 | 434 | |
| | $\eta_{sp}$ | 41,5 | 40,9 | 40,7 | 40,6 | |

*Na-Salz P 50. 0,18 gd-mol.*

| | | | | | | | |
|---|---|---|---|---|---|---|---|
| 20° | Gf. | 96 | 359 | 818 | 1400 | 1905 | 2540 |
| | $\eta_{sp}$ | 10,4 | 10,4 | 10,3 | 10,3 | 10,2 | 10,0 |

*Na-Salz P 50. 0,53 gd-mol.*

| | | | | | | |
|---|---|---|---|---|---|---|
| 20° | Gf. | 41,2 | 110 | 274 | 562 | 1145 |
| | $\eta_{sp}$ | 32,3 | 31,9 | 31,8 | 31,8 | 31,8 |

---

[1] Gd-mol. bei Säuren auf das Mol.-Gew. der Acrylsäure = 72 bezogen. Also 0,1 gd-mol. = 0,72%. Gd-mol. beim polyacrylsauren Natrium auf das Mol.-Gew. des acrylsauren Natrium = 94 bezogen. Also 0,1 gd-mol. = 0,94%.

[2] Gf. = Mittleres Geschwindigkeitsgefälle, berechnet nach KRÖPELIN[3] nach der Gleichung

$$\text{Gf.} = \frac{8v}{3\pi R^3 t}.$$

[3] KRÖPELIN, H.: Ber. Dtsch. Chem. Ges. **62**, 3056 (1929).

finden sich schon ganz geringe Abweichungen von diesem Gesetz bei kleinen Fließgeschwindigkeiten (vgl. Tabelle 223).

### b) Die Abhängigkeit der Viscosität der Säuren von der Konzentration.

Die Abhängigkeit der spez. Viscosität der Säuren P 8 und P 50 von der Konzentration ist in Abb. 86 wiedergegeben. Zum Vergleich ist die Konzentrationsviscositätskurve eines hemikolloiden Polystyrols[1] eingezeichnet; während die Kurve der Säure P 8 noch keine sehr wesentlichen Unterschiede gegen den Kurvenverlauf beim Polystyrol aufweist, gibt die Säure P 50 ein abweichendes Bild. Im stark verdünnten Gebiet fällt hier ein starker Anstieg der Kurve auf, es folgt dann ein Umbiegen zu einem etwas flacheren Verlauf und im konzentrierten Gebiet wieder ein steiler Anstieg. Die $\eta_{sp}/c$-Werte haben entsprechend mit steigender Konzentration zunächst fallende Tendenz, um nach Durchlaufen eines Minimums wieder anzusteigen (s. Abb. 87). Im ganz verdünnten Gebiet haben sie auffällig hohe Werte. Die Zusammenstellung der Messungen befindet sich in Tabelle 224.

Dies Verhalten der Säuren läßt folgendes erkennen: Im stark verdünnten Gebiet sind

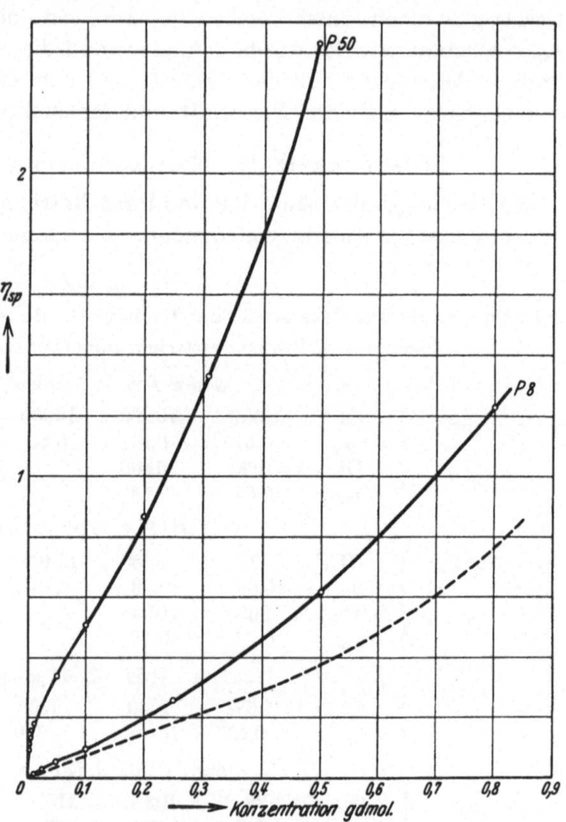


Abb. 86.   Viscositätskonzentrationskurven der hemikolloiden Säuren.   (– – – Kurve für Polystyrol vom Durchschnittsmolekulargewicht 2350 nach W. Heuer.)

die Säuren weitgehend dissoziiert. Hier beobachtet man die höchsten $\eta_{sp}/c$-Werte, da einmal die interionischen Kräfte zur Festlegung der Fadenionen durch Schwarmbildung führen; andererseits kann auch deren Solvatation beträchtlich sein. Bei geringer Konzentrationszunahme nimmt die Dissoziation erheblich ab; damit werden die interionischen Kräfte und die Solvatation geringer, $\eta_{sp}/c$ nimmt ab. Je mehr undissoziierte Säure sich aber bildet, desto mehr nähert sich der Charakter der Säure dem eines homöopolaren Molekülkolloids wie z. B. dem des Polystyrols. Allerdings können auch hier koordi-

---

[1] Nach Messungen von W. Heuer, vgl. Tabelle 65, S. 172.

native Bindungen der Moleküle unter sich eintreten, wie dies bei der Essigsäure der Fall ist. Mit steigender Konzentration wird die Tendenz zur Bildung
solcher koordinativer Moleküle zunehmen. Der Anstieg der $\eta_{sp}/c$-Werte in
hohen Konzentrationen kann mit solchen Erscheinungen zusammenhängen,
ist aber auch darauf zurückzuführen, daß die Sollösung in eine Gellösung

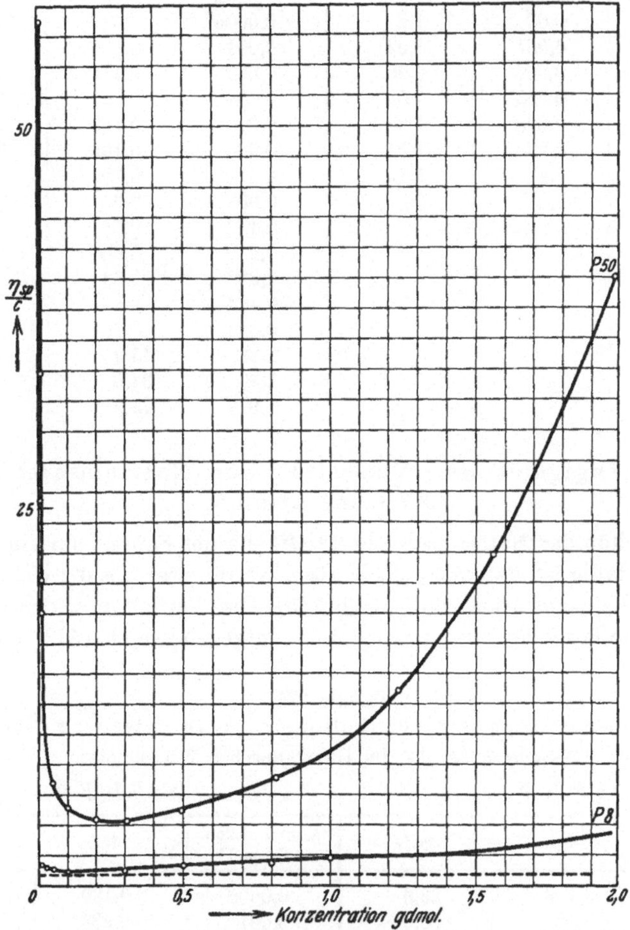


Abb. 87.    $\eta_{sp}/c$-Konzentrationskurven für die hemikolloiden Säuren. (— — — Kurve für Polystyrol vom
Durchschnittsmolekulargewicht 2350[1].)

übergeht. Wie die Bildung koordinativer Moleküle die Viscosität beeinflußt, ist
vorläufig nicht zu entscheiden, da man den Bau dieser koordinativen Teilchen
nicht kennt.

Der Verlauf der Viscositätskurven ist bei der Säure P 8 ähnlich wie beim
Polystyrol, bei der Säure P 50 ergibt sich ein ganz verschiedenes Bild. Diese
ungewöhnlichen Viscositätserscheinungen stehen also mit der Länge der Moleküle
in Zusammenhang, und zwar wirkt die Schwarmbildung mit zunehmender Länge
der Fadenionen stark viscositätserhöhend.

---

[1] Vgl. Abb. 24, S. 171.

**Tabelle 224. Spezifische Viscositäten der hemikolloiden Polyacrylsäuren.**
Messungen im OSTWALDschen Viscosimeter bei 20°.

*Säure P 8.*                    *Säure P 50.*

| Konzentration in Gd-mol. | $\eta_{sp}$ | $\eta_{sp}/c$ | Konzentration in Gd-mol. | $\eta_{sp}$ | $\eta_{sp}/c$ |
|---|---|---|---|---|---|
| 0,01 | 0,013 | 1,3 | 0,0002 | 0,036 | 180 |
| 0,025 | 0,03 | 1,2 | 0,0005 | 0,073 | 146 |
| 0,05 | 0,051 | 1,02 | 0,001 | 0,092 | 92 |
| 0,1 | 0,096 | 0,96 | 0,002 | 0,114 | 57 |
| 0,25 | 0,265 | 1,06 | 0,004 | 0,136 | 34 |
| 0,5 | 0,618 | 1,24 | 0,006 | 0,153 | 25,5 |
| 0,8 | 1,23 | 1,54 | 0,008 | 0,162 | 20,3 |
| 1,0 | 1,75 | 1,75 | 0,01 | 0,180 | 18,0 |
| 2,0 | 7,01 | 3,5 | 0,05 | 0,34 | 6,8 |
| | | | 0,1 | 0,51 | 5,1 |
| | | | 0,2 | 0,865 | 4,32 |
| | | | 0,308 | 1,33 | 4,32 |
| | | | 0,494 | 2,43 | 4,92 |
| | | | 0,823 | 5,79 | 7,03 |
| | | | 1,23 | 15,9 | 12,9 |
| | | | 1,56 | 34,0 | 21,8 |
| | | | 1,973 | 78,9 | 40,0 |

## c) Die Abhängigkeit der Viscosität der Natriumsalze von der Konzentration.

Die Viscosität der Natriumsalze übertrifft die der Säuren um ein Vielfaches. Besonders auffällig ist, daß die $\eta_{sp}/c$-Werte in verdünnter Lösung viel größer sind als in höherer Konzentration (vgl. Tabelle 225). Dies Verhalten ist dem der homöopolaren Molekülkolloide wiederum gerade entgegengesetzt (Abb. 88 und 89).

**Tabelle 225.**
Spezifische Viscositäten der hemikolloiden polyacrylsauren Natriumsalze.
Messungen bei 20° im OSTWALDschen Viscosimeter.

*Na-Salz P 8.*                    *Na-Salz P 50.*

| Konzentration in Gd-mol.[1] | $\eta_{sp}$ | $\eta_{sp}/c$ | Konzentration in Gd-mol.[1] | $\eta_{sp}$ | $\eta_{sp}/c$ |
|---|---|---|---|---|---|
| 0,005 | 0,118 | 23,6 | 0,0005 | 0,189 | 378 |
| 0,01 | 0,20 | 20,0 | 0,001 | 0,338 | 338 |
| 0,05 | 0,596 | 11,9 | 0,002 | 0,65 | 325 |
| 0,1 | 0,968 | 9,68 | 0,004 | 1,05 | 263 |
| 0,2 | 1,58 | 7,9 | 0,007 | 1,555 | 222 |
| | | | 0,01 | 1,856 | 186 |
| | | | 0,03 | 3,65 | 122 |
| | | | 0,06 | 5,37 | 89,7 |
| | | | 0,1 | 7,46 | 74,6 |
| | | | 0,2 | 12,12 | 60,6 |
| | | | 0,3 | 16,75 | 55,9 |
| | | | 0,4 | 22,3 | 55,8 |
| | | | 0,5 | 27,35 | 54,8 |
| | | | 0,6125 | 34,1 | 55,7 |

---

[1] 0,1 gd-mol. Lösung des Salzes = 0,94%.

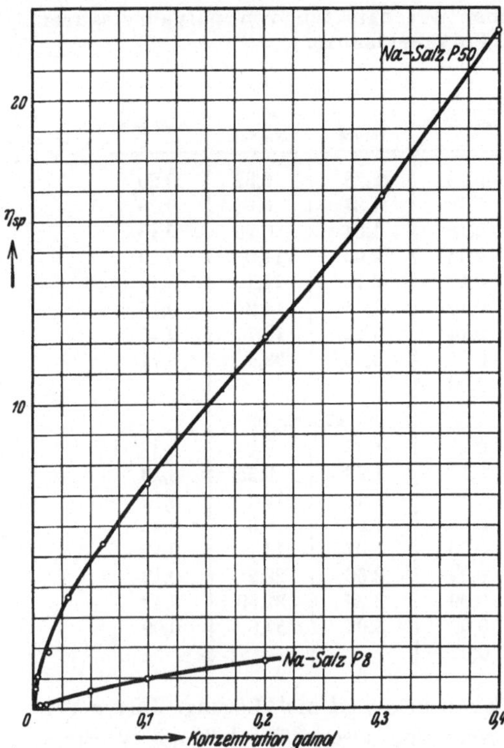



Abb. 88.  Viscositätskonzentrationskurven der hemikolloiden Na-Salze.

Während beim Polystyrol die $\eta_{sp}/c$-Werte in verdünnten Lösungen konstant sind und erst in höheren Konzentrationen wachsen, beobachtet man beim polyacrylsauren Natrium gerade in verdünntem Gebiet ein sehr starkes Abfallen der $\eta_{sp}/c$-Werte und im konzentrierten Gebiet, wie aus den Kurven in Abb. 89 hervorgeht, ein Konstantwerden[1]. Dieser Kurvenverlauf ist, wie schon hier bemerkt werden soll, bei den Eukolloiden noch ausgeprägter. Im ganz verdünnten Gebiet, wo auch die Säuren dissoziiert sind, zeigen Natriumsalze und Säuren einen analogen Kurvenverlauf.

### d) Vergleich der spez. Viscositäten von Natriumsalzen und Säuren.

Aufschlußreich ist ein Vergleich der spez. Viscositäten von Natriumsalzen und Säuren von verschiedenem Polymerisationsgrad. In Tabelle 226 sind die $\eta_{sp}/c$-Werte der Salze und Polyacrylsäuren in verschiedenen Konzentrationen bei 20 und 60° nebeneinandergestellt. Es ist weiter das Verhältnis der $\eta_{sp}/c$-Werte von Säure und Salz berechnet. Die spez. Viscositäten der Natriumsalze sind außerordentlich viel höher als die der Säuren. Diese Erscheinung ist einmal auf die erhöhte Solvatation der Ionen des Natriumsalzes gegenüber der Säure zurückzuführen. Zum andern ist die hohe Viscosität der Salze durch interionische Kräfte, die zwischen den Fadenionen des Natriumsalzes wirksam sind, bedingt. Der Unterschied zwischen der Viscosität von Säure und Salz ist bei den höhermolekularen Säuren erheblich größer als bei den niedrigen Gliedern der Reihe. Während die Viscosität der Säure P 50 nur 9% der Viscosität ihres Natriumsalzes beträgt, ist die Viscosität der

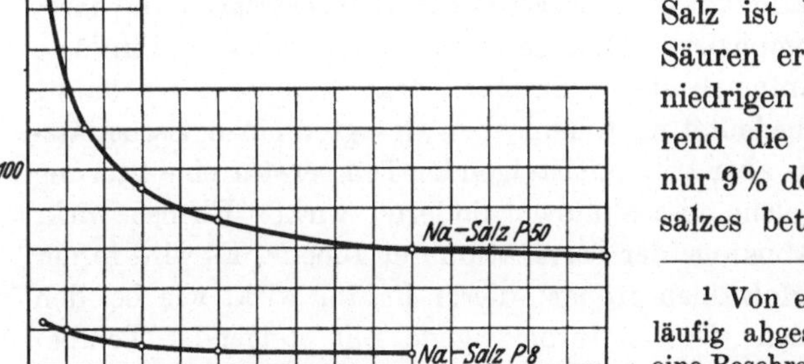



Abb. 89.  $\eta_{sp}/c$-Konzentrationskurven der hemikolloiden Na-Salze.

---

[1] Von einer Erklärung soll hier vorläufig abgesehen werden. Es möge hier eine Beschreibung der Phänomene genügen, welche die Kompliziertheit der Viscositätserscheinungen bei den verschiedenen Stoffen zeigt.

**Tabelle 226. Vergleich der spezifischen Viscositäten von polyacrylsaurem Natrium und Polyacrylsäure.**

| Durchschnitts-polymeri-sationsgrad | 0,5 gd-mol.[1] 20° $\eta_{sp}/c$-Werte | | $\dfrac{\eta_{sp}/c\text{-Säure}}{\eta_{sp}/c\text{-Salz}}$ | 0,5 gd-mol.[1] 60° $\eta_{sp}/c$-Werte | | $\dfrac{\eta_{sp}/c\text{-Säure}}{\eta_{sp}/c\text{-Salz}}$ |
|---|---|---|---|---|---|---|
| | Säure | Na-Salz | | Säure | Na-Salz | |
| 12—13 { | 1,19 | 6,73 | 0,18 | 1,29 | 6,32 | 0,20 |
| | 1,28 | 6,94 | 0,18 | 1,34 | 6,84 | 0,20 |
| 15 | 1,42 | 8,78 | 0,16 | 1,54 | 8,25 | 0,19 |
| 17 | 1,87 | 11,7 | 0,16 | 2,06 | 11,0 | 0,19 |
| 17 | 1,96 | 11,8 | 0,17 | 2,16 | 11,1 | 0,19 |
| 18 | 2,39 | 16,0 | 0,15 | 2,78 | 15,2 | 0,18 |
| 26 | 2,81 | 19,9 | 0,14 | 3,22 | 18,7 | 0,17 |
| 38—42 | 4,37 | 41,4 | 0,11 | 5,26 | 38,4 | 0,14 |
| 50 | 4,92 | 54,8 | 0,09 | | | |
| | 0,1 gd-mol.[2] 20° | | | 0,1 gd-mol.[2] 60° | | |
| 12—13 { | 1,12 | 9,9 | 0,11 | 1,22 | 9,2 | 0,13 |
| | 1,07 | 10,24 | 0,10 | 1,23 | 9,35 | 0,13 |
| 15 | 1,28 | 13,2 | 0,10 | 1,49 | 12,2 | 0,12 |
| 17 | 1,65 | 18,2 | 0,09 | 1,93 | 16,3 | 0,12 |
| 17 | 1,69 | 18,4 | 0,09 | 1,97 | 16,7 | 0,12 |
| 18 | 2,22 | 23,8 | 0,09 | 2,56 | 22,2 | 0,12 |
| 26 | 2,83 | 30,3 | 0,09 | 3,28 | 27,99 | 0,12 |
| 38—42 | 4,17 | 63,0 | 0,07 | 5,05 | 57,8 | 0,09 |
| 50 | 5,1 | 74,6 | 0,07 | | | |

Säure P 12 18% der Viscosität ihres Salzes in 0,5 gd-mol. Lösung. Dieser Vergleich zeigt, daß bei den Natriumsalzen eine viscositätserhöhende Wirkung vorhanden ist, welche mit zunehmender Kettenlänge wächst. Dieser viscositätserhöhende Effekt kann nicht auf einer Solvatation der Ionen beruhen; dann müßte der Unterschied zwischen der Viscosität des Natriumsalzes und der Säure bei Molekülen verschiedener Kettenlänge gleich sein, da man annehmen muß, daß die Solvatation pro Grundmolekül in gleicher Konzentration die gleiche ist. Dagegen wird die Festlegung der Fadenionen durch interionische Kräfte mit der Kettenlänge stärker, da mit der Kettenlänge die Zahl der Angriffspunkte für die Festlegung wächst. Der viscositätserhöhende Einfluß der Schwarmbildung wird mit zunehmender Länge der Fadenionen immer beträchtlicher.

### e) Der Einfluß der Temperatur auf die Viscosität.

Der Einfluß der Temperatur auf die Viscosität der Polyacrylsäure und ihrer Salze ist außerordentlich kompliziert. Man kann vor allem folgende Einflüsse der Temperaturerhöhung unterscheiden. Einmal wirkt Temperaturerhöhung dissoziationssteigernd. Das bedeutet nach dem oben Gesagten einen viscositätserhöhenden Faktor. Zweitens aber tritt mit steigender Temperatur eine Störung der Schwarmbildung ein, welche viscositätsvermindernd wirkt. Ebenso wirkt viscositätsvermindernd die Abnahme der Solvatation der Ionen[3]. Es wird ferner der Abstand zwischen den Molekülen größer; dieser Faktor wirkt wie bei den homöopolaren Molekülkolloiden viscositätserniedrigend mit steigender Tempe-

---

[1] 0,5 gd-mol. für die Säuren = 3,6%. 0,5 gd-mol. für die Salze = 4,7%.

[2] 0,1 gd-mol. für die Säuren = 0,72%. 0,1 gd-mol. für die Salze = 0,94%.

[3] Dadurch, daß die polymeren Moleküle des Wassers bei Temperaturerhöhung zerfallen.

Tabelle 227. Abhängigkeit der spezifischen Viscosität der Säuren von der Temperatur.

| Konzentration in Gd-mol. | $\eta_{sp}$ bei 20° | $\eta_{sp}$ bei 60° | T.-A.[1] |
|---|---|---|---|
| | *Säure P 8.* | | |
| 0,1 | 0,096 | 0,10 | 1,04 |
| 0,25 | 0,265 | 0,278 | 1,05 |
| 0,5 | 0,618 | 0,639 | 1,03 |
| 0,8 | 1,23 | 1,21 | 0,99 |
| 1,0 | 1,75 | 1,69 | 0,97 |
| | *Säure P 50.* | | |
| 0,02 | 0,29 | 0,315 | 1,09 |
| 0,9 | 7,7 | 8,1 | 1,05 |

Tabelle 228. Abhängigkeit der spezifischen Viscosität der Natriumsalze von der Temperatur.

| Konzentration in Gd-mol. | $\eta_{sp}$ bei 20° | $\eta_{sp}$ bei 60° | T.-A.[1] |
|---|---|---|---|
| | *Na-Salz P 8.* | | |
| 0,01 | 0,20 | 0,173 | 0,87 |
| 0,05 | 0,596 | 0,522 | 0,88 |
| 0,1 | 0,968 | 0,875 | 0,90 |
| 0,2 | 1,58 | 1,46 | 0,93 |
| | *Na-Salz P 50.* | | |
| 0,01 | 1,83 | 1,52 | 0,83 |
| 0,175 | 11,08 | 10,15 | 0,92 |

ratur. Schließlich wirkt Temperaturerhöhung auch auflösend auf die koordinativen Bindungen der Säure in höheren Konzentrationen. Wie dies die Viscosität beeinflußt, kann nicht beurteilt werden, da man den Bau der koordinativen Moleküle nicht kennt.

Die Säuren zeigen bei 60° höhere spezifische Viscosität als bei 20°. Hier überwiegt also ein viscositätssteigernder Einfluß der Temperaturerhöhung, wahrscheinlich vor allem die Dissoziationssteigerung. Die spez. Viscosität der stark dissoziierten hemikolloiden Natriumsalze nimmt dagegen mit steigender Temperatur ab. Es überwiegen hier also viscositätsvermindernde Einflüsse im Gegensatz zu den Verhältnissen bei den später beschriebenen eukolloiden Natriumsalzen, deren Viscosität mit steigender Temperatur zunimmt. Vgl. Tabelle 227 und 228.

### f) Der Einfluß von Elektrolyten auf die Viscosität.

Bei Zusatz von geringen Mengen Natronlauge zur Säure tritt eine erhebliche Viscositätssteigerung ein. Bei dem Natriumgehalt, bei dem alle direkt titrierbaren, also alle freien Carboxylgruppen, mit Natrium besetzt sind[2], liegt das Maximum der Viscosität (Tabelle 229 und Abb. 90). Ein weiterer Zusatz von Natronlauge setzt die Viscosität wieder herab, den gleichen Einfluß hat Natriumchlorid auf die Viscosität des Salzes. Im Sinne der oben entwickelten Vorstellungen ist dieser Einfluß darauf zurückzuführen, daß die Festlegung der Anionen durch interionische Kräfte gelöst wird. Die Säureanionen umgeben sich mit den Ionen des Elektrolyten. Dadurch werden die Einzelmoleküle des Salzes in der Lösung als solche isoliert und von Elektrolytmolekülen umhüllt, eine Wechselwirkung zwischen den Fadenionen kann nicht mehr stattfinden. So wird die Schwarmbildung bei genügendem Elektrolytzusatz aufgehoben. Den gleichen

---

[1] T.-A. = Temperaturabhängigkeit ist der Quotient $\eta_{sp}$ bei 60° : $\eta_{sp}$ bei 20°. Temperaturabhängigkeiten, deren Wert größer als 1 ist, bedeuten also steigende Viscosität mit steigender Temperatur, was im folgenden auch mit „positiver Temperaturabhängigkeit" bezeichnet wird. T.-A.-Werte kleiner als 1 bedeuten geringere spezifische Viscosität mit steigender Temperatur, auch als „negative Temperaturabhängigkeit" bezeichnet.

[2] Sind alle titrierbaren Carboxylgruppen neutralisiert, so bezeichnen wir die Konzentration des Natriums in der Lösung als 100%.

viscositätsherabsetzenden Einfluß auf die Natriumsalze wie Natronlauge hat auch Natriumchlorid. Angaben hierüber finden sich bei den Eukolloiden.

Setzt man dagegen zu Polyacrylsäure geringe Mengen Natriumchlorid oder Salzsäure zu, so wird auch hier die Viscosität stark vermindert. In etwas höheren

Tabelle 229. Viscosität der Säure P 8 mit steigenden Mengen NaOH.
Säurekonzentration 0,05 gd-mol. Temp. 20°.

| Na in Proz.[1] | $\eta_{sp}$ | Na in Proz.[1] | $\eta_{sp}$ |
|---|---|---|---|
| 0 | 0,05 | 100 | 0,633 |
| 50 | 0,509 | 102,5 | 0,596 |
| 90 | 0,618 | 105 | 0,588 |
| 95 | 0,624 | 110 | 0,532 |
| 97,5 | 0,627 | 150 | 0,395 |

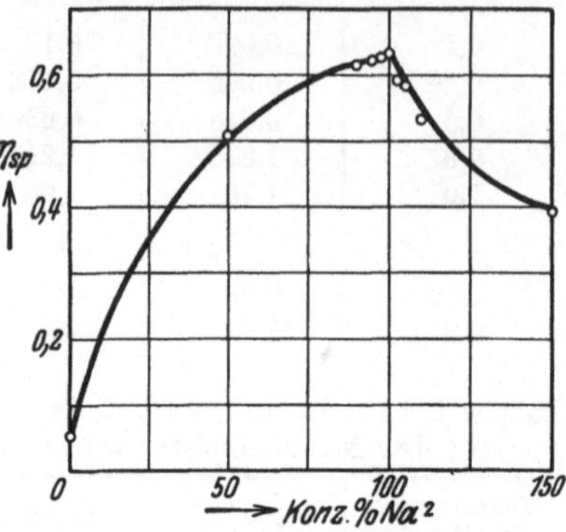

Abb. 90.   Säure P 8 mit steigenden Mengen NaOH.

Konzentrationen, etwa in 0,5 molarer Kochsalzlösung, wird die Lösung trübe, es bildet sich eine Suspension. Nach einiger Zeit tritt Ausflockung ein. Größere Mengen Kochsalz wirken sofort koagulierend. Analoge Erscheinungen sind beim Eiweiß bekannt. Diese Phänomene sind wahrscheinlich damit zu erklären, daß Elektrolytzusatz die Ausbildung koordinativer Bindungen der Moleküle der freien Säure unter sich begünstigt. Es bilden sich dreidimensionale koordinative Moleküle, deren Größe so erheblich ist, daß sie nicht mehr gelöst werden können; infolgedessen tritt Ausflockung ein. Temperaturerhöhung wirkt sprengend auf die koordinativen Bindungen, die Suspension wird bei höherer Temperatur wieder aufgelöst. Dies macht sich durch eine stark positive Temperatur-

Tabelle 230. Viscosität der Säure P 8 0,25 gd-mol. in NaCl-Lösungen.

| NaCl Konz. mol. | $\eta_{sp}$ bei 20° | $\eta_{sp}$ bei 60° | T.-A.[3] |
|---|---|---|---|
| 0,0 | 0,265 | 0,278 | 1,05 |
| 1,0 | 0,172 | 0,211 | 1,23 |
| 2,0 | 0,068 | 0,088 | 1,29 |

abhängigkeit der Viscosität bemerkbar (vgl. Tabelle 230). Bei den Natriumsalzen der Polyacrylsäuren kann ein analoger Effekt nicht auftreten, weil hier koordinative Bindungen zwischen den Ionen nicht möglich sind. Deshalb sind sie im Gegensatz zu den Säuren durch Elektrolytzusatz nicht koagulierbar.

### g) Polyacrylsaures Natrium im Überschuß von Natronlauge.

Alle diese merkwürdigen, vom Verhalten homöopolarer Molekülkolloide abweichenden Eigenschaften der Polyacrylsäure und ihrer Salze verschwinden, wenn sich die Moleküle des polyacrylsauren Natrium im großen Überschuß von Natronlauge befinden. Hier verhalten sich die Fadenionen ähnlich wie Fadenmoleküle homöopolarer Molekülkolloide in Lösung. Die $\eta_{sp}/c$-Werte sind in niedrigen Konzentrationen konstant und steigen erst in höheren Konzentrationen. Die Abhängigkeit der Viscosität von der Temperatur geht zurück. Dies zeigen vor allem die Messungen bei Eukolloiden, bei denen das abnorme Verhalten der

---

[1,2] Siehe Fußnote 2 auf S. 348.     [3] Siehe Fußnote 1 auf S. 348.

Säuren und Salze noch viel ausgeprägter ist als bei den Hemikolloiden, während sie sich in 2n-Natronlauge normal verhalten. Diese Ergebnisse der Messungen an Eukolloiden wurden auch bei den Hemikolloiden bestätigt gefunden, wie Tabelle 231 zeigt.

In 2n-Natronlauge liegen also die Bedingungen vor, unter denen die $\eta_{sp}/c$-Werte verschiedener Produkte vergleichbar sind.

Die Lösungen von Natriumsalzen der Polyacrylsäuren in Natronlauge sind viel weniger viscos als neutrale Lösungen von polyacrylsauren Salzen, da die Schwarmbildung in alkalischer Lösung im Gegensatz zur neutralen verhindert wird. Dieser Rückgang der Viscosität ist wiederum um so stärker, je höher das Molekulargewicht der Säure ist (vgl. Tabelle 232).

Tabelle 231. $\eta_{sp}/c$-Werte der Na-Salze der hemikolloiden Polyacrylsäuren in 2n-Natronlauge bei verschiedenen Konzentrationen und Temperaturen.

| Durchschnitts-polymerisationsgrad | Konzentration in Gd-mol. | $\eta_{sp}/c$ 20° | $\eta_{sp}/c$ 60° |
|---|---|---|---|
| 12—13 | 0,0539 | 1,6 | 1,6 |
|  | 0,0733 | 1,7 | 1,6 |
|  | 0,1 | 1,7 | 1,5 |
| 12—13 | 0,0439 | 1,9 | 2,0 |
|  | 0,0613 | 1,9 | 1,9 |
|  | 0,0798 | 1,9 | 1,9 |
|  | 0,0894 | 2,0 | 1,9 |
| 15 | 0,076 | 2,0 | 2,0 |
|  | 0,0838 | 2,0 | 2,0 |
| 17 | 0,0634 | 2,5 | 2,6 |
|  | 0,0524 | 2,5 | 2,4 |
| 18 | 0,077 | 2,9 | 2,8 |
| 26 | 0,0443 | 3,4 | 3,4 |
|  | 0,05 | 3,2 | 3,4 |
| 26 | 0,0425 | 3,3 | 3,3 |
|  | 0,0511 | 3,4 | 3,4 |
| 38—42 | 0,0271 | 4,4 | 5,0 |
|  | 0,0417 | 4,8 | 5,0 |
|  | 0,0478 | 4,6 | 5,0 |

Dies zeigt nochmals, daß die hohen Viscositäten der Natriumsalze in neutraler Lösung teilweise durch Kräfte bedingt sind, die von der Länge der Ketten abhängig sind. Es sind dies interionische Kräfte, die zur Schwarmbildung führen. Vergleicht man die Viscositäten der Säuren in 0,1-gd-mol. Lösung aus Tabelle 226

Tabelle 232. $\eta_{sp}/c$-Werte von polyacrylsauren Natriumsalzen in neutraler Lösung und in 2n-Natronlauge.

| Durchschnitts-polymerisationsgrad | Na-Salz 0,1 gd-mol. | | | Na-Salz 0,1 gd-mol. | | |
|---|---|---|---|---|---|---|
|  | neutral b | in 2n-NaOH 20° a | a/b | neutral d | in 2n-NaOH 60° c | c/d |
| 12—13 | 9,9 | 1,66 | 0,17 | 9,2 | 1,54 | 0,17 |
|  | 10,24 | 1,92 | 0,19 | 9,35 | 1,94 | 0,21 |
| 15 | 13,2 | 2,03 | 0,15 | 12,2 | 2,03 | 0,17 |
| 17 | 18,2 | 2,50 | 0,14 | 16,3 | 2,57 | 0,16 |
| 17 | 18,4 | 2,50 | 0,14 | 16,7 | 2,53 | 0,15 |
| 18 | 23,8 | 2,86 | 0,12 | 22,2 | 2,77 | 0,12 |
| 26 | 30,3 | 3,30 | 0,11 | 27,9 | 3,37 | 0,12 |
| 38—42 | 63,0 | 4,60 | 0,07 | 57,8 | 5,02 | 0,09 |

mit denen der Salze in 2n-Natronlauge in gleicher Konzentration (Tabelle 232), so sind diese annähernd gleich. Daraus kann man nicht folgern, daß auch in den Lösungen der Säuren normale Moleküle vorliegen, denn diese Übereinstimmung ist eine zufällige, da die $\eta_{sp}/c$-Werte der Säuren nicht konstant sind, sondern in weiten Grenzen variieren (Tabelle 224). Dagegen sind die $\eta_{sp}/c$-Werte

der Salze in 2n-NaOH in verdünnter Lösung konstant (Tabelle 231); daraus kann man hier auf das Vorliegen von Molekülen schließen.

### 4. Beziehungen zwischen Viscosität und Molekulargewicht bei Hemikolloiden.

Da die $\eta_{sp}/c$-Werte der Polyacrylsäure in 2n-Natronlauge unabhängig von Konzentration und Temperatur in verdünnten Lösungen konstant sind, so kann man versuchen, hier Beziehungen zwischen Molekulargewicht und den $\eta_{sp}/c$-Werten aufzufinden. Berechnet man, wie in Tabelle 233 angegeben, den $K_m$-Wert der verschiedenen hemikolloiden Produkte, so erhält man als Durchschnittswert der Messungen $K_m = 2 \cdot 10^{-3}$. Bei der Berechnung der Viscositätsmessungen wurde davon abgesehen, die Endgruppen in den Ketten besonders zu berücksichtigen, obwohl diese bei kürzeren Ketten

Tabelle 233. Berechnung der $K_m$-Konstanten für Polyacrylsäure in 2n-Natronlauge.

| Durchschnitts-Polymerisations-grad | Durchschnitts-Mol.-Gew. | $\eta_{sp}/c$ in 2n-NaOH | $K_m = \dfrac{\eta_{sp}/c}{M}$ |
|---|---|---|---|
| 12,7 | 915 | 1,66 | $1{,}8 \cdot 10^{-3}$ |
| 12 | 865 | 1,92 | 2,2 ,, |
| 17 | 1200 | 2,50 | 2,1 ,, |
| 18 | 1300 | 2,86 | 2,2 ,, |
| 26 | 1900 | 3,30 | 1,7 ,, |
| 38—42 | 2700—3000 | 4,6 | 1,5–1,7 ,, |

einen prozentual größeren Teil der Moleküle ausmachen als bei langen. Eine exakte Bestimmung erübrigt sich hier, da die Molekulargewichtsbestimmung durch die Lactontitration keine scharfen Werte liefert und deshalb diese Fehler nicht in Betracht kommen. Daß die Werte der $K_m$-Konstante sehr erheblich schwanken, ist zu verstehen, wenn man bedenkt, daß die vorliegenden Polyacrylsäuren unfraktionierte Gemische einer polymerhomologen Reihe sind[1].

Auffällig ist der hohe Wert der Konstante mit $2 \cdot 10^{-3}$. Dies entspricht einer $K_{\text{äqu}}$-Konstante von $10 \cdot 10^{-4}$*. Der Wert der $K_{\text{äqu}}$-Konstante für homöopolare Moleküle ist um eine Zehnerpotenz kleiner, nämlich zu $0{,}85 \cdot 10^{-4}$** gefunden worden. Würde man mit Hilfe dieser Konstanten das Molekulargewicht der Polyacrylsäure berechnen, so ergäbe sich ein 10mal größeres Molekulargewicht, als es durch die Lactontitration gefunden wurde. Diese hohe $K_m$-Konstante bedeutet also, daß diese Stoffe mit relativ kurzen Fadenmolekülen schon sehr hochviscose Lösungen liefern, auch wenn die Schwarmbildung verhindert ist, wie es in diesen Lösungen bei Gegenwart von überschüssiger Natronlauge der Fall ist.

Würde man die $\eta_{sp}/c$-Werte, die für polyacrylsaures Natrium in neutraler Lösung gefunden wurden, der Berechnung des Molekulargewichtes zugrunde legen und für die Berechnung die für die homöopolaren Moleküle gefundene Beziehung $M = \eta_{sp}(\text{äqu})/0{,}85 \cdot 10^{-4}$** benutzen, so würden sich ungeheure Werte für das Molekulargewicht der Polyacrylsäure berechnen. Für einen $\eta_{sp}/c$-Wert von 60, wie er beispielsweise für das Natriumsalz vom Polymerisationsgrad 40 (Molekulargewicht 2900) gefunden wurde, ergäbe sich ein Molekulargewicht von 350000 entsprechend einem Polymerisationsgrad von 5000. Hieraus geht hervor, daß man nicht ohne weiteres aus einer hohen Viscosität der Lösung auf ein hohes

---

[1] Die Fraktionierung der Gemische, die zur Erzielung einwandfreier Ergebnisse durchgeführt werden müßte, stößt bei diesen Produkten auf Schwierigkeiten.

* Das Grundmolekül der Polyacrylsäure enthält 2 Ketten-C-Atome.

** STAUDINGER, H.: Ber. Dtsch. Chem. Ges. **65**, 267 (1932). Vgl. S. 68.

Molekulargewicht schließen darf; man muß vielmehr bei der Beurteilung des Molekulargewichtes auf Grund von Viscositätsmessungen außerordentlich vorsichtig vorgehen und den Bau der Teilchen erst durch chemische Untersuchungen aufklären.

### III. Viscositätsmessungen an niedermolekularen Polycarbonsäuren.

Die Viscositäten des polyacrylsauren Natriums in 2 n-Natronlauge, also unter Bedingungen, unter denen die Moleküle isoliert sind, ergaben eine im Vergleich zu den homöopolaren Molekülkolloiden abnorm hohe $K_m$-Konstante. Da die Bestimmung des Polymerisationsgrades der Polyacrylsäuren durch Titration evtl. ungenaue Werte ergibt, war es wichtig, diese Konstante, die die Ermittlung des Molekulargewichts der Eukolloide ermöglichen sollte, noch auf andere Weise nachzuprüfen. Deshalb wurden Viscositätsmessungen an einfachen Polycarbonsäuren vorgenommen, um zu erfahren, ob man bei diesen Stoffen bekannter Konstitution die gleichen abnormen Viscositätserscheinungen beobachtet. Wichtig ist, daß man bei diesen Untersuchungen die Viscositäten der Polycarbonsäureester bekannter Konstitution mit der von Säuren, Natriumsalzen und Natriumsalzen in überschüssiger Natronlauge vergleichen kann. Die Viscositäten der Ester lassen sich nach der Formel[1] $\eta_{sp}(1,4\%) = x + ny$* berechnen. Dieser berechnete Wert stimmt, wie Tabelle 234 zeigt, mit dem bei der Messung der Ester in Butylacetat gefundenen der Größenordnung nach überein. Unstimmigkeiten dürften darauf zurückzuführen sein, daß die Moleküle dieser Ester keine ausgesprochene Fadenform besitzen[2].

Tabelle 234. Ester von Polycarbonsäuren in Butylacetat.

| | $\eta_{sp}$ (1,4%) berechnet | $\eta_{sp}$ (1,4%) gefunden 20° | 60° |
|---|---|---|---|
| Bernsteinsäure-dimethylester . . . . . . . . | 0,0128 | 0,0153 | 0,0109 |
| Glutarsäure-diäthylester . . . . . . . . . . | 0,0176 | 0,0146 | 0,0116 |
| Adipinsäure-diäthylester . . . . . . . . . | 0,0192 | 0,019 | 0,014 |
| Pentan-1,3,5-tricarbonsäure-triäthylester . . . | 0,0208 | 0,0235 | 0,020 |
| Pentan-1,3,5-hexacarbonsäure-hexaäthylester . | 0,0208 | 0,0272 | 0,0215 |

Ganz andere Resultate ergaben die Viscositätsmessungen an Polycarbonsäuren und ihren Salzen. Die Viscosität der Säuren wurde unter der Annahme, daß einfache Moleküle vorliegen, nach derselben Formel wie bei den Estern $\eta_{sp}(1,4\%) = 1,6 \cdot 10^{-3} \cdot n$ ($n$ = Zahl der Atome in der Kette) berechnet[3]. Tatsächlich ist die Viscosität der Säuren erheblich größer als der berechnete Wert

---

[1] STAUDINGER, H., u. EIJI OCHIAI: Ztschr. f. physik. Ch. (A) **158**, 43 (1931). Vgl. Formel (11) S. 61.

* $n$ = Zahl der Kettenkohlenstoffatome,

$y$ = Viscositätsbetrag eines C-Atoms resp. einer $CH_2$-Gruppe in 1,4proz. Lösung $= 1,6 \cdot 10^{-3}$,

$x$ = Viscositätsbetrag der O-Atome in 1,4proz. Lösung, für Butylacetat als Lösungsmittel nicht bekannt. Es wurde deshalb für jedes O-Atom in der Kette der Betrag für eine $CH_2$-Gruppe eingesetzt, so daß die Gleichung lautet: $\eta_{sp}(1,4\%) = 1,6 \cdot 10^{-3} \cdot n$ ($n$ = Zahl der Atome in der Kette).

[2] Diese Abweichungen von den berechneten Werten sind von besonderem Interesse, da man aus ihnen evtl. auf die Gestalt der Moleküle schließen kann.

[3] $1,6 \cdot 10^{-3} = y$; ein besonderer Wert für die O-Atome wurde auch hier nicht angesetzt; es wurden vielmehr die O-Atome als Kettenatome gezählt.

sollte, weil koordinative Bindungen zwischen den Molekülen eingetreten sind[1]. Die Viscositätserhöhung bei der Polyacrylsäure stellt eine ganz andersartige Erscheinung dar. Sie ist hervorgerufen durch die Festlegung der Fadenmoleküle bzw. die Behinderung ihrer freien Beweglichkeit infolge der interionischen Kräfte. Eine eigentliche Molekülvergrößerung, wie sie z. B. durch die Bildung koordinativer aus normalen Molekülen zustande kommt, findet durch interionische Kräfte nicht statt. Dies zeigen auch die Versuche von BOEHM und SIGNER über Strömungsdoppelbrechung der Polyacrylsäure und die ihres Salzes[2].

Zusammenfassend läßt sich über die Art der Teilchen in Lösungen von Polyacrylsäure und ihrer Salze folgendes sagen: Bei der Säure können Einzelmoleküle in Lösung vorhanden sein, wenn die koordinativen Gruppen durch Wassermoleküle gebunden sind; es können weiter koordinative Moleküle aus mehreren Säuremolekülen vorliegen; endlich liegen Fadenionen vor, die solvatisiert sind und durch interionische Kräfte teilweise gegeneinander festgelegt sind. Beim polyacrylsauren Natrium sind in der Lösung hauptsächlich solche solvatisierten Fadenionen vorhanden, die durch interionische Kräfte aufeinander wirken. Durch Hydrolyse entstehen Säuregruppen, die wieder zu koordinativen Bindungen Anlaß geben können.

So sind die Viscositätserscheinungen bei Polyacrylsäure und ihren Salzen außerordentlich kompliziert. Einfache und übersichtliche Verhältnisse sind dagegen vorhanden, wenn man polyacrylsaure Salze im Überschuß von Lauge oder nach Zusatz von Salzen wie z. B. Kochsalz untersucht. Die Hydrolyse wird hier zurückgedrängt, die Festlegung der Fadenionen unter sich durch interionische Kräfte wird verhindert, da jedes Ion von einer großen Menge niedermolekularer Kationen und Anionen umgeben ist. Unter diesen Bedingungen können die Fadenionen keine Wirkungen aufeinander ausüben.

Es verhalten sich dann die Fadenionen des heteropolaren Molekülkolloids wie die Fadenmoleküle eines homöopolaren. Es ergeben sich bei der hemikolloiden Polyacrylsäure einfache Beziehungen zwischen Viscosität und Molekulargewicht, auf Grund deren man die Kettenlänge der eukolloiden Vertreter ermitteln kann.

Unter Hemikolloiden werden dabei hier, wie bei anderen hochmolekularen Stoffen, die Produkte verstanden, die so niedermolekular sind, daß man ihr Molekulargewicht durch kryoskopische Methoden oder durch Endgruppenbestimmung noch festlegen kann. Die hemikolloiden Polyacrylsäuren haben ein Molekulargewicht von rund 600—4000 (Polymerisationsgrad ca. 8—50). Sie geben relativ niederviscose Lösungen, die keine anormalen Viscositätserscheinungen zeigen.

Als eukolloide Produkte werden auch in dieser Reihe die Verbindungen bezeichnet, deren Lösungen dem HAGEN-POISEUILLEschen Gesetz nicht gehorchen[3]. Das Molekulargewicht der eukolloiden Polyacrylsäuren liegt zwischen 4000 und 15000 (Polymerisationsgrad 50—200). Diese Produkte sind also relativ niedermolekular im Vergleich zu den Polystyrolen, die einen Polymerisationsgrad von über 1500 besitzen müssen, damit „eukolloide Eigenschaften" auftreten. Der Grund hierfür ist folgender: die eukolloiden Eigenschaften werden beim poly-

---

[1] STAUDINGER, H., u. EIJI OCHIAI: Ztschr. f. physik. Ch. (A) **158**, 45 (1931). Vgl. S. 61.
[2] BOEHM, G., u. R. SIGNER: Helv. chim. Acta **14**, 1395 (1931).　　　[3] Vgl. S. 92.

acrylsauren Natrium durch die Schwarmbildung der Fadenionen hervorgerufen; in verdünnten Lösungen des homöopolaren Polystyrols hängen sie lediglich von der Länge der Moleküle ab.

### 4. Osmotischer Druck von polyacrylsauren Salzen.

Die polyacrylsauren Salze dialysieren nicht, auch nicht die niedermolekularen Kationen, weil sie durch die starken elektrischen Kräfte der hochmolekularen Anionen, die nicht dialysieren können, festgehalten werden. Deshalb besitzen diese Lösungen einen osmotischen Druck, wie er sonst nur bei Krystalloiden zu beobachten ist. *In den Lösungen von polyacrylsaurem Natrium wirken zwei Komponenten zusammen: die zahlreichen Natriumionen rufen den starken osmotischen Effekt hervor, die hochmolekularen Polyanionen verleihen der Lösung die charakteristischen Merkmale eines Kolloids. Wenn man die Lösung eines heteropolaren Molekülkolloids mit einem hochmolekularen Polyanion und zahlreichen niedermolekularen Kationen* (und umgekehrt) *durch eine permeable Membran abschließt, so verhält sie sich wie die Lösung eines niedermolekularen Stoffes in einer semipermeablen Membran.* Es entsteht innerhalb der Membran ein osmotischer Druck, da die niedermolekularen Ionen durch das hochmolekulare Ion innerhalb derselben festgehalten werden. Es muß also bei polyacrylsauren Salzen verschiedenen Molekulargewichtes der osmotische Druck annähernd der gleiche sein[1], da die Beträge für den osmotischen Druck der hochmolekularen Anionen zu vernachlässigen sind[2].

Die Lösungen von polyacrylsauren Salzen in einer permeablen Membran verhalten sich also wie solche von niedermolekularen Stoffen in einer semipermeablen. Bei Lösungen von hochmolekularen heteropolaren polyionischen Molekülkolloiden hat man also in einer Zelle gegenüber Wasser einen hohen osmotischen Druck, ohne daß die Zellwand semipermeabel ist. Lösungen von homöopolaren hochmolekularen Stoffen in Zellen mit permeablen Membranen haben hingegen entsprechend der geringen Zahl der homöopolaren großen Teilchen nur einen geringen osmotischen Druck.

### II. Hemikolloide Polyacrylsäuren.

Die erste Aufgabe ist nach dem oben Gesagten die Herstellung der Hemikolloide, ihre Molekulargewichtsbestimmung und die Untersuchung der Viscositätserscheinungen.

Die Herstellung gelingt durch Polymerisation von Acrylsäure in Lösung unter Zusatz von Katalysatoren. Die Molekulargewichtsbestimmung, welche auf kryoskopischem Wege nicht durchführbar ist, gelingt durch Bestimmung der Molekülendgruppen. Die Viscositätsuntersuchungen zeigen, daß in stark alkalischer Lösung sich die Moleküle in vergleichbaren Zuständen befinden. Hieraus ergeben sich Zusammenhänge zwischen Viscosität und Molekulargewicht.

---

[1] Genaue Messungen müssen noch ausgeführt werden.

[2] Da die Säurestärke der hoch- und niedermolekularen Polyacrylsäuren etwas verschieden ist, so zeigen sich voraussichtlich geringe Unterschiede im osmotischen Druck, da die Salze verschieden hydrolysiert sind.

## 1. Darstellung der Hemikolloide.

Durch Polymerisation von reiner Acrylsäure werden je nach den Bedingungen sehr hochmolekulare Produkte erhalten. Auch in wässeriger Lösung entstehen bei der Polymerisation, die durch Spuren von Peroxyden eingeleitet sein muß, sehr hochmolekulare Polyacrylsäuren. Durch Zusatz großer Mengen von Peroxyden und in verdünnter wässeriger Lösung gelingt es jedoch, hemikolloide Produkte zu erhalten. Tabelle 221 zeigt, daß die Viscositäten der so erhaltenen polymeren Säuren stark mit der bei der Polymerisation angewendeten Acrylsäurekonzentration und mit der Menge des angewendeten Katalysators variieren. Je höher die auf eine bestimmte Menge Acrylsäure angewendete Menge Wasserstoffsuperoxyd ist, desto niedriger ist die Viscosität des Polymerisationsproduktes. Einmal wirkt Wasserstoffsuperoxyd als Katalysator beim Polymerisationsprozeß. Dann unterbricht es aber die Kettenreaktion, indem es — je nach seiner Konzentration — die Endvalenzen kürzerer oder längerer Ketten besetzt und dadurch die Molekülfäden am Weiterwachsen hindert.

Tabelle 221. Polymerisation von Acrylsäure in wässeriger Lösung in Gegenwart von Katalysatoren.

| Konzentration der Acrylsäure | Katalysator | $\eta_{sp}$ in 1 gd-mol. Lösung |
|---|---|---|
| 1 mol. | 1 Tropfen peroxydhaltiger Äther auf 0,5 g Säure | 1,82 |
| 1 mol. | 0,11 Mol. $H_2O_2$ auf 1 Mol. Säure | $\begin{cases}1,25\\1,35\end{cases}$ |
| 1 mol. | 0,1 Mol. $H_2O_2$ auf 1 Mol. Säure | $\begin{cases}1,72\\1,50\end{cases}$ |
| 1 mol. | 0,05 Mol. $H_2O_2$ auf 1 Mol. Säure | 1,90[1] |
| 1 mol. | 0,05 Mol. $H_2O_2$ auf 1 Mol. Säure | 2,71 |
| 1 mol. | 0,03 Mol. $H_2O_2$ auf 1 Mol. Säure | 3,23 |
| 1 mol. | 0,02 Mol. $H_2O_2$ auf 1 Mol. Säure | $\begin{cases}4,38\\4,45\end{cases}$ |
| 2 mol. | 0,1 Mol. $H_2O_2$ auf 1 Mol. Säure | 3,13 |
| 2 mol. | 0,02 Mol. $H_2O_2$ auf 1 Mol. Säure | 7,96 |

Die Lösungen wurden im Einschlußrohr unter Stickstoff 11 Tage auf 100° erhitzt.

In einer früheren Arbeit wurde gezeigt, daß die Polymerisation von Acrylsäure eine Kettenreaktion darstellt[2]. Die Rolle des Wasserstoffsuperoxyds wird durch folgendes Formelbild wiedergegeben.

$$
\begin{array}{l}
\text{HO—OH} + \overset{\text{COOH}}{\underset{}{\text{CH=CH}_2}} + x\,\overset{\text{COOH}}{\text{CH=CH}_2} + \overset{\text{COOH}}{\text{CH=CH}_2} + \text{HO—OH} + \overset{\text{COOH}}{\text{CH=CH}_2} + y\,\overset{\text{COOH}}{\text{CH=CH}_2} + \overset{\text{COOH}}{\text{CH=CH}_2} + \text{HO—OH} \\[2ex]
\rightarrow \text{HO—}\overset{\text{COOH}}{\text{CH}}\text{—CH}_2\text{—}\left(\overset{\text{COOH}}{\text{CH—CH}_2}\right)_x\text{—}\overset{\text{COOH}}{\text{CH}}\text{—CH}_2\text{—OH} + \text{HO—}\overset{\text{COOH}}{\text{CH}}\text{—CH}_2\text{—}\left(\overset{\text{COOH}}{\text{CH—CH}_2}\right)_y\text{—}\overset{\text{COOH}}{\text{CH}}\text{—CH}_2\text{—OH}
\end{array}
$$

## 2. Titration und Molekulargewicht der Hemikolloide.

Die Polyacrylsäure ist also eine Di-oxy-polycarbonsäure. Nimmt man an, daß die Polymerisation symmetrisch verläuft, so ergibt sich, daß an dem einen

---

[1] Die verwendete Acrylsäure enthielt Peroxyde.
[2] STAUDINGER, H., u. H. W. KOHLSCHÜTTER: Ber. Dtsch. Chem. Ges. **64**, 2093 (1931).

Ende der Polyacrylsäurekette die $\alpha$-$\gamma$-Oxy-, am anderen Ende die $\beta$-$\delta$-Oxysäure-gruppierung vorliegt. Im wasserfreien Zustand sind die Hydroxylgruppen laktonisiert.

$$\underbrace{\begin{array}{c} \lceil O\text{———}C{=}O \\ \quad | \qquad\qquad | \\ \quad COOH \qquad\quad | \\ \quad | \qquad\qquad | \\ \lfloor CH\text{—}CH_2\text{—}CH\text{—}CH_2\text{—} \end{array}}_{\gamma\text{-Lacton}} \left(\begin{array}{c} COOH \\ | \\ CH\text{—}CH_2 \end{array}\right)_x \underbrace{\begin{array}{c} O{=}C\text{———}O\rceil \\ | \qquad\qquad | \\ | \qquad\quad COOH \\ | \qquad\qquad | \\ CH\text{—}CH_2\text{—}CH\text{——}CH_2 \end{array}}_{\delta\text{-Lacton}}$$

Analytisch läßt sich die lactonisierte hochmolekulare Oxysäure nicht von Poly-acrylsäure unterscheiden, da die Bruttozusammensetzung der Polyacrylsäure $C_3H_4O_2$ von der einer lactonisierten polymeren Säure $(C_3H_4O_2)_x + H_2O_2 - 2\,H_2O = (C_3H_4O_2)_x - 2\,H$ nur durch das Fehlen zweier Wasserstoffatome in dem großen Molekül verschieden ist.

$\gamma$- und $\delta$-Lactone weisen nun eine völlig verschiedene Beständigkeit auf. Während der $\gamma$-Lactonring beständig ist und selbst in alkalischer Lösung nur teilweise zur $\gamma$-Oxysäure gespalten werden kann, gehen $\delta$-Lactone schon in neu-traler Lösung leicht in die $\delta$-Oxysäure über. Die Beständigkeit des $\gamma$-Lactonrings im Vergleich zum $\delta$-Lactonring hat HAWORTH[1] benutzt, um durch Messung der Hydrolysegeschwindigkeit von Lactonen der verschiedenen Monocarbonsäuren aus Monosen und Biosen eine Unterscheidung von $\gamma$- und $\delta$-Lactonen zu be-gründen. Sämtliche von ihm untersuchten $\gamma$-Lactone werden wesentlich langsamer hydrolysiert als die entsprechenden $\delta$-Lactone. Ebenso konnte STOBBE[2] am Bei-spiel der $\gamma$-Äthyl-Methylaconsäure zeigen, daß $\gamma$-Oxysäuren auch in alkalischer Lösung nur teilweise als solche zu titrieren sind, weil der Ringschluß zum $\gamma$-Lac-ton schon beim Neutralisieren der alkalischen Lösung eintritt.

Bei der direkten Titration der Polyacrylsäure mit Natronlauge und Phenol-phthalein als Indicator findet man keinen scharfen Umschlagspunkt des Indi-cators. Die vielen schwachen Carboxylgruppen der Säure bewirken eine Hydro-lyse des Natriumsalzes. Nur in Gegenwart von Natriumchlorid oder Alkohol — der Zusatz darf bei der Titration erst in der Nähe des Neutralpunktes erfolgen, weil sonst die Säure koaguliert — läßt sich die Titration scharf durchführen.

Bei dieser Titration läßt sich nun das $\delta$-Lacton wie eine Säure titrieren, der $\gamma$-Lactonring wird nicht aufgespalten. Erst wenn man in alkalischer Lösung erhitzt und dann in der Kälte mit Salzsäure schnell zurücktitriert, gelingt es, einen Teil des $\gamma$-Lactons zu titrieren. Doch schon beim Neutralisieren der alkalischen Lösung wird das $\gamma$-Lacton, entsprechend den oben angeführten Beobachtungen von STOBBE, teilweise wieder zurückgebildet. Man erfaßt also bei der Titration der Polyacrylsäure mit Natronlauge in Gegenwart von Natriumchlorid alle Carb-oxylgruppen des Moleküls bis auf eine Endgruppe, welche als $\gamma$-Lacton gebunden ist[3]. Bei den hochmolekularen Polyacrylsäuren macht das Fehlen dieser einen Carboxylgruppe in dem großen Molekül bei der Titration einen so geringen Prozentsatz der insgesamt vorhandenen Säuregruppen aus, daß dieser Fehlbetrag in der Größe der Versuchsfehler liegt, also nicht bemerkt werden kann. Während bei einem Polymerisationsgrad von 2 dieser Fehlbetrag 50 % ausmachen

---

[1] HAWORTH, W. N., u. Mitarbeiter: Journ. Chem. Soc. London **1927**, 1237; **1928**, 611; Helv. chim. Acta **11**, 534 (1928).

[2] STOBBE, H.: Liebigs Ann. **321**, 122 (1902).

[3] Vorausgesetzt ist, daß die Polymerisation in der geschilderten Weise symmetrisch verläuft.

würde, beträgt er bei einem Polymerisationsgrad von 100 nur noch 1%. Da die Titration der Polyacrylsäure nicht sehr scharfe Werte liefert, so läßt sich durch Titration ein Polymerisationsgrad nur bis etwa 50 bestimmen.

In der folgenden Tabelle sind die Ergebnisse der Titrationen zusammengestellt, welche an den niedermolekularen Polyacrylsäuren, deren Herstellung in Tabelle 221 angegeben ist, ausgeführt wurden. Man erkennt, wie mit wachsender Viscosität der Lösungen der nicht titrierbare Anteil abnimmt. Die höherviscosen Lösungen enthalten größere Moleküle, der Anteil der Endgruppen — des $\gamma$-Lactons — an diesen großen Molekülen ist geringer. Aus diesen Titrationsergebnissen, die den $\gamma$-Lactongehalt der Säuren erkennen lassen, kann man, wie es in Tabelle 222

Tabelle 222. Titration der Hemikolloide.

| $\eta_{sp}$ der Säure in 1 gd-mol. Lösung | Von der Einwage titrierbar % | Nicht titrierbarer Teil % | Durchschnittspolymerisationsgrad | DurchschnittsmolekularGewicht |
|---|---|---|---|---|
| 1,72 | 92,15 | 7,85 | 12—13 | ca. 900 |
| 1,50 | 91,7 | 8,3 | | |
| 2,71 | 94,1 | 5,9 | 17 | 1200 |
| 3,13 | 94,5 | 5,5 | 18 | 1300 |
| 4,45 | 96,2 | 3,8 | 26 | 1900 |
| 7,96 | 97,4—97,6 | 2,4—2,6 | 38—42 | 2900 |
| 10,3 | 98 | 2 | 50 | 3600 |

angegeben ist, den durchschnittlichen Polymerisationsgrad der Polyacrylsäure berechnen. Es war bisher nicht möglich, die so ermittelten Werte für die Molekulargewichte auf anderem Wege zu kontrollieren. Die osmotischen Methoden versagen bei der Polyacrylsäure, denn die Zahl der osmotisch wirksamen Teilchen wechselt mit dem Dissoziationsgrad. Dabei ist die Zahl der hochmolekularen Anionen im Verhältnis zu der der niedermolekularen Kationen gering. Weiter ist die Zusammensetzung der Teilchen in einer Lösung von Polyacrylsäure noch unbekannt. Man weiß nicht, wieweit normale Moleküle, wieweit koordinative Moleküle vorhanden sind. Es ist also nicht sichergestellt, ob die geschilderte Titrationsmethode richtige Werte für das Molekulargewicht der hemikolloiden Polyacrylsäuren liefert. Jedenfalls stellen die so ermittelten Werte eine untere Grenze dar. Denn es ist möglich, daß ein Teil der nicht titrierbaren Carboxylgruppen nicht als Endgruppen gebunden ist. In diesem Falle wären die wirklichen Molekulargewichte höher. Für die weiteren Berechnungen werden die durch Titration gefundenen Molekulargewichte zugrunde gelegt.

### 3. Viscositätsuntersuchungen an Hemikolloiden.

Es gilt nun zu ermitteln, in welchem Zusammenhang das Molekulargewicht der Hemikolloide und die spez. Viscosität ihrer Lösungen stehen. Dabei ergibt sich die große Schwierigkeit, daß die Viscosität der Polyacrylsäuren, vor allem der eukolloiden, ungeheuer stark vom $p_H$, der Fließgeschwindigkeit und der Anwesenheit anderer Elektrolyte abhängig ist. So erschien es zu Beginn der Untersuchungen aussichtslos, die Bedingungen zu finden, unter denen sich die spez. Viscositäten der verschiedenen Vertreter, ähnlich wie es bei den homöopolaren Molekülkolloiden möglich ist, vergleichen lassen. Eingehende Untersuchungen vor allem an den Eukolloiden, welche unten geschildert werden, führten dann zu dem Ergebnis, daß in Lösungen von Polyacrylsäure bei einem Überschuß von

Natronlauge in bezug auf die Viscosität ganz ähnliche Verhältnisse vorliegen, wie sie in verdünnten Lösungen homöopolarer Molekülkolloide vorhanden sind.

Aus der polymerhomologen Reihe der hemikolloiden Polyacrylsäuren wurden zwei Produkte auf ihr allgemeines Viscositätsverhalten hin genauer geprüft. Die durchschnittlichen Polymerisationsgrade dieser Säuren wurden durch die Lactontitration zu 8 und zu 50 ermittelt. Sie werden im folgenden mit „Säure P 8" und „Säure P 50", ihre Natriumsalze mit „Na-Salz P 8" und „Na-Salz P 50" bezeichnet. Es wurde festgestellt, ob die Lösungen dem HAGEN-POISEUILLEschen Gesetz gehorchen, unter welchen Bedingungen und in welchen Konzentrationen $\eta_{sp}/c$ konstant ist. Es wurde gefunden, daß dieses in verdünnten Lösungen bei großem Alkaliüberschuß der Fall ist, und dort ergeben sich die gesuchten Zusammenhänge zwischen Viscosität und Molekulargewicht.

### a) Gültigkeit des HAGEN-POISEUILLEschen Gesetzes.

Die Lösungen der Säure P 8 und ihres Natriumsalzes gehorchen dem HAGEN-POISEUILLEschen Gesetz vollkommen. Bei Säure P 50 und ihrem Natriumsalz

Tabelle 223.

Abhängigkeit der Viscosität der Hemikolloide vom Geschwindigkeitsgefälle
Messungen im UBBELOHDEschen und OSTWALDschen Viscosimeter.

*Säure P 8. 0,5 gd-mol.*[1]

| 20° | Gf.[2] | 502 | 10200 | 16800 |
| | $\eta_{sp}$ | 0,615 | 0,61 | 0,62 |
| 60° | Gf. | 1030 | 20800 | |
| | $\eta_{sp}$ | 0,64 | 0,64 | |

*Na-Salz P 8. 0,09 gd-mol.*[1]

| 20° | Gf. | 430 | 4460 | 13400 |
| | $\eta_{sp}$ | 0,89 | 0,88 | 0,88 |
| 60° | Gf. | 963 | 10950 | |
| | $\eta_{sp}$ | 0,77 | 0,76 | |

*Säure P 50. 0,004 gd-mol.*

| 20° | Gf. | 538 | 1040 | 1600 | 3530 | 7080 |
| | $\eta_{sp}$ | 0,137 | 0,138 | 0,140 | 0,137 | 0,137 |

*Säure P 50. 1,64 gd-mol.*

| 20° | Gf. | 38 | 102 | 210 | 434 |
| | $\eta_{sp}$ | 41,5 | 40,9 | 40,7 | 40,6 |

*Na-Salz P 50. 0,18 gd-mol.*

| 20° | Gf. | 96 | 359 | 818 | 1400 | 1905 | 2540 |
| | $\eta_{sp}$ | 10,4 | 10,4 | 10,3 | 10,3 | 10,2 | 10,0 |

*Na-Salz P 50. 0,53 gd-mol.*

| 20° | Gf. | 41,2 | 110 | 274 | 562 | 1145 |
| | $\eta_{sp}$ | 32,3 | 31,9 | 31,8 | 31,8 | 31,8 |

---

[1] Gd-mol. bei Säuren auf das Mol.-Gew. der Acrylsäure = 72 bezogen. Also 0,1 gd-mol. = 0,72%. Gd-mol. beim polyacrylsauren Natrium auf das Mol.-Gew. des acrylsauren Natrium = 94 bezogen. Also 0,1 gd-mol. = 0,94%.

[2] Gf. = Mittleres Geschwindigkeitsgefälle, berechnet nach KRÖPELIN[3] nach der Gleichung
$$\text{Gf.} = \frac{8v}{3\pi R^3 t}.$$

[3] KRÖPELIN, H.: Ber. Dtsch. Chem. Ges. **62**, 3056 (1929).

finden sich schon ganz geringe Abweichungen von diesem Gesetz bei kleinen Fließgeschwindigkeiten (vgl. Tabelle 223).

## b) Die Abhängigkeit der Viscosität der Säuren von der Konzentration.

Die Abhängigkeit der spez. Viscosität der Säuren P 8 und P 50 von der Konzentration ist in Abb. 86 wiedergegeben. Zum Vergleich ist die Konzentrationsviscositätskurve eines hemikolloiden Polystyrols[1] eingezeichnet; während die Kurve der Säure P 8 noch keine sehr wesentlichen Unterschiede gegen den Kurvenverlauf beim Polystyrol aufweist, gibt die Säure P 50 ein abweichendes Bild. Im stark verdünnten Gebiet fällt hier ein starker Anstieg der Kurve auf, es folgt dann ein Umbiegen zu einem etwas flacheren Verlauf und im konzentrierten Gebiet wieder ein steiler Anstieg. Die $\eta_{sp}/c$-Werte haben entsprechend mit steigender Konzentration zunächst fallende Tendenz, um nach Durchlaufen eines Minimums wieder anzusteigen (s. Abb. 87). Im ganz verdünnten Gebiet haben sie auffällig hohe Werte. Die Zusammenstellung der Messungen befindet sich in Tabelle 224.

Dies Verhalten der Säuren läßt folgendes erkennen: Im stark verdünnten Gebiet sind

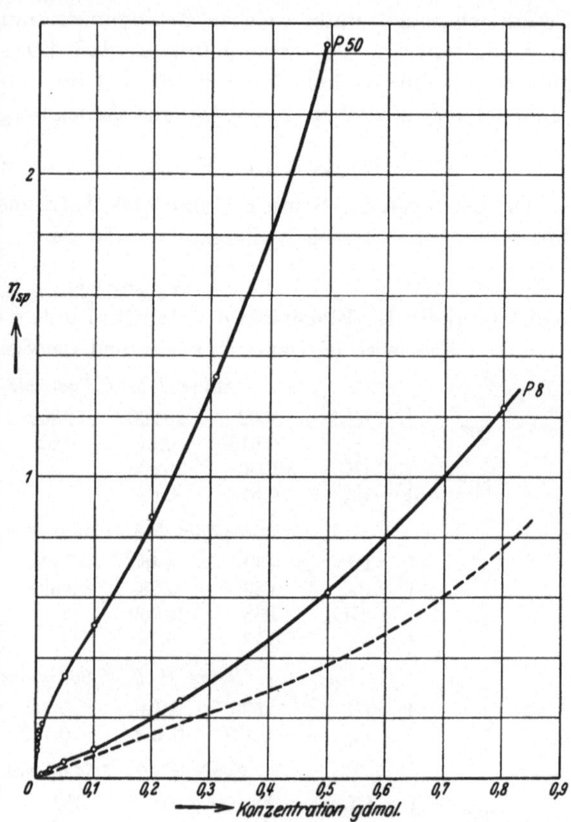


Abb. 86.   Viscositätskonzentrationskurven der hemikolloiden Säuren.   (––– Kurve für Polystyrol vom Durchschnittsmolekulargewicht 2350 nach W. Heuer.)

die Säuren weitgehend dissoziiert. Hier beobachtet man die höchsten $\eta_{sp}/c$-Werte, da einmal die interionischen Kräfte zur Festlegung der Fadenionen durch Schwarmbildung führen; andererseits kann auch deren Solvatation beträchtlich sein. Bei geringer Konzentrationszunahme nimmt die Dissoziation erheblich ab; damit werden die interionischen Kräfte und die Solvatation geringer, $\eta_{sp}/c$ nimmt ab. Je mehr undissoziierte Säure sich aber bildet, desto mehr nähert sich der Charakter der Säure dem eines homöopolaren Molekülkolloids wie z. B. dem des Polystyrols. Allerdings können auch hier koordi-

---

[1] Nach Messungen von W. Heuer, vgl. Tabelle 65, S. 172.

native Bindungen der Moleküle unter sich eintreten, wie dies bei der Essigsäure der Fall ist. Mit steigender Konzentration wird die Tendenz zur Bildung
solcher koordinativer Moleküle zunehmen. Der Anstieg der $\eta_{sp}/c$-Werte in
hohen Konzentrationen kann mit solchen Erscheinungen zusammenhängen,
ist aber auch darauf zurückzuführen, daß die Sollösung in eine Gellösung

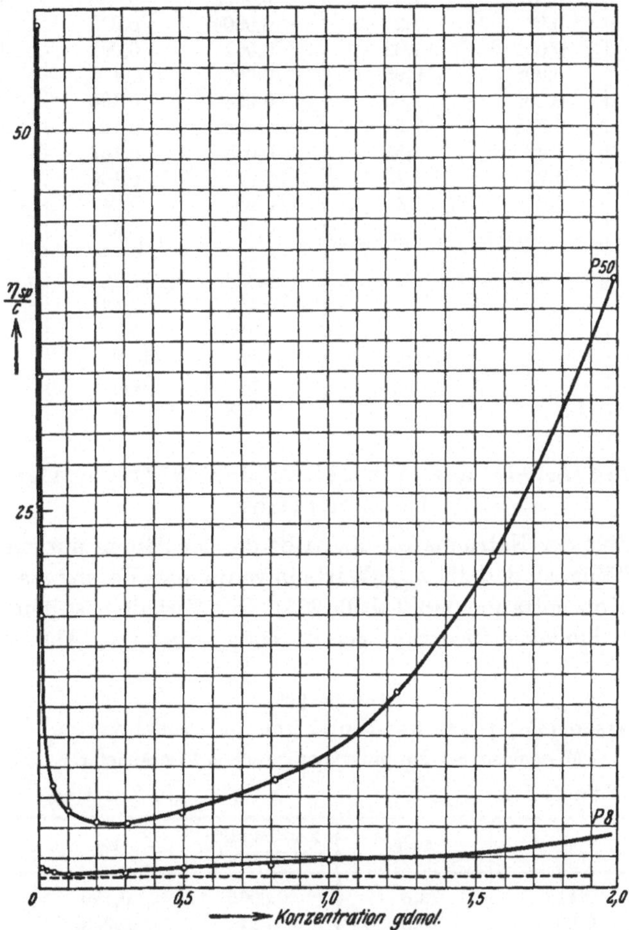


Abb. 87.   $\eta_{sp}/c$-Konzentrationskurven für die hemikolloiden Säuren. (— — — Kurve für Polystyrol vom
Durchschnittsmolekulargewicht 2350[1].)

übergeht. Wie die Bildung koordinativer Moleküle die Viscosität beeinflußt, ist
vorläufig nicht zu entscheiden, da man den Bau dieser koordinativen Teilchen
nicht kennt.

Der Verlauf der Viscositätskurven ist bei der Säure P 8 ähnlich wie beim
Polystyrol, bei der Säure P 50 ergibt sich ein ganz verschiedenes Bild. Diese
ungewöhnlichen Viscositätserscheinungen stehen also mit der Länge der Moleküle
in Zusammenhang, und zwar wirkt die Schwarmbildung mit zunehmender Länge
der Fadenionen stark viscositätserhöhend.

---

[1] Vgl. Abb. 24, S. 171.

Tabelle 224. Spezifische Viscositäten der hemikolloiden Polyacrylsäuren.
Messungen im OSTWALDschen Viscosimeter bei 20°.

*Säure P 8.*        *Säure P 50.*

| Konzentration in Gd-mol. | $\eta_{sp}$ | $\eta_{sp}/c$ | Konzentration in Gd-mol. | $\eta_{sp}$ | $\eta_{sp}/c$ |
|---|---|---|---|---|---|
| 0,01 | 0,013 | 1,3 | 0,0002 | 0,036 | 180 |
| 0,025 | 0,03 | 1,2 | 0,0005 | 0,073 | 146 |
| 0,05 | 0,051 | 1,02 | 0,001 | 0,092 | 92 |
| 0,1 | 0,096 | 0,96 | 0,002 | 0,114 | 57 |
| 0,25 | 0,265 | 1,06 | 0,004 | 0,136 | 34 |
| 0,5 | 0,618 | 1,24 | 0,006 | 0,153 | 25,5 |
| 0,8 | 1,23 | 1,54 | 0,008 | 0,162 | 20,3 |
| 1,0 | 1,75 | 1,75 | 0,01 | 0,180 | 18,0 |
| 2,0 | 7,01 | 3,5 | 0,05 | 0,34 | 6,8 |
| | | | 0,1 | 0,51 | 5,1 |
| | | | 0,2 | 0,865 | 4,32 |
| | | | 0,308 | 1,33 | 4,32 |
| | | | 0,494 | 2,43 | 4,92 |
| | | | 0,823 | 5,79 | 7,03 |
| | | | 1,23 | 15,9 | 12,9 |
| | | | 1,56 | 34,0 | 21,8 |
| | | | 1,973 | 78,9 | 40,0 |

## c) Die Abhängigkeit der Viscosität der Natriumsalze von der Konzentration.

Die Viscosität der Natriumsalze übertrifft die der Säuren um ein Vielfaches. Besonders auffällig ist, daß die $\eta_{sp}/c$-Werte in verdünnter Lösung viel größer sind als in höherer Konzentration (vgl. Tabelle 225). Dies Verhalten ist dem der homöopolaren Molekülkolloide wiederum gerade entgegengesetzt (Abb. 88 und 89).

Tabelle 225.
Spezifische Viscositäten der hemikolloiden polyacrylsauren Natriumsalze.
Messungen bei 20° im OSTWALDschen Viscosimeter.

*Na-Salz P 8.*        *Na-Salz P 50.*

| Konzentration in Gd-mol.[1] | $\eta_{sp}$ | $\eta_{sp}/c$ | Konzentration in Gd-mol.[1] | $\eta_{sp}$ | $\eta_{sp}/c$ |
|---|---|---|---|---|---|
| 0,005 | 0,118 | 23,6 | 0,0005 | 0,189 | 378 |
| 0,01 | 0,20 | 20,0 | 0,001 | 0,338 | 338 |
| 0,05 | 0,596 | 11,9 | 0,002 | 0,65 | 325 |
| 0,1 | 0,968 | 9,68 | 0,004 | 1,05 | 263 |
| 0,2 | 1,58 | 7,9 | 0,007 | 1,555 | 222 |
| | | | 0,01 | 1,856 | 186 |
| | | | 0,03 | 3,65 | 122 |
| | | | 0,06 | 5,37 | 89,7 |
| | | | 0,1 | 7,46 | 74,6 |
| | | | 0,2 | 12,12 | 60,6 |
| | | | 0,3 | 16,75 | 55,9 |
| | | | 0,4 | 22,3 | 55,8 |
| | | | 0,5 | 27,35 | 54,8 |
| | | | 0,6125 | 34,1 | 55,7 |

[1] 0,1 gd-mol. Lösung des Salzes = 0,94%.

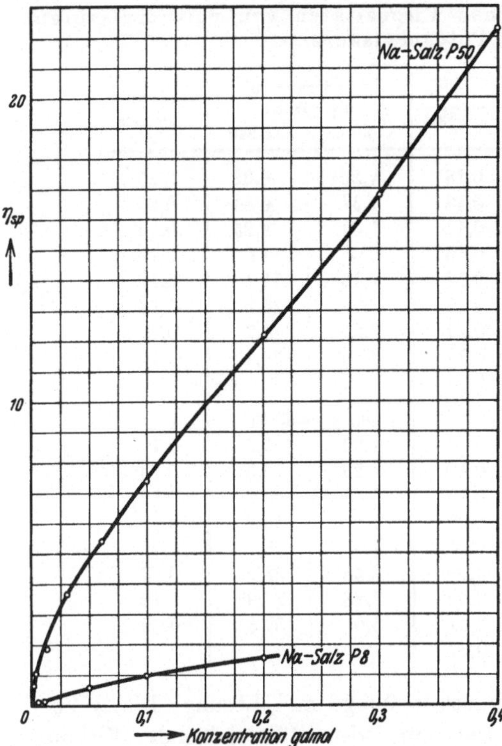



Abb. 88.    Viscositätskonzentrationskurven der hemikolloiden Na-Salze.

Während beim Polystyrol die $\eta_{sp}/c$-Werte in verdünnten Lösungen konstant sind und erst in höheren Konzentrationen wachsen, beobachtet man beim polyacrylsauren Natrium gerade in verdünntem Gebiet ein sehr starkes Abfallen der $\eta_{sp}/c$-Werte und im konzentrierten Gebiet, wie aus den Kurven in Abb. 89 hervorgeht, ein Konstantwerden[1]. Dieser Kurvenverlauf ist, wie schon hier bemerkt werden soll, bei den Eukolloiden noch ausgeprägter. Im ganz verdünnten Gebiet, wo auch die Säuren dissoziiert sind, zeigen Natriumsalze und Säuren einen analogen Kurvenverlauf.

### d) Vergleich der spez. Viscositäten von Natriumsalzen und Säuren.

Aufschlußreich ist ein Vergleich der spez. Viscositäten von Natriumsalzen und Säuren von verschiedenem Polymerisationsgrad. In Tabelle 226 sind die $\eta_{sp}/c$-Werte der Salze und Polyacrylsäuren in verschiedenen Konzentrationen bei 20 und 60° nebeneinandergestellt. Es ist weiter das Verhältnis der $\eta_{sp}/c$-Werte von Säure und Salz berechnet. Die spez. Viscositäten der Natriumsalze sind außerordentlich viel höher als die der Säuren. Diese Erscheinung ist einmal auf die erhöhte Solvatation der Ionen des Natriumsalzes gegenüber der Säure zurückzuführen. Zum andern ist die hohe Viscosität der Salze durch interionische Kräfte, die zwischen den Fadenionen des Natriumsalzes wirksam sind, bedingt. Der Unterschied zwischen der Viscosität von Säure und Salz ist bei den höhermolekularen Säuren erheblich größer als bei den niedrigen Gliedern der Reihe. Während die Viscosität der Säure P 50 nur 9% der Viscosität ihres Natriumsalzes beträgt, ist die Viscosität der

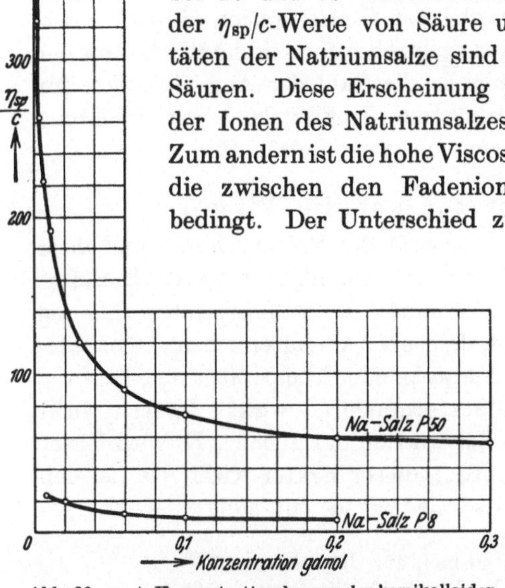



Abb. 89.   $\eta_{sp}/c$-Konzentrationskurven der hemikolloiden
Na-Salze.

---

[1] Von einer Erklärung soll hier vorläufig abgesehen werden. Es möge hier eine Beschreibung der Phänomene genügen, welche die Kompliziertheit der Viscositätserscheinungen bei den verschiedenen Stoffen zeigt.

Tabelle 226. **Vergleich der spezifischen Viscositäten von polyacrylsaurem Natrium und Polyacrylsäure.**

| Durchschnitts-polymeri-sationsgrad | 0,5 gd-mol.[1] 20° $\eta_{sp}/c$-Werte | | $\dfrac{\eta_{sp}/c\text{-Säure}}{\eta_{sp}/c\text{-Salz}}$ | 0,5 gd-mol.[1] 60° $\eta_{sp}/c$-Werte | | $\dfrac{\eta_{sp}/c\text{-Säure}}{\eta_{sp}/c\text{-Salz}}$ |
|---|---|---|---|---|---|---|
| | Säure | Na-Salz | | Säure | Na-Salz | |
| 12—13 { | 1,19 | 6,73 | 0,18 | 1,29 | 6,32 | 0,20 |
| | 1,28 | 6,94 | 0,18 | 1,34 | 6,84 | 0,20 |
| 15 | 1,42 | 8,78 | 0,16 | 1,54 | 8,25 | 0,19 |
| 17 | 1,87 | 11,7 | 0,16 | 2,06 | 11,0 | 0,19 |
| 17 | 1,96 | 11,8 | 0,17 | 2,16 | 11,1 | 0,19 |
| 18 | 2,39 | 16,0 | 0,15 | 2,78 | 15,2 | 0,18 |
| 26 | 2,81 | 19,9 | 0,14 | 3,22 | 18,7 | 0,17 |
| 38—42 | 4,37 | 41,4 | 0,11 | 5,26 | 38,4 | 0,14 |
| 50 | 4,92 | 54,8 | 0,09 | | | |
| | 0,1 gd-mol.[2] 20° | | | 0,1 gd-mol.[2] 60° | | |
| 12—13 { | 1,12 | 9,9 | 0,11 | 1,22 | 9,2 | 0,13 |
| | 1,07 | 10,24 | 0,10 | 1,23 | 9,35 | 0,13 |
| 15 | 1,28 | 13,2 | 0,10 | 1,49 | 12,2 | 0,12 |
| 17 | 1,65 | 18,2 | 0,09 | 1,93 | 16,3 | 0,12 |
| 17 | 1,69 | 18,4 | 0,09 | 1,97 | 16,7 | 0,12 |
| 18 | 2,22 | 23,8 | 0,09 | 2,56 | 22,2 | 0,12 |
| 26 | 2,83 | 30,3 | 0,09 | 3,28 | 27,99 | 0,12 |
| 38—42 | 4,17 | 63,0 | 0,07 | 5,05 | 57,8 | 0,09 |
| 50 | 5,1 | 74,6 | 0,07 | | | |

Säure P 12 18% der Viscosität ihres Salzes in 0,5 gd-mol. Lösung. Dieser Vergleich zeigt, daß bei den Natriumsalzen eine viscositätserhöhende Wirkung vorhanden ist, welche mit zunehmender Kettenlänge wächst. Dieser viscositätserhöhende Effekt kann nicht auf einer Solvatation der Ionen beruhen; dann müßte der Unterschied zwischen der Viscosität des Natriumsalzes und der Säure bei Molekülen verschiedener Kettenlänge gleich sein, da man annehmen muß, daß die Solvatation pro Grundmolekül in gleicher Konzentration die gleiche ist. Dagegen wird die Festlegung der Fadenionen durch interionische Kräfte mit der Kettenlänge stärker, da mit der Kettenlänge die Zahl der Angriffspunkte für die Festlegung wächst. Der viscositätserhöhende Einfluß der Schwarmbildung wird mit zunehmender Länge der Fadenionen immer beträchtlicher.

### e) Der Einfluß der Temperatur auf die Viscosität.

Der Einfluß der Temperatur auf die Viscosität der Polyacrylsäure und ihrer Salze ist außerordentlich kompliziert. Man kann vor allem folgende Einflüsse der Temperaturerhöhung unterscheiden. Einmal wirkt Temperaturerhöhung dissoziationssteigernd. Das bedeutet nach dem oben Gesagten einen viscositätserhöhenden Faktor. Zweitens aber tritt mit steigender Temperatur eine Störung der Schwarmbildung ein, welche viscositätsvermindernd wirkt. Ebenso wirkt viscositätsvermindernd die Abnahme der Solvatation der Ionen[3]. Es wird ferner der Abstand zwischen den Molekülen größer; dieser Faktor wirkt wie bei den homöopolaren Molekülkolloiden viscositätserniedrigend mit steigender Tempe-

---

[1] 0,5 gd-mol. für die Säuren = 3,6%. 0,5 gd-mol. für die Salze = 4,7%.
[2] 0,1 gd-mol. für die Säuren = 0,72%. 0,1 gd-mol. für die Salze = 0,94%.
[3] Dadurch, daß die polymeren Moleküle des Wassers bei Temperaturerhöhung zerfallen.

Tabelle 227. **Abhängigkeit der spezifischen Viscosität der Säuren von der Temperatur.**

| Konzentration in Gd-mol. | $\eta_{sp}$ bei 20° | $\eta_{sp}$ bei 60° | T.-A.[1] |
|---|---|---|---|
| *Säure P 8.* | | | |
| 0,1 | 0,096 | 0,10 | 1,04 |
| 0,25 | 0,265 | 0,278 | 1,05 |
| 0,5 | 0,618 | 0,639 | 1,03 |
| 0,8 | 1,23 | 1,21 | 0,99 |
| 1,0 | 1,75 | 1,69 | 0,97 |
| *Säure P 50.* | | | |
| 0,02 | 0,29 | 0,315 | 1,09 |
| 0,9 | 7,7 | 8,1 | 1,05 |

Tabelle 228. **Abhängigkeit der spezifischen Viscosität der Natriumsalze von der Temperatur.**

| Konzentration in Gd-mol. | $\eta_{sp}$ bei 20° | $\eta_{sp}$ bei 60° | T.-A.[1] |
|---|---|---|---|
| *Na-Salz P 8.* | | | |
| 0,01 | 0,20 | 0,173 | 0,87 |
| 0,05 | 0,596 | 0,522 | 0,88 |
| 0,1 | 0,968 | 0,875 | 0,90 |
| 0,2 | 1,58 | 1,46 | 0,93 |
| *Na-Salz P 50.* | | | |
| 0,01 | 1,83 | 1,52 | 0,83 |
| 0,175 | 11,08 | 10,15 | 0,92 |

ratur. Schließlich wirkt Temperaturerhöhung auch auflösend auf die koordinativen Bindungen der Säure in höheren Konzentrationen. Wie dies die Viscosität beeinflußt, kann nicht beurteilt werden, da man den Bau der koordinativen Moleküle nicht kennt.

Die Säuren zeigen bei 60° höhere spezifische Viscosität als bei 20°. Hier überwiegt also ein viscositätssteigernder Einfluß der Temperaturerhöhung, wahrscheinlich vor allem die Dissoziationssteigerung. Die spez. Viscosität der stark dissoziierten hemikolloiden Natriumsalze nimmt dagegen mit steigender Temperatur ab. Es überwiegen hier also viscositätsvermindernde Einflüsse im Gegensatz zu den Verhältnissen bei den später beschriebenen eukolloiden Natriumsalzen, deren Viscosität mit steigender Temperatur zunimmt. Vgl. Tabelle 227 und 228.

## f) Der Einfluß von Elektrolyten auf die Viscosität.

Bei Zusatz von geringen Mengen Natronlauge zur Säure tritt eine erhebliche Viscositätssteigerung ein. Bei dem Natriumgehalt, bei dem alle direkt titrierbaren, also alle freien Carboxylgruppen, mit Natrium besetzt sind[2], liegt das Maximum der Viscosität (Tabelle 229 und Abb. 90). Ein weiterer Zusatz von Natronlauge setzt die Viscosität wieder herab, den gleichen Einfluß hat Natriumchlorid auf die Viscosität des Salzes. Im Sinne der oben entwickelten Vorstellungen ist dieser Einfluß darauf zurückzuführen, daß die Festlegung der Anionen durch interionische Kräfte gelöst wird. Die Säureanionen umgeben sich mit den Ionen des Elektrolyten. Dadurch werden die Einzelmoleküle des Salzes in der Lösung als solche isoliert und von Elektrolytmolekülen umhüllt, eine Wechselwirkung zwischen den Fadenionen kann nicht mehr stattfinden. So wird die Schwarmbildung bei genügendem Elektrolytzusatz aufgehoben. Den gleichen

---

[1] T.-A. = Temperaturabhängigkeit ist der Quotient $\eta_{sp}$ bei 60° : $\eta_{sp}$ bei 20°. Temperaturabhängigkeiten, deren Wert größer als 1 ist, bedeuten also steigende Viscosität mit steigender Temperatur, was im folgenden auch mit „positiver Temperaturabhängigkeit" bezeichnet wird. T.-A.-Werte kleiner als 1 bedeuten geringere spezifische Viscosität mit steigender Temperatur, auch als „negative Temperaturabhängigkeit" bezeichnet.

[2] Sind alle titrierbaren Carboxylgruppen neutralisiert, so bezeichnen wir die Konzentration des Natriums in der Lösung als 100%.

viscositätsherabsetzenden Einfluß auf die Natriumsalze wie Natronlauge hat auch Natriumchlorid. Angaben hierüber finden sich bei den Eukolloiden.

Setzt man dagegen zu Polyacrylsäure geringe Mengen Natriumchlorid oder Salzsäure zu, so wird auch hier die Viscosität stark vermindert. In etwas höheren

Tabelle 229. Viscosität der Säure P 8
mit steigenden Mengen NaOH.
Säurekonzentration 0,05 gd-mol. Temp. 20°.

| Na in Proz.[1] | $\eta_{sp}$ | Na in Proz.[1] | $\eta_{sp}$ |
|---|---|---|---|
| 0 | 0,05 | 100 | 0,633 |
| 50 | 0,509 | 102,5 | 0,596 |
| 90 | 0,618 | 105 | 0,588 |
| 95 | 0,624 | 110 | 0,532 |
| 97,5 | 0,627 | 150 | 0,395 |

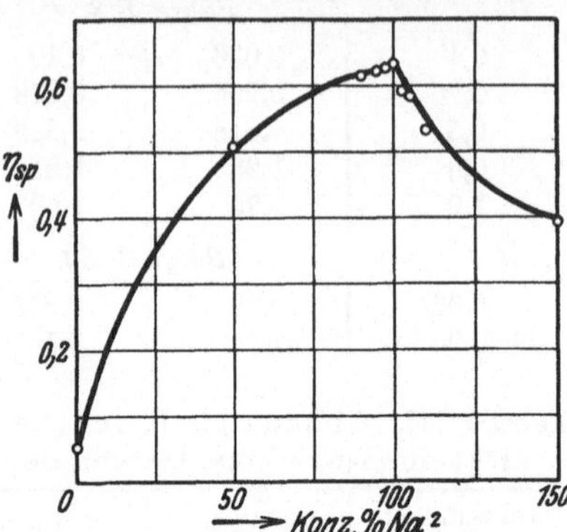


Abb. 90.   Säure P 8 mit steigenden Mengen NaOH.

Konzentrationen, etwa in 0,5 molarer Kochsalzlösung, wird die Lösung trübe, es bildet sich eine Suspension. Nach einiger Zeit tritt Ausflockung ein. Größere Mengen Kochsalz wirken sofort koagulierend. Analoge Erscheinungen sind beim Eiweiß bekannt. Diese Phänomene sind wahrscheinlich damit zu erklären, daß Elektrolytzusatz die Ausbildung koordinativer Bindungen der Moleküle der freien Säure unter sich begünstigt. Es bilden sich dreidimensionale koordinative Moleküle, deren Größe so erheblich ist, daß sie nicht mehr gelöst werden können; infolgedessen tritt

Ausflockung ein. Temperaturerhöhung wirkt sprengend auf die koordinativen Bindungen, die Suspension wird bei höherer Temperatur wieder aufgelöst. Dies macht sich durch eine stark positive Temperatur-

Tabelle 230. Viscosität der Säure P 8 0,25 gd-mol.
in NaCl-Lösungen.

| NaCl Konz. mol. | $\eta_{sp}$ bei 20° | $\eta_{sp}$ bei 60° | T.-A.[3] |
|---|---|---|---|
| 0,0 | 0,265 | 0,278 | 1,05 |
| 1,0 | 0,172 | 0,211 | 1,23 |
| 2,0 | 0,068 | 0,088 | 1,29 |

abhängigkeit der Viscosität bemerkbar (vgl. Tabelle 230). Bei den Natriumsalzen der Polyacrylsäuren kann ein analoger Effekt nicht auftreten, weil hier koordinative Bindungen zwischen den Ionen nicht möglich sind. Deshalb sind sie im Gegensatz zu den Säuren durch Elektrolytzusatz nicht koagulierbar.

## g) Polyacrylsaures Natrium im Überschuß von Natronlauge.

Alle diese merkwürdigen, vom Verhalten homöopolarer Molekülkolloide abweichenden Eigenschaften der Polyacrylsäure und ihrer Salze verschwinden, wenn sich die Moleküle des polyacrylsauren Natrium im großen Überschuß von Natronlauge befinden. Hier verhalten sich die Fadenionen ähnlich wie Fadenmoleküle homöopolarer Molekülkolloide in Lösung. Die $\eta_{sp}/c$-Werte sind in niedrigen Konzentrationen konstant und steigen erst in höheren Konzentrationen. Die Abhängigkeit der Viscosität von der Temperatur geht zurück. Dies zeigen vor allem die Messungen bei Eukolloiden, bei denen das abnorme Verhalten der

[1,2] Siehe Fußnote 2 auf S. 348.        [3] Siehe Fußnote 1 auf S. 348.

Säuren und Salze noch viel ausgeprägter ist als bei den Hemikolloiden, während sie sich in 2 n-Natronlauge normal verhalten. Diese Ergebnisse der Messungen an Eukolloiden wurden auch bei den Hemikolloiden bestätigt gefunden, wie Tabelle 231 zeigt.

In 2 n-Natronlauge liegen also die Bedingungen vor, unter denen die $\eta_{sp}/c$-Werte verschiedener Produkte vergleichbar sind.

Die Lösungen von Natriumsalzen der Polyacrylsäuren in Natronlauge sind viel weniger viscos als neutrale Lösungen von polyacrylsauren Salzen, da die Schwarmbildung in alkalischer Lösung im Gegensatz zur neutralen verhindert wird. Dieser Rückgang der Viscosität ist wiederum um so stärker, je höher das Molekulargewicht der Säure ist (vgl. Tabelle 232).

Tabelle 231. $\eta_{sp}/c$-Werte der Na-Salze der hemikolloiden Polyacrylsäuren in 2 n-Natronlauge bei verschiedenen Konzentrationen und Temperaturen.

| Durchschnitts-polymerisationsgrad | Konzentration in Gd-mol. | $\eta_{sp}/c$ 20° | $\eta_{sp}/c$ 60° |
|---|---|---|---|
| 12—13 | 0,0539 | 1,6 | 1,6 |
|  | 0,0733 | 1,7 | 1,6 |
|  | 0,1 | 1,7 | 1,5 |
| 12—13 | 0,0439 | 1,9 | 2,0 |
|  | 0,0613 | 1,9 | 1,9 |
|  | 0,0798 | 1,9 | 1,9 |
|  | 0,0894 | 2,0 | 1,9 |
| 15 | 0,076 | 2,0 | 2,0 |
|  | 0,0838 | 2,0 | 2,0 |
| 17 | 0,0634 | 2,5 | 2,6 |
|  | 0,0524 | 2,5 | 2,4 |
| 18 | 0,077 | 2,9 | 2,8 |
| 26 | 0,0443 | 3,4 | 3,4 |
|  | 0,05 | 3,2 | 3,4 |
| 26 | 0,0425 | 3,3 | 3,3 |
|  | 0,0511 | 3,4 | 3,4 |
| 38—42 | 0,0271 | 4,4 | 5,0 |
|  | 0,0417 | 4,8 | 5,0 |
|  | 0,0478 | 4,6 | 5,0 |

Dies zeigt nochmals, daß die hohen Viscositäten der Natriumsalze in neutraler Lösung teilweise durch Kräfte bedingt sind, die von der Länge der Ketten abhängig sind. Es sind dies interionische Kräfte, die zur Schwarmbildung führen. Vergleicht man die Viscositäten der Säuren in 0,1-gd-mol. Lösung aus Tabelle 226

Tabelle 232. $\eta_{sp}/c$-Werte von polyacrylsauren Natriumsalzen in neutraler Lösung und in 2 n-Natronlauge.

| Durchschnitts-polymeri-sationsgrad | Na-Salz 0,1 gd-mol. | | | Na-Salz 0,1 gd-mol. | | |
|---|---|---|---|---|---|---|
|  | neutral b | in 2 n-NaOH 20° a | a/b | neutral d | in 2 n-NaOH 60° c | c/d |
| 12—13 | 9,9 | 1,66 | 0,17 | 9,2 | 1,54 | 0,17 |
|  | 10,24 | 1,92 | 0,19 | 9,35 | 1,94 | 0,21 |
| 15 | 13,2 | 2,03 | 0,15 | 12,2 | 2,03 | 0,17 |
| 17 | 18,2 | 2,50 | 0,14 | 16,3 | 2,57 | 0,16 |
| 17 | 18,4 | 2,50 | 0,14 | 16,7 | 2,53 | 0,15 |
| 18 | 23,8 | 2,86 | 0,12 | 22,2 | 2,77 | 0,12 |
| 26 | 30,3 | 3,30 | 0,11 | 27,9 | 3,37 | 0,12 |
| 38—42 | 63,0 | 4,60 | 0,07 | 57,8 | 5,02 | 0,09 |

mit denen der Salze in 2 n-Natronlauge in gleicher Konzentration (Tabelle 232), so sind diese annähernd gleich. Daraus kann man nicht folgern, daß auch in den Lösungen der Säuren normale Moleküle vorliegen, denn diese Übereinstimmung ist eine zufällige, da die $\eta_{sp}/c$-Werte der Säuren nicht konstant sind, sondern in weiten Grenzen variieren (Tabelle 224). Dagegen sind die $\eta_{sp}/c$-Werte

der Salze in 2n-NaOH in verdünnter Lösung konstant (Tabelle 231); daraus kann man hier auf das Vorliegen von Molekülen schließen.

### 4. Beziehungen zwischen Viscosität und Molekulargewicht bei Hemikolloiden.

Da die $\eta_{sp}/c$-Werte der Polyacrylsäure in 2n-Natronlauge unabhängig von Konzentration und Temperatur in verdünnten Lösungen konstant sind, so kann man versuchen, hier Beziehungen zwischen Molekulargewicht und den $\eta_{sp}/c$-Werten aufzufinden. Berechnet man, wie in Tabelle 233 angegeben, den $K_m$-Wert der verschiedenen hemikolloiden Produkte, so erhält man als Durchschnittswert der Messungen $K_m = 2 \cdot 10^{-3}$. Bei der Berechnung der Viscositätsmessungen wurde davon abgesehen, die Endgruppen in den Ketten besonders zu berücksichtigen, obwohl diese bei kürzeren Ketten

Tabelle 233. Berechnung der $K_m$-Konstanten für Polyacrylsäure in 2n-Natronlauge.

| Durchschnitts-Polymerisations-grad | Durchschnitts-Mol.-Gew. | $\eta_{sp}/c$ in 2n-NaOH | $K_m = \dfrac{\eta_{sp}/c}{M}$ |
|---|---|---|---|
| 12,7 | 915 | 1,66 | $1,8 \cdot 10^{-3}$ |
| 12 | 865 | 1,92 | 2,2 „ |
| 17 | 1200 | 2,50 | 2,1 „ |
| 18 | 1300 | 2,86 | 2,2 „ |
| 26 | 1900 | 3,30 | 1,7 „ |
| 38—42 | 2700—3000 | 4,6 | 1,5—1,7 „ |

einen prozentual größeren Teil der Moleküle ausmachen als bei langen. Eine exakte Bestimmung erübrigt sich hier, da die Molekulargewichtsbestimmung durch die Lactontitration keine scharfen Werte liefert und deshalb diese Fehler nicht in Betracht kommen. Daß die Werte der $K_m$-Konstante sehr erheblich schwanken, ist zu verstehen, wenn man bedenkt, daß die vorliegenden Polyacrylsäuren unfraktionierte Gemische einer polymerhomologen Reihe sind[1].

Auffällig ist der hohe Wert der Konstante mit $2 \cdot 10^{-3}$. Dies entspricht einer $K_{äqu}$-Konstante von $10 \cdot 10^{-4}$*. Der Wert der $K_{äqu}$-Konstante für homöopolare Moleküle ist um eine Zehnerpotenz kleiner, nämlich zu $0,85 \cdot 10^{-4}$** gefunden worden. Würde man mit Hilfe dieser Konstanten das Molekulargewicht der Polyacrylsäure berechnen, so ergäbe sich ein 10 mal größeres Molekulargewicht, als es durch die Lactontitration gefunden wurde. Diese hohe $K_m$-Konstante bedeutet also, daß diese Stoffe mit relativ kurzen Fadenmolekülen schon sehr hochviscose Lösungen liefern, auch wenn die Schwarmbildung verhindert ist, wie es in diesen Lösungen bei Gegenwart von überschüssiger Natronlauge der Fall ist.

Würde man die $\eta_{sp}/c$-Werte, die für polyacrylsaures Natrium in neutraler Lösung gefunden wurden, der Berechnung des Molekulargewichtes zugrunde legen und für die Berechnung die für die homöopolaren Moleküle gefundene Beziehung $M = \eta_{sp}(\text{äqu})/0,85 \cdot 10^{-4}$** benutzen, so würden sich ungeheure Werte für das Molekulargewicht der Polyacrylsäure berechnen. Für einen $\eta_{sp}/c$-Wert von 60, wie er beispielsweise für das Natriumsalz vom Polymerisationsgrad 40 (Molekulargewicht 2900) gefunden wurde, ergäbe sich ein Molekulargewicht von 350000 entsprechend einem Polymerisationsgrad von 5000. Hieraus geht hervor, daß man nicht ohne weiteres aus einer hohen Viscosität der Lösung auf ein hohes

---

[1] Die Fraktionierung der Gemische, die zur Erzielung einwandfreier Ergebnisse durchgeführt werden müßte, stößt bei diesen Produkten auf Schwierigkeiten.

* Das Grundmolekül der Polyacrylsäure enthält 2 Ketten-C-Atome.

** Staudinger, H.: Ber. Dtsch. Chem. Ges. 65, 267 (1932). Vgl. S. 68.

Molekulargewicht schließen darf; man muß vielmehr bei der Beurteilung des Molekulargewichtes auf Grund von Viscositätsmessungen außerordentlich vorsichtig vorgehen und den Bau der Teilchen erst durch chemische Untersuchungen aufklären.

### III. Viscositätsmessungen an niedermolekularen Polycarbonsäuren.

Die Viscositäten des polyacrylsauren Natriums in 2n-Natronlauge, also unter Bedingungen, unter denen die Moleküle isoliert sind, ergaben eine im Vergleich zu den homöopolaren Molekülkolloiden abnorm hohe $K_m$-Konstante. Da die Bestimmung des Polymerisationsgrades der Polyacrylsäuren durch Titration evtl. ungenaue Werte ergibt, war es wichtig, diese Konstante, die die Ermittlung des Molekulargewichts der Eukolloide ermöglichen sollte, noch auf andere Weise nachzuprüfen. Deshalb wurden Viscositätsmessungen an einfachen Polycarbonsäuren vorgenommen, um zu erfahren, ob man bei diesen Stoffen bekannter Konstitution die gleichen abnormen Viscositätserscheinungen beobachtet. Wichtig ist, daß man bei diesen Untersuchungen die Viscositäten der Polycarbonsäureester bekannter Konstitution mit der von Säuren, Natriumsalzen und Natriumsalzen in überschüssiger Natronlauge vergleichen kann. Die Viscositäten der Ester lassen sich nach der Formel[1] $\eta_{sp}(1,4\%) = x + ny^*$ berechnen. Dieser berechnete Wert stimmt, wie Tabelle 234 zeigt, mit dem bei der Messung der Ester in Butylacetat gefundenen der Größenordnung nach überein. Unstimmigkeiten dürften darauf zurückzuführen sein, daß die Moleküle dieser Ester keine ausgesprochene Fadenform besitzen[2].

Tabelle 234. Ester von Polycarbonsäuren in Butylacetat.

| | $\eta_{sp}$ (1,4%) berechnet | $\eta_{sp}$ (1,4%) gefunden 20° | $\eta_{sp}$ (1,4%) gefunden 60° |
|---|---|---|---|
| Bernsteinsäure-dimethylester . . . . . . . . | 0,0128 | 0,0153 | 0,0109 |
| Glutarsäure-diäthylester . . . . . . . . . . | 0,0176 | 0,0146 | 0,0116 |
| Adipinsäure-diäthylester . . . . . . . . . | 0,0192 | 0,019 | 0,014 |
| Pentan-1,3,5-tricarbonsäure-triäthylester . . . | 0,0208 | 0,0235 | 0,020 |
| Pentan-1,3,5-hexacarbonsäure-hexaäthylester . | 0,0208 | 0,0272 | 0,0215 |

Ganz andere Resultate ergaben die Viscositätsmessungen an Polycarbonsäuren und ihren Salzen. Die Viscosität der Säuren wurde unter der Annahme, daß einfache Moleküle vorliegen, nach derselben Formel wie bei den Estern $\eta_{sp}(1,4\%) = 1,6 \cdot 10^{-3} \cdot n$ ($n$ = Zahl der Atome in der Kette) berechnet[3]. Tatsächlich ist die Viscosität der Säuren erheblich größer als der berechnete Wert

---

[1] STAUDINGER, H., u. EIJI OCHIAI: Ztschr. f. physik. Ch. (A) **158**, 43 (1931). Vgl. Formel (11) S. 61.

* $n$ = Zahl der Kettenkohlenstoffatome,

$y$ = Viscositätsbetrag eines C-Atoms resp. einer $CH_2$-Gruppe in 1,4proz. Lösung $= 1,6 \cdot 10^{-3}$,

$x$ = Viscositätsbetrag der O-Atome in 1,4proz. Lösung, für Butylacetat als Lösungsmittel nicht bekannt. Es wurde deshalb für jedes O-Atom in der Kette der Betrag für eine $CH_2$-Gruppe eingesetzt, so daß die Gleichung lautet: $\eta_{sp}$ (1,4%) $= 1,6 \cdot 10^{-3} \cdot n$ ($n$ = Zahl der Atome in der Kette).

[2] Diese Abweichungen von den berechneten Werten sind von besonderem Interesse, da man aus ihnen evtl. auf die Gestalt der Moleküle schließen kann.

[3] $1,6 \cdot 10^{-3} = y$; ein besonderer Wert für die O-Atome wurde auch hier nicht angesetzt; es wurden vielmehr die O-Atome als Kettenatome gezählt.

sollte, weil koordinative Bindungen zwischen den Molekülen eingetreten sind[1]. Die Viscositätserhöhung bei der Polyacrylsäure stellt eine ganz andersartige Erscheinung dar. Sie ist hervorgerufen durch die Festlegung der Fadenmoleküle bzw. die Behinderung ihrer freien Beweglichkeit infolge der interionischen Kräfte. Eine eigentliche Molekülvergrößerung, wie sie z. B. durch die Bildung koordinativer aus normalen Molekülen zustande kommt, findet durch interionische Kräfte nicht statt. Dies zeigen auch die Versuche von BOEHM und SIGNER über Strömungsdoppelbrechung der Polyacrylsäure und die ihres Salzes[2].

Zusammenfassend läßt sich über die Art der Teilchen in Lösungen von Polyacrylsäure und ihrer Salze folgendes sagen: Bei der Säure können Einzelmoleküle in Lösung vorhanden sein, wenn die koordinativen Gruppen durch Wassermoleküle gebunden sind; es können weiter koordinative Moleküle aus mehreren Säuremolekülen vorliegen; endlich liegen Fadenionen vor, die solvatisiert sind und durch interionische Kräfte teilweise gegeneinander festgelegt sind. Beim polyacrylsauren Natrium sind in der Lösung hauptsächlich solche solvatisierten Fadenionen vorhanden, die durch interionische Kräfte aufeinander wirken. Durch Hydrolyse entstehen Säuregruppen, die wieder zu koordinativen Bindungen Anlaß geben können.

So sind die Viscositätserscheinungen bei Polyacrylsäure und ihren Salzen außerordentlich kompliziert. Einfache und übersichtliche Verhältnisse sind dagegen vorhanden, wenn man polyacrylsaure Salze im Überschuß von Lauge oder nach Zusatz von Salzen wie z. B. Kochsalz untersucht. Die Hydrolyse wird hier zurückgedrängt, die Festlegung der Fadenionen unter sich durch interionische Kräfte wird verhindert, da jedes Ion von einer großen Menge niedermolekularer Kationen und Anionen umgeben ist. Unter diesen Bedingungen können die Fadenionen keine Wirkungen aufeinander ausüben.

Es verhalten sich dann die Fadenionen des heteropolaren Molekülkolloids wie die Fadenmoleküle eines homöopolaren. Es ergeben sich bei der hemikolloiden Polyacrylsäure einfache Beziehungen zwischen Viscosität und Molekulargewicht, auf Grund deren man die Kettenlänge der eukolloiden Vertreter ermitteln kann.

Unter Hemikolloiden werden dabei hier, wie bei anderen hochmolekularen Stoffen, die Produkte verstanden, die so niedermolekular sind, daß man ihr Molekulargewicht durch kryoskopische Methoden oder durch Endgruppenbestimmung noch festlegen kann. Die hemikolloiden Polyacrylsäuren haben ein Molekulargewicht von rund 600—4000 (Polymerisationsgrad ca. 8—50). Sie geben relativ niederviscose Lösungen, die keine anormalen Viscositätserscheinungen zeigen.

Als eukolloide Produkte werden auch in dieser Reihe die Verbindungen bezeichnet, deren Lösungen dem HAGEN-POISEUILLEschen Gesetz nicht gehorchen[3]. Das Molekulargewicht der eukolloiden Polyacrylsäuren liegt zwischen 4000 und 15000 (Polymerisationsgrad 50—200). Diese Produkte sind also relativ niedermolekular im Vergleich zu den Polystyrolen, die einen Polymerisationsgrad von über 1500 besitzen müssen, damit „eukolloide Eigenschaften" auftreten. Der Grund hierfür ist folgender: die eukolloiden Eigenschaften werden beim poly-

---

[1] STAUDINGER, H., u. EIJI OCHIAI: Ztschr. f. physik. Ch. (A) **158**, 45 (1931). Vgl. S. 61.
[2] BOEHM, G., u. R. SIGNER: Helv. chim. Acta **14**, 1395 (1931).   [3] Vgl. S. 92.

acrylsauren Natrium durch die Schwarmbildung der Fadenionen hervorgerufen; in verdünnten Lösungen des homöopolaren Polystyrols hängen sie lediglich von der Länge der Moleküle ab.

### 4. Osmotischer Druck von polyacrylsauren Salzen.

Die polyacrylsauren Salze dialysieren nicht, auch nicht die niedermolekularen Kationen, weil sie durch die starken elektrischen Kräfte der hochmolekularen Anionen, die nicht dialysieren können, festgehalten werden. Deshalb besitzen diese Lösungen einen osmotischen Druck, wie er sonst nur bei Krystalloiden zu beobachten ist. *In den Lösungen von polyacrylsaurem Natrium wirken zwei Komponenten zusammen: die zahlreichen Natriumionen rufen den starken osmotischen Effekt hervor, die hochmolekularen Polyanionen verleihen der Lösung die charakteristischen Merkmale eines Kolloids. Wenn man die Lösung eines heteropolaren Molekülkolloids mit einem hochmolekularen Polyanion und zahlreichen niedermolekularen Kationen* (und umgekehrt) *durch eine permeable Membran abschließt, so verhält sie sich wie die Lösung eines niedermolekularen Stoffes in einer semipermeablen Membran.* Es entsteht innerhalb der Membran ein osmotischer Druck, da die niedermolekularen Ionen durch das hochmolekulare Ion innerhalb derselben festgehalten werden. Es muß also bei polyacrylsauren Salzen verschiedenen Molekulargewichtes der osmotische Druck annähernd der gleiche sein[1], da die Beträge für den osmotischen Druck der hochmolekularen Anionen zu vernachlässigen sind[2].

Die Lösungen von polyacrylsauren Salzen in einer permeablen Membran verhalten sich also wie solche von niedermolekularen Stoffen in einer semipermeablen. Bei Lösungen von hochmolekularen heteropolaren polyionischen Molekülkolloiden hat man also in einer Zelle gegenüber Wasser einen hohen osmotischen Druck, ohne daß die Zellwand semipermeabel ist. Lösungen von homöopolaren hochmolekularen Stoffen in Zellen mit permeablen Membranen haben hingegen entsprechend der geringen Zahl der homöopolaren großen Teilchen nur einen geringen osmotischen Druck.

### II. Hemikolloide Polyacrylsäuren.

Die erste Aufgabe ist nach dem oben Gesagten die Herstellung der Hemikolloide, ihre Molekulargewichtsbestimmung und die Untersuchung der Viscositätserscheinungen.

Die Herstellung gelingt durch Polymerisation von Acrylsäure in Lösung unter Zusatz von Katalysatoren. Die Molekulargewichtsbestimmung, welche auf kryoskopischem Wege nicht durchführbar ist, gelingt durch Bestimmung der Molekülendgruppen. Die Viscositätsuntersuchungen zeigen, daß in stark alkalischer Lösung sich die Moleküle in vergleichbaren Zuständen befinden. Hieraus ergeben sich Zusammenhänge zwischen Viscosität und Molekulargewicht.

---

[1] Genaue Messungen müssen noch ausgeführt werden.

[2] Da die Säurestärke der hoch- und niedermolekularen Polyacrylsäuren etwas verschieden ist, so zeigen sich voraussichtlich geringe Unterschiede im osmotischen Druck, da die Salze verschieden hydrolysiert sind.

## 1. Darstellung der Hemikolloide.

Durch Polymerisation von reiner Acrylsäure werden je nach den Bedingungen sehr hochmolekulare Produkte erhalten. Auch in wässeriger Lösung entstehen bei der Polymerisation, die durch Spuren von Peroxyden eingeleitet sein muß, sehr hochmolekulare Polyacrylsäuren. Durch Zusatz großer Mengen von Peroxyden und in verdünnter wässeriger Lösung gelingt es jedoch, hemikolloide Produkte zu erhalten. Tabelle 221 zeigt, daß die Viscositäten der so erhaltenen polymeren Säuren stark mit der bei der Polymerisation angewendeten Acrylsäurekonzentration und mit der Menge des angewendeten Katalysators variieren. Je höher die auf eine bestimmte Menge Acrylsäure angewendete Menge Wasserstoffsuperoxyd ist, desto niedriger ist die Viscosität des Polymerisationsproduktes. Einmal wirkt Wasserstoffsuperoxyd als Katalysator beim Polymerisationsprozeß. Dann unterbricht es aber die Kettenreaktion, indem es — je nach seiner Konzentration — die Endvalenzen kürzerer oder längerer Ketten besetzt und dadurch die Molekülfäden am Weiterwachsen hindert.

Tabelle 221. Polymerisation von Acrylsäure in wässeriger Lösung in Gegenwart von Katalysatoren.

| Konzentration der Acrylsäure | Katalysator | $\eta_{sp}$ in 1 gd-mol. Lösung |
|---|---|---|
| 1 mol. | 1 Tropfen peroxydhaltiger Äther auf 0,5 g Säure | 1,82 |
| 1 mol. | 0,11 Mol. $H_2O_2$ auf 1 Mol. Säure | $\begin{cases}1,25\\1,35\end{cases}$ |
| 1 mol. | 0,1 Mol. $H_2O_2$ auf 1 Mol. Säure | $\begin{cases}1,72\\1,50\end{cases}$ |
| 1 mol. | 0,05 Mol. $H_2O_2$ auf 1 Mol. Säure | 1,90[1] |
| 1 mol. | 0,05 Mol. $H_2O_2$ auf 1 Mol. Säure | 2,71 |
| 1 mol. | 0,03 Mol. $H_2O_2$ auf 1 Mol. Säure | 3,23 |
| 1 mol. | 0,02 Mol. $H_2O_2$ auf 1 Mol. Säure | $\begin{cases}4,38\\4,45\end{cases}$ |
| 2 mol. | 0,1 Mol. $H_2O_2$ auf 1 Mol. Säure | 3,13 |
| 2 mol. | 0,02 Mol. $H_2O_2$ auf 1 Mol. Säure | 7,96 |

Die Lösungen wurden im Einschlußrohr unter Stickstoff 11 Tage auf 100° erhitzt.

In einer früheren Arbeit wurde gezeigt, daß die Polymerisation von Acrylsäure eine Kettenreaktion darstellt[2]. Die Rolle des Wasserstoffsuperoxyds wird durch folgendes Formelbild wiedergegeben.

$$HO-OH + \underset{CH=CH_2}{\overset{COOH}{|}} + x\,\underset{CH=CH_2}{\overset{COOH}{|}} + \underset{CH=CH_2}{\overset{COOH}{|}} + HO-OH + \underset{CH=CH_2}{\overset{COOH}{|}} + y\,\underset{CH=CH_2}{\overset{COOH}{|}} + \underset{CH=CH_2}{\overset{COOH}{|}} + HO-OH$$

$$\rightarrow HO-\underset{CH-CH_2}{\overset{COOH}{|}}-\left(\underset{CH-CH_2}{\overset{COOH}{|}}\right)_x-\underset{CH-CH_2}{\overset{COOH}{|}}-OH + HO-\underset{CH-CH_2}{\overset{COOH}{|}}-\left(\underset{CH-CH_2}{\overset{COOH}{|}}\right)_y-\underset{CH-CH_2}{\overset{COOH}{|}}-OH$$

## 2. Titration und Molekulargewicht der Hemikolloide.

Die Polyacrylsäure ist also eine Di-oxy-polycarbonsäure. Nimmt man an, daß die Polymerisation symmetrisch verläuft, so ergibt sich, daß an dem einen

---

[1] Die verwendete Acrylsäure enthielt Peroxyde.
[2] STAUDINGER, H., u. H. W. KOHLSCHÜTTER: Ber. Dtsch. Chem. Ges. **64**, 2093 (1931).

22*

Ende der Polyacrylsäurekette die $\alpha$-$\gamma$-Oxy-, am anderen Ende die $\beta$-$\delta$-Oxysäure-gruppierung vorliegt. Im wasserfreien Zustand sind die Hydroxylgruppen laktonisiert.

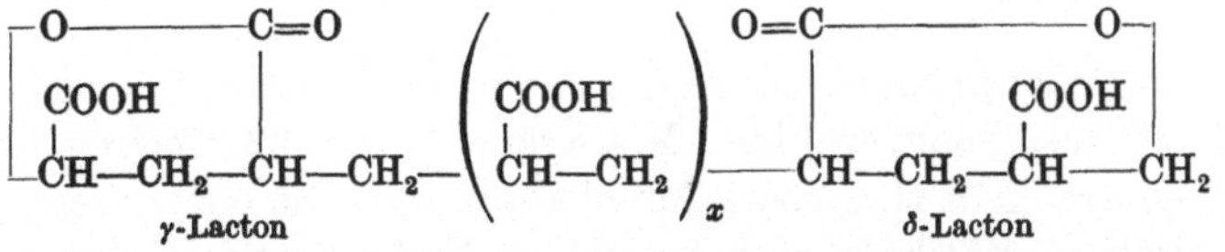

$$\left[\begin{array}{c} \text{O}\!-\!\!-\!\!-\!\!-\text{C}\!=\!\text{O} \\ | \qquad\qquad | \\ \text{COOH} \\ | \\ \text{CH}\!-\!\text{CH}_2\!-\!\text{CH}\!-\!\text{CH}_2\!- \end{array}\right] \left(\begin{array}{c} \text{COOH} \\ | \\ \text{CH}\!-\!\text{CH}_2 \end{array}\right)_x \left[\begin{array}{c} \text{O}\!=\!\text{C}\!-\!\!-\!\!-\!\!-\text{O}\!- \\ | \qquad\qquad | \\ \qquad \text{COOH} \\ \qquad | \\ -\text{CH}\!-\!\text{CH}_2\!-\!\text{CH}\!-\!\!-\text{CH}_2 \end{array}\right]$$

$\gamma$-Lacton                     $\delta$-Lacton

Analytisch läßt sich die lactonisierte hochmolekulare Oxysäure nicht von Polyacrylsäure unterscheiden, da die Bruttozusammensetzung der Polyacrylsäure $C_3H_4O_2$ von der einer lactonisierten polymeren Säure $(C_3H_4O_2)_x + H_2O_2 - 2\,H_2O = (C_3H_4O_2)_x - 2\,H$ nur durch das Fehlen zweier Wasserstoffatome in dem großen Molekül verschieden ist.

$\gamma$- und $\delta$-Lactone weisen nun eine völlig verschiedene Beständigkeit auf. Während der $\gamma$-Lactonring beständig ist und selbst in alkalischer Lösung nur teilweise zur $\gamma$-Oxysäure gespalten werden kann, gehen $\delta$-Lactone schon in neütraler Lösung leicht in die $\delta$-Oxysäure über. Die Beständigkeit des $\gamma$-Lactonrings im Vergleich zum $\delta$-Lactonring hat HAWORTH[1] benutzt, um durch Messung der Hydrolysegeschwindigkeit von Lactonen der verschiedenen Monocarbonsäuren aus Monosen und Biosen eine Unterscheidung von $\gamma$- und $\delta$-Lactonen zu begründen. Sämtliche von ihm untersuchten $\gamma$-Lactone werden wesentlich langsamer hydrolysiert als die entsprechenden $\delta$-Lactone. Ebenso konnte STOBBE[2] am Beispiel der $\gamma$-Äthyl-Methylaconsäure zeigen, daß $\gamma$-Oxysäuren auch in alkalischer Lösung nur teilweise als solche zu titrieren sind, weil der Ringschluß zum $\gamma$-Lacton schon beim Neutralisieren der alkalischen Lösung eintritt.

Bei der direkten Titration der Polyacrylsäure mit Natronlauge und Phenolphthalein als Indicator findet man keinen scharfen Umschlagspunkt des Indicators. Die vielen schwachen Carboxylgruppen der Säure bewirken eine Hydrolyse des Natriumsalzes. Nur in Gegenwart von Natriumchlorid oder Alkohol — der Zusatz darf bei der Titration erst in der Nähe des Neutralpunktes erfolgen, weil sonst die Säure koaguliert — läßt sich die Titration scharf durchführen.

Bei dieser Titration läßt sich nun das $\delta$-Lacton wie eine Säure titrieren, der $\gamma$-Lactonring wird nicht aufgespalten. Erst wenn man in alkalischer Lösung erhitzt und dann in der Kälte mit Salzsäure schnell zurücktitriert, gelingt es, einen Teil des $\gamma$-Lactons zu titrieren. Doch schon beim Neutralisieren der alkalischen Lösung wird das $\gamma$-Lacton, entsprechend den oben angeführten Beobachtungen von STOBBE, teilweise wieder zurückgebildet. Man erfaßt also bei der Titration der Polyacrylsäure mit Natronlauge in Gegenwart von Natriumchlorid alle Carboxylgruppen des Moleküls bis auf eine Endgruppe, welche als $\gamma$-Lacton gebunden ist[3]. Bei den hochmolekularen Polyacrylsäuren macht das Fehlen dieser einen Carboxylgruppe in dem großen Molekül bei der Titration einen so geringen Prozentsatz der insgesamt vorhandenen Säuregruppen aus, daß dieser Fehlbetrag in der Größe der Versuchsfehler liegt, also nicht bemerkt werden kann. Während bei einem Polymerisationsgrad von 2 dieser Fehlbetrag 50% ausmachen

<hr>

[1] HAWORTH, W. N., u. Mitarbeiter: Journ. Chem. Soc. London **1927**, 1237; **1928**, 611; Helv. chim. Acta **11**, 534 (1928).

[2] STOBBE, H.: Liebigs Ann. **321**, 122 (1902).

[3] Vorausgesetzt ist, daß die Polymerisation in der geschilderten Weise symmetrisch verläuft.

würde, beträgt er bei einem Polymerisationsgrad von 100 nur noch 1%. Da die Titration der Polyacrylsäure nicht sehr scharfe Werte liefert, so läßt sich durch Titration ein Polymerisationsgrad nur bis etwa 50 bestimmen.

In der folgenden Tabelle sind die Ergebnisse der Titrationen zusammengestellt, welche an den niedermolekularen Polyacrylsäuren, deren Herstellung in Tabelle 221 angegeben ist, ausgeführt wurden. Man erkennt, wie mit wachsender Viscosität der Lösungen der nicht titrierbare Anteil abnimmt. Die höherviscosen Lösungen enthalten größere Moleküle, der Anteil der Endgruppen — des $\gamma$-Lactons — an diesen großen Molekülen ist geringer. Aus diesen Titrationsergebnissen, die den $\gamma$-Lactongehalt der Säuren erkennen lassen, kann man, wie es in Tabelle 222

Tabelle 222. Titration der Hemikolloide.

| $\eta_{sp}$ der Säure in 1 gd-mol. Lösung | Von der Einwage titrierbar % | Nicht titrierbarer Teil % | Durchschnittspolymerisationsgrad | Durchschnittsmolekular-Gewicht |
|---|---|---|---|---|
| 1,72 | 92,15 | 7,85 | 12—13 | ca. 900 |
| 1,50 | 91,7 | 8,3 | | |
| 2,71 | 94,1 | 5,9 | 17 | 1200 |
| 3,13 | 94,5 | 5,5 | 18 | 1300 |
| 4,45 | 96,2 | 3,8 | 26 | 1900 |
| 7,96 | 97,4—97,6 | 2,4—2,6 | 38—42 | 2900 |
| 10,3 | 98 | 2 | 50 | 3600 |

angegeben ist, den durchschnittlichen Polymerisationsgrad der Polyacrylsäure berechnen. Es war bisher nicht möglich, die so ermittelten Werte für die Molekulargewichte auf anderem Wege zu kontrollieren. Die osmotischen Methoden versagen bei der Polyacrylsäure, denn die Zahl der osmotisch wirksamen Teilchen wechselt mit dem Dissoziationsgrad. Dabei ist die Zahl der hochmolekularen Anionen im Verhältnis zu der der niedermolekularen Kationen gering. Weiter ist die Zusammensetzung der Teilchen in einer Lösung von Polyacrylsäure noch unbekannt. Man weiß nicht, wieweit normale Moleküle, wieweit koordinative Moleküle vorhanden sind. Es ist also nicht sichergestellt, ob die geschilderte Titrationsmethode richtige Werte für das Molekulargewicht der hemikolloiden Polyacrylsäuren liefert. Jedenfalls stellen die so ermittelten Werte eine untere Grenze dar. Denn es ist möglich, daß ein Teil der nicht titrierbaren Carboxylgruppen nicht als Endgruppen gebunden ist. In diesem Falle wären die wirklichen Molekulargewichte höher. Für die weiteren Berechnungen werden die durch Titration gefundenen Molekulargewichte zugrunde gelegt.

### 3. Viscositätsuntersuchungen an Hemikolloiden.

Es gilt nun zu ermitteln, in welchem Zusammenhang das Molekulargewicht der Hemikolloide und die spez. Viscosität ihrer Lösungen stehen. Dabei ergibt sich die große Schwierigkeit, daß die Viscosität der Polyacrylsäuren, vor allem der eukolloiden, ungeheuer stark vom $p_H$, der Fließgeschwindigkeit und der Anwesenheit anderer Elektrolyte abhängig ist. So erschien es zu Beginn der Untersuchungen aussichtslos, die Bedingungen zu finden, unter denen sich die spez. Viscositäten der verschiedenen Vertreter, ähnlich wie es bei den homöopolaren Molekülkolloiden möglich ist, vergleichen lassen. Eingehende Untersuchungen vor allem an den Eukolloiden, welche unten geschildert werden, führten dann zu dem Ergebnis, daß in Lösungen von Polyacrylsäure bei einem Überschuß von

Natronlauge in bezug auf die Viscosität ganz ähnliche Verhältnisse vorliegen, wie sie in verdünnten Lösungen homöopolarer Molekülkolloide vorhanden sind.

Aus der polymerhomologen Reihe der hemikolloiden Polyacrylsäuren wurden zwei Produkte auf ihr allgemeines Viscositätsverhalten hin genauer geprüft. Die durchschnittlichen Polymerisationsgrade dieser Säuren wurden durch die Lactontitration zu 8 und zu 50 ermittelt. Sie werden im folgenden mit „Säure P 8" und „Säure P 50", ihre Natriumsalze mit „Na-Salz P 8" und „Na-Salz P 50" bezeichnet. Es wurde festgestellt, ob die Lösungen dem HAGEN-POISEUILLEschen Gesetz gehorchen, unter welchen Bedingungen und in welchen Konzentrationen $\eta_{sp}/c$ konstant ist. Es wurde gefunden, daß dieses in verdünnten Lösungen bei großem Alkaliüberschuß der Fall ist, und dort ergeben sich die gesuchten Zusammenhänge zwischen Viscosität und Molekulargewicht.

### a) Gültigkeit des HAGEN-POISEUILLEschen Gesetzes.

Die Lösungen der Säure P 8 und ihres Natriumsalzes gehorchen dem HAGEN-POISEUILLEschen Gesetz vollkommen. Bei Säure P 50 und ihrem Natriumsalz

Tabelle 223.
A bhängigkeit der Viscosität der Hemikolloide vom Geschwindigkeitsgefälle
Messungen im UBBELOHDEschen und OSTWALDschen Viscosimeter.

*Säure P 8. 0,5 gd-mol.*[1]

| 20° | Gf.[2] | 502 | 10200 | 16800 |
| | $\eta_{sp}$ | 0,615 | 0,61 | 0,62 |
| 60° | Gf. | 1030 | 20800 | |
| | $\eta_{sp}$ | 0,64 | 0,64 | |

*Na-Salz P 8. 0,09 gd-mol.*[1]

| 20° | Gf. | 430 | 4460 | 13400 |
| | $\eta_{sp}$ | 0,89 | 0,88 | 0,88 |
| 60° | Gf. | 963 | 10950 | |
| | $\eta_{sp}$ | 0,77 | 0,76 | |

*Säure P 50. 0,004 gd-mol.*

| 20° | Gf. | 538 | 1040 | 1600 | 3530 | 7080 |
| | $\eta_{sp}$ | 0,137 | 0,138 | 0,140 | 0,137 | 0,137 |

*Säure P 50. 1,64 gd-mol.*

| 20° | Gf. | 38 | 102 | 210 | 434 |
| | $\eta_{sp}$ | 41,5 | 40,9 | 40,7 | 40,6 |

*Na-Salz P 50. 0,18 gd-mol.*

| 20° | Gf. | 96 | 359 | 818 | 1400 | 1905 | 2540 |
| | $\eta_{sp}$ | 10,4 | 10,4 | 10,3 | 10,3 | 10,2 | 10,0 |

*Na-Salz P 50. 0,53 gd-mol.*

| 20° | Gf. | 41,2 | 110 | 274 | 562 | 1145 |
| | $\eta_{sp}$ | 32,3 | 31,9 | 31,8 | 31,8 | 31,8 |

---

[1] Gd-mol. bei Säuren auf das Mol.-Gew. der Acrylsäure = 72 bezogen. Also 0,1 gd-mol. = 0,72%. Gd-mol. beim polyacrylsauren Natrium auf das Mol.-Gew. des acrylsauren Natrium = 94 bezogen. Also 0,1 gd-mol. = 0,94%.

[2] Gf. = Mittleres Geschwindigkeitsgefälle, berechnet nach KRÖPELIN[3] nach der Gleichung

$$\text{Gf.} = \frac{8v}{3\pi R^3 t} \cdot$$

[3] KRÖPELIN, H.: Ber. Dtsch. Chem. Ges. **62**, 3056 (1929).

finden sich schon ganz geringe Abweichungen von diesem Gesetz bei kleinen Fließgeschwindigkeiten (vgl. Tabelle 223).

### b) Die Abhängigkeit der Viscosität der Säuren von der Konzentration.

Die Abhängigkeit der spez. Viscosität der Säuren P 8 und P 50 von der Konzentration ist in Abb. 86 wiedergegeben. Zum Vergleich ist die Konzentrationsviscositätskurve eines hemikolloiden Polystyrols [1] eingezeichnet; während die Kurve der Säure P 8 noch keine sehr wesentlichen Unterschiede gegen den Kurvenverlauf beim Polystyrol aufweist, gibt die Säure P 50 ein abweichendes Bild. Im stark verdünnten Gebiet fällt hier ein starker Anstieg der Kurve auf, es folgt dann ein Umbiegen zu einem etwas flacheren Verlauf und im konzentrierten Gebiet wieder ein steiler Anstieg. Die $\eta_{sp}/c$-Werte haben entsprechend mit steigender Konzentration zunächst fallende Tendenz, um nach Durchlaufen eines Minimums wieder anzusteigen (s. Abb. 87). Im ganz verdünnten Gebiet haben sie auffällig hohe Werte. Die Zusammenstellung der Messungen befindet sich in Tabelle 224.

Dies Verhalten der Säuren läßt folgendes erkennen: Im stark verdünnten Gebiet sind

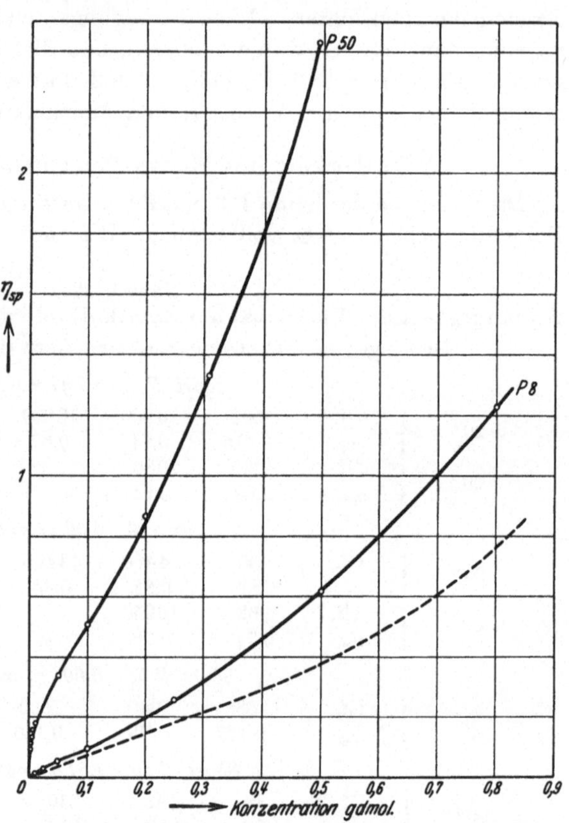


Abb. 86. Viscositätskonzentrationskurven der hemikolloiden Säuren. (— — — Kurve für Polystyrol vom Durchschnittsmolekulargewicht 2350 nach W. Heuer.)

die Säuren weitgehend dissoziiert. Hier beobachtet man die höchsten $\eta_{sp}/c$-Werte, da einmal die interionischen Kräfte zur Festlegung der Fadenionen durch Schwarmbildung führen; andererseits kann auch deren Solvatation beträchtlich sein. Bei geringer Konzentrationszunahme nimmt die Dissoziation erheblich ab; damit werden die interionischen Kräfte und die Solvatation geringer, $\eta_{sp}/c$ nimmt ab. Je mehr undissoziierte Säure sich aber bildet, desto mehr nähert sich der Charakter der Säure dem eines homöopolaren Molekülkolloids wie z. B. dem des Polystyrols. Allerdings können auch hier koordi-

---

[1] Nach Messungen von W. Heuer, vgl. Tabelle 65, S. 172.

native Bindungen der Moleküle unter sich eintreten, wie dies bei der Essigsäure der Fall ist. Mit steigender Konzentration wird die Tendenz zur Bildung
solcher koordinativer Moleküle zunehmen. Der Anstieg der $\eta_{sp}/c$-Werte in
hohen Konzentrationen kann mit solchen Erscheinungen zusammenhängen,
ist aber auch darauf zurückzuführen, daß die Sollösung in eine Gellösung

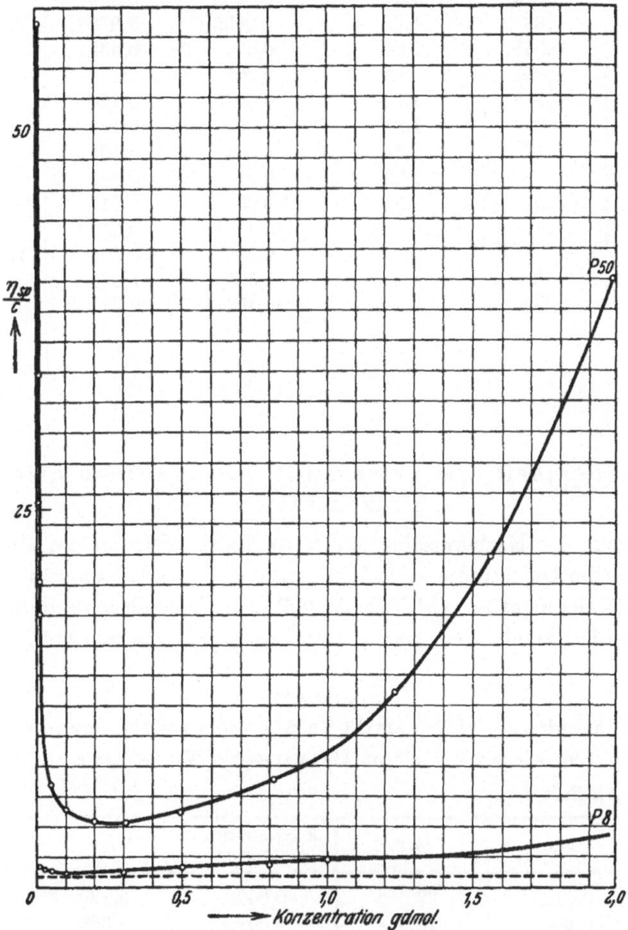


Abb. 87.   $\eta_{sp}/c$-Konzentrationskurven für die hemikolloiden Säuren. (— — — Kurve für Polystyrol vom
Durchschnittsmolekulargewicht 2350 [1].)

übergeht. Wie die Bildung koordinativer Moleküle die Viscosität beeinflußt, ist
vorläufig nicht zu entscheiden, da man den Bau dieser koordinativen Teilchen
nicht kennt.

Der Verlauf der Viscositätskurven ist bei der Säure P 8 ähnlich wie beim
Polystyrol, bei der Säure P 50 ergibt sich ein ganz verschiedenes Bild. Diese
ungewöhnlichen Viscositätserscheinungen stehen also mit der Länge der Moleküle
in Zusammenhang, und zwar wirkt die Schwarmbildung mit zunehmender Länge
der Fadenionen stark viscositätserhöhend.

______________
[1] Vgl. Abb. 24, S. 171.

Tabelle 224. Spezifische Viscositäten der hemikolloiden Polyacrylsäuren.
Messungen im OSTWALDschen Viscosimeter bei 20°.

*Säure P 8.*　　　　　　　　　　　　　　*Säure P 50.*

| Konzentration in Gd-mol. | $\eta_{sp}$ | $\eta_{sp}/c$ | Konzentration in Gd-mol. | $\eta_{sp}$ | $\eta_{sp}/c$ |
|---|---|---|---|---|---|
| 0,01 | 0,013 | 1,3 | 0,0002 | 0,036 | 180 |
| 0,025 | 0,03 | 1,2 | 0,0005 | 0,073 | 146 |
| 0,05 | 0,051 | 1,02 | 0,001 | 0,092 | 92 |
| 0,1 | 0,096 | 0,96 | 0,002 | 0,114 | 57 |
| 0,25 | 0,265 | 1,06 | 0,004 | 0,136 | 34 |
| 0,5 | 0,618 | 1,24 | 0,006 | 0,153 | 25,5 |
| 0,8 | 1,23 | 1,54 | 0,008 | 0,162 | 20,3 |
| 1,0 | 1,75 | 1,75 | 0,01 | 0,180 | 18,0 |
| 2,0 | 7,01 | 3,5 | 0,05 | 0,34 | 6,8 |
| | | | 0,1 | 0,51 | 5,1 |
| | | | 0,2 | 0,865 | 4,32 |
| | | | 0,308 | 1,33 | 4,32 |
| | | | 0,494 | 2,43 | 4,92 |
| | | | 0,823 | 5,79 | 7,03 |
| | | | 1,23 | 15,9 | 12,9 |
| | | | 1,56 | 34,0 | 21,8 |
| | | | 1,973 | 78,9 | 40,0 |

## c) Die Abhängigkeit der Viscosität der Natriumsalze von der Konzentration.

Die Viscosität der Natriumsalze übertrifft die der Säuren um ein Vielfaches. Besonders auffällig ist, daß die $\eta_{sp}/c$-Werte in verdünnter Lösung viel größer sind als in höherer Konzentration (vgl. Tabelle 225). Dies Verhalten ist dem der homöopolaren Molekülkolloide wiederum gerade entgegengesetzt (Abb. 88 und 89).

Tabelle 225.
Spezifische Viscositäten der hemikolloiden polyacrylsauren Natriumsalze.
Messungen bei 20° im OSTWALDschen Viscosimeter.

*Na-Salz P 8.*　　　　　　　　　　　　*Na-Salz P 50.*

| Konzentration in Gd-mol.[1] | $\eta_{sp}$ | $\eta_{sp}/c$ | Konzentration in Gd-mol.[1] | $\eta_{sp}$ | $\eta_{sp}/c$ |
|---|---|---|---|---|---|
| 0,005 | 0,118 | 23,6 | 0,0005 | 0,189 | 378 |
| 0,01 | 0,20 | 20,0 | 0,001 | 0,338 | 338 |
| 0,05 | 0,596 | 11,9 | 0,002 | 0,65 | 325 |
| 0,1 | 0,968 | 9,68 | 0,004 | 1,05 | 263 |
| 0,2 | 1,58 | 7,9 | 0,007 | 1,555 | 222 |
| | | | 0,01 | 1,856 | 186 |
| | | | 0,03 | 3,65 | 122 |
| | | | 0,06 | 5,37 | 89,7 |
| | | | 0,1 | 7,46 | 74,6 |
| | | | 0,2 | 12,12 | 60,6 |
| | | | 0,3 | 16,75 | 55,9 |
| | | | 0,4 | 22,3 | 55,8 |
| | | | 0,5 | 27,35 | 54,8 |
| | | | 0,6125 | 34,1 | 55,7 |

[1] 0,1 gd-mol. Lösung des Salzes = 0,94%.

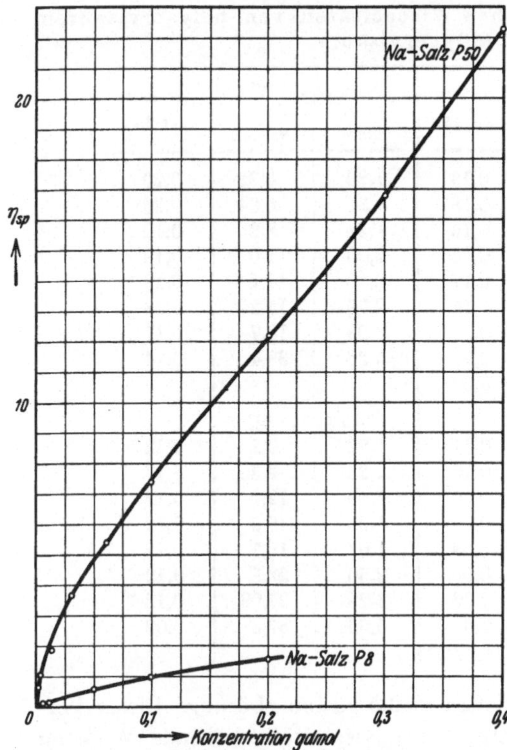


Abb. 88.   Viscositätskonzentrationskurven der hemikolloiden Na-Salze.

Während beim Polystyrol die $\eta_{sp}/c$-Werte in verdünnten Lösungen konstant sind und erst in höheren Konzentrationen wachsen, beobachtet man beim polyacrylsauren Natrium gerade in verdünntem Gebiet ein sehr starkes Abfallen der $\eta_{sp}/c$-Werte und im konzentrierten Gebiet, wie aus den Kurven in Abb. 89 hervorgeht, ein Konstantwerden[1]. Dieser Kurvenverlauf ist, wie schon hier bemerkt werden soll, bei den Eukolloiden noch ausgeprägter. Im ganz verdünnten Gebiet, wo auch die Säuren dissoziiert sind, zeigen Natriumsalze und Säuren einen analogen Kurvenverlauf.

### d) Vergleich der spez. Viscositäten von Natriumsalzen und Säuren.

Aufschlußreich ist ein Vergleich der spez. Viscositäten von Natriumsalzen und Säuren von verschiedenem Polymerisationsgrad. In Tabelle 226 sind die $\eta_{sp}/c$-Werte der Salze und Polyacrylsäuren in verschiedenen Konzentrationen bei 20 und 60° nebeneinandergestellt. Es ist weiter das Verhältnis der $\eta_{sp}/c$-Werte von Säure und Salz berechnet. Die spez. Viscositäten der Natriumsalze sind außerordentlich viel höher als die der Säuren. Diese Erscheinung ist einmal auf die erhöhte Solvatation der Ionen des Natriumsalzes gegenüber der Säure zurückzuführen. Zum andern ist die hohe Viscosität der Salze durch interionische Kräfte, die zwischen den Fadenionen des Natriumsalzes wirksam sind, bedingt. Der Unterschied zwischen der Viscosität von Säure und Salz ist bei den höhermolekularen Säuren erheblich größer als bei den niedrigen Gliedern der Reihe. Während die Viscosität der Säure P 50 nur 9% der Viscosität ihres Natriumsalzes beträgt, ist die Viscosität der

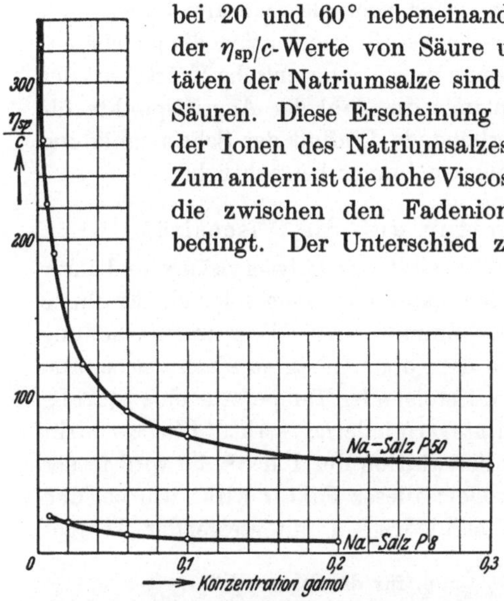

Abb. 89.   $\eta_{sp}/c$-Konzentrationskurven der hemikolloiden Na-Salze.

---



[1] Von einer Erklärung soll hier vorläufig abgesehen werden. Es möge hier eine Beschreibung der Phänomene genügen, welche die Kompliziertheit der Viscositätserscheinungen bei den verschiedenen Stoffen zeigt.

Tabelle 226. Vergleich der spezifischen Viscositäten von polyacrylsaurem Natrium und Polyacrylsäure.

| Durchschnitts-polymeri-sationsgrad | 0,5 gd-mol.[1] 20° $\eta_{sp}/c$-Werte | | $\dfrac{\eta_{sp}/c\text{-Säure}}{\eta_{sp}/c\text{-Salz}}$ | 0,5 gd-mol.[1] 60° $\eta_{sp}/c$-Werte | | $\dfrac{\eta_{sp}/c\text{-Säure}}{\eta_{sp}/c\text{-Salz}}$ |
|---|---|---|---|---|---|---|
| | Säure | Na-Salz | | Säure | Na-Salz | |
| 12—13 { | 1,19 | 6,73 | 0,18 | 1,29 | 6,32 | 0,20 |
|         | 1,28 | 6,94 | 0,18 | 1,34 | 6,84 | 0,20 |
| 15 | 1,42 | 8,78 | 0,16 | 1,54 | 8,25 | 0,19 |
| 17 | 1,87 | 11,7 | 0,16 | 2,06 | 11,0 | 0,19 |
| 17 | 1,96 | 11,8 | 0,17 | 2,16 | 11,1 | 0,19 |
| 18 | 2,39 | 16,0 | 0,15 | 2,78 | 15,2 | 0,18 |
| 26 | 2,81 | 19,9 | 0,14 | 3,22 | 18,7 | 0,17 |
| 38—42 | 4,37 | 41,4 | 0,11 | 5,26 | 38,4 | 0,14 |
| 50 | 4,92 | 54,8 | 0,09 | | | |
| | 0,1 gd-mol.[2] 20° | | | 0,1 gd-mol.[2] 60° | | |
| 12—13 { | 1,12 | 9,9 | 0,11 | 1,22 | 9,2 | 0,13 |
|         | 1,07 | 10,24 | 0,10 | 1,23 | 9,35 | 0,13 |
| 15 | 1,28 | 13,2 | 0,10 | 1,49 | 12,2 | 0,12 |
| 17 | 1,65 | 18,2 | 0,09 | 1,93 | 16,3 | 0,12 |
| 17 | 1,69 | 18,4 | 0,09 | 1,97 | 16,7 | 0,12 |
| 18 | 2,22 | 23,8 | 0,09 | 2,56 | 22,2 | 0,12 |
| 26 | 2,83 | 30,3 | 0,09 | 3,28 | 27,99 | 0,12 |
| 38—42 | 4,17 | 63,0 | 0,07 | 5,05 | 57,8 | 0,09 |
| 50 | 5,1 | 74,6 | 0,07 | | | |

Säure P 12 18% der Viscosität ihres Salzes in 0,5 gd-mol. Lösung. Dieser Vergleich zeigt, daß bei den Natriumsalzen eine viscositätserhöhende Wirkung vorhanden ist, welche mit zunehmender Kettenlänge wächst. Dieser viscositätserhöhende Effekt kann nicht auf einer Solvatation der Ionen beruhen; dann müßte der Unterschied zwischen der Viscosität des Natriumsalzes und der Säure bei Molekülen verschiedener Kettenlänge gleich sein, da man annehmen muß, daß die Solvatation pro Grundmolekül in gleicher Konzentration die gleiche ist. Dagegen wird die Festlegung der Fadenionen durch interionische Kräfte mit der Kettenlänge stärker, da mit der Kettenlänge die Zahl der Angriffspunkte für die Festlegung wächst. Der viscositätserhöhende Einfluß der Schwarmbildung wird mit zunehmender Länge der Fadenionen immer beträchtlicher.

### e) Der Einfluß der Temperatur auf die Viscosität.

Der Einfluß der Temperatur auf die Viscosität der Polyacrylsäure und ihrer Salze ist außerordentlich kompliziert. Man kann vor allem folgende Einflüsse der Temperaturerhöhung unterscheiden. Einmal wirkt Temperaturerhöhung dissoziationssteigernd. Das bedeutet nach dem oben Gesagten einen viscositätserhöhenden Faktor. Zweitens aber tritt mit steigender Temperatur eine Störung der Schwarmbildung ein, welche viscositätsvermindernd wirkt. Ebenso wirkt viscositätsvermindernd die Abnahme der Solvatation der Ionen[3]. Es wird ferner der Abstand zwischen den Molekülen größer; dieser Faktor wirkt wie bei den homöopolaren Molekülkolloiden viscositätserniedrigend mit steigender Tempe-

---

[1] 0,5 gd-mol. für die Säuren = 3,6%.  0,5 gd-mol. für die Salze = 4,7%.

[2] 0,1 gd-mol. für die Säuren = 0,72%.  0,1 gd-mol. für die Salze = 0,94%.

[3] Dadurch, daß die polymeren Moleküle des Wassers bei Temperaturerhöhung zerfallen.

**Tabelle 227. Abhängigkeit der spezifischen Viscosität der Säuren von der Temperatur.**

| Konzentration in Gd-mol. | $\eta_{sp}$ bei 20° | $\eta_{sp}$ bei 60° | T.-A.[1] |
|---|---|---|---|
| *Säure P 8.* | | | |
| 0,1 | 0,096 | 0,10 | 1,04 |
| 0,25 | 0,265 | 0,278 | 1,05 |
| 0,5 | 0,618 | 0,639 | 1,03 |
| 0,8 | 1,23 | 1,21 | 0,99 |
| 1,0 | 1,75 | 1,69 | 0,97 |
| *Säure P 50.* | | | |
| 0,02 | 0,29 | 0,315 | 1,09 |
| 0,9 | 7,7 | 8,1 | 1,05 |

**Tabelle 228. Abhängigkeit der spezifischen Viscosität der Natriumsalze von der Temperatur.**

| Konzentration in Gd-mol. | $\eta_{sp}$ bei 20° | $\eta_{sp}$ bei 60° | T.-A.[1] |
|---|---|---|---|
| *Na-Salz P 8.* | | | |
| 0,01 | 0,20 | 0,173 | 0,87 |
| 0,05 | 0,596 | 0,522 | 0,88 |
| 0,1 | 0,968 | 0,875 | 0,90 |
| 0,2 | 1,58 | 1,46 | 0,93 |
| *Na-Salz P 50.* | | | |
| 0,01 | 1,83 | 1,52 | 0,83 |
| 0,175 | 11,08 | 10,15 | 0,92 |

ratur. Schließlich wirkt Temperaturerhöhung auch auflösend auf die koordinativen Bindungen der Säure in höheren Konzentrationen. Wie dies die Viscosität beeinflußt, kann nicht beurteilt werden, da man den Bau der koordinativen Moleküle nicht kennt.

Die Säuren zeigen bei 60° höhere spezifische Viscosität als bei 20°. Hier überwiegt also ein viscositätssteigernder Einfluß der Temperaturerhöhung, wahrscheinlich vor allem die Dissoziationssteigerung. Die spez. Viscosität der stark dissoziierten hemikolloiden Natriumsalze nimmt dagegen mit steigender Temperatur ab. Es überwiegen hier also viscositätsvermindernde Einflüsse im Gegensatz zu den Verhältnissen bei den später beschriebenen eukolloiden Natriumsalzen, deren Viscosität mit steigender Temperatur zunimmt. Vgl. Tabelle 227 und 228.

### f) Der Einfluß von Elektrolyten auf die Viscosität.

Bei Zusatz von geringen Mengen Natronlauge zur Säure tritt eine erhebliche Viscositätssteigerung ein. Bei dem Natriumgehalt, bei dem alle direkt titrierbaren, also alle freien Carboxylgruppen, mit Natrium besetzt sind[2], liegt das Maximum der Viscosität (Tabelle 229 und Abb. 90). Ein weiterer Zusatz von Natronlauge setzt die Viscosität wieder herab, den gleichen Einfluß hat Natriumchlorid auf die Viscosität des Salzes. Im Sinne der oben entwickelten Vorstellungen ist dieser Einfluß darauf zurückzuführen, daß die Festlegung der Anionen durch interionische Kräfte gelöst wird. Die Säureanionen umgeben sich mit den Ionen des Elektrolyten. Dadurch werden die Einzelmoleküle des Salzes in der Lösung als solche isoliert und von Elektrolytmolekülen umhüllt, eine Wechselwirkung zwischen den Fadenionen kann nicht mehr stattfinden. So wird die Schwarmbildung bei genügendem Elektrolytzusatz aufgehoben. Den gleichen

---

[1] T.-A. = Temperaturabhängigkeit ist der Quotient $\eta_{sp}$ bei 60° : $\eta_{sp}$ bei 20°. Temperaturabhängigkeiten, deren Wert größer als 1 ist, bedeuten also steigende Viscosität mit steigender Temperatur, was im folgenden auch mit „positiver Temperaturabhängigkeit" bezeichnet wird. T.-A.-Werte kleiner als 1 bedeuten geringere spezifische Viscosität mit steigender Temperatur, auch als „negative Temperaturabhängigkeit" bezeichnet.

[2] Sind alle titrierbaren Carboxylgruppen neutralisiert, so bezeichnen wir die Konzentration des Natriums in der Lösung als 100%.

viscositätsherabsetzenden Einfluß auf die Natriumsalze wie Natronlauge hat auch Natriumchlorid. Angaben hierüber finden sich bei den Eukolloiden.

Setzt man dagegen zu Polyacrylsäure geringe Mengen Natriumchlorid oder Salzsäure zu, so wird auch hier die Viscosität stark vermindert. In etwas höheren

Tabelle 229. Viscosität der Säure P 8
mit steigenden Mengen NaOH.
Säurekonzentration 0,05 gd-mol. Temp. 20°.

| Na in Proz.[1] | $\eta_{sp}$ | Na in Proz.[1] | $\eta_{sp}$ |
|---|---|---|---|
| 0 | 0,05 | 100 | 0,633 |
| 50 | 0,509 | 102,5 | 0,596 |
| 90 | 0,618 | 105 | 0,588 |
| 95 | 0,624 | 110 | 0,532 |
| 97,5 | 0,627 | 150 | 0,395 |

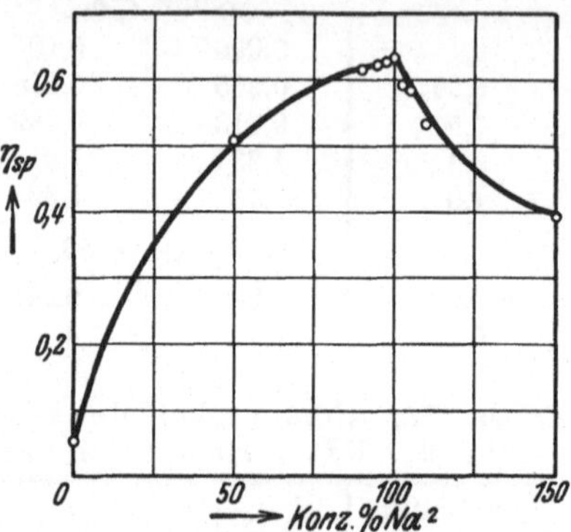


Abb. 90. Säure P 8 mit steigenden Mengen NaOH.

Konzentrationen, etwa in 0,5 molarer Kochsalzlösung, wird die Lösung trübe, es bildet sich eine Suspension. Nach einiger Zeit tritt Ausflockung ein. Größere Mengen Kochsalz wirken sofort koagulierend. Analoge Erscheinungen sind beim Eiweiß bekannt. Diese Phänomene sind wahrscheinlich damit zu erklären, daß Elektrolytzusatz die Ausbildung koordinativer Bindungen der Moleküle der freien Säure unter sich begünstigt. Es bilden sich dreidimensionale koordinative Moleküle, deren Größe so erheblich ist, daß sie nicht mehr gelöst werden können; infolgedessen tritt Ausflockung ein. Temperaturerhöhung wirkt sprengend auf die koordinativen Bindungen, die Suspension wird bei höherer Temperatur wieder aufgelöst. Dies macht sich durch eine stark positive Temperatur-

Tabelle 230. Viscosität der Säure P 8 0,25 gd-mol.
in NaCl-Lösungen.

| NaCl Konz. mol. | $\eta_{sp}$ bei 20° | $\eta_{sp}$ bei 60° | T.-A.[3] |
|---|---|---|---|
| 0,0 | 0,265 | 0,278 | 1,05 |
| 1,0 | 0,172 | 0,211 | 1,23 |
| 2,0 | 0,068 | 0,088 | 1,29 |

abhängigkeit der Viscosität bemerkbar (vgl. Tabelle 230). Bei den Natriumsalzen der Polyacrylsäuren kann ein analoger Effekt nicht auftreten, weil hier koordinative Bindungen zwischen den Ionen nicht möglich sind. Deshalb sind sie im Gegensatz zu den Säuren durch Elektrolytzusatz nicht koagulierbar.

### g) Polyacrylsaures Natrium im Überschuß von Natronlauge.

Alle diese merkwürdigen, vom Verhalten homöopolarer Molekülkolloide abweichenden Eigenschaften der Polyacrylsäure und ihrer Salze verschwinden, wenn sich die Moleküle des polyacrylsauren Natrium im großen Überschuß von Natronlauge befinden. Hier verhalten sich die Fadenionen ähnlich wie Fadenmoleküle homöopolarer Molekülkolloide in Lösung. Die $\eta_{sp}/c$-Werte sind in niedrigen Konzentrationen konstant und steigen erst in höheren Konzentrationen. Die Abhängigkeit der Viscosität von der Temperatur geht zurück. Dies zeigen vor allem die Messungen bei Eukolloiden, bei denen das abnorme Verhalten der

[1, 2] Siehe Fußnote 2 auf S. 348.       [3] Siehe Fußnote 1 auf S. 348.

Säuren und Salze noch viel ausgeprägter ist als bei den Hemikolloiden, während sie sich in 2n-Natronlauge normal verhalten. Diese Ergebnisse der Messungen an Eukolloiden wurden auch bei den Hemikolloiden bestätigt gefunden, wie Tabelle 231 zeigt.

In 2n-Natronlauge liegen also die Bedingungen vor, unter denen die $\eta_{sp}/c$-Werte verschiedener Produkte vergleichbar sind.

Die Lösungen von Natriumsalzen der Polyacrylsäuren in Natronlauge sind viel weniger viscos als neutrale Lösungen von polyacrylsauren Salzen, da die Schwarmbildung in alkalischer Lösung im Gegensatz zur neutralen verhindert wird. Dieser Rückgang der Viscosität ist wiederum um so stärker, je höher das Molekulargewicht der Säure ist (vgl. Tabelle 232).

Tabelle 231. $\eta_{sp}/c$-Werte der Na-Salze der hemikolloiden Polyacrylsäuren in 2n-Natronlauge bei verschiedenen Konzentrationen und Temperaturen.

| Durchschnitts-polymerisationsgrad | Konzentration in Gd-mol. | $\eta_{sp}/c$ 20° | $\eta_{sp}/c$ 60° |
|---|---|---|---|
| 12—13 | 0,0539 | 1,6 | 1,6 |
|  | 0,0733 | 1,7 | 1,6 |
|  | 0,1 | 1,7 | 1,5 |
| 12—13 | 0,0439 | 1,9 | 2,0 |
|  | 0,0613 | 1,9 | 1,9 |
|  | 0,0798 | 1,9 | 1,9 |
|  | 0,0894 | 2,0 | 1,9 |
| 15 | 0,076 | 2,0 | 2,0 |
|  | 0,0838 | 2,0 | 2,0 |
| 17 | 0,0634 | 2,5 | 2,6 |
|  | 0,0524 | 2,5 | 2,4 |
| 18 | 0,077 | 2,9 | 2,8 |
| 26 | 0,0443 | 3,4 | 3,4 |
|  | 0,05 | 3,2 | 3,4 |
| 26 | 0,0425 | 3,3 | 3,3 |
|  | 0,0511 | 3,4 | 3,4 |
| 38—42 | 0,0271 | 4,4 | 5,0 |
|  | 0,0417 | 4,8 | 5,0 |
|  | 0,0478 | 4,6 | 5,0 |

Dies zeigt nochmals, daß die hohen Viscositäten der Natriumsalze in neutraler Lösung teilweise durch Kräfte bedingt sind, die von der Länge der Ketten abhängig sind. Es sind dies interionische Kräfte, die zur Schwarmbildung führen. Vergleicht man die Viscositäten der Säuren in 0,1-gd-mol. Lösung aus Tabelle 226

Tabelle 232. $\eta_{sp}/c$-Werte von polyacrylsauren Natriumsalzen in neutraler Lösung und in 2n-Natronlauge.

| Durchschnitts-polymerisationsgrad | Na-Salz 0,1 gd-mol. | | | Na-Salz 0,1 gd-mol. | | |
|---|---|---|---|---|---|---|
|  | neutral b | in 2n-NaOH 20° a | a/b | neutral d | in 2n-NaOH 60° c | c/d |
| 12—13 | 9,9 | 1,66 | 0,17 | 9,2 | 1,54 | 0,17 |
|  | 10,24 | 1,92 | 0,19 | 9,35 | 1,94 | 0,21 |
| 15 | 13,2 | 2,03 | 0,15 | 12,2 | 2,03 | 0,17 |
| 17 | 18,2 | 2,50 | 0,14 | 16,3 | 2,57 | 0,16 |
| 17 | 18,4 | 2,50 | 0,14 | 16,7 | 2,53 | 0,15 |
| 18 | 23,8 | 2,86 | 0,12 | 22,2 | 2,77 | 0,12 |
| 26 | 30,3 | 3,30 | 0,11 | 27,9 | 3,37 | 0,12 |
| 38—42 | 63,0 | 4,60 | 0,07 | 57,8 | 5,02 | 0,09 |

mit denen der Salze in 2n-Natronlauge in gleicher Konzentration (Tabelle 232), so sind diese annähernd gleich. Daraus kann man nicht folgern, daß auch in den Lösungen der Säuren normale Moleküle vorliegen, denn diese Übereinstimmung ist eine zufällige, da die $\eta_{sp}/c$-Werte der Säuren nicht konstant sind, sondern in weiten Grenzen variieren (Tabelle 224). Dagegen sind die $\eta_{sp}/c$-Werte

der Salze in 2n-NaOH in verdünnter Lösung konstant (Tabelle 231); daraus kann man hier auf das Vorliegen von Molekülen schließen.

### 4. Beziehungen zwischen Viscosität und Molekulargewicht bei Hemikolloiden.

Da die $\eta_{sp}/c$-Werte der Polyacrylsäure in 2n-Natronlauge unabhängig von Konzentration und Temperatur in verdünnten Lösungen konstant sind, so kann man versuchen, hier Beziehungen zwischen Molekulargewicht und den $\eta_{sp}/c$-Werten aufzufinden. Berechnet man, wie in Tabelle 233 angegeben, den $K_m$-Wert

der verschiedenen hemikolloiden Produkte, so erhält man als Durchschnittswert der Messungen $K_m = 2 \cdot 10^{-3}$. Bei der Berechnung der Viscositätsmessungen wurde davon abgesehen, die Endgruppen in den Ketten besonders zu berücksichtigen, obwohl diese bei kürzeren Ketten

Tabelle 233. Berechnung der $K_m$-Konstanten für Polyacrylsäure in 2n-Natronlauge.

| Durchschnitts-Polymerisations-grad | Durchschnitts-Mol.-Gew. | $\eta_{sp}/c$ in 2n-NaOH | $K_m = \dfrac{\eta_{sp}/c}{M}$ |
|---|---|---|---|
| 12,7 | 915 | 1,66 | $1,8 \cdot 10^{-3}$ |
| 12 | 865 | 1,92 | 2,2  „ |
| 17 | 1200 | 2,50 | 2,1  „ |
| 18 | 1300 | 2,86 | 2,2  „ |
| 26 | 1900 | 3,30 | 1,7  „ |
| 38—42 | 2700—3000 | 4,6 | 1,5—1,7 „ |

einen prozentual größeren Teil der Moleküle ausmachen als bei langen. Eine exakte Bestimmung erübrigt sich hier, da die Molekulargewichtsbestimmung durch die Lactontitration keine scharfen Werte liefert und deshalb diese Fehler nicht in Betracht kommen. Daß die Werte der $K_m$-Konstante sehr erheblich schwanken, ist zu verstehen, wenn man bedenkt, daß die vorliegenden Polyacrylsäuren unfraktionierte Gemische einer polymerhomologen Reihe sind[1].

Auffällig ist der hohe Wert der Konstante mit $2 \cdot 10^{-3}$. Dies entspricht einer $K_{\text{äqu}}$-Konstante von $10 \cdot 10^{-4}$[*]. Der Wert der $K_{\text{äqu}}$-Konstante für homöopolare Moleküle ist um eine Zehnerpotenz kleiner, nämlich zu $0,85 \cdot 10^{-4}$[**] gefunden worden. Würde man mit Hilfe dieser Konstanten das Molekulargewicht der Polyacrylsäure berechnen, so ergäbe sich ein 10mal größeres Molekulargewicht, als es durch die Lactontitration gefunden wurde. Diese hohe $K_m$-Konstante bedeutet also, daß diese Stoffe mit relativ kurzen Fadenmolekülen schon sehr hochviscose Lösungen liefern, auch wenn die Schwarmbildung verhindert ist, wie es in diesen Lösungen bei Gegenwart von überschüssiger Natronlauge der Fall ist.

Würde man die $\eta_{sp}/c$-Werte, die für polyacrylsaures Natrium in neutraler Lösung gefunden wurden, der Berechnung des Molekulargewichtes zugrunde legen und für die Berechnung die für die homöopolaren Moleküle gefundene Beziehung $M = \eta_{sp}(\text{äqu})/0{,}85 \cdot 10^{-4}$[**] benutzen, so würden sich ungeheure Werte für das Molekulargewicht der Polyacrylsäure berechnen. Für einen $\eta_{sp}/c$-Wert von 60, wie er beispielsweise für das Natriumsalz vom Polymerisationsgrad 40 (Molekulargewicht 2900) gefunden wurde, ergäbe sich ein Molekulargewicht von 350000 entsprechend einem Polymerisationsgrad von 5000. Hieraus geht hervor, daß man nicht ohne weiteres aus einer hohen Viscosität der Lösung auf ein hohes

---

[1] Die Fraktionierung der Gemische, die zur Erzielung einwandfreier Ergebnisse durchgeführt werden müßte, stößt bei diesen Produkten auf Schwierigkeiten.

[*] Das Grundmolekül der Polyacrylsäure enthält 2 Ketten-C-Atome.

[**] STAUDINGER, H.: Ber. Dtsch. Chem. Ges. **65**, 267 (1932). Vgl. S. 68.

Molekulargewicht schließen darf; man muß vielmehr bei der Beurteilung des Molekulargewichtes auf Grund von Viscositätsmessungen außerordentlich vorsichtig vorgehen und den Bau der Teilchen erst durch chemische Untersuchungen aufklären.

### III. Viscositätsmessungen an niedermolekularen Polycarbonsäuren.

Die Viscositäten des polyacrylsauren Natriums in 2n-Natronlauge, also unter Bedingungen, unter denen die Moleküle isoliert sind, ergaben eine im Vergleich zu den homöopolaren Molekülkolloiden abnorm hohe $K_m$-Konstante. Da die Bestimmung des Polymerisationsgrades der Polyacrylsäuren durch Titration evtl. ungenaue Werte ergibt, war es wichtig, diese Konstante, die die Ermittlung des Molekulargewichts der Eukolloide ermöglichen sollte, noch auf andere Weise nachzuprüfen. Deshalb wurden Viscositätsmessungen an einfachen Polycarbonsäuren vorgenommen, um zu erfahren, ob man bei diesen Stoffen bekannter Konstitution die gleichen abnormen Viscositätserscheinungen beobachtet. Wichtig ist, daß man bei diesen Untersuchungen die Viscositäten der Polycarbonsäureester bekannter Konstitution mit der von Säuren, Natriumsalzen und Natriumsalzen in überschüssiger Natronlauge vergleichen kann. Die Viscositäten der Ester lassen sich nach der Formel[1] $\eta_{sp}(1,4\%) = x + ny*$ berechnen. Dieser berechnete Wert stimmt, wie Tabelle 234 zeigt, mit dem bei der Messung der Ester in Butylacetat gefundenen der Größenordnung nach überein. Unstimmigkeiten dürften darauf zurückzuführen sein, daß die Moleküle dieser Ester keine ausgesprochene Fadenform besitzen[2].

Tabelle 234. Ester von Polycarbonsäuren in Butylacetat.

| | $\eta_{sp}$ (1,4%) berechnet | $\eta_{sp}$ (1,4%) gefunden 20° | 60° |
|---|---|---|---|
| Bernsteinsäure-dimethylester . . . . . . . . | 0,0128 | 0,0153 | 0,0109 |
| Glutarsäure-diäthylester . . . . . . . . . . | 0,0176 | 0,0146 | 0,0116 |
| Adipinsäure-diäthylester . . . . . . . . . . | 0,0192 | 0,019 | 0,014 |
| Pentan-1,3,5-tricarbonsäure-triäthylester . . . | 0,0208 | 0,0235 | 0,020 |
| Pentan-1,3,5-hexacarbonsäure-hexaäthylester . | 0,0208 | 0,0272 | 0,0215 |

Ganz andere Resultate ergaben die Viscositätsmessungen an Polycarbonsäuren und ihren Salzen. Die Viscosität der Säuren wurde unter der Annahme, daß einfache Moleküle vorliegen, nach derselben Formel wie bei den Estern $\eta_{sp}(1,4\%) = 1,6 \cdot 10^{-3} \cdot n$ ($n$ = Zahl der Atome in der Kette) berechnet[3]. Tatsächlich ist die Viscosität der Säuren erheblich größer als der berechnete Wert

---

[1] STAUDINGER, H., u. EIJI OCHIAI: Ztschr. f. physik. Ch. (A) **158**, 43 (1931). Vgl. Formel (11) S. 61.

* $n$ = Zahl der Kettenkohlenstoffatome,

$y$ = Viscositätsbetrag eines C-Atoms resp. einer $CH_2$-Gruppe in 1,4proz. Lösung = $1,6 \cdot 10^{-3}$,

$x$ = Viscositätsbetrag der O-Atome in 1,4proz. Lösung, für Butylacetat als Lösungsmittel nicht bekannt. Es wurde deshalb für jedes O-Atom in der Kette der Betrag für eine $CH_2$-Gruppe eingesetzt, so daß die Gleichung lautet: $\eta_{sp}(1,4\%) = 1,6 \cdot 10^{-3} \cdot n$ ($n$ = Zahl der Atome in der Kette).

[2] Diese Abweichungen von den berechneten Werten sind von besonderem Interesse, da man aus ihnen evtl. auf die Gestalt der Moleküle schließen kann.

[3] $1,6 \cdot 10^{-3} = y$; ein besonderer Wert für die O-Atome wurde auch hier nicht angesetzt; es wurden vielmehr die O-Atome als Kettenatome gezählt.

Tabelle 274. Kautschuklösungen verschiedener Konzentration im UBBELOHDE-schen Viscosimeter bei verschiedenem Geschwindigkeitsgefälle. $t = 20°$.

| | Grundmolarität | Gehalt % | $\eta_{sp}$ bei Gf. 200 | $\eta_{sp}$ bei Gf. 3000 | $\dfrac{\eta_{sp}\,(Gf.\ 3000)}{\eta_{sp}\,(Gf.\ 200)}$ |
|---|---|---|---|---|---|
| Fraktion A<br>Mol.-Gew. 40000 | 0,02 | 0,176 | 0,27 | 0,26 | 0,96 |
| | 0,05 | 0,34 | 0,59 | 0,56 | 0,95 |
| | 0,1 | 0,68 | 1,56 | 1,46 | 0,94 |
| | 0,2 | 1,76 | 3,64 | 3,30 | 0,90 |
| Fraktion B<br>Mol.-Gew. 60000 | 0,02 | 0,176 | 0,34 | 0,32 | 0,94 |
| | 0,05 | 0,34 | 1,09 | 0,96 | 0,88 |
| | 0,1 | 0,68 | 2,90 | 2,25 | 0,78 |
| | 0,2 | 1,76 | 8,26 | 6,40 | 0,77 |
| Fraktion C<br>Mol.-Gew. 80000 | 0,02 | 0,176 | 0,49 | 0,44 | 0,90 |
| | 0,05 | 0,34 | 1,48 | 1,11 | 0,75 |
| | 0,1 | 0,68 | 3,83 | 2,71 | 0,71 |
| | 0,2 | 1,76 | 11,40 | 7,96 | 0,70 |

## IV. Molekulargewicht des eukolloiden Kautschuks[1].

Um das Molekulargewicht des eukolloiden Kautschuks berechnen zu können, müssen die $\eta_{sp}/c$-Werte seiner Lösungen unterhalb der Grenzviscosität konstant sein und sich auch bei Temperaturerhöhung nicht ändern[2]. Diese Konstanz der $\eta_{sp}/c$-Werte beweist, daß die Kolloidteilchen Makromoleküle sind und keinen veränderlichen micellaren Bau haben. Bei der Empfindlichkeit der Kautschuklösungen gegen äußere Einflüsse ist es allerdings schwierig, eine völlige Konstanz der $\eta_{sp}/c$-Werte zu erreichen; darum sind die Molekulargewichte, die sich aus diesen $\eta_{sp}/c$-Werten mittels der $K_m$-Konstante errechnen lassen, nicht ganz genau; aber die Größe des Molekulargewichts läßt sich annähernd bestimmen, hauptsächlich lassen sich auf Grund von Viscositätsmessungen die verschiedenen Kautschuksorten nach der Größe ihrer Moleküle unterscheiden. Die größten Moleküle hat demnach der Rohkautschuk; beim Reinigen nach PUMMERER tritt schon ein Abbau des Kautschuks ein. Dieser gereinigte Kautschuk besteht aus einem Gemisch von Polymerhomologen. Der von PUMMERER[3] als „Solkautschuk" bezeichnete ätherlösliche Teil des Kautschuks ist nichts anderes als der stärker

Tabelle 275. Durchschnittsmolekulargewichte verschiedener Kautschuke.

| Substanz | Grund-molarität | $\eta_{sp}$ | $\eta_{sp}/c$ | Durch-schnitts-molekular-gewicht | Durch-schnitts-polymeri-sationsgrad |
|---|---|---|---|---|---|
| Hevea- (Crêpe-) Kautschuk (nicht gereinigt) | 0,0125 | 0,68 | 54,4 | 180000 | 2600 |
| Kautschuk, schwer lösliche Fraktion (Gel-Kautschuk) . . . . . . . . . . . . . | 0,02 | 0,85 | 42,5 | 140000 | 2000 |
| Kautschuk, leicht lösliche Fraktion (Sol-Kautschuk) . . . . . . . . . . | 0,01 | 0,157 | 15,7 | 50000 | 750 |
| Mastizierter Kautschuk . . . . . . . . | 0,025 | 0,19 | 7,6 | 25000 | 370 |
| Bei 60° mit Luft oxydierter Kautschuk . | 0,04 | 0,14 | 3,5 | 11700 | 170 |

---

[1] STAUDINGER, H., u. H. F. BONDY: Liebigs Ann. **488**, 127 (1931). — STAUDINGER, H.: Ber. Dtsch. Chem. Ges. **63**, 921 (1930).

[2] Vgl. die Untersuchungen an Balatalösungen, Dritter Teil, C.

[3] PUMMERER, R.: Ber. Dtsch. Chem. Ges. **61**, 1584 (1928).

abgebaute Teil des Kautschuks, während der in Äther unlösliche, dagegen in Benzol lösliche „Gelkautschuk" die höhermolekularen Fraktionen des reinen Kautschuks enthält. Mastizierter Kautschuk ist endlich ein besonders stark abgebauter Kautschuk[1]. Dabei werden die Kautschukmoleküle beim Mastizieren unter Lufteinwirkung oxydativ gespalten; auch ist es möglich, daß bei dieser Behandlung die langen Fadenmoleküle des eukolloiden Kautschuks mechanisch zerrissen werden. Tabelle 275 zeigt die Molekulargewichte der verschiedenen Kautschuksorten und fraktionierter Produkte.

## V. Chemische Umsetzungen des Kautschuks.

Die Umsetzungen des Kautschuks unter Absättigung der Doppelbindungen sind in der Regel mit einem starken Abbau verbunden; denn seine langen Fadenmoleküle sind außerordentlich unbeständig; die „Zerbrechlichkeit" der Kohlenstoffkette ist infolge der Doppelbindungen, vor allem aber infolge deren eigentümlicher Lagerung stark erhöht. In der Kohlenstoffkette des Kautschuks sind die Doppelbindungen in einer Diallylgruppierung vorhanden; es ist durch zahlreiche Untersuchungen bekannt, daß die Haftfestigkeit eines Substituenten an der Allylgruppe sehr gering ist[2]. So besitzt die Kautschukkette ganz besonders labile Kohlenstoffbindungen[3]. Die leichte Sprengung der Kohlenstoffkette kann mit der Spaltung des Dicyclopentadiens zu Cyclopentadien verglichen werden. Auch dort ist die Allylgruppierung an der besonderen Labilität der Kohlenstoffbindung schuld, ebenso wie auch an der Labilität anderer Ringsysteme, z. B. des Dipentens und seiner leichten Aufspaltung zu Isopren[4]. Durch Hydrierung werden die Kohlenstoffbindungen beständig. Geradeso, wie das hydrierte Dicyclopentadien stabil ist, so verliert auch die Kautschukkette durch die Hydrierung ihre besondere Unbeständigkeit[5]. Die Hydrokautschuke zeigen dasselbe Verhalten wie die Polystyrole.

$$(I) \qquad CH_2{=}CH{-}CH_2{-}R$$
$$\uparrow \ \text{labile Stelle}$$

$$(II) \qquad \cdots CH_2{-}\overset{\overset{\textstyle CH_3}{|}}{C}{=}CH{-}CH_2{-}CH_2{-}\overset{\overset{\textstyle CH_3}{|}}{C}{=}CH{-}CH_2 \cdots$$
$$\uparrow \ \text{labile Stelle}$$
$$\text{Kautschuk unbeständig}$$

$$(III) \qquad \cdots CH_2{-}\overset{\overset{\textstyle CH_3}{|}}{CH}{-}CH_2{-}CH_2{-}CH_2{-}\overset{\overset{\textstyle CH_3}{|}}{CH}{-}CH_2{-}CH_2 \cdots$$
$$\uparrow \ \text{Bindung beständig}$$
$$\text{Hydrokautschuk beständig}$$

Fast alle Reaktionen des Kautschuks finden deshalb so statt, daß zuerst eine Spaltung der Kette in kürzere Bruchstücke erfolgt, und daß dann die Doppel-

---

[1] Vgl. Fußnote 1 auf S. 379.

[2] CLAISEN, L.: Liebigs Ann. **401**, 21 (1913). — v. BRAUN, J.: Liebigs Ann. **436**, 299 (1924).

[3] Auf die Bedeutung dieser Allylgruppierung habe ich häufig aufmerksam gemacht: Vgl. H. STAUDINGER u. A. RHEINER: Helv. chim. Acta **7**, 23 (1924). — STAUDINGER, H.: Ber. Dtsch. Chem. Ges. **57**, 1205 (1924). — STAUDINGER, H., u. H. F. BONDY: Liebigs Ann. **468**, 5 (1929). — STAUDINGER, H.: Kolloid-Ztschr. **54**, 138 (1931).

[4] Vgl. H. STAUDINGER u. H. W. KLEVER, Ber. Dtsch. chem. Ges. **44**, 2214 (1911).

[5] Über die Konstitution des Dicyclopentadien vgl. K. ALDER u. G. STEIN: Liebigs Ann. **485**, 211 (1931).

bindungen abgesättigt werden. Diese Spaltungen zu Abbauprodukten machen sich durch beträchtliche Viscositätsverminderungen bemerkbar; es ist vielfach beschrieben worden, daß die Viscosität einer Kautschuklösung durch Zusätze wie Chloressigsäure, Salzsäure, Brom, Schwefelchlorür beträchtlich sinkt[1]. So sind fast sämtliche Derivate des Kautschuks nicht Umsetzungsprodukte des hochmolekularen Kautschuks, sondern solche von hemikolloiden Abbauprodukten des Kautschuks[2]. Die Kettenlänge dieser Kautschukderivate ist viel kürzer als die des Kautschuks selbst, und deshalb ist die Viscosität ihrer Lösungen geringer. Sowohl bei der Heiß- wie bei der Kaltvulkanisation tritt primär ein sehr starker Abbau ein[3], und dann erst erfolgt der Vulkanisationsprozeß. Es ist daher für die Herstellung von Vulkanisaten einerlei, ob ein mehr oder weniger stark abgebauter Kautschuk auf technische Produkte verarbeitet wird. Natürlich darf der Abbau des Kautschuks bestimmte Dimensionen dabei nicht unterschreiten.

Der Abbau des Kautschuks bei chemischen Umsetzungen kann sehr beträchtlich sein; z. B. tritt bei der Einwirkung von salpetriger Säure und Nitrobenzol eine so weitgehende Spaltung ein, daß Derivate mit kleinem Molekulargewicht resultieren. Dies hat früher PUMMERER und GÜNDEL[4] zu der Auffassung geführt, Isokautschuknitron sei ein Derivat eines achtfach polymeren Isoprens, und es sei hiermit das Molekulargewicht des Stammkohlenwasserstoffes des Kautschuks ermittelt, ein Resultat, das, wie gesagt, anders zu deuten ist[5].

Die Spaltung der Kautschukkette tritt vor allem beim Erwärmen ein; beim Lösen von Kautschuk in geschmolzenem Campher erfolgt ein weitgehendes Verkracken der Kautschukketten. Molekulargewichtsbestimmungen des Kautschuks sind deshalb in Campher nicht durchführbar. Die von R. PUMMERER[6] aus solchen Messungen ermittelten Werte sind die Gewichte weitgehend abgebauter Polyprene[7].

Die chemischen Umsetzungen des Kautschuks werden weiter dadurch kompliziert, daß infolge der Lage der Doppelbindungen und der Methylgruppen leicht Cyclisierungen stattfinden, die dem Übergang von aliphatischen Terpenen in cyclische Terpene entsprechen[8]. Diese Reaktion erfolgt z. B. beim Erhitzen[9], ferner beim Einwirken von Reagenzien wie Zink und Chlorwasserstoff, ferner Schwefelsäure[10] auf Kautschuk. Bei dieser Cyclisierung tritt immer ein Abbau der Kautschukkohlenwasserstoffe ein. Die Cyclokautschuke haben also hemikolloiden Charakter und geben niederviscose Lösungen[11].

Eine letzte Reaktionsmöglichkeit des Kautschuks besteht darin, daß die einzelnen Fadenmoleküle zu dreidimensionalen Molekülen verkettet werden. Diese

[1] BERNSTEIN, G.: Kolloid-Ztschr. **12**, 273 (1913). — KIRCHHOF, F.: Kolloid-Ztschr. **14**, 35 (1914).

[2] STAUDINGER, H., u. H. JOSEPH: Ber. Dtsch. Chem. Ges. **63**, 2888 (1930).

[3] Vgl. D. SPENCE: Kolloid-Ztschr. **10**, 299 (1912). — AXELROD, S.: Gummi-Ztg. **19**, 1053 (1905). — BERNSTEIN, G.: Kolloid-Ztschr. **12**, 193, 273 (1913).

[4] Ber. Dtsch. Chem. Ges. **61**, 1591 (1928).

[5] STAUDINGER, H., u. H. JOSEPH: Ber. Dtsch. Chem. Ges. **63**, 2888 (1930).

[6] PUMMERER, R., u. Mitarbeiter: Ber. Dtsch. Chem. Ges. **60**, 2169 (1927).

[7] STAUDINGER, H., u. H. F. BONDY: Ber. Dtsch. Chem. Ges. **63**, 2900 (1930).

[8] STAUDINGER, H., u. W. WIDMER: Helv. chim. Acta **9**, 529 (1926).

[9] STAUDINGER, H., u. E. GEIGER: Helv. chim. Acta **9**, 549 (1926).

[10] KIRCHHOF, F.: Kautschuk **1926**, 1.

[11] STAUDINGER, H., u. H. F. BONDY: Liebigs Ann. **468**, 1 (1929).

sind nicht mehr löslich. Ist die Verkettung nur an wenigen Stellen erfolgt, so quellen diese Produkte sehr stark, wie es bei schwach vulkanisiertem Kautschuk[1] der Fall ist. Bei starker Verkettung[2], z. B. bei Hartgummi, kann das Lösungsmittel nicht mehr in den Stoff eindringen: die Quellungsfähigkeit hört auf. Auf einer Bildung von dreidimensionalen Molekülen beruht auch der Übergang von $\alpha$-Kautschuk in $\beta$-Kautschuk[3], also vom löslichen Kautschuk in eine unlösliche Modifikation. Die einzelnen Fadenmoleküle werden durch Sauerstoffatome verkettet und so dreidimensionale Moleküle gebildet. Dieser unlösliche Kautschuk kann wieder in löslichen verwandelt werden. Der Vorgang ist aber nur scheinbar reversibel[4]. Der aus dem unlöslichen erhaltene lösliche Kautschuk ist nicht mehr der ursprüngliche, sondern stellt ein Abbauprodukt dar. Durch Einwirkung von Luftsauerstoff oder von Reagenzien, wie Chloressigsäure, oder durch Erhitzen werden die dreidimensionalen Moleküle zerlegt; der unlösliche Kautschuk wird zu hemikolloiden, löslichen Polyprenen abgebaut, die kurze Fadenmoleküle enthalten.

Infolge seiner Doppelbindungen zeigt also der Kautschuk auffallende Veränderungsmöglichkeiten, die dem gesättigten Hydrokautschuk und dem Polystyrol fehlen. Gerade diese mannigfaltigen Umwandlungen trugen dazu bei, den Kolloidteilchen des Kautschuks einen micellaren Bau zuzuschreiben, da diese Beobachtungen scheinbar auf Änderungen labiler Micellen zurückgeführt werden konnten.

## C. Die Konstitution der Balata[5].

### Bearbeitet von E. O. LEUPOLD[6].

### I. Einleitung.

Für die Konstitutionsaufklärung eines hochmolekularen Naturstoffes im Sinne der klassischen organischen Chemie ist eine der wichtigsten Voraussetzungen das Vorhandensein bzw. die Herstellung einer polymerhomologen Reihe, die durch Abbau unter wechselnden Bedingungen erhalten wird. Bei den hemikolloiden Gliedern einer solchen Reihe ist das Molekulargewicht kryoskopisch zu bestimmen, wobei untersucht werden muß, ob die Teilchen in einer Lösung des betreffenden Produktes mit den Molekülen identisch sind. Bei diesen niederen Gliedern läßt sich dann auf Grund von Viscositätsmessungen die $K_m$-Konstante ermitteln und damit Beziehungen zwischen Viscosität und Molekulargewicht festlegen. Überträgt man diese Beziehungen auf die hochmolekularen Endglieder der polymerhomologen Reihe, so läßt sich deren Molekulargewicht durch Viscositätsmessungen feststellen. Aber auch hier ist der eindeutige chemische Nachweis erforderlich, daß die Primärteilchen solcher Lösungen mit den Molekülen identisch sind.

---

[1] STAUDINGER, H., u. J. FRITSCHI: Helv. chim. Acta **5**, 793 (1922).

[2] MEYER, K. H., u. H. MARK: Ber. Dtsch. Chem. Ges. **61**, 1948 (1928).

[3] STAUDINGER, H., u. H. F. BONDY: Liebigs Ann. **488**, 153 (1931).

[4] Nach P. BARY u. E. A. HAUSER (vgl. Kautschuk **1928**, 97) ist der Übergang von $\alpha$- in $\beta$-Kautschuk reversibel; die Autoren übersehen, daß sich die Viscosität der Lösungen bei der Umwandlung ändert.

[5] 38. Mitteilung über Isopren und Kautschuk.

[6] LEUPOLD, E. O.: Inaug.-Diss. Freiburg i. Br. (1930).

Bei der Balata konnten die entsprechenden Versuche restlos durchgeführt werden, sie ist somit einer der wenigen hochmolekularen Naturstoffe, deren Molekülgröße aufgeklärt ist. Ihr Molekulargewicht wurde zu rund 50000 ermittelt; dies entspricht einem Polymerisationsgrad von ca. 750 Isoprenresten. Ein Fadenmolekül der Balata enthält also ca. 3000 C-Atome in der Kette; seine Länge beträgt demnach 3400 Å. Über die Art der Endgruppen dieser langen Moleküle läßt sich noch nichts aussagen; das ist verständlich, wenn man bedenkt, daß die Endgruppen nur einen Bruchteil eines Prozentes[1] des Gesamtmoleküls ausmachen und sich daher dem Nachweis leicht entziehen.

## II. Die hemikolloide Balata.

### 1. Herstellung und Eigenschaften.

Für die Bestimmung der Molekulargewichtskonstante $K_m$ sind bisher nur vier Polyprenabbauprodukte des Kautschuks bzw. der Guttapercha mit den Molekulargewichten 2700—6400 untersucht worden[2]. Um das dabei erhaltene Ergebnis nachzuprüfen, wurde die Balata in siedendem Xylol abgebaut und so ein Produkt gewonnen, dessen Molekulargewicht zu 7500 nach der Gefrierpunktsmethode in Benzol bestimmt wurde. Die kryoskopische Bestimmung kann allerdings nur dann richtige Werte ergeben, wenn die Konzentration der benzolischen Lösung unterhalb der Grenze zwischen Sol- und Gellösung liegt. Die Grenze läßt sich durch Berechnung des Wirkungsbereiches der Moleküle der abgebauten Balata feststellen. Ein Molekulargewicht von 7500 entspricht einem Polymerisationsgrad von etwa 110. Da jeder Isoprenrest bei einem Durchmesser von ca. 3 Å ca. 4,5 Å lang ist, kommt dem Fadenmolekül der hemikolloiden Balata eine Länge von ca. 500 Å zu. Der Wirkungsbereich eines Moleküls berechnet sich dann zu $6 \cdot 10^5$ Å³. In 1 ccm einer 0,3 gd-mol. Lösung befinden sich $1,6 \cdot 10^{18}$ Moleküle, deren Gesamtwirkungsbereich ein Volumen von $0,96 \cdot 10^{24}$ Å³ (1 ccm $= 1 \cdot 10^{24}$ Å³) beansprucht. Das besagt mit anderen Worten: in einer 0,3 gd-mol., also 2 proz. Lösung der hemikolloiden Balata wird der zur Verfügung stehende Raum von dem Wirkungsbereich der Moleküle noch nicht ausgefüllt, man befindet sich aber schon nahe an dem Grenzkonzentrationsgebiet zwischen Sol- und Gellösung.

Bei den kryoskopischen Molekulargewichtsbestimmungen durfte daher die Konzentration der Lösungen 2 % nicht übersteigen; es wurden höchstens 1 proz. Lösungen

Abb. 104[3]. Diagramm der hemikolloiden Balata.

für die Messungen verwendet, damit die Voraussetzungen für richtige Bestimmung der Werte — wie bei niedermolekularen Substanzen — sicher erfüllt waren.

Die abgebaute Balata wurde in Form eines weißen Pulvers erhalten, dessen Analysenwerte nicht ganz mit dem Kohlenwasserstoff $C_5H_8$ übereinstimmen.

---

[1] Wenn das Gewicht der Endgruppen 100 ist, so beträgt ihr Anteil an dem Balatamolekül von 50000 nur 0,2%.

[2] STAUDINGER, H., u. H. F. BONDY: Ber. Dtsch. Chem. Ges. **63**, 734 (1930).

[3] Die röntgenographischen Untersuchungen wurden von E. SAUTER im hiesigen Physikalischen Institut ausgeführt.

Wahrscheinlich hat neben dem thermischen Verkrackungsprozeß ein geringer oxydativer Abbau stattgefunden, da der im Lösungsmittel gelöste Sauerstoff nicht entfernt worden ist. Wie das DEBYE-SCHERRER-Diagramm (Abb. 104) zeigt, ist der Krystallbau der hochmolekularen Balata auch im Abbauprodukt erhalten geblieben[1]. Das ist ein wichtiges Ergebnis. Es können sich also auch die relativ kurzen Spaltstücke genau so wie die langen Balatamoleküle gittermäßig an-

Abb. 105. Hemikolloide Balata.         Abb. 106. Eukolloide Balata.

ordnen (vgl. Abb. 105 und 106). Die geringen Mengen Sauerstoff, die in die Moleküle eingedrungen sind, üben dabei keinen Einfluß auf die Krystallisationsfähigkeit derselben aus; die Form der Moleküle ist grundsätzlich erhalten geblieben.

## 2. Viscositätsmessungen.

Abweichungen vom HAGEN-POISEUILLEschen Gesetz sind bei der hemikolloiden Balata nicht festzustellen, wie in einem späteren Kapitel im Zusammenhang mit Messungen an Lösungen der nicht abgebauten Balata gezeigt werden wird. Daher ergeben Messungen im UBBELOHDEschen Viscosimeter bei verschiedenen Drucken und im OSTWALDschen Viscosimeter die gleichen Resultate.

Beziehungen zwischen Viscosität und Molekulargewicht können sich nur ergeben, wenn die $\eta_{sp}/c$-Werte in einem größeren Meßbereich konstant sind. Tabelle 276 zeigt, daß dies in verdünnten Lösungen der Fall ist. In konzentrierten

Tabelle 276. Beziehungen zwischen Viscosität und Konzentration bei der hemikolloiden Balata.

(Tetralinlösungen, gemessen im OSTWALDschen Viscosimeter bei 20°.)

| Gehalt % | Grundmolarität | $\eta_r$ | $\log \eta_r/c = K_c$ * | $\eta_{sp}$ | $\eta_{sp}/c$ | Abweichung vom konstanten $\eta_{sp}/c$ in Proz. |
|---|---|---|---|---|---|---|
| 0,425 | 0,0625 | 1,157 | 1,01 | 0,157 | 2,5 | — |
| 0,85 | 0,125 | 1,315 | 0,95 | 0,315 | 2,5 | — |
| 1,7 | 0,25 | 1,698 | 0,92 | 0,698 | 2,8 | 12 |
| 3,4 | 0,5 | 2,73 | 0,87 | 1,73 | 3,5 | 40 |
| 6,8 | 1,0 | 5,84 | 0,77 | 4,84 | 4,8 | 92 |
| 13,6 | 2,0 | 21,35 | 0,66 | 20,35 | 10,2 | 300 |

Lösungen sind die $\eta_{sp}/c$-Werte nicht mehr konstant, sie wachsen sehr stark an, und zwar findet dieser Anstieg oberhalb der Grenzkonzentration bei einem Prozentgehalt von ca. 1,7% statt, also oberhalb der Grenzviscosität, die für Polyprene 0,71 beträgt.

---

[1] Vgl. H. STAUDINGER: Ber. Dtsch. Chem. Ges. **63**, 927 (1930).

* Die Beziehung $\dfrac{\log \eta_r}{c} = K_c$ gibt für konzentrierte Lösungen die Zusammenhänge zwischen Viscosität und Molekulargewicht wieder. Vgl. ARRHENIUS: Ztschr. f. physik. Ch. **1**, 285 (1887) — Biochem. Journ. **11**, 112 (1917) — Chem. Zentralblatt **1917 II**, 790. — Ferner BERL u. BÜTTLER: Zeitschr. f. d. ges. Schieß- u. Sprengstoffwesen **5**, 82 (1910).

Die Viscositätsmessungen bei verschiedenen Temperaturen (Tabelle 277 und 278) zeigen, daß bei 20 und 60° die spez. Viscosität in verdünnten Lösungen ungefähr

**Tabelle 277. Spezifische Viscositäten verschieden konzentrierter Lösungen des Hemikolloids in Tetralin.**

(Gemessen im UBBELOHDEschen Viscosimeter bei 30 cm Hg Überdruck.)

| Konzentration | 20° | 40° | 60° | Wieder auf 20° abgekühlt[1] |
|---|---|---|---|---|
| 0,136 g gelöst in 4 ccm Tetralin ca. 0,5 gd-molar | 1,06 | 1,01 | 1,00 | 1,04 |
| 0,816 g gelöst in 4 ccm Tetralin ca. 3 gd-molar | 15,5 | 13,1 | 11,5 | 15,1 |

**Tabelle 278. Temperaturabhängigkeit verschieden grundmolarer Lösungen des Hemikolloids in Tetralin.**

(Gemessen im UBBELOHDEschen Viscosimeter[2].)

| Gehalt % | Grundmolarität | $\eta_{sp}$ bei 20° | $\eta_{sp}$ bei 60° | Abweichung $\eta_{sp}$ bei 60° von $\eta_{sp}$ bei 20° in Proz. | $\eta_{sp}/c$ bei 20° | $\eta_{sp}/c$ bei 60° |
|---|---|---|---|---|---|---|
| 0,425 | 0,0625 | 0,15 | 0,14 | 6,7 | 2,4 | 2,2 |
| 0,85 | 0,125 | 0,31 | 0,28 | 9,7 | 2,5 | 2,2 |
| 1,7 | 0,25 | 0,69 | 0,60 | 13 | 2,8 | 2,4 |
| 3,4 | 0,5 | 1,66 | 1,43 | 14 | 3,3 | 2,9 |
| 6,8 | 1,0 | 4,61 | 3,76 | 18 | 4,6 | 3,8 |
| 13,6 | 2,0 | 19,45 | 13,71 | 30 | 9,7 | 6,9 |

gleich ist[3]. Erst in höheren Konzentrationen ist die Temperaturabhängigkeit[4] größer. Für diese Viscositätsänderungen sind Assoziationen verantwortlich[5].

Es ergeben sich folgende Werte: der konstante $\eta_{sp}/c$-Wert für die hemikolloide Balata ist 2,5. Daraus berechnet sich die $K_m$-Konstante zu $K_m = 2,5/7500 = 3,3 \cdot 10^{-4}$. Bei den früheren Untersuchungen war $K_m = 3,0 \cdot 10^{-4}$ gefunden worden[6]. Diese Übereinstimmung ist genügend, da es sich hier nicht um einheitliche Substanzen, sondern um Gemische Polymerhomologer handelt.

---

[1] Beim Wiederabkühlen auf 20° sollte die spezifische Viscosität den ursprünglichen Wert erreichen. Das ist bei den beiden Lösungen in Tabelle 277 nicht ganz der Fall und kommt daher, daß das Lösungsmittel nicht völlig von Luftsauerstoff befreit wurde, so daß während der Messung ein geringer oxydativer Abbau erfolgte.

[2] Da die niederviscosen Lösungen bei kleineren Drucken gemessen werden mußten, sind in Tabelle 278 die spezifischen Viscositäten eingesetzt worden, die bei der etwa gleichen Ausflußzeit also bei gleichem Geschwindigkeitsgefälle ermittelt wurden.

[3] Die spezifische Viscosität vieler gelöster Stoffe, z. B. der Hemipolystyrole, ist bei 60° etwas geringer als bei 20°, und zwar um ca. 20%. Die Temperaturabhängigkeit wechselt mit der Moleküllänge und weiter evtl. mit der Stoffart. Bei Paraffinen und Polyprenen ist sie nicht so bedeutend wie bei Polystyrolen. Auch die absolute Viscosität der Stoffe ändert sich beim Erwärmen in verschiedener Weise. Genauere Angaben über die Temperaturabhängigkeit der Lösungen lassen sich noch nicht machen. Die stark temperaturabhängigen Assoziationen unterscheiden sich aber beträchtlich von den wenig temperaturabhängigen molekulardispersen Lösungen. Vgl. S. 59 u. 138.

[4] Unter Temperaturabhängigkeit wird die Änderung der spezifischen Viscosität beim Erwärmen von 20 auf 60° verstanden.

[5] Vgl. Tabelle 52, S. 138.

[6] STAUDINGER, H., u. H. F. BONDY: Ber. Dtsch. Chem. Ges. **63**, 734 (1930).

Aus Messungen am Squalen berechnet sich $K_m$ zu ca. $3{,}1 \cdot 10^{-4}$. Die $K_{\text{äqu}}$-Konstante wurde zu $0{,}85 \cdot 10^{-4}$ bestimmt[1], und daraus errechnet sich für die Polyprene eine $K_m$-Konstante von $4 \cdot 0{,}85 \cdot 10^{-4} = 3{,}4 \cdot 10^{-4}$. Da die Stellen nach dem Komma noch unsicher sind, wird für die folgenden Messungen $K_m = 3 \cdot 10^{-4}$ angenommen.

Diese Zusammenhänge zwischen Viscosität und Molekulargewicht können aber nur dann bestehen, wenn die Teilchen einer solchen Lösung tatsächlich Fadenmoleküle und nicht etwa Micellen oder stark solvatisierte Moleküle darstellen, wodurch ein zu hohes Molekulargewicht vorgetäuscht würde.

### 3. Reduktion.

Gelingt es, an den Molekülen der Balata chemische Reaktionen vorzunehmen unter Erhaltung ihrer Fadenlänge, dann muß die spez. Viscosität einer gleichkonzentrierten Lösung des Reaktionsproduktes mit der der ursprünglichen hemikolloiden Balata identisch sein, denn Substanzen gleicher Kettenlänge müssen in gleichkonzentrierten Lösungen gleiche $\eta_{sp}$-Werte ergeben[2].

Aus diesen Erwägungen heraus wurde die katalytische Reduktion der hemikolloiden Balata durchgeführt, da bei dieser Umsetzung am ehesten erwartet werden kann, daß kein Abbau an den empfindlichen Fadenmolekülen erfolgt. Eine unter allen Vorsichtsmaßregeln (Luftsauerstoffausschluß) gewonnene hemikolloide Hydrobalata zeigt in gleichkonzentrierter (1,4 proz.) Lösung annähernd die gleiche spez. Viscosität wie das Ausgangsmaterial (Tabelle 279).

Tabelle 279. Spezifische Viscositäten der Tetralinlösungen.
(Gemessen im OSTWALDschen Viscosimeter bei 20°.)

| Substanz | Gehalt % | Grundmolarität | $\eta_{sp}$ gefunden | $\eta_{sp}$ für eine 1,4 proz. Lösung berechnet |
|---|---|---|---|---|
| Hemikolloide Balata | 0,85 | 0,125 | 0,315 | 0,52 |
| Hemikolloide Hydrobalata | 0,68 | 0,097 | 0,217 | 0,45 |

Damit ist also gezeigt, daß die hemikolloide Balata hydriert werden kann, ohne daß sich die Teilchengröße dabei wesentlich ändert. Die Reduktion erbringt so den Beweis, daß in verdünnten Lösungen die Moleküle selbst die beobachteten Viscositätserscheinungen hervorrufen. Mit der kryoskopischen Molekulargewichtsbestimmung ist also tatsächlich das Gewicht der Moleküle und nicht etwa das Gewicht irgendwelcher Micellen bestimmt worden, denn die Größe von Micellen hätte sich bei einem so tiefgehenden Eingriff wie der Reduktion weitgehend ändern müssen. Damit ist die Konstitution der hemikolloiden Balata aufgeklärt[3].

### III. Die eukolloide Balata.

### 1. Herstellung und Eigenschaften.

Diese Methode der Konstitutionsaufklärung wird nun auf die eukolloide Balata übertragen.

---

[1] Vgl. H. STAUDINGER: Ber. Dtsch. Chem. Ges. **65**, 269 (1932). Vgl. S. 68.
[2] Vgl. H. STAUDINGER: Ber. Dtsch. Chem. Ges. **65**, 270 (1932). Vgl. S. 69.
[3] Vgl. S. 47.

Als Ausgangsmaterial stand ein Balatalatex zur Verfügung, den die Norddeutschen Seekabelwerke in liebenswürdiger Weise beschafft haben[1]. Die reine, feste Balata wurde daraus durch mehrmaliges Umfällen mit Aceton und Methanol isoliert. Stickstoff, aus Verunreinigungen durch Eiweißstoffe stammend, konnte

Abb. 107.   Diagramm der eukolloiden Balata.

in dem gereinigten Produkt nicht nachgewiesen werden[2], die Analysenwerte stimmen mit dem Kohlenwasserstoff $C_5H_8$ überein. Schließlich ergeben DEBYE-SCHERRER-Diagramme, daß die Balata krystallisiert ist[3] (vgl. Abb. 107).

## 2. Viscositätsmessungen.

Die Molekulargewichtsbestimmung der Balata bot früher Schwierigkeiten. Die kryoskopische Methode versagt hierbei, da die Depressionen zu gering sind. Osmotische Bestimmungen wurden von CASPARI[4] am Kautschuk und an der Balata durchgeführt; aber bei diesen Versuchen wurde die große Sauerstoffempfindlichkeit dieser Substanzen wenig berücksichtigt; deshalb sind die Resultate nicht sicher. Bei der Methode, aus Viscositätsmessungen von verdünnten Lösungen das Molekulargewicht der Balata zu bestimmen, können dagegen solche störenden Einflüsse leicht ausgeschlossen werden. Dabei zeichnet sie sich durch große Einfachheit aus.

Nun ist die Balata eine besonders günstige Substanz für diese Untersuchungen, da sie sich gerade unter den Anfangsgliedern der eukolloiden Stoffe befindet. Viscositätsmessungen ergeben, daß ihre verdünnten Lösungen nur geringe Abweichungen vom HAGEN-POISEUILLEschen Gesetz zeigen, deren ausführliche Diskussion einem späteren Kapitel vorbehalten bleibt; diese anormalen Viscositätserscheinungen verursachen hier wegen ihrer Geringfügigkeit keine erheblichen Fehler bei der Berechnung des Molekulargewichts.

Die Temperaturabhängigkeit der spez. Viscosität ist bei genügend verdünnten Lösungen wie beim Hemikolloid, so auch bei der eukolloiden Balata nur unbedeutend (Tabelle 280). Die spez. Viscosität einer 0,025 gd-mol. bzw. 0,17 proz. Balatalösung ändert sich beim Erwärmen auf 60° nicht[5], die einer 0,5 gd-mol. bzw. 0,34 proz. nur unerheblich. Damit ist der Nachweis erbracht, daß in diesen ganz verdünnten, höchstens $^1/_2$ proz. Lösungen weder temperaturabhängige

---

[1] An dieser Stelle möchten wir der Direktion der Norddeutschen Seekabelwerke AG., Nordenham, für die freundliche Überlassung dieses wertvollen Materials unseren verbindlichsten Dank aussprechen.

[2] STAUDINGER, H., u. H. F. BONDY: Ber. Dtsch. Chem. Ges. **63**, 2903 (1930).

[3] Die Fähigkeit der Balata bzw. der Guttapercha, zu krystallisieren, ist wiederholt festgestellt worden. Vgl. G. L. CLARK: Ind. and Engin. Chem. **18**, (1926). — HAUSER, E. A., u. Mitarbeiter: Kautschuk **4**, 228 (1927). — KIRCHHOF, F.: Kautschuk **5**, 175 (1929).

[4] CASPARI, W. A.: Journ. Chem. Soc. London **105**, 2139 (1914). Vgl. Wo. OSTWALD: Kolloid-Ztschr. **49**, 60 (1929).

[5] Die Moleküle dieser eukolloiden Balata (Polymerisationsgrad 750) haben dieselbe Länge wie die Moleküle eines Polystyrols vom Polymerisationsgrad 1200. Dieses Polystyrol zeigt nur geringe Temperaturabhängigkeit, vgl. Tabelle 108, S. 207.

Tabelle 280. Temperaturabhängigkeit verschieden konzentrierter Balata-lösungen in Tetralin.

(Gemessen im Ubbelohdeschen Viscosimeter bei 30 cm Hg Überdruck.)

| Gehalt % | Grund-molarität | $\eta_{sp}$ bei 20° | $\eta_{sp}$ bei 40° | $\eta_{sp}$ bei 60° | Wieder auf 20° abgekühlt | Ab-weichung $\eta_{sp}$ bei 60° von $\eta_{sp}$ bei 20° in Proz. | $\eta_{sp}/c$ bei 20° | $\eta_{sp}/c$ bei 60° |
|---|---|---|---|---|---|---|---|---|
| 0,17 | 0,025 | 0,33 | 0,33 | 0,33 | 0,33 | 0 | 13,2 | 13,2 |
| 0,34 | 0,05 | 0,75 | 0,73 | 0,71 | 0,75 | 5,4 | 15,0 | 14,2 |
| 0,68 | 0,1 | 1,78 | 1,74 | 1,62 | 1,76 | 9,0 | 17,8 | 16,2 |
| 1,36 | 0,2 | 5,75 | — | 5,16 | 5,74 | 10 | 28,8 | 25,8 |
| 2,04 | 0,3 | 10,08 | 9,50 | 8,85 | 10,07 | 12 | 33,6 | 29,5 |
| 3,4 | 0,5 | 52,7 | — | 42,6 | 52,6 | 19 | 105 | 85 |

Assoziationen noch stark solvatisierte Micellen vorliegen[1]. Eine *irreversible* Änderung der Viscosität mit der Temperatur ist auch bei den konzentrierteren Lösungen nicht festzustellen, sofern nur auf vollkommenen Ausschluß von Luft-sauerstoff beim Bereiten und Messen der Lösungen geachtet wurde.

Die $\eta_{sp}/c$-Werte sind bei der eukolloiden Balata in genügend verdünnter Lösung konstant. In konzentrierter Lösung steigen sie an, und zwar auch wieder, nachdem die Grenzkonzentration überschritten ist (Tabelle 281). Diese Grenz-konzentration liegt bei einer Grundmolarität von 0,05 bzw. einem Prozentgehalt von 0,34%: die Grenzviscosität ist 0,71.

Tabelle 281. Beziehungen zwischen Viscosität und Konzentration bei der eukol-loiden Balata.

(Tetralinlösungen, gemessen im Ubbelohdeschen Viscosimeter bei 20°[2].)

| Gehalt % | Grundmolarität | $\eta_r$ | $\log \eta_r/c$ * | $\eta_{sp}$ | $\eta_{sp}/c$ | Abweichung vom konst. $\eta_{sp}/c$ in Proz. |
|---|---|---|---|---|---|---|
| 0,17 | 0,025 | 1,36 | 5,34 | 0,36 | 14,4 | — |
| 0,34 | 0,05 | 1,75 | 4,86 | 0,75 | 15,0 | 4 |
| 0,68 | 0,1 | 2,78 | 4,44 | 1,78 | 17,8 | 24 |
| 1,36 | 0,2 | 6,53 | 4,07 | 5,53 | 27,6 | 92 |
| 2,04 | 0,3 | 10,81 | 3,45 | 9,81 | 32,7 | 127 |
| 3,4 | 0,5 | 52,4 | 3,44 | 51,4 | 102,8 | 600 |

Der konstante $\eta_{sp}/c$-Wert beträgt rund 15; daraus berechnet sich das Mole-kulargewicht der eukolloiden Balata zu $M = \dfrac{15}{3 \cdot 10^{-4}} = 50000$. Die Balata-moleküle gleichen ihrer Form nach sehr langgestreckten Stäben von der Länge ca. 3500 Å und einem Durchmesser von ca. 3 Å. Um sich ein Bild von diesen Größenverhältnissen zu machen, könnte man sie mit einem Holzstab vergleichen, der bei einer Länge von 3,5 m nur 3 mm dick ist. Durch die Doppelbindungen, hauptsächlich auch durch die Allylgruppierung derselben[3], besitzt ein solches Molekül noch viele schwache Stellen, so daß aus diesem Bild die große Empfind-lichkeit solcher Moleküle verständlich wird.

---

[1] Vgl. S. 89, Abb. 2 u. 3.

[2] Alle in dieser Tabelle angeführten Lösungen wurden im Ubbelohdeschen Viscosi-meter bei 10, 30 und 60 cm Hg Überdruck gemessen. In die Tabelle sind nur die Vis-cositätswerte eingesetzt worden, die bei ungefähr gleichen Ausflußzeiten ermittelt wurden.

* Die $K_c$-Konstante hat einen starken Gang, vgl. S. 59.      [3] Vgl. S. 402.

Berechnet man mittels des gefundenen Molekulargewichts den Wirkungsbereich eines Balatamoleküls, so ergibt sich, wenn mit $L$ die Länge und $d$ der Durchmesser bezeichnet wird: $(L/2)^2 \cdot \pi \cdot d = (3500/2)^2 \cdot \pi \cdot 3 = 2{,}88 \cdot 10^7$ Å$^3$. Da einem Molekulargewicht von 50000 der Polymerisationsgrad 750 entspricht, so befinden sich in 1 ccm einer 0,05 gd-mol. Lösung $\dfrac{3{,}03 \cdot 10^{19}}{750}$ Moleküle. Diese haben einen Gesamtwirkungsbereich von $1{,}16 \cdot 10^{24}$ Å$^3$ (1 ccm $= 10^{24}$ Å$^3$); dies besagt, daß in einer 0,05 gd-mol. Lösung die Balatamoleküle ihre Eigenbewegung nicht mehr ungehindert ausführen können, mithin also bereits eine Gellösung vorliegt. Die Grenze zwischen Sol- und Gellösung liegt bei der Konzentration 0,05 gd-mol. bzw. 0,34%. Das gleiche Resultat wurde bei der Diskussion der Temperaturabhängigkeit und der Abhängigkeit der Viscosität von der Konzentration rein experimentell gefunden.

### 3. Reduktion.

Wenn man die Ergebnisse der bisherigen Untersuchungen zusammenfassend betrachtet, so lassen sich alle beobachteten Erscheinungen widerspruchslos durch die Annahme isolierter, nicht solvatisierter Moleküle in den verdünnten Lösungen der eukolloiden Balata erklären. Diese Annahme wird noch besonders wahrscheinlich gemacht durch die Gleichartigkeit der Viscositätserscheinungen bei Lösungen der eukolloiden Balata und des Hemikolloids, für welch letzteres das Vorhandensein von Molekülen in Lösung durch die Reduktion bewiesen wurde. Für die eukolloide Balata wird dieses Schlußglied in der Kette hres Konstitutionsbeweises im folgenden erbracht.

Chemische Umsetzungen, also beispielsweise die Hydrierung der 750 Doppelbindungen, werden, wenn die Länge der Kette nicht verändert werden soll, wegen der Labilität dieser Gebilde auf besondere Schwierigkeiten stoßen.

Als Reduktionsmethode kam daher nur die katalytische Hydrierung bei möglichst tiefen Temperaturen in Frage, und zwar wurde die Balata, wie im experimentellen Teil näher ausgeführt ist, im festen und gequollenen Zustande und weiterhin in Lösung mit Nickel als Katalysator hydriert. Wesentlich ist dabei, daß der Temperaturabbau der Balata (Verkrackungsprozeß[1]) durch einen großen Überschuß von Katalysator zugunsten der Hydrierungsreaktion zurückgedrängt wird.

Die Hydrobalata ist im Gegensatz zu der eukolloiden Balata amorph (vgl. Abb. 107 und 108); eine krystallisierte Hydrobalata konnte bisher auch bei vorsichtiger Reduktion nicht gewonnen werden[2].

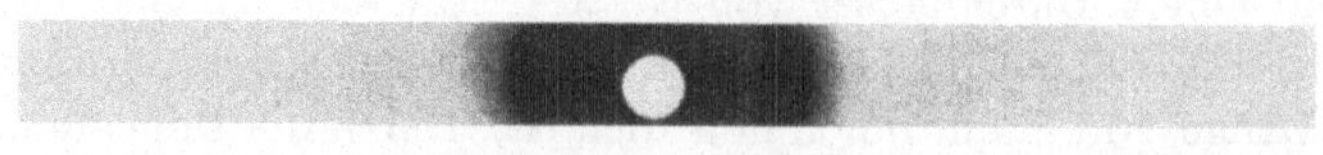

Abb. 108.  Diagramm einer Hydrobalata vom Mol.-Gew. 33000

Die hochmolekulare Hydrobalata ist zum Unterschiede von Kautschuk und Balata nur noch schwach elastisch bei einer geringen Reißfestigkeit. Das faserige Aussehen der eukolloiden Balata ist nach der Reduktion völlig verschwunden.

---

[1] Vgl. den thermischen Abbau der Balata, Dritter Teil, C. IV. 3, S. 417.

[2] Es wurde eine ganze Reihe weiterer Aufnahmen gemacht in der Hoffnung, ein krystallisiertes Produkt zu finden; alle bisher erhaltenen Hydrobalata sind jedoch amorph, S. 114.

Mit einer Hydrobalata vom Polymerisationsgrad 470 (Polymerisationsgrad der Balata = 750) wurde eine größere Reihe von Viscositätsmessungen ausgeführt, die zeigen, daß sich die Hydrobalata vollständig analog wie die Balata verhält: die $\eta_{sp}/c$-Werte sind in verdünnter Lösung annähernd konstant, und auch beim Erwärmen auf 60° ändert sich die spez. Viscosität nicht merklich (Tabelle 282).

Tabelle 282. Temperaturabhängigkeit und Beziehungen zwischen Viscosität und Konzentration bei der Hydrobalata (Polymerisationsgrad 470).
(Gemessen im OSTWALDschen Viscosimeter.)

| Gehalt % | Grundmolarität | $\eta_{sp}$ bei 20° | $\eta_{sp}$ bei 60° | Abweichung $\eta_{sp}$ bei 60° von $\eta_{sp}$ bei 20° in Proz. | $\eta_{sp}/c$ bei 20° | Abweichung vom konstanten $\eta_{sp}/c$ in Proz. |
|---|---|---|---|---|---|---|
| 0,044 | 0,00625 | 0,062 | 0,062 | 0 | 9,9 | — |
| 0,088 | 0,0125 | 0,127 | 0,125 | 1,5 | 10,2 | 3 |
| 0,175 | 0,025 | 0,269 | 0,267 | 0,8 | 10,8 | 9 |
| 0,35 | 0,05 | 0,610 | 0,609 | 0,2 | 12,2 | 23 |
| 0,7 | 0,1 | 1,558 | 1,500 | 3,7 | 15,6 | 58 |
| 1,4 | 0,2 | 4,964 | 4,486 | 9,7 | 24,8 | 150 |

Aus dem $\eta_{sp}/c$-Wert von ungefähr 10 berechnet sich ein Molekulargewicht von 33000, wenn man hier die gleiche $K_m$-Konstante wie bei den Polyprenen annimmt[1]; der Polymerisationsgrad ist also 470. Der Wirkungsbereich eines Moleküls dieser Hydrobalata beträgt bei einer Länge von 2350 Å (der hydrierte Isoprenrest ist ca. 5 Å lang) und dem Durchmesser 3 Å $= 1,3 \cdot 10^7$ Å³. In 1 ccm einer 0,1 gd-mol. bzw. 0,70 proz. Lösung befinden sich $\dfrac{6,06 \cdot 10^{19}}{470}$ Moleküle, deren Gesamtwirkungsbereich ein Volumen von $1,68 \cdot 10^{24}$ Å³ beansprucht. Die Grenzkonzentration liegt also bei einer ca. 0,06 gd-mol. bzw. 0,41 proz. Lösung. Tatsächlich findet der Übergang von Sol- in Gellösung, wie Tabelle 282 zeigt, bei dieser Konzentration statt, also wenn die Grenzviscosität von 0,71 überschritten ist.

Wenn man den Anstieg der Viscosität von Balata- und Hydrobalatalösungen in Abhängigkeit von der Konzentration vergleicht (Abb. 109), ergibt sich ein vollständig gleichartiger Kurvenverlauf. Die Kolloidteilchen verhalten sich gleichartig, durch Wegnahme der Doppelbindungen ist also im Viscositätsverhalten keine grundlegende Änderung erfolgt.

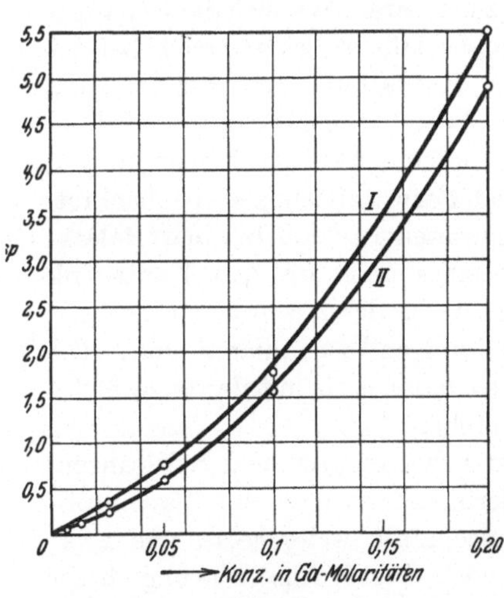


Abb. 109.
(Kurve I = Balata; Kurve II = Hydrobalata.)

Schließlich gelang es noch, den Beweis zu erbringen, daß sich Balata vom Polymerisationsgrad 750 auch unter völliger Erhaltung der Moleküllänge reduzieren läßt, wenn man peinlich jeden Sauerstoff, insbesondere den im Lösungsmittel gelösten, ausschließt. Diese Hydrobalata zeigt in verdünnter, gleichkonzentrierter Lösung fast dieselbe spez. Viscosität

---

[1] Vgl. H. STAUDINGER u. R. NODZU: Helv. chim. Acta **13**, 1350 (1930).

und damit das gleiche Molekulargewicht und die gleiche Kettenlänge wie die eukolloide Balata[1].

### Tabelle 283. 0,05 grundmolare Lösungen in Tetralin.
#### (Gemessen im OSTWALDschen Viscosimeter bei 20°.)

| Substanz | $\eta_{sp}$ | $\eta_{sp}/c$ | Mol.-Gew. | Polymeri-sationsgrad |
|---|---|---|---|---|
| Eukolloide Balata .... | 0,75 | 15,0 | 50000 | 750 |
| Hydrobalata....... | 0,767 | 15,3 | 50000 | 750 |

Die Kolloidteilchen in verdünnten Balatalösungen sind also mit den Molekülen identisch, denn es sind mit den Teilchen chemische Reaktionen vorgenommen worden, ohne daß sich das Kohlenstoffgerüst geändert hat. Sämtliche C-Atome in diesen Teilchen müssen deshalb durch Hauptvalenzen gebunden sein; denn bei einem micellaren Aufbau der Kolloidteilchen hätte nach der Reduktion die Micelle zerfallen müssen. Die Lösung der Hydrobalata hätte dann eine andere spez. Viscosität aufweisen müssen als die der Balata. So ist die Existenz dieser merkwürdig gestalteten Fadenmoleküle bewiesen.

## IV. Über die Natur der kolloiden Balata- und Kautschuklösung.

### 1. Allgemeines.

Über den Bau des Kautschuks und der Balata sowie über die Natur ihrer Lösungen sind früher die verschiedensten Ansichten geäußert worden. Man nahm allgemein einen micellaren Bau der Kolloidteilchen an; denn so schien sich die große Veränderlichkeit der kolloiden Lösungen am besten zu erklären. Wie sich die Viscosität einer Seifenlösung durch Zusätze stark beeinflussen läßt, so ist das auch bei der Kautschuk- und Balatalösung der Fall. Eine Kautschuk- und Balatalösung altert, die Viscosität ändert sich beim Stehen, in den meisten Fällen wird sie geringer, manchmal tritt auch Viscositätserhöhung ein. Ähnliche Erscheinungen wurden bei Micellkolloiden, z. B. bei Seifen- und Farbstofflösungen, beobachtet.

Nachdem nun im vorigen Abschnitt nachgewiesen ist, daß in einer Balatalösung Moleküle vorhanden sind, so muß Gleiches auch für den Kautschuk angenommen werden, was in einer anderen Arbeit bewiesen wurde[2]. Es erhebt sich nun die Frage, wie diese „Alterungserscheinungen" zu erklären sind. Die kolloiden Polystyrollösungen zeigen sie nicht; so müssen sie mit der ungesättigten Natur der Polyprene im Zusammenhang stehen.

Der Kautschuk und die Balata sind außerordentlich empfindliche Substanzen, wie weiter unten dargelegt werden wird. Geringste Mengen von Sauerstoff, ferner Licht und Wärme verändern ihre Eigenschaften weitgehend, und zwar sowohl im festen wie auch im gelösten Zustande. Die Wechselwirkung dieser Einflüsse ruft die merkwürdigsten Phänomene hervor; so kann man je nach den Bedingungen Viscositätsanstieg und -abfall der Lösung beobachten.

---

[1] Die Viscosität ist etwas größer als die der Balata. Infolge des Wegfalls der Doppelbindungen sollte die Kette der Hydrobalata etwas länger als die der Balata sein, und deshalb muß die Hyrobalata eine um ca. 6% höhere Viscosität aufweisen als Balata vom gleichen Polymerisationsgrad. Hydrosqualenlösungen sind in der Tat höherviscos als Squalenlösungen.

[2] Vgl. H. STAUDINGER u. H. F. BONDY: Liebigs Ann. 488, 127 (1931). Vgl. auch S. 393.

## 2. Erforschung der störenden Einflüsse.

### a) Viscositätsmessungen in lufthaltigem Tetralin unter $CO_2$-Atmosphäre.

Wenn man bei 20, 40 und 60° die spez. Viscosität von Balata in Tetralin feststellt, so sollte in Analogie zu den Untersuchungen am Polystyrol die spez. Viscosität wenigstens in verdünnten Lösungen bei 40 und 60° nicht wesentlich niedriger als bei 20° sein. Wenn in diesen Balatalösungen stark solvatisierte Micellen vorliegen würden, wie es bei einer Seifenlösung der Fall ist, dann müßte die spez. Viscosität bei höheren Temperaturen wesentlich geringer sein als bei tieferen; auch sollte nach dem Abkühlen auf die ursprüngliche Temperatur der Anfangswert sich wieder einstellen. In hochkonzentrierten Polystyrollösungen, in denen Assoziationen vorliegen, sind solche Effekte zu beobachten.

Zur Klärung dieser Frage bei der Balata wurde die Viscosität von verschieden grundmolaren Lösungen in Tetralin bei 20, 40, 60° und nach dem Abkühlen auf 20° untersucht (Tabelle 284); die Lösungen wurden dabei zwar unter Luft-

Tabelle 284. Spezifische Viscositäten verschieden grundmolarer Lösungen von Balata in Tetralin.

(Gemessen im Ubbelohde-Viscosimeter bei 30 cm Hg Überdruck.)

| Gehalt % | Grund-molarität | 20° | 40° | 60° | Wieder auf 20° abge-kühlt | Abbau % |
|---|---|---|---|---|---|---|
| 0,34 | 0,05 | 0,75 | 0,70 | 0,66 | 0,66 | 12 |
| 0,68 | 0,1 | 1,64 | 1,53 | 1,46 | 1,38 | 16 |
| 1,7 | 0,25 | 7,97 | 7,37 | 4,50 | 4,83 | 39 |
| 2,72 | 0,4 | 23,7 | 21,1 | 19,6 | 17,9 | 25 |

ausschluß bereitet, aber ohne vorher das Lösungsmittel von gelöstem Sauerstoff zu befreien. Danach sind durch das Erhitzen auf 60° die Kolloidteilchen irreversibel verändert worden. Nachdem bewiesen ist, daß die Kolloidteilchen Moleküle sind, kommt für eine solche Änderung nur eine Molekülverkleinerung in Betracht. Solche Verkleinerungen können entweder durch thermische Spaltung, also durch eine Verkrackung der langen Fadenmoleküle stattfinden, oder infolge eines oxydativen Abbaus durch Luftsauerstoff. Die Lösungen wurden zwar unter $CO_2$-Atmosphäre hergestellt, aber es genügen bereits so geringe Mengen Luftsauerstoff, wie in organischen Lösungsmitteln gelöst sind, um die beobachteten Effekte hervorzurufen. Folgende Rechnung möge diese Verhältnisse näher beleuchten.

Für die Balata wurde ein Durchschnittsmolekulargewicht von 50000 festgestellt, das Makromolekül enthält also 750 Grundmoleküle gebunden. Unter der Annahme, daß ein Sauerstoffmolekül ein solches Molekül spaltet, ein Vorgang, der folgendermaßen formuliert werden kann:

$$(C_5H_8)_{375}\!-\!(C_5H_8)_{375} + O_2 = 2\,(C_5H_8)_{375}O\,*$$
Balatamolekül    Oxydationsprodukt

sollte die spez. Viscosität einer verdünnten Balatalösung durch diesen Autoxydationsvorgang auf die Hälfte herabgesetzt werden.

---

* Vgl. H. Staudinger u. E. O. Leupold: Ber. Dtsch. Chem. Ges. **63**, 734 (1930).

Berechnet man diese Menge Sauerstoff für 1 ccm einer 0,1 gd-mol. Lösung, so ergibt sich, daß bereits 0,003 ccm Sauerstoff oder 0,015 ccm Luft genügen, um diese Viscositätsänderung hervorzurufen. Sauerstoffmengen dieser Größenordnung sind in organischen Lösungsmitteln gelöst; wahrscheinlich werden diese als homöopolare Verbindungen den homöopolaren Sauerstoff in größerer Menge aufnehmen als das heteropolare Wasser. In der Literatur finden sich bestimmte Angaben: nach Messungen von F. FISCHER und G. PFLEIDERER[1] löst 1 ccm Tetralin 0,093 ccm Sauerstoff bei 20°, also mehr als das 30fache der oben berechneten Menge.

<h3 style="text-align:center">b) Viscositätsmessungen in $CO_2$-haltigem Tetralin unter $CO_2$-Atmosphäre.</h3>

Deshalb wurde versucht, das Lösungsmittel dadurch luftfrei zu machen, daß nach dem Erwärmen im Vakuum $CO_2$ durchgesaugt wurde. Um weiter zu entscheiden, ob beim Erwärmen ein thermischer oder ein oxydativer Abbau eintritt, wurden 0,2 gd-mol. (also 1,36%) Balatalösungen in Tetralin unter $CO_2$-Atmosphäre und unter Luft den verschiedensten Bedingungen ausgesetzt (Tabelle 285).

Tabelle 285. Spezifische Viscositäten 0,2 grundmolarer bzw. 1,36 proz. Balatalösungen in Tetralin.

(Gemessen im UBBELOHDEschen Viscosimeter bei 30 cm Hg Überdruck.)

| Nr. | Versuchsbedingungen | Tetralin $CO_2$-haltig gemessen bei | | | Tetralin lufthaltig gemessen bei | | |
|---|---|---|---|---|---|---|---|
| | | 20° | 60° | abgekühlt auf 20° | 20° | 60° | abgekühlt auf 20° |
| I | Gemessen sofort nach dem Lösen . . | 5,64 | 5,00 | 5,52 | 5,06 | 4,52 | 4,90 |
| II | Nach 20 stündigem Erhitzen auf 60° . | 4,01 | 3,60 | 4,00 | 2,81 | 2,54 | 2,67 |
| III | Nach 100 stündigem Erhitzen auf 60° . | 4,82 | 4,29 | 4,80 | 2,65 | 2,41 | 2,57 |
| IV | Nach 400 stündigem Erhitzen auf 60° . | 3,20 | 2,89 | 3,20 | 2,44 | 2,22 | 2,36 |
| V | Nach 400 stündigem Schütteln bei Zimmertemperatur . . . . . . . . . | 3,95 | 3,53 | 3,95 | 3,36 | 2,95 | 3,18 |
| VI | Nach 400 stündigem Stehen am Licht bei Zimmertemperatur . . . . . . . . | 3,81 | 3,39 | 3,80 | 3,30 | 3,01 | 3,17 |
| VII | Nach 400 stündigem Stehen im Dunkeln bei Zimmertemperatur . . . . . . . | 4,32 | 3,79 | 4,28 | 3,43 | 3,05 | 3,30 |

Bei Gegenwart von Luft tritt schon beim Lösen ein gewisser Abbau ein (Tabelle 285, Nr. I), der beim Erwärmen (II—IV), Schütteln (V) oder beim Stehen (VI—VII) noch sehr viel stärker wird. Merkwürdigerweise sind aber auch die $CO_2$-haltigen Lösungen etwas abgebaut worden. Zur Erklärung dieses abnormen Verhaltens kommen drei Möglichkeiten in Betracht:

1. Die Makromoleküle erleiden schon beim Erhitzen auf 60° einen thermischen Abbau. Es ist aber dann nicht einzusehen, weshalb die spez. Viscosität der Lösungen, die bei Zimmertemperatur aufbewahrt wurden (V—VII), ebenfalls geringer wird.

2. Das Lösungsmittel konnte noch Spuren von gelöstem Sauerstoff enthalten, mit anderen Worten, die hier angewandte Reinigungsmethode war ungenügend.

3. Als letzte Möglichkeit kommt in Betracht, daß die Kohlensäure selbst am Abbau beteiligt ist. Das erscheint auf den ersten Blick unwahrscheinlich; wenn

---

[1] Ztschr. f. anorg. u. allg. Ch. **124**, 61 (1922).

man aber bedenkt, daß schon geringe Spuren von Säuren, z. B. von Halogenwasserstoff, Trichloressigsäure, die Viscosität von Kautschuk- und Balatalösungen erniedrigen, da die Moleküle durch die Säuren gespalten werden, dann ist es nicht ausgeschlossen, daß auch Kohlensäure in geringem Maße einen spaltenden Einfluß auf die Balatamoleküle ausübt[1].

Zur Klärung letzterer Frage wurden 0,2 gd-mol. Balatalösungen in *völlig* luftfreiem Tetralin, das mit trockenem und feuchtem $CO_2$ gesättigt war, angesetzt und wieder verschiedenen Versuchsbedingungen unterworfen (Tabelle 286). Die

Tabelle 286. Spezifische Viscositäten 0,2 grundmolarer bzw. 1,36proz. Balatalösungen.

(Gemessen im Ostwaldschen Viscosimeter bei 20°.)

| Nr. | Versuchsbedingungen | $CO_2$-haltiges Tetralin | |
|---|---|---|---|
| | | trocken | feucht |
| I | Gemessen sofort nach dem Lösen . . . . . | 5,45 | 5,47 |
| II | Nach 100stündigem Erhitzen auf 60° . . . | 5,32 | 5,13 |
| III | Nach 400stündigem Stehen bei Zimmertemperatur . . . . . . . . . . . . . . . - | 5,43 | 5,30 |

Resultate zeigen, daß bei den ersten Messungen in $CO_2$-haltigem Tetralin (Tabelle 285) das Lösungsmittel noch Spuren von Luftsauerstoff enthalten hat, denn der Abbau ist hier geringer als dort. Immerhin tritt auch unter reiner $CO_2$-Atmosphäre ein geringfügiger Abbau selbst beim Stehen bei Zimmertemperatur ein. Wenn Kohlensäure spaltend auf Balata einwirkt, dann sollte in Gegenwart von Feuchtigkeit ein stärkerer Abbau als in völlig trockener $CO_2$-Atmosphäre stattfinden. Das ist auch tatsächlich der Fall (Tabelle 286).

Um den evtl. Einfluß auch von Kohlensäure auf Balata- und Kautschuklösungen auszuschalten, wurden die weiteren Versuche unter sorgfältig gereinigter Stickstoffatmosphäre ausgeführt.

### c) Viscositätsmessungen in luftfreiem Tetralin unter reiner Stickstoffatmosphäre.

Um zu entscheiden, ob neben dem oxydativen noch ein thermischer Abbau der Balata eintritt, wurden gleichartige Versuche wie in Tabelle 285 in reinem Stickstoff durchgeführt, und zwar wurde das Lösungsmittel im $N_2$-Strom destilliert, um es völlig vom Luftsauerstoff zu befreien. Eine analoge Versuchsreihe wurde unter Sauerstoffatmosphäre vorgenommen, um die Größe des oxydativen Abbaus kennenzulernen. Bei den Versuchen unter Luftausschluß wurden alle Operationen, vom Lösen der Substanz bis zur Messung selbst, in reiner Stickstoffatmosphäre durchgeführt. Derartige Lösungen können zum Unterschied von den sauerstoffhaltigen Lösungen kurze Zeit auf 60° erwärmt werden, ohne daß sich die Viscosität ändert (Tabelle 287, I); auch bei langem Stehen im Licht, im Dunkeln oder beim Schütteln (VI, VII, VIII) tritt ebenfalls bei völligem Luftausschluß keine Veränderung ein; dagegen erfolgt beim Erhitzen auf 60° ein sehr geringer Abbau, der mit der Erhitzungsdauer zunimmt (II, III, IV, V). Da Sauerstoff nicht zugegen ist, muß es sich hier um einen thermischen

---

[1] Vgl. H. Staudinger u. H. Joseph: Ber. Dtsch. Chem. Ges. **63**, 2888 (1930).

# DIE HOCHMOLEKULAREN ORGANISCHEN VERBINDUNGEN

## – KAUTSCHUK UND CELLULOSE –

VON

# HERMANN STAUDINGER

DR. PHIL. · O. PROFESSOR · DIREKTOR DES CHEMISCHEN LABORATORIUMS
DER UNIVERSITÄT FREIBURG I. BR.

MIT 113 ABBILDUNGEN

NEUDRUCK

SPRINGER-VERLAG

BERLIN · GÖTTINGEN · HEIDELBERG

1960

ISBN-13: 978-3-642-64945-5     e-ISBN-13: 978-3-642-64954-7
DOI:10.1007/978-3-642-64954-7

© by Springer-Verlag OHG / Berlin · Göttingen · Heidelberg 1960
Softcover reprint of the hardcover 1st edition 1960

# Vorwort.

In den Lehrbüchern der organischen Chemie werden bisher die hochmolekularen Naturstoffe, z. B. der Kautschuk und die Cellulose, wie auch die synthetischen Hochmolekularen, die Polyoxymethylene, Polystyrole, Polyvinylacetate usw., mit einer großen Zurückhaltung behandelt. Dabei handelt es sich um ein Gebiet, das für die Weiterentwicklung der organischen Chemie, ebenso für die Biologie und die Kolloidchemie von der größten Bedeutung ist. Die hochmolekularen Verbindungen haben weiter auch für die Technik ein hervorragendes Interesse, da wichtige Kunstprodukte, die künstlichen Faserstoffe, ebenso Lacke, Harze hierher gehören.

Diese Zurückhaltung mag daran liegen, daß die Verfasser der betreffenden Lehrbücher den Standpunkt vertreten, man dürfe die Studierenden und ebenso den im Beruf stehenden Chemiker nicht mit Fragen belasten und ihnen Anschauungen übermitteln, die noch nicht völlig geklärt und in starkem Wandel begriffen seien. Wenn man die Literatur des letzten Jahrzehnts auf dem Gebiet der hochmolekularen Naturstoffe durchblättert, so sieht man in der Tat eine Fülle verschiedenartiger Anschauungen über ihren Aufbau. Es sind vielleicht auf keinem Gebiet der Chemie so divergierende Auffassungen geäußert worden, wie gerade in diesem so bedeutungsvollen Abschnitt der organischen Chemie. Dies ist darauf zurückzuführen, daß die hochmolekularen Verbindungen der Bearbeitung nach den gewöhnlichen Methoden der organischen Chemie besondere Schwierigkeiten entgegensetzen, hauptsächlich deshalb, weil sie kolloide Lösungen bilden. Aus diesem Grund hat man bei ihnen ein besonderes, von dem der übrigen organischen Verbindungen abweichendes Bauprinzip vermutet. Unter dem Einfluß der Kolloidchemie fand im letzten Jahrzehnt die Auffassung eine weite Verbreitung, daß die kolloiden Lösungen dieser hochmolekularen Stoffe micellar gebaute Kolloidteilchen ähnlich denjenigen der Seifen enthielten, und daß darauf die Kolloidphänomene zurückzuführen seien. So schien es mehr eine Aufgabe der Kolloidchemie als der organischen Chemie zu sein, über diese Stoffe und die Natur ihrer kolloiden Lösungen Aufklärung zu verschaffen.

Die Zurückhaltung der organischen Chemie gegenüber diesem Gebiet ist allerdings nicht verständlich, wenn man bedenkt, daß bereits vor einer Reihe von Jahren an einfachen synthetischen Verbindungen der Aufbau der hochmolekularen Stoffe geklärt worden ist. Es ist auffallend, daß auch in neueren Lehrbüchern der organischen Chemie und der Kolloidchemie die Bedeutung dieser Untersuchungen für die Aufklärung der Konstitution der Naturstoffe übersehen und unrichtige Vorstellungen über den Bau derselben vertreten werden. Der am besten untersuchte synthetische hochpolymere Körper ist das Polyoxymethylen. Gerade an diesem Beispiel ist der Aufbau eines hochmolekularen Stoffes aus

Fadenmolekülen klar erkannt und festgestellt worden, daß letztere sich in gleicher Weise zu einem Krystall zusammenlagern, wie die Moleküle der Paraffine und Fettsäuren nach den grundlegenden Arbeiten der BRAGGschen Schule. Die neuen Erkenntnisse über die Konstitution der hochmolekularen Verbindungen bedürfen in Zukunft einer ihrer Bedeutung angemessenen Behandlung in den Lehrbüchern, hauptsächlich nachdem es sich ergeben hat, daß die Viscosität von Lösungen dieser Stoffe durch die Gestalt ihrer Moleküle bedingt ist und daß Viscositätsuntersuchungen eine einfache neue Methode zur Bestimmung der Molekülgröße sind.

Da bis jetzt von uns über die experimentellen Resultate auf diesem Gebiet nur in ca. 100 Einzelarbeiten berichtet wurde und eine zusammenfassende Darstellung der Methoden der Konstitutionsaufklärung fehlte, so war anfangs gemeinsam mit dem Verlag beabsichtigt, die sämtlichen früheren Arbeiten mit einer Reihe von neueren Untersuchungen zum Abdruck zu bringen, um so zu zeigen, welche experimentellen Untersuchungen notwendig waren, um die Konstitution der hochmolekularen Naturstoffe im Sinne der KÉKULÉschen Strukturlehre aufzuklären. Es sollten dabei in Anmerkungen frühere Vorstellungen über den Bau der Hochmolekularen, sofern es sich als notwendig erwies, berichtigt werden, so daß der Leser hätte beurteilen können, wieweit die experimentellen Ergebnisse früher eine richtige Deutung erfuhren. Die Zeitumstände verhinderten aber vorläufig die Herausgabe eines solchen umfangreichen Werkes, und so sind in vorliegendem Buch einstweilen nur eine größere Reihe neuer, bisher noch nicht publizierter Arbeiten zusammengestellt. Sie behandeln die Konstitutionsaufklärung von einigen synthetischen Produkten als Modelle von wichtigen Naturstoffen und weiter die Konstitutionsaufklärung von Kautschuk, Balata und Cellulose. Nur eine ältere Arbeit, die in der Kautschukzeitschrift im Jahre 1925 erschien, kommt dabei vollständig mit zum Abdruck, weil an dieser als Beispiel gezeigt werden kann, welche Änderungen in den früheren Anschauungen über die Hochpolymeren auf Grund neuerer Untersuchungen vorgenommen werden mußten. Diesen experimentellen Arbeiten ist eine Zusammenfassung vorangestellt, welche die Methoden der Konstitutionsaufklärung und ihre wichtigsten Ergebnisse behandelt. Durch diese zusammenfassende Publikation hoffe ich zeigen zu können, daß hier ein Gebiet vorliegt, in dem sichere Aussagen sehr wohl möglich und die grundlegenden Fragen aufgeklärt sind.

Eine abschließende Darstellung des gesamten Gebietes ist hingegen noch nicht gegeben. So wurde der wichtigste Abschnitt der Chemie der Hochpolymeren, die Eiweißstoffe, noch nicht behandelt. Denn gerade auf diesem Gebiet muß man sich vor Verallgemeinerungen hüten und die Konstitutionsaufklärung eines jeden hochmolekularen Stoffes mit allen seinen komplizierten Eigenschaften für sich durchführen. Aus dieser Notwendigkeit ergab sich auch die Disposition des vorliegenden Buches, die Beschreibung der Stoffe und ihres Verhaltens in Einzeldarstellungen zu geben.

Diese Untersuchungen kamen zu Ergebnissen über Gestalt und Größe der Moleküle, die durch ihre Neuartigkeit überraschen; denn die Moleküle der hochmolekularen Stoffe sind lange, faden- oder stabförmige Gebilde, die in der einen Dimension 1000 mal länger sind als in den beiden anderen. Diese Gestalt der Moleküle bestimmt ihr ganzes Verhalten, hauptsächlich die Natur ihrer kolloiden Lösungen. So sind die neuen Ergebnisse auch bedeutungsvoll für die Kolloidchemie und

fordern eine grundlegend neue Einteilung der kolloiden Systeme, da die bisherige Klassifikation derselben in Suspensoide und Emulsoide, lyophobe und lyophile nicht mehr ausreicht. Die Gruppe der hochmolekularen Stoffe, der Molekülkolloide, verlangt eine Abtrennung von den anderen Kolloiden und eine gesonderte Behandlung.

Durch den Nachweis, daß Moleküle von einer solchen Größe existieren, erfährt das Gebiet der organischen Chemie eine bedeutende Erweiterung. Die ungeheuere Bindefähigkeit des Kohlenstoffs macht die Existenz einer unendlichen Zahl von verschiedenartigen Molekülen möglich, die mit komplizierten, festgefügten Bauwerken zu vergleichen sind. Zum Verständnis der Lebensvorgänge fordert auch die biologische Chemie eine solche unendliche Zahl von organischen Stoffen und somit Reaktionsmöglichkeiten. Die organische Chemie, die man vor kurzem in ihren wesentlichen Teilen für abgeschlossen ansah, steht somit erst am Anfang ihrer eigentlichen Entwicklung.

Die bisherigen Ergebnisse über den Bau der Hochmolekularen sind das Resultat einer gemeinsamen Arbeit, zu der eine Reihe von Forschern Beiträge geliefert haben und an der eine große Zahl von Mitarbeitern sich in unermüdlicher Tätigkeit jahrelang beteiligt hat. Aus der am Schluß angefügten Zusammenstellung sämtlicher bisheriger Arbeiten geht der Anteil der einzelnen Mitarbeiter hervor. An der Bearbeitung des vorliegenden Buches haben sich die Herren Dr. H. FREUDENBERGER, Dr. W. HEUER, Dr. W. KERN, Dr. E. O. LEUPOLD, Dr. H. LOHMANN, Dr. H. SCHOLZ, Dr. E. TROMMSDORFF, ferner Herr cand. chem. H. HAAS beteiligt. Dieselben Herren haben mich auch in wertvoller Weise bei den Arbeiten zur Fertigstellung des Buches, bei der Durchsicht der Korrekturen und der Anlegung des Inhalts- und Sachverzeichnisses unterstützt. Für diese Mitarbeit bei der Herausgabe des Buches wie auch an den jahrelangen experimentellen Untersuchungen danke ich den genannten Herren auf das herzlichste. Ebenso möchte ich an dieser Stelle allen anderen Herren meinen wärmsten Dank aussprechen, die sich an diesen Untersuchungen beteiligt haben, vor allem Herrn Privatdozenten Dr. R. SIGNER, der seit Jahren an diesen Arbeiten mitgewirkt und wertvolle Beiträge geliefert hat.

Auch dem Verlag Julius Springer bin ich zu großem Dank verpflichtet, daß er in dieser ungünstigen Zeit die Drucklegung dieser Untersuchungen übernommen hat.

Die Untersuchungen wären nicht durchzuführen gewesen, wenn nicht mannigfaltige Unterstützungen denselben gewährt worden wären: der Notgemeinschaft der deutschen Wissenschaften, der Justus Liebig-Gesellschaft und den verschiedenen Werken der I. G. Farbenindustrie, vor allem der Direktion der I. G. Farbenindustrie, Werk Leverkusen, möchte ich für die mannigfaltige Förderung meinen verbindlichsten Dank aussprechen.

Freiburg i. Br., 14. Mai 1932.

**H. STAUDINGER.**

Diesem Buch liegen zugrunde die 1.—69. Mitteilung über hochpolymere Verbindungen und 1.—39. Mitteilung über Isopren und Kautschuk.

Zu diesen Untersuchungen haben Beiträge geliefert die Herren Geheimrat Prof. Dr. G. MIE, Freiburg, und Prof. Dr. P. SCHLÄPFER, Zürich, die Privatdozenten Dr. H. W. KOHLSCHÜTTER und Dr. R. SIGNER, Dr. G. BOEHM, Dr. J. HENGSTENBERG, Dr. E. KONRAD und Dr. E. SAUTER.

Als Mitarbeiter beteiligten sich in den Jahren 1920—1926 an der Eidgenössischen Technischen Hochschule in Zürich die Herren Dr. A. A. ASHDOWN, Dr. M. BRUNNER, Dr. H. A. BRUSON, Dr. K. FREY, Dr. J. FRITSCHI, Dr. E. GEIGER, Dr. E. HUBER, Dr. H. JOHNER, Dr. M. LÜTHY, Dr. E. W. REUSS, Dr. A. RHEINER, Dr. G. SCHIEMANN, Dr. J. R. SENIOR, Dr. R. SIGNER, Dr. E. URECH, Dr. S. WEHRLI, Dr. G. WIDMER, Dr. W. WIDMER und Prof. S. YAMASHITA.

In den Jahren 1926—1932 beteiligten sich an den Arbeiten im chemischen Universitätslaboratorium in Freiburg i. Br. die Herren Prof. Dr. M. ASANO, Dr. O. BÄCHLE, Dr. H. F. BONDY, Dr. F. BREUSCH, Dr. W. FEISST, Dr. TH. FLEITMANN, Dr. H. FREUDENBERGER, Dr. K. FREY, Dr. W. FROST, Dr. P. GARBSCH, Dr. H. GROSS, cand. chem. H. HAAS, Dr. W. HEUER, Dr. H. JOSEPH, Dr. W. KERN, Privatdozent Dr. H. W. KOHLSCHÜTTER, Dr. E. O. LEUPOLD, Dr. H. LOHMANN, Dr. H. MACHEMER, Prof. Dr. R. NODZU, Prof. Dr. E. OCHIAI, Dr. D. RUSSIDIS, Dr. W. SCHAAL, Dr. H. SCHOLZ, Dr. A. SCHWALBACH, Dr. O. SCHWEITZER, Privatdozent Dr. R. SIGNER, Dr. W. STARK, Dr. H. THRON, Prof. Dr. N. J. TOIVONEN, Dr. E. TROMMSDORFF und Dr. V. WIEDERSHEIM.

# Inhaltsverzeichnis.

## Erster Teil.

### Die Konstitutionsaufklärung der hochmolekularen organischen Verbindungen (Kautschuk und Cellulose).

Zweiter Teil.
## Über synthetische hochmolekulare Stoffe.

Dritter Teil.

## Über hochmolekulare Naturprodukte I.
### Kautschuk und Balata.

## Vierter Teil.

## Über hochmolekulare Naturprodukte II.
## Cellulose.

Gruppen gebildet werden, und zwar sind die höhermolekularen Produkte empfindlicher als die niedermolekularen Produkte. Deshalb werden dort zu niedere Molekulargewichte gefunden. Darauf sind die Unstimmigkeiten bei der Molekulargewichtsbestimmung hochmolekularer Produkte zurückzuführen. Daß bei Hochmolekularen die Empfindlichkeit der Moleküle mit zunehmender Kettenlänge wächst, ist aus zahlreichen Beispielen bekannt[1]. Im vorliegenden Fall ist anzunehmen, daß neben dem oxydativen Angriff der Endgruppe noch eine oxydative Spaltung der Kette eintritt.

Von diesen Triacetylcellulosen wurden Viscositätsmessungen in verschieden konzentrierten m-Kresollösungen ausgeführt. Berechnet man bei den verschiedenen Reihen die $K_m$-Konstante, so schwankt sie etwas; der Durchschnittswert der drei ersten Reihen, in denen bei tiefer Temperatur verseift wurde, beträgt $10,3 \cdot 10^{-4}$. Zum Bestimmen des Mittelwertes der Konstante wurden nur die $K_m$-Werte der Triacetylcellulosen bis zum Molekulargewicht 10000 benutzt. Die $K_m$-Werte der höhermolekularen Produkte sind nicht übereinstimmend und viel zu groß, da die Molekulargewichte derselben, wie gesagt, zu klein gefunden sind.

Man könnte auch denken, daß die geringe Übereinstimmung der $K_m$-Werte bei den höhermolekularen Triacetylcellulosen daher rührt, daß der Zusammenhang $\eta_{sp}/c = K_m \cdot M$ nur für relativ niedermolekulare Produkte gültig ist, dagegen bei hochmolekularen nicht mehr besteht. Dies ist nicht wahrscheinlich; denn diese Beziehung gilt für ausgesprochen fadenförmige Moleküle; so ist zu erwarten, daß sich die bei niederen Gliedern gefundenen Beziehungen zwischen Viscosität und Kettenlänge auch zur Molekulargewichtsbestimmung der höheren benutzen lassen. Das Verhalten der höhermolekularen Triacetylcellulosen in Lösung ist, wie im folgenden gezeigt wird, ein völlig gleichartiges wie das der niedermolekularen; auch daraus ist zu schließen, daß für sämtliche Glieder der polymerhomologen Reihe sich gleiche Beziehungen zwischen Viscosität und Molekulargewicht ergeben.

In neuester Zeit ist durch Untersuchungen von R. O. HERZOG und A. DERIPASKO[2] auch für hochmolekulare Acetylcellulosen gezeigt worden, daß Beziehungen zwischen Molekulargewicht und spez. Viscosität gleichkonzentrierter Methylglykollösungen bestehen. Dabei wurde das Molekulargewicht auf osmotischem Weg bestimmt. Aus der nachstehenden Zusammenstellung einiger Werte aus der HERZOGschen Arbeit und den daraus berechneten $K_m$-Konstanten geht hervor, daß auch in diesem Fall die quantitativen Beziehungen die gleichen sind, wie wir sie festgestellt haben.

Tabelle 336. Osmotische Molekulargewichte von hochmolekularen Acetylcellulosen nach R. O. HERZOG und A. DERIPASKO und daraus berechnete $K_m$-Konstanten.

| Substanz[3] | $\eta_{sp}$ der Acetate in Methylglykol $20°$ | $\eta_{sp}/c$ $c=0,0087$ gd-mol. | $M$ aus osmotischen Messungen | $K_m$ |
|---|---|---|---|---|
| $A_{III} M$ . . . | 0,61 | 70,1 | 74000 | $9,5 \cdot 10^{-4}$ |
| $M_{II}$ . . . . | 0,50 | 57,4 | 55300 | 10,4 „ |
| $C_{II}$ . . . . | 0,21 | ·24,1 | 22650 | 10,6 „ |

[1] Vgl. S. 154.
[2] HERZOG, R. O., u. A. DERIPASKO: Cellulosechemie **13**, 25 (1932).
[3] Bezeichnung der Substanzen nach R. O. HERZOG: l. c.

## V. Die $K_m$- und $K_{\text{äqu}}$-Konstante von Poly-triacetyl-celloglucan-diacetaten.

### 1. Zusammenstellung der $K_m$-Konstanten.

Die folgende Zusammenstellung (Tabelle 337) der bei nieder- und höhermolekularen Acetaten experimentell bestimmten $K_m$-Werte zeigt, daß die $K_m$-Konstante, die sich bei niedermolekularen Produkten ergeben hat, auch bei höhermolekularen bis zu einem Polymerisationsgrad von ca. 250 übereinstimmend gefunden wird. Das Mittel der $K_m$-Konstanten der verschiedenen Bestimmungen

Tabelle 337. Zusammenstellung der $K_m$-Konstanten.

| Poly-triacetyl-cello-glucan-diacetate | Mol.-Gew. | Polymeri-sationsgrad | Molekulargewichts-bestimmungsmethode | $K_m$ | $K_m$ Mittel |
|---|---|---|---|---|---|
| Niedermolekular fraktioniert | 1000 bis 3000 | 3—10 | Kryoskopisch | $11{,}6 \cdot 10^{-4}$ | $11{,}6 \cdot 10^{-4}$ |
| | | | Jodometrisch | $10{,}0$ „ <br> $10{,}5$ „ | $10{,}3 \cdot 10^{-4}$ |
| Höhermolekular unfraktioniert | 3000 bis 15000 | 10—50 | Jodometrisch | $9{,}3$ „ <br> $10{,}5$ „ <br> $11{,}1$ „ <br> $(13{,}6$ „ $)$ | $10{,}3 \cdot 10^{-4}$ |
| Hochmolekular | 23000 bis 74000 | 80—250 | Osmotisch | $10{,}2$ „ | $10{,}2 \cdot 10^{-4}$ |

Mittel sämtlicher Versuche: $K_m = 10{,}6 \cdot 10^{-4}$.

beträgt $10{,}6 \cdot 10^{-4}$, also abgerundet $11 \cdot 10^{-4}$. Da in einem Grundmolekül der Triacetylcellulose 5 Kettenatome enthalten sind, so ergibt sich eine $K_{\text{äqu}}$-Konstante von $\dfrac{11 \cdot 10^{-4}}{5} = 2{,}2 \cdot 10^{-4}$. Diese ist wesentlich höher als die $K_{\text{äqu}}$-Konstante, die sich allgemein bei Fadenmolekülen ergeben hat und für Benzollösungen $0{,}85 \cdot 10^{-4}$ beträgt. Der Unterschied der spez. Viscositäten in verschiedenen Lösungsmitteln ist nur unerheblich, so daß sich daraus die große Differenz zwischen der $K_{\text{äqu}}$-Konstante von Celluloseacetaten in m-Kresol und der $K_{\text{äqu}}$-Konstante von anderen Stoffen mit Fadenmolekülen nicht erklären läßt. Die folgenden Versuche und Berechnungen zeigen aber, daß die Konstante der Celluloseacetate richtig ermittelt wurde; der Unterschied beruht darauf, daß Ringe in der Kette enthalten sind. Solche haben einen viscositätserhöhenden Einfluß.

### 2. Berechnung der $K_m$-Konstante für Poly-triacetyl-celloglucan-diacetate aus Viscositäten niedermolekularer Glykosederivate.

Es ist bekannt, daß man die Viscosität eines Esters nach folgender Formel berechnen kann[1]:

$$\eta_{\text{sp}(1,4\%)} = n \cdot y + x, \qquad (11)^2$$

wobei $n$ die Zahl der Kettenkohlenstoffatome und $y$ den Viscositätsbetrag eines solchen Kohlenstoffatoms bedeutet, der für $CCl_4$-Lösungen $1{,}6 \cdot 10^{-3}$ und für Benzollösungen $1{,}2 \cdot 10^{-3}$ beträgt; $x$ ist der Viscositätsbetrag für die O-Atome der Estergruppierung. Wenn man nun Tetraacetyl-glykosederivate darstellt, deren Halbacetal mit Fettsäuren verschiedener Länge verestert ist, dann ist der

---

[1] STAUDINGER, H., u. E. OCHIAI: Ztschr. f. physik. Ch. (A) **158**, 35 (1931).
[2] Vgl. S. 61.

Tetraacetyl-glykoserest in einem Fadenmolekül eingebaut, dessen spez. Viscosität sich zusammensetzt aus der Summe der Viscositätsbeträge der einzelnen Ketten-C-Atome $n \cdot y$, aus dem Betrag der Estergruppierung $x$ und dem Viscositätsbetrag $z$ des 2, 3, 6-Triacetyl-glykoserestes, also der Baugruppe, die sich in den Poly-triacetyl-celloglucan-diacetaten wiederholt.

$$
\begin{array}{c}
\qquad\qquad\quad \overset{\displaystyle AcO\quad OAc}{\underset{\displaystyle \underset{\displaystyle CH_2OAc}{|}}{\underset{\displaystyle \overline{CH}\;O}{\overset{\displaystyle |\quad\;\;|}{CH\;CH}}}} \\
\overset{O}{\overset{\|}{H_3C-C}}-O-HC\big\langle\;\;\;\big\rangle CH-O-\overset{O}{\overset{\|}{C}}-CH_2-CH_2\cdots CH_3 \\
\end{array}
$$

$$2\,y \qquad\qquad z \qquad x \qquad (n-2)\,y$$

also

$$\eta_{\mathrm{sp}\,(1,4\%)} = n \cdot y + x + z. \tag{13}$$

Es wurden Pentaacetyl-glykose, Monostearyl-tetraacetyl-glykose[1] und Monolauryl-tetraacetyl-glykose[2] untersucht. Zur Berechnung der Zahl der C-Atome in der Kette muß man, wie aus der Formel ersichtlich ist, zur Anzahl der C-Atome der am C-Atom 1 des Pyranringes veresterten Säure noch die 2 C-Atome der paraständigen Acetylgruppe zuzählen, da diese in die Länge des Moleküls mit eingehen. Auf diese Weise ergibt sich beim Einsetzen der bei anderen Verbindungen ermittelten Werte für $x$ und $y$ für die $\eta_{\mathrm{sp}}$-Werte einer 1,4 proz. Lösung folgende Zusammensetzung:

Für das Stearat: $\quad \eta_{\mathrm{sp}\,(1,4\%)} = 20 \cdot 1,2 \cdot 10^{-3} + 0,003 + z$

„　„ Laurinat: $\quad \eta_{\mathrm{sp}\,(1,4\%)} = 14 \cdot 1,2 \quad „ \quad + 0,003 + z$

„　„ Acetat: $\quad \eta_{\mathrm{sp}\,(1,4\%)} = \phantom{0}4 \cdot 1,2 \quad „ \quad + 0,003 + z$

---

[1] Zur Darstellung siehe K. Hess u. E. Messmer: Ber. Dtsch. Chem. Ges. **54**, 499 (1921). Es ist dazu zu bemerken, daß das Ausschütteln der ätherischen Lösung des Reaktionsproduktes mit $^{n}/_{10}$-NaOH zur Entfernung etwa vorhandener Fettsäure von einer weitgehenden Verseifung des Stearates begleitet ist. Daher wurde das Stearat aus dem Reaktionsprodukt ohne Behandlung mit verdünnter NaOH durch Auskrystallisieren aus Petroläther angereichert, dann aus Methanol und schließlich aus Äther-Petroläther umkrystallisiert: farblose, filzige Nadeln, Schmelzp. 76,5—77,5°.

$$C_{32}H_{54}O_{11}:\quad \text{ber.}\quad C\ 62,51 \qquad H\ 8,86$$
$$\text{gef.}\quad C\ 62,61 \qquad H\ 8,92$$
$$C\ 62,62 \qquad H\ 8,82$$

[2] Die Darstellung des Laurinats erfolgte wie die des Stearats aus Acetobromglykose und Silberlaurinat. Letzteres wurde erhalten aus dem aus Na-Methylat und Laurinsäure dargestellten Na-Laurinat in Methanol und der äquivalenten, in wenig Wasser gelösten Menge Silbernitrat. Nach Auswaschen mit heißem Methanol und später mit heißem Wasser wurde es getrocknet.

*Monolauryl-tetraacetyl-glykose:* 4,6 g Silberlaurinat wurden mit 6,55 g Acetobromglykose in 75 ccm Toluol eine halbe Stunde auf dem Dampfbad und anschließend noch kurze Zeit zum Sieden erhitzt. Die filtrierte Toluollösung wurde bei 60° im Vakuum völlig eingeengt. Der nach Erkalten zu einem Krystallkuchen erstarrte Rückstand wurde in Äther aufgenommen und mit $^{n}/_{10}$-NaOH ausgeschüttelt. Im Gegensatz zum Stearat bleibt hierbei das Laurinat unangegriffen. Nach Trocknen der mit Wasser ausgewaschenen ätherischen Lösung mit $CaCl_2$ wurde im Vakuum eingedampft und der Rückstand zweimal aus Petroläther-Äther (5 : 1) umkrystallisiert: farblose, filzige Nadeln, Schmelzp. 59°.

$$C_{26}H_{42}O_{11}:\quad \text{ber.}\quad C\ 58,86 \qquad H\ 7,92$$
$$\text{gef.}\quad C\ 59,09 \qquad H\ 8,06$$

Unter Verwendung der viscosimetrisch ermittelten Werte für $\eta_{sp(1,4\%)}$ des Acetates, Laurinates und Stearates errechnen sich nachstehende Werte für den Viscositätsbeitrag $z$ eines Triacetyl-glykoserestes in 1,4proz. m-Kresollösung:

|  | gef. $\eta_{sp(1,4\%)}$ | $z = \eta_{sp(1,4\%)} - (n \cdot 1,2 \cdot 10^{-3}) - 0,003$ |
|---|---|---|
| Stearat . . . . . . . . . . . | 0,0405 | 0,0135 |
| Laurinat . . . . . . . . . . . | 0,0335 | 0,0137 |
| Acetat . . . . . . . . . . . | 0,0262 | 0,0184 |

Daß der aus der Acetatmessung berechnete Wert für $z$ von den beiden anderen abweicht, liegt wohl an der wenig ausgebildeten Fadenform des Acetatmoleküls.

Aus Viscositätsmessungen am Cellobiose-octacetat läßt sich der Wert für $z$ auf ganz analoge Weise berechnen, wobei man in Betracht ziehen muß, daß 2 endständige Acetylgruppen und 2 Glykosegruppen in der Kettenlängsrichtung stehen:

$$\eta_{sp(1,4\%)} = 4 \cdot 1,2 \cdot 10^{-3} + 0,003 + 2z.$$

| $\eta_{sp(1,4\%)}$ gef. | $z$ ber. |
|---|---|
| 0,0418 | 0,0170 |

Auch hier dürfte der etwas zu hohe Wert wie beim Glykoseacetat in der noch wenig ausgebildeten Kettenform des Moleküls zu suchen sein.

Die so an einheitlichen Stoffen wohlbekannter Konstitution ermittelte spez. Viscosität einer Triacetylglykosegruppe ($z$) stimmt mit der durch Viscositätsmessungen an Triacetylcellulosen gefundenen innerhalb der Fehlergrenzen überein. Bei Triacetylcellulosen ist

$$z = \eta_{sp(1,4\%)} = 0,0154.$$

Dieser Wert läßt sich aus der experimentell ermittelten $K_m$-Konstante der Triacetylcellulosen $(11 \cdot 10^{-4})$ folgendermaßen ermitteln. Die $K_m$-Konstante ist die spez. Viscosität einer grundmolaren Lösung für das Molekulargewicht 1; also ist die spez. Viscosität für ein Poly-triacetyl-celloglucan-diacetat vom Molekulargewicht 1 in einer 28,8proz. Lösung gleich $11 \cdot 10^{-4}$; demnach muß sie in einer 1,4proz. Lösung für das Grundmolekül 288:

$$\eta_{sp(1,4\%)} = \frac{11 \cdot 10^{-4} \cdot 288 \cdot 1,4}{28,8} = 0,0154$$

betragen.

Man könnte denken, daß die Bestimmung des Wertes von $z$ aus den $K_m$-Konstanten hemikolloider Poly-triacetyl-celloglucan-diacetate insofern fehlerhaft ist, als man dort die Kettenverlängerung durch die beiden endständigen Acetylgruppen, wie sie z. B. bei der Octacetyl-cellobiose in die Rechnung mit aufgenommen wurde, nicht berücksichtigt hat. Aber die Viscosität der Acetylgruppen ist im Vergleich zu einer langen Reihe von Glykoseresten so gering, daß sie weiter nicht in Betracht gezogen zu werden braucht.

### 3. Berechnung der $K_m$-Konstante aus anderen Viscositätsuntersuchungen [1].

Der hohe Wert der $K_m$-Konstante bei Celluloseacetaten beruht darauf, daß die Fadenmoleküle Ringe enthalten, die erfahrungsgemäß einen stark viscositätserhöhenden Einfluß besitzen. So wurde von R. Bauer[2] für den Cyclohexylrest

---

[1] Vgl. S. 73.     [2] Nach unveröffentlichten Versuchen; vgl. S. 63.

in 1,4proz. Lösung ein Inkrement von $9 \cdot 10^{-3}$ ermittelt. Setzt man dasselbe Inkrement für den Pyranrest bei der Berechnung der Viscosität eines Grundmoleküls der Acetylcellulose ein, so ergibt sich folgender Betrag:

$$\eta_{sp(1,4\%)} = n \cdot 1{,}2 \cdot 10^{-3} + 0{,}009.$$

Dabei ist $n = 5 = $ der Zahl der Atome des Grundmoleküls in Längsrichtung der Acetylcellulosekette. Es ergibt sich also $\eta_{sp(1,4\%)} = 0{,}0150$, was in bester Übereinstimmung mit den gefundenen Werten steht.

*Man kann also heute das Molekulargewicht von Triacetylcellulose aus Viscositätsmessungen berechnen, ohne daß man durch Untersuchung der polymerhomologen Reihe die $K_m$-Konstante ermittelt. Es läßt sich die Größe dieser $K_m$-Konstante aus allgemeinen Viscositätsbeziehungen ermitteln, also aus Viscositätsmessungen an Paraffinen und Cyclohexanderivaten.*

Es zeigt sich so, daß die seitenständigen Acetylgruppen keinen Anteil an der Viscosität der Acetylcellulose haben, daß also allein die in Richtung der Cellulosekette angeordneten Glieder die Viscosität additiv zusammensetzen, vorausgesetzt, daß man die Viscosität gleichprozentiger Lösungen vergleicht.

Infolge des Ringinkrementes sind Acetylcelluloselösungen relativ höherviscos als Lösungen von Stoffen mit gleich langen Fadenmolekülen. In der folgenden Tabelle 338 sind die spez. Viscositäten 1,4proz. Lösungen für Acetyl-

Tabelle 338.

| | Zahl der Kettenglieder | Polymerisationsgrad | Mol.-Gew. | Kettenlänge Å | $\eta_{sp}/c$ | $\eta_{sp\,(1,4\%)}$ |
|---|---|---|---|---|---|---|
| Acetylcellulose . | 1000 | 200 | 57 600 | 1040 | 63,4 | 3,1 |
| Polystyrol . . | 1000 | 500 | 52 000 | 1250 | 9,4 | 1,3 |
| Kautschuk . . . | 1000 | 250 | 17 000 | 1125 | 5,1 | 1,1 |

cellulose, Polystyrol und Polyprene von gleicher Kettenlänge (1000 Kettenglieder) angegeben; es geht daraus hervor, daß eine Kautschukkette ca. dreimal länger sein muß als eine Acetylcellulosekette, um dieselbe spez. Viscosität hervorzurufen.

## VI. Molekulargewicht der hochmolekularen Triacetylcellulosen.

Die Konstitution der Triacetylcellulosen ist bis zu einem Polymerisationsgrad von 50 (Molgewicht = 15000) aufgeklärt. Hauptsächlich nachdem es gelungen ist, die experimentell gefundenen Ergebnisse auf verschiedenem Weg zu berechnen, ist die Frage nach der Molekülgröße der abgebauten Acetylcellulosen als gelöst zu betrachten. Es fragt sich nun, ob man die gesetzmäßige Beziehung zwischen Viscosität und Molekulargewicht auch dazu benutzen kann, das Molekulargewicht der hochmolekularen Triacetylcellulosen zu bestimmen. Man muß zu diesem Zweck untersuchen, ob in den Lösungen der hochmolekularen Triacetylcellulosen ebenfalls normale Moleküle enthalten sind; dazu muß man das Verhalten der Kolloidteilchen in der Lösung der hochmolekularen Stoffe studieren und sehen, ob es ebenso ist, wie dasjenige der hemikolloiden Glieder. Dieses kann nur durch Viscositätsuntersuchungen unter verschiedenen Bedingungen festgestellt werden.

## 1. Abweichungen vom HAGEN-POISEUILLEschen Gesetz.

Lösungen von hochmolekularen Acetylcellulosen zeigen in höherer Konzentration Abweichungen vom HAGEN-POISEUILLEschen Gesetz, wie z. B. die Untersuchungen von K. HESS und Mitarbeitern[1] zeigen.

Diese Autoren machen dafür eine aus den natürlichen Fasern stammende Fremdhaut verantwortlich. Merkwürdigerweise machen sie auf die analogen Verhältnisse bei anderen Molekülkolloiden, z. B. beim Polystyrol[2] und Kautschuk[3], nicht aufmerksam, so naheliegend dieser Vergleich ist. Bei diesen Produkten ist bewiesen, daß die anormalen Viscositätserscheinungen mit der Länge der Moleküle und ihrer Konzentration zusammenhängen. Diese Abweichungen sind um so größer, je länger die Moleküle sind; in konzentrierter Lösung sind sie beträchtlicher als in verdünnter; in sehr verdünnten Lösungen, bei $\eta_{sp}$-Werten von 0,1—0,5, treten die Viscositätsanomalien bei Produkten bis zu einer Kettenlänge von ca. 5000 Å nicht wesentlich zutage.

Wir überzeugten uns durch einige Messungen an hochmolekularen Triacetylcellulosen, wie groß diese Abweichungen werden können und wie weit sie bei

Tabelle 339. Abweichung vom HAGEN-POISEUILLEschen Gesetz zweier 0,025 gdmolarer m-Kresollösungen hochmolekularer Celluloseacetate.

| Triacetat | Meß-temperatur | Abhängigkeit von $\eta_{sp}$ vom Druck | | Abhängigkeit von $\eta_{sp}$ vom Geschwindigkeitsgefälle | | |
|---|---|---|---|---|---|---|
| | | $\eta_{sp}$ | Druck in mm Hg | $\eta_{sp}$ | Geschwindig-keitsgefälle | Rückgang von $\eta_{sp}$ in Proz. des Wertes bei Gf. = 200 |
| Dargestellt nach OST: gew. Temp. 4 Monate | 20° | 3,10 | 110 | 3,11 | 200 | 100 |
| | | 3,07 | 187 | 3,01 | 600 | 97 |
| | | 2,83 | 403 | 2,88 | 1000 | 93 |
| | | 2,68 | 584 | 2,70 | 1400 | 87 |
| Mol.-Gew. 74000 Polym.-Grad 260 | 60° | 2,14 | 15 | 2,15 | 200 | 100 |
| | | 2,14 | 28 | 2,14 | 600 | 100 |
| | | 2,15 | 59 | 2,14 | 1000 | 100 |
| | | 2,12 | 106 | 2,13 | 1400 | 100 |
| Dargestellt mit $H_2SO_4$: 30° 3 Stunden | 20° | 1,46 | 51 | 1,47 | 200 | 100 |
| | | 1,43 | 105 | 1,43 | 600 | 97 |
| | | 1,41 | 211 | 1,40 | 1000 | 95 |
| | | 1,38 | 392 | 1,38 | 1400 | 94 |
| Mol.-Gew. 40000 Polym.-Grad 140 | 60° | 1,08 | 8,7 | 1,08 | 200 | 100 |
| | | 1,08 | 15 | 1,08 | 600 | 100 |
| | | 1,08 | 28 | 1,08 | 1000 | 100 |
| | | 1,08 | 56 | 1,08 | 1400 | 100 |

[1] HESS, K., C. TROGUS, L. AKIM u. J. SAKURADA: Ber. Dtsch. Chem. Ges. **64**, 421, 1174 (1931). HESS glaubt, daß mit zunehmender Reinigung die Abweichungen vom HAGEN-POISEUILLEschen Gesetz verschwinden, und macht für das Auftreten einer „elastischen Komponente der scheinbaren Viscosität", mit anderen Worten für die Druckabhängigkeit, die bei der Reinigung und Acetylierung erhalten gebliebenen „membranisierten Teilchen" namentlich von Nichtcellulosestoffen verantwortlich.

[2] STAUDINGER, H., u. H. MACHEMER: Ber. Dtsch. Chem. Ges. **62**, 2921 (1929). Ferner auch H. STAUDINGER u. W. HEUER: Zweiter Teil, A. IV. 3.

[3] STAUDINGER, H., u. H. F. BONDY: Liebigs Ann. **488**, 127 (1931).

Rückschlüssen von der Viscosität auf das Molekulargewicht mit in Rechnung gezogen werden müssen.

In der vorstehenden Tabelle 339 ist für 0,025 gd-mol. = 0,72 proz. Lösungen zweier Acetylcellulosen die spez. Viscosität bei 20 und 60° in Abhängigkeit von verschiedenen Drucken und einigen graphisch ermittelten Geschwindigkeitsgefällen wiedergegeben.

Daraus ist zu ersehen, daß die $\eta_{sp}$-Werte bei Steigerung des Geschwindigkeitsgefälles auf das siebenfache selbst bei der relativ hohen spez. Viscosität von 3 auf nur 87% absinken; für niederviscose Lösungen von $\eta_{sp}$ 0,1—0,5 sind die Abweichungen vom HAGEN-POISEUILLEschen Gesetz noch unbedeutender. Dies läßt den Schluß zu, daß die Viscositätsmessungen hoch- und niedermolekularer Acetylcellulosen miteinander verglichen werden dürfen.

Das annähernd normale Verhalten der Acetylcelluloselösungen ist verständlich, denn starke Abweichungen vom HAGEN-POISEUILLEschen Gesetz treten bei Kohlenwasserstoffen erst ein, wenn die Zahl der Kettenglieder ca. 3000 und mehr ist. Die höchstmolekulare Acetylcellulose vom Polymerisationsgrad 300 besitzt nur 1500 Kettenatome; es müßten also erst bei der doppelten Kettenlänge die Abweichungen in starkem Maße auftreten[1].

## 2. Viscosität bei verschiedenen Temperaturen.

Den Bau der Kolloidteilchen kann man durch Untersuchung der Viscosität bei verschiedenen Temperaturen ermitteln. Bei micellarem Bau wird die Größe der Kolloidteilchen durch Temperaturerhöhung verändert; dies hat eine starke Abnahme der spez. Viscosität zur Folge. Für die hemikolloiden Glieder der Triacetylcellulosen wurde bewiesen, daß in den gelösten Teilchen normale Moleküle vorliegen. Es könnte nun sein, daß die Teilchen der gelösten Eukolloide micellaren Bau besitzen und keine einfachen Moleküle darstellen. In diesem Falle aber müßten sie sich bei Viscositätsmessungen bei verschiedenen Temperaturen ganz anders verhalten als die der Hemikolloide. Dies trifft nicht zu, wie folgende Versuche zeigen. Es wurde die Änderung der $\eta_{sp}$-Werte verschieden konzentrierter Lösungen einiger Glieder der polymerhomologen Reihe der Poly-triacetyl-celloglucan-diacetate beim Erwärmen auf 60° verfolgt. Dabei wurden die Konzentrationen so gewählt, daß bei allen untersuchten Verbindungen fünf etwa gleiche spez. Viscositätswerte in Höhe von ca. 0,1, 0,2, 0,8, 3 und 10 miteinander verglichen werden konnten. Aus der beifolgenden Tabelle 340 ist ersichtlich, daß die spez. Viscosität bei 60° kleiner ist als bei 20° und daß die prozentuale Abweichung[2] der verschiedenen $\eta_{sp}$-Werte bei allen Substanzen in niederviscosen Lösungen gleich ist. In hochviscosen Lösungen ist die Temperaturabhängigkeit größer; dies ist evtl. dadurch bedingt, daß in diesen konzentrierten Lösungen Assoziationen vorliegen.

Die Kolloidteilchen aller Acetylcellulosen weisen in bezug auf ihre Temperaturabhängigkeit ein gleiches Verhalten auf. Daraus ergibt sich, daß der Lösungs-

---

[1] Eine 1,4 proz. Lösung eines Kautschuks mit der Kettengliederzahl 3000 besitzt dieselbe spezifische Viscosität wie eine 1,4 proz. Lösung einer Acetylcellulose mit 1000 Kettengliedern (Polymerisationsgrad 200). Möglicherweise ist für die Abweichungen nicht die Länge der Moleküle, sondern die Höhe der $\eta_{sp}$-Werte maßgebend.

[2] Die spezifische Viscosität von gelösten Stoffen nimmt bei Temperaturerhöhung in gleicher Weise ab wie die absolute Viscosität von Flüssigkeiten.

Tabelle 340. Temperaturabhängigkeit verschieden konzentrierter m-Kresol-lösungen von hoch- und niedermolekularen Poly-triacetyl-celloglucan-diacetaten.

| Mol.-Gew. | Polymeri-sations-grad | Grund-molari-tät der m-Kre-sol-lösung | $\eta_{sp}$ | | | $\eta_{sp}/c$ | | | Temperaturabhängig-keit von $\eta_{sp}$ in Proz. bezogen auf den 20°-Wert | | |
|---|---|---|---|---|---|---|---|---|---|---|---|
| | | | 20° | 60° | 20° | 20° | 60° | 20° | 20° | 60° | 20° |
| 74000 | 257 | 0,05 | 10,81 | 6,40 | 10,76 | 216 | 128 | 215 | 100 | 59,2 | 99,4 |
| | | 0,025 | 3,140 | 2,138 | 3,142 | 125,6 | 85,5 | 125,7 | 100 | 68,1 | 100,1 |
| | | 0,009 | 0,791 | 0,586 | 0,781 | 87,9 | 65,1 | 86,8 | 100 | 74,1 | 98,8 |
| | | 0,003 | 0,221 | 0,173 | 0,218 | 73,7 | 57,7 | 72,7 | 100 | 78,3 | 98,6 |
| | | 0,0015 | 0,104 | 0,081 | 0,103 | 69,3 | 54,0 | 68,7 | 100 | 77,9 | 99,1 |
| 48000 | 165 | 0,08 | 12,26 | 7,21 | 12,13 | 153,3 | 90,1 | 151,7 | 100 | 58,8 | 98,9 |
| | | 0,04 | 3,532 | 2,382 | 3,512 | 88,3 | 59,5 | 87,8 | 100 | 67,4 | 99,4 |
| | | 0,015 | 0,898 | 0,660 | 0,882 | 59,8 | 44,0 | 58,8 | 100 | 73,5 | 98,3 |
| | | 0,005 | 0,256 | 0,194 | 0,249 | 51,2 | 38,8 | 49,8 | 100 | 75,8 | 97,3 |
| | | 0,0025 | 0,112 | 0,085 | 0,111 | 44,8 | 34,0 | 44,4 | 100 | 75,9 | 99,1 |
| 13600 | 47 | 0,2 | 10,61 | 6,44 | 10,48 | 53,1 | 32,2 | 52,4 | 100 | 60,6 | 98,7 |
| | | 0,1 | 3,145 | 2,196 | 3,130 | 31,45 | 21,96 | 31,30 | 100 | 69,8 | 99,5 |
| | | 0,04 | 0,885 | 0,656 | 0,870 | 22,13 | 16,40 | 21,74 | 100 | 74,1 | 98,3 |
| | | 0,015 | 0,288 | 0,218 | 0,283 | 19,20 | 14,53 | 18,86 | 100 | 75,7 | 98,2 |
| | | 0,0075 | 0,131 | 0,103 | 0,121 | 17,47 | 13,73 | 16,14 | 100 | 78,6 | 92,5 |
| 6400 | 22 | 0,4 | 9,44 | 5,46 | 9,33 | 23,6 | 13,6 | 23,3 | 100 | 57,8 | 98,8 |
| | | 0,2 | 2,617 | 1,818 | 2,610 | 13,09 | 9,09 | 13,05 | 100 | 69,6 | 99,8 |
| | | 0,09 | 0,847 | 0,641 | 0,841 | 9,41 | 7,12 | 9,35 | 100 | 75,6 | 99,3 |
| | | 0,03 | 0,246 | 0,193 | 0,232 | 8,20 | 6,43 | 7,73 | 100 | 78,4 | 94,3 |
| | | 0,015 | 0,117 | 0,096 | 0,119 | 7,80 | 6,39 | 7,94 | 100 | 82,1 | 101,6 |
| 1810 | 6 | — | — | — | — | — | — | — | — | — | — |
| | | 0,7 | 4,230 | 2,452 | 4,205 | 6,04 | 3,50 | 6,00 | 100 | 58,0 | 99,4 |
| | | 0,3 | 0,876 | 0,626 | 0,870 | 2,92 | 2,09 | 2,90 | 100 | 71,5 | 99,2 |
| | | 0,1 | 0,220 | 0,163 | 0,204 | 2,20 | 1,63 | 2,04 | 100 | 74,0 | 92,7 |
| | | 0,05 | 0,094 | 0,075 | 0,0815 | 1,88 | 1,50 | 1,63 | 100 | 79,8 | 86,7 |

zustand der hochmolekularen Glieder der Triacetylcellulosen der gleiche ist wie der der hemikolloiden. Damit ist bewiesen, daß ihre Kolloidteilchen den gleichen Bau besitzen und daß alle Acetylcellulosen in verdünnten Lösungen molekular dispergiert sind.

### 3. Molekulargewichtsbestimmungen der hochmolekularen Acetylcellulosen.

Da bei allen Celluloseacetaten in Lösung Moleküle vorliegen, die sich gleich-artig verhalten, ist es möglich, die bei den niederen Gliedern gültige Be-ziehung zur Ermittlung des Molekulargewichts der hochmolekularen Acetate zu verwenden. Die Viscositätsmessungen müssen dabei in solchen Konzen-trationen ausgeführt werden, daß die $\eta_{sp}/c$-Werte konstant sind. Dies ist bei $\eta_{sp} = 0,05 - 0,4$ der Fall. Tabelle 341 gibt eine Zusammenstellung der Herkunft bzw. Darstellungsweise einer Reihe von Acetylcellulosen, ihrer $\eta_{sp}/c$-Werte, ihres Molekulargewichtes (ber. mit $K_m = 11 \cdot 10^{-4}$), Polymerisationsgrades und ihrer Kettenlänge in Å.

So kennt man jetzt eine polymerhomologe Reihe von Poly-triacetyl-cello-glucan-diacetaten vom ersten Glied bis zu dem vom Polymerisationsgrad 260*.

---

* In der übernächsten Arbeit ist eine Acetylcellulose vom Polymerisationsgrad ca. 360 beschrieben.

Tabelle 341. Hochmolekulare Triacetylcellulosen.

| Triacetat.<br>Darstellung oder Herkunft | $\eta_{sp}/c$ aus niederst gemessener Konzentration | Mol.-Gew. $=$ $\dfrac{\eta_{sp}}{c \cdot K_m}$ $K_m = 11 \cdot 10^{-4}$ | Polymerisationsgrad | Kettenlänge des Moleküls Å |
|---|---|---|---|---|
| Nach Ost: Gew. Temp. 4 Monate . | 81,4 | 74000 | 260 | 1350 |
| Faseracetat[1] von Boehringer, Mannheim-Waldhof . . . . . . . . | 69,2 | 63000 | 220 | 1140 |
| Nach Ost: 30° 7 Tage . . . . . | 62,2 | 57000 | 200 | 1040 |
| Nach Ost: 30° 10 Tage . . . . . | 52,6 | 48000 | 165 | 860 |
| Technisches Produkt der I. G. Farbenindustrie, Elberfeld . . . . . . . | 47,0 | 43000 | 150 | 780 |
| Technisches Produkt der Rhodiaseta, Freiburg i. Br. . . . . . . . . . | 44,5 | 40000 | 140 | 730 |
| Nach Ost: 60° 4 Stunden . . . . | 39,0 | 35000 | 120 | 620 |
| Nach Ost: 60° 6 Stunden . . . . | 35,2 | 32000 | 110 | 570 |
| Nach Ost: 60° 9 Stunden . . . . | 27,5 | 25000 | 87 | 450 |

Man kann in dieser Reihe verfolgen, wie die physikalischen Eigenschaften der Acetylcellulosen, die für die Technik, die Acetatseide- und Filmindustrie von so großer Bedeutung sind, mit dem Polymerisationsgrad in Beziehung stehen, wie z. B. die Festigkeit der Filme, die Quellungsfähigkeit der Acetate und die Viscosität der Lösungen von der Molekülgröße abhängen. Dabei ergeben sich ganz ähnliche Zusammenhänge wie bei den Polystyrolen[2]. Die höchstmolekularen Produkte sind sehr zäh und geben feste Filme. Sie quellen sehr stark, und ihre Lösungen sind hochviscos, sie zeigen also typisch kolloides Verhalten. Es sind Eukolloide. Die Filme der niedermolekularen Produkte sind dagegen brüchig und spröde wie die der niederpolymeren Polystyrole. Die niedermolekularen Acetate lösen sich leicht, ohne zu quellen, und geben niederviscose Lösungen, verhalten sich also wie Hemikolloide.

Zusammenfassend kommen wir also zu dem Ergebnis, daß die primären Kolloidteilchen in Acetylcelluloselösungen Makromoleküle sind[3]. Dadurch erklärt sich die Natur dieser kolloiden Lösungen anders als früher, wo man diese Kolloidteilchen als micellar gebaut ansah. Damals führte man die hohe Viscosität der Lösungen auf das Vorliegen von solvatisierten Micellen zurück. Dies hat für

---

[1] Die Erhaltung der Faserstruktur ist nicht, wie man früher annahm, der Grund für die außerordentlich hohe Viscosität und das hohe Molekulargewicht des Präparates. Daß faserige Acetate von sehr geringer Viscosität und niedrigem Molekulargewicht dargestellt werden können, zeigt folgender Versuch: Nach der von K. Hess (Chemie der Cellulose, S. 411. Leipzig 1928) beschriebenen Methode der Acetylierung in Benzol wurde ein Faseracetat durch 8stündige Reaktion bei 75° gewonnen. Das brüchige, aber noch deutlich faserige Präparat besitzt in 0,01 gd-mol. Lösung einen $\eta_{sp}$-Wert von 0,105; aus dem $\eta_{sp}/c$-Wert von 10,5 errechnet sich ein Molekulargewicht von 9550.

[2] Vgl. Zweiter Teil, A. IV. 1.

[3] Daß die Kolloidteilchen der Acetylcellulosen Makromoleküle sind, geht auch aus der Arbeit von E. Elöd u. A. Schrodt [Ztschr. f. angew. Ch. **44**, 933 (1931)] hervor, die Triacetylcellulosen zu Diacetaten verseiften und dabei feststellten, daß die Viscosität gleichkonzentrierter Lösungen sich durch die Verseifung nicht ändert. Nach dem Viscositätsgesetz kann man schließen, daß die Länge der Moleküle beim Verseifen erhalten geblieben ist. Bei micellarem Bau müßten natürlich starke Veränderungen in der Micellgröße eintreten, wenn ein Teil der Acetylgruppen in Hydroxylgruppen umgewandelt wird. Vgl. auch D. Krüger: Melliands Textilber. **10**, 966 (1929) — Chem. Zentralbl. **1930 I**, 1463.

Seifenlösungen, also Lösungen von Assoziationskolloiden, Gültigkeit, nicht aber für die Lösungen der Molekülkolloide. In diesen ist die Viscosität durch die Länge und Fadengestalt der Moleküle bestimmt. Die Moleküle der Celluloseacetate bauen sich nach den Prinzipien der chemischen Valenzlehre auf und können bis zu 260 Glykosegruppen in einer Kette enthalten. Daraus läßt sich der Schluß ziehen, daß die Moleküle der Cellulose nach den gleichen Richtlinien aufgebaut sind, daß aber diese Cellulosemoleküle einen erheblich höheren Polymerisationsgrad besitzen, da gezeigt werden konnte, daß gerade zu Beginn der Acetylierung ein enormer Abbau stattfindet.

## VII. Zur Nomenklatur.

Beim Abbau von Cellulose, Stärke, Lichenin usw. und deren Derivaten erhält man Reihen von polymerhomologen Produkten, die folgendermaßen benannt werden können:

Diese Produkte werden als Derivate von polymeren Glucanen, Mannanen[1], Lävanen[2] aufgefaßt. Die Enden der Ketten können durch Hydroxylgruppen, Methoxylgruppen, Acetylgruppen, Chloratome ersetzt sein, ähnlich, wie es bei den Polyoxymethylen-[3] und Polyäthylenoxydketten[4] der Fall ist.

Es gibt also polymerhomologe Reihen von Poly-glucan-dihydraten, Poly-glucan-diacetaten usw.

$$HO \cdot (C_6H_{10}O_5)_x \cdot H \qquad \text{Poly-glucan-dihydrat}$$
$$CH_3 \cdot CO \cdot O \cdot (C_6H_{10}O_5)_x \cdot CO \cdot CH_3 \quad \text{Poly-glucan-diacetat}$$
$$CH_3O \cdot (C_6H_{10}O_5)_x \cdot CH_3 \qquad \text{Poly-glucan-dimethyläther}$$
$$HO \cdot (CH_2O)_x \cdot H \qquad \text{Poly-oxymethylen-dihydrat}$$
$$CH_3 \cdot CO \cdot O \cdot (CH_2O)_x \cdot CO \cdot CH_3 \quad \text{Poly-oxymethylen-diacetat}$$
$$CH_3O \cdot (CH_2O)_x \cdot CH_3 \qquad \text{Poly-oxymethylen-dimethyläther}$$

Die Stellung der freien Hydroxylgruppen kann man mit Ziffern bezeichnen. So sind z. B. abgebaute Hydratcellulosen Poly-(2, 3, 6-glucan)-dihydrate. Dabei werden die Abbauprodukte der Cellulose als Poly-celloglucan-derivate bezeichnet, die der Stärke als Poly-amyloglucan-derivate, die des Lichenins als Poly-licheno-glucan-derivate usw. Die abgebauten Celluloseacetate sind also nach dieser Nomenklatur Poly-triacetyl-celloglucan-diacetate. Wenn man also ein bestimmtes Produkt charakterisieren will, so hat man nur den Durchschnittspolymerisationsgrad[5] anzugeben, und man wird die abgebauten Hydrocellulosen resp. Cellulosedextrine z. B. als 10- oder 50- oder 100-Celloglucan-dihydrate charakterisieren.

Der Notgemeinschaft der Deutschen Wissenschaft sprechen wir für die Unterstützung dieser Arbeit unseren verbindlichsten Dank aus.

---

[1] Vgl. P. Karrer: Polymere Kohlenhydrate, S. 263. Leipzig 1925.
[2] Vgl. H. H. Schlubach u. H. Elsner: Ber. Dtsch. Chem. Ges. **62**, 1495 (1929).
[3] Vgl. H. Staudinger: Helv. chim. Acta **8**, 68 (1925).
[4] Vgl. H. Staudinger u. O. Schweitzer: Ber. Dtsch. Chem. Ges. **62**, 2395 (1929).
[5] Beim Abbau der Cellulose erhält man Gemische von hochpolymeren Spaltprodukten.

# B. Viscositätsuntersuchungen an Lösungen von Cellulose in Schweizers Reagens[1].

Bearbeitet von O. Schweitzer.

## I. Die Lösungen von Poly-celloglucan-dihydraten in Schweizers Reagens.

Zur Kennzeichnung der Eigenschaften von Cellulosen werden häufig Viscositätsmessungen ihrer Lösungen in Kupfer-tetrammin-hydroxyd (Schweizers Reagens) herangezogen[2]. Schon früher hat H. Ost[3] in seinen Arbeiten den Standpunkt vertreten, daß man an der Viscosität einer solchen Lösung den Abbau einer Cellulose erkennen könne; denn er fand, daß nach Behandeln der Cellulose mit Reagenzien, die glykosidische Bindungen zerstören, abgebaute Cellulosen entstehen, die in Schweizers Reagens niederviscose Lösungen liefern. Zu grundsätzlich gleichen Ergebnissen führten die Untersuchungen von W. H. Gibson[4], denen eine genauere Meßtechnik zugrunde liegt. Quantitative Beziehungen zwischen Viscosität und Molekulargewicht wurden von H. Ost nicht ermittelt. Es war auch damals nicht möglich, weil Vorstellungen über den Bau dieser Kolloidteilchen noch nicht entwickelt waren; man wußte nicht, daß die primären Kolloidteilchen in verdünnter Lösung die Moleküle selbst sind.

Diese früheren Auffassungen über die Konstitution der Cellulose traten später stark in den Hintergrund, als unter dem Einfluß der Kolloidchemie für den Bau der Kolloidteilchen der gelösten Cellulose ganz andere Anschauungen aufkamen. So vertraten bekanntlich P. Karrer[5], K. Hess[6] und viele andere Forscher die Auffassung, das Molekül der Cellulose sei klein; die Kolloidteilchen in einer Celluloselösung seien durch Aggregation oder Assoziation vieler kleiner Moleküle entstanden, sie besäßen demnach einen *micellaren Bau*, wie ihn z. B. die Seifenmicelle[7] hat. Unterschiede in der Viscosität von Celluloselösungen in Schweizers Reagens führten sie entsprechend auf Unterschiede im micellaren Bau der Kolloidteilchen zurück. Rückschlüsse auf die Molekülgröße sind aus

---

[1] Auszug aus der 48. Mitteilung über hochpolymere Verbindungen [Ber. Dtsch. Chem. Ges. **63**, 3132 (1930)].

[2] Joyner, R. A.: Journ. Chem. Soc. London **121**, 1511, 2395 (1922). — Farrow, F. D., u. S. M. Neale: Chem. Zentralblatt **1924 II**, 776. — Small, J. O.: Ind. and Engin. Chem. **17**, 515 (1925) — Chem. Zentralblatt **1925 II**, 786. — Hahn, F. C., u. H. Bradshaw: Ind. and Engin. Chem. **18**, 1259 (1926) — Chem. Zentralblatt **1927 I**, 2027. — Genung, C. R.: Ind. and Engin. Chem. **19**, 476 (1927) — Chem. Zentralblatt **1928 I**, 2145. — Clibbens, D. A., u. A. Geake: Chem. Zentralblatt **1928 II**, 203. — Carver, E. K., H. Bradshaw, E. C. Bingham u. C. S. Venable: Ind. and Engin. Chem., Analyt. Edit. **1**, 49 (1929) — Chem. Zentralblatt **1929 I**, 3054. — Baur, E.: Chem. Zentralblatt **1931 I**, 711. — Parsons, J. L.: Cellulosechemie **11**, 260 (1930) — Chem. Zentralblatt **1931 II**, 1951. — Laisney, L., u. H. Reclus: Chem. Zentralblatt **1931 I**, 2955; **1931 II**, 3688. — Tankard, Y., u. J. Graham: Cellulosechemie **12**, 27 (1931). — Olsen, F.: Cellulosechemie **12**, 179 (1931). — Werner, K.: Cellulosechemie **12**, 320 (1931). — Fikentscher, H.: Cellulosechemie **13**, 58, 71 (1932).

[3] Ost, H.: Ztschr. f. angew. Ch. **24**, 1892 (1911).

[4] Gibson, W. H.: Journ. Chem. Soc. London **117**, 479 (1920).

[5] Karrer, P.: Polymere Kohlenhydrate. Leipzig 1925.

[6] Hess, K.: Chemie der Cellulose, S. 310. Leipzig 1928.

[7] Über die Entwicklung dieser Anschauungen vgl. S. 26.

Viscositätsmessungen, wenn man diese Auffassungen zugrunde legt, nicht zu erhalten[1].

In veränderter Form — unter Annahme längerer Hauptvalenzketten — wurde dann von K. H. MEYER und H. MARK[2] diese Micellauffassung weiter ausgebaut. Es wird von diesen Forschern angenommen, daß die Krystallite der Cellulose als Micellen in unveränderter Größe in Lösung gehen. Dabei sollte eine solche Micelle aus Bündeln von ca. 50 Hauptvalenzketten bestehen, deren jede ca. 30—50 Glykoseeinheiten enthielte.

Auf Grund von Viscositätsuntersuchungen kann man entscheiden, ob die Celluloseteilchen in SCHWEIZERS Reagens einen micellaren Aufbau haben, und ob auf Unterschiede in der Micellgröße die Viscositätsunterschiede zurückzuführen sind, oder ob auch hier, wie bei anderen Molekülkolloiden, Moleküle gelöst sind, die je nach ihrer Länge Unterschiede in der Viscosität der Lösungen hervorrufen.

Bei homöopolaren Molekülkolloiden sind die primären Kolloidteilchen mit den Molekülen identisch, weil die spez. Viscosität, also die Viscositätserhöhung, die in der Lösung durch die gelösten Teilchen hervorgerufen wird, in verdünnter Lösung in einem größeren Temperaturgebiet fast gleich bleibt[3]. Bei einem micellaren Aufbau der Kolloidteilchen ändert sich dagegen die spez. Viscosität.

Bei Lösungen von Cellulose und Poly-celloglucan-dihydraten in SCHWEIZERS Reagens liegen kompliziertere Verhältnisse vor, als bei den homöopolaren Molekülkolloiden; denn während bei diesen die Moleküle in Lösung durch eine monomolekulare Schicht des Lösungsmittels solvatisiert sind[4], tritt hier bei der Lösung von Cellulose eine komplexe Bindung des Kupfers und dann Solvatation dieses Komplexes ein. Der Lösungsvorgang verläuft weiter derart, daß die Makro-

---

[1] I. SAKURADA: Ber. Dtsch. Chem. Ges. **63**, 2027, Anm. 1 (1930), führt eine Reihe von Arbeiten an, in denen von *Beziehungen zwischen Viscosität* und *Molekulargewicht* gesprochen worden ist, ebenso weisen H. FIKENTSCHER u. H. MARK: Kolloid-Ztschr. **49**, 136 (1929), darauf hin, daß der Zusammenhang zwischen Viscosität und Molekulargewicht schon lange bekannt ist. Die Autoren übersehen dabei, daß in den früheren Arbeiten, die sich mit Untersuchungen der polymeren Kohlenhydrate, wie Stärke, Nitrocellulose, beschäftigten, keine Klarheit zu gewinnen war, weil das Molekulargewicht dieser Produkte sich nicht eindeutig festellen ließ, und vor allem, weil die Frage nach dem Bau dieser Substanzen nicht geklärt war. H. MARK hat früher bei den Kolloidteilchen der Polysaccharide einen micellaren Aufbau angenommen und vertrat auch später die Anschauung [vgl. Kolloid-Ztschr. **53**, 41 (1930)]: „...daß in den Lösungen der hochpolymeren Substanzen große Teilchen vorliegen, die in starker Wechselwirkung mit dem Lösungsmittel stehen, zum Teil durch Kräfte, zum Teil durch geometrische Behinderung. Wohlbegründete Zahlenangaben über bestimmte Systeme sind heute noch nicht möglich." Unter solchen Voraussetzungen lassen sich Beziehungen zwischen Molekulargewicht und Viscosität nicht ableiten. Erst bei synthetischen Produkten, vgl. H. STAUDINGER: Ber. Dtsch. Chem. Ges. **59**, 3019 (1926), ferner bei Paraffinen, H. STAUDINGER u. R. NODZU: Ber. Dtsch. Chem. Ges. **63**, 721 (1930), und Verbindungen mit bekanntem Molekulargewicht konnte zum erstenmal einwandfrei dieser Zusammenhang nachgewiesen werden, so daß für diese Annahmen eine sichere Grundlage gegeben ist; vgl. H. STAUDINGER: Ber. Dtsch. Chem. Ges. **62**, 2907, Abs. 5 (1929).

[2] MEYER, K. H., u. H. MARK: Ber. Dtsch. Chem. Ges. **61**, 593 (1928). — MEYER, K. H.: Ztschr. f. angew. Ch. **41**, 935 (1928). — MARK, H.: Naturwissenschaften **16**, 892 (1928). Vgl. S. 32.

[3] Vgl. S. 85.

[4] STAUDINGER, H., u. W. HEUER: Ber. Dtsch. Chem. Ges. **62**, 2933 (1929). Vgl. S. 126.

moleküle der Cellulose und nicht Micellen einzeln herausgelöst werden[1], wobei eine Kupferkomplexverbindung[2] entsteht, in der auf jedes Grundmolekül $C_6H_{10}O_5$ ein Atom Kupfer kommt. Daß die Bindung von Kupfer an Cellulose in diesem Verhältnis erfolgt, haben die Untersuchungen von K. HESS und Mitarbeitern einwandfrei festgestellt. Diese Kupferkomplexverbindung der Cellulose liefert nach den Untersuchungen von W. TRAUBE[3] und weiteren Untersuchungen von K. HESS[4] ein komplexes Anion. *Die Lösung von Cellulose in SCHWEIZERS Reagens ist also die eines heteropolaren Molekülkolloids*[5] mit einem hochmolekularen polywertigen Anion. Die Lösung ist also mit einer solchen von hochmolekularem polyacrylsaurem Natrium[6] zu vergleichen, die ebenfalls ein hochmolekulares vielwertiges Anion besitzt:

$$-[C_6H_8O_4]'-O-[C_6H_8O_4]'-O-[C_6H_8O_4]'-O-[C_6H_8O_4]'-O-\text{Polyanion}$$
$$\underset{Cu(NH_3)^{··}_4}{\lfloor\underline{\quad Cu \quad}\rfloor} \qquad\qquad \underset{Cu(NH_3)^{··}_4}{\lfloor\underline{\quad Cu \quad}\rfloor} \qquad \text{Kation}$$

$$-CH_2-\begin{bmatrix} CH \\ | \\ COO \end{bmatrix}'-CH_2-\begin{bmatrix} CH \\ | \\ COO \end{bmatrix}'-CH_2-\begin{bmatrix} CH \\ | \\ COO \end{bmatrix}'-CH_2-\begin{bmatrix} CH \\ | \\ COO \end{bmatrix}'-\text{Polyanion}$$
$$\overset{·}{Na} \qquad\qquad \overset{·}{Na} \qquad\qquad \overset{·}{Na} \qquad\qquad \overset{·}{Na} \qquad \text{Kation}$$

Bei solchen heteropolaren Molekülkolloiden treten infolge der Schwarmbildung zwischen den Fadenionen anormale Viscositätserscheinungen ein, die mit dem $p_H$ der Lösungen außerordentlich stark wechseln, wie am Beispiel der Polyacrylsäure und des polyacrylsauren Natriums gezeigt worden ist[7]. Es schien deshalb anfangs nicht möglich, quantitative Beziehungen zwischen Viscosität und Molekulargewicht in Lösungen von Poly-celloglucan-dihydraten in SCHWEIZERS Reagens zu ermitteln, denn die Viscosität der Lösung hängt nicht nur von der Länge der Moleküle, sondern auch von einer mit letzterer wechselnden Schwarmbildung[8] zwischen den Molekülen ab.

Tatsächlich liegen aber die Verhältnisse auf Grund unserer Messungen viel einfacher, wenn man einen Überschuß von SCHWEIZERS Reagens verwendet, denn dadurch wird die Schwarmbildung zwischen den Fadenionen unterbunden[9]; die Lösungen des heteropolaren Molekülkolloids verhalten sich unter diesen Bedingungen wie die eines homöopolaren, es ergeben sich also dieselben einfachen Zusammenhänge zwischen Viscosität und Kettenlänge wie bei Celluloseacetaten, wenn man die Viscosität von Lösungen der Cellulosen in einem großen Überschuß von SCHWEIZERS Reagens vergleicht. Die Herstellung der Lösungen, sowie alle

[1] STAUDINGER, H., u. Mitarbeiter: Liebigs Ann. **474**, 263 (1929). — STAMM, A. J.: Journ. Amer. Chem. Soc. **52**, 3047 (1930).

[2] Über die Konstitution solcher Kupfer-Komplexsalze vgl. vor allem K. HESS: Chemie der Cellulose, S. 289, ferner H. DOHSE: Ztschr. f. physik. Ch. (A) **149**, 279 (1930) — McGILLAVRY, D.: Rec. Trav. chim. Pays-Bas **48**, 18 (1929).

[3] TRAUBE, W.: Ber. Dtsch. Chem. Ges. **54**, 3220 (1921); **55**, 1899 (1922); **56**, 268 (1923).

[4] HESS, K., u. Mitarbeiter: Liebigs Ann. **435**, 7 (1924) — Ber. Dtsch. Chem. Ges. **54**, 834 (1921); **56**, 587 (1923).

[5] STAUDINGER, H.: Ber. Dtsch. Chem. Ges. **62**, 2893 (1929).

[6] STAUDINGER, H., u. E. URECH: Helv. chim. Acta **12**, 1107 (1929). — STAUDINGER, H., u. E. TROMMSDORFF: Zweiter Teil, D. V.

[7] Vgl. Zweiter Teil, D. II. 3f u. IV. 4h.

[8] Vgl. Erster Teil, A. V. 5.

[9] Vgl. Zweiter Teil, D. II. 3g u. D. IV. 4h.

Messungen werden dabei unter völligem Ausschluß von Luft in einer Atmosphäre von peinlichst gereinigtem Stickstoff ausgeführt; denn die Lösungen von Cellulose in Schweizer Reagens sind außerordentlich luftempfindlich, wie von E. Berl und A. G. Innes und von vielen anderen Forschern[1] festgestellt wurde. Durch Luftsauerstoff werden die Cellulosemoleküle abgebaut, was sich durch eine Viscositätsverminderung bemerkbar macht. Die Messungen wurden in einem Ostwaldschen resp. einem Viscosimeter nach Ubbelohde vorgenommen, das entsprechend umgebaut war, um das Arbeiten unter Stickstoffatmosphäre zu ermöglichen. Die Konzentration der Celluloselösungen wurde dabei so gewählt, daß die für sie gültige Grenzviscosität von 1,70 nicht überschritten wurde.

## II. Viscositätsmessungen an Lösungen von hemikolloiden Poly-celloglucan-dihydraten in Schweizers Reagens.

Zuerst wurden an Poly-celloglucan-dihydraten von bekanntem Durchschnittsmolekulargewicht, die durch Verseifung einer polymerhomologen Reihe von Polytriacetyl-celloglucan-diacetaten mit 2 n-methylalkoholischer Kalilauge bei Zimmertemperatur erhalten wurden, Viscositätsuntersuchungen durchgeführt, um bei diesen hemikolloiden Produkten die Beziehungen zwischen Viscosität und Molekulargewicht zu ermitteln. Auf Grund derselben sollte aus Viscositätsuntersuchungen an Celluloselösungen sich das Molekulargewicht der Cellulose bestimmen lassen. Wir überzeugten uns, daß die Viscosität einer Lösung eines 58-Celloglucan-dihydrates in Schweizers Reagens auch bei längerem Stehen sich nicht ändert, und daß bei diesen hemikolloiden Produkten reproduzierbare Viscositätsmessungen vorgenommen werden können. Dieser Nachweis ist wichtig, da Lösungen von Cellulose in Schweizers Reagens nicht beständig sind und deren Viscosität auch bei völligem Ausschluß der Luft ständig abnimmt.

Tabelle 342. Prüfung der Beständigkeit der Lösung eines 58-Celloglucan-dihydrates. Einwage: 0,2439 g $Cu(OH)_2$, 0,2025 g Substanz in 25 ccm konz. $NH_3$. Konzentration 0,05 gd-mol.; Temperatur 20°.

| Zeit | $\eta_{sp}$ |
|---|---|
| 1. Tag | 0,29 |
| 2. Tag | 0,27 |
| 4. Tag | 0,25 |
| 5. Tag | 0,26* |

Die Lösungen des 58-Celloglucan-dihydrates in Schweizers Reagens *gehorchen dem Hagen-Poiseuilleschen Gesetz* zum Unterschied von gleichkonzentrierten hochviscosen Lösungen der Cellulose. Man ist also bei diesen Messungen von der Capillarenweite des Viscosimeters und somit von dem Strömungsgefälle unabhängig. Die Lösungen der hemikolloiden Cellulose verhalten sich hier wie

Tabelle 343. Prüfung der Druckabhängigkeit der Lösung eines 58-Celloglucan-dihydrates in Schweizers Reagens.
Konzentration 0,05 gd-mol.; Temperatur 20°.

| Druck in cm $H_2O$ . . . . | 10 cm | 20 cm | 30 cm | 40 cm | 50 cm |
|---|---|---|---|---|---|
| $\eta_{sp}$ . . . . . . . . . . . | 0,272 | 0,270 | 0,267 | 0,264 | 0,285 |

---

[1] Berl, E., u. A. G. Innes: Ztschr. f. angew. Ch. **23**, 987 (1910). — Joyner, R. A.: Journ. Chem. Soc. London **121**, 2395 (1922) — Chem. Zentralblatt **1923 III**, 744. — Hess, K., E. Messmer u. N. Ljubitsch: Liebigs Ann. **444**, 316 (1925).

* Diese Abnahme ist unwesentlich und kann vernachlässigt werden.

die der hemikolloiden Kohlenwasserstoffe, deren Lösungen ebenfalls dem HAGEN-POISEUILLEschen Gesetz gehorchen[1].

Wir prüften weiter die *spez. Viscosität* einer sehr verdünnten Lösung des 58-Celloglucan-dihydrates bei *verschiedenen Temperaturen*. Allerdings konnten diese dabei wegen der Flüchtigkeit des Ammoniaks nicht stark variiert werden[2]. Die spez. Viscosität ändert sich wie bei den homöopolaren Molekülkolloiden nicht wesentlich, ein Zeichen, daß sich die Lösung wie die eines homöopolaren Molekülkolloids verhält.

Aus dieser Unveränderlichkeit der $\eta_{sp}$-Werte bei verschiedenen Temperaturen kann man den wichtigen Schluß ziehen, daß diese Poly-celloglucan-dihydrate molekulardispers gelöst sind.

Es kann also durch die gleiche Untersuchungsmethode, die bei den Polystyrolen[3] und weiter bei den Celluloseacetaten[4] angewandt wurde, auch hier der Nachweis für eine molekulare Lösung geführt werden, und es werden so die Auffassungen über einen micellaren Bau der Kolloidteilchen widerlegt.

Tabelle 344. Prüfung der Viscosität eines 58-Celloglucan-dihydrates in SCHWEIZERS Reagens bei verschiedenen Temperaturen. Konzentration 0,05 gd-mol.

| Temperatur | $\eta_{sp}$ |
| --- | --- |
| 20° | 0,315 |
| 0,2° | 0,307 |
| 20° | 0,311 |
| 0,2° | 0,307 |
| 20° nach 15 Stunden | 0,312 |

Endlich wurden bei einer größeren Reihe von Poly-celloglucan-dihydraten die $\eta_{sp}/c$-Werte in *verschiedenen Konzentrationen* bestimmt. Sie sind in niederviscosen Lösungen unterhalb der Grenzviscosität $\eta_{sp(G)} = 1{,}70$ annähernd konstant.

Tabelle 345. $\eta_{sp}/c$ einer polymer-homologen Reihe von Poly-celloglucan-dihydraten bei verschiedenen Konzentrationen, bei 20°.

| Mol.-Gew.[5] | Polymeri-sationsgrad | $\eta_{sp}$ | | | | $\eta_{sp}/c$ | | | |
| --- | --- | --- | --- | --- | --- | --- | --- | --- | --- |
| | | 0,05 gd-mol.[6] | 0,05 gd-mol.[7] | 0,025 gd-mol. | 0,01 gd-mol. | 0.05 gd-mol.[6] | 0,05 gd mol.[7] | 0,025 gd-mol. | 0,01 gd-mol. |
| 13 400 | 83 | 1,32 | — | 0,72 | 0,21 | 26,4 | — | 28,8 | 21 |
| 12 000 | 74 | 0,96 | — | 0,59 | 0,19 | 19,2 | — | 23,6 | 19 |
| 11 500 | 71 | 0,79 | — | 0,47 | 0,16 | 15,8 | — | 18,8 | 16 |
| 10 500 | 65 | 0,55 | 0,60 | 0,26 | 0,11 | 11,0 | 12,0 | 10,4 | 11 |
| 8 200 | 51 | 0,42 | 0,46 | 0,20 | — | 8,4 | 9,2 | 8,0 | — |
| 7 000 | 43 | 0,32 | 0,35 | 0,16 | — | 6,4 | 7,0 | 6,4 | — |
| 6 700 | 41 | 0,27 | 0,29 | 0,14 | — | 5,4 | 5,8 | 5,6 | — |
| 4 700 | 29 | 0,21 | 0,19 | 0,12 | — | 4,2 | 3,8 | 4,8 | — |
| 3 200 | 20 | 0,16 | 0,14 | 0,08 | — | 3,2 | 2,8 | 3,2 | — |

[1] STAUDINGER, H., u. W. HEUER: Ber. Dtsch. Chem. Ges. **62**, 2933 (1929).

[2] Analoge Messungen sollen in komplexen Cupri-äthylendiamin-Lösungen in einem größeren Temperaturbereich ausgeführt werden. Über die Lösungen von Cellulose in Cupri-äthylendiamin-Lösungen vgl. W. TRAUBE: Ber. Dtsch. Chem. Ges. **55**, 1899 (1922), ferner Ber. Dtsch. Chem. Ges. **63**, 2083 (1930).

[3] Vgl. S. 169 ff.

[4] STAUDINGER, H., u. O. SCHWEITZER: Ber. Dtsch. Chem. Ges. **63**, 2325 (1930). — STAUDINGER, H., u. H. FREUDENBERGER: Ber. Dtsch. Chem. Ges. **63**, 2331 (1930); vgl. ferner die voranstehende Arbeit.

[5] Diese Molekulargewichte wurden mit der neuen $K_m$-Konstante $10 \cdot 10^{-4}$ errechnet, vgl. Vierter Teil, C. II. u. III.

[6] Weites Viscosimeter, Capillaren-Durchmesser 0,434 mm; Capillaren-Länge 69 mm.

[7] Enges Viscosimeter, Capillaren-Durchmesser 0,246 mm; Capillaren-Länge 90 mm. Volumen der Flüssigkeit bei beiden: 0,5 ccm.

## III. Viscositätsmessungen an Celluloselösungen in Schweizers Reagens.

### a) Beständigkeit.

Will man auf Grund von Viscositätsmessungen an Lösungen von nicht abgebauter Cellulose in Schweizers Reagens deren Molekulargewicht bestimmen, so muß vor allem der Ausdruck $\eta_{sp}/c$ in ganz verdünnter Lösung konstant sein, also nicht je nach den Versuchsbedingungen variieren. Dabei ergeben sich unerwartete Schwierigkeiten, denn die Viscosität einer Lösung von gereinigter Rohbaumwolle[1] in Schweizers Reagens nimmt beim Stehen ab, zum Unterschied von derjenigen von Lösungen der hemikolloiden Poly-celloglucan-dihydrate; sie wird auch nach vierwöchigem Stehen nicht konstant, nachdem die spez. Viscosität sehr stark abgenommen hat, wie Tabelle 346 zeigt.

Tabelle 346. Prüfung der Beständigkeit einer Lösung von gereinigter Baumwolle in Schweizers Reagens. Konzentration 0,025 gd-mol. Temperatur 20°.

| Zeit | $\eta_{sp}$ | Zeit | $\eta_{sp}$ |
|---|---|---|---|
| 1. Tag | 42,0 | 10. Tag | 19,8 |
| 2. Tag | 30,8 | 11. Tag | 19,0 |
| 3. Tag | 27,5 | 13. Tag | 17,4 |
| 4. Tag | 24,9 | 14. Tag | 15,8 |
| 6. Tag | 22,8 | 21. Tag | 9,2 |
| 7. Tag | 20,8 | 35. Tag | 7,3 |

Da wir solche Viscositätsänderungen der Lösung auf Änderungen in der Molekülgröße zurückführen, so muß also die Cellulose in Schweizers Reagens schon beim Stehen sehr stark abgebaut werden. Ein oxydativer Abbau der Cellulose durch Luftsauerstoff ist dabei ausgeschlossen; denn die Herstellung der Lösung, das Einfüllen derselben in das Viscosimeter und die Messungen selbst wurden in peinlichst gereinigter Stickstoffatmosphäre und bei gleicher Temperatur von 20° ausgeführt. Die Viscositätsänderungen beruhen deshalb darauf, daß die empfindlichen Makromoleküle der Cellulose schon durch das Kupfer-tetrammin-hydroxyd in Schweizers Reagens oxydativ abgebaut werden. Nach längerem Stehen einer solchen Lösung scheidet sich auch aus derselben ein geringer Niederschlag von Kupferoxydul ab. Danach wird die ursprüngliche Cellulose durch Schweizers Reagens viel leichter oxydiert als die abgebauten Poly-celloglucan-dihydrate[2]; dies hängt damit zusammen, daß die langen Moleküle der Cellulose weit empfindlicher sind als die kurzen der hemikolloiden Cellulosen. Allgemein macht man bei Stoffen, die aus Fadenmolekülen aufgebaut sind, die Erfahrung, daß *mit zunehmender Länge der Moleküle trotz gleicher Bauart ihre Empfindlichkeit bedeutend zunimmt.* Wie weitere Versuche zeigten, ist dieser Abbau eine photochemische Reaktion[3].

Wenn man also Lösungen von Cellulose in Schweizers Reagens in verschiedenen Konzentrationen und unter verschiedenen Bedingungen vergleichen

---

[1] Die Reinigung der Rohbaumwolle wurde nach Vorschrift von C. G. Schwalbe, vgl. K. Hess: Chemie der Cellulose, S. 228, Leipzig 1928, vorgenommen.

[2] Die Festigkeit und Zähigkeit der hochpolymeren Substanzen nimmt mit zunehmendem Polymerisationsgrad zu, wie in der Reihe der Polystyrole, der Polyprene und Poly-triacetyl-celloglucan-diacetate festgestellt wurde. Wenn das gleiche für die Cellulose gilt, so könnte der oxydative Abbau, der beim Stehen von Cellulose in Schweizers Reagens stattfindet, die Festigkeit der *Kupferseide* ungünstig beeinflussen. Darüber sind noch Versuche zu machen. Für die jetzigen Kupferseiden kommen die Beobachtungen insofern nicht in Betracht, als die heutigen Produkte schon aus stark abgebauten Cellulosen bestehen, da man wohl nie unter völligem Luftausschluß gearbeitet hat.

[3] Vgl. S. 221; ferner Vierter Teil, C. VII.

# DIE HOCHMOLEKULAREN ORGANISCHEN VERBINDUNGEN

## – KAUTSCHUK UND CELLULOSE –

VON

# HERMANN STAUDINGER

DR. PHIL. · O. PROFESSOR · DIREKTOR DES CHEMISCHEN LABORATORIUMS
DER UNIVERSITÄT FREIBURG I. BR.

MIT 113 ABBILDUNGEN

## NEUDRUCK

SPRINGER-VERLAG

BERLIN · GÖTTINGEN · HEIDELBERG

1960

ISBN-13: 978-3-642-64945-5          e-ISBN-13: 978-3-642-64954-7
DOI:10.1007/978-3-642-64954-7

# Vorwort.

In den Lehrbüchern der organischen Chemie werden bisher die hochmolekularen Naturstoffe, z. B. der Kautschuk und die Cellulose, wie auch die synthetischen Hochmolekularen, die Polyoxymethylene, Polystyrole, Polyvinylacetate usw., mit einer großen Zurückhaltung behandelt. Dabei handelt es sich um ein Gebiet, das für die Weiterentwicklung der organischen Chemie, ebenso für die Biologie und die Kolloidchemie von der größten Bedeutung ist. Die hochmolekularen Verbindungen haben weiter auch für die Technik ein hervorragendes Interesse, da wichtige Kunstprodukte, die künstlichen Faserstoffe, ebenso Lacke, Harze hierher gehören.

Diese Zurückhaltung mag daran liegen, daß die Verfasser der betreffenden Lehrbücher den Standpunkt vertreten, man dürfe die Studierenden und ebenso den im Beruf stehenden Chemiker nicht mit Fragen belasten und ihnen Anschauungen übermitteln, die noch nicht völlig geklärt und in starkem Wandel begriffen seien. Wenn man die Literatur des letzten Jahrzehnts auf dem Gebiet der hochmolekularen Naturstoffe durchblättert, so sieht man in der Tat eine Fülle verschiedenartiger Anschauungen über ihren Aufbau. Es sind vielleicht auf keinem Gebiet der Chemie so divergierende Auffassungen geäußert worden, wie gerade in diesem so bedeutungsvollen Abschnitt der organischen Chemie. Dies ist darauf zurückzuführen, daß die hochmolekularen Verbindungen der Bearbeitung nach den gewöhnlichen Methoden der organischen Chemie besondere Schwierigkeiten entgegensetzen, hauptsächlich deshalb, weil sie kolloide Lösungen bilden. Aus diesem Grund hat man bei ihnen ein besonderes, von dem der übrigen organischen Verbindungen abweichendes Bauprinzip vermutet. Unter dem Einfluß der Kolloidchemie fand im letzten Jahrzehnt die Auffassung eine weite Verbreitung, daß die kolloiden Lösungen dieser hochmolekularen Stoffe micellar gebaute Kolloidteilchen ähnlich denjenigen der Seifen enthielten, und daß darauf die Kolloidphänomene zurückzuführen seien. So schien es mehr eine Aufgabe der Kolloidchemie als der organischen Chemie zu sein, über diese Stoffe und die Natur ihrer kolloiden Lösungen Aufklärung zu verschaffen.

Die Zurückhaltung der organischen Chemie gegenüber diesem Gebiet ist allerdings nicht verständlich, wenn man bedenkt, daß bereits vor einer Reihe von Jahren an einfachen synthetischen Verbindungen der Aufbau der hochmolekularen Stoffe geklärt worden ist. Es ist auffallend, daß auch in neueren Lehrbüchern der organischen Chemie und der Kolloidchemie die Bedeutung dieser Untersuchungen für die Aufklärung der Konstitution der Naturstoffe übersehen und unrichtige Vorstellungen über den Bau derselben vertreten werden. Der am besten untersuchte synthetische hochpolymere Körper ist das Polyoxymethylen. Gerade an diesem Beispiel ist der Aufbau eines hochmolekularen Stoffes aus

Fadenmolekülen klar erkannt und festgestellt worden, daß letztere sich in gleicher Weise zu einem Krystall zusammenlagern, wie die Moleküle der Paraffine und Fettsäuren nach den grundlegenden Arbeiten der BRAGGschen Schule. Die neuen Erkenntnisse über die Konstitution der hochmolekularen Verbindungen bedürfen in Zukunft einer ihrer Bedeutung angemessenen Behandlung in den Lehrbüchern, hauptsächlich nachdem es sich ergeben hat, daß die Viscosität von Lösungen dieser Stoffe durch die Gestalt ihrer Moleküle bedingt ist und daß Viscositätsuntersuchungen eine einfache neue Methode zur Bestimmung der Molekülgröße sind.

Da bis jetzt von uns über die experimentellen Resultate auf diesem Gebiet nur in ca. 100 Einzelarbeiten berichtet wurde und eine zusammenfassende Darstellung der Methoden der Konstitutionsaufklärung fehlte, so war anfangs gemeinsam mit dem Verlag beabsichtigt, die sämtlichen früheren Arbeiten mit einer Reihe von neueren Untersuchungen zum Abdruck zu bringen, um so zu zeigen, welche experimentellen Untersuchungen notwendig waren, um die Konstitution der hochmolekularen Naturstoffe im Sinne der KÉKULÉschen Strukturlehre aufzuklären. Es sollten dabei in Anmerkungen frühere Vorstellungen über den Bau der Hochmolekularen, sofern es sich als notwendig erwies, berichtigt werden, so daß der Leser hätte beurteilen können, wieweit die experimentellen Ergebnisse früher eine richtige Deutung erfuhren. Die Zeitumstände verhinderten aber vorläufig die Herausgabe eines solchen umfangreichen Werkes, und so sind in vorliegendem Buch einstweilen nur eine größere Reihe neuer, bisher noch nicht publizierter Arbeiten zusammengestellt. Sie behandeln die Konstitutionsaufklärung von einigen synthetischen Produkten als Modelle von wichtigen Naturstoffen und weiter die Konstitutionsaufklärung von Kautschuk, Balata und Cellulose. Nur eine ältere Arbeit, die in der Kautschukzeitschrift im Jahre 1925 erschien, kommt dabei vollständig mit zum Abdruck, weil an dieser als Beispiel gezeigt werden kann, welche Änderungen in den früheren Anschauungen über die Hochpolymeren auf Grund neuerer Untersuchungen vorgenommen werden mußten. Diesen experimentellen Arbeiten ist eine Zusammenfassung vorangestellt, welche die Methoden der Konstitutionsaufklärung und ihre wichtigsten Ergebnisse behandelt. Durch diese zusammenfassende Publikation hoffe ich zeigen zu können, daß hier ein Gebiet vorliegt, in dem sichere Aussagen sehr wohl möglich und die grundlegenden Fragen aufgeklärt sind.

Eine abschließende Darstellung des gesamten Gebietes ist hingegen noch nicht gegeben. So wurde der wichtigste Abschnitt der Chemie der Hochpolymeren, die Eiweißstoffe, noch nicht behandelt. Denn gerade auf diesem Gebiet muß man sich vor Verallgemeinerungen hüten und die Konstitutionsaufklärung eines jeden hochmolekularen Stoffes mit allen seinen komplizierten Eigenschaften für sich durchführen. Aus dieser Notwendigkeit ergab sich auch die Disposition des vorliegenden Buches, die Beschreibung der Stoffe und ihres Verhaltens in Einzeldarstellungen zu geben.

Diese Untersuchungen kamen zu Ergebnissen über Gestalt und Größe der Moleküle, die durch ihre Neuartigkeit überraschen; denn die Moleküle der hochmolekularen Stoffe sind lange, faden- oder stabförmige Gebilde, die in der einen Dimension 1000 mal länger sind als in den beiden anderen. Diese Gestalt der Moleküle bestimmt ihr ganzes Verhalten, hauptsächlich die Natur ihrer kolloiden Lösungen. So sind die neuen Ergebnisse auch bedeutungsvoll für die Kolloidchemie und

fordern eine grundlegend neue Einteilung der kolloiden Systeme, da die bisherige Klassifikation derselben in Suspensoide und Emulsoide, lyophobe und lyophile nicht mehr ausreicht. Die Gruppe der hochmolekularen Stoffe, der Molekülkolloide, verlangt eine Abtrennung von den anderen Kolloiden und eine gesonderte Behandlung.

Durch den Nachweis, daß Moleküle von einer solchen Größe existieren, erfährt das Gebiet der organischen Chemie eine bedeutende Erweiterung. Die ungeheuere Bindefähigkeit des Kohlenstoffs macht die Existenz einer unendlichen Zahl von verschiedenartigen Molekülen möglich, die mit komplizierten, festgefügten Bauwerken zu vergleichen sind. Zum Verständnis der Lebensvorgänge fordert auch die biologische Chemie eine solche unendliche Zahl von organischen Stoffen und somit Reaktionsmöglichkeiten. Die organische Chemie, die man vor kurzem in ihren wesentlichen Teilen für abgeschlossen ansah, steht somit erst am Anfang ihrer eigentlichen Entwicklung.

Die bisherigen Ergebnisse über den Bau der Hochmolekularen sind das Resultat einer gemeinsamen Arbeit, zu der eine Reihe von Forschern Beiträge geliefert haben und an der eine große Zahl von Mitarbeitern sich in unermüdlicher Tätigkeit jahrelang beteiligt hat. Aus der am Schluß angefügten Zusammenstellung sämtlicher bisheriger Arbeiten geht der Anteil der einzelnen Mitarbeiter hervor. An der Bearbeitung des vorliegenden Buches haben sich die Herren Dr. H. FREUDENBERGER, Dr. W. HEUER, Dr. W. KERN, Dr. E. O. LEUPOLD, Dr. H. LOHMANN, Dr. H. SCHOLZ, Dr. E. TROMMSDORFF, ferner Herr cand. chem. H. HAAS beteiligt. Dieselben Herren haben mich auch in wertvoller Weise bei den Arbeiten zur Fertigstellung des Buches, bei der Durchsicht der Korrekturen und der Anlegung des Inhalts- und Sachverzeichnisses unterstützt. Für diese Mitarbeit bei der Herausgabe des Buches wie auch an den jahrelangen experimentellen Untersuchungen danke ich den genannten Herren auf das herzlichste. Ebenso möchte ich an dieser Stelle allen anderen Herren meinen wärmsten Dank aussprechen, die sich an diesen Untersuchungen beteiligt haben, vor allem Herrn Privatdozenten Dr. R. SIGNER, der seit Jahren an diesen Arbeiten mitgewirkt und wertvolle Beiträge geliefert hat.

Auch dem Verlag Julius Springer bin ich zu großem Dank verpflichtet, daß er in dieser ungünstigen Zeit die Drucklegung dieser Untersuchungen übernommen hat.

Die Untersuchungen wären nicht durchzuführen gewesen, wenn nicht mannigfaltige Unterstützungen denselben gewährt worden wären: der Notgemeinschaft der deutschen Wissenschaften, der Justus Liebig-Gesellschaft und den verschiedenen Werken der I. G. Farbenindustrie, vor allem der Direktion der I. G. Farbenindustrie, Werk Leverkusen, möchte ich für die mannigfaltige Förderung meinen verbindlichsten Dank aussprechen.

Freiburg i. Br., 14. Mai 1932.

H. STAUDINGER.

Diesem Buch liegen zugrunde die 1.—69. Mitteilung über hochpolymere Verbindungen und 1.—39. Mitteilung über Isopren und Kautschuk.

Zu diesen Untersuchungen haben Beiträge geliefert die Herren Geheimrat Prof. Dr. G. MIE, Freiburg, und Prof. Dr. P. SCHLÄPFER, Zürich, die Privatdozenten Dr. H. W. KOHLSCHÜTTER und Dr. R. SIGNER, Dr. G. BOEHM, Dr. J. HENGSTENBERG, Dr. E. KONRAD und Dr. E. SAUTER.

Als Mitarbeiter beteiligten sich in den Jahren 1920—1926 an der Eidgenössischen Technischen Hochschule in Zürich die Herren Dr. A. A. ASHDOWN, Dr. M. BRUNNER, Dr. H. A. BRUSON, Dr. K. FREY, Dr. J. FRITSCHI, Dr. E. GEIGER, Dr. E. HUBER, Dr. H. JOHNER, Dr. M. LÜTHY, Dr. E. W. REUSS, Dr. A. RHEINER, Dr. G. SCHIEMANN, Dr. J. R. SENIOR, Dr. R. SIGNER, Dr. E. URECH, Dr. S. WEHRLI, Dr. G. WIDMER, Dr. W. WIDMER und Prof. S. YAMASHITA.

In den Jahren 1926—1932 beteiligten sich an den Arbeiten im chemischen Universitätslaboratorium in Freiburg i. Br. die Herren Prof. Dr. M. ASANO, Dr. O. BÄCHLE, Dr. H. F. BONDY, Dr. F. BREUSCH, Dr. W. FEISST, Dr. TH. FLEITMANN, Dr. H. FREUDENBERGER, Dr. K. FREY, Dr. W. FROST, Dr. P. GARBSCH, Dr. H. GROSS, cand. chem. H. HAAS, Dr. W. HEUER, Dr. H. JOSEPH, Dr. W. KERN, Privatdozent Dr. H. W. KOHLSCHÜTTER, Dr. E. O. LEUPOLD, Dr. H. LOHMANN, Dr. H. MACHEMER, Prof. Dr. R. NODZU, Prof. Dr. E. OCHIAI, Dr. D. RUSSIDIS, Dr. W. SCHAAL, Dr. H. SCHOLZ, Dr. A. SCHWALBACH, Dr. O. SCHWEITZER, Privatdozent Dr. R. SIGNER, Dr. W. STARK, Dr. H. THRON, Prof. Dr. N. J. TOIVONEN, Dr. E. TROMMSDORFF und Dr. V. WIEDERSHEIM.

# Inhaltsverzeichnis.

Inhaltsverzeichnis. **XI**

Dritter Teil.

**Über hochmolekulare Naturprodukte I.**
**Kautschuk und Balata.**

## Vierter Teil.

## Über hochmolekulare Naturprodukte II.
### Cellulose.

Gruppen gebildet werden, und zwar sind die höhermolekularen Produkte empfindlicher als die niedermolekularen Produkte. Deshalb werden dort zu niedere Molekulargewichte gefunden. Darauf sind die Unstimmigkeiten bei der Molekulargewichtsbestimmung hochmolekularer Produkte zurückzuführen. Daß bei Hochmolekularen die Empfindlichkeit der Moleküle mit zunehmender Kettenlänge wächst, ist aus zahlreichen Beispielen bekannt[1]. Im vorliegenden Fall ist anzunehmen, daß neben dem oxydativen Angriff der Endgruppe noch eine oxydative Spaltung der Kette eintritt.

Von diesen Triacetylcellulosen wurden Viscositätsmessungen in verschieden konzentrierten m-Kresollösungen ausgeführt. Berechnet man bei den verschiedenen Reihen die $K_m$-Konstante, so schwankt sie etwas; der Durchschnittswert der drei ersten Reihen, in denen bei tiefer Temperatur verseift wurde, beträgt $10,3 \cdot 10^{-4}$. Zum Bestimmen des Mittelwertes der Konstante wurden nur die $K_m$-Werte der Triacetylcellulosen bis zum Molekulargewicht 10000 benutzt. Die $K_m$-Werte der höhermolekularen Produkte sind nicht übereinstimmend und viel zu groß, da die Molekulargewichte derselben, wie gesagt, zu klein gefunden sind.

Man könnte auch denken, daß die geringe Übereinstimmung der $K_m$-Werte bei den höhermolekularen Triacetylcellulosen daher rührt, daß der Zusammenhang $\eta_{sp}/c = K_m \cdot M$ nur für relativ niedermolekulare Produkte gültig ist, dagegen bei hochmolekularen nicht mehr besteht. Dies ist nicht wahrscheinlich; denn diese Beziehung gilt für ausgesprochen fadenförmige Moleküle; so ist zu erwarten, daß sich die bei niederen Gliedern gefundenen Beziehungen zwischen Viscosität und Kettenlänge auch zur Molekulargewichtsbestimmung der höheren benutzen lassen. Das Verhalten der höhermolekularen Triacetylcellulosen in Lösung ist, wie im folgenden gezeigt wird, ein völlig gleichartiges wie das der niedermolekularen; auch daraus ist zu schließen, daß für sämtliche Glieder der polymerhomologen Reihe sich gleiche Beziehungen zwischen Viscosität und Molekulargewicht ergeben.

In neuester Zeit ist durch Untersuchungen von R. O. HERZOG und A. DERIPASKO[2] auch für hochmolekulare Acetylcellulosen gezeigt worden, daß Beziehungen zwischen Molekulargewicht und spez. Viscosität gleichkonzentrierter Methylglykollösungen bestehen. Dabei wurde das Molekulargewicht auf osmotischem Weg bestimmt. Aus der nachstehenden Zusammenstellung einiger Werte aus der HERZOGschen Arbeit und den daraus berechneten $K_m$-Konstanten geht hervor, daß auch in diesem Fall die quantitativen Beziehungen die gleichen sind, wie wir sie festgestellt haben.

Tabelle 336. Osmotische Molekulargewichte von hochmolekularen Acetylcellulosen nach R. O. HERZOG und A. DERIPASKO und daraus berechnete $K_m$-Konstanten.

| Substanz[3] | $\eta_{sp}$ der Acetate in Methylglykol 20° | $\eta_{sp}/c$ $c=0,0087$ gd-mol. | $M$ aus osmotischen Messungen | $K_m$ |
|---|---|---|---|---|
| $A_{III}M$ . . . . | 0,61 | 70,1 | 74000 | $9,5 \cdot 10^{-4}$ |
| $M_{II}$ . . . . . | 0,50 | 57,4 | 55300 | 10,4 „ |
| $C_{II}$ . . . . . | 0,21 | ·24,1 | 22650 | 10,6 „ |

[1] Vgl. S. 154.
[2] HERZOG, R. O., u. A. DERIPASKO: Cellulosechemie **13**, 25 (1932).
[3] Bezeichnung der Substanzen nach R. O. HERZOG: l. c.

## V. Die $K_m$- und $K_{\text{äqu}}$-Konstante von Poly-triacetyl-celloglucan-diacetaten.

### 1. Zusammenstellung der $K_m$-Konstanten.

Die folgende Zusammenstellung (Tabelle 337) der bei nieder- und höhermolekularen Acetaten experimentell bestimmten $K_m$-Werte zeigt, daß die $K_m$-Konstante, die sich bei niedermolekularen Produkten ergeben hat, auch bei höhermolekularen bis zu einem Polymerisationsgrad von ca. 250 übereinstimmend gefunden wird. Das Mittel der $K_m$-Konstanten der verschiedenen Bestimmungen

Tabelle 337. Zusammenstellung der $K_m$-Konstanten.

| Poly-triacetyl-cello-glucan-diacetate | Mol.-Gew. | Polymerisationsgrad | Molekulargewichtsbestimmungsmethode | $K_m$ | $K_m$ Mittel |
|---|---|---|---|---|---|
| Niedermolekular fraktioniert | 1000 bis 3000 | 3—10 | Kryoskopisch | $11,6 \cdot 10^{-4}$ | $11,6 \cdot 10^{-4}$ |
| | | | Jodometrisch | 10,0  ,,<br>10,5  ,, | $10,3 \cdot 10^{-4}$ |
| Höhermolekular unfraktioniert | 3000 bis 15000 | 10—50 | Jodometrisch | 9,3  ,,<br>10,5  ,,<br>11,1  ,,<br>(13,6  ,,  ) | $10,3 \cdot 10^{-4}$ |
| Hochmolekular | 23000 bis 74000 | 80—250 | Osmotisch | 10,2  ,, | $10,2 \cdot 10^{-4}$ |

Mittel sämtlicher Versuche: $K_m = 10,6 \cdot 10^{-4}$.

beträgt $10,6 \cdot 10^{-4}$, also abgerundet $11 \cdot 10^{-4}$. Da in einem Grundmolekül der Triacetylcellulose 5 Kettenatome enthalten sind, so ergibt sich eine $K_{\text{äqu}}$-Konstante von $\dfrac{11 \cdot 10^{-4}}{5} = 2,2 \cdot 10^{-4}$. Diese ist wesentlich höher als die $K_{\text{äqu}}$-Konstante, die sich allgemein bei Fadenmolekülen ergeben hat und für Benzollösungen $0,85 \cdot 10^{-4}$ beträgt. Der Unterschied der spez. Viscositäten in verschiedenen Lösungsmitteln ist nur unerheblich, so daß sich daraus die große Differenz zwischen der $K_{\text{äqu}}$-Konstante von Celluloseacetaten in m-Kresol und der $K_{\text{äqu}}$-Konstante von anderen Stoffen mit Fadenmolekülen nicht erklären läßt. Die folgenden Versuche und Berechnungen zeigen aber, daß die Konstante der Celluloseacetate richtig ermittelt wurde; der Unterschied beruht darauf, daß Ringe in der Kette enthalten sind. Solche haben einen viscositätserhöhenden Einfluß.

### 2. Berechnung der $K_m$-Konstante für Poly-triacetyl-celloglucan-diacetate aus Viscositäten niedermolekularer Glykosederivate.

Es ist bekannt, daß man die Viscosität eines Esters nach folgender Formel berechnen kann[1]:

$$\eta_{\text{sp}(1,4\%)} = n \cdot y + x, \qquad (11)\,[2]$$

wobei $n$ die Zahl der Kettenkohlenstoffatome und $y$ den Viscositätsbetrag eines solchen Kohlenstoffatoms bedeutet, der für $CCl_4$-Lösungen $1,6 \cdot 10^{-3}$ und für Benzollösungen $1,2 \cdot 10^{-3}$ beträgt; $x$ ist der Viscositätsbetrag für die O-Atome der Estergruppierung. Wenn man nun Tetraacetyl-glykosederivate darstellt, deren Halbacetal mit Fettsäuren verschiedener Länge verestert ist, dann ist der

---

[1] STAUDINGER, H., u. E. OCHIAI: Ztschr. f. physik. Ch. (A) **158**, 35 (1931).
[2] Vgl. S. 61.

Tetraacetyl-glykoserest in einem Fadenmolekül eingebaut, dessen spez. Viscosität sich zusammensetzt aus der Summe der Viscositätsbeträge der einzelnen Ketten-C-Atome $n \cdot y$, aus dem Betrag der Estergruppierung $x$ und dem Viscositätsbetrag $z$ des 2, 3, 6-Triacetyl-glykoserestes, also der Baugruppe, die sich in den Poly-triacetyl-celloglucan-diacetaten wiederholt.

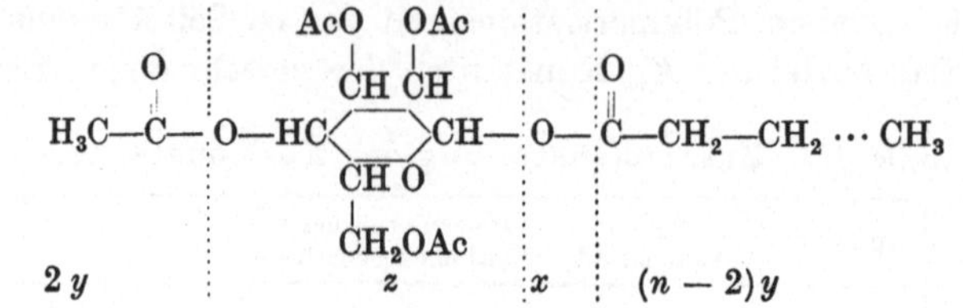

$$
\begin{array}{ccccc}
 & & \text{AcO}\quad\text{OAc} & & \\
 & & |\qquad| & & \\
\text{O} & & \text{CH CH} & & \text{O} \\
\| & & & & \| \\
\text{H}_3\text{C--C--O--HC}\!\!<\!\!\phantom{xx}\!\!>\!\!\text{CH--O--C--CH}_2\text{--CH}_2\cdots\text{CH}_3 \\
 & & \text{CH O} & & \\
 & & | & & \\
 & & \text{CH}_2\text{OAc} & & \\
2\,y & & z & x & (n-2)\,y
\end{array}
$$

also

$$\eta_{\mathrm{sp}\,(1,4\%)} = n \cdot y + x + z. \tag{13}$$

Es wurden Pentaacetyl-glykose, Monostearyl-tetraacetyl-glykose[1] und Monolauryl-tetraacetyl-glykose[2] untersucht. Zur Berechnung der Zahl der C-Atome in der Kette muß man, wie aus der Formel ersichtlich ist, zur Anzahl der C-Atome der am C-Atom 1 des Pyranringes veresterten Säure noch die 2 C-Atome der paraständigen Acetylgruppe zuzählen, da diese in die Länge des Moleküls mit eingehen. Auf diese Weise ergibt sich beim Einsetzen der bei anderen Verbindungen ermittelten Werte für $x$ und $y$ für die $\eta_{\mathrm{sp}}$-Werte einer 1,4proz. Lösung folgende Zusammensetzung:

Für das Stearat: $\eta_{\mathrm{sp}\,(1,4\%)} = 20 \cdot 1,2 \cdot 10^{-3} + 0,003 + z$

„　„　Laurinat: $\eta_{\mathrm{sp}\,(1,4\%)} = 14 \cdot 1,2$　„　$+ 0,003 + z$

„　„　Acetat: $\eta_{\mathrm{sp}\,(1,4\%)} = 4 \cdot 1,2$　„　$+ 0,003 + z$

---

[1] Zur Darstellung siehe K. HESS u. E. MESSMER: Ber. Dtsch. Chem. Ges. **54**, 499 (1921). Es ist dazu zu bemerken, daß das Ausschütteln der ätherischen Lösung des Reaktionsproduktes mit $^{\mathrm{n}}/_{10}$-NaOH zur Entfernung etwa vorhandener Fettsäure von einer weitgehenden Verseifung des Stearates begleitet ist. Daher wurde das Stearat aus dem Reaktionsprodukt ohne Behandlung mit verdünnter NaOH durch Auskrystallisieren aus Petroläther angereichert, dann aus Methanol und schließlich aus Äther-Petroläther umkrystallisiert: farblose, filzige Nadeln, Schmelzp. 76,5—77,5°.

$\text{C}_{32}\text{H}_{54}\text{O}_{11}$:　ber.　C 62,51　　　H 8,86

　　　　　　　gef.　C 62,61　　　H 8,92

　　　　　　　　　　C 62,62　　　H 8,82

[2] Die Darstellung des Laurinats erfolgte wie die des Stearats aus Acetobromglykose und Silberlaurinat. Letzteres wurde erhalten aus dem aus Na-Methylat und Laurinsäure dargestellten Na-Laurinat in Methanol und der äquivalenten, in wenig Wasser gelösten Menge Silbernitrat. Nach Auswaschen mit heißem Methanol und später mit heißem Wasser wurde es getrocknet.

*Monolauryl-tetraacetyl-glykose:* 4,6 g Silberlaurinat wurden mit 6,55 g Acetobromglykose in 75 ccm Toluol eine halbe Stunde auf dem Dampfbad und anschließend noch kurze Zeit zum Sieden erhitzt. Die filtrierte Toluollösung wurde bei 60° im Vakuum völlig eingeengt. Der nach Erkalten zu einem Krystallkuchen erstarrte Rückstand wurde in Äther aufgenommen und mit $^{\mathrm{n}}/_{10}$-NaOH ausgeschüttelt. Im Gegensatz zum Stearat bleibt hierbei das Laurinat unangegriffen. Nach Trocknen der mit Wasser ausgewaschenen ätherischen Lösung mit $\text{CaCl}_2$ wurde im Vakuum eingedampft und der Rückstand zweimal aus Petroläther-Äther (5 : 1) umkrystallisiert: farblose, filzige Nadeln, Schmelzp. 59°.

$\text{C}_{26}\text{H}_{42}\text{O}_{11}$:　ber.　C 58,86　　　H 7,92

　　　　　　　gef.　C 59,09　　　H 8,06

Unter Verwendung der viscosimetrisch ermittelten Werte für $\eta_{sp(1,4\%)}$ des Acetates, Laurinates und Stearates errechnen sich nachstehende Werte für den Viscositätsbeitrag $z$ eines Triacetyl-glykoserestes in 1,4proz. m-Kresollösung:

|  | gef. $\eta_{sp(1,4\%)}$ | $z = \eta_{sp(1,4\%)} - (n \cdot 1,2 \cdot 10^{-3}) - 0,003$ |
|---|---|---|
| Stearat . . . . . . . . . . . | 0,0405 | 0,0135 |
| Laurinat . . . . . . . . . . . | 0,0335 | 0,0137 |
| Acetat . . . . . . . . . . . . | 0,0262 | 0,0184 |

Daß der aus der Acetatmessung berechnete Wert für $z$ von den beiden anderen abweicht, liegt wohl an der wenig ausgebildeten Fadenform des Acetatmoleküls.

Aus Viscositätsmessungen am Cellobiose-octacetat läßt sich der Wert für $z$ auf ganz analoge Weise berechnen, wobei man in Betracht ziehen muß, daß 2 endständige Acetylgruppen und 2 Glykosegruppen in der Kettenlängsrichtung stehen:

$$\eta_{sp(1,4\%)} = 4 \cdot 1,2 \cdot 10^{-3} + 0,003 + 2\,z.$$

|  $\eta_{sp(1,4\%)}$ gef. | $z$ ber. |
|---|---|
| 0,0418 | 0,0170 |

Auch hier dürfte der etwas zu hohe Wert wie beim Glykoseacetat in der noch wenig ausgebildeten Kettenform des Moleküls zu suchen sein.

Die so an einheitlichen Stoffen wohlbekannter Konstitution ermittelte spez. Viscosität einer Triacetylglykosegruppe ($z$) stimmt mit der durch Viscositätsmessungen an Triacetylcellulosen gefundenen innerhalb der Fehlergrenzen überein. Bei Triacetylcellulosen ist

$$z = \eta_{sp(1,4\%)} = 0,0154.$$

Dieser Wert läßt sich aus der experimentell ermittelten $K_m$-Konstante der Triacetylcellulosen (11 · $10^{-4}$) folgendermaßen ermitteln. Die $K_m$-Konstante ist die spez. Viscosität einer grundmolaren Lösung für das Molekulargewicht 1; also ist die spez. Viscosität für ein Poly-triacetyl-celloglucan-diacetat vom Molekulargewicht 1 in einer 28,8proz. Lösung gleich 11 · $10^{-4}$; demnach muß sie in einer 1,4proz. Lösung für das Grundmolekül 288:

$$\eta_{sp(1,4\%)} = \frac{11 \cdot 10^{-4} \cdot 288 \cdot 1,4}{28,8} = 0,0154$$

betragen.

Man könnte denken, daß die Bestimmung des Wertes von $z$ aus den $K_m$-Konstanten hemikolloider Poly-triacetyl-celloglucan-diacetate insofern fehlerhaft ist, als man dort die Kettenverlängerung durch die beiden endständigen Acetylgruppen, wie sie z. B. bei der Octacetyl-cellobiose in die Rechnung mit aufgenommen wurde, nicht berücksichtigt hat. Aber die Viscosität der Acetylgruppen ist im Vergleich zu einer langen Reihe von Glykoseresten so gering, daß sie weiter nicht in Betracht gezogen zu werden braucht.

### 3. Berechnung der $K_m$-Konstante aus anderen Viscositätsuntersuchungen[1].

Der hohe Wert der $K_m$-Konstante bei Celluloseacetaten beruht darauf, daß die Fadenmoleküle Ringe enthalten, die erfahrungsgemäß einen stark viscositätserhöhenden Einfluß besitzen. So wurde von R. BAUER[2] für den Cyclohexylrest

---

[1] Vgl. S. 73.    [2] Nach unveröffentlichten Versuchen; vgl. S. 63.

in 1,4proz. Lösung ein Inkrement von $9 \cdot 10^{-3}$ ermittelt. Setzt man dasselbe Inkrement für den Pyranrest bei der Berechnung der Viscosität eines Grundmoleküls der Acetylcellulose ein, so ergibt sich folgender Betrag:

$$\eta_{sp(1,4\%)} = n \cdot 1{,}2 \cdot 10^{-3} + 0{,}009.$$

Dabei ist $n = 5 = $ der Zahl der Atome des Grundmoleküls in Längsrichtung der Acetylcellulosekette. Es ergibt sich also $\eta_{sp(1,4\%)} = 0{,}0150$, was in bester Übereinstimmung mit den gefundenen Werten steht.

*Man kann also heute das Molekulargewicht von Triacetylcellulose aus Viscositätsmessungen berechnen, ohne daß man durch Untersuchung der polymerhomologen Reihe die $K_m$-Konstante ermittelt. Es läßt sich die Größe dieser $K_m$-Konstante aus allgemeinen Viscositätsbeziehungen ermitteln, also aus Viscositätsmessungen an Paraffinen und Cyclohexanderivaten.*

Es zeigt sich so, daß die seitenständigen Acetylgruppen keinen Anteil an der Viscosität der Acetylcellulose haben, daß also allein die in Richtung der Cellulosekette angeordneten Glieder die Viscosität additiv zusammensetzen, vorausgesetzt, daß man die Viscosität gleichprozentiger Lösungen vergleicht.

Infolge des Ringinkrementes sind Acetylcelluloselösungen relativ höherviscos als Lösungen von Stoffen mit gleich langen Fadenmolekülen. In der folgenden Tabelle 338 sind die spez. Viscositäten 1,4proz. Lösungen für Acetyl-

Tabelle 338.

| | Zahl der Kettenglieder | Polymerisationsgrad | Mol.-Gew. | Kettenlänge Å | $\eta_{sp}/c$ | $\eta_{sp\,(1,4\%)}$ |
|---|---|---|---|---|---|---|
| Acetylcellulose . | 1000 | 200 | 57 600 | 1040 | 63,4 | 3,1 |
| Polystyrol . . | 1000 | 500 | 52 000 | 1250 | 9,4 | 1,3 |
| Kautschuk . . . | 1000 | 250 | 17 000 | 1125 | 5,1 | 1,1 |

cellulose, Polystyrol und Polyprene von gleicher Kettenlänge (1000 Kettenglieder) angegeben; es geht daraus hervor, daß eine Kautschukkette ca. dreimal länger sein muß als eine Acetylcellulosekette, um dieselbe spez. Viscosität hervorzurufen.

## VI. Molekulargewicht der hochmolekularen Triacetylcellulosen.

Die Konstitution der Triacetylcellulosen ist bis zu einem Polymerisationsgrad von 50 (Molgewicht = 15000) aufgeklärt. Hauptsächlich nachdem es gelungen ist, die experimentell gefundenen Ergebnisse auf verschiedenem Weg zu berechnen, ist die Frage nach der Molekülgröße der abgebauten Acetylcellulosen als gelöst zu betrachten. Es fragt sich nun, ob man die gesetzmäßige Beziehung zwischen Viscosität und Molekulargewicht auch dazu benutzen kann, das Molekulargewicht der hochmolekularen Triacetylcellulosen zu bestimmen. Man muß zu diesem Zweck untersuchen, ob in den Lösungen der hochmolekularen Triacetylcellulosen ebenfalls normale Moleküle enthalten sind; dazu muß man das Verhalten der Kolloidteilchen in der Lösung der hochmolekularen Stoffe studieren und sehen, ob es ebenso ist, wie dasjenige der hemikolloiden Glieder. Dieses kann nur durch Viscositätsuntersuchungen unter verschiedenen Bedingungen festgestellt werden.

## 1. Abweichungen vom HAGEN-POISEUILLEschen Gesetz.

Lösungen von hochmolekularen Acetylcellulosen zeigen in höherer Konzentration Abweichungen vom HAGEN-POISEUILLEschen Gesetz, wie z. B. die Untersuchungen von K. HESS und Mitarbeitern[1] zeigen.

Diese Autoren machen dafür eine aus den natürlichen Fasern stammende Fremdhaut verantwortlich. Merkwürdigerweise machen sie auf die analogen Verhältnisse bei anderen Molekülkolloiden, z. B. beim Polystyrol[2] und Kautschuk[3], nicht aufmerksam, so naheliegend dieser Vergleich ist. Bei diesen Produkten ist bewiesen, daß die anormalen Viscositätserscheinungen mit der Länge der Moleküle und ihrer Konzentration zusammenhängen. Diese Abweichungen sind um so größer, je länger die Moleküle sind; in konzentrierter Lösung sind sie beträchtlicher als in verdünnter; in sehr verdünnten Lösungen, bei $\eta_{sp}$-Werten von 0,1—0,5, treten die Viscositätsanomalien bei Produkten bis zu einer Kettenlänge von ca. 5000 Å nicht wesentlich zutage.

Wir überzeugten uns durch einige Messungen an hochmolekularen Triacetylcellulosen, wie groß diese Abweichungen werden können und wie weit sie bei

Tabelle 339. Abweichung vom HAGEN-POISEUILLEschen Gesetz zweier 0,025 gdmolarer m-Kresollösungen hochmolekularer Celluloseacetate.

| Triacetat | Meß-temperatur | Abhängigkeit von $\eta_{sp}$ vom Druck | | Abhängigkeit von $\eta_{sp}$ vom Geschwindigkeitsgefälle | | |
|---|---|---|---|---|---|---|
| | | $\eta_{sp}$ | Druck in mm Hg | $\eta_{sp}$ | Geschwindigkeitsgefälle | Rückgang von $\eta_{sp}$ in Proz. des Wertes bei Gf. $= 200$ |
| Dargestellt nach OST: gew. Temp. 4 Monate | 20° | 3,10 | 110 | 3,11 | 200 | 100 |
| | | 3,07 | 187 | 3,01 | 600 | 97 |
| | | 2,83 | 403 | 2,88 | 1000 | 93 |
| | | 2,68 | 584 | 2,70 | 1400 | 87 |
| Mol.-Gew. 74000 Polym.-Grad 260 | 60° | 2,14 | 15 | 2,15 | 200 | 100 |
| | | 2,14 | 28 | 2,14 | 600 | 100 |
| | | 2,15 | 59 | 2,14 | 1000 | 100 |
| | | 2,12 | 106 | 2,13 | 1400 | 100 |
| Dargestellt mit $H_2SO_4$: 30° 3 Stunden | 20° | 1,46 | 51 | 1,47 | 200 | 100 |
| | | 1,43 | 105 | 1,43 | 600 | 97 |
| | | 1,41 | 211 | 1,40 | 1000 | 95 |
| | | 1,38 | 392 | 1,38 | 1400 | 94 |
| Mol.-Gew. 40000 Polym.-Grad 140 | 60° | 1,08 | 8,7 | 1,08 | 200 | 100 |
| | | 1,08 | 15 | 1,08 | 600 | 100 |
| | | 1,08 | 28 | 1,08 | 1000 | 100 |
| | | 1,08 | 56 | 1,08 | 1400 | 100 |

[1] HESS, K., C. TROGUS, L. AKIM u. J. SAKURADA: Ber. Dtsch. Chem. Ges. **64**, 421, 1174 (1931). HESS glaubt, daß mit zunehmender Reinigung die Abweichungen vom HAGEN-POISEUILLEschen Gesetz verschwinden, und macht für das Auftreten einer „elastischen Komponente der scheinbaren Viscosität", mit anderen Worten für die Druckabhängigkeit, die bei der Reinigung und Acetylierung erhalten gebliebenen „membranisierten Teilchen" namentlich von Nichtcellulosestoffen verantwortlich.

[2] STAUDINGER, H., u. H. MACHEMER: Ber. Dtsch. Chem. Ges. **62**, 2921 (1929). Ferner auch H. STAUDINGER u. W. HEUER: Zweiter Teil, A. IV. 3.

[3] STAUDINGER, H., u. H. F. BONDY: Liebigs Ann. **488**, 127 (1931).

Rückschlüssen von der Viscosität auf das Molekulargewicht mit in Rechnung gezogen werden müssen.

In der vorstehenden Tabelle 339 ist für 0,025 gd-mol. = 0,72 proz. Lösungen zweier Acetylcellulosen die spez. Viscosität bei 20 und 60° in Abhängigkeit von verschiedenen Drucken und einigen graphisch ermittelten Geschwindigkeitsgefällen wiedergegeben.

Daraus ist zu ersehen, daß die $\eta_{sp}$-Werte bei Steigerung des Geschwindigkeitsgefälles auf das siebenfache selbst bei der relativ hohen spez. Viscosität von 3 auf nur 87% absinken; für niederviscose Lösungen von $\eta_{sp}$ 0,1—0,5 sind die Abweichungen vom HAGEN-POISEUILLEschen Gesetz noch unbedeutender. Dies läßt den Schluß zu, daß die Viscositätsmessungen hoch- und niedermolekularer Acetylcellulosen miteinander verglichen werden dürfen.

Das annähernd normale Verhalten der Acetylcelluloselösungen ist verständlich, denn starke Abweichungen vom HAGEN-POISEUILLEschen Gesetz treten bei Kohlenwasserstoffen erst ein, wenn die Zahl der Kettenglieder ca. 3000 und mehr ist. Die höchstmolekulare Acetylcellulose vom Polymerisationsgrad 300 besitzt nur 1500 Kettenatome; es müßten also erst bei der doppelten Kettenlänge die Abweichungen in starkem Maße auftreten[1].

## 2. Viscosität bei verschiedenen Temperaturen.

Den Bau der Kolloidteilchen kann man durch Untersuchung der Viscosität bei verschiedenen Temperaturen ermitteln. Bei micellarem Bau wird die Größe der Kolloidteilchen durch Temperaturerhöhung verändert; dies hat eine starke Abnahme der spez. Viscosität zur Folge. Für die hemikolloiden Glieder der Triacetylcellulosen wurde bewiesen, daß in den gelösten Teilchen normale Moleküle vorliegen. Es könnte nun sein, daß die Teilchen der gelösten Eukolloide micellaren Bau besitzen und keine einfachen Moleküle darstellen. In diesem Falle aber müßten sie sich bei Viscositätsmessungen bei verschiedenen Temperaturen ganz anders verhalten als die der Hemikolloide. Dies trifft nicht zu, wie folgende Versuche zeigen. Es wurde die Änderung der $\eta_{sp}$-Werte verschieden konzentrierter Lösungen einiger Glieder der polymerhomologen Reihe der Poly-triacetyl-celloglucandiacetate beim Erwärmen auf 60° verfolgt. Dabei wurden die Konzentrationen so gewählt, daß bei allen untersuchten Verbindungen fünf etwa gleiche spez. Viscositätswerte in Höhe von ca. 0,1, 0,2, 0,8, 3 und 10 miteinander verglichen werden konnten. Aus der beifolgenden Tabelle 340 ist ersichtlich, daß die spez. Viscosität bei 60° kleiner ist als bei 20° und daß die prozentuale Abweichung[2] der verschiedenen $\eta_{sp}$-Werte bei allen Substanzen in niederviscosen Lösungen gleich ist. In hochviscosen Lösungen ist die Temperaturabhängigkeit größer; dies ist evtl. dadurch bedingt, daß in diesen konzentrierten Lösungen Assoziationen vorliegen.

Die Kolloidteilchen aller Acetylcellulosen weisen in bezug auf ihre Temperaturabhängigkeit ein gleiches Verhalten auf. Daraus ergibt sich, daß der Lösungs-

---

[1] Eine 1,4 proz. Lösung eines Kautschuks mit der Kettengliederzahl 3000 besitzt dieselbe spezifische Viscosität wie eine 1,4 proz. Lösung einer Acetylcellulose mit 1000 Kettengliedern (Polymerisationsgrad 200). Möglicherweise ist für die Abweichungen nicht die Länge der Moleküle, sondern die Höhe der $\eta_{sp}$-Werte maßgebend.

[2] Die spezifische Viscosität von gelösten Stoffen nimmt bei Temperaturerhöhung in gleicher Weise ab wie die absolute Viscosität von Flüssigkeiten.

Tabelle 340. **Temperaturabhängigkeit verschieden konzentrierter m-Kresol-lösungen von hoch- und niedermolekularen Poly-triacetyl-celloglucan-diacetaten.**

| Mol.-Gew. | Polymeri-sations-grad | Grund-molari-tät der m-Kre-sol-lösung | $\eta_{sp}$ | | | $\eta_{sp}/c$ | | | Temperaturabhängig-keit von $\eta_{sp}$ in Proz. bezogen auf den 20°-Wert | | |
|---|---|---|---|---|---|---|---|---|---|---|---|
| | | | 20° | 60° | 20° | 20° | 60° | 20° | 20° | 60° | 20° |
| 74000 | 257 | 0,05 | 10,81 | 6,40 | 10,76 | 216 | 128 | 215 | 100 | 59,2 | 99,4 |
| | | 0,025 | 3,140 | 2,138 | 3,142 | 125,6 | 85,5 | 125,7 | 100 | 68,1 | 100,1 |
| | | 0,009 | 0,791 | 0,586 | 0,781 | 87,9 | 65,1 | 86,8 | 100 | 74,1 | 98,8 |
| | | 0,003 | 0,221 | 0,173 | 0,218 | 73,7 | 57,7 | 72,7 | 100 | 78,3 | 98,6 |
| | | 0,0015 | 0,104 | 0,081 | 0,103 | 69,3 | 54,0 | 68,7 | 100 | 77,9 | 99,1 |
| 48000 | 165 | 0,08 | 12,26 | 7,21 | 12,13 | 153,3 | 90,1 | 151,7 | 100 | 58,8 | 98,9 |
| | | 0,04 | 3,532 | 2,382 | 3,512 | 88,3 | 59,5 | 87,8 | 100 | 67,4 | 99,4 |
| | | 0,015 | 0,898 | 0,660 | 0,882 | 59,8 | 44,0 | 58,8 | 100 | 73,5 | 98,3 |
| | | 0,005 | 0,256 | 0,194 | 0,249 | 51,2 | 38,8 | 49,8 | 100 | 75,8 | 97,3 |
| | | 0,0025 | 0,112 | 0,085 | 0,111 | 44,8 | 34,0 | 44,4 | 100 | 75,9 | 99,1 |
| 13600 | 47 | 0,2 | 10,61 | 6,44 | 10,48 | 53,1 | 32,2 | 52,4 | 100 | 60,6 | 98,7 |
| | | 0,1 | 3,145 | 2,196 | 3,130 | 31,45 | 21,96 | 31,30 | 100 | 69,8 | 99,5 |
| | | 0,04 | 0,885 | 0,656 | 0,870 | 22,13 | 16,40 | 21,74 | 100 | 74,1 | 98,3 |
| | | 0,015 | 0,288 | 0,218 | 0,283 | 19,20 | 14,53 | 18,86 | 100 | 75,7 | 98,2 |
| | | 0,0075 | 0,131 | 0,103 | 0,121 | 17,47 | 13,73 | 16,14 | 100 | 78,6 | 92,5 |
| 6400 | 22 | 0,4 | 9,44 | 5,46 | 9,33 | 23,6 | 13,6 | 23,3 | 100 | 57,8 | 98,8 |
| | | 0,2 | 2,617 | 1,818 | 2,610 | 13,09 | 9,09 | 13,05 | 100 | 69,6 | 99,8 |
| | | 0,09 | 0,847 | 0,641 | 0,841 | 9,41 | 7,12 | 9,35 | 100 | 75,6 | 99,3 |
| | | 0,03 | 0,246 | 0,193 | 0,232 | 8,20 | 6,43 | 7,73 | 100 | 78,4 | 94,3 |
| | | 0,015 | 0,117 | 0,096 | 0,119 | 7,80 | 6,39 | 7,94 | 100 | 82,1 | 101,6 |
| 1810 | 6 | — | — | — | — | — | — | — | — | — | — |
| | | 0,7 | 4,230 | 2,452 | 4,205 | 6,04 | 3,50 | 6,00 | 100 | 58,0 | 99,4 |
| | | 0,3 | 0,876 | 0,626 | 0,870 | 2,92 | 2,09 | 2,90 | 100 | 71,5 | 99,2 |
| | | 0,1 | 0,220 | 0,163 | 0,204 | 2,20 | 1,63 | 2,04 | 100 | 74,0 | 92,7 |
| | | 0,05 | 0,094 | 0,075 | 0,0815 | 1,88 | 1,50 | 1,63 | 100 | 79,8 | 86,7 |

zustand der hochmolekularen Glieder der Triacetylcellulosen der gleiche ist wie der der hemikolloiden. Damit ist bewiesen, daß ihre Kolloidteilchen den gleichen Bau besitzen und daß alle Acetylcellulosen in verdünnten Lösungen molekular dispergiert sind.

### 3. Molekulargewichtsbestimmungen der hochmolekularen Acetylcellulosen.

Da bei allen Celluloseacetaten in Lösung Moleküle vorliegen, die sich gleich-artig verhalten, ist es möglich, die bei den niederen Gliedern gültige Be-ziehung zur Ermittlung des Molekulargewichts der hochmolekularen Acetate zu verwenden. Die Viscositätsmessungen müssen dabei in solchen Konzen-trationen ausgeführt werden, daß die $\eta_{sp}/c$-Werte konstant sind. Dies ist bei $\eta_{sp} = 0,05 - 0,4$ der Fall. Tabelle 341 gibt eine Zusammenstellung der Herkunft bzw. Darstellungsweise einer Reihe von Acetylcellulosen, ihrer $\eta_{sp}/c$-Werte, ihres Molekulargewichtes (ber. mit $K_m = 11 \cdot 10^{-4}$), Polymerisationsgrades und ihrer Kettenlänge in Å.

So kennt man jetzt eine polymerhomologe Reihe von Poly-triacetyl-cello-glucan-diacetaten vom ersten Glied bis zu dem vom Polymerisationsgrad 260*.

---

    * In der übernächsten Arbeit ist eine Acetylcellulose vom Polymerisationsgrad ca. 360 beschrieben.

### Tabelle 341. Hochmolekulare Triacetylcellulosen.

| Triacetat. Darstellung oder Herkunft | $\eta_{sp}/c$ aus niederst gemessener Konzentration | Mol.-Gew. $= \dfrac{\eta_{sp}}{c \cdot K_m}$ $K_m = 11 \cdot 10^{-4}$ | Polymerisationsgrad | Kettenlänge des Moleküls Å |
|---|---|---|---|---|
| Nach Ost: Gew. Temp. 4 Monate . | 81,4 | 74 000 | 260 | 1350 |
| Faseracetat[1] von Boehringer, Mannheim-Waldhof . . . . . . . . | 69,2 | 63 000 | 220 | 1140 |
| Nach Ost: 30° 7 Tage . . . . . | 62,2 | 57 000 | 200 | 1040 |
| Nach Ost: 30° 10 Tage . . . . . | 52,6 | 48 000 | 165 | 860 |
| Technisches Produkt der I. G. Farbenindustrie, Elberfeld . . . . . . . | 47,0 | 43 000 | 150 | 780 |
| Technisches Produkt der Rhodiaseta, Freiburg i. Br. . . . . . . . . . | 44,5 | 40 000 | 140 | 730 |
| Nach Ost: 60° 4 Stunden . . . . | 39,0 | 35 000 | 120 | 620 |
| Nach Ost: 60° 6 Stunden . . . . | 35,2 | 32 000 | 110 | 570 |
| Nach Ost: 60° 9 Stunden . . . . | 27,5 | 25 000 | 87 | 450 |

Man kann in dieser Reihe verfolgen, wie die physikalischen Eigenschaften der Acetylcellulosen, die für die Technik, die Acetatseide- und Filmindustrie von so großer Bedeutung sind, mit dem Polymerisationsgrad in Beziehung stehen, wie z. B. die Festigkeit der Filme, die Quellungsfähigkeit der Acetate und die Viscosität der Lösungen von der Molekülgröße abhängen. Dabei ergeben sich ganz ähnliche Zusammenhänge wie bei den Polystyrolen[2]. Die höchstmolekularen Produkte sind sehr zäh und geben feste Filme. Sie quellen sehr stark, und ihre Lösungen sind hochviscos, sie zeigen also typisch kolloides Verhalten. Es sind Eukolloide. Die Filme der niedermolekularen Produkte sind dagegen brüchig und spröde wie die der niederpolymeren Polystyrole. Die niedermolekularen Acetate lösen sich leicht, ohne zu quellen, und geben niederviscose Lösungen, verhalten sich also wie Hemikolloide.

Zusammenfassend kommen wir also zu dem Ergebnis, daß die primären Kolloidteilchen in Acetylcelluloselösungen Makromoleküle sind[3]. Dadurch erklärt sich die Natur dieser kolloiden Lösungen anders als früher, wo man diese Kolloidteilchen als micellar gebaut ansah. Damals führte man die hohe Viscosität der Lösungen auf das Vorliegen von solvatisierten Micellen zurück. Dies hat für

---

[1] Die Erhaltung der Faserstruktur ist nicht, wie man früher annahm, der Grund für die außerordentlich hohe Viscosität und das hohe Molekulargewicht des Präparates. Daß faserige Acetate von sehr geringer Viscosität und niedrigem Molekulargewicht dargestellt werden können, zeigt folgender Versuch: Nach der von K. Hess (Chemie der Cellulose, S. 411. Leipzig 1928) beschriebenen Methode der Acetylierung in Benzol wurde ein Faseracetat durch 8stündige Reaktion bei 75° gewonnen. Das brüchige, aber noch deutlich faserige Präparat besitzt in 0,01 gd-mol. Lösung einen $\eta_{sp}$-Wert von 0,105; aus dem $\eta_{sp}/c$-Wert von 10,5 errechnet sich ein Molekulargewicht von 9550.

[2] Vgl. Zweiter Teil, A. IV. 1.

[3] Daß die Kolloidteilchen der Acetylcellulosen Makromoleküle sind, geht auch aus der Arbeit von E. Elöd u. A. Schrodt [Ztschr. f. angew. Ch. **44**, 933 (1931)] hervor, die Triacetylcellulosen zu Diacetaten verseiften und dabei feststellten, daß die Viscosität gleichkonzentrierter Lösungen sich durch die Verseifung nicht ändert. Nach dem Viscositätsgesetz kann man schließen, daß die Länge der Moleküle beim Verseifen erhalten geblieben ist. Bei micellarem Bau müßten natürlich starke Veränderungen in der Micellgröße eintreten, wenn ein Teil der Acetylgruppen in Hydroxylgruppen umgewandelt wird. Vgl. auch D. Krüger: Melliands Textilber. **10**, 966 (1929) — Chem. Zentralbl. **1930 I**, 1463.

Seifenlösungen, also Lösungen von Assoziationskolloiden, Gültigkeit, nicht aber für die Lösungen der Molekülkolloide. In diesen ist die Viscosität durch die Länge und Fadengestalt der Moleküle bestimmt. Die Moleküle der Celluloseacetate bauen sich nach den Prinzipien der chemischen Valenzlehre auf und können bis zu 260 Glykosegruppen in einer Kette enthalten. Daraus läßt sich der Schluß ziehen, daß die Moleküle der Cellulose nach den gleichen Richtlinien aufgebaut sind, daß aber diese Cellulosemoleküle einen erheblich höheren Polymerisationsgrad besitzen, da gezeigt werden konnte, daß gerade zu Beginn der Acetylierung ein enormer Abbau stattfindet.

## VII. Zur Nomenklatur.

Beim Abbau von Cellulose, Stärke, Lichenin usw. und deren Derivaten erhält man Reihen von polymerhomologen Produkten, die folgendermaßen benannt werden können:

Diese Produkte werden als Derivate von polymeren Glucanen, Mannanen[1], Lävanen[2] aufgefaßt. Die Enden der Ketten können durch Hydroxylgruppen, Methoxylgruppen, Acetylgruppen, Chloratome ersetzt sein, ähnlich, wie es bei den Polyoxymethylen-[3] und Polyäthylenoxydketten[4] der Fall ist.

Es gibt also polymerhomologe Reihen von Poly-glucan-dihydraten, Poly-glucan-diacetaten usw.

| | |
|---|---|
| $HO \cdot (C_6H_{10}O_5)_x \cdot H$ | Poly-glucan-dihydrat |
| $CH_3 \cdot CO \cdot O \cdot (C_6H_{10}O_5)_x \cdot CO \cdot CH_3$ | Poly-glucan-diacetat |
| $CH_3O \cdot (C_6H_{10}O_5)_x \cdot CH_3$ | Poly-glucan-dimethyläther |
| $HO \cdot (CH_2O)_x \cdot H$ | Poly-oxymethylen-dihydrat |
| $CH_3 \cdot CO \cdot O \cdot (CH_2O)_x \cdot CO \cdot CH_3$ | Poly-oxymethylen-diacetat |
| $CH_3O \cdot (CH_2O)_x \cdot CH_3$ | Poly-oxymethylen-dimethyläther |

Die Stellung der freien Hydroxylgruppen kann man mit Ziffern bezeichnen. So sind z. B. abgebaute Hydratcellulosen Poly-(2, 3, 6-glucan)-dihydrate. Dabei werden die Abbauprodukte der Cellulose als Poly-celloglucan-derivate bezeichnet, die der Stärke als Poly-amyloglucan-derivate, die des Lichenins als Poly-licheno-glucan-derivate usw. Die abgebauten Celluloseacetate sind also nach dieser Nomenklatur Poly-triacetyl-celloglucan-diacetate. Wenn man also ein bestimmtes Produkt charakterisieren will, so hat man nur den Durchschnittspolymerisations-grad[5] anzugeben, und man wird die abgebauten Hydrocellulosen resp. Cellulosedextrine z. B. als 10- oder 50- oder 100-Celloglucan-dihydrate charakterisieren.

Der Notgemeinschaft der Deutschen Wissenschaft sprechen wir für die Unterstützung dieser Arbeit unseren verbindlichsten Dank aus.

---

[1] Vgl. P. Karrer: Polymere Kohlenhydrate, S. 263. Leipzig 1925.
[2] Vgl. H. H. Schlubach u. H. Elsner: Ber. Dtsch. Chem. Ges. **62**, 1495 (1929).
[3] Vgl. H. Staudinger: Helv. chim. Acta **8**, 68 (1925).
[4] Vgl. H. Staudinger u. O. Schweitzer: Ber. Dtsch. Chem. Ges. **62**, 2395 (1929).
[5] Beim Abbau der Cellulose erhält man Gemische von hochpolymeren Spaltprodukten.

# B. Viscositätsuntersuchungen an Lösungen von Cellulose in Schweizers Reagens[1].

## Bearbeitet von O. Schweitzer.

### I. Die Lösungen von Poly-celloglucan-dihydraten in Schweizers Reagens.

Zur Kennzeichnung der Eigenschaften von Cellulosen werden häufig Viscositätsmessungen ihrer Lösungen in Kupfer-tetrammin-hydroxyd (Schweizers Reagens) herangezogen[2]. Schon früher hat H. Ost[3] in seinen Arbeiten den Standpunkt vertreten, daß man an der Viscosität einer solchen Lösung den Abbau einer Cellulose erkennen könne; denn er fand, daß nach Behandeln der Cellulose mit Reagenzien, die glykosidische Bindungen zerstören, abgebaute Cellulosen entstehen, die in Schweizers Reagens niederviscose Lösungen liefern. Zu grundsätzlich gleichen Ergebnissen führten die Untersuchungen von W. H. Gibson[4], denen eine genauere Meßtechnik zugrunde liegt. Quantitative Beziehungen zwischen Viscosität und Molekulargewicht wurden von H. Ost nicht ermittelt. Es war auch damals nicht möglich, weil Vorstellungen über den Bau dieser Kolloidteilchen noch nicht entwickelt waren; man wußte nicht, daß die primären Kolloidteilchen in verdünnter Lösung die Moleküle selbst sind.

Diese früheren Auffassungen über die Konstitution der Cellulose traten später stark in den Hintergrund, als unter dem Einfluß der Kolloidchemie für den Bau der Kolloidteilchen der gelösten Cellulose ganz andere Anschauungen aufkamen. So vertraten bekanntlich P. Karrer[5], K. Hess[6] und viele andere Forscher die Auffassung, das Molekül der Cellulose sei klein; die Kolloidteilchen in einer Celluloselösung seien durch Aggregation oder Assoziation vieler kleiner Moleküle entstanden, sie besäßen demnach einen *micellaren Bau*, wie ihn z. B. die Seifenmicelle[7] hat. Unterschiede in der Viscosität von Celluloselösungen in Schweizers Reagens führten sie entsprechend auf Unterschiede im micellaren Bau der Kolloidteilchen zurück. Rückschlüsse auf die Molekülgröße sind aus

---

[1] Auszug aus der 48. Mitteilung über hochpolymere Verbindungen [Ber. Dtsch. Chem. Ges. **63**, 3132 (1930)].

[2] Joyner, R. A.: Journ. Chem. Soc. London **121**, 1511, 2395 (1922). — Farrow, F. D., u. S. M. Neale: Chem. Zentralblatt **1924 II**, 776. — Small, J. O.: Ind. and Engin. Chem. **17**, 515 (1925) — Chem. Zentralblatt **1925 II**, 786. — Hahn, F. C., u. H. Bradshaw: Ind. and Engin. Chem. **18**, 1259 (1926) — Chem. Zentralblatt **1927 I**, 2027. — Genung, C. R.: Ind. and Engin. Chem. **19**, 476 (1927) — Chem. Zentralblatt **1928 I**, 2145. — Clibbens, D. A., u. A. Geake: Chem. Zentralblatt **1928 II**, 203. — Carver, E. K., H. Bradshaw, E. C. Bingham u. C. S. Venable: Ind. and Engin. Chem., Analyt. Edit. **1**, 49 (1929) — Chem. Zentralblatt **1929 I**, 3054. — Baur, E.: Chem. Zentralblatt **1931 I**, 711. — Parsons, J. L.: Cellulosechemie **11**, 260 (1930) — Chem. Zentralblatt **1931 II**, 1951. — Laisney, L., u. H. Reclus: Chem. Zentralblatt **1931 I**, 2955; **1931 II**, 3688. — Tankard, Y., u. J. Graham: Cellulosechemie **12**, 27 (1931). — Olsen, F.: Cellulosechemie **12**, 179 (1931). — Werner, K.: Cellulosechemie **12**, 320 (1931). — Fikentscher, H.: Cellulosechemie **13**, 58, 71 (1932).

[3] Ost, H.: Ztschr. f. angew. Ch. **24**, 1892 (1911).

[4] Gibson, W. H.: Journ. Chem. Soc. London **117**, 479 (1920).

[5] Karrer, P.: Polymere Kohlenhydrate. Leipzig 1925.

[6] Hess, K.: Chemie der Cellulose, S. 310. Leipzig 1928.

[7] Über die Entwicklung dieser Anschauungen vgl. S. 26.

Viscositätsmessungen, wenn man diese Auffassungen zugrunde legt, nicht zu erhalten[1].

In veränderter Form — unter Annahme längerer Hauptvalenzketten — wurde dann von K. H. MEYER und H. MARK[2] diese Micellauffassung weiter ausgebaut. Es wird von diesen Forschern angenommen, daß die Krystallite der Cellulose als Micellen in unveränderter Größe in Lösung gehen. Dabei sollte eine solche Micelle aus Bündeln von ca. 50 Hauptvalenzketten bestehen, deren jede ca. 30—50 Glykoseeinheiten enthielte.

Auf Grund von Viscositätsuntersuchungen kann man entscheiden, ob die Celluloseteilchen in SCHWEIZERS Reagens einen micellaren Aufbau haben, und ob auf Unterschiede in der Micellgröße die Viscositätsunterschiede zurückzuführen sind, oder ob auch hier, wie bei anderen Molekülkolloiden, Moleküle gelöst sind, die je nach ihrer Länge Unterschiede in der Viscosität der Lösungen hervorrufen.

Bei homöopolaren Molekülkolloiden sind die primären Kolloidteilchen mit den Molekülen identisch, weil die spez. Viscosität, also die Viscositätserhöhung, die in der Lösung durch die gelösten Teilchen hervorgerufen wird, in verdünnter Lösung in einem größeren Temperaturgebiet fast gleich bleibt[3]. Bei einem micellaren Aufbau der Kolloidteilchen ändert sich dagegen die spez. Viscosität.

Bei Lösungen von Cellulose und Poly-celloglucan-dihydraten in SCHWEIZERS Reagens liegen kompliziertere Verhältnisse vor, als bei den homöopolaren Molekülkolloiden; denn während bei diesen die Moleküle in Lösung durch eine monomolekulare Schicht des Lösungsmittels solvatisiert sind[4], tritt hier bei der Lösung von Cellulose eine komplexe Bindung des Kupfers und dann Solvatation dieses Komplexes ein. Der Lösungsvorgang verläuft weiter derart, daß die Makro-

---

[1] I. SAKURADA: Ber. Dtsch. Chem. Ges. **63**, 2027, Anm. 1 (1930), führt eine Reihe von Arbeiten an, in denen von *Beziehungen zwischen Viscosität* und *Molekulargewicht* gesprochen worden ist, ebenso weisen H. FIKENTSCHER u. H. MARK: Kolloid-Ztschr. **49**, 136 (1929), darauf hin, daß der Zusammenhang zwischen Viscosität und Molekulargewicht schon lange bekannt ist. Die Autoren übersehen dabei, daß in den früheren Arbeiten, die sich mit Untersuchungen der polymeren Kohlenhydrate, wie Stärke, Nitrocellulose, beschäftigten, keine Klarheit zu gewinnen war, weil das Molekulargewicht dieser Produkte sich nicht eindeutig festellen ließ, und vor allem, weil die Frage nach dem Bau dieser Substanzen nicht geklärt war. H. MARK hat früher bei den Kolloidteilchen der Polysaccharide einen micellaren Aufbau angenommen und vertrat auch später die Anschauung [vgl. Kolloid-Ztschr. **53**, 41 (1930)]: „... daß in den Lösungen der hochpolymeren Substanzen große Teilchen vorliegen, die in starker Wechselwirkung mit dem Lösungsmittel stehen, zum Teil durch Kräfte, zum Teil durch geometrische Behinderung. Wohlbegründete Zahlenangaben über bestimmte Systeme sind heute noch nicht möglich.“ Unter solchen Voraussetzungen lassen sich Beziehungen zwischen Molekulargewicht und Viscosität nicht ableiten. Erst bei synthetischen Produkten, vgl. H. STAUDINGER: Ber. Dtsch. Chem. Ges. **59**, 3019 (1926), ferner bei Paraffinen, H. STAUDINGER u. R. NODZU: Ber. Dtsch. Chem. Ges. **63**, 721 (1930), und Verbindungen mit bekanntem Molekulargewicht konnte zum erstenmal einwandfrei dieser Zusammenhang nachgewiesen werden, so daß für diese Annahmen eine sichere Grundlage gegeben ist; vgl. H. STAUDINGER: Ber. Dtsch. Chem. Ges. **62**, 2907, Abs. 5 (1929).

[2] MEYER, K. H., u. H. MARK: Ber. Dtsch. Chem. Ges. **61**, 593 (1928). — MEYER, K. H.: Ztschr. f. angew. Ch. **41**, 935 (1928). — MARK, H.: Naturwissenschaften **16**, 892 (1928). Vgl. S. 32.

[3] Vgl. S. 85.

[4] STAUDINGER, H., u. W. HEUER: Ber. Dtsch. Chem. Ges. **62**, 2933 (1929). Vgl. S. 126.

moleküle der Cellulose und nicht Micellen einzeln herausgelöst werden[1], wobei eine Kupferkomplexverbindung[2] entsteht, in der auf jedes Grundmolekül $C_6H_{10}O_5$ ein Atom Kupfer kommt. Daß die Bindung von Kupfer an Cellulose in diesem Verhältnis erfolgt, haben die Untersuchungen von K. HESS und Mitarbeitern einwandfrei festgestellt. Diese Kupferkomplexverbindung der Cellulose liefert nach den Untersuchungen von W. TRAUBE[3] und weiteren Untersuchungen von K. HESS[4] ein komplexes Anion. *Die Lösung von Cellulose in* SCHWEIZERS *Reagens ist also die eines heteropolaren Molekülkolloids*[5] mit einem hochmolekularen polywertigen Anion. Die Lösung ist also mit einer solchen von hochmolekularem polyacrylsaurem Natrium[6] zu vergleichen, die ebenfalls ein hochmolekulares vielwertiges Anion besitzt:

$$—[C_6H_8O_4]'—O—[C_6H_8O_4]'—O—[C_6H_8O_4]'—O—[C_6H_8O_4]'—O—\text{Polyanion}$$
$$\underbrace{\qquad}_{Cu}\qquad\qquad\underbrace{\qquad}_{Cu}$$
$$Cu(NH_3)^{··}_4 \qquad\qquad Cu(NH_3)^{··}_4 \qquad\qquad \text{Kation}$$

$$—CH_2—\begin{bmatrix}CH\\|\\COO\end{bmatrix}'—CH_2—\begin{bmatrix}CH\\|\\COO\end{bmatrix}'—CH_2—\begin{bmatrix}CH\\|\\COO\end{bmatrix}'—CH_2—\begin{bmatrix}CH\\|\\COO\end{bmatrix}'—\text{Polyanion}$$
$$Na^· \qquad\qquad Na^· \qquad\qquad Na^· \qquad\qquad Na^· \qquad \text{Kation}$$

Bei solchen heteropolaren Molekülkolloiden treten infolge der Schwarmbildung zwischen den Fadenionen anormale Viscositätserscheinungen ein, die mit dem $p_H$ der Lösungen außerordentlich stark wechseln, wie am Beispiel der Polyacrylsäure und des polyacrylsauren Natriums gezeigt worden ist[7]. Es schien deshalb anfangs nicht möglich, quantitative Beziehungen zwischen Viscosität und Molekulargewicht in Lösungen von Poly-celloglucan-dihydraten in SCHWEIZERS Reagens zu ermitteln, denn die Viscosität der Lösung hängt nicht nur von der Länge der Moleküle, sondern auch von einer mit letzterer wechselnden Schwarmbildung[8] zwischen den Molekülen ab.

Tatsächlich liegen aber die Verhältnisse auf Grund unserer Messungen viel einfacher, wenn man einen Überschuß von SCHWEIZERS Reagens verwendet, denn dadurch wird die Schwarmbildung zwischen den Fadenionen unterbunden[9]; die Lösungen des heteropolaren Molekülkolloids verhalten sich unter diesen Bedingungen wie die eines homöopolaren, es ergeben sich also dieselben einfachen Zusammenhänge zwischen Viscosität und Kettenlänge wie bei Celluloseacetaten, wenn man die Viscosität von Lösungen der Cellulosen in einem großen Überschuß von SCHWEIZERS Reagens vergleicht. Die Herstellung der Lösungen, sowie alle

[1] STAUDINGER, H., u. Mitarbeiter: Liebigs Ann. **474**, 263 (1929). — STAMM, A. J.: Journ. Amer. Chem. Soc. **52**, 3047 (1930).

[2] Über die Konstitution solcher Kupfer-Komplexsalze vgl. vor allem K. HESS: Chemie der Cellulose, S. 289, ferner H. DOHSE: Ztschr. f. physik. Ch. (A) **149**, 279 (1930) — McGILLAVRY, D.: Rec. Trav. chim. Pays-Bas **48**, 18 (1929).

[3] TRAUBE, W.: Ber. Dtsch. Chem. Ges. **54**, 3220 (1921); **55**, 1899 (1922); **56**, 268 (1923).

[4] HESS, K., u. Mitarbeiter: Liebigs Ann. **435**, 7 (1924) — Ber. Dtsch. Chem. Ges. **54**, 834 (1921); **56**, 587 (1923).

[5] STAUDINGER, H.: Ber. Dtsch. Chem. Ges. **62**, 2893 (1929).

[6] STAUDINGER, H., u. E. URECH: Helv. chim. Acta **12**, 1107 (1929). — STAUDINGER, H., u. E. TROMMSDORFF: Zweiter Teil, D. V.

[7] Vgl. Zweiter Teil, D. II. 3f u. IV. 4h.

[8] Vgl. Erster Teil, A. V. 5.

[9] Vgl. Zweiter Teil, D. II. 3g u. D. IV. 4h.

Messungen werden dabei unter völligem Ausschluß von Luft in einer Atmosphäre von peinlichst gereinigtem Stickstoff ausgeführt; denn die Lösungen von Cellulose in SCHWEIZER Reagens sind außerordentlich luftempfindlich, wie von E. BERL und A. G. INNES und von vielen anderen Forschern[1] festgestellt wurde. Durch Luftsauerstoff werden die Cellulosemoleküle abgebaut, was sich durch eine Viscositätsverminderung bemerkbar macht. Die Messungen wurden in einem OSTWALDschen resp. einem Viscosimeter nach UBBELOHDE vorgenommen, das entsprechend umgebaut war, um das Arbeiten unter Stickstoffatmosphäre zu ermöglichen. Die Konzentration der Celluloselösungen wurde dabei so gewählt, daß die für sie gültige Grenzviscosität von 1,70 nicht überschritten wurde.

## II. Viscositätsmessungen an Lösungen von hemikolloiden Poly-celloglucan-dihydraten in SCHWEIZERS Reagens.

Zuerst wurden an Poly-celloglucan-dihydraten von bekanntem Durchschnittsmolekulargewicht, die durch Verseifung einer polymerhomologen Reihe von Polytriacetyl-celloglucan-diacetaten mit 2n-methylalkoholischer Kalilauge bei Zimmertemperatur erhalten wurden, Viscositätsuntersuchungen durchgeführt, um bei diesen hemikolloiden Produkten die Beziehungen zwischen Viscosität und Molekulargewicht zu ermitteln. Auf Grund derselben sollte aus Viscositätsuntersuchungen an Celluloselösungen sich das Molekulargewicht der Cellulose bestimmen lassen. Wir überzeugten uns, daß die Viscosität einer Lösung eines 58-Celloglucan-dihydrates in SCHWEIZERS Reagens auch bei längerem Stehen sich nicht ändert, und daß bei diesen hemikolloiden Produkten reproduzierbare Viscositätsmessungen vorgenommen werden können. Dieser Nachweis ist wichtig, da Lösungen von Cellulose in SCHWEIZERS Reagens nicht beständig sind und deren Viscosität auch bei völligem Ausschluß der Luft ständig abnimmt.

Tabelle 342. Prüfung der Beständigkeit der Lösung eines 58-Celloglucan-dihydrates. Einwage: 0,2439 g $Cu(OH)_2$, 0,2025 g Substanz in 25 ccm konz. $NH_3$. Konzentration 0,05 gd-mol.; Temperatur 20°.

| Zeit | $\eta_{sp}$ |
|---|---|
| 1. Tag | 0,29 |
| 2. Tag | 0,27 |
| 4. Tag | 0,25 |
| 5. Tag | 0,26* |

Die Lösungen des 58-Celloglucan-dihydrates in SCHWEIZERS Reagens *gehorchen dem HAGEN-POISEUILLEschen Gesetz* zum Unterschied von gleichkonzentrierten hochviscosen Lösungen der Cellulose. Man ist also bei diesen Messungen von der Capillarenweite des Viscosimeters und somit von dem Strömungsgefälle unabhängig. Die Lösungen der hemikolloiden Cellulose verhalten sich hier wie

Tabelle 343. Prüfung der Druckabhängigkeit der Lösung eines 58-Celloglucan-dihydrates in SCHWEIZERS Reagens. Konzentration 0,05 gd-mol.; Temperatur 20°.

| Druck in cm $H_2O$ .... | 10 cm | 20 cm | 30 cm | 40 cm | 50 cm |
|---|---|---|---|---|---|
| $\eta_{sp}$ ........... | 0,272 | 0,270 | 0,267 | 0,264 | 0,285 |

[1] BERL, E., u. A. G. INNES: Ztschr. f. angew. Ch. **23**, 987 (1910). — JOYNER, R. A.: Journ. Chem. Soc. London **121**, 2395 (1922) — Chem. Zentralblatt **1923 III**, 744. — HESS, K., E. MESSMER u. N. LJUBITSCH: Liebigs Ann. **444**, 316 (1925).

* Diese Abnahme ist unwesentlich und kann vernachlässigt werden.

die der hemikolloiden Kohlenwasserstoffe, deren Lösungen ebenfalls dem HAGEN-POISEUILLEschen Gesetz gehorchen[1].

Wir prüften weiter die *spez. Viscosität* einer sehr verdünnten Lösung des 58-Celloglucan-dihydrates bei *verschiedenen Temperaturen*. Allerdings konnten diese dabei wegen der Flüchtigkeit des Ammoniaks nicht stark variiert werden[2]. Die spez. Viscosität ändert sich wie bei den homöopolaren Molekülkolloiden nicht wesentlich, ein Zeichen, daß sich die Lösung wie die eines homöopolaren Molekülkolloids verhält.

Aus dieser Unveränderlichkeit der $\eta_{sp}$-Werte bei verschiedenen Temperaturen kann man den wichtigen Schluß ziehen, daß diese Poly-celloglucan-dihydrate molekulardispers gelöst sind.

Es kann also durch die gleiche Untersuchungsmethode, die bei den Polystyrolen[3] und weiter bei den Celluloseacetaten[4] angewandt wurde, auch hier der Nachweis für eine molekulare Lösung geführt werden, und es werden so die Auffassungen über einen micellaren Bau der Kolloidteilchen widerlegt.

Endlich wurden bei einer größeren Reihe von Poly-celloglucan-dihydraten die $\eta_{sp}/c$-Werte in *verschiedenen Konzentrationen* bestimmt. Sie sind in niederviscosen Lösungen unterhalb der Grenzviscosität $\eta_{sp\,(G)} = 1{,}70$ annähernd konstant.

Tabelle 344. Prüfung der Viscosität eines 58-Celloglucan-dihydrates in SCHWEIZERS Reagens bei verschiedenen Temperaturen. Konzentration 0,05 gd-mol.

| Temperatur | $\eta_{sp}$ |
|---|---|
| 20° | 0,315 |
| 0,2° | 0,307 |
| 20° | 0,311 |
| 0,2° | 0,307 |
| 20° nach 15 Stunden | 0,312 |

Tabelle 345. $\eta_{sp}/c$ einer polymer-homologen Reihe von Poly-celloglucan-dihydraten bei verschiedenen Konzentrationen, bei 20°.

| Mol.-Gew.[5] | Polymerisationsgrad | $\eta_{sp}$ | | | | $\eta_{sp}/c$ | | | |
|---|---|---|---|---|---|---|---|---|---|
| | | 0,05 gd-mol.[6] | 0,05 gd-mol.[7] | 0,025 gd-mol. | 0,01 gd-mol. | 0.05 gd-mol.[6] | 0,05 gd mol.[7] | 0,025 gd-mol. | 0,01 gd-mol. |
| 13400 | 83 | 1,32 | — | 0,72 | 0,21 | 26,4 | — | 28,8 | 21 |
| 12000 | 74 | 0,96 | — | 0,59 | 0,19 | 19,2 | — | 23,6 | 19 |
| 11500 | 71 | 0,79 | — | 0,47 | 0,16 | 15,8 | — | 18,8 | 16 |
| 10500 | 65 | 0,55 | 0,60 | 0,26 | 0,11 | 11,0 | 12,0 | 10,4 | 11 |
| 8200 | 51 | 0,42 | 0,46 | 0,20 | — | 8,4 | 9,2 | 8,0 | — |
| 7000 | 43 | 0,32 | 0,35 | 0,16 | — | 6,4 | 7,0 | 6,4 | — |
| 6700 | 41 | 0,27 | 0,29 | 0,14 | — | 5,4 | 5,8 | 5,6 | — |
| 4700 | 29 | 0,21 | 0,19 | 0,12 | — | 4,2 | 3,8 | 4,8 | — |
| 3200 | 20 | 0,16 | 0,14 | 0,08 | — | 3,2 | 2,8 | 3,2 | — |

[1] STAUDINGER, H., u. W. HEUER: Ber. Dtsch. Chem. Ges. **62**, 2933 (1929).

[2] Analoge Messungen sollen in komplexen Cupri-äthylendiamin-Lösungen in einem größeren Temperaturbereich ausgeführt werden. Über die Lösungen von Cellulose in Cupri-äthylendiamin-Lösungen vgl. W. TRAUBE: Ber. Dtsch. Chem. Ges. **55**, 1899 (1922), ferner Ber. Dtsch. Chem. Ges. **63**, 2083 (1930).

[3] Vgl. S. 169ff.

[4] STAUDINGER, H., u. O. SCHWEITZER: Ber. Dtsch. Chem. Ges. **63**, 2325 (1930). — STAUDINGER, H., u. H. FREUDENBERGER: Ber. Dtsch. Chem. Ges. **63**, 2331 (1930); vgl. ferner die voranstehende Arbeit.

[5] Diese Molekulargewichte wurden mit der neuen $K_m$-Konstante $10 \cdot 10^{-4}$ errechnet, vgl. Vierter Teil, C. II. u. III.

[6] Weites Viscosimeter, Capillaren-Durchmesser 0,434 mm; Capillaren-Länge 69 mm.

[7] Enges Viscosimeter, Capillaren-Durchmesser 0,246 mm; Capillaren-Länge 90 mm. Volumen der Flüssigkeit bei beiden: 0,5 ccm.

## III. Viscositätsmessungen an Celluloselösungen in Schweizers Reagens.
### a) Beständigkeit.

Will man auf Grund von Viscositätsmessungen an Lösungen von nicht abgebauter Cellulose in Schweizers Reagens deren Molekulargewicht bestimmen, so muß vor allem der Ausdruck $\eta_{sp}/c$ in ganz verdünnter Lösung konstant sein, also nicht je nach den Versuchsbedingungen variieren. Dabei ergeben sich unerwartete Schwierigkeiten, denn die Viscosität einer Lösung von gereinigter Rohbaumwolle[1] in Schweizers Reagens nimmt beim Stehen ab, zum Unterschied von derjenigen von Lösungen der hemikolloiden Poly-celloglucan-dihydrate; sie wird auch nach vierwöchigem Stehen nicht konstant, nachdem die spez. Viscosität sehr stark abgenommen hat, wie Tabelle 346 zeigt.

Tabelle 346. Prüfung der Beständigkeit einer Lösung von gereinigter Baumwolle in Schweizers Reagens. Konzentration 0,025 gd-mol. Temperatur 20°.

| Zeit | $\eta_{sp}$ | Zeit | $\eta_{sp}$ |
|---|---|---|---|
| 1. Tag | 42,0 | 10. Tag | 19,8 |
| 2. Tag | 30,8 | 11. Tag | 19,0 |
| 3. Tag | 27,5 | 13. Tag | 17,4 |
| 4. Tag | 24,9 | 14. Tag | 15,8 |
| 6. Tag | 22,8 | 21. Tag | 9,2 |
| 7. Tag | 20,8 | 35. Tag | 7,3 |

Da wir solche Viscositätsänderungen der Lösung auf Änderungen in der Molekülgröße zurückführen, so muß also die Cellulose in Schweizers Reagens schon beim Stehen sehr stark abgebaut werden. Ein oxydativer Abbau der Cellulose durch Luftsauerstoff ist dabei ausgeschlossen; denn die Herstellung der Lösung, das Einfüllen derselben in das Viscosimeter und die Messungen selbst wurden in peinlichst gereinigter Stickstoffatmosphäre und bei gleicher Temperatur von 20° ausgeführt. Die Viscositätsänderungen beruhen deshalb darauf, daß die empfindlichen Makromoleküle der Cellulose schon durch das Kupfer-tetrammin-hydroxyd in Schweizers Reagens oxydativ abgebaut werden. Nach längerem Stehen einer solchen Lösung scheidet sich auch aus derselben ein geringer Niederschlag von Kupferoxydul ab. Danach wird die ursprüngliche Cellulose durch Schweizers Reagens viel leichter oxydiert als die abgebauten Poly-celloglucan-dihydrate[2]; dies hängt damit zusammen, daß die langen Moleküle der Cellulose weit empfindlicher sind als die kurzen der hemikolloiden Cellulosen. Allgemein macht man bei Stoffen, die aus Fadenmolekülen aufgebaut sind, die Erfahrung, daß *mit zunehmender Länge der Moleküle trotz gleicher Bauart ihre Empfindlichkeit bedeutend zunimmt*. Wie weitere Versuche zeigten, ist dieser Abbau eine photochemische Reaktion[3].

Wenn man also Lösungen von Cellulose in Schweizers Reagens in verschiedenen Konzentrationen und unter verschiedenen Bedingungen vergleichen

---

[1] Die Reinigung der Rohbaumwolle wurde nach Vorschrift von C. G. Schwalbe, vgl. K. Hess: Chemie der Cellulose, S. 228, Leipzig 1928, vorgenommen.

[2] Die Festigkeit und Zähigkeit der hochpolymeren Substanzen nimmt mit zunehmendem Polymerisationsgrad zu, wie in der Reihe der Polystyrole, der Polyprene und Poly-triacetyl-celloglucan-diacetate festgestellt wurde. Wenn das gleiche für die Cellulose gilt, so könnte der oxydative Abbau, der beim Stehen von Cellulose in Schweizers Reagens stattfindet, die Festigkeit der *Kupferseide* ungünstig beeinflussen. Darüber sind noch Versuche zu machen. Für die jetzigen Kupferseiden kommen die Beobachtungen insofern nicht in Betracht, als die heutigen Produkte schon aus stark abgebauten Cellulosen bestehen, da man wohl nie unter völligem Luftausschluß gearbeitet hat.

[3] Vgl. S. 221; ferner Vierter Teil, C. VII.

Gruppen gebildet werden, und zwar sind die höhermolekularen Produkte empfindlicher als die niedermolekularen Produkte. Deshalb werden dort zu niedere Molekulargewichte gefunden. Darauf sind die Unstimmigkeiten bei der Molekulargewichtsbestimmung hochmolekularer Produkte zurückzuführen. Daß bei Hochmolekularen die Empfindlichkeit der Moleküle mit zunehmender Kettenlänge wächst, ist aus zahlreichen Beispielen bekannt[1]. Im vorliegenden Fall ist anzunehmen, daß neben dem oxydativen Angriff der Endgruppe noch eine oxydative Spaltung der Kette eintritt.

Von diesen Triacetylcellulosen wurden Viscositätsmessungen in verschieden konzentrierten m-Kresollösungen ausgeführt. Berechnet man bei den verschiedenen Reihen die $K_m$-Konstante, so schwankt sie etwas; der Durchschnittswert der drei ersten Reihen, in denen bei tiefer Temperatur verseift wurde, beträgt $10,3 \cdot 10^{-4}$. Zum Bestimmen des Mittelwertes der Konstante wurden nur die $K_m$-Werte der Triacetylcellulosen bis zum Molekulargewicht 10000 benutzt. Die $K_m$-Werte der höhermolekularen Produkte sind nicht übereinstimmend und viel zu groß, da die Molekulargewichte derselben, wie gesagt, zu klein gefunden sind.

Man könnte auch denken, daß die geringe Übereinstimmung der $K_m$-Werte bei den höhermolekularen Triacetylcellulosen daher rührt, daß der Zusammenhang $\eta_{sp}/c = K_m \cdot M$ nur für relativ niedermolekulare Produkte gültig ist, dagegen bei hochmolekularen nicht mehr besteht. Dies ist nicht wahrscheinlich; denn diese Beziehung gilt für ausgesprochen fadenförmige Moleküle; so ist zu erwarten, daß sich die bei niederen Gliedern gefundenen Beziehungen zwischen Viscosität und Kettenlänge auch zur Molekulargewichtsbestimmung der höheren benutzen lassen. Das Verhalten der höhermolekularen Triacetylcellulosen in Lösung ist, wie im folgenden gezeigt wird, ein völlig gleichartiges wie das der niedermolekularen; auch daraus ist zu schließen, daß für sämtliche Glieder der polymerhomologen Reihe sich gleiche Beziehungen zwischen Viscosität und Molekulargewicht ergeben.

In neuester Zeit ist durch Untersuchungen von R. O. HERZOG und A. DERIPASKO[2] auch für hochmolekulare Acetylcellulosen gezeigt worden, daß Beziehungen zwischen Molekulargewicht und spez. Viscosität gleichkonzentrierter Methylglykollösungen bestehen. Dabei wurde das Molekulargewicht auf osmotischem Weg bestimmt. Aus der nachstehenden Zusammenstellung einiger Werte aus der HERZOGschen Arbeit und den daraus berechneten $K_m$-Konstanten geht hervor, daß auch in diesem Fall die quantitativen Beziehungen die gleichen sind, wie wir sie festgestellt haben.

Tabelle 336. Osmotische Molekulargewichte von hochmolekularen Acetylcellulosen nach R. O. HERZOG und A. DERIPASKO und daraus berechnete $K_m$-Konstanten.

| Substanz[3] | $\eta_{sp}$ der Acetate in Methylglykol 20° | $\eta_{sp}/c$ $c=0,0087$ gd-mol. | $M$ aus osmotischen Messungen | $K_m$ |
|---|---|---|---|---|
| $A_{III}M$ . . . | 0,61 | 70,1 | 74000 | $9,5 \cdot 10^{-4}$ |
| $M_{II}$ . . . . | 0,50 | 57,4 | 55300 | 10,4 „ |
| $C_{II}$ . . . . | 0,21 | ·24,1 | 22650 | 10,6 „ |

[1] Vgl. S. 154.
[2] HERZOG, R. O., u. A. DERIPASKO: Cellulosechemie **13**, 25 (1932).
[3] Bezeichnung der Substanzen nach R. O. HERZOG: l. c.

## V. Die $K_m$- und $K_{\text{äqu}}$-Konstante von Poly-triacetyl-celloglucan-diacetaten.

### 1. Zusammenstellung der $K_m$-Konstanten.

Die folgende Zusammenstellung (Tabelle 337) der bei nieder- und höhermolekularen Acetaten experimentell bestimmten $K_m$-Werte zeigt, daß die $K_m$-Konstante, die sich bei niedermolekularen Produkten ergeben hat, auch bei höhermolekularen bis zu einem Polymerisationsgrad von ca. 250 übereinstimmend gefunden wird. Das Mittel der $K_m$-Konstanten der verschiedenen Bestimmungen

Tabelle 337. Zusammenstellung der $K_m$-Konstanten.

| Poly-triacetyl-cello-glucan-diacetate | Mol.-Gew. | Polymeri-sationsgrad | Molekulargewichts-bestimmungsmethode | $K_m$ | $K_m$ Mittel |
|---|---|---|---|---|---|
| Niedermolekular fraktioniert | 1000 bis 3000 | 3—10 | Kryoskopisch | $11,6 \cdot 10^{-4}$ | $11,6 \cdot 10^{-4}$ |
| | | | Jodometrisch | $10,0$ ,, <br> $10,5$ ,, | $10,3 \cdot 10^{-4}$ |
| Höhermolekular unfraktioniert | 3000 bis 15000 | 10—50 | Jodometrisch | $9,3$ ,, <br> $10,5$ ,, <br> $11,1$ ,, <br> $(13,6$ ,, $)$ | $10,3 \cdot 10^{-4}$ |
| Hochmolekular | 23000 bis 74000 | 80—250 | Osmotisch | $10,2$ ,, | $10,2 \cdot 10^{-4}$ |

Mittel sämtlicher Versuche: $K_m = 10,6 \cdot 10^{-4}$.

beträgt $10,6 \cdot 10^{-4}$, also abgerundet $11 \cdot 10^{-4}$. Da in einem Grundmolekül der Triacetylcellulose 5 Kettenatome enthalten sind, so ergibt sich eine $K_{\text{äqu}}$-Konstante von $\dfrac{11 \cdot 10^{-4}}{5} = 2,2 \cdot 10^{-4}$. Diese ist wesentlich höher als die $K_{\text{äqu}}$-Konstante, die sich allgemein bei Fadenmolekülen ergeben hat und für Benzollösungen $0,85 \cdot 10^{-4}$ beträgt. Der Unterschied der spez. Viscositäten in verschiedenen Lösungsmitteln ist nur unerheblich, so daß sich daraus die große Differenz zwischen der $K_{\text{äqu}}$-Konstante von Celluloseacetaten in m-Kresol und der $K_{\text{äqu}}$-Konstante von anderen Stoffen mit Fadenmolekülen nicht erklären läßt. Die folgenden Versuche und Berechnungen zeigen aber, daß die Konstante der Celluloseacetate richtig ermittelt wurde; der Unterschied beruht darauf, daß Ringe in der Kette enthalten sind. Solche haben einen viscositätserhöhenden Einfluß.

### 2. Berechnung der $K_m$-Konstante für Poly-triacetyl-celloglucan-diacetate aus Viscositäten niedermolekularer Glykosederivate.

Es ist bekannt, daß man die Viscosität eines Esters nach folgender Formel berechnen kann[1]:

$$\eta_{\text{sp}(1,4\%)} = n \cdot y + x, \qquad (11)^{[2]}$$

wobei $n$ die Zahl der Kettenkohlenstoffatome und $y$ den Viscositätsbetrag eines solchen Kohlenstoffatoms bedeutet, der für $CCl_4$-Lösungen $1,6 \cdot 10^{-3}$ und für Benzollösungen $1,2 \cdot 10^{-3}$ beträgt; $x$ ist der Viscositätsbetrag für die O-Atome der Estergruppierung. Wenn man nun Tetraacetyl-glykosederivate darstellt, deren Halbacetal mit Fettsäuren verschiedener Länge verestert ist, dann ist der

---

[1] STAUDINGER, H., u. E. OCHIAI: Ztschr. f. physik. Ch. (A) 158, 35 (1931).
[2] Vgl. S. 61.

Tetraacetyl-glykoserest in einem Fadenmolekül eingebaut, dessen spez. Viscosität sich zusammensetzt aus der Summe der Viscositätsbeträge der einzelnen Ketten-C-Atome $n \cdot y$, aus dem Betrag der Estergruppierung $x$ und dem Viscositätsbetrag $z$ des 2, 3, 6-Triacetyl-glykoserestes, also der Baugruppe, die sich in den Poly-triacetyl-celloglucan-diacetaten wiederholt.

$$\underset{\textstyle 2\,y}{\mathrm{H_3C-C-O-HC}}\Big\langle\!\!\!\underset{\textstyle z}{\overset{\textstyle \overset{AcO\ \ OAc}{|\ \ \ \ |}}{\underset{CH_2OAc}{\overset{CH\ CH}{\underset{CH\ O}{}}}}}\!\!\!\Big\rangle\underset{\textstyle x}{\mathrm{CH-O-}}\underset{\textstyle (n-2)\,y}{\mathrm{C-CH_2-CH_2\cdots CH_3}}$$

also

$$\eta_{sp(1,4\%)} = n \cdot y + x + z. \tag{13}$$

Es wurden Pentaacetyl-glykose, Monostearyl-tetraacetyl-glykose[1] und Monolauryl-tetraacetyl-glykose[2] untersucht. Zur Berechnung der Zahl der C-Atome in der Kette muß man, wie aus der Formel ersichtlich ist, zur Anzahl der C-Atome der am C-Atom 1 des Pyranringes veresterten Säure noch die 2 C-Atome der para-ständigen Acetylgruppe zuzählen, da diese in die Länge des Moleküls mit eingehen. Auf diese Weise ergibt sich beim Einsetzen der bei anderen Verbindungen ermittelten Werte für $x$ und $y$ für die $\eta_{sp}$-Werte einer 1,4proz. Lösung folgende Zusammensetzung:

$$\text{Für das Stearat:}\quad \eta_{sp\,(1,4\%)} = 20 \cdot 1,2 \cdot 10^{-3} + 0,003 + z$$
$$\text{,,}\quad\text{,,}\quad \text{Laurinat:}\quad \eta_{sp\,(1,4\%)} = 14 \cdot 1,2 \quad\text{,,}\quad + 0,003 + z$$
$$\text{,,}\quad\text{,,}\quad \text{Acetat:}\quad \eta_{sp\,(1,4\%)} = \ \ 4 \cdot 1,2 \quad\text{,,}\quad + 0,003 + z$$

---

[1] Zur Darstellung siehe K. HESS u. E. MESSMER: Ber. Dtsch. Chem. Ges. **54**, 499 (1921). Es ist dazu zu bemerken, daß das Ausschütteln der ätherischen Lösung des Reaktionsproduktes mit $^n/_{10}$-NaOH zur Entfernung etwa vorhandener Fettsäure von einer weitgehenden Verseifung des Stearates begleitet ist. Daher wurde das Stearat aus dem Reaktionsprodukt ohne Behandlung mit verdünnter NaOH durch Auskrystallisieren aus Petroläther angereichert, dann aus Methanol und schließlich aus Äther-Petroläther umkrystallisiert: farblose, filzige Nadeln, Schmelzp. 76,5—77,5°.

$$C_{32}H_{54}O_{11}: \quad \text{ber.}\quad C\ 62,51 \qquad H\ 8,86$$
$$\text{gef.}\quad C\ 62,61 \qquad H\ 8,92$$
$$C\ 62,62 \qquad H\ 8,82$$

[2] Die Darstellung des Laurinats erfolgte wie die des Stearats aus Acetobromglykose und Silberlaurinat. Letzteres wurde erhalten aus dem aus Na-Methylat und Laurinsäure dargestellten Na-Laurinat in Methanol und der äquivalenten, in wenig Wasser gelösten Menge Silbernitrat. Nach Auswaschen mit heißem Methanol und später mit heißem Wasser wurde es getrocknet.

*Monolauryl-tetraacetyl-glykose:* 4,6 g Silberlaurinat wurden mit 6,55 g Acetobromglykose in 75 ccm Toluol eine halbe Stunde auf dem Dampfbad und anschließend noch kurze Zeit zum Sieden erhitzt. Die filtrierte Toluollösung wurde bei 60° im Vakuum völlig eingeengt. Der nach Erkalten zu einem Krystallkuchen erstarrte Rückstand wurde in Äther aufgenommen und mit $^n/_{10}$-NaOH ausgeschüttelt. Im Gegensatz zum Stearat bleibt hierbei das Laurinat unangegriffen. Nach Trocknen der mit Wasser ausgewaschenen ätherischen Lösung mit $CaCl_2$ wurde im Vakuum eingedampft und der Rückstand zweimal aus Petroläther-Äther (5 : 1) umkrystallisiert: farblose, filzige Nadeln, Schmelzp. 59°.

$$C_{26}H_{42}O_{11}: \quad \text{ber.}\quad C\ 58,86 \qquad H\ 7,92$$
$$\text{gef.}\quad C\ 59,09 \qquad H\ 8,06$$

Unter Verwendung der viscosimetrisch ermittelten Werte für $\eta_{sp(1,4\%)}$ des Acetates, Laurinates und Stearates errechnen sich nachstehende Werte für den Viscositätsbeitrag $z$ eines Triacetyl-glykoserestes in 1,4 proz. m-Kresollösung:

| | gef. $\eta_{sp\,(1,4\%)}$ | $z = \eta_{sp\,(1,4\%)} - (n \cdot 1,2 \cdot 10^{-3}) - 0,003$ |
|---|---|---|
| Stearat | 0,0405 | 0,0135 |
| Laurinat | 0,0335 | 0,0137 |
| Acetat | 0,0262 | 0,0184 |

Daß der aus der Acetatmessung berechnete Wert für $z$ von den beiden anderen abweicht, liegt wohl an der wenig ausgebildeten Fadenform des Acetatmoleküls.

Aus Viscositätsmessungen am Cellobiose-octacetat läßt sich der Wert für $z$ auf ganz analoge Weise berechnen, wobei man in Betracht ziehen muß, daß 2 endständige Acetylgruppen und 2 Glykosegruppen in der Kettenlängsrichtung stehen:

$$\eta_{sp(1,4\%)} = 4 \cdot 1,2 \cdot 10^{-3} + 0,003 + 2\,z.$$

| $\eta_{sp(1,4\%)}$ gef. | $z$ ber. |
|---|---|
| 0,0418 | 0,0170 |

Auch hier dürfte der etwas zu hohe Wert wie beim Glykoseacetat in der noch wenig ausgebildeten Kettenform des Moleküls zu suchen sein.

Die so an einheitlichen Stoffen wohlbekannter Konstitution ermittelte spez. Viscosität einer Triacetylglykosegruppe ($z$) stimmt mit der durch Viscositätsmessungen an Triacetylcellulosen gefundenen innerhalb der Fehlergrenzen überein. Bei Triacetylcellulosen ist

$$z = \eta_{sp(1,4\%)} = 0,0154.$$

Dieser Wert läßt sich aus der experimentell ermittelten $K_m$-Konstante der Triacetylcellulosen (11 · 10^{-4}) folgendermaßen ermitteln. Die $K_m$-Konstante ist die spez. Viscosität einer grundmolaren Lösung für das Molekulargewicht 1; also ist die spez. Viscosität für ein Poly-triacetyl-celloglucan-diacetat vom Molekulargewicht 1 in einer 28,8 proz. Lösung gleich 11 · 10^{-4}; demnach muß sie in einer 1,4 proz. Lösung für das Grundmolekül 288:

$$\eta_{sp(1,4\%)} = \frac{11 \cdot 10^{-4} \cdot 288 \cdot 1,4}{28,8} = 0,0154$$

betragen.

Man könnte denken, daß die Bestimmung des Wertes von $z$ aus den $K_m$-Konstanten hemikolloider Poly-triacetyl-celloglucan-diacetate insofern fehlerhaft ist, als man dort die Kettenverlängerung durch die beiden endständigen Acetylgruppen, wie sie z. B. bei der Octacetyl-cellobiose in die Rechnung mit aufgenommen wurde, nicht berücksichtigt hat. Aber die Viscosität der Acetylgruppen ist im Vergleich zu einer langen Reihe von Glykoseresten so gering, daß sie weiter nicht in Betracht gezogen zu werden braucht.

### 3. Berechnung der $K_m$-Konstante aus anderen Viscositätsuntersuchungen [1].

Der hohe Wert der $K_m$-Konstante bei Celluloseacetaten beruht darauf, daß die Fadenmoleküle Ringe enthalten, die erfahrungsgemäß einen stark viscositätserhöhenden Einfluß besitzen. So wurde von R. BAUER [2] für den Cyclohexylrest

---

[1] Vgl. S. 73.　　　[2] Nach unveröffentlichten Versuchen; vgl. S. 63.

in 1,4proz. Lösung ein Inkrement von $9 \cdot 10^{-3}$ ermittelt. Setzt man dasselbe Inkrement für den Pyranrest bei der Berechnung der Viscosität eines Grundmoleküls der Acetylcellulose ein, so ergibt sich folgender Betrag:

$$\eta_{sp(1,4\%)} = n \cdot 1,2 \cdot 10^{-3} + 0,009.$$

Dabei ist $n = 5 =$ der Zahl der Atome des Grundmoleküls in Längsrichtung der Acetylcellulosekette. Es ergibt sich also $\eta_{sp(1,4\%)} = 0,0150$, was in bester Übereinstimmung mit den gefundenen Werten steht.

*Man kann also heute das Molekulargewicht von Triacetylcellulose aus Viscositätsmessungen berechnen, ohne daß man durch Untersuchung der polymerhomologen Reihe die $K_m$-Konstante ermittelt. Es läßt sich die Größe dieser $K_m$-Konstante aus allgemeinen Viscositätsbeziehungen ermitteln, also aus Viscositätsmessungen an Paraffinen und Cyclohexanderivaten.*

Es zeigt sich so, daß die seitenständigen Acetylgruppen keinen Anteil an der Viscosität der Acetylcellulose haben, daß also allein die in Richtung der Cellulosekette angeordneten Glieder die Viscosität additiv zusammensetzen, vorausgesetzt, daß man die Viscosität gleichprozentiger Lösungen vergleicht.

Infolge des Ringinkrementes sind Acetylcelluloselösungen relativ höherviscos als Lösungen von Stoffen mit gleich langen Fadenmolekülen. In der folgenden Tabelle 338 sind die spez. Viscositäten 1,4proz. Lösungen für Acetyl-

Tabelle 338.

|  | Zahl der Kettenglieder | Polymerisationsgrad | Mol.-Gew. | Kettenlänge Å | $\eta_{sp}/c$ | $\eta_{sp\,(1,4\%)}$ |
|---|---|---|---|---|---|---|
| Acetylcellulose . | 1000 | 200 | 57600 | 1040 | 63,4 | 3,1 |
| Polystyrol  . . | 1000 | 500 | 52000 | 1250 | 9,4 | 1,3 |
| Kautschuk . . . | 1000 | 250 | 17000 | 1125 | 5,1 | 1,1 |

cellulose, Polystyrol und Polyprene von gleicher Kettenlänge (1000 Kettenglieder) angegeben; es geht daraus hervor, daß eine Kautschukkette ca. dreimal länger sein muß als eine Acetylcellulosekette, um dieselbe spez. Viscosität hervorzurufen.

## VI. Molekulargewicht der hochmolekularen Triacetylcellulosen.

Die Konstitution der Triacetylcellulosen ist bis zu einem Polymerisationsgrad von 50 (Molgewicht = 15000) aufgeklärt. Hauptsächlich nachdem es gelungen ist, die experimentell gefundenen Ergebnisse auf verschiedenem Weg zu berechnen, ist die Frage nach der Molekülgröße der abgebauten Acetylcellulosen als gelöst zu betrachten. Es fragt sich nun, ob man die gesetzmäßige Beziehung zwischen Viscosität und Molekulargewicht auch dazu benutzen kann, das Molekulargewicht der hochmolekularen Triacetylcellulosen zu bestimmen. Man muß zu diesem Zweck untersuchen, ob in den Lösungen der hochmolekularen Triacetylcellulosen ebenfalls normale Moleküle enthalten sind; dazu muß man das Verhalten der Kolloidteilchen in der Lösung der hochmolekularen Stoffe studieren und sehen, ob es ebenso ist, wie dasjenige der hemikolloiden Glieder. Dieses kann nur durch Viscositätsuntersuchungen unter verschiedenen Bedingungen festgestellt werden.

### 1. Abweichungen vom HAGEN-POISEUILLEschen Gesetz.

Lösungen von hochmolekularen Acetylcellulosen zeigen in höherer Konzentration Abweichungen vom HAGEN-POISEUILLEschen Gesetz, wie z. B. die Untersuchungen von K. HESS und Mitarbeitern[1] zeigen.

Diese Autoren machen dafür eine aus den natürlichen Fasern stammende Fremdhaut verantwortlich. Merkwürdigerweise machen sie auf die analogen Verhältnisse bei anderen Molekülkolloiden, z. B. beim Polystyrol[2] und Kautschuk[3], nicht aufmerksam, so naheliegend dieser Vergleich ist. Bei diesen Produkten ist bewiesen, daß die anormalen Viscositätserscheinungen mit der Länge der Moleküle und ihrer Konzentration zusammenhängen. Diese Abweichungen sind um so größer, je länger die Moleküle sind; in konzentrierter Lösung sind sie beträchtlicher als in verdünnter; in sehr verdünnten Lösungen, bei $\eta_{sp}$-Werten von 0,1—0,5, treten die Viscositätsanomalien bei Produkten bis zu einer Kettenlänge von ca. 5000 Å nicht wesentlich zutage.

Wir überzeugten uns durch einige Messungen an hochmolekularen Triacetylcellulosen, wie groß diese Abweichungen werden können und wie weit sie bei

Tabelle 339. Abweichung vom HAGEN-POISEUILLEschen Gesetz zweier 0,025 gdmolarer m-Kresollösungen hochmolekularer Celluloseacetate.

| Triacetat | Meß-temperatur | Abhängigkeit von $\eta_{sp}$ vom Druck | | Abhängigkeit von $\eta_{sp}$ vom Geschwindigkeitsgefälle | | |
|---|---|---|---|---|---|---|
| | | $\eta_{sp}$ | Druck in mm Hg | $\eta_{sp}$ | Geschwindigkeitsgefälle | Rückgang von $\eta_{sp}$ in Proz. des Wertes bei Gf. = 200 |
| Dargestellt nach OST: gew. Temp. 4 Monate | 20° | 3,10 | 110 | 3,11 | 200 | 100 |
| | | 3,07 | 187 | 3,01 | 600 | 97 |
| | | 2,83 | 403 | 2,88 | 1000 | 93 |
| | | 2,68 | 584 | 2,70 | 1400 | 87 |
| Mol.-Gew. 74000 Polym.-Grad 260 | 60° | 2,14 | 15 | 2,15 | 200 | 100 |
| | | 2,14 | 28 | 2,14 | 600 | 100 |
| | | 2,15 | 59 | 2,14 | 1000 | 100 |
| | | 2,12 | 106 | 2,13 | 1400 | 100 |
| Dargestellt mit $H_2SO_4$: 30° 3 Stunden | 20° | 1,46 | 51 | 1,47 | 200 | 100 |
| | | 1,43 | 105 | 1,43 | 600 | 97 |
| | | 1,41 | 211 | 1,40 | 1000 | 95 |
| | | 1,38 | 392 | 1,38 | 1400 | 94 |
| Mol.-Gew. 40000 Polym.-Grad 140 | 60° | 1,08 | 8,7 | 1,08 | 200 | 100 |
| | | 1,08 | 15 | 1,08 | 600 | 100 |
| | | 1,08 | 28 | 1,08 | 1000 | 100 |
| | | 1,08 | 56 | 1,08 | 1400 | 100 |

[1] HESS, K., C. TROGUS, L. AKIM u. J. SAKURADA: Ber. Dtsch. Chem. Ges. **64**, 421, 1174 (1931). HESS glaubt, daß mit zunehmender Reinigung die Abweichungen vom HAGEN-POISEUILLEschen Gesetz verschwinden, und macht für das Auftreten einer „elastischen Komponente der scheinbaren Viscosität", mit anderen Worten für die Druckabhängigkeit, die bei der Reinigung und Acetylierung erhalten gebliebenen „membranisierten Teilchen" namentlich von Nichtcellulosestoffen verantwortlich.

[2] STAUDINGER, H., u. H. MACHEMER: Ber. Dtsch. Chem. Ges. **62**, 2921 (1929). Ferner auch H. STAUDINGER u. W. HEUER: Zweiter Teil, A. IV. 3.

[3] STAUDINGER, H., u. H. F. BONDY: Liebigs Ann. **488**, 127 (1931).

Rückschlüssen von der Viscosität auf das Molekulargewicht mit in Rechnung gezogen werden müssen.

In der vorstehenden Tabelle 339 ist für 0,025 gd-mol. = 0,72 proz. Lösungen zweier Acetylcellulosen die spez. Viscosität bei 20 und 60° in Abhängigkeit von verschiedenen Drucken und einigen graphisch ermittelten Geschwindigkeitsgefällen wiedergegeben.

Daraus ist zu ersehen, daß die $\eta_{sp}$-Werte bei Steigerung des Geschwindigkeitsgefälles auf das siebenfache selbst bei der relativ hohen spez. Viscosität von 3 auf nur 87 % absinken; für niederviscose Lösungen von $\eta_{sp}$ 0,1—0,5 sind die Abweichungen vom HAGEN-POISEUILLEschen Gesetz noch unbedeutender. Dies läßt den Schluß zu, daß die Viscositätsmessungen hoch- und niedermolekularer Acetylcellulosen miteinander verglichen werden dürfen.

Das annähernd normale Verhalten der Acetylcelluloselösungen ist verständlich, denn starke Abweichungen vom HAGEN-POISEUILLEschen Gesetz treten bei Kohlenwasserstoffen erst ein, wenn die Zahl der Kettenglieder ca. 3000 und mehr ist. Die höchstmolekulare Acetylcellulose vom Polymerisationsgrad 300 besitzt nur 1500 Kettenatome; es müßten also erst bei der doppelten Kettenlänge die Abweichungen in starkem Maße auftreten[1].

## 2. Viscosität bei verschiedenen Temperaturen.

Den Bau der Kolloidteilchen kann man durch Untersuchung der Viscosität bei verschiedenen Temperaturen ermitteln. Bei micellarem Bau wird die Größe der Kolloidteilchen durch Temperaturerhöhung verändert; dies hat eine starke Abnahme der spez. Viscosität zur Folge. Für die hemikolloiden Glieder der Triacetylcellulosen wurde bewiesen, daß in den gelösten Teilchen normale Moleküle vorliegen. Es könnte nun sein, daß die Teilchen der gelösten Eukolloide micellaren Bau besitzen und keine einfachen Moleküle darstellen. In diesem Falle aber müßten sie sich bei Viscositätsmessungen bei verschiedenen Temperaturen ganz anders verhalten als die der Hemikolloide. Dies trifft nicht zu, wie folgende Versuche zeigen. Es wurde die Änderung der $\eta_{sp}$-Werte verschieden konzentrierter Lösungen einiger Glieder der polymerhomologen Reihe der Poly-triacetyl-celloglucandiacetate beim Erwärmen auf 60° verfolgt. Dabei wurden die Konzentrationen so gewählt, daß bei allen untersuchten Verbindungen fünf etwa gleiche spez. Viscositätswerte in Höhe von ca. 0,1, 0,2, 0,8, 3 und 10 miteinander verglichen werden konnten. Aus der beifolgenden Tabelle 340 ist ersichtlich, daß die spez. Viscosität bei 60° kleiner ist als bei 20° und daß die prozentuale Abweichung[2] der verschiedenen $\eta_{sp}$-Werte bei allen Substanzen in niederviscosen Lösungen gleich ist. In hochviscosen Lösungen ist die Temperaturabhängigkeit größer; dies ist evtl. dadurch bedingt, daß in diesen konzentrierten Lösungen Assoziationen vorliegen.

Die Kolloidteilchen aller Acetylcellulosen weisen in bezug auf ihre Temperaturabhängigkeit ein gleiches Verhalten auf. Daraus ergibt sich, daß der Lösungs-

---

[1] Eine 1,4 proz. Lösung eines Kautschuks mit der Kettengliederzahl 3000 besitzt dieselbe spezifische Viscosität wie eine 1,4 proz. Lösung einer Acetylcellulose mit 1000 Kettengliedern (Polymerisationsgrad 200). Möglicherweise ist für die Abweichungen nicht die Länge der Moleküle, sondern die Höhe der $\eta_{sp}$-Werte maßgebend.

[2] Die spezifische Viscosität von gelösten Stoffen nimmt bei Temperaturerhöhung in gleicher Weise ab wie die absolute Viscosität von Flüssigkeiten.

**Tabelle 340. Temperaturabhängigkeit verschieden konzentrierter m-Kresollösungen von hoch- und niedermolekularen Poly-triacetyl-celloglucandiacetaten.**

| Mol.-Gew. | Polymerisationsgrad | Grundmolarität der m-Kresollösung | $\eta_{sp}$ | | | $\eta_{sp}/c$ | | | Temperaturabhängigkeit von $\eta_{sp}$ in Proz. bezogen auf den 20°-Wert | | |
|---|---|---|---|---|---|---|---|---|---|---|---|
| | | | 20° | 60° | 20° | 20° | 60° | 20° | 20° | 60° | 20° |
| 74000 | 257 | 0,05 | 10,81 | 6,40 | 10,76 | 216 | 128 | 215 | 100 | 59,2 | 99,4 |
| | | 0,025 | 3,140 | 2,138 | 3,142 | 125,6 | 85,5 | 125,7 | 100 | 68,1 | 100,1 |
| | | 0,009 | 0,791 | 0,586 | 0,781 | 87,9 | 65,1 | 86,8 | 100 | 74,1 | 98,8 |
| | | 0,003 | 0,221 | 0,173 | 0,218 | 73,7 | 57,7 | 72,7 | 100 | 78,3 | 98,6 |
| | | 0,0015 | 0,104 | 0,081 | 0,103 | 69,3 | 54,0 | 68,7 | 100 | 77,9 | 99,1 |
| 48000 | 165 | 0,08 | 12,26 | 7,21 | 12,13 | 153,3 | 90,1 | 151,7 | 100 | 58,8 | 98,9 |
| | | 0,04 | 3,532 | 2,382 | 3,512 | 88,3 | 59,5 | 87,8 | 100 | 67,4 | 99,4 |
| | | 0,015 | 0,898 | 0,660 | 0,882 | 59,8 | 44,0 | 58,8 | 100 | 73,5 | 98,3 |
| | | 0,005 | 0,256 | 0,194 | 0,249 | 51,2 | 38,8 | 49,8 | 100 | 75,8 | 97,3 |
| | | 0,0025 | 0,112 | 0,085 | 0,111 | 44,8 | 34,0 | 44,4 | 100 | 75,9 | 99,1 |
| 13600 | 47 | 0,2 | 10,61 | 6,44 | 10,48 | 53,1 | 32,2 | 52,4 | 100 | 60,6 | 98,7 |
| | | 0,1 | 3,145 | 2,196 | 3,130 | 31,45 | 21,96 | 31,30 | 100 | 69,8 | 99,5 |
| | | 0,04 | 0,885 | 0,656 | 0,870 | 22,13 | 16,40 | 21,74 | 100 | 74,1 | 98,3 |
| | | 0,015 | 0,288 | 0,218 | 0,283 | 19,20 | 14,53 | 18,86 | 100 | 75,7 | 98,2 |
| | | 0,0075 | 0,131 | 0,103 | 0,121 | 17,47 | 13,73 | 16,14 | 100 | 78,6 | 92,5 |
| 6400 | 22 | 0,4 | 9,44 | 5,46 | 9,33 | 23,6 | 13,6 | 23,3 | 100 | 57,8 | 98,8 |
| | | 0,2 | 2,617 | 1,818 | 2,610 | 13,09 | 9,09 | 13,05 | 100 | 69,6 | 99,8 |
| | | 0,09 | 0,847 | 0,641 | 0,841 | 9,41 | 7,12 | 9,35 | 100 | 75,6 | 99,3 |
| | | 0,03 | 0,246 | 0,193 | 0,232 | 8,20 | 6,43 | 7,73 | 100 | 78,4 | 94,3 |
| | | 0,015 | 0,117 | 0,096 | 0,119 | 7,80 | 6,39 | 7,94 | 100 | 82,1 | 101,6 |
| 1810 | 6 | — | — | — | — | — | — | — | — | — | — |
| | | 0,7 | 4,230 | 2,452 | 4,205 | 6,04 | 3,50 | 6,00 | 100 | 58,0 | 99,4 |
| | | 0,3 | 0,876 | 0,626 | 0,870 | 2,92 | 2,09 | 2,90 | 100 | 71,5 | 99,2 |
| | | 0,1 | 0,220 | 0,163 | 0,204 | 2,20 | 1,63 | 2,04 | 100 | 74,0 | 92,7 |
| | | 0,05 | 0,094 | 0,075 | 0,0815 | 1,88 | 1,50 | 1,63 | 100 | 79,8 | 86,7 |

zustand der hochmolekularen Glieder der Triacetylcellulosen der gleiche ist wie der der hemikolloiden. Damit ist bewiesen, daß ihre Kolloidteilchen den gleichen Bau besitzen und daß alle Acetylcellulosen in verdünnten Lösungen molekular dispergiert sind.

### 3. Molekulargewichtsbestimmungen der hochmolekularen Acetylcellulosen.

Da bei allen Celluloseacetaten in Lösung Moleküle vorliegen, die sich gleichartig verhalten, ist es möglich, die bei den niederen Gliedern gültige Beziehung zur Ermittlung des Molekulargewichts der hochmolekularen Acetate zu verwenden. Die Viscositätsmessungen müssen dabei in solchen Konzentrationen ausgeführt werden, daß die $\eta_{sp}/c$-Werte konstant sind. Dies ist bei $\eta_{sp} = 0,05 - 0,4$ der Fall. Tabelle 341 gibt eine Zusammenstellung der Herkunft bzw. Darstellungsweise einer Reihe von Acetylcellulosen, ihrer $\eta_{sp}/c$-Werte, ihres Molekulargewichtes (ber. mit $K_m = 11 \cdot 10^{-4}$), Polymerisationsgrades und ihrer Kettenlänge in Å.

So kennt man jetzt eine polymerhomologe Reihe von Poly-triacetyl-celloglucan-diacetaten vom ersten Glied bis zu dem vom Polymerisationsgrad 260*.

---

   * In der übernächsten Arbeit ist eine Acetylcellulose vom Polymerisationsgrad ca. 360 beschrieben.

Tabelle 341. Hochmolekulare Triacetylcellulosen.

| Triacetat. Darstellung oder Herkunft | $\eta_{sp}/c$ aus niederst gemessener Konzentration | Mol.-Gew. $= \dfrac{\eta_{sp}}{c \cdot K_m}$ $K_m = 11 \cdot 10^{-4}$ | Polymerisationsgrad | Kettenlänge des Moleküls $\mathrm{\AA}$ |
|---|---|---|---|---|
| Nach Ost: Gew. Temp. 4 Monate . | 81,4 | 74000 | 260 | 1350 |
| Faseracetat[1] von Boehringer, Mannheim-Waldhof . . . . . . . . . | 69,2 | 63000 | 220 | 1140 |
| Nach Ost: 30° 7 Tage . . . . . | 62,2 | 57000 | 200 | 1040 |
| Nach Ost: 30° 10 Tage . . . . . | 52,6 | 48000 | 165 | 860 |
| Technisches Produkt der I. G. Farbenindustrie, Elberfeld . . . . . . | 47,0 | 43000 | 150 | 780 |
| Technisches Produkt der Rhodiaseta, Freiburg i. Br. . . . . . . . . | 44,5 | 40000 | 140 | 730 |
| Nach Ost: 60° 4 Stunden . . . . | 39,0 | 35000 | 120 | 620 |
| Nach Ost: 60° 6 Stunden . . . . | 35,2 | 32000 | 110 | 570 |
| Nach Ost: 60° 9 Stunden . . . . | 27,5 | 25000 | 87 | 450 |

Man kann in dieser Reihe verfolgen, wie die physikalischen Eigenschaften der Acetylcellulosen, die für die Technik, die Acetatseide- und Filmindustrie von so großer Bedeutung sind, mit dem Polymerisationsgrad in Beziehung stehen, wie z. B. die Festigkeit der Filme, die Quellungsfähigkeit der Acetate und die Viscosität der Lösungen von der Molekülgröße abhängen. Dabei ergeben sich ganz ähnliche Zusammenhänge wie bei den Polystyrolen[2]. Die höchstmolekularen Produkte sind sehr zäh und geben feste Filme. Sie quellen sehr stark, und ihre Lösungen sind hochviscos, sie zeigen also typisch kolloides Verhalten. Es sind Eukolloide. Die Filme der niedermolekularen Produkte sind dagegen brüchig und spröde wie die der niederpolymeren Polystyrole. Die niedermolekularen Acetate lösen sich leicht, ohne zu quellen, und geben niederviscose Lösungen, verhalten sich also wie Hemikolloide.

Zusammenfassend kommen wir also zu dem Ergebnis, daß die primären Kolloidteilchen in Acetylcelluloselösungen Makromoleküle sind[3]. Dadurch erklärt sich die Natur dieser kolloiden Lösungen anders als früher, wo man diese Kolloidteilchen als micellar gebaut ansah. Damals führte man die hohe Viscosität der Lösungen auf das Vorliegen von solvatisierten Micellen zurück. Dies hat für

---

[1] Die Erhaltung der Faserstruktur ist nicht, wie man früher annahm, der Grund für die außerordentlich hohe Viscosität und das hohe Molekulargewicht des Präparates. Daß faserige Acetate von sehr geringer Viscosität und niedrigem Molekulargewicht dargestellt werden können, zeigt folgender Versuch: Nach der von K. Hess (Chemie der Cellulose, S. 411. Leipzig 1928) beschriebenen Methode der Acetylierung in Benzol wurde ein Faseracetat durch 8stündige Reaktion bei 75° gewonnen. Das brüchige, aber noch deutlich faserige Präparat besitzt in 0,01 gd-mol. Lösung einen $\eta_{sp}$-Wert von 0,105; aus dem $\eta_{sp}/c$-Wert von 10,5 errechnet sich ein Molekulargewicht von 9550.

[2] Vgl. Zweiter Teil, A. IV. 1.

[3] Daß die Kolloidteilchen der Acetylcellulosen Makromoleküle sind, geht auch aus der Arbeit von E. Elöd u. A. Schrodt [Ztschr. f. angew. Ch. 44, 933 (1931)] hervor, die Triacetylcellulosen zu Diacetaten verseiften und dabei feststellten, daß die Viscosität gleichkonzentrierter Lösungen sich durch die Verseifung nicht ändert. Nach dem Viscositätsgesetz kann man schließen, daß die Länge der Moleküle beim Verseifen erhalten geblieben ist. Bei micellarem Bau müßten natürlich starke Veränderungen in der Micellgröße eintreten, wenn ein Teil der Acetylgruppen in Hydroxylgruppen umgewandelt wird. Vgl. auch D. Krüger: Melliands Textilber. 10, 966 (1929) — Chem. Zentralbl. 1930 I, 1463.

Seifenlösungen, also Lösungen von Assoziationskolloiden, Gültigkeit, nicht aber für die Lösungen der Molekülkolloide. In diesen ist die Viscosität durch die Länge und Fadengestalt der Moleküle bestimmt. Die Moleküle der Celluloseacetate bauen sich nach den Prinzipien der chemischen Valenzlehre auf und können bis zu 260 Glykosegruppen in einer Kette enthalten. Daraus läßt sich der Schluß ziehen, daß die Moleküle der Cellulose nach den gleichen Richtlinien aufgebaut sind, daß aber diese Cellulosemoleküle einen erheblich höheren Polymerisationsgrad besitzen, da gezeigt werden konnte, daß gerade zu Beginn der Acetylierung ein enormer Abbau stattfindet.

## VII. Zur Nomenklatur.

Beim Abbau von Cellulose, Stärke, Lichenin usw. und deren Derivaten erhält man Reihen von polymerhomologen Produkten, die folgendermaßen benannt werden können:

Diese Produkte werden als Derivate von polymeren Glucanen, Mannanen[1], Lävanen[2] aufgefaßt. Die Enden der Ketten können durch Hydroxylgruppen, Methoxylgruppen, Acetylgruppen, Chloratome ersetzt sein, ähnlich, wie es bei den Polyoxymethylen-[3] und Polyäthylenoxydketten[4] der Fall ist.

Es gibt also polymerhomologe Reihen von Poly-glucan-dihydraten, Poly-glucan-diacetaten usw.

$$HO \cdot (C_6H_{10}O_5)_x \cdot H \qquad \text{Poly-glucan-dihydrat}$$
$$CH_3 \cdot CO \cdot O \cdot (C_6H_{10}O_5)_x \cdot CO \cdot CH_3 \quad \text{Poly-glucan-diacetat}$$
$$CH_3O \cdot (C_6H_{10}O_5)_x \cdot CH_3 \qquad \text{Poly-glucan-dimethyläther}$$
$$HO \cdot (CH_2O)_x \cdot H \qquad \text{Poly-oxymethylen-dihydrat}$$
$$CH_3 \cdot CO \cdot O \cdot (CH_2O)_x \cdot CO \cdot CH_3 \quad \text{Poly-oxymethylen-diacetat}$$
$$CH_3O \cdot (CH_2O)_x \cdot CH_3 \qquad \text{Poly-oxymethylen-dimethyläther}$$

Die Stellung der freien Hydroxylgruppen kann man mit Ziffern bezeichnen. So sind z. B. abgebaute Hydratcellulosen Poly-(2, 3, 6-glucan)-dihydrate. Dabei werden die Abbauprodukte der Cellulose als Poly-celloglucan-derivate bezeichnet, die der Stärke als Poly-amyloglucan-derivate, die des Lichenins als Poly-licheno-glucan-derivate usw. Die abgebauten Celluloseacetate sind also nach dieser Nomenklatur Poly-triacetyl-celloglucan-diacetate. Wenn man also ein bestimmtes Produkt charakterisieren will, so hat man nur den Durchschnittspolymerisations-grad[5] anzugeben, und man wird die abgebauten Hydrocellulosen resp. Cellulosedextrine z. B. als 10- oder 50- oder 100-Celloglucan-dihydrate charakterisieren.

Der Notgemeinschaft der Deutschen Wissenschaft sprechen wir für die Unterstützung dieser Arbeit unseren verbindlichsten Dank aus.

---

[1] Vgl. P. KARRER: Polymere Kohlenhydrate, S. 263. Leipzig 1925.
[2] Vgl. H. H. SCHLUBACH u. H. ELSNER: Ber. Dtsch. Chem. Ges. **62**, 1495 (1929).
[3] Vgl. H. STAUDINGER: Helv. chim. Acta **8**, 68 (1925).
[4] Vgl. H. STAUDINGER u. O. SCHWEITZER: Ber. Dtsch. Chem. Ges. **62**, 2395 (1929).
[5] Beim Abbau der Cellulose erhält man Gemische von hochpolymeren Spaltprodukten.

# B. Viscositätsuntersuchungen an Lösungen von Cellulose in Schweizers Reagens[1].

Bearbeitet von O. Schweitzer.

## I. Die Lösungen von Poly-celloglucan-dihydraten in Schweizers Reagens.

Zur Kennzeichnung der Eigenschaften von Cellulosen werden häufig Viscositätsmessungen ihrer Lösungen in Kupfer-tetrammin-hydroxyd (Schweizers Reagens) herangezogen[2]. Schon früher hat H. Ost[3] in seinen Arbeiten den Standpunkt vertreten, daß man an der Viscosität einer solchen Lösung den Abbau einer Cellulose erkennen könne; denn er fand, daß nach Behandeln der Cellulose mit Reagenzien, die glykosidische Bindungen zerstören, abgebaute Cellulosen entstehen, die in Schweizers Reagens niederviscose Lösungen liefern. Zu grundsätzlich gleichen Ergebnissen führten die Untersuchungen von W. H. Gibson[4], denen eine genauere Meßtechnik zugrunde liegt. Quantitative Beziehungen zwischen Viscosität und Molekulargewicht wurden von H. Ost nicht ermittelt. Es war auch damals nicht möglich, weil Vorstellungen über den Bau dieser Kolloidteilchen noch nicht entwickelt waren; man wußte nicht, daß die primären Kolloidteilchen in verdünnter Lösung die Moleküle selbst sind.

Diese früheren Auffassungen über die Konstitution der Cellulose traten später stark in den Hintergrund, als unter dem Einfluß der Kolloidchemie für den Bau der Kolloidteilchen der gelösten Cellulose ganz andere Anschauungen aufkamen. So vertraten bekanntlich P. Karrer[5], K. Hess[6] und viele andere Forscher die Auffassung, das Molekül der Cellulose sei klein; die Kolloidteilchen in einer Celluloselösung seien durch Aggregation oder Assoziation vieler kleiner Moleküle entstanden, sie besäßen demnach einen *micellaren Bau*, wie ihn z. B. die Seifenmicelle[7] hat. Unterschiede in der Viscosität von Celluloselösungen in Schweizers Reagens führten sie entsprechend auf Unterschiede im micellaren Bau der Kolloidteilchen zurück. Rückschlüsse auf die Molekülgröße sind aus

---

[1] Auszug aus der 48. Mitteilung über hochpolymere Verbindungen [Ber. Dtsch. Chem. Ges. **63**, 3132 (1930)].

[2] Joyner, R. A.: Journ. Chem. Soc. London **121**, 1511, 2395 (1922). — Farrow, F. D., u. S. M. Neale: Chem. Zentralblatt **1924 II**, 776. — Small, J. O.: Ind. and Engin. Chem. **17**, 515 (1925) — Chem. Zentralblatt **1925 II**, 786. — Hahn, F. C., u. H. Bradshaw: Ind. and Engin. Chem. **18**, 1259 (1926) — Chem. Zentralblatt **1927 I**, 2027. — Genung, C. R.: Ind. and Engin. Chem. **19**, 476 (1927) — Chem. Zentralblatt **1928 I**, 2145. — Clibbens, D. A., u. A. Geake: Chem. Zentralblatt **1928 II**, 203. — Carver, E. K., H. Bradshaw, E. C. Bingham u. C. S. Venable: Ind. and Engin. Chem., Analyt. Edit. **1**, 49 (1929) — Chem. Zentralblatt **1929 I**, 3054. — Baur, E.: Chem. Zentralblatt **1931 I**, 711. — Parsons, J. L.: Cellulosechemie **11**, 260 (1930) — Chem. Zentralblatt **1931 II**, 1951. — Laisney, L., u. H. Reclus: Chem. Zentralblatt **1931 I**, 2955; **1931 II**, 3688. — Tankard, Y., u. J. Graham: Cellulosechemie **12**, 27 (1931). — Olsen, F.: Cellulosechemie **12**, 179 (1931). — Werner, K.: Cellulosechemie **12**, 320 (1931). — Fikentscher, H.: Cellulosechemie **13**, 58, 71 (1932).

[3] Ost, H.: Ztschr. f. angew. Ch. **24**, 1892 (1911).

[4] Gibson, W. H.: Journ. Chem. Soc. London **117**, 479 (1920).

[5] Karrer, P.: Polymere Kohlenhydrate. Leipzig 1925.

[6] Hess, K.: Chemie der Cellulose, S. 310. Leipzig 1928.

[7] Über die Entwicklung dieser Anschauungen vgl. S. 26.

Viscositätsmessungen, wenn man diese Auffassungen zugrunde legt, nicht zu erhalten[1].

In veränderter Form — unter Annahme längerer Hauptvalenzketten — wurde dann von K. H. MEYER und H. MARK[2] diese Micellauffassung weiter ausgebaut. Es wird von diesen Forschern angenommen, daß die Krystallite der Cellulose als Micellen in unveränderter Größe in Lösung gehen. Dabei sollte eine solche Micelle aus Bündeln von ca. 50 Hauptvalenzketten bestehen, deren jede ca. 30—50 Glykoseeinheiten enthielte.

Auf Grund von Viscositätsuntersuchungen kann man entscheiden, ob die Celluloseteilchen in SCHWEIZERS Reagens einen micellaren Aufbau haben, und ob auf Unterschiede in der Micellgröße die Viscositätsunterschiede zurückzuführen sind, oder ob auch hier, wie bei anderen Molekülkolloiden, Moleküle gelöst sind, die je nach ihrer Länge Unterschiede in der Viscosität der Lösungen hervorrufen.

Bei homöopolaren Molekülkolloiden sind die primären Kolloidteilchen mit den Molekülen identisch, weil die spez. Viscosität, also die Viscositätserhöhung, die in der Lösung durch die gelösten Teilchen hervorgerufen wird, in verdünnter Lösung in einem größeren Temperaturgebiet fast gleich bleibt[3]. Bei einem micellaren Aufbau der Kolloidteilchen ändert sich dagegen die spez. Viscosität.

Bei Lösungen von Cellulose und Poly-celloglucan-dihydraten in SCHWEIZERS Reagens liegen kompliziertere Verhältnisse vor, als bei den homöopolaren Molekülkolloiden; denn während bei diesen die Moleküle in Lösung durch eine monomolekulare Schicht des Lösungsmittels solvatisiert sind[4], tritt hier bei der Lösung von Cellulose eine komplexe Bindung des Kupfers und dann Solvatation dieses Komplexes ein. Der Lösungsvorgang verläuft weiter derart, daß die Makro-

---

[1] I. SAKURADA: Ber. Dtsch. Chem. Ges. **63**, 2027, Anm. 1 (1930), führt eine Reihe von Arbeiten an, in denen von *Beziehungen zwischen Viscosität* und *Molekulargewicht* gesprochen worden ist, ebenso weisen H. FIKENTSCHER u. H. MARK: Kolloid-Ztschr. **49**, 136 (1929), darauf hin, daß der Zusammenhang zwischen Viscosität und Molekulargewicht schon lange bekannt ist. Die Autoren übersehen dabei, daß in den früheren Arbeiten, die sich mit Untersuchungen der polymeren Kohlenhydrate, wie Stärke, Nitrocellulose, beschäftigten, keine Klarheit zu gewinnen war, weil das Molekulargewicht dieser Produkte sich nicht eindeutig festellen ließ, und vor allem, weil die Frage nach dem Bau dieser Substanzen nicht geklärt war. H. MARK hat früher bei den Kolloidteilchen der Polysaccharide einen micellaren Aufbau angenommen und vertrat auch später die Anschauung [vgl. Kolloid-Ztschr. **53**, 41 (1930)]: „... daß in den Lösungen der hochpolymeren Substanzen große Teilchen vorliegen, die in starker Wechselwirkung mit dem Lösungsmittel stehen, zum Teil durch Kräfte, zum Teil durch geometrische Behinderung. Wohlbegründete Zahlenangaben über bestimmte Systeme sind heute noch nicht möglich." Unter solchen Voraussetzungen lassen sich Beziehungen zwischen Molekulargewicht und Viscosität nicht ableiten. Erst bei synthetischen Produkten, vgl. H. STAUDINGER: Ber. Dtsch. Chem. Ges. **59**, 3019 (1926), ferner bei Paraffinen, H. STAUDINGER u. R. NODZU: Ber. Dtsch. Chem. Ges. **63**, 721 (1930), und Verbindungen mit bekanntem Molekulargewicht konnte zum erstenmal einwandfrei dieser Zusammenhang nachgewiesen werden, so daß für diese Annahmen eine sichere Grundlage gegeben ist; vgl. H. STAUDINGER: Ber. Dtsch. Chem. Ges. **62**, 2907, Abs. 5 (1929).

[2] MEYER, K. H., u. H. MARK: Ber. Dtsch. Chem. Ges. **61**, 593 (1928). — MEYER, K. H.: Ztschr. f. angew. Ch. **41**, 935 (1928). — MARK, H.: Naturwissenschaften **16**, 892 (1928). Vgl. S. 32.

[3] Vgl. S. 85.

[4] STAUDINGER, H., u. W. HEUER: Ber. Dtsch. Chem. Ges. **62**, 2933 (1929). Vgl. S. 126.

moleküle der Cellulose und nicht Micellen einzeln herausgelöst werden[1], wobei eine Kupferkomplexverbindung[2] entsteht, in der auf jedes Grundmolekül $C_6H_{10}O_5$ ein Atom Kupfer kommt. Daß die Bindung von Kupfer an Cellulose in diesem Verhältnis erfolgt, haben die Untersuchungen von K. Hess und Mitarbeitern einwandfrei festgestellt. Diese Kupferkomplexverbindung der Cellulose liefert nach den Untersuchungen von W. Traube[3] und weiteren Untersuchungen von K. Hess[4] ein komplexes Anion. *Die Lösung von Cellulose in* Schweizers *Reagens ist also die eines heteropolaren Molekülkolloids*[5] mit einem hochmolekularen polywertigen Anion. Die Lösung ist also mit einer solchen von hochmolekularem polyacrylsaurem Natrium[6] zu vergleichen, die ebenfalls ein hochmolekulares vielwertiges Anion besitzt:

$$—[C_6H_8O_4]'—O—[C_6H_8O_4]'—O—[C_6H_8O_4]'—O—[C_6H_8O_4]'—O—\text{Polyanion}$$

$$\underset{Cu(NH_3)_4^{\cdot\cdot}}{\underline{\qquad Cu\qquad}} \qquad\qquad \underset{Cu(NH_3)_4^{\cdot\cdot}}{\underline{\qquad Cu\qquad}} \qquad \text{Kation}$$

$$—CH_2—\begin{bmatrix}CH\\ |\\ COO\end{bmatrix}'—CH_2—\begin{bmatrix}CH\\ |\\ COO\end{bmatrix}'—CH_2—\begin{bmatrix}CH\\ |\\ COO\end{bmatrix}'—CH_2—\begin{bmatrix}CH\\ |\\ COO\end{bmatrix}'—\text{Polyanion}$$

$$Na^{\cdot}\qquad\qquad Na^{\cdot}\qquad\qquad Na^{\cdot}\qquad\qquad Na^{\cdot}\qquad \text{Kation}$$

Bei solchen heteropolaren Molekülkolloiden treten infolge der Schwarmbildung zwischen den Fadenionen anormale Viscositätserscheinungen ein, die mit dem $p_H$ der Lösungen außerordentlich stark wechseln, wie am Beispiel der Polyacrylsäure und des polyacrylsauren Natriums gezeigt worden ist[7]. Es schien deshalb anfangs nicht möglich, quantitative Beziehungen zwischen Viscosität und Molekulargewicht in Lösungen von Poly-celloglucan-dihydraten in Schweizers Reagens zu ermitteln, denn die Viscosität der Lösung hängt nicht nur von der Länge der Moleküle, sondern auch von einer mit letzterer wechselnden Schwarmbildung[8] zwischen den Molekülen ab.

Tatsächlich liegen aber die Verhältnisse auf Grund unserer Messungen viel einfacher, wenn man einen Überschuß von Schweizers Reagens verwendet, denn dadurch wird die Schwarmbildung zwischen den Fadenionen unterbunden[9]; die Lösungen des heteropolaren Molekülkolloids verhalten sich unter diesen Bedingungen wie die eines homöopolaren, es ergeben sich also dieselben einfachen Zusammenhänge zwischen Viscosität und Kettenlänge wie bei Celluloseacetaten, wenn man die Viscosität von Lösungen der Cellulosen in einem großen Überschuß von Schweizers Reagens vergleicht. Die Herstellung der Lösungen, sowie alle

---

[1] Staudinger, H., u. Mitarbeiter: Liebigs Ann. **474**, 263 (1929). — Stamm, A. J.: Journ. Amer. Chem. Soc. **52**, 3047 (1930).

[2] Über die Konstitution solcher Kupfer-Komplexsalze vgl. vor allem K. Hess: Chemie der Cellulose, S. 289, ferner H. Dohse: Ztschr. f. physik. Ch. (A) **149**, 279 (1930) — McGillavry, D.: Rec. Trav. chim. Pays-Bas **48**, 18 (1929).

[3] Traube, W.: Ber. Dtsch. Chem. Ges. **54**, 3220 (1921); **55**, 1899 (1922); **56**, 268 (1923).

[4] Hess, K., u. Mitarbeiter: Liebigs Ann. **435**, 7 (1924) — Ber. Dtsch. Chem. Ges. **54**, 834 (1921); **56**, 587 (1923).

[5] Staudinger, H.: Ber. Dtsch. Chem. Ges. **62**, 2893 (1929).

[6] Staudinger, H., u. E. Urech: Helv. chim. Acta **12**, 1107 (1929). — Staudinger, H., u. E. Trommsdorff: Zweiter Teil, D. V.

[7] Vgl. Zweiter Teil, D. II. 3f u. IV. 4h.

[8] Vgl. Erster Teil, A. V. 5.

[9] Vgl. Zweiter Teil, D. II. 3g u. D. IV. 4h.

Messungen werden dabei unter völligem Ausschluß von Luft in einer Atmosphäre
von peinlichst gereinigtem Stickstoff ausgeführt; denn die Lösungen von Cellulose
in SCHWEIZER Reagens sind außerordentlich luftempfindlich, wie von E. BERL
und A. G. INNES und von vielen anderen Forschern[1] festgestellt wurde. Durch
Luftsauerstoff werden die Cellulosemoleküle abgebaut, was sich durch eine Viscositätsverminderung bemerkbar macht. Die Messungen wurden in einem OST-
WALDSchen resp. einem Viscosimeter nach UBBELOHDE vorgenommen, das entsprechend umgebaut war, um das Arbeiten unter Stickstoffatmosphäre zu ermöglichen. Die Konzentration der Celluloselösungen wurde dabei so gewählt, daß
die für sie gültige Grenzviscosität von 1,70 nicht überschritten wurde.

## II. Viscositätsmessungen an Lösungen von hemikolloiden Poly-celloglucan-dihydraten in SCHWEIZERS Reagens.

Zuerst wurden an Poly-celloglucan-dihydraten von bekanntem Durchschnittsmolekulargewicht, die durch Verseifung einer polymerhomologen Reihe von Poly-
triacetyl-celloglucan-diacetaten mit 2n-methylalkoholischer Kalilauge bei Zimmertemperatur erhalten wurden, Viscositätsuntersuchungen durchgeführt, um
bei diesen hemikolloiden Produkten die Beziehungen
zwischen Viscosität und Molekulargewicht zu ermitteln. Auf Grund derselben sollte aus Viscositätsuntersuchungen an Celluloselösungen sich das Molekulargewicht der Cellulose bestimmen lassen. Wir
überzeugten uns, daß die Viscosität einer Lösung
eines 58-Celloglucan-dihydrates in SCHWEIZERS Reagens auch bei längerem Stehen sich nicht ändert,
und daß bei diesen hemikolloiden Produkten reproduzierbare Viscositätsmessungen vorgenommen werden
können. Dieser Nachweis ist wichtig, da Lösungen
von Cellulose in SCHWEIZERS Reagens nicht beständig
sind und deren Viscosität auch bei völligem Ausschluß
der Luft ständig abnimmt.

Tabelle 342. Prüfung der Beständigkeit der Lösung eines 58-Celloglu-can-dihydrates. Einwage: 0,2439 g Cu(OH)$_2$, 0,2025 g Substanz in 25 ccm konz. NH$_3$. Konzentration 0,05 gd-mol.; Temperatur 20°.

| Zeit | $\eta_{sp}$ |
|---|---|
| 1. Tag | 0,29 |
| 2. Tag | 0,27 |
| 4. Tag | 0,25 |
| 5. Tag | 0,26* |

Die Lösungen des 58-Celloglucan-dihydrates in SCHWEIZERS Reagens *gehorchen
dem HAGEN-POISEUILLEschen Gesetz* zum Unterschied von gleichkonzentrierten
hochviscosen Lösungen der Cellulose. Man ist also bei diesen Messungen von
der Capillarenweite des Viscosimeters und somit von dem Strömungsgefälle unabhängig. Die Lösungen der hemikolloiden Cellulose verhalten sich hier wie

Tabelle 343. Prüfung der Druckabhängigkeit der Lösung eines 58-Celloglucan-dihydrates in SCHWEIZERS Reagens.
Konzentration 0,05 gd-mol.; Temperatur 20°.

| Druck in cm H$_2$O . . . . | 10 cm | 20 cm | 30 cm | 40 cm | 50 cm |
|---|---|---|---|---|---|
| $\eta_{sp}$ . . . . . . . . . . . | 0,272 | 0,270 | 0,267 | 0,264 | 0,285 |

---

[1] BERL, E., u. A. G. INNES: Ztschr. f. angew. Ch. **23**, 987 (1910). — JOYNER, R. A.:
Journ. Chem. Soc. London **121**, 2395 (1922) — Chem. Zentralblatt **1923 III**, 744. — HESS, K.,
E. MESSMER u. N. LJUBITSCH: Liebigs Ann. **444**, 316 (1925).
* Diese Abnahme ist unwesentlich und kann vernachlässigt werden.

die der hemikolloiden Kohlenwasserstoffe, deren Lösungen ebenfalls dem HAGEN-POISEUILLEschen Gesetz gehorchen[1].

Wir prüften weiter die *spez. Viscosität* einer sehr verdünnten Lösung des 58-Celloglucan-dihydrates bei *verschiedenen Temperaturen*. Allerdings konnten diese dabei wegen der Flüchtigkeit des Ammoniaks nicht stark variiert werden[2]. Die spez. Viscosität ändert sich wie bei den homöopolaren Molekülkolloiden nicht wesentlich, ein Zeichen, daß sich die Lösung wie die eines homöopolaren Molekülkolloids verhält.

Aus dieser Unveränderlichkeit der $\eta_{sp}$-Werte bei verschiedenen Temperaturen kann man den wichtigen Schluß ziehen, daß diese Poly-celloglucan-dihydrate molekulardispers gelöst sind.

Es kann also durch die gleiche Untersuchungsmethode, die bei den Polystyrolen[3] und weiter bei den Celluloseacetaten[4] angewandt wurde, auch hier der Nachweis für eine molekulare Lösung geführt werden, und es werden so die Auffassungen über einen micellaren Bau der Kolloidteilchen widerlegt.

Tabelle 344. Prüfung der Viscosität eines 58-Celloglucan-dihydrates in SCHWEIZERS Reagens bei verschiedenen Temperaturen. Konzentration 0,05 gd-mol.

| Temperatur | $\eta_{sp}$ |
|---|---|
| 20° | 0,315 |
| 0,2° | 0,307 |
| 20° | 0,311 |
| 0,2° | 0,307 |
| 20° nach 15 Stunden | 0,312 |

Endlich wurden bei einer größeren Reihe von Poly-celloglucan-dihydraten die $\eta_{sp}/c$-Werte in *verschiedenen Konzentrationen* bestimmt. Sie sind in niederviscosen Lösungen unterhalb der Grenzviscosität $\eta_{sp\,(G)} = 1,70$ annähernd konstant.

Tabelle 345. $\eta_{sp}/c$ einer polymer-homologen Reihe von Poly-celloglucan-dihydraten bei verschiedenen Konzentrationen, bei 20°.

| Mol.-Gew.[5] | Polymeri-sationsgrad | $\eta_{sp}$ | | | | $\eta_{sp}/c$ | | | |
|---|---|---|---|---|---|---|---|---|---|
| | | 0,05 gd-mol.[6] | 0,05 gd-mol.[7] | 0,025 gd-mol. | 0,01 gd-mol. | 0,05 gd-mol.[6] | 0,05 gd mol.[7] | 0,025 gd-mol. | 0,01 gd-mol. |
| 13 400 | 83 | 1,32 | — | 0,72 | 0,21 | 26,4 | — | 28,8 | 21 |
| 12 000 | 74 | 0,96 | — | 0,59 | 0,19 | 19,2 | — | 23,6 | 19 |
| 11 500 | 71 | 0,79 | — | 0,47 | 0,16 | 15,8 | — | 18,8 | 16 |
| 10 500 | 65 | 0,55 | 0,60 | 0,26 | 0,11 | 11,0 | 12,0 | 10,4 | 11 |
| 8 200 | 51 | 0,42 | 0,46 | 0,20 | — | 8,4 | 9,2 | 8,0 | — |
| 7 000 | 43 | 0,32 | 0,35 | 0,16 | — | 6,4 | 7,0 | 6,4 | — |
| 6 700 | 41 | 0,27 | 0,29 | 0,14 | — | 5,4 | 5,8 | 5,6 | — |
| 4 700 | 29 | 0,21 | 0,19 | 0,12 | — | 4,2 | 3,8 | 4,8 | — |
| 3 200 | 20 | 0,16 | 0,14 | 0,08 | — | 3,2 | 2,8 | 3,2 | — |

[1] STAUDINGER, H., u. W. HEUER: Ber. Dtsch. Chem. Ges. **62**, 2933 (1929).

[2] Analoge Messungen sollen in komplexen Cupri-äthylendiamin-Lösungen in einem größeren Temperaturbereich ausgeführt werden. Über die Lösungen von Cellulose in Cupri-äthylendiamin-Lösungen vgl. W. TRAUBE: Ber. Dtsch. Chem. Ges. **55**, 1899 (1922), ferner Ber. Dtsch. Chem. Ges. **63**, 2083 (1930).

[3] Vgl. S. 169ff.

[4] STAUDINGER, H., u. O. SCHWEITZER: Ber. Dtsch. Chem. Ges. **63**, 2325 (1930). — STAUDINGER, H., u. H. FREUDENBERGER: Ber. Dtsch. Chem. Ges. **63**, 2331 (1930); vgl. ferner die voranstehende Arbeit.

[5] Diese Molekulargewichte wurden mit der neuen $K_m$-Konstante $10 \cdot 10^{-4}$ errechnet, vgl. Vierter Teil, C. II. u. III.

[6] Weites Viscosimeter, Capillaren-Durchmesser 0,434 mm; Capillaren-Länge 69 mm.

[7] Enges Viscosimeter, Capillaren-Durchmesser 0,246 mm; Capillaren-Länge 90 mm. Volumen der Flüssigkeit bei beiden: 0,5 ccm.

## III. Viscositätsmessungen an Celluloselösungen in Schweizers Reagens.
### a) Beständigkeit.

Will man auf Grund von Viscositätsmessungen an Lösungen von nicht abgebauter Cellulose in Schweizers Reagens deren Molekulargewicht bestimmen, so muß vor allem der Ausdruck $\eta_{sp}/c$ in ganz verdünnter Lösung konstant sein, also nicht je nach den Versuchsbedingungen variieren. Dabei ergeben sich unerwartete Schwierigkeiten, denn die Viscosität einer Lösung von gereinigter Rohbaumwolle[1] in Schweizers Reagens nimmt beim Stehen ab, zum Unterschied von derjenigen von Lösungen der hemikolloiden Poly-celloglucan-dihydrate; sie wird auch nach vierwöchigem Stehen nicht konstant, nachdem die spez. Viscosität sehr stark abgenommen hat, wie Tabelle 346 zeigt.

Tabelle 346. Prüfung der Beständigkeit einer Lösung von gereinigter Baumwolle in Schweizers Reagens. Konzentration 0,025 gd-mol. Temperatur 20°.

| Zeit | $\eta_{sp}$ | Zeit | $\eta_{sp}$ |
|---|---|---|---|
| 1. Tag | 42,0 | 10. Tag | 19,8 |
| 2. Tag | 30,8 | 11. Tag | 19,0 |
| 3. Tag | 27,5 | 13. Tag | 17,4 |
| 4. Tag | 24,9 | 14. Tag | 15,8 |
| 6. Tag | 22,8 | 21. Tag | 9,2 |
| 7. Tag | 20,8 | 35. Tag | 7,3 |

Da wir solche Viscositätsänderungen der Lösung auf Änderungen in der Molekülgröße zurückführen, so muß also die Cellulose in Schweizers Reagens schon beim Stehen sehr stark abgebaut werden. Ein oxydativer Abbau der Cellulose durch Luftsauerstoff ist dabei ausgeschlossen; denn die Herstellung der Lösung, das Einfüllen derselben in das Viscosimeter und die Messungen selbst wurden in peinlichst gereinigter Stickstoffatmosphäre und bei gleicher Temperatur von 20° ausgeführt. Die Viscositätsänderungen beruhen deshalb darauf, daß die empfindlichen Makromoleküle der Cellulose schon durch das Kupfer-tetrammin-hydroxyd in Schweizers Reagens oxydativ abgebaut werden. Nach längerem Stehen einer solchen Lösung scheidet sich auch aus derselben ein geringer Niederschlag von Kupferoxydul ab. Danach wird die ursprüngliche Cellulose durch Schweizers Reagens viel leichter oxydiert als die abgebauten Poly-celloglucan-dihydrate[2]; dies hängt damit zusammen, daß die langen Moleküle der Cellulose weit empfindlicher sind als die kurzen der hemikolloiden Cellulosen. Allgemein macht man bei Stoffen, die aus Fadenmolekülen aufgebaut sind, die Erfahrung, daß *mit zunehmender Länge der Moleküle trotz gleicher Bauart ihre Empfindlichkeit bedeutend zunimmt*. Wie weitere Versuche zeigten, ist dieser Abbau eine photochemische Reaktion[3].

Wenn man also Lösungen von Cellulose in Schweizers Reagens in verschiedenen Konzentrationen und unter verschiedenen Bedingungen vergleichen

---

[1] Die Reinigung der Rohbaumwolle wurde nach Vorschrift von C. G. Schwalbe, vgl. K. Hess: Chemie der Cellulose, S. 228, Leipzig 1928, vorgenommen.

[2] Die Festigkeit und Zähigkeit der hochpolymeren Substanzen nimmt mit zunehmendem Polymerisationsgrad zu, wie in der Reihe der Polystyrole, der Polyprene und Poly-triacetyl-celloglucan-diacetate festgestellt wurde. Wenn das gleiche für die Cellulose gilt, so könnte der oxydative Abbau, der beim Stehen von Cellulose in Schweizers Reagens stattfindet, die Festigkeit der *Kupferseide* ungünstig beeinflussen. Darüber sind noch Versuche zu machen. Für die jetzigen Kupferseiden kommen die Beobachtungen insofern nicht in Betracht, als die heutigen Produkte schon aus stark abgebauten Cellulosen bestehen, da man wohl nie unter völligem Luftausschluß gearbeitet hat.

[3] Vgl. S. 221; ferner Vierter Teil, C. VII.

# Die Konstitutionsaufklärung der hochmolekularen organischen Verbindungen (Kautschuk und Cellulose).

## A. Grundlegende Begriffe.

### I. Bedeutung der hochmolekularen Verbindungen.

Eine der wesentlichsten Fragen der organischen Chemie ist die nach dem Bau der hochmolekularen Verbindungen, denn es gehören zu diesen eine Reihe der wichtigsten Naturprodukte, wie Cellulose, Stärke und andere Polysaccharide, Kautschuk und Balata, ferner die Eiweißstoffe. Auch eine Reihe synthetischer Produkte gehören hierher, so z. B. Polyoxymethylene, Polystyrole, Polyvinylacetate, Bakelite, die Harnstoff-Formaldehyd-Kondensationsprodukte und viele andere, die durch Polymerisation oder Kondensation von niedermolekularen Stoffen erhalten werden.

Die Bildung, den Bau und die Eigenschaften von hochmolekularen Verbindungen kennenzulernen, hat für den Biologen die größte Bedeutung; diese Fragen sind aber auch für die Technik von erheblichem Interesse; es sei nur auf die Industrie der Kunstseide, des Kautschuks, der synthetischen Harze und Lacke hingewiesen[1]. Deshalb ist die wissenschaftliche Bearbeitung dieses Gebietes in den letzten Jahrzehnten eine sehr intensive geworden, nachdem lange Zeit der organische Chemiker vor einer genaueren Untersuchung dieser kolloidlöslichen Verbindungen zurückgeschreckt ist, da die normalen Methoden der organischen Chemie zur Konstitutionsaufklärung hier scheinbar versagten. Dagegen liegen zahlreiche ältere und neuere Untersuchungen von seiten der Kolloidchemiker über die kolloiden Lösungen dieser Stoffe vor, da ein erhebliches biologisches und technisches Interesse für die Bearbeitung derselben vorhanden war. Über das Wesen dieser kolloiden Lösungen und somit über den Aufbau der hochmolekularen Verbindungen sind früher die verschiedenartigsten Anschauungen geäußert worden. Die Natur der kolloiden Lösungen ließ sich aber erst aufklären, nachdem die Konstitution dieser hochmolekularen Produkte im Sinne der organischen Chemie bekannt war.

### II. Hochmolekulare und hochpolymere Verbindungen.

In der älteren organischen Chemie bezeichnete man die im ersten Abschnitt genannten Stoffe' als hochmolekular, ohne über das Molekulargewicht

---

[1] Vgl. z. B. C. ELLIS: Synthetic Resins and their Plastics. New York 1923. — SCHEIBER-SÄNDIG: Die künstlichen Harze. Stuttgart 1929.

derselben irgendeine Aussage machen zu können. Die Annahme, daß hochmolekulare Produkte vorliegen, stützte sich darauf, daß diese Stoffe ganz andere Eigenschaften haben wie ähnlich gebaute mit niederem Molekulargewicht. Sie sind zum Unterschied von diesen unlöslich oder kolloidlöslich und ferner nicht flüchtig. Aus diesen Eigenschaften schloß man auf ein hohes Molekulargewicht der Verbindungen, denn man wußte aus dem reichen Erfahrungsmaterial der organischen Chemie, daß die Löslichkeit organischer Verbindungen mit zunehmendem Molekulargewicht abnimmt und ihre Flüchtigkeit sich verringert.

Eine spezielle Gruppe hochmolekularer Verbindungen sind dabei die hochpolymeren Stoffe. Dies sind *solche Verbindungen, deren Moleküle aus einer großen Zahl von gleichen niedermolekularen Bausteinen, den Grundmolekülen, aufgebaut sind.* Solche hochpolymeren Verbindungen kommen in der Natur vor; Beispiele sind Cellulose, Stärke, Kautschuk. Synthetisch entstehen sie durch Polymerisation von niedermolekularen ungesättigten Verbindungen, z. B. die Polyoxymethylene aus dem Formaldehyd, Polystyrol aus dem Styrol.

In der ersten Periode der Arbeiten über hochmolekulare Produkte wurden die hochpolymeren Verbindungen folgendermaßen formuliert:

$(C_5H_8)_x$ Kautschuk, Balata,

$(C_6H_{10}O_5)_x$ Cellulose, Stärke,

$(H_2CO)_x$ Polyoxymethylene,

$(C_6H_5CH{-}CH_2)_x$ Polystyrol.

Aber über die Größe des $x$, also über den Polymerisationsgrad und somit über die Molekülgröße, konnte man keine Angaben machen; man wußte nicht, ob $x$ die Größe 10 oder 100 oder 1000 hat.

Bei einer derartigen Formulierung wird angenommen, daß Kautschuk gleichartig aus *Isoprengruppen* aufgebaut ist, Cellulose gleichartig aus *Glukoseresten*, Polyoxymethylene aus *Formaldehydgruppen.* Nach neuen Untersuchungen ist dies aber nicht der Fall[1]. Es ergab sich nämlich, daß alle diese hochpolymeren Stoffe aus langen faden- oder kettenförmigen Molekülen bestehen, in denen zahlreiche Grundmoleküle aneinandergereiht sind, bis schließlich am Ende der Ketten Absättigung durch andersartige Endgruppen erfolgt; denn sonst müßten sich ungesättigte Atome am Ende der Moleküle befinden, oder hochmolekulare Ringe vorliegen[2]. Bei den meisten hochpolymeren Produkten, vor allem bei den hochmolekularen Naturstoffen, ist die Art dieser Endgruppen noch nicht bestimmt. Es gelang jedoch, bei einer Reihe von Verbindungen, z. B. den Polyoxymethylenen den Bau des polymeren Moleküls bis in alle Einzelheiten aufzuklären und festzustellen, daß Hydroxylgruppen oder andere Gruppen als Endgruppen vorhanden sind, so daß z. B. das $\alpha$-Polyoxymethylen folgendermaßen formuliert werden muß[3]:

$$HO{-}CH_2{-}O{-}(CH_2{-}O)_x{-}CH_2{-}OH\,.$$

Da der Anteil der Endgruppen im Verhältnis zum Gesamtmolekül ein sehr geringer ist und da man in den meisten Fällen diese Endgruppen nicht kennt,

---

[1] Bei diesen hochpolymeren Verbindungen wird weiter angenommen, daß in den langen Fadenmolekülen sämtliche Grundmoleküle gleichartig gebunden sind; aber es fehlt hier der exakte Nachweis, vgl. Erster Teil, H. I. Vgl. H. BRINTZINGER: Ztschr. f. anorg. u. allg. Ch. **196**, 50 (1931).

[2] Vgl. Zweiter Teil, B. III.

[3] STAUDINGER, H., u. M. LÜTHY: Helv. chim. Acta **8**, 41 (1925).

so wird dies bei Benennung der Verbindungen in der Regel nicht berücksichtigt, und es wird einfach von polymeren Verbindungen gesprochen, wenn dies auch streng genommen, im Hinblick auf die Endgruppen, nicht ganz richtig ist[1].

Hochpolymere Verbindungen entstehen nicht nur durch Polymerisation eines ungesättigten Grundmoleküls, sondern es können auch zwei oder mehrere verschiedenartige Grundmoleküle sich zu einem polymeren Molekül zusammenfügen. Für derartige Polymerisate wurde von Th. WAGNER-JAUREGG die Bezeichnung *Heteropolymerisate* vorgeschlagen[2]. Solche Produkte sind in der letzten Zeit vielfach in der Technik hergestellt worden[3]. Eine wichtige Gruppe derartiger Polymerisate[4] sind die hochpolymeren Moloxyde, die bei der Autoxydation ungesättigter Verbindungen entstehen können[5]. Hierher gehört z. B. das Peroxyd des asymmetrischen Diphenyläthylens:

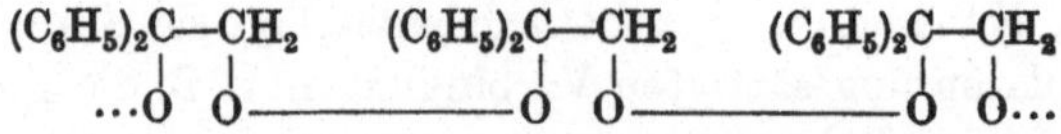

$$(C_6H_5)_2C\!-\!CH_2 \qquad (C_6H_5)_2C\!-\!CH_2 \qquad (C_6H_5)_2C\!-\!CH_2$$
$$\ldots \dot O \quad \dot O\!-\!\!-\!\!-\!\!-\!\!-\!\!-\!\!-\!\dot O \quad \dot O\!-\!\!-\!\!-\!\!-\!\!-\!\!-\!\!-\!\dot O \quad \dot O \ldots$$

Auch die hochpolymeren Ozonide haben wahrscheinlich den gleichen Bau[6]. Solche hochpolymeren Heteropolymerisate wurden früher auch aus Dimethylketen mit Iso-cyanaten resp. Schwefelkohlenstoff erhalten, während aus Dimethylketen und Kohlendioxyd niedermolekulare Verbindungen entsprechender Zusammensetzung entstehen[7].

Tabelle 1. Zusammensetzung der Dimethylketenderivate.

| | | |
|---|---|---|
| $O\!=\!C\!=\!O$ | 2 Mol. Keten + 1 Mol. $CO_2$; 3 Mol. Keten + 2 Mol. $CO_2$; 4 Mol. Keten + 3 Mol. $CO_2$ | niedermolekulare Verbindungen, 6- und 10-Ringe |
| $O\!=\!C\!=\!N\cdot C_6H_5$ | 2 Mol. Keten + 3 Mol. Isocyanat; 1 Mol. Keten + 4 Mol. Isocyanat | |
| $O\!=\!C\!=\!N\cdot C_{10}H_7\,\alpha$ | 3 Mol. Keten + 2 Mol. Isocyanat | hochmolekulare Heteropolymerisate |
| $O\!=\!C\!=\!N\cdot C_6H_4\cdot NO_2$ p- | 3 Mol. Keten + 2 Mol. Isocyanat | |
| $O\!=\!C\!=\!S$ | 5 Mol. Keten + 2 Mol. COS | |
| $S\!=\!C\!=\!S$ | 5 Mol. Keten + 2 Mol. $CS_2$ | |

[1] Vgl. dazu W. H. CAROTHERS: Journ. Amer. Chem. Soc. **51**, 2548 (1929).

[2] WAGNER-JAUREGG, TH.: Ber. Dtsch. Chem. Ges. **63**, 3213 (1930).

[3] Vgl. I.G. Farbenindustrie DRP. 540101 — Chem. Zentralblatt **1932 I**, 1448. Vgl. ferner Chem. Zentralblatt **1932 I**, 594.

[4] Hochmolekulare Heteropolymerisate entstehen weiter bei der Einwirkung von Schwefeldioxyd auf ungesättigte Verbindungen, wie Äthylen, Isopren. Das Polyäthylensulfon hat z. B. folgende Formel:

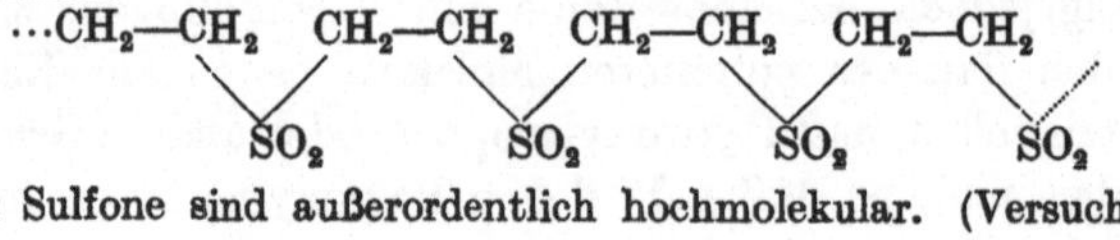

$$\ldots CH_2\!-\!CH_2 \quad CH_2\!-\!CH_2 \quad CH_2\!-\!CH_2 \quad CH_2\!-\!CH_2$$
$$SO_2 \qquad\qquad SO_2 \qquad\qquad SO_2 \qquad\qquad SO_2$$

Diese polymeren Sulfone sind außerordentlich hochmolekular. (Versuche von B. RITZEN-THALER.)

[5] STAUDINGER, H.: Ber. Dtsch. Chem. Ges. **58**, 1075 (1925). — STAUDINGER, H., K. DYCKERHOFF, H. W. KLEVER u. L. RUZICKA: Ber. Dtsch. Chem. Ges. **58**, 1079 (1925).

[6] STAUDINGER, H.: Ber. Dtsch. Chem. Ges. **58**, 1088 (1925). Evtl. leiden sich auch polymere Ozonide von den Isozoniden ab; vgl. A. RIECHE, Alkylperoxyde und Ozonide, 1931, S. 149.

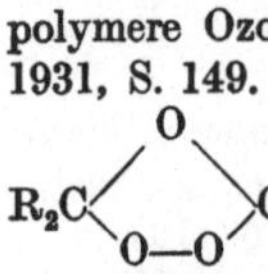

$$R_2C\underset{O\!-\!O}{\overset{O}{\diagdown\diagup}}CR_2' \qquad\qquad \underset{O \quad O\!-\!O \quad O \quad O\!-\!O \quad O \quad O\!-\!O\ldots}{\overset{CR_2 \quad CR_2' \quad CR_2 \quad CR_2' \quad CR_2 \quad CR_2'}{\diagup\diagdown\diagup\diagdown\diagup\diagdown}}$$

Isozonid 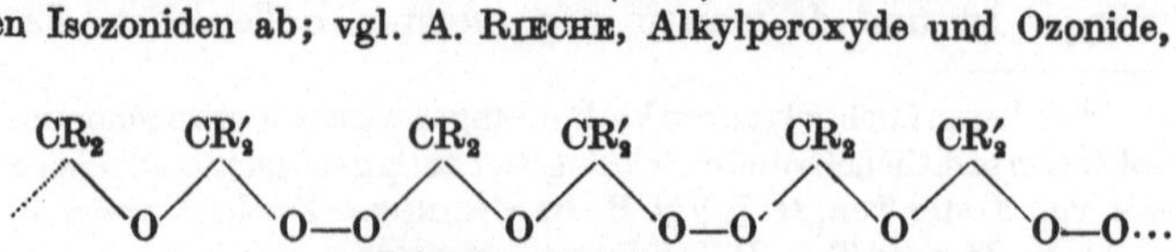           Polymeres Isozonid

[7] STAUDINGER, H.: Helv. chim. Acta **8**, 306 (1925).

Hochmolekulare Produkte können auch aus kleinen Grundmolekülen durch gleichartige Kondensationsprozesse, z. B. durch Austritt von Wasser, entstehen. Es liegen dann *Polykondensationsprodukte* vor; bei diesen kann man zwei Gruppen unterscheiden, *Iso- und Hetero-Polykondensationsprodukte*, je nachdem ein oder mehrere Bausteine an dem Aufbau des polymeren Moleküls sich beteiligen. Ein Iso-Polykondensationsprodukt ist z. B. das polymere Dimethylmalonsäureanhydrid, das sich aus dem gemischten Dimethylmalonsäure-essigsäure-anhydrid unter Austritt von Essigsäureanhydrid bildet. Hierbei entsteht kein reines polymeres Anhydrid, sondern am Ende der langen Kette dürften Acetylgruppen vorhanden sein.

$$(x + 2)\, CH_3 \cdot CO \cdot O \cdot CO \cdot CR_2 \cdot CO \cdot O \cdot CO \cdot CH_3 \rightarrow$$
$$CH_3 \cdot CO \cdot O \cdot CO \cdot CR_2 \cdot CO \cdot [O \cdot CO \cdot CR_2 \cdot CO]_x \cdot O \cdot CO \cdot CR_2 \cdot CO \cdot O \cdot CO \cdot CH_3$$

Solche Polykondensationsprodukte sind in großer Zahl in den letzten Jahren durch die Untersuchungen von Carothers bekanntgeworden[1]. Der Zusammensetzung nach sind die Iso-Kondensationsprodukte ebenfalls hochpolymere Körper, da sich ihre Fadenmoleküle aus gleichartigen kleinen Bausteinen zusammensetzen. Natürlich gilt auch hier die Einschränkung, daß die Endgruppen dabei außer acht gelassen werden. Hetero-Polykondensationsprodukte sind die Polypeptide und die Eiweißstoffe.

Wenn man den Aufbau hochmolekularer Stoffe kennenlernen will, so ist es am einfachsten, zuerst den Aufbau der hochpolymeren Körper zu untersuchen, da hier der Bau der Kette ein sehr einfacher ist. Ganz besonders übersichtlich sind die Verhältnisse bei der Untersuchung synthetischer hochpolymerer Stoffe, da hier das Grundmolekül bekannt ist und der Übergang desselben in den polymeren Stoff verfolgt und durch Formeln wiedergegeben werden kann.

Dabei ergab sich als erstes wesentliches Ergebnis, daß bei der Polymerisation eines Grundmoleküls unter wechselnden Bedingungen nicht ein einziger, sondern eine ganze Reihe von hochpolymeren Stoffen entstehen kann, die sich in der Viscosität ihrer Lösungen, in der Zähigkeit der festen Substanz usw. unterscheiden[2]. Solche Unterschiede zwischen polymeren Körpern hatte man allerdings schon früher beobachtet, aber meist kein besonderes Gewicht darauf gelegt, weil man diese Unterschiede auf verschiedenartige Aggregation von Kolloidteilchen, auf Unterschiede der Micellbildung usw. zurückführte. Diese Unterschiede zwischen polymeren Stoffen, die bei der Polymerisation eines Grundmoleküls entstehen, beruhen aber tatsächlich auf Unterschieden in der Molekülgröße, also auf einer Abstufung des Polymerisationsgrades $x$. Solche polymeren Stoffe, die sich aus dem gleichen Grundmolekül aufbauen, sich aber im Polymerisationsgrad unterscheiden, werden als *polymerhomolog*[3] bezeichnet. Wie bei homologen Verbindungen, so ist auch bei den polymerhomologen die Größe des Moleküls für die physikalischen Eigenschaften bestimmend. Wie sich z. B. die Kohlenwasserstoffe $(C_5H_8)_2$ und $(C_5H_8)_3$ in ihren Eigenschaften ganz wesentlich unterscheiden, so zeigt auch das Polyterpen $(C_5H_8)_{100}$ ganz andere physikalische Eigenschaften, als ein solches von der Zusammensetzung $(C_5H_8)_{1000}$. *Um die Eigen-*

---

[1] Carothers, W. H., u. Mitarbeiter: Journ. Amer. Chem. Soc. **51**, 2548, 2560 (1929); **52**, 314, 711, 3292, 5279, 5289 (1930).

[2] Staudinger, H.: Ber. Dtsch. Chem. Ges. **59**, 3019 (1926).

[3] Staudinger, H.: Ztschr. f. angew. Ch. **42**, 69 (1929).

*schaften der hochpolymeren Verbindungen zu verstehen, ist es also die wichtigste Aufgabe, den Polymerisationsgrad x festzustellen und damit die Molekülgröße zu bestimmen*; denn die hochmolekularen Eigenschaften, z. B. die Festigkeit, die Quellung, die Eigenschaften der kolloiden Lösung ändern sich stark mit dem Polymerisationsgrad. Die Kenntnis der Molekülgröße ist deshalb von der größten Bedeutung sowohl für die Beurteilung der in der Natur vorkommenden hochmolekularen Produkte wie auch der vielen hochmolekularen Stoffe, die in der Technik verarbeitet werden.

Nachdem die Molekülgröße bestimmt ist, ist es eine weitere Aufgabe, die genaue Anordnung sämtlicher Atome, vor allem die Endgruppen der langen Fadenmoleküle, festzustellen, da gerade die Endgruppen für die Reaktionen des Moleküls bestimmend sein können[1]. Diese letztere, schwierige Aufgabe ist bisher nur in wenigen Fällen gelöst worden. Die vorliegenden Untersuchungen beschäftigen sich hauptsächlich mit der Frage der Bestimmung des Polymerisationsgrades, also der Größe des Wertes $x$.

### III. Definition des Molekülbegriffs bei homöopolaren, heteropolaren und koordinativen organischen Verbindungen.

Da die wichtigste Frage bei der Konstitutionsaufklärung der hochmolekularen Verbindungen darin besteht, deren Molekulargewicht zu ermitteln, so ist es vor allem notwendig, genau zu definieren, was unter dem Molekulargewicht einer hochmolekularen Verbindung verstanden werden soll. Viele Diskussionen und Meinungsverschiedenheiten über den Bau der hochmolekularen Verbindungen sind dadurch entstanden, daß dieser grundlegende Begriff nicht richtig formuliert wurde.

Die organischen Verbindungen kann man in 3 Gruppen einteilen: 1. die homöopolaren, 2. die heteropolaren und 3. die koordinativen Verbindungen. Bei den homöopolaren Stoffen *umfaßt das Molekül alle Atome, die durch normale Kovalenzen gebunden sind*[2]. Die Summe der Gewichte der so gebundenen Atome ist das normale Molekulargewicht der homöopolaren Verbindungen. So enthält z. B. Kautschuk Moleküle von der Zusammensetzung $(C_5H_8)_{1000}$, es sind also in einem solchen Molekül 13000 Atome durch normale Kovalenzen gebunden; das normale Molekulargewicht dieses Kautschuks ist 68000. Das größte Molekül, das bis jetzt erhalten worden ist, ist dasjenige eines Polystyrols von der Zusammensetzung $(C_8H_8)_{6000}$; das Molekulargewicht beträgt hier 600000, und es sind in diesem Molekül rund 100000 Atome durch normale Kovalenzen gebunden. Auch ein Diamant stellt nach dieser Definition ein sehr großes Molekül dar, da in ihm alle Kohlenstoffatome durch normale Kovalenzen gebunden sind[3].

In den heteropolaren organischen Verbindungen sind im Anion und Kation die Atome durch normale Kovalenzen gebunden, während Anion und Kation unter sich durch Elektrovalenzen in Verbindung stehen. Das Molekül solcher Stoffe stellt also die Summe der durch normale Kovalenzen und Elektrovalenzen gebundenen Atome dar, also sämtlicher Atome, die durch Hauptvalenzen verbunden sind.

---

[1] Vgl. Erster Teil, H. II.

[2] Vgl. H. STAUDINGER: Liebigs Ann. **474**, 149 (1929).

[3] Vgl. über Fehler im Krystallbau A. SMEKAL:, Ztschr. Physik **55**, 289 (1929); Ztschr. angew. Chem. **42**, 489 (1929); Ztschr. f. Elektrochem. **35**, 567 (1929).

Dieser Molekülbegriff läßt sich sowohl auf die niedermolekularen wie auf die höchstmolekularen Verbindungen anwenden: gerade so wie das essigsaure Natron das Molekulargewicht 82 hat, so hat ein polyacrylsaures Natron vom Polymerisationsgrad $x$ das Molekulargewicht

$$\left[\begin{array}{c} -CH_2-CH- \\ | \\ COONa \end{array}\right]_x = 94 \cdot x$$

Ein polyacrylsaures Natron vom Polymerisationsgrad 200 hat also das Molekulargewicht 18800. Es enthält ein 200wertiges Anion. Diese hochwertigen Anionen und Kationen hochmolekularer Verbindungen werden als *Polyanionen* und *Polykationen* bezeichnet.

Organische koordinative Verbindungen (organische Molekülverbindungen) sind vor allem in den letzten zwei Jahrzehnten genauer untersucht worden[1]. Sie entstehen durch Vereinigung von normalen Molekülen durch koordinative Kovalenzen (Nebenvalenzen). Bei diesen koordinativen Verbindungen kann man 2 Gruppen unterscheiden. Es gibt Nebenvalenzverbindungen, in denen gleiche, normale Moleküle koordinativ gebunden sind. Beispiele dafür sind das Wasser, die Alkohole, die Amine, die organischen Säuren und Säureamide. Diese Verbindungen sollen als *isokoordinative Verbindungen* bezeichnet werden. Es können aber Nebenvalenzverbindungen auch dadurch entstehen, daß sich zwei ungleiche, normale Moleküle vereinigen; so sind z. B. Pikrate, Oxonium- und Ammoniumsalze konstituiert. Diese Verbindungen sollen als *heterokoordinative Verbindungen*[2] bezeichnet werden. Diese heterokoordinativen Verbindungen hat man bisher immer als Nebenvalenzverbindungen angesprochen, während die isokoordinativen Verbindungen auch als Assoziate bezeichnet wurden. So sprach man z. B. von der Assoziation des Wassers. Nach der hier vorgeschlagenen Nomenklatur ist das flüssige Wasser eine isokoordinative Verbindung.

Der Grund dafür, daß die Bezeichnung nicht einheitlich ist, liegt darin, daß die Zusammensetzung der koordinativen Moleküle eine unterschiedliche ist. Bei einer ganzen Reihe von heterokoordinativen wie auch von isokoordinativen Verbindungen treten die normalen Moleküle in einem einfachen Zahlenverhältnis zusammen. Bei den Alkoholen und Säuren sind die koordinativen Moleküle aus zwei normalen Molekülen gebildet. Z. B. sind die koordinativen Moleküle der Säuren so beständig, daß sie auch unverändert in Lösung gehen. Durch kryoskopische Bestimmungen ermittelt man hier nicht das normale Molekulargewicht, sondern das koordinative[3]. Ebenso lassen Viscositätsmessungen das Vorliegen von koordinativen Molekülen erkennen[4]. Die isokoordinativen Moleküle des Wassers sind aber labiler und komplizierter gebaut, als die der Säuren, und werden deshalb als Assoziate bezeichnet.

Die andersartigen Verhältnisse beim Wasser lassen sich folgendermaßen verstehen. Die einfachen Äther liefern keine isokoordinativen Verbindungen,

---

[1] Vgl. P. Pfeiffer: Organische Molekülverbindungen. 2. Aufl. Verlag Ferdinand Enke 1927.

[2] Vgl. auch die heterokoordinativen Verbindungen aus Desoxycholsäure und Fettsäuren, H. Wieland und H. Sorge: Ztschr. f. physiol. Ch. **97**, 1 (1916); Reinboldt, H.: Liebigs Ann. **451**, 256 (1927); **473**, 249 (1929) — Ztschr. f. physiol. Ch. **180**, 180 (1929).

[3] Trautz, M., u. W. Moschel: Ztschr. f. anorg. u. allg. Ch. **155**, 13 (1926).

[4] Staudinger, H., u. E. Ochiai: Ztschr. f. physik. Ch. (A) **158**, 45 (1931).

Alkohole und Säuren, also Verbindungen mit einem Wasserstoffatom am Sauer-stoffatom, liefern koordinative Verbindungen aus zwei normalen Molekülen. Es ist darum wahrscheinlich, daß das Wasser, das zwei Wasserstoffatome an einem Sauerstoffatom gebunden hat, zu beiden Seiten ein weiteres Wassermolekül koordinativ binden kann. Da diese Wassermoleküle wieder weitere Wassermoleküle koordinativ binden können, so kommt es zur Ausbildung eines *polymeren, isokoordinativen Wassermoleküls*[1,2].

Bei organischen Verbindungen, die mehrere Hydroxylgruppen tragen, kann jede Hydroxylgruppe eine koordinative Bindung betätigen. So kann es bei den Polyhydroxylverbindungen, Polycarbonsäuren und Oxycarbonsäuren zu kompliziert gebauten Verbindungen kommen. Über die Zusammensetzung dieser koordinativen Moleküle und ihr Verhalten in Lösung ist bis jetzt nichts bekannt. Wahrscheinlich werden Viscositätsuntersuchungen auch hier einen Einblick geben.

Man hat also besonders bei hochmolekularen Stoffen zu beachten, daß verschiedene Arten von Molekülen zu unterscheiden sind: normale Moleküle, bei denen alle Atome durch Hauptvalenzen gebunden sind und koordinative Moleküle, an deren Aufbau sich Hauptvalenzen und Nebenvalenzen beteiligen.

## IV. Hochmolekulare Stoffe sind Gemische von Polymerhomologen.

Es existiert ein prinzipieller Unterschied zwischen hoch- und niedermolekularen Verbindungen in bezug auf Bearbeitung und Charakterisierung. Ein niedermolekularer Stoff läßt sich durch chemische Umsetzungen als reine und einheitliche Verbindung gewinnen, so daß alle Moleküle gleichen Bau und gleiche Größe haben. Gemische von niedermolekularen Stoffen lassen sich durch chemische Methoden trennen, wenn die einzelnen Bestandteile ganz verschiedene Eigenschaften haben. Liegt ein Gemisch homologer Verbindungen vor, also ein Gemisch von Verbindungen mit gleichen chemischen Eigenschaften, aber Unterschieden in der Molekülgröße, so läßt sich ein solches Gemisch durch Destillation oder Krystallisation oder fraktionierendes Behandeln mit Lösungsmitteln ebenfalls in einzelne chemische Individuen zerlegen. Diese physikalischen Methoden sind allerdings nur dann erfolgreich, wenn die Unterschiede im Gewicht der Moleküle eines Gemisches genügend groß sind. Deshalb sind Gemische von homologen Verbindungen bekanntlich um so schwerer zu trennen, je höhermolekular diese Verbindungen sind; denn die Gewichtsunterschiede zweier benachbarter Vertreter werden mit steigendem Molekulargewicht immer geringer. In der folgenden Tabelle 2 sind die Gewichtsunterschiede zwischen benachbarten Paraffinen bezogen auf das Gewicht des niedrigermolekularen Produktes, in Prozenten angegeben. Da sich das Gewicht des Paraffinmoleküls $C_{100}H_{202}$ von dem des folgenden nur um 1% unterscheidet, so ist die Trennung eines Gemisches dieser beiden kaum zu erreichen, während ein Gemisch von Äthan und Propan sich sehr leicht durch fraktionierte Destillation trennen läßt.

---

[1] Auch die hohe Viscosität des Wassers; ebenso ist die große Temperaturabhängigkeit der Viscosität durch den leichten Zerfall der polymeren Wassermoleküle bedingt.

[2] Über polymere Wassermoleküle vgl. z. B. M. P. APPLEBEY, Journ. chem. Soc. London **97**, 2000 (1910); W. R. BOUSFIELD, Journ. chem. Soc. London **107**, 1781 (1915); ferner W. MADELUNG, Liebigs Ann. **427**, 72 (1922).

Tabelle 2.

Die Trennungsmöglichkeit in der homologen Reihe der Paraffine.

| $\dfrac{CH_4}{C_2H_6}$ | $\dfrac{C_2H_6}{C_3H_8}$ | $\dfrac{C_3H_8}{C_4H_{10}}$ | $\dfrac{C_4H_{10}}{C_5H_{12}}$ | $\dfrac{C_5H_{12}}{C_6H_{14}}$ | $\dfrac{C_{10}H_{22}}{C_{11}H_{24}}$ | $\dfrac{C_{50}H_{102}}{C_{51}H_{104}}$ | $\dfrac{C_{100}H_{202}}{C_{101}H_{204}}$ |
|---|---|---|---|---|---|---|---|
| 87,5% | 47% | 32% | 24% | 19,5% | 9,8% | 2,0% | 1,0% |

Ganz ähnliche Verhältnisse wie bei hochmolekularen Paraffinen und überhaupt bei Gemischen homologer Substanzen liegen auch bei den Hochpolymeren vor[1]. Bei der Synthese von Hochpolymeren durch Polymerisation von niedermolekularen Verbindungen entstehen nicht einheitliche Substanzen, sondern Gemische Polymerhomologer. Wenn man also die Polymerisationsbedingungen so wählt, daß ein Produkt vom Polymerisationsgrad 100 entsteht, so bilden sich dabei auch die Produkte vom Polymerisationsgrad 101, 102 usw. resp. 99, 98 usw., da die Unterschiede in den Bildungsbedingungen sehr gering sind. Ebenso erhält man bei der Spaltung der hochmolekularen Stoffe stets Gemische von polymerhomologen Abbauprodukten. Wenn man z. B. Kautschuk vom Polymerisationsgrad 1000 durch Erhitzen spaltet und die Temperatur so hoch wählt, daß sich ein Polypren vom Polymerisationsgrad 100 bildet, dann entsteht dieses nicht allein, sondern auch die nächsthöheren und -niederen Polymerhomologen. Aus solchen Gemischen Polymerhomologer lassen sich keine einheitlichen Stoffe herstellen; denn infolge der Größe der Moleküle sind die Gewichtsunterschiede zwischen den einzelnen Molekülen zu gering, als daß sich darauf eine Trennung durch physikalische Methoden begründen ließe. Ein Polypren vom Molekulargewicht 6800 ist von einem solchen mit dem Molekulargewicht 6868 natürlich außerordentlich wenig unterschieden.

*Moleküle einer solchen Größe*, bei der benachbarte homologe oder polymerhomologe Glieder sich in ihrem Gewicht so wenig unterscheiden, daß die Trennung des Gemisches nicht durchführbar ist, werden als *Makromoleküle* bezeichnet. Bei Stoffen, die aus Makromolekülen aufgebaut sind, kann man infolgedessen nicht von einem Molekulargewicht sprechen, sondern nur von einem *Durchschnittsmolekulargewicht*. Trotzdem kann man Gemische solcher polymerhomologer Stoffe als einheitliche Stoffe bezeichnen, und zwar als *polymereinheitliche*[2], weil die einzelnen Moleküle das gleiche Bauprinzip und nur eine verschiedene Kettenlänge haben. Geradeso spricht man auch von einem reinen Paraffin, wenn das Produkt aus einem Gemisch von normalen Paraffinkohlenwasserstoffen, also Kohlenwasserstoffen gleichen Baues, aber verschiedener Kettenlänge, besteht. Der Übergang zwischen Makromolekülen und gewöhnlichen Molekülen ist natürlich kein scharfer, da sie ja gleich gebaut sind und es bei Gemischen relativ niedermolekularer, homologer wie polymerhomologer Stoffe nur auf die analytische Sorgfalt ankommt, ob man solche Gemische in Produkte mit völlig einheitlichen Molekülen zerlegen kann oder nicht.

Da die hochpolymeren Stoffe aus einem Gemisch von Polymerhomologen bestehen, so resultiert eine Schwierigkeit in der Bearbeitung und Charakterisierung dieser Produkte. Bei einheitlichen niedermolekularen Stoffen sind die physikalischen Eigenschaften und ihr chemisches Verhalten reproduzierbar; denn alle

---

[1] Vgl. H. STAUDINGER: Ber. Dtsch. Chem. Ges. **59**, 3022 (1926).
[2] STAUDINGER, H.: Liebigs Ann. **474**, 155 (1929).

Moleküle haben gleichen Bau und müssen daher auch gleiches Verhalten zeigen. Allerdings ist diese ideale Forderung praktisch schwer zu erfüllen. Häufig sind in einer scheinbar reinen Verbindung geringe Mengen von Fremdsubstanzen vorhanden, die gewisse physikalische und chemische Eigenschaften des Stoffes beeinflussen. Bei den gewöhnlichen chemischen Untersuchungen macht sich ein solcher Anteil von Fremdmolekülen in der Regel nicht bemerkbar, aber gewisse Umsetzungen wie z. B. Polymerisationsprozesse, ebenso Autoxydationsprozesse können durch solche Verunreinigungen katalytisch beschleunigt oder gehemmt werden. So ist z. B. die Polymerisationsgeschwindigkeit scheinbar reiner Styrolpräparate eine ganz verschiedene, je nach dem Sauerstoffgehalt, wenn derselbe sich analytisch auch nicht direkt nachweisen läßt[1]. Für die gewöhnlichen Umsetzungen eines reinen Stoffes sind, wie gesagt, solche geringen Beimengungen ohne Einfluß, ebenso werden die meisten physikalischen Eigenschaften dadurch nicht merklich verändert. So kann man einen niedermolekularen einheitlichen Stoff reproduzierbar charakterisieren, und es gilt für diese einheitlichen Stoffe der Satz von W. Ostwald[2]: „Stimmen zwei Stoffe in einigen Eigenschaften überein, so tun sie dies in bezug auf alle anderen Eigenschaften gleichfalls.“ Diese Erfahrung ist grundlegend für die ganze analytische Chemie.

Ganz andere Verhältnisse liegen bei der Charakterisierung und Identifizierung von hochmolekularen Verbindungen vor. Es ist praktisch wohl kaum möglich, daß man ein solches Gemisch von Polymerhomologen, in dem 10, 100 oder noch mehr Molekülarten, die sich durch ihre Länge unterscheiden, enthalten sind, bei einer Wiederholung des Versuches völlig gleichartig herstellen kann. Die Eigenschaften eines solchen Gemisches ändern sich aber sehr stark, je nach dem Gehalt an hoch- und niedermolekularen Produkten. Wenn z. B. zwei Abbauprodukte des Kautschuks genau den gleichen Durchschnittspolymerisationsgrad 100, also das Molekulargewicht 6800 haben, so brauchen damit die sonstigen Eigenschaften der beiden Stoffe noch nicht übereinzustimmen. So kann z. B. die Viscosität von gleichkonzentrierten Lösungen dieser Stoffe sich sehr erheblich unterscheiden, da sie von der Moleküllänge der einzelnen Komponenten des Gemisches abhängt. Wenn also der Gehalt an hoch- und niedermolekularen Stoffen in zwei Produkten ein verschiedener ist, so ist es möglich, daß sie in anderen Eigenschaften erhebliche Differenzen aufweisen, trotzdem sie in ihrem Durchschnittsmolekulargewicht[3] übereinstimmen. Versuche an Hochpolymeren sind deshalb nicht genau reproduzierbar. Man beobachtet schon bei relativ einfach gebauten hochmolekularen Körpern, wie z. B. dem Polyoxymethylen, eine Fülle von verschiedenartigen Erscheinungen, die durch kleine Unterschiede im Stoffgemisch bedingt sind. Ein noch viel mannigfaltiger wechselndes Verhalten wird man demnach bei den kompliziert gebauten hochmolekularen Naturstoffen erwarten können. Diese Schwierigkeit der Identifizierung der hochmolekularen Stoffe hat vielfach von der Untersuchung derselben abgeschreckt, da der Chemiker gewohnt war, mit reinen und einheitlichen Stoffen zu arbeiten.

Die Aussage, daß die hochpolymeren Verbindungen Gemische von Polymerhomologen darstellen, gilt allerdings nur für die synthetischen Polymeren und

---

[1] Unveröffentlichte Versuche von W. Frost.
[2] Ostwald, W.: Wissenschaftliche Grundlagen der analytischen Chemie. 2. Aufl. S. 3.
[3] Gemeint ist hier das kryoskopische resp. osmotische Durchschnittsmolekulargewicht.

die Abbauprodukte der hochmolekularen Naturprodukte. Es ist nicht ausgeschlossen, daß die Natur große Moleküle einer ganz bestimmten Länge herstellen kann. So baut möglicherweise jede Pflanze Cellulosemoleküle einer einheitlichen Größe, die sich von Cellulosemolekülen einer anderen Pflanzenart evtl. in der Länge unterscheiden können. Ebenso ist es möglich, daß der natürliche Kautschuk und die Balata völlig einheitliche Stoffe sind[1]. Synthetisch sind hochmolekulare Stoffe mit einheitlich langen Molekülen bisher nicht zugänglich. Alle reinen Cellulosepräparate des Laboratoriums, ebenso der gereinigte Kautschuk und die gereinigte Balata sind Gemische von Polymerhomologen, da beim Aufarbeiten und Reinigen der Naturstoffe ein Abbau dieser empfindlichen Moleküle nicht zu vermeiden ist; die teilweise abgebauten Moleküle lassen sich von den ursprünglichen natürlich nicht trennen. Also auch beim Arbeiten mit den Naturprodukten hat man es immer mit einem Gemisch von Polymerhomologen zu tun.

## V. Polymerisation, Assoziation, Micellbildung, Aggregation, Schwarmbildung.

In der Literatur der hochmolekularen Stoffe werden diese Begriffe häufig von den einzelnen Autoren in verschiedener Weise gebraucht, z. B. wurde von Aggregation und Desaggregation, Polymerisation und Depolymerisation des Kautschuks gesprochen, ohne daß damit genau bezeichnet wurde, was unter diesen Begriffen verstanden werden soll. Es ist darum wichtig, dieselben genau zu definieren.

### 1. Polymerisation.

Der Begriff Polymerisation wurde früher in der Chemie häufig nicht richtig verwandt; so bezeichnete z. B. HOLLEMANN[2] als Polymerisation solche Vorgänge, bei denen zwei oder mehrere Moleküle eines Stoffes in der Weise verkettet werden, daß diese wieder daraus regeneriert werden können. Gerade dieses Kriterium ist für den Polymerisationsprozeß nicht wesentlich. Die Polymerisationsprodukte können je nach ihrer Konstitution einen ganz verschiedenen Grad der Zersetzlichkeit aufweisen, ohne daß glatte Depolymerisation zu den monomolekularen Körpern eintritt. Letzteres wird nicht nur von der Beständigkeit des Polymerisationsproduktes abhängig sein, sondern auch von der Stabilität der monomeren Verbindung. *Als Polymerisation bezeichnet man die Vereinigung zweier oder mehrerer Moleküle einer Verbindung zu einem Produkt von gleichprozentiger Zusammensetzung*, also einem Vielfachen ihres Molekulargewichtes[3]. Dabei kann man zwei Arten von Polymerisation unterscheiden, je nachdem die Bindung der einzelnen Moleküle durch normale oder durch koordinative Kovalenzen erfolgt. Ein normales Polymerisationsprodukt entsteht aus einem monomeren Körper dadurch, daß die Moleküle desselben durch normale Kovalenzen gebunden werden; bei einem koordinativen Polymerisationsprodukt werden dagegen die Grundmoleküle durch koordinative Kovalenzen verkettet. *Depolymerisation ist die Zerlegung polymerer Moleküle in die monomeren.* Die Depolymerisation normaler Polymerisationsprodukte verläuft, wie gesagt, ganz verschieden, je nach der Beständigkeit des Polymerisationsproduktes und der

---

[1] Vgl. H. STAUDINGER u. H. F. BONDY: Ber. Dtsch. Chem. Ges. **63**, 727 (1930).
[2] HOLLEMANN: Lehrbuch der organischen Chemie. 13. Aufl. S. 115. 1918.
[3] Vgl. H. STAUDINGER: Ber. Dtsch. Chem. Ges. **53**, 1074 (1920) — Kautschuk **1**, 8 (1925).

monomeren Verbindung, und ist in manchen Fällen, wie z. B. beim Polyvinylbromid und Polyäthylenoxyd nicht durchführbar.

Koordinative Polymerisationsprodukte sind in allen Fällen leicht zu depolymerisieren, da ja die Bindung der einzelnen Grundmoleküle durch koordinative Kovalenzen lange nicht so fest ist wie die durch normale Kovalenzen.

Bei den normalen Polymerisationsprozessen lassen sich zwei verschiedene Gruppen unterscheiden.

a) Es gibt normale Polymerisationsprozesse, bei denen das entstehende Polymerisationsprodukt die gleiche Bindungsart der Atome wie das Grundmolekül hat. Beispiele hierfür sind die Bildung des Hexaphenylaethans aus Triphenylmethyl, des Trioxymethylens aus Formaldehyd, der Cyclobutandionderivate aus Ketenen. Hierher gehören ferner die Bildung des Eupolyoxymethylens aus Formaldehyd[1], die Bildung des Eupolystyrols aus Styrol[2]. Diese Polymerisationsprozesse sollen als *echte Polymerisationsprozesse* bezeichnet werden, die entstehenden Polymerisationsprodukte als echte Polymerisationsprodukte.

b) Bei einer zweiten Gruppe von Polymerisationsprozessen tritt bei der Bildung des polymeren Körpers aus dem Monomeren eine Atomverschiebung ein, in der Regel eine Wasserstoffwanderung. Das Polymerisationsprodukt weist nicht mehr die ursprüngliche Bindungsart der Atome des monomeren Körpers auf. Hierher gehört die Polymerisation des Formaldehyds zu Glykolaldehyd und den Zuckern, die Aldolpolymerisation, die Bildung von Distyrol[3] aus Styrol, von Diacrylester[4] aus Acrylester. Diese Polymerisationsarten sollen als *kondensierende Polymerisationsprozesse* bezeichnet werden[5]. Sie verlaufen analog den eigentlichen Kondensationsprozessen, bei denen Moleküle verschiedener Zusammensetzung in ähnlicher Weise vereinigt werden. Polymerisationsprodukte, bei denen im polymerisierten Körper nicht mehr die ursprüngliche Bindung der Atome des Monomeren erhalten ist, stellen kondensierte Polymerisationsprodukte dar. So kann die Polymerisation des Acetaldehyds zu Aldol mit der Kondensation von Acetaldehyd mit Aceton verglichen werden.

Dabei ist interessant, daß durch einen kondensierenden Polymerisationsprozeß, also durch Polymerisation unter Wasserstoffwanderung, auch echte Polymerisationsprodukte erhalten werden können; z. B. entsteht das $\alpha$-Polyoxymethylen dadurch, daß sich an ein Molekül Methylenglykol in fortlaufender Reihe monomere Formaldehydmoleküle anlagern (vgl. zweiter Teil, B. IV. 1 b).

Sowohl bei den echten wie bei den kondensierenden Polymerisationsprozessen entstehen je nach dem Charakter der Monomeren und je nach den Polymerisa-

---

[1] Vgl. Zweiter Teil, B. IV. 3a.

[2] Auf diese letzteren Polymerisationsprozesse wird noch später eingegangen, vgl. Erster Teil, H. III. 3.; denn es ist die Einschränkung zu machen, daß bei der Endgruppenbildung der langen Fadenmoleküle eine Atomverschiebung eintritt.

[3] STOBBE, H., u. POSNJAK: Liebigs Ann. **371**, 287 (1909).

[4] H. v. PECHMANN u. O. RÖHM: Ber. Dtsch. Chem. Ges. **34**, 427 (1901).

[5] Vgl. dazu auch W. H. CAROTHERS: Journ. Amer. Chem. Soc. **51**, 2548 (1929), der zwischen Additionspolymeren = echten Polymerisationsprodukten und Kondensationspolymeren unterscheidet. Ferner TH. WAGNER-JAUREGG: Ber. Dtsch. Chem. Ges. **63**, 3213 (1930). Vgl. dazu H. STAUDINGER: Ber. Dtsch. Chem. Ges. **53**, 1074 (1920).

tionsbedingungen dimolekulare, trimolekulare oder höhermolekulare Stoffe. Die sehr hochmolekularen Stoffe, bei denen 1000 und mehr Grundmoleküle im Polymeren durch normale Kovalenzen gebunden sind, entstehen synthetisch nur durch echte Polymerisationsprozesse, nicht aber durch kondensierende; denn die Kondensationsfähigkeit nimmt mit wachsender Molekülgröße ab und hört schließlich ganz auf, so daß hierbei nur relativ niedermolekulare Polymere sich bilden können.

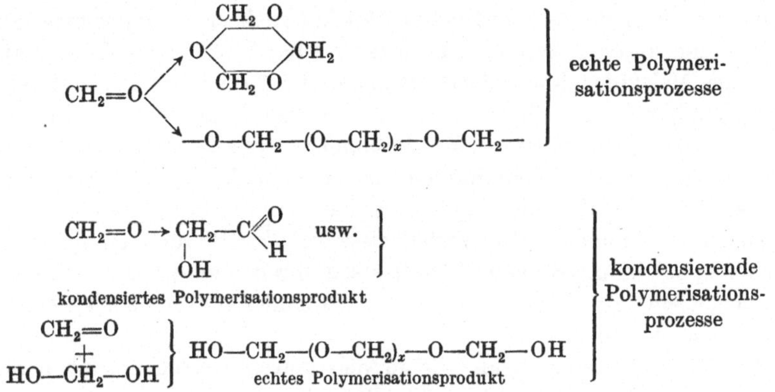

$$CH_2{=}O \Big\langle \quad \begin{array}{c} CH_2 \;\; O \\ O \diagup \quad \diagdown CH_2 \\ CH_2 \;\; O \end{array} \qquad \Bigg\} \text{ echte Polymerisationsprozesse}$$

$$\qquad\qquad {-}O{-}CH_2{-}(O{-}CH_2)_x{-}O{-}CH_2{-}$$

$$CH_2{=}O \to \underset{\overset{|}{OH}}{CH_2}{-}C\!\!\diagup^{O}_{\diagdown H} \quad \text{usw.} \Bigg\}$$

kondensiertes Polymerisationsprodukt

$$\left.\begin{array}{c} CH_2{=}O \\ + \\ HO{-}CH_2{-}OH \end{array}\right\} \quad HO{-}CH_2{-}(O{-}CH_2)_x{-}O{-}CH_2{-}OH$$

echtes Polymerisationsprodukt

kondensierende Polymerisationsprozesse

Über koordinative Polymerisationsprodukte ist relativ wenig bekannt; sie können dimolekular und höhermolekular sein. Genau bekannt sind nur die dimolekularen Polymerisationsprodukte der Monocarbonsäuren, deren Moleküle in organischen Lösungsmitteln nicht als normale Moleküle, sondern als koordinative Moleküle gelöst sind[1]. Ob Polyhydroxylverbindungen (in gleicher Weise Polyamine) höhermolekulare koordinative Polymerisationsprodukte bilden, ist noch nicht untersucht. Dagegen stellt das flüssige Wasser ein höhermolekulares koordinatives Polymerisationsprodukt dar[2].

Es sei hier bemerkt, daß in den letzten Jahren die verschiedensten Auffassungen über die Konstitution der Hochpolymeren geäußert wurden. Einige Forscher wie KARRER, BERGMANN, HESS, PUMMERER glaubten, daß sie aus kleinen Bausteinen aufgebaut seien, während sie tatsächlich Makromoleküle enthalten. Wenn man auf Grund der gegebenen Nomenklatur die verschiedenen Ansichten unterscheiden soll, so glaubten die genannten Forscher, die Hochpolymeren seien koordinative Polymerisationsprodukte, während sie tatsächlich normale Polymerisationsprodukte sind. Für die Beurteilung des Baues und der Eigenschaften der hochpolymeren Stoffe ist natürlich diese Unterscheidung eine sehr wesentliche, da sich beide Gruppen weitgehend in der Beständigkeit unterscheiden. Denn die Energiebeträge, die bei einer koordinativen Bindung zweier Atome frei werden, sind viel geringer als diejenigen, die bei einer Bindung der Atome durch Hauptvalenzen frei werden.

---

[1] Vgl. A. J. LANGMUIR: Journ. Amer. Chem. Soc. **39**, 1848 (1917). — TRILLAT, J.: C. r. d. l'Acad. des sciences **180**, 1329, 1838 (1925). — TRAUTZ, M., u. W. MOSCHEL: Anorg. Chemie **155**, 13 (1926). — STAUDINGER, H., u. E. OCHIAI: Ztschr. f. physik. Ch. (A) **158**, 45 (1931).

[2] Vgl. Erster Teil, A. III.

## 2. Assoziation.

Bei der Bildung von koordinativen Polymerisationsprodukten treten die normalen Moleküle in einfachem stöchiometrischem Verhältnis zusammen, wenn in denselben nur ein Atom enthalten ist, das zur Bildung koordinativer Moleküle Anlaß gibt. Sind natürlich, wie es bei den Hochpolymeren der Fall sein kann, im Molekül viele Atome vorhanden, die zu koordinativen Bindungen fähig sind, liegt also eine Polyhydroxylverbindung vor, eine Polycarbonsäure oder ein Polyamin, so kann das koordinative Molekül auch viel komplizierter zusammengesetzt und durch Zusammenlagern zahlreicher Einzelmoleküle entstanden sein. Normale Moleküle ohne solche Gruppen, die zu koordinativen Bindungen befähigt sind, können sich auch durch VAN DER WAALSsche Kräfte in konzentrierter Lösung zu größeren „Molekülhaufen" vereinigen. Da die Kräfte, die die Moleküle in einem „Molekülhaufen" zusammenhalten, sehr gering sind, so wird eine solche Molekülvereinigung sehr unbeständig sein, und es werden sich keine einfachen stöchiometrischen Verhältnisse bei der Bildung erkennen lassen. In einfachen stöchiometrischen Verhältnissen vereinigen sich nur solche Moleküle, bei denen ein oder mehrere Atome vor den anderen durch starke Dipolmomente ausgezeichnet sind.

Die Molekülvereinigungen, die in den konzentrierten Lösungen eines jeden homöopolaren Körpers vorliegen, sollen als *Assoziationen* bezeichnet werden. Über die Größe dieser „Molekülhaufen" hat man heute noch keine Kenntnis. Man weiß z. B. nicht, ob bei einem bestimmten Stoff in konzentrierten Lösungen „Molekülhaufen" einer bestimmten Größe entstehen, und ob dieselben stets gleiche Größe besitzen[1], oder ob sie sich mit der Konzentration einer Lösung kontinuierlich ändern.

Da die Kräfte, die solche „Molekülhaufen" zusammenhalten, sehr gering sind, so werden diese Assoziationen durch Temperaturerhöhung leicht zerstört. Wie später gezeigt werden soll, lassen sich Assoziationen an Viscositätsänderungen der Lösungen bei Temperaturerhöhung leicht erkennen.

Die Tendenz zu Assoziationen nimmt mit steigender Größe des Moleküls zu, wie man aus zahlreichen Erfahrungen in der organischen Chemie weiß.

## 3. Micellbildung.

Eine besondere Art der Assoziation kleiner Moleküle stellt die Micellbildung dar. Sie tritt ein, wenn heteropolare organische Verbindungen mit einem höhermolekularen Kation resp. Anion in Wasser gelöst werden[2]. Die relativ hochmolekularen organischen Reste sind lyophob, die Ionen dagegen lyophil. Durch die Micellbildung werden die lyophoben organischen Reste vor dem Wasserzutritt geschützt. Es lagern sich z. B. bei der Bildung der Seifenmicellen die langen Ketten der Fettsäuren derart zusammen, daß im Innern der Micellen die organischen Reste vorhanden sind, während an den Oberflächen sich die lyophilen

---

[1] Dafür könnten eine Reihe von Erfahrungen sprechen, vgl. z. B. J. TRAUBE: Ztschr. f. physik. Ch. (A) **138**, 85 (1928) — Ztschr. f. Elektrochem. **35**, 626 (1929).

[2] Dabei darf das höhermolekulare Ion nur eine oder wenige Ionenladungen haben. Die Seifen unterscheiden sich so von dem polyacrylsauren Natrium, das ein Polyanion besitzt.

Ionen befinden[1]. Die Löslichkeit der Micelle in Wasser wird also durch die Ionen an der Oberfläche bedingt. Die Größe der Micellen hängt ab von der Länge der Ketten, z. B. der der Fettsäurereste, und der Größe der VAN DER WAALSschen Kräfte, die zwischen diesen Ketten herrschen. Zur Micellbildung sind aber nicht nur die langen Ketten, sondern vor allem auch die Ionenladungen notwendig. Die Micellen sind also elektrisch geladene Kolloidteilchen, die polywertige Anionen oder Kationen haben. Damit es zur Micellbildung kommt, ist ein gewisses Verhältnis der langen Kette zu der Ionenladung notwendig. Sind die Ketten noch kurz, so sind die Salze normal löslich, wie es bei den niederen Fettsäuren der Fall ist. Sind dagegen die Ketten sehr lang, wie es bei hochmolekularen Säuren der Fall ist, dann kann es zu einer Micellbildung nicht mehr kommen, da die Säuren zu schwach sind und ihre Salze hydrolysiert werden. Trägt eine lange Kette sehr viele Ionenladungen, wie es beim polyacrylsauren Natron der Fall ist, dann löst sich ein solches Salz normal, wie eine niedermolekulare Verbindung, ohne daß Micellbildung eintritt.

### 4. Aggregation.

Micellen, ebenso Kolloidteilchen von Suspensoiden und Emulsoiden können sich zu größeren Komplexen zusammenlagern. Dies hat man z. B. beim Vanadinpentoxyd beobachtet. Eine Zusammenlagerung derartiger Kolloidteilchen zu größeren Komplexen soll als *Aggregation* bezeichnet werden, die Zerstörung von solchen Komplexen als *Desaggregation*.

Lagern sich dagegen die Kolloidteilchen von Molekülkolloiden zusammen, so ist dies eine Assoziation, da ja hier die Kolloidteilchen Makromoleküle sind.

Die Vereinigung der Kolloidteilchen zu Aggregaten kann durch koordinative Kovalenzen oder durch Oberflächenkräfte bewirkt werden. Sie erfolgt *nicht* durch Hauptvalenzen, denn eine solche Vereinigung würde ja eine Polymerisation darstellen und führte von kleineren Molekülen zu größeren.

### 5. Schwarmbildung.

In der Lösung einer heteropolaren Verbindung bilden sich Ionenhaufen derart, daß sich ein Anion mit Kationen umgibt und umgekehrt. Diese Ionenhaufen sollen als *Schwarmbildung* bezeichnet werden. Bei hochmolekularen heteropolaren Verbindungen treten durch die interionischen Kräfte zwischen den polywertigen Ionen besonders komplizierte Verhältnisse ein[2], die beim polyacrylsauren Natron genauer untersucht sind.

## VI. Definition der hochmolekularen Verbindungen.

Früher bezeichnete man eine Reihe von unlöslichen oder kolloidlöslichen Naturprodukten oder synthetischen Stoffen als hochmolekular, da analog gebaute niedermolekulare Stoffe sich normal lösen. Die Unlöslichkeit bzw. die Kolloidlöslichkeit sind aber keine einwandfreien Kriterien für die hochmolekulare Natur

---

[1] Vgl. die Arbeiten von P. A. THIESSEN u. Mitarbeiter: Ztschr. f. physik. Ch. (A) **156**, 309, 435, 457 (1931). Vgl. vor allem die zahlreichen Arbeiten von MCBAIN, ferner A. S. C. LAWRENCE: Kolloid-Ztschr. **50**, 12 (1930).

[2] Vgl. Zweiter Teil, D. I. 3.

eines Stoffes. Ein kolloidlöslicher Stoff kann auch aus kleinen Molekülen aufgebaut sein, wie z. B. die Seifen zeigen. Zudem braucht eine unlösliche Verbindung nicht hochmolekular zu sein; so hat z. B. das unlösliche Polycyclopentadien[1] nur den Polymerisationsgrad 6, ist also ein niedermolekularer Stoff, der nur infolge der blättchenförmigen Gestalt seiner Moleküle unlöslich ist.

Die Moleküle der hochmolekularen Verbindungen, sowohl der Naturprodukte wie der synthetischen Hochpolymeren, haben, soweit ihre Konstitution aufgeklärt ist, ein gemeinsames Bauprinzip: es sind lange Fadenmoleküle[2]. Solche Moleküle besitzen auch die Paraffine und ihre Derivate; aber deren Fadenmoleküle sind relativ kurz, sie sind nur 20—50 oder höchstens 100 mal länger als breit. Beträgt aber die Länge der Fadenmoleküle das Mehrhundertfache ihres Durchmessers, dann besitzen sie in einer Dimension die Größe von Kolloidteilchen und können die Wellenlänge des sichtbaren Lichtes übertreffen, während ihre beiden anderen Dimensionen niedermolekulare Größenordnung haben. Stoffe mit so gestalteten Molekülen liefern kolloide Lösungen. Sie werden deshalb auch als „*Molekülkolloide*"[3] bezeichnet, da die Kolloidteilchen mit den Molekülen identisch sind. Makromeleküle kolloider Dimensionen können deshalb auch „*Kolloidmoleküle*" genannt werden. Die „hochmolekularen" Eigenschaften von Kautschuk und Cellulose und die Natur ihrer kolloiden Lösungen hängen einmal von der Größe ihrer Moleküle ab, weiter aber auch von deren Gestalt.

Die Makromoleküle von Kautschuk und Cellulose erreichen eine Länge von 4000—8000 Å bei einem Durchmesser von 3 bzw. 7,5 Å. Sie sind also dünnen Stäben zu vergleichen, die bei einem Durchmesser von 1 cm eine Länge von 5—20 m haben. Die längsten Fadenmoleküle, die bei synthetischen Stoffen beobachtet worden sind, sind die des Polystyrols. Diese haben eine Länge von ca. $1,5\,\mu$ bei einem Durchmesser von ungefähr 15 Å.

Wo. OSTWALD[4] teilt die dispersen Systeme nach ihrer Größe folgendermaßen ein:

| Grobe Dispersionen | Kolloide | Molekulardispersoide |
|---|---|---|
| Perioden größer als $0,1\,\mu$ können mikroskopisch aufgelöst werden | Perioden $0,1\,\mu$ bis $1\,\mu\mu$ können nicht mikroskopisch aufgelöst werden | Perioden kleiner als $1\,\mu\mu$ können nicht mikroskopisch aufgelöst werden |

Diese Größenordnungen gelten für Suspensoide und Emulsoide, also für annähernd kugelförmige Kolloidteilchen. Die Dimensionen der fadenförmigen Kolloidmoleküle liegen zwischen $50\,\mu\mu$ und $1\,\mu$. Fadenmoleküle, die kürzer als $50\,\mu\mu$ sind, rufen in Lösung noch keine charakteristischen, kolloiden Eigenschaften hervor. Stoffe mit Fadenmolekülen dieser Länge sind noch relativ niedermolekular. In einem Suspensoid sind Teilchen vom Durchmesser $1\,\mu$ mikroskopisch sichtbar, während ebenso lange Kolloidmoleküle infolge ihres

---

[1] Vgl. H. STAUDINGER, H. A. BRUSON: 7. Mitt. über hochpolymere Verbindungen. Liebigs Ann. **447**, 97 (1926). Die dort angegebene Formel des Polycyclopentadiens ist nach der neueren Arbeit von K. ALDER u. G. STEIN: Liebigs Ann. **485**, 223 (1931) abzuändern; die früheren Ausführungen über das Verhalten dieser Stoffe werden dadurch nicht berührt.

[2] Man kann auch von langen Ketten- oder Stabmolekülen sprechen.

[3] Vgl. A. LUMIÈRE: Chem. Zentralblatt **1926 I**, 1779. — STAUDINGER, H.: Ber. Dtsch. Chem. Ges. **62**, 2893 (1929). — Ferner Bull. Soc. Chim. de France (4) **49**, 1267 (1931).

[4] Welt der vernachlässigten Dimensionen. 9. u. 10. Auflage, S. 20. 1927.

geringen Durchmessers sich der Beobachtung entziehen. Dadurch unterscheiden sich auch die höchstmolekularen Molekülkolloide von den Suspensoiden und den Emulsoiden. In der älteren Literatur über Kautschuk und Cellulose finden sich eine Reihe von Angaben, nach denen die Kolloidteilchen von Lösungen dieser Stoffe ultramikroskopisch sichtbar sein sollen. Diese Angaben sind irrig. Die ultramikroskopisch sichtbaren Teilchen sind Verunreinigungen der hochmolekularen Naturprodukte, die sich natürlich besonders schwer entfernen lassen. Stellt man dagegen hochmolekulare Produkte durch Polymerisation von niedermolekularen Stoffen her, so lassen sich solche Verunreinigungen fernhalten. Ein aus monomerem Styrol gewonnenes hochmolekulares Polystyrol, ebenso ein synthetischer Kautschuk geben optisch völlig leere Lösungen[1]; es ist heute nicht mehr auffallend, daß die Molekülkolloide sich der ultramikroskopischen Beobachtung entziehen, nachdem ihr Bau bekannt ist.

## VII. Hochmolekulare Verbindungen mit ein-, zwei- und dreidimensionalen Makromolekülen.

Es ist möglich, daß außer den Hochmolekularen, deren Moleküle Fadenform haben, auch solche existieren, deren Moleküle blättchen- oder kugelförmig sind, die also nicht nur in der Länge, sondern auch in der Breite resp. allen drei Dimensionen gleiche Größe haben. Man kann so von ein-, zwei- und dreidimensionalen Makromolekülen sprechen. Dreidimensionale Makromoleküle können in manchen Eiweißstoffen vorliegen, doch sind sie bisher noch nicht erforscht.

Stoffe mit sehr großen dreidimensionalen Molekülen sind unlöslich, da die Oberfläche solcher dreidimensionaler Makromoleküle im Verhältnis zu ihrer Größe zu gering ist und nur eine ungenügende Solvatation durch das Lösungsmittel eintreten kann. Stoffe mit dreidimensionalen Makromolekülen entstehen vielfach aus solchen mit Fadenmolekülen, und zwar durch eine Verkettung derselben durch chemische Reaktionen; ist die Verkettung zwischen den Fadenmolekülen nur an wenigen Stellen erfolgt, dann können die Lösungsmittelmoleküle noch in den Stoff eindringen und ihn zum Quellen bringen. Ist dagegen eine starke Verkettung zwischen Fadenmolekülen zu dreidimensionalen Molekülen eingetreten, dann sind diese Stoffe vollständig unlöslich und quellen nicht.

Auf der Ausbildung solcher dreidimensionaler Makromoleküle beruhen die Eigenschaften vieler unlöslicher Kunstharze, z. B. der Bakelite, ferner der Vulkanisate des Kautschuks[2].

Die Tendenz zur Bildung solcher Verkettungen nimmt bei Kohlenwasserstoffen mit der Zahl der Doppelbindungen zu. Das Molekül eines hochmolekularen Paraffins ist der Typus eines beständigen Fadenmoleküls, aus dem sich keine dreidimensionalen Moleküle bilden können (I). Beim Kautschukmolekül ist dagegen infolge der Doppelbindungen eine Verknüpfung der Makromoleküle möglich (II). Ein fadenförmiges Polyacetylen, wie es bei der Polymerisation des Acetylens entstehen sollte, ist nicht bekannt (III); es entsteht dabei das beständige

---

[1] Versuche von M. Brunner u. R. Signer. Vgl. H. Staudinger: Ber. Dtsch. Chem. Ges. **62**, 2906 (1929).

[2] Über die Anlagerung von Schwefelchlorür an Kautschuk vgl. H. Staudinger u. J. Fritschi: Helv. chim. Acta **5**, 793 (1922); ferner K. H. Meyer u. H. Mark: Ber. Dtsch. Chem. Ges. **61**, 1947 (1928).

## e) Trimethylaminpolymerisat.

## Polymerisationsgrad ca. 50.

2,5% Trimethylamin (1 Mol auf 50) polymerisieren Äthylenoxyd in 8 Tagen. Das Produkt ist gelblich und enthält trotz mehrmaligem Umfällen noch ca. 0,5% Stickstoff, wie nach KJELDAHL festgestellt wurde. Löst man jedoch in Alkohol statt in Benzol und fällt mit Äther aus, so verschwindet nach dreimaligem Wiederholen dieser Operation der Stickstoffgehalt. Das Produkt wurde durch fraktionierendes Ausfällen in 6 Fraktionen zerlegt. Ihre Eigenschaften, Molekulargewichte und Analysen sind in den Tabellen 193 bis 195 zusammengestellt.

### Tabelle 193. Eigenschaften.

| Fraktion | Löslichkeit in Äther | Schmelzpunkt Grad | $\eta_r$ |
|---|---|---|---|
| Unfrakt. Substanz | — | 44—55 | 1,52 |
| 1 | löslich in kaltem Äther | 33—38 | 1,26 |
| 2 | löslich in warmem Äther | 43—47 | 1,28 |
| 3 | | 47—53 | 1,47 |
| 4 | abnehmende Löslichkeit in | 49—55 | 1,48 |
| 5 | Benzol-Äther-Gemischen | 50—56 | 1,55 |
| 6 | | 50—57 | 1,65 |

### Tabelle 194. Molekulargewichte.

| Fraktion | Einwage g | Dioxan g | $\varDelta$ | Molekular-gewicht | Mittelwert | Polymerisations-grad |
|---|---|---|---|---|---|---|
| Unfrakt. | 0,2894 | } 21,88 { | 0,030 | 2210 | } 2150 | 49 |
| Substanz | 0,2934 | | 0,032 | 2100 | | |
| 1 | 0,1245 | } 21,88 { | 0,028 | 1020 | } 1090 | 24 |
| | 0,2062 | | 0,041 | 1150 | | |
| 2 | 0,3433 | } 21,88 { | 0,052 | 1510 | } 1540 | 35 |
| | 0,3730 | | 0,0545 | 1570 | | |
| 3 | 0,1975 | } 21,88 { | 0,020 | 2260 | } 2260 | 51 |
| | 0,2357 | | 0,024 | 2250 | | |
| 4 | 0,2897 | } 21,88 { | 0,0275 | 2410 | } 2500 | 56 |
| | 0,2154 | | 0,019 | 2600 | | |
| 5 | 0,3864 | } 21,88 { | 0,0315 | 2810 | } 2830 | 64 |
| | 0,3534 | | 0,0285 | 2840 | | |
| 6 | 0,3653 | } 21,88 { | 0,024 | 3490 | } 3590 | 81 |
| | 0,1931 | | 0,012 | 3690 | | |

### Tabelle 195. Mikroanalysen.

| Polymerisations-grad | Gefunden in Proz. | | Berechnet in Proz. | |
|---|---|---|---|---|
| | C | H | C | H |
| 49 | 53,7 | 9,3 | 54,09 | 9,11 |
| 24 | 53,43 | 9,07 | 53,62 | 9,13 |
| 35 | 54,07 | 9,12 | 53,92 | 9,12 |
| 51 | 54,39 | 9,20 | 54,11 | 9,11 |
| 56 | 54,36 | 9,13 | 54,16 | 9,11 |
| 64 | 53,53 | 9,13 | 54,21 | 9,11 |
| 81 | 54,11 | 9,08 | 54,26 | 9,11 |

Diese hochmolekularen Dihydrate zeigen merkwürdigerweise bei der Blindprobe der FREUDENBERGschen Acetylbestimmung einen Säuregehalt von 0,6%. Diacetate wurden daher nicht hergestellt.

### f) Kaliumpolymerisate.

Es wurden zwei Kaliumpolymerisate untersucht, die durch verschiedene Mengen Katalysator erhalten worden sind. Das höchstmolekulare von ihnen wurde folgendermaßen gereinigt: Es wurde mit einem Überschuß Essigsäure-anhydrid gekocht, die Hauptmenge Anhydrid abdestilliert, der Rückstand in Benzol gelöst und mit viel Äther gefällt. Das Ausfällen mit Äther wurde dann noch zweimal wiederholt. Das so erhaltene Diacetat wurde mit alkoholischer Kalilauge verseift, zur Trockne verdampft, im Vakuum auf dem Wasserbad einen Tag lang getrocknet und dann mit Benzol aufgenommen. Die benzolische Lösung wurde filtriert, und mit Äther gefällt. Das Umfällen wurde noch zweimal wiederholt. Das so erhaltene Produkt hatte einen Schmelzpunkt von $55-65°$ und dieselbe relative Viscosität wie vor dem Umfällen.

Die Molekulargewichte beider Polymerisate sind in Tabelle 196, die Mikroanalysen des höchstmolekularen in Tabelle 197 dargestellt.

Tabelle 196. Molekulargewichte.

| Polymerisat | Einwage g | Dioxan g | $\varDelta$ | Mol.-Gew. | Mittelwert | Polymerisationsgrad |
|---|---|---|---|---|---|---|
| 1 | 0,2211 | 20,66 | 0,026 | 2100 | } 2200 | 50 |
|  | 0,2144 | 20,66 | 0,024 | 2200 | | |
| 2 | 0,2916 | 20,66 | 0,012 | 5900 | | |
|  | 0,2251 | 20,66 | 0,009 | 6100 | } 5900 | 134 |
|  | 0,3309 | 20,66 | 0,014 | 5700 | | |

Tabelle 197. Mikroanalysen: Polymerisat 2 von Tabelle 196.

| Substanz | Gefunden in Proz. | | Berechnet in Proz. | |
|---|---|---|---|---|
|  | C | H | C | H |
| Ungereinigt . . . . | 54,36 | 8,78 | } 54,63 | 9,10 |
| Gereinigt . . . . . | 54,36 | 9,13 | | |

### g) Natriumamidpolymerisate.

Durch verschiedene Mengen Katalysator (1 und 0,5%) wurden drei Natrium-amidpolymerisate dargestellt, von denen die beiden letzten sehr hochmolekular sind (Molekulargewicht 9000 bzw. 13000). Diese beiden Substanzen lösen sich in Dioxan, Wasser, Formamid und Tetrabromäthan in der Kälte, in Alkohol, Benzol, Toluol, Xylol, Tetralin, Hexahydrobenzol, Tetrachloräthan und Chloroform beim Erwärmen. Aus letzteren Lösungsmitteln fallen sie aber beim Abkühlen wieder aus. Unlöslich sind sie in Äther und Petroläther. In Wasser sind sie in jedem Verhältnis löslich. Ihre erstarrten Schmelzen sind viel härter als die aller vorigen Polymerisate, lassen sich aber noch gut pulverisieren. Sie enthalten keinen Stickstoff und hinterlassen keinen wägbaren Rückstand beim Veraschen. Die Molekulargewichtsbestimmungen der höchstmolekularen Substanz

sind bereits oben ausführlich mitgeteilt (Tabellen 184 bis 186, S. 318). In Tabelle 198 folgen die Analysen der beiden höchstmolekularen Polymerisate.

### Tabelle 198. Mikroanalysen.

| Polymerisations-grad | Gefunden in Proz. | | Berechnet in Proz. | |
|---|---|---|---|---|
| | C | H | C | H |
| 210 | 54,15 | 9,34 | 54,43 | 9,10 |
| 295 | 54,16 | 8,73 | 54,55 | 9,10 |

## 3. Die Polyäthylenoxyd-diacetate.

### a) Darstellung und Eigenschaften.

4,4 g des betreffenden Polyäthylenoxyd-dihydrates wurden mit 30,6 ccm Essigsäureanhydrid 4 Stunden am Rückflußkühler gekocht. Darauf wurde die Hauptmenge Anhydrid im Vakuum abdestilliert. Die niedermolekularen Diacetate (bis zum Molekulargewicht 1500) wurden in reinem Zustand durch Trocknen im Hochvakuum, die höheren durch wiederholtes Umfällen erhalten.

In ihrem Aussehen und ihrer Löslichkeit unterscheiden sich die Diacetate nicht merkbar von den Dihydraten. Ihre Schmelzpunkte liegen durchweg etwas niedriger als die der entsprechenden Hydroxylverbindungen. Auch die relativen Viscositäten in Benzol bei 20° in grundmolarer Lösung sind etwas geringer. In der folgenden Tabelle 199 sind diese Konstanten für beide Arten von Verbindungen zusammengestellt.

### Tabelle 199.

| Katalysator | Frak-tion | Mol.-Gew. | Aussehen der | | Schmelzpunkte der | | Relative Viscosität in 1 gd-mol. Lösung | |
|---|---|---|---|---|---|---|---|---|
| | | | Dihydrate | Diacetate | Dihydrate Grad | Diacetate Grad | Dihydrate | Diacetate |
| Konz. Kali-lauge | 1 | 800 | halbfest, farblos | halbfest, gelblich | 25—29 | —26 | 1,20 | 1,17 |
| | 2 | 920 | | | 36—42 | —34 | 1,23 | 1,21 |
| | 3 | 1200 | | | 40—48 | 35—43 | 1,32 | 1,25 |
| | 4 | 1680 | farblos, fest | farblos, fest | 48—52 | 44—50 | 1,40 | 1,37 |
| SnCl$_4$ | 1 | 1530 | desgl. | desgl. | 35—40 | 35—45 | 1,29 | 1,30 |
| | 2 | 3100 | desgl. | desgl. | 42—54 | 42—52 | 1,54 | 1,50 |
| Kalium | 1 | 2700 | desgl. | desgl. | — | — | 1,24[1] | 1,28[1] |
| | 2 | 6400 | desgl. | desgl. | 55—65 | 56—62 | 1,49[1] | 1,48[1] |
| Natrium-amid | 1 | 6000 | desgl. | desgl. | 55—60 | — | 2,05 | 2,01 |
| | 2 | 9300 | desgl. | desgl. | 55—60 | 53—60 | 2,82 | — |
| | 3 | 13000 | desgl. | desgl. | 55—70 | 53—69 | 2,13[1] | 1,96[1] |

### b) Molekulargewichte der Acetylverbindungen.

Von einigen Diacetaten wurden auch kryoskopisch nach BECKMANN Molekulargewichte bestimmt, um zu sehen, ob bei der Acetylierung kein Abbau eingetreten ist (Tabelle 200). Dies ist in der Regel nicht der Fall. Die verhältnismäßig großen Differenzen zwischen den Molekulargewichten der Dihydrate und Diacetate bei einigen Polymerisaten rühren von der Art der Reinigung her. Die betreffenden Produkte wurden durch Umfällen gereinigt, und da sie gerade an der Grenze zwischen ätherlöslich und ätherunlöslich stehen, bleiben niedere Glieder

---

[1] Diese Viscositäten sind in 0,5 gd-mol. Lösung gemessen.

der Reihe in Lösung. Es folgt also eine 'Anreicherung der höhermolekularen Anteile. Dies prägt sich auch in der Viscosität und im Schmelzpunkt aus, die bei diesen Diacetaten höher als bei den Dihydraten gefunden werden.

Tabelle 200.

| Substanz | Einwage g | Dioxan g | $\varDelta$ | Mol.-Gew. des Diacetates | Mittelwert | Mol.-Gew. des Dihydrates |
|---|---|---|---|---|---|---|
| KOH-Polymerisat 2 | 0,1585 | 20,66 | 0,045 | 850 | } 860 | 900 |
|  | 0,1490 | 20,66 | 0,042 | 860 |  |  |
| SnCl$_4$-Polymerisat 1 | 0,2271 | 20,66 | 0,035 | 1580 | } 1550 | 1230 |
|  | 0,2293 | 20,66 | 0,037 | 1510 |  |  |
| Kalium-Polymerisat 1 | 0,2055 | 20,66 | 0,016 | 3100 | } 3000 | 2200 |
|  | 0,2140 | 20,66 | 0,018 | 2900 |  |  |
| NaNH$_2$-Polymerisat 1 | 0,3191 | 20,66 | 0,014 | 5530 | } 5500 | 5900 |
|  | 0,2664 | 20,66 | 0,012 | 5380 |  |  |
| NaNH$_2$-Polymerisat 2 | 0,2976 | 20,66 | 0,0075 | 9600 | } 9200 | — |
|  | 0,2908 | 20,66 | 0,008 | 8800 |  |  |

## c) Bestimmung des Acetylgehaltes nach K. Freudenberg [1].

Die Acetylbestimmung nach Freudenberg besteht bekanntlich darin, daß die Substanz in absolut alkoholischer Lösung mit p-Toluolsulfosäure umgeestert wird, der entstehende Essigsäureäthylester abdestilliert, mit einer bestimmten Menge Lauge verseift und die überschüssige Lauge zurücktitriert wird. Umestern und Abdestillieren wird dabei 2—3mal wiederholt. Bei der Anwendung der Methode auf Acetylcellulosen stellte sich heraus, daß je nach der Dauer des Umesterns ein schwankender Gehalt an Acetyl gefunden wurde [2]. Es ist daher vorher nachgeprüft worden, ob auch bei Polyäthylenoxyden derartiges eintritt.

### α) Prüfung der Methode.

Ein Natriumamidpolymerisat (Molekulargewicht 5900) wurde nach der oben angegebenen Methode (s. S. 323) durch vierstündiges Kochen mit Essigsäureanhydrid acetyliert und das Diacetat isoliert. Ein Teil von ihm wurde als erstes Acetylprodukt zurückbehalten. Die Hauptmenge wurde durch neuerliches vierstündiges Kochen mit Anhydrid weiter acetyliert. Das entstandene zweite Acetylprodukt wurde wieder isoliert und mit ihm genau so verfahren. Dies wurde noch einmal wiederholt, so daß man außer dem Dihydrat drei Diacetate hatte. Von allen vier Substanzen wurden die Molekulargewichte und relativen Viscositäten in Benzol in grundmolarer Lösung bestimmt.

Tabelle 201.

| Substanz | Einwage g | Dioxan g | $\varDelta$ | Mol.-Gew. | Mittelwert | $\eta_r$ in Benzol bei 20° |
|---|---|---|---|---|---|---|
| Dihydrat . . | 0,3146 | 20,66 | 0,013 | 5860 | } 5900 | 2,05 |
|  | 0,2671 | 20,66 | 0,011 | 5900 |  |  |
| 1. Diacetat . | 0,3191 | 20,66 | 0,014 | 5530 | } 5400 | 2,01 |
|  | 0,2774 | 20,66 | 0,013 | 5180 |  |  |
| 2. Diacetat . | 0,2697 | 20,66 | 0,011 | 5940 | } 5600 | 2,01 |
|  | 0,2723 | 20,66 | 0,012 | 5500 |  |  |
|  | 0,2664 | 20,66 | 0,012 | 5380 |  |  |
| 3. Diacetat . | 0,2672 | 20,66 | 0,014 | 4630 | } 4500 | 1,97 |
|  | 0,2855 | 20,66 | 0,016 | 4330 |  |  |

[1] Freudenberg, K.: Liebigs Ann. **433**, 230 (1923).   [2] Versuche von H. Scholz.

Hieraus geht zunächst hervor, daß sich das Molekulargewicht und die Viscosität auch bei weiterer Behandlung mit Essigsäureanhydrid nicht wesentlich verändern. Alle vier Substanzen wurden nun nach der FREUDENBERGschen Methode auf ihren Acetylgehalt geprüft. Es wurden bei der Umesterung diejenigen Zeiten eingehalten, die für N-Acetyl angegeben sind und die doppelt bis dreifach so lang sind wie bei normalen Acetylverbindungen. Außerdem wurde, nachdem eine Bestimmung beendet war, dieselbe Substanz 2mal von neuem umgeestert und neue Lauge vorgelegt, um festzustellen, ob die Abspaltung von Acetyl weiter geht oder nicht. Zum Titrieren wurde 0,1 molare Lauge und Phenolphthalein als Indicator verwandt.

Man sieht hieraus, daß eine einmalige Acetylierung genügt, und daß die FREUDENBERGsche Bestimmungsmethode schon beim ersten Umestern den richtigen Acetylgehalt liefert.

Es wurden nach dieser Methode alle dargestellten Diacetate geprüft. Dabei wurden zunächst stets Blindproben mit den dazugehörenden Dihydraten ausgeführt. Als Beispiele dieser Bestimmungen seien im folgenden die Acetylbestimmungen von vier niedermolekularen Polyäthylenoxyd-diacetaten, deren Dihydrate durch Polymerisation mit Kalilauge erhalten waren (s. S. 319), und die des höchstmolekularen Polyäthylenoxyd-diacetates, das aus einem Natriumamidpolymerisat dargestellt worden ist, angeführt (Tabellen 203 bis 206).

Tabelle 202.

| Substanz | Einwage g | Umestern | ccm NaOH (0,1- n) | Acetyl % |
|---|---|---|---|---|
| Dihydrat. . | 0,8757 | 1. mal | 0,30 | 0,15 |
|  |  | 2. „ | 0,20 | 0,10 |
|  |  | 3. „ | 0,07 | 0,03 |
| 1. Diacetat . | 0,9792 | 1. mal | 2,83 | 1,24 |
|  |  | 2. „ | 0,20 | 0,09 |
|  |  | 3. „ | 0,10 | 0,04 |
| 2. Diacetat . | 0,5942 | 1. mal | 1,80 | 1,30 |
|  |  | 2. „ | 0,07 | 0,06 |
|  |  | 3. „ | 0,07 | 0,06 |
|  |  | 4. „ | 0,00 | 0,00 |
| 3. Diacetat . | 1,1284 | 1. mal | 3,37 | 1,29 |
|  |  | 2. „ | 0,17 | 0,06 |
|  |  | 3. „ | 0,17 | 0,06 |
|  |  | 4. „ | 0,10 | 0,04 |

## β) Kalilaugepolymerisate.

Tabelle 203. Blindproben: Polyäthylenoxyd-dihydrate.

| Mol.-Gew. | Einwage g | ccm NaOH (Faktor=0,1971) |
|---|---|---|
| 800 | 0,3064 | 0,17 |
| 920 | 0,9246 | 0,10 |
| 1200 | 0,3614 | 0,14 |
| 1680 | 0,4201 | 0,13 |

Die Differenzen liegen also noch innerhalb der Fehlergrenze.

Tabelle 204. Acetylbestimmung der Diacetate[1].

| Mol.-Gew. | Einwage g | ccm NaOH (0,1971-n) | Acetyl % |
|---|---|---|---|
| 800 | 0,5221 | 5,83 | 9,5 |
|  | 0,4982 | 5,50 | 9,4 |
| 920 | 0,5323 | 5,23 | 8,3 |
|  | 0,6287 | 6,20 | 8,4 |
| 1200 | 0,5757 | 4,37 | 6,4 |
|  | 0,7063 | 5,43 | 6,5 |
| 1680 | 0,3554 | 1,77 | 4,2 |
|  | 0,3343 | 1,77 | 4,5 |

---

[1] Das Molekulargewicht des Polyäthylenoxyd-dihydrats berechnet sich aus dem Acetylgehalt folgendermaßen: $M = \dfrac{100 - x}{x} \cdot 86$; $x = \%$ Acetyl.

### γ) *Natriumamidpolymerisat: Mol.-Gew. 13000.*

<table>
<tr><td colspan="3">Tabelle 205. Blindprobe:<br>Polyäthylenoxyd-dihydrate.</td><td colspan="4">Tabelle 206. Acetylbestimmung des<br>Diacetates.</td></tr>
<tr><td>Einwage<br>g</td><td>ccm NaOH</td><td>Faktor<br>der NaOH</td><td>Einwage<br>g</td><td>ccm NaOH</td><td>Faktor<br>der NaOH</td><td>Acetyl<br>%</td></tr>
<tr><td>1</td><td>0,10</td><td>0,2421</td><td>1,1094</td><td>0,63</td><td>0,2421</td><td>0,59</td></tr>
<tr><td>0,85</td><td>0,04</td><td>0,2421</td><td>1,3654</td><td>0,86</td><td>0,2421</td><td>0,66</td></tr>
<tr><td>0,803</td><td>0,27</td><td>0,05</td><td>0,9537</td><td>2,77</td><td>0,05</td><td>0,63</td></tr>
<tr><td></td><td></td><td></td><td>1,0336</td><td>2,94</td><td>0,05</td><td>0,61</td></tr>
</table>

In derselben Weise sind die in Tabelle 143 (s. S. 298) angegebenen Acetylgehalte erhalten worden.

### d) Bestimmung des aktiven Wasserstoffs nach ZEREWITINOFF[1].

Zur Bestimmung des aktiven Wasserstoffs mit Methylmagnesiumjodid wurde ein Kaliumpolymerisat vom Molekulargewicht 2400 verwandt. Als Lösungsmittel wurde über Natrium sorgfältig getrocknetes Anisol benutzt. Die Substanzen wurden im Hochvakuum über Phosphorpentoxyd bis zur Gewichtskonstanz getrocknet.

### Polyäthylenoxyd-diacetat.

Einwage: 0,5585 g; bei 15° und 753 mm Barometerstand wurden 2,6 ccm Methan entwickelt, reduziertes Volumen: $v_0 = 2,4$ ccm. Einwage: 0,4557 g, bei 19,3° und 752 mm; 1,9 ccm Methan, $v_0 = 1,8$ ccm.

Ein Blindversuch ohne Substanz lieferte bei 18,4° und 753 mm 2,9 ccm Methan, $v_0 = 2,7$ ccm.

Diese geringen Mengen Methan treten also stets auf und sind zu vernachlässigen.

### Polyäthylenoxyd-dihydrat.

Einwage: 0,5652 g, bei 21° und 751 mm: 9,5 ccm Methan, $v_0 = 8,7$ ccm, dem entspricht ein Hydroxylgehalt von 1,2%.

Einwage: 0,6338 g, bei 19,9° und 753 mm Barometerstand: 12,5 ccm Methan, $v_0 = 11,6$ ccm, Hydroxylgehalt 1,4%.

Mittelwert ist also 1,3% OH. Daraus folgt bei Anwesenheit von zwei Hydroxylgruppen im Molekül ein Molekulargewicht von 2600, während kryoskopisch 2200 gefunden wurde.

## 4. Stickstoffhaltige Polyäthylenoxyde.

Mono- und Dimethylaminpolymerisate enthalten auch nach mehrmaligem Umfällen noch Stickstoff. Sie wurden durch fraktioniertes Ausfällen in zwei Fraktionen getrennt und jede Fraktion nach KJELDAHL auf N-Gehalt untersucht (Tabelle 207).

Die gefundenen N-Gehalte stimmen nicht mit den berechneten überein. Es wurden daher Polymerisationen von Äthylenoxyd unter peinlichem Ausschluß

---

[1] MEYER, H.: Analyse und Konstitutionsermittlung. S. 570. 3. Aufl. 1916.

Tabelle 207.

| Katalysator | $\eta_r$ in 1 gd-mol. Lösung | Mol.-Gew. aus Viscosität | Einwage g | ccm NaOH | Faktor der NaOH | Stickstoff in Proz. | |
|---|---|---|---|---|---|---|---|
| | | | | | | gefunden | berechnet |
| Methyl-amin | 1,30 | 1500 | 1,5416 | 8,47 | 0,0859 | 0,66 | } 0,9 |
| | | | 1,8065 | 9,90 | 0,0859 | 0,66 | |
| | 1,37 | 1900 | 2,0525 | 12,32 | 0,0859 | 0,72 | } 0,7 |
| | | | 2,1448 | 12,50 | 0,0859 | 0,70 | |
| Dimethyl-amin | 1,40 | 2000 | 0,6430 | 0,74 | 0,2078 | 0,34 | } 0,7 |
| | | | 0,7971 | 0,90 | 0,2078 | 0,33 | |
| | 1,53 | 2800 | 0,5258 | 1,13 | 0,2078 | 0,63 | } 0,5 |
| | | | 0,6968 | 1,36 | 0,2078 | 0,57 | |

von Wasser mit sorgfältig getrockneten Aminen gemacht und die dabei entstandenen Produkte ebenfalls fraktioniert und auf deren N-Gehalt geprüft (Tabelle 208).

Tabelle 208.

| Katalysator | Frak-tion | $\eta_r$ in 0,5 gd-mol. Lösung | Mol.-Gew. aus Viscosität | Einwage g | ccm NaOH (0,1-n) | Stickstoff in Proz. | |
|---|---|---|---|---|---|---|---|
| | | | | | | gefunden | berechnet |
| Methyl-amin | 1 | 1,14 | 1400 | 1,7021 | 9,08 | 0,75 | 1,0 |
| | 2 | 1,15 | 1500 | 1,3078 | 6,93 | 0,74 | 0,9 |
| | 3 | 1,20 | 2000 | 1,5044 | 5,92 | 0,55 | 0,7 |
| Dimethyl-amin | 1 | 1,12 | 1200 | 1,1888 | 4,85 | 0,57 | 1,2 |
| | 2 | 1,13 | 1300 | 1,0787 | 5,07 | 0,66 | } 1,1 |
| | | | | 2,0307 | 8,67 | 0,60 | |
| | | | | 1,3732 | 5,93 | 0,60 | |
| | 3 | 1,15 | 1500 | 1,1063 | 2,95 | 0,37 | } 0,9 |
| | | | | 1,2816 | 3,05 | 0,33 | |
| | 4 | 1,20 | 2000 | 1,1336 | 6,10 | 0,75 | } 0,7 |
| | | | | 3,0590 | 14,31 | 0,66 | |
| | | | | 0,9644 | 4,60 | 0,67 | |

Die Molekulargewichte wurden aus den Viscositäten berechnet. Der theoretische Stickstoffgehalt stimmt also auch jetzt mit dem gefundenen nicht überein.

## 5. Die flüssigen Polyäthylenoxyde.

Die experimentelle Behandlung der flüssigen Polyäthylenoxyde ist im folgenden gesondert dargestellt, da die zu ihrer Bearbeitung dienenden Methoden denen bei niedermolekularen Stoffen entsprechen und diese Substanzen durch Destillation gereinigt werden können.

### a) Die flüssigen Polyäthylenoxyd-dihydrate.

#### α) Darstellung und Fraktionierung.

Die flüssigen Polyäthylenoxyd-dihydrate entstehen in geringen Mengen bei der Bildung der festen Polyäthylenoxyde und können aus den ätherischen Mutterlaugen durch Fraktionierung gewonnen werden. Da diese Darstellungsmethode wenig ergiebig ist, wurden sie durch Polymerisation von Äthylenoxyd unter Wasserzusatz bei höherer Temperatur dargestellt.

4 Mol Äthylenoxyd und 1 Mol Wasser, denen 1% KOH zugesetzt war, wurden im Bombenrohr 8 Tage im Schießofen auf 55—60° erhitzt. Danach war der Inhalt

der Rohre hochviscos geworden. Er wurde im Hochvakuum destilliert. Glykol hatte sich hierbei nicht gebildet. Bei der Destillation stieg der Siedepunkt von 120° kontinuierlich bis auf 260°. Zwischen 260 und 265° trat Zersetzung ein; es bildeten sich Nebel und starker Acroleingeruch. Es wurden 4 Fraktionen aufgefangen, von denen die ersten beiden farblos, die letzten etwas gelblich übergingen. Die Färbung verschwand durch wiederholte Destillation nicht vollständig. Bei 0,02—0,04 mm Druck erhielt man folgende Fraktionen:

| | | | |
|---|---|---|---|
| 1. | Siedepunkt | 120—140° . . . . . . . . . | 20 g |
| 2. | „ | 140—180° . . . . . . . . | 28 g |
| 3. | „ | 180—220° . . . . . . . . | 19 g |
| 4. | „ | 220—260° . . . . . . . . | 24 g |

Es wurde im ganzen von 100 g Rohprodukt ausgegangen.

### β) Molekulargewichte und Analysen.

Die Molekulargewichte der flüssigen Polyäthylenoxyde wurden wie die der festen in Dioxan bestimmt (Tabelle 209).

Tabelle 209.

| Fraktion | Einwage g | Dioxan g | $\Delta$ | Mol.-Gew. | Mittelwert | Polymerisationsgrad |
|---|---|---|---|---|---|---|
| 1 | 0,2338 | 21,88 | 0,298 | 180 | 180 | 4 |
|   | 0,2319 | 21,88 | 0,297 | 179 | | |
| 2 | 0,0985 | 21,88 | 0,106 | 210 | 220 | 5 |
|   | 0,1806 | 21,88 | 0,190 | 230 | | |
| 3 | 0,2006 | 21,88 | 0,153 | 300 | 310 | 6 |
|   | 0,2342 | 21,88 | 0,170 | 315 | | |
| 4 | 0,2462 | 21,88 | 0,135 | 420 | 415 | 9 |
|   | 0,2173 | 21,88 | 0,120 | 415 | | |

Tabelle 210. Mikroanalysen.

| Polymerisationsgrad | Gefunden in Proz. | | Berechnet in Proz. | |
|---|---|---|---|---|
| | C | H | C | H |
| 4 | 48,34 | 9,05 | 49,45 | 9,29 |
| 5 | 49,38 | 9,23 | 50,4 | 9,25 |
| 6 | 52,36 | 9,34 | 51,05 | 9,21 |
| 9 | 52,57 | 9,20 | 52,2 | 9,18 |

### γ) Physikalische Eigenschaften.

Die Dichten der 4 Fraktionen wurden mit dem Pyknometer von Sprengel-Rimbach, mit eingeschmolzenem Thermometer, bestimmt. Sie sind mit den Molekularrefraktionen in der folgenden Tabelle 211 zusammengestellt.

Tabelle 211.

| Polymerisationsgrad | Dichte bei Temperatur (Grad) | | Molekularrefraktion | |
|---|---|---|---|---|
| | | | gef. | ber. |
| 4 | 1,1238 | 16,6 | 46,96 | 47,12 |
| 5 | 1,1243 | 19,4 | 58,055 | 58,002 |
| 6 | 1,1257 | 17,1 | — | — |
| 9 | 1,1259 | 18 | 102,04 | 101,52 |

### δ) *Viscosität der flüssigen Polyäthylenoxyde.*

Es wurde die Ausflußzeit der 4 Fraktionen im OSTWALDschen Viscosimeter bei 20° bestimmt. Die absolute Viscosität von Dioxan bei 20° beträgt 0,01255 Poise[1]. Daraus und aus den spez. Gewichten wurde die absolute Viscosität berechnet, wobei die HAGENBACHsche Korrektur nicht angewandt wurde. Die dadurch entstandenen Fehler werden aber bei den 4 Fraktionen annähernd dieselben sein, so daß die Werte untereinander vergleichbar sind (Tabelle 212).

Tabelle 212.

| Polymerisations-grad | Ausflußzeit Sekunden | Dichte | Grad | $\eta_{abs}$ bei 20° |
|---|---|---|---|---|
| 4 | 181,6 | 1,1238 bei | 16,2 | 0,49 |
| 5 | 242,6 | 1,1243 „ | 19,4 | 0,66 |
| 6 | 302,6 | 1,1257 „ | 17,1 | 0,83 |
| 9 | 457,7 | 1,1259 „ | 18 | 1,25 |

### ε) *Krystallisationsfähigkeit der flüssigen Polyäthylenoxyde.*

Durch Abkühlen auf —79° erstarren die Fraktionen 4 und 3 krystallin. Von Fraktion 2 krystallisiert ebenfalls der Hauptteil, während Fraktion 1 nur glasig erstarrt und auch durch Reiben und längeres Stehenlassen nicht zur Krystallisation zu bringen ist.

### b) Diacetate der flüssigen Polyäthylenoxyde.

Von zwei niederen Polyäthylenoxyd-dihydraten wurden die Diacetate hergestellt nach derselben Methode, wie sie für die höheren Diacetate angewandt wurde. Die Siedepunkte der Diacetate betrugen bei 0,4 mm Druck: Diacetat der Fraktion 2 150—180°, der Fraktion 4 200—255°. Die Siedepunkte der betreffenden Dihydrate betrugen dagegen 140—180° bzw. 220 bis 260°.

Tabelle 213.

| Fraktion | Einwage | ccm NaOH (0,2421·n) | Acetyl % |
|---|---|---|---|
| 2 { | 0,8543 | 21,98 | 26,8 |
|     | 0,7424 | 18,96 | 26,6 |
| 4 { | 0,7834 | 13,26 | 17,6 |
|     | 0,7050 | 11,88 | 17,5 |

Nach der FREUDENBERGschen Methode wurden die Acetylgehalte bestimmt (Tabelle 213).

Aus diesen Werten berechnen sich die Molekulargewichte der Hydroxylverbindungen zu 236 bzw. 405, während kryoskopisch bei diesen gefunden wurde 220 bzw. 415.

### c) Die flüssigen Amino-polyäthylenoxyd-hydrate.

Es wurden die Dimethylamino-polyäthylenoxyd-hydrate dargestellt aus Äthylenoxyd und Dimethylamin im Verhältnis 5 : 1 und 10 : 1 (in Molen). Äthylenoxyd und Dimethylamin wurden unter Wasserausschluß und sorgfältiger Trocknung über frisch geglühtem Natronkalk in Bombenrohre destilliert, eingeschmolzen und bei Zimmertemperatur liegen gelassen. Die Reaktion verläuft sehr heftig, das Reaktionsgemisch ist tief dunkel gefärbt. Auch Explosionen wurden bei solchen

---

[1] HERZ, W., u. LORENTZ: Ztschr. f. physik. Ch. (A) **140**, 406 (1929).

Polymerisationen beobachtet. Bei der Destillation entwichen zunächst geringe Mengen Dimethylamin. Es wurde zuerst bei gewöhnlichem Druck, dann im Vakuum und schließlich im Hochvakuum destilliert. Aus 45 g Rohprodukt gingen zunächst bei 100—140° 1—2 g Dimethylamino-äthylalkohol (Siedep. 135°) über. Weiterhin wurden erhalten:

Fraktion 1: Siedepunkt 140—150° bei 760 mm . . . . 7 g
　　 „ 　2:　　 „ 　　100—110° 　„ 　12 　„ 　. . . . 6,5 g
　　 „ 　3:　　 „ 　　135—160° 　„ 　12 　„ 　. . . . 7,4 g
　　 „ 　4:　　 „ 　　110—130° 　„ 　0,1 „ 　. . . . 3,5 g
　　 „ 　5:　　 „ 　　130—150° 　„ 　0,1 „ 　. . . . 6,5 g
　　 „ 　6:　　 „ 　　150—190° 　„ 　0,1 „ 　. . . . 3,5 g

Die Substanzen stellen schwach gelbliche bis gelbliche Öle dar, die in Benzol und Äther löslich sind und an der Luft in stark gelb gefärbte unlösliche Autoxydationsprodukte übergehen. Ihre N-Gehalte, nach Kjeldahl bestimmt, ergaben folgende Resultate (Tabelle 214):

Tabelle 214.

| Fraktion | Einwage g | ccm NaOH (0,1-n) | Stickstoff % |
|---|---|---|---|
| 1 | 0,1971 | 12,75 | 9,1 |
| 2 | 0,1512 | 6,3 | 5,8 |
| 3 | 0,1890 | 5,73 | 4,2 |
| 4 | 0,2637 | 5,93 | 3,1 |
| 5 | 0,2017 | 3,57 | 2,5 |
| 6 | 0,2413 | 4,25 | 2,5 |

## 6. Viscositätsmessungen an Polyäthylenoxyden in Lösung.

Die folgenden Viscositätsmessungen an verdünnten Lösungen von Polyäthylenoxyden wurden entweder im Ostwaldschen Viscosimeter oder im Capillarviscosimeter von Ubbelohde ausgeführt. Letzteres hatte folgende Dimensionen: Radius der Capillare 0,0144 cm, Länge derselben 14,1 cm, Inhalt der Kugel 0,81 ccm. Für die übrigen Messungen wurden verschiedene Ostwaldsche Viscosimeter benutzt, deren Capillarenweite dem Lösungsmittel entsprechend gewählt wurde.

### a) Gültigkeit des Hagen-Poiseuilleschen Gesetzes.

Die Viscosität des Polyäthylenoxyds vom Molekulargewicht 3500 wurde in grundmolarer Lösung in Benzol bei 20° im Ubbelohdeschen Viscosimeter gemessen. Viscosimeterkonstante 337.

Tabelle 215.

| Druck cm Hg | Ausflußzeit Sekunden | Druck × Zeit | $\eta_r$ |
|---|---|---|---|
| 4,96 | 110,6 | 549 | 1,63 |
| 4,93 | 111,8 | 552 | 1,64 |
| 10,82 | 51,0 | 552 | 1,64 |
| 10,56 | 52,2 | 552 | 1,64 |
| 14,82 | 37,6 | 557 | 1,65 |
| 14,51 | 38,4 | 558 | 1,66 |
| 21,20 | 26,6 | 563 | 1,67 |
| 21,09 | 26,4 | 557 | 1,65 |

Untersucht wurde ferner ein Polyäthylenoxyd vom Molekulargewicht 13000 in grundmolarer Lösung in Benzol bei 20° im gleichen Viscosimeter.

Tabelle 216.

| Druck cm Hg | Ausflußzeit Sekunden | Druck × Zeit | $\eta_r$ |
|---|---|---|---|
| 5,05 | 268,8 | 1357 | 4,03 |
| 6,15 | 221,2 | 1360 | 4,04 |
| 9,95 | 137,0 | 1364 | 4,05 |
| 11,25 | 121,2 | 1364 | 4,06 |
| 14,7 | 91,8 | 1350 | 4,01 |
| 16,1 | 84,2 | 1356 | 4,02 |
| 19,7 | 68,2 | 1344 | 3,98 |
| 21,85 | 61,6 | 1346 | 4,00 |

Die Schwankungen von $\eta_r$ liegen innerhalb der Versuchsfehler. Sie betragen im Maximum 2%.

### b) Viscosität in verschiedenen Konzentrationen.

### Die flüssigen Polyäthylenoxyd-dihydrate.

Der Zusammenhang der Viscosität mit der Konzentration wurde an zwei flüssigen Polyäthylenoxyd-dihydraten (Polymerisationsgrad 5 und 9) bei 20° untersucht. Die Konzentration der Dioxanlösung wurde hierbei so gesteigert, daß 1, 2, 3 usw. gd-mol. Lösungen zur Untersuchung kamen. Die spez. Gewichte der Lösungen wurden roh durch Wiegen von 10 ccm Lösung bestimmt. Alle Lösungen wurden durch Abwiegen der genauen Menge Substanz in einem Meßkölbchen von 10 ccm Inhalt und Auffüllen bis zur Marke hergestellt. Die Messungen wurden im OSTWALDschen Viscosimeter ausgeführt. Das spez. Gewicht des Dioxans beträgt 1,0330 bei 20°[1] (Tabelle 217).

Tabelle 217.

| Mol.-Gew. | Konzentration in Gd-Mol. | % | Spez. Gew. | $\eta_r = \dfrac{t_1 \cdot d_1}{t_0 \cdot d_0}$ | Mol.-Gew. | Konzentration in Gd-Mol. | % | Spez. Gew. | $\eta_r = \dfrac{t_1 \cdot d_1}{t_0 \cdot d_0}$ |
|---|---|---|---|---|---|---|---|---|---|
| 238 | 1 | 4,3 | 1,036 | 1,10 | 414 | 1 | 4,2 | 1,039 | 1,15 |
| | 2 | 8,5 | 1,039 | 1,24 | | 2 | 8,4 | 1,044 | 1,33 |
| | 3 | 12,7 | 1,040 | 1,39 | | 3 | 12,6 | 1,048 | 1,56 |
| | 4 | 16,8 | 1,049 | 1,57 | | 4 | 16,8 | 1,050 | 1,72 |
| | 6 | 25,0 | 1,058 | 2,05 | | 6 | 25,0 | 1,057 | 2,32 |
| | 8 | 33,0 | 1,065 | 2,73 | | 8 | 33,0 | 1,063 | 3,16 |
| | 12 | 48,9 | 1,079 | 4,88 | | 12 | 49,0 | 1,077 | 6,31 |
| | 16 | 64,6 | 1,088 | 9,60 | | 16 | 64,6 | 1,090 | 12,4 |
| | 20 | 79,8 | 1,104 | 17,2 | | 20 | 79,8 | 1,103 | 29,7 |
| | 25,6 | 100 | 1,124 | 52,6 | | 25,6 | 100 | 1,126 | 99,4 |

Die übrigen Viscositätsmessungen bei verschiedenen Konzentrationen, die im theoretischen Teil in den Tabellen 151 bis 156 angegeben sind, wurden ebenfalls in OSTWALDschen Viscosimetern ausgeführt.

---

[1] HERZ, W., u. LORENTZ: Ztschr. f. physik. Ch. (A) **140**, 406 (1929).

## c) Viscosität bei verschiedenen Temperaturen.

Die Viscositätsmessungen bei verschiedenen Temperaturen wurden im OSTWALD-schen Viscosimeter ausgeführt. In den Tabellen 218, 219 und 220 sind einige dieser Messungen wiedergegeben. Sie zeigen, daß die relativen Viscositäten in allen Lösungsmitteln nach dem Erwärmen auf 60° wieder völlig auf den Anfangswert zurückgehen.

### Tabelle 218. Temperaturabhängigkeit in Eisessig und Tetrabromäthan.

| Mol.-Gew. | Konzentration in Gd-Mol. | Relative Viscosität in Eisessig bei | | | Relative Viscosität in Tetrabromäthan bei | | |
|---|---|---|---|---|---|---|---|
| | | 20° | 60° | wieder abgekühlt auf 20° | 20° | 60° | wieder abgekühlt auf 20° |
| 920 | 1 | 1,39 | 1,29 | 1,39 | 1,39 | 1,26 | 1,39 |
| | 2 | 1,82 | 1,61 | 1,82 | 1,87 | 1,52 | 1,87 |
| | 3 | 2,32 | 1,95 | 2,32 | 2,45 | 1,82 | 2,45 |
| 2500 | 0,5 | 1,40 | 1,31 | 1,40 | 1,36 | 1,26 | 1,36 |
| | 1 | 1,79 | 1,62 | 1,79 | 1,75 | 1,51 | 1,75 |
| | 2 | 2,72 | 2,32 | 2,72 | 2,84 | 2,17 | 2,84 |
| 6400 | 0,25 | 1,40 | 1,32 | 1,40 | 1,35 | 1,27 | 1,35 |
| | 0,5 | 1,78 | 1,63 | 1,78 | 1,76 | 1,55 | 1,76 |
| | 1 | 2,76 | 2,42 | 2,76 | 2,78 | 2,25 | 2,78 |
| 13000 | 0,25 | 1,84 | 1,68 | 1,84 | 1,78 | 1,59 | 1,78 |
| | 0,5 | 2,81 | 2,50 | 2,81 | 2,78 | 2,31 | 2,78 |
| | 1 | 5,38 | 4,56 | 5,38 | 5,71 | 4,30 | 5,71 |

### Tabelle 219. Temperaturabhängigkeit in Dioxan.

| Mol.-Gew. | Konzentration in Gd-Mol. | Relative Viscosität bei | | |
|---|---|---|---|---|
| | | 20° | 60° | wieder abgekühlt auf 20° |
| 920 | 1 | 1,18 | 1,16 | 1,18 |
| | 2 | 1,43 | 1,37 | 1,43 |
| | 3 | 1,73 | 1,60 | 1,73 |
| 6400 | 0,25 | 1,20 | 1,18 | 1,20 |
| | 0,5 | 1,46 | 1,42 | 1,45 |
| | 1 | 2,09 | 1,97 | 2,08 |
| 13000 | 0,25 | 1,50 | 1,46 | 1,49 |
| | 0,5 | 2,13 | 2,00 | 2,11 |
| | 1 | 3,84 | 3,45 | 3,76 |

### Tabelle 220. Temperaturabhängigkeit in Wasser.

| Mol.-Gew. | Konzentration in Gd-Mol. | Relative Viscosität bei | | |
|---|---|---|---|---|
| | | 20° | 60° | wieder abgekühlt auf 20° |
| 920 | 1 | 1,28 | 1,23 | 1,28 |
| | 2 | 1,61 | 1,49 | 1,61 |
| | 3 | 2,01 | 1,80 | 2,01 |
| 6400 | 0,25 | 1,25 | 1,19 | 1,25 |
| | 0,5 | 1,55 | 1,42 | 1,55 |
| | 1 | 2,27 | 1,97 | 2,27 |
| 13000 | 0,25 | 1,56 | 1,40 | 1,56 |
| | 0,5 | 2,27 | 1,91 | 2,27 |
| | 1 | 4,19 | 3,29 | 4,18 |

# D. Die Polyacrylsäure, ein Modell des Eiweißes[1,2].

## Bearbeitet von E. Trommsdorff[3].

## I. Einleitung.

### 1. Homöopolare, koordinative und heteropolare Molekülkolloide.

Die hochmolekularen Naturstoffe und die zu ihrer Konstitutionsaufklärung untersuchten Modelle sind nach ihrem Bau in drei Gruppen einzuteilen[4]. Die erste Gruppe der *homöopolaren Molekülkolloide* umfaßt die hochmolekularen Kohlenwasserstoffe wie Polystyrole und Polyprene, also Kautschuk, Guttapercha und Balata. Besitzen die Makromoleküle Gruppen mit Dipolcharakter, welche koordinative Bindungen eingehen, so haben wir Vertreter der *koordinativen Molekülkolloide* vor uns, zu denen Polyvinylalkohol, die Polysaccharide und unter gewissen Bedingungen die Polyacrylsäure, nämlich im undissoziierten Zustand, ferner das Eiweiß im unionisierten Zustand zählen. In der Gruppe der *heteropolaren Molekülkolloide* finden sich schließlich die Polyacrylsäure im ionisierten Zustand, die polyacrylsauren Salze, Kautschukphosphoniumsalze und das ionisierte Eiweiß.

Schon aus dieser kurzen Zusammenstellung erkennt man die Sonderstellung, die das Eiweiß und die Polyacrylsäure gemeinsam einnehmen. Je nachdem sich diese Körper im undissoziierten oder ionisierten Zustand befinden, sind sie Vertreter der koordinativen oder heteropolaren Molekülkolloide.

Am eingehendsten sind bisher die homöopolaren Molekülkolloide, vor allem das Polystyrol untersucht worden. In den Lösungen dieser Stoffe liegen die einfachsten und übersichtlichsten Verhältnisse vor, da vor allem in verdünnten Lösungen die Moleküle keine Kräfte aufeinander ausüben. Die koordinativen Molekülkolloide weisen in ihrem Bau durch die koordinativen Bindungsmöglichkeiten von einem Molekülfaden zum nächsten und zum Lösungsmittel eine erhebliche Kompliziertheit auf. Die Teilchen der heteropolaren Molekülkolloide sind durch die Dissoziationsfähigkeit und Schwarmbildung im Sinne der neuen Theorie der starken Elektrolyte verwickelt gebaut. Besonders schwer sind daher die Eiweißkörper zu überblicken, die gleichzeitig beiden Gruppen angehören. Nimmt man noch hinzu, daß die Eiweißkörper amphotere Elektrolyte sind, eine Ionisation also sowohl auf der sauren wie auf der basischen Seite des isoelektrischen Punktes eintritt, so wird es verständlich, weshalb in der Eiweißliteratur trotz der zahlreichen Einzelbeobachtungen eine einheitliche Deutung des Baues der Kolloidteilchen so ungeheuer erschwert ist. Für wenige hochmolekulare Naturkörper erschien deshalb die Arbeit am übersichtlichen Modellstoff so notwendig wie für die Eiweißkörper. Deshalb wurden Studien an der Polyacrylsäure und ihren Salzen als dem denkbar einfachsten Modell dieser Art aufgenommen.

---

[1] 66. Mitteilung über hochpolymere Verbindungen.

[2] Frühere Mitteilungen über Polyacrylsäure: STAUDINGER, H., u. E. URECH: Helv. chim. Acta **12**, 1107 (1929). — STAUDINGER, H., u. H. W. KOHLSCHÜTTER: Ber. Dtsch. Chem. Ges. **64**, 2091 (1931).

[3] TROMMSDORFF, E.: Inaug.-Diss. Freiburg i. Br. (1931).

[4] STAUDINGER, H.: Kolloid-Ztschr. **53**, 26 (1930). Vgl. S. 19.

Als Grundlage für diese Modellversuche hat Urech[1] den Nachweis geführt, daß die Bindung der Acrylsäuremoleküle zur polymeren Säure durch normale Kovalenzen erfolgt. Dann hat H. W. Kohlschütter[2] an der Polyacrylsäure sehr merkwürdige Viscositätseffekte beobachtet, z. B. einen enormen Viscositätsanstieg bei Zusatz geringer Mengen Natronlauge und einen starken Abfall der Viscosität bei Zusatz von mehr Natronlauge. Diese Beobachtungen erinnern lebhaft an die bekannte Abhängigkeit der Viscosität vom $p_H$ beim Eiweiß. Es erschien also von großem Interesse, diese Beobachtungen auszudehnen und messend zu verfolgen, da man hoffen durfte, daraus Rückschlüsse auf den Bau der Eiweißkörper ziehen zu können.

Allerdings muß man sich stets vor Augen halten, daß die Polyacrylsäure nur für einen Teil der Eigenschaften, nämlich den sauren Charakter, der Eiweißkörper ein Modell sein kann. Aber gerade darin liegt bei der Kompliziertheit der Erscheinungen ein Vorteil, denn man muß zuerst die Eigenschaften eines ausgesprochen heteropolaren Molekülkolloids kennen, bevor man die eines amphoteren beurteilen kann.

## 2. Der Zustand der Molekülkolloide in Lösung.

Die Kolloidteilchen in den Lösungen hochmolekularer Stoffe glaubte man früher als Micellen ansprechen zu müssen. Diese Auffassung wurde zuerst bei den homöopolaren Molekülkolloiden widerlegt, da sich zeigen ließ, daß sowohl die chemischen wie auch die Viscositätsuntersuchungen eindeutig darauf hinweisen, daß die Kolloidteilchen in diesen Lösungen mit den Makromolekülen identisch sind. Die $\eta_{sp}/c$-Werte dieser Lösungen sind nahezu unabhängig von der Temperatur und der Konzentration, solange niederviscose Lösungen verglichen werden. Deshalb stellen die $\eta_{sp}/c$-Werte verschiedener Stoffe Größen dar, welche nur von der Länge der Moleküle abhängig sind.

Nicht so einfach liegen die Verhältnisse bei den Eiweißkörpern. Früher glaubte man ihre Eigenschaften durch die Annahme erklären zu können, daß ihre Kolloidteilchen solvatisierte Micellen darstellen. Denn es waren scheinbar eine Reihe Analogien vorhanden. In ähnlicher Weise, wie beispielsweise die Beständigkeit der Seifenmicelle vom $p_H$ abhängig ist, beobachtet man auch die auffallende Viscositätsabhängigkeit der Eiweißkörper vom $p_H$. Trifft diese Auffassung über einen ähnlichen Bau der Seifen- und Eiweißmicelle zu, so würde hier im Gegensatz zu Lösungen von Kautschuk und Cellulose ein einfacher Zusammenhang zwischen Viscosität und Molekülgröße nicht zu erwarten sein, da die $\eta_{sp}/c$-Werte mit dem $p_H$ sich ändern.

Es ist bisher nicht möglich, die Frage nach dem Bau der Eiweißkolloidteilchen in Lösungen zu beantworten. Welchen Dienst kann nun das Modell der Polyacrylsäure und ihrer Salze zur Beantwortung dieser Frage leisten?.

Auf den ersten Blick scheinen auch hier die Verhältnisse so kompliziert zu sein, daß ein Zusammenhang zwischen Viscosität und Molekulargewicht nicht zu erkennen ist. Eine geringe Änderung des $p_H$ genügt schon, um die Viscosität der Polyacrylsäure um ein Vielfaches zu ändern, ebensolche Wirkungen haben Neutralsalze. Dazu kommt, daß die Viscosität sehr weitgehend von der Fließ-

---

[1] Staudinger, H., u. E. Urech: Helv. chim. Acta 12, 1107 (1929). — Urech, E.: These. E.P.F. Zürich 1927.

[2] Staudinger, H., u. H. W. Kohlschütter: Ber. Dtsch. Chem. Ges. 64, 2091 (1931).

geschwindigkeit abhängig, also keine konstante Größe ist. Gerade im sehr verdünnten Gebiet werden im Gegensatz zu den Polystyrollösungen diese Abweichungen vom HAGEN-POISEUILLEschen Gesetz sehr groß. Sehr verwickelt ist auch die Änderung der Viscosität mit der Temperatur. Es erscheint schwierig, bei der Kompliziertheit der Erscheinungen überhaupt den Bau der Kolloidteilchen erkennen zu können. Aber beim genauen Studium zeigt es sich, daß auch hier das Viscosimeter als „Kolloidoskop" die scheinbar unentwirrbaren Komplikationen übersichtlich gestaltet.

### 3. Der Zustand der Polyacrylsäure in Lösung.

In den Lösungen homöopolarer Molekülkolloide liegen besonders einfache Verhältnisse vor, da bei verschiedenen Temperaturen und verschiedenen Konzentrationen stets ein und derselbe Stoff in isolierten Fadenmolekülen in der Lösung vorhanden ist; deshalb sind hier die $\eta_{sp}/c$-Werte in verdünnter Lösung annähernd konstant. Bei koordinativen Molekülkolloiden können die Fadenmoleküle in Lösung durch koordinative Bindungen unter sich und mit den Lösungsmittelmolekülen verbunden sein. Die $\eta_{sp}/c$-Werte ändern sich in diesem Fall je nach der Konzentration und der Temperatur der Lösung.

Bei der Polyacrylsäure liegen in der Lösung „verschiedene Stoffe" vor. Je nach dem $p_H$, nach der Konzentration, nach der Temperatur enthält sie ionisierte, nichtionisierte oder teilweise ionisierte Moleküle. Im undissoziierten Zustand ist die Säure ein koordinatives Molekülkolloid. Die Nichtionisation wird begünstigt durch wachsende Konzentration der Säure und sinkende Temperatur. In diesem Zustand liegt die Säure als Pseudosäure im Sinne von HANTZSCH vor. Von den Fettsäuren ist bekannt, daß ihre normalen Moleküle im undissoziierten Zustand zu dimeren koordinativen Molekülen vereinigt sind[1]. Derartige koordinative Bindungen sind auch an dem undissoziierten Molekül der Polyacrylsäure zu erwarten, nur sind die Bindungsmöglichkeiten wegen der großen Zahl der Carboxylgruppen wesentlich zahlreicher, es können viele Moleküle miteinander verkettet werden. In wässeriger Lösung werden die COOH-Gruppen der Säure nicht nur unter sich koordinative Bindungen eingehen, sondern vor allem auch mit den Molekülen des Wassers. Mit der Konzentration und der Temperatur der Lösung wird sich aber das Verhältnis der verschiedenen koordinativen Moleküle ändern.

Mit wachsender Verdünnung und steigender Temperatur ist weiter eine Dissoziationszunahme der Polyacrylsäure verbunden. Schließlich bewirkt Zusatz von Natronlauge die Bildung von ionisierten Molekülen.

Zwischen diesem undissoziierten und dissoziierten Zustand der Polyacrylsäure gibt es alle Übergänge.

Die Viscositätsuntersuchungen an Polyacrylsäure zeigen nun das gemeinsame Bild, daß bei ein und derselben Verbindung, also bei unveränderter Länge der Hauptvalenzkette, die Viscosität der Lösungen sich außerordentlich stark ändert, je nachdem die Moleküle in der ionisierten oder unionisierten Form vorliegen.

---

[1] MÜLLER, A u. G. SHEARER: Journ. Chem. Soc. London **123**, 3156ff. (1923). — BRIEGLEB, G.: Ztschr. f. physik. Ch. (B) **10**, 205 (1930). — TRAUTZ, M., u. W. MOSCHEL: Ztschr. f. anorg. u. allg. Ch.**155**, 13 (1 926). — STAUDINGER, H., u. EIJI OCHIAI: Ztschr. f. physik. Ch. (A) **158**, 35 (1931).

Beim Übergang in die ionisierte Form wächst die Viscosität sehr beträchtlich. Nach den geläufigen Anschauungen könnte man hierfür die Solvatation der Ionen verantwortlich machen. Diese spielt auch zweifellos eine Rolle; denn die Solvatschicht der Ionen ist beträchtlicher als die der homöopolaren Moleküle, welche monomolekular anzunehmen ist[1]. Je nach der Konzentration und der Temperatur werden die Ionen mehr oder weniger zahlreiche Wassermoleküle binden[2]. Diese Solvatation wirkt gewissermaßen molekülvergrößernd und damit viscositätserhöhend. Sie kann aber nicht die wesentlichste Rolle für die bedeutenden Viscositätserhöhungen beim Übergang vom unionisierten in den ionisierten Zustand spielen. Denn die Solvatation muß pro Grundmolekül, also pro Kation und Anion, ungefähr die gleiche sein. Sie muß also proportional mit der Moleküllänge anwachsen. Das Verhältnis der Viscosität des Salzes zu der der Säure müßte also unabhängig von der Länge der Moleküle ungefähr gleich sein, wenn die Viscositätserhöhung bei der Salzbildung wesentlich mit der Solvatation zusammenhinge. Tatsächlich wird bei hochmolekularen Produkten die Viscosität durch den Übergang von der Säure in das Salz weit stärker vergrößert als bei niedermolekularen Produkten. Es müssen also für diese Viscositätserhöhung Faktoren verantwortlich gemacht werden, die sich mit zunehmender Länge der Ketten stärker bemerkbar machen. Einen solchen Einfluß haben die interionischen Kräfte, die zwischen den hochmolekularen Ionen genau so wirksam sind wie zwischen niedermolekularen. Wie sich in einer Lösung von Natriumchlorid um jedes Natriumion negativ geladene Chlorionen und um jedes Chlorion positive Natriumionen infolge der elektrostatischen Anziehung bzw. Abstoßung sammeln und sich so eine gewisse Ionenverteilung als stationärer Zustand ausbildet, stellt sich ein analoger Effekt auch bei den dissoziierten Salzen der Polyacrylsäure ein. Ein Säureanion umgibt sich mit Natriumionen, und eine Gruppe von Natriumionen wird wiederum mit Carboxylionen des Säureanions in Wechselwirkung treten. Dadurch, daß die Säureanionen gestreckte polyvalente Kettenmoleküle darstellen, wird eine Art gegenseitiger Festlegung der Säureanionen durch Ionenladungen eintreten. Diese Festlegung macht sich mit wachsender Kettenlänge der Fadenionen immer stärker bemerkbar. Diese *besondere Art von Teilchenvergrößerung* bezeichnen wir im folgenden *als Schwarmbildung*.

Ein solch stationärer Zustand in der Lösung wird also einer gewissen Strukturierung entsprechen, und einer Störung des Gleichgewichts dieser Strukturierung etwa durch Strömung im Viscosimeter wird sich ein Widerstand entgegensetzen. Daher ist die Säure im dissoziierten Zustand durch eine besonders hohe Viscosität ausgezeichnet, und es treten hier besonders große Abweichungen vom HAGEN-POISEUILLEschen Gesetz ein.

Bei den homöopolaren Molekülkolloiden deutet ein Anwachsen der Viscosität der verdünnten Lösungen, also eine Zunahme der $\eta_{sp}/c$-Werte, auf eine Verlängerung der Kettenmoleküle. Eine solche Vergrößerung der Kettenmoleküle kann bei koordinativen Molekülen auch durch koordinative Bindungen zwischen den Fadenmolekülen erfolgen. So zeigen beispielsweise die aliphatischen Säuren die doppelten $\eta_{sp}/c$-Werte, als man nach ihrem normalen Molekulargewicht erwarten

---

[1] STAUDINGER, H., u. W. HEUER: Ber. Dtsch. Chem. Ges. **62**, 2933 (1929). Vgl. S. 126.
[2] Das Wasser enthält koordinative polymere Moleküle, die bei der Solvatation der Ionen gebunden werden können, vgl. S. 7.